공학도라면 반드시 알아야 할

최소한의 수학 8판

지은이 **John Bird**

영국 포츠머스에 있는 하이버리대학(Highbury College)의 기술학부 응용전자공학과 전 학과장이다. 최근에는 포츠머스대학교(University of Portsmouth)에서 프리랜서로 강의를 병행하였으며, 시티앤드길드협회(Advanced Mathematics with City and Guilds)와 IBO(International Baccalaureate Organization, 국제학력평가기구)의 고급수학 책임 심사위원으로 활동하였다. 또한 엔지니어 연수생을 대상으로 한 교육 전문가로서 45년 이상의 경력을 가지고 있다. John Bird는 공학, 과학, 수학을 주제로 약 146권의 도서를 집필하였으며, 이 책들은 전 세계적으로 백만 권의 판매를 기록하였다. 그는 공인 기술사(chartered engineer), 공인 수학자(chartered mathematician), 공인 과학자(chartered scientist)로서 각 전문 교육기관의 펠로우이다. 최근에 영국 햄프셔 고스포트 HMS 술탄의 DCTT(Defence College of Technical Training, 방위기술전문학교)의 국방 학교 해양공학의 선임 훈련 전문가 자리에서 은퇴하였다.

옮긴이 **이재원** ljaewon@kumoh.ac.kr

성균관대학교 수학과를 졸업하였고, 동 대학교 대학원에서 이학석사, 이학박사 학위를 취득하였다. 1996년부터 2024년 8월까지 국립 금오공과대학교 수리빅데이터학과에 재직하였고, 현재는 교양학부에 재직 중이다. 또한 미국 아이오와대학교에서 객원 교수를 지냈다. 한국수학교육학회, 대한수학회, 영남수학회에서 회원으로 활동하고 있다. 또한 『알기 쉬운 미분적분학(개정판)』(북스힐, 2010), 『확률과 보험통계(개정판)』(경문사, 2012), 『대학수학 Plus』(한빛아카데미, 2013), 『이자론 중심으로 배우는 금융수학 : 보험계리사 시험 대비』(한빛아카데미, 2014), 『(실생활 소재로 쉽게 설명한) 경영경제통계학』(북스힐, 2015), 『공학인증을 위한 확률과 통계(제4판)』(북스힐, 2019), 『기초수학(2판)』(한빛아카데미, 2020), 『쉽게 배우는 생활 속의 통계학』(북스힐, 2020), 『최신 수리통계학(2판)』(경문사, 2021), 『EXCEL을 활용한 확률과 통계』(북스힐, 2021), 『경영경제수학 첫걸음』(한빛아카데미, 2023), 『문제 풀며 정리하는 확률과 통계(2판)』(북스힐, 2023), 『통계학의 이해(3판)』(북스힐, 2023), 『확률과 통계 입문(2판)』(한빛아카데미, 2023), 『신소재·화공계열을 위한 공학수학』(북스힐, 2024), 『생생한 사례로 배우는 확률과 통계(2판)』(한빛아카데미, 2024) 등 수학/통계 관련 교재의 집필 및 번역 활동을 활발히 하고 있다.

공학도라면 반드시 알아야 할 **최소한의 수학**

BIRD'S BASIC ENGINEERING MATHEMATICS 8판

초판발행 2022년 6월 10일
3쇄 발행 2025년 3월 27일

지은이 John Bird / **옮긴이** 이재원 / **펴낸이** 전태호
펴낸곳 한빛아카데미(주) / **주소** 서울시 서대문구 연희로2길 62 한빛아카데미(주) 2층
전화 02-336-7112 / **팩스** 02-336-7199
등록 2013년 1월 14일 제2017-000063호 / **ISBN** 979-11-5664-604-4 93410

총괄·책임편집 김은정 / **기획·편집** 조우리 / **교정** 강정아 / **진행** 조우리
디자인 박정우 / **전산편집** 백지선 / **제작** 박성우, 김정우
영업 김호철, 김태진, 김성삼, 이정훈, 임현기, 이성훈, 김주성, 심지연

이 책에 대한 의견이나 오탈자 및 잘못된 내용은 출판사 홈페이지나 아래 이메일로 알려주십시오.
파본은 구매처에서 교환하실 수 있습니다. 책값은 뒤표지에 표시되어 있습니다.
홈페이지 www.hanbit.co.kr / **이메일** question@hanbit.co.kr

STEM@COOKBOOK

공학도라면 반드시 알아야 할

최소한의 수학

BIRD'S BASIC ENGINEERING MATHEMATICS 8판

John Bird 지음 이재원 옮김

한빛아카데미
Hanbit Academy, Inc.

지은이 머리말

『(공학도라면 반드시 알아야 할) **최소한의 수학**(원제 : *BIRD'S BASIC ENGINEERING MATHEMATICS, 8th edition*)』은 기본 수학 원리를 소개하고, 공학 분야로 확장했을 때 그 기반이 되는 수학 개념에 대한 의식을 고취시킨다. 이번 8판에서는 공학에 관한 [문제]와 [연습문제]를 *로 별도 표기하였으며, 각 장마다 선다형 문제를 추가하였다. 이와 더불어 장별로 새로운 문제들이 추가되었다. 또한 내용을 일부 수정 및 추가하거나 단순화하였다.

이 책은 다음과 같은 내용을 담고 있다.

❶ 수학 교과의 입문/도입/예비 과정을 위한 **기초 수학**

❷ BTEC First NQF Level 2(영국 고등교육학력인증 1단계, 국가역량체계 2단계)를 위한 '공학 기술자를 위한 수학(Mathematics for Engineering Technicians)' : 1~12장, 16~18장, 21장, 22장, 24장, 26~28장이 이 교육 과정에서 필요하다.

❸ BTEC 국가 자격증과 1급 기술검정, NQF Level 3에 대비한 필수 교과 '기술자를 위한 수학(Mathematics for Technicians)' : 7~10장, 14~17장, 19장, 21~24장, 26~28장, 32장, 33장, 35~36장이 이 교육 과정에서 필요하다. 추가로 1~6장, 11~12장은 이 교육 과정을 위한 시험공부에 도움이 된다.

❹ 전 세계 영어권 국가에서 유사하게 진행되는 수학 교육 과정을 위한 중등교육자격시험(GCSE)

이 책의 내용은 『BIRD'S ENGINEERING MATHEMATICS, 9th edition』과 연결된다.

이 책에서 다루는 각 주제는 독자가 그 주제에 대해 어느 정도의 사전 지식이 있다는 가정 하에 소개했다. 개념 설명은 각 장의 필수 이론, 정의, 공식, 법칙, 절차에 대한 개요 형식으로 다루었다. 문제 풀이를 통해 정리를 확고히 이해하고, 다양하고 폭넓은 사례의 문제를 다루기 위해 개념 설명은 최소한으로 하였다. 독자들은 문제를 함께 풀어보고, 유사한 연습문제를 직접 풀어봄으로써 실질적인 이해력을 기를 수 있을 것이다. '문제를 통한 학습'은 이 책만의 핵심 접근법이다.

이 책은 약 800개의 [문제]와 1,700개 이상의 추가 문제를 포함한다. 추가 문제는 206개의 [연습문제]에 포함되며, 각 [연습문제]는 앞에서 학습한 내용과 직접 연관된다. 모든 [연습문제]에 대한 풀이는 웹사이트를 통해 자유롭게 다운로드 받을 수 있다. 427여 개의 그림과 함께 보면 이론을 더 쉽게 이해할 수 있을 것이다. 문제들은 공학 및 과학에서 발생하는 실제 상황을 반영하였다. 1,000여 개의 공학에 관한 문제를 풀어보면 수학에 대한 지식 없이는 공학을 완전히 이해할 수 없음을 알게 될 것이다.

또한 이해력을 향상시키기 위한 15개의 [복습문제(Revision Test)]를 별도로 제공한다. 예를 들어 [복습문제 1]은 1~2장에 수록된 내용을 담고 있으며, [복습문제 2]는 3~5장에 수록된 내용을 담고 있다. 이러한 복습문제는 강의자가 수업의 일환으로 학생에게 시험 문제로 지정할 수 있으므로 답안을 제공하지 않는다. 강의자는 출판사 홈페이지(www.hanbit.co.kr)의 교수전용 메뉴에서 복습문제의 풀이를 제공받을 수 있다. 이 책의 부록에는 본문과 관련한 공식의 목록을 정리하였다.

지은이 John Bird

옮긴이 머리말

공학계열에서 공부하는 대다수의 학생들이 공학수학을 학습하는 데 어려움을 겪고 있다. 이렇게 어려움을 겪는 가장 큰 원인은 미분과 적분을 비롯한 고등수학에 대한 이해가 부족하기 때문이다. 그런 면에서 『(공학도라면 반드시 알아야 할) **최소한의 수학**』은 공학에 있어서 반드시 필요한 수학 원리를 기초부터 고등수학까지 다루고 있어, 수학에 대한 기본 지식이 부족한 독자들도 기초부터 다시 한 번 튼튼히 다지는 데 큰 도움이 된다.

이 책의 특징

이 책은 수와 백분율, 거듭제곱에 대한 개념부터 시작하여 기초적인 대수연산과 방정식, 부등식, 그리고 함수를 소개한다. 이러한 주제는 수학적 기초 지식이 없는 학생들도 이해할 수 있도록 설명되었다. 아울러 이러한 개념을 기본으로 로그와 지수의 개념과 응용, 삼각비와 삼각함수의 개념과 응용, 일반적인 도형의 넓이 계산, 일반적인 입체 도형의 부피 계산, 벡터, 미분과 적분을 이해하는 데 꼭 필요한 핵심 내용, 수열과 진법, 그리고 확률과 통계 영역까지 매우 폭넓은 수학 개념을 담고 있다.

특히 이 책에서는 계산기를 많이 활용함으로써 계산기 사용법까지 연습할 수 있다. 또한 기초 수학을 기반으로 공학 기술자에게 필수인 내용만 소개하면서도 학생들이 실전에 충분히 대비할 수 있도록 1,700여 개의 문제를 제시하고 있다. 학생들이 이 책을 통해 다양한 환경에서 실질적인 이해력을 풍부하게 함양시켜가고, 그와 더불어 현장에서 발생하는 수많은 문제를 해결해 갈 것이라 믿는다.

본 옮긴이는 이 책으로 공부하는 독자에게 한 가지를 권하고 싶다. 『(공학도라면 반드시 알아야 할) **최소한의 수학**』은 수학에 대한 이해도가 부족한 학생도 충분히 공학수학을 해결할 수 있는 능력을 함양시키기에 좋은 교재이다. 그러나 아무리 좋은 책을 보더라도 독자는 현장 지향적인 문제를 이해하고 해결하기 위해 부단히 노력해야 한다. 그러한 노력의 일환으로, 제시된 문제를 스스로 풀어보고 문제의 숫자나 유형을 바꾸어가면서 유사한 문제에 도전하길 바란다.

이 책으로 공부하는 모든 독자들이 고등수학 및 공학수학에 대한 이해와 응용력을 함양하고 현장에서 발생하는 문제를 해결하는 데 도움이 되길 바란다. 끝으로, 이 책의 기획에서 출간까지 수고를 아끼지 않은 한빛아카데미(주) 관계자들께 감사를 드린다.

옮긴이 이재원

미리보기

■ 누구를 위한 책인가

이 책은 공학 분야를 전공하는 학생을 대상으로 하며, 수학에 대한 이해력과 자신감이 부족하거나 수학적 기초가 약한 학생들이 기초부터 차근차근 이해할 수 있도록 구성하였다. 특히 중고등학교에서 배운 수학 지식이 부족하더라도 전공에서 다루는 수학을 무리 없이 쉽게 이해할 수 있도록 내용을 구성하였으며, 산업 현장에서 발생하는 다양한 문제를 쉽게 이해하고 해결할 수 있는 토대를 제공하고자 하였다. 따라서 수학적 기반이 약하더라도 각 전공을 마치고 곧바로 취업을 원하는 학생에게 적합하다.

■ 이 책을 시작하려면

이 책은 고등학교 과정 수학에 대한 기초가 부족한 학생들도 쉽게 이해할 수 있도록 구성한 만큼, 기존의 복잡한 수학적 개념이나 문제에 대한 접근법은 뒤로 하고 새로운 마음으로 1장부터 차근차근 내용을 정리하기 바란다.

■ 이 책의 구성요소

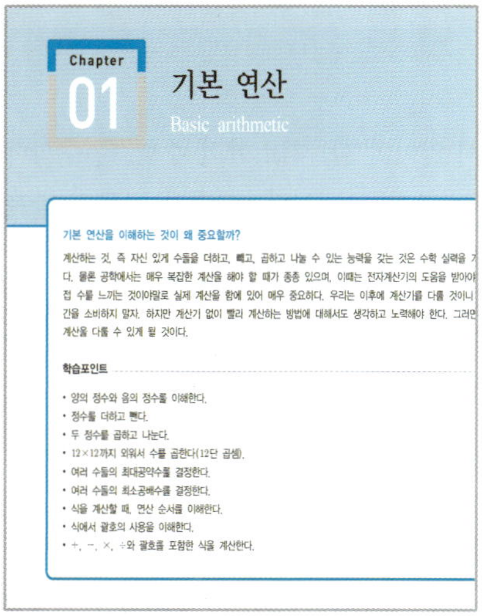

도입글, 학습포인트

해당 장의 내용을 왜 배워야 하는지, 어떻게 응용되는지를 공학적 관점에서 설명하고, 무엇을 배우는지를 보여준다.

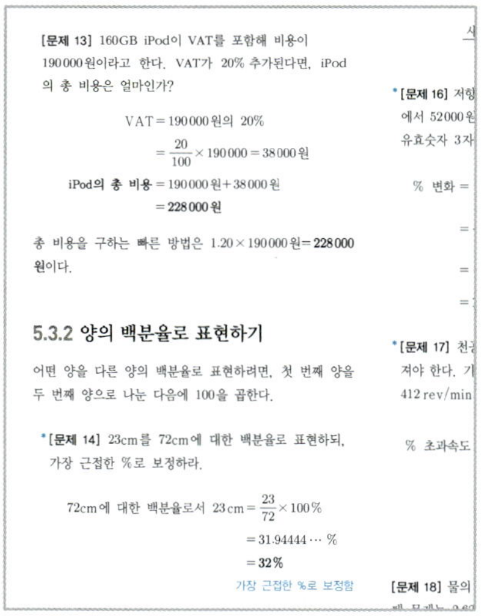

문제

주요 개념과 원리를 이해할 수 있는 다양한 유형의 문제와 상세한 풀이를 보여준다. 문제 풀이를 통해 스스로 기본 개념을 터득할 수 있다. 공학 관련 문제는 *로 별도 표기하였다.

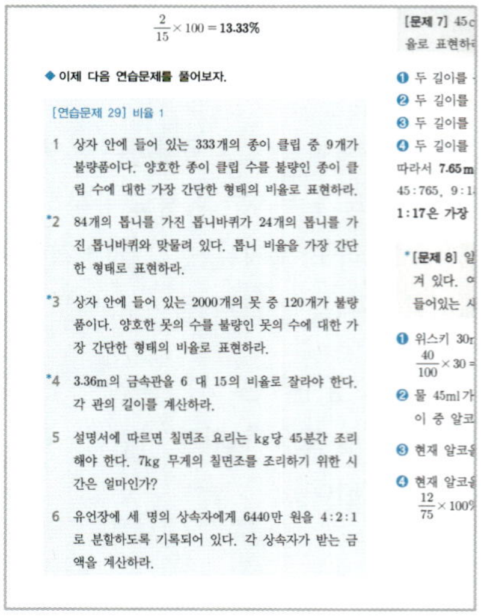

연습문제

해당 절이 끝날 때마다 개념과 원리를 익히고 응용할 수 있는 연습문제를 제시한다. 공학 관련 연습문제는 *로 별도 표기하였다.

이 책의 구성

❶ 기본 연산과 분수, 소수(1장~3장)
❷ 계산기와 백분율(4장~5장)
❸ 비율과 비례, 거듭제곱, 지수법칙, 단위(6장~8장)
❹ 대수와 간단한 방정식(9장~11장)
❺ 변환과 연립방정식(12장~13장)
❻ 이차방정식, 로그와 지수함수(14장~16장)
❼ 여러 가지 그래프(17장~20장)
❽ 각, 삼각형과 삼각비(21장~22장)
❾ 삼각파형과 삼각법, 좌표(23장~25장)
❿ 기본적인 도형의 넓이와 원의 성질(26장~27장)
⓫ 입체도형의 부피와 겉넓이, 평균값(28장~29장)
⓬ 벡터, 주기함수(30장~31장)
⓭ 통계와 확률(32장~34장)
⓮ 미분법과 적분법(35장~36장)
⓯ 수열, 수의 체계(37장~38장)
⓰ 부등식(39장)

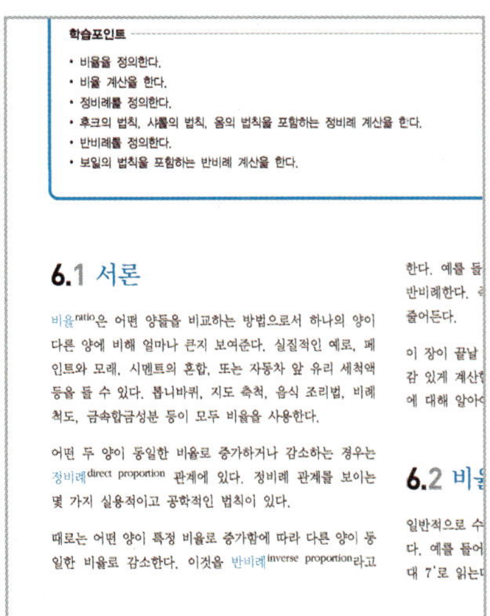

주요 용어와 개념

핵심 용어와 개념을 쉽게 이해할 수 있도록 보여준다.

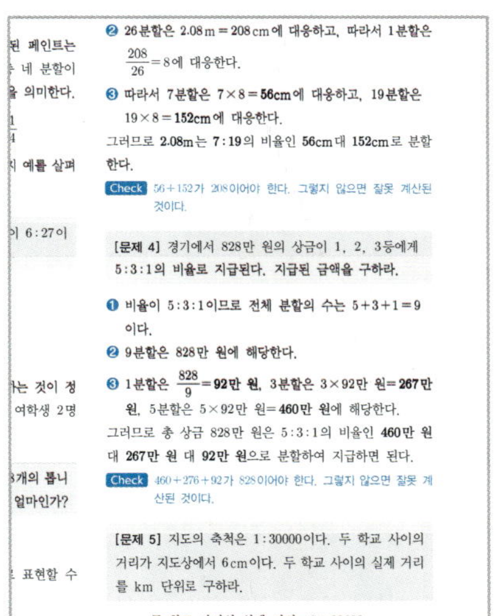

Check

풀이 과정을 이해하는 데 도움이 되는 간단한 개념이나 Tip, 또는 보충설명을 보여준다.

공학자, 수학자

본문의 개념과 연관된 주요 공학자나 수학자를 간략히 소개한다.

학습 보조 자료

■ 강의 보조 자료

한빛아카데미 홈페이지에서 '교수회원'으로 가입하신 분은 인증 후 교수용 강의 보조 자료를 제공받을 수 있습니다. 한빛아카데미 홈페이지 상단의 〈교수전용공간〉 메뉴를 클릭하세요.

http://www.hanbit.co.kr/academy

■ 연습문제 해답

본 도서는 대학 강의용 교재로 개발되었으므로 전체 연습문제 풀이는 제공하지 않습니다.
단, 정답은 아래의 경로에서 내려받을 수 있습니다.

한빛아카데미 홈페이지 접속 → [도서명] 검색 → 도서 상세 페이지의 [부록/예제소스]

■ 별도 제공 자료

학생을 위해

- [연습문제] 답안
- [복습문제] 문항지

다운로드 경로 : http://www.hanbit.co.kr → [SUPPORT] 클릭 → [자료실] 클릭

강의자를 위해

- [연습문제] 답안
- [복습문제] 문항지 및 답안
- 시험 출제용 [추가 연습문제] 문항지 및 답안

다운로드 경로 : http://www.hanbit.co.kr → [교수전용] 클릭 → [강의자료] 클릭

* 이 책의 부록에 수록된 여러 가지 공식(List of formulae) 및 관련 공학자와 수학자 소개는 아래 공식 홈페이지에서 다운로드받을 수 있습니다.

http://www.routledge.com/cw/bird

목차

Chapter

23 삼각파형

Chapter

24 직각이 아닌 삼각형과 실제 응용

Chapter

25 데카르트 좌표와 극좌표

Chapter

26 기본적인 도형의 넓이

Chapter

27 원과 그 성질

Chapter

28 기본적인 입체도형의 부피와 겉넓이

Chapter

29 불규칙한 넓이와 부피, 평균값

Chapter 01 기본 연산

Basic arithmetic

기본 연산을 이해하는 것이 왜 중요할까?

계산하는 것, 즉 자신 있게 수들을 더하고, 빼고, 곱하고 나눌 수 있는 능력을 갖는 것은 수학 실력을 기르는 데 많은 도움이 된다. 물론 공학에서는 매우 복잡한 계산을 해야 할 때가 종종 있으며, 이때는 전자계산기의 도움을 받아야 한다. 하지만 머리로 직접 수를 느끼는 것이야말로 실제 계산을 함에 있어 매우 중요하다. 우리는 이후에 계산기를 다룰 것이니 이 장에는 너무 많은 시간을 소비하지 말자. 하지만 계산기 없이 빨리 계산하는 방법에 대해서도 생각하고 노력해야 한다. 그러면 보다 자신감 있게 수와 계산을 다룰 수 있게 될 것이다.

학습포인트

- 양의 정수와 음의 정수를 이해한다.
- 정수를 더하고 뺀다.
- 두 정수를 곱하고 나눈다.
- 12×12까지 외워서 수를 곱한다(12단 곱셈).
- 여러 수들의 최대공약수를 결정한다.
- 여러 수들의 최소공배수를 결정한다.
- 식을 계산할 때, 연산 순서를 이해한다.
- 식에서 괄호의 사용을 이해한다.
- $+$, $-$, $\times$, $\div$와 괄호를 포함한 식을 계산한다.

1.1 서론

범자연수

범자연수whole numbers는 간단히 0, 1, 2, 3, 4, 5, …와 같은 수이다.

정의 정수

정의 정수counting numbers는 0이 아닌 범자연수, 즉 1, 2, 3, 4, 5, …와 같은 수이다.

자연수

자연수natural numbers는 정의 정수 또는 범자연수를 의미할 수 있다.

정수

정수integer는 범자연수와 비슷하지만 음의 수를 포함한다. 예를 들어 …, -5, -4, -3, -2, -1, 0, 1, 2, 3, 4, 5, …를 포함한다.

대수연산

4가지 기본 대수연산arithmetic operators 더하기($+$), 빼기($-$), 곱하기($\times$), 나누기($\div$)이다. 여기서는 작은 수들의 더하기, 빼기, 곱하기, 나누기를 계산기 없이도 할 수 있다고 가정한다. 그러나 이 분야의 복습이 필요하다면 다음 절에 포함된 몇 가지 문제로 학습할 수 있다.

계산에서 **서로 다른 부호**가 연달아 사용되면, 최종적인 부호는 **음의 부호**가 된다. 예를 들면 다음과 같다.

$$3+(-4)=3+-4=3-4=\mathbf{-1}$$
$$(+5)\times(-2)=\mathbf{-10}$$

반면에 **동일한 부호**가 연달아 사용되면, 최종적인 부호는 **양의 부호**이다. 예를 들어 다음과 같다.

$$3-(-4)=3--4=3+4=\mathbf{7}$$
$$(-6)\times(-4)=\mathbf{+24}$$

소수

소수$^{\text{prime numbers}}$는 오직 자기 자신과 1에 의해서만 나머지 없이 나눌 수 있다. 예를 들어 17은 17과 1에 의해서만 나눌 수 있다. 다른 소수의 예로는 2, 3, 5, 7, 11, 13, 19, 23 등이 있다.

1.2 덧셈과 뺄셈 복습

여러분은 이미 두 개 이상의 수를 더하거나, 어떤 수에서 다른 수를 뺄 수 있을 것이다. 그러나 복습이 필요하다면 다음 문제와 풀이를 살펴보자.

[문제 1] 735+167을 구하라.

$$\begin{array}{r} {\scriptstyle 1\ \ 1\ \ \ } \\ 7\ 3\ 5 \\ +\ 1\ 6\ 7 \\ \hline 9\ 0\ 2 \end{array}$$

❶ 5+7=12. 일의 자리 숫자 열에 2를 놓고, 1은 십의 자리 숫자 열로 옮긴다.

❷ 3+6+1(옮겨진 수)=10. 0은 십의 자리 숫자 열에 놓고, 1은 백의 자리 숫자 열로 옮긴다.

❸ 7+1+1(옮겨진 수)=9. 9를 백의 자리 숫자 열에 놓는다.

그러므로 **735+167=902**이다.

[문제 2] 632−369를 구하라.

$$\begin{array}{r} {\scriptstyle 5\ \ 12\ \ 10} \\ \not{6}\ \not{3}\ 2 \\ -\ 3\ 6\ 9 \\ \hline 2\ 6\ 3 \end{array}$$

❶ 2−9는 가능하지 않다. 그러므로 십의 자리 숫자 열에서 1을 빌려온다(십의 자리 숫자 열에 2가 남는다). 일의 자리 숫자 열에서 12−9=3이다.

❷ 일의 자리 숫자 열에 3을 놓는다.

❸ 2−6은 가능하지 않다. 백의 자리 숫자 열에서 1을 빌려온다(백의 자리 숫자 열에 5가 남는다). 십의 자리 숫자 열에서 12−6=6이다.

❹ 십의 자리 숫자 열에 6을 놓는다.

❺ 5−3=2.

❻ 백의 자리 숫자 열에 2를 놓는다.

그러므로 **632−369=263**이다.

[문제 3] 27, −74, 81, −19를 더하라.

이 문제는 27−74+81−19로 쓸 수 있다.

양의 정수의 절댓값끼리 더한다.

$$\begin{array}{r} 27 \\ +\ 81 \\ \hline 108 \end{array}$$

양의 정수의 합 ←

음의 정수의 절댓값끼리 더한다.

$$\begin{array}{r} 74 \\ +19 \\ \hline 93 \end{array}$$

음의 정수의 합 ←

양의 정수의 절댓값끼리의 합에서 음의 정수의 절댓값끼리의 합을 뺀다.

$$\begin{array}{r} 108 \\ -\ 93 \\ \hline 15 \end{array}$$

그러므로 **27−74+81−19=15**이다.

[문제 4] 377에서 −74를 빼라.

이 문제는 377−(−74)로 쓸 수 있다. 연달아 사용한 동일한 부호는 최종적으로 양의 부호이므로 377−(−74)=377+74이다.

$$\begin{array}{r} 377 \\ +\ 74 \\ \hline 451 \end{array}$$

그러므로 **377−(−74)=451**이다.

[문제 5] 126에서 243을 빼라.

이 문제는 126−243으로 쓸 수 있다. 두 번째 수가 첫 번째 수보다 크면, 큰 수에서 작은 수를 빼고 음의 부호를 붙인다. 따라서 다음과 같다.

$$126-243=-(243-126)$$

$$\begin{array}{r} 243 \\ -126 \\ \hline 117 \end{array}$$

그러므로 **126−243＝−117**이다.

[문제 6] −269에서 318을 빼라.

이 문제는 −269−318로 쓸 수 있다. 음의 정수의 합은 다음과 같다.

$$\begin{array}{r} 269 \\ +318 \\ \hline 587 \end{array}$$

그러므로 **−269−318＝−587**이다.

◆ **이제 다음 연습문제를 풀어보자.**

[연습문제 1] 덧셈과 뺄셈에 대한 추가 문제

※ (문제 1~15) 계산기를 사용하지 않고, 주어진 식의 값을 구하라.

1 67kg−82kg＋34kg

2 73m−57m

3 851mm−372mm

4 124−273＋481−398

5 927원−114원＋182원−183원−247원

6 647−872

7 2417−487＋2424−1778−4712

8 −38419−2177＋2440−799＋2834

9 2715원−18250원＋11471원−1509원＋113274원

10 47＋(−74)−(−23)

11 813−(−674)

12 3151−(−2763)

13 4872g−4683g

14 −23148−47724

15 \$53774−\$38441

***16** [그림 1-1]에 있는 형판에 대한 지름 d와, 치수 A, B를 계산하라. 단, 모든 치수의 단위는 mm이다.

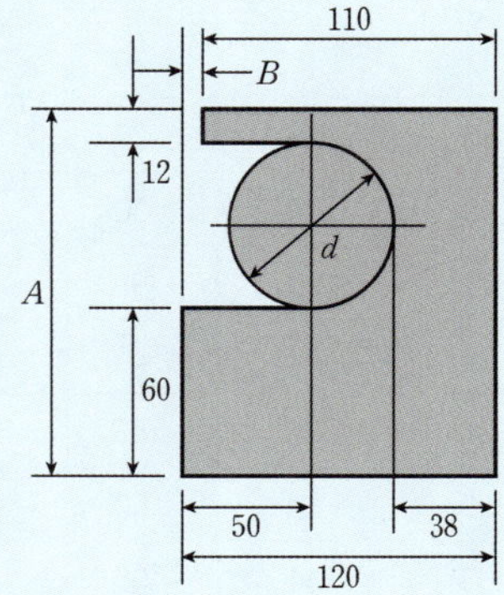

[그림 1-1]

1.3 곱셈과 나눗셈 복습

두 수의 곱셈과 나눗셈에 대해 좀 더 살펴보자.

[문제 7] 86×7을 구하라.

$$\begin{array}{r} 86 \\ \times \quad 7 \\ \hline {}_{1}42 \\ 56 \\ \hline 602 \end{array}$$

❶ 7×6＝42. 일의 자리 숫자 열에 2를 놓고, 4는 십의 자리 숫자 열로 옮긴다.

❷ 7×8＝56; 56＋4(옮겨진 수)＝60. 0은 십의 자리 숫자 열에 놓고, 6은 백의 자리 숫자 열로 옮긴다.

그러므로 **86×7＝602**이다.

이러한 수를 곱할 때 곱셈표multiplication table에 대해 잘 파악하는 것이 좋다. [표 1-1]은 12×12까지의 곱셈표를 나타낸 것이다.

[표 1-1]

×	2	3	4	5	6	7	8	9	10	11	12
2	4	6	8	10	12	14	16	18	20	22	24
3	6	9	12	15	18	21	24	27	30	33	36
4	8	12	16	20	24	28	32	36	40	44	48
5	10	15	20	25	30	35	40	45	50	55	60
6	12	18	24	30	36	42	48	54	60	66	72
7	14	21	28	35	42	49	56	63	70	77	84
8	16	24	32	40	48	56	64	72	80	88	96
9	18	27	36	45	54	63	72	81	90	99	108
10	20	30	40	50	60	70	80	90	100	110	120
11	22	33	44	55	66	77	88	99	110	121	132
12	24	36	48	60	72	84	96	108	120	132	144

[문제 8] 764×38을 구하라.

$$\begin{array}{r} 764 \\ \times\quad 38 \\ \hline 6112 \\ 22920 \\ \hline 29032 \end{array}$$

❶ 8×4＝32. 일의 자리 숫자 열에 2를 놓고, 3은 십의 자리 숫자 열로 옮긴다.

❷ 8×6＝48; 48＋3(옮겨진 수)＝51. 1은 십의 자리 숫자 열에 놓고, 5는 백의 자리 숫자 열로 옮긴다.

❸ 8×7＝56; 56＋5(옮겨진 수)＝61. 1은 백의 자리 숫자 열에 놓고, 6은 천의 자리 숫자 열로 옮긴다.

❹ 0을 일의 자리 숫자 열의 2 밑에 놓는다.

❺ 3×4＝12. 십의 자리 숫자 열에 2를 놓는다. 그리고 1을 백의 자리 숫자 열로 옮긴다.

❻ 3×6＝18; 18＋1(옮겨진 수)＝19. 백의 자리 숫자 열에 9를 놓고, 1은 천의 자리 숫자 열로 옮긴다.

❼ 3×7＝21; 21＋1(옮겨진 수)＝22. 천의 자리 숫자 열에 2를 놓고, 2는 만의 자리 숫자 열로 옮긴다.

❽ 6112＋22920＝29032

그러므로 **764×38＝29032**이다.

다시금, 이와 같은 수를 곱할 때 곱셈표를 이용하는 것이 도움이 된다. 물론 이러한 곱셈에 계산기를 사용해도 좋지만, 계산기를 사용할 수 없을 때가 있다. 곱셈표는 긴 곱셈을 계산할 때 유용하다.

[문제 9] 178에 −46을 곱하라.

수들이 서로 다른 부호를 가질 때, 결과는 음의 부호이다(이것을 염두에 두면 이 문제는 178에 46을 곱하여 풀 수 있다). [문제 8]의 과정에 따라 다음과 같이 푼다.

$$\begin{array}{r} 178 \\ \times\quad 46 \\ \hline 1068 \\ 7120 \\ \hline 8188 \end{array}$$

178×46＝8188이므로, **178×(−46)＝−8188**이다.

[문제 10] 1834÷7을 구하라.

$$\begin{array}{r} 262 \\ 7\,\overline{)\,1834} \end{array}$$

❶ 18을 7로 나누면 몫이 2이고 나머지가 4이다. 1834의 8 위에 2를 놓고, 나머지 4를 오른쪽에 있는 다음 자리로 옮긴다. 그러면 43이다.

❷ 43을 7로 나누면 몫이 6이고 나머지가 1이다. 1834의 3 위에 6을 놓고, 나머지 1을 오른쪽에 있는 다음 자리로 옮긴다. 그러면 14이다.

❸ 14를 7로 나누면 몫이 2이고 나머지는 0이다. 2를 1834의 4 위에 놓는다.

그러므로 $1834 \div 7 = 1834/7 = \dfrac{1834}{7} = 262$이다.

이러한 방법을 단제법^short division^이라 한다.

[문제 11] 5796 ÷ 12를 구하라.

```
      4 8 3
12 ) 5 7 9 6
     4 8
     ---
     9 9
     9 6
     ---
       3 6
       3 6
       ---
         0
```

❶ 5를 12로 나눌 수 없다. 57을 12로 나누면 몫이 4이다. 4를 5796의 7 위에 놓는다.
❷ $4 \times 12 = 48$. 48을 5796의 57 아래에 놓는다.
❸ $57 - 48 = 9$.
❹ 5796의 9를 아래로 옮겨서 99를 만든다.
❺ 99를 12로 나누면 몫이 8이다. 8을 5796의 9 위에 놓는다.
❻ $8 \times 12 = 96$. 96을 99 아래 놓는다.
❼ $99 - 96 = 3$.
❽ 5796의 6을 아래로 옮겨서 36을 만든다.
❾ 36을 12로 나누면 정확히 몫이 3이다.
❿ 3을 마지막 6 위에 놓는다.
⓫ $3 \times 12 = 36$. 36을 36 아래 놓는다.
⓬ $36 - 36 = 0$

그러므로 $5796 \div 12 = 5796/12 = \dfrac{5796}{12} = 483$이다.

이 방법을 장제법long division이라 한다.

◆ **이제 다음 연습문제를 풀어보자.**

[연습문제 2] 곱셈과 나눗셈에 대한 추가 문제

※ (문제 1~9) 계산기를 사용하지 않고, 주어진 식의 값을 구하라.

1 (a) 78×6 (b) 124×7

2 (a) 261원 $\times 7$ (b) 462원 $\times 9$

3 (a) $783\text{kg} \times 11$ (b) $73\text{kg} \times 8$

4 (a) $27\text{mm} \times 13$ (b) $77\text{mm} \times 12$

5 (a) 448×23 (b) $143 \times (-31)$

6 (a) $288\text{m} \div 6$ (b) $979\text{m} \div 11$

7 (a) $\dfrac{1813}{7}$ (b) $\dfrac{896}{16}$

8 (a) $\dfrac{21424}{13}$ (b) $15900 \div (-15)$

9 (a) $\dfrac{88737}{11}$ (b) $46858 \div 14$

***10** 나사 한 개의 질량이 15g이다. 이 나사 1200개의 질량을 kg 단위로 계산하라(1kg = 1000g).

***11** 건축업자가 벽돌과 표토 부지를 청소해야 한다. 제거할 총 중량은 696톤이다. 트럭의 최대 하중은 24톤이다. 이 부지를 치우기 위해 필요한 트럭의 수는 몇 대인가?

***12** 어떤 기계는 하루 동안에 400개의 스프링을 생산한다. 작업 기간 일주일 중 5일 동안에 7대의 기계를 사용하여 몇 개의 스프링을 생산할 수 있는가?

1.4 최대공약수와 최소공배수

두 개 이상의 수를 함께 곱할 때, 개개의 수를 인수factor라 한다. 따라서 한 인수는 다른 수를 정확하게 나누는 수가 된다. 최대공약수(HCF)highest common factor는 두 개 이상 수를 정확히 나누는 가장 큰 수이다. 예를 들어, 12와 15를 생각하자. 12의 인수는 1, 2, 3, 4, 6, 12(즉, 12를 정확히 나누는 수들)이다. 15의 인수는 1, 3, 5, 15(즉, 15를 정확히 나누는 수들)이다. 1과 3은 공약수common factor이다. 즉, 12와 15 모두의 인수이다. 여기서 3은 12와 15를 **모두** 나누는 가장 큰 수이고, 따라서 **12와 15의 최대공약수(HCF)는 3**이다.

배수multiple는 몇 배가 되는 다른 수를 포함하는 수이다. 두 개 이상의 수 각각에 의해 나누어지는 가장 작은 수를 최소공배수(LCM)lowest common multiple라 한다. 예를 들어 12의 배수는 12, 24, 36, 48, 60, 72, …이고, 15의 배수는 15, 30, 45, 60, 75, …이다. 여기서 60은 공배수(즉, 12와 15 모두의 배수)이고 이보다 더 작은 공배수는 없다. 그러므로 60은 12와 15 **모두**로 나누어지는 가장 작은 수이고, 따라서 **12와 15의 최소공배수(LCM)는 60**이다.

다음 문제들을 통해 HCF와 LCM을 구하는 방법을 연습해 보자.

[문제 12] 12, 30, 42의 HCF를 구하라.

HCF를 결정하는 가장 간단한 방법은 각각의 수를 가장 작은 인수로 표현하는 것이다. 즉, 다음과 같이 소수 2, 3, 5, 7, 11, 13, …으로 반복하여 나눈다.

$$\begin{aligned} 12 &= \boxed{2} \times 2 \times \boxed{3} \\ 30 &= \boxed{2} \times \boxed{3} \times 5 \\ 42 &= \boxed{2} \times \boxed{3} \times 7 \end{aligned}$$

각 수들의 공통인 인수들은 점선으로 표시한 1열에 있는 2와 3열에 있는 3이다. 그러므로 **HCF는 2 ×3, 즉 6**이다. 다시 말해서, 6은 12, 30, 42를 나눌 수 있는 가장 큰 수이다.

[문제 13] 30, 105, 210, 1155의 HCF를 구하라.

[문제 12]의 방법을 사용한다.

$$\begin{aligned} 30 &= 2 \times \boxed{3} \times \boxed{5} \\ 105 &= \boxed{3} \times \boxed{5} \times 7 \\ 210 &= 2 \times \boxed{3} \times \boxed{5} \times 7 \\ 1155 &= \boxed{3} \times \boxed{5} \times 7 \times 11 \end{aligned}$$

각 수들의 공통인 인수들은 2열에 있는 3과 3열에 있는 5이다. 그러므로 **HCF는 3 ×5 = 15**이다.

[문제 14] 12, 42, 90의 LCM을 구하라.

LCM은 [문제 12]와 [문제 13]에서와 같이 각 수들의 가장 작은 인수들을 찾고, 나타난 인수들의 가장 큰 그룹을 선정함으로써 얻는다.

$$\begin{aligned} 12 &= \boxed{2 \times 2} \times 3 \\ 42 &= 2 \times 3 \times \boxed{7} \\ 90 &= 2 \times \boxed{3 \times 3} \times \boxed{5} \end{aligned}$$

나타난 인수들의 가장 큰 그룹은 점선으로 표시한 12에 있는 2×2, 90에 있는 3×3과 5, 그리고 42에 있는 7이다. 그러므로 **LCM은 2×2×3×3×5×7 = 1260**이고, 이는 12, 42, 90 모두가 정확히 나누는 가장 작은 수이다.

[문제 15] 150, 210, 735, 1365의 LCM을 구하라.

[문제 14]의 방법을 사용한다.

$$\begin{aligned} 150 &= \boxed{2} \times \boxed{3} \times \boxed{5 \times 5} \\ 210 &= 2 \times 3 \times 5 \times 7 \\ 735 &= 3 \times 5 \times \boxed{7 \times 7} \\ 1365 &= 3 \times 5 \times 7 \times \boxed{13} \end{aligned}$$

그러므로 **LCM은 2×3×5×5×7×7×13 = 95550**이다.

◆ **이제 다음 연습문제를 풀어보자.**

[연습문제 3] 최대공약수와 최소공배수에 대한 추가 문제

※ 다음 수들의 그룹에 대해 (a) HCF, (b) LCM을 구하라.

1 8, 12
2 60, 72
3 50, 70
4 270, 900
5 6, 10, 14
6 12, 30, 45
7 10, 15, 70, 105
8 90, 105, 300
9 196, 210, 462, 910
10 196, 350, 770

1.5 계산 순서와 괄호

1.5.1 계산 순서

우리는 가끔씩 다음과 같이 덧셈, 뺄셈, 곱셈, 나눗셈, 거듭제곱, 괄호 등이 포함된 계산식을 접하게 될 것이다.

$$5 - 3 \times 4 + 24 \div (3+5) - 3^2$$

이것은 극단적인 예이지만, 이 예를 통해 계산 순서를 알아보자. 글을 읽을 때는 왼쪽에서 오른쪽으로 읽지만, 수학에서는 반드시 지켜야 하는 계산 순서(순차)가 있다.

Brackets(괄호)
Order(또는 pOwer)(차수 또는 거듭제곱)
Division(나눗셈)
Multiplication(곱하기)
Addition(더하기)
Subtraction(빼기)

기억하기 쉽게 각 단어의 첫 글자로 이루어진 BODMAS를 생각한다. 예를 들어, $4^2=4\times4=16$이다.

$5-3\times4+24\div(3+5)-3^2$은 다음과 같이 계산한다.

$5-3\times4+24\div(3+5)-3^2$

$=5-3\times4+24\div8-3^2$	B : 괄호 제거, 3+5를 8로 대체
$=5-3\times4+24\div8-9$	O : $3^2=3\times3=9$
$=5-3\times4+3-9$	D : $24\div8=3$
$=5-12+3-9$	M : $-3\times4=-12$
$=8-12-9$	A : $5+3=8$
$=-13$	S : $8-12-9=-13$

실제 계산에서는 **나눗셈 전에 곱셈을 하거나 덧셈 전에 뺄셈을 해도 문제가 없다.** 중요한 것은 **곱셈과 나눗셈이 덧셈과 뺄셈 이전에 이루어져야 한다.**

1.5.2 괄호와 연산

괄호와 연산에 대한 기본 법칙은 다음과 같다.

(a) $2+3=3+2$; 즉, 더할 때 수들의 순서는 상관없다.
(b) $2\times3=3\times2$; 즉, 곱할 때 수들의 순서는 상관없다.
(c) $2+(3+4)=(2+3)+4$; 즉, 더할 때 괄호의 사용은 결과에 영향을 주지 않는다.
(d) $2\times(3\times4)=(2\times3)\times4$; 즉, 곱할 때 괄호의 사용은 결과에 영향을 주지 않는다.
(e) $2\times(3+4)=2(3+4)=2\times3+2\times4$; 즉, 괄호 밖에 위치한 수는 괄호 안의 모든 성분이 그 수에 의해 곱해져야 함을 나타낸다.
(f) $(2+3)(4+5)=(5)(9)=5\times9=45$; 즉, 이웃하는 괄호는 곱셈을 나타낸다.
(g) $2[3+(4\times5)]=2[3+20]=2\times23=46$; 즉 수식이 소괄호와 대괄호를 포함할 때, **소괄호부터 계산한다.**

BODMAS의 규칙으로 다음 문제들을 풀어보자.

[문제 16] $6+4\div(5-3)$을 구하라.

$$\begin{aligned}6+4\div(5-3)&=6+4\div2 &&\text{(Bracket)}\\&=6+2 &&\text{(Division)}\\&=\mathbf{8} &&\text{(Addition)}\end{aligned}$$

[문제 17] $13-2\times3+14\div(2+5)$의 값을 구하라.

$$\begin{aligned}13-2\times3+14\div(2+5)&=13-2\times3+14\div7 &&\text{(B)}\\&=13-2\times3+2 &&\text{(D)}\\&=13-6+2 &&\text{(M)}\\&=15-6 &&\text{(A)}\\&=\mathbf{9} &&\text{(S)}\end{aligned}$$

[문제 18] $16\div(2+6)+18[3+(4\times6)-21]$의 값을 구하라.

$$\begin{aligned}&16\div(2+6)+18[3+(4\times6)-21]\\&=16\div(2+6)+18[3+24-21]\\&=16\div8+18\times6\\&=2+18\times6\\&=2+108\\&=\mathbf{110}\end{aligned}$$

[문제 19] $23-4(2\times7)+\dfrac{(144\div4)}{(14-8)}$의 값을 구하라.

$$\begin{aligned}23-4(2\times7)+\frac{(144\div4)}{(14-8)}&=23-4\times14+\frac{36}{6} &&\text{(B)}\\&=23-4\times14+6 &&\text{(D)}\\&=23-56+6 &&\text{(M)}\\&=29-56 &&\text{(A)}\\&=\mathbf{-27} &&\text{(S)}\end{aligned}$$

[문제 20] $\dfrac{3+\sqrt{(5^2-3^2)}+2^3}{1+(4\times6)\div(3\times4)}+\dfrac{15\div3+2\times7-1}{3\times\sqrt{4}+8-3^2+1}$을 계산하라.

$$\frac{3+\sqrt{(5^2-3^2)}+2^3}{1+(4\times6)\div(3\times4)}+\frac{15\div3+2\times7-1}{3\times\sqrt{4}+8-3^2+1}$$

$$=\frac{3+4+8}{1+24\div12}+\frac{15\div3+2\times7-1}{3\times2+8-9+1}$$

$$=\frac{3+4+8}{1+2}+\frac{5+2\times7-1}{3\times2+8-9+1}$$
$$=\frac{15}{3}+\frac{5+14-1}{6+8-9+1}$$
$$=5+\frac{18}{6}$$
$$=5+3=8$$

◆ **이제 다음 연습문제를 풀어보자.**

[연습문제 4] 계산 순서와 괄호에 대한 문제

※ 다음을 계산하라.

1 $14+3\times15$

2 $17-12\div4$

3 $86+24\div(14-2)$

4 $7(23-18)\div(12-5)$

5 $63-8(14\div2)+26$

6 $\frac{40}{5}-42\div6+(3\times7)$

7 $\frac{(50-14)}{3}+7(16-7)-7$

8 $\frac{(7-3)(1-6)}{4(11-6)\div(3-8)}$

9 $\frac{(3+9\times6)\div3-2\div2}{3\times6+(4-9)-3^2+5}$

10 $\frac{(4\times3^2+24)\div5+9\times3}{2\times3^2-15\div3}+\frac{2+27\div3+12\div2-3^2}{5+(13-2\times5)-4}$

11 $\frac{1+\sqrt{25}+3\times2-8\div2}{3\times4-\sqrt{(3^2+4^2)}+1}-\frac{(4\times2+7\times2)\div11}{\sqrt{9}+12\div2-2^3}$

[연습문제 5] 기본 연산에 대한 선다형 문제

※ 각 문제는 정답은 한 개이다.

1 $(-5)-(-2)+(-3)$을 계산하라.
(a) -4 (b) 0 (c) -6 (d) -10

2 다음 수들 중 정수가 아닌 것을 골라라.
(a) 0 (b) 2 (c) $\frac{1}{4}$ (d) -3

3 $6\times(-2)-18\div2-5$를 계산하라.
(a) -18 (b) -26 (c) 16 (d) -6

4 다음 중 소수가 아닌 것을 골라라.
(a) 8 (b) 7 (c) 2 (d) 11

5 $15-3\times2+16\div2+6$을 계산하라.
(a) 23 (b) 26 (c) 38 (d) 11

6 19와 28 사이에 있는 소수를 구하라.
(a) 20 (b) 23 (c) 25 (d) 27

7 15와 18의 최소공배수를 구하라.
(a) 90 (b) 180 (c) 270 (d) 360

8 $45+30\div(21-6)-2\times5+1$을 계산하라.
(a) -4 (b) 35 (c) -7 (d) 38

9 54와 60의 최대공약수를 구하라.
(a) 2 (b) 3 (c) 6 (d) 12

10 $18\div2+4-10[4+(5\times3)-21]$을 계산하라.
(a) 11 (b) 33 (c) 23 (d) -11

11 $2+2-2\times2\div2$를 계산하라.
(a) 0 (b) 10 (c) 8 (d) 2

12 8, 9, 25의 HCF를 구하라.
(a) 8 (b) 9 (c) 25 (d) 1

13 $(-5)^2\times3$을 계산하라.[1]
(a) -75 (b) 15 (c) 75 (d) -15

14 $3(27-19)\div\frac{(4+2)}{3}+(-1)$을 계산하라.
(a) 10 (b) 24 (c) 13 (d) 11

15 5, 15, 20의 LCM과 HCF의 비를 구하라.[2]
(a) 9 : 1 (b) 12 : 1 (c) 11 : 1 (d) 4 : 3

1 (역자주) 거듭제곱의 개념은 7장에서 자세히 다룬다.
2 (역자주) 비의 개념은 6장에서 자세히 다룬다.

Chapter 02

분수

Fractions

분수를 이해하는 것이 왜 중요할까?

기계공학에서의 변형률에 대한 응력 비율과 화학적 농축 비율 및 반응률, 전기 방정식에서의 전류와 전압을 풀기 위한 비율 등의 예에서, 공학자들은 쉬지 않고 분수를 사용한다. 또한 분수는 방사성 붕괴 비율에서부터 통계적 분석까지, 자연과학의 모든 곳에서 사용된다. 우리는 계산기를 이용해 분수를 쉽게 계산할 수 있지만, 때론 분수의 덧셈, 뺄셈, 곱셈, 나눗셈의 계산을 신속히 해야 할 때도 있다. 또 다시 말하지만, 이후에 계산기를 다룰 것이니 이 장에 너무 많은 시간을 소비하지 말자. 하지만 계산기 없이 빨리 계산하는 방법에 대해서도 생각하고 노력해야 한다. 그러면 보다 자신감 있게 수와 계산을 다룰 수 있게 될 것이다.

학습포인트

- 분자, 분모, 진분수와 가분수, 대분수(또는 혼합수) 등의 용어를 이해한다.
- 분수를 더하고 뺀다.
- 두 분수를 곱하고 나눈다.
- 분수를 포함하는 식을 계산할 때 연산 순서를 이해한다.

2.1 서론

14개 중에서 9개라는 표시를 $\frac{9}{14}$ 또는 9/14로 쓸 것이다. $\frac{9}{14}$는 분수의 예이다. 선 위의 수, 즉 9를 분자numerator라 하고, 선 아래의 숫자, 즉 14를 분모denominator라고 한다. 분자의 값이 분모의 값보다 작을 때 진분수proper fraction라 한다. $\frac{9}{14}$는 진분수의 예이다. 분자의 값이 분모의 값보다 클 때 가분수improper fraction라 한다. $\frac{5}{2}$는 가분수의 예이다. 대분수mixed number는 정수와 분수의 합성이다. $2\frac{1}{2}$은 대분수의 한 예로, 사실은 $\frac{5}{2}=2\frac{1}{2}$이다.

일상생활에서 이미 분수가 매일 사용되고 있다. 예를 들어, 세 사람이 초코바 하나를 동등하게 나눈다면 각각 $\frac{1}{3}$씩 가질 것이다. 또 슈퍼마켓에서 6팩들이 맥주를 $\frac{1}{5}$ 할인한다고 할 때, 맥주의 정상가격이 9000원이면 할인가격은 7200원이다. 또 다른 예로, 어떤 회사의 근로자 $\frac{3}{4}$이 여성이라 할 때, 이 회사의 근로자가 48명이면 이 중 여성은 36명이다.

계산기를 이용하여 분수를 쉽게 계산할 수 있다. 그러나 분수를 좀 더 이해하기 위해 이 장에서는 계산기를 사용하지 않고 분수에 대한 덧셈, 뺄셈, 곱셈, 나눗셈을 하는 방법을 보일 것이다.

[문제 1] 다음 가분수를 대분수로 변경하라.

(a) $\frac{9}{2}$ (b) $\frac{13}{4}$ (c) $\frac{28}{5}$

(a) $\frac{9}{2}$는 9를 2등분하는 것을 의미하며, $\frac{9}{2}=9\div 2$이다. $9\div 2=4$와 $\frac{1}{2}$, 즉 다음과 같다.

$$\frac{9}{2}=4\frac{1}{2}$$

(b) $\frac{13}{4}$은 13을 4등분하는 것을 의미하며, $\frac{13}{4}=13\div 4$이다. $13\div 4=3$과 $\frac{1}{4}$, 즉 다음과 같다.

$$\frac{13}{4}=3\frac{1}{4}$$

(c) $\frac{28}{5}$은 28을 5등분하는 것을 의미하며, $\frac{28}{5} = 28 \div 5$이다. $28 \div 5 = 5$와 $\frac{3}{5}$, 즉 다음과 같다.

$$\frac{28}{5} = 5\frac{3}{5}$$

[문제 2] 다음 대분수를 가분수로 변경하라.

(a) $5\frac{3}{4}$ (b) $1\frac{7}{9}$ (c) $2\frac{3}{7}$

(a) $5\frac{3}{4}$은 $5 + \frac{3}{4}$을 의미하고, 5를 $\frac{1}{4}$로 잘라낸 조각으로 계산하면 전체 조각의 개수는 $5 \times 4 = 20$개이다. 따라서 $5\frac{3}{4}$은 $\frac{1}{4}$인 조각이 $20 + 3 = 23$개이다. 즉 다음과 같다.

$$5\frac{3}{4} = \mathbf{\frac{23}{4}}$$

$5\frac{3}{4}$을 진분수로 빠르게 바꾸는 방법은 $\frac{4 \times 5 + 3}{4} = \mathbf{\frac{23}{4}}$이다.

(b) $1\frac{7}{9} = \frac{9 \times 1 + 7}{9} = \mathbf{\frac{16}{9}}$이다.

(c) $2\frac{3}{7} = \frac{7 \times 2 + 3}{7} = \mathbf{\frac{17}{7}}$이다.

[문제 3] 학교에 여학생 72명을 포함하여 180명이 있다. 이를 가장 간단한 형태의 분수로 표현하라.

여학생에 대한 분수는 $\frac{72}{180}$이다. 분자와 분모를 모두 가장 작은 소수 2로 나누면 다음과 같다.

$$\frac{72}{180} = \frac{36}{90}$$

분자와 분모를 모두 2로 다시 한 번 나누면 다음과 같다.

$$\frac{72}{180} = \frac{36}{90} = \frac{18}{45}$$

2는 18과 45를 함께 나눌 수 없다. 따라서 분자와 분모를 다음 번 소수인 3으로 나누면 다음과 같다.

$$\frac{72}{180} = \frac{36}{90} = \frac{18}{45} = \frac{6}{15}$$

분자와 분모를 모두 3으로 다시 한 번 나누면 다음과 같다.

$$\frac{72}{180} = \frac{36}{90} = \frac{18}{45} = \frac{6}{15} = \frac{2}{5}$$

그러므로 $\mathbf{\frac{72}{180} = \frac{2}{5}}$는 **가장 간단한 형태의 분수**가 된다. 따라서 **학생들의 $\frac{2}{5}$는 여학생**이다.

2.2 분수의 덧셈과 뺄셈

더하고자 하는 두 개(또는 그 이상)의 분수의 분모가 같을 때, 이 두 분수는 곧바로 더할 수 있다. 예를 들어 다음과 같다.

$$\frac{2}{9} + \frac{5}{9} = \frac{7}{9}, \quad \frac{3}{8} + \frac{1}{8} = \frac{4}{8}$$

마지막 예에서 4와 8은 4에 의해 모두 나누어지므로 $\frac{4}{8} = \frac{1}{2}$이고, 이러한 방법으로 구한 답을 간단히 할 수 있다. 이것을 약분한다[cancelling]고 한다.

다음 예를 통해 분수의 덧셈과 뺄셈을 하는 방법을 알아보자.

[문제 4] $\frac{1}{3} + \frac{1}{2}$을 간단히 하라.

❶ 각 분수의 분모를 같게 만든다. 두 분모가 나눌 수 있는 가장 작은 수를 **최소공배수** 또는 LCM이라 부른다. 이 예에서 3과 2의 LCM은 6이다.

❷ 3은 6을 두 번 나눈다. $\frac{1}{3}$의 분자와 분모 모두에 2를 곱하여 다음을 얻는다.

$\frac{1}{3} = \frac{2}{6}$ 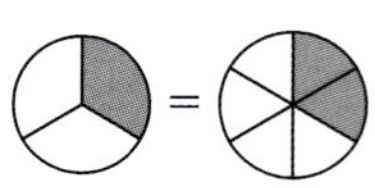

❸ 2는 6을 세 번 나눈다. $\frac{1}{2}$의 분자와 분모 모두에 3을 곱하여 다음을 얻는다.

$\frac{1}{2} = \frac{3}{6}$ 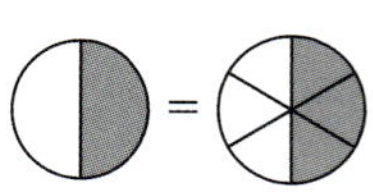

❹ 따라서 $\frac{1}{3} + \frac{1}{2}$은 다음과 같다.

$\frac{1}{3} + \frac{1}{2} = \frac{2}{6} + \frac{3}{6} = \frac{5}{6}$ 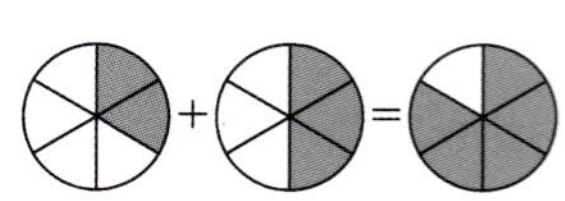

[문제 5] $\frac{3}{4}-\frac{7}{16}$을 간단히 하라.

❶ 각 분수의 분모를 같게 만든다. 4와 16의 최소공배수(LCM)는 16이다.

❷ 4는 16을 네 번 나눈다. $\frac{3}{4}$의 분자와 분모 모두에 4를 곱하여 다음을 얻는다.

$$\frac{3}{4}=\frac{12}{16}$$

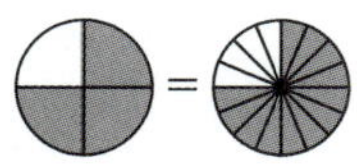

❸ $\frac{7}{16}$은 이미 분모가 16이다.

❹ 따라서 $\frac{3}{4}-\frac{7}{16}$은 다음과 같다.

$$\frac{3}{4}-\frac{7}{16}=\frac{12}{16}-\frac{7}{16}=\frac{5}{16}$$

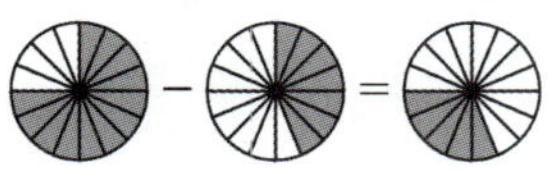

[문제 6] $4\frac{2}{3}-1\frac{1}{6}$을 간단히 하라.

$4\frac{2}{3}-1\frac{1}{6}$은 $\left(4\frac{2}{3}\right)-\left(1\frac{1}{6}\right)$, 즉 $\left(4+\frac{2}{3}\right)-\left(1+\frac{1}{6}\right)$이다. 이것은 $4+\frac{2}{3}-1-\frac{1}{6}$과 같고, $3+\frac{2}{3}-\frac{1}{6}$, 즉 $3+\frac{4}{6}-\frac{1}{6}=3+\frac{3}{6}=3+\frac{1}{2}$이다. 따라서 다음을 얻는다.

$$4\frac{2}{3}-1\frac{1}{6}=\mathbf{3\frac{1}{2}}$$

[문제 7] $7\frac{1}{8}-5\frac{3}{7}$을 계산하라.

$$\begin{aligned}7\frac{1}{8}-5\frac{3}{7}&=\left(7+\frac{1}{8}\right)-\left(5+\frac{3}{7}\right)=7+\frac{1}{8}-5-\frac{3}{7}\\&=2+\frac{1}{8}-\frac{3}{7}=2+\frac{7\times1-8\times3}{56}\\&=2+\frac{7-24}{56}=2+\frac{-17}{56}=2-\frac{17}{56}\\&=\frac{112}{56}-\frac{17}{56}=\frac{112-17}{56}=\frac{95}{56}=\mathbf{1\frac{39}{56}}\end{aligned}$$

[문제 8] $4\frac{5}{8}-3\frac{1}{4}+1\frac{2}{5}$를 구하라.

$$\begin{aligned}4\frac{5}{8}-3\frac{1}{4}+1\frac{2}{5}&=(4-3+1)+\left(\frac{5}{8}-\frac{1}{4}+\frac{2}{5}\right)\\&=2+\frac{5\times5-10\times1+8\times2}{40}\\&=2+\frac{25-10+16}{40}\\&=2+\frac{31}{40}=\mathbf{2\frac{31}{40}}\end{aligned}$$

***[문제 9]** 작은 콘서트홀을 공학 학회 장소로 사용한다. 참석자의 $\frac{2}{5}$가 무대 앞에 앉아 있고, $\frac{4}{15}$가 2층 좌석에 앉아 있으며, 나머지 210명은 1층 좌석에 앉아 있다. 이 학회에 참석한 전체 발표자 수를 구하라.

무대 앞과 2층 좌석에 앉아 있는 참석자의 비율은 다음과 같다.

$$\frac{2}{5}+\frac{4}{15}=\frac{6+4}{15}=\frac{10}{15}=\frac{2}{3}$$

따라서 $1-\frac{2}{3}$, 즉 참석자의 $\frac{1}{3}$이 1층 좌석에 앉아 있으며, 이는 210명의 참석자가 전체 참석자의 $\frac{1}{3}$임을 의미한다. 그러므로 **학회에 참석한 전체 발표자 수는** $3\times210=$**630명이다.**

◆ **이제 다음 연습문제를 풀어보자.**

[연습문제 6] 분수 입문

1 가분수 $\frac{15}{7}$를 대분수로 바꿔라.

2 가분수 $\frac{37}{5}$을 대분수로 바꿔라.

3 대분수 $2\frac{4}{9}$를 가분수로 바꿔라.

4 대분수 $8\frac{7}{8}$을 가분수로 바꿔라.

5 상자 안에 종이 클립 165개가 들어있다. 이 중 클립 60개를 상자에서 꺼냈다. 이것을 가장 간단한 형태의 분수로 나타내라.

6 다음 분수를 가장 작은 수에서 가장 큰 수로 배열하라.

$$\frac{4}{9},\ \frac{5}{8},\ \frac{3}{7},\ \frac{1}{2},\ \frac{3}{5}$$

7 어떤 대학에 여학생 120명을 포함하여 375명의 학생이 있다. 이것을 가장 간단한 형태의 분수로 나타내라.

※ (문제 8~20) 주어진 식을 분수 형태로 계산하라.

8 $\frac{1}{3}+\frac{2}{5}$

9 $\frac{5}{6}-\frac{4}{15}$

10 $\frac{1}{2}+\frac{2}{5}$

11 $\frac{7}{16}-\frac{1}{4}$

12 $\frac{2}{7}+\frac{3}{11}$

13 $\frac{2}{9}-\frac{1}{7}+\frac{2}{3}$

14 $3\frac{2}{5}-2\frac{1}{3}$

15 $\frac{7}{27}-\frac{2}{3}+\frac{5}{9}$

16 $5\frac{3}{13}+3\frac{3}{4}$

17 $4\frac{5}{8}-3\frac{2}{5}$

18 $10\frac{3}{7}-8\frac{2}{3}$

19 $3\frac{1}{4}-4\frac{4}{5}+1\frac{5}{6}$

20 $5\frac{3}{4}-1\frac{2}{5}-3\frac{1}{2}$

*21 차동 도르래의 운동비율 M의 공식은 $M=\frac{2R}{R-r}$이다. 여기서 R과 r은 각각 단차의 큰 부분과 작은 부분의 반지름이다. 직경이 140mm와 120mm인 도르래 장치의 운동비율을 구하라.

2.3 분수의 곱셈과 나눗셈

2.3.1 곱셈

두 개 이상의 분수를 곱하려면, 먼저 분자끼리 곱해서 새로운 분자를 만들고, 그 다음에 분모끼리 곱해서 새로운 분모를 만든다. 예를 들어 다음과 같다.

$$\frac{2}{3}\times\frac{4}{7}=\frac{2\times4}{3\times7}=\frac{8}{21}$$

[문제 10] $7\times\frac{2}{5}$를 간단히 하라.

$$7\times\frac{2}{5}=\frac{7}{1}\times\frac{2}{5}=\frac{7\times2}{1\times5}=\frac{14}{5}=2\frac{4}{5}$$

[문제 11] $\frac{3}{7}\times\frac{14}{15}$의 값을 구하라.

분자와 분모를 3으로 나누어 다음을 얻는다.

$$\frac{3}{7}\times\frac{14}{15}=\frac{1}{7}\times\frac{14}{5}=\frac{1\times14}{7\times5}$$

분자와 분모를 7로 나누어 다음을 얻는다.

$$\frac{1\times14}{7\times5}=\frac{1\times2}{1\times5}=\frac{2}{5}$$

분수의 분모와 분자를 동일한 인수로 나누는 과정을 **약분한다**고 한다.

[문제 12] $\frac{3}{5}\times\frac{4}{9}$를 간단히 하라.

$$\frac{3}{5}\times\frac{4}{9}=\frac{1}{5}\times\frac{4}{3}\qquad\text{약분에 의해}$$

$$=\frac{4}{15}$$

[문제 13] $1\frac{3}{5}\times2\frac{1}{3}\times3\frac{3}{7}$을 계산하라.

대분수는 곱셈을 하기 전에 반드시 가분수로 바꾸어야 한다. 따라서 다음과 같다.

$$1\frac{3}{5}\times2\frac{1}{3}\times3\frac{3}{7}=\left(\frac{5}{5}+\frac{3}{5}\right)\times\left(\frac{6}{3}+\frac{1}{3}\right)\times\left(\frac{21}{7}+\frac{3}{7}\right)$$

$$=\frac{8}{5}\times\frac{7}{3}\times\frac{24}{7}=\frac{8\times1\times8}{5\times1\times1}=\frac{64}{5}$$

$$=12\frac{4}{5}$$

[문제 14] $3\frac{1}{5}\times1\frac{2}{3}\times2\frac{3}{4}$을 간단히 하라.

대분수는 곱셈을 하기 전에 반드시 가분수로 바꾸어야 한다.

$$3\frac{1}{5}\times1\frac{2}{3}\times2\frac{3}{4}=\frac{16}{5}\times\frac{5}{3}\times\frac{11}{4}$$

$$=\frac{4}{1}\times\frac{1}{3}\times\frac{11}{1}$$ 약분에 의해

$$=\frac{4\times1\times11}{1\times3\times1}=\frac{44}{3}=14\frac{2}{3}$$

2.3.2 나눗셈

분수의 나눗셈은, **두 번째 분수를 뒤집어서 나눗셈 부호를 곱셈 부호로 바꾸면 간단하다.** 예를 들어 다음과 같다.

$$\frac{2}{3}\div\frac{3}{4}=\frac{2}{3}\times\frac{4}{3}=\frac{8}{9}$$

[문제 15] $\frac{3}{7}\div\frac{8}{21}$을 간단히 하라.

$$\frac{3}{7}\div\frac{8}{21}=\frac{3}{7}\times\frac{21}{8}=\frac{3}{1}\times\frac{3}{8}$$

$$=\frac{3\times3}{1\times8}=\frac{9}{8}=1\frac{1}{8}$$

[문제 16] $5\frac{3}{5}\div7\frac{1}{3}$의 값을 구하라.

먼저 대분수를 가분수로 바꾼다.

$$5\frac{3}{5}\div7\frac{1}{3}=\frac{28}{5}\div\frac{22}{3}=\frac{28}{5}\times\frac{3}{22}$$

$$=\frac{14}{5}\times\frac{3}{11}=\frac{42}{55}$$

[문제 17] $3\frac{2}{3}\times1\frac{3}{4}\div2\frac{3}{4}$을 간단히 하라.

대분수는 곱셈과 나눗셈을 하기 전에 반드시 가분수로 바꾸어 계산하면 다음과 같다.

$$3\frac{2}{3}\times1\frac{3}{4}\div2\frac{3}{4}=\frac{11}{3}\times\frac{7}{4}\div\frac{11}{4}=\frac{11}{3}\times\frac{7}{4}\times\frac{4}{11}$$

$$=\frac{1\times7\times1}{3\times1\times1}$$ 약분에 의해

$$=\frac{7}{3}=2\frac{1}{3}$$

◆ **이제 다음 연습문제를 풀어보자.**

[연습문제 7] 분수를 곱하고 나누기

※ (문제 1~18) 주어진 식을 계산하라.

1 $\frac{2}{5}\times\frac{4}{7}$

2 $5\times\frac{4}{9}$

3 $\frac{3}{4}\times\frac{8}{11}$

4 $\frac{3}{4}\times\frac{5}{9}$

5 $\frac{17}{35}\times\frac{15}{68}$

6 $\frac{3}{5}\times\frac{7}{9}\times1\frac{2}{7}$

7 $\frac{13}{17}\times4\frac{7}{11}\times3\frac{4}{39}$

8 $\frac{1}{4}\times\frac{3}{11}\times1\frac{5}{39}$

9 $\frac{2}{9}\div\frac{4}{27}$

10 $\frac{3}{8}\div\frac{45}{64}$

11 $\frac{3}{8}\div\frac{5}{32}$

12 $\frac{3}{4}\div1\frac{4}{5}$

13 $2\frac{1}{4}\times1\frac{2}{3}$

14 $1\frac{1}{3}\div2\frac{5}{9}$

15 $2\frac{4}{5}\div\frac{7}{10}$

16 $2\frac{3}{4}\div3\frac{2}{3}$

17 $\frac{1}{9}\times\frac{3}{4}\times1\frac{1}{3}$

18 $3\frac{1}{4}\times1\frac{3}{5}\div\frac{2}{5}$

19 배의 승무원은 105명이고, 그중에서 $\frac{1}{7}$이 여성이다. 남성 중의 $\frac{1}{6}$은 장교이다. 배에 탑승한 남성 장교는 몇 명인가?

***20** 저장 탱크에 $\frac{3}{4}$만큼 채워질 때 450리터의 물이 들어간다면, $\frac{2}{3}$가 채워질 때는 얼마나 많은 물이 들어있는가?

21 세 사람 P, Q, R이 기부금을 낸다. P는 전체의 $\frac{3}{5}$을 기부하고, Q는 나머지의 $\frac{2}{3}$를 기부하고, R은 8억을 기부한다. 다음을 구하라.

(a) 전체 기부금 (b) P, Q의 기부금

***22** 탱크 안에 24,000리터의 기름이 들어있다. 처음에 내용물의 $\frac{7}{10}$이 빠져 나가고, 나머지의 $\frac{3}{5}$이 빠져 나갔다. 탱크 안에 남아 있는 기름의 양은 얼마인가?

2.4 분수 계산의 순서

1장에서 학습했듯이, 간혹 덧셈, 뺄셈, 곱셈, 나눗셈, 거듭제곱, 괄호 등이 포함된 계산식을 볼 수 있다. 이와 같은 계산을 할 때는 우선순위가 있으며, 그 순서는 다음과 같다.

❶ 괄호 ❷ 거듭제곱 ❸ 나눗셈
❹ 곱셈 ❺ 덧셈 ❻ 뺄셈

다음 문제들을 통해 살펴보자.

[문제 18] $\frac{7}{20}-\frac{3}{8}\times\frac{4}{5}$를 간단히 하라.

$$\frac{7}{20}-\frac{3}{8}\times\frac{4}{5}=\frac{7}{20}-\frac{3\times1}{2\times5}$$ 약분에 의해

$$=\frac{7}{20}-\frac{3}{10}=\frac{7}{20}-\frac{6}{20}=\mathbf{\frac{1}{20}}$$

[문제 19] $\frac{1}{4}-2\frac{1}{5}\times\frac{5}{8}+\frac{9}{10}$를 간단히 하라.

$$\frac{1}{4}-2\frac{1}{5}\times\frac{5}{8}+\frac{9}{10}=\frac{1}{4}-\frac{11}{5}\times\frac{5}{8}+\frac{9}{10}$$

약분에 의해 $$=\frac{1}{4}-\frac{11}{1}\times\frac{1}{8}+\frac{9}{10}$$

$$=\frac{1}{4}-\frac{11}{8}+\frac{9}{10}$$

4, 8, 10의 LCM이 40이므로 $$=\frac{1\times10}{4\times10}-\frac{11\times5}{8\times5}+\frac{9\times4}{10\times4}$$

$$=\frac{10}{40}-\frac{55}{40}+\frac{36}{40}$$

$$=\frac{10-55+36}{40}=\mathbf{-\frac{9}{40}}$$

[문제 20] $2\frac{1}{2}-\left(\frac{2}{5}+\frac{3}{4}\right)\div\left(\frac{5}{8}\times\frac{2}{3}\right)$를 간단히 하라.

$$2\frac{1}{2}-\left(\frac{2}{5}+\frac{3}{4}\right)\div\left(\frac{5}{8}\times\frac{2}{3}\right)$$

$$=\frac{5}{2}-\left(\frac{2\times4}{5\times4}+\frac{3\times5}{4\times5}\right)\div\left(\frac{5}{8}\times\frac{2}{3}\right)$$

$$=\frac{5}{2}-\left(\frac{8}{20}+\frac{15}{20}\right)\div\left(\frac{5}{8}\times\frac{2}{3}\right)$$

$$=\frac{5}{2}-\frac{23}{20}\div\left(\frac{5}{4}\times\frac{1}{3}\right)$$ 약분에 의해

$$=\frac{5}{2}-\frac{23}{20}\div\frac{5}{12}=\frac{5}{2}-\frac{23}{20}\times\frac{12}{5}$$

$$=\frac{5}{2}-\frac{23}{5}\times\frac{3}{5}$$ 약분에 의해

$$=\frac{5}{2}-\frac{69}{25}=\frac{5\times25}{2\times25}-\frac{69\times2}{25\times2}$$

$$=\frac{125}{50}-\frac{138}{50}=\mathbf{-\frac{13}{50}}$$

[문제 21] $\frac{1}{3}\times\left(5\frac{1}{2}-3\frac{3}{4}\right)+3\frac{1}{5}\div\frac{4}{5}-\frac{1}{2}$을 계산하라.

$$\frac{1}{3}\times\left(5\frac{1}{2}-3\frac{3}{4}\right)+3\frac{1}{5}\div\frac{4}{5}-\frac{1}{2}$$

$$=\frac{1}{3}\times1\frac{3}{4}+3\frac{1}{5}\div\frac{4}{5}-\frac{1}{2}=\frac{1}{3}\times\frac{7}{4}+\frac{16}{5}\div\frac{4}{5}-\frac{1}{2}$$

$$=\frac{1}{3}\times\frac{7}{4}+\frac{16}{5}\times\frac{5}{4}-\frac{1}{2}=\frac{1}{3}\times\frac{7}{4}+\frac{4}{1}\times\frac{1}{1}-\frac{1}{2}$$

$$=\frac{7}{12}+\frac{4}{1}-\frac{1}{2}=\frac{7}{12}+\frac{48}{12}-\frac{6}{12}$$

$$=\frac{49}{12}=\mathbf{4\frac{1}{12}}$$

◆ **이제 다음 연습문제를 풀어보자.**

[연습문제 8] 분수 계산의 순서

※ 다음을 계산하라.

1 $2\frac{1}{2}-\frac{3}{5}\times\frac{20}{27}$

2 $\frac{1}{3}-\frac{3}{4}\times\frac{16}{27}$

3 $\frac{1}{2}+\frac{3}{5}\div\frac{9}{15}-\frac{1}{3}$

4 $\frac{1}{5}+2\frac{2}{3}\div\frac{5}{9}-\frac{1}{4}$

5 $\frac{4}{5}\times\frac{1}{2}-\frac{1}{6}\div\frac{2}{5}+\frac{2}{3}$

6 $\frac{3}{5}-\left(\frac{2}{3}-\frac{1}{2}\right)\div\left(\frac{5}{6}\times\frac{3}{2}\right)$

7 $\frac{1}{2}\times\left(4\frac{2}{5}-3\frac{7}{10}\right)+\left(3\frac{1}{3}\div\frac{2}{3}\right)-\frac{2}{5}$

8 $\dfrac{6\frac{2}{3}\times 1\frac{2}{5}-\frac{1}{3}}{6\frac{3}{4}\div 1\frac{1}{2}}$

9 $1\frac{1}{3}\times 2\frac{1}{5}\div\frac{2}{5}$

10 $\frac{1}{4}\times\frac{2}{5}-\frac{1}{5}\div\frac{2}{3}+\frac{4}{15}$

11 $\dfrac{\frac{2}{3}+3\frac{1}{5}\times 2\frac{1}{2}+1\frac{1}{3}}{8\frac{1}{3}\div 3\frac{1}{3}}$

12 $\frac{1}{13}\times\left(2\frac{9}{10}-1\frac{3}{5}\right)+\left(2\frac{1}{3}\div\frac{2}{3}\right)-\frac{3}{4}$

[연습문제 9] 분수에 대한 선다형 문제

※ 각 문제의 정답은 한 개이다.

1 분수 $\frac{3}{8}$에서 3을 무엇이라 하는가?

(a) 분모 (b) 대분수
(c) 분자 (d) LCM

2 다음 중에서 진분수인 것은 무엇인가?

(a) $\frac{7}{3}$ (b) $\frac{1}{3}$ (c) $\frac{5}{3}$ (d) $\frac{9}{3}$

3 가분수 $\frac{27}{7}$을 대분수로 나타낸 것은 무엇인가?

(a) $7\frac{1}{2}$ (b) $2\frac{1}{7}$ (c) $3\frac{6}{7}$ (d) $6\frac{1}{3}$

4 분수 $\frac{5}{9}$에서 9를 무엇이라 하는가?

(a) 분모 (b) 대분수
(c) 분자 (d) HCF

5 대분수 $4\frac{2}{3}$를 가분수로 나타낸 것은 무엇인가?

(a) $\frac{24}{3}$ (b) $\frac{11}{3}$ (c) $\frac{10}{3}$ (d) $\frac{14}{3}$

6 $\frac{3}{4}\div 1\frac{3}{4}$을 계산하라.

(a) $\frac{3}{7}$ (b) $1\frac{9}{16}$ (c) $1\frac{5}{16}$ (d) $2\frac{1}{2}$

7 2와 12 사이의 소수로 만들어진 분수는 무엇인가?

(a) $\frac{1}{11}$ (b) $\frac{10}{11}$ (c) $\frac{5}{11}$ (d) $\frac{6}{11}$

8 $\frac{72}{3}\div\frac{18}{6}$을 계산하라.

(a) 8 (b) 18 (c) 72 (d) 54

9 $\frac{11}{3}+\frac{8}{3}+\frac{17}{3}$을 계산하라.

(a) 11 (b) 12 (c) 14 (d) 15

10 $1\frac{1}{3}+1\frac{2}{3}\div 2\frac{2}{3}-\frac{1}{3}$을 계산하라.

(a) $1\frac{5}{8}$ (b) $\frac{19}{24}$ (c) $2\frac{1}{21}$ (d) $1\frac{2}{7}$

11 $\left(4\frac{1}{2}-3\frac{1}{4}\right)+5\div\frac{5}{16}-\frac{1}{4}$의 $\frac{2}{5}$를 구하라.

(a) $17\frac{7}{20}$ (b) $80\frac{1}{2}$ (c) $16\frac{1}{4}$ (d) 88

12 분수 $\frac{2}{3}$, $\frac{3}{5}$, $\frac{5}{8}$, $\frac{7}{9}$ 중에서 가장 작은 것은 무엇인가?

(a) $\frac{2}{3}$ (b) $\frac{3}{5}$ (c) $\frac{5}{8}$ (d) $\frac{7}{9}$

13 $1\frac{3}{11}$의 역수를 구하라.

(a) $\frac{11}{13}$ (b) $\frac{11}{10}$ (c) $\frac{11}{9}$ (d) $\frac{11}{14}$

14 $\left(\frac{3}{4}\div\frac{2}{3}\right)$의 $\frac{1}{2}$을 구하라.

(a) $\frac{3}{16}$ (b) $\frac{9}{16}$ (c) $\frac{3}{6}$ (d) $\frac{9}{4}$

15 $\frac{1}{\pi}\left(1\frac{1}{18}+\frac{1}{6}-\frac{5}{3}\right)$를 계산하라.

(a) $\frac{2\pi}{9}$ (b) $\frac{2}{9\pi}$ (c) $-\frac{16\pi}{9}$ (d) $-\frac{4}{9\pi}$

Chapter 03

소수

Decimals

소수를 이해하는 것이 왜 중요할까?

공학자와 과학자는 모든 계산에서 소수를 사용한다. 계산기를 이용해 쉽게 소수 계산을 할 수 있으나, 소수의 덧셈, 뺄셈, 곱셈, 나눗셈을 포함하는 신속한 계산이 요구될 때도 있다. 또 다시 말하지만, 이후에 계산기를 다룰 것이니 이 장에 너무 많은 시간을 소비하지 말자. 하지만 계산기 없이 빨리 소수를 포함한 계산법에 대해서도 생각하고 노력해야 한다. 그러면 보다 자신감 있게 소수와 계산을 다룰 수 있게 될 것이다.

학습포인트

- 소수를 분수로, 분수를 소수로 변환한다.
- 계산에서 유효숫자와 소수점을 이해한다.
- 소수를 더하고 뺀다.
- 소수를 곱하고 나눈다.

3.1 서론

소수 체계는 자릿수 0에서 9를 기초로 한다. 일상생활에서 우리는 소수를 사용한다. 예를 들어, 라디오 주파수를 107.5 MHz FM으로 돌리라고 말할 때, 여기서 107.5는 소수의 예이다. 또 어떤 제품의 A 성분 함량비가 57.95%라고 할 때, 여기서 57.95는 십진수의 또 다른 예이다. 57.95는 또한 소수이기도 하다. 이때 소수점은 정수 57과 소수 0.95로 분리한다.

57.95는 $(5\times10)+(7\times1)+\left(9\times\frac{1}{10}\right)+\left(5\times\frac{1}{100}\right)$을 의미한다.

3.2 소수를 분수로, 분수를 소수로

다음 주어진 예를 통해 소수를 분수로 변환하고, 역으로 분수를 소수로 변환하는 방법을 알아보자.

[문제 1] 0.375를 가장 간단한 형태의 진분수로 변환하라.

❶ 0.375는 $\frac{0.375\times1000}{1000}$으로 쓸 수 있다. 즉 다음과 같다.

$$0.375=\frac{375}{1000}$$

❷ 분자와 분모를 5로 나눈다.

$$\frac{375}{1000}=\frac{75}{200}$$

❸ 분자와 분모를 5로 다시 한 번 나눈다.

$$\frac{75}{200}=\frac{15}{40}$$

❹ 분자와 분모를 5로 다시 나눈다.

$$\frac{15}{40}=\frac{3}{8}$$

3과 8은 1로만 동시에 나눌 수 있으므로 더 이상의 약분을 할 수 없다. 따라서 $\frac{3}{8}$은 가장 간단한 형태의 분수이다. 그러므로 $0.375=\frac{3}{8}$이다.

[문제 2] 3.4375를 대분수로 변환하라.

❶ 0.4375는 $\frac{0.4375 \times 10000}{10000}$ 으로 쓸 수 있다.

$$0.4375 = \frac{4375}{10000}$$

❷ 분자와 분모를 25로 나눈다.

$$\frac{4375}{10000} = \frac{175}{400}$$

❸ 분자와 분모를 5로 나눈다.

$$\frac{175}{400} = \frac{35}{80}$$

❹ 분자와 분모를 5로 다시 나눈다.

$$\frac{35}{80} = \frac{7}{16}$$

7과 16은 1로만 동시에 나눌 수 있으므로 더 이상 약분을 할 수 없다. 따라서 $\frac{7}{16}$은 가장 간단한 형태의 분수이다.

❺ 그러므로 $0.4375 = \frac{7}{16}$ 이다.

따라서 $\mathbf{3.4375 = 3\frac{7}{16}}$ 이다.

[문제 3] $\frac{7}{8}$을 소수로 변환하라.

진분수를 소수로 변환하기 위해 분자를 분모로 나눈다.

$$8\overline{)7.000}^{\;0.875}$$

❶ 7을 8로 나눌 수 없으므로 7 위에 0을 놓는다.
❷ 7.000의 소수점 위에 소수점을 놓는다.
❸ 70을 8로 나누면 몫이 8이고 나머지가 6이다. 소수점 이후로 첫 번째 0 위에 8을 놓는다. 그리고 나머지 6은 오른쪽에 있는 다음 자릿수로 옮긴다. 그러면 60이다.
❹ 60을 8로 나누면 몫이 7이고 나머지가 4이다. 7을 다음 0 위에 놓고, 나머지 4는 오른쪽에 있는 다음 자릿수로 옮긴다. 그러면 40이다.
❺ 40을 8로 나누면 몫이 5이고 나머지는 0이다. 5를 다음 0 위에 놓는다.

그러므로 $\frac{7}{8} = \mathbf{0.875}$ 이다.

[문제 4] $5\frac{13}{16}$을 소수로 변환하라.

대분수를 소수로 변환할 때는 먼저 진분수 부분만 소수로 변환한다.

$$16\overline{)13.0000}^{\;0.8125}$$

❶ 13은 16으로 나눌 수 없으므로 3 위에 0을 놓는다.
❷ 13.0000의 소수점 위에 소수점을 놓는다.
❸ 130을 16으로 나누면 몫이 8이고 나머지가 2이다. 소수점 이후로 첫 번째 0 위에 8을 놓는다. 그리고 나머지 2는 오른쪽에 있는 다음 자릿수로 옮긴다. 그러면 20이다.
❹ 20을 16으로 나누면 몫이 1이고 나머지가 4이다. 1을 다음 0 위에 놓고, 나머지 4는 오른쪽에 있는 다음 자릿수로 옮긴다. 그러면 40이다.
❺ 40을 16으로 나누면 몫이 2이고 나머지는 8이다. 2를 다음 0 위에 놓고 8은 오른쪽에 있는 자릿수로 옮긴다. 그러면 80이다.
❻ 80을 16으로 나누면 몫이 5이고 나머지는 0이다. 다음 0 위에 5를 놓는다.
❼ 그러면 $\frac{13}{16} = 0.8125$ 이다.

그러므로 $\mathbf{5\frac{13}{16} = 5.8125}$ 이다.

◆ **이제 다음 연습문제를 풀어보자.**

[연습문제 10] 소수를 분수로, 분수를 소수로 변환하기

1 0.65를 진분수로 변환하라.

2 0.036을 진분수로 변환하라.

3 0.175를 진분수로 변환하라.

4 0.048을 진분수로 변환하라.

5 다음을 진분수로 변환하라.

(a) 0.66 (b) 0.84 (c) 0.0125
(d) 0.282 (e) 0.024

6 4.525를 대분수로 변환하라.

7 23.44를 대분수로 변환하라.

8 10.015를 대분수로 변환하라.

9 6.4375를 대분수로 변환하라.

10 다음을 대분수로 변환하라.
(a) 1.82 (b) 4.275 (c) 14.125
(d) 15.35 (e) 16.2125

11 $\frac{5}{8}$를 소수로 나타내라.

12 $6\frac{11}{16}$을 소수로 나타내라.

13 $\frac{7}{32}$을 소수로 나타내라.

14 $11\frac{3}{16}$을 소수로 나타내라.

15 $\frac{9}{32}$를 소수로 나타내라.

3.3 유효숫자와 소수 자리

정확하게 소수로 표현되는 수를 유한소수terminating decimal라 하며, $3\frac{3}{16}=3.1825$가 유한소수이다. 정확하게 소수로 표현되지 않는 수를 무한소수non-terminating decimal라 하며, $1\frac{5}{7}=1.7142857\cdots$이 무한소수이다. 무한소수는 요구되는 정확도에 따라 다음과 같이 두 가지 방법으로 표현된다.

❶ **유효숫자**의 수를 보정한다.
❷ **소수점 아래의 자릿수**를 보정한다. 즉, 소수점 아래 자릿수 다음의 수

소수점 아래 지정된 자릿수의 다음 숫자가 0, 1, 2, 3, 4이면 마지막 자릿수는 보정되지 않는다. 예를 들어,

$\underline{1.714}2857\cdots=\mathbf{1.714}$ 유효숫자 4자리로 보정한다.
$1.71\underline{42}857\cdots=\mathbf{1.714}$ 소수점 아래 3자리로 보정한다.

이 예에서 지정된 소수점 아래 3자리의 다음 숫자가 2이기 때문이다.

소수점 아래 지정된 자릿수의 다음 숫자가 5, 6, 7, 8, 9이면 지정된 마지막 자릿수는 1만큼 커진다. 예를 들어,

$\underline{1.7142}857\cdots=\mathbf{1.7143}$ 유효숫자 5자리로 보정한다.
$1.714\underline{28}57\cdots=\mathbf{1.7143}$ 소수점 아래 4자리로 보정한다.

이 예에서 지정된 소수점 아래 4자리 다음 숫자가 8이기 때문이다.

[문제 5] 15.36815를 다음과 같이 보정하라.
(a) 소수점 아래 2자리 (b) 유효숫자 3자리
(c) 소수점 아래 3자리 (d) 유효숫자 6자리

(a) 소수점 아래 2자리로 보정하면,
$15.3\underline{68}15=\mathbf{15.37}$이다.
(b) 유효숫자 3자리로 보정하면,
$15.\underline{36}815=\mathbf{15.4}$이다.
(c) 소수점 아래 3자리로 보정하면,
$15.36\underline{81}5=\mathbf{15.368}$이다.
(d) 유효숫자 6자리로 보정하면,
$15.368\underline{15}=\mathbf{15.3682}$이다.

[문제 6] 0.004369를 다음과 같이 보정하라.
(a) 소수점 아래 4자리 (b) 유효숫자 3자리

(a) 소수점 아래 4자리로 보정하면,
$0.004\underline{36}9=\mathbf{0.0044}$이다.
(b) 유효숫자 3자리로 보정하면,
$0.0043\underline{69}=\mathbf{0.00437}$이다.

소수점 오른쪽에 있는 0은 모두 유효숫자에 포함시키지 않는다.

◆ **이제 다음 연습문제를 풀어보자.**

[연습문제 11] 유효숫자와 소수 자리

1 14.1794를 소수점 아래 2자리로 보정하라.

2 2.7846을 유효숫자 4자리로 보정하라.

3 65.3792를 소수점 아래 2자리로 보정하라.

4 43.2746을 유효숫자 4자리로 보정하라.

5 1.2973을 소수점 아래 3자리로 보정하라.

6 0.0005279를 유효숫자 3자리로 보정하라.

3.4 소수의 덧셈과 뺄셈

소수를 더하고 뺄 때, 소수점들을 맞추어 각 수를 아래로 놓는다. 즉, 소수점을 기준으로 각 자릿수의 위치를 맞춘다. 다음 예를 통해 살펴보자.

[문제 7] 46.8+3.06+2.4+0.09를 계산하고, 유효숫자 3자리로 보정한 답을 구하라.

아래 계산과 같이 소수점을 맞추어 각 수의 아래에 놓고 오른쪽부터 계산한다.

$$\begin{array}{r} {\scriptstyle 1\,1\ \ 1\ \ \ } \\ 46.8\ \ \\ 3.06 \\ 2.4\ \ \\ +\ \ 0.09 \\ \hline 52.35 \end{array}$$

❶ 6+9=15. 5를 소수점 아래 백의 자리 숫자 열에 놓고, 1은 십의 자리 열로 옮긴다.

❷ 8+0+4+0+1(옮겨진 수)=13. 3을 소수점 아래 십의 자리 숫자 열에 놓고, 1은 일의 자리 숫자 열로 옮긴다.

❸ 6+3+2+0+1(옮겨진 수)=12. 2를 일의 자리 숫자 열에 놓고 1은 십의 자리 숫자 열로 옮긴다.

❹ 4+1(옮겨진 수)=5. 5를 백의 자리 숫자 열에 놓는다.

그러므로 유효숫자 3자리로 보정하여 다음과 같이 구할 수 있다.

$$\mathbf{46.8+3.06+2.4+0.09=52.35=52.4}$$

[문제 8] 64.46−28.77을 계산하고, 소수점 아래 1자리로 보정한 답을 구하라.

덧셈에서와 마찬가지로, 소수점을 맞추어 각 수의 아래에 놓는다.

$$\begin{array}{r} {\scriptstyle 5\,13\ \ 13\,10} \\ 6\not{4}.\not{4}6 \\ -\,28.77 \\ \hline 35.69 \end{array}$$

❶ 6−7은 불가능하므로 소수점 아래 십의 자리 수에서 1을 빌려온다. 그러면 16−7=9이고, 9를 소수점 아래 백의 자리 숫자 열에 놓는다.

❷ 3−7은 불가능하므로 일의 자리 수에서 1을 빌려온다. 그러면 13−7=6이고, 6을 소수점 아래 십의 자리 숫자 열에 놓는다.

❸ 3−8은 불가능하므로 십의 자리 수에서 1을 빌려온다. 그러면 13−8=5이고, 5를 일의 자리 숫자 열에 놓는다.

❹ 5−2=3. 3을 십의 자리 숫자 열에 놓는다.

그러므로 소수점 아래 1자리로 보정하여 다음과 같이 구할 수 있다.

$$\mathbf{64.46-28.77=35.69=35.7}$$

[문제 9] 312.64−59.826−79.66+38.5를 계산하고, 유효숫자 4자리로 보정한 답을 구하라.

양수인 소수의 합은 312.64+38.5=351.14이다. 그리고 음수인 소수의 합은 59.826+79.66=139.486이다. 양수인 소수의 합에서 음수인 소수의 합을 다음과 같이 계산한다.

$$\begin{array}{r} 351.140 \\ -\,139.486 \\ \hline 211.654 \end{array}$$

그러므로 유효숫자 4자리로 보정하면,
351.140−139.486=**211.654**=**211.7**이다.

◆ **이제 다음 연습문제를 풀어보자.**

[연습문제 12] 소수의 덧셈과 뺄셈

※ 계산기를 사용하지 않고, 다음을 구하라.

1 37.69+42.6을 계산하고, 유효숫자 3자리로 보정하라.

2 378.1−48.85를 계산하고, 소수점 아래 1자리로 보정하라.

3 68.92+34.84−31.223을 계산하고, 유효숫자 4자리로 보정하라.

4 67.841−249.55+56.883을 계산하고, 소수점 아래 2자리로 보정하라.

5 483.24−120.44−67.49를 계산하고, 유효숫자 4자리로 보정하라.

6 738.22 − 349.38 − 427.336 + 56.779를 계산하고, 소수점 아래 1자리로 보정하라.

***7** [그림 3-1]의 기둥 길이에서 x의 치수를 구하라. 치수의 단위는 mm이다.

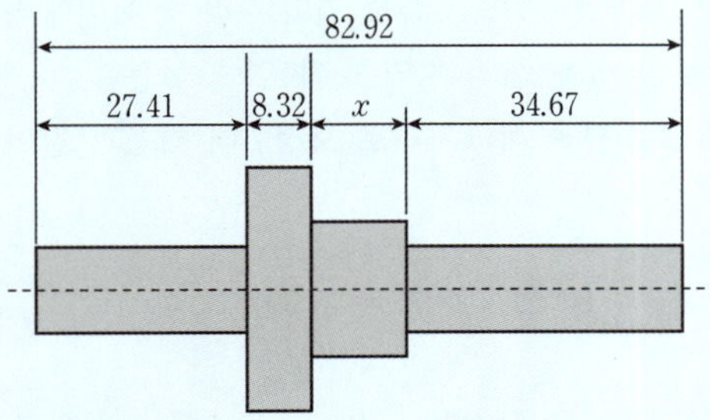

[그림 3-1]

3.5 소수의 곱셈과 나눗셈

소수를 곱할 때는,

❶ 소수를 정수인 것처럼 곱한다.

❷ 구한 답에서 소수점의 위치는, 곱해지는 두 수의 소수점 오른쪽에 있는 자릿수의 합만큼 오른쪽에 있는 자릿수와 같다.

다음 예를 통해 살펴보자.

[문제 10] 37.6 × 5.4를 계산하라.

```
    3 7 6
 ×    5 4
 --------
  1 5 0 4
1 8 8 0 0
---------
2 0 3 0 4
```

❶ 376 × 54 = 20304이다.

❷ 곱해지는 두 수 37.<u>6</u> × 5.<u>4</u>의 소수점 오른쪽에 있는 자릿수가 1 + 1 = 2이므로 **37.6 × 5.4 = 203.04**이다.

[문제 11] 44.25 ÷ 1.2를 계산하고, (a) 유효숫자 3자리, (b) 소수점 아래 2자리로 보정하라.

$$44.25 \div 1.2 = \frac{44.25}{1.2}$$

분모는 10을 곱하여 정수로 바꿀 수 있다. 동일한 분수가 되도록 분자에도 10을 곱한다.

$$\frac{44.25}{1.2} = \frac{44.25 \times 10}{1.2 \times 10} = \frac{442.5}{12}$$

소수의 장제법은 정수의 장제법과 유사하며, 각 단계는 다음 계산과 같다.

```
         3 6.8 7 5
     --------------
12 ) 4 4 2.5 0 0
     3 6
     -----------
       8 2
       7 2
     -----------
       1 0 5
         9 6
     -----------
           9 0
           8 4
     -----------
             6 0
             6 0
     -----------
               0
```

❶ 44를 12로 나누면 몫이 3이다. 3을 442.500의 두 번째 4 위에 놓는다.

❷ 3 × 12 = 36; 36을 442.500의 44 아래 놓는다.

❸ 44 − 36 = 8.

❹ 2를 아래로 옮기면 82이다.

❺ 82를 12로 나누면 몫이 6이다. 6을 442.500의 2 위에 놓는다.

❻ 6 × 12 = 72; 72를 82 아래 놓는다.

❼ 82 − 72 = 10.

❽ 5를 아래로 옮기면 105이다.

❾ 105를 12로 나누면 몫이 8이다. 8을 442.500의 5 위에 놓는다.

❿ 8 × 12 = 96; 96을 105 아래 놓는다.

⓫ 105 − 96 = 9.

⓬ 0을 아래로 옮기면 90이다.

⓭ 90을 12로 나누면 몫이 7이다. 7을 442.500의 첫 번째 0 위에 놓는다.

⓮ 7 × 12 = 84; 84를 90 아래 놓는다.

⓯ 90 − 84 = 6.

⓰ 0을 아래로 옮기면 60이다.

⓱ 60을 12로 나누면 정확하게 몫이 5이다. 5를 442.500의 두 번째 0 위에 놓는다.

⓲ 그러므로 $44.25 \div 1.2 = \dfrac{442.5}{12} = \mathbf{36.875}$이다.

따라서,

(a) 유효숫자 3자리로 보정하면

$44.25 \div 1.2 = \dfrac{442.5}{12} = \mathbf{36.9}$ 이다.

(b) 소수점 아래 2자리로 보정하면

$44.25 \div 1.2 = \dfrac{442.5}{12} = \mathbf{36.88}$ 이다.

[문제 12] $7\frac{2}{3}$를 소수로 나타내고, 유효숫자 4자리로 보정하라.

3을 2로 나누면 $\frac{2}{3} = 0.666666\cdots$ 이고, $7\frac{2}{3} = 7.666666\cdots$ 이다. 그러므로 유효숫자 4자리로 보정하면 $\mathbf{7\frac{2}{3} = 7.667}$ 이다. 이때 $7.666666\cdots$은 반복하는 **7.6**이라 하고 $\mathbf{7.\dot{6}}$으로 쓴다.

◆ **이제 다음 연습문제를 풀어보자.**

[연습문제 13] 소수의 곱셈과 나눗셈

※ **(문제 1~8)** 계산기를 사용하지 않고 다음을 구하라.

1 3.57×1.4를 계산하라.

2 67.92×0.7을 계산하라.

3 167.4×2.3을 계산하라.

4 342.6×1.7을 계산하라.

5 $548.28 \div 1.2$를 계산하라.

6 $478.3 \div 1.1$을 계산하고, 유효숫자 5자리로 보정하라.

7 $563.48 \div 0.9$를 계산하고, 유효숫자 4자리로 보정하라.

8 $2387.4 \div 1.5$를 계산하라.

※ **(문제 9~14)** 주어진 분수를 괄호 안 내용에 맞춰 소수로 표현하라.

9 $\frac{4}{9}$ (유효숫자 3자리로 보정)

10 $\frac{17}{27}$ (소수점 아래 5자리로 보정)

11 $1\frac{9}{16}$ (유효숫자 4자리로 보정)

12 $53\frac{5}{11}$ (소수점 아래 3자리로 보정)

13 $13\frac{31}{37}$ (소수점 아래 2자리로 보정)

14 $8\frac{9}{13}$ (유효숫자 3자리로 보정)

15 $421.8 \div 17$을 계산하여 다음과 같이 나타내라.

(a) 유효숫자 4자리로 보정

(b) 소수점 아래 3자리로 보정

16 $\dfrac{0.0147}{2.3}$을 계산하여 다음과 같이 나타내라.

(a) 소수점 아래 5자리로 보정

(b) 유효숫자 2자리로 보정

17 다음을 계산하라.

(a) $\dfrac{12.\dot{6}}{1.5}$　　(b) $5.\dot{2} \times 12$

***18** 탱크 안에 1800리터의 기름이 들어있다. 0.75리터들이 깡통 몇 개로 이 탱크를 완전히 채울 수 있는가?

***19** 철판에 35.7mm 간격으로 구멍이 뚫어져 있다. 일직선으로 26개의 구멍이 뚫어져 있을 때, 첫 번째 구멍과 마지막 구멍의 중심 사이의 거리를 cm로 구하라.

[연습문제 14] 소수에 대한 선다형 문제

※ 각 문제의 정답은 한 개이다.

1 3.748을 유효숫자 2자리로 보정한 수를 골라라.

(a) 3.75　(b) 3.8　(c) 3.74　(d) 3.7

2 $\frac{1}{5}$을 소수로 표현한 것은 무엇인가?

(a) 0.2　(b) 0.5　(c) 0.002　(d) 0.02

3 $\frac{27}{8}$을 소수로 표현한 것은 무엇인가?

(a) 3.35　(b) 3.375　(c) 33.75　(d) 337.5

4 $1\frac{5}{6}$를 소수로 표현하고, 유효숫자 4자리로 보정한 것은 무엇인가?

(a) 1.83　(b) 0.633　(c) 1.833　(d) 1.8333

5 $\frac{1}{11}$을 소수로 표현하고, 유효숫자 3자리로 보정한 것은 무엇인가?

(a) 0.099 (b) 0.909 (c) 0.0909 (d) 0.009

6 $\frac{12}{5}$를 소수로 나타낸 것은 무엇인가?

(a) 0.24 (b) 2.4 (c) 1.4 (d) 2.04

7 14.783을 소수점 아래 1자리로 보정한 수는 무엇인가?

(a) 14.7 (b) 14.8 (c) 15 (d) 14.78

8 0.01479를 유효숫자 2자리로 보정한 수는 무엇인가?

(a) 0.01 (b) 0.014 (c) 0.0148 (d) 0.015

9 0.02×0.003을 계산하라.

(a) 0.06 (b) 0.006 (c) 0.0006 (d) 0.00006

10 $\frac{1524 \div 15.24}{0.5}$를 계산하라.

(a) 200 (b) 20 (c) 100 (d) 0.2

Chapter 04

계산기 사용하기

Using a calculator

계산기 사용을 이해하는 것이 왜 중요할까?

휴대용 전자계산기는 그 유용성 면에서 공학 교육에 상당한 영향을 미친다. 전자계산기를 통해 매우 폭넓은 계산을 다룰 수 있으므로 전자계산기는 공학자와 공학도가 많이 사용한다. 계산기의 정확한 사용법을 숙지한다면, 공학 연구의 모든 측면에서 더 자신감을 갖게 될 것이다.

학습포인트

- 소수를 더하고, 빼고, 곱하고, 나누는 데 계산기를 사용한다.
- 제곱, 세제곱, 역수, 거듭제곱, 제곱근, $\times 10^x$을 계산하기 위해 계산기를 사용한다.
- 분수와 삼각함수를 포함하는 식을 계산하기 위해 계산기를 사용한다.
- π와 e^x을 포함하는 식을 계산하기 위해 계산기를 사용한다.
- 주어진 값에 대한 공식을 계산한다.

4.1 서론

공학에서는 종종 계산을 해야 할 필요가 있다. 간단한 수인 경우에는 암산이 간편하나, 수가 긴 경우에는 전자계산기가 필요하다. 시중에는 여러 종류의 계산기가 있으며, 그중 상당수는 우리가 원하는 기능을 갖추고 있다. 우리는 이 중에서 필요한 기능이 가급적 더 많이 내장된 공학용 계산기를 보유할 필요가 있다. 이 장에서는 [그림 4-1]과 같은 CASIO fx-991ES PLUS **계산기** 또는 이와 유사한 계산기를 가지고 있다고 가정한다.

이미 앞에서 연습한 간단한 덧셈, 뺄셈, 곱셈, 나눗셈과 더불어 제곱, 세제곱, 거듭제곱, 역수, 제곱근, 분수, 삼각함수(22장에서 다룸)를 사용할 수 있는지 알아볼 것이다. 이 책의 범위를 벗어나는 기능을 갖춘 계산기도 여러 종류가 있다.

4.2 덧셈, 뺄셈, 곱셈, 나눗셈

제일 먼저, 스위치를 켜고 Mode를 누른다. 세 가지 기능 중에서 Comp를 사용하기 위해 1을 누른다. 그 다음, Setup에 따라 Shift를 누른다. 8가지 기능 중에서 Mth IO를 사용하기 위해 1을 누른다. 그다음 Result Format을 위해 1을 눌러서 Mth IO를 사용한다. 반드시 다른 메뉴 옵션이 필요한 계산은 『User's guide』를 참고한다. 모든 계산기는 +, −, ×, ÷ **기능**을 갖추고 있으며, 우리는 이러한 기능들을 이미 사용해왔다.

[문제 1] $364.7 \div 57.5$를 계산하여 소수점 아래 3자리로 보정하라.

❶ 364.7을 입력한다.
❷ ÷를 누른다.
❸ 57.5를 입력한다.
❹ =를 누르면 분수 $\dfrac{3647}{575}$이 표시된다.
❺ S ⇔ D 키를 누르면 소수인 답 6.34260869⋯가 표시된다.

[그림 4-1] CASIO fx-991ES PLUS

다른 방법으로, ❸단계에서 Shift와 =를 눌러도 소수가 표시된다. 따라서 **소수점 아래 3자리로 보정한 값은** $364.7 \div 57.5 = 6.343$이다.

[문제 2] $\dfrac{12.47 \times 31.59}{70.45 \times 0.052}$를 계산하여 유효숫자 4자리로 보정하라.

❶ 12.47을 입력한다.
❷ ×를 누른다.
❸ 31.59를 입력한다.
❹ ÷를 누른다.
❺ 분모는 반드시 괄호로 표현해야 한다. 즉 (를 누른다.
❻ 70.45×0.052를 입력하고 괄호를 닫는다. 즉)를 누른다.
❼ =를 누르면, 답 107.530518⋯이 표시된다.

따라서 **유효숫자 4자리로 보정한 값은**

$\dfrac{12.47 \times 31.59}{70.45 \times 0.052} = 107.5$이다.

◆ **이제 다음 연습문제를 풀어보자.**

[연습문제 15] 계산기를 사용한 덧셈, 뺄셈, 곱셈, 나눗셈

1. $378.37 - 298.651 + 45.64 - 94.562$를 계산하라.
2. 25.63×465.34를 계산하고, 유효숫자 5자리로 보정하라.
3. $562.6 \div 41.3$을 계산하고, 소수점 아래 2자리로 보정하라.
4. $\dfrac{17.35 \times 34.27}{41.53 \div 3.76}$을 계산하고, 소수점 아래 3자리로 보정하라.
5. $27.48 + 13.72 \times 4.15$를 계산하고, 유효숫자 4자리로 보정하라.
6. $\dfrac{(4.527 + 3.63)}{(452.51 \div 34.75)} + 0.468$을 계산하고, 유효숫자 5자리로 보정하라.
7. $52.34 - \dfrac{(912.5 \div 41.46)}{(24.6 - 13.652)}$을 계산하고, 소수점 아래 3자리로 보정하라.
8. $\dfrac{52.14 \times 0.347 \times 11.23}{19.73 \div 3.54}$을 계산하고, 유효숫자 4자리로 보정하라.
9. $\dfrac{451.2}{24.57} - \dfrac{363.8}{46.79}$을 계산하고, 유효숫자 4자리로 보정하라.
10. $\dfrac{45.6 - 7.35 \times 3.61}{4.672 - 3.125}$을 계산하고, 소수점 아래 3자리로 보정하라.

4.3 추가 기능

4.3.1 제곱과 세제곱 기능

계산기에서 x^2과 x^3 기능의 위치를 확인하고 다음 문제들을 풀어보자.

[문제 3] 2.4^2을 계산하라.

❶ 2.4를 입력한다.
❷ x^2을 누르면 화면에 2.4^2이 표시된다.
❸ =를 누르면 답 $\frac{144}{25}$가 표시된다.
❹ S⇔D 키를 누르면 분수가 소수 5.76으로 바뀐다.

다른 방법으로, ❷단계에서 Shift와 =를 누를 수도 있다.
따라서 $2.4^2 = 5.76$이다.

[문제 4] 0.17^2을 공학용 형태, 즉 (유효숫자)$\times 10^n$의 형태로 표현하라.

❶ 0.17을 입력한다.
❷ x^2을 누르면 화면에 0.17^2이 나온다.
❸ Shift와 =를 누르면, 답 0.0289가 표시된다.
❹ ENG 키를 누르면 답은 **공학용 형태**인 28.9×10^{-3}으로 바뀐다.

따라서 **공학용 형태로 나타내면** $0.17^2 = 28.9\times 10^{-3}$이다.
ENG 기능은 공학용 계산기에서 매우 중요하다.

[문제 5] 348620을 공학용 형태로 표현하라.

❶ 348620을 입력한다.
❷ =를 누르고 ENG를 누른다.

따라서 **공학용 형태로 나타내면** $348620 = 348.62\times 10^3$이다.

[문제 6] 0.0000538을 공학용 형태로 표현하라.

❶ 0.0000538을 입력한다.
❷ =를 누르고 ENG를 누른다.

따라서 **공학용 형태로 나타내면** $0.0000538 = 53.8\times 10^{-6}$이다.

[문제 7] 1.4^3을 계산하라.

❶ 1.4를 입력한다.
❷ x^3을 누르면 화면에 1.4^3이 나온다.
❸ =를 누르면 답 $\frac{343}{125}$이 나온다.
❹ S⇔D 키를 누르면 분수가 소수 2.744로 바뀐다.

따라서 $1.4^3 = 2.744$이다.

◆ **이제 다음 연습문제를 풀어보자.**

[연습문제 16] 제곱과 세제곱 기능

1 3.5^2을 계산하라.
2 0.19^2을 계산하라.
3 6.85^2을 계산하고, 소수점 아래 3자리로 보정하라.
4 $(0.036)^2$을 공학용 형태로 계산하라.
5 1.563^2을 계산하고, 유효숫자 5자리로 보정하라.
6 1.3^3을 계산하라.
7 3.14^3을 계산하고, 유효숫자 4자리로 보정하라.
8 $(0.38)^3$을 계산하고, 소수점 아래 4자리로 보정하라.
9 $(6.03)^3$을 계산하고, 소수점 아래 2자리로 보정하라.
10 $(0.018)^3$을 공학용 형태로 계산하라.

4.3.2 역수와 거듭제곱 기능

2의 역수는 $\frac{1}{2}$, 9의 역수는 $\frac{1}{9}$, x의 역수는 $\frac{1}{x}$이고 이는 지수 형태인 x^{-1}으로 나타낸다. 계산기에서 역수, 즉 x^{-1}의 위치를 확인해보자. 또 지수함수, 즉 $x^{\square}$의 위치도 확인하고 다음 문제들을 풀어보자.

[문제 8] $\frac{1}{3.2}$을 계산하라.

❶ 3.2를 입력한다.
❷ x^{-1}을 누르면 화면에 3.2^{-1}이 표시된다.
❸ =를 누르면 답 $\frac{5}{16}$가 표시된다.
❹ S⇔D 키를 누르면 분수가 소수 0.3125로 바뀐다.

따라서 $\frac{1}{3.2} = 0.3125$이다.

[문제 9] 1.5^5을 계산하고, 유효숫자 4자리로 보정하라.

❶ 1.5를 입력한다.

❷ $x^{\square}$을 누르면 화면에 $1.5^{\square}$이 표시된다.

❸ 5를 누르면 화면에 1.5^5이 표시된다.

❹ Shift와 =를 누르면 답 7.59375가 표시된다.

따라서 **유효숫자 4자리로 보정한 값은 $1.5^5 = 7.594$**이다.

[문제 10] $2.4^6 - 1.9^4$을 계산하고, 소수점 아래 3자리로 보정하라.

❶ 2.4를 입력한다.

❷ $x^{\square}$을 누르면 화면에 $2.4^{\square}$이 표시된다.

❸ 6을 누르면 화면에 2.4^6이 표시된다.

❹ 이제 커서를 움직여야 할 필요가 있다. 이것은 커서 키(계산기의 상단 중심부에 있는 크고 파란 원의 기능)를 사용하여 움직일 수 있다. →를 누른다.

❺ −를 누른다.

❻ 1.9를 입력한다. $x^{\square}$을 누른 후 4를 누른다.

❼ =를 누르면 답 178.07087…이 표시된다.

따라서 **소수점 아래 3자리로 보정한 값은 $2.4^6 - 1.9^4 = 178.071$**이다.

◆ **이제 다음 연습문제를 풀어보자.**

[연습문제 17] 역수와 거듭제곱 기능

1 $\dfrac{1}{1.75}$을 계산하고, 소수점 아래 3자리로 보정하라.

2 $\dfrac{1}{0.0250}$을 계산하라.

3 $\dfrac{1}{7.43}$을 계산하고, 유효숫자 5자리로 보정하라.

4 $\dfrac{1}{0.00725}$을 계산하고, 소수점 아래 1자리로 보정하라.

5 $\dfrac{1}{0.065} - \dfrac{1}{2.341}$의 값을 유효숫자 4자리로 보정하라.

6 2.1^4을 계산하라.

7 $(0.22)^5$을 계산하고, 유효숫자 5자리로 보정하여 공학용 형태로 나타내라.

8 $(1.012)^7$을 계산하고, 소수점 아래 4자리로 보정하라.

9 $(0.05)^6$을 공학용 형태로 계산하라.

10 $1.1^3 + 2.9^4 - 4.4^2$을 계산하고, 유효숫자 4자리로 보정하라.

4.3.3 제곱근과 $\times 10^x$ 기능

계산기에서 제곱근 기능 $\sqrt{\square}$와 $\sqrt[\square]{\square}$ 기능($x^{\square}$ 기능 위에 있는 Shift 기능)의 위치를 확인한다. 또, $\times 10^x$ 기능의 위치도 확인하고, 다음 문제들을 풀어보자.

[문제 11] $\sqrt{361}$을 계산하라.

❶ $\sqrt{\square}$ 키를 누른다.

❷ 361을 입력하면 화면에 $\sqrt{361}$이 표시된다.

❸ =를 누르면 답 19가 표시된다.

따라서 $\sqrt{361} = 19$이다.

[문제 12] $\sqrt[4]{81}$을 계산하라.

❶ $\sqrt[\square]{\square}$ 키를 누른다.

❷ 4를 입력하면 화면에 $\sqrt[4]{\square}$가 표시된다.

❸ →를 눌러서 커서를 움직이고 81을 입력하면 화면에 $\sqrt[4]{81}$이 표시된다.

❹ =를 누르면 답 3이 표시된다.

따라서 $\sqrt[4]{81} = 3$이다.

[문제 13] $6 \times 10^5 \times 2 \times 10^{-7}$을 계산하라.

❶ 6을 입력한다.

❷ $\times 10^x$ 키를 누른다(주의! ×를 사용하지 않는다!).

❸ 5를 입력한다.

❹ ×를 누른다.

❺ 2를 입력한다.

❻ $\times 10^x$ 키를 누른다.

❼ −7을 입력한다.

❽ =를 누르면 답 $\dfrac{3}{25}$이 표시된다.

❾ S⇔D 키를 누르면 분수가 소수 0.12로 바뀐다.

따라서 $6\times10^5\times2\times10^{-7}=0.12$이다.

◆ **이제 다음 연습문제를 풀어보자.**

[연습문제 18] 제곱근과 $\times10^x$ 기능

1 $\sqrt{4.76}$을 계산하고, 소수점 아래 3자리로 보정하라.

2 $\sqrt{123.7}$을 계산하고, 유효숫자 5자리로 보정하라.

3 $\sqrt{34528}$을 계산하고, 소수점 아래 2자리로 보정하라.

4 $\sqrt{0.69}$를 계산하고, 유효숫자 4자리로 보정하라.

5 $\sqrt{0.025}$를 계산하고, 소수점 아래 4자리로 보정하라.

6 $\sqrt[3]{17}$을 계산하고, 소수점 아래 3자리로 보정하라.

7 $\sqrt[4]{773}$을 계산하고, 유효숫자 4자리로 보정하라.

8 $\sqrt[5]{3.12}$를 계산하고, 소수점 아래 4자리로 보정하라.

9 $\sqrt[3]{0.028}$을 계산하고, 유효숫자 5자리로 보정하라.

10 $\sqrt[6]{2451}-\sqrt[4]{46}$을 계산하고, 소수점 아래 3자리로 보정하라.

※ (문제 11~15) 공학용 형태로 표현하라.

11 $5\times10^{-3}\times7\times10^8$을 계산하라.

12 $\dfrac{3\times10^{-4}}{8\times10^{-9}}$을 계산하라.

13 $\dfrac{6\times10^3\times14\times10^{-4}}{2\times10^6}$을 계산하라.

14 $\dfrac{56.43\times10^{-3}\times3\times10^4}{8.349\times10^3}$을 계산하고, 소수점 아래 3자리로 보정하라.

15 $\dfrac{99\times10^5\times6.7\times10^{-3}}{36.2\times10^{-4}}$을 계산하고, 유효숫자 4자리로 보정하라.

4.3.4 분수 기능

계산기에서 $\frac{\square}{\square}$와 $\square\frac{\square}{\square}$ 기능($\frac{\square}{\square}$ 기능 위에 있는 Shift 기능)의 위치를 확인하고, 다음 문제들을 풀어보자.

[문제 14] $\frac{1}{4}+\frac{2}{3}$를 계산하라.

❶ $\frac{\square}{\square}$ 키를 누른다.
❷ 1을 입력한다.
❸ 커서 키에서 ↓를 누르고 4를 입력한다.
❹ 화면에 $\frac{1}{4}$이 표시된다.
❺ 커서 키에서 →를 누르고 +를 입력한다.
❻ $\frac{\square}{\square}$ 키를 누른다.
❼ 2를 입력한다.
❽ 커서 키에서 ↓를 누르고 3을 입력한다.
❾ 커서 키에서 →를 누른다.
❿ =를 누르면 답 $\frac{11}{12}$이 표시된다.
⓫ S⇔D 키를 누르면 소수 0.9166666⋯으로 바뀐다.

따라서 **소수점 아래 4자리로 보정한 소수 값은** $\frac{1}{4}+\frac{2}{3}=\frac{11}{12}=\mathbf{0.9167}$이다. 이는 계산기에서 대분수로 나타낼 수 있다. Shift와 $\frac{\square}{\square}$ 키를 누르면 $\square\frac{\square}{\square}$가 나타난다.

[문제 15] $5\frac{1}{5}-3\frac{3}{4}$을 계산하라.

❶ Shift와 $\frac{\square}{\square}$ 키를 누르면 $\square\frac{\square}{\square}$가 화면에 나타난다.
❷ 5를 입력하고 커서 키에서 →를 누른다.
❸ 1을 입력하고 커서 키에서 ↓를 누른다.
❹ 5를 입력하면 화면에 $5\frac{1}{5}$이 나온다.
❺ 커서 키에서 →를 누른다.
❻ −를 입력하고 Shift와 $\frac{\square}{\square}$ 키를 누르면 화면에 $5\frac{1}{5}-\square\frac{\square}{\square}$가 나타난다.
❼ 3을 입력하고 커서 키에서 →를 누른다.
❽ 3을 입력하고 커서 키에서 ↓를 누른다.

⑨ 4를 입력하면 화면에 $5\frac{1}{5}-3\frac{3}{4}$이 표시된다.

⑩ 커서 키에서 →를 누른다.

⑪ =를 누르면 답 $\frac{29}{20}$가 표시된다.

⑫ S⇔D키를 누르면 분수가 소수 1.45로 바뀐다.

따라서 **소수로 나타낸 값은**

$5\frac{1}{5}-3\frac{3}{4}=\frac{29}{20}=1\frac{9}{20}=1.45$이다.

◆ **이제 다음 연습문제를 풀어보자.**

[연습문제 19] 분수 기능

1 $\frac{4}{5}-\frac{1}{3}$을 소수점 아래 4자리로 보정한 소수로 계산하라.

2 $\frac{2}{3}-\frac{1}{6}+\frac{3}{7}$을 분수로 계산하라.

3 $2\frac{5}{6}+1\frac{5}{8}$를 유효숫자 4자리로 보정한 소수로 계산하라.

4 $5\frac{6}{7}-3\frac{1}{8}$을 유효숫자 4자리로 보정한 소수로 계산하라.

5 $\frac{1}{3}-\frac{3}{4}\times\frac{8}{21}$을 분수로 계산하라.

6 $\frac{3}{8}+\frac{5}{6}-\frac{1}{2}$을 소수점 아래 4자리로 보정한 소수로 계산하라.

7 $\frac{3}{4}\times\frac{4}{5}-\frac{2}{3}\div\frac{4}{9}$를 분수로 계산하라.

8 $8\frac{8}{9}\div2\frac{2}{3}$를 대분수로 계산하라.

9 $3\frac{1}{5}\times1\frac{1}{3}-1\frac{7}{10}$을 소수점 아래 3자리로 보정한 소수로 계산하라.

10 $\frac{\left(4\frac{1}{5}-1\frac{2}{3}\right)}{\left(3\frac{1}{4}\times2\frac{3}{5}\right)}-\frac{2}{9}$를 유효숫자 3자리로 보정한 소수로 계산하라.

4.3.5 삼각함수 기능

삼각비에 대해서는 22장에서 다룰 것이다. 그러나 매우 간단하게, 계산기에 있는 삼각비와 관련한 세 가지 기능을 살펴보자. 그 세 가지 기능은 다음과 같다.

- sin은 sine의 약자이다.
- cos는 cosine의 약자이다.
- tan은 tangent의 약자이다.

각을 측정하는 주된 방법에는 두 가지가 있는데, 바로 도[degree]와 호도[radian]이다. Shift, Setup, 3을 누르면 '도'이고, Shift, Setup, 4를 누르면 '호도'이다. 계산기에서 3을 누르면 **도**[degree] **모드**가 되는데, 이때 화면 상단에 나타나는 작은 D로 구별할 수 있다. 4를 누르면 계산기는 **호도**[radian] **모드**가 되며, 이때 화면 상단에 나타나는 작은 R로 구별할 수 있다. 계산기에서 sin, cos, tan 기능의 위치를 확인하고, 다음 문제들을 풀어보자.

[문제 16] $\sin 38°$를 계산하라.

❶ 계산기가 도 모드인지 확인하라.

❷ sin 키를 누르면 화면에 sin(가 표시된다.

❸ 38을 입력하고)로 괄호를 닫는다. 그러면 화면에 sin(38)이 표시된다.

❹ =를 누르면 답 0.615661475⋯가 표시된다.

따라서 **소수점 아래 4자리로 보정한 값은**

$\sin 38° = 0.6157$이다.

[문제 17] $5.3\tan(2.23\text{ rad})$을 계산하라.

❶ Shift, Setup, 4를 눌러 호도 모드인지 확인한다(화면 상단에 작은 R이 나타난다).

❷ 5.3을 입력한 후에 tan 키를 누르면 화면에 5.3tan(가 표시된다.

❸ 2.23을 입력하고)로 괄호를 닫는다. 그러면 화면에 5.3tan(2.23)이 표시된다.

❹ =를 누르면 답 −6.84021262⋯가 표시된다.

따라서 **소수점 아래 4자리로 보정한 값은**

$5.3\tan(2.23\text{ rad}) = -6.8402$이다.

◆ 이제 다음 연습문제를 풀어보자.

[연습문제 20] 삼각함수 기능

※ 다음을 소수점 아래 4자리로 보정하여 계산하라.

1 $\sin 67°$　　2 $\cos 43°$

3 $\tan 71°$　　4 $\sin 15.78°$

5 $\cos 63.74°$　　6 $\tan 39.55° - \sin 52.53°$

7 $\sin(0.437\,\text{rad})$　　8 $\cos(1.42\,\text{rad})$

9 $\tan(5.673\,\text{rad})$

10 $\dfrac{(\sin 42.6°)(\tan 83.2°)}{\cos 13.8°}$

4.3.6 π와 e^x 기능

Shift를 누르고 $\times 10^x$ 키를 누르면, 화면에 π가 나타난다. Shift와 =(또는 =와 S⇔D)를 누르면 π의 값이 3.14159265⋯와 같이 소수로 나타난다. Shift를 누르고 ln 키를 누르면 화면에 $e^{\square}$이 표시된다. 1을 누르고 =를 누르면 $e^1 = e = 2.71828182\cdots$가 표시된다.

이제 π와 e^x을 포함하는 다음 문제들을 살펴보자.

[문제 18] 3.57π를 계산하라.

❶ 3.57을 입력한다.
❷ Shift와 $\times 10^x$ 키를 누르면 화면에 3.57π가 나타난다.
❸ Shift와 =(또는 S⇔D)를 누르면 3.57π의 값이 11.2154857⋯과 같이 소수로 나타난다.

따라서 **유효숫자 4자리로 보정한 값은 $3.57\pi = 11.22$**이다.

[문제 19] $e^{2.37}$을 계산하라.

❶ Shift를 누르고 ln 키를 누르면 화면에 $e^{\square}$이 표시된다.
❷ 2.37을 입력하면 화면에 $e^{2.37}$이 나타난다.
❸ Shift와 =(또는 =와 S⇔D)를 누르면 $e^{2.37}$의 값이 10.6973922⋯와 같이 소수로 나타난다.

따라서 **유효숫자 4자리로 보정한 값은 $e^{2.37} = 10.70$**이다.

◆ 이제 다음 연습문제를 풀어보자.

[연습문제 21] π와 e^x 기능

※ 다음을 유효숫자 4자리로 보정하여 계산하라.

1 1.59π　　2 $2.7(\pi - 1)$

3 $\pi^2(\sqrt{13} - 1)$　　4 $3e^{\pi}$

5 $8.5e^{-2.5}$　　6 $3e^{2.9} - 1.6$

7 $3e^{(2\pi-1)}$　　8 $2\pi e^{\frac{\pi}{3}}$

9 $\sqrt{\left[\dfrac{5.52\pi}{2e^{-2} \times \sqrt{26.73}}\right]}$　　10 $\sqrt{\left[\dfrac{e^{(2-\sqrt{3})}}{\pi \times \sqrt{8.57}}\right]}$

4.4 공식 구하기

명제 $y = mx + c$는 m, x, c에 관한 y의 식^formula^이라 한다. y, m, x, c를 기호^symbol^ 또는 변수^variable^라 한다. m, x, c가 주어지면 y를 구할 수 있다. 공학에서 사용되는 식은 무수히 많은데, 이 절에서는 공학적인 양을 산출하기 위해 기호 대신 수를 삽입한다.

예를 들어, 네 가지 중요한 공식은 다음과 같다.

❶ 직선 그래프는 $y = mx + c$ 형태이다(17장 참고).
❷ 옴의 법칙*은 $V = I \times R$이다.
❸ 속도는 $v = u + at$로 표현된다.
❹ 힘은 $F = m \times a$로 표현된다.

*옴은 누구?

게오르그 시몬 옴(Georg Simon Ohm, 1789. 3. 16 ~ 1854. 7. 6)은 전압과 전류는 서로 정비례한다는 옴의 법칙을 발견한 바바리아의 물리학자이며 수학자이다.

몇 가지 실질적인 문제를 풀어보자. 풀이와 답은 계산기로 확인한다.

*[문제 20] 전기회로에서 전압 V는 옴의 법칙에 따라 $V = IR$이다. $I = 5.36\,\text{A}$이고 $R = 14.76\,\Omega$일 때, 유효숫자 4자리로 보정한 전압을 구하라.

$$V = IR = (5.36)(14.76) = 79.1136$$

따라서 **유효숫자 4자리로 보정한 전압은 $V = 79.11\,\text{V}$**이다.

*[문제 21] 밑면이 없는 직원뿔 hollow cone의 겉넓이 A는 $A = \pi r l$이다. $r = 3.0\,\text{cm}$이고 $l = 8.5\,\text{cm}$일 때, 소수점 아래 1자리로 보정한 겉넓이를 구하라.

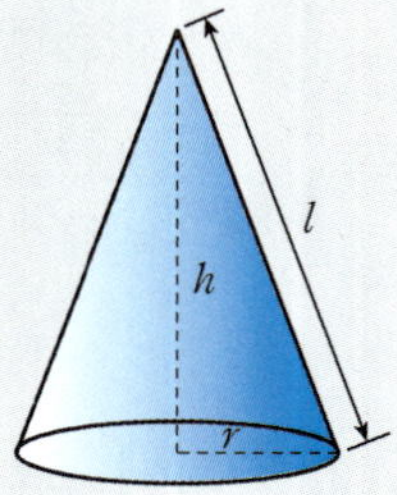

[그림 4-2]

$$A = \pi r l = \pi(3.0)(8.5) = \pi(25.5) = 80.1106\cdots$$

따라서 **소수점 아래 1자리로 보정한 겉넓이는 $A = 80.1\,\text{cm}^2$**이다.

*[문제 22] 속도 v는 $v = u + at$로 주어진다. $u = 9.54\,\text{m/s}$, $a = 3.67\,\text{m/s}^2$, $t = 7.82\,\text{s}$일 때, 유효숫자 3자리로 보정한 v를 구하라.

$$v = u + at = 9.54 + 3.67 \times 7.82$$
$$= 9.54 + 28.6994 = 38.2394$$

따라서 **유효숫자 3자리로 보정한 속도는 $v = 38.2\,\text{m/s}$**이다.

[문제 23] 원의 넓이 A는 $A = \pi r^2$이다. 반지름이 $r = 5.23\,\text{m}$일 때, 소수점 아래 2자리로 보정한 넓이를 구하라.

$$A = \pi r^2 = \pi(5.23)^2 = \pi(27.3529) = 85.9316\cdots$$

따라서 **소수점 아래 2자리로 보정한 넓이는 $A = 85.93\,\text{m}^2$**이다.

*[문제 24] 밀도 $= \dfrac{\text{질량}}{\text{부피}}$이다. 질량이 $6.45\,\text{kg}$이고 부피가 $300 \times 10^{-6}\,\text{m}^3$일 때, 밀도를 구하라.

$$\text{밀도} = \frac{\text{질량}}{\text{부피}} = \frac{6.45\,\text{kg}}{300 \times 10^{-6}\,\text{m}^3} = \mathbf{21500\,kg/m^3}$$

*[문제 25] 전기회로에서 소비되는 전력 P[W]는 공식 $P = \dfrac{V^2}{R}$으로 주어진다. $V = 230\,\text{V}$, $R = 35.63\,\Omega$일 때, 유효숫자 4자리로 보정한 전력을 구하라.

$$P = \frac{V^2}{R} = \frac{(230)^2}{35.63} = \frac{52900}{35.63} = 1484.70390\cdots$$

ENG를 누르면 화면에 $1.48470390\cdots \times 10^3$이 나온다. 그러므로 **유효숫자 4자리로 보정한 전력은 $P = 1485\,\text{W}$ 또는 $P = 1.485\,\text{kW}$**이다.

◆ **이제 다음 연습문제를 풀어보자.**

[연습문제 22] 공식 구하기

*1 직사각형 모양 접시의 넓이 A는 공식 $A = lb$로 주어진다. $l = 12.4\,\text{cm}$이고 $b = 5.37\,\text{cm}$일 때, 넓이를 구하라.

*2 원의 원주 C는 공식 $C = 2\pi r$로 주어진다. $r = 8.40\,\text{mm}$일 때, 원주를 구하라.

*3 기체와 관련되어 사용되는 공식에 $R = \dfrac{PV}{T}$가 있다. $P = 1500$, $V = 5$, $T = 200$일 때, R을 계산하라.

*4 물체의 속도는 $v = u + at$로 주어진다. 측정된 초기 속도 u는 $12\,\text{m/s}$인 것으로 밝혀졌다. 가속도 a가 $9.81\,\text{m/s}^2$이고 시각 t가 15초일 때, 마지막 속도 v를 계산하라.

*5 측정된 전압 V는 $7.2\,\text{V}$이고 저항 R은 $17.7\,\Omega$일 때, $I = V/R$ [A]로 주어지는 전기회로에 흐르는 전류 I를 계산하라.

*6 시각 $t = 0.032$초이고 중력가속도가 $g = 9.81\,\text{m/s}^2$일 때, $s = \dfrac{1}{2}gt^2$으로 주어지는 거리 s를 mm 단위로 구하라.

***7** 커패시터에 저장되는 에너지는 $E=\frac{1}{2}CV^2[\mathrm{J}]^{\mathrm{joule}}$로 주어진다. 커패시턴스가 $C=5\times10^{-6}[\mathrm{F}]^{\mathrm{farad}}$이고 전압이 $V=240\mathrm{V}$일 때, 에너지를 구하라.

***8** 길이 l이 $23.42\mathrm{m}$이고 높이 h가 $53.7\mathrm{m}$일 때, $A=\frac{1}{2}lh$로 주어지는 삼각형 모양 땅의 넓이를 구하라.

***9** 저항 R_2는 $R_2=R_1(1+\alpha t)$로 주어진다. $R_1=220$, $\alpha=0.00027$, $t=75.6$일 때, 유효숫자 4자리로 보정한 R_2를 구하라.

***10** 밀도 $=\frac{\text{질량}}{\text{부피}}$이다. 어떤 물체의 질량이 $2.462\mathrm{kg}$이고 부피가 $173\mathrm{cm}^3$일 때, 이 물체의 밀도를 $\mathrm{kg/m}^3$ 단위를 이용하여 구하라. 단, $1\,\mathrm{cm}^3=10^{-6}\,\mathrm{m}^3$이다.

***11** 속도=주파수×파장이다. 주파수가 $1825\mathrm{Hz}$이고 파장이 $0.154\mathrm{m}$일 때, 속도를 구하라.

***12** $R_1=5.5\Omega$, $R_2=7.42\Omega$, $R_3=12.6\Omega$일 때, 다음과 같이 주어지는 저항 R_T를 구하라.

$$\frac{1}{R_T}=\frac{1}{R_1}+\frac{1}{R_2}+\frac{1}{R_3}$$

몇 가지 실질적인 문제들을 더 풀어보자. 풀이와 답은 계산기를 이용해 다시 한 번 확인한다.

***[문제 26]** 직원뿔의 부피 $V\mathrm{cm}^3$는 $V=\frac{1}{3}\pi r^2h$로 주어진다. 반지름 $r=2.45\mathrm{cm}$이고 높이가 $h=18.7\mathrm{cm}$일 때, 유효숫자 4자리로 보정한 부피를 구하라.

$$V=\frac{1}{3}\pi r^2h=\frac{1}{3}\pi(2.45)^2(18.7)$$

$$=\frac{1}{3}\times\pi\times2.45^2\times18.7$$

$$=117.544521\cdots$$

그러므로 **유효숫자 4자리로 보정한 부피는 $V=117.5\mathrm{cm}^3$** 이다.

***[문제 27]** 힘 $F[\mathrm{N}]^{\mathrm{newton}}$는 공식 $F=\frac{Gm_1m_2}{d^2}$로 주어진다. 이때 m_1과 m_2는 질량이고, d는 두 질량이 떨어진 거리, G는 상수이다. $G=6.67\times10^{-11}$, $m_1=7.36$, $m_2=15.5$, $d=22.6$일 때, 힘의 값을 구하라. 답은 유효숫자 3자리로 보정한 표준형으로 표현한다.

$$F=\frac{Gm_1m_2}{d^2}=\frac{(6.67\times10^{-11})(7.36)(15.5)}{(22.6)^2}$$

$$=\frac{(6.67)(7.36)(15.5)}{(10^{11})(510.76)}=\frac{1.490}{10^{11}}$$

따라서 **유효숫자 3자리로 보정한 힘은 $F=1.49\times10^{-11}\mathrm{N}$** 이다.

***[문제 28]** 단진자의 흔들림 시간 t초는 $t=2\pi\sqrt{\frac{l}{g}}$로 주어진다. $l=12.9$이고 $g=9.81$일 때, 소수점 아래 3자리로 보정한 시간을 구하라.

$$t=2\pi\sqrt{\frac{l}{g}}=(2\pi)\sqrt{\frac{12.9}{9.81}}=7.20510343\cdots$$

따라서 **소수점 아래 3자리로 보정한 시간은 $t=7.205$초**이다.

***[문제 29]** 저항 $R[\Omega]$은 공식 $R=R_0(1+\alpha t)$에 의해, 온도에 따라 변한다. $R_0=14.59$, $\alpha=0.0043$, $t=80$일 때, 유효숫자 3자리로 보정한 R을 계산하라.

$$R=R_0(1+\alpha t)=14.59\,[1+(0.0043)(80)]$$

$$=14.59\,(1+0.344)$$

$$=14.59(1.344)$$

따라서 **유효숫자 3자리로 보정한 저항은 $R=19.6\,\Omega$** 이다.

***[문제 30]** 교류 전기회로에서 전류 $I[\mathrm{A}]$는 $I=\frac{V}{\sqrt{R^2+X^2}}$로 주어진다. $V=250\mathrm{V}$, $R=25.0\Omega$, $X=18.0\Omega$일 때, 소수점 아래 2자리로 보정한 전류를 계산하라.

$$I = \frac{V}{\sqrt{R^2+X^2}} = \frac{250}{\sqrt{25.0^2+18.0^2}} = 8.11534341\cdots$$

따라서 **소수점 아래 2자리로 보정한 전류는** $I = 8.12\text{A}$ 이다.

◆ 이제 다음 연습문제를 풀어보자.

[연습문제 23] 공식 구하기

1 개당 12.65 g 인 계산기 37개와 개당 6.38 g 인 제도기 19개에 대한 전체 무게를 구하라.

***2** 일률 $= \frac{\text{힘} \times \text{거리}}{\text{시간}}$ 이다. 물체를 35초 동안 4.73 m를 끌어 올리는 데 3760 N의 힘이 작용했을 때, 일률을 구하라.

***3** 배터리 단자에서 구할 수 있는 전위차 V[V] 는 $V = E - Ir$로 주어진다. $E = 5.62$, $I = 0.70$, $r = 4.30$일 때, V를 계산하라.

***4** 힘은 $F = \frac{1}{2}m(v^2 - u^2)$ 으로 주어진다. $m = 18.3$, $v = 12.7$, $u = 8.24$일 때, F를 구하라.

***5** 여러 개의 전지에 흐르는 전류 I[A]는 $I = \frac{nE}{R+nr}$ 로 주어진다. $n = 36$, $E = 2.20$, $R = 2.80$, $r = 0.50$일 때, 전류를 계산하라.

***6** 단진자에 대한 진동 시간 t초는 $t = 2\pi\sqrt{\frac{l}{g}}$ 로 주어진다. $l = 54.32$이고 $g = 9.81$일 때, 시간을 구하라.

***7** 에너지 E[J]는 공식 $E = \frac{1}{2}LI^2$ 으로 주어진다. $L = 5.5$이고 $I = 1.2$일 때, 에너지를 계산하라.

***8** 교류회로에서 전류 I[A]는 $I = \frac{V}{\sqrt{R^2+X^2}}$ 로 주어진다. $V = 250$, $R = 11.0$, $X = 16.2$일 때, 전류를 계산하라.

***9** 거리 s[m]는 공식 $s = ut + \frac{1}{2}at^2$ 으로 주어진다. $u = 9.50$, $t = 4.60$, $a = -2.50$일 때, 거리를 계산하라.

10 삼각형의 넓이 A는 $A = \sqrt{[s(s-a)(s-b)(s-c)]}$ 로 주어진다. 여기서 $s = \frac{a+b+c}{2}$ 이다. $a = 3.60\text{cm}$, $b = 4.00\text{cm}$, $c = 5.20\text{cm}$일 때, 넓이를 구하라.

11 $a = 0.290$, $b = 14.86$, $c = 0.042$, $d = 31.8$, $e = 0.650$일 때, $v = \sqrt{\frac{ab}{c} - \frac{d}{e}}$ 로 주어지는 v를 계산하라.

12 [표 4-1]의 열차 시간표를 이용하여 다음 정보를 추론하라.

(a) 한 남자가 14.23시까지 London Waterloo에 있기 위해서는 Fratton에서 열차를 몇 시에 타야 하는가?

(b) 한 여자가 12.39시에 Cosham을 떠나 Woking까지 여행한다. 시간이 얼마나 걸리겠는가? 그리고 Cosham 지역과 Woking 사이의 거리가 55마일일 때, 열차의 평균 속력을 구하라.

(c) Havant에 살고 있는 남자가 15.30시에 London에서 회의를 갖는다. London Waterloo에서 목적지까지 도달하는 데 지하철로 약 25분 걸린다. 무사히 회의에 참석하기 위해 Havant로부터 어떤 열차를 타야 하는가?

(d) 12.18시에서 13.15시 사이에 Portsmouth harbour를 떠난 열차가 9대이다. 여행 시간을 최대로 단축하기 위해 어느 열차를 타야 하는가?

[연습문제 24] 계산기 사용에 대한 선다형 문제

※ 각 문제의 정답은 한 개이다.

1 24시간계 시계를 이용하여 3시 40분과 22시 22분 사이의 시간을 시와 분으로 나타낸 것은 무엇인가?

(a) 26시간 2분 (b) 18시간 42분
(c) 18시간 18분 (d) 6시간 42분

2 기호 파이를 나타낸 것은 무엇인가?

(a) Ω (b) ε (c) μ (d) π

3 $106 \times 106 - 94 \times 94$를 계산하라.

(a) 2400 (b) 1904 (c) 1906 (d) 2004

4 5의 역수는 무엇인가?

(a) 0.5 (b) 5 (c) $\frac{1}{5}$ (d) -5

5 다음 중에서 제곱수는 무엇인가?

(a) 2 (b) 4 (c) 6 (d) 8

6 $(0.5)^2 \times (0.1)^3$을 계산하라.

(a) 25 (b) 0.0025
(c) 0.00025 (d) 0.25

7 $x = \dfrac{57.06 \times 0.0711}{\sqrt{0.0635}}$ cm일 때, 다음 명제 중에서 옳은 것을 골라라.

(a) 유효숫자 4자리로 보정하면 $x = 16.09\,\text{cm}$이다.

(b) 유효숫자 2자리로 보정하면 $x = 16\,\text{cm}$이다.

(c) 소수점 아래 3자리로 보정하면 $x = 1.61 \times 10^1\,\text{cm}$이다.

(d) 소수점 아래 3자리로 보정하면 $x = 16.099\,\text{cm}$ 이다.

8 $\dfrac{62.91}{0.12} + \sqrt{\left(\dfrac{6.36\pi}{2e^{-3} \times \sqrt{73.81}}\right)}$ 과 같은 것은 무엇인가?

(a) 529.08 (유효숫자 5자리로 보정)

(b) 529.082 (소수점 아래 3자리로 보정)

(c) 5.29×10^2

(d) 529.0 (소수점 아래 1자리로 보정)

9 변의 길이가 a, b, c인 삼각형 모양 땅의 넓이 A는 다음 공식으로 구할 수 있다.

$$A = \sqrt{[s(s-a)(s-b)(s-c)]}, \quad s = \frac{a+b+c}{2}$$

$a = 15\,\text{m}, b = 11\,\text{m}, c = 8\,\text{m}$일 때, 제곱미터에 가장 가까운 정수로 보정한 넓이는 얼마인가?

(a) $1836\,\text{m}^2$ (b) $648\,\text{m}^2$
(c) $445\,\text{m}^2$ (d) $43\,\text{m}^2$

10 유효숫자 4자리로 보정하여

$\dfrac{1}{10}\sqrt{\left(\dfrac{2e^{(1-\sqrt{5})}}{3\pi \times \sqrt{12.94}}\right)}$ 를 계산하라.

(a) 0.0131 (b) 0.131
(c) 0.1309 (d) 0.01309

[표 4-1] Portsmouth Harbour에서 London Waterloo까지의 열차 시간표

Saturdays

OUTWARD		Time	Time	Time	Time	Time	Time	Time	Time	Time
Train Alterations		S04	S03	S08	S02	S03	S04	S04	S01	S02
Portsmouth Harbour	dep	12:18 SW	12:22 GW	12:22 GW	12:45 SW	12:45 SW	12:45 SW	12:54 SW	13:12 SN	13:15 SW
Portsmouth & Southsea	arr	12:21	12:25	12:25	12:48	12:48	12:48	12:57	13:15	13:18
Portsmouth & Southsea	dep	12:24	12:27	12:27	12:50	12:50	12:50	12:59	13:16	13:20
Fratton	arr	12:27	12:30	12:30	12:53	12:53	12:53	13:02	13:19	13:23
Fratton	dep	12:28	12:31	12:31	12:54	12:54	12:54	13:03	13:20	13:24
Hilsea	arr	12:32						13:07		
Hilsea	dep	12:32						13:07		
Cosham	arr		12:38	12:38				13:12		
Cosham	dep		12:39	12:39				13:12		
Bedhampton	arr	12:37								
Bedhampton	dep	12:37								
Havant	arr	12:39			13:03	13:03	13:02		13:29	13:33
Havant	dep	12:40			13:04	13:04	13:04		13:30	13:34
Rowlands Castle	arr	12:46								
Rowlands Castle	dep	12:46								
Chichester	arr								13:40	
Chichester	dep								13:41	
Barnham	arr								13:48	
Barnham	dep								13:49	
Horsham	arr								14:16	
Horsham	dep								14:20	
Crawley	arr								14:28	
Crawley	dep								14:29	
Three Bridges	arr								14:32	
Three Bridges	dep								14:33	
Gatwick Airport	arr								14:37	
Gatwick Airport	dep								14:38	
Horley	arr								14:41	
Horley	dep								14:41	
Redhill	arr								14:47	
Redhill	dep								14:48	
East Croydon	arr								15:00	
East Croydon	dep								15:00	
Petersfield	arr	12:56			13:17	13:17	13:17			13:47
Petersfield	dep	12:57			13:18	13:18	13:18			13:48
Liss	arr	13:02								
Liss	dep	13:02								
Liphook	arr	13:09								
Liphook	dep	13:09								
Haslemere	arr	13:14C			13:31	13:31	13:30C			14:01
Haslemere	dep	13:20 SW R			13:32	13:32	13:36 SW R			14:02
Guildford	arr	13:55C			13:45	13:45	14:11C			14:15
Guildford	dep	14:02 SW			13:47	13:47	14:17 SW R			14:17
Portchester	arr							13:17		
Portchester	dep							13:17		
Fareham	arr		12:46	12:46				13:22		
Fareham	dep		12:47	12:47				13:23		
Southampton Central	arr			13:08C						
Southampton Central	dep			13:30 SW						
Botley	arr							13:30		
Botley	dep							13:30		
Hedge End	arr							13:34		
Hedge End	dep							13:35		
Eastleigh	arr		13:00C					13:41		
Eastleigh	dep		13:09 SW					13:42		
Southampton Airport Parkway	arr			13:37						
Southampton Airport Parkway	dep			13:38						
Winchester	arr		13:17	13:47				13:53		
Winchester	dep		13:18	13:48				13:54		
Micheldever	arr							14:02		
Micheldever	dep							14:02		
Basingstoke	arr		13:34					14:15		
Basingstoke	dep		13:36					14:17		
Farnborough	arr							14:30		
Farnborough	dep							14:31		
Woking	arr	14:11		14:19	13:57	13:57	14:25	14:40		14:25
Woking	dep	14:12		14:21	13:59	13:59	14:26	14:41		14:26
Clapham Junction	arr	14:31	14:12					15:01	15:11C	
Clapham Junction	dep	14:32	14:13						15:21 SW	
Vauxhall	arr								15:26	
Vauxhall	dep								15:26	
London Waterloo	arr	14:40	14:24	14:49	14:23	14:27	14:51	15:13	15:31	14:51

Chapter 05

백분율

Percentages

백분율을 이해하는 것이 왜 중요할까?

공학자와 과학자는 모든 계산에서 백분율을 사용하며, 계산기를 이용하면 백분율을 보다 쉽게 계산할 수 있다. 예를 들어, 백분율의 증감은 공학, 통계학, 물리학, 재정학, 화학, 경제학에서 공통적으로 사용한다. 계산기의 도움으로 기본적인 대수, 분수, 소수, 백분율 계산을 할 수 있다고 느끼게 될 때, 갑자기 수학이 그다지 어렵지 않게 보일 것이다.

학습포인트

- 용어 '백분율'을 이해한다.
- 소수를 백분율로, 백분율을 소수로 변환한다.
- 어떤 물리량의 백분율을 계산한다.
- 어떤 물리량을 또 다른 양의 백분율로 표현한다.
- 백분율 오차와 백분율의 증감을 계산한다.

5.1 서론

백분율percentage은 공통된 표준을 위해 사용된다. 백분율은 공학에서뿐만 아니라 상업적인 생활의 양상에서도 매우 흔히 사용된다. 이자율, 매출 감소, 가격 상승, 시험, 부가가치세 등은 백분율이 사용되는 상황에 대한 예이다.

이 장을 학습하기 위해서는 먼저 소수와 분수에 대한 이해가 필요하고, 계산기를 사용할 수 있어야 한다.

우리는 백분율에 대한 기호, 즉 %에 익숙해 있다. 몇 가지 예를 살펴본다.

- 이자율은 돈을 빌릴 수 있는 비용을 나타낸다. 만일 연간 **1.5%의 이율**로 8000만 원을 빌린다면, 빌린 총액에 대한 1.5%의 비용을 빌린 원금과 함께 상환해야 한다. 만일 1년 안에 대부금을 갚는다면, 지불해야 할 이자는 얼마인가?
- 상점에서 운동화 한 켤레의 비용이 60000원인데, **20% 할인**하여 판매한다고 광고한다. 얼마를 지불하면 되는가?
- 연봉 2000만 원에서 **2.5%의 임금 상승**을 받는다. 다음 해에 소비해야 할 추가 금액은 얼마인가?
- 18000원인 책을 인터넷에서 **30% 저렴하게** 구입할 수 있다. 책을 구입하는 비용은 얼마인가?

이 장이 끝날 때쯤, 백분율에 대한 위 계산을 어떻게 하는지 이해할 수 있을 것이다.

백분율은 분모가 100인 분수이다. 예를 들어, 분수 $\frac{40}{100}$은 40%로 쓰고 '40 퍼센트'라고 읽는다. 다음 예제들을 통해 백분율에 대해 이해해보자.

5.2 백분율 계산

5.2.1 소수를 백분율로 변환하기

소수는 100을 곱하여 백분율로 바꿀 수 있다.

[문제 1] 0.015를 백분율로 나타내라.

소수를 백분율로 변환하기 위해 단순히 100을 곱한다. 즉 다음과 같다.

$$0.015 = 0.015 \times 100\% = \mathbf{1.5\%}$$

소수에 100을 곱하는 것은 소수점을 **오른쪽으로** 2자리 옮기는 것을 의미한다.

[문제 2] 0.275를 백분율로 나타내라.

$$0.275 = 0.275 \times 100\% = \mathbf{27.5\%}$$

5.2.2 백분율을 소수로 변환하기

백분율은 100으로 나누어 소수로 바꿀 수 있다.

[문제 3] 6.5%를 소수로 나타내라.

$$6.5\% = \frac{6.5}{100} = \mathbf{0.065}$$

100으로 나누는 것은 소수점을 **왼쪽으로** 2자리 옮기는 것을 의미한다.

[문제 4] 17.5%를 소수로 나타내라.

$$17.5\% = \frac{17.5}{100} = \mathbf{0.175}$$

5.2.3 분수를 백분율로 변환하기

분수는 100을 곱하여 백분율로 바꿀 수 있다.

[문제 5] $\frac{5}{8}$를 백분율로 나타내라.

$$\frac{5}{8} = \frac{5}{8} \times 100\%$$

$$= \frac{500}{8}\% = \mathbf{62.5\%}$$

[문제 6] $\frac{5}{19}$를 소수점 아래 2자리인 백분율로 나타내라.

$$\frac{5}{19} = \frac{5}{19} \times 100\%$$

$$= \frac{500}{19}\%$$

$$= 26.3157889\cdots$$ 계산기로 계산함

$$= \mathbf{26.32\%}$$ 소수점 아래 2자리로 보정함

[문제 7] 두 번의 연속적인 시험에서 한 학생이 57/79점과 49/67점을 얻었다. 두 번째 점수가 첫 번째 점수보다 좋은가, 아니면 나쁜가?

$$57/79 = \frac{57}{79} = \frac{57}{79} \times 100\%$$

$$= \frac{5700}{79}\%$$

$$= \mathbf{72.15\%}$$ 소수점 아래 2자리로 보정함

$$49/67 = \frac{49}{67} = \frac{49}{67} \times 100\%$$

$$= \frac{4900}{67}\%$$

$$= \mathbf{73.13\%}$$ 소수점 아래 2자리로 보정함

그러므로 **두 번째 점수가 첫 번째 점수보다 좋다.** 이 문제는 두 분수가 백분율로 표현될 때, 두 수를 쉽게 비교하는 방법을 보여준다.

5.2.4 백분율을 분수로 변환하기

백분율은 100으로 나누고 약분하여 가장 간단한 형태로 변형함으로써 분수로 바꿀 수 있다.

[문제 8] 75%를 분수로 나타내라.

$$75\% = \frac{75}{100} = \mathbf{\frac{3}{4}}$$

분수 $\frac{75}{100}$는 약분에 의해, 즉 분자와 분모를 모두 25로 나누어 가장 간단한 형태로 변형된다.

[문제 9] 37.5%를 분수로 나타내라.

$$37.5\% = \frac{37.5}{100}$$

$$= \frac{375}{1000} \quad \text{분자와 분모 모두에 10을 곱한다.}$$

$$= \frac{15}{40} \quad \text{분자와 분모 모두를 25로 나눈다.}$$

$$= \mathbf{\frac{3}{8}} \quad \text{분자와 분모 모두를 5로 나눈다.}$$

◆ **이제 다음 연습문제를 풀어보자.**

[연습문제 25] 백분율

※ (문제 1~5) 주어진 수를 백분율로 표현하라.

1 0.0032 **2** 1.734

3 0.057 **4** 0.374

5 1.285

6 20%를 소수로 표현하라.

7 1.25%를 소수로 표현하라.

8 $\frac{11}{16}$을 백분율로 표현하라.

9 $\frac{5}{13}$를 소수점 아래 3자리로 보정하여 백분율로 표현하라.

10 유효숫자 3자리인 백분율로 표현하라.

(a) $\frac{7}{33}$ (b) $\frac{19}{24}$ (c) $1\frac{11}{16}$

11 소수점 아래 1자리로 보정하여 가장 작은 수를 처음에 놓고 크기 순서대로 나열하라.

(a) $\frac{12}{21}$ (b) $\frac{9}{17}$

(c) $\frac{5}{9}$ (d) $\frac{6}{11}$

12 65%를 가장 간단한 형태의 분수로 나타내라.

13 31.25%를 가장 간단한 형태의 분수로 나타내라.

14 56.25%를 가장 간단한 형태의 분수로 나타내라.

15 다음 표에서 A부터 J까지 계산하라.

소수	분수	백분율
0.5	A	B
C	$\frac{1}{4}$	D
E	F	30
G	$\frac{3}{5}$	H
I	J	85

5.3 추가적인 백분율 계산

5.3.1 양의 백분율 구하기

어떤 양quantity의 백분율을 구하기 위해, 백분율을(100으로 나누어) 분수로 변환한다.

[문제 10] 몸무게 65kg의 27%를 구하라.

$$65\text{kg의 } 27\% = \frac{27}{100} \times 65 = \mathbf{17.55\,kg}$$

***[문제 11]** 기계조립공장에서 일부 부품을 조립하는 데 32분 걸린다. 새로운 도구를 사용하여 시간을 12.5% 단축하였다. 새로운 시간을 계산하라.

$$32\text{분의 } 12.5\% = \frac{12.5}{100} \times 32 = 4\text{분}$$

그러므로 **새로운 시간은** 32 − 4 = **28분**이다.
다른 방법으로, 12.5% 단축하였다면 이제 처음 시간의 100% − 12.5% = 87.5%가 걸린다. 즉 다음과 같다.

$$32\text{분의 } 87.5\% = \frac{87.5}{100} \times 32 = \mathbf{28\text{분}}$$

[문제 12] 저항기는 $820\Omega \pm 5\%$의 값을 갖는다. 기대되는 저항값의 범위를 구하라.

$$820\text{의 } 5\% = \frac{5}{100} \times 820 = 41$$

기대되는 최솟값은 $820 - (820\text{의 } 5\%)$, 즉 $820 - 41 = 779\Omega$이고, 최댓값은 $820 + (820\text{의 } 5\%)$, 즉 $820 + 41 = 861\Omega$이다.

그러므로 기대되는 **저항값의 범위**는 **779Ω에서 861Ω**이다.

[문제 13] 160GB iPod이 VAT를 포함해 비용이 190 000원이라고 한다. VAT가 20% 추가된다면, iPod의 총 비용은 얼마인가?

$$\text{VAT} = 190\,000\text{원의 } 20\%$$
$$= \frac{20}{100} \times 190\,000 = 38\,000\text{원}$$
$$\textbf{iPod의 총 비용} = 190\,000\text{원} + 38\,000\text{원}$$
$$= \mathbf{228\,000\text{원}}$$

총 비용을 구하는 빠른 방법은 $1.20 \times 190\,000$원$=$ **228 000원**이다.

5.3.2 양의 백분율로 표현하기

어떤 양을 다른 양의 백분율로 표현하려면, 첫 번째 양을 두 번째 양으로 나눈 다음에 100을 곱한다.

*** [문제 14]** 23cm를 72cm에 대한 백분율로 표현하되, 가장 근접한 %로 보정하라.

$$72\text{cm에 대한 백분율로서 } 23\,\text{cm} = \frac{23}{72} \times 100\%$$
$$= 31.94444 \cdots \%$$
$$= \mathbf{32\%}$$

가장 근접한 %로 보정함

[문제 15] 47분을 2시간에 대한 백분율로 표현하되, 소수점 아래 1자리로 보정하라.

두 양은 **동일한 단위**로 맞추어야 한다.

$$\text{분 단위로 } 2\text{시간} = 2 \times 60 = 120\text{분}$$

$$120\text{분에 대한 백분율로서 } 47\text{분} = \frac{47}{120} \times 100\%$$
$$= \mathbf{39.2\%}$$

소수점 아래 1자리로 보정함

5.3.3 백분율 증감

백분율 증감은 다음과 같이 표현한다.

$$\frac{\text{새로운 값} - \text{최초값}}{\text{최초값}} \times 100\%$$

*** [문제 16]** 저항들이 담겨있는 한 상자의 가격이 45 000원에서 52 000원으로 올랐다. 비용에 대한 백분율 증감을 유효숫자 3자리로 보정하여 계산하라.

$$\%\ \text{변화} = \frac{\text{새로운 값} - \text{최초값}}{\text{최초값}} \times 100\%$$
$$= \frac{52\,000 - 45\,000}{45\,000} \times 100\%$$
$$= \frac{7}{45} \times 100\%$$
$$= 15.6\% = \textbf{비용에 대한 백분율 변화}$$

*** [문제 17]** 천공속도drilling speed는 400rev/min로 맞춰져야 한다. 기계에 적용할 수 있는 가장 가까운 속도는 412 rev/min이다. 초과속도의 백분율을 계산하라.

$$\%\ \text{초과속도} = \frac{\text{가용할 속도} - \text{정확한 속도}}{\text{정확한 속도}} \times 100\%$$
$$= \frac{412 - 400}{400} \times 100\%$$
$$= \frac{12}{400} \times 100\% = \mathbf{3\%}$$

[문제 18] 물의 흡수성에 대한 실험에서 벽돌의 건조 상태 무게는 2.628kg이고, 하루 동안 물에 담근 후의 무게는 3.127kg이었다. 가장 근접한 백분율로 보정하여 이 벽돌의 흡수 비율을 계산하라.

$$흡수비율 = \frac{\text{새로운 값} - \text{초깃값}}{\text{초깃값}} \times 100\%$$

$$= \frac{3.127 - 2.628}{2.628} \times 100\%$$

$$= \frac{0.499}{2.628} \times 100\%$$

$$= 18.99\%$$

$$= 19\%$$ 가장 근접한 백분율로 보정함

◆ **이제 다음 연습문제를 풀어보자.**

[연습문제 26] 백분율에 대한 추가 문제

*1 50kg의 43.6%를 계산하라.

*2 27m의 36%를 구하라.

*3 다음을 계산하여 유효숫자 4자리로 나타내라.
(a) 2758t의 18%
(b) 18.42g의 47%
(c) 14.1초의 147%

*4 1600개의 볼트가 제작될 때, 이 중 36개가 불량품이다. 불량품의 백분율을 구하라.

*5 다음을 표현하라.
(a) 1t의 백분율로서 140kg
(b) 5분의 백분율로서 47초
(c) 2.5m의 백분율로서 13.4cm

*6 모넬Monel 한 덩어리는 70%의 니켈과 30%의 구리로 구성된다. 니켈이 88.2g 포함될 때, 한 덩어리에 포함된 구리의 양을 구하라.

7 한 육상선수는 5000m를 15분 20초에 달린다. 이 선수가 시간을 2.5% 단축했을 때, 새롭게 단축한 시간을 계산하라.

*8 구리합금은 구리 89%, 철 1.5%, 그리고 나머지는 알루미늄으로 구성된다. 0.8kg의 합금에 들어있는 알루미늄의 양을 g으로 구하라.

9 인터넷에서 VAT를 제한 컴퓨터의 가격이 520000원이라고 광고한다. VAT가 17.5%로 지불된다면 컴퓨터의 총 가격은 얼마인가?

*10 325mm를 867mm에 대한 백분율로 소수점 아래 2자리로 보정하여 표현하라.

11 어린 아이는 매일 평균 9시간 25분 동안 잠을 잔다. 이것을 하루에 대한 백분율로 소수점 아래 1자리로 보정하여 표현하라.

*12 408g을 2.40kg에 대한 백분율로 표현하라.

13 새로운 계약서에 서명할 때, 영국 프리미어 리그 축구 선수의 주급이 £15500에서 £21500로 증가한다. 유효숫자 3자리로 보정하여 증가한 주급의 백분율을 계산하라.

*14 1.80m 길이의 금속 막대에 열이 가해지고 48.6mm 만큼 길이가 늘어났다. 늘어난 길이를 백분율로 계산하라.

*15 나무 길이의 12.5%가 70cm일 때, 이 나무의 전체 길이를 구하라.

*16 1.20m 길이의 금속 막대에 열이 가해지고 42mm만큼 길이가 늘어났다. 늘어난 길이를 백분율로 계산하라.

*17 다음 저항 각각에 대해 (i) 최솟값, (ii) 최댓값을 구하라.
(a) $680\Omega \pm 20\%$ (b) $47\text{k}\Omega \pm 5\%$

*18 엔진 속도가 2400 rev/min이다. 속도가 8% 증가했을 때, 증가한 새 속도를 계산하라.

*19 생산라인이 4200개의 부품을 생산하며 그중 97%가 양호하다고 할 때, 불량품의 개수를 구하라.

*20 저수지 안에 있는 오염물질의 하루 질량 m은 공식 $m = m_0 e^{-0.08t}$에 따라 감소한다. 여기서 t는 시간이고 m_0는 초기 질량이다. 40일 동안 질량이 얼마나 감소하는지 유효숫자 4자리로 보정하여 백분율로 구하라.

5.4 좀 더 복잡한 백분율 계산

5.4.1 백분율 오차

$$\text{백분율 오차} = \frac{\text{오차}}{\text{정확한 값}} \times 100\%$$

*[문제 19] 부품의 길이가 64.5mm로 부정확하게 측정되었다. 실제 길이는 63mm이다. 측정에서 백분율 오차는 얼마인가?

$$\begin{aligned}\%\ \text{오차} &= \frac{\text{오차}}{\text{정확한 값}} \times 100\% \\ &= \frac{64.5-63}{63} \times 100\% \\ &= \frac{1.5}{63} \times 100\% = \frac{150}{63}\% = \mathbf{2.38\%}\end{aligned}$$

백분율 측정 오차는 **2.38% 높다**. 이것을 **+2.38% 오차**라고 쓰기도 한다.

*[문제 20] 전기회로의 어느 부품을 지나는 전압을 계산하면 옴의 법칙을 사용하여 50V이다. 실제 측정된 전압이 50.4V일 때, 계산기로 소수점 아래 2자리로 보정한 백분율 오차를 계산하라.

$$\begin{aligned}\%\ \text{오차} &= \frac{\text{오차}}{\text{정확한 값}} \times 100\% \\ &= \frac{50.4-50}{50.4} \times 100\% \\ &= \frac{0.4}{50.4} \times 100\% \\ &= \frac{40}{50.4}\% = \mathbf{0.79\%}\end{aligned}$$

전기회로의 백분율 오차는 **0.79% 낮다**. 이것을 **−0.79% 오차**라고 쓰기도 한다.

5.4.2 본래 값

$$\text{본래 값} = \frac{\text{새로운 값}}{100 \pm \%\ \text{변화}} \times 100$$

[문제 21] 어떤 사람이 '35% 할인'이라는 라벨이 붙은 TV를 할인해서 149.5만 원을 지불했다. 이 TV의 본래 값은 얼마인가?

이 경우, 가격이 35% 줄었으므로

$$\frac{\text{새로운 값}}{100 - \%\ \text{변화}} \times 100,$$

즉 분모에서 음의 부호를 사용한다.

$$\begin{aligned}\text{본래 값} &= \frac{\text{새로운 값}}{100 - \%\ \text{변화}} \times 100 \\ &= \frac{149.5}{100-35} \times 100 \\ &= \frac{149.5}{65} \times 100 \\ &= \frac{14950}{65} = \mathbf{230\text{만 원}}\end{aligned}$$

[문제 22] 한 부부가 아파트를 구입하여 3년 후에 18%의 수익을 남긴 다음 1억 5340만원에 팔았다. 이 집에 대한 최초의 비용을 계산하라.

이 경우에, 가격이 18% 늘었으므로

$$\frac{\text{새로운 값}}{100 + \%\ \text{변화}} \times 100,$$

즉 분모에서 양의 부호를 사용한다.

$$\begin{aligned}\text{본래 값} &= \frac{\text{새로운 값}}{100 + \%\ \text{변화}} \times 100 \\ &= \frac{153\,400\,000}{100+18} \times 100 \\ &= \frac{153\,400\,000}{118} \times 100 \\ &= \frac{15\,340\,000\,000}{118} \\ &= \mathbf{130\,000\,000\text{만 원}} \\ &= \mathbf{1\text{억 }3000\text{만 원}}\end{aligned}$$

[문제 23] 전자 상가는 와이드스크린 텔레비전을 한 대당 40%의 수익을 남기고 판매한다. 32인치 HD 텔레비전의 판매 가격이 63만 원일 때, 판매원의 가격은 얼마인가?

이 경우에, 가격이 40% 인상되었으므로

$$\frac{새로운\ 값}{100+\%\ 변화}\times 100,$$

즉 분모에서 양의 부호를 사용한다.

$$판매원\ 가격 = \frac{새로운\ 값}{100+\%\ 변화}\times 100$$
$$= \frac{63}{100+40}\times 100$$
$$= \frac{63}{140}\times 100$$
$$= \frac{6300}{140} = \mathbf{45만\ 원}$$

판매원은 공장으로부터 45만 원에 구입하여 손님에게 63만 원에 판매한다.

5.4.3 백분율 증가/감소와 이자

$$새로운\ 값 = \frac{100+\%\ 증가}{100}\times 본래\ 값$$

[문제 24] 연이율 1.5%인 개인종합자산관리계좌(ISA)에 3600만 원을 입금했다. 1년 후의 이자가치는 얼마인가?

$$1년\ 후\ 값 = \frac{100+1.5}{100}\times 3600만\ 원$$
$$= \frac{101.5}{100}\times 3600만\ 원$$
$$= 1.015\times 3600만\ 원$$
$$= \mathbf{3654만\ 원}$$

*** [문제 25]** 완제품인 콘덴싱 보일러 가격이 6.5% 상승하였다. 최초 가격이 240만 원일 때, 새로운 가격은 얼마인가?

$$새로운\ 가격 = \frac{100+6.5}{100}\times 240만\ 원$$
$$= \frac{106.5}{100}\times 240만\ 원$$
$$= 1.065\times 240만\ 원$$
$$= \mathbf{255.6만\ 원}$$

◆ **이제 다음 연습문제를 풀어보자.**

[연습문제 27] 추가적인 백분율 계산

***1** 기계부품의 길이가 36mm이다. 이 길이가 36.9mm로 부정확하게 측정되었다. 측정에 대한 백분율 오차를 구하라.

***2** 전기회로에서 저항이 제거되면 전류가 450μA에서 531μA로 증가한다. 증가한 전류에 대한 백분율을 구하라.

3 직구 사이트에서 전 제품을 '40% 할인'한다고 광고한다. 한 고객이 특정 상표의 신발 한 켤레를 £186에 구입하였다. 이 신발의 정가는 얼마인가?

4 어떤 재화가 4년 후에 22.5% 상승하여 214375원이 되었다. 이 재화의 4년 전 가격은 얼마인가?

5 한 전자 소매업자는 모든 제품에 대해 35%의 이익을 남긴다. 이 소매업자가 351000원에 팔린 식기세척기를 처음 구입한 가격은 얼마인가?

6 고급 스포츠 자동차의 수입가가 VAT 20%를 포함하여 £24000이었다. VAT가 추가되기 전의 자동차 가격은 얼마인가?

7 연간 1.50%의 비율을 제공하는 주택금융조합에서 발행하는 채권에 8000만 원이 투자되었다. 2년 후의 투자금 가치는 얼마인가?

8 연간 3600만 원을 버는 전기공사 도급자는 2.5%의 임금인상을 받아들였다. 그는 수입의 22%를 세금으로 지불하고 11%는 국민보험 분담금으로 지불한다. 매월 실제로 받을 인상금을 계산하라.

9 5명의 친구가 식당에서 저녁식사 모임을 가졌다. 음료수를 포함하여 176000원의 청구서가 나왔다. 5명의 친구는 12.5%의 봉사료를 추가하고 총액을 똑같이 나눈다. 각자 지불한 금액은 얼마인가?

10 12월에 상점은 920000원짜리 40인치 LCD TV의 가격을 5% 인상하였다. 이 TV가 팔리지 않아 1월에 가격을 5% 낮추었다. TV의 판매 가격은 얼마인가?

11 어떤 남자가 사업체를 매입하여 3년 후에 2억 2200만 원에 팔아 20%의 수익을 남겼다. 이 사업체를 매입하기 위해 최초에 얼마를 지불했는가?

***12** 드릴링 머신drilling machine의 속도는 250 rev/min로 설정되어 있다. 이 기계에 적용할 수 있는 가장 가까운 속도는 268 rev/min이다. 초과속도의 백분율을 계산하라.

***13** 무게가 2kg인 복합물이 A 성분 30%, B 성분 45%, C 성분 25%를 포함한다. 세 성분의 실제 질량을 구하라.

***14** 콘크리트 혼합물은 자갈 부피 7부분, 모래 부피 4부분, 시멘트 부피 2부분을 포함한다. 가장 근접한 %로 보정한 세 성분의 백분율을 구하라. 그리고 2톤의 혼합물 안에 있는 시멘트의 질량을 유효숫자 1자리로 보정하여 구하라.

***15** 철광석 표본에서 철은 18%이다. 철 3600kg을 생산하기 위한 광석의 양은 얼마인가?

***16** 나사의 지름이 12.5±8% mm이다. 나사의 길이가 될 수 있는 최솟값과 최댓값을 계산하라.

***17** 엔진의 출력 전력은 450kW이다. 엔진의 효율성이 75%일 때, 입력 전력을 구하라.

[연습문제 28] 백분율에 대한 선다형 문제

※ 각 문제의 정답은 한 개이다.

1 0.075를 백분율로 나타낸 것은 무엇인가?
(a) 0.075% (b) 75%
(c) 0.75% (d) 7.5%

2 15.8%를 소수로 나타낸 것은 무엇인가?
(a) 0.158 (b) 1.58 (c) 15.8 (d) 158.0

3 11mm를 41mm의 백분율로 나타낸 값 중 옳은 것을 골라라.
(a) 유효숫자 3자리로 보정하면 2.68이다.
(b) 유효숫자 2자리로 보정하면 2.6이다.
(c) 소수점 아래 2자리로 보정하면 26.83이다.
(d) 소수점 아래 4자리로 보정하면 0.2682이다.

4 1.24를 백분율로 나타낸 것은 무엇인가?
(a) 0.124% (b) 1.24% (c) 12.4% (d) 124%

5 옴의 법칙을 이용하여 전기회로 부품의 전류를 계산하였더니 25mA였다. 실제 전류가 25.2mA로 측정되었을 때, 소수점 아래 2자리로 보정하여 계산상의 백분율 오차를 구하라.
(a) 0.80% (b) 1.25%
(c) 0.79% (d) 1.26%

6 0.226을 백분율로 나타낸 것은 무엇인가?
(a) 2.26% (b) 22.6%
(c) 0.226% (d) 226%

7 P의 12%가 48이다. P 값은 얼마인가?
(a) 250 (b) 100 (c) 400 (d) 200

8 3.5%를 소수로 나타낸 것은 무엇인가?
(a) 0.35 (b) 0.035 (c) 3.5 (d) 350.0

9 336의 75%가 $12q$이다. q 값은 얼마인가?
(a) 21 (b) 48 (c) 28 (d) 252

10 10.7%를 소수로 나타낸 것은 무엇인가?
(a) 0.107 (b) 1.07 (c) 10.7 (d) 107

11 47kΩ의 저항기는 ±5%의 오차를 허용한다. 최대로 가능한 값은 얼마인가?
(a) 52kΩ (b) 47.005kΩ
(c) 42kΩ (d) 49.35kΩ

12 65.3%를 소수로 나타낸 것은 무엇인가?
(a) 0.0653 (b) 0.653 (c) 6.53 (d) 65.3

13 12분 15초를 4시간의 백분율로 표현한 것은 무엇인가?
(a) 5.10% (b) 3.06%
(c) 5.06% (d) 0.051%

14 9.9%를 소수로 나타낸 것은 무엇인가?
(a) 99.0 (b) 0.099 (c) 9.9 (d) 0.99

15 직사각형의 길이와 폭이 각각 10%씩 증가한다고 할 때, 둘레는 백분율로 얼마나 증가하는가?
(a) 20 (b) 12.1 (c) 10 (d) 21

Chapter 06

비율과 비례

Ratio and proportion

비율과 비례를 이해하는 것이 왜 중요할까?

비율과 비례는 실생활에서 수없이 많이 사용된다. 요리를 준비할 때, 집을 페인트로 칠할 때, 자동차 트랜스미션 또는 대형 기계의 기어를 수리할 때 등, 이러한 경우에 우리는 비율과 비례를 사용한다. 지붕이나 교량을 떠받치는 트러스truss는 눈과 지붕의 하중을 버티기 위해 정확한 비율로 정해야 하고, 시멘트는 튼튼함을 유지하기 위해 정확한 비율로 혼합되어야 하며, 의사는 약물치료를 결정할 때 항상 비율을 계산한다. 거의 모든 직업군에서 어떻게든 비율이 사용된다. 비율은 건축과 건설, 모형제작, 예술과 공예, 토지 측량, 금형과 공구제작, 음식과 요리, 화학적 혼합, 자동차 조립, 항공기와 정비 등에 사용된다. 공학자는 수용력과 안전문제에 대한 구조적이고 기계적인 체계를 시험하기 위해 비율을 사용한다. 기계 수리 기술자는 도르래 회전과 기어 문제를 해결하기 위해 비율을 사용한다. 작업장에서 운전기사는 비율을 응용하여, 정확한 장비가 철과 같이 무거운 자재를 안전하게 운반할 수 있도록 한다. 따라서 비율과 비례를 이해하는 것이 중요하다.

학습포인트

- 비율을 정의한다.
- 비율 계산을 한다.
- 정비례를 정의한다.
- 후크의 법칙, 샤를의 법칙, 옴의 법칙을 포함하는 정비례 계산을 한다.
- 반비례를 정의한다.
- 보일의 법칙을 포함하는 반비례 계산을 한다.

6.1 서론

비율ratio은 어떤 양들을 비교하는 방법으로서 하나의 양이 다른 양에 비해 얼마나 큰지 보여준다. 실질적인 예로, 페인트와 모래, 시멘트의 혼합, 또는 자동차 앞 유리 세척액 등을 들 수 있다. 톱니바퀴, 지도 축척, 음식 조리법, 비례척도, 금속합금성분 등이 모두 비율을 사용한다.

어떤 두 양이 동일한 비율로 증가하거나 감소하는 경우는 정비례direct proportion 관계에 있다. 정비례 관계를 보이는 몇 가지 실용적이고 공학적인 법칙이 있다.

때로는 어떤 양이 특정 비율로 증가함에 따라 다른 양이 동일한 비율로 감소한다. 이것을 반비례inverse proportion라고 한다. 예를 들어, 일을 하는 데 걸리는 시간은 팀원의 수에 반비례한다. 즉 팀원이 두 사람이면 일하는 시간은 반으로 줄어든다.

이 장이 끝날 즈음에는 비율과 비례에 대해 이해하고 자신감 있게 계산할 수 있을 것이다. 이 장에서는 소수와 분수에 대해 알아야 하며, 계산기를 사용할 수 있어야 한다.

6.2 비율

일반적으로 수들의 비율은 콜론 기호(:)로 분리되어 표현된다. 예를 들어, 2와 7의 비율을 2:7로 쓰고 이 비율을 '2 대 7'로 읽는다.

몇 가지 실제적으로 사용되는 예를 살펴보자.

- 자동차 앞 유리 세척액 1단위에 물 6단위를 혼합한다. 즉 세척액 대 물의 비율은 1:6이다.
- 모래 4삽에 시멘트 1삽을 혼합한다. 즉 시멘트 대 모래의 비율은 1:4이다.
- 빨간색 페인트 3통을 흰색 페인트 1통에 혼합한다. 즉 빨간색 페인트 대 흰색 페인트의 비율은 3:1이다.

비율은 혼합에 사용된 분할들의 수이다. 혼합된 페인트는 세 분할의 빨간색과 한 분할의 흰색을 갖는 총 네 분할이다. 빨간색 페인트 3대 흰색 페인트 1은 다음을 의미한다.

$$\text{빨간색 페인트 } \frac{3}{4} \text{ 대 흰색 페인트 } \frac{1}{4}$$

비율에 대해 보다 자세히 이해하기 위해 몇 가지 예를 살펴보자.

[문제 1] 교실 안에 여학생 대 남학생의 비율이 6:27이다. 이 비율을 가장 간단한 형태로 변환하라.

❶ 6과 27은 모두 3으로 나누어질 수 있다.
❷ 따라서 6:27은 **2:9**와 같다.

6:27과 2:9는 동치 비율[equivalent ratio]이다.

비율을 가장 낮거나 가장 간단한 형태로 표현하는 것이 정상이다. 이 예에서 가장 간단한 형태인 **2:9**는 여학생 2명당 남학생 9명이 있음을 의미한다.

***[문제 2]** 128개의 톱니를 갖는 톱니바퀴가 48개의 톱니를 갖는 바퀴와 맞물려 있다. 톱니의 비율은 얼마인가?

$$\text{톱니 비율} = 128:48$$

비율은 공통 인수를 찾음으로써 간단한 형태로 표현할 수 있다.

❶ 128과 48은 모두 2로 나눌 수 있다. 즉 128:48은 64:24와 같다.
❷ 64와 24는 모두 8로 나눌 수 있다. 즉 64:24는 8:3이다.
❸ 8과 3을 동시에 나눌 수 있는 수는 없다. 따라서 8:3은 가장 간단한 형태의 비율이다. 즉 **톱니 비율은 8:3**이다.

따라서 128:48은 64:24와 동치이고, 8:3과 동치이다. 그리고 **8:3은 가장 간단한 형태**이다.

***[문제 3]** 길이 2.08m인 나무 기둥이 있다. 이것을 7대 19의 비율로 나누어라.

❶ 비율이 7:19이므로 전체 분할의 수는 $7+19=26$분할이다.
❷ 26분할은 $2.08\,\text{m}=208\,\text{cm}$에 대응하고, 따라서 1분할은 $\frac{208}{26}=8$에 대응한다.
❸ 따라서 7분할은 $7\times8=$ **56cm**에 대응하고, 19분할은 $19\times8=$ **152cm**에 대응한다.

그러므로 **2.08m**는 **7:19**의 비율인 **56cm**대 **152cm**로 분할한다.

Check 56+152가 208이어야 한다. 그렇지 않으면 잘못 계산된 것이다.

[문제 4] 경기에서 828만 원의 상금이 1, 2, 3등에게 5:3:1의 비율로 지급된다. 지급된 금액을 구하라.

❶ 비율이 5:3:1이므로 전체 분할의 수는 $5+3+1=9$이다.
❷ 9분할은 828만 원에 해당한다.
❸ 1분할은 $\frac{828}{9}=$ **92만 원**, 3분할은 3×92만 원= **267만 원**, 5분할은 5×92만 원= **460만 원**에 해당한다.

그러므로 총 상금 828만 원은 5:3:1의 비율인 **460만 원** 대 **267만 원** 대 **92만 원**으로 분할하여 지급하면 된다.

Check 460+276+92가 828이어야 한다. 그렇지 않으면 잘못 계산된 것이다.

[문제 5] 지도의 축척은 1:30000이다. 두 학교 사이의 거리가 지도상에서 6cm이다. 두 학교 사이의 실제 거리를 km 단위로 구하라.

$$\begin{aligned}\text{두 학교 사이의 실제 거리} &= 6\times30000\,\text{cm}\\ &=18000\,\text{cm}\\ &=\frac{180000}{100}\text{m}\\ &=1800\text{m}\\ &=\frac{1800}{1000}\text{m}=\mathbf{1.80km}\end{aligned}$$

*[문제 6] 콘크리트를 만들기 위한 시멘트, 모래, 자갈을 2:5:8의 비율로 혼합할 때, 다음 물음에 답하라.
(a) 혼합물 750kg에 들어간 모래의 질량
(b) 혼합물에 들어 있는 시멘트 양의 백분율

비율이 2:5:8이므로, 전체 양에 해당하는 수는 $2+5+8=15$이다.

(a) 모래는 전체 15 중에서 5, 즉 혼합물 750kg에 대한 $\frac{5}{15}$이다. 그러므로 혼합물에 들어간 모래의 질량은 다음과 같다.

$$\frac{5}{15}\times 750 = \mathbf{250\,kg}$$

(b) 시멘트는 전체 15 중에서 2, 즉 혼합물의 $\frac{2}{15}$이다. 그러므로 혼합물에 들어 있는 시멘트 양의 백분율은 다음과 같다.

$$\frac{2}{15}\times 100 = \mathbf{13.33\%}$$

◆ **이제 다음 연습문제를 풀어보자.**

[연습문제 29] 비율 1

1 상자 안에 들어 있는 333개의 종이 클립 중 9개가 불량품이다. 양호한 종이 클립 수를 불량인 종이 클립 수에 대한 가장 간단한 형태의 비율로 표현하라.

*2 84개의 톱니를 가진 톱니바퀴가 24개의 톱니를 가진 톱니바퀴와 맞물려 있다. 톱니 비율을 가장 간단한 형태로 표현하라.

*3 상자 안에 들어 있는 2000개의 못 중 120개가 불량품이다. 양호한 못의 수를 불량인 못의 수에 대한 가장 간단한 형태의 비율로 표현하라.

*4 3.36m의 금속관을 6 대 15의 비율로 잘라야 한다. 각 관의 길이를 계산하라.

5 설명서에 따르면 칠면조 요리는 kg당 45분간 조리해야 한다. 7kg 무게의 칠면조를 조리하기 위한 시간은 얼마인가?

6 유언장에 세 명의 상속자에게 6440만 원을 4:2:1로 분할하도록 기록되어 있다. 각 상속자가 받는 금액을 계산하라.

7 지역지도의 축척은 1:22500이다. 두 고속도로 사이의 거리가 2.7km일 때, 지도에서 두 고속도로가 떨어진 거리는 얼마인가?

8 복권의 총 상금 3801만 원을 세 명의 당첨자에게 4:2:1의 비율로 분배하려 한다. 1등 당첨자가 받을 금액은 얼마인가?

*9 종이 상자에 두 종류의 나사못 P와 Q가 총 36개 담겨 있다. 나사못 P와 Q의 개수 비율이 1:8일 때, 각 나사못의 개수를 구하라.

*10 질량 56kg을 3:5:6의 비율인 세 부분으로 나누어져 있다고 할 때, 각 부분의 질량을 계산하라.

비율에 대한 문제를 더 살펴보자.

[문제 7] 45cm를 7.65m에 대해 가장 간단한 형태의 비율로 표현하라.

❶ 두 길이를 동일한 단위인 cm로 변환하면, 45:765이다.
❷ 두 길이를 5로 나누면 45:765 = 9:153이다.
❸ 두 길이를 3으로 나누면 9:153 = 3:51이다.
❹ 두 길이를 3으로 다시 나누면 3:51 = 1:17이다.

따라서 **7.65m에 대한 45cm의 비율은 1:17**이다.
45:765, 9:153, 3:51, 1:17은 **동치인 비율**이고, 이 중 **1:17은 가장 간단한 비율**이다.

*[문제 8] 알코올 농도 40%의 위스키 30ml가 잔에 담겨 있다. 여기에 물 45ml를 추가로 섞었다. 혼합물에 들어있는 새로운 알코올의 농도는 얼마인가?

❶ 위스키 30ml에 포함된 40% 알코올의 양은 $\frac{40}{100}\times 30 = 12$ml이다.
❷ 물 45ml가 추가된 후의 용액은 $30+45=75$ml이고, 이 중 알코올은 12ml이다.
❸ 현재 알코올 농도를 분수로 나타내면 $\frac{12}{75}$이다.
❹ 현재 알코올 농도를 백분율로 나타내면 $\frac{12}{75}\times 100\% = \mathbf{16\%}$이다.

*[문제 9] 모래와 자갈의 혼합물 20t에 모래가 30% 포함되어 있다. 자갈이 40%인 혼합물을 만들기 위해 추가되어야 할 모래의 양은 몇 t인가?

❶ 20t에 포함된 모래의 양은
20t의 30% $= \frac{30}{100} \times 20 = 6$t이다.

❷ 혼합물이 6t의 모래를 포함한다면, 자갈의 양은
$20 - 6 = 14$t이다.

❸ 이 14t의 자갈이 새로운 혼합물에서 40%가 되어야 한다.
1%는 $\frac{14}{40}$t이 되어야 하고, 혼합물 100%는
$\frac{14}{40} \times 100\text{t} = 35$t이 되어야 한다.

❹ 자갈이 14t이면 모래의 양은 $35 - 14 = 21$t이다.

❺ 이미 모래 6t이 있으므로 **자갈 40%인 혼합물을 만들기 위해 추가되는 모래의 양은** $21 - 6 = 15$t이다.

Note 1t = 1000kg

◆ **이제 다음 연습문제를 풀어보자.**

[연습문제 30] 비율 2

*1 130g을 1.9kg에 대한 비율로 표현하라. 단, 답은 반올림하여 소수점이 없는 정수로 표현한다.

*2 연구실에서 산[acid]과 물이 2:5의 비율로 혼합된다. 266ml의 혼합물을 만들기 위해 필요한 산의 양은 얼마인가?

*3 알코올 농도 40%의 진 30ml가 잔에 담겨 있다. 여기에 18ml의 물을 추가하여 섞었다. 혼합물에 들어 있는 새로운 알코올의 농도는 얼마인가?

*4 길이가 4m이고 무게가 84kg인 나무 기둥이 있다. 길이 60cm인 유사한 기둥의 질량을 구하라.

*5 금속 P와 Q의 질량이 3.25:1의 비율로 만들어지는 합금이 있다. 이 합금을 만들기 위해 4.4kg의 Q에 추가되어야 할 P의 양은 얼마인가?

*6 모래와 자갈의 혼합물 15000kg에 모래가 20% 포함되어 있다. 자갈이 30%인 혼합물을 만들기 위해 추가되어야 할 모래의 양은 몇 t인가?

6.3 정비례

두 양이 **동일한 비율**로 증가하거나 감소할 때 정비례[direct proportion] 관계에 있다고 한다. 예를 들어 라거 12캔의 질량이 4kg이면, 라거 24캔의 질량은 8kg, 즉 캔의 양이 2배이면 질량도 2배가 된다. 이는 정비례이다.

앞 절에서 시멘트 1삽과 모래 4삽, 즉 시멘트와 모래의 비율이 1:4인 혼합물에 대한 예를 살펴보았다. 만약 시멘트 10삽과 모래 40삽을 혼합하고 혼합물의 양이 두 배가 되길 원한다면, 시멘트와 모래 모두 2배, 즉 시멘트 20삽과 모래 80삽이 되어야 할 것이다. 이는 정비례에 대한 또 다른 예이다.

정비례와 관련하여 공학에서 사용하는 법칙 세 가지를 소개한다.

(a) 후크의 법칙[Hooke's law]* : 소재의 탄성한계 내에서 생성된 변형률[strain] ε은 응력 σ에 정비례하는 것, 즉 $\varepsilon \propto \sigma$임을 말한다(여기서 $\propto$는 정비례를 의미한다).

(b) 샤를의 법칙[Charles's law]* : 압력이 일정할 때 기체의 부피 V는 열역학적 온도 T에 정비례하는 것, 즉 $V \propto T$임을 말한다.

(c) 옴의 법칙[Ohm's law]* : 고정된 저항을 흐르는 전류 I는 공급 전압 V에 정비례하는 것, 즉 $I \propto V$임을 말한다.

*후크는 누구?

로버트 후크(Robert Hooke FRS, 1635. 7. 28 ~ 1703. 3. 3)는 영국의 자연과학자이며 건축가로, 탄성법칙을 발견한 것으로 유명하다.

***샤를은 누구?**

자크 샤를(RJacques Alexandre Cesar Charles, 1746. 11. 12 ~ 1823. 4. 7)은 프랑스의 발명가, 과학자, 수학자이며, 벌루니스트(벌룬 파일럿)이었다. 샤를의 법칙은 가스가 가열될 때 어떻게 팽창하는지를 설명한다.

***옴은 누구?** (4장 참고)

보다 자세한 정보는 www.routledge.com/cw/bird에서 찾을 수 있다.

정비례에 대해 보다 자세히 이해하기 위해 몇 가지 예를 살펴보자.

***[문제 10]** 절전용 백열전구 3개의 가격이 7800원이다. 이 전구 7개의 가격은 얼마인가?

❶ 백열전구 3개의 가격이 7800원이다.

❷ 따라서 백열전구 1개의 가격은 $\frac{7800}{3}=2600$원이다.

그러므로 **백열전구 3개의 가격은** 7×2600원 $=$ **18200원**이다.

***[문제 11]** 휘발유 56리터의 가격이 64400원이다. 휘발유 32리터의 가격을 계산하라.

❶ 휘발유 56리터의 가격이 64400원이다.

❷ 그러므로 휘발유 1리터의 가격은 $\frac{64400}{56}=1150$원이다.

그러므로 **휘발유 32리터의 가격은** 32×1150원$=$ **36800원**이다.

***[문제 12]** 후크의 법칙은, 소재의 탄성한계 내에서 응력 σ가 변형률 ε에 정비례하는 것을 말한다. 연한 강철의 응력이 63MPa일 때 변형률이 0.0003이다.

(a) 응력이 42MPa일 때, 변형률의 값을 구하라.

(b) 변형률이 0.00072일 때, 응력의 값을 구하라.

(a) 응력은 변형률에 정비례한다.

❶ 응력이 63MPa일 때 변형률이 0.0003이다.

❷ 그러므로 1MPa의 응력은 $\frac{0.0003}{63}$의 변형률과 같다.

❸ 따라서 **응력이 42MPa일 때 변형률은** $\frac{0.0003}{63}\times 42=\mathbf{0.0002}$이다.

(b) 변형률은 응력에 정비례한다.

❶ 변형률이 0.0003일 때, 응력이 63MPa이다.

❷ 그러므로 0.0001의 변형률은 $\frac{63}{3}$MPa과 같다.

❸ 따라서 **변형률이 0.00072일 때 응력은** $\frac{63}{3}\times 7.2=\mathbf{151.2MPa}$이다.

***[문제 13]** 샤를의 법칙은, 압력이 일정할 때 기체의 주어진 양에 대해 부피는 열역학적 온도 T에 정비례하는 것을 말한다. 600K의 온도에서 기체의 부피가 2.4리터이다.

(a) 기체의 부피가 3.2리터일 때, 온도를 구하라.

(b) 540K의 온도에서 기체의 부피를 구하라.

(a) 부피는 온도에 정비례한다.

❶ 부피가 2.4리터일 때 온도는 600K이다.

❷ 그러므로 부피 1리터는 $\frac{600}{2.4}$K에 대응한다.

❸ 따라서 **부피가 3.2리터일 때 온도는** $\frac{600}{2.4}\times 3.2=\mathbf{800K}$이다.

(b) 온도는 부피에 정비례한다.

❶ 온도가 600K일 때 부피는 2.4리터이다.

❷ 그러므로 온도 1K는 부피 $\frac{2.4}{600}$리터에 대응한다.

❸ 따라서 **온도가 540K일 때 부피는** $\frac{2.4}{600}\times 540=$ **2.16리터**이다.

◆ 이제 다음 연습문제를 풀어보자.

[연습문제 31] 정비례 1

*1 엔진 부속품 3개의 가격은 20850원이다. 이 부속품 8개의 가격은 얼마인가?

*2 9리터들이 광택도료의 가격이 247500원이다. 이 도료 24리터의 가격은 얼마인가?

*3 가정용 벽돌 120개의 총 질량이 57.6kg이다. 이 벽돌 550개의 질량은 얼마인가?

*4 어떤 단순한 기계장치의 작용력 대 화물 하중의 비율이 3:37이다. 이 기계장치로 5.55kN의 짐을 들어올리기 위한 작용력을 [N]으로 구하라.

5 라거 캔 16개의 무게가 8.32kg이다. 캔 28개의 무게는 얼마인가?

*6 후크의 법칙에 따르면, 소재의 탄성한계 내에서 응력이 변형률에 정비례한다. 구리에 대한 응력이 60MPa일 때 변형률이 0.000625이다.
(a) 응력이 24MPa일 때, 변형률의 값을 구하라.
(b) 변형률이 0.0005일 때, 응력의 값을 구하라.

*7 샤를의 법칙에 따르면, 압력이 일정할 때 기체의 주어진 양에 대해 부피는 열역학적 온도에 정비례한다. 기체는 330K의 온도에서 4.8리터의 부피를 차지한다.
(a) 기체의 부피가 6.4리터일 때 온도를 구하라.
(b) 396K의 온도에서 기체의 부피를 구하라.

*8 기계가 하루에 320개의 볼트를 생산한다. 4대의 기계가 7일 동안 생산한 볼트의 수는 얼마인가?

정비례에 대한 문제를 몇 가지 더 살펴보자.

*[문제 14] 어떤 가옥용 홈통은 빗물을 빼내기 위해 70cm당 3mm씩 줄여야 한다. 홈통의 길이가 8.4m일 때, 밑동은 얼마나 줄여야 하는가?

❶ 홈통은 3:700 또는 $\frac{3}{700}$의 비율로 기울여야 한다.

❷ d를 8.4m 또는 8400mm인 수직낙차라 하면, 감소 비율은 d:8400 또는 $\frac{d}{8400}$이어야 한다.

❸ 이제 $\frac{d}{8400}=\frac{3}{700}$이다.

❹ 교차하여 곱하면 $700\times d=8400\times 3$이고 $d=\frac{8400\times 3}{700}$이다.

즉 **빗물을 빼내기 위해 밑동은 $d=36$mm 줄여야 한다.**

*[문제 15] 옴의 법칙은 고정된 저항을 흐르는 전류가 인가 전압에 정비례하는 것을 말한다. 저항에 전압 90mV가 인가될 때 흐르는 전류는 3A이다.
(a) 전압이 60mV일 때 전류를 구하라.
(b) 전류가 4.2A일 때 전압을 구하라.

(a) 전류는 전압에 정비례한다.

❶ 전압 90mV가 인가될 때 전류는 3A이다.

❷ 그러므로 전압 1mV는 전류 $\frac{3}{90}$A에 대응한다.

❸ 따라서 **전압이 60mV일 때 전류는** $60\times\frac{3}{90}=$ **2A**이다.

(b) 전압은 전류에 정비례한다.

❶ 전류가 3A일 때 전압은 90mV이다.

❷ 그러므로 전류 1A는 전압 $\frac{90}{3}$mV = 30mV에 대응한다.

❸ 따라서 **전류가 4.2A일 때 전압은** $30\times 4.2=$ **126mV**이다.

*[문제 16] [표 6-1]은 미터법 환산에 대한 근사적인 도량형을 나타낸 것이다. 이 표를 이용하여 다음을 구하라.
(a) 12.5인치에 대한 [mm]의 수
(b) 시간당 50마일(50m.p.h.)의 속력에 대한 [km]의 수
(c) 300km에 대한 [마일]의 수
(d) 20파운드 무게에 대한 [kg]의 수
(e) 56kg에 대한 [파운드]와 [온스]의 수(가장 근접한 [온스]로 보정하여)
(f) 24갤런에 대한 [리터]의 수
(g) 60리터에 대한 [갤런]의 수

[표 6-1]

길이	1인치 = 2.54 cm
	1마일 = 1.6 km
무게	2.2파운드 = 1 kg
	(1파운드 = 16온스)
용량	1.76파인트 = 1리터
	(8파인트 = 1갤런)

(a) 12.5인치 $= 12.5 \times 2.54\text{cm} = 31.75\text{cm}$
$31.75\text{cm} = 31.75 \times 10\text{mm} = \mathbf{317.5mm}$

(b) $50\text{m.p.h.} = 50 \times 1.6\text{km/h} = \mathbf{80km/h}$

(c) $300\text{km} = \frac{300}{1.6}$ 마일 = **187.5마일**

(d) 20파운드 $= \frac{20}{2.2}\text{kg} = \mathbf{9.09kg}$

(e) $56\text{kg} = 56 \times 2.2$파운드 = 123.2파운드
0.2파운드 = 0.2 × 16온스 = 3.2온스
= 3온스(가장 근접한 온스로 보정)
따라서 56kg = **123파운드 3온스**이다.

(f) 24갤런 = 24 × 8파인트 = 192파인트
192파인트 $= \frac{192}{1.76}$ 리터 = **109.1리터**

(g) 60리터 = 60 × 1.76파인트 = 105.6파인트
105.6파인트 $= \frac{105.6}{8}$ 갤런 = **13.2갤런**

[문제 17] [표 6-2]는 5개국의 통화환율을 나타낸 것이다. 다음을 계산하라.
(a) £55로 얼마나 많은 유로를 살 수 있는가?
(b) £23를 살 수 있는 일본 엔화의 수
(c) 6405크로네로 환전할 수 있는 영국 파운드의 수
(d) £92.50를 구입할 수 있는 미국 달러의 수
(e) 2925스위스 프랑을 환전할 수 있는 영국 파운드의 수

[표 6-2]

프랑스	£1 = 1.15유로
일본	£1 = 140엔
노르웨이	£1 = 10.50크로네
스위스	£1 = 1.25프랑
USA	£1 = 1.30달러

(a) £1 = 1.15유로이므로 £55 = 55 × 1.15유로
= **63.25유로**

(b) £1 = 140엔이므로 £23 = 23 × 140엔
= **3220엔**

(c) £1 = 10.50크로네이므로
6405크로네 = £ $\frac{6405}{10.50}$ = **£610**

(d) £1 = 1.30달러이므로
£92.50 = 92.50 × 1.30달러 = **$120.25**

(e) £1 = 1.25스위스 프랑이므로
2925스위스 프랑 = £ $\frac{2925}{1.25}$ = **£2340**

◆ **이제 다음 연습문제를 풀어보자.**

[연습문제 32] 정비례 2

*1 옴의 법칙에 따르면, 전기회로에서 전류가 전압에 정비례한다. 전압 60mV가 회로에 공급될 때, 24μA의 전류가 흐른다.
(a) 전압이 5V일 때 흐르는 전류를 구하라.
(b) 전류가 10mA일 때 전압을 구하라.

2 파운드에 대한 스위스 프랑 환율이 신문에 £1 = 1.20fr으로 기재되었다. £310를 구입하기 위한 프랑은 얼마인가?

*3 1인치 = 2.54cm일 때, 27인치에 대한 [mm]의 수를 구하라.

*4 2.2파운드 = 1kg이고 1파운드 = 16온스일 때, 38kg에 대한 [파운드]와 [온스]의 수를 구하라(가장 근접한 [온스]로 보정한다).

*5 1리터 = 1.76파인트이고, 8파인트 = 1갤런일 때,
(a) 35갤런에 대한 [파인트]의 수, (b) 75리터에 대한 [갤런]의 수를 구하라.

*6 후크의 법칙에 따르면, 소재의 탄성한계 내에서 변형률이 응력에 정비례한다. 놋쇠에 대한 응력이 21MPa이면 변형률이 0.00025이다. 변형률이 0.00035일 때 응력의 값을 구하라.

*7 12인치 = 30.48cm일 때, 23인치에 대한 [mm]의 수를 구하라.

8 파운드에 대한 캐나다 달러 환율이 신문에 £1 = $1.84로 기재되었다. £550를 구입하기 위한 캐나다 달러는 얼마인가?

6.4 반비례

두 변수 x와 y에 대해 y가 $\frac{1}{x}$에 비례할 때, 즉 $y \propto \frac{1}{x}$ 또는 $y = \frac{k}{x}$ 또는 $k = xy$이면 어느 하나가 다른 것에 반비례 관계에 있다. 여기서 k는 비례상수coefficient of proportionality라 한다.

반비례inverse proportion는 어느 한 값이 증가하면 다른 값은 감소하고, 두 값의 곱이 항상 동일한 것을 의미한다. 예를 들어, 여행시간은 여행속도에 반비례한다. 따라서 시간당 30m인 여행이 20분 안에 완료된다면, 시간당 60분인 여행은 10분 안에 완료된다. 속도를 두 배로 늘리면 여행시간은 반으로 줄어든다($30 \times 20 = 60 \times 10$이다).

또 다른 예로, 구멍을 파기 위해 요구되는 시간은 구멍을 파는 사람의 수에 반비례한다. 따라서 한 구멍을 파기 위해 네 사람이 3시간 걸린다면, 두 사람(똑같은 비율로 일한다고 할 때)은 6시간이 걸릴 것이다. 사람이 반으로 줄면 시간은 두 배로 늘어난다($4 \times 3 = 2 \times 6$이다).

반비례에 대한 몇 가지 예를 살펴보자.

*[문제 18] 4명의 설계자 팀이 공학적 공정을 개발하는 데 1년 걸릴 것으로 추정된다. 3명의 설계자라면 얼마나 걸리겠는가?

4명의 설계자가 1년 걸린다면, 1명의 설계자는 공정을 개발하는 데 4년 걸릴 것이다. 그러므로 3명의 설계자는 $\frac{4}{3}$년, 즉 **1년 4개월** 걸린다.

[문제 19] 5명의 한 팀이 4시간에 걸쳐서 특정 지역에 있는 모든 집에 전단지를 돌린다. 3명이 한 팀이면 얼마나 걸리겠는가?

5명이 전단지를 돌리는 데 4시간 걸린다면, 1명은 $5 \times 4 = 20$시간 걸린다. 그러므로 세 명이면 $\frac{20}{3} = 6\frac{2}{3}$시간, 즉 **6시간 40분** 걸린다.

*[문제 20] 철사 한 조각의 전기 저항 R은 단면적 A에 반비례한다. $A = 5\text{mm}^2$, $R = 7.2\,\Omega$일 때, (a) 비례상수와, (b) 저항이 4Ω일 때의 단면적을 구하라.

(a) $R \propto \frac{1}{A}$, 즉 $R = \frac{k}{A}$ 또는 $k = RA$이다. 그러므로 $R = 7.2$, $A = 5$이면 **비례상수는** $k = (7.2)(5) = \mathbf{36}$이다.

(b) $k = RA$이므로 $A = \frac{k}{R}$이다. 따라서 $R = 4$이면 **단면적은** $A = \frac{36}{9} = \mathbf{9mm^2}$이다.

*[문제 21] 보일의 법칙*은, 온도가 일정할 때 고정된 기체의 부피 V는 절대압력 p에 반비례함을 말한다. 1.5×10^6pascal의 압력에서 기체의 부피가 0.08m^3를 차지할 때, (a) 비례상수와, (b) 압력이 4×10^6pascal로 변할 때의 부피를 구하라.

(a) $V \propto \frac{1}{p}$, 즉 $V = \frac{k}{p}$ 또는 $k = pV$이다. 그러므로 **비례상수는** $k = (1.5 \times 10^6)(0.008) = \mathbf{0.12 \times 10^6}$이다.

(b) **부피는** $V = \frac{k}{p} = \frac{0.12 \times 10^6}{4 \times 10^6} = \mathbf{0.03m^3}$이다.

***보일은 누구?**

로버트 보일(Robert Boyle, 1627. 1. 25 ~ 1691. 12. 31)은 자연과학자, 화학자, 물리학자이며 발명가이다. 오늘날 최초의 현대 화학자로 간주되는 그는, 닫혀있는 시스템에서 온도가 일정하면 절대압력과 기체의 부피는 반비례 관계가 있다는 보일의 법칙으로 잘 알려져 있다. 보다 자세한 정보는 www.routledge.com/cw/bird에서 찾을 수 있다.

◆ 이제 다음 연습문제를 풀어보자.

[연습문제 33] 반비례

1 7명의 구성원이 있는 가정에서 10kg의 감자 상자가 1주일 동안 지속된다. 모든 구성원이 똑같이 먹는다고 가정할 때, 단 2명의 가족만이 있다면 감자 상자는 얼마나 지속되겠는가?

*2 8명의 남자가 벽을 쌓는 데 5일 걸린다면, 2명의 남자가 쌓을 때는 얼마나 걸리겠는가?

3 y가 x에 반비례하고, $x=0.6$일 때 $y=15.3$이다. (a) 비례상수, (b) x가 1.5일 때 y 값, (c) y가 27.2일 때 x 값을 구하라.

*4 50km/h의 속도로 이동하는 자동차로 70분 동안 여행한다. 이 자동차가 70km/h로 움직이면 여행 시간은 얼마나 걸리는가?

*5 보일의 법칙에 따르면, 온도가 일정할 때 고정된 기체의 부피는 절대압력에 반비례한다. 200×10^3Pa의 압력에서 기체의 부피가 1.5m^3를 차지할 때, (a) 비례상수, (b) 압력이 800×10^3Pa일 때의 부피, (c) 부피가 1.25m^3일 때의 압력을 구하라.

*6 발열원으로부터 표면에서 받는 에너지는 열원과 표면 사이의 거리의 제곱에 반비례한다. 열원으로부터 1m 떨어진 표면은 200J의 에너지를 받는다. (a) 거리가 2.5m로 변할 때 받는 에너지와, (b) 표면이 800J의 에너지를 받았을 때 요구되는 거리를 계산하라.

[연습문제 34] 비율과 비례에 대한 선다형 문제

※ 각 문제의 정답은 한 개이다.

1 12:18을 가장 간단한 형태로 나타낸 것은 무엇인가?
(a) 3:2 (b) 6:9 (c) 2:3 (d) 4:6

2 4명의 기술자가 일을 완성하는 데 5시간 걸린다. 일하는 비율이 일정하다고 할 때, 6명의 기술자가 이 일을 완성하는 데 걸리는 시간은 얼마인가?
(a) 126시간 (b) 4시간 48분
(c) 7시간 30분 (d) 3시간 20분

3 어떤 기계가 시간당 24개의 동일한 안면 마스크를 생산한다. 20분 동안에 144개의 마스크를 생산하기 위해 몇 대의 기계가 필요한가?
(a) 36 (b) 12 (c) 18 (d) 6

4 지도의 축척은 1:200000이다. 두 건설 현장이 지도 상에서 15cm 떨어져 있다면 두 건설 현장 사이의 실제 거리는 얼마인가?
(a) 30km (b) 300km
(c) 15km (d) 150km

5 y는 x의 제곱에 비례하고, $x=2$일 때 $y=12$이다. $x=3$일 때 y 값은 얼마인가?
(a) 432 (b) 27 (c) 36 (d) 9

6 1.5:2.5를 가장 간단한 형태로 나타낸 것은 무엇인가?
(a) 15:25 (b) 6:10
(c) 3:5 (d) 0.75:1.25

7 763.2만 원의 보너스를 3명의 근로자 A, B, C에게 각각 5:3:1의 비율로 분배했다. 근로자 B가 받은 금액은 얼마인가?
(a) 424.0만 원 (b) 84.8만 원
(c) 382.6만 원 (d) 254.4만 원

8 60% 알콜 용액 6리터를 40% 알콜 용액으로 만들려면 얼마나 많은 물을 추가해야 하는가?
(a) 2리터 (b) 3리터 (c) 6리터 (d) 9리터

9 어떤 기계의 응력은 5:39의 비율로 짐을 싣는다. 5.46kN의 짐을 끌어올리기 위한 응력은 뉴턴 단위로 얼마인가?
(a) 700N (b) 620.45N
(c) 42588N (d) 0.7N

10 공학 실험실에서 산과 물을 2:7의 비율로 혼합한다. 혼합물 369ml를 만들기 위해 필요한 산의 양은 얼마인가?
(a) 82ml (b) 184.5ml
(c) 105.4ml (d) 287ml

Chapter 07

거듭제곱, 제곱근, 지수법칙

Powers, roots and laws of indices

거듭제곱, 제곱근, 지수법칙을 이해하는 것이 왜 중요할까?

거듭제곱과 제곱근은 수학과 공학에서 광범위하게 사용된다. 따라서 거듭제곱과 제곱근이 무엇인지, 어떻게 그리고 왜 사용되는지 확실히 이해하는 것이 중요하다. 거듭제곱의 곱셈은 지수를 더하는 방법으로 계산할 수 있는데, 이는 공학 및 전자공학과 같이 수량이 10의 거듭제곱으로 곱한 값으로 표현되는 분야에서 특히 유용하다. 예를 들어, 전자공학 분야에서 전기시스템에서의 전류, 전압, 저항 간의 관계는 대단히 중요하다. 그러나 이러한 성질에 대한 일반적인 단위 값은 여러 자릿수에 따라 달라질 수 있다. 공학 분야에서 연구하고 작업할 때, 거듭제곱과 제곱근, 지수법칙에 금방 익숙해질 수 있다. 이 장은 단위, 접두어, 공학적 표기법을 다루는 8장과 밀접한 관계가 있다.

학습포인트

- 밑, 지수, 거듭제곱의 용어를 이해한다.
- 제곱근을 이해한다.
- 거듭제곱과 제곱근을 계산한다.
- 지수법칙을 설명한다.
- 지수법칙을 이용하는 계산을 한다.

7.1 서론

거듭제곱과 제곱근의 활용은 대수에서 꼭 필요한 중요한 능력이다. 이 장에서는 어떤 수의 거듭제곱과 제곱근을 지수법칙과 더불어 설명한다.

7.2 거듭제곱과 제곱근

7.2.1 지수

수 16은 $2\times2\times2\times2$와 동일하며, $2\times2\times2\times2$는 간단히 2^4으로 쓸 수 있다. 2^4에서 2를 밑base, 4를 지수exponent 또는 거듭제곱power이라 한다. 그리고 2^4을 '**2의 4거듭제곱**'으로 읽는다. 마찬가지로, 3^5은 '**3의 5거듭제곱**'으로 읽는다.

지수가 2 또는 3일 때 이 수들에 특별한 명칭을 부여하는데, 지수가 2일 때는 '제곱', 지수가 3일 때는 '세제곱'이라 부른다. 따라서 4^2을 '4의 2거듭제곱'이라 하기보다는 '**4의 제곱**'이라 하고, 5^3은 '5의 3거듭제곱'이라 하기보다는 '**5의 세제곱**'이라 한다. 지수가 없는 경우는 거듭제곱이 1이다. 예를 들어, 2는 2^1을 의미한다.

[문제 1] 다음을 계산하라.

(a) 2^6 (b) 3^4

(a) 2^6은 $2\times2\times2\times2\times2\times2$(즉, 2를 6번 곱한 수)를 의미한다. $2\times2\times2\times2\times2\times2=\mathbf{64}$, 즉 $\mathbf{2^6=64}$이다.

(b) 3^4은 $3\times3\times3\times3$(즉, 3을 4번 곱한 수)을 의미한다. $3\times3\times3\times3=\mathbf{81}$, 즉 $\mathbf{3^4=81}$이다.

[문제 2] 다음을 지수 형식으로 변환하라.

(a) 32 (b) 625

(a) ❶ 32를 가장 작은 인수들로 표현한다. 32는 처음에 가장 작은 소수, 즉 2로 나누어진다.

❷ $32 \div 2 = 16$, 따라서 $32 = 2 \times 16$이다.

❸ 16은 또 다시 2로 나누어진다. 즉 $16 = 2 \times 8$이고, 따라서 $32 = 2 \times 2 \times 8$이다.

❹ 8은 또 다시 2로 나누어진다. 즉 $8 = 2 \times 4$이고, 따라서 $32 = 2 \times 2 \times 2 \times 4$이다.

❺ 4는 또 다시 2로 나누어진다. 즉 $4 = 2 \times 2$이고, 따라서 $32 = 2 \times 2 \times 2 \times 2 \times 2$이다.

❻ 따라서 $\mathbf{32 = 2^5}$이다.

(b) ❶ 625는 가장 작은 소수 2로 나누어지지 않는다. 그 다음 소수는 3이고 625는 3에 의해 나누어지지 않는다. 그 다음 소수는 5이다.

❷ $625 \div 5 = 125$, 따라서 $625 = 5 \times 125$이다.

❸ 125는 또 다시 5로 나누어진다. 즉 $125 = 5 \times 25$이고, 따라서 $625 = 5 \times 5 \times 25$이다.

❹ 25는 또 다시 5로 나누어진다. 즉 $25 = 5 \times 5$이고, 따라서 $625 = 5 \times 5 \times 5 \times 5$이다.

❺ 따라서 $\mathbf{625 = 5^4}$이다.

[문제 3] $3^3 \times 2^2$을 계산하라.

$$3^3 \times 2^2 = 3 \times 3 \times 3 \times 2 \times 2$$
$$= 27 \times 4 = 108$$

7.2.2 제곱근

자기 자신과의 곱셈을 제곱이라 한다. 예를 들어, 3의 제곱은 $3 \times 3 = 3^2 = 9$이다. 제곱근은 역과정이다. 즉 자기 자신의 제곱에서 밑의 값을 말한다. 따라서 9의 제곱근은 3이다. 제곱근을 나타낼 때는 기호 $\sqrt{\ }$를 사용하며, $\sqrt{9} = 3$이다. 마찬가지로 $\sqrt{4} = 2$, $\sqrt{25} = 5$이다.

$(-3) \times (-3) = 9$이므로 $\sqrt{9}$는 -3과도 같다. 따라서 $\sqrt{9} = +3$ 또는 -3이고, 보통 $\sqrt{9} = \pm 3$으로 쓴다. 마찬가지로 $\sqrt{16} = \pm 4$, $\sqrt{36} = \pm 6$이다. 9의 제곱근을 $9^{\frac{1}{2}}$과 같이 지수 형식으로도 쓸 수 있다.

$$9^{\frac{1}{2}} \equiv \sqrt{9} = \pm 3$$

[문제 4] 양의 제곱근만을 이용하여 $\dfrac{3^2 \times 2^3 \times \sqrt{36}}{\sqrt{16} \times 4}$을 계산하라.

$$\frac{3^2 \times 2^3 \times \sqrt{36}}{\sqrt{16} \times 4} = \frac{3 \times 3 \times 2 \times 2 \times 2 \times 6}{4 \times 4}$$
$$= \frac{9 \times 8 \times 6}{16} = \frac{9 \times 1 \times 6}{2}$$
$$= \frac{9 \times 1 \times 3}{1} = \mathbf{27}$$

[문제 5] 양의 제곱근만을 이용하여 $\dfrac{10^4 \times \sqrt{100}}{10^3}$을 계산하라.

$$\frac{10^4 \times \sqrt{100}}{10^3} = \frac{10 \times 10 \times 10 \times 10 \times 10}{10 \times 10 \times 10}$$
$$= \frac{1 \times 1 \times 1 \times 10 \times 10}{1 \times 1 \times 1}$$
$$= \frac{100}{1} = \mathbf{100}$$

◆ **이제 다음 연습문제를 풀어보자.**

[연습문제 35] 거듭제곱과 제곱근

※ 계산기 없이 다음을 계산하라.

1 3^3 **2** 2^7

3 10^5 **4** $2^4 \times 3^2 \times 2 \div 3$

5 16을 지수 형식으로 변환하라.

6 $25^{\frac{1}{2}}$ **7** $64^{\frac{1}{2}}$

8 $\dfrac{10^5}{10^3}$ **9** $\dfrac{10^2 \times 10^3}{10^5}$

10 $\dfrac{2^5 \times 64^{\frac{1}{2}} \times 3^2}{\sqrt{144} \times 3}$ (양의 제곱근만 이용하여)

7.3 지수법칙

다음과 같이 6가지 지수법칙이 있다.

❶ 첫 번째 지수법칙

$2^2 \times 2^3 = (2\times2)\times(2\times2\times2)$

$\quad = 32 = 2^5$

따라서 $2^2 \times 2^3 = 2^5$ 또는 $2^2 \times 2^3 = 2^{2+3}$이다.

밑이 같은 두 개 이상의 수의 곱은 지수를 더한다.

❷ 두 번째 지수법칙

$$\frac{2^5}{2^3} = \frac{2\times2\times2\times2\times2}{2\times2\times2} = \frac{1\times1\times1\times2\times2}{1\times1\times1}$$

$$= \frac{2\times2}{1} = 4 = 2^2$$

따라서 $\frac{2^5}{2^3} = 2^2$ 또는 $\frac{2^5}{2^3} = 2^{5-3}$이다.

밑이 같은 두 수를 나눌 때, 분자의 지수에서 분모의 지수를 뺀다.

❸ 세 번째 지수법칙

$(3^5)^2 = 3^{5\times2} = 3^{10}$, $(2^2)^3 = 2^{2\times3} = 2^6$

거듭제곱의 거듭제곱은 지수끼리의 곱이다.

❹ 네 번째 지수법칙

$3^0 = 1$, $17^0 = 1$

지수가 0인 수의 값은 1이다.

❺ 다섯 번째 지수법칙

$3^{-4} = \frac{1}{3^4}$, $\frac{1}{2^{-3}} = 2^3$

절댓값이 같고, 부호가 다른 수를 지수로 갖는 수는 서로 역수 관계이다.

❻ 여섯 번째 지수법칙

$8^{\frac{2}{3}} = \sqrt[3]{8^2} = (2)^2 = 4$, $25^{\frac{1}{2}} = \sqrt[2]{25^1} = \sqrt{25^1} = \pm 5$

(여기서 $\sqrt{\ } \equiv \sqrt[2]{\ }$)

양의 정수 n과 m에 대해, 지수가 분수 $\frac{n}{m}$인 경우 분모 m은 m 제곱근을 나타내고, 분자 n은 n 거듭제곱을 나타낸다.

거듭제곱에 대한 몇 가지 예를 살펴보자.

[문제 6] $5^3 \times 5 \times 5^2$을 지수 형식으로 계산하라.

$5^3 \times 5 \times 5^2 = 5^3 \times 5^1 \times 5^2$ 　　5는 5^1이다.

$\quad = 5^{3+1+2} = \mathbf{5^6}$ 　　법칙 ❶

[문제 7] $\frac{3^5}{3^4}$을 계산하라.

$\frac{3^5}{3^4} = 3^{5-4}$ 　　법칙 ❷

$\quad = 3^1 = \mathbf{3}$

[문제 8] $\frac{2^4}{2^4}$을 계산하라.

$\frac{2^4}{2^4} = 2^{4-4} = 2^0$ 　　법칙 ❷

그러나 $\frac{2^4}{2^4} = \frac{2\times2\times2\times2}{2\times2\times2\times2} = \frac{16}{16} = 1$이므로 법칙 ❹에 의해 $\mathbf{2^0 = 1}$이다.

거듭제곱이 0인 임의의 수는 1과 같다. 예를 들어, $6^0 = 1$, $128^0 = 1$, $13742^0 = 1$이다.

[문제 9] $\frac{3\times3^2}{3^4}$을 계산하라.

법칙 ❶과 ❷로부터 $\frac{3\times3^2}{3^4} = \frac{3^1\times3^2}{3^4} = \frac{3^3}{3^4} = 3^{3-4} = 3^{-1}$이다. 그러나 $\frac{3^3}{3^4} = \frac{3\times3\times3}{3\times3\times3\times3} = \frac{1\times1\times1}{1\times1\times1\times3} = \frac{1}{3}$이다.

그러므로 법칙 ❺에 의해 $\frac{3\times3^2}{3^4} = \mathbf{3^{-1}} = \mathbf{\frac{1}{3}}$이다.

마찬가지로 $2^{-1} = \frac{1}{2}$, $2^{-5} = \frac{1}{2^5}$, $\frac{1}{5^4} = 5^{-4}$이다.

[문제 10] $\dfrac{10^3 \times 10^2}{10^8}$을 계산하라.

$$\frac{10^3 \times 10^2}{10^8} = \frac{10^{3+2}}{10^8} = \frac{10^5}{10^8} \quad \text{법칙 ❶}$$

$$= 10^{5-8} = 10^{-3} \quad \text{법칙 ❷}$$

$$= \frac{1}{10^{+3}} = \frac{1}{1000} \quad \text{법칙 ❺}$$

그러므로 $\dfrac{10^3 \times 10^2}{10^8} = \mathbf{10^{-3}} = \mathbf{\dfrac{1}{1000}} = \mathbf{0.001}$이다.

10의 거듭제곱에 대한 예는 다음과 같다.

$$10^2 = 100,\ 10^3 = 1000,\ 10^4 = 10000,$$

$$10^5 = 100000,\ 10^6 = 1000000$$

$$10^{-1} = \frac{1}{10} = 0.1,\ 10^{-2} = \frac{1}{100} = 0.01$$

[문제 11] 다음을 계산하라.

(a) $5^2 \times 5^3 \div 5^4$ (b) $(3 \times 3^5) \div (3^2 \times 3^3)$

법칙 ❶과 ❷에 따라 다음과 같이 계산한다.

(a) $5^2 \times 5^3 \div 5^4 = \dfrac{5^2 \times 5^3}{5^4} = \dfrac{5^{(2+3)}}{5^4} = \dfrac{5^5}{5^4}$

$= 5^{(5-4)} = 5^1 = \mathbf{5}$

(b) $(3 \times 3^5) \div (3^2 \times 3^3) = \dfrac{3 \times 3^5}{3^2 \times 3^3} = \dfrac{3^{(1+5)}}{3^{(2+3)}} = \dfrac{3^6}{3^5}$

$= 3^{(6-5)} = 3^1 = \mathbf{3}$

[문제 12] 다음을 지수 형식으로 간단히 표현하라.

(a) $(2^3)^4$ (b) $(3^2)^5$

법칙 ❸에 따라 다음과 같이 계산한다.

(a) $(2^3)^4 = 2^{3\times4} = \mathbf{2^{12}}$

(b) $(3^2)^5 = 3^{2\times5} = \mathbf{3^{10}}$

[문제 13] $\dfrac{(10^2)^3}{10^4 \times 10^2}$을 계산하라.

법칙 ❶~❹에 따라 다음과 같이 계산한다.

$$\frac{(10^2)^3}{10^4 \times 10^2} = \frac{10^{2\times3}}{10^{4+2}} = \frac{10^6}{10^6} = 10^{6-6} = 10^0 = \mathbf{1}$$

[문제 14] 다음을 구하라.

(a) $\dfrac{2^3 \times 2^4}{2^7 \times 2^5}$ (b) $\dfrac{(3^2)^3}{3 \times 3^9}$

지수법칙에 따라 다음과 같이 계산한다.

(a) $\dfrac{2^3 \times 2^4}{2^7 \times 2^5} = \dfrac{2^{3+4}}{2^{7+5}} = \dfrac{2^7}{2^{12}} = 2^{7-12} = 2^{-5} = \dfrac{1}{2^5} = \mathbf{\dfrac{1}{32}}$

(b) $\dfrac{(3^2)^3}{3 \times 3^9} = \dfrac{3^{2\times3}}{3^{1+9}} = \dfrac{3^6}{3^{10}} = 3^{6-10} = 3^{-4} = \dfrac{1}{3^4} = \mathbf{\dfrac{1}{81}}$

[문제 15] 다음을 계산하라.

(a) $4^{1/2}$ (b) $16^{3/4}$

(c) $27^{2/3}$ (d) $9^{-1/2}$

(a) $4^{1/2} = \sqrt{4} = \mathbf{\pm 2}$

(b) $16^{3/4} = \sqrt[4]{16^3} = (2)^3 = \mathbf{8}$

(16의 4제곱근을 먼저 구하든지 16의 세제곱을 먼저 구하든지 아무런 문제가 없다. 이것들의 답은 동일하다.)

(c) $27^{2/3} = \sqrt[3]{27^2} = (3)^2 = \mathbf{9}$

(d) $9^{-1/2} = \dfrac{1}{9^{1/2}} = \dfrac{1}{\sqrt{9}} = \dfrac{1}{\pm 3} = \mathbf{\pm\dfrac{1}{3}}$

◆ **이제 다음 연습문제를 풀어보자.**

[연습문제 36] 지수법칙

※ 계산기 없이 다음을 계산하라.

1 $2^2 \times 2 \times 2^4$

2 $3^5 \times 3^3 \times 3$ (지수 형식으로)

3 $\dfrac{2^7}{2^3}$

4 $\dfrac{3^3}{3^5}$

5 7^0

6 $\dfrac{2^3 \times 2 \times 2^6}{2^7}$

7 $\dfrac{10 \times 10^6}{10^5}$

8 $10^4 \div 10$

9 $\dfrac{10^3 \times 10^4}{10^9}$

10 $5^6 \times 5^2 \div 5^7$

11 $(7^2)^3$ (지수 형식으로)

12 $(3^3)^2$

13 $\dfrac{3^7 \times 3^4}{3^5}$ (지수 형식으로)

14 $\dfrac{(9 \times 3^2)^3}{(3 \times 27)^2}$ (지수 형식으로)

15 $\dfrac{(16 \times 4)^2}{(2 \times 8)^3}$

16 $\dfrac{5^{-2}}{5^{-4}}$

17 $\dfrac{3^2 \times 3^{-4}}{3^3}$

18 $\dfrac{7^2 \times 7^{-3}}{7 \times 7^{-4}}$

19 $\dfrac{2^3 \times 2^{-4} \times 2^5}{2 \times 2^{-2} \times 2^6}$

20 $\dfrac{5^{-7} \times 5^2}{5^{-8} \times 5^3}$

지수법칙에 대한 문제를 몇 가지 더 살펴보자.

[문제 16] $\dfrac{3^3 \times 5^7}{5^3 \times 3^4}$을 계산하라.

지수법칙은 동일한 밑을 갖는 항에만 적용할 수 있다. 같은 밑을 갖는 항으로 그룹화하고 각 그룹에 지수법칙을 독립적으로 적용하면 다음과 같이 계산된다.

$$\frac{3^3 \times 5^7}{5^3 \times 3^4} = \frac{3^3}{3^4} \times \frac{5^7}{5^3} = 3^{3-4} \times 5^{7-3}$$
$$= 3^{-1} \times 5^4 = \frac{5^4}{3^1} = \frac{625}{3} = \mathbf{208\frac{1}{3}}$$

[문제 17] $\dfrac{2^3 \times 3^5 \times (7^2)^2}{7^4 \times 2^4 \times 3^3}$을 계산하라.

$$\frac{2^3 \times 3^5 \times (7^2)^2}{7^4 \times 2^4 \times 3^3} = 2^{3-4} \times 3^{5-3} \times 7^{2\times2-4}$$
$$= 2^{-1} \times 3^2 \times 7^0 = \frac{1}{2} \times 3^2 \times 1 = \frac{9}{2} = \mathbf{4\frac{1}{2}}$$

[문제 18] $\dfrac{4^{1.5} \times 8^{1/3}}{2^2 \times 32^{-2/5}}$을 계산하라.

$$4^{1.5} = 4^{3/2} = \sqrt{4^3} = 2^3 = 8,\ \ 8^{1/3} = \sqrt[3]{8} = 2,$$
$$2^2 = 4,\ \ 32^{-2/5} = \frac{1}{32^{2/5}} = \frac{1}{\sqrt[5]{32^2}} = \frac{1}{2^2} = \frac{1}{4}$$

따라서 다음과 같다.

$$\frac{4^{1.5} \times 8^{1/3}}{2^2 \times 32^{-2/5}} = \frac{8 \times 2}{4 \times \frac{1}{4}} = \frac{16}{1} = \mathbf{16}$$

[문제 19] $\dfrac{3^2 \times 5^5 + 3^3 \times 5^3}{3^4 \times 5^4}$을 계산하라.

세 항의 가장 큰 공통인수(HCF)highest common factor, 즉 $3^2 \times 5^3$으로 각 항을 나누면 다음을 얻는다.

$$\frac{3^2 \times 5^5 + 3^3 \times 5^3}{3^4 \times 5^4} = \frac{\frac{3^2 \times 5^5}{3^2 \times 5^3} + \frac{3^3 \times 5^3}{3^2 \times 5^3}}{\frac{3^4 \times 5^4}{3^2 \times 5^3}}$$
$$= \frac{3^{(2-2)} \times 5^{5-3} + 3^{3-2} \times 5^0}{3^{4-2} \times 5^{4-3}}$$
$$= \frac{3^0 \times 5^2 + 3^1 \times 5^0}{3^2 \times 5^1}$$
$$= \frac{1 \times 25 + 3 \times 1}{9 \times 5} = \mathbf{\frac{28}{45}}$$

[문제 20] $\dfrac{3^2 \times 5^5}{3^4 \times 5^4 + 3^3 \times 5^3}$을 계산하라.

세 항의 가장 큰 공통인수, 즉 $3^2 \times 5^3$으로 각 항을 나누면 다음을 얻는다.

$$\frac{3^2 \times 5^5}{3^4 \times 5^4 + 3^3 \times 5^3} = \frac{\frac{3^2 \times 5^5}{3^2 \times 5^3}}{\frac{3^4 \times 5^4}{3^2 \times 5^3} + \frac{3^3 \times 5^3}{3^2 \times 5^3}}$$
$$= \frac{3^{2-2} \times 5^{5-3}}{3^{(4-2)} \times 5^{4-3} + 3^{3-2} \times 5^{3-3}}$$
$$= \frac{3^0 \times 5^2}{3^2 \times 5^1 + 3^1 \times 5^0}$$
$$= \frac{1 \times 5^2}{3^2 \times 5 + 3 \times 1} = \frac{25}{45 + 3} = \mathbf{\frac{25}{48}}$$

[문제 21] $\dfrac{7^{-3} \times 3^4}{3^{-2} \times 7^5 \times 5^{-2}}$을 양의 지수를 갖는 지수 형식으로 표현하라.

$7^{-3} = \dfrac{1}{7^3}$, $\dfrac{1}{3^{-2}} = 3^2$, $\dfrac{1}{5^{-2}} = 5^2$이므로 다음을 얻는다.

$$\frac{7^{-3} \times 3^4}{3^{-2} \times 7^5 \times 5^{-2}} = \frac{3^4 \times 3^2 \times 5^2}{7^3 \times 7^5} = \frac{3^{4+2} \times 5^2}{7^{3+5}} = \mathbf{\frac{3^6 \times 5^2}{7^8}}$$

[문제 22] $\dfrac{\left(\dfrac{4}{3}\right)^3 \times \left(\dfrac{3}{5}\right)^{-2}}{\left(\dfrac{2}{5}\right)^{-3}}$ 을 양의 지수를 갖는 형식으로 표현하라.

분수에 대한 거듭제곱은 분자와 분모 모두를 거듭제곱한다. 즉 $\left(\dfrac{4}{3}\right)^3 = \dfrac{4^3}{3^3}$ 이다. 분수에 대한 음의 거듭제곱은 역수에 대한 양의 거듭제곱과 동일한 값이다. 따라서 다음과 같다.

$$\left(\frac{3}{5}\right)^{-2} = \frac{1}{\left(\frac{3}{5}\right)^2} = \frac{1}{\frac{3^2}{5^2}} = 1 \times \frac{5^2}{3^2} = \frac{5^2}{3^2}$$

마찬가지로 $\left(\dfrac{2}{5}\right)^{-3} = \left(\dfrac{5}{2}\right)^3 = \dfrac{5^3}{2^3}$ 이다. 따라서 다음과 같다.

$$\frac{\left(\frac{4}{3}\right)^3 \times \left(\frac{3}{5}\right)^{-2}}{\left(\frac{2}{5}\right)^{-3}} = \frac{\frac{4^3}{3^3} \times \frac{5^2}{3^2}}{\frac{5^3}{2^3}} = \frac{4^3}{3^3} \times \frac{5^2}{3^2} \times \frac{2^3}{5^3}$$

$$= \frac{(2^2)^3 \times 2^3}{3^{(3+2)} \times 5^{(3-2)}} = \mathbf{\frac{2^9}{3^5 \times 5}}$$

◆ **이제 다음 연습문제를 풀어보자.**

[연습문제 37] 지수법칙의 추가 문제

※ **(문제 1~4)** 양의 지수를 갖는 지수 형식으로 답을 표현하여 주어진 식을 간단히 하라.

1 $\dfrac{3^3 \times 5^2}{5^4 \times 3^4}$

2 $\dfrac{7^{-2} \times 3^{-2}}{3^5 \times 7^4 \times 7^{-3}}$

3 $\dfrac{4^2 \times 9^3}{8^3 \times 3^4}$

4 $\dfrac{8^{-2} \times 5^2 \times 3^{-4}}{25^2 \times 2^4 \times 9^{-2}}$

※ **(문제 5~15)** 주어진 식을 계산하라.

5 $\left(\dfrac{1}{3^2}\right)^{-1}$

6 $81^{0.25}$

7 $16^{-\frac{1}{4}}$

8 $\left(\dfrac{4}{9}\right)^{1/2}$

9 $\dfrac{9^2 \times 7^4}{3^4 \times 7^4 + 3^3 \times 7^2}$

10 $\dfrac{3^3 \times 5^2}{2^3 \times 3^2 - 8^2 \times 9}$

11 $\dfrac{3^3 \times 7^2 - 5^2 \times 7^3}{3^2 \times 5 \times 7^2}$

12 $\dfrac{(2^4)^2 - 3^{-2} \times 4^4}{2^3 \times 16^2}$

13 $\dfrac{\left(\dfrac{1}{2}\right)^3 - \left(\dfrac{2}{3}\right)^{-2}}{\left(\dfrac{3}{2}\right)^2}$

14 $\dfrac{\left(\dfrac{4}{3}\right)^4}{\left(\dfrac{2}{9}\right)^2}$

15 $\dfrac{(3^2)^{3/2} \times (8^{1/3})^2}{(3)^2 \times (4^3)^{1/2} \times (9)^{-1/2}}$

[연습문제 38] 거듭제곱, 제곱근, 지수법칙에 대한 선다형 문제

※ 각 문제의 정답은 한 개이다.

1 $\dfrac{2^{-3}}{2^{-4}} - 1$의 값과 같은 것은 무엇인가?

(a) $-\dfrac{1}{2}$ (b) 2 (c) $\dfrac{1}{2}$ (d) 1

2 $c^{\frac{1}{3}}$과 같은 것은 무엇인가?

(a) $\dfrac{1}{c^3}$ (b) $\sqrt[3]{c}$ (c) $\dfrac{1}{\sqrt[3]{c}}$ (d) $\left(\dfrac{1}{c}\right)^3$

3 $7^0 \times 2^0$과 같은 것은 무엇인가?

(a) 1 (b) 0 (c) 14 (d) 1400

4 6^{-2}과 같은 것은 무엇인가?

(a) -12 (b) $\dfrac{1}{12}$ (c) $\dfrac{1}{36}$ (d) -36

5 공학 방정식 $\dfrac{3^4}{3^r} = \dfrac{1}{9}$ 에서 r 값은 얼마인가?

(a) -6 (b) 2 (c) 6 (d) -2

6 $p=3,\ q=-\dfrac{1}{2},\ r=-2$일 때, 공학 식 $2p^2q^3r^4$과 같은 것은 무엇인가?

(a) -36 (b) 1296 (c) 36 (d) 18

7 $16^{-\frac{3}{4}}$과 같은 것은 무엇인가?

(a) 8 (b) $-\dfrac{1}{2^3}$ (c) 4 (d) $\dfrac{1}{8}$

8 $p\times\left(\dfrac{1}{p^{-2}}\right)^{-3}$과 같은 것은 무엇인가?

(a) $\dfrac{1}{p^{\frac{3}{2}}}$ (b) p^{-5} (c) p^5 (d) $\dfrac{1}{p^{-5}}$

9 $32^{\frac{1}{5}}$과 같은 것은 무엇인가?

(a) 16 (b) 18 (c) 2 (d) 160

10 $\dfrac{5^2\times5^{-3}}{5^{-4}}$과 같은 것은 무엇인가?

(a) 5^{-5} (b) 5^{24} (c) 5^3 (d) 5

11 $2^4\times2^b=64$일 때, b 값은 얼마인가?

(a) 1 (b) 2 (c) 3 (d) 4

12 $16^{-\frac{1}{4}}-27^{-\frac{2}{3}}$과 같은 것은 무엇인가?

(a) -7 (b) $\dfrac{7}{18}$ (c) $1\dfrac{8}{9}$ (d) $-8\dfrac{1}{2}$

13 $a^8\times a^{12}\div a^3$을 간단히 하면 얼마인가?

(a) a^{23} (b) a^{17} (c) $a^{\frac{20}{3}}$ (d) a^{32}

14 $9^{\frac{3}{2}}$과 같은 것은 무엇인가?

(a) 27 (b) 18 (c) -18 (d) $\dfrac{1}{27}$

15 $x=3,\ y=2,\ z=\dfrac{1}{2}$일 때, $xy^{-1}+yz^{-1}$의 값은 얼마인가?

(a) 7 (b) 2.5 (c) 10 (d) 5.5

16 $64^{\frac{1}{2}}$과 같은 것은 무엇인가?

(a) 4 (b) 8 (c) 16 (d) 32

17 $\dfrac{a^5}{a^{12}}$과 동치인 것은 무엇인가?

(a) a^{17} (b) $a^{\frac{1}{7}}$ (c) $\dfrac{1}{a^7}$ (d) $\dfrac{5}{a^{12}}$

18 $\left(\dfrac{y^2}{y^3}\times y^4\right)^2$과 동치인 것은 무엇인가?

(a) y^6 (b) y^{-6} (c) y^3 (d) $\dfrac{1}{y}$

19 $(3x)^2$과 동치인 것은 무엇인가?

(a) $6x^2$ (b) $3x^2$ (c) $9x^2$ (d) $3x^3$

20 $64^{-\frac{3}{2}}$과 같은 것은 무엇인가?

(a) $\dfrac{1}{96}$ (b) $\dfrac{1}{64}$

(c) 512 (d) $\dfrac{1}{512}$

21 $\left(-\dfrac{2}{5}\right)^3$과 같은 것은 무엇인가?

(a) $\dfrac{8}{125}$ (b) $-\dfrac{6}{15}$

(c) $-\dfrac{8}{125}$ (d) $\dfrac{6}{15}$

22 $\left(\dfrac{1}{4}\right)^{-\frac{1}{2}}$과 같은 것은 무엇인가?

(a) 2 (b) $\dfrac{1}{16}$ (c) $\sqrt{2}$ (d) $\dfrac{1}{2}$

23 $(-2)^2\times(-10)^3$과 같은 것은 무엇인가?

(a) 400 (b) 4000

(c) -2000 (d) -4000

24 30의 0제곱은 무엇인가?

(a) 1 (b) -30 (c) 0 (d) 30

25 $125^{-\frac{2}{3}}$과 같은 것은 무엇인가?

(a) 25 (b) $-\dfrac{1}{25}$ (c) -25 (d) $\dfrac{1}{25}$

Chapter 08

단위, 접두어, 공학적 표기법

Units, prefixes and engineering notation

단위, 접두어, 공학적 표기법을 이해하는 것이 왜 중요할까?

공학에서 사용되는 양quantities은 다양하게 나타나며, 여러 가지 단위를 통해 이들 양을 익숙하게 사용할 수 있다. 예를 들어, 힘은 [N](뉴턴)으로 측정되고, 전류는 [A](암페어), 압력은 [Pa](파스칼)로 측정된다. 때로는 이러한 양의 단위는 매우 크거나 매우 작아서 접두어가 함께 사용된다. 예를 들어, 1000파스칼은 10^3Pa로 쓸 수 있으며, 접두어 형식으로는 1kPa로 쓴다. k는 1000 또는 10^3을 나타내는 기호로 받아들인다. 공학 분야에서 연구하고 작업할 때, 표준 측정단위와 사용되는 접두어, 그리고 공학적 표기법에 금방 익숙해질 수 있다. 공학적 표기법을 사용하는 데는 전자계산기가 매우 유용하다.

학습포인트

- 7개의 SI 단위를 설명한다.
- 유도단위를 이해한다.
- 공통의 공학적 단위를 인식한다.
- 공학에서 사용되는 공통적인 접두어를 이해한다.
- 표준형으로 소수를 표현한다.
- 공학적 표기법과 공학적 단위를 갖는 접두어 형식을 사용한다.

8.1 서론

공학에서 중요한 것은, 공학적인 양quantities의 단위, 단위에 사용되는 접두어, 그리고 공학적 표기법을 아는 것이다. 예를 들어, 다음을 알 필요가 있다.

$80\text{kV} = 80 \times 10^3\text{V}$는 80000V를 의미한다.

$25\text{mA} = 25 \times 10^{-3}\text{A}$는 0.025A를 의미한다.

$50\text{nF} = 50 \times 10^{-9}\text{F}$은 0.000000050F을 의미한다.

이와 같은 것들이 이 장에서 설명된다.

8.2 SI 단위

공학과 과학에서 사용되는 단위 체계는 국제단위계Système Internationale d'Unités(International System of Units)이다. 이것은 미터법에 기초하며, 통상적으로 'SI 단위'라고 간략하게 쓴다. 이것은 1960년에 소개되었으며, 공식적인 측정 체계로 주요 국가들에서 수용되고 있다.

SI 체계에서 사용되는 기본적인 7개의 단위와 기호를 [표 8-1]에 나타내었다. 물론 이것 외에도 많은 단위가 있다. 다른 단위들을 유도단위derived units라 하며, 표에 나열된 기본 단위에 의해 정의된다. 예를 들어 속력은 초당 미터로 측정되며, 두 개의 표준 단위, 즉 길이와 시간을 이용한다.

[표 8-1] 기본 SI 단위

양	단위	기호
길이	미터	m (1m = 100cm = 1000mm)
질량	킬로그램	kg (1kg = 1000g)
시간	초	s
전기적 전류	암페어	A
열역학적 온도	켈빈	K (K = ℃ + 273)
광도	칸델라	cd
물질량	몰	mol

몇몇 유도단위에는 **특정 이름**이 주어진다. 예를 들어, 힘=질량×가속도는 초 제곱당 킬로그램 미터($kg\,m/s^2$) 단위를 갖는다. 이 단위에는 특별히 뉴턴newton*이라는 명칭이 부여되었다. [표 8-2]는 공학에서 공통적으로 사용하는 어떤 양과 단위를 보여준다.

[표 8-2] 공학에서 공통적으로 사용하는 단위와 양

양	단위	기호
길이	미터	m
넓이	제곱미터	m^2
부피	세제곱미터	m^3
질량	킬로그램	kg
시간	초	s
전기적 전류	암페어	A
속력, 속도	초당 미터	m/s
가속도	초 제곱당 미터	m/s^2
밀도	세제곱 미터당 킬로그램	kg/m^3
온도	켈빈 또는 섭씨	K 또는 ℃
각도	라디안 또는 도	rad 또는 °
각속도	초당 라디안	rad/s
주파수	헤르츠	Hz
힘	뉴턴	N
압력	파스칼	Pa
에너지, 일	줄	J
전력	와트	W
전하, 전기량	쿨롱	C
전위	볼트	V
전기용량	패럿	F
전기적 저항	옴	Ω
인덕턴스	헨리	H
힘의 모멘트	뉴턴미터	Nm

(계속)

*뉴턴은 누구?

아이작 뉴턴(Sir Isaac Newton PRS MP, 1642. 12. 25 ~ 1727. 3. 20)은 영국의 학자로, 행성운동의 케플러 법칙과 자신이 발견한 만류인력의 법칙 사이의 일관성을 증명함으로써 물체의 움직임이 동일한 자연법칙에 의해 지배됨을 보였다.

8.3 공통 접두어

SI 단위는 특정 양으로 곱하거나 나누는 것을 나타내는 접두어를 사용하여 커지거나 작아진다.

[표 8-3]은 가장 일반적인 곱셈을 나타낸 것이다. 모든 접두어가 3의 배수인 지수를 갖는 10의 거듭제곱이므로 지수에 대한 지식이 필요하다. 공학 단위에서 사용되는 몇 가지 예를 보면 다음과 같다.

15GHz의 주파수는 15×10^9 Hz를 의미하며, 이는 15 000 000 000 헤르츠*이다. 즉 15기가헤르츠는 15GHz로 쓰고 150억 헤르츠와 같다(15 000 000 000 헤르츠라고 쓰는 대신 깔끔하게 15GHz으로 씀으로써 0이 너무 많을 때 야기되는 표현상의 오류와 공간을 줄일 수 있다).

40MV의 전압은 40×10^6 V를 의미하며, 이는 40 000 000 볼트이다. 즉 40메가볼트는 40 MV로 쓰고 4천만 볼트와 같다.

12 mH의 인덕턴스는 12×10^{-3} H 또는 $\frac{12}{10^3}$ H 또는 $\frac{12}{1000}$ H이고, 이는 0.012 H이다. 즉 12밀리헨리는 12 mH로 쓰고 1000분의 12헨리*와 같다.

150 ns의 시간은 150×10^{-9} s 또는 $\frac{150}{10^9}$ s를 의미하고, 이는 0.000 000 150 s이다. 즉 150나노초는 150 ns로 쓰고 10억분의 150초와 같다.

20 kN의 힘은 20×10^3 N을 의미하고, 이는 20 000 N이다. 즉 20킬로뉴턴은 20 kN으로 쓰고 20 000뉴턴과 같다.

30 μC의 전하는 30×10^{-6} C 또는 $\frac{30}{10^6}$ C을 의미하고, 이는 0.000 030 C이다. 즉 30마이크로쿨롱은 30 μC으로 쓰고 1백만분의 30쿨롱과 같다.

45 pF의 전기용량은 45×10^{-12} F 또는 $\frac{45}{10^{12}}$ F을 의미하고, 이는 0.000 000 000 045 F이다. 즉 45피코패럿은 45 pF으로 쓰고 1조분의 45패럿과 같다(이는 마이클 패러데이* 사후에 명명되었다).

공학에서는 15GHz, 40MV, 12mH, 150ns, 20kN, 30μC, 45pF과 같은 양을 이해하는 것이 중요하다.

***헤르츠는 누구?**

하인리히 헤르츠(Heinrich Rudolf Hertz, 1857. 2. 22 ~ 1894. 1. 1)는 최초로 전자파의 존재성을 결정적으로 증명한 학자이다. 주파수에 대한 과학 단위(초당 사이클)는 그의 업적을 기리기 위해 '[Hz](Hertz)'라고 명명되었다.

***헨리는 누구?**

조지프 헨리(Joseph Henry, 1797. 12. 17 ~ 1878. 3. 13)는 자기 인덕턴스의 전자기 현상을 발견한 미국 과학자이다. 그는 마이클 패러데이(Michael Faraday)와는 별도로 상호 인덕턴스를 발견했으나 패러데이가 자신의 결과를 먼저 출간했다. 헨리는 전기초인종과 전기계전기에 있어서 선구자적인 발명가이다. 인덕턴스에 대한 SI 단위인 [H](henry)는 그의 업적을 기리기 위해 명명되었다.

[표 8-3] 공통적인 SI 곱

접두어	이름	의미	
G	기가(giga)	$\times 10^9$	$\times 1\,000\,000\,000$
M	메가(mega)	$\times 10^6$	$\times 1\,000\,000$
k	킬로(kilo)	$\times 10^3$	$\times 1000$
m	밀리(milli)	$\times 10^{-3}$	$\times \frac{1}{10^3} = \frac{1}{1000} = 0.001$
μ	마이크로(micro)	$\times 10^{-6}$	$\times \frac{1}{10^6} = \frac{1}{1\,000\,000} = 0.000\,001$
n	나노(nano)	$\times 10^{-9}$	$\times \frac{1}{10^9} = \frac{1}{1\,000\,000\,000} = 0.000\,000\,001$
p	피코(pico)	$\times 10^{-12}$	$\times \frac{1}{10^{12}} = \frac{1}{1\,000\,000\,000\,000} = 0.000\,000\,000\,001$

*패러데이는 누구?

마이클 패러데이(Michael Faraday, FRS, 1791. 9. 22 ~ 1867. 8. 25)는 전자기와 전기화학 분야에 공헌을 한 영국 과학자이다. 그의 주요 발견에는 전자유도, 반자성, 전기분해 등이 있다.

◆ 이제 다음 연습문제를 풀어보자.

[연습문제 39] SI 단위와 공통 접두어

1 부피에 대한 SI 단위를 말하라.

2 전기용량에 대한 SI 단위를 말하라.

3 넓이에 대한 SI 단위를 말하라.

4 속도에 대한 SI 단위를 말하라.

5 밀도에 대한 SI 단위를 말하라.

6 에너지에 대한 SI 단위를 말하라.

7 전하에 대한 SI 단위를 말하라.

8 전력에 대한 SI 단위를 말하라.

9 각도에 대한 SI 단위를 말하라.

10 전위에 대한 SI 단위를 말하라.

11 단위 kg을 갖는 양을 말하라.

12 단위 Ω을 갖는 양을 말하라.

13 단위 Hz를 갖는 양을 말하라.

14 단위 m/s^2을 갖는 양을 말하라.

15 단위 기호 A를 갖는 양을 말하라.

16 단위 기호 H를 갖는 양을 말하라.

17 단위 기호 m를 갖는 양을 말하라.

18 단위 기호 K을 갖는 양을 말하라.

19 단위 Pa을 갖는 양을 말하라.

20 단위 rad/s를 갖는 양을 말하라.

21 접두어 G의 의미는 무엇인가?

22 접두어 밀리의 기호와 의미는 무엇인가?

23 접두어 p의 의미는 무엇인가?

24 접두어 메가의 기호와 의미는 무엇인가?

8.4 표준형

소수점 위로 한 자리인 수와 10의 거듭제곱의 곱으로 표현된 수를 표준형standard form이라 한다. 예를 들어, 다음은 표준형이다.

$$43645 = 4.3645 \times 10^4$$
$$0.0534 = 5.34 \times 10^{-2}$$

[문제 1] 다음을 표준형으로 표현하라.
(a) 38.71 (b) 3746 (c) 0.0124

표준형인 수들은 소수점 위로 한 자리의 수만 나타낸다.

(a) 38.71은 왼쪽의 첫 번째 자릿수에 소수점을 놓기 위해 10으로 나누어야 한다. 그리고 양을 유지하기 위해 10을 곱해야 한다. 즉 표준형은 다음과 같다.

$$38.71 = \frac{38.71}{10} \times 10 = \mathbf{3.871 \times 10}$$

(b) 표준형은 $3746 = \frac{3746}{1000} \times 1000 = \mathbf{3.746 \times 10^3}$이다.

(c) 표준형은 다음과 같다.

$$0.0124 = 0.0124 \times \frac{100}{100} = \frac{1.24}{100} = \mathbf{1.24 \times 10^{-2}}$$

[문제 2] 표준형인 다음 수를 십진수로 표현하라.
(a) 1.725×10^{-2} (b) 5.491×10^4
(c) 9.84×10^0

(a) $1.725 \times 10^{-2} = \frac{1.725}{100} = \mathbf{0.01725}$

(즉 소수점을 왼쪽으로 2자리 옮긴다.)

(b) $5.491 \times 10^4 = 5.491 \times 10000 = \mathbf{54910}$

(즉 소수점을 오른쪽으로 4자리 옮긴다.)

(c) $10^0 = 1$이므로 $9.84 \times 10^0 = 9.84 \times 1 = \mathbf{9.84}$이다.

[문제 3] 다음을 유효숫자 3자리로 보정한 표준형으로 표현하라.

(a) $\frac{3}{8}$ (b) $19\frac{2}{3}$ (c) $741\frac{9}{16}$

(a) $\frac{3}{8} = 0.375$이고 표준형으로 표현하면 다음과 같다.

$$0.375 = \mathbf{3.75 \times 10^{-1}}$$

(b) 유효숫자 3자리로 보정한 표준형은 다음과 같다.

$$19\frac{2}{3} = 19.\dot{6} = \mathbf{1.97 \times 10}$$

(c) 유효숫자 3자리로 보정한 표준형은 다음과 같다.

$$741\frac{9}{16} = 741.5625 = \mathbf{7.42 \times 10^2}$$

[문제 4] 표준형인 다음 수를 분수 또는 대분수로 표현하라.

(a) 2.5×10^{-1} (b) 6.25×10^{-2}

(c) 1.345×10^2

(a) $2.5 \times 10^{-1} = \frac{2.5}{10} = \frac{25}{100} = \mathbf{\frac{1}{4}}$

(b) $6.25 \times 10^{-2} = \frac{6.25}{100} = \frac{625}{10000} = \mathbf{\frac{1}{16}}$

(c) $1.354 \times 10^2 = 135.4 = 135\frac{4}{10} = \mathbf{135\frac{2}{5}}$

[문제 5] 주어진 계산을 하여 답을 표준형으로 표현하라.

(a) $(3.75 \times 10^3)(6 \times 10^4)$

(b) $\frac{3.5 \times 10^5}{7 \times 10^2}$

(a) $(3.75 \times 10^3)(6 \times 10^4) = (3.75 \times 6)(10^{3+4})$

$= 22.50 \times 10^7$

$= \mathbf{2.25 \times 10^8}$

(b) $\frac{3.5 \times 10^5}{7 \times 10^2} = \frac{3.5}{7} \times 10^{5-2} = 0.5 \times 10^3 = \mathbf{5 \times 10^2}$

◆ **이제 다음 연습문제를 풀어보자.**

[연습문제 40] 표준형

※ (문제 1~5) 주어진 수를 표준형으로 표현하라.

1 (a) 73.9 (b) 28.4 (c) 197.62

2 (a) 2748 (b) 33170 (c) 274218

3 (a) 0.2401 (b) 0.0174 (c) 0.00923

4 (a) 1702.3 (b) 10.04 (c) 0.0109

5 (a) $\frac{1}{2}$ (b) $11\frac{7}{8}$

(c) $\frac{1}{32}$ (d) $130\frac{3}{5}$

※ (문제 6~7) 주어진 수를 정수 또는 소수로 표현하라.

6 (a) 1.01×10^3 (b) 9.327×10^2

(c) 5.41×10^4 (d) 7×10^0

7 (a) 3.89×10^{-2} (b) 6.741×10^{-1}

(c) 8×10^{-3}

※ (문제 8~9) 주어진 계산을 하여 답을 표준형으로 표현하라.

8 (a) $(4.5 \times 10^{-2})(3 \times 10^3)$

(b) $2 \times (5.5 \times 10^4)$

9 (a) $\frac{6 \times 10^{-3}}{3 \times 10^{-5}}$ (b) $\frac{(2.4 \times 10^3)(3 \times 10^{-2})}{(4.8 \times 10^4)}$

***10** 다음 명제를 표준형으로 표현하라.

(a) 알루미늄의 밀도가 2710kgm^{-3}이다.

(b) 금에 대한 푸아송 비율이 0.44이다.

(c) 자유공간의 임피던스가 376.73Ω이다.

(d) 전자 잔류 에너지가 0.511MeV이다.

(e) 양성자 전위-질량비가 95789700Ckg^{-1}이다.

(f) 완전 기체의 정상적인 부피는 $0.02241\text{m}^3\text{mol}^{-1}$이다.

8.5 공학적 표기법

공학에서는 표준형보다 공학적 표기법이 더 중요하다. **공학적 표기**는 10의 거듭제곱이 **항상 3의 배수**라는 점을 제외하면 표준형과 유사하다. 예를 들어, $43645 = 43.645 \times 10^3$과 $0.0534 = 53.4 \times 10^{-3}$은 공학적 표기법이다. [표 8-3]의 공학 접두어 리스트에서, 모든 접두어는 10의 거듭제곱이 3의 배수인 지수와 관련됨을 확실히 알았을 것이다. 예를 들어 43645 N은 43.645×10^3 N으로 다시 쓸 수 있고, 접두어 리스트로부터 43.645kN으로 표현할 수 있다. 따라서 **43645N= 43.645kN**이다.

좀 더 도움을 받으려면 계산기에서 ENG 버튼을 이용한다. 계산기에서 수 43645를 입력하고, =를 누른다. 이제 ENG 버튼을 누르면 답 43.645×10^3을 확인할 수 있다. 이때 우리는, **43645N= 43.645kN**이고 10^3이 접두어 '킬로(k)'임을 인지해야 한다. 또 다른 예로, 전류가 0.0745A라고 하자. 계산기에 0.0745를 입력하고 =를 누른다. 이제 ENG를 누르면 답 74.5×10^{-3}을 확인할 수 있다. 이때 **0.0745A = 74.5mA**이고 10^{-3}은 접두어 '밀리(m)'임을 인지해야 한다.

*[문제 6] 다음을 공학적 표기와 접두어 형태로 표현하라.
(a) 300 000W (b) 0.000068H

(a) 계산기에서 300 000을 입력하고 =를 누른다. 이제 ENG 버튼을 누르면 답 300×10^3이 표시된다. 접두어에 관한 [표 8-3]으로부터 10^3이 킬로(k)이므로 다음을 얻는다.

$$300\,000\text{W} = \mathbf{300 \times 10^3\ W} \quad (\text{공학적 표기법})$$
$$= \mathbf{300kW} \quad (\text{접두어 형식})$$

(b) 계산기에서 0.000068을 입력하고 =를 누른다. 이제 ENG 버튼을 누르면 답 68×10^{-6}이 표시된다. 접두어에 관한 [표 8-3]으로부터 10^{-6}이 마이크로(μ)이므로 다음을 얻는다.

$$0.000068\text{H} = \mathbf{68 \times 10^{-6}H} \quad (\text{공학적 표기법})$$
$$= \mathbf{68\mu H} \quad (\text{접두어 형식})$$

*[문제 7] 다음을 공학적 표기와 접두어 형식으로 표현하라.
(a) $42 \times 10^5\ \Omega$ (b) 47×10^{-10} F

(a) 계산기에서 42×10^5을 입력하고 =를 누른다. 이제 ENG 버튼을 누르면 답 4.2×10^6이 표시된다. 접두어에 관한 [표 8-3]으로부터 10^6이 메가(M)이므로 다음을 얻는다.

$$42 \times 10^5\ \Omega = \mathbf{4.2 \times 10^6 \Omega} \quad (\text{공학적 표기법})$$
$$= \mathbf{4.2M\Omega} \quad (\text{접두어 형식})$$

(b) 계산기에서 $47 \div 10^{10} = \dfrac{47}{10\,000\,000\,000}$을 입력하고 =를 누른다. 이제 ENG 버튼을 누르면 답 4.7×10^{-9}이 표시된다. 접두어에 관한 [표 8-3]으로부터 10^{-9}이 나노(n)이므로 다음을 얻는다.

$$47 \div 10^{10}\ \text{F} = \mathbf{4.7 \times 10^{-9}}\ \text{H} \quad (\text{공학적 표기법})$$
$$= \mathbf{4.7nF} \quad (\text{접두어 형식})$$

*[문제 8] 다음을 요구되는 단위로 변경하라.
(a) 0.056mA를 [μA]로
(b) 16700kHz를 [MHz]로

(a) 밀리(m)는 ÷1000을 의미하므로, 계산기에서 0.056÷1000을 입력하고 =를 누른다. 이제 ENG 버튼을 누르면 답 56×10^{-6}이 표시된다. 접두어에 관한 [표 8-3]으로부터 10^{-6}이 마이크로(μ)이므로 다음을 얻는다.

$$0.056\ \text{mA} = \frac{0.056}{1000}\ \text{A}$$
$$= 56 \times 10^{-6}\ \text{A} = \mathbf{56\mu A}$$

(b) 킬로(k)는 ×1000을 의미하므로 계산기에서 16700×1000을 입력하고 =를 누른다. 이제 ENG 버튼을 누르면 답 16.7×10^6이 표시된다. 접두어에 관한 [표 8-3]으로부터 10^6이 메가(M)이므로 다음을 얻는다.

$$16700\text{kHz} = 16700 \times 1000\text{Hz}$$
$$= 16.7 \times 10^6\ \text{Hz} = \mathbf{16.7\ MHz}$$

[문제 9] 다음을 요구되는 단위로 변경하라.

(a) $63\times 10^4\,\text{V}$를 [kV]로

(b) 3100 pF를 [nF]로

(a) 계산기에서 63×10^4을 입력하고 =를 누른다. 이제 ENG 버튼을 누르면 답 630×10^3이 표시된다. 접두어에 관한 [표 8-3]으로부터 10^3이 킬로(k)이므로 다음을 얻는다.

$$63\times 10^4\,\text{V} = 630\times 10^3\,\text{V} = \mathbf{630kV}$$

(b) 계산기에서 3100×10^{-12}을 입력하고 =를 누른다. 이제 ENG 버튼을 누르면 답 3.1×10^{-9}이 표시된다. 접두어에 관한 [표 8-3]으로부터 10^{-9}이 나노(n)이므로 다음을 얻는다.

$$\begin{aligned}3100\text{pF} &= 3100\times 10^{-12}\,\text{F}\\ &= 3.1\times 10^{-9}\,\text{F} \quad = \mathbf{3.1nF}\end{aligned}$$

[문제 10] 다음을 요구되는 단위로 변경하라.

(a) 14700 mm를 [m]로

(b) 276 cm를 [m]로

(c) 3.375 kg를 [g]으로

(a) $1\text{m} = 1000\text{mm}$이므로 $1\text{mm} = \dfrac{1}{1000} = \dfrac{1}{10^3} = 10^{-3}\,\text{m}$이다. 그러므로 다음을 얻는다.

$$14700\text{mm} = 14700\times 10^{-3}\,\text{m} = \mathbf{14.7m}$$

(b) $1\text{m} = 100\text{cm}$이므로 $1\text{cm} = \dfrac{1}{100} = \dfrac{1}{10^2} = 10^{-2}\text{m}$이다. 그러므로 다음을 얻는다.

$$276\text{ cm} = 276\times 10^{-2}\text{ m} = \mathbf{2.76\ m}$$

(c) $1\text{kg} = 1000\text{g} = 10^3\text{g}$이므로 다음을 얻는다.

$$3.375\,\text{kg} = 3.375\times 10^3\text{g} = \mathbf{3375\,g}$$

[문제 11] 전기회로에서 생성되는 열 h는 $h = I^2Rt(\text{J})$로 주어지며, I는 전류(A), R은 저항(Ω), t는 시간(s)이다. 300mA의 전류가 2kΩ의 저항기에 30분 동안 흐를 때 생성되는 열을 구하라.

전류 $I = 300\text{ mA} = 300\times 10^{-3}\text{ A}$, 저항 $R = 2\text{k}\Omega = 2\times 10^3\,\Omega$, 시간 $t = 30\times 60\,\text{s}$이므로, 생성된 열은 $h = I^2Rt = (300\times 10^{-3})^2\times(2\times 10^3)\times(30\times 60)$이다. 그러므로 다음을 얻는다.

$$h = 324000\text{J} = 324\times 10^3 = \mathbf{324kJ}$$

[문제 12] 지름이 0.3m이고 두께 t가 0.08m로 균일한 원판인 토목재료의 밀도 ρ가 $7860\,\text{kg/m}^3$이다. 무게중심에 관한 관성 질량모멘트 I는 $I = \rho\pi R^2 t\times\dfrac{R^2}{2}$으로 주어지며 R은 반지름이다. 원판의 관성 질량모멘트를 계산하라.

지름이 0.3m이므로 반지름은 $R = 0.3/2 = 0.15\,\text{m}$이다. 그러므로 관성 질량모멘트는 다음과 같다.

$$\begin{aligned}I &= \rho\pi R^2 t\times\frac{R^2}{2^2}\\ &= 7860\,\text{kg/m}^3\times\pi\times 0.15^2\text{m}^2\times 0.08\,\text{m}\times\frac{0.15^2}{2}\,\text{m}\\ &= \mathbf{0.50\,kgm^2}\end{aligned}$$

[문제 13] 부력은 $\rho\times V\times g(\text{N})$으로 주어진다. 이때 $g = 9.81\,\text{m/s}^2$이고 물의 밀도는 $\rho = 1020\,\text{kg/m}^3$이다. 길이 30m, 폭 8m인 바지선이 3m 깊이에서 안정적으로 떠 있을 때, 부력의 값을 구하라.

수면 아래의 부피는 $I = 30\times 8\times 3 = 720\text{m}^3$이다. 그러므로 부력은 다음과 같다.

$$\begin{aligned}\textbf{부력} &= \rho\times V\times g\\ &= 1020\,\text{kg/m}^3\times 720\,\text{m}^3\times 9.81\,\text{m/s}^2\\ &= 7204464\,\text{N} = \mathbf{7.20MN}\end{aligned}$$

(이때 $1\text{kg/s}^2 = 1\text{N}$이다.)

◆ 이제 다음 연습문제를 풀어보자.

[연습문제 41] 공학적 표기법

※ (문제 1~12) 공학적 표기를 접두어 형식으로 표현하라.

*1 60000 Pa

*2 0.00015 W

*3 5×10^{7} V

*4 5.5×10^{-8} F

*5 100000 W

*6 0.00054 A

*7 $15\times10^{5}\,\Omega$

*8 225×10^{-4} V

*9 35000000000 Hz

*10 1.5×10^{-11} F

*11 0.000017 A

*12 $46200\,\Omega$

*13 0.003mA를 [μA]로 나타내라.

*14 2025kHz를 [MHz]로 나타내라.

*15 5×10^{4}N을 [kN]으로 나타내라.

*16 300pF을 [nF]으로 나타내라.

*17 6250cm를 [m]로 나타내라.

*18 34.6g를 [kg]로 나타내라.

※ (문제 19~20) 계산기를 사용하여 공학적 표기법에 맞춰 표현하라.

*19 $4.5\times10^{-7}\times3\times10^{4}$

*20 $\dfrac{(1.6\times10^{-5})(25\times10^{3})}{100\times10^{-6}}$

*21 지구에서 달까지의 거리는 3.8×10^{8}m이다. 이 거리를 [km]로 나타내라.

*22 수소원자의 반지름은 0.53×10^{-10}m이다. 이 반지름을 [nm]로 나타내라.

*23 막대에 작용하는 장력은 5600000Pa이다. 이 값을 공학적 표기법에 맞춰 표현하라.

*24 막대가 0.0043m 팽창하였다. 이 값을 공학적 표기법에 맞춰 표현하라.

*25 2면 전단 리벳의 강도 V를 구하는 공식은 $V=2f_s\left(\frac{1}{4}\pi d^2\right)$이다. 2면 전단 리벳의 지름이 20mm이고 $f_s=100\,\text{N/mm}^2$일 때 강도를 구하라. 단, 유효숫자 4자리로 보정하여 [kN]으로 답하라.

*26 강철 볼트의 질량이 4.50×10^{-4}kg일 때, 1600개 볼트의 질량을 [g]으로 계산하라.

*27 철골로 보강된 콘크리트 기둥이 1MN의 응축성 축상의 부하 P를 지탱한다. 철골의 압축응력 σ_s는 $\sigma_s=\dfrac{-P\times E_s}{(A_sE_s+A_cE_c)}$로 주어진다. 철골의 단면적은 $A_s=3\times10^{-3}\,\text{m}^2$, 콘크리트의 단면적은 $A_c=0.1\,\text{m}^2$이고 철골과 콘크리트의 탄성계수가 각각 $E_s=2\times10^{11}\,\text{N/m}^2$, $E_c=2\times10^{10}\,\text{N/m}^2$일 때, 철골의 강도를 유효숫자 4자리로 보정하여 [MN]으로 구하라.

8.6 미터법

8.6.1 미터법 단위에서 길이

$$1\text{m}=100\text{cm}=1000\text{mm}$$

$$1\text{cm}=\frac{1}{100}\text{m}=\frac{1}{10^2}\text{m}=10^{-2}\text{m}$$

$$1\text{mm}=\frac{1}{1000}\text{m}=\frac{1}{10^3}\text{m}=10^{-3}\text{m}$$

*[문제 14] 12400mm를 [m]로 나타내라.

1m=1000mm이므로, $1\,\text{mm}=\frac{1}{1000}=\frac{1}{10^3}=10^{-3}\,\text{m}$이다.

따라서 $12400\,\text{mm}=12400\times10^{-3}\text{m}=\mathbf{12.4\,m}$이다.

*[문제 15] 358cm를 [m]로 나타내라.

1m=100cm이므로, $1\text{cm}=\frac{1}{100}=\frac{1}{10^2}=10^{-2}\,\text{m}$이다.

따라서 $358\,\text{cm}=358\times10^{-2}\,\text{m}=\mathbf{3.58\,m}$이다.

◆ 이제 다음 연습문제를 풀어보자.

[연습문제 42] 미터법 단위에서 길이

*1 2.45m를 [mm]로 나타내라.

*2 1.675m를 [cm]로 나타내라.

*3 65.8cm를 [mm]로 나타내라.

*4 25 400mm를 [m]로 나타내라.

*5 5632cm를 [m]로 나타내라.

*6 4.356m를 [mm]로 나타내라.

*7 0.875m를 [cm]로 나타내라.

*8 465cm를 (a) [mm] (b) [m]로 나타내라.

*9 5040mm를 (a) [cm] (b) [m]로 나타내라.

*10 기계의 일부분이 15.0cm ± 1%로 측정되었다. 두 측정값 간의 차이를 [mm]로 구하라.

8.6.2 미터법 단위에서 넓이

넓이area는 평면의 크기 또는 규모의 측정이다. 넓이는 mm^2, cm^2 또는 m^2과 같은 제곱단위로 측정된다.

다음 정사각형의 넓이는 $1\,\mathrm{m}^2$이다.

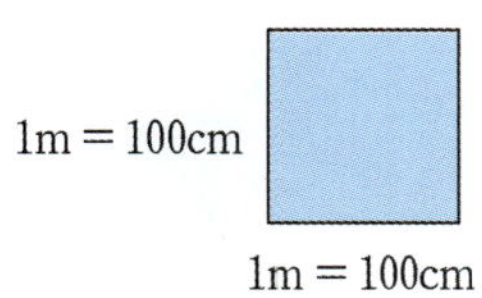

$$1\,\mathrm{m}^2 = 100\,\mathrm{cm} \times 100\,\mathrm{cm} = 10000\,\mathrm{cm}^2 = 10^4\,\mathrm{cm}^2$$

즉, m^2를 cm^2로 변환할 때 다음과 같이 10^4을 곱한다.

$$2.5\,\mathrm{m}^2 = 2.5 \times 10^4\,\mathrm{cm}^2$$

$$0.75\,\mathrm{m}^2 = 0.75 \times 10^4\,\mathrm{cm}^2$$

$1\,\mathrm{m}^2 = 10^4\,\mathrm{cm}^2$이므로 $1\,\mathrm{cm}^2 = \dfrac{1}{10^4}\mathrm{m}^2 = 10^{-4}\mathrm{m}^2$이다. 즉, cm^2를 m^2로 변환할 때 다음과 같이 10^{-4}을 곱한다.

$$52\,\mathrm{cm}^2 = 52 \times 10^{-4}\mathrm{m}^2$$

$$643\,\mathrm{cm}^2 = 643 \times 10^{-4}\mathrm{m}^2$$

다음 정사각형의 넓이는 $1\,\mathrm{m}^2$이다.

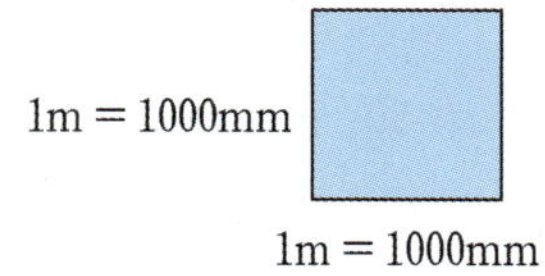

$$1\,\mathrm{m}^2 = 1000\,\mathrm{mm} \times 1000\,\mathrm{mm} = 1000000\,\mathrm{mm}^2 = 10^6\,\mathrm{mm}^2$$

즉, m^2를 mm^2로 변환할 때 다음과 같이 10^6을 곱한다.

$$7.5\,\mathrm{m}^2 = 7.5 \times 10^6\,\mathrm{mm}^2$$

$$0.63\,\mathrm{m}^2 = 0.63 \times 10^6\,\mathrm{mm}^2$$

$1\,\mathrm{m}^2 = 10^6\,\mathrm{mm}^2$이므로 $1\mathrm{mm}^2 = \dfrac{1}{10^6}\mathrm{m}^2 = 10^{-6}\mathrm{m}^2$이다. 즉, mm^2를 m^2로 변환할 때 다음과 같이 10^{-6}을 곱한다.

$$235\,\mathrm{mm}^2 = 235 \times 10^{-6}\mathrm{m}^2$$

$$47\,\mathrm{mm}^2 = 47 \times 10^{-6}\mathrm{m}^2$$

다음 정사각형의 넓이는 $1\,\mathrm{cm}^2$이다.

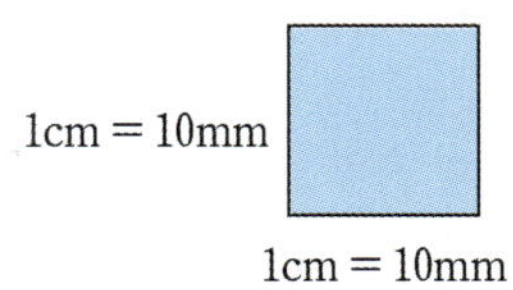

$$1\,\mathrm{cm}^2 = 10\,\mathrm{mm} \times 10\,\mathrm{mm} = 100\,\mathrm{mm}^2 = 10^2\,\mathrm{mm}^2$$

즉, cm^2를 mm^2로 변환할 때 다음과 같이 10^2을 곱한다.

$$3.5\,\mathrm{cm}^2 = 3.5 \times 10^2\,\mathrm{mm}^2 = 350\,\mathrm{mm}^2$$

$$0.75\,\mathrm{cm}^2 = 0.75 \times 10^2\,\mathrm{mm}^2 = 75\,\mathrm{mm}^2$$

$1\,\mathrm{cm}^2 = 10^2\,\mathrm{mm}^2$이므로

$1\,\mathrm{mm}^2 = \dfrac{1}{10^2}\mathrm{cm}^2 = 10^{-2}\mathrm{cm}^2$이다. 즉, mm^2를 cm^2로 변환할 때 다음과 같이 10^{-2}을 곱한다.

$$250\,\mathrm{mm}^2 = 250 \times 10^{-2}\mathrm{cm}^2 = 2.5\,\mathrm{cm}^2$$

$$85\,\mathrm{mm}^2 = 85 \times 10^{-2}\mathrm{cm}^2 = 0.85\,\mathrm{cm}^2$$

*[문제 16] $12\,m^2$를 $[cm^2]$로 나타내라.

$1\,m^2 = 10^4\,cm^2$이므로 $\mathbf{12\,m^2 = 12 \times 10^4 cm^2}$이다.

*[문제 17] $50\,cm^2$를 $[m^2]$로 나타내라.

$1\,cm^2 = 10^{-4}\,m^2$이므로 $\mathbf{50\,cm^2 = 50 \times 10^{-4} m^2}$이다.

*[문제 18] $2.4\,m^2$를 $[mm^2]$로 나타내라.

$1\,m^2 = 10^6\,mm^2$이므로 $\mathbf{2.4\,m^2 = 2.4 \times 10^6 mm^2}$이다.

*[문제 19] $147\,mm^2$를 $[m^2]$로 나타내라.

$1\,mm^2 = 10^{-6}\,m^2$이므로 $\mathbf{147\,mm^2 = 147 \times 10^{-6} m^2}$이다.

*[문제 20] $34.5\,cm^2$를 $[mm^2]$로 나타내라.

$1\,cm^2 = 10^2\,mm^2$이므로
$\mathbf{34.5\,cm^2 = 34.5 \times 10^2 mm^2 = 3450 mm^2}$이다.

*[문제 21] $400\,mm^2$를 $[cm^2]$로 나타내라.

$1\,mm^2 = 10^{-2}\,cm^2$이므로
$\mathbf{400\,mm^2 = 400 \times 10^{-2} cm^2 = 4\,cm^2}$이다.

*[문제 22] 직사각형 모양 탁자 윗면의 길이 l은 800mm이고 폭 b는 500mm이다. 탁자 윗면의 넓이를 (a) $[mm^2]$ (b) $[cm^2]$ (c) $[m^2]$로 구하라.

(a) 직사각형 윗면의 넓이 $= l \times b = 800 \times 500$

$$= \mathbf{400\,000 mm^2}$$

(b) $1\,cm = 10\,mm$이므로

$1\,cm^2 = 1\,cm \times 1\,cm = 10\,mm \times 10\,mm = 100\,mm^2$
또는 $1\,mm^2 = \frac{1}{100}\,cm^2 = 0.01\,cm^2$이다. 그러므로 다음과 같다.

$$\mathbf{400\,000 mm^2} = 400\,000 \times 0.01\,cm^2$$
$$= \mathbf{4000 cm^2}$$

(c) $1\,cm^2 = 10^{-4}\,m^2$이므로

$\mathbf{4000\,cm^2} = 4000 \times 10^{-4}\,m^2 = \mathbf{0.4 m^2}$이다.

◆ 이제 다음 연습문제를 풀어보자.

[연습문제 43] 미터법 단위에서 넓이

*1 $8\,m^2$를 $[cm^2]$로 나타내라.

*2 $240\,cm^2$를 $[m^2]$로 나타내라.

*3 $3.6\,m^2$를 $[mm^2]$로 나타내라.

*4 $350\,mm^2$를 $[m^2]$로 나타내라.

*5 $50\,cm^2$를 $[mm^2]$로 나타내라.

*6 $250\,mm^2$를 $[cm^2]$로 나타내라.

*7 직사각형 모양 금속 조각의 길이는 720mm이고 폭은 400mm이다. 이 조각의 넓이를 (a) $[mm^2]$ (b) $[cm^2]$ (c) $[m^2]$로 구하라.

8.6.3 미터법 단위에서 부피

입체의 부피volume는 입체를 둘러싸는 공간에 대한 측정이다. 부피는 mm^3, cm^3 또는 m^3과 같은 세제곱단위로 측정된다.

다음 정육면체의 부피는 $1\,m^3$이다.

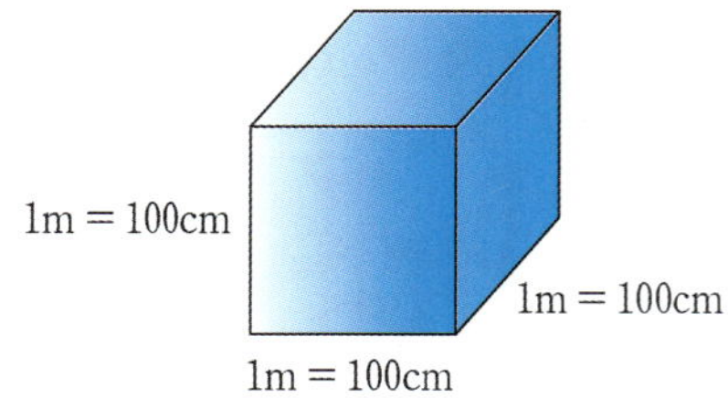

$$\mathbf{1\,m^3 = 100\,cm \times 100\,cm \times 100\,cm}$$
$$\mathbf{= 1000000\,cm^3 = 10^6\,cm^3}$$
$$\mathbf{1\text{리터} = 1000\,cm^3}$$

즉, m^3를 cm^3로 변환할 때 다음과 같이 10^6을 곱한다.

$$\mathbf{3.2\,m^3 = 3.2 \times 10^6\,cm^3}$$
$$\mathbf{0.43\,m^3 = 0.43 \times 10^6\,cm^3}$$

$1\,m^3 = 10^6\,cm^3$이므로 $1\,cm^3 = \frac{1}{10^6}\,m^3 = 10^{-6}\,m^3$이다. 즉, cm^3를 m^3로 변환할 때 다음과 같이 10^{-6}을 곱한다.

$$140\,cm^3 = 140 \times 10^{-6}\,m^3$$
$$2500\,cm^3 = 2500 \times 10^{-6}\,m^3$$

다음 정육면체의 부피는 $1\,m^3$이다.

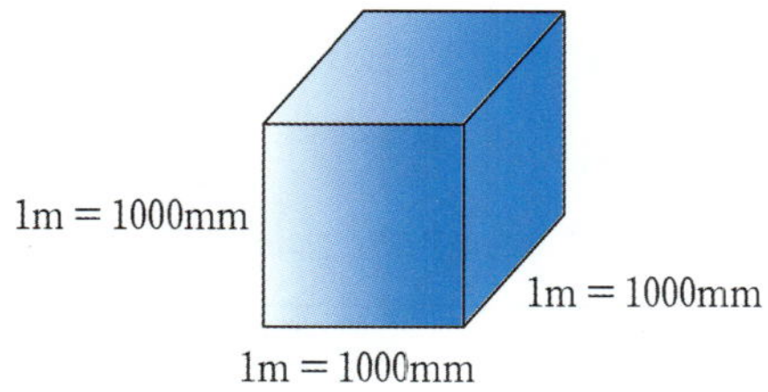

$$1\,m^3 = 1000\,mm \times 1000\,mm \times 1000\,mm$$
$$= 1000000000\,mm^3 = 10^9\,mm^3$$

즉, m^3를 mm^3로 변환할 때 다음과 같이 10^9을 곱한다.

$$4.5\,m^3 = 4.5 \times 10^9\,mm^3$$
$$0.25\,m^3 = 0.25 \times 10^9\,mm^3$$

$1\,m^3 = 10^9\,mm^3$이므로 $1\,mm^3 = \frac{1}{10^9}\,m^3 = 10^{-9}\,m^3$이다. 즉, mm^3를 m^3로 변환할 때 다음과 같이 10^{-9}을 곱한다.

$$500\,mm^3 = 500 \times 10^{-9}\,m^3$$
$$4675\,mm^3 = 4675 \times 10^{-9}\,m^3 \text{ 또는 } 4.675 \times 10^{-6}\,m^3$$

다음 정육면체의 부피는 $1\,cm^3$이다.

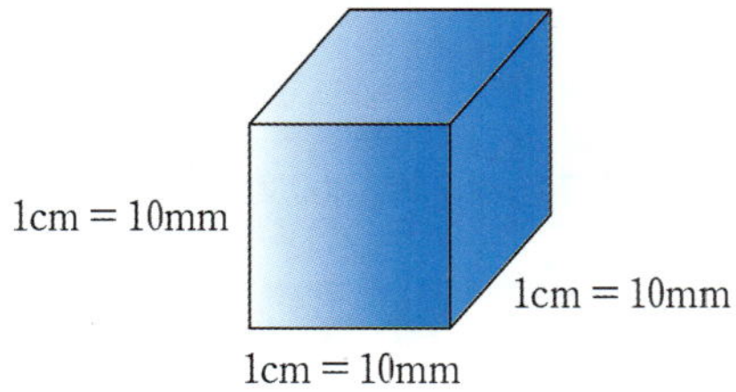

$$1\,cm^3 = 10\,mm \times 10\,mm \times 10\,mm$$
$$= 1000\,mm^3 = 10^3\,mm^3$$

즉, cm^3를 mm^3로 변환할 때 다음과 같이 1000 또는 10^3을 곱한다.

$$5\,cm^3 = 5 \times 10^3\,mm^3 = 5000\,mm^3$$
$$0.35\,cm^3 = 0.35 \times 10^3\,mm^3 = 350\,mm^3$$

$1\,cm^3 = 10^3\,mm^3$이므로
$1\,mm^3 = \frac{1}{10^3}\,cm^3 = 10^{-3}\,cm^3$이다. 즉, mm^3를 cm^3로 변환할 때 다음과 같이 10^{-3}을 곱한다.

$$650\,mm^3 = 650 \times 10^{-3}\,cm^3 = 0.65\,cm^3$$
$$75\,mm^3 = 75 \times 10^{-3}\,cm^3 = 0.075\,cm^3$$

***[문제 23]** $1.5\,m^3$를 $[cm^3]$로 나타내라.

$1\,m^3 = 10^6\,cm^3$이므로 $1.5\,m^3 = 1.5 \times 10^6 cm^3$이다.

***[문제 24]** $300\,cm^3$를 $[m^3]$로 나타내라.

$1\,cm^3 = 10^{-6}\,m^3$이므로 $300\,cm^3 = 300 \times 10^{-6} m^3$이다.

***[문제 25]** $0.56\,m^3$를 $[mm^3]$로 나타내라.

$1\,m^3 = 10^9\,mm^3$이므로 $0.56\,m^3 = 0.56 \times 10^9 mm^3$ 또는 $560 \times 10^6 mm^3$이다.

***[문제 26]** $1250\,mm^3$를 $[m^3]$로 나타내라.

$1\,mm^3 = 10^{-9}\,m^3$이므로 $1250\,mm^3 = 1250 \times 10^{-9} m^3$ 또는 $1.25 \times 10^{-6} m^3$이다.

***[문제 27]** $8\,cm^3$를 $[mm^3]$로 나타내라.

$1\,cm^3 = 10^3\,mm^3$이므로
$8\,cm^3 = 8 \times 10^3 mm^3 = 8000 mm^3$이다.

***[문제 28]** $600\,mm^3$를 $[cm^3]$로 나타내라.

$1\,mm^3 = 10^{-3}\,cm^3$이므로
$600\,mm^3 = 600 \times 10^{-3} cm^3 = 0.6\,cm^3$이다.

***[문제 29]** 직각기둥 모양 물탱크의 길이는 1.2m, 폭은 50cm, 높이는 250mm이다. 물탱크의 용량을 (a) $[m^3]$ (b) $[cm^3]$ (c) [리터]로 구하라.

용량은 부피를 의미하며, 보편적으로 액체를 다룰 때 용량이라는 단어를 사용한다.

(a) 물탱크의 용량 $= l \times b \times h$이다,

여기서 $l = 1.2\,m$, $b = 50\,cm$, $h = 250\,mm$이다.

이 공식을 이용하기 위해 모든 치수를 동일한 단위로 만들어야 한다.

따라서 $l = 1.2\,m$, $b = 0.50\,m$, $h = 0.25\,m$ $(1m = 100cm = 1000mm)$이다. 그러므로 물탱크의 용량은 다음과 같다.

$$\textbf{물탱크의 용량} = 1.2 \times 0.50 \times 0.25 = \mathbf{0.15\,m^3}$$

(b) $1\,m^3 = 10^6\,cm^3$이므로 다음과 같다.

$$\textbf{용량} = 0.15\,m^3 = 0.15 \times 10^6\,cm^3 = \mathbf{150\,000\,cm^3}$$

(c) 1리터 $= 1000\,cm^3$이므로

$$\mathbf{150\,000\,cm^3} = \frac{150\,000}{1000} = \mathbf{150\,리터}\text{이다.}$$

◆ **이제 다음 연습문제를 풀어보자.**

[연습문제 44] 미터법 단위에서 부피

***1** $2.5\,m^3$를 $[cm^3]$로 나타내라.

***2** $400\,cm^3$를 $[m^3]$로 나타내라.

***3** $0.87\,m^3$를 $[mm^3]$로 나타내라.

***4** $2\,400\,000\,cm^3$ 부피를 $[m^3]$로 변환하라.

***5** $1500\,mm^3$를 $[m^3]$로 나타내라.

***6** $400\,mm^3$를 $[cm^3]$로 나타내라.

***7** $6.4\,cm^3$를 $[mm^3]$로 나타내라.

***8** $7500\,mm^3$ 부피를 $[cm^3]$로 변환하라.

***9** 직각기둥 모양 기름 탱크의 길이는 1.5m, 폭은 60cm, 높이는 200mm이다. 기름 탱크의 용량을 (a) $[m^3]$ (b) $[cm^3]$ (c) [리터]로 구하라.

8.7 미터법-야드파운드법 환산

(길이를 측정하기 위해 야드, 피트, 인치 등을 사용하는) 야드파운드법은 수백 년 이상 영국에서 발전하였다. 그 후 프랑스는 1670년에 미터법을 개발했으며, 이는 곧바로 유럽으로 확산되어 1960년에 영국에서도 사용되었다. 그러나 미국과 극소수의 나라에서는 아직도 피트와 인치를 선호한다.

미터법을 야드파운드법으로 변환하거나, 반대로 야드파운드법을 미터법으로 변환할 때 [표 8-4]~[표 8-11]을 참고하자.

[표 8-4] 미터법 길이를 야드파운드법 길이로 변환

미터법	야드파운드법
1밀리미터, 1mm	0.03937 인치(inch, in)
1센티미터, 1cm = 10mm	0.3937 인치(inch, in)
1미터, 1m = 100cm	1.0936 야드(yard, yd)
1킬로미터, 1km = 1000m	0.6214 마일(mile, mi)

***[문제 30]** 350mm를 소수점 아래 2자리로 보정하여 [in]로 계산하라.

[표 8-4]에 의해 $350\,mm = 350 \times 0.03937\,in = \mathbf{13.78\,in}$이다.

***[문제 31]** 52cm를 유효숫자 4자리로 보정하여 [in]로 계산하라.

[표 8-4]에 의해 $52\,cm = 52 \times 0.3937\,in = \mathbf{20.47\,in}$이다.

***[문제 32]** 74m를 소수점 아래 2자리로 보정하여 [yd]로 계산하라.

[표 8-4]에 의해 $74\,m = 74 \times 1.0936\,yd = \mathbf{80.93\,yd}$이다.

***[문제 33]** 12.5km를 유효숫자 3자리로 보정하여 [mi]로 계산하라.

[표 8-4]에 의해 $12.5\,km = 12.5 \times 0.6214\,mi = \mathbf{7.77\,mi}$이다.

[표 8-5] 야드파운드법 길이를 미터법 길이로 변환

야드파운드법	미터법
1인치, 1 in	2.54 cm
1피트, 1 ft = 12 in	0.3048 m
1야드, 1 yd = 3 ft	0.9144 m
1마일, 1 mi = 1760 yd	1.6093 km
1해리(nautical mile) = 2025.4 yd	1.853 km

*[문제 34] 35 in를 소수점 아래 1자리로 보정하여 [cm]로 계산하라.

[표 8-5]에 의해 35 in = 35 × 2.54 cm = **88.9 cm**이다.

*[문제 35] 66 in를 소수점 아래 2자리로 보정하여 [m]로 계산하라.

[표 8-5]에 의해

$$66\,\text{in} = \frac{66}{12}\,\text{ft} = \frac{66}{12} \times 0.3048\,\text{m} = \mathbf{1.68\,m}$$이다.

*[문제 36] 50 yd를 소수점 아래 2자리로 보정하여 [m]로 계산하라.

[표 8-5]에 의해 50 yd = 50 × 0.9144 m = **45.72 m**이다.

*[문제 37] 7.2 mi을 소수점 아래 2자리로 보정하여 [km]로 계산하라.

[표 8-5]에 의해 7.2 mi = 7.2 × 1.6093 km = **11.59 km**이다.

*[문제 38] 5.2해리를 (a) [yd] (b) [km]로 계산하라.

[표 8-5]에 의해 다음과 같다.

(a) 5.2 해리 = 5.2 × 2025.4 yd = **10532 yd**

(b) 5.2 해리 = 5.2 × 1.853 km = **9.636 km**

[표 8-6] 미터법 넓이를 야드파운드법 넓이로 변환

미터법	야드파운드법
$1\,\text{cm}^2 = 100\,\text{mm}^2$	$0.1550\,\text{in}^2$
$1\,\text{m}^2 = 10000\,\text{cm}^2$	$1.1960\,\text{yd}^2$
1헥타르, $1\,\text{ha} = 10000\,\text{m}^2$	2.4711 에이커(acre)
$1\,\text{km}^2 = 100\,\text{ha}$	$0.3861\,\text{mi}^2$

*[문제 39] $47\,\text{cm}^2$를 유효숫자 4자리로 보정하여 [in^2]로 계산하라.

[표 8-6]에 의해 $47\,\text{cm}^2 = 47 \times 0.1550\,\text{in}^2 = \mathbf{7.285\,in^2}$이다.

*[문제 40] $20\,\text{m}^2$를 소수점 아래 2자리로 보정하여 [yd^2]로 계산하라.

[표 8-6]에 의해 $20\,\text{m}^2 = 20 \times 1.1960\,\text{yd}^2 = \mathbf{23.92\,yd^2}$이다.

*[문제 41] 23 ha를 소수점 아래 2자리에서 보정하여 [acre]로 계산하라.

[표 8-6]에 의해 23 ha = 23 × 2.4711 acre = **56.84 acre**이다.

*[문제 42] $15\,\text{km}^2$를 소수점 아래 2자리로 보정하여 [mi^2]로 계산하라.

[표 8-6]에 의해 $15\,\text{km}^2 = 15 \times 0.3861\,\text{mi}^2 = \mathbf{5.79\,mi^2}$이다.

[표 8-7] 야드파운드법 넓이를 미터법 넓이로 변환

야드파운드법	미터법
$1\,\text{in}^2$	$6.4516\,\text{cm}^2$
$1\,\text{ft}^2 = 144\,\text{in}^2$	$0.0929\,\text{m}^2$
$1\,\text{yd}^2 = 9\,\text{ft}^2$	$0.8361\,\text{m}^2$
$1\,\text{acre} = 4840\,\text{yd}^2$	$4046.9\,\text{m}^2$
$1\,\text{mi}^2 = 640\,\text{acre}$	$2.59\,\text{km}^2$

*[문제 43] $17.5\,in^2$를 가장 가까운 정수로 보정하여 [cm^2]로 계산하라.

[표 8-7]에 의해 $17.5\,in^2 = 17.5 \times 6.4516\,cm^2 = \mathbf{113\,cm^2}$이다.

*[문제 44] $205\,ft^2$를 소수점 아래 2자리로 보정하여 [m^2]로 계산하라.

[표 8-7]에 의해 $205\,ft^2 = 205 \times 0.0929\,m^2 = \mathbf{19.04\,m^2}$이다.

*[문제 45] 11.2 acre를 가장 가까운 정수로 보정하여 [m^2]로 계산하라.

[표 8-7]에 의해 $11.2\,acre = 11.2 \times 4046.9\,m^2 = \mathbf{45325\,m^2}$이다.

*[문제 46] $12.6\,mi^2$을 소수점 아래 2자리로 보정하여 [km^2]로 계산하라.

[표 8-7]에 의해 $12.6\,mi^2 = 12.6 \times 2.59\,km^2 = \mathbf{32.63\,km^2}$이다.

[표 8-8] 미터법 부피(용량)를 야드파운드법 부피(용량)로 변환

미터법	야드파운드법
$1\,cm^3$	$0.0610\,in^3$
$1\,dm^3 = 1000\,cm^3$	$0.0353\,ft^3$
$1\,m^3 = 1000\,dm^3$	$1.3080\,yd^3$
$1\,\ell$(리터) $= 1\,dm^3 = 1000\,cm^3$	2.113 fluid pt = 1.7598 pt [1]

*[문제 47] $123.5\,cm^3$를 소수점 아래 2자리로 보정하여 [in^3]로 계산하라.

[표 8-8]에 의해 $123.5\,cm^3 = 123.5 \times 0.0610\,in^3 = \mathbf{7.53\,in^3}$이다.

*[문제 48] $144\,dm^3$를 소수점 아래 3자리로 보정하여 [ft^3]로 계산하라.

[표 8-8]에 의해 $144\,dm^3 = 144 \times 0.0353\,ft^3 = \mathbf{5.083\,ft^3}$이다.

*[문제 49] $5.75\,m^3$를 유효숫자 4자리로 보정하여 [yd^3]로 계산하라.

[표 8-8]에 의해 $5.75\,m^3 = 5.75 \times 1.3080\,yd^3 = \mathbf{7.521\,yd^3}$이다.

*[문제 50] $6.34\,\ell$를 소수점 아래 1자리로 보정하여 [fluid pt]로 계산하라.

[표 8-8]에 의해 $6.34\,\ell = 6.34 \times 2.113$ fluid pt = **13.4 fluid pt**이다.

[표 8-9] 야드파운드법 부피(용량)를 미터법 부피(용량)로 변환

야드파운드법	미터법
$1\,in^3$	$16.387\,cm^3$
$1\,ft^3$	$0.02832\,m^3$
1 US fl oz = 1.0408 UK fl oz [2]	$0.0296\,\ell$
1 US pt (16 fl oz) = 0.8327 UK pt	$0.4732\,\ell$
1 US gal ($231\,in^3$) = 0.8327 UK gal	$3.7854\,\ell$

*[문제 51] $3.75\,in^3$를 소수점 아래 2자리로 보정하여 [cm^3]로 계산하라.

[표 8-9]에 의해 $3.75\,in^3 = 3.75 \times 16.387\,cm^3 = \mathbf{61.45\,cm^3}$이다.

*[문제 52] $210\,ft^3$를 유효숫자 3자리로 보정하여 [m^3]로 계산하라.

[표 8-9]에 의해 $210\,ft^3 = 210 \times 0.02832\,m^3 = \mathbf{5.95\,m^3}$이다.

*[문제 53] 4.32 US pt를 소수점 아래 3자리로 보정하여 [ℓ]로 계산하라.

[표 8-9]에 의해 4.32 US pt $= 4.32 \times 0.4732\,\ell = \mathbf{2.044\,\ell}$이다.

1 (역자주) 1미국 액량(US fluid pt)은 약 473.176473밀리리터이고, 1미국 건량(pt)은 약 0.5506리터이다. 1영국 파인트는 568.26125밀리리터이다.

2 (역자주) 1미국 액량 온스(US fluid oz)는 약 29.5735밀리리터이고, 1영국 액량 온스는 28.41306밀리리터이다.

*[문제 54] 8.62 US gal을 소수점 아래 2자리로 보정하여 [ℓ]로 계산하라.

[표 8-9]에 의해 8.62 US gal = 8.62 × 3.7854 ℓ = **32.63 ℓ** 이다.

[표 8-10] 미터법 질량을 야드파운드법 질량으로 변환

미터법	야드파운드법
1 g = 1000 mg	0.0353 oz
1 kg = 1000 g	2.2046 lb
1톤, 1t = 1000 kg	1.1023 short ton
1톤, 1t = 1000 kg	0.9842 long ton

long ton은 영국식 ton으로 2240 lb이고, short ton은 미국식 ton으로 2000 lb이다.

*[문제 55] 1346 g인 질량을 소수점 아래 2자리로 보정하여 [oz]로 계산하라.

[표 8-10]에 의해
1346 g = 1346 × 0.0353 oz = **47.51 oz** 이다.

*[문제 56] 210.4 kg인 질량을 유효숫자 4자리로 보정하여 [lb]로 계산하라.

[표 8-10]에 의해 210.4 kg = 210.4 × 2.2046 lb = **463.8 lb** 이다.

*[문제 57] 5000 kg을 소수점 아래 2자리로 보정하여 미국식 ton인 [short ton]으로 계산하라.

[표 8-10]에 의해 5000 kg = 5 t = 5 × 1.1023 short ton = **5.51 short ton** 이다.

*[문제 58] 5.63 oz를 유효숫자 4자리로 보정하여 [g]으로 계산하라.

[표 8-11]에 의해 5.63 oz = 5.63 × 28.35 g = **159.6 g** 이다.

[표 8-11] 야드파운드법 질량을 미터법 질량으로 변환

야드파운드법	미터법
1 oz = 437.5 grain	28.35 g
1 lb = 16 oz	0.4536 kg
1 stone = 14 lb	6.3503 kg
1 hundredweight, 1cwt = 112 lb	50.802 kg
1 short ton	0.9072 t
1 long ton	1.0160 t

*[문제 59] 75 oz를 소수점 아래 3자리로 보정하여 [kg]으로 계산하라.

[표 8-11]에 의해 $75\,\text{oz} = \frac{75}{16}\,\text{lb} = \frac{75}{16} \times 0.4536\,\text{kg} = \mathbf{2.126\,kg}$ 이다.

*[문제 60] 3.25 cwt를 (a) [lb] (b) [kg]으로 변환하라.

[표 8-11]에 의해 다음과 같다.
(a) 3.25 cwt = 3.25 × 112 lb = **364 lb** 이다.
(b) 3.25 cwt = 3.25 × 50.802 kg = **165.1 kg** 이다.

8.7.1 온도

섭씨를 화씨로 변환하려면 $\frac{9}{5}$를 곱한 다음 32를 더한다. 화씨를 섭씨로 변환하려면 32를 뺀 다음 $\frac{5}{9}$를 곱한다.

*[문제 61] 35℃를 화씨로 변환하라.

$F = \frac{9}{5}C + 32$이므로, $35℃ = \frac{9}{5}(35) + 32 = 63 + 32 = \mathbf{95°F}$ 이다.

*[문제 62] 113°F를 섭씨로 변환하라.

$C = \frac{5}{9}(F - 32)$이므로, $113°F = \frac{5}{9}(113 - 32) = \frac{5}{9}(81) = \mathbf{45℃}$ 이다.

◆ 이제 다음 연습문제를 풀어보자.

[연습문제 45] 미터법과 야드파운드법의 변환

※ 다음 문제를 풀 때, [표 8-4]~[표 8-11]을 이용하라.

*1 476mm를 소수점 아래 2자리로 보정하여 [in]로 계산하라.

*2 209cm를 유효숫자 4자리로 보정하여 [in]로 계산하라.

*3 34.7m를 소수점 아래 2자리로 보정하여 [yd]로 계산하라.

*4 29.55km를 소수점 아래 2자리로 보정하여 [mi]로 계산하라.

*5 16.4in를 소수점 아래 2자리로 보정하여 [cm]로 계산하라.

*6 78in를 소수점 아래 2자리로 보정하여 [m]로 계산하라.

*7 15.7yd를 소수점 아래 2자리로 보정하여 [m]로 계산하라.

*8 3.67mi을 소수점 아래 2자리로 보정하여 [km]로 계산하라.

*9 11.23해리를 (a) [yd] (b) [km]로 계산하라.

*10 62.5 cm^2를 유효숫자 4자리로 보정하여 [in^2]로 계산하라.

*11 15.2 m^2를 소수점 아래 2자리로 보정하여 [yd^2]로 계산하라.

*12 12.5헥타르를 소수점 아래 2자리로 보정하여 [acre]로 계산하라.

*13 56.7 km^2를 소수점 아래 2자리로 보정하여 [mi^2]로 계산하라.

*14 6.37 in^2를 가장 가까운 정수로 보정하여 [cm^2]로 계산하라.

*15 308.6 ft^2를 소수점 아래 2자리로 보정하여 [m^2]로 계산하라.

*16 2.5acre를 가장 가까운 정수로 보정하여 [m^2]로 계산하라.

*17 21.3 mi^2을 소수점 아래 2자리로 보정하여 [km^2]로 계산하라.

*18 200.7 cm^3를 소수점 아래 2자리로 보정하여 [in^3]로 계산하라.

*19 214.5 dm^3를 소수점 아래 3자리로 보정하여 [ft^3]로 계산하라.

*20 13.45 m^3를 유효숫자 4자리로 보정하여 [yd^3]로 계산하라.

*21 15ℓ를 소수점 아래 1자리로 보정하여 [fluid pt]로 계산하라.

*22 2.15 in^3를 소수점 아래 2자리로 보정하여 [cm^3]로 계산하라.

*23 175 ft^3를 유효숫자 4자리로 보정하여 [m^3]로 계산하라.

*24 7.75US pt를 소수점 아래 3자리로 보정하여 [ℓ]로 계산하라.

*25 12.5US gal을 소수점 아래 2자리로 보정하여 [ℓ]로 계산하라.

*26 980g을 소수점 아래 2자리로 보정하여 [oz]로 계산하라.

*27 질량 55kg을 유효숫자 4자리로 보정하여 [lb]로 계산하라.

*28 4000kg을 소수점 아래 3자리로 보정하여 [short ton]으로 계산하라.

*29 7.78oz를 유효숫자 4자리로 보정하여 [g]으로 계산하라.

*30 57.5oz를 소수점 아래 3자리로 보정하여 [kg]으로 계산하라.

*31 2.5cwt를 (a) [lb] (b) [kg]으로 변환하라.

*32 55℃를 화씨로 변환하라.

*33 167°F를 섭씨로 변환하라.

[연습문제 46] 단위, 접두어, 공학적 표기법에 대한 선다형 문제

※ 각 문제의 정답은 한 개이다.

1 전기량의 단위는 무엇인가?
(a) 볼트 (b) 줄 (c) 옴 (d) 쿨롱

2 0.088m는 몇 [cm]인가?
(a) 88cm (b) 8.8cm (c) 880cm (d) 0.88cm

3 줄은 무엇의 단위인가?
(a) 전력 (b) 전압 (c) 에너지 (d) 전기량

4 5g은 몇 [kg]인가?
(a) 5000kg (b) 0.05kg
(c) 0.005kg (d) 0.0005kg

5 옴은 무엇의 단위인가?
(a) 전하 (b) 전류 (c) 저항 (d) 전력

6 $2\,m^2$는 몇 [cm^2]인가?
(a) 20000 (b) 200 (c) 0.002 (d) 2000

7 전기적 전류의 단위는 무엇인가?
(a) 볼트 (b) 쿨롱 (c) 줄 (d) 암페어

8 650mg은 몇 [g]인가?
(a) 0.65g (b) 65g (c) 6500g (d) 0.065g

9 $500\,\ell$는 [m^3]로 얼마인가?
(a) $0.5\,m^3$ (b) $5\,m^3$
(c) $50\,m^3$ (d) $0.005\,m^3$

10 $1.2\,m^2$는 몇 [cm^2]인가?
(a) $120cm^2$ (b) $12000cm^2$
(c) $1200cm^2$ (d) $0.012cm^2$

11 17cm와 같은 것은 무엇인가?
(a) 1.7m (b) 0.017m
(c) 0.17m (d) 170m

12 0.000095H와 같은 것은 무엇인가?
(a) 공학적 표기법에서 9.5×10^{-5}H
(b) 접두어 형식에서 95×10^{-6}H
(c) 공학적 표기법에서 95×10^{-4}H
(d) 접두어 형식에서 95μH

13 4개의 질량 1850mg, 1.65g, 0.002kg, 2.5×10^3mg이 있다. 이 중에서 가장 가벼운 것은 무엇인가?
(a) 1850mg (b) 0.002kg
(c) 1.65g (d) 2.5×10^3mg

14 1752km는 몇 [mm]인가?
(a) 1752000000mm (b) 17520mm
(c) 1.752mm (d) 17.52mm

15 3.485kg과 같은 질량은 무엇인가?
(a) 0.003485g (b) 3.485×10^{-3}g
(c) 348.5g (d) 3485g

16 $(5.5\times10^2)(2\times10^3)$cm와 표준형으로 같은 것은 무엇인가?
(a) 11×10^6cm (b) 1.1×10^6cm
(c) 11×10^5cm (d) 1.1×10^5cm

17 저항 R은 공식 $R=\frac{\rho l}{A}$로 주어진다. 저항률이 $\rho=0.017\mu\Omega$m, 길이가 $l=5$km, 단면적이 $A=25\,mm^2$일 때, 저항은 얼마인가?
(a) $3.4m\Omega$ (b) 0.034Ω
(c) $3.4k\Omega$ (d) 3.4Ω

18 64g은 4kg의 몇 %인가?
(a) 1.6% (b) 6.25% (c) 64% (d) 16%

19 인덕턴스의 단위는 무엇인가?
(a) 패럿 (b) 헨리 (c) 쿨롱 (d) 파스칼

20 탄성률 E의 공식은 $E=\frac{Fl}{\pi r^2 x}$이다. 이때 F의 단위는 [N]이고 l, r, x의 단위는 [m]이다. $F=3.2$kN, $l=0.56$m, $r=5$mm, $x=2$mm일 때 E 값은 얼마인가?
(a) $1141\,MN/m^2$ (b) $11.41\,GN/m^2$
(c) $114.1\,MN/m^2$ (d) $1.141\times10^8\,N/m^2$

Chapter 09

기본 대수

Basic algebra

기본 대수를 이해하는 것이 왜 중요할까?

대수[algebra]는 공학자에게 가장 기본적인 도구 중 하나이다. 어떤 값(가능한 다른 길이, 물질상수, 질량)들이 주어질 때, 대수를 이용하여 이 값과 관련되는 또 다른 값(길이, 물질상수, 온도, 질량 등)을 결정할 수 있다. 기계, 화학, 토목, 환경 전기 공학자들이 다루는 문제의 유형은 다양하지만, 모든 공학자들은 문제를 해결하기 위해 대수를 사용한다. 대수가 자주 사용되는 예로 저항이 전압에 비례하는 단순 전기회로를 들 수 있다. 옴의 법칙($V=IR$)을 사용하여 공학자는 회로를 지나는 전압을 결정하기 위해 간단히 회로를 흐르는 전류에 저항을 곱한다. 공학자와 과학자는 다방면에서 대수를 사용하고 있으며, 그렇기 때문에 대수에 대한 생각을 멈출 수 없다. 선택하고자 하는 공학의 유형에 따라 다양한 대수를 사용하겠지만, 모든 경우에서 대수는 여러분이 공학자가 되기 위해 필요한 수학의 기초를 쌓도록 돕는다.

학습포인트

- 대수에서 기본 연산을 이해한다.
- 수 대신 문자를 사용하여 더하고, 빼고, 곱하고, 나눈다.
- 수 대신 문자를 사용한 지수법칙을 설명한다.
- 지수법칙을 이용하여 대수식을 간단히 한다.

9.1 서론

우리는 이미 4장부터 계산기를 이용해 식을 계산하는 데 익숙해졌을 것이다.

축구 경기장의 길이가 L이고 폭이 b라고 할 때, 넓이 A에 대한 공식은 $A=L\times b$이다. 이것은 대수방정식[algebraic equation]이다. 여기서 $L=120\,\text{m}$이고 $b=60\,\text{m}$이면 넓이는 $A=120\times 60=7200\,\text{m}^2$이다.

저항 R_1, R_2, R_3이 직렬로 연결된 총 저항 R_T는 $R_T=R_1+R_2+R_3$으로 주어진다. 이것은 대수방정식이다. 여기서 $R_1=6.3\,\text{k}\Omega$, $R_2=2.4\,\text{k}\Omega$, $R_3=8.5\,\text{k}\Omega$이면 총 저항은 $R_T=6.3+2.4+8.5=17.2\,\text{k}\Omega$이다.

화씨온도 F는 셀시우스*인 섭씨온도 C에 대해 $F=\frac{9}{5}C+32$로 주어진다. 이것은 대수방정식이다.
여기서 $C=100\,℃$이면 화씨온도는 $F=\frac{9}{5}\times 100+32=180+32=212\,°\text{F}$이다.

***셀시우스는 누구?**

안데르스 셀시우스(Anders Celsius, 1701. 11. 27 ~ 1744. 4. 25)는 스웨덴의 천문학자로, 1742년에 그의 이름이 명명된 셀시우스 온도 척도를 제안하였다.

식을 계산하는 데 어려움이 없다면 대수 계산을 극복하는 데도 어려움이 없을 것이다.

9.2 기본 연산

대수는 수를 나타내기 위해 문자를 사용한다. a, b, c, d가 임의의 네 수를 나타낸다고 할 때, 대수에서는 다음과 같다.

❶ $a+a+a+a=4a$이다. 예를 들어 $a=2$이면 $2+2+2+2=4\times2=8$이다.

❷ $5b$는 $5\times b$를 의미한다. 예를 들어 $b=4$이면 $5b=5\times4=20$이다.

❸ $2a+3b+a-2b=2a+a+3b-2b=3a+b$이다. 유사한 항(동류항)끼리만 대수적으로 묶을 수 있다. $2a$와 $+a$는 묶어서 $3a$가 되고, $3b$와 $-2b$는 묶어서 $1b$가 되며 이를 b로 표현한다.
추가로, +와 − 부호로 항들이 떨어진 경우 그 계산 순서는 아무런 문제가 되지 않는다. 이 예에서 $2a+3b+a-2b$는 $2a+a+3b-2b$와 동일하고, $3b+a+2a-2b$ 등과도 동일하다.
Note 첫 번째 항 $2a$는 $+2a$를 의미한다.

❹ $4abcd=4\times a\times b\times c\times d$이다. 예를 들어, $a=3$, $b=-2$, $c=1$, $d=-5$이면 $4abcd=4\times3\times(-2)\times1\times(-5)=120$이다.
Note $(-)\times(-)=(+)$

❺ $(a)(c)(d)$는 $a\times c\times d$를 의미한다. 곱하기 기호 대신에 종종 괄호가 사용한다. 예를 들어 $(2)(5)(3)$은 $2\times5\times3=30$을 의미한다.

❻ $ab=ba$이다. $a=2$, $b=3$이면 2×3은 정확히 3×2, 즉 6과 같다.

❼ $b^2=b\times b$이다. 예를 들어 $b=3$이면 $3^2=3\times3=9$이다.

❽ $a^3=a\times a\times a$이다. 예를 들어 $a=2$이면 $2^3=2\times2\times2=8$이다.

대수 입문에서 기본 연산을 이해하는 데 도움이 되는 몇 가지 예제들을 살펴보자.

9.2.1 덧셈과 뺄셈

[문제 1] $4x$, $3x$, $-2x$, $-x$의 합을 구하라.

$$\begin{aligned}4x+3x+(-2x)+(-x)&=4x+3x-2x-x\\&=\mathbf{4x}\end{aligned}$$

Note $(+)\times(-)=(-)$

[문제 2] $5x$, $3y$, z, $-3x$, $-4y$, $6z$의 합을 구하라.

$$\begin{aligned}&5x+3y+z+(-3x)+(-4y)+6z\\&=5x+3y+z-3x-4y+6z\\&=5x-3x+3y-4y+z+6z\\&=\mathbf{2x-y+7z}\end{aligned}$$

항들이 +와 − 부호로 분리되어 있을 때 순서를 바꿀 수 있다. 단, 유사한 항들끼리만 묶을 수 있다.

[문제 3] $4x^2-x-2y+5x+3y$를 간단히 하라.

$$\begin{aligned}4x^2-x-2y+5x+3y&=4x^2+5x-x+3y-2y\\&=\mathbf{4x^2+4x+y}\end{aligned}$$

[문제 4] $3xy-7x+4xy+2x$를 간단히 하라.

$$\begin{aligned}3xy-7x+4xy+2x&=3xy+4xy+2x-7x\\&=\mathbf{7xy-5x}\end{aligned}$$

◆ **이제 다음 연습문제를 풀어보자.**

[연습문제 47] 대수에서 덧셈과 뺄셈

1 $4a$, $-2a$, $3a$, $-8a$의 합을 구하라.

2 $2a$, $5b$, $-3c$, $-a$, $-3b$, $7c$의 합을 구하라.

3 $2x-3x^2-7y+x+4y-2y^2$을 간단히 하라.

4 $5ab-4a+ab+a$를 간단히 하라.

5 $2x-3y+5z-x-2y+3z+5x$를 간단히 하라.

6 $3+x+5x-2-4x$를 간단히 하라.

7 $x-2y+3$과 $3x+4y-1$을 더하라.

8 $4a+3b$에서 $a-2b$를 빼라.

9 $a+b-2c$에서 $3a+2b-4c$를 빼라.

10 x^2+xy-y^2에서 $xy-2x^2$을 빼라.

9.2.2 곱셈과 나눗셈

[문제 5] $bc\times abc$를 간단히 하라.

$$\begin{aligned} bc\times abc &= b\times c\times a\times b\times c \\ &= a\times b\times b\times c\times c \\ &= a\times b^2\times c^2 \\ &= \mathbf{ab^2c^2} \end{aligned}$$

[문제 6] $(-2p)\times(-3p)$를 간단히 하라.

$(-)\times(-)=(+)$이므로 $(-2p)\times(-3p)=\mathbf{6p^2}$이다.

[문제 7] $ab\times b^2c\times a$를 간단히 하라.

$$\begin{aligned} ab\times b^2c\times a &= a\times a\times b\times b\times b\times c \\ &= a^2\times b^3\times c \\ &= \mathbf{a^2b^3c} \end{aligned}$$

[문제 8] $a=3$, $b=2$, $c=5$일 때, $3ab+4bc-abc$를 계산하라.

$$\begin{aligned} 3ab+4bc-abc &= 3\times a\times b+4\times b\times c-a\times b\times c \\ &= 3\times 3\times 2+4\times 2\times 5-3\times 2\times 5 \\ &= 18+40-30 \\ &= \mathbf{28} \end{aligned}$$

[문제 9] $p=2$, $q=\frac{2}{5}$, $r=2\frac{1}{2}$일 때, $5pq^2r^3$의 값을 구하라.

$$\begin{aligned} 5pq^2r^3 &= 5\times p\times q^2\times r^3 \\ &= 5\times 2\times\left(\frac{2}{5}\right)^2\times\left(2\frac{1}{2}\right)^3 \\ &= 5\times 2\times\left(\frac{2}{5}\right)^2\times\left(\frac{5}{2}\right)^3 \quad 2\frac{1}{2}=\frac{5}{2}\text{이므로} \\ &= \frac{5}{1}\times\frac{2}{1}\times\frac{2}{5}\times\frac{2}{5}\times\frac{5}{2}\times\frac{5}{2}\times\frac{5}{2} \\ &= \frac{1}{1}\times\frac{1}{1}\times\frac{1}{1}\times\frac{1}{1}\times\frac{1}{1}\times\frac{5}{1}\times\frac{5}{1} \quad \text{약분에 의해} \\ &= 5\times 5 \\ &= \mathbf{25} \end{aligned}$$

[문제 10] $2a+3b$에 $a+b$를 곱하라.

첫 번째 식의 각 항에 a를 곱하고, 첫 번째 식의 각 항에 b를 곱하여, 두 결과를 더한다. 보편적인 방법은 다음과 같다.

	$2a + 3b$
	$a + b$
a를 곱한 결과	$2a^2 + 3ab$
b를 곱한 결과	$2ab + 3b^2$
더한 결과	$\mathbf{2a^2 + 5ab + 3b^2}$

따라서 $(2a+3b)(a+b)=\mathbf{2a^2+5ab+3b^2}$이다.

[문제 11] $3x-2y^2+4xy$에 $2x-5y$를 곱하라.

	$3x - 2y^2 + 4xy$
	$2x - 5y$
$2x$를 곱한 결과	$6x^2 - 4xy^2 + 8x^2y$
$-5y$를 곱한 결과	$- 20xy^2 - 15xy + 10y^3$
더한 결과	$\mathbf{6x^2 - 24xy^2 + 8x^2y - 15xy + 10y^2}$

따라서 $(3x-2y^2+4xy)(2x-5y)$
$=\mathbf{6x^2-24xy^2+8x^2y-15xy+10y^3}$이다.

[문제 12] $2x\div 8xy$를 간단히 하라.

$2x\div 8xy$는 $\frac{2x}{8xy}$를 의미한다.

$$\begin{aligned} \frac{2x}{8xy} &= \frac{2\times x}{8\times x\times y} \\ &= \frac{1\times 1}{4\times 1\times y} \quad \text{약분에 의해} \\ &= \mathbf{\frac{1}{4y}} \end{aligned}$$

[문제 13] $\dfrac{9a^2bc}{3ac}$를 간단히 하라.

$$\begin{aligned}\frac{9a^2bc}{3ac} &= \frac{9\times a\times a\times b\times c}{3\times a\times c} \\ &= 3\times a\times b \\ &= \mathbf{3ab}\end{aligned}$$

[문제 14] $2x^2+x-3$을 $x-1$로 나누어라.

❶ $2x^2+x-3$을 나뉠 수(피제수)dividend, $x-1$을 나누는 수(제수)divisor라 한다. 나눗셈을 하는 보편적인 방법은, 다음과 같이 나뉠 수와 나누는 수를 모두 거듭제곱이 줄어들도록 배열하여 계산한다.

$$\begin{array}{rl} & 2x \ \ + 3 \\ x-1 & \overline{)\,2x^2 + x \ - 3} \\ & 2x^2 - 2x \qquad \\ \hline & 3x - 3 \\ & 3x - 3 \\ \hline & 0 \end{array}$$

❷ 나뉠 수의 첫 번째 항을 나누는 수의 첫 번째 항으로 나눈다. 즉 $\dfrac{2x^2}{x}$은 $2x$이다. 이것을 위 세로셈 같이 나뉠 수의 첫 번째 항 위에 놓는다.

❸ 나누는 수에 $2x$를 곱한다. 즉 $2x(x-1)=2x^2-2x$이고 이것을 위 세로셈 같이 나뉠 수 아래 놓는다. 이제 두 수를 빼면 $3x-3$이 남는다.

❹ 이 과정을 반복한다. 즉 나누는 수의 첫 번째 항 x로 $3x$를 나누면 $+3$이고, 이것을 위 세로셈 같이 나뉠 수 위에 놓는다.

❺ 그러면 $3(x-1)=3x-3$을 $3x-3$ 아래 놓는다. 두 수를 빼면 나머지가 0이고 과정이 완성된다. 따라서 $\mathbf{(2x^2+x-3)\div(x-1)=2x+3}$이다.

Check $2x+3$에 $x-1$을 곱하여 답이 $2x^2+x-3$과 같은지 확인할 수 있다.

[문제 15] $\dfrac{x^3+y^3}{x+y}$을 간단히 하라.

$$\begin{array}{rl} & ❶ \quad ❹ \quad ❼ \\ & x^2 - xy \ + y^2 \\ x+y & \overline{)\,x^3 + 0 \quad + 0 \quad + y^3} \\ & x^3 + x^2y \qquad\qquad \\ \hline & -x^2y \qquad + y^3 \\ & -x^2y - xy^2 \qquad \\ \hline & xy^2 + y^3 \\ & xy^2 + y^3 \\ \hline & 0 \end{array}$$

❶ x^3을 x로 나누면 x^2이고, 이것을 x^3 위에 놓는다.

❷ $x^2(x+y)=x^3+x^2y$이다.

❸ 뺀다.

❹ $-x^2y$를 x로 나누면 $-xy$이고, 이것을 나뉠 수 위에 놓는다.

❺ $-xy(x+y)=-x^2y-xy^2$이다.

❻ 뺀다.

❼ xy^2을 x로 나누면 y^2이고, 이것을 나뉠 수 위에 놓는다.

❽ $y^2(x+y)=xy^2+y^3$

❾ 뺀다.

따라서 $\mathbf{\dfrac{x^3+y^3}{x+y}=x^2-xy+y^2}$이다.

나뉠 수에 포함된 0은 일반적으로 표시되지 않지만, 빼는 과정을 명확히 하고 각각의 열에 유사한 항을 유지하기 위해 포함된다.

[문제 16] $4a^3-6a^2b+5b^3$을 $2a-b$로 나누어라.

$$\begin{array}{rl} & 2a^2 - 2ab \ - b^2 \\ 2a-b & \overline{)\,4a^3 - 6a^2b \qquad + 5b^3} \\ & 4a^3 - 2a^2b \qquad\qquad \\ \hline & -4a^2b \qquad + 5b^3 \\ & -4a^2b + 2ab^2 \qquad \\ \hline & -2ab^2 + 5b^3 \\ & -2ab^2 + b^3 \\ \hline & 4b^3 \end{array}$$

따라서 $\mathbf{\dfrac{4a^3-6a^2b+5b^3}{2a-b}=2a^2-2ab-b^2}$이고, **나머지는 $\mathbf{4b^3}$**이다.

또 다른 방법으로, 답을 다음과 같이 표현할 수 있다.

$$\frac{4a^3-6a^2b+5b^3}{2a-b}=2a^2-2ab-b^2+\frac{4b^3}{2a-b}$$

◆ **이제 다음 연습문제를 풀어보자.**

[연습문제 48] 대수에서 기본 연산

1 $pq \times pq^2r$을 간단히 하라.

2 $(-4a)\times(-2a)$를 간단히 하라.

3 $3\times(-2q)\times(-q)$를 간단히 하라.

4 $p=3$, $q=-2$, $r=4$일 때, $3pq-5qr-pqr$을 계산하라.

5 $x=2$, $y=1\frac{1}{2}$, $z=\frac{2}{3}$일 때, $3x^2yz^3$의 값을 구하라.

6 $x=5$, $y=6$일 때, $\frac{23(x-y)}{y+xy+2x}$를 계산하라.

7 $a=4$, $b=3$, $c=5$, $d=6$일 때, $\frac{3a+2b}{3c-2d}$를 계산하라.

8 $2x\div 14xy$를 간단히 하라.

9 $\frac{25x^2yz^3}{5xyz}$을 간단히 하라.

10 $3a-b$에 $a+b$를 곱하라.

11 $2a-5b+c$에 $3a+b$를 곱하라.

12 $3a\div 9ab$를 간단히 하라.

13 $4a^2b\div 2a$를 간단히 하라.

14 $6x^2y$를 $2xy$로 나누어라.

15 $2x^2+xy-y^2$을 $x+y$로 나누어라.

16 $3p^2-pq-2q^2$을 $p-q$로 나누어라.

17 $(a+b)^2+(a-b)^2$을 간단히 하라.

9.3 지수법칙

수들의 지수법칙은 7장에서 다루었다. 대수 항에 대한 지수법칙은 다음과 같다.

❶ $a^m\times a^n=a^{m+n}$ 예) $a^3\times a^4=a^{3+4}=a^7$

❷ $\frac{a^m}{a^n}=a^{m-n}$ 예) $\frac{c^5}{c^2}=c^{5-2}=c^3$

❸ $(a^m)^n=a^{mn}$ 예) $(d^2)^3=d^{2\times3}=d^6$

❹ $a^{\frac{m}{n}}=\sqrt[n]{a^m}$ 예) $x^{\frac{4}{3}}=\sqrt[3]{x^4}$

❺ $a^{-n}=\frac{1}{a^n}$ 예) $3^{-2}=\frac{1}{3^2}=\frac{1}{9}$

❻ $a^0=1$ 예) $17^0=1$

지수법칙을 보여주는 몇 가지 문제를 살펴보자.

[문제 17] $a^2b^3c\times ab^2c^5$을 간단히 하라.

$$\begin{aligned}a^2b^3c\times ab^2c^5&=a^2\times b^3\times c\times a\times b^2\times c^5\\&=a^2\times b^3\times c^1\times a^1\times b^2\times c^5\end{aligned}$$

같은 항들끼리 그룹화한다.

$$a^2\times a^1\times b^3\times b^2\times c^1\times c^5$$

지수법칙 ❶을 사용한다.

$$a^{2+1}\times b^{3+2}\times c^{1+5}=a^3\times b^5\times c^6$$

즉 $a^2b^3c\times ab^2c^5=a^3b^5c^6$이다.

[문제 18] $a^{\frac{1}{3}}b^{\frac{3}{2}}c^{-2}\times a^{\frac{1}{6}}b^{\frac{1}{2}}c$를 간단히 하라.

지수법칙 ❶을 이용하면 다음과 같다.

$$\begin{aligned}a^{\frac{1}{3}}b^{\frac{3}{2}}c^{-2}\times a^{\frac{1}{6}}b^{\frac{1}{2}}c&=a^{\frac{1}{3}+\frac{1}{6}}\times b^{\frac{3}{2}+\frac{1}{2}}\times c^{-2+1}\\&=a^{\frac{1}{2}}b^2c^{-1}\end{aligned}$$

[문제 19] $\dfrac{x^5y^2z}{x^2yz^3}$를 간단히 하라.

$$\frac{x^5y^2z}{x^2yz^3}=\frac{x^5\times y^2\times z}{x^2\times y\times z^3}$$
$$=\frac{x^5}{x^2}\times\frac{y^2}{y^1}\times\frac{z}{z^3}$$
$$=x^{5-2}\times y^{2-1}\times z^{1-3} \quad \text{지수법칙 ❷에 의해}$$
$$=x^3\times y^1\times z^{-2}$$
$$=\boldsymbol{x^3yz^{-2}} \text{ 또는 } \boldsymbol{\frac{x^3y}{z^2}}$$

[문제 20] $\dfrac{a^3b^2c^4}{abc^{-2}}$을 간단히 하고, $a=3$, $b=\dfrac{1}{4}$, $c=2$일 때의 값을 계산하라.

지수법칙 ❷를 이용하면 다음과 같다.

$$\frac{a^3}{a}=a^{3-1}=a^2,\ \frac{b^2}{b}=b^{2-1}=b,\ \frac{c^4}{c^{-2}}=c^{4-(-2)}=c^6$$

따라서 $\dfrac{a^3b^2c^4}{abc^{-2}}=\boldsymbol{a^2bc^6}$이다. $a=3$, $b=\dfrac{1}{4}$, $c=2$일 때 다음을 얻는다.

$$a^2bc^6=(3)^2\left(\frac{1}{4}\right)(2)^6=(9)\left(\frac{1}{4}\right)(64)=\mathbf{144}$$

[문제 21] $(p^3)^2(q^2)^4$을 간단히 하라.

지수법칙 ❸을 이용하면 다음과 같다.

$$(p^3)^2(q^2)^4=p^{3\times2}\times q^{2\times4}$$
$$=\boldsymbol{p^6q^8}$$

[문제 22] $\dfrac{(mn^2)^3}{(m^{1/2}n^{1/4})^4}$을 간단히 하라.

괄호는 괄호 안의 각 문자가 괄호 밖의 거듭제곱을 곱해야 함을 나타낸다. 지수법칙 ❸을 이용하면 다음과 같다.

$$\frac{(mn^2)^3}{(m^{1/2}n^{1/4})^4}=\frac{m^{1\times3}n^{2\times3}}{m^{(1/2)\times4}n^{(1/4)\times4}}=\frac{m^3n^6}{m^2n^1}$$

이제 지수법칙 ❷를 이용하면 다음을 얻는다.

$$\frac{m^3n^6}{m^2n^1}=m^{3-2}n^{6-1}=\boldsymbol{mn^5}$$

[문제 23] $(a^3b)(a^{-4}b^{-2})$을 간단히 하여 양의 지수만으로 표현하라.

지수법칙 ❶을 이용하면 $a^{3+(-4)}b^{1+(-2)}=a^{-1}b^{-1}$이다.

지수법칙 ❺를 이용하면 $a^{-1}b^{-1}=\dfrac{1}{a^{+1}b^{+1}}=\boldsymbol{\dfrac{1}{ab}}$이다.

◆ **이제 다음 연습문제를 풀어보자.**

[연습문제 49] 지수법칙

※ (문제 1~18) 다음을 간단히 하여 각 답을 거듭제곱으로 표현하라.

1 $z^2\times z^6$ **2** $a\times a^2\times a^5$

3 $n^8\times n^{-5}$ **4** $b^4\times b^7$

5 $b^2\div b^5$ **6** $c^5\times c^3\div c^4$

7 $\dfrac{m^5\times m^6}{m^4\times m^3}$ **8** $\dfrac{(x^2)(x)}{x^6}$

9 $(x^3)^4$ **10** $(y^2)^{-3}$

11 $(t\times t^3)^2$ **12** $(c^{-7})^{-2}$

13 $\left(\dfrac{a^2}{a^5}\right)^3$ **14** $\left(\dfrac{1}{b^3}\right)^4$

15 $\left(\dfrac{b^2}{b^7}\right)^{-2}$ **16** $\dfrac{1}{(s^3)^3}$

17 $p^3qr^2\times p^2q^5r\times pqr^2$ **18** $\dfrac{x^3y^2z}{x^5yz^3}$

19 $(x^2y^3z)(x^3yz^2)$을 간단히 하고, $x=\dfrac{1}{2}$, $y=2$, $z=3$일 때의 값을 계산하라.

20 $\dfrac{a^5bc^3}{a^2b^3c^2}$을 간단히 하고, $a=\dfrac{3}{2}$, $b=\dfrac{1}{2}$, $c=\dfrac{2}{3}$일 때의 값을 계산하라.

지수법칙에 대한 문제를 더 살펴보자.

[문제 24] $\dfrac{x^2y^3+xy^2}{xy}$을 간단히 하라.

$\dfrac{a+b}{c}$ 형태의 대수식은 $\dfrac{a}{c}+\dfrac{b}{c}$로 분리할 수 있다. 지수법칙 ❻에 의해 $x^0=1$이므로 다음을 얻는다.

$$\frac{x^2y^3+xy^2}{xy}=\frac{x^2y^3}{xy}+\frac{xy^2}{xy}=x^{2-1}y^{3-1}+x^{1-1}y^{2-1}$$

$$=\boldsymbol{xy^2+y}$$

[문제 25] $\dfrac{x^2y}{xy^2-xy}$를 간단히 하라.

분자와 분모를 구성하는 세 항의 최대공약수(HCF)는 xy이다. xy로 각 항을 나누면 다음을 얻는다.

$$\frac{x^2y}{xy^2-xy}=\frac{\dfrac{x^2y}{xy}}{\dfrac{xy^2}{xy}-\dfrac{xy}{xy}}=\boldsymbol{\frac{x}{y-1}}$$

[문제 26] $\dfrac{a^2b}{ab^2-a^{1/2}b^3}$를 간단히 하라.

세 항의 HCF는 $a^{1/2}b$이다. $a^{1/2}b$로 각 항을 나누면 다음을 얻는다.

$$\frac{a^2b}{ab^2-a^{1/2}b^3}=\frac{\dfrac{a^2b}{a^{1/2}b}}{\dfrac{ab^2}{a^{1/2}b}-\dfrac{a^{1/2}b^3}{a^{1/2}b}}=\boldsymbol{\frac{a^{3/2}}{a^{1/2}b-b^2}}$$

◆ 이제 다음 연습문제를 풀어보자.

[연습문제 50] 지수법칙

1 $(a^{3/2}bc^{-3})(a^{1/2}b^{-1/2}c)$를 간단히 하고, $a=3$, $b=4$, $c=2$일 때의 값을 계산하라.

※ (문제 2~8) 주어진 식을 간단히 하라.

2 $\dfrac{a^2b+a^3b}{a^2b^2}$

3 $(a^2)^{1/2}(b^2)^3(c^{1/2})^3$

4 $\dfrac{(abc)^2}{(a^2b^{-1}c^{-3})^3}$

5 $\dfrac{p^3q^2}{pq^2-p^2q}$

6 $(\sqrt{x}\sqrt{y^3}\sqrt[3]{z^2})(\sqrt{x}\sqrt{y^3}\sqrt{z^3})$

7 $(e^2f^3)(e^{-3}f^{-5})$ (양의 지수만으로 표현하라.)

8 $\dfrac{(a^3b^{1/2}c^{-1/2})(ab)^{1/3}}{(\sqrt{a^3}\sqrt{b}c)}$

[연습문제 51] 기본 대수에 대한 선다형 문제

※ 각 문제의 정답은 한 개이다.

1 $a=2$, $b=1$, $c=-3$일 때, $2ab-bc+abc$는 얼마인가?

(a) 13 (b) -5
(c) 1 (d) 7

2 $8a\times2b\times c^2$과 같은 것은 무엇인가?

(a) $10abc$ (b) $16abc^2$
(c) $10(abc)^2$ (d) $16(abc)^2$

3 $(3x-y-2x-y)$와 같은 것은 무엇인가?

(a) $(x-y)$ (b) $(x-2y)$
(c) $(5x-2y)$ (d) $(x-2y)$

4 $\left(\dfrac{p+2p}{p}\right)\times3p-2p$를 간단히 한 것은 무엇인가?

(a) $3p$ (b) $6p$
(c) $9p^2-2p$ (d) $7p$

5 $(\sqrt{x})\left(y^{\frac{3}{2}}\right)(x^2y)$와 동치인 것은 무엇인가?

(a) $\sqrt{(xy)^5}$ (b) $x^{\sqrt{2}}y^{\frac{5}{2}}$
(c) xy^5 (d) $x\sqrt{y^3}$

6 $p\times\left(\dfrac{1}{p^{-2}}\right)^{-3}$과 동치인 것은 무엇인가?

(a) $\dfrac{1}{p^{\frac{3}{2}}}$ (b) p^{-5}
(c) p^5 (d) $\dfrac{1}{p^{-5}}$

7 $3(5t-2y)=0$일 때 다음 중 알맞은 것은 무엇인가?

(a) $15t=6y$ (b) $15t-2y=0$

(c) $5t-2y=-3$ (d) $8t-5y=0$

8 $7x+8-2y=12y-4-x$일 때, 다음 중 알맞은 것은 무엇인가?

(a) $y=\dfrac{4x+6}{7}$ (b) $x=\dfrac{7y+2}{4}$

(c) $y=\dfrac{3x-6}{5}$ (d) $x=\dfrac{5y-6}{4}$

9 $x=-6$, $y=-1$일 때 $\dfrac{2x}{3}-\dfrac{6}{y}$의 값은 얼마인가?

(a) -10 (b) -2

(c) -9 (d) 2

10 $\dfrac{2}{5xy}\div\dfrac{4}{15x^2}$와 동치인 것은 무엇인가?

(a) $\dfrac{2}{3x^2y}$ (b) $\dfrac{2y}{3x}$

(c) $\dfrac{8}{75x^3y}$ (d) $\dfrac{3x}{2y}$

11 $\dfrac{(3x^2y)^2}{6xy^2}$을 간단히 한 것은 무엇인가?

(a) $\dfrac{x}{y}$ (b) $\dfrac{3x^2}{2}$

(c) $\dfrac{3x^3}{2}$ (d) $\dfrac{x}{2y}$

12 $\dfrac{3}{k}+\dfrac{1}{2k}$을 간단히 한 것은 무엇인가?

(a) $\dfrac{4k}{3}$ (b) $\dfrac{7}{2k}$

(c) $\dfrac{4}{3k}$ (d) $\dfrac{3}{2k^2}$

13 $x=-1$일 때 $x^3+4x+12$의 값은 얼마인가?

(a) 13 (b) 7

(c) 9 (d) 11

14 $\dfrac{p+q}{q}$와 동치인 것은 무엇인가?

(a) p (b) $\dfrac{p}{q}+q$

(c) $\dfrac{p}{q}+1$ (d) $\dfrac{p}{q}+p$

15 $\dfrac{(pq^2r)^3}{(p^{-2}qr^2)^2}$을 간단히 한 것은 무엇인가?

(a) $\dfrac{p^3q^4}{r}$ (b) $\dfrac{p^3}{pr}$

(c) $\dfrac{p^7q^4}{r}$ (d) $\dfrac{1}{pqr}$

Chapter 10

대수 더 알아보기

Further algebra

대수에 대해 더 많이 이해하는 것이 왜 중요할까?

대수는 미지수를 다룰 수 있는 형태의 수학이다. 만약 어떤 수인지 알지 못한다면, 대수를 이용한 계산에서 이 미지수를 사용할 수 없다. 대수는 변수를 갖는다. 변수는 아직 알려지지 않은 수와 측정에 붙이는 명칭으로서, 대수를 통해 방정식과 공식에서 이러한 변수를 사용할 수 있다. 대수가 수학의 기본 형식이기는 하나, 그럼에도 불구하고 산업체에서 가장 보편적으로 사용되는 수학 형식 중의 하나이다. 비교적 단순하지만, 대수는 공학의 많은 분야에서 사용되는 강력한 문제 해결 도구를 갖는다. 예를 들어 달에 보낼 로켓을 설계한다고 할 때, 비행 탄도와 추진 엔진의 연소 시간, 강도, 이륙 각도를 계산하기 위해 공학자는 대수를 사용해야 한다. 공학자는 끊임없이 수학, 특히 대수를 사용한다. 대수에 익숙해진다면 모든 공학수학에 대한 학습이 훨씬 더 쉬워질 것이다.

학습포인트

- 대수에서 기본연산을 가진 괄호를 사용한다.
- 인수분해를 이해한다.
- 간단한 대수식으로 인수분해한다.
- 대수식을 간단히 하기 위해 우선순위 법칙을 사용한다.

10.1 서론

이 장에서는 대수에 대한 괄호의 사용과 인수분해를 설명하고, 더불어 연산의 우선순위 법칙을 연습한다. 이는 방정식을 풀거나 순서를 바꿀 때 필요하다.

10.2 괄호

대수에서 다음이 성립한다.

❶ $2(a+b)=2a+2b$

❷ $(a+b)(c+d)=a(c+d)+b(c+d)$

$$=ac+ad+bc+bd$$

대수에 사용한 괄호를 이해하기 위한 몇 가지 예를 살펴보자.

[문제 1] $2b(a-5b)$를 구하라.

$$2b(a-5b)=2b\times a+2b\times(-5b)$$
$$=2ba-10b^2$$
$$=\mathbf{2ab-10b^2}$$

$2ba$는 $2ab$와 같다.

[문제 2] $(3x+4y)(x-y)$를 구하라.

$$(3x+4y)(x-y)=3x(x-y)+4y(x-y)$$
$$=3x^2-3xy+4yx-4y^2$$
$$=3x^2-3xy+4xy-4y^2$$

$4yx$는 $4xy$와 같다.

$$=\mathbf{3x^2+xy-4y^2}$$

[문제 3] $3(2x-3y)-(3x-y)$를 간단히 하라.

$3(2x-3y)-(3x-y)$

$= 3\times 2x - 3\times 3y - 3x - (-y)$ $-(3x-y) = -1(3x-y)$이고, 괄호 안의 두 항에 -1을 곱한다.

$= 6x - 9y - 3x + y$

$= 6x - 3x - 9y + y$

$= \mathbf{3x - 8y}$

Note $(-)\times(-)=(+)$

[문제 4] 식 $(a-2b)+5(b-c)-3(c+2d)$의 괄호를 제거하고 간단히 하라.

$(a-2b)+5(b-c)-3(c+2d)$

$= a - 2b + 5\times b + 5\times(-c) - 3\times c - 3\times 2d$

$= a - 2b + 5b - 5c - 3c - 6d$

$= \mathbf{a + 3b - 8c - 6d}$

[문제 5] $(p+q)(p-q)$를 간단히 하라.

$(p+q)(p-q) = p(p-q) + q(p-q)$

$= p^2 - pq + qp - q^2$

$= \mathbf{p^2 - q^2}$

[문제 6] $(2x-3y)^2$을 간단히 하라.

$(2x-3y)^2 = (2x-3y)(2x-3y)$

$= 2x(2x-3y) - 3y(2x-3y)$

$= 2x\times 2x + 2x\times(-3y) - 3y\times 2x - 3y\times(-3y)$

$= 4x^2 - 6xy - 6xy + 9y^2$

$= \mathbf{4x^2 - 12xy + 9y^2}$

Note $(+)\times(-)=(-)$, $(-)\times(-)=(+)$

[문제 7] 식 $2[x^2-3x(y+x)+4xy]$의 괄호를 제거하고 간단히 하라.

$2[x^2-3x(y+x)+4xy] = 2[x^2 - 3xy - 3x^2 + 4xy]$

$= 2[-2x^2 + xy]$

$= -4x^2 + 2xy$

$= \mathbf{2xy - 4x^2}$

Note 둘 이상의 괄호가 들어 있는 경우에는 항상 안쪽 괄호부터 시작한다.

[문제 8] 식 $2a-[3\{2(4a-b)-5(a+2b)\}+4a]$의 괄호를 제거하고 간단히 하라.

❶ 가장 안쪽의 괄호를 제거한다.

$2a-[3\{8a-2b-5a-10b\}+4a]$

❷ 비슷한 항들끼리 묶는다.

$2a-[3\{3a-12b\}+4a]$

❸ 중괄호를 제거한다.

$2a-[9a-36b+4a]$

❹ 비슷한 항들끼리 묶는다.

$2a-[13a-36b]$

❺ 바깥 괄호를 제거한다.

$2a-13a+36b$

❻ 즉 $\mathbf{-11a+36b}$ 또는 $\mathbf{36b-11a}$이다.

◆ **이제 다음 연습문제를 풀어보자.**

[연습문제 52] 괄호

※ 주어진 식의 괄호를 전개하라.

1 $(x+2)(x+3)$

2 $(x+4)(2x+1)$

3 $(2x+3)^2$

4 $(2j-4)(j+3)$

5 $(2x+6)(2x+5)$

6 $(pq+r)(r+pq)$

7 $(a+b)(a+b)$

8 $(x+6)^2$

9 $(a-c)^2$

10 $(5x+3)^2$

11 $(2x-6)^2$

12 $(2x-3)(2x+3)$

13 $(8x+4)^2$

14 $(rs+t)^2$

15 $3a(b-2a)$

16 $2x(x-y)$

17 $(2a-5b)(a+b)$

18 $3(3p-2q)-(q-4p)$

19 $(3x-4y)+3(y-z)-(z-4x)$

20 $(2a+5b)(2a-5b)$

21 $(x-2y)^2$

22 $(3a-b)^2$

23 $2x+[y-(2x+y)]$

24 $3a+2[a-(3a-2)]$

25 $4[a^2-3a(2b+a)+7ab]$

26 $3[x^2-2x(y+3x)+3xy(1+x)]$

27 $2-5[a(a-2b)-(a-b)^2]$

28 $24p-[2\{3(5p-q)-2(p+2q)\}+3q]$

10.3 인수분해

8은 1, 2, 4, 8로 나누어지므로 8의 **약수**는 1, 2, 4, 8이다. 24는 1, 2, 3, 4, 6, 8, 12, 24로 나누어지므로 24의 약수는 1, 2, 3, 4, 6, 8, 12, 24이다. 1, 2, 4, 8이 8과 24의 약수이므로 8과 24의 **공약수**는 1, 2, 4, 8이다. **최대공약수**(HCF)는 두 개 이상의 항을 나누는 가장 큰 수이다. 그러므로 1장에서 설명한 바와 같이 8과 24의 HCF는 8이다.

대수식 안에 두 개 이상의 항이 공약수를 포함할 때, 이 약수는 괄호 밖에 놓을 수 있다. 예를 들어

$$df+dg=d(f+g)$$

이고, 이것은 단지

$$d(f+g)=df+dg$$

의 역과정이다. 이 과정을 인수분해[factorization]라 한다.

대수에서의 인수분해를 이해하기 위한 몇 가지 예를 살펴보자.

[문제 9] $ab-5ac$를 인수분해하라.

a는 ab와 $-5ac$ 모두에 공통으로 있다. 따라서 a는 괄호 밖에 놓는다. 괄호 안은 어떻게 될까?

❶ a를 곱해서 ab가 되는 것은 무엇인가? 답 : b

❷ a를 곱해서 $-5ac$가 되는 것은 무엇인가? 답 : $-5c$

그러므로 괄호 안에 $b-5c$가 나타난다. 따라서 다음과 같다.

$$ab-5ac=a(b-5c)$$

[문제 10] $2x^2+14xy^3$을 인수분해하라.

수 2와 14에 대한 최대공약수(HCF)는 2이다(즉 2는 2와 14를 모두 나누는 가장 큰 수이다).
x항들 x^2과 x에 대한 HCF는 x이다.

따라서 $2x^2$과 $14xy^3$의 HCF는 $2x$이다. 그러므로 $2x$를 괄호 밖에 놓는다. 괄호 안은 어떻게 될까?

❶ $2x$를 곱해서 $2x^2$이 되는 것은 무엇인가? 답 : x

❷ $2x$를 곱해서 $14xy^3$이 되는 것은 무엇인가? 답 : $7y^3$

그러므로 괄호 안에 $x+7y^3$이 나타난다. 따라서 다음과 같다.

$$2x^2+14xy^3=2x(x+7y^3)$$

[문제 11] $3x^3y-12xy^2+15xy$를 인수분해하라.

수 3, 12, 15에 대한 최대공약수(HCF)는 3이다(즉 3은 3, 12, 15를 모두 나누는 가장 큰 수이다).
x항들 x^3, x, x에 대한 HCF는 x이다.
y항들 y, y^2, y에 대한 HCF는 y이다.

따라서 $3x^3y$, $12xy^2$과 $15xy$의 HCF는 $3xy$이다. 그러므로 $3xy$를 괄호 밖에 놓는다. 괄호 안은 어떻게 될까?

❶ $3xy$를 곱해서 $3x^3y$가 되는 것은 무엇인가?

답 : x^2

❷ $3xy$를 곱해서 $-12xy^2$이 되는 것은 무엇인가?

답 : $-4y$

❸ $3xy$를 곱해서 $15xy$가 되는 것은 무엇인가?

답 : 5

그러므로 괄호 안에 x^2-4y+5가 나타난다. 따라서 다음과 같다.

$$3x^3y-12xy^2+15xy=3xy(x^2-4y+5)$$

[문제 12] $25a^2b^5-5a^3b^2$을 인수분해하라.

수 25와 5에 대한 최대공약수(HCF)는 5이다(즉 5는 25와 5를 모두 나누는 가장 큰 수이다).
a항들 a^2과 a^3에 대한 HCF는 a^2이다.
b항들 b^5과 b^2에 대한 HCF는 b^2이다.

따라서 $25a^2b^5$과 $5a^3b^2$의 HCF는 $5a^2b^2$이다. 그러므로 $5a^2b^2$을 괄호 밖에 놓는다. 괄호 안은 어떻게 될까?

❶ $5a^2b^2$을 곱해서 $25a^2b^5$이 되는 것은 무엇인가? 답 : $5b^3$
❷ $5a^2b^2$을 곱해서 $-5a^3b^2$이 되는 것은 무엇인가?
답 : $-a$

그러므로 괄호 안에 $5b^3-a$가 나타난다. 따라서 다음과 같다.

$$\mathbf{25a^2b^5-5a^3b^2=5a^2b^2(5b^3-a)}$$

[문제 13] $ax-ay+bx-by$를 인수분해하라.

처음 두 항은 공약수 a를 가지고, 마지막 두 항은 공약수 b를 갖는다. 따라서 다음과 같다.

$$ax-ay+bx-by=a(x-y)+b(x-y)$$

새로 만들어진 두 항은 공약수 $(x-y)$를 갖는다. 따라서 다음을 얻는다.

$$\mathbf{a(x-y)+b(x-y)=(x-y)(a+b)}$$

[문제 14] $2ax-3ay+2bx-3by$를 인수분해하라.

처음 두 항은 공약수 a를 가지고, 마지막 두 항은 공약수 b를 갖는다. 따라서 다음과 같다.

$$2ax-3ay+2bx-3by=a(2x-3y)+b(2x-3y)$$

$(2x-3y)$는 새로운 공약수이다. 따라서 다음을 얻는다.

$$a(2x-3y)+b(2x-3y)=\mathbf{(2x-3y)(a+b)}$$

다른 방법으로, $2x$는 원래 식의 첫 번째와 세 번째 항의 공약수이고, $-3y$는 두 번째와 네 번째 항의 공약수이다. 따라서 다음을 얻는다.

$$2ax-3ay+2bx-3by=2x(a+b)-3y(a+b)$$

$(a+b)$는 새로운 공약수이다. 따라서 앞에서와 같이 다음을 얻는다.

$$2x(a+b)-3y(a+b)=\mathbf{(a+b)(2x-3y)}$$

[문제 15] x^3+3x^2-x-3을 인수분해하라.

x^2은 처음 두 항의 공약수이다. 따라서 다음과 같다.

$$x^3+3x^2-x-3=x^2(x+3)-x-3$$

-1은 마지막 두 항의 공약수이다. 따라서 다음을 얻는다.

$$x^2(x+3)-x-3=x^2(x+3)-1(x+3)$$

$(x+3)$은 새로운 공약수이다. 따라서 다음을 얻는다.

$$x^2(x+3)-1(x+3)=\mathbf{(x+3)(x^2-1)}$$

◆ 이제 다음 연습문제를 풀어보자.

[연습문제 53] 인수분해

※ 다음을 인수분해하여 간단히 하라.

1	$2x+4$	**2**	$2xy-8xz$
3	$pb+2pc$	**4**	$2x+4xy$
5	$4d^2-12df^5$	**6**	$4x+8x^2$
7	$2q^2+8qn$	**8**	$rs+rp+rt$
9	$x+3x^2+5x^3$	**10**	$abc+b^3c$
11	$3x^2y^4-15xy^2+18xy$	**12**	$4p^3q^2-10pq^3$
13	$21a^2b^2-28ab$	**14**	$2xy^2+6x^2y+8x^3y$
15	$2x^2y-4xy^3+8x^3y^4$	**16**	$28y+7y^2+14xy$
17	$\dfrac{3x^2+6x-3xy}{xy+2y-y^2}$	**18**	$\dfrac{abc+2ab}{2c+4}-\dfrac{abc}{2c}$
19	$\dfrac{5rs+15r^3t+20r}{6r^2t^2+8t+2ts}-\dfrac{r}{2t}$	**20**	$ay+by+a+b$
21	$px+qx+py+qy$	**22**	$ax-ay+bx-by$
23	$2ax+3ay-4bx-6by$	**24**	$\dfrac{A^3}{p^2q^3}-\dfrac{A^2}{pq^2}+\dfrac{A^5}{pq}$

10.4 우선순위 법칙

덧셈, 뺄셈, 곱셈, 나눗셈, 거듭제곱, 괄호가 포함된 대수식을 볼 수 있다. 수학에서는 반드시 지켜야 하는 우선순위가 있는데, 이는 이미 1장에서 처음 접했다. 우선순위 법칙 laws of precedence 에 대한 순서는 다음과 같다.

Brackets(괄호)
Order(or pOwer)(차수 또는 거듭제곱)
Division(나눗셈)
Multiplication(곱하기)
Addition(더하기)
Subtraction(빼기)

각 단어의 첫 글자로 철자 BODMAS를 만든다.

대수에서 BODMAS를 이해하기 위해 몇 가지 예를 살펴보자.

[문제 16] $2x+3x\times 4x-x$를 간단히 하라.

$$2x+3x\times 4x-x=2x+12x^2-x \quad \text{(M)}$$
$$=2x-x+12x^2$$
$$=\mathbf{x+12x^2} \quad \text{(S)}$$

또는 $\mathbf{x(1+12x)}$ 인수분해에 의해

[문제 17] $(y+4y)\times 3y-5y$를 간단히 하라.

$$(y+4y)\times 3y-5y=5y\times 3y-5y \quad \text{(B)}$$
$$=\mathbf{15y^2-5y} \quad \text{(M)}$$

또는 $\mathbf{5y(3y-1)}$ 인수분해에 의해

[문제 18] $p+2p\times(4p-7p)$를 간단히 하라.

$$p+2p\times(4p-7p)=p+2p\times(-3p) \quad \text{(B)}$$
$$=\mathbf{p-6p^2} \quad \text{(M)}$$

또는 $\mathbf{p(1-6p)}$ 인수분해에 의해

[문제 19] $t\div 2t+3t-5t$를 간단히 하라.

$$t\div 2t+3t-5t=\frac{t}{2t}+3t-5t \quad \text{(D)}$$
$$=\frac{1}{2}+3t-5t \quad \text{약분하여}$$
$$=\mathbf{\frac{1}{2}-2t} \quad \text{(S)}$$

[문제 20] $x\div(4x+x)-3x$를 간단히 하라.

$$x\div(4x+x)-3x=x\div 5x-3x \quad \text{(B)}$$
$$=\frac{x}{5x}-3x \quad \text{(D)}$$
$$=\mathbf{\frac{1}{5}-3x} \quad \text{약분하여}$$

[문제 21] $2y\div(6y+3y-5y)$를 간단히 하라.

$$2y\div(6y+3y-5y)=2y\div 4y \quad \text{(B)}$$
$$=\frac{2y}{4y} \quad \text{(D)}$$
$$=\mathbf{\frac{1}{2}} \quad \text{약분하여}$$

[문제 22] $5a+3a\times 2a+a\div 2a-7a$를 간단히 하라.

$$5a+3a\times 2a+a\div 2a-7a$$
$$=5a+3a\times 2a+\frac{a}{2a}-7a \quad \text{(D)}$$
$$=5a+3a\times 2a+\frac{1}{2}-7a \quad \text{약분하여}$$
$$=5a+6a^2+\frac{1}{2}-7a \quad \text{(M)}$$
$$=-2a+6a^2+\frac{1}{2} \quad \text{(S)}$$
$$=\mathbf{6a^2-2a+\frac{1}{2}}$$

[문제 23] $(4y+3y)2y+y\div 4y-6y$를 간단히 하라.

$$(4y+3y)2y+y\div 4y-6y$$
$$=7y\times 2y+y\div 4y-6y \quad \text{(B)}$$
$$=7y\times 2y+\frac{y}{4y}-6y \quad \text{(D)}$$
$$=7y\times 2y+\frac{1}{4}-6y \quad \text{약분하여}$$
$$=\mathbf{14y^2+\frac{1}{4}-6y} \quad \text{(M)}$$

[문제 24] $5b+2b\times 3b+b\div(4b-7b)$를 간단히 하라.

$$5b+2b\times 3b+b\div(4b-7b)$$
$$=5b+2b\times 3b+b\div(-3b) \quad \text{(B)}$$
$$=5b+2b\times 3b+\frac{b}{(-3b)} \quad \text{(D)}$$
$$=5b+2b\times 3b+\frac{1}{(-3)} \quad \text{약분하여}$$
$$=5b+2b\times 3b-\frac{1}{3}$$
$$=\mathbf{5b+6b^2-\frac{1}{3}} \quad \text{(M)}$$

[문제 25] $(5p+p)(2p+3p)\div(4p-5p)$를 간단히 하라.

$$(5p+p)(2p+3p)\div(4p-5p)$$
$$=(6p)(5p)\div(-p) \quad \text{(B)}$$
$$=6p\times 5p\div(-p)$$
$$=6p\times\frac{5p}{(-p)} \quad \text{(D)}$$
$$=6p\times\frac{5}{(-1)} \quad \text{약분하여}$$
$$=6p\times(-5)$$
$$=\mathbf{-30p}$$

◆ **이제 다음 연습문제를 풀어보자.**

[연습문제 54] 우선순위 법칙

※ 다음을 간단히 하라.

1 $3x+2x\times 4x-x$

2 $(2y+y)\times 4y-3y$

3 $4b+3b\times(b-6b)$

4 $8a\div 2a+6a-3a$

5 $6x\div(3x+x)-4x$

6 $4t\div(5t-3t+2t)$

7 $3y+2y\times 5y+2y\div 8y-6y$

8 $(x+2x)3x+2x\div 6x-4x$

9 $5a+2a\times 3a+a\div(2a-9a)$

10 $(3t+2t)(5t+t)\div(t-3t)$

11 $x\div 5x-x+(2x-3x)x$

12 $3a+2a\times 5a+4a\div 2a-6a$

[연습문제 55] 대수 더 알아보기에 대한 선다형 문제

※ 각 문제의 정답은 한 개이다.

1 $2x^2-(x-xy)-x(2y-x)$를 간단히 한 것은 무엇인가?

(a) $x(3x-1-y)$ (b) $x^2-3xy-xy$
(c) $x(xy-y-1)$ (d) $3x^2-x+xy$

2 $\left(\dfrac{a^2}{a^{-3}\times a}\right)^{-2}$과 동치인 것은 무엇인가?

(a) a^{-8} (b) $\dfrac{1}{a^{-10}}$
(c) $\dfrac{1}{a^{-8}}$ (d) a^{-10}

3 $3d+2d\times 4d+d\div(6d-2d)$를 간단히 한 것은 무엇인가?

(a) $\dfrac{25d}{4}$ (b) $\dfrac{1}{4}+d(3+8d)$
(c) $1+2d$ (d) $20d^2+\dfrac{1}{4}$

4 $5a \div a + 2a - 3a \times a$를 간단히 한 것은 무엇인가?

(a) $4a^2$ (b) $5+2a-3a^2$

(c) $5-a^2$ (d) $\frac{5}{3}-3a^2$

5 $(2+\sqrt{2})(2-\sqrt{2})$와 같은 것은 무엇인가?

(a) 0 (b) 2

(c) 4 (d) 8

6 $(2e-3f)(e+f)$와 같은 것은 무엇인가?

(a) $2e^2-3f^2$ (b) $2e^2-5ef-3f^2$

(c) $2e^2+3f^2$ (d) $2e^2-ef-3f^2$

7 $(2x-y)^2$과 같은 것은 무엇인가?

(a) $4x^2+y^2$ (b) $2x^2-2xy+y^2$

(c) $4x^2-y^2$ (d) $4x^2-4xy+y^2$

8 $(\sqrt{5}+\sqrt{2})(\sqrt{5}-\sqrt{2})$와 같은 것은 무엇인가?

(a) $\sqrt{3}$ (b) 7

(c) 3 (d) 10

9 $2xy^2+6x^3y-8x^3y^2$을 인수분해한 것은 무엇인가?

(a) $2x(y^2+3x^2-4x^2y)$

(b) $2xy(y+3x^2y-4x^2y^2)$

(c) $96x^7y^5$

(d) $2xy(y+3x^2-4x^2y)$

10 $(m-n)^2$을 전개한 것은 무엇인가?

(a) m^2+n^2 (b) $m^2-2mn-n^2$

(c) $m^2-2mn+n^2$ (d) m^2-n^2

Chapter 11

간단한 방정식 풀기

Solving simple equations

간단한 방정식 풀이를 이해하는 것이 왜 중요할까?

수학, 공학, 자연과학에서, 공식은 물리적인 양들을 서로 연관시키는 데 사용된다. 이 공식들은, 특정 물리량의 값을 알고 있을 때 다른 물리량의 값을 계산할 수 있는 규칙이 된다. 방정식은 공학의 모든 분야에서 발생한다. 간단한 방정식은, 우리가 방정식을 풀 때 구하고자 하는 미지의 물리량 하나를 항상 포함한다. 사실, 우리는 무의식적으로 머릿속으로 간단한 방정식을 풀고 있다. 예를 들어, 동일한 가격으로 CD 두 장을 사고 11000원인 DVD 한 장을 구입하는 데 총 25000원을 소비하였다고 하자. 이때 CD 한 장 가격이 7000원임을 구하는 과정은 선형방정식 $2x+11000=25000$을 푸는 것과 마찬가지 과정이 된다. 공학, 물리학, 경제학, 화학, 컴퓨터과학 분야에서 간단한 방정식의 해법이 필요하지 않은 경우는 없다고 봐야 한다. 간단한 방정식을 풀이하는 능력은 확신을 갖고 공학수학을 다룰 수 있는 또 다른 디딤돌이 된다.

학습포인트

- 대수식과 대수방정식을 구분한다.
- 산술 연산을 적용할 때, 주어진 방정식의 등가성을 유지한다.
- 괄호와 분수가 포함된, 미지수가 하나인 선형방정식을 푼다.
- 특별한 상황을 수반하는 선형방정식을 세우고 해를 구한다.
- 공식에 데이터를 대입하여 미지의 양을 계산한다.

11.1 서론

$3x-4$는 대수식algebraic expression의 한 예이다. $3x-4=2$는 대수방정식algebraic equation의 한 예이다(즉 '$=$' 기호가 포함된다). 간단히 말해서 방정식은 두 개의 식이 동일함을 말한다. 그러므로 다음은 모두 방정식의 예이다.

$A=\pi r^2$ (A는 반지름의 길이가 r인 원의 넓이이다.)

$F=\frac{9}{5}C+32$ (화씨와 섭씨의 관계이다.)

$y=3x+2$ (직선 그래프의 방정식이다.)

11.2 방정식 풀기

"방정식을 푼다"는 것은 "미지의 값을 구한다"는 것을 의미한다. 예를 들어, $3x-4=2$를 푸는 것은 등식을 만족하는 x의 값을 구하는 것을 의미한다. 이 예에서 $x=2$이다. 그렇다면 어떻게 $x=2$에 도달했을까? 이것이 바로 이 장의 목적이다. 즉 이러한 방정식을 푸는 방법을 보여주고자 한다.

많은 방정식이 공학에서 발생한다. 그리고 필요할 때 그 방정식들을 푸는 것이 필수불가결하다. 간단한 방정식을 푸는 방법을 이해하기 위해 몇 가지 예를 살펴보자.

[문제 1] $4x=20$을 풀어라.

방정식의 양변을 4로 나누면 다음과 같다.

$$\frac{4x}{4}=\frac{20}{4}$$

즉 약분을 하면 $x=5$이고, 이것은 방정식 $4x=20$의 해가 된다.

등호가 유지되도록 방정식의 양변에 동일한 연산을 적용해야 한다. 동일한 두 식에 똑같은 연산을 적용한다면, 그 결과로 생기는 두 식도 동일하다. 그러므로 **양변이 동일한 방정식**의 양변에 똑같은 연산을 얼마든지 적용할 수 있으며, 그 결과로 생기는 양변의 식 또한 동일하다. 이것은 사실, 반드시 기억해야 할 방정식을 푸는(또한 식을 변환하는[1]) 유일한 법칙이다.

[문제 2] 방정식 $\frac{2x}{5}=6$을 풀어라.

양변에 5를 곱하면 $5\left(\frac{2x}{5}\right)=5(6)$이고, 괄호를 제거하고 약분하면 $2x=30$이다. 양변을 2로 나누면 다음과 같다.

$$\frac{2x}{2}=\frac{30}{2}$$

즉 약분을 하면 $\boldsymbol{x=15}$이고, 이는 방정식 $\frac{2x}{5}=6$의 해이다.

[문제 3] 방정식 $a-5=8$을 풀어라.

방정식의 양변에 5를 더한다.

$$a-5+5=8+5$$
$$a=8+5$$
$$\boldsymbol{a=13}$$

이는 방정식 $a-5=8$의 해이다.

위 방정식의 양변에 5를 더하는 것은 -5를 좌변에서 우변으로 옮긴 결과로, 부호가 $+$로 바뀐다.

[문제 4] 방정식 $x+3=7$을 풀어라.

양변에서 3을 뺀다.

$$x+3-3=7-3$$
$$x=7-3$$
$$\boldsymbol{x=4}$$

이는 방정식 $x+3=7$의 해이다.

위 방정식의 양변에서 3을 빼는 것은 $+3$를 좌변에서 우변으로 옮긴 결과로, 부호가 $-$로 바뀐다. 따라서 직접적으로 $x+3=7$에서 $x=7-3$으로 바꿀 수 있다. 그러므로 **부호를 바꿔서** 방정식의 항을 다른 항으로 옮길 수 있다.

[문제 5] 방정식 $6x+1=2x+9$를 풀어라.

이 방정식에서 x를 포함하는 항을 방정식의 한 변으로 묶고, 나머지 항은 방정식의 다른 변으로 묶는다. [문제 3]과 [문제 4]에서와 같이 방정식의 한 변에서 다른 변으로 바꾸기 위해 부호가 바뀌어야 한다.

$$6x+1=2x+9$$
$$6x-2x=9-1$$
$$4x=8$$
$$\frac{4x}{4}=\frac{8}{4} \quad \text{양변을 4로 나눈다.}$$
$$\boldsymbol{x=2} \quad \text{약분에 의해}$$

이는 방정식 $6x+1=2x+9$의 해이다.

위의 예에서, 해를 확인할 수 있다. $6x+1=2x+9$인 [문제 5]에서 $x=2$이면 다음을 얻는다.

$$\text{방정식의 좌변}=6(2)+1=13$$
$$\text{방정식의 우변}=2(2)+9=13$$

좌변과 우변이 같으므로 $x=2$는 방정식의 정확한 해가 되어야 한다. 간단한 방정식을 풀 때는, 항상 해를 원래의 방정식에 대입해봄으로써 답을 확인한다.

[문제 6] 방정식 $4-3p=2p-11$을 풀어라.

p항이 양의 부호를 갖도록 하기 위해 p가 들어 있는 항을 우변으로, 상수항은 좌변으로 놓는다. [문제 5]와 비슷하게,

$$4-3p=2p-11$$
$$4+11=2p+3p$$
$$15=5p$$
$$\frac{15}{5}=\frac{5p}{5} \quad \text{양변을 5로 나눈다.}$$
$$\boldsymbol{3=p} \text{ 또는 } \boldsymbol{p=3} \quad \text{약분에 의해}$$

이는 방정식 $4-3p=2p-11$의 해이다. 원래의 방정식에 $p=3$을 대입하여 해를 확인할 수 있다.

$$\text{좌변}=4-3(3)=4-9=-5$$
$$\text{우변}=2(3)-11=6-11=-5$$

1 식 변환에 대해서는 이후 12장에서 다룰 것이다.

좌변=우변이므로 $p=3$은 정확한 해이다. 이 예에서, 미지수(p)를 처음부터 우변 대신 좌변 쪽으로 묶을 수 있다. 그러면 $-3p-2p=-11-4$, 즉

$$-5p=-15$$
$$\frac{-5p}{-5}=\frac{-15}{-5}$$

이고, 앞에서와 같이 $\boldsymbol{p=3}$이다. 그러나 가능하면 양수인 값으로 푸는 것이 좀 더 쉽다.

[문제 7] 방정식 $3(x-2)=9$를 풀어라.

괄호를 제거한다.	$3x-6=9$
재배열한다.	$3x=9+6$. 즉, $3x=15$
양변을 3으로 나눈다.	$\boldsymbol{x=5}$

이는 방정식 $3(x-2)=9$의 해이다. 이는 원래의 방정식에 $x=5$를 대입하여 확인할 수 있다.

[문제 8] 방정식 $4(2r-3)-2(r-4)=3(r-3)-1$을 풀어라.

괄호를 제거한다.	$8r-12-2r+8=3r-9-1$
재배열한다.	$8r-2r-3r=-9-1+12-8$
즉,	$3r=-6$
양변을 3으로 나눈다.	$r=\frac{-6}{3}=\boldsymbol{-2}$

이는 방정식 $4(2r-3)-2(r-4)=3(r-3)-1$의 해이다. 이는 원래의 방정식에 $r=-2$를 대입하여 확인할 수 있다.

$$\text{좌변}=4(-4-3)-2(-2-4)=-28+12=-16$$
$$\text{우변}=3(-2-3)-1=-15-1=-16$$

좌변=우변이므로 $r=-2$는 정확한 해이다.

◆ 이제 다음 연습문제를 풀어보자.

[연습문제 56] 간단한 방정식 풀기 1

※ 다음 방정식을 풀어라.

1 $2x+5=7$

2 $8-3t=2$

3 $\frac{2}{3}c-1=3$

4 $2x-1=5x+11$

5 $7-4p=2p-5$

6 $2.6x-1.3=0.9x+0.4$

7 $2a+6-5a=0$

8 $3x-2-5x=2x-4$

9 $20d-3+3d=11d+5-8$

10 $2(x-1)=4$

11 $16=4(t+2)$

12 $5(f-2)-3(2f+5)+15=0$

13 $2x=4(x-3)$

14 $6(2-3y)-42=-2(y-1)$

15 $2(3g-5)-5=0$

16 $4(3x+1)=7(x+4)-2(x+5)$

17 $11+3(r-7)=16-(r+2)$

18 $8+4(x-1)-5(x-3)=2(5-2x)$

간단한 방정식 풀이에 대한 문제를 몇 가지 더 살펴보자.

[문제 9] 방정식 $\frac{4}{x}=\frac{2}{5}$를 풀어라.

분모들의 최소공배수(LCM), 즉 x와 5가 모두 나눌 수 있는 가장 작은 대수식은 $5x$이다.

양변에 $5x$를 곱한다.	$5x\left(\frac{4}{x}\right)=5x\left(\frac{2}{5}\right)$
약분한다.	$5(4)=x(2)$
즉,	$20=2x$ ⋯ ❶
양변을 2로 나눈다.	$\frac{20}{2}=\frac{2x}{2}$

약분하면 $\boldsymbol{10=x}$ 또는 $\boldsymbol{x=10}$이고, 이는 방정식 $\frac{4}{x}=\frac{2}{5}$의 해이다.

이 문제와 같이 방정식의 각 변에 분수가 하나씩 있는 경우, 분모들의 최소공배수를 구하지 않고 식 ❶에 빠르게 도달할 수 있다. $\frac{4}{x}=\frac{2}{5}$를 교차곱cross-multiplication이라고 하는 방법으로 $4\times5=2\times x$로 바꿀 수 있다.

일반적으로 $\frac{a}{b}=\frac{c}{d}$이면 $ad=bc$이다. 방정식의 각 변에 꼭 하나의 분수가 있으면 교차곱을 사용할 수 있다.

[문제 10] 방정식 $\frac{3}{t-2}=\frac{4}{3t+4}$를 풀어라.

교차곱을 한다. $3(3t+4)=4(t-2)$

괄호를 제거한다. $9t+12=4t-8$

재배열한다. $9t-4t=-8-12$

즉, $5t=-20$

양변을 5로 나눈다. $t=\frac{-20}{5}=\mathbf{-4}$

이는 방정식 $\frac{3}{t-2}=\frac{4}{3t+4}$의 해이다.

[문제 11] 방정식 $\frac{2y}{5}+\frac{3}{4}+5=\frac{1}{20}-\frac{3y}{2}$를 풀어라.

분모들의 최소공배수는 20이다. 즉 4, 5, 20, 2가 모두 나눌 수 있는 가장 작은 수이다.

각 항에 20을 곱한다.

$$20\left(\frac{2y}{5}\right)+20\left(\frac{3}{4}\right)+20(5)=20\left(\frac{1}{20}\right)-20\left(\frac{3y}{2}\right)$$

약분한다. $4(2y)+5(3)+100=1-10(3y)$

즉, $8y+15+100=1-30y$

재배열한다. $8y+30y=1-15-100$

$38y=-114$

양변을 38로 나눈다. $\frac{38y}{38}=\frac{-114}{38}$

약분하면 $\mathbf{y=-3}$이고, 이는 방정식

$\frac{2y}{5}+\frac{3}{4}+5=\frac{1}{20}-\frac{3y}{2}$의 해이다.

[문제 12] 방정식 $\sqrt{x}=2$를 풀어라.

제곱근 기호가 방정식에 포함된 경우에는 방정식의 양변을 제곱한다. 양변을 제곱하면 $(\sqrt{x})^2=(2)^2$이다.

즉 $\mathbf{x=4}$이고, 이는 방정식 $\sqrt{x}=2$의 해이다.

[문제 13] 방정식 $2\sqrt{d}=8$을 풀어라.

제곱근이 방정식에 포함될 때는 양변을 제곱하기 전에 한 변을 제곱근 항만으로 만드는 것이 필요하다.

교차곱을 한다. $\sqrt{d}=\frac{8}{2}$

약분한다. $\sqrt{d}=4$

양변을 제곱한다. $(\sqrt{d})^2=(4)^2$

즉 $\mathbf{d=16}$이고, 이는 방정식 $2\sqrt{d}=8$의 해이다.

[문제 14] 방정식 $\frac{\sqrt{b}+3}{\sqrt{b}}=2$를 풀어라.

교차곱을 한다. $\sqrt{b}+3=2\sqrt{b}$

재배열한다. $3=2\sqrt{b}-\sqrt{b}$

즉, $3=\sqrt{b}$

양변을 제곱하면 $\mathbf{9=b}$이고, 이는 방정식 $\frac{\sqrt{b}+3}{\sqrt{b}}=2$의 해이다.

[문제 15] 방정식 $x^2=25$를 풀어라.

제곱 항이 포함될 때는 방정식의 양변에 제곱근을 취한다. 양변에 제곱근을 취하면 $\sqrt{x^2}=\sqrt{25}$이다. 즉 $\mathbf{x=\pm 5}$이고, 이는 방정식 $x^2=25$의 해이다.

[문제 16] 방정식 $\frac{15}{4t^2}=\frac{2}{3}$를 풀어라.

이 방정식은 한 변에 t^2항만을 놓이도록 재배열할 필요가 있다.

교차곱을 한다. $3(15)=2(4t^2)$

즉, $45=8t^2$

양변을 8로 나눈다. $\frac{45}{8}=\frac{8t^2}{8}$

약분한다. $5.625=t^2$ 또는 $t^2=5.625$

양변에 제곱근을 취한다. $\sqrt{t^2}=\sqrt{5.625}$

즉 유효숫자 4자리로 보정하면 $\mathbf{t=\pm 2.372}$이고, 이는 방정식 $\frac{15}{4t^2}=\frac{2}{3}$의 해이다.

◆ 이제 다음 연습문제를 풀어보자.

[연습문제 57] 간단한 방정식 풀기 2

※ 다음 방정식을 풀어라.

1 $\frac{1}{5}d+3=4$

2 $2+\frac{3}{4}y=1+\frac{2}{3}y+\frac{5}{6}$

3 $\frac{1}{4}(2x-1)+3=\frac{1}{2}$

4 $\frac{1}{5}(2f-3)+\frac{1}{6}(f-4)+\frac{2}{15}=0$

5 $\frac{1}{3}(3m-6)-\frac{1}{4}(5m+4)+\frac{1}{5}(2m-9)=-3$

6 $\frac{x}{3}-\frac{x}{5}=2$

7 $1-\frac{y}{3}=3+\frac{y}{3}-\frac{y}{6}$

8 $\frac{2}{a}=\frac{3}{8}$

9 $\frac{1}{3n}+\frac{1}{4n}=\frac{7}{24}$

10 $\frac{x+3}{4}=\frac{x-3}{5}+2$

11 $\frac{3t}{20}=\frac{6-t}{12}+\frac{2t}{15}-\frac{3}{2}$

12 $\frac{y}{5}+\frac{7}{20}=\frac{5-y}{4}$

13 $\frac{v-2}{2v-3}=\frac{1}{3}$

14 $\frac{2}{a-3}=\frac{3}{2a+1}$

15 $\frac{x}{4}-\frac{x+6}{5}=\frac{x+3}{2}$

16 $3\sqrt{t}=9$

17 $2\sqrt{y}=5$

18 $4=\sqrt{\frac{3}{a}}+3$

19 $\frac{3\sqrt{x}}{1-\sqrt{x}}=-6$

20 $10=5\sqrt{\frac{x}{2}-1}$

21 $16=\frac{t^2}{9}$

22 $\sqrt{\frac{y+2}{y-2}}=\frac{1}{2}$

23 $\frac{6}{a}=\frac{2a}{3}$

24 $\frac{11}{2}=5+\frac{8}{x^2}$

11.3 간단한 방정식을 포함한 실전문제

공학에서는 방정식의 해를 구해야 하는 실전적인 상황에 많이 놓이게 된다. 대표적인 실제 상황을 보여주는 몇 가지 예를 살펴보자.

***[문제 17]** 모멘트의 원리를 빔에 적용할 때의 방정식은 $F\times3=(7.5-F)\times2$이다. 여기서 F는 힘[N]이다. F 값을 구하라.

괄호를 제거한다. $3F=15-2F$

재배열한다. $3F+2F=15$

즉, $5F=15$

양변을 5로 나눈다. $\frac{5F}{5}=\frac{15}{5}$

그러므로 **힘은 $F=3$N이다.**

***[문제 18]** 구리 전선의 길이 L이 1.5km이고, 저항 R은 5Ω, 저항률 ρ는 $17.2\times10^{-6}\Omega$mm이다. $R=\frac{\rho L}{a}$일 때, 전선의 단면적 a를 구하라.

$R=\frac{\rho L}{a}$이므로

$$5\Omega=\frac{(17.2\times10^{-6}\Omega\text{mm})(1500\times10^3\text{mm})}{a}$$ 이다.

주어진 단위로부터 a의 단위는 [mm^2]이다. 따라서 다음과 같다.

$$5a=17.2\times10^{-6}\times1500\times10^3$$

$$a=\frac{17.2\times10^{-6}\times1500\times10^3}{5}$$

$$=\frac{17.2\times1500\times10^3}{10^6\times5}=\frac{17.2\times15}{10\times5}=5.16$$

그러므로 **전선의 단면적은 5.16mm^{2}이다.**

***[문제 19]** $PV=mRT$는 이상기체의 상태방정식이다. 압력 $P=3\times10^6$ Pa, 부피 $V=0.90\,\text{m}^3$, 질량 $m=2.81$ kg, 온도 $T=231$ K일 때, 기체상수 R 값을 구하라.

$PV=mRT$의 양변을 mT로 나눈다. $\dfrac{PV}{mT}=\dfrac{mRT}{mT}$

약분한다. $\dfrac{PV}{mT}=R$

주어진 값을 대입한다. $R=\dfrac{(3\times10^6)(0.90)}{(2.81)(231)}$

계산기를 사용하여 유효숫자 4자리로 보정한 **기체상수는 $R=4160$ J/(kg K)**이다.

***[문제 20]** 단면이 정사각형인 직사각형 상자의 길이는 폭보다 15 cm 더 길고, 각 모서리의 전체 길이는 2.04 m이다. 상자의 폭의 길이와 부피를 구하라.

상자의 폭과 높이를 x cm라 하면, [그림 11-1]에서와 같이 상자의 길이는 $(x+15)$ cm이다.

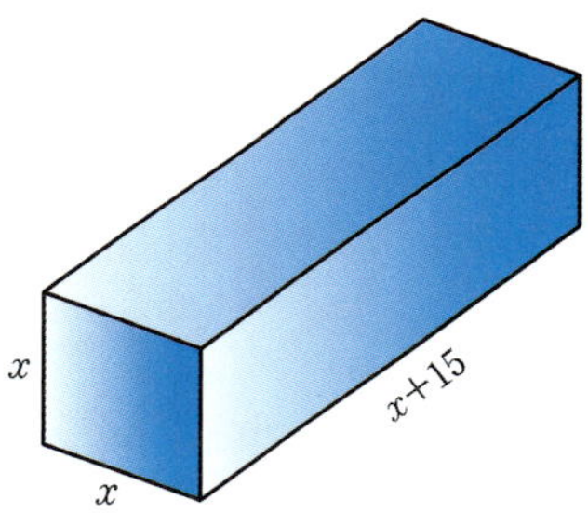

[그림 11-1]

상자 모서리의 길이는 $2(4x)+4(x+15)$ cm이고, 이것은 2.04 m 또는 204 cm와 같다. 그러므로 x는 다음과 같이 구할 수 있다.

$$204=2(4x)+4(x+15)$$
$$204=8x+4x+60$$
$$204-60=12x$$
$$144=12x$$
$$x=12\text{ cm}$$

따라서 **상자의 폭의 길이는 12 cm**이고, 부피는 다음과 같다.

$$\text{상자의 부피}=\text{길이}\times\text{폭}\times\text{높이}$$
$$=(x+15)(x)(x)$$
$$=(12+15)(12)(12)$$
$$=(27)(12)(12)$$
$$=\mathbf{3888cm^3}$$

***[문제 21]** 저항의 온도계수 α는 식 $R_t=R_0(1+\alpha t)$를 이용해 계산할 수 있다. $R_t=0.928$, $R_0=0.80$, $t=40$일 때, α를 구하라.

$R_t=R_0(1+\alpha t)$이므로 다음과 같이 구할 수 있다.

$$0.928=0.80[1+\alpha(40)]$$
$$0.928=0.80+(0.8)(\alpha)(40)$$
$$0.928-0.80=32\alpha$$
$$0.128=32\alpha$$

그러므로 $\alpha=\dfrac{0.128}{32}=\mathbf{0.004}$이다.

***[문제 22]** t초 동안 움직인 거리 s[m]는 식 $s=ut+\dfrac{1}{2}at^2$으로 주어진다. 여기서 u는 초기속도[m/s]이고, a는 가속도[m/s^2]이다. 초기속도 10 m/s로 6초 동안 168 m를 움직였을 때, 물체의 가속도를 구하라.

$s=ut+\dfrac{1}{2}at^2$, $s=168$, $u=10$, $t=6$이므로 다음과 같이 구할 수 있다.

$$168=(10)(6)+\frac{1}{2}a(6)^2$$
$$168=60+18a$$
$$168-60=18a$$
$$108=18a$$
$$a=\frac{108}{18}=6$$

그러므로 **물체의 가속도는 6 m/s^2**이다.

*[문제 23] 전기회로에 있는 세 개의 저항이 병렬로 연결되어 있고, 전체 저항 R_T는 $\frac{1}{R_T} = \frac{1}{R_1} + \frac{1}{R_2} + \frac{1}{R_3}$로 주어진다. $R_1 = 5\Omega$, $R_2 = 10\Omega$, $R_3 = 30\Omega$일 때 전체 저항을 구하라.

$$\frac{1}{R_T} = \frac{1}{5} + \frac{1}{10} + \frac{1}{30} = \frac{6+3+1}{30} = \frac{10}{30} = \frac{1}{3}$$

양변에 역수를 취하면 $\boldsymbol{R_T = 3\Omega}$이다.

다른 방법으로, $\frac{1}{R_T} = \frac{1}{5} + \frac{1}{10} + \frac{1}{30}$이면, 분모들의 LCM은 $30R_T$이다. 그러므로 다음을 얻는다.

$$30R_T\left(\frac{1}{R_T}\right) = 30R_T\left(\frac{1}{5}\right) + 30R_T\left(\frac{1}{10}\right) + 30R_T\left(\frac{1}{30}\right)$$

약분하면 $30 = 6R_T + 3R_T + R_T$, 즉 $30 = 10R_T$이다.

따라서 $\boldsymbol{R_T = \frac{30}{10} = 3\,\Omega}$이고, 이는 위에서 구한 답과 같다.

◆ **이제 다음 연습문제를 풀어보자.**

[연습문제 58] 간단한 방정식을 포함한 실전문제 1

*1 전선의 저항을 계산하기 위해 사용되는 공식은 $R = \frac{\rho L}{a}$이다. $R = 1.25$, $L = 2500$, $a = 2 \times 10^{-4}$일 때, ρ 값을 구하라.

*2 힘 F[N]는 $F = ma$로 주어진다. 여기서 m은 질량[kg]이고, a는 가속도[m/s²]이다. 힘 4kN이 질량 500kg에 작용할 때, 가속도를 구하라.

*3 $PV = mRT$는 이상기체의 상태방정식이다. $P = 100 \times 10^3$, $V = 3.00$, $R = 288$, $T = 300$일 때, m 값을 구하라.

*4 세 저항 R_1, R_2, R_3이 병렬로 연결될 때, 전체 저항 R_T는 $\frac{1}{R_T} = \frac{1}{R_1} + \frac{1}{R_2} + \frac{1}{R_3}$로 결정된다.

(a) $R_1 = 3\Omega$, $R_2 = 6\Omega$, $R_3 = 18\Omega$일 때, 전체 저항을 구하라.

(b) $R_T = 3\Omega$, $R_1 = 5\Omega$, $R_2 = 10\Omega$일 때, R_3 값을 구하라.

5 디지털 카메라 배터리 6개와 캠코더 배터리 3개의 가격이 96000원이다. 캠코더 배터리 하나의 가격이 디지털 카메라 배터리 하나보다 5000원 더 비싸다. 각각의 가격을 구하라.

*6 옴의 법칙은 $I = V/R$로 표현된다. 여기서 I는 전류[A], R은 저항[Ω]이다. 납땜용 인두는 전압 240V가 공급되면 0.30A의 전류가 흐른다. 저항을 구하라.

*7 t초 동안 움직인 거리 s는 식 $s = ut + \frac{1}{2}at^2$으로 주어진다. 여기서 u는 초기속도[m/s]이고, a는 가속도[m/s²]이다. 초기속도 10m/s로 3초 동안 165m를 움직였을 때, 물체의 가속도를 구하라.

*8 콘크리트 기둥 안의 철근에 작용하는 응력 σ[Pa]은 다음 방정식으로 주어진다.

$$500 \times 10^{-6}\sigma + 2.67 \times 10^5 = 3.55 \times 10^5$$

응력의 값을 [MPa]로 구하라.

실제 상황에서의 단순한 방정식 풀이에 대한 문제를 더 살펴보자.

*[문제 24] F[N]의 힘으로 짐을 옮길 때, 단면적이 Am²이고 길이가 lm인 알루미늄 타이 바(띠철근)tie bar의 신장(늘어난 길이) xm는 탄성률 $E = \frac{Fl}{Ax}$로 주어진다. $E = 70 \times 10^9\,\text{N/m}^2$, $F = 20 \times 10^6\,\text{N}$, $A = 0.1\,\text{m}^2$, $l = 1.4\,\text{m}$일 때, 타이 바의 신장을 [mm] 단위로 구하라.

$E = \frac{Fl}{Ax}$이므로 다음과 같이 구할 수 있다.

$$70 \times 10^9 \frac{\text{N}}{\text{m}^2} = \frac{(20 \times 10^6\,\text{N})(1.4\,\text{m})}{(0.1\,\text{m}^2)(x)}$$

그러므로 x의 단위는 [m]이다.

$$70 \times 10^9 \times 0.1 \times x = 20 \times 10^6 \times 1.4$$

$$x = \frac{20 \times 10^6 \times 1.4}{70 \times 10^9 \times 0.1}$$

약분하면, $x = \frac{2 \times 1.4}{7 \times 100}\,\text{m}$

$$= \frac{2 \times 1.4}{7 \times 100} \times 1000\text{mm}$$

$$= 4\text{mm}$$

그러므로 **타이 바의 신장은** $x=4\text{mm}$이다.

*[문제 25] 직류회로에서 전력은 $P=\dfrac{V^2}{R}$으로 주어진다. 여기서 V는 인가전압이고, R은 회로의 저항이다. 회로의 저항이 1.25Ω이고 전력이 320W로 측정되었을 때, 인가전압을 구하라.

$P=\dfrac{V^2}{R}$이므로 다음과 같이 구할 수 있다.

$$320=\frac{V^2}{1.25}$$

$$(320)(1.25)=V^2$$

$$V^2=400$$

인가전압은 $\boldsymbol{V=\sqrt{400}=20\text{V}}$이다.

*[문제 26] 도장공이 한 주에 기본 36시간 동안 시간당 6300원을 지급받고, 초과 시간에는 시간당 1과 3분의 1배로 지급받는다. 도장공이 한 주에 319200원을 벌기 위해서는 얼마나 많은 시간 동안 일을 해야 하는가?

시간당 기본률$=6300$원

시간당 초과율$=1\dfrac{1}{3}\times6300=8400$원

일을 한 초과 시간$=x$라 하자. 그러면 다음과 같이 구할 수 있다.

$$(36)(6300)+(x)(8400)=319200$$

$$226800+8400x=319200$$

$$8400x=319200-226800=92400$$

$$x=\frac{92400}{8400}=11$$

따라서 주당 319200원을 벌기 위해 일해야 할 초과 시간은 11시간이다. 그러므로 **일을 한 전체 시간은** $36+11$, 즉 **47시간**이다.

*[문제 27] 이상기체의 처음과 나중 압력을 P_1과 P_2, 부피를 V_1과 V_2, 절대온도를 T_1과 T_2라 하면, $\dfrac{P_1V_1}{T_1}=\dfrac{P_2V_2}{T_2}$가 성립한다. $P_1=100\times10^3$, $V_1=1.0$, $V_2=0.266$, $T_1=423$, $T_2=293$일 때, P_2 값을 구하라.

$\dfrac{P_1V_1}{T_1}=\dfrac{P_2V_2}{T_2}$이므로

$\dfrac{(100\times10^3)(1.0)}{423}=\dfrac{P_2(0.266)}{293}$이다.

교차로 곱하면 다음과 같다.

$$(100\times10^3)(1.0)(293)=P_2(0.266)(423)$$

$$P_2=\frac{(100\times10^3)(1.0)(293)}{(0.266)(423)}$$

그러므로 $\boldsymbol{P_2=260\times10^3}$ 또는 $\boldsymbol{P_2=2.6\times10^5}$이다.

*[문제 28] 두꺼운 원통 물질 안의 압력 f는 $\dfrac{D}{d}=\sqrt{\dfrac{f+p}{f-p}}$로부터 얻는다. $D=21.5$, $d=10.75$, $p=1800$일 때, 압력을 계산하라.

$\dfrac{D}{d}=\sqrt{\dfrac{f+p}{f-p}}$이므로 다음을 얻는다.

$$\frac{21.5}{10.75}=\sqrt{\frac{f+800}{f-800}}$$

$$2=\sqrt{\frac{f+800}{f-800}}$$

양변을 제곱하면 $4=\dfrac{f+1800}{f-1800}$이다.

교차로 곱하면 다음과 같다.

$$4(f-1800)=f+1800$$

$$4f-7200=f+1800$$

$$4f-f=1800+7200$$

$$3f=9000$$

$$f=\frac{9000}{3}=3000$$

그러므로 **압력은** $\boldsymbol{f=3000}$이다.

*[문제 29] 길이가 x[m]인 캔틸레버에 3개의 점 하중이 작용할 때, 캔틸레버의 반력모멘트 M은 $M=3.5x+2.0(x-1.8)+4.2(x-2.6)$으로 주어진다. $M=55.32$ kNm일 때, x 값을 구하라.

$M=3.5x+2.0(x-1.8)+4.2(x-2.6)$이고
$M=55.32$이므로 다음이 성립한다.

$$55.32=3.5x+2.0(x-1.8)+4.2(x-2.6)$$
$$=3.5x+2.0x-3.6+4.2x-10.92$$
$$55.32+3.6+10.92=9.7x$$
$$69.84=9.7x$$

따라서 캔틸레버의 길이는 $x=\frac{69.84}{9.7}=$ **7.2 m**이다.

◆ **이제 다음 연습문제를 풀어보자.**

[연습문제 59] 간단한 방정식을 포함한 실전문제 2

*1 길이 20 cm, 폭 b cm인 직사각형이 있다. 이 직사각형의 폭을 4 cm 줄이면 넓이가 160 cm^{2}가 된다. 원래의 폭과 직사각형의 넓이를 구하라.

*2 $R_2=R_1(1+\alpha t)$로 주어진다. $R_1=5.0$, $R_2=6.03$, $t=51.5$일 때, α를 구하라.

*3 $v^2=u^2+2as$이다. $v=24$, $a=-40$, $s=4.05$일 때, u를 구하라.

*4 화씨와 섭씨 온도 사이의 관계는 $F=\frac{9}{5}C+32$로 주어진다. 113°F를 섭씨로 표현하라.

*5 $t=2\pi\sqrt{\frac{w}{Sg}}$이다. $w=1.219$, $g=9.81$, $t=0.3132$일 때, S의 값을 구하라.

*6 두 명의 목공사와 5명의 동료가 특수 작업으로 1824000원을 번다. 목공사는 동료들보다 72000원을 더 번다. 목공사와 동료의 수입을 계산하라.

*7 합금은 구리의 중량 60%를 포함하고 나머지는 아연으로 구성된다. 75%의 구리를 포함하는 합금을 만들고자 할 때, 50 kg의 합금에 혼합될 구리의 양은 얼마인가?

*8 사각형의 실험실은 길이가 폭의 1과 2분의 1배이고, 둘레가 40 m이다. 실험실의 폭과 길이를 구하라.

*9 모멘트의 원리를 빔에 적용할 때, 그 결과는 다음과 같은 방정식이 된다.

$$F\times 3=(5-F)\times 7$$

여기서 F는 힘[N]이다. F 값을 구하라.

[연습문제 60] 간단한 방정식 풀기에 대한 선다형 문제

※ 각 문제의 정답은 한 개이다.

1 방정식 $-\frac{x}{3}=3$을 x에 대해 풀면 얼마인가?

(a) 18 (b) 12 (c) -9 (d) 8

2 방정식 $-8t=4.4$를 t에 대해 풀면 얼마인가?

(a) 0.5 (b) -0.55
(c) 5 (d) 0.55

3 방정식 $y-\frac{2}{3}=7$을 y에 대해 풀면 얼마인가?

(a) $7\frac{2}{3}$ (b) $10\frac{1}{2}$
(c) $6\frac{1}{3}$ (d) $-4\frac{2}{3}$

4 방정식 $\frac{x}{9}=\frac{7}{72}$을 x에 대해 풀면 얼마인가?

(a) $1\frac{1}{7}$ (b) $9\frac{7}{72}$
(c) $\frac{7}{8}$ (d) $8\frac{65}{72}$

5 방정식 $2x+1=x+3$의 해는 얼마인가?

(a) 1 (b) 2
(c) 3 (d) 4

6 방정식 $3-2x=3x+8$을 x에 대해 풀면 얼마인가?

(a) -1 (b) 5
(c) 1 (d) -5

7 $4+\frac{x}{2}=\frac{7}{2}$에 대하여, x 값은 얼마인가?

(a) 2 (b) 1
(c) -2 (d) -1

8 방정식 $5x-27+3x=4+9-2x$에 대하여, x 값은 얼마인가?

(a) -4　　(b) 5

(c) 4　　(d) 6

9 방정식 $1+3x=2(x-1)$을 x에 대해 풀면 얼마인가?

(a) $x=-1$　　(b) $x=-2$

(c) $x=1$　　(d) $x=-3$

10 방정식 $17+19(x+y)=19(y-x)-21$을 x에 대해 풀면 얼마인가?

(a) -1　　(b) -2

(c) -3　　(d) -4

Chapter 12

공식 변환

Transposing formula

공식 변환을 이해하는 것이 왜 중요할까?

11장에서 언급한 바와 같이, 공식은 한 물리량을 하나 이상의 다른 물리량과 연관시키기 위해 공학의 거의 모든 분야에서 빈번하게 사용된다. 잘 알려진 물리 법칙들은 공식을 이용해서 설명되는데, 예를 들면 옴의 법칙 $V=I\times R$, 뉴턴의 제2운동법칙 $F=m\times a$ 등이 그것이다. 일상생활에서 동일한 가격의 물품 5개를 2000원에 구입했다고 생각해보자. 그러면 이 물품의 한 개당 가격은 얼마일까? 400원이라는 답을 얻기 위해 2000원을 5로 나누었다면, 이는 실제 공식 변환이 적용된 것이다. 공식 변환은 모든 분야의 공학에서 요구되는 기본적인 기술이다. 공식을 변환하는 능력은 확신을 갖고 공학수학을 다루게 하는 또 다른 디딤돌이다.

학습포인트

- 공식의 대상을 정의한다.
- 항들이 플러스 부호 또는 마이너스 부호로 연결된 방정식을 변환한다.
- 분수가 포함된 방정식을 변환한다.
- 제곱근 또는 거듭제곱을 포함하는 방정식을 변환한다.
- 구하고자 하는 미지수가 하나 이상 존재하는 방정식을 변환한다.

12.1 서론

공식 $I=\frac{V}{R}$에서 I를 **공식의 대상**이라고 한다. 마찬가지로, 공식 $y=mx+c$에서 y가 공식의 대상이다. 대상이 아닌 문자를 대상으로 바꿀 때는 공식을 재배열해야 한다. 이와 같은 재배열 과정을 공식 변환transposing formula이라 한다. 예를 들어, 위 공식에서 $I=\frac{V}{R}$이면 $V=IR$이고, $y=mx+c$이면 $x=\frac{y-c}{m}$이다.

이러한 변환에 도달하기 위해 어떻게 해야 할까? 공식을 변환하는 방법을 알려주는 것이 이 장의 목적이다. 매우 많은 방정식이 공학에서 발생하며, 필요할 때 이 공식들을 변환하는 것은 필수불가결하다.

12.2 공식 변환

공식을 변환하기 위한 새로운 방법은 없으며, 11장에서 간단한 방정식을 풀 때 사용된 것과 동일한 방법이 사용된다. 즉 **방정식의 균형이 유지되어야만 한다**. 다시 말해서, 방정식의 한 변에 이루어진 연산이 다른 변에도 이루어져야 한다. 이 장을 학습하기 전에 간단한 방정식을 충분히 이해하는 것이 가장 바람직하다.

공식 변환을 이해하는 데 도움이 되는 몇 가지 예를 살펴보자.

[문제 1] $p=q+r+s$를 r에 대한 식으로 변환하라.

목표는 방정식의 우변에 있는 r을 얻는 것이다. r이 좌변에 오도록 방정식을 바꾸면 다음과 같다.

$$q+r+s=p \quad \cdots \text{❶}$$

간단한 방정식에 대한 11장으로부터 항은 방정식의 한 변에서 부호를 바꾸어 다른 변으로 옮길 수 있다.

식을 재배열하면 $\boldsymbol{r=p-q-s}$이다. 수학적으로 식 ❶의 양변에서 $q+s$를 뺀다.

[문제 2] $a+b=w-x+y$일 때, x에 대해 표현하라.

[문제 1]에서 설명한 것과 같이 항은 방정식의 한 변에서 부호를 바꾸어 다른 변으로 옮길 수 있다. 그러므로 재배열하면 $\boldsymbol{x=w+y-a-b}$이다.

***[문제 3]** $v=f\lambda$일 때, λ에 대한 식으로 변환하라.

$v=f\lambda$는 속도 v, 주파수 f, 파장 λ의 관계를 설명한다.

재배열한다. $f\lambda=v$

양변을 f로 나눈다. $\dfrac{f\lambda}{f}=\dfrac{v}{f}$

약분한다. $\boldsymbol{\lambda=\dfrac{v}{f}}$

***[문제 4]** 물체가 높이 h에서 자유낙하할 때, 속도 v는 $v^2=2gh$로 주어진다. 이 식을 h에 대한 식으로 표현하라.

재배열한다. $2gh=v^2$

양변을 $2g$로 나눈다. $\dfrac{2gh}{2g}=\dfrac{v^2}{2g}$

약분한다. $\boldsymbol{h=\dfrac{v^2}{2g}}$

***[문제 5]** $I=\dfrac{V}{R}$일 때, V에 대해 재배열하라.

$I=\dfrac{V}{R}$은 옴의 법칙으로, I는 전류, V는 전압, R은 저항이다.

재배열한다. $\dfrac{V}{R}=I$

양변에 R을 곱한다. $R\left(\dfrac{V}{R}\right)=R(I)$

약분한다. $\boldsymbol{V=IR}$

***[문제 6]** $a=\dfrac{F}{m}$에서 m에 대한 식으로 변환하라.

$a=\dfrac{F}{m}$는 가속도 a, 힘 F, 질량 m의 관계를 설명한다.

재배열한다. $\dfrac{F}{m}=a$

양변에 m을 곱한다. $m\left(\dfrac{F}{m}\right)=m(a)$

약분한다. $F=ma$

재배열한다. $ma=F$

양변을 a로 나눈다. $\dfrac{ma}{a}=\dfrac{F}{a}$

즉, $\boldsymbol{m=\dfrac{F}{a}}$

***[문제 7]** 공식 $R=\dfrac{\rho L}{A}$에서 (a) A에 대해, (b) L에 대해 재배열하라.

$R=\dfrac{\rho L}{A}$은 도체의 저항 R, 저항률 ρ, 도체 길이 L, 도체 단면적 A의 관계를 설명한다.

(a) 재배열한다. $\dfrac{\rho L}{A}=R$

양변에 A를 곱한다. $A\left(\dfrac{\rho L}{A}\right)=A(R)$

약분한다. $\rho L=AR$

재배열한다. $AR=\rho L$

양변을 R로 나눈다. $\dfrac{AR}{R}=\dfrac{\rho L}{R}$

약분한다. $A=\boldsymbol{\dfrac{\rho L}{R}}$

(b) $\dfrac{\rho L}{A}=R$의 양변에 A를 곱한다. $\rho L=AR$

양변을 ρ로 나눈다. $\dfrac{\rho L}{\rho}=\dfrac{AR}{\rho}$

약분한다. $\boldsymbol{L=\dfrac{AR}{\rho}}$

***[문제 8]** $y=mx+c$에서 m에 대한 식으로 변환하라.

$y=mx+c$는 직선의 그래프에 대한 방정식이다. 여기서 y는 세로축 변수, x는 가로축 변수, m은 그래프의 기울기, c는 y축 절편이다.

양변에서 c를 뺀다. $y-c=mx$ 또는 $mx=y-c$

양변을 y로 나눈다. $m=\dfrac{y-c}{x}$

◆ **이제 다음 연습문제를 풀어보자.**

[연습문제 61] 공식 변환하기

※ 다음 각 식의 지정된 문자에 대해 가장 간단한 형태의 식으로 표현하라.

1 $a+b=c-d-e$ (d)

2 $y=7x$ (x)

*3 $pv=c$ (v)

*4 $v=u+at$ (a)

*5 $V=IR$ (R)

6 $x+3y=t$ (y)

*7 $c=2\pi r$ (r)

*8 $y=mx+c$ (x)

*9 $I=PRT$ (T)

*10 $Q=mc\Delta T$ (c)

*11 $X_L=2\pi fL$ (L)

*12 $I=\dfrac{E}{R}$ (R)

13 $y=\dfrac{x}{a}+3$ (x)

*14 $F=\dfrac{9}{5}C+32$ (C)

*15 $X_C=\dfrac{1}{2\pi fC}$ (f)

*16 $pV=mRT$ (R)

12.3 추가적인 식의 변환

좀 더 어려운 공식을 변환하는 방법을 이해하는 데 도움이 되는 몇 가지 예를 살펴보자.

***[문제 9]** 공식 $v=u+\dfrac{Ft}{m}$를 F에 대한 식으로 변환하라.

$v=u+\dfrac{Ft}{m}$는 최종 속도 v, 초기속도 u, 힘 F, 질량 m과 시간 t의 관계를 설명한다($\dfrac{F}{m}$는 가속도 a이다).

재배열한다. $u+\dfrac{Ft}{m}=v$, $\dfrac{Ft}{m}=v-u$

양변에 m을 곱한다. $m\left(\dfrac{Ft}{m}\right)=m(v-u)$

약분한다. $Ft=m(v-u)$

양변을 t로 나눈다. $\dfrac{Ft}{t}=\dfrac{m(v-u)}{t}$

약분한다. $\boldsymbol{F=\dfrac{m(v-u)}{t}}$ 또는 $\boldsymbol{F=\dfrac{m}{t}(v-u)}$

위 결과는 답을 표현하는 두 가지 방법을 보이는데, 변환된 답을 표현하는 방법에 두 가지 이상인 경우가 종종 있다. 이 경우에 F에 대한 방정식들은 똑같은 식으로, 두 표현은 동일하다.

***[문제 10]** θ℃에서 가열된 철사 조각의 최종 길이 L_2는 공식 $L_2=L_1(1+\alpha\theta)$로 주어진다. 여기서 L_1은 처음 길이이다. 공식을 확장계수 α에 대한 식으로 변환하라.

재배열한다. $L_1(1+\alpha\theta)=L_2$

괄호를 제거한다. $L_1+L_1\alpha\theta=L_2$

재배열한다. $L_1\alpha\theta=L_2-L_1$

양변을 $L_1\theta$로 나눈다. $\dfrac{L_1\alpha\theta}{L_1\theta}=\dfrac{L_2-L_1}{L_1\theta}$

약분한다. $\boldsymbol{\alpha=\dfrac{L_2-L_1}{L_1\theta}}$

$L_2=L_1(1+\alpha\theta)$를 α에 대해 변환하는 또 다른 방법을 살펴보자.

양변을 L_1으로 나눈다. $\frac{L_2}{L_1}=1+\alpha\theta$

양변에서 1을 뺀다.

$$\frac{L_2}{L_1}-1=\alpha\theta \text{ 또는 } \alpha\theta=\frac{L_2}{L_1}-1$$

양변을 θ로 나눈다. $\boldsymbol{\alpha=\dfrac{\frac{L_2}{L_1}-1}{\theta}}$

두 개의 답 $\alpha=\frac{L_2-L_1}{L_1\theta}$과 $\alpha=\frac{\frac{L_2}{L_1}-1}{\theta}$은 다르게 보인다. 그러나 이들은 동치이다. 첫 번째 답이 깔끔해 보이지만 그렇다고 두 번째 답보다 더 정확한 것은 아니다.

*[문제 11] 물체에 의해 움직인 거리 s에 대한 공식은 $s=\frac{1}{2}(v+u)t$이다. u에 대해 공식을 재배열하라.

재배열한다. $\frac{1}{2}(v+u)t=s$

양변에 2를 곱한다. $(v+u)t=2s$

양변을 t로 나눈다. $\frac{(v+u)t}{t}=\frac{2s}{t}$

약분한다. $v+u=\frac{2s}{t}$

재배열한다. $\boldsymbol{u=\frac{2s}{t}-v}$ 또는 $\boldsymbol{u=\frac{2s-vt}{t}}$

*[문제 12] 운동에너지에 대한 공식은 $k=\frac{1}{2}mv^2$이다. v에 대한 공식으로 변환하라.

재배열한다. $\frac{1}{2}mv^2=k$

예상되는 새 대상이 제곱항일 때, 그 항만 좌변에 놓은 다음, 방정식의 양변에 제곱근을 취한다.

양변에 2를 곱한다. $mv^2=2k$

양변을 m으로 나눈다. $\frac{mv^2}{m}=\frac{2k}{m}$

약분한다. $v^2=\frac{2k}{m}$

양변에 제곱근을 취한다. $\sqrt{v^2}=\sqrt{\frac{2k}{m}}$ 또는 $\boldsymbol{v=\sqrt{\frac{2k}{m}}}$

[문제 13] 두 변 x, y와 빗변 z를 갖는 직각삼각형에 대해 피타고라스 정리는 $z^2=x^2+y^2$을 설명한다. x를 구하기 위한 공식으로 변환하라.

재배열한다. $x^2+y^2=z^2$, $x^2=z^2-y^2$

양변에 제곱근을 취한다. $\boldsymbol{x=\sqrt{z^2-y^2}}$

***피타고라스는 누구?**

피타고라스(Pythagoras of Samos, BC 570년경 태어나 BC 475년경에 사망)는 이오니아 사람으로서 그리스 철학자이며 수학자이다. 그는 직각삼각형에서 $a^2+b^2=c^2$임을 주장하는 피타고라스 정리로 잘 알려져 있다.

*[문제 14] $y=\frac{ML^2}{8EI}$을 변환하여 L에 대한 식으로 표현하라.

양변에 $8EI$를 곱한다. $8EIy=ML^2$

양변을 M으로 나눈다. $\frac{8EIy}{M}=L^2$ 또는 $L^2=\frac{8EIy}{M}$

양변에 제곱근을 취한다.

$$\sqrt{L^2}=\sqrt{\frac{8EIy}{M}} \text{ 또는 } \boldsymbol{L=\sqrt{\frac{8EIy}{M}}}$$

*[문제 15] $t=2\pi\sqrt{\frac{l}{g}}$이 주어졌을 때, g를 t, l, π의 항으로 구하라.

예상되는 새 대상이 제곱근 기호 안에 있을 때, 그 항을 좌변으로 이동하고 방정식의 양변을 제곱하는 것이 가장 좋다.

재배열한다. $2\pi\sqrt{\frac{l}{g}}=t$

양변을 2π로 나눈다. $\sqrt{\frac{l}{g}}=\frac{t}{2\pi}$

양변을 제곱한다. $\frac{l}{g}=\left(\frac{t}{2\pi}\right)^2=\frac{t^2}{4\pi^2}$

교차로 곱한다(즉 각 항에 $4\pi^2 g$를 곱한다).

$4\pi^2 l=gt^2$ 또는 $gt^2=4\pi^2 l$

양변을 t^2으로 나눈다. $\frac{gt^2}{t^2}=\frac{4\pi^2 l}{t^2}$

약분한다. $\boldsymbol{g=\frac{4\pi^2 l}{t^2}}$

*[문제 16] 교류회로의 임피던스 Z는 $Z=\sqrt{R^2+X^2}$ 으로 주어진다. 여기서 R은 저항이다. 리액턴스 X에 대한 식으로 변환하라.

재배열한다. $\sqrt{R^2+X^2}=Z$

양변을 제곱한다. $R^2+X^2=Z^2$

재배열한다. $X^2=Z^2-R^2$

양변에 제곱근을 취한다. $\boldsymbol{X=\sqrt{Z^2-R^2}}$

*[문제 17] 반지름이 r인 반구의 부피 V는 $V=\frac{2}{3}\pi r^3$으로 주어진다.

(a) r을 V의 항으로 구하라.

(b) $V=32\,\text{cm}^3$일 때, 반지름을 계산하라.

(a) 재배열한다. $\frac{2}{3}\pi r^3=V$

양변에 3을 곱한다. $2\pi r^3=3V$

양변을 2π로 나눈다. $\frac{2\pi r^3}{2\pi}=\frac{3V}{2\pi}$

약분한다. $r^3=\frac{3V}{2\pi}$

양변에 세제곱근을 취한다.

$\sqrt[3]{r^3}=\sqrt[3]{\frac{3V}{2\pi}}$

즉, $\boldsymbol{r=\sqrt[3]{\frac{3V}{2\pi}}}$

(b) $V=32\,\text{cm}^3$일 때, **반지름은**

$r=\sqrt[3]{\frac{3V}{2\pi}}=\sqrt[3]{\frac{3\times 32}{2\pi}}=$ **2.48cm**이다.

◆ **이제 다음 연습문제를 풀어보자.**

[연습문제 62] 공식 변환하기 추가 문제

※ **(문제 1~15)** 다음 각 식의 지정된 문자에 대해 가장 간단한 형태의 식으로 표현하라.

1 $S=\frac{a}{1-r}$ (r)

2 $y=\frac{\lambda(x-d)}{d}$ (x)

3 $A=\frac{3(F-f)}{L}$ (f)

4 $y=\frac{AB^2}{5CD}$ (D)

***5** $R=R_0(1+\alpha t)$ (t)

***6** $\frac{1}{R}=\frac{1}{R_1}+\frac{1}{R_2}$ (R_2)

***7** $I=\frac{E-e}{R+r}$ (R)

***8** $\frac{P_1V_1}{T_1}=\frac{P_2V_2}{T_2}$ (V_2)

9 $y=4ab^2c^2$ (b)

***10** $\frac{a^2}{x^2}+\frac{b^2}{y^2}=1$ (x)

***11** $t=2\pi\sqrt{\frac{L}{g}}$ (L)

***12** $v^2=u^2+2as$ (u)

***13** $A=\frac{\pi R^2\theta}{360}$ (R)

***14** $\frac{P_1V_1}{T_1}=\frac{P_2V_2}{T_2}$ (T_2)

15 $N=\sqrt{\frac{a+x}{y}}$ (a)

***16** $Z=\sqrt{R^2+(2\pi fL)^2}$ 을 L에 대하여 변환하고, $Z=27.82$, $R=11.76$, $f=50$일 때 L을 계산하라.

*17 항공기에 대한 양력lift force L은 $L=\frac{1}{2}\rho v^2 ac$로 주어진다. 여기서 ρ는 밀도, v는 속도, a는 넓이, c는 이송상수lift coefficient이다. 이 방정식을 속도에 관한 식으로 변환하라.

*18 자기장에 기인하는 전자빔의 각편향 θ는 $\theta=k\left(\frac{HL}{V^{\frac{1}{2}}}\right)$로 주어진다. 이것을 V에 대한 식으로 변환하라.

*19 파장 λ가 40 mm인 레이더가 300×10^8 m/s의 속도 v로 전자기파를 송출하고 수신한다. $v=f\lambda$일 때, 주파수 f[Hz]를 구하라.

*20 단순조화운동으로 움직이는 입자의 속도는 $V=W\sqrt{(a^2-x^2)}$이다. 이 공식을 x에 대한 식으로 변환하라.

12.4 좀 더 복잡한 식의 변환

좀 더 어려운 공식을 변환하는 방법을 이해하는 데 도움이 되는 몇 가지 예를 살펴보자.

*[문제 18] 다음 물음에 답하라.

(a) $S=\sqrt{\frac{3d(L-d)}{8}}$를 L에 대한 식으로 변환하라.

(b) $d=1.65$이고 $S=0.82$일 때, L을 계산하라.

공식 $S=\sqrt{\frac{3d(L-d)}{8}}$는 전기선 중심부의 이완도 S를 나타낸다.

(a) 양변을 제곱한다. $S^2=\frac{3d(L-d)}{8}$

양변에 8을 곱한다. $8S^2=3d(L-d)$

양변을 $3d$로 나눈다. $\frac{8S^2}{3d}=L-d$

재배열한다. $\boldsymbol{L=d+\frac{8S^2}{3d}}$

(b) $d=1.65$이고 $S=0.82$일 때,

$$L=d+\frac{8S^2}{3d}=1.65+\frac{8\times0.82^2}{3\times1.65}=\mathbf{2.737}$$이다.

[문제 19] $p=\frac{a^2x+a^2y}{r}$를 a에 대한 식으로 변환하라.

재배열한다. $\frac{a^2x+a^2y}{r}=p$

양변에 r을 곱한다. $a^2x+a^2y=rp$

좌변을 인수분해한다. $a^2(x+y)=rp$

양변을 $(x+y)$로 나눈다. $\frac{a^2(x+y)}{x+y}=\frac{rp}{x+y}$

약분한다. $a^2=\frac{rp}{x+y}$

양변에 제곱근을 취한다. $\boldsymbol{a=\sqrt{\frac{rp}{x+y}}}$

새로운 대상이 되는 문자가 원래의 식에서 두 번 이상 나올 때는, 식을 재배열한 후에 항상 **인수분해**를 해야 한다.

[문제 20] 공식 $a=\frac{x-y}{\sqrt{bd+be}}$를 b에 대한 식으로 변환하라.

재배열한다. $\frac{x-y}{\sqrt{bd+be}}=a$

양변에 $\sqrt{bd+be}$를 곱한다.

$x-y=a\sqrt{bd+be}$ 또는 $a\sqrt{bd+be}=x-y$

양변을 a로 나눈다. $\sqrt{bd+be}=\frac{x-y}{a}$

양변을 제곱한다. $bd+be=\left(\frac{x-y}{a}\right)^2$

좌변을 인수분해한다. $b(d+e)=\left(\frac{x-y}{a}\right)^2$

양변을 $(d+e)$로 나눈다.

$$\boldsymbol{b=\frac{\left(\frac{x-y}{a}\right)^2}{d+e}} \text{ 또는 } \boldsymbol{b=\frac{(x-y)^2}{a^2(d+e)}}$$

[문제 21] $a=\frac{b}{1+b}$일 때, b에 대한 식으로 변환하라.

재배열한다. $\frac{b}{1+b}=a$

양변에 $(1+b)$를 곱한다. $b=a(1+b)$

괄호를 제거한다. $b=a+ab$

좌변에서 b인 항을 얻기 위해 재배열한다.

$$b-ab=a$$

좌변을 인수분해한다. $b(1-a)=a$

양변을 $(1-a)$로 나눈다. $\boldsymbol{b=\dfrac{a}{1-a}}$

***[문제 22]** 식 $V=\dfrac{Er}{R+r}$을 r에 대한 식으로 변환하라.

재배열한다. $\dfrac{Er}{R+r}=V$

양변에 $(R+r)$을 곱한다. $Er=V(R+r)$

괄호를 제거한다. $Er=VR+Vr$

좌변에서 r인 항을 얻기 위해 재배열한다.

$$Er-Vr=VR$$

좌변을 인수분해한다. $r(E-V)=VR$

양변을 $(E-V)$로 나눈다. $\boldsymbol{r=\dfrac{VR}{E-V}}$

[문제 23] 식 $y=\dfrac{pq^2}{r+q^2}-t$를 q에 대한 식으로 변환하라.

재배열한다.

$$\frac{pq^2}{r+q^2}-t=y,\quad \frac{pq^2}{r+q^2}=y+t$$

양변에 $(r+q^2)$을 곱한다.

$$pq^2=(r+q^2)(y+t)$$

괄호를 제거한다.

$$pq^2=ry+rt+q^2y+q^2t$$

좌변에서 q인 항을 얻기 위해 재배열한다.

$$pq^2-q^2y-q^2t=ry+rt$$

인수분해한다.

$$q^2(p-y-t)=r(y+t)$$

양변을 $(p-y-t)$로 나눈다.

$$q^2=\frac{r(y+t)}{p-y-t}$$

양변에 제곱근을 취한다.

$$\boldsymbol{q=\sqrt{\frac{r(y+t)}{p-y-t}}}$$

***[문제 24]** $\dfrac{D}{d}=\sqrt{\dfrac{f+p}{f-p}}$가 주어졌을 때, p를 D, d, f로 표현하라.

재배열한다. $\sqrt{\dfrac{f+p}{f-p}}=\dfrac{D}{d}$

양변을 제곱한다. $\dfrac{f+p}{f-p}=\dfrac{D^2}{d^2}$

교차로 곱한다. 즉 $d^2(f-p)$를 각 항에 곱한다.

$$d^2(f+p)=D^2(f-p)$$

괄호를 제거한다.

$$d^2f+d^2p=D^2f-D^2p$$

좌변에서 p인 항을 얻기 위해 재배열한다.

$$d^2p+D^2p=D^2f-d^2f$$

인수분해한다.

$$p(d^2+D^2)=f(D^2-d^2)$$

양변을 (d^2+D^2)으로 나눈다. $\boldsymbol{p=\dfrac{f(D^2-d^2)}{d^2+D^2}}$

◆ **이제 다음 연습문제를 풀어보자.**

[연습문제 63] 공식 변환하기 추가 문제

※ **(문제 1~7)** 다음 각 식의 지정된 문자에 대해 가장 간단한 형태의 식으로 표현하라.

1 $y=\dfrac{a^2m-a^2n}{x}$ (a)

*2 $M=\pi(R^4-r^4)$ (R)

3 $x+y=\dfrac{r}{3+r}$ (r)

*4 $m=\dfrac{\mu L}{L+rCR}$ (L)

5 $a^2=\dfrac{b^2-c^2}{b^2}$ (b)

6 $\dfrac{x}{y}=\dfrac{1+r^2}{1-r^2}$ (r)

7 $\dfrac{p}{q}=\sqrt{\dfrac{a+2b}{a-2b}}$ (b)

*8 볼록렌즈의 초점거리 f에 대한 공식은 $\frac{1}{f}=\frac{1}{u}+\frac{1}{v}$이다. 이 식을 v에 대한 식으로 변환하고, $f=5$이고 $u=6$일 때의 v를 계산하라.

*9 열량 Q는 공식 $Q=mc(t_2-t_1)$으로 주어진다. t_2에 대한 공식을 만들고, $m=10$, $t_1=15$, $c=4$, $Q=1600$일 때의 t_2를 계산하라.

*10 파이프를 관통하는 물의 속도 v는 $h=\frac{0.03Lv^2}{2dg}$으로 주어진다. 이 식을 v에 대한 식으로 표현하고, $h=0.712$, $L=150$, $d=0.30$, $g=9.81$일 때의 v를 계산하라.

*11 전기선 중심부의 이완도 S는 $S=\sqrt{\frac{3d(L-d)}{8}}$로 주어진다. 이 식을 L에 대한 식으로 변환하고, $d=1.75$, $S=0.80$일 때의 L을 계산하라.

*12 전기 교류회로에서 임피던스 Z는 $Z=\sqrt{R^2+\left(\omega L-\frac{1}{\omega C}\right)^2}$으로 주어진다. 이 식을 C에 대한 공식으로 변환하고, $Z=130$, $R=120$, $\omega=314$, $L=0.32$일 때의 C를 계산하라.

*13 밀링커터의 톱니 수 T, 커터 반지름 D, 절삭 깊이 d 사이의 근사적인 관계는 $T=\frac{12.5D}{D+4d}$로 주어진다. $T=10$, $d=4\text{mm}$일 때, D의 값을 계산하라.

*14 공식 $\frac{\mu}{\rho}=\frac{CZ^4\sqrt{\lambda^5}n}{a}$을 X-레이의 파장 λ에 대한 식으로 변환하라.

*15 길이 L인 단순보는, 중심에 적용되는 하중 F와 보의 1미터마다 균등하게 분포된 하중 w를 갖는다. 보 지지에서 반작용은 $R=\frac{1}{2}(F+wL)$로 주어진다. 이 방정식을 w에 대해 재배열하라. 그리고 $L=4\text{m}$, $F=8\text{kN}$, $R=10\text{kN}$일 때, w를 구하라.

*16 도체 판을 관통하는 열전도율 Q는 공식 $Q=\frac{kA(t_1-t_2)}{d}$로 주어진다. 여기서 t_1과 t_2는 도체의 각 면의 온도이고, A는 판의 넓이, d는 판의 두께, k는 열전도율이다. 공식을 재배열하여 t_2에 관한 식으로 나타내라.

*17 자동차의 슬립[slip]은 $s=\left(1-\frac{r\omega}{v}\right)\times 100\%$로 주어진다. 여기서 r은 바퀴의 반지름, w는 각속도, v는 속도이다. 이 공식을 r에 대한 식으로 변환하라.

*18 강철기둥의 임계하중 $F[\text{N}]$는 공식 $L\sqrt{\frac{F}{EI}}=n\pi$에 의해 결정된다. 여기서 L은 길이, EI는 굴곡강도, n은 양의 정수이다. $n=1$, $E=0.25\times10^{12}\text{N/m}^2$, $I=6.92\times10^{-6}\text{m}^4$, $L=1.12\text{m}$일 때, F의 값을 구하라.

*19 석탄처리공장의 파이프를 따라 흐르는 슬러리[slurry]의 유동속도는 $V=\frac{\pi pr^4}{8\eta l}$으로 주어진다. 이 식을 r에 대한 방정식으로 변환하라.

*20 금속구조의 편향도 H는 $H=\sqrt{\frac{I\rho^4D^2l^{\frac{3}{2}}}{20g}}$으로 주어진다. 길이 l에 대한 공식으로 변환하라.

*21 탄성계수는 $E=\frac{\text{응력}(\sigma)}{\text{변형률}(\varepsilon)}$이고, 변형률은 $\varepsilon=\frac{\text{길이의 증가분}(\delta)}{\text{길이}(l)}$이다. 장력 하에서 50mm 길이의 철제 볼트의 길이가 $1.25\times10^{-4}\text{m}$ 증가한다. $E=2\times10^{11}\text{N/m}^2$일 때, 응력을 계산하라.

*22 열역학 상태방정식인 반데르발스[van der Waals] 방정식은 기체 1mol에 대해 방정식 $\left(P+\frac{a}{V^2}\right)(V-b)=RT$로 설명된다. 상수 $a=5.083$, 부피 $V=1.300$, 상수 $b=0.0380$, $R=0.1700$, $T=297.0$이 주어질 때, 압력 P의 값을 유효숫자 3자리로 보정하여 구하라.

[연습문제 64] 공식 변환에 대한 선다형 문제

※ 각 문제의 정답은 한 개이다.

1 공식 $A=\frac{B}{C}$를 B에 대한 식으로 재배열한 것은?

(a) $\frac{A}{C}$ (b) $A-C$

(c) AC (d) $\frac{C}{A}$

2 $I=\frac{V}{R}$를 저항 R에 대한 식으로 변환한 것은?

(a) $I-V$ (b) $\frac{V}{I}$ (c) $\frac{I}{V}$ (d) VI

3 공식 $A=BCD$를 D에 대한 식으로 재배열한 것은?

(a) $\frac{A}{B}-C$ (b) $A-BC$

(c) ABC (d) $\frac{A}{BC}$

4 $v=f\lambda$를 파장 λ에 대한 식으로 변환한 것은?

(a) $\frac{v}{f}$ (b) $v+f$

(c) $f-v$ (d) $\frac{f}{v}$

5 화씨(F)와 섭씨(C)인 온도 사이의 관계는

$\mathrm{F}=\frac{9}{5}\mathrm{C}+32$로 주어진다. 135°F와 동치인 것은?

(a) 43℃ (b) 57.2℃

(c) 185.4℃ (d) 184℃

6 볼록렌즈의 초점 거리에 대한 공식은 $\frac{1}{f}=\frac{1}{u}+\frac{1}{v}$이다. $f=4, u=6$일 때, v는 얼마인가?

(a) -2 (b) $\frac{1}{12}$ (c) 12 (d) $-\frac{1}{2}$

7 전기회로의 저항이 $R=\frac{\rho l}{a}$이다. 이 식을 l에 관한 방정식으로 변환한 것은?

(a) $\frac{\rho a}{R}$ (b) $\frac{R}{a\rho}$ (c) $\frac{a}{R\rho}$ (d) $\frac{Ra}{\rho}$

8 $PV=mRT$는 이상기체방정식이다.

$P=100\times10^3$, $V=4.0$, $R=288$, $T=300$일 때, m 값은 얼마인가?

(a) 4.630 (b) 313600

(c) 0.216 (d) 100592

9 두 개의 저항 R_1과 R_2가 병렬로 연결되어 있을 때, 전체 저항 R_T를 구하기 위해 공식 $\frac{1}{R_T}=\frac{1}{R_1}+\frac{1}{R_2}$을 이용한다. $R_1=470\Omega$, $R_2=2.7\mathrm{k\Omega}$일 때 유효숫자 3자리로 보정한 R_T는 얼마인가?

(a) 2.68Ω (b) 400Ω

(c) 473Ω (d) 3170Ω

10 시각 t에서 수직상방향으로 발사된 물질의 높이 s는 $s=ut-\frac{1}{2}gt^2$으로 주어진다. $g=10, t=1.5$, $s=3.75$일 때, u 값은 얼마인가?

(a) 10 (b) -5

(c) 5 (d) -10

11 열량 Q는 공식 $Q=mc(t_2-t_1)$으로 주어진다. $m=5, t_1=20, c=8, Q=1200$일 때, t_2 값은 얼마인가?

(a) 10 (b) 1.5

(c) 21.5 (d) 50

12 온도 t에 따라 변하는 저항 $R[\Omega]$은 공식 $R=R_0(1+\alpha t)$로 주어진다. $R=21\Omega$, $\alpha=0.004$, $t=100$일 때, R_0 값은 얼마인가?

(a) 21.4Ω (b) 29.4Ω

(c) 15Ω (d) 0.067Ω

13 θ[℃]에서 가열된 전선 조각의 길이 l_2는 공식 $l_2=l_1(1+\alpha\theta)$로 주어진다. 이 식을 팽창계수 α에 관한 식으로 변환한 것은?

(a) $\frac{l_2}{l_1}-\frac{1}{\theta}$ (b) $\frac{l_2-l_1}{l_1\theta}$

(c) $l_2-l_1-l_1\theta$ (d) $\frac{l_1-l_2}{l_1\theta}$

14 전기회로에서 전류 I는 $I=\frac{E-e}{R+r}$로 주어진다. 이 식을 R에 관한 식으로 변환한 것은?

(a) $\frac{E-e-Ir}{I}$ (b) $\frac{E-e}{I+r}$

(c) $(E-e)(I+r)$ (d) $\frac{E-e}{Ir}$

15 $t=2\pi\sqrt{\frac{l}{g}}$을 g에 관한 식으로 변환한 것은?

(a) $\frac{(t-2\pi)^2}{l}$ (b) $\left(\frac{2\pi}{t}\right)l^2$

(c) $\frac{\sqrt{\frac{t}{2\pi}}}{l}$ (d) $\frac{4\pi^2 l}{t^2}$

Chapter 13

연립방정식 풀기

Solving simultaneous equations

연립방정식의 풀이를 이해하는 것이 왜 중요할까?

연립방정식은 공학과 자연과학, 구조론, 자료 분석, 전기회로 분석, 항공 교통 관제를 포함한 여러 가지 응용 분야에서 매우 빈번하게 나타난다. 이 장에서 설명하겠지만, 적은 수의 방정식으로 구성된 연립방정식은 대수에서 사용하는 표준적인 방법을 이용하여 해석적으로 해결할 수 있다. 많은 수의 방정식으로 구성된 연립방정식은 수치적 방법과 컴퓨터를 이용하여 해결한다. 연립방정식을 푸는 능력은 모든 공학 분야에서 요구되는 중요한 기술이다.

학습포인트

- 대입법으로 미지수가 두 개인 연립방정식을 푼다.
- 소거법으로 미지수가 두 개인 연립방정식을 푼다.
- 실제 상황을 포함하는 연립방정식을 푼다.
- 미지수가 세 개인 연립방정식을 푼다.

13.1 서론

하나의 미지수를 구하기 위해서는(11장에서의 간단한 방정식과 같이) 방정식 하나가 필요하다. 그러나 한 방정식이 **미지수 두 개**를 포함할 때, 이 방정식은 무수히 많은 해를 갖는다. 두 개의 미지수에 대해 두 개의 방정식이 주어진다면 유일한 해가 가능하다. 마찬가지로, 세 개의 미지수에 대해 각각의 미지수를 구하기 위해서는 방정식 세 개가 필수적이다. 각각의 방정식이 참이 되는 미지수들의 유일한 값을 구하기 위해 함께 풀어야 하는 방정식들을 연립방정식 simultaneous equation이라 한다.

연립방정식을 해석적으로 푸는 방법에는 다음의 두 가지가 있다.[1]

(a) **대입법**
(b) **소거법**

[1] 연립방정식의 그래프를 이용한 해는 19장에서 보인다.

13.2 미지수가 두 개인 연립방정식

다음 문제를 통해 연립방정식을 푸는 방법을 살펴보자.

[문제 1] x와 y에 대한 다음 연립방정식을 (a) 대입법과 (b) 소거법으로 풀어라.

$$x+2y=-1 \qquad (1)$$

$$4x-3y=18 \qquad (2)$$

(a) **대입법**

식 (1)로부터 $x=-1-2y$이다. x에 관한 이 표현을 식 (2)에 대입한다.

$$4(-1-2y)-3y=18$$

이제 이 방정식은 y에 대한 간단한 방정식이 된다. 식의 괄호를 제거한다.

$$-4-8y-3y=18$$
$$-11y=18+4=22$$
$$y=\frac{22}{-11}=-2$$

$y=-2$를 식 (1)에 대입한다.

$$x+2(-2)=-1$$
$$x-4=-1$$
$$x=-1+4=3$$

따라서 이 연립방정식의 해는 $\boldsymbol{x=3}$, $\boldsymbol{y=-2}$이다.

Check 식 (2)에서 $x=3$과 $y=-2$이므로,
좌변$=4(3)-3(-2)=12+6=18=$우변

(b) **소거법**

$$x+2y=-1 \quad (1)$$
$$4x-3y=18 \quad (2)$$

식 (1)에 4를 곱하면 식 (2)에서 x의 계수가 같아지고, 다음을 얻는다.

$$4x+8y=-4 \quad (3)$$

식 (2)에서 식 (3)을 빼면 다음을 얻는다.

$$\begin{array}{rll} & 4x-3y=18 & (2) \\ -) & 4x+8y=-4 & (3) \\ \hline & 0-11y=22 & \end{array}$$

그러므로 $y=\dfrac{22}{-11}=\boldsymbol{-2}$이다.

Note 위의 뺄셈에서 $18-(-4)=18+4=22$이다.

$y=-2$를 방정식 (1) 또는 (2)에 대입하여 방법 (a)에서와 같이 $x=3$을 얻는다. 해 $\boldsymbol{x=3}$과 $\boldsymbol{y=-2}$는 원래 주어진 두 방정식을 만족하는 유일한 한 쌍의 해이다.

[문제 2] 대입법으로 다음 연립방정식을 풀어라.

$$3x-2y=12 \quad (1)$$
$$x+3y=-7 \quad (2)$$

식 (2)로부터 $x=-7-3y$이다. x에 관한 이 표현을 식 (1)에 대입한다.

$$3(-7-3y)-2y=12$$
$$-21-9y-2y=12$$
$$-11y=12+21=33$$
$$y=\frac{33}{-11}=-3$$

$y=-3$을 식 (2)에 대입한다.

$$x+3(-3)=-7$$
$$x-9=-7$$
$$x=-7+9=2$$

따라서 이 연립방정식의 해는 $\boldsymbol{x=2}$, $\boldsymbol{y=-3}$이다(이 해를 원래 주어진 두 방정식 각각에 값을 대입하여 항상 확인한다).

[문제 3] 소거법으로 다음 연립방정식을 풀어라.

$$3x+4y=5 \quad (1)$$
$$2x-5y=-12 \quad (2)$$

식 (1)에 2를 곱하고 식 (2)에 3을 곱하면, 새로 만들어진 방정식에서 x의 계수가 같아질 것이다. 따라서 다음을 얻는다.

$$2\times\text{식 (1)} : 6x+8y=10 \quad (3)$$
$$3\times\text{식 (2)} : 6x-15y=-36 \quad (4)$$

식 (3)−식 (4)이면 다음과 같다.

$$0+23y=46$$
$$y=\frac{46}{23}=\boldsymbol{2}$$

Note $+8y-(-15y)=8y+15y=23y$,
$10-(-36)=10+36=46$이다.

$y=2$를 방정식 (1)에 대입한다.

$$3x+4(2)=5$$
$$3x=5-8=-3$$
$$\boldsymbol{x=-1}$$

Check $x=-1$과 $y=2$를 방정식 (2)에 대입하면,
좌변$=2(-1)-5(2)=-2-10=-12=$우변

따라서 이 연립방정식의 해는 $\boldsymbol{x=-1}$, $\boldsymbol{y=2}$이다.

소거법은 연립방정식을 풀기 위한 가장 보편적인 방법이다.

[문제 4] 다음 연립방정식을 풀어라.

$$7x-2y=26 \quad (1)$$
$$6x+5y=29 \quad (2)$$

식 (1)에 5를 곱하고 식 (2)에 2를 곱하면, 각 방정식에서 y의 계수가 수치적으로 같다. 즉 수치는 10이지만 부호는 반대이다. 따라서 다음을 얻는다.

$$5\times 식\ (1):\quad 35x-10y=130 \quad (3)$$
$$2\times 식\ (2):\quad 12x+10y=58 \quad (4)$$

식 (3)과 (4)를 더한다.

$$47x+0=188$$
$$x=\frac{188}{47}=4$$

공통인 계수의 **부호가 서로 다를 때**는 두 방정식을 **더하고**, 공통인 계수의 **부호가 서로 같을 때는 뺀다**([문제 1]과 [문제 3]).

식 (1)에 $x=4$를 대입한다.

$$7(4)-2y=26$$
$$28-2y=26$$
$$28-26=2y$$
$$2=2y$$
$$y=1$$

Check $x=4$와 $y=1$을 방정식 (2)에 대입하면,
좌변$=6(4)+5(1)=24+5=29=$우변

따라서 이 연립방정식의 해는 $x=4$, $y=1$이다.

◆ **이제 다음 연습문제를 풀어보자.**

[연습문제 65] 연립방정식 풀기

※ 다음 연립방정식을 풀고, 그 결과를 확인하라.

1 $2x-y=6$, $x+y=6$

2 $2x-y=2$, $x-3y=-9$

3 $x-4y=-4$, $5x-2y=7$

4 $3x-2y=10$, $5x+y=21$

5 $5p+4q=6$, $2p-3q=7$

6 $7x+2y=11$, $3x-5y=-7$

7 $2x-7y=-8$, $3x+4y=17$

8 $a+2b=8$, $b-3a=-3$

9 $a+b=7$, $a-b=3$

10 $2x+5y=7$, $x+3y=4$

11 $3s+2t=12$, $4s-t=5$

12 $3x-2y=13$, $2x+5y=-4$

13 $5m-3n=11$, $3m+n=8$

14 $8a-3b=51$, $3a+4b=14$

15 $5x=2y$, $3x+7y=41$

16 $5c=1-3d$, $2d+c+4=0$

13.3 연립방정식의 풀이 더 알아보기

연립방정식 풀이에 대한 추가적인 문제들을 살펴보자.

[문제 5] p와 q에 대한 다음 연립방정식을 (a) 대입법과 (b) 소거법으로 풀어라.

$$3p=2q \quad (1)$$
$$4p+q+11=0 \quad (2)$$

식을 재배열한다.

$$3p-2q=0 \quad (3)$$
$$4p+q=-11 \quad (4)$$

식 (4)에 2를 곱한다.

$$8p+2q=-22 \quad (5)$$

식 (3)과 (5)를 더한다.

$$11p+0=-22$$
$$p=\frac{-22}{11}=-2$$

식 (1)에 $p=-2$를 대입한다.

$$3(-2)=2q$$
$$-6=2q$$
$$q=\frac{-6}{2}=-3$$

Check $p=-2$와 $q=-3$을 식 (2)에 대입하면,
좌변$=4(-2)+(-3)+11=-8-3+11=0=$우변

따라서 이 연립방정식의 해는 $\boldsymbol{p=-2,\ q=-3}$이다.

[문제 6] 다음 연립방정식을 풀어라.

$$\frac{x}{8}+\frac{5}{2}=y \quad (1)$$

$$13-\frac{y}{3}=3x \quad (2)$$

분수가 연립방정식에 포함된 경우에는 가장 먼저 분수를 제거하는 것이 쉬울 것이다. 따라서 식 (1)에 8을 곱하면 다음과 같다.

$$8\left(\frac{x}{8}\right)+8\left(\frac{5}{2}\right)=8y$$
$$x+20=8y \quad (3)$$

식 (2)에 3을 곱한다.

$$39-y=9x \quad (4)$$

식 (3)과 (4)를 재배열한다.

$$x-8y=-20 \quad (5)$$
$$9x+y=39 \quad (6)$$

식 (6)에 8을 곱한다.

$$72x+8y=312 \quad (7)$$

식 (5)와 (7)을 더한다.

$$73x+0=292$$
$$\boldsymbol{x}=\frac{292}{73}=\boldsymbol{4}$$

식 (5)에 $x=4$를 대입한다.

$$4-8y=-20$$
$$4+20=8y$$
$$24=8y$$
$$\boldsymbol{y}=\frac{24}{8}=\boldsymbol{3}$$

Check $x=4$와 $y=3$을 원래 방정식에 대입하면 다음과 같다.
(1) : 좌변$=\frac{4}{8}+\frac{5}{2}=\frac{1}{2}+2\frac{1}{2}=3=y=$우변
(2) : 좌변$=13-\frac{3}{3}=13-1=12$
우변$=3x=3(4)=12$

따라서 이 연립방정식의 해는 $\boldsymbol{x=4,\ y=3}$이다.

[문제 7] 다음 연립방정식을 풀어라.

$$2.5x+0.75-3y=0$$
$$1.6x=1.08-1.2y$$

소수점을 제거하는 것이 더 수월할 때가 있다. 식 (1)과 (2)에 100을 곱하면 다음과 같다.

$$250x+75-300y=0 \quad (1)$$
$$160x=108-120y \quad (2)$$

재배열한다.

$$250x-300y=-75 \quad (3)$$
$$160x+120y=108 \quad (4)$$

식 (3)에 2를 곱한다.

$$500x-600y=-150 \quad (5)$$

식 (4)에 5를 곱한다.

$$800x+600y=540 \quad (6)$$

식 (5)와 (6)을 더한다.

$$1300x+0=390$$
$$\boldsymbol{x}=\frac{390}{1300}=\frac{39}{130}=\frac{3}{10}=\boldsymbol{0.3}$$

식 (1)에 $x=0.3$을 대입한다.

$$250(0.3)+75-300y=0$$
$$75+75=300y$$
$$150=300y$$
$$\boldsymbol{y}=\frac{150}{300}=\boldsymbol{0.5}$$

Check $x=0.3$과 $y=0.5$를 식 (2)에 대입하면 다음과 같다.
좌변 $=160(0.3)=48$
우변 $=108-120(0.5)=48$

따라서 이 연립방정식의 해는 $x=0.3$, $y=0.5$이다.

◆ **이제 다음 연습문제를 풀어보자.**

[연습문제 66] 연립방정식 풀기

※ 다음 연립방정식을 풀고, 그 결과를 확인하라.

1 $7p+11+2q=0$
$-1=3q-5p$

2 $\frac{x}{2}+\frac{y}{3}=4$
$\frac{x}{6}-\frac{y}{9}=0$

3 $\frac{a}{2}-7=-2b$
$12=5a+\frac{2}{3}b$

4 $\frac{3}{2}s-2t=8$
$\frac{s}{4}+3t=-2$

5 $\frac{x}{5}+\frac{2y}{3}=\frac{49}{15}$
$\frac{3x}{7}-\frac{y}{2}+\frac{5}{7}=0$

6 $v-1=\frac{u}{12}$
$u+\frac{v}{4}-\frac{25}{2}=0$

7 $1.5x-2.2y=-18$
$2.4x+0.6y=33$

8 $3b-2.5a=0.45$
$1.6a+0.8b=0.8$

13.4 좀 더 어려운 연립방정식

좀 더 어려운 연립방정식을 풀기 위한 문제를 더 살펴보자.

[문제 8] 다음 연립방정식을 풀어라.

$$\frac{2}{x}+\frac{3}{y}=7 \quad (1)$$

$$\frac{1}{x}-\frac{4}{y}=-2 \quad (2)$$

이와 같은 유형의 방정식은 처음부터 대입법을 사용하는 것이 쉽다. $\frac{1}{x}=a$, $\frac{1}{y}=b$라 하자.

식 (1)은 다음과 같다.

$$2a+3b=7 \quad (3)$$

식 (2)는 다음과 같다.

$$a-4b=-2 \quad (4)$$

식 (4)에 2를 곱한다.

$$2a-8b=-4 \quad (5)$$

식 (3)에서 식 (5)를 뺀다.

$$0+11b=11$$

$$\boldsymbol{b=1}$$

식 (3)에 $b=1$을 대입한다.

$$2a+3=7$$

$$2a=7-3=4$$

$$\boldsymbol{a=2}$$

Check $a=2$와 $b=1$을 식 (4)에 대입하면,
좌변 $=2-4(1)=2-4=-2=$ 우변

그러므로 $\boldsymbol{a=2}$, $\boldsymbol{b=1}$이 이 연립방정식의 해가 된다. 그러나 $\frac{1}{x}=a$이므로 $x=\frac{1}{a}=\frac{1}{2}$ 또는 0.5이고, $\frac{1}{y}=b$이므로 $y=\frac{1}{b}=\frac{1}{1}=1$이다.

따라서 이 연립방정식의 해는 $\boldsymbol{x=0.5}$, $\boldsymbol{y=1}$이다.

[문제 9] 다음 연립방정식을 풀어라.

$$\frac{1}{2a}+\frac{3}{5b}=4 \quad (1)$$

$$\frac{4}{a}+\frac{1}{2b}=10.5 \quad (2)$$

$\frac{1}{a}=x$, $\frac{1}{b}=y$라 하면, 다음과 같다.

$$\frac{x}{2}+\frac{3y}{5}=4 \quad (3)$$

$$4x+\frac{1}{2}y=10.5 \quad (4)$$

분수를 제거하기 위해 식 (3)에 10을 곱한다.

$$10\left(\frac{x}{2}\right)+10\left(\frac{3y}{5}\right)=10(4)$$

$$5x+6y=40 \quad (5)$$

식 (4)에 2를 곱한다.

$$8x+y=21 \tag{6}$$

식 (6)에 6을 곱한다.

$$48x+6y=126 \tag{7}$$

식 (7)에서 식 (5)를 뺀다.

$$43x+0=86$$

$$\boldsymbol{x}=\frac{86}{42}=\mathbf{2}$$

식 (3)에 $x=2$를 대입한다.

$$\frac{2}{2}+\frac{3}{5}y=4$$

$$\frac{3}{5}y=4-1=3$$

$$\boldsymbol{y}=\frac{5}{3}(3)=\mathbf{5}$$

$\frac{1}{a}=x$이므로 $a=\frac{1}{x}=\frac{1}{2}$ 또는 0.5이고, $\frac{1}{b}=y$이므로 $b=\frac{1}{y}=\frac{1}{5}$ 또는 0.2이다.

따라서 이 연립방정식의 해는 $\boldsymbol{a}=\mathbf{0.5}$, $\boldsymbol{b}=\mathbf{0.2}$이고, 이것을 원래 방정식에 대입해봄으로써 해인 것을 확인할 수 있다.

[문제 10] 다음 연립방정식을 풀어라.

$$\frac{1}{x+y}=\frac{4}{27} \tag{1}$$

$$\frac{1}{2x-y}=\frac{4}{33} \tag{2}$$

분수를 소거하기 위해 식 (1)의 양변에 $27(x+y)$를 곱한다.

$$27(x+y)\left(\frac{1}{x+y}\right)=27(x+y)\left(\frac{4}{27}\right)$$

$$27(1)=4(x+y)$$

$$27=4x+4y \tag{3}$$

마찬가지로, 식 (2)에서 다음을 얻는다.

$$33=4(2x-y)$$

$$33=8x-4y \tag{4}$$

식 (3)+식 (4)를 한다.

$$60=12x,\quad \boldsymbol{x}=\frac{60}{12}=\mathbf{5}$$

$x=5$를 식 (3)에 대입한다.

$$27=4(5)+4y$$

$4y=27-20=7$로부터 다음을 얻는다.

$$\boldsymbol{y}=\frac{7}{4}=1\frac{\mathbf{3}}{\mathbf{4}}\ \text{또는 } \mathbf{1.75}$$

따라서 이 연립방정식의 해는 $\boldsymbol{x}=\mathbf{5}$, $\boldsymbol{y}=\mathbf{1.75}$이고, 이것을 원래 방정식에 대입해봄으로써 해인 것을 확인할 수 있다.

[문제 11] 다음 연립방정식을 풀어라.

$$\frac{x-1}{3}+\frac{y+2}{5}=\frac{2}{15} \tag{1}$$

$$\frac{1-x}{6}+\frac{5+y}{2}=\frac{5}{6} \tag{2}$$

식 (1)과 (2)를 연립하여 풀기 전에 분수를 제거하고 방정식을 재배열할 필요가 있다.

식 (1)에 15를 곱한다.

$$15\left(\frac{x-1}{3}\right)+15\left(\frac{y+2}{5}\right)=15\left(\frac{2}{15}\right)$$

$$5(x-1)+3(y+2)=2$$

$$5x-5+3y+6=2$$

$$5x+3y=2+5-6$$

$$5x+3y=1 \tag{3}$$

식 (2)에 6을 곱한다.

$$6\left(\frac{1-x}{6}\right)+6\left(\frac{5+y}{2}\right)=6\left(\frac{5}{6}\right)$$

$$(1-x)+3(5+y)=5$$

$$1-x+15+3y=5$$

$$-x+3y=5-1-15$$

$$-x+3y=-11 \tag{4}$$

따라서 분수를 포함하는 초기 문제는 다음과 같이 표현된다.

$$5x+3y=1 \qquad (3)$$

$$-x+3y=-11 \qquad (4)$$

식 (3)에서 식 (4)를 뺀다.

$$6x+0=12$$

$$x=\frac{12}{6}=2$$

$x=2$를 식 (3)에 대입한다.

$$5(2)+3y=1$$

$$10+3y=1$$

$$3y=1-10=-9$$

$$y=\frac{-9}{3}=-3$$

Check $x=2$와 $y=-3$을 식 (4)에 대입하면,
좌변$=-2+3(-3)=-2-9=-11=$우변

따라서 이 연립방정식의 해는 $x=2$, $y=-3$이다.

◆ **이제 다음 연습문제를 풀어보자.**

[연습문제 67] 좀 더 어려운 연립방정식 풀기

※ (문제 1~7) 다음 연립방정식을 풀고, 그 결과를 확인하라.

1 $\frac{3}{x}+\frac{2}{y}=14$, $\frac{5}{x}-\frac{3}{y}=-2$

2 $\frac{4}{a}-\frac{3}{b}=18$, $\frac{2}{a}+\frac{5}{b}=-4$

3 $\frac{1}{2p}+\frac{3}{5q}=5$, $\frac{5}{p}-\frac{1}{2q}=\frac{35}{2}$

4 $\frac{5}{x}+\frac{3}{y}=1.1$, $\frac{3}{x}-\frac{7}{y}=-1.1$

5 $\frac{c+1}{4}-\frac{d+2}{3}+1=0$, $\frac{1-c}{5}+\frac{3-d}{4}+\frac{13}{20}=0$

6 $\frac{3r+2}{5}-\frac{2s-1}{4}=\frac{11}{5}$, $\frac{3+2r}{4}+\frac{5-s}{3}=\frac{15}{4}$

7 $\frac{5}{x+y}=\frac{20}{27}$, $\frac{4}{2x-y}=\frac{16}{33}$

8 $5x-\frac{3}{y}=1$이고 $x+\frac{4}{y}=\frac{5}{2}$일 때, $\frac{xy+1}{y}$의 값을 구하라.

13.5 연립방정식을 포함하는 실전문제

공학과 자연과학에서 연립방정식의 해가 필요한 상황이 있다. 다음 문제들을 통해 몇 가지 상황을 살펴보자.

*[문제 12] 실험에서 마찰력 F와 하중 L을 연결하는 법칙은 $F=aL+b$이다. 여기서 a와 b는 상수이다. $F=5.6\,\text{N}$일 때 $L=8.0\,\text{N}$이고, $F=4.4\,\text{N}$일 때 $L=2.0\,\text{N}$이다. a와 b의 값을 구하고, $L=6.5\,\text{N}$일 때 F 값을 구하라.

$F=5.6$과 $L=8.0$을 $F=aL+b$에 대입한다.

$$5.6=8.0a+b \qquad (1)$$

$F=4.4$와 $L=2.0$을 $F=aL+b$에 대입한다.

$$4.4=2.0a+b \qquad (2)$$

식 (1)에서 식 (2)를 뺀다.

$$1.2=6.0a$$

$$a=\frac{1.2}{6.0}=\frac{1}{5} \text{ 또는 } 0.2$$

$a=\frac{1}{5}$을 식 (1)에 대입한다.

$$5.6=0.8\left(\frac{1}{5}\right)+b$$

$$5.6=1.6+b$$

$$5.6-1.6=b$$

$$b=4$$

Check $a=\frac{1}{5}$과 $b=4$를 식 (2)에 대입하면,
우변$=2.0\left(\frac{1}{5}\right)+4=0.4+4=4.4=$좌변

따라서 이 연립방정식의 해는 $a=\frac{1}{5}$, $b=4$이다.

$L=6.5$일 때, $F=aL+b=\frac{1}{5}(6.5)+4=1.3+4$,

즉 $F=5.30\,\text{N}$이다.

*[문제 13] 기울기가 m이고 y절편이 c인 직선의 방정식은 $y=mx+c$이다. 직선이 $x=1$과 $y=-2$인 점을 지나고, $x=3.5$와 $y=10.5$인 점을 지날 때, 직선의 기울기와 y절편을 구하라.

$x=1$과 $y=-2$를 $y=mx+c$에 대입한다.

$$-2=m+c \tag{1}$$

$x=3.5$와 $y=10.5$를 $y=mx+c$에 대입한다.

$$10.5=3.5m+c \tag{2}$$

식 (2)에서 식 (1)을 뺀다.

$$12.5=2.5m, \quad \mathbf{m}=\frac{12.5}{2.5}=\mathbf{5}$$

$m=5$를 식 (1)에 대입한다.

$$-2=5+c$$

$$\mathbf{c}=-2-5=\mathbf{-7}$$

Check $m=5$와 $c=-7$을 식 (2)에 대입하면,
우변$=(3.5)(3)+(-7)=17.5-7=10.5=$좌변

따라서 직선의 **기울기는 $m=5$이고, y절편은 $c=-7$**이다.

*[문제 14] 키르히호프의 법칙*은 [그림 13-1]에서와 같이 전기회로에 응용된다. 전류 I_1과 I_2는 다음 방정식으로 연결된다.

$$27=1.5I_1+8(I_1-I_2) \tag{1}$$

$$-26=2I_2-8(I_1-I_2) \tag{2}$$

이 방정식을 풀어서 전류 I_1과 I_2 값을 구하라.

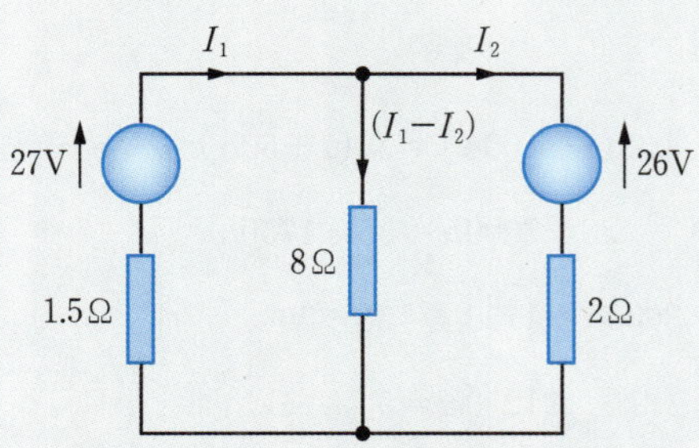

[그림 13-1]

*키르히호프는 누구?

구스타프 키르히호프(Gustav Robert Kirchhoff, 1824. 3. 12 ~ 1887. 10. 17)는 독일의 물리학자이다. 열화학 법칙과 더불어, 그의 사후에 회로이론과 열 방출에 대한 개념이 '키르히호프의 법칙'으로 명명되었다.

식 (1)에서 괄호를 제거한다.

$$27=1.5I_1+8I_1-8I_2$$

식을 재배열한다.

$$9.5I_1-8I_2=27 \tag{3}$$

식 (2)에서 괄호를 제거한다.

$$-26=2I_2-8I_1+8I_2$$

식을 재배열한다.

$$-8I_1+10I_2=-26 \tag{4}$$

식 (3)에 5를 곱한다.

$$47.5I_1-40I_2=135 \tag{5}$$

식 (4)에 4를 곱한다.

$$-32I_1+40I_2=-104 \tag{6}$$

식 (5)와 (6)을 더한다.

$$15.5I_1+0=31$$

$$I_1=\frac{31}{15.5}=2$$

$I_1=2$를 식 (3)에 대입한다.

$$9.5(2) - 8I_2 = 27$$

$$19 - 8I_2 = 27$$

$$19 - 27 = 8I_2$$

$$-8 = 8I_2$$

$$\boldsymbol{I_2 = -1}$$

따라서 이 연립방정식의 해는 $\boldsymbol{I_1 = 2,\ I_2 = -1}$이다. 이것을 원래 방정식에 대입해봄으로써 해인 것을 확인할 수 있다.

> ***[문제 15]** 일정한 가속도 $a\,\mathrm{m/s^2}$으로 수평선을 따라 움직이는 자동차가 고정된 지점으로부터 움직인 거리 s[m]는 $s = ut + \frac{1}{2}at^2$으로 주어진다. 여기서 u는 초기속도[m/s]이고, t는 시간[s]이다. $t = 2\mathrm{s}$일 때 $s = 42\,\mathrm{m}$이고, $t = 4\,\mathrm{s}$일 때 $s = 144\,\mathrm{m}$이다. 이때 속도와 가속도를 구하라. 또한 3s 후에 움직인 거리를 구하라.

$s = 42$와 $t = 2$를 $s = ut + \frac{1}{2}at^2$에 대입한다.

$$42 = 2u + \frac{1}{2}a(2)^2$$

$$42 = 2u + 2a \qquad (1)$$

$s = 144$와 $t = 4$를 $s = ut + \frac{1}{2}at^2$에 대입한다.

$$144 = 4u + \frac{1}{2}a(4)^2$$

$$144 = 4u + 8a \qquad (2)$$

식 (1)에 2를 곱한다.

$$84 = 4u + 4a \qquad (3)$$

식 (2)에서 식 (3)을 뺀다.

$$60 = 0 + 4a$$

$$\boldsymbol{a = \frac{60}{4} = 15}$$

$a = 15$를 식 (1)에 대입한다.

$$42 = 2u + 2(15)$$

$$42 - 30 = 2u$$

$$\boldsymbol{u = \frac{12}{6} = 6}$$

$a = 15$와 $u = 6$을 식 (2)에 대입한다.

$$\text{우변} = 4(6) + 8(15) = 24 + 120 = 144 = \text{좌변}$$

그러므로 **초기속도는 $u = 6\,\mathrm{m/s}$**이고, **가속도는 $a = 15\,\mathrm{m/s^2}$**이다.

3s 후에 움직인 거리는 $t = 3,\ u = 6,\ a = 15$일 때 $s = ut + \frac{1}{2}at^2$으로 주어진다. 그러므로 $s = (6)(3) + \frac{1}{2}(15)(3)^2 = 18 + 67.5$, 즉 **3s 후에 움직인 거리 = 85.5 m**이다.

> ***[문제 16]** t°C에서 철사 한 조각의 저항 $R[\Omega]$은 $R = R_0(1 + \alpha t)$로 주어진다. 여기서 R_0는 0°C에서의 저항이고, α는 /°C로 측정되는 저항의 온도계수이다. 50°C에서 $R = 30\Omega$이고 100°C에서 $R = 35\Omega$일 때, α와 R_0 값을 구하라.

$R = 30$과 $t = 50$을 $R = R_0(1 + \alpha t)$에 대입한다.

$$30 = R_0(1 + 50\alpha) \qquad (1)$$

$R = 35$와 $t = 100$을 $R = R_0(1 + \alpha t)$에 대입한다.

$$35 = R_0(1 + 100\alpha) \qquad (2)$$

이러한 방정식은 습관적으로 대입법을 이용하여 풀 수 있으나, 그보다는 나눗셈에 의해 R_0을 소거하는 방법이 더 쉽다. 따라서 식 (1)을 식 (2)로 나누면 다음과 같다.

$$\frac{30}{35} = \frac{R_0(1 + 50\alpha)}{R_0(1 + 100\alpha)} = \frac{1 + 50\alpha}{1 + 100\alpha}$$

교차로 곱한다.

$$30(1 + 100\alpha) = 35(1 + 50\alpha)$$

$$30 + 3000\alpha = 35 + 1750\alpha$$

$$3000\alpha - 1750\alpha = 35 - 30$$

$$1250\alpha = 5$$

$$\boldsymbol{\alpha = \frac{5}{1250} = \frac{1}{250}} \text{ 또는 } \boldsymbol{0.004}$$

$\alpha = \frac{1}{250}$을 식 (1)에 대입한다.

$$30 = R_0\left[1+(50)\left(\frac{1}{250}\right)\right]$$

$$30 = R_0(1.2)$$

$$\boldsymbol{R_0 = \frac{30}{1.2} = 25}$$

Check $\alpha = \frac{1}{250}$과 $R_0 = 25$를 식 (2)에 대입하면,

우변 $= 25\left[1+(100)\left(\frac{1}{250}\right)\right] = 25(1.4) = 35 =$ 좌변

그러므로 구하고자 하는 해는 $\boldsymbol{\alpha = 0.004/°C}$와 $\boldsymbol{R_0 = 25\Omega}$이다.

*[문제 17] 고체화합물의 몰 열용량은 방정식 $c = a + bT$로 주어진다. 여기서 a와 b는 상수이다. $c = 52$일 때 $T = 100$이고, $c = 172$일 때 $T = 400$이다. a와 b 값을 구하라.

$c = 52$일 때 $T = 100$이므로 다음을 얻는다.

$$52 = a + 100b \tag{1}$$

$c = 172$일 때 $T = 400$이므로 다음을 얻는다.

$$172 = a + 400b \tag{2}$$

식 (2)−식 (1)을 구하면 다음과 같다.

$$120 = 300b$$

$$\boldsymbol{b = \frac{120}{300} = 0.4}$$

$b = 0.4$를 식 (1)에 대입한다.

$$52 = a + 100(0.4)$$

$$\boldsymbol{a = 52 - 40 = 12}$$

그러므로 $\boldsymbol{a = 12}$, $\boldsymbol{b = 0.4}$이다.

◆ **이제 다음 연습문제를 풀어보자.**

[연습문제 68] 연립방정식을 포함한 실전문제

*1 도르래 시스템에서 짐 W를 끌어 올리는 데 요구되는 작용력 P는 $P = aW + b$로 주어진다. 여기서 a와 b는 상수이다. $P = 12$일 때 $W = 40$이고, $P = 22$일 때 $W = 90$이다. a와 b 값을 구하라.

*2 키르히호프의 법칙을 전기회로에 적용하면 다음 방정식이 만들어진다. 전류 I_1과 I_2 값을 구하라.

$$5 = 0.2I_1 + 2(I_1 - I_2)$$
$$12 = 3I_2 + 0.4I_2 - 2(I_1 - I_2)$$

*3 속도 v는 공식 $v = u + at$로 주어진다. $t = 2$일 때 $v = 20$이고, $t = 7$일 때 $v = 40$이다. u와 a 값을 구하고, $t = 3.5$일 때의 속도를 구하라.

4 영국에서 수입한 신차 3대와 새로 나온 밴 4대가 합쳐서 £97700에 딜러에게 공급되고, 동일한 모델의 신차 5대와 새로 나온 밴 2대가 합쳐서 £103100에 딜러에게 공급된다. 신차와 밴의 가격을 각각 구하라.

5 $y = mx + c$는 기울기가 m이고 y절편이 c인 직선의 방정식이다. 직선이 $x = 2$과 $y = 2$인 점을 지나고, $x = 5$와 $y = 0.5$인 점을 지난다. 기울기와 y절편을 구하라.

*6 t°C에서 한 조각의 철사의 저항 $R[\Omega]$은 $R = R_0(1 + \alpha t)$로 주어진다. 여기서 R_0는 0°C에서의 저항이고, α는 저항 온도계수이다. 30°C에서 $R = 25.44\Omega$이고 100°C에서 $R = 32.17\Omega$일 때, α와 R_0 값을 구하라.

*7 고체화합물의 몰 열용량은 방정식 $c = a + bT$로 주어진다. $c = 70$일 때 $T = 110$이고, $c = 160$일 때 $T = 290$이다. a와 b 값을 구하라.

*8 엔지니어링 과정에서 두 변수 p와 q는 $q = ap + \frac{b}{p}$의 관계로 주어진다. 여기서 a와 b는 상수이다. $p = 2$일 때 $q = 13$이고, $p = 5$일 때 $q = 22$이다. a와 b 값을 구하라.

*9 힘의 체계에서 두 힘 F_1과 F_2 사이의 관계는 다음으로 주어진다. F_1과 F_2를 풀어라.

$$5F_1 + 3F_2 + 6 = 0$$
$$3F_1 + 5F_2 + 18 = 0$$

*10 균형 잡힌 기둥에 대해 평형상태의 힘은 $R_1 + R_2 = 12.0\text{kN}$이고, 모멘트를 취한 결과는 $0.2R_1 + 7\times 0.3 + 3\times 0.6 = 0.8R_2$이다. 이때 반동력 R_1, R_2 값을 구하라.

*11 왕복 운동에 관한 엔지니어링 시나리오에서 연립방정식 $\omega\sqrt{(r^2-0.07^2)} = 8$, $\omega\sqrt{(r^2-0.25^2)} = 2$가 만들어진다. 유효숫자 3자리로 보정하여 반지름 r과 각속도 ω를 구하라.

13.6 미지수가 3개인 연립방정식

미지수 세 개를 포함하는 방정식은 두 개의 미지수와 두 방정식에 사용한 방법과 동일한 과정으로 풀 수 있다. 다음 문제를 통해 이 방법을 살펴보자.

[문제 18] 연립방정식을 풀어라.

$$x + y + z = 4 \quad (1)$$
$$2x - 3y + 4z = 33 \quad (2)$$
$$3x - 2y - 2z = 2 \quad (3)$$

이 방정식을 푸는 방법에는 여러 가지가 있다. 그중 한 가지 방법은 다음과 같다.

첫 번째 목표는 두 개의 미지수를 갖는 두 방정식을 만드는 것이다. 예를 들어, 식 (1)에 4를 곱하고 새 방정식을 식 (2)에서 빼면 x와 y를 포함하는 방정식이 될 것이다.

식 (1)에 4를 곱한다.

$$4x + 4y + 4z = 16 \quad (4)$$

식 (2)−식 (4)를 한다.

$$-2x - 7y = 17 \quad (5)$$

마찬가지로, 식 (3)에 2를 곱하고 새 방정식을 식 (2)에 더하면 x와 y를 포함하는 또 다른 방정식이 될 것이다.

식 (3)에 2를 곱한다.

$$6x - 4y - 4z = 4 \quad (6)$$

식 (2)+식 (6)을 한다.

$$8x - 7y = 37 \quad (7)$$

식 (5)를 다시 쓴다.

$$-2x - 7y = 17 \quad (5)$$

이제 미지수가 두 개인 연립방정식을 푸는 앞의 방법을 사용할 수 있다.
식 (7)−식 (5)이면, $10x = 20$이고 $\boldsymbol{x = 2}$이다.

Note $8x - (-2x) = 8x + 2x = 10x$

$x = 2$를 식 (5)에 대입한다.

$$-4 - 7y = 17$$
$$-7y = 17 + 4 = 21$$
$$\boldsymbol{y = -3}$$

$x = 2$와 $y = -3$을 식 (1)에 대입한다.

$$2 - 3 + z = 4$$
$$\boldsymbol{z = 5}$$

그러므로 연립방정식의 해는 $\boldsymbol{x = 2}$, $\boldsymbol{y = -3}$, $\boldsymbol{z = 5}$이다.

◆ **이제 다음 연습문제를 풀어보자.**

[연습문제 69] 미지수가 3개인 연립방정식

※ (문제 1~9) 미지수가 세 개인 연립방정식을 풀어라.

1 $x + 2y + 4z = 16$
$2x - y + 5z = 18$
$3x + 2y + 2z = 14$

2 $2x + y - z = 0$
$3x + 2y + z = 4$
$5x + 3y + 2z = 8$

3 $3x + 5y + 2z = 6$
$x - y + 3z = 0$
$2x + 7y + 3z = -3$

4 $2x + 4y + 5z = 23$
$3x - y - 2z = 6$
$4x + 2y + 5z = 31$

5 $2x+3y+4z=36$
$3x+2y+3z=29$
$x+y+z=11$

6 $4x+y+3z=31$
$2x-y+2z=10$
$3x+3y-2z=7$

7 $5x+5y-4z=37$
$2x-2y+9z=20$
$-4x+y+z=-14$

8 $6x+7y+8z=13$
$3x+y-z=-11$
$2x-2y-2z=-18$

9 $3x+2y+z=14$
$7x+3y+z=22.5$
$4x-4y-z=-8.5$

***10** 키르히호프의 법칙은 전기회로망에서 전류방정식을 결정하기 위해 사용되며, 그 결과는 다음과 같다.

$$i_1+8i_2+3i_3=-31$$
$$3i_1-2i_2+i_3=-5$$
$$2i_1-3i_2+2i_3=6$$

i_1, i_2, i_3 값을 구하라.

***11** 골조의 세 성분 사이의 힘 F_1, F_2, F_3는 다음 연립방정식의 관계를 가진다.

$$1.4F_1+2.8F_2+2.8F_3=5.6$$
$$4.2F_1-1.4F_2+5.6F_3=35.0$$
$$4.2F_1+2.8F_2-1.4F_3=-5.6$$

F_1, F_2, F_3 값을 구하라.

최신 과학용 계산기를 사용하면 연립방정식을 풀 수 있다. 계산기의 [Mode] 메뉴에서 [Equations]를 선택하면 결과가 나온다. 물론 이 장에서 살펴본 해석적 방법보다 매우 빠르게 답을 얻을 수 있다.

[연습문제 70] 연립방정식 풀이에 대한 선다형 문제

※ 각 문제의 정답은 한 개이다.

1 연립방정식 $3x-2y=13$, $2x+5y=-4$의 해는 무엇인가?
(a) $x=-2$, $y=3$ (b) $x=1$, $y=-5$
(c) $x=3$, $y=-2$ (d) $x=-7$, $y=2$

2 도르래 시스템에서 하중 W를 끌어올리기 위한 응력 P는 $P=aW+b$로 주어지며, a와 b는 상수이다. $W=40$이면 $P=12$이고 $W=90$이면 $P=22$일 때 a와 b 값은 얼마인가?
(a) $a=5$, $b=\frac{1}{4}$ (b) $a=1$, $b=-28$
(c) $a=\frac{1}{3}$, $b=-8$ (d) $a=\frac{1}{5}$, $b=4$

3 연필 8개와 볼펜 16개의 가격은 3520원이고 연필 4개와 볼펜 4개의 가격은 960원이다. 볼펜의 가격은 얼마인가?
(a) 280원 (b) 360원 (c) 200원 (d) 320원

4 연립방정식 $x+2y-8=0$, $2x+4y=16$의 해는 몇 개인가?
(a) 0 (b) 1
(c) 2 (d) 무수히 많다.

5 주어진 연립방정식 $x-2y=5$, $2y+5x=7$에 대해 $9x$의 값은 얼마인가?
(a) 39 (b) 18 (c) -13.5 (d) -3

6 $x+2y=1$, $3x-y=-11$이면 x 값은 얼마인가?
(a) -3 (b) 4.2 (c) 2 (d) -1.6

7 $4x-3y=7$, $2x+5y=-1$이면 y 값은 얼마인가?
(a) -1 (b) $-\frac{9}{13}$
(c) 2 (d) $\frac{59}{26}$

8 $5x-3y=17.5$, $2x+y=4.25$이면 $4x+3y$의 값은 얼마인가?
(a) 7.25 (b) 8.5 (c) 12 (d) 14.75

9 $3x=4y$, $5x+y-23=0$이 주어졌을 때, $2x-y$의 값은 얼마인가?
(a) 2 (b) 5 (c) 1.5 (d) 1

10 속도는 공식 $v=u+at$로 주어진다. $t=2$일 때 $v=18$이고 $t=6$일 때 $v=38$이면, $t=7.5$일 때 속도 v 값은 얼마인가?
(a) 45.5 (b) 65 (c) 29.5 (d) 55

Chapter 14

이차방정식 풀기

Solving quadratic equations

이차방정식의 풀이를 이해하는 것이 왜 중요할까?

이차방정식은 공학과 자연과학에서 많이 응용되고 있다. 이차방정식은 공의 궤도에 대한 묘사, 발사 높이 결정, 가속도, 속도, 탄도, 저지능 stopping power의 개념 등에 사용된다. 또한, 이차방정식은 많은 자연현상에서 광범위하게 나타난다. 몇 가지 예를 들면 빛이 렌즈에 반사되는 과정, 물이 계곡 아래로 흘러내려가는 과정, 심지어 야생동물이 털이나 반점 또는 줄무늬를 발달시키는 방법 등을 들 수 있다. 도로사고 현장에 교통경찰이 도착하면, 스키드 마크의 길이를 측정하고 도로 상태를 평가한다. 이때 교통경찰은 이차방정식을 이용하여 자동차의 속력을 계산하고, 이를 통해 정확히 무슨 일이 일어났는지 재구성할 수 있다. U자 모양의 포물선으로는 분수대의 물분사 궤도, 공의 튀어 오름을 설명할 수 있고, 자동차 헤드라이트와 위성 안테나의 포물선 반사경과 같은 구조물로도 설명될 수 있다. 이차함수는 이동하는 물체의 진로를 표시하거나, 최댓값·최솟값을 결정하는 데 도움이 된다. 자동차, 시계와 같이 우리가 일상에서 사용하는 대부분의 물건을 디자인할 때 이차함수를 응용하지 않는다면 이 물건들은 존재하지 않을 것이다. 연립방정식을 푸는 능력은 모든 공학 분야에서 요구되는 중요한 기술이다.

학습포인트

- 이차방정식을 정의한다.
- 인수분해를 이용해 이차방정식을 푼다.
- 완전제곱을 이용해 이차방정식을 푼다.
- 일차 및 이차 연립방정식을 푼다.

14.1 서론

11장에서 살펴보았듯이, **방정식**은 두 개의 양이 같음을 설명하고, '**방정식을 푼다**'는 것은 '미지의 값을 구하는 것'을 의미한다. 이때 미지의 값을 방정식의 근root이라 한다. 이차방정식quadratic equation은 미지수의 최고차수가 2인 방정식이다. 예를 들어, $x^2-3x+1=0$은 이차방정식이다. **이차방정식을 풀기 위한** 네 가지 방법은 다음과 같다.

1. 인수분해를 이용 (인수분해가 가능한 경우)
2. 이차식의 '완전제곱'을 이용
3. '근의 공식'을 이용
4. (19장에서 살펴볼) 그래프를 이용

14.2 인수분해를 이용한 이차방정식 풀이

곱 $(x+1)(x-3)$을 전개하면, $x^2-3x+x-3$, 즉 x^2-2x-3이다. x^2-2x-3을 $(x+1)(x-3)$으로 바꾸는 역과정을 인수분해factorising라 한다. 어떤 이차식을 인수분해할 수 있다면, 이는 이차방정식을 푸는 가장 간단한 방법이 된다.

예를 들어, $x^2-2x-3=0$을 인수분해하면 다음과 같다.

$$(x+1)(x-3)=0$$

그러므로

$$(x+1)=0, \text{ 즉 } x=-1$$

또는 $(x-3)=0$, 즉 $x=3$

이다. 그러므로 이차방정식 $x^2-2x-3=0$의 근은 $x=-1$ 또는 $x=3$이다.

[문제 1] 인수분해를 이용해 방정식 $x^2+x-6=0$을 풀어라.

x^2의 인수는 x와 x이다. 이것을 다음과 같이 괄호 안에 놓는다.

$$(x\quad)(x\quad)$$

-6의 인수가 될 수 있는 조합은 $+6$과 -1, 또는 -6과 $+1$, 또는 $+3$과 -2, 또는 -3과 $+2$이다. 이 중 가운데 항이 $+x$가 되는 유일한 조합은 $+3$과 -2이다. 즉 다음과 같다.

$$\boldsymbol{x^2+x-6=(x+3)(x-2)}$$

따라서 이차방정식 $x^2+x-6=0$은

$$(x+3)(x-2)=0$$

이 된다. 이 식이 참이 되는 유일한 방법은 첫 번째 또는 두 번째, 또는 두 항 모두 0이 되는 것이다. 그러면

$(x+3)=0$, 즉 $x=-3$

또는 $(x-2)=0$, 즉 $x=2$

이다. 그러므로 **$x^2+x-6=0$의 근은 $x=-3$ 또는 $x=2$** 이다.

[문제 2] 인수분해를 이용해 방정식 $x^2+2x-8=0$을 풀어라.

x^2의 인수는 x와 x이다. 이것을 다음과 같이 괄호 안에 놓는다.

$$(x\quad)(x\quad)$$

-8의 인수가 될 수 있는 조합은 $+8$과 -1, -8과 $+1$, $+4$와 -2, -4와 $+2$이다. 이 중 가운데 항이 $+2x$가 되는 유일한 조합은 $+4$와 -2이다. 즉 다음과 같다.

$$x^2+2x-8=(x+4)(x-2)$$

Note 두 내항들의 곱($4x$)을 외항들의 곱($-2x$)과 더했을 때 가운데 항 $+2x$와 같아야 한다.

따라서 이차방정식 $x^2+2x-8=0$은

$$(x+4)(x-2)=0$$

이 된다. 이 식이 참이 되는 유일한 방법은 첫 번째 또는 두 번째, 또는 두 항 모두 0이 되는 것이다. 즉 다음과 같다.

$(x+4)=0$, 즉 $x=-4$

또는 $(x-2)=0$, 즉 $x=2$

이다. 그러므로 **$x^2+2x-8=0$의 근은 $x=-4$ 또는 $x=2$** 이다.

[문제 3] 인수분해를 이용해 $x^2-6x+9=0$의 근을 구하라.

$x^2-6x+9=(x-3)(x-3)$, 즉 $(x-3)^2=0$이다. 여기서 좌변은 완전제곱perfect square이라고 하는 형태이다.

그러므로 **$x=3$**이 방정식 $x^2-6x+9=0$의 유일한 근이 된다.

[문제 4] 방정식 $x^2-4x=0$을 풀어라.

인수분해를 한다. $x(x-4)=0$

$x(x-4)=0$이면 $x=0$ 또는 $x-4=0$

즉, **$x=0$ 또는 $x=4$**

이것이 주어진 방정식의 두 근이다. 구한 답은 원래의 방정식에 대입함으로써 확인할 수 있다.

[문제 5] 방정식 $x^2+3x-4=0$을 풀어라.

인수분해를 한다. $(x-1)(x+4)=0$

그러므로 $x-1=0$ 또는 $x+4=0$

즉, **$x=1$ 또는 $x=-4$**

[문제 6] 인수분해를 이용해 $4x^2-25=0$의 근을 구하라.

$4x^2-25=0$의 좌변은 **두 제곱 $(2x)^2$과 5^2의 차**이다. 인수분해를 하면 **$4x^2-25=(2x+5)(2x-5)$**, 즉 $(2x+5)(2x-5)=0$이다.

그러므로 다음을 얻는다.

$$2x+5=0,\ 즉\ \boldsymbol{x=-\frac{5}{2}=-2.5}$$

또는 $$2x-5=0,\ 즉\ \boldsymbol{x=\frac{5}{2}=2.5}$$

[문제 7] 방정식 $x^2-5x+6=0$을 풀어라.

인수분해를 한다. $(x-3)(x-2)=0$

그러므로 $x-3=0$ 또는 $x-2=0$

즉, $\boldsymbol{x=3}$ 또는 $\boldsymbol{x=2}$

[문제 8] 방정식 $x^2=15-2x$를 풀어라.

재배열한다. $x^2+2x-15=0$

인수분해한다. $(x+5)(x-3)=0$

그러므로 $x+5=0$ 또는 $x-3=0$

즉, $\boldsymbol{x=-5}$ 또는 $\boldsymbol{x=3}$

[문제 9] 인수분해를 이용해 방정식 $3x^2-11x-4=0$을 풀어라.

$3x^2$의 인수는 $3x$와 x이다. 이것을 다음과 같이 괄호 안에 놓는다.

$$(3x\quad)(x\quad)$$

-4의 인수가 될 수 있는 조합은 -4와 $+1$, $+4$와 -1, -2와 2이다. 두 내항들의 곱을 외항들의 곱에 더해 가운데 항 $-11x$와 같아야 함을 기억하면, 이 중 유일한 조합은 $+1$과 -4이다. 즉 다음과 같다.

$$\boldsymbol{3x^2-11x-4=(3x+1)(x-4)}$$

따라서 이차방정식 $3x^2-11x-4=0$은 $(3x+1)(x-4)=0$이 된다. 그러므로 다음 중에서 어느 하나이다.

$$3x+1=0,\ 즉\ \boldsymbol{x=-\frac{1}{3}}$$

또는 $$x-4=0,\ 즉\ \boldsymbol{x=4}$$

두 근은 원래의 방정식에 대입함으로써 확인할 수 있다.

[문제 10] 인수분해를 이용해 이차방정식 $4x^2+8x+3=0$을 풀어라.

$4x^2$의 인수가 될 수 있는 조합은 $4x$와 x, $2x$와 $2x$이고, 3의 인수가 될 수 있는 조합은 3과 1, -3과 -1이다. 두 내항들의 곱을 외항들의 곱에 더해 $+8x$와 같아야 함을 기억하면, 이들 조합을 이용하여 몇 번의 시행착오를 거쳐서 유일한 조합이 다음과 같음을 알 수 있다.

$$\boldsymbol{4x^2+8x+3=(2x+3)(2x+1)}$$

따라서 $(2x+3)(2x+1)=0$으로부터 $2x+3=0$ 또는 $2x+1=0$이다.

따라서 $2x=-3$으로부터 $\boldsymbol{x=-\frac{3}{2}}$ 또는 $\boldsymbol{x=-1.5}$

또는 $2x=-1$로부터 $\boldsymbol{x=-\frac{1}{2}}$ 또는 $\boldsymbol{x=-0.5}$

이고, 이를 원래의 방정식에 대입함으로써 확인할 수 있다.

[문제 11] 인수분해를 이용해 이차방정식 $15x^2+2x-8=0$을 풀어라.

$15x^2$의 인수가 될 수 있는 조합은 $15x$와 x, $5x$와 $3x$이고, -8의 인수가 될 수 있는 조합은 -4와 $+2$, 4와 -2, -8과 $+1$, 8과 -1이다. 이들 조합을 이용하여 몇 번의 시행착오를 거치면 유일한 조합이 다음과 같음을 알 수 있다.

$$\boldsymbol{15x^2+2x-8=(5x+4)(3x-2)}$$

따라서 $(5x+4)(3x-2)=0$으로부터 $5x+4=0$ 또는 $3x-2=0$이다. 따라서

$$\boldsymbol{x=-\frac{4}{5}}\ 또는\ \boldsymbol{x=\frac{2}{3}}$$

이고, 이를 원래의 방정식에 대입함으로써 확인할 수 있다.

[문제 12] 이차방정식의 근이 $\frac{1}{3}$과 -2이다. x에 대한 방정식을 구하라.

이차방정식의 근을 α와 β라 하면 $(x-\alpha)(x-\beta)=0$이다. 그러므로 $\alpha=\frac{1}{3}$과 $\beta=-2$라 하면, 다음과 같다.

$$\left(x-\frac{1}{3}\right)(x-(-2))=0$$

$$\left(x-\frac{1}{3}\right)(x+2)=0$$

$$x^2-\frac{1}{3}x+2x-\frac{2}{3}=0$$

$$\boldsymbol{x^2+\frac{5}{3}x-\frac{2}{3}=0}$$

$$\boldsymbol{3x^2+5x-2=0}$$

[문제 13] 근이 5와 -5인 x에 대한 방정식을 구하라.

5와 -5가 이차방정식의 근이면 다음과 같다.

$$(x-5)(x+5)=0$$

$$x^2-5x+5x-25=0$$

$$\boldsymbol{x^2-25=0}$$

[문제 14] 근이 1.2와 -0.4인 x에 대한 방정식을 구하라.

1.2와 -0.4가 이차방정식의 근이면 다음과 같다.

$$(x-1.2)(x+0.4)=0$$

$$x^2-1.2x+0.4x-0.48=0$$

$$\boldsymbol{x^2-0.8x-0.48=0}$$

◆ **이제 다음 연습문제를 풀어보자.**

[연습문제 71] 인수분해를 이용한 이차방정식 풀이

※ **(문제 1~30)** 인수분해를 이용하여 주어진 방정식을 풀어라.

1 $x^2-16=0$ **2** $x^2+4x-32=0$

3 $(x+2)^2=16$ **4** $4x^2-9=0$

5 $3x^2+4x=0$ **6** $8x^2-32=0$

7 $x^2-8x+16=0$ **8** $x^2+10x+25=0$

9 $x^2-2x+1=0$ **10** $x^2+5x+6=0$

11 $x^2+10x+21=0$ **12** $x^2-x-2=0$

13 $y^2-y-12=0$ **14** $y^2-9y+14=0$

15 $x^2+8x+16=0$ **16** $x^2-4x+4=0$

17 $x^2+6x+9=0$ **18** $x^2-9=0$

19 $3x^2+8x+4=0$ **20** $4x^2+12x+9=0$

21 $4z^2-\frac{1}{16}=0$ **22** $x^2+3x-28=0$

23 $2x^2-x-3=0$ **24** $6x^2-5x+1=0$

25 $10x^2+3x-4=0$ **26** $21x^2-25x=4$

27 $8x^2+13x-6=0$ **28** $5x^2+13x-6=0$

29 $6x^2-5x-4=0$ **30** $8x^2+2x-15=0$

※ **(문제 31~36)** 다음을 근으로 갖는 x에 대한 이차방정식을 구하라.

31 3과 1 **32** 2와 -5

33 -1과 -4 **34** 2.5와 -0.5

35 6과 -6 **36** 2.4와 -0.7

14.3 완전제곱을 이용한 이차방정식 풀이

x^2 또는 $(x+2)^2$ 또는 $(x-3)^2$과 같은 식을 완전제곱perfect square이라 한다.

$x^2=3$이면 $x=\pm\sqrt{3}$이다.
$(x+2)^2=5$이면 $x+2=\pm\sqrt{5}$ 또는 $x=-2\pm\sqrt{5}$이다.
$(x-3)^2=8$이면 $x-3=\pm\sqrt{8}$ 또는 $x=3\pm\sqrt{8}$이다.

그러므로 이차방정식의 한 변이 완전제곱형, 다른 변이 수가 되도록 재배열하면, 위 예와 같이 양변에 제곱근을 취함으로써 방정식의 근을 바로 구할 수 있다. 방정식을 풀기에 앞서 이차방정식의 한 변을 완전제곱형으로 재배열하는 과정을 이차식의 완전제곱화completing the square라 한다.

$$(x+a)^2=x^2+2ax+a^2$$

따라서 이차식 x^2+2ax를 완전제곱형으로 만들기 위해서는 (x 계수의 반)^2, 즉 $\left(\frac{2a}{2}\right)^2$ 또는 a^2을 더해야 한다. 예를 들어, x^2+3x에는 $\left(\frac{3}{2}\right)^2$을 더함으로써 완전제곱형으로 만들 수 있다. 즉 다음과 같다.

$$x^2+3x+\left(\frac{3}{2}\right)^2=\left(x+\frac{3}{2}\right)^2$$

다음 문제들을 통해 이차식의 완전제곱화를 이용한 방법을 살펴보자.

[문제 15] 이차식의 완전제곱화를 이용해 $2x^2+5x=3$을 풀어라.

과정은 다음과 같다.

❶ 방정식을 재배열하여 모든 항을 등호 부호의 같은 변에 놓는다. 그리고 x^2의 계수는 양수이다.

$$2x^2+5x-3=0$$

❷ x^2 항의 계수를 1로 만든다. 이 경우에 2로 나누면 된다.

$$\frac{2}{2}x^2+\frac{5}{2}x-\frac{3}{2}=0$$

$$x^2+\frac{5}{2}x-\frac{3}{2}=0$$

❸ x^2과 x 항들을 등호 부호의 한 변에 놓고, 상수는 다른 변에 놓도록 방정식을 재배열한다.

$$x^2+\frac{5}{2}x=\frac{3}{2}$$

❹ (x 계수의 반)^{2}을 방정식의 양변에 더한다. 이 경우에 x의 계수는 $\frac{5}{2}$이다. 따라서 계수 반의 제곱은 $\left(\frac{5}{4}\right)^2$이다.

$$x^2+\frac{5}{2}x+\left(\frac{5}{4}\right)^2=\frac{3}{2}+\left(\frac{5}{4}\right)^2$$

좌변은 이제 완전제곱형, 즉 다음과 같다.

$$\left(x+\frac{5}{4}\right)^2=\frac{3}{2}+\left(\frac{5}{4}\right)^2$$

❺ 우변을 계산한다.

$$\left(x+\frac{5}{4}\right)^2=\frac{3}{2}+\left(\frac{5}{4}\right)^2=\frac{3}{2}+\frac{25}{16}=\frac{24+25}{16}=\frac{49}{16}$$

❻ 방정식의 양변에 제곱근을 취한다.

$$\sqrt{\left(x+\frac{5}{4}\right)^2}=\sqrt{\frac{49}{16}}$$

$$\left|x+\frac{5}{4}\right|=\left|\frac{7}{4}\right|$$

$$x+\frac{5}{4}=\pm\frac{7}{4}$$

❼ 간단한 방정식을 푼다.

$$x=-\frac{5}{4}\pm\frac{7}{4}$$

$$x=-\frac{5}{4}+\frac{7}{4}=\frac{2}{4}=\frac{1}{2}\ \text{또는}\ 0.5$$

또는 $$x=-\frac{5}{4}-\frac{7}{4}=-\frac{12}{4}=-3$$

그러므로 $x=0.5$ 또는 $x=-3$, 즉 **방정식 $2x^2+5x=3$의 근은 0.5 또는 -3**이다.

[문제 16] 이차식의 완전제곱화를 이용해 $2x^2+9x+8=0$을 유효숫자 3자리로 보정하여 풀어라.

x^2 항의 계수를 1로 만든다. $$x^2+\frac{9}{2}x+4=0$$

재배열한다. $$x^2+\frac{9}{2}x=-4$$

양변에 (x 계수의 반)^{2}을 더한다.

$$x^2+\frac{9}{2}x+\left(\frac{9}{4}\right)^2=\left(\frac{9}{4}\right)^2-4$$

좌변은 이제 완전제곱형이 된다.

$$\left(x+\frac{9}{4}\right)^2=\frac{81}{16}-4=\frac{81}{16}-\frac{64}{16}=\frac{17}{16}$$

양변에 제곱근을 취한다. $$x+\frac{9}{4}=\pm\sqrt{\frac{17}{16}}=\pm1.031$$

그러므로 $$x=-\frac{9}{4}\pm1.031$$

즉 유효숫자 3자리로 보정하면 **$x=-1.22$** 또는 **$x=-3.28$**이다.

[문제 17] 이차식의 완전제곱화를 이용해 이차방정식 $4.6y^2+3.5y-1.75=0$을 소수점 아래 3자리로 보정하여 풀어라.

$$4.6y^2+3.5y-1.75=0$$

y^2 항의 계수를 1로 만든다. $\quad y^2+\frac{3.5}{4.6}y-\frac{1.75}{4.6}=0$

재배열한다. $\quad y^2+\frac{3.5}{4.6}y=\frac{1.75}{4.6}$

양변에 $(y$ 계수의 반$)^2$을 더한다.

$$y^2+\frac{3.5}{4.6}y+\left(\frac{3.5}{9.2}\right)^2=\frac{1.75}{4.6}+\left(\frac{3.5}{9.2}\right)^2$$

좌변은 이제 완전제곱형이 된다.

$$\left(y+\frac{3.5}{9.2}\right)^2=0.5251654$$

양변에 제곱근을 취한다.

$$y+\frac{3.5}{9.2}=\pm\sqrt{0.5251654}=\pm 0.7246830$$

그러므로 $\quad y=-\frac{3.5}{9.2}\pm 0.7246830$

즉 $\boldsymbol{y=0.344}$ 또는 $\boldsymbol{y=-1.105}$이다.

◆ **이제 다음 연습문제를 풀어보자.**

[연습문제 72] 이차식의 완전제곱화를 이용한 이차방정식 풀이

※ 이차식의 완전제곱화를 이용하여 다음 방정식을 소수점 아래 3자리로 보정하여 풀어라.

1 $x^2+4x+1=0$ **2** $2x^2+5x-4=0$

3 $3x^2-x-5=0$ **4** $5x^2-8x+2=0$

5 $4x^2-11x+3=0$ **6** $2x^2+5x=2$

14.4 근의 공식을 이용한 이차방정식 풀이

이차방정식의 일반적인 형태가 $ax^2+bx+c=0$으로 주어진다고 하자. 여기서 a, b, c는 상수이다.

a로 나눈다. $\quad x^2+\frac{b}{a}x+\frac{c}{a}=0$

재배열한다. $\quad x^2+\frac{b}{a}x=-\frac{c}{a}$

방정식의 양변에 x항의 계수의 반의 제곱을 더하여, 좌변을 완전제곱으로 만든다.

$$x^2+\frac{b}{a}x+\left(\frac{b}{2a}\right)^2=\left(\frac{b}{2a}\right)^2-\frac{c}{a}$$

재배열한다.

$$\left(x+\frac{b}{a}\right)^2=\frac{b^2}{4a^2}-\frac{c}{a}=\frac{b^2-4ac}{4a^2}$$

양변에 제곱근을 취한다.

$$x+\frac{b}{a}=\pm\sqrt{\frac{b^2-4ac}{4a^2}}=\frac{\pm\sqrt{b^2-4ac}}{2a}$$

그러므로

$$x=-\frac{b}{2a}\pm\frac{\sqrt{b^2-4ac}}{2a}$$

즉 근의 공식은 $\boldsymbol{x=\frac{-b\pm\sqrt{b^2-4ac}}{2a}}$이다.

(공식을 얻는 이 방법은 앞 절에서 살펴보았듯이 이차식의 완전제곱화이다.)

요약하면 다음과 같다.

$$\boldsymbol{ax^2+bx+c=0}\text{이면 }\boldsymbol{x=\frac{-b\pm\sqrt{b^2-4ac}}{2a}}$$

이것을 근의 공식quadratic formula이라 한다.

[문제 18] 근의 공식을 이용하여 $x^2+2x-8=0$을 풀어라.

$x^2+2x-8=0$을 $ax^2+bx+c=0$과 비교하면 $a=1$, $b=2$, $c=-8$이다. 이 값들을 근의 공식 $x=\frac{-b\pm\sqrt{b^2-4ac}}{2a}$에 대입하면 다음과 같다.

$$x=\frac{-2\pm\sqrt{2^2-4(1)(-8)}}{2(1)}=\frac{-2\pm\sqrt{4+32}}{2}$$

$$=\frac{-2\pm\sqrt{36}}{2}=\frac{-2\pm 6}{2}$$

$$=\frac{-2+6}{2} \text{ 또는 } \frac{-2-6}{2}$$

그러므로 $x=\frac{4}{2}$ 또는 $\frac{-8}{2}$, 즉 $\boldsymbol{x=2}$ 또는 $\boldsymbol{x=-4}$이다.

[문제 19] 근의 공식을 이용하여 $3x^2-11x-4=0$을 풀어라.

$3x^2-11x-4=0$을 $ax^2+bx+c=0$과 비교하면 $a=3$, $b=-11$, $c=-4$이다. 그러므로 다음과 같다.

$$x=\frac{-(-11)\pm\sqrt{(-11)^2-4(3)(-4)}}{2(3)}$$

$$=\frac{+11\pm\sqrt{121+48}}{6}=\frac{11\pm\sqrt{169}}{6}$$

$$=\frac{11\pm 13}{6}=\frac{11+13}{6} \text{ 또는 } \frac{11-13}{6}$$

그러므로 $x=\frac{24}{6}$ 또는 $x=\frac{-2}{6}$, 즉 $\boldsymbol{x=4}$ 또는 $\boldsymbol{x=-\frac{1}{3}}$이다.

[문제 20] $4x^2+7x+2=0$을 풀어 근을 소수점 아래 2자리로 보정하라.

$4x^2+7x+2=0$을 $ax^2+bx+c=0$과 비교하면 $a=4$, $b=7$, $c=2$이다. 그러므로 다음과 같다.

$$x=\frac{-7\pm\sqrt{7^2-4(4)(2)}}{2(4)}$$

$$=\frac{-7\pm\sqrt{17}}{8}=\frac{-7\pm 4.123}{8}$$

$$=\frac{-7+4.123}{8} \text{ 또는 } \frac{-7-4.123}{8}$$

그러므로 $\boldsymbol{x=-0.36}$ 또는 $\boldsymbol{x=-1.39}$이다.

[문제 21] 근의 공식을 이용해 $\frac{x+2}{4}+\frac{3}{x-1}=7$을 풀어 근을 유효숫자 4자리로 보정하라.

$4(x-1)$을 양변에 곱한다.

$$4(x-1)\frac{x+2}{4}+4(x-1)\frac{3}{x-1}=4(x-1)(7)$$

약분한다.

$$(x-1)(x+2)+(4)(3)=28(x-1)$$

$$x^2+x-2+12=28x-28$$

그러므로

$$x^2-27x+38=0$$

근의 공식을 이용한다.

$$x=\frac{-(-27)\pm\sqrt{(-27)^2-4(1)(38)}}{2}$$

$$=\frac{27\pm\sqrt{577}}{2}=\frac{27\pm 24.0208}{2}$$

그러므로

$$x=\frac{27+24.0208}{2}=25.5104$$

또는 $$x=\frac{27-24.0208}{2}=1.4896$$

따라서 유효숫자 4자리로 보정하면 $\boldsymbol{x=25.51}$ 또는 $\boldsymbol{x=1.490}$이다.

◆ **이제 다음 연습문제를 풀어보자.**

[연습문제 73] 공식을 이용한 이차방정식 풀이

※ 근의 공식을 이용하여 다음 방정식을 풀어 근을 소수점 아래 3자리로 보정하라.

1 $2x^2+5x-4=0$

2 $5.76x^2+2.86x-1.35=0$

3 $2x^2-7x+4=0$

4 $4x+5=\frac{3}{x}$

5 $2x+1=\frac{5}{x-3}$

6 $3x^2-5x+1=0$

7 $4x^2+6x-8=0$

8 $5.6x^2-11.2x-1=0$

9 $3x(x+2)+2x(x-4)=8$

10 $4x^2-x(2x+5)=14$ **11** $\frac{5}{x-3}+\frac{2}{x-2}=6$

12 $\frac{3}{x-7}+2x=7+4x$ **13** $\frac{x+1}{x-1}=x-3$

14.5 이차방정식을 포함하는 실전문제

실전문제에서는 문제를 직접 풀기 전에 문제에 주어진 정보를 이용하여 이차방정식을 먼저 만들어야 하는 경우가 많이 있다.

*[문제 22] 사각형의 넓이는 $23.6\,cm^2$이고, 폭은 길이보다 $3.10\,cm$ 짧다. 사각형의 치수를 유효숫자 3자리로 보정하여 구하라.

사각형의 길이를 $x\,cm$라 하면, 폭은 $(x-3.10)\,cm$이다.

$$넓이 = 길이 \times 폭 = x(x-3.10) = 23.6$$
$$즉,\ x^2-3.10x-23.6=0$$

근의 공식을 이용하면 다음과 같다.

$$x=\frac{-(-3.10)\pm\sqrt{(-3.10)^2-4(1)(-23.6)}}{2(1)}$$
$$=\frac{3.10\pm\sqrt{9.61+94.4}}{2}=\frac{3.10\pm10.20}{2}$$
$$=\frac{13.30}{2}\ 또는\ \frac{-7.10}{2}$$

그러므로 $x=6.65\,cm$ 또는 $x=-3.55\,cm$이다. 길이는 음수가 될 수 없으므로 뒤의 해는 무시한다. 따라서 길이는 $x=6.65\,cm$이고, 폭은 $x-3.10=6.65-3.10=3.55\,cm$이다. 즉 **사각형의 치수는 $6.65\,cm\times3.55\,cm$**이다.

Check 유효숫자 3자리로 보정한 넓이$=6.65\times3.55=23.6\,cm^2$

*[문제 23] 높이가 $82.0\,cm$이고 전체 겉넓이가 $2.0\,m^2$인 뚜껑이 있는 원통의 지름을 구하라.

원통의 전체 겉넓이

$$=곡면의\ 넓이+두\ 원의\ 넓이$$
$$=2\pi rh+2\pi r^2\quad(r=반지름,\ h=높이)$$

전체 겉넓이가 $2.0\,m^2$이고, 높이가 $h=82.0\,cm$ 또는 $h=0.82\,m$이므로 다음과 같다.

$$2.0=2\pi r(0.82)+2\pi r^2$$
$$즉,\ 2\pi r^2+2\pi r(0.82)-2.0=0$$

2π로 양변을 나누면 $r^2+0.82r-\frac{1}{\pi}=0$이다. 근의 공식을 이용하면 다음과 같다.

$$r=\frac{-0.82\pm\sqrt{(0.82)^2-4(1)(-1/\pi)}}{2(1)}$$
$$=\frac{-0.82\pm\sqrt{1.94564}}{2}=\frac{-0.82\pm1.39486}{2}$$
$$=0.2874\ 또는\ -1.1074$$

따라서 원통의 반지름은 $0.2874\,m$이다(음수 근은 무시한다). 그러므로 유효숫자 3자리로 보정한 원통의 지름은 $2\times0.2874=$ **$0.5748\,m$** 또는 **$57.5\,cm$**이다.

*[문제 24] 물체가 수직 상방향으로 발사되어 시간 t초가 지났을 때, 물체의 높이 s(m)는 $s=ut-\frac{1}{2}gt^2$이다. 발사된 후, 높이 $16\,m$에 도달할 때까지 걸린 시간을 구하라. 이때 $u=30\,m/s$이고 $g=9.81\,m/s^2$이다.
(a) 상승할 때 (b) 하강할 때

높이가 $s=16\,m$일 때

$$16=30t-\frac{1}{2}(9.81)t^2,\ 즉\ 4.905t^2-30t+16=0$$

이다. 근의 공식을 이용하면 다음과 같다.

$$r=\frac{-(-30)\pm\sqrt{(-30)^2-4(4.905)(16)}}{2(4.905)}$$
$$=\frac{30\pm\sqrt{586.1}}{9.81}=\frac{30\pm24.21}{9.81}$$
$$=5.53\ 또는\ 0.59$$

그러므로 이 물체는 상승할 때 $0.59\,s$ 후, 그리고 하강할 때 $5.53\,s$ 후에 높이 $16\,m$에 도달할 것이다.

***[문제 25]** 창고의 길이가 4.0m이고, 폭은 2.0m이다. 창고 주변은 일정한 폭의 콘크리트 길로 둘러싸여 있다. 길의 넓이가 $9.50\,\text{m}^2$일 때, 가장 근접한 [cm] 단위로 길의 폭을 계산하라.

[그림 14-1]은 주변이 폭 t[m]의 길로 둘러싸인 창고의 평면도이다.

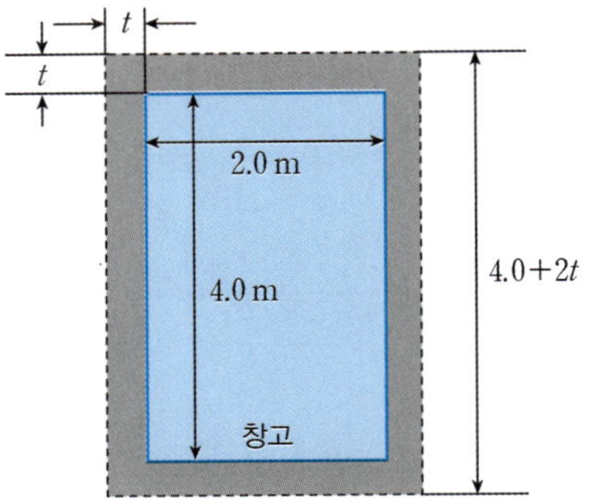

[그림 14-1]

$$\text{길의 넓이} = 2(2.0\times t) + 2t(4.0+2t)$$

즉 $9.50 = 4.0t + 8.0t + 4t^2$

또는 $4t^2 + 12.0t - 9.50 = 0$

근의 공식을 이용하면 다음과 같다.

$$t = \frac{-(12.0)\pm\sqrt{(12.0)^2-4(4)(-9.50)}}{2(4)}$$

$$= \frac{-12.0\pm\sqrt{296.0}}{8} = \frac{-12.0\pm 17.20465}{8}$$

즉 $t=0.6506\,\text{m}$ 또는 $t=-3.65058\,\text{m}$이다. 의미가 없는 음수의 결과를 무시하면, 길의 폭은 가장 근접한 [cm] 단위로 $\boldsymbol{t=0.651\,\text{m}}$ 또는 $\boldsymbol{t=65\,\text{cm}}$이다.

***[문제 26]** 빗변의 길이가 15.3cm이고, 전체 겉넓이가 $482.2\,\text{cm}^2$인 뚜껑이 있는 원뿔의 바닥면 지름을 구하라.

28장의 28.2.5절에서 뚜껑이 있는 원뿔의 전체 겉넓이는 $A=\pi rl+\pi r^2$임을 알 수 있다. 여기서 l은 빗변의 길이이고, r은 밑면의 반지름이다.

$A=482.2$, $l=15.3$이면

$$482.2 = \pi r(15.3) + \pi r^2,$$

즉 $\pi r^2 + 15.3\pi r - 482.2 = 0$

또는 $r^2 + 15.3r - \dfrac{482.2}{\pi} = 0$

근의 공식을 이용하면 다음과 같다.

$$r = \frac{-15.3\pm\sqrt{\left[(15.3)^2-4\left(\frac{-482.2}{\pi}\right)\right]}}{2}$$

$$= \frac{-15.3\pm\sqrt{848.0461}}{2} = \frac{-15.3\pm 29.12123}{2}$$

그러므로 $r=6.9106\,\text{cm}$(또는 $r=-22.21\,\text{cm}$, 이것은 의미가 없으며 따라서 무시한다)이다. 따라서 **밑면의 지름은** $2r=2(6.9106)=\boldsymbol{13.82\,\text{cm}}$이다.

◆ 이제 다음 연습문제를 풀어보자.

[연습문제 74] 이차방정식을 포함하는 실전문제

***1** t초 동안 회전하는 손잡이의 각은 $\theta=\omega t+\frac{1}{2}\alpha t^2$으로 주어진다. ω가 3.0rad/s이고 α가 $0.60\,\text{rad/s}^2$일 때, 회전각이 4rad이 되는 시간을 구하라.

***2** 전기회로에서 생성되는 전력 P는 $P=10I-8I^2$으로 주어진다. 여기서 I는 [A] 단위의 전류이다. 이 회로에서 전력이 2.5W를 생성하는 데 필요한 전류를 구하라.

***3** 어떤 삼각형의 넓이가 $47.6\,\text{cm}^2$이고, 높이가 밑면의 길이보다 4.3cm 더 길다. 밑면의 길이를 유효숫자 3자리로 보정하여 구하라.

***4** 두 전봇대가 xm 떨어져 있을 때, 두 전봇대 간에 걸쳐있는 전선이 늘어진 길이 l[m]은 $l=\dfrac{12}{x}+x$로 주어진다. 전선의 늘어진 길이가 20m일 때, 전봇대 사이의 거리를 구하라.

***5** 아세트산의 산해리상수acid dissociation constant K_a는 특정 용액에 대해 $1.8\times10^{-5}\,\text{mol dm}^{-3}$이다. $v=10\,\text{dm}^3$일 때, 오스트발트의 희석률Ostwald dilution law $K_a=\dfrac{x^2}{v(1-x)}$을 이용하여 이온화 정도 x를 구하라.

***6** 사각형 건물의 길이는 15m이고, 폭은 11m이다. 건물 주변은 일정한 폭의 콘크리트 길로 둘러싸여 있다. 길의 넓이가 $60.0\,\text{m}^2$일 때, 가장 근접한 [mm] 단위로 폭을 계산하라.

*7 뚜껑이 닫혀있는 원통형 컨테이너의 전체 겉넓이는 $20.0\,\mathrm{m}^3$이다. 높이가 $2.80\,\mathrm{m}$일 때, 원통의 반지름을 계산하라.

*8 기둥의 한 점에서 굽힘 모멘트bending moment M은 $M=\dfrac{3x(20-x)}{2}$로 주어진다. 여기서 x는 지지점으로부터의 거리[m]이다. 굽힘 모멘트가 $50\,\mathrm{N\,m}$일 때, x 값을 구하라.

*9 테니스장의 크기는 $24\,\mathrm{m}\times 11\,\mathrm{m}$이다. 여러 테니스장을 배치할 때, 땅의 면적은 각 테니스장의 양쪽 끝과 측면을 고려해서 정해야 한다. 각 테니스장 주변에 일정한 폭의 경계를 놓으려고 한다. 테니스장과 경계의 총 넓이가 $950\,\mathrm{m}^2$일 때, 경계의 폭을 구하라.

*10 직렬로 연결된 두 저항기의 저항은 총 $40\,\Omega$이고, 병렬로 연결될 때의 총 저항은 $8.4\,\Omega$이다. 두 저항기 중 어느 하나의 저항이 $R_x[\Omega]$일 때, 다음 물음에 답하라.

(a) $R_x^2-40R_x+336=0$임을 보여라.

(b) 각 저항을 계산하라.

*11 공을 수직 상향으로 던졌을 때, 높이 h는 시간 t에 따라 방정식 $h=25t-4t^2$으로 주어진다. 높이가 $12\,\mathrm{m}$일 때, 유효숫자 3자리로 보정하여 시간을 구하라.

*12 RLC 전기회로에서 리액턴스 X는 $X=\omega L-\dfrac{1}{\omega C}$로 주어진다. $X=220\,\Omega$, 인덕턴스 $L=800\,\mathrm{mH}$, 커패시턴스 $C=25\,\mu\mathrm{F}$이다. 각속도 ω는 초당 라디안으로 측정된다. ω 값을 계산하라.

*13 길이가 $6\mathrm{m}$인 빔beam의 왼쪽 끝에서의 반곡점은 방정식 $-x^2+11.25x-22.5=0$의 x 값으로 주어진다. 반곡점을 구하라.

*14 초기속도 v_0에서 $45°$ 각도로 발사된 발사체가 움직인 수직 높이 h와 수평 거리 x는 공식 $h=x-\dfrac{gx^2}{v_0^2}$으로 주어진다. 발사체의 초기속도가 $120\,\mathrm{m/s}$이고 높이가 $200\,\mathrm{m}$일 때 x 값을 구하라. 여기서 $g=9.81\,\mathrm{m/s^2}$이다.

*15 막대의 길이가 l, 단면적이 A, 질량이 W, 낙하거리가 h, 응력 ρ일 때, 이들 사이에 다음 공식이 성립한다.

$$\rho^2-\frac{2W}{A}\rho-\frac{2WEh}{Al}=0$$

$E=12500$, $l=110$, $h=0.5$, $W=2.25$, $A=3.20$일 때 유효숫자 3자리로 보정하여 양의 ρ 값을 구하라.

14.6 선형(일차) 및 이차 연립방정식 풀이

간혹 선형(일차)방정식과 이차방정식을 연립해서 풀어야 할 때가 있다. 이러한 경우에 대수적인 방법의 해법은 [문제 27]을 통해 이해할 수 있다. 그리고 그래프를 이용한 해법은 19장에서 살펴볼 것이다.

[문제 27] 다음 방정식을 동시에 만족하는 x와 y 값을 구하라.

$$y=5x-4-2x^2,\quad y=6x-7$$

두 방정식을 만족하는 해로서 y 값이 같아야 한다. 즉 각 방정식의 우변이 같다. 따라서 다음과 같다.

$$5x-4-2x^2=6x-7$$

재배열한다. $5x-4-2x^2-6x+7=0$

$-x+3-2x^2=0$

$2x^2+x-3=0$

인수분해한다. $(2x+3)(x-1)=0$

즉, $x=-\dfrac{3}{2}$ 또는 $x=1$

방정식 $y=6x-7$에서 다음을 얻는다.

$x=-\dfrac{3}{2}$일 때, $y=6\left(-\dfrac{3}{2}\right)-7=-16$

$x=1$일 때, $y=6-7=-1$

Check $y=5x-4-2x^2$에서 이 결과를 확인하면, $x=-\dfrac{3}{2}$일 때 $y=5\left(-\dfrac{3}{2}\right)-4-2\left(-\dfrac{3}{2}\right)^2=-\dfrac{15}{2}-4-\dfrac{9}{2}=-16$이고, 이 값은 위의 결과와 같다.
$x=1$일 때, $y=5-4-2=-1$이고, 위의 결과와 같다.

그러므로 연립방정식의 근은 $x=-\frac{3}{2}$, $y=-16$과 $x=1$, $y=-1$일 때 나타난다.

◆ **이제 다음 연습문제를 풀어보자.**

[연습문제 75] 선형(일차) 및 이차 연립방정식 풀이

※ 다음 두 식을 동시에 만족하는 근을 구하라.

1 $y=x^2+x+1$
$y=4-x$

2 $y=15x^2+21x-11$
$y=2x-1$

3 $2x^2+y=4+5x$
$x+y=4$

최신 과학용 계산기를 사용하면 이차방정식을 풀 수 있다. 계산기의 [Mode] 메뉴에서 [Equations]를 선택하면 결과가 나온다. 물론 이 장에서 살펴본 해석적 방법보다 매우 빠르게 답을 얻을 수 있다.

[연습문제 76] 이차방정식 풀이에 대한 선다형 문제

※ 각 문제의 정답은 한 개이다.

1 이차방정식의 차수는 얼마인가?
(a) 0 (b) 1 (c) 3 (d) 2

2 다음 방정식 중에서 이차방정식이 아닌 것은?
(a) $x^2+4x-5=0$ (b) $5+2x-x^2=0$
(c) $x^2-16=0$ (d) $x^2+x^3-7=0$

3 다음 중 해가 -2와 $+5$인 x에 관한 이차방정식은?
(a) $x^2-3x-10=0$ (b) $x^2+7x+10=0$
(c) $x^2+3x-10=0$ (d) $x^2-7x-10=0$

4 방정식 $ax^2+bx+c=0$이 중근(동일한 근)을 가질 때, c 값과 같은 것은?
(a) $\frac{b}{2a}$ (b) $-\frac{b^2}{2a}$
(c) $\frac{b^2}{4a}$ (d) $-\frac{b}{2a}$

5 $8x^2+13x-6=(x+p)(qx-3)$일 때, p와 q 값은 얼마인가?
(a) $p=2$, $q=8$ (b) $p=3$, $q=2$
(c) $p=-2$, $q=4$ (d) $p=1$, $q=8$

6 이차방정식 $8x^2+10x-3=0$의 해는 무엇인가?
(a) $-\frac{1}{4}$, $\frac{3}{2}$ (b) 4, $\frac{2}{3}$
(c) $-\frac{3}{2}$, $\frac{1}{4}$ (d) $\frac{2}{3}$, -4

7 이차식 $x^2+10x+p$가 완전제곱이 되기 위한 p 값은 얼마인가?
(a) 5 (b) 25 (c) 100 (d) 10

8 이차방정식 $2x^2-5x+1=0$의 해를 소수점 아래 2자리로 보정하여 구한 것은?
(a) -0.22, -2.28 (b) 2.69, -0.19
(c) 0.19, -2.69 (d) 2.28, 0.22

9 해가 4와 -2인 이차방정식은 무엇인가?
(a) $x^2-2x+8=0$ (b) $x^2-2x-8=0$
(c) $x^2+2x+8=0$ (d) $x^2+2x-8=0$

10 이차방정식 $3x^2-7x-6=0$의 해는 무엇인가?
(a) 2, -5 (b) 2, -9
(c) 3, $-\frac{2}{3}$ (d) 3, -6

11 해가 1과 0인 이차방정식은 무엇인가?
(a) $x^2-2x+1=0$ (b) $x^2-x=0$
(c) $x^2+2x+1=0$ (d) $x^2+x=0$

12 방정식 $x^2+kx+9=0$이 완전제곱이 되기 위한 k 값은 얼마인가?
(a) 6 (b) -3 (c) -6 (d) 3

13 이차방정식 $x^2+7x+10=0$의 해는 무엇인가?
(a) -2, -5 (b) 2, 5
(c) 2, -5 (d) -2, 5

14 방정식 $x^2-x-5=0$의 해의 형태는 무엇인가?
(a) 해가 없다. (b) 허근
(c) 동일한 실근 (d) 서로 다른 두 실근

15 수직상방향으로 던진 물체의 시각 t에서의 높이 S[m]는 $S=80t-16t^2$으로 주어진다. 이 물체가 하강하다가 높이 50m에 도달할 때까지 걸리는 시간은 얼마인가?
(a) 0.73 s (b) 5.56 s (c) 4.27 s (d) 81.77 s

Chapter 15

로그

Logarithms

로그를 이해하는 것이 왜 중요할까?

모든 공학 분야에서는 자연로그와 상용로그를 사용한다. 화학공학자는 방사능 붕괴와 pH 용액을 측정하기 위해 이들을 사용하며, 둘 다 로그 척도(로그 스케일logarithmic scales)로 측정된다. 지진의 강도를 측정하는 리히터 척도(리히터 스케일) 또한 로그 척도이다. 생명의공학자는 세포의 감쇠와 증식을 측정하기 위해 로그를 사용한다. 또한 골밀도 검사 측정을 위한 빛의 세기를 측정하기 위해 로그를 사용한다. 전기공학에서 데시벨(dB) 척도는 전파 전달과 회로 이득에서 감쇠량을 표현하는 데 매우 유용하다. 또한 로그는 디지털 회로에서 대수연산을 실행하는 데 사용된다. 특히 로그는 그래프를 이용하여 비선형 관계를 분석할 때 유용하며, 로그 척도는 자료 분석을 간단하게 만들기 위해 자료를 선형화할 때 사용된다. 로그에 대한 이해와 사용은 모든 공학 분야에서 확실히 중요하다.

학습포인트

- 밑, 거듭제곱, 지수와 지표를 정의한다.
- 로그를 정의한다.
- 상용로그와 자연로그(네이피어 로그)를 구별한다.
- 임의의 밑에 대한 로그를 계산한다.
- 로그법칙을 설명한다.
- 로그 표현을 간단히 한다.
- 로그가 포함된 방정식을 푼다.
- 결정방정식을 푼다.
- $\log_{10} x$와 $\log_e x$의 그래프를 그린다.

15.1 로그의 소개

계산기의 사용이 확고히 자리를 잡으면서, 로그표를 이용한 계산을 요즘은 거의 사용하지 않는다. 그러나 로그에 대한 이론은 중요하다. 많은 자연과학 및 공학의 법칙들이 로그 규칙을 포함한다.

우리는 7장에서 $16 = 2^4$임을 살펴보았다. 여기서 수 4를 거듭제곱power 또는 지수exponent 또는 지표index라 한다. 2^4이라는 표현에서 수 2를 밑base이라 한다. 또 다른 예로 $64 = 8^2$임을 알고 있다. 이 예에서 2는 거듭제곱, 지수, 또는 지표이고, 8은 밑이다.

15.1.1 로그는 무엇인가?

$16 = 2^4$이라는 표현을 생각해보자. 이 표현을 대체하는 방법이 $\log_2 16 = 4$이고, 이는 $16 = 2^4$과 동치이다. 이것을 "밑 2인 16의 로그는 4와 같다"고 설명한다. 로그는 원래 표현에서 거듭제곱 또는 지수와 같음을 알 수 있다. 원래 표현에서 밑은 로그의 밑이 된다.

두 명제 $16 = 2^4$과 $\log_2 16 = 4$는 동치이다.

우리가 둘 중 어느 한 표현을 사용한다면, 그것은 자동적으로 다른 하나가 성립하는 것을 의미한다. 일반적으로, 수 y를 a^x 형태로 쓸 수 있다면, 여기서의 지수 x를 '밑 a인 y

의 로그'라 한다. 즉 다음과 같다.

$$y=a^x \text{이면 } x=\log_a y \text{이다.}$$

또 다른 예로, $64=8^2$을 쓴다면 로그를 사용한 동치의 명제는 $\log_8 64=2$이다. 다른 예로, $\log_3 27=3$을 쓴다면 거듭제곱을 사용한 동치의 명제는 $3^3=27$이다. 따라서 거듭제곱을 포함한 명제와 로그를 포함한 명제는 동치이다.

15.1.2 상용로그

앞의 내용으로부터, $1000=10^3$일 때 이는 곧 $3=\log_{10}1000$임을 알 수 있다. 이는 계산기에서 'log' 버튼을 이용하여 확인할 수 있다. 밑이 10인 로그를 상용로그 common logarithm 라 하고, $\log_{10}$을 간단히 lg로 쓴다. 다음 값들은 계산기를 이용해 확인할 수 있다.

$$\lg 27.5=1.4393\cdots$$

$$\lg 378.1=2.5776\cdots$$

$$\lg 0.0204=-1.6903\cdots$$

15.1.3 자연로그

밑이 e(여기서 e는 수학적인 상수로서 약 2.7183이다)인 로그를 자연로그(네이피어 로그) hyperbolic, Napierian, natural logarithm 라 하고, $\log_e$를 간단히 ln으로 쓴다. 다음 값들은 계산기를 이용해 확인할 수 있다.

$$\ln 3.65=1.2947\cdots$$

$$\ln 417.3=6.0338\cdots$$

$$\ln 0.182=-1.7037\cdots$$

자연로그는 16장에서 좀 더 자세히 설명할 것이다. 로그에 대한 이해를 돕기 위해 몇 가지 문제들을 살펴보자.

[문제 1] $\log_3 9$를 계산하라.

$x=\log_3 9$라 하면, 로그의 정의로부터 $3^x=9$이다.
즉 $3^x=3^2$으로부터 $x=2$이다.
따라서 $\mathbf{\log_3 9=2}$이다.

[문제 2] $\log_{10}10$을 계산하라.

$x=\log_{10}10$이라 하면, 로그의 정의로부터 $10^x=10$이다.
즉 $10^x=10^1$으로부터 $x=1$이다.
따라서 $\mathbf{\log_{10}10=1}$이고, 이는 계산기를 이용해 확인할 수 있다.

[문제 3] $\log_{16}8$을 계산하라.

$x=\log_{16}8$이라 하면, 로그의 정의로부터 $16^x=8$이다.
즉 $(2^4)^x=2^3$이고, 지수법칙에 의해 $2^{4x}=2^3$이다. 이로부터 $4x=3$, $x=\frac{3}{4}$이다.
따라서 $\mathbf{\log_{16}8=\frac{3}{4}}$이다.

[문제 4] $\lg 0.001$을 계산하라.

$x=\lg 0.001=\log_{10}0.001$이라 하면, $10^x=0.001$이다.
즉 $10^x=10^{-3}$으로부터 $x=-3$이다.
따라서 $\mathbf{\lg 0.001=-3}$이고, 이는 계산기를 이용해 확인할 수 있다.

[문제 5] $\ln e$를 계산하라.

$x=\ln e=\log_e e$라 하면, $e^x=e$이다.
즉 $e^x=e^1$으로부터 $x=1$이다.
따라서 $\mathbf{\ln e=1}$이고, 이는 계산기를 이용해 확인할 수 있다.

[문제 6] $\log_3\frac{1}{81}$을 계산하라.

$x=\log_3\frac{1}{81}$이라 하면, $3^x=\frac{1}{81}=\frac{1}{3^4}=3^{-4}$이다.
즉 $x=-4$이다.
따라서 $\mathbf{\log_3\frac{1}{81}=-4}$이다.

[문제 7] 방정식 $\lg x=3$을 풀어라.

$\lg x=3$이면, $\log_{10}x=3$이고 $x=10^3$, 즉 $\mathbf{x=1000}$이다.

[문제 8] 방정식 $\log_2 x = 5$를 풀어라.

$\log_2 x = 5$이면, $x = 2^5 = 32$이다.

[문제 9] 방정식 $\log_5 x = -2$를 풀어라.

$\log_5 x = -2$이면, $x = 5^{-2} = \frac{1}{5^2} = \frac{1}{25}$이다.

◆ **이제 다음 연습문제를 풀어보자.**

[연습문제 77] 로그의 소개

※ (문제 1~11) 주어진 식을 계산하라.

1 $\log_{10} 10000$ **2** $\log_2 16$

3 $\log_5 125$ **4** $\log_2 \frac{1}{8}$

5 $\log_8 2$ **6** $\log_7 343$

7 $\lg 100$ **8** $\lg 0.01$

9 $\log_4 8$ **10** $\log_{27} 3$

11 $\ln e^2$

※ (문제 12~18) 다음 방정식을 풀어라.

12 $\log_{10} x = 4$ **13** $\lg x = 5$

14 $\log_3 x = 2$ **15** $\log_4 x = -2\frac{1}{2}$

16 $\lg x = -2$ **17** $\log_8 x = -\frac{4}{3}$

18 $\ln x = 3$

15.2 로그법칙

임의의 밑에 적용하는 세 가지 로그법칙이 있다.

❶ 두 수의 곱

$$\log(A \times B) = \log A + \log B$$

계산기를 이용하여 다음을 확인할 수 있다.

$$\lg 10 = 1$$

또한,

$$\lg 5 + \lg 2 = 0.69897\cdots + 0.301029\cdots = 1$$

따라서 $\lg(5 \times 2) = \lg 10 = \lg 5 + \lg 2$이다.

❷ 두 수의 나누기

$$\log\left(\frac{A}{B}\right) = \log A - \log B$$

계산기를 이용하여 다음을 확인할 수 있다.

$$\ln\left(\frac{5}{2}\right) = \ln 2.5 = 0.91629\cdots$$

또한,

$$\lg 5 - \lg 2 = 1.60943\cdots - 0.69314\cdots$$
$$= 0.91629\cdots$$

따라서 $\ln\left(\frac{5}{2}\right) = \ln 5 - \ln 2$이다.

❸ 거듭제곱하기

$$\log A^n = n\log A$$

계산기를 이용하여 다음을 확인할 수 있다.

$$\lg 5^2 = \lg 25 = 1.39794\cdots$$

또한,

$$2\lg 5 = 2 \times 0.69897\cdots = 1.39794\cdots$$

따라서 $\lg 5^2 = 2\lg 5$이다.

로그법칙에 대한 이해를 돕기 위해 몇 가지 문제들을 살펴보자.

[문제 10] $\log 4 + \log 7$을 하나의 수에 대한 로그로 써라.

로그법칙 ❶에 따르면 다음과 같다.

$$\begin{aligned}\log 4+\log 7&=\log(4\times 7)\\&=\log 28\end{aligned}$$

[문제 11] $\log 16-\log 2$를 하나의 수에 대한 로그로 써라.

로그법칙 ❷에 따르면 다음과 같다.

$$\begin{aligned}\log 16-\log 2&=\log\left(\frac{16}{2}\right)\\&=\log 8\end{aligned}$$

[문제 12] $2\log 3$을 하나의 수에 대한 로그로 써라.

로그법칙 ❸에 따르면 다음과 같다.

$$\begin{aligned}2\log 3&=\log 3^2\\&=\log 9\end{aligned}$$

[문제 13] $\frac{1}{2}\log 25$를 하나의 수에 대한 로그로 써라.

로그법칙 ❸에 따르면 다음과 같다.

$$\begin{aligned}\frac{1}{2}\log 25&=\log 25^{\frac{1}{2}}\\&=\log\sqrt{25}=\log 5\end{aligned}$$

[문제 14] $\log 64-\log 128+\log 32$를 간단히 하라.

$64=2^6$, $128=2^7$, $32=2^5$이므로 다음과 같다.

$\log 64-\log 128+\log 32$

$=\log 2^6-\log 2^7+\log 2^5$

$=6\log 2-7\log 2+5\log 2$ 로그법칙 ❸에 따라

$=4\log 2$

[문제 15] $\frac{1}{2}\log 16+\frac{1}{3}\log 27-2\log 5$를 하나의 수에 대한 로그로 써라.

$\frac{1}{2}\log 16+\frac{1}{3}\log 27-2\log 5$

$=\log 16^{\frac{1}{2}}+\log 27^{\frac{1}{3}}-\log 5^2$ 로그법칙 ❸에 따라

$=\log\sqrt{16}+\log\sqrt[3]{27}-\log 25$ 지수법칙에 따라

$=\log 4+\log 3-\log 25$

$=\log\left(\frac{4\times 3}{25}\right)$ 로그법칙 ❶, ❷에 따라

$=\log\left(\frac{12}{25}\right)=\log 0.48$

[문제 16] $\dfrac{\log 25-\log 125+\frac{1}{2}\log 625}{3\log 5}$를 계산하라.

$$\begin{aligned}&\frac{\log 25-\log 125+\frac{1}{2}\log 625}{3\log 5}\\&=\frac{\log 5^2-\log 5^3+\frac{1}{2}\log 5^4}{3\log 5}\\&=\frac{2\log 5-3\log 5+\frac{4}{2}\log 5}{3\log 5}\\&=\frac{1\log 5}{3\log 5}=\frac{1}{3}\end{aligned}$$

[문제 17] 방정식 $\log(x-1)+\log(x+8)=2\log(x+2)$를 풀어라.

좌변 $=\log(x-1)+\log(x+8)$

$=\log(x-1)(x+8)$ 로그법칙 ❶에 따라

$=\log(x^2+7x-8)$

우변 $=2\log(x+2)$

$=\log(x+2)^2$ 로그법칙 ❸에 따라

$=\log(x^2+4x+4)$

그러므로 $\log(x^2+7x-8)=\log(x^2+4x+4)$이다.
따라서 $x^2+7x-8=x^2+4x+4$, 즉 $7x-8=4x+4$이다.
$3x=12$이므로 $x=4$이다.

[문제 18] 방정식 $\frac{1}{2}\log 4 = \log x$를 풀어라.

$$\frac{1}{2}\log 4 = \log 4^{\frac{1}{2}} \quad \text{로그법칙 ❶에 따라}$$

$$= \log\sqrt{4} \quad \text{지수법칙에 따라}$$

그러므로 $\frac{1}{2}\log 4 = \log x$는 $\log\sqrt{4} = \log x$가 된다.

즉 $\log 2 = \log x$로부터 $2 = x$이다.

따라서 방정식의 근은 $\boldsymbol{x=2}$이다.

[문제 19] 방정식 $\log(x^2-3) - \log x = \log 2$를 풀어라.

$$\log(x^2-3) - \log x = \log\left(\frac{x^2-3}{x}\right) \quad \text{로그법칙 ❷에 따라}$$

$$\log\left(\frac{x^2-3}{x}\right) = \log 2$$

$$\frac{x^2-3}{x} = 2$$

식을 재배열한다.

$$x^2-3=2x, \text{ 즉 } x^2-2x-3=0$$

인수분해한다.

$$(x-3)(x+1)=0$$

따라서 $x=3$ 또는 $x=-1$이다.

음수의 로그는 실수가 아니므로 $x=-1$은 타당하지 않은 근이다. 그러므로 방정식의 근은 $\boldsymbol{x=3}$이다.

◆ **이제 다음 연습문제를 풀어보자.**

[연습문제 78] 로그법칙

※ (문제 1~11) 주어진 식을 하나의 수에 대한 로그로 표현하라.

1 $\log 2 + \log 3$

2 $\log 3 + \log 5$

3 $\log 3 + \log 4 - \log 6$

4 $\log 7 + \log 21 - \log 49$

5 $2\log 2 + \log 3$

6 $2\log 2 + 3\log 5$

7 $2\log 5 - \frac{1}{2}\log 81 + \log 36$

8 $\frac{1}{3}\log 8 - \frac{1}{2}\log 81 + \log 27$

9 $\frac{1}{2}\log 4 - 2\log 3 + \log 45$

10 $\frac{1}{4}\log 16 + 2\log 3 - \log 18$

11 $2\log 2 + \log 5 - \log 10$

※ (문제 12~14) 주어진 식을 간단히 하라.

12 $\log 27 - \log 9 + \log 81$

13 $\log 64 + \log 32 - \log 128$

14 $\log 8 - \log 4 + \log 32$

※ (문제 15~16) 주어진 식을 간단히 하라.

15 $\dfrac{\frac{1}{2}\log 16 - \frac{1}{3}\log 8}{\log 4}$

16 $\dfrac{\log 9 - \log 3 + \frac{1}{2}\log 81}{2\log 3}$

※ (문제 17~22) 주어진 방정식을 풀어라.

17 $\log x^4 - \log x^3 = \log 5x - \log 2x$

18 $\log 2t^3 - \log t = \log 16 + \log t$

19 $2\log b^2 - 3\log b = \log 8b - \log 4b$

20 $\log(x+1) + \log(x-1) = \log 3$

21 $\frac{1}{3}\log 27 = \log(0.5a)$

22 $\log(x^2-5) - \log x = \log 4$

15.3 결정방정식

로그법칙은 결정방정식indicial equation이라 하는 거듭제곱을 포함하는 방정식을 푸는 데 사용될 수 있다.

예를 들어, $3^x = 27$을 풀기 위해 양변에 밑이 10인 로그를 취한다.

$$\log_{10} 3^x = \log_{10} 27$$

그리고 로그법칙 ❸에 따르면 다음과 같다.

$$x \log_{10} 3 = \log_{10} 27$$

재배열하면 다음과 같으며, 이는 즉시 확인할 수 있다.

$$x = \frac{\log_{10} 27}{\log_{10} 3} = \frac{1.43136\cdots}{0.47712\cdots}$$

$$= \mathbf{3}$$

Note $\frac{\log 27}{\log 3}$은 $\log\frac{27}{3}$과 같지 않다.

[문제 20] 방정식 $2^x = 5$를 유효숫자 4자리로 보정하여 풀어라.

$2^x = 5$의 양변에 밑이 10인 로그를 취한다.

$$\log_{10} 2^x = \log_{10} 5$$

로그법칙 ❸에 따르면 다음과 같다.

$$x \log_{10} 2 = \log_{10} 5$$

재배열하고, 답을 유효숫자 4자리로 보정한다.

$$x = \frac{\log_{10} 5}{\log_{10} 2} = \frac{0.6989700\cdots}{0.3010299\cdots}$$

$$= \mathbf{2.322}$$

[문제 21] 방정식 $2^{x+1} = 3^{2x-5}$을 소수점 아래 2자리로 보정하여 풀어라.

양변에 밑이 10인 로그를 취한다.

$$\log_{10} 2^{x+1} = \log_{10} 3^{2x-5}$$

$$(x+1)\log_{10} 2 = (2x-5)\log_{10} 3$$

$$x\log_{10} 2 + \log_{10} 2 = 2x\log_{10} 3 - 5\log_{10} 3$$

$$x(0.3010) + (0.3010) = 2x(0.4771) - 5(0.4771)$$

즉 $0.3010x + 0.3010 = 0.9542x - 2.3855$이다.

그러므로,

$$2.3855 + 0.3010 = 0.9542x - 0.3010x$$

$$2.6865 = 0.6532x$$

따라서 소수점 아래 2자리로 보정하면 다음과 같다.

$$x = \frac{2.6865}{0.6532} = \mathbf{4.11}$$

[문제 22] 방정식 $x^{2.7} = 34.68$을 유효숫자 4자리로 보정하여 풀어라.

양변에 밑이 10인 로그를 취한다.

$$\log_{10} x^{2.7} = \log_{10} 34.68$$

$$2.7\log_{10} x = \log_{10} 34.68$$

그러므로,

$$\log_{10} x = \frac{\log_{10} 34.68}{2.7} = 0.57040$$

따라서 유효숫자 4자리로 보정하면 다음과 같다.

$$x = 10^{0.57040} = \mathbf{3.719}$$

***[문제 23]** 기계의 속도 v가 공식 $v = 15^{\frac{40}{1.25b}}$으로 주어질 때, 다음 물음에 답하라.

(a) b에 관한 식으로 변환하라.

(b) $v = 12$일 때, 유효숫자 3자리로 보정하여 b를 구하라.

(a) 방정식의 양변에 밑이 10인 로그를 취한다.

$$\log_{10} v = \log_{10} 15^{\frac{40}{1.25b}}$$

로그법칙 ❸에 의해 다음을 얻는다.

$$\log_{10}v=\left(\frac{40}{1.25b}\right)\log_{10}15$$

$$=\left(\frac{40}{1.25b}\right)(1.1761)$$ 소수점 아래 4자리로 보정하여

$$=\frac{47.044}{1.25b}$$

따라서 다음을 얻는다.

$$(1.25b)\log_{10}v=47.044$$

$$b=\frac{47.044}{1.25\log_{10}v}$$

(b) $v=12$일 때, $b=\frac{47.044}{1.25\log_{10}12}\approx 34.874$, 즉 유효숫자 3자리로 보정하여 $b=34.9$이다.

*[문제 24] 기체가 폴리트로픽 법칙polytropic law $PV^{1.25}=C$를 따른다고 하자. 최초의 압력과 부피가 각각 101kPa와 0.35m^3이고 최종 압력이 1.18MPa일 때, 기체의 최종 부피를 구하라.

$PV^{1.25}=C$이면 $P_1V_1^{1.25}=P_2V_2^{1.25}$이다.

$P_1=101\text{kPa}$, $P_2=1.18\text{kPa}$, $V_1=0.35\text{m}^3$이므로 다음을 얻는다.

$$P_1V_1^{1.25}=P_2V_2^{1.25}$$

$$(101\times10^3)(0.35)^{1.25}=(1.18\times10^6)\ V_2^{1.25}$$

$$V_2^{1.25}=\frac{(101\times10^3)(0.35)^{1.25}}{(1.18\times10^6)}$$

$$=0.02304$$

이 식의 양변에 밑이 10인 로그를 취하여 다음을 얻는다.

$$\log_{10}V_2^{1.25}=\log_{10}0.02304$$

그러면 로그법칙 ❸에 의해 다음을 얻는다.

$$(1.25)\log_{10}V_2=\log_{10}0.02304$$

$$\log_{10}V_2=\frac{\log_{10}0.02304}{1.25}=-1.3100$$

따라서 부피 V_2는 다음과 같다.

$$V_2=10^{-1.3100}=0.049\,\text{m}^3$$

◆ **이제 다음 연습문제를 풀어보자.**

[연습문제 79] 결정방정식

※ (문제 1~8) 결정방정식을 유효숫자 4자리로 보정하여 풀어라.

1 $3^x=6.4$

2 $2^x=9$

3 $2^{x-1}=3^{2x-1}$

4 $x^{1.5}=14.91$

5 $25.28=4.2^x$

6 $4^{2x-1}=5^{x+2}$

7 $x^{-0.25}=0.792$

8 $0.027^x=3.26$

***9** 증폭기의 입력에 대한 출력의 비율인 데시벨 이득 n은 $n=10\log_{10}\left(\frac{P_2}{P_1}\right)$이다. 여기서 P_1은 입력전력이고, P_2는 출력전력이다. $n=25\,[\text{dB}]$일 때, 출력이득 $\frac{P_2}{P_1}$를 구하라.

***10** 기체가 폴리트로픽 법칙 $PV^{1.26}=C$를 따른다고 하자. 최초의 압력과 부피가 각각 101kPa과 0.42m^3이고 최종 압력이 1.25MPa일 때, 기체의 최종 부피를 구하라.

15.4 로그함수의 그래프

[그림 15-1]은 $y=\log_{10}x$의 그래프이고, [그림 15-2]는 $y=\log_e x$의 그래프이다.

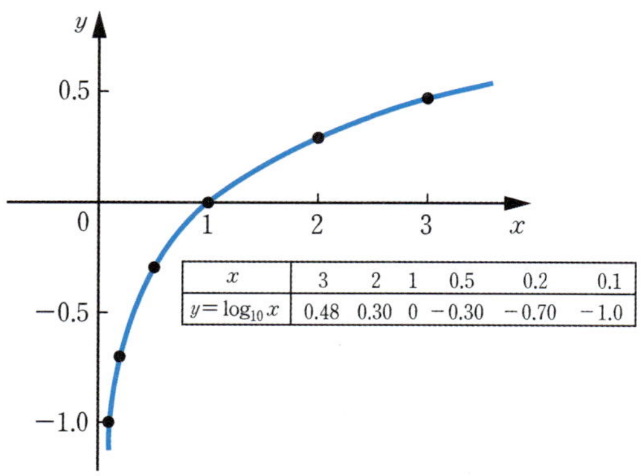

x	3	2	1	0.5	0.2	0.1
$y=\log_{10}x$	0.48	0.30	0	−0.30	−0.70	−1.0

[그림 15-1]

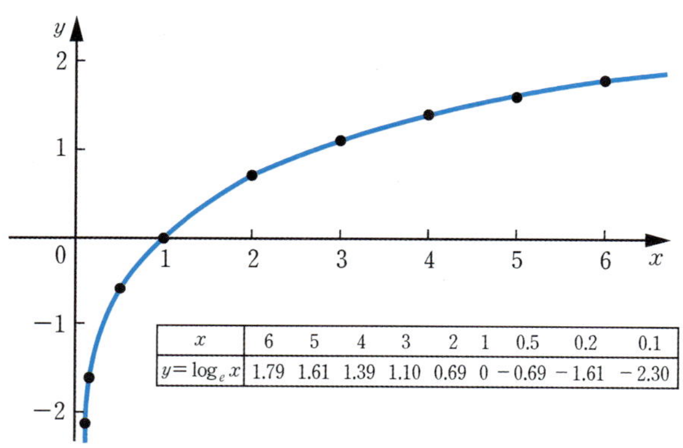

x	6	5	4	3	2	1	0.5	0.2	0.1
$y=\log_e x$	1.79	1.61	1.39	1.10	0.69	0	−0.69	−1.61	−2.30

[그림 15-2]

두 그래프의 모양은 비슷하다. 사실상, 임의의 밑 $a\,(a>0,\ a\neq 1)$에 대한 로그함수의 그래프는 일반적으로 비슷한 모양으로 나타난다. 임의의 밑 a를 갖는 로그에 대해 다음을 주의해야 한다.

❶ $\log_a 1=0$

$\log_a 1=x$라 하면 로그의 정의로부터 $a^x=1$이다.

$a^x=1$이면 로그법칙에 의해 $x=0$이다.

그러므로 $\log_a 1=0$이다. 위 그래프에서 $\log_{10}1=0$이고, $\log_e 1=0$임을 보인다.

❷ $\log_a a=1$

$\log_a a=x$라 하면 로그의 정의로부터 $a^x=a$이다.

$a^x=a$이면 $x=1$이다.

그러므로 $\log_a a=1$이다.

Check 계산기를 이용하여 $\log_{10}10=1$이고 $\log_e e=1$임을 확인한다.

❸ $\log_a 0\to-\infty$ ($a>1$인 경우)

$\log_a 0=x$라 하면 로그의 정의로부터 $a^x=0$이다.

$a^x=0$이고 a가 양수이면 x는 음의 무한대로 접근해야 한다.

그러므로 $\log_a 0\to-\infty$이다.

Check 예를 들어, $2^{-2}=0.25$, $2^{-20}=9.54\times10^{-7}$, $2^{-200}=6.22\times10^{-61}$ 등을 계산기로 확인한다.

❹ $\log_a 0\to\infty$ ($0<a<1$인 경우)

$\log_a 0=x$라 하면 로그의 정의로부터 $a^x=0$이다.

$a^x=0$이고 a가 $0<a<1$, 즉 $b>1$이고 $a=\frac{1}{b}$이면 $a^x=\frac{1}{b^x}=0$이다. 이때 x는 양의 무한대로 접근해야 한다.

그러므로 $a^x=0$이다.

Check 예를 들어, $\left(\frac{1}{2}\right)^2=0.25$, $\left(\frac{1}{2}\right)^{20}=9.54\times10^{-7}$, $\left(\frac{1}{2}\right)^{200}=6.22\times10^{-61}$ 등을 계산기로 확인한다.

[연습문제 80] 로그에 대한 선다형 문제

※ 각 문제의 정답은 한 개이다.

1 $\log_{16}8$과 같은 것은?

(a) $\frac{1}{2}$　(b) 144

(c) $\frac{3}{4}$　(d) 2

2 $(\log 2+\log 3)$을 간단히 한 것은?

(a) $\log 1$　(b) $\log 5$

(c) $\log 6$　(d) $\log\frac{2}{3}$

3 $\log_{10}\frac{1}{100}$의 값은 얼마인가?

(a) -5　(b) 2

(c) 5　(d) -2

4 $(\log 30-\log 5)=\log x$를 x에 대해 풀면 얼마인가?

(a) 150　(b) 6

(c) 35　(d) 25

5 $\log_x 81 = 4$를 x에 대해 풀면 얼마인가?

(a) 3 (b) 9

(c) 20.25 (d) 324

6 $\frac{1}{4}\log 16 - 2\log 5 + \frac{1}{3}\log 27$과 동치인 것은?

(a) $-\log 20$ (b) $\log 0.24$

(c) $-\log 5$ (d) $\log 3$

7 $\log_{10}(3x+1) = 5$를 x에 대해 풀면 얼마인가?

(a) 300 (b) 8

(c) 3333 (d) $\frac{4}{3}$

8 $5^{2-x} = \frac{1}{125}$을 x에 대해 풀면 얼마인가?

(a) $\frac{5}{3}$ (b) 5

(c) -1 (d) $\frac{7}{3}$

9 $\log_{10}4 + \log_{10}25$와 동치인 것은?

(a) 5 (b) 4

(c) 3 (d) 2

10 $(2\log 9)$를 간단히 한 것은?

(a) $\log 11$ (b) $\log 18$

(c) $\log 81$ (d) $\log \frac{2}{9}$

11 방정식 $\log(x+2) - \log(x-2) = \log 2$를 x에 대해 풀면 얼마인가?

(a) 2 (b) 3 (c) 4 (d) 6

12 $\left(3\log 1 + \frac{1}{2}\log 16\right)$을 하나의 수에 대한 로그로 쓴 것은?

(a) $\log 24$ (b) $\log 18$

(c) $\log 5$ (d) $\log 4$

13 $(3\log 10) = \log x$를 x에 대해 풀면 얼마인가?

(a) 1000 (b) 30 (c) 13 (d) 0.3

14 $2^x = 6$을 소수점 아래 1자리로 보정하여 x에 대해 풀면 얼마인가?

(a) 2.6 (b) 1.6

(c) 12.0 (d) 5.2

15 메시지에 포함된 정보 I는 $I = \log_2\left(\frac{1}{x}\right)$로 주어진다. $x = \frac{1}{8}$일 때 I와 같은 것은?

(a) 4 (b) 3 (c) 8 (d) 16

Chapter 16

지수함수

Exponential functions

지수함수를 이해하는 것이 왜 중요할까?

지수함수는 공학, 물리학, 생물학, 경제학에서 사용된다. 지수적으로 증가하는 많은 양들이 있는데, 예를 들어 인구, 복리이자와 커패시터의 전하 등은 지수적으로 증가한다. 지수적 증가로 인해, 시간이 지남에 따라 성장률이 증가한다. 또한 방사성 붕괴, 기압, 뉴턴의 냉각법칙, 선팽창 등과 같은 지수적 감소도 있다. 지수함수에 대한 이해와 응용은 모든 공학 분야에서 중요하다.

학습포인트

- 계산기를 이용하여 지수함수를 계산한다.
- e^x 에 대한 지수급수를 설명한다.
- 지수함수의 그래프를 그린다.
- 계산기를 이용하여 자연로그를 계산한다.
- 자연로그를 포함하는 방정식을 푼다.
- 공학과 자연과학에서 성장과 붕괴의 법칙에 대한 많은 예를 알아본다.
- 성장과 붕괴의 법칙을 포함하는 계산을 수행한다.

16.1 지수함수의 소개

지수함수는 e^x을 포함하는 함수이다. 여기서 e는 지수라 부르는 상수이고 약 2.7183이다. 지수는 성장과 붕괴의 자연법칙에서 발생하며, 자연로그에 대한 밑으로 사용된다. 지수함수를 산출하는 가장 보편적인 방법은 공학용 **계산기**를 사용하는 것이다. 계산기를 이용하여 다음 값을 확인해 보자.

유효숫자 8자리로 보정하여 $e^1 = 2.7182818$이다.
유효숫자 7자리로 보정하여 $e^{-1.618} = 0.1982949$이다.
유효숫자 5자리로 보정하여 $e^{0.12} = 1.1275$이다.
소수점 아래 5자리로 보정하여 $e^{-1.47} = 0.22993$이다.
소수점 아래 4자리로 보정하여 $e^{-0.431} = 0.6499$이다.
유효숫자 5자리로 보정하여 $e^{9.32} = 11159$이다.
소수점 아래 7자리로 보정하여 $e^{-2.785} = 0.0617291$이다.

[문제 1] 계산기를 사용하여 다음을 소수점 아래 4자리로 보정하여 계산하라.

$$0.0256\,(e^{5.21} - e^{2.49})$$

$$\begin{aligned} &0.0256\,(e^{5.21} - e^{2.49}) \\ &= 0.0256\,(183.094058\cdots - 12.0612761\cdots) \\ &= \mathbf{4.3784} \end{aligned}$$

소수점 아래 4자리로 보정하여

[문제 2] 계산기를 사용하여 다음을 소수점 아래 4자리로 보정하여 계산하라.

$$5\left(\frac{e^{0.25} - e^{-0.25}}{e^{0.25} + e^{-0.25}}\right)$$

$$5\left(\frac{e^{0.25}-e^{-0.25}}{e^{0.25}+e^{-0.25}}\right)$$

$$=5\left(\frac{1.28402541\cdots\ -0.77880078\cdots}{1.28402541\cdots\ +0.77880078\cdots}\right)$$

$$=5\left(\frac{0.5052246\cdots}{2.0628262\cdots}\right)$$

$$=\mathbf{1.2246}$$ 소수점 아래 4자리로 보정하여

***[문제 3]** 용량성 회로capacitive circuit에서 순간전압 v는 방정식 $v=Ve^{-t/CR}$에 의해 시간 t와 관련된다. 여기서 V, C, R은 상수이다. $t=50\,\mathrm{ms}$, $C=10\,\mu\mathrm{F}$, $R=47\,\mathrm{k}\Omega$, $V=300\,\mathrm{V}$일 때, 유효숫자 4자리로 보정하여 v를 구하라.

$$v=Ve^{-t/CR}=300e^{(-50\times10^{-3})/(10\times10^{-6}\times47\times10^{3})}$$

계산기를 이용하면 다음과 같다.

$$v=300e^{-0.1063829\cdots}$$
$$=300(0.89908025\cdots)$$
$$=\mathbf{269.7}\,\mathrm{V}$$

◆ **이제 다음 연습문제를 풀어보자.**

[연습문제 81] 지수함수 계산하기

1 유효숫자 4자리로 보정하여 다음을 계산하라.

(a) $e^{-1.8}$ (b) $e^{-0.78}$ (c) e^{10}

2 유효숫자 5자리로 보정하여 다음을 계산하라.

(a) $e^{1.629}$ (b) $e^{-2.7483}$ (c) $0.62e^{4.178}$

※ (문제 3~4) 주어진 식을 소수점 아래 5자리로 보정하여 계산하라.

3 (a) $\frac{1}{7}e^{3.4629}$ (b) $8.52e^{-1.2651}$ (c) $\frac{5e^{2.6921}}{3e^{1.1171}}$

4 (a) $\frac{5.6823}{e^{-2.1347}}$ (b) $\frac{e^{2.1127}-e^{-2.1127}}{2}$

(c) $\frac{4(e^{-1.7295}-1)}{e^{3.6817}}$

***5** 온도 θ에서 막대의 길이 l은 $l=l_0e^{\alpha\theta}$으로 주어진다. 여기서 l_0와 α는 상수이다. $l_0=2.587$, $\theta=321.7$, $\alpha=1.771\times10^{-4}$일 때, 유효숫자 4자리로 보정하여 l을 구하라.

***6** 길이 $2L$인 사슬이 동일한 수평 위치로 $2D$[m] 떨어진 두 지점에 매달릴 때, $D=k\left\{\ln\left(\frac{L+\sqrt{L^2+k^2}}{k}\right)\right\}$이다. $k=75\,\mathrm{m}$, $L=180\,\mathrm{m}$일 때, D를 구하라.

16.2 e^x의 거듭제곱급수

e^x은 식 (16.1)의 우변에 있는 거듭제곱급수로 정의되므로 e^x의 근삿값을 주어진 오차한계 내에서 정확하게 계산할 수 있다(여기서 $3!=3\times2\times1$이고, 3 계승(팩토리얼)factorial이라고 부른다). 이 급수는 모든 실수 x에 대해 유효하다.

$$e^x=1+x+\frac{x^2}{2!}+\frac{x^3}{3!}+\frac{x^4}{4!}+\cdots \tag{16.1}$$

이 급수는 **수렴**한다고 말한다. 즉 모든 항들이 더해진다면 e^x에 대한 실제 값(x가 실수인 경우)이 얻어진다. 항들이 더 많을수록 e^x의 값은 더욱 더 실제 값에 가까워진다. 소수점 아래 4자리로 보정한 지수 e의 값은 식 (16.1)의 거듭제곱급수에서 $x=1$을 대입하여 결정될 수 있다.

$$e^1=1+1+\frac{(1)^2}{2!}+\frac{(1)^3}{3!}+\frac{(1)^4}{4!}+\frac{(1)^5}{5!}+\frac{(1)^6}{6!}+\frac{(1)^7}{7!}+\frac{(1)^8}{8!}+\cdots$$

$$=1+1+0.5+0.16667+0.04167+0.00833+0.00139+0.00020+0.00002+\cdots$$

$$=2.71828$$

즉 소수점 아래 4자리로 보정한 값은 $\boldsymbol{e}=\mathbf{2.7183}$이다. 유효숫자 8자리로 보정한 $e^{0.05}$의 값은 e^x에 대한 거듭제곱급수에서 $x=0.05$를 대입하여 구해진다.

$$e^{0.05}=1+0.05+\frac{(0.05)^2}{2!}+\frac{(0.05)^3}{3!}+\frac{(0.05)^4}{4!}+\frac{(0.05)^5}{5!}+\cdots$$

$$=1+0.05+0.00125+0.000020833+0.000000260+0.0000000026$$

즉 유효숫자 8자리로 보정한 값은 $\mathbf{e^{0.05}=1.0512711}$이다.

이 예에서 급수 안에 있는 연속적인 항들은 매우 급속히 작아지고, 따라서 상대적으로 높은 정확도를 갖는 $e^{0.05}$의 값을 쉽게 결정할 수 있다. 그러나 x가 1에 가깝거나 1보다 크면, 정확한 결과를 얻기 위해 많은 항들이 요구된다.

식 (16.1)에서 x를 $-x$로 대치시키면 다음과 같다.

$$e^{-x}=1+(-x)+\frac{(-x)^2}{2!}+\frac{(-x)^3}{3!}+\cdots$$

즉 $\mathbf{e^{-x}=1-x+\frac{x^2}{2!}-\frac{x^3}{3!}+\cdots}$이다.

비슷한 방법으로 e^x에 대한 거듭제곱급수는 ae^{kx} 형태의 지수함수를 계산하는 데 사용될 수 있다. 여기서 a와 k는 상수이다. 식 (16.1)의 급수에서 x를 kx로 교체하면 다음을 얻는다.

$$ae^{kx}=a\left\{1+(kx)+\frac{(kx)^2}{2!}+\frac{(kx)^3}{3!}+\cdots\right\}$$

따라서,
$$5e^{2x}=5\left\{1+(2x)+\frac{(2x)^2}{2!}+\frac{(2x)^3}{3!}+\cdots\right\}$$

$$=5\left\{1+2x+\frac{4x^2}{2}+\frac{8x^3}{6}+\cdots\right\}$$

즉,
$$5e^{2x}=5\left\{1+2x+2x^2+\frac{4}{3}x^3+\cdots\right\}$$

[문제 4] e^x의 거듭제곱급수를 이용하여, $5e^{0.5}$의 값을 구하라. 이때 유효숫자 5자리로 보정한다.

식 (16.1)로부터

$$e^x=1+x+\frac{x^2}{2!}+\frac{x^3}{3!}+\frac{x^4}{4!}+\cdots$$

이다. 그러므로 다음을 얻는다.

$$e^{0.5}=1+0.5+\frac{(0.5)^2}{(2)(1)}+\frac{(0.5)^3}{(3)(2)(1)}+\frac{(0.5)^4}{(4)(3)(2)(1)}+\frac{(0.5)^5}{(5)(4)(3)(2)(1)}+\frac{(0.5)^6}{(6)(5)(4)(3)(2)(1)}+\cdots$$

$$=1+0.5+0.125+0.020833+0.0026042+0.0002604+0.0000217$$

즉 유효숫자 6자리로 보정한 값은 $e^{0.5}=1.64872$이다.
따라서 유효숫자 5자리로 보정하면
$\mathbf{5e^{0.5}}=5(1.64872)=\mathbf{8.2436}$이다.

[문제 5] e^x의 거듭제곱급수를 이용하여 $3e^{-1}$의 값을 구하라. 이때 소수점 아래 4자리로 보정한다.

다음 거듭제곱급수에서 $x=-1$을 대입한다.

$$e^x=1+x+\frac{x^2}{2!}+\frac{x^3}{3!}+\frac{x^4}{4!}+\cdots$$

그러므로 다음을 얻는다.

$$e^{-1}=1+(-1)+\frac{(-1)^2}{2!}+\frac{(-1)^3}{3!}+\frac{(-1)^4}{4!}+\cdots$$

$$=1-1+0.5-0.166667+0.041667-0.008333+0.001389-0.000198+\cdots$$

$$=0.367858$$ 소수점 아래 6자리로 보정하여

그러므로 소수점 아래 4자리로 보정하면
$\mathbf{3e^{-1}}=(3)(0.367858)=\mathbf{1.1036}$이다.

[문제 6] $e^x(x^2-1)$을 x^5 항까지 전개하라.

e^x의 거듭제곱은 다음과 같다.

$$e^x=1+x+\frac{x^2}{2!}+\frac{x^3}{3!}+\frac{x^4}{4!}+\frac{x^5}{5!}+\cdots$$

그러므로 다음을 얻는다.

$$e^x(x^2-1)=\left(1+x+\frac{x^2}{2!}+\frac{x^3}{3!}+\frac{x^4}{4!}+\frac{x^5}{5!}+\cdots\right)(x^2-1)$$

$$=\left(x^2+x^3+\frac{x^4}{2!}+\frac{x^5}{3!}+\cdots\right)-\left(1+x+\frac{x^2}{2!}+\frac{x^3}{3!}+\frac{x^4}{4!}+\frac{x^5}{5!}+\cdots\right)$$

이제 동류항끼리 묶어서 x^5 항까지 전개하면 다음과 같다.

$$e^x(x^2-1) = -1-x+\left(x^2-\frac{x^2}{2!}\right)+\left(x^3-\frac{x^3}{3!}\right)+\left(\frac{x^4}{2!}-\frac{x^4}{4!}\right)+\left(\frac{x^5}{3!}-\frac{x^5}{5!}\right)+\cdots$$

$$= -1-x+\frac{1}{2}x^2+\frac{5}{6}x^3+\frac{11}{24}x^4+\frac{19}{120}x^5$$

◆ **이제 다음 연습문제를 풀어보자.**

[연습문제 82] e^x에 대한 거듭제곱급수

1 e^x에 대한 거듭제곱급수를 이용하여 $5.6e^{-1}$을 소수점 아래 4자리로 보정하여 계산하라.

2 e^x에 대한 거듭제곱급수를 이용하여 유효숫자 4자리로 보정하여 다음을 계산하라. 그리고 계산기를 이용하여 결과를 확인하라.

(a) e^2 (b) $e^{-0.3}$

3 $(1-2x)e^{2x}$을 x^4 항까지 전개하라.

4 $\left(2e^{x^2}\right)\left(x^{1/2}\right)$을 6개 항으로 전개하라.

16.3 지수함수의 그래프

범위 $x=-3$에서 $x=3$까지 소수점 아래 2자리로 보정하여 e^x과 e^{-x}의 값을 계산기로 얻은 값을 [표 16-1]에 나타냈다.

[표 16-1]

x	-3.0	-2.5	-2.0	-1.5	-1.0	-0.5	0
e^x	0.05	0.08	0.14	0.22	0.37	0.61	1.00
e^{-x}	20.09	12.18	7.39	4.48	2.72	1.65	1.00
x	0.5	1.0	1.5	2.0	2.5	3.0	
e^x	1.65	2.72	4.48	7.39	12.18	20.09	
e^{-x}	0.61	0.37	0.22	0.14	0.08	0.05	

[그림 16-1]은 $y=e^x$과 $y=e^{-x}$의 그래프를 나타낸 것이다.

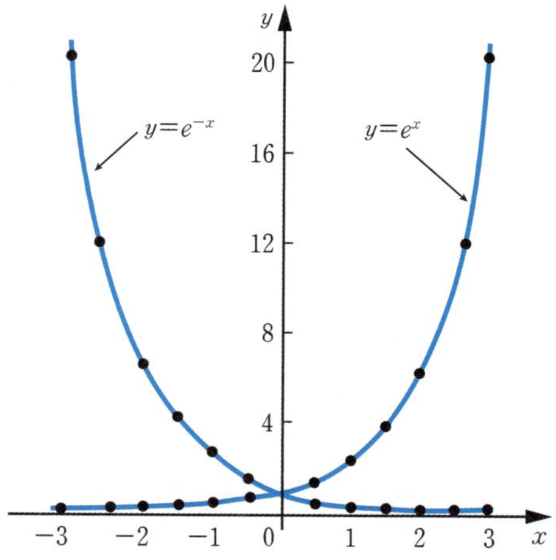

[그림 16-1]

[문제 7] $x=-3$에서 $x=3$까지의 범위에서 $y=2e^{0.3x}$의 그래프를 그려라. $x=2.2$일 때의 y 값과 $y=1.6$일 때의 x 값을 구하라.

값들을 표로 나타내면 아래와 같다.

x	-3	-2	-1	0	1	2	3
$2e^{0.3x}$	0.81	1.10	1.48	2.00	2.70	3.64	4.92

$y=2e^{0.3x}$의 그래프는 [그림 16-2]와 같다. 그래프로부터 **$x=2.2$일 때 $y=3.87$**이고, **$y=1.6$일 때 $x=-0.74$**이다.

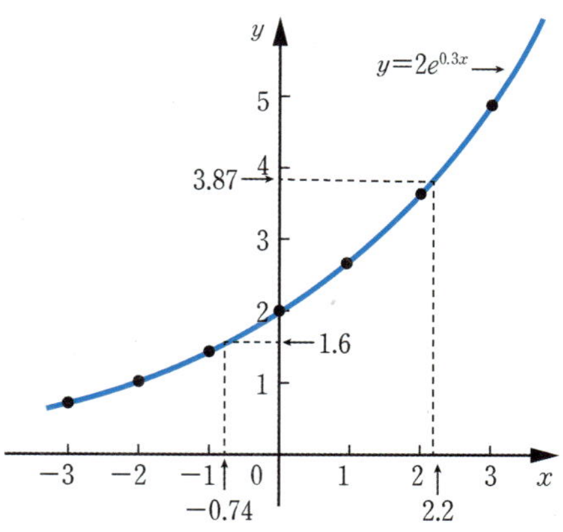

[그림 16-2]

[문제 8] $x=-1.5$에서 $x=1.5$까지의 범위에서 $y=\frac{1}{3}e^{-2x}$의 그래프를 그려라. $x=-1.2$일 때의 y 값과 $y=1.4$일 때의 x 값을 구하라.

값들을 표로 나타내면 아래와 같다.

x	-1.5	-1.0	-0.5	0	0.5	1.0	1.5
$\frac{1}{3}e^{-2x}$	6.70	2.46	0.91	0.33	0.12	0.05	0.02

$y=\frac{1}{3}e^{-2x}$의 그래프는 [그림 16-3]과 같다. 그래프로부터 **$x=-1.2$일 때 $y=3.67$**이고, **$y=1.4$일 때 $x=-0.72$**이다.

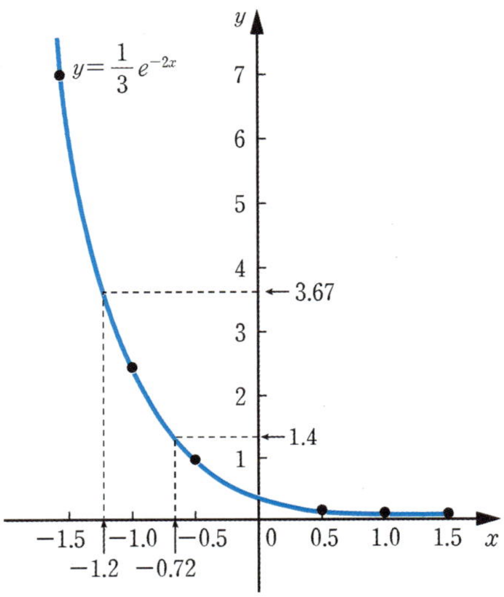

[그림 16-3]

***[문제 9]** 시간 t[s]에 커패시터를 지나는 전압 v[V]의 강하는 $v=250e^{-t/3}$으로 주어진다. 처음 6초 동안 자연강하 곡선을 보이는 그래프를 그려라. 그래프로부터 (a) 3.4 s 후의 전압, (b) 전압이 150 V일 때의 시간을 구하라.

값들을 표로 나타내면 아래와 같다.

t	0	1	2	3	4	5	6
$e^{-t/3}$	1.00	0.7165	0.5134	0.3679	0.2636	0.1889	0.1353
$v=250e^{-t/3}$	250.0	179.1	128.4	91.97	65.90	47.22	33.83

$v=250e^{-t/3}$의 자연강하 곡선은 [그림 16-4]와 같다.

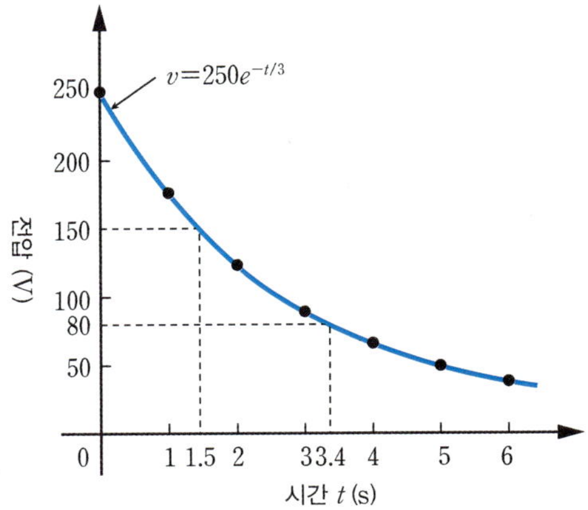

[그림 16-4]

그래프로부터,

(a) **시각 $t=3.4$ s일 때, 전압 $v=80$ V**이고

(b) **전압 $v=150$ V일 때, 시각 $t=1.5$ s**이다.

◆ **이제 다음 연습문제를 풀어보자.**

[연습문제 83] 지수 그래프

1 $x=-3$에서 $x=3$까지의 범위에서 $y=3e^{0.2x}$의 그래프를 그려라. $x=1.4$일 때의 y 값과 $y=4.5$일 때의 x 값을 구하라.

2 $x=-1.5$에서 $x=1.5$까지의 범위에서 $y=\frac{1}{2}e^{-1.5x}$의 그래프를 그려라. $x=-0.8$일 때의 y 값과 $y=3.5$일 때의 x 값을 구하라.

***3** 화학반응에서 t분 후에 남는 시재료의 양 $C\text{cm}^3$는 $C=40e^{-0.006t}$으로 주어진다. t에 대한 C의 그래프를 그리고, 다음을 구하라.

(a) 1시간 후의 농도 C

(b) 농도가 반으로 감소하는 시간

***4** 물체가 냉각하는 비율은 $\theta=250e^{-0.05t}$으로 주어진다. 시각 t분에서 주위의 온도보다 물체가 초과한 온도는 θ°C이다. 냉각하는 처음 1시간 동안 자연감소 곡선을 보이는 그래프를 그려라. 그리고 다음을 구하라.

(a) 25분 후의 온도

(b) 온도가 195°C가 되는 시각

16.4 자연로그

밑이 e 인 로그를 자연로그(네이피어 로그)hyperbolic, Napierian, natural logarithm라 하고, x 의 자연로그를 $\log_e x$, 또는 좀 더 보편적으로 $\ln x$ 로 쓴다. 로그logarithm는 스코틀랜드 사람인 **존 네이피어***가 고안했다.

***네이피어는 누구?**

존 네이피어(John Napier, 1550 ~ 1617. 4. 4)는 로그를 발견한 것으로 잘 알려져 있다. 소위 '네이피어의 계산봉(Napier's bones)'이라 하는 것의 창시자이다. 네이피어는 또한 대수와 수학에서 소수점의 사용을 보편화시켰다.

자연로그를 계산하는 가장 보편적인 방법은 공학용 계산기를 이용하는 것이다. 계산기를 이용하여 다음 값을 확인하라.

$\ln 4.328 = 1.46510554\cdots$

$= 1.4651$ 소수점 아래 4자리로 보정

$\ln 1.812 = 0.59443$ 유효숫자 5자리로 보정

$\ln 1 = 0$

$\ln 527 = 6.2672$ 유효숫자 5자리로 보정

$\ln 0.17 = -1.772$ 유효숫자 4자리로 보정

$\ln 0.00042 = -7.77526$ 유효숫자 6자리로 보정

$\ln e^3 = 3$

$\ln e^1 = 1$

마지막 두 예로부터 다음과 같이 결론지을 수 있다.

$$\log_e e^x = x$$

이는 **지수함수를 포함하는 방정식을 풀 때** 유용하다. 예를 들어, $e^{3x} = 7$을 풀기 위해 양변에 자연로그를 취하여 다음을 얻는다.

$$\ln e^{3x} = \ln 7$$

$$3x = \ln 7$$

소수점 아래 4자리로 보정한 값은 $\boldsymbol{x} = \frac{1}{3}\ln 7 = \mathbf{0.6486}$ 이다.

[문제 10] 유효숫자 5자리로 보정하여 다음을 계산하라.

(a) $\frac{1}{2}\ln 4.7291$ (b) $\frac{\ln 7.8693}{7.8693}$ (c) $\frac{3.17\ln 24.07}{e^{-0.1762}}$

(a) $\frac{1}{2}\ln 4.7291 = \frac{1}{2}(1.5537349\cdots) = \mathbf{0.77687}$

(b) $\frac{\ln 7.8693}{7.8693} = \frac{2.06296911\cdots}{7.8693} = \mathbf{0.26215}$

(c) $\frac{3.17\ln 24.07}{e^{-0.1762}} = \frac{3.17(3.18096625\cdots)}{0.83845027\cdots} = \mathbf{12.027}$

[문제 11] 소수점 아래 3자리로 보정하여 다음을 계산하라.

(a) $\frac{\ln e^{2.5}}{\lg 10^{0.5}}$ (b) $\frac{5e^{2.23}\lg 2.23}{\ln 2.23}$

(a) $\frac{\ln e^{2.5}}{\lg 10^{0.5}} = \frac{2.5}{0.5} = \mathbf{5}$

(b) $\frac{5e^{2.23}\lg 2.23}{\ln 2.23} = \frac{5(9.29986607\cdots)(0.34830486\cdots)}{(0.80200158\cdots)}$

$= \mathbf{20.194}$

[문제 12] 방정식 $9 = 4e^{-3x}$에서, 유효숫자 4자리로 보정하여 x 값을 구하라.

$9 = 4e^{-3x}$을 재배열한다. $\frac{9}{4} = e^{-3x}$

양변에 역수를 취한다. $\frac{4}{9} = \frac{1}{e^{-3x}} = e^{3x}$

양변에 자연로그를 취한다. $\ln\left(\frac{4}{9}\right) = \ln(e^{3x})$

$\log_e e^{\alpha} = \alpha$ 이므로 $\ln\left(\frac{4}{9}\right) = 3x$ 이다.

그러므로 유효숫자 4자리로 보정하면 다음과 같다.

$$\boldsymbol{x} = \frac{1}{3}\ln\left(\frac{4}{9}\right) = \frac{1}{3}(-0.81093) = \mathbf{-0.2703}$$

[문제 13] $32=70\left(1-e^{-\frac{t}{2}}\right)$이 주어질 때, 유효숫자 3자리로 보정하여 t 값을 구하라.

$32=70\left(1-e^{-\frac{t}{2}}\right)$을 재배열한다.

$$\frac{32}{70}=1-e^{-\frac{t}{2}},\quad e^{-\frac{t}{2}}=1-\frac{32}{70}=\frac{38}{70}$$

양변에 역수를 취한다.

$$e^{\frac{t}{2}}=\frac{70}{38}$$

양변에 자연로그를 취한다.

$$\ln e^{\frac{t}{2}}=\ln\left(\frac{70}{38}\right),\ \text{즉}\ \frac{t}{2}=\ln\left(\frac{70}{38}\right)$$

따라서 유효숫자 3자리로 보정하면 $\boldsymbol{t}=2\ln\left(\frac{70}{38}\right)=\mathbf{1.22}$이다.

[문제 14] 방정식 $2.68=\ln\left(\frac{4.87}{x}\right)$에서, 유효숫자 4자리로 보정하여 x 값을 구하라.

로그의 정의로부터 $2.68=\ln\left(\frac{4.87}{x}\right)$이므로 $e^{2.68}=\frac{4.87}{x}$을 얻는다. 재배열하고, 유효숫자 4자리로 보정하면 다음과 같다.

$$x=\frac{4.87}{e^{2.68}}=4.87\,e^{-2.68}$$

$$\boldsymbol{x}=\mathbf{0.3339}$$

[문제 15] 유효숫자 4자리로 보정하여 $\frac{7}{4}=e^{3x}$을 풀어라.

양변에 자연로그를 취하여 다음을 얻는다.

$$\ln\frac{7}{4}=\ln e^{3x}$$

$$\ln\frac{7}{4}=3x\ln e$$

$\ln e=1$이므로 $\ln\frac{7}{4}=3x$이다.

즉 유효숫자 4자리로 보정하여 다음과 같이 구할 수 있다.

$$0.55962=3x$$

$$\boldsymbol{x}=\mathbf{0.1865}$$

[문제 16] 유효숫자 4자리로 보정하여 $e^{x-1}=2e^{3x-4}$을 풀어라.

양변에 자연로그를 취한다.

$$\ln\left(e^{x-1}\right)=\ln\left(2e^{3x-4}\right)$$

로그법칙 ❶을 이용한다.

$$\ln\left(e^{x-1}\right)=\ln 2+\ln\left(e^{3x-4}\right)$$

$$x-1=\ln 2+3x-4$$

재배열한다.

$$4-1-\ln 2=3x-x$$

$$3-\ln 2=2x$$

즉 $\boldsymbol{x}=\frac{3-\ln 2}{2}=\mathbf{1.153}$이다.

[문제 17] 유효숫자 4자리로 보정하여 $\ln(x-2)^2=\ln(x-2)-\ln(x+3)+1.6$을 풀어라.

재배열한다.

$$\ln(x-2)^2-\ln(x-2)+\ln(x+3)=1.6$$

로그법칙을 이용한다.

$$\ln\left\{\frac{(x-2)^2(x+3)}{x-2}\right\}=1.6$$

약분한다.

$$\ln\{(x-2)(x+3)\}=1.6$$

$$(x-2)(x+3)=e^{1.6}$$

$$x^2+x-6=e^{1.6}$$

$$x^2+x-6-e^{1.6}=0$$

$$x^2+x-10.953=0$$

근의 공식을 이용한다.

$$x = \frac{-1 \pm \sqrt{1^2 - 4(1)(-10.953)}}{2}$$

$$= \frac{-1 \pm \sqrt{44.812}}{2}$$

$$= \frac{-1 \pm 6.6942}{2}$$

즉 $x = 2.847$ 또는 $x = -3.8471$이다.

로그는 음수값을 취하지 않으므로 $x = -3.8471$은 타당하지 않다. 그러므로 **방정식의 근**은 $\boldsymbol{x = 2.847}$이다.

◆ **이제 다음 연습문제를 풀어보자.**

[연습문제 84] 자연로그 계산

※ (문제 1~2) 주어진 식을 유효숫자 5자리로 보정하여 계산하라.

1 (a) $\frac{1}{3}\ln 5.2932$ (b) $\frac{\ln 82.473}{4.829}$

(c) $\frac{5.62 \ln 321.62}{e^{1.2942}}$

2 (a) $\frac{1.786 \ln e^{1.76}}{\lg 10^{1.41}}$ (b) $\frac{5e^{-0.1629}}{2\ln 0.00165}$

(c) $\frac{\ln 4.8629 - \ln 2.4711}{5.173}$

※ (문제 3~16) 주어진 방정식을 각각 유효숫자 4자리로 보정하여 풀어라.

3 $1.5 = 4e^{2t}$ **4** $7.83 = 2.91e^{-1.7x}$

5 $16 = 24\left(1 - e^{-\frac{t}{2}}\right)$ **6** $5.17 = \ln\left(\frac{x}{4.64}\right)$

7 $3.72\ln\left(\frac{1.59}{x}\right) = 2.43$ **8** $\ln x = 2.40$

9 $24 + e^{2x} = 45$ **10** $5 = e^{x+1} - 7$

11 $5 = 8\left(1 - e^{\frac{-x}{2}}\right)$

12 $\ln(x+3) - \ln x = \ln(x-1)$

13 $\ln(x-1)^2 - \ln 3 = \ln(x-1)$

14 $\ln(x+3) + 2 = 12 - \ln(x-2)$

15 $e^{(x+1)} = 3e^{(2x-5)}$

16 $\ln(x+1)^2 = 1.5 - \ln(x-2) + \ln(x+1)$

17 $b = \ln t - a\ln D$를 t에 대한 식으로 변환하라.

18 $\frac{P}{Q} = 10\log_{10}\left(\frac{R_1}{R_2}\right)$이다. $P = 160$, $Q = 8$, $R_2 = 5$일 때, R_1 값을 구하라.

19 $U_2 = U_1 e^{\left(\frac{W}{PV}\right)}$일 때, 이 식을 W에 관한 식으로 변환하라.

***20** 로켓의 속도 v_2는 $v_2 = v_1 + C\ln\left(\frac{m_1}{m_2}\right)$으로 주어진다. 여기서 v_1은 로켓의 초기속도, C는 배기가스 분사 속도, m_1은 제트엔진에 불이 붙기 전의 로켓 무게, m_2는 제트엔진의 스위치를 끊은 후의 로켓 무게이다. $v_1 = 600\,\mathrm{m/s}$, $C = 3500\,\mathrm{m/s}$, $m_1 = 8.50 \times 10^4\,\mathrm{kg}$, $m_2 = 7.60 \times 10^4\,\mathrm{kg}$일 때, 로켓의 속도를 구하라.

***21** 압력 p_1에서 p_2로 가스의 등온 팽창에서 이루어진 일은 $w = w_0 \ln\left(\frac{p_1}{p_2}\right)$이다. 초기 압력이 $p_1 = 7.0\,\mathrm{kPa}$이고 $w = 3w_0$일 때, 나중 압력 p_2를 구하라.

***22** 강철 봉이 흐르는 물에 냉각되고 있다. 온도 θ[℃]는 $\theta = 17 + 1250e^{-0.17t}$으로 주어지며, 시간 t의 단위는 분이다. 온도가 35℃로 떨어질 때, 분 단위에 가장 가까운 수로 보정하여 시간을 계산하라.

16.5 성장과 붕괴의 법칙

지수적인 성장과 붕괴의 법칙은 $y = Ae^{-kx}$과 $y = A(1 - e^{-kx})$의 형태이다. 여기서 A와 k는 상수이다. 이러한 방정식의 형태를 그림으로 나타내면 [그림 16-5]와 같다.

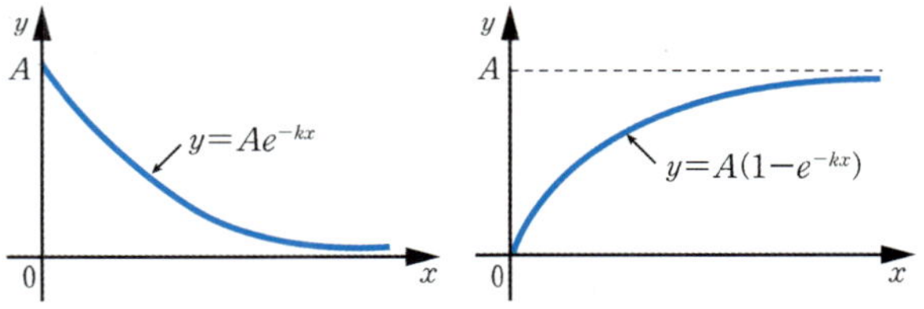

[그림 16-5]

이러한 법칙들은 공학과 자연과학에서 종종 발생하는데, 자연 법칙과 관련된 물리량들에는 다음과 같은 것들이 있다.

- 선팽창 $l = l_0 e^{\alpha\theta}$
- 온도에 따른 전기저항의 변화 $R_\theta = R_0 e^{\alpha\theta}$
- 벨트의 장력 $T_1 = T_0 e^{\mu\theta}$
- 뉴턴의 냉각법칙 $\theta = \theta_0 e^{-kt}$
- 생물학적 증가 $y = y_0 e^{kt}$
- 커패시터의 전하 $q = Qe^{-t/CR}$
- 대기 압력 $p = p_0 e^{-h/c}$
- 방사선 붕괴 $N = N_0 e^{-\lambda t}$
- 유도성 회로 전류의 감쇠 $i = Ie^{-Rt/L}$
- 용량성 회로 전류의 증가 $i = I(1 - e^{-t/CR})$

***[문제 18]** 온도 θ°C에서 전기 도체의 저항 R은 $R = R_0 e^{\alpha\theta}$으로 주어진다. 여기서 α는 상수이고, $R_0 = 5\,\text{k}\Omega$이다. $R = 6\,\text{k}\Omega$이고 $\theta = 1500$℃일 때, 유효숫자 4자리로 보정하여 α의 값을 구하라. 또한 저항 R이 5.4kΩ일 때, 온도를 가장 근접한 [도(°C)] 단위로 보정하여 구하라.

$R = R_0 e^{\alpha\theta}$을 변환하면 $\dfrac{R}{R_0} = e^{\alpha\theta}$이다. 양변에 자연로그를 취한다.

$$\ln \frac{R}{R_0} = \ln e^{\alpha\theta} = \alpha\theta$$

그러므로 다음과 같다.

$$\alpha = \frac{1}{\theta}\ln\frac{R}{R_0} = \frac{1}{1500}\ln\left(\frac{6\times10^3}{5\times10^3}\right)$$

$$= \frac{1}{1500}(0.1823215\cdots)$$

$$= 1.215477\cdots\times10^{-4}$$

그러므로 유효숫자 4자리로 보정한 값은 $\boldsymbol{\alpha = 1.215\times10^{-4}}$이다. 위로부터, $\ln\dfrac{R}{R_0} = \alpha\theta$이므로 $\theta = \dfrac{1}{\alpha}\ln\dfrac{R}{R_0}$이다.

$R = 5.4\times10^3$, $\alpha = 1.215477\cdots\times10^{-4}$, $R_0 = 5\times10^3$이므로 다음과 같다.

$$\theta = \frac{1}{1.215477\cdots\times10^{-4}}\ln\left(\frac{5.4\times10^3}{5\times10^3}\right)$$

$$= \frac{10^4}{1.215477\cdots}(7.696104\cdots\times10^{-2})$$

$$= \mathbf{633\,°C}$$ 가장 근접하게 보정한 [℃] 단위

***[문제 19]** 뉴턴의 냉각법칙[1]을 수반하는 실험에서 온도 θ[℃]는 $\theta = \theta_0 e^{-kt}$으로 주어진다. $\theta_0 = 56.6$°C, $\theta = 16.5$°C, $t = 79.0$초일 때, 상수 k의 값을 구하라.

$\theta = \theta_0 e^{-kt}$을 변환하면 $\dfrac{\theta}{\theta_0} = e^{-kt}$이고, 이는 다음과 같다.

$$\frac{\theta_0}{\theta} = \frac{1}{e^{-kt}} = e^{kt}$$

양변에 자연로그를 취한다.

$$\ln\frac{\theta_0}{\theta} = kt$$

그러므로 다음과 같다.

$$k = \frac{1}{t}\ln\frac{\theta_0}{\theta} = \frac{1}{79.0}\ln\left(\frac{56.6}{16.5}\right)$$

$$= \frac{1}{79.0}(1.2326486\cdots)$$

그러므로 $\boldsymbol{k = 0.01560}$ 또는 $\mathbf{15.60\times10^{-3}}$이다.

***[문제 20]** 시각 t초에 커패시터를 흐르는 전류 i[A]는 $i = 8.0(1 - e^{-\frac{t}{CR}})$으로 주어진다. 여기서 회로 저항 R은 25kΩ이고, 커패시턴스 C는 16μF이다. (a) 0.5초 후의 전류 i와, (b) 전류가 6.0A에 도달할 때까지 걸리는 시간을 가장 근접한 [ms] 단위로 구하라. 그리고 시간에 대한 전류의 그래프를 그려라.

(a) 전류는 다음과 같다.

$$i = 8.0\left(1 - e^{-\frac{t}{CR}}\right)$$

$$= 8.0\left[1 - e^{-0.5/(16\times10^{-6})(25\times10^3)}\right]$$

1 **뉴턴은 누구?** 8.2절을 확인하라. 보다 자세한 정보는 www.routledge.com/cw/bird에서 찾을 수 있다.

$$=8.0(1-e^{-1.25})$$
$$=8.0(1-0.2865047\cdots)$$
$$=8.0(0.7134952\cdots)$$
$$=\mathbf{5.71\,[A]}$$

(b) $i=8.0\left(1-e^{-\frac{t}{CR}}\right)$을 변환하면 $\frac{i}{8.0}=1-e^{-\frac{t}{CR}}$이다. 그러므로 다음과 같다.

$$e^{-\frac{t}{CR}}=1-\frac{i}{8.0}=\frac{8.0-i}{8.0}$$

양변에 역수를 취하면 다음과 같다.

$$e^{\frac{t}{CR}}=\frac{8.0}{8.0-i}$$

양변에 자연로그를 취하고 t에 대해 정리한다.

$$\frac{t}{CR}=\ln\left(\frac{8.0}{8.0-i}\right)$$
$$t=CR\ln\left(\frac{8.0}{8.0-i}\right)$$

$i=6.0\,\mathrm{A}$이면 다음과 같다.

$$t=(16\times10^{-6})(25\times10^{3})\ln\left(\frac{8.0}{8.0-6.0}\right)$$
$$\boldsymbol{t}=\frac{400}{10^3}\ln\left(\frac{8.0}{2.0}\right)=0.4\ln 4.0$$
$$=0.4(1.3862943\cdots)$$
$$=0.5545\,\mathrm{s}$$
$$=\mathbf{555\,ms}$$ 가장 근접하게 보정한 [ms] 단위

시간에 대한 전류의 그래프는 [그림 16-6]과 같다.

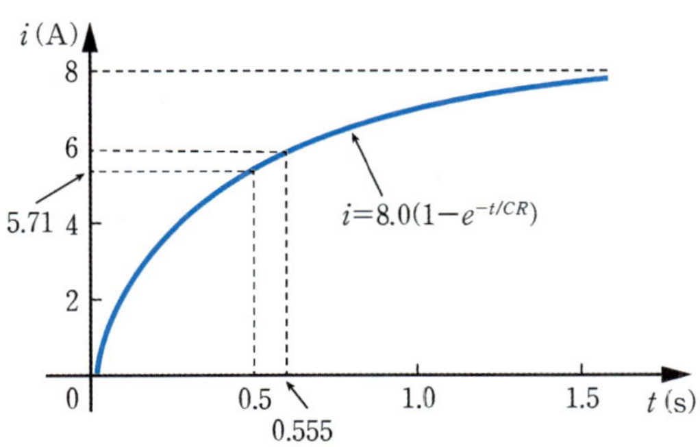

[그림 16-6]

*[문제 21] 시간 t에서 전기적으로 가열되는 와인딩winding의 온도는 $\theta_2=\theta_1\left(1-e^{-\frac{t}{\tau}}\right)$으로 주어진다. 여기서 시간 $t=0$에서 θ_1은 온도(도 단위의 셀시우스Celsius[2])이고, τ는 상수이다.

(a) θ_2가 $50\,°\mathrm{C}$, t가 $30\,\mathrm{s}$, τ가 $60\,\mathrm{s}$일 때, θ_1을 가장 가까운 [°C]로 보정하여 구하라.

(b) θ_2가 θ_1의 $\frac{1}{2}$이 될 때, 소수점 아래 1자리로 보정하여 시간 t를 구하라.

(a) θ_1에 대한 식이 되도록 공식을 변환한다.

$$\theta_1=\frac{\theta_2}{1-e^{-t/\tau}}=\frac{50}{1-e^{-30/60}}$$
$$=\frac{50}{1-e^{-0.5}}=\frac{50}{0.393469\cdots}$$

즉, 가장 근접한 [℃]로 보정하여 $\boldsymbol{\theta_1=127}$**℃**이다.

(b) t에 대한 식이 되도록 공식을 변환한다.

$$\frac{\theta_2}{\theta_1}=1-e^{-\frac{t}{\tau}}$$

그러면 $e^{-\frac{t}{\tau}}=1-\frac{\theta_2}{\theta_1}$이고, 따라서 다음과 같다.

$\theta_2=\frac{1}{2}\theta_1$이므로 다음과 같다.

$$t=-60\ln\left(1-\frac{1}{2}\right)=-60\ln 0.5$$
$$=41.59\,\mathrm{s}$$

그러므로 θ_1의 $\frac{1}{2}$**이 되는** θ_2**의 온도에 대한 시간은 소수점 아래 1자리로 보정하여 41.6 s이다.**

*[문제 22] 평벨트 운전 시스템에서 개발된 압력 P는 방정식 $P=Tv(1-e^{-\mu\theta})$로 주어진다. 여기서 T는 벨트의 장력, v는 선속도, θ는 랩lap의 각도, μ는 마찰계수이다.

(a) μ에 관한 식으로 변환하라.

(b) $P=2750$, $T=1300$, $v=3$, $\theta=2.95$일 때 유효숫자 3자리로 보정하여 μ를 구하라.

2 **셀시우스는 누구?** 9.1절을 확인하라. 보다 자세한 정보는 www.routledge.com/cw/bird에서 찾을 수 있다.

(a) $P=Tv(1-e^{-\mu\theta})$ 이면 $\frac{P}{Tv}=(1-e^{-\mu\theta})$,

즉 $e^{-\mu\theta}=1-\frac{P}{Tv}$ 이다. 양변에 로그를 취하면 다음을 얻는다.

$$\ln(e^{-\mu\theta})=\ln\left(1-\frac{P}{Tv}\right)$$

$$-\mu\theta=\ln\left(1-\frac{P}{Tv}\right)$$

따라서 다음을 얻는다.

$$\boldsymbol{\mu=\frac{1}{-\theta}\ln\left(1-\frac{P}{Tv}\right)} \text{ 또는 } \boldsymbol{\mu=-\frac{1}{\theta}\ln\left(1-\frac{P}{Tv}\right)}$$

(b) $P=2750$, $T=1300$, $v=3$, $\theta=2.95$ 일 때 μ는 다음과 같다.

$$\mu=-\frac{1}{\theta}\ln\left(1-\frac{P}{Tv}\right)=-\frac{1}{2.95}\ln\left(1-\frac{2750}{1300\times 3}\right)$$

그러므로 유효숫자 3자리로 보정하여 $\boldsymbol{\mu=0.414}$ 이다.

◆ **이제 다음 연습문제를 풀어보자.**

[연습문제 85] 성장과 붕괴의 법칙

***1** 냉각하는 물질의 온도 T[°C]는 방정식 $T=150e^{-0.04t}$에 따라 시간 t[분]에 의해 변한다. 다음을 구하라.

(a) $t=0$일 때의 온도

(b) $t=10$일 때의 온도

***2** 지표면 위로 높이 h[m]인 곳에서 압력 p[Pa]는 $p=p_0e^{-h/C}$으로 주어진다. 여기서 p_0는 지표면에서의 압력이고, C는 상수이다. $p_0=1.012\times 10^5$ Pa, 높이 $h=1420$ m, $C=71500$일 때, 압력 p를 구하라.

***3** 시간 t[s]에서 L[H]인 인덕터를 지나는 전압 강하 v[V]는 $v=200e^{-\frac{Rt}{L}}$으로 주어진다. 여기서 $R=150\,\Omega$, $L=12.5\times 10^{-3}$H이다. 다음을 구하라.

(a) $t=160\times 10^{-6}$s일 때의 전압

(b) 전압이 85 V에 도달할 때까지 걸리는 시간

***4** 온도 t°C 에서 금속 막대의 길이 l[m]은 $l=l_0e^{\alpha t}$으로 주어진다. 여기서 l_0와 α는 상수이다. 다음을 구하라.

(a) $l_0=1.894$, $\alpha=2.038\times 10^{-4}$, $t=250$℃ 일 때의 l 값

(b) $l=2.416$, $t=310$℃, $\alpha=1.682\times 10^{-4}$일 때의 l_0 값

***5** 시간 t초에서 전기 도체의 온도 θ_2℃는 $\theta_2=\theta_1(1-e^{-t/T})$으로 주어진다. 여기서 θ_1은 초기 온도이고, T[s]는 상수이다. 다음을 구하라.

(a) $\theta_1=159.9$℃, $t=30$ s, $T=80$ s일 때의 θ_2

(b) T가 80 s에 머물렀을 때 θ_2가 θ_1 값의 반으로 떨어지는 시간 t

***6** 벨트가 $\theta=1.12$[rad]인 부채꼴 도르래에 접촉하고 있으며, 두 표면 사이의 마찰계수는 $\mu=0.26$이다. 벨트의 이완측면의 장력이 $T_0=22.7$[N]일 때, 벨트의 측면에 대한 장력 T[N]를 구하라. 이 두 물리량은 법칙 $T=T_0e^{\mu\theta}$인 관계를 갖는다.

***7** 커패시터가 충전될 때, 시간 t에서 순간 전류 i는 $i=10e^{-t/CR}$으로 주어진다. 커패시턴스 C는 7×10^{-6}F 이고, 저항 R은 $0.3\times 10^6\,\Omega$이다. 다음을 구하라.

(a) t가 2.5 s일 때의 순간 전류

(b) 순간 전류가 5 A로 떨어지는 시간,
그리고 $t=0$에서 $t=6$[s]까지의 시간에 대한 전류의 곡선을 그려라.

***8** 2.5 mol/cm³의 반응물질로 시작한 화학반응에서 형성된 생산량 x[mol/cm³]는 $x=2.5(1-e^{-4t})$으로 주어진다. 여기서 t는 생산량 x를 만들기 위한 [분] 단위 시간이다. 30초에서 2.5분까지의 구간에 대한 그래프를 그리고, 1분 후의 x를 구하라.

***9** 시간 t초에서 도체를 흐르는 전류 i는 $i=12.5(1-e^{-t/CR})$으로 주어진다. 여기서 저항 R은 30 kΩ 이고, 커패시턴스 C는 20 μF 이다. 다음을 구하라.

(a) 0.5초 후에 흐르는 전류

(b) 전류가 10 A에 도달할 때까지 걸리는 시간

10 이자율 r이 연속적으로 더해질 때, 투자금 P에 대한 n년 후의 총액 A는 복리법칙 $A=Pe^{rn/100}$으로 주어진다. 연 1.8%의 이율로 1500만 원을 8년간 투자한 총액을 가장 근접한 [원] 단위로 보정하여 구하라.

***11** 화학반응에서 시재료의 백분율 농도 C는 방정식 $C=100e^{-0.004t}$에 맞춰서 시간 t에 따라 변한다. 다음을 구하라.

(a) $t=0$일 때의 농도

(b) $t=100\,\text{s}$일 때의 농도

(c) $t=1000\,\text{s}$일 때의 농도

***12** 상온에서 다이오드를 지나는 전류 i는 방정식 $i=i_s(e^{40V}-1)\,[\text{A}]$로 주어진다. 역포화 전류가 $i_s=50\,\text{nA}$이고 순전압이 $V=0.27\,\text{V}$일 때, 실리콘 다이오드를 지나는 전류를 계산하라.

***13** 화학분해에 대한 방정식은 $C=A\left(1-e^{-\frac{t}{10}}\right)$으로 주어진다. 여기서 시간 t의 단위는 [s]이다. 복합물에 대해 $A=8.5$일 때 $C=0.12$의 값으로 분해하는 시간을 [ms] 단위로 계산하라.

***14** 저수지에 들어 있는 오염물질의 질량 m은 법칙 $m=m_0e^{-0.1t}$에 따라 감소한다. 여기서 t는 [일^{days}] 단위의 시간이고, m_0는 초기 질량이다. 60일 후에 질량이 감소한 백분율을 소수점 아래 3자리로 보정하여 계산하라.

***15** 금속 막대가 물속에서 냉각되고 있다. 이 막대의 온도는 [°C] 단위에서 방정식 $\theta=15+1300e^{-0.2t}$으로 주어진다. 여기서 t는 [분] 단위의 시간이다. 온도 θ를 36°C로 감소시키는 데 걸리는 시간을 가장 근접한 [초] 단위로 보정하여 구하라.

[연습문제 86] 지수함수에 대한 선다형 문제

※ 각 문제의 정답은 한 개이다.

1 $\dfrac{\ln 2}{e^2 \lg 2}$의 값을 유효숫자 3자리로 보정하면 얼마인가?

(a) 0.0588 (b) 0.312
(c) 17.0 (d) 3.209

2 $\dfrac{3.67\ln 21.28}{e^{-0.189}}$의 값을 유효숫자 4자리로 보정하면 얼마인가?

(a) 9.289 (b) 13.56
(c) 13.5566 (d) -3.844×10^9

3 전압 v는 $v=Ve^{-\frac{t}{CR}}\,[\text{V}]$로 주어진다. $t=30\text{ms}$, $C=150\text{nF}$, $R=50\,\text{M}\Omega$, $V=250\text{V}$일 때, v 값을 유효숫자 3자리로 보정하면 얼마인가?

(a) 249 V (b) 250 V (c) 4.58 V (d) 0 V

4 $\log_x x^{2k}$의 값은 얼마인가?

(a) k (b) k^2 (c) $2k$ (d) $2kx$

5 방정식 $5.0=(3.0)\ln\left(\dfrac{2.9}{x}\right)$에서 x의 값을 유효숫자 3자리로 보정하면 얼마인가?

(a) 1.59 (b) 0.392 (c) 0.548 (d) 0.0625

6 방정식 $7+e^{2k-4}=8$을 k에 대해 풀면 얼마인가?

(a) 2 (b) 3 (c) 4 (d) 5

7 $2e^{x+1}=e^{2x-5}$이 주어졌을 때, x 값은 얼마인가?

(a) 1 (b) 6.693 (c) 3 (d) 2.231

8 시각 t일 때 커패시터에 흐르는 전류 $i\,[\text{A}]$는 $i=10(1-e^{-t/CR})$으로 주어진다. 저항 R이 $25\times10^3\,\Omega$이고 커패시턴스가 $16\times10^{-6}\,\text{F}$일 때 i가 7A에 도달할 때까지 걸리는 시간 t는 얼마인가?

(a) -0.48 s (b) 0.14 s
(c) 0.21 s (d) 0.48 s

9 유효숫자 4자리로 보정하여 $13+2e^{3x}=31$을 x에 대해 풀면 얼마인가?

(a) 0.4817 (b) 0.09060
(c) 0.3181 (d) 0.7324

10 화학적 부패 C는 $C=A\left(1-e^{-\frac{t}{15}}\right)$으로 주어진다. 여기서 $A=9$이고, 시간 t의 단위는 초이다. C가 0.10에 도달할 때까지 걸리는 시간을 소수점 아래 3자리로 보정하면 얼마인가?

(a) 34.388 s (b) 0.007 s
(c) 0.168 s (d) 15.168 s

Chapter 17 직선 그래프

Straight line graphs

직선 그래프를 이해하는 것이 왜 중요할까?

그래프는 고유의 간편성 때문에 공학과 물리학에서 폭넓게 응용된다. 그래프는 개별 물체와 물체들 사이의 관계를 포함하는 거의 모든 물리적 상황을 표현하는 데 사용될 수 있다. 두 물리량이 정비례하고 한 물리량이 다른 물리량에 의해 결정되는 경우 직선이 만들어진다. 이러한 예로는, 스프링 인장에 대한 스프링 끝에 작용하는 힘, 시간에 대한 플라이휠 flywheel의 속도, 응력에 대한 전선의 변형(후크의 법칙 Hooke's law) 등이 있다. 공학에서 직선 그래프는 그림을 그리고 값을 산출하는 가장 기본적인 그래프이다.

학습포인트

- 직사각형 축, 스케일, 좌표를 이해한다.
- 좌표의 위치를 구하고, 최적의 직선 그래프를 그린다.
- 직선 그래프의 기울기를 결정한다.
- y절편을 추정한다.
- 직선 그래프의 방정식을 설명한다.
- 실제 공학적인 예와 관련된 직선 그래프를 도면에 작성한다.

17.1 그래프 소개

그래프는 정보의 시각적 표현으로서, 한 물리량이 관련된 다른 물리량에 따라 어떻게 변하는지를 보여준다. 우리는 종종 신문이나 업무보고, 여행 안내책자, 정부 간행물에서 그래프를 본다. 한 예로, 음료회사인 Fizzy Pops에 대한 6개월 주기에 걸친 주가의 그래프를 나타낸 [그림 17-1]을 살펴보자. 주가는 6월에 최고 400펜스까지 오르지만, 9월에 약간 회복되기 전 8월에 280펜스까지 떨어진다. 그래프는 동일한 정보를 말로 설명하는 것보다 빠르게 독자에게 정보를 전달할 수 있다.

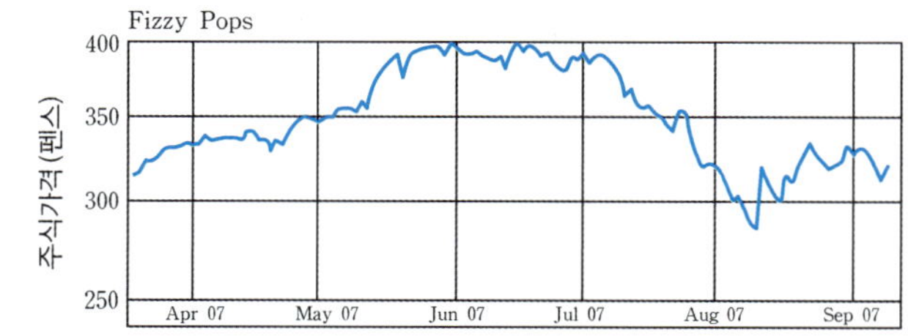

[그림 17-1]

이 장이 끝날 때쯤에는 값들에 대한 표를 작성하고, 좌표로 위치를 구하며, 기울기를 구하고, 직선 그래프의 방정식을 설명할 수 있을 것이다. 또한 직선이 사용되는 몇 가지 전형적인 예도 살펴볼 것이다.

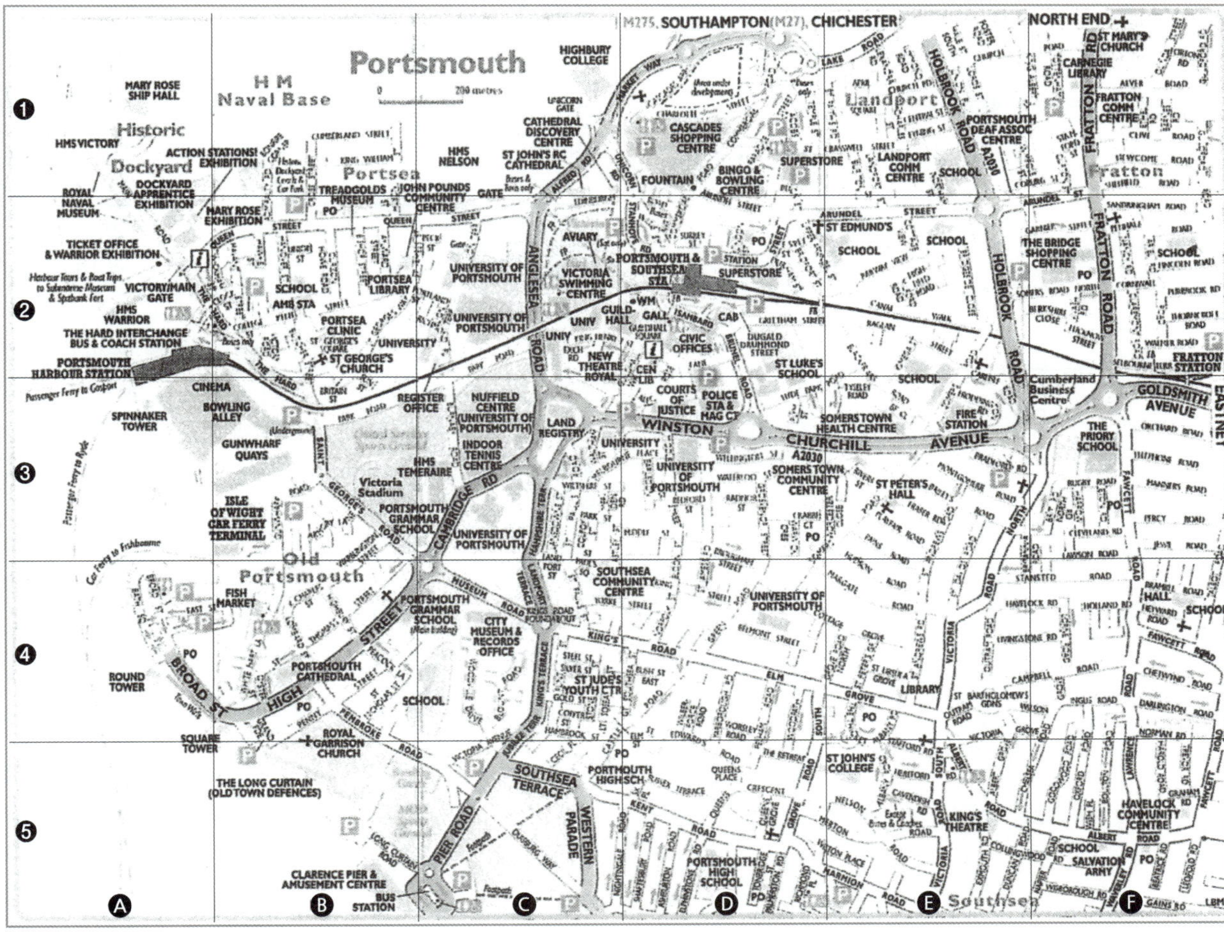

[그림 17-2] AA Media Ltd.로부터 승인 받은 복사본

17.2 축, 스케일, 좌표

여러분은 아마 도시를 나타내는 지도 또는 특정 거리를 나타내는 국부지도를 읽는 데 꽤 익숙할 것이다. 한 예로 [그림 17-2]의 영국 포츠머스Portsmouth 도심의 거리 지도를 살펴보자.

지도 위에 가로선과 세로선으로 그려져 있는 사각형들에 주목하자. 이는 그리드grid라고 하며, 관심이 있는 위치나 특정 도로를 찾기 쉽게 도와주는 역할을 한다. 대부분의 지도에는 이와 같은 그리드가 그려져 있다.

지도 위에서 문자와 숫자(이것을 격자기준grid reference이라 한다)를 이용해 관심이 있는 위치를 찾는다. 예를 들어, 지도에서 Portsmouth와 Southsea 역은 사각형 D2 안에 있고, King's Theatre는 사각형 E5 안에, HMS Warrior는 사각형 A2, Gunwharf Quays는 사각형 B3, High Street는 사각형 B4 안에 있다. Portsmouth와 Southsea 역은, 지도의 아랫면을 따라 가로로 D 표시가 있는 사각형까지 움직이고 세로 방향으로 사각형 2까지 움직여서 만나는 위치에 놓여있다. 문자와 수로 이루어진 D2를 좌표co-ordinates라고 부른다. 즉 좌표는 지도에서 한 점을 나타내는 위치를 지정하는 데 사용된다. 이러한 방법으로 지도를 사용하는 데 익숙해지면 그래프 사용에도 어려움이 없을 것이다. 그 이유는 그래프에서도 유사한 좌표를 사용하기 때문이다.

앞에서 설명했듯이, 그래프graph는 한 물리량이 다른 관련 물리량에 따라 어떻게 변하는지 보여주는 정보의 시각적 표현이다. 두 자료 집합 간의 관계를 보여주는 가장 보편적인 방법은 [그림 17-3]과 같이 기준 축의 쌍을 사용하는 것이다. 기준 축은 두 직선을 서로 직각으로 그리는데, 이를 데카르트 좌표cartesian 또는 사각형 좌표rectangular axes라 부른다(데카르트*의 이름을 따서 명명됨).

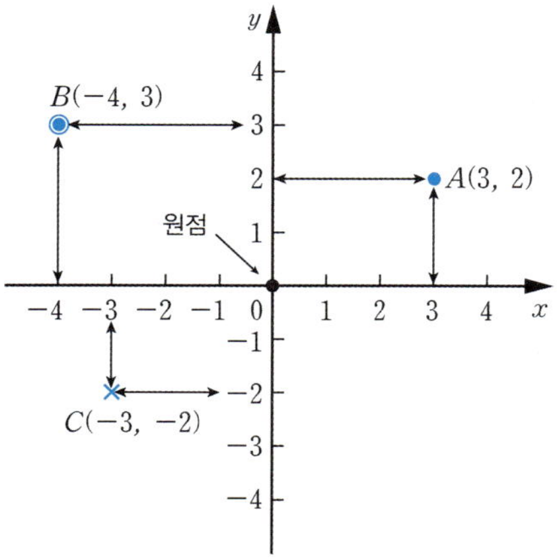

[그림 17-3]

가로축을 x축, 세로축을 y축이라 부르고, x가 0이고 y가 0인 점을 원점origin이라 한다. x 값은 원점의 오른쪽이 양수, 왼쪽이 음수인 스케일scale을 갖는다. y 값은 원점의 위쪽이 양수, 아래쪽이 음수인 스케일을 갖는다.

좌표co-ordinates는 두 수 사이에 콤마가 있는 괄호로 나타낸다. 예를 들어, 점 A는 좌표 (3, 2)를 나타내며, 원점에서 시작하여 양의 x 방향(즉, 오른쪽 방향)으로 3만큼 움직이고, 다시 양의 y 방향(즉, 위쪽 방향)으로 2만큼 움직인 위치를 나타낸다. 좌표를 사용할 때 첫 번째 수는 항상 x 값이고 두 번째 수는 항상 y 값이다. [그림 17-3]에서 점 B는 좌표 (−4, 3)이고, 점 C는 좌표 (−3, −2)이다.

***데카르트는 누구?**

르네 데카르트(Rene Descartes, 1596. 3. 31 ~ 1650. 2. 11)는 프랑스의 철학자이자 수학자이며, 또한 작가이다. 그는 ≪제1 철학에 관한 성찰(Meditations on First Philosophy)≫을 포함해 많은 영향력이 있는 책을 집필했다. 데카르트는 ≪방법서설(Discourse on the Method)≫의 IV장에 쓰인 'Cogito ergo sum(나는 생각한다. 고로 존재한다)'이라는 철학적인 말로 잘 알려져 있다.

17.3 직선 그래프

다음 표는 어떤 시간 주기에 따라 자동차로 여행한 거리를 나타낸 것이다.

시간[s]	10	20	30	40	50	60
여행 거리[m]	50	100	150	200	250	300

시간은 가로축(x축)에 1 cm = 10 s 스케일로 표시하고, 거리는 세로축(y축)에 1 cm = 50 m 스케일로 표시한다(스케일을 선정할 때, 이러한 값들을 쉽게 읽기 위해 1 cm = 1단위, 1 cm = 2단위, 1 cm = 10단위와 같이 선정하는 것이 좋다).

위 자료에 따르면, (x, y) 좌표는 (시간, 거리) 좌표이다. 즉, 좌표는 (10, 50), (20, 100), (30, 150) 등이다. 이 좌표들은 [그림 17-4]에 ×자 표시로 나타내었다(다른 방법으로, [그림 17-3]과 같이 점 또는 점원을 사용할 수 있다).

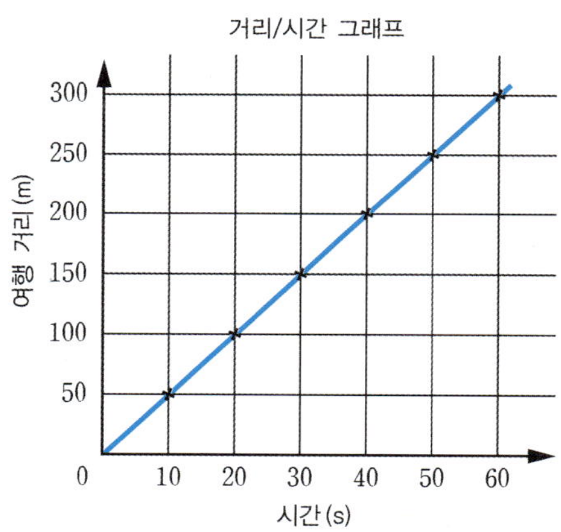

[그림 17-4]

직선은 [그림 17-4]에서와 같이 점으로 표시된 좌표를 이어서 그린다.

실습 과제

※ 다음 표는 기계를 끌어올릴 때 하중 L[N]을 극복하기 위해 작용한 힘 F[N]을 나타낸다.

F [N]	19	35	50	93	125	147
L [N]	40	120	230	410	540	680

❶ 가로로는 L을, 세로로는 F인 좌표를 표시한다.

❷ 보편적으로, 그래프가 그래프 용지 위에 가능한 한 많은 공간을 사용할 수 있도록 스케일을 선정한다. 따라서 이 경우에는 다음과 같은 스케일을 선정한다.

- 가로축(즉, L) : 1 cm = 50 N
- 세로축(즉, F) : 1 cm = 10 N

❸ 축을 그리고, 가로축에는 L [N], 세로축에는 F [N]이라고 이름 붙인다.

❹ 원점에는 0으로 이름 붙인다.

❺ 가로축에는 스케일을 2 cm 간격으로 하여, 100, 200, 300 등을 쓴다.

❻ 세로축에는 스케일을 1 cm 간격으로 하여, 10, 20, 30 등을 쓴다.

❼ 좌표 (40, 19), (120, 35), (230, 50), (410, 93), (540, 125), (680, 147)을 점 또는 ×자 형태로 그래프 위에 표시한다.

❽ 자를 이용해 점들을 지나는 최적의 직선을 그린다. 이때 모든 점이 직선 위에 있어야 하는 것은 아니며, 이는 실험값으로서는 정상적인 상황이다. 실제 상황에서 모든 점들이 직선 위에 정확히 놓인다면, 그것은 놀라운 일이다.

❾ 양 끝 점에서 직선을 연장한다.

❿ 그래프로부터, 하중이 325 N일 때 작용한 힘을 구한다. 이것은 거의 75 N일 것이다. 주어진 자료 내에서 동치인 값을 구하는 과정을 내삽법interpolation이라 한다. 같은 방법으로, 힘 45 N이 극복할 하중을 구한다. 이것은 거의 170 N일 것이다.

⓫ 그래프로부터, 750 N을 극복하기 위해 필요한 힘을 구한다. 이것은 거의 161 N일 것이다. 주어진 자료에서 벗어난 값과 동치인 값을 구하는 과정을 외삽법extrapolation이라 한다. 외삽하기 위해서는 직선을 보다 더 확장해서 그려야 한다. 마찬가지로, 하중이 0일 때 작용한 힘을 구한다. 이것은 거의 11 N일 것이다. 직선이 세로축을 지나는 점을 세로 절편vertical axis intercept이라 한다. 따라서 이 경우에 (0, 11)에서 세로 절편 = 11 N이다.

이렇게 그린 그래프는 [그림 17-5]와 같다.

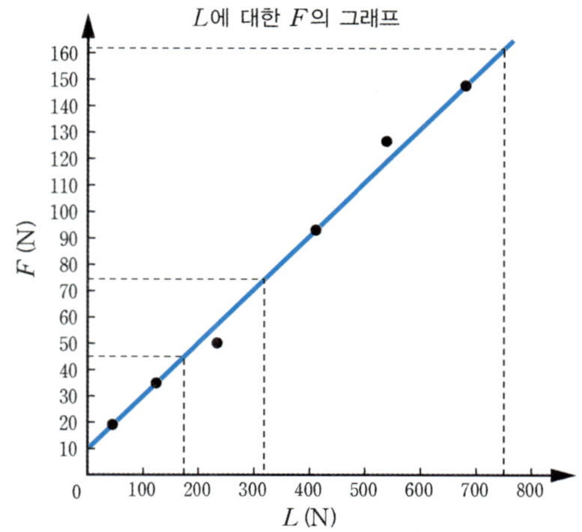

[그림 17-5]

또 다른 예로, 두 변수 x와 y 사이의 관계가 $y=3x+2$라고 하자.

$x=0$일 때, $y=0+2=2$

$x=1$일 때, $y=3+2=5$

$x=2$일 때, $y=6+2=8$, ⋯

좌표 (0, 2), (1, 5), (2, 8)이 만들어지고, [그림 17-6]과 같이 점으로 표시된다. 이 점들은 **직선 그래프의 결과**로 이어지는데, $y=3x+2$가 바로 직선 그래프이다.

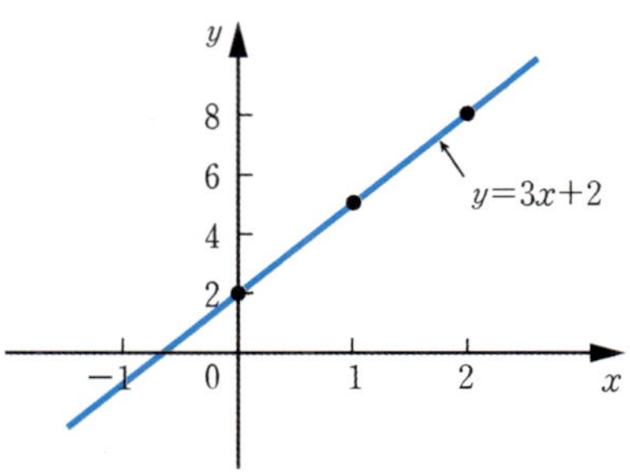

[그림 17-6]

17.3.1 그래프를 그릴 때 적용되는 일반적인 규칙의 요약

❶ 그래프에, 그림이 무엇을 나타내는지 명확하게 설명하는 제목을 넣는다.

❷ 사용되는 그래프 용지에서 가능한 한 많은 공간을 쓸 수 있도록 스케일을 선택한다.

❸ 그래프에 기입한 숫자가 쉽게 이해될 수 있는 범위의 스케일을 선택한다. 보편적으로 1 cm = 1단위, 또는 1 cm = 2단위, 1 cm = 10단위를 사용하며, 1 cm = 3단위, 1 cm = 7단위와 같은 스케일은 사용하지 않는다.

❹ 스케일은 0에서 시작할 필요는 없다. 특별히 0에서 시작하는 경우는 그래프 용지의 작은 영역 내에 점들이 집중할 때이다.

❺ 좌표 또는 점들은 ×자, 점 또는 점원과 같이 명확하게 표시해야 한다.

❻ 다음으로 각 좌표축에 이 점을 나타내는 수를 기입해야 한다.

❼ 각 좌표축에 충분한 개수의 수를 알아보기 쉽게 써야 한다.

[문제 1] $x=-3$에서 $x=+4$까지 범위에서 그래프 $y=4x+3$을 점으로 표현하라. 그래프로부터 다음을 구하라.

(a) $x=2.2$일 때의 y 값

(b) $y=-3$일 때의 x 값

방정식이 주어지고 그래프를 그려야 한다면, 변수에 대응하는 값을 보여주는 표를 먼저 작성한다. 표는 다음과 같이 작성할 수 있다.

$x=-3$일 때, $y=4x+3=4(-3)+3$
$=-12+3=-9$

$x=-2$일 때, $y=4(-2)+3$
$=-8+3=-5$

⋮

이렇게 작성한 표는 다음과 같다.

x	-3	-2	-1	0	1	2	3	4
y	-9	-5	-1	3	7	11	15	19

좌표 $(-3, -9)$, $(-2, -5)$, $(-1, -1)$ 등을 점으로 표시하고 연결하여 [그림 17-7]과 같은 직선을 만든다.

Note x축과 y축에 사용된 스케일은 동일하지 않다.

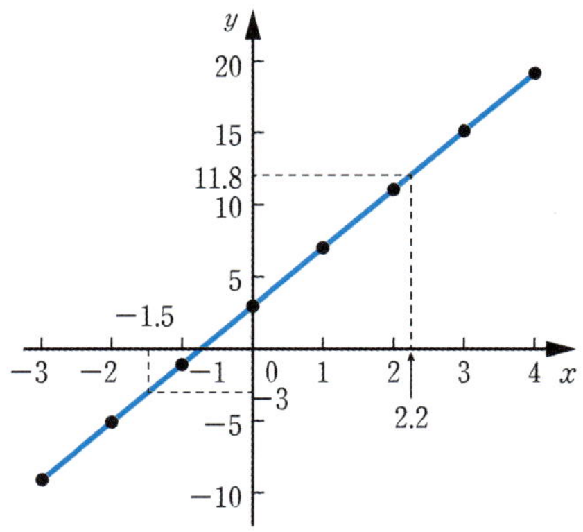

[그림 17-7]

그래프로부터 다음과 같이 구할 수 있다.

(a) $x=2.2$일 때, $\boldsymbol{y=11.8}$

(b) $y=-3$일 때, $\boldsymbol{x=-1.5}$

◆ **이제 다음 연습문제를 풀어보자.**

[연습문제 87] 직선 그래프

1 가로 20 cm, 세로 20 cm인 그래프 용지가 있다. 다음 값의 범위에 대해 적당한 스케일을 제시하라.

(a) 가로축 : 3 V ~ 55 V, 세로축 : 10 Ω ~ 180 Ω

(b) 가로축 : 7 m ~ 86 m, 세로축 : 0.3 V ~ 1.69 V

(c) 가로축 : 5 N ~ 150 N, 세로축 : 0.6 mm ~ 3.4 mm

2 두 물리량에 대해 실험적으로 얻은 값들은 다음과 같다.

x	-5	-3	-1	0	2	4
y	-13	-9	-5	-3	1	5

가로축인 x축의 스케일을 2 cm = 1, 세로축인 y축의 스케일을 1 cm = 1로 하여 x(가로)에 대한 y(세로)의 그래프를 점으로 표시하라(그래프의 원점이 그래프 용지의 중심부에 놓이도록 한다). 그래프로부터 다음을 구하라.

(a) $x=1$일 때의 y 값

(b) $x=-2.5$일 때의 y 값

(c) $y=-6$일 때의 x 값

(d) $y=5$일 때의 x 값

3 두 물리량에 대해 실험적으로 얻은 값들은 다음과 같다.

x	−2.0	−0.5	0	1.0	2.5	3.0	5.0
y	−13.0	−5.5	−3.0	2.0	9.5	12.0	22.0

x에 대한 가로축의 스케일을 $1\text{cm}=\frac{1}{2}$단위, y에 대한 세로축의 스케일을 $1\text{cm}=2$단위를 사용하여 y에 대한 x의 그래프를 그리고, 각 축과 그래프에 이름을 붙여라. 또한 내삽법으로, x가 3.5일 때의 y 값을 그래프에서 찾아라.

4 $x=-3$에서 $x=4$까지 범위에서 $y-3x+5=0$의 그래프를 그려라. 그리고 다음을 구하라.

(a) $x=1.3$일 때의 y 값

(b) $y=-9.2$일 때의 x 값

***5** 전기자를 지나는 전압 V가 변하면 모터의 속력 n[rev/min]은 변한다. 이 결과는 다음 표와 같다.

n[rev/min]	560	720	900	1010	1240	1410
V[V]	80	100	120	140	160	180

속력의 측정값 중 하나가 부정확한 것으로 의심된다. 전압(가로)에 대한 속력(세로)의 그래프를 점으로 표시하고, 의심되는 값을 구하라. 그리고 다음을 구하라.

(a) 전압이 132 V일 때의 속력

(b) 속력이 1300 rev/min일 때의 전압

17.4 기울기, 절편, 그래프의 방정식

17.4.1 기울기

직선의 기울기gradient, slop는 직선 위의 임의의 두 점 사이에서 x 값의 변화에 대한 y 값의 변화의 비율이다. x가 증가함(→)에 따라 y가 증가(↑)하면, 기울기는 양수이다. [그림 17-8(a)]는 직선 그래프 $y=2x+1$을 나타낸 것이다. 직선의 기울기를 구하기 위해 직선 위의 두 점 A와 C를 선택하고, 직각삼각형 ABC를 그린다. 여기서 BC는 세로 방향이고, AB는 가로 방향이다. 그러면 다음을 얻는다.

$$AC\text{의 기울기}=\frac{y\text{의 변화}}{x\text{의 변화}}=\frac{CB}{BA}$$

$$=\frac{7-3}{3-1}=\frac{4}{2}=2$$

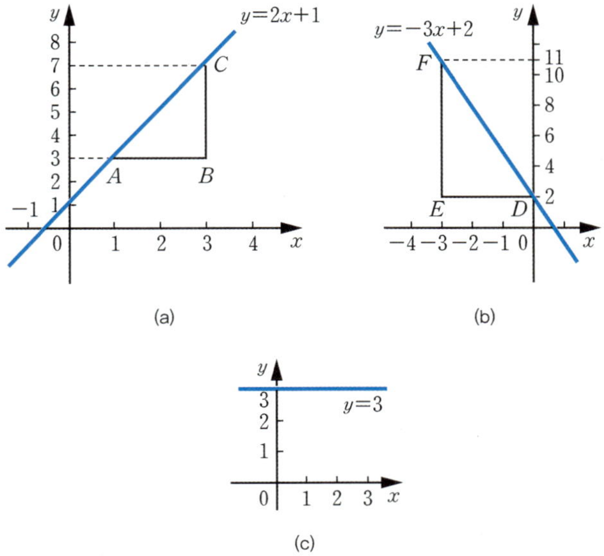

[그림 17-8]

[그림 17-8(b)]는 직선 그래프 $y=-3x+2$를 나타낸 것이다. 직선의 기울기를 구하기 위해 직선 위의 두 점 D와 F를 선택하고, 직각삼각형 DEF를 그린다. 여기서 EF는 세로 방향이고, DE는 가로 방향이다. 그러면 다음을 얻는다.

$$DF\text{의 기울기}=\frac{y\text{의 변화}}{x\text{의 변화}}=\frac{FE}{ED}$$

$$=\frac{11-2}{-3-0}=\frac{9}{-3}=-3$$

[그림 17-8(c)]는 직선 그래프 $y=3$을 나타낸 것이다. **직선이 수평이므로 기울기는 0이다.**

17.4.2 y절편

$x=0$일 때 y의 값을 y절편y-axis intercept이라 한다. [그림 17-8(a)]에서 y절편은 1이고, [그림 17-8(b)]에서 y절편은 2이다.

17.4.3 직선 그래프의 방정식

일반적으로 직선 그래프의 방정식은 다음과 같다.

$$y=mx+c$$

여기서 m은 기울기이고, c는 y절편이다. 따라서 [그림 17-8(a)]의 $y=2x+1$은 기울기가 2이고 y절편이 1인 직선을 나타낸다. 그러므로 방정식 $y=2x+1$이 주어지면 별다른 해석 없이 단번에 (기울기)$=2$이고 (y절편)$=1$이라고 말할 수 있다. 마찬가지로 [그림 17-8(b)]의 $y=-3x+2$는 기울기가 -3이고 y절편이 2인 직선을 나타낸다. [그림 17-8(c)]의 $y=3$은 $y=0x+3$으로 쓸 수 있으므로 기울기가 0이고 y절편이 3인 직선을 나타낸다.

기울기, 절편, 그래프의 방정식을 이해하는 데 도움이 되는 몇 가지 예를 살펴보자.

[문제 2] $x=-4$에서 $x=+4$까지의 범위에서 동일한 축 위에 다음 그래프를 점으로 표시하고, 각각의 기울기를 구하라.

(a) $y=x$ (b) $y=x+2$

(c) $y=x+5$ (d) $y=x-3$

각 그래프에 대한 좌표를 표로 나타내면 다음과 같다.

(a) $y=x$

x	-4	-3	-2	-1	0	1	2	3	4
y	-4	-3	-2	-1	0	1	2	3	4

(b) $y=x+2$

x	-4	-3	-2	-1	0	1	2	3	4
y	-2	-1	0	1	2	3	4	5	6

(c) $y=x+5$

x	-4	-3	-2	-1	0	1	2	3	4
y	1	2	3	4	5	6	7	8	9

(d) $y=x-3$

x	-4	-3	-2	-1	0	1	2	3	4
y	-7	-6	-5	-4	-3	-2	-1	0	1

각 그래프에 대해 좌표들을 점으로 표시하고 연결하면 [그림 17-9]와 같다. 이렇게 만들어진 각 직선들은 다른 직선과 평행하다. 즉 각각의 기울기가 동일하다.

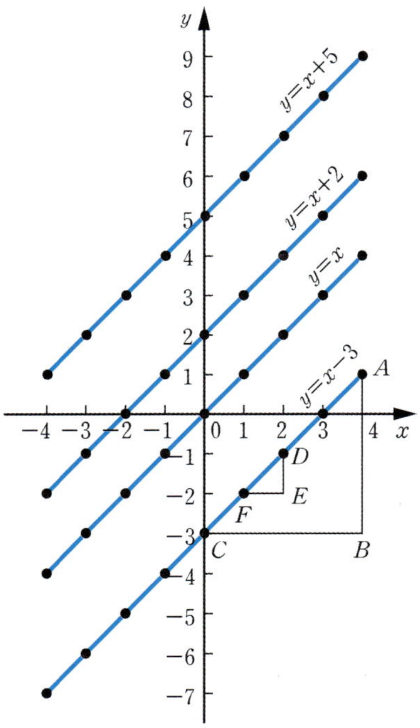

[그림 17-9]

임의의 직선, 예를 들어 $y=x-3$의 기울기를 구하기 위해, 가로와 세로 성분을 만들 필요가 있다. [그림 17-9]에서 AB는 $x=4$에서 세로로 만들어지고, BC는 $y=-3$에서 가로로 만들어진다.

$$AC\text{의 기울기}=\frac{AB}{BC}=\frac{1-(-3)}{4-0}=\frac{4}{4}=1$$

즉, 직선 $y=x-3$의 기울기는 1이다. 한편 $y=1x-3$이므로 단숨에 기울기가 1이고 y절편이 -3인 직선 그래프임을 추론할 수 있다. 기울기가 다음과 같이 주어질 수 있으므로 AB와 BC의 실제 위치는 중요하지 않다.

$$\frac{DE}{EF}=\frac{-1-(-2)}{2-1}=\frac{1}{1}=1$$

[그림 17-9]의 직선들은 서로 평행하므로 이 직선들의 기울기는 1이다.

[문제 3] $x=-3$에서 $x=+3$까지의 범위에서 동일한 축 위에 다음 그래프를 점으로 표시하고, 각각의 기울기와 y절편을 구하라.

(a) $y=3x$ (b) $y=3x+7$

(c) $y=-4x+4$ (d) $y=-4x-5$

각 그래프에 대한 좌표를 표로 나타내면 다음과 같다.

(a) $y=3x$

x	−3	−2	−1	0	1	2	3
y	−9	−6	−3	0	3	6	9

(b) $y=3x+7$

x	−3	−2	−1	0	1	2	3
y	−2	1	4	7	10	13	16

(c) $y=-4x+4$

x	−3	−2	−1	0	1	2	3
y	16	12	8	4	0	−4	−8

(d) $y=-4x-5$

x	−3	−2	−1	0	1	2	3
y	7	3	−1	−5	−9	−13	−17

각 그래프는 [그림 17−10]과 같이 점으로 표시되며, 각각은 직선의 형태이다. $y=3x$와 $y=3x+7$은 서로 평행하고 동일한 기울기를 갖는다. AC의 기울기는 다음과 같다.

$$\frac{CB}{BA}=\frac{16-7}{3-0}=\frac{9}{3}=3$$

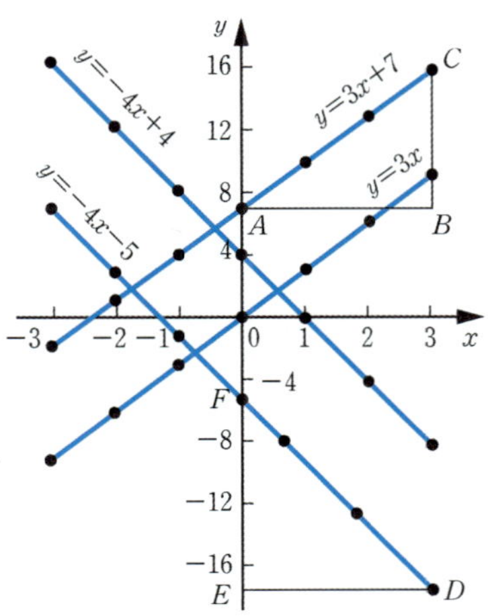

[그림 17−10]

그러므로 $y=3x$와 $y=3x+7$의 기울기는 3이고, $y=-4x+4$와 $y=-4x-5$는 평행하며 동일한 기울기를 갖는다고 추론할 수 있다. DF의 기울기는 다음과 같다.

$$\frac{DF}{ED}=\frac{-5-(-17)}{0-3}=\frac{12}{-3}=-4$$

그러므로 $y=-4x+4$와 $y=-4x-5$의 기울기는 -4임을 한눈에 추론할 수 있다.

y절편은 직선이 y축을 자르는 y 값을 의미한다. [그림 17−10]으로부터 다음을 얻는다.

$y=3x$는 $y=0$에서 y축을 자른다.
$y=3x+7$은 $y=7$에서 y축을 자른다.
$y=-4x+4$는 $y=4$에서 y축을 자른다.
$y=-4x-5$는 $y=-5$에서 y축을 자른다.

[그림 17−9]와 [그림 17−10]으로부터 몇 가지 일반적인 결론을 도출할 수 있다. 상수 m과 c에 대해 방정식이 $y=mx+c$의 형태라면, 다음과 같다.

❶ x에 대한 y의 그래프는 직선을 만든다.
❷ m은 직선의 기울기이다.
❸ c는 y절편이다.

따라서 방정식 $y=3x+7$은 기울기가 3이고 y절편이 7임을 단번에 추론할 수 있다([그림 17−10]). 마찬가지로 $y=-4x-5$이면, 기울기는 -4이고 y절편은 -5이다([그림 17−10]).

$y=mx+c$ 형태의 그래프를 점으로 표시할 때는 단지 두 좌표만 결정되면 된다. 좌표가 점으로 표시되면 두 점 사이를 이어서 직선을 그리면 된다. 보통은 세 개의 좌표가 결정되며, 세 번째 좌표는 확인용으로서의 역할을 한다.

[문제 4] 그래프 $3x+y+1=0$과 $2y-5=x$를 동일한 축 위에 점으로 표시하고, 그 교점을 구하라.

$3x+y+1=0$을 재배열한다.

$$y=-3x-1$$

$2y-5=x$를 재배열한다.

$$2y=x+5,\ 즉\ y=\frac{1}{2}x+2\frac{1}{2}$$

두 방정식이 모두 $y=mx+c$의 형태이므로 둘 다 직선이다. 방정식이 직선이라 함은 그래프를 그릴 때 두 개의 좌표만 필요하고, 두 좌표를 이어서 직선을 그릴 수 있음을 의미한다. 세 번째 좌표는 항상 확인용이다. 각 방정식에 대한 값들의 표는 다음과 같다.

x	1	0	-1
$-3x-1$	-4	-1	2

x	2	0	-3
$\frac{1}{2}x+2\frac{1}{2}$	$3\frac{1}{2}$	$2\frac{1}{2}$	1

그래프는 [그림 17-11]과 같이 점으로 표시된다. **두 직선은 $(-1, 2)$에서 교차함을 알 수 있다.**

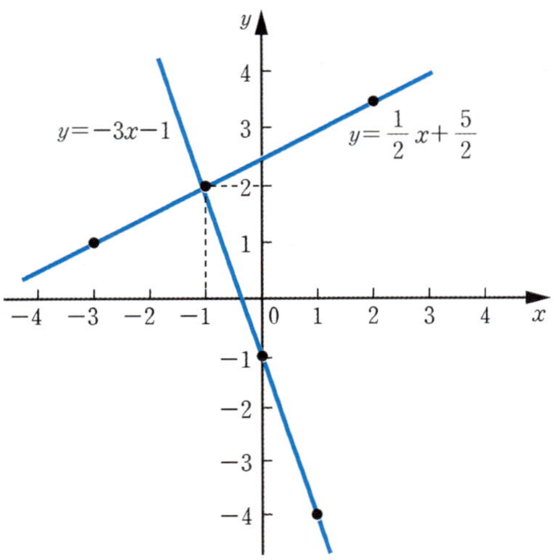

[그림 17-11]

[문제 5] 다음 각각에 대해 x에 대한 y의 그래프가 점으로 표시될 때, ❶ 기울기와 ❷ y절편을 말하라.

(a) $y=9x+2$ (b) $y=-4x+7$
(c) $y=3x$ (d) $y=-5x-3$
(e) $y=6$ (f) $y=x$

$y=mx+c$이면 $m=$**기울기**이고 $c=y$**절편**이다.

(a) $y=9x+2$이면 ❶ **기울기$=9$**, ❷ **y절편$=2$**이다.

(b) $y=-4x+7$이면 ❶ **기울기$=-4$**, ❷ **y절편$=7$**이다.

(c) $y=3x$이면 $y=3x+0$이고,
❶ **기울기$=3$**, ❷ **y절편$=0$**이다.
즉, 직선은 원점을 지난다.

(d) $y=-5x-3$이면 ❶ **기울기$=-5$**, ❷ **y절편$=-3$**이다.

(e) $y=6$이면 $y=0x+6$이고,
❶ **기울기$=0$**, ❷ **y절편$=6$**이다.
즉, $y=6$은 수평선(가로 직선)이다.

(f) $y=x$이면 $y=1x+0$이고,
❶ **기울기$=1$**, ❷ **y절편$=0$**이다.
$y=x$이므로 x가 증가하면 y도 똑같은 크기만큼 증가한다. 즉, **y는 x에 정비례한다.**

[문제 6] 그래프를 그리지 않고, 다음 각 방정식에 대한 기울기와 y절편을 구하라.

(a) $y+4=3x$ (b) $2y+8x=6$ (c) $3x=4y+7$

$y=mx+c$이면 $m=$**기울기**이고 $c=y$**절편**이다.

(a) $y+4=3x$를 변형하면 $y=3x-4$이다.
따라서 **기울기$=3$**이고 **y절편$=-4$**이다.

(b) $2y+8x=6$을 변형하면 $2y=-8x+6$이다.
양변을 2로 나누면 $y=-4x+3$이다.
따라서 **기울기$=-4$**이고 **y절편$=3$**이다.

(c) $3x=4y+7$을 변형하면 $3x-7=4y$, 즉 $4y=3x-7$이다. 양변을 4로 나누면 $y=\frac{3}{4}x-\frac{7}{4}$ 또는 $y=0.75x-1.75$이다.
따라서 **기울기$=0.75$**이고 **y절편$=-1.75$**이다.

[문제 7] 그래프를 그리지 않고, 다음 방정식의 기울기와 y절편을 구하라.

(a) $y=7x-3$ (b) $3y=-6x+2$
(c) $y-2=4x+9$ (d) $\frac{y}{3}=\frac{x}{3}-\frac{1}{5}$
(e) $2x+9y+1=0$

(a) $y=7x-3$은 $y=mx+c$ 형태이므로
기울기$=7$이고 **y절편$=-3$**이다.

(b) $3y=-6x+2$를 재배열하면 $y=-\frac{6}{3}x+\frac{2}{3}$이고,

이를 $y=mx+c$ 형태인 $y=-2x+\frac{2}{3}$로 변형한다.

그러므로 **기울기$=-2$**이고 **y절편$=\frac{2}{3}$**이다.

(c) $y-2=4x+9$를 재배열하면 $y=4x+11$이다.

그러므로 **기울기$=4$**이고 **y절편$=11$**이다.

(d) $\frac{y}{3}=\frac{x}{3}-\frac{1}{5}$을 재배열하면 $y=3\left(\frac{x}{2}-\frac{1}{5}\right)=\frac{3}{2}x-\frac{3}{5}$

이다. 그러므로 **기울기$=\frac{3}{2}$**이고 **y절편$=-\frac{3}{5}$**이다.

(e) $2x+9y+1=0$을 재배열하면 $9y=-2x-1$,

즉 $y=-\frac{2}{9}x-\frac{1}{9}$이다.

그러므로 **기울기$=-\frac{2}{9}$**이고 **y절편$=-\frac{1}{9}$**이다.

[문제 8] [그림 17-12]의 직선에 대해 (a) 기울기와 (b) 그래프의 방정식을 구하라.

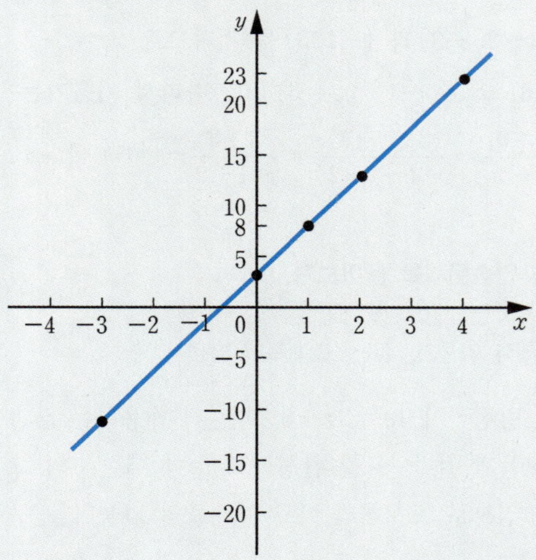

[그림 17-12]

(a) [그림 17-13]과 같이 직각삼각형 ABC를 그래프 위에 만든다.

$$\text{기울기}=\frac{AC}{CB}=\frac{23-8}{4-1}=\frac{15}{3}=5$$

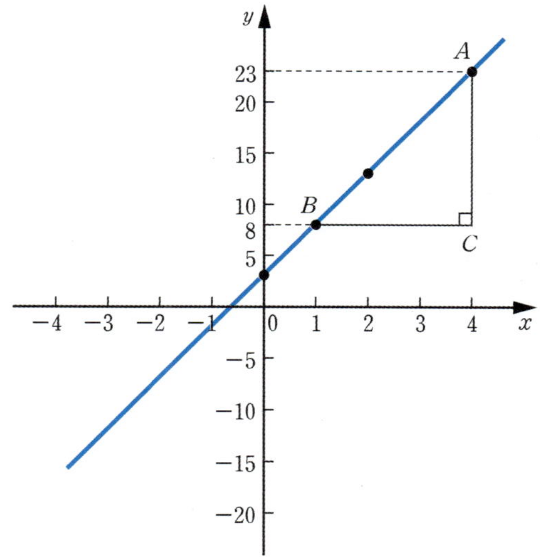

[그림 17-13]

(b) $x=0$에서, y절편은 그래프를 통해 $y=3$임을 알 수 있다. $y=mx+c$는 m이 기울기이고 c가 y절편인 직선이다. 위에서 $m=5$, $c=3$이므로 그래프의 방정식은 **$y=5x+3$**이다.

[문제 9] [그림 17-14]와 같은 직선의 방정식을 구하라.

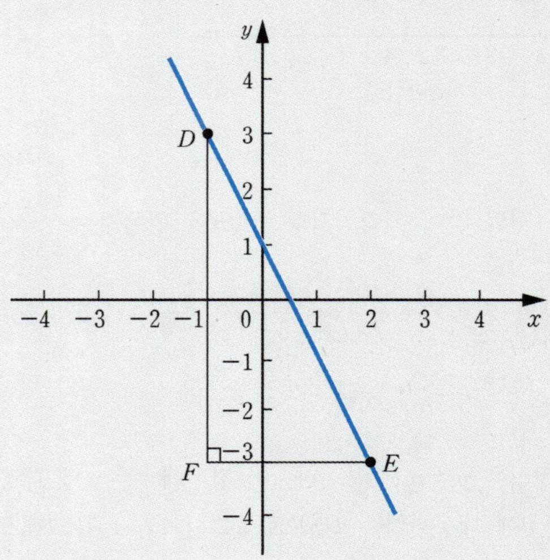

[그림 17-14]

[그림 17-14]와 같은 직각삼각형 DEF를 만든다.

$$DE\text{의 기울기}=\frac{DF}{FE}=\frac{3-(-3)}{-1-2}=\frac{6}{-3}=-2$$

이고, y절편$=1$이므로 **직선의 방정식은 $y=mx+c$**, 즉 **$y=-2x+1$이다.**

*[문제 10] 물체의 속도가 다양한 시간에 측정되었고, 그 결과는 다음과 같다.

속도 v[m/s]	8	10.5	13	15.5	18	20.5	23
시간 t[s]	1	2	3	4	5	6	7

시간(가로축)에 대한 속도(세로축)의 그래프를 점을 표시하고, 그래프의 방정식을 구하라.

적당한 스케일을 선정하고, 좌표 $(1, 8)$, $(2, 10.5)$, $(3, 13)$ 등을 [그림 17-15]와 같이 점으로 표시한다.

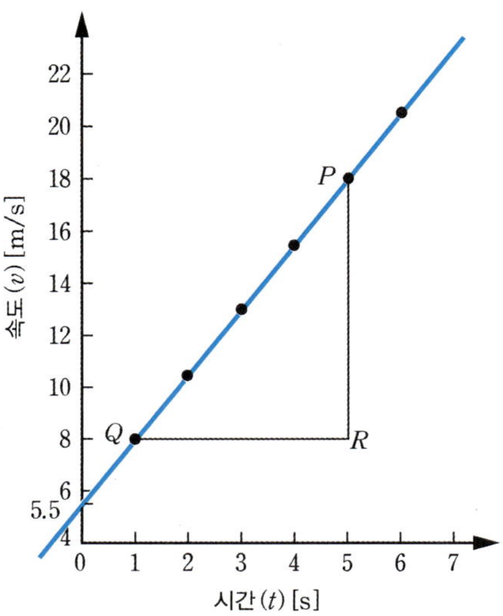

[그림 17-15]

[그림 17-15]와 같이 직각삼각형 PQR을 만든다.

$$PQ\text{의 기울기} = \frac{PR}{RQ} = \frac{18-8}{5-1} = \frac{10}{4} = 2.5$$

세로 절편은 $v = 5.5\,\mathrm{m/s}$이다.

직선의 방정식은 $y = mx + c$이다. 이 경우에 t는 x에 대응하고, v는 y에 대응한다. 그러므로 [그림 17-15] 그래프의 방정식은 $v = mt + c$이다. 그러나 위 계산으로부터 $m = 2.5$이고 v절편이 $c = 5.5$이므로, **그래프의 방정식은 $v = 2.5t + 5.5$이다.**

[문제 11] 좌표 (a) $(-2, 5)$와 $(3, 4)$, (b) $(-2, -3)$과 $(-1, 3)$을 지나는 직선 그래프의 기울기를 구하라.

[그림 17-16]과 같이 좌표 (x_1, y_1)과 (x_2, y_2)를 지나는 직선의 기울기는 다음과 같다.

$$m = \frac{y_2 - y_1}{x_2 - x_1}$$

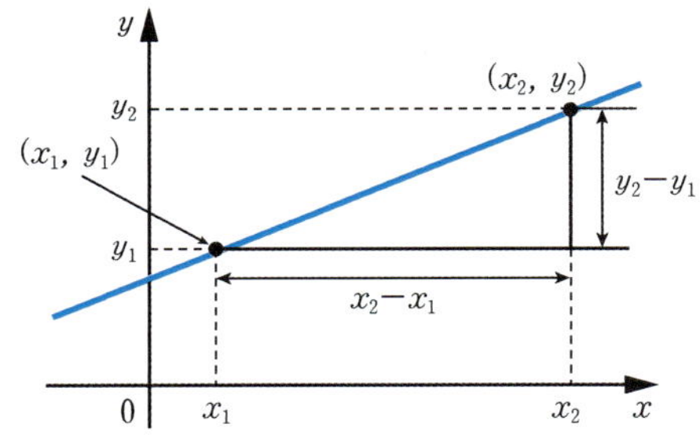

[그림 17-16]

(a) 직선이 $(-2, 5)$와 $(3, 4)$를 지나므로 $x_1 = -2$, $y_1 = 5$, $x_2 = 3$, $y_2 = 4$이고, 따라서 **기울기는**

$$m = \frac{y_2 - y_1}{x_2 - x_1} = \frac{4-5}{3-(-2)} = -\frac{1}{5}\text{이다.}$$

(b) 직선이 $(-2, -3)$과 $(-1, 3)$을 지나므로 $x_1 = -2$, $y_1 = -3$, $x_2 = -1$, $y_2 = 3$이고, 따라서 **기울기는**

$$m = \frac{y_2 - y_1}{x_2 - x_1} = \frac{3-(-3)}{-1-(-2)} = \frac{3+3}{-1+2} = \frac{6}{1} = 6\text{이다.}$$

◆ **이제 다음 연습문제를 풀어보자.**

[연습문제 88] 기울기, 절편, 그래프의 방정식

1 직선의 방정식이 $4y = 2x + 5$이다. 각 대응하는 값의 표는 다음과 같다. 표를 완성하고, x에 대한 y의 그래프를 점으로 표시하라. 또, 그래프의 기울기를 구하라.

x	−4	−3	−2	−1	0	1	2	3	4
y		−0.25			1.25				3.25

2 다음 각 방정식에 대한 기울기와 y절편을 구하라.

(a) $y = 4x - 2$　(b) $y = -x$

(c) $y = -3x - 4$　(d) $y = 4$

3 다음 각 방정식에 대한 기울기와 y절편을 구하라.

(a) $2y - 1 = 4x$　(b) $6x - 2y = 5$

(c) $3(2y-1) = \frac{x}{4}$

※ **(문제 4~5)** 다음 각 방정식에 대한 기울기와 y절편을 구하라.

4 (a) $y=6x-3$

(b) $y=-2x+4$

(c) $y=3x$

(d) $y=7$

5 (a) $2y+1=4x$

(b) $2x+3y+5=0$

(c) $3(2y-4)=\dfrac{x}{3}$

(d) $5x-\dfrac{y}{2}-\dfrac{7}{3}=0$

6 다음 좌표를 지나는 직선 그래프의 기울기를 구하라.

(a) $(2, 7)$과 $(-3, 4)$

(b) $(-4, -1)$과 $(-5, 3)$

(c) $\left(\dfrac{1}{4}, -\dfrac{3}{4}\right)$과 $\left(-\dfrac{1}{2}, \dfrac{5}{8}\right)$

7 다음 방정식 중에서 어느 것이 서로 평행한 그래프를 만드는지 설명하라.

(a) $y-4=2x$ (b) $4x=-(y+1)$

(c) $x=\dfrac{1}{2}(y+5)$ (d) $1+\dfrac{1}{2}y=\dfrac{3}{2}x$

(e) $2x=\dfrac{1}{2}(7-y)$

8 $y=3x-5$와 $3y+2x=7$의 그래프를 동일한 축 위에 그리고, 교점의 좌표를 구하라. 그리고 두 연립방정식을 대수적으로 풀어서 얻은 결과와 확인하라.

9 동일한 좌표축 위에 $y=2x+3$과 $2y=15-2x$의 그래프를 점으로 표시하고, 교점을 구하라.

10 동일한 좌표축 위에 $y=3x-1$과 $y+2x=4$의 그래프를 그리고, 교점의 좌표를 구하라.

***11** 지지대에 고무줄 한 가닥이 고정되어 수직으로 매달려 있고, 중량을 지탱할 수 있는 팬이 자유단에 부착되어 있다. 다양한 중량이 팬에 더해짐에 따라 고무줄의 길이가 측정되며, 그 결과는 다음과 같다.

하중, W[N]	5	10	15	20	25
길이, l[cm]	60	72	84	96	108

길이(세로축)에 대한 하중(가로축)의 그래프를 점으로 표시하라. 그리고 다음을 구하라.

(a) 하중이 17N일 때, 길이의 값

(b) 길이가 74cm일 때, 하중의 값

(c) 기울기

(d) 그래프의 방정식

***12** 소형 인양기lifting machine로 하중 W를 들어올리기 위한 작용력 P는 다음 표와 같다.

W[N]	10	20	30	40	50	60
P[N]	5.1	6.4	8.1	9.6	10.9	12.4

세로 방향의 P 값에 대해 가로 방향으로 W 값을 표시하라. 그리고 값들이 근사적으로 직선 위에 놓이는 것을 보여라. 또한 P와 W의 관계식을 $P=aW+b$의 형태로 구하라.

***13** 실험에서, 서서히 멈춰서고 있는 플라이휠의 속력 N[rpm]을 분 단위 시간 t에 대해 기록하였다. 그 결과를 점으로 표시하고, N과 t가 $N=at+b$ 형태의 방정식으로 연결됨을 보여라. 예상되는 a와 b 값을 구하라.

t [min]	2	4	6	8	10	12	14
N[rev/min]	372	333	292	252	210	177	132

17.5 직선 그래프를 포함하는 실전문제

좌표값들이 주어지거나 실험적으로 구해지고, 이 값들이 $y=mx+c$ 형태의 법칙을 따른다고 하자. 이때 점으로 표시된 좌표값에 상당히 가까운 직선을 그릴 수 있다면, 이를 통해 $y=mx+c$ 형태의 법칙을 따름을 확인할 수 있다. 그래프로부터 상수 m(즉, 기울기)과 c(즉, y절편)를 구할 수 있다.

실제 상황이 반영된 몇 가지 문제들을 살펴보자.

*[문제 12] 셀시우스[1] 온도(섭씨온도)와 이에 대응하는 화씨온도의 값은 다음 표와 같다. 사각형 축을 구성하고 적절한 스케일을 선정한 다음, 화씨(세로축 위에)에 대한 섭씨(가로축 위에)의 그래프를 점으로 표시하라.

℃	10	20	40	60	80	100
°F	50	68	104	140	176	212

또한 그래프로부터 다음을 구하라.

(a) 55℃에서 화씨온도 (b) 167°F에서 섭씨온도
(c) 0℃에서 화씨온도 (d) 230°F에서 섭씨온도

좌표 (10, 50), (20, 68), (40, 104) 등을 [그림 17-17]과 같이 점으로 표시한다. 이 좌표들을 연결하면 직선이 만들어지고, 따라서 섭씨온도와 화씨온도는 선형관계가 성립함을 알 수 있다.

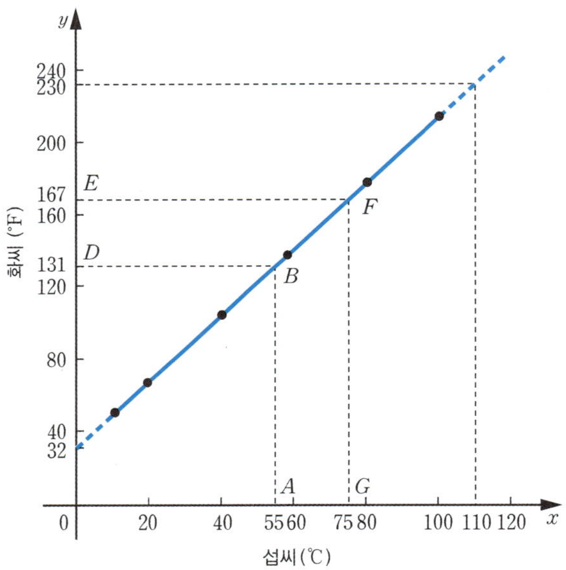

[그림 17-17]

(a) 55℃에서 화씨온도를 구하기 위해 가로축으로부터 세로선 AB를 만들면 B에서 직선과 만난다. 가로선 BD가 세로축과 만나는 점이 동치인 화씨온도이다. 그러므로 **55℃는 131°F와 동치이다.**

앞의 표에 주어진 정보를 가지고 동치인 값을 찾는 과정을 **내삽법**이라 한다.

(b) 167°F에서 섭씨온도를 구하기 위해 [그림 17-17]에서와 같이 가로선 EF를 만든다. 세로선 FG가 가로축을 자르는 점이 동치인 섭씨온도이다. 그러므로 **167°F는 75℃와 동치이다.**

(c) 주어진 자료를 벗어나서도 그래프가 선형이 된다고 가정하면, 그래프는 양 끝으로 확장될 것이다([그림 17-17]의 점선). [그림 17-17]로부터 **0℃는 32°F에 대응한다.**

(d) **230°F는 110℃와 동치이다.**

주어진 자료에서 벗어난 값에 동치인 값을 구하는 과정을 **외삽법**이라 한다.

*[문제 13] 샤를의 법칙[2]에 대한 실험에서, 기체 부피의 값 V[m³]가 다양한 온도 T[℃]에 대해 측정되었으며, 그 결과는 다음과 같다.

V[m³]	25.0	25.8	26.6	27.4	28.2	29.0
T[℃]	60	65	70	75	80	85

온도(가로축)에 대한 부피(세로축)의 그래프를 점으로 표시하라. 또한 그래프로부터 다음을 구하라.

(a) 부피가 28.6 m³일 때의 온도
(b) 온도가 67℃일 때의 부피

두 스케일이 모두 0에서 시작하여 그래프가 점으로 표시된다면, 그 결과는 [그림 17-18]과 같이 된다. 그러면 모든 점들이 그래프의 오른쪽 상단 구석에 놓이게 되므로, 그래프를 해석하는 데 어려움이 따른다.

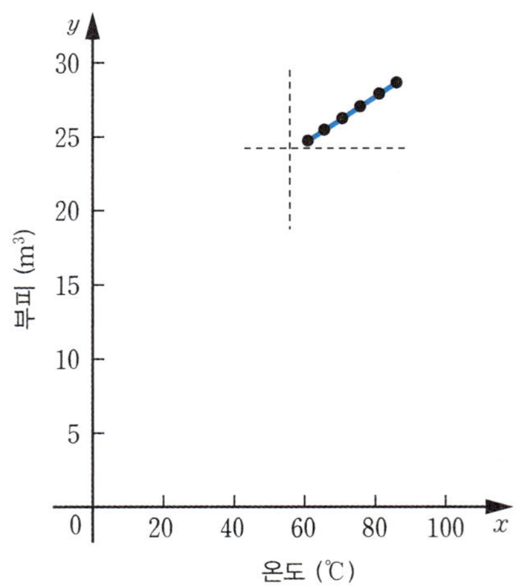

[그림 17-18]

1 **셀시우스는 누구?** 9.1절을 확인하라. 자세한 정보는 www.routledge.com/cw/bird에서 찾을 수 있다.

2 **샤를은 누구?** 6.3절을 확인하라. 자세한 정보는 www.routledge.com/cw/bird에서 찾을 수 있다.

온도축이 55℃에서 시작하고 부피축이 24.5 m^3에서 시작하면 좀 더 정확한 그래프를 얻을 수 있다. 이러한 값에 대응하는 축을 [그림 17-18]에서 점선으로 나타내었다.

이때 원점이 0에 놓이지 않으므로 이것을 **거짓 축**이라 한다. 이 부분을 확대하면 [그림 17-19]와 같다.

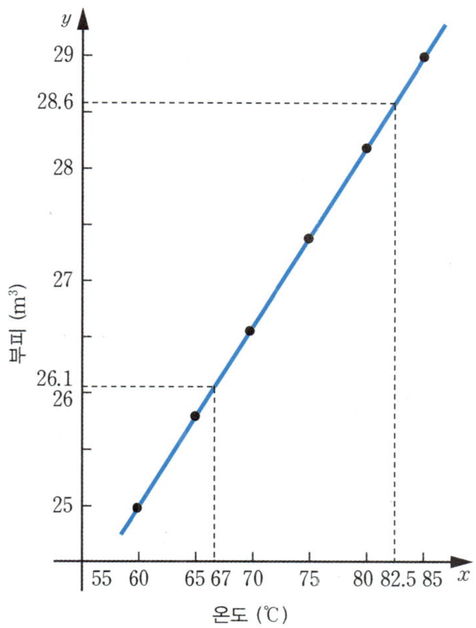

[그림 17-19]

이 그래프로부터 다음을 구할 수 있다.

(a) 부피가 28.6 m^3일 때, 동치인 온도는 **82.5℃**이다.

(b) 온도가 67℃일 때, 동치인 부피는 **26.1 m^3**이다.

*[문제 14] 후크[3]의 법칙을 입증하는 실험에서, 응력stress을 변화시켜가며 알루미늄 선의 변형 정도strain를 측정하였다. 그 결과는 다음과 같다.

응력[N/mm^3]	4.9	8.7	15.0
변형 정도	0.00007	0.00013	0.00021
응력[N/mm^3]	18.4	24.2	27.3
변형 정도	0.00027	0.00034	0.00039

변형 정도(가로축)에 대한 응력(세로축)의 그래프를 점으로 표시하라. 그리고 다음을 구하라.

(a) 그래프의 기울기로 주어지는 알루미늄에 대한 영*의 탄성률Young's modulus of elasticity

(b) 응력이 20 N/mm^2일 때, 변형 정도strain

(c) 변형 정도가 0.00020일 때, 응력stress

---

3 **후크는 누구?** 6.3절을 확인하라. 자세한 정보는 www.routledge.com/cw/bird에서 찾을 수 있다.

좌표 (0.00007, 4.9), (0.00013, 8.7) 등을 [그림 17-20]과 같이 점으로 표시한다. 이렇게 생성된 그래프는 이 점들에 대응하는 최적의 직선이 된다(실험 결과에 따라 모든 점들이 직선 위에 정확히 놓인 것으로 보이지 않을 수 있다). 그래프와 각 축에 이름을 붙인다. 직선이 원점을 지나므로 응력은 값들의 주어진 범위에서 변형 정도에 정비례한다.

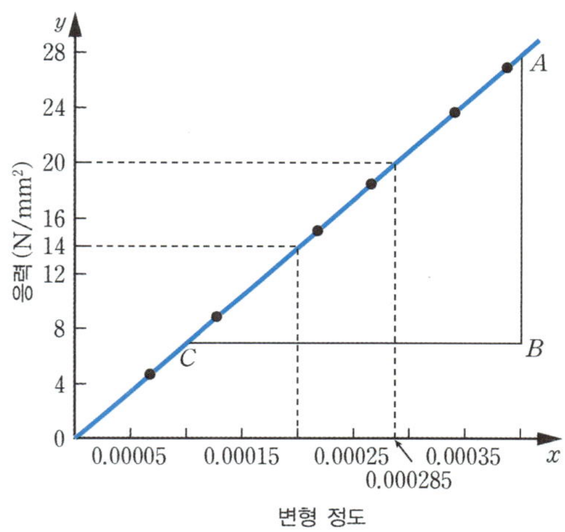

[그림 17-20]

(a) 직선 AC의 기울기는 다음과 같다.

$$\frac{AB}{BC} = \frac{28-7}{0.00040-0.00010} = \frac{21}{0.00030}$$

$$= \frac{21}{3\times10^{-4}} = \frac{7}{10^{-4}} = 7\times10^4$$

$$= 70000\,N/mm^2$$

따라서 **알루미늄에 대한 영의 탄성률은 70000 N/mm^2이다.** $1\,m^2 = 10^6\,mm^2$이므로 70000 N/mm^2은 $70000\times10^6\,N/m^2$, 즉 **$70\times10^9\,N/m^2$(또는 Pa)**이다.

[그림 17-20]으로부터 다음을 구할 수 있다.

(b) 20 N/mm^2의 응력에서 변형 정도는 **0.000285**이다.

(c) 변형 정도가 0.00020일 때 응력은 **14 N/mm^2**이다.

***영은 누구?**

토머스 영(Thomas Young, 1773. 6. 13 ~ 1829. 5. 10)은 영국의 학자로, 이집트의 성각문자(특히, 로제타석)를 부분적으로 해독한 것으로 유명하다. 영은 시각, 빛, 고체역학, 에너지, 생리학, 언어, 음악적 화음, 이집트학 분야에서 주목할 만한 과학적 공헌을 이루었다.

***[문제 15]** 필라멘트 전구를 실험하여 얻은 저항 $R[\Omega]$과 그에 대응하는 전압 $V[\mathrm{V}]$의 값이 다음과 같다.

$R[\Omega]$	30	48.5	73	107	128
$V[\mathrm{V}]$	16	29	52	76	94

적당한 스케일을 선정하여, 세로축은 R, 가로축은 V인 그래프를 점을 표현하라. 그리고 다음을 구하라.

(a) 그래프의 기울기
(b) R절편
(c) 그래프의 방정식
(d) 전압이 60 V일 때 저항의 값
(e) 저항이 40 Ω일 때 전압의 값
(f) 그래프가 동일한 방식으로 계속된다고 할 때, 110 V에서 얻어질 저항의 값

좌표 (16, 30), (29, 48.5) 등을 [그림 17-21]과 같이 점으로 표시한다. 점들을 이음으로써 최적의 직선을 얻을 수 있다.

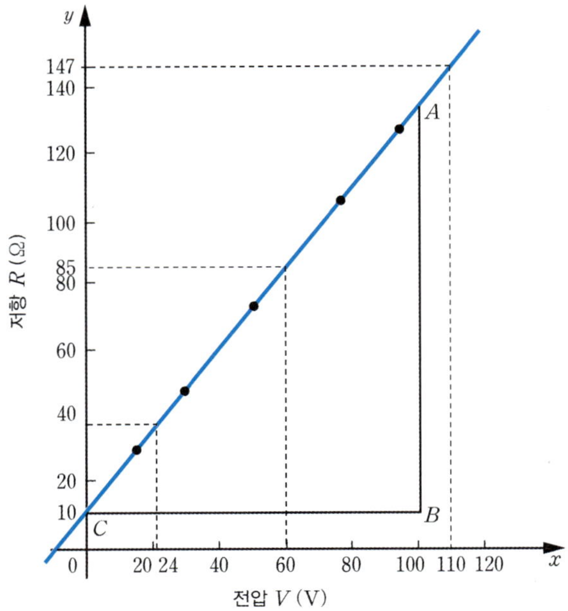

[그림 17-21]

(a) 직선 AC의 기울기는 다음과 같다.

$$\frac{AB}{BC}=\frac{135-10}{100-0}=\frac{125}{100}=\mathbf{1.25}$$

Check 세로선 AB와 가로선 BC는 직선의 길이에 따라 임의로 만들어질 수 있다. 그러나 가로선 BC를 가령 24, 60과 같은 수가 아닌 위의 경우와 같이 100 정도로 정한다면, 계산이 좀 더 쉬워진다.

(b) R절편은 $\boldsymbol{R=10\,\Omega}$이다(외삽법에 의해).

(c) y가 세로축 위에서, 그리고 x가 가로축 위에서 점으로 표시될 때, 직선의 방정식은 $y=mx+c$이다. 여기서 m은 기울기이고, c는 y절편이다. 이 경우에 R은 y에 대응하고, V는 x에 대응한다. 그리고 $m=1.25$이고 $c=10$이다. 그러므로 그래프의 방정식은
$\boldsymbol{R=(1.25\,V+10)\,\Omega}$이다.

(d) 전압이 60 V일 때 저항은 **85 Ω**이다.

(e) 저항이 40 Ω일 때 전압은 **24 V**이다.

(f) 외삽법에 의해 전압이 110 V일 때 저항은 **147 Ω**이다.

*[문제 16] 다양한 온도에서 압연 동박rolled copper의 파괴응력breaking stress σ를 구하기 위한 현장적용 실험 결과가 다음과 같다.

파괴응력 σ [N/cm²]	8.46	8.04	7.78
온도 t [℃]	70	200	280
파괴응력 σ [N/cm²]	7.37	7.08	6.63
온도 t [℃]	410	500	640

a와 b가 상수일 때, 이 값들이 규칙 $\sigma = at+b$에 따름을 보여라. 그리고 a와 b의 값을 근사적으로 구하라. 이 규칙을 이용하여 온도가 250℃일 때의 파괴응력과, 파괴응력이 7.54N/cm²일 때의 온도를 구하라.

좌표 (70, 8.46), (200, 8.04) 등을 [그림 17-22]와 같이 점으로 표시한다.

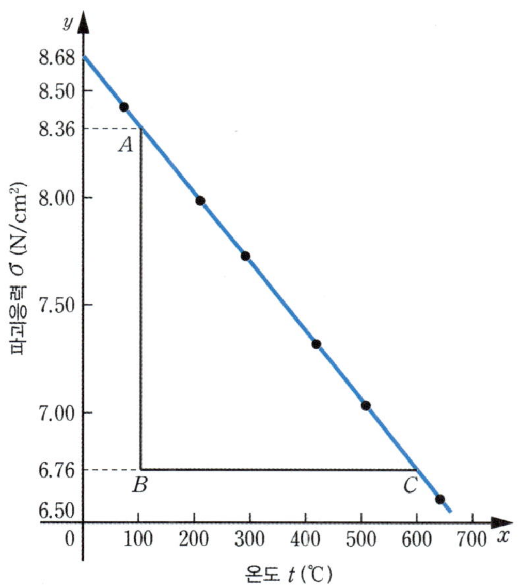

[그림 17-22]

그래프가 직선이므로 값들은 규칙 $\sigma = at+b$에 따른다. 그리고 직선의 기울기는 다음과 같다.

$$a = \frac{AB}{BC} = \frac{8.36-6.76}{100-600}$$

$$= \frac{1.60}{-500} = \mathbf{-0.0032}$$

세로 절편은 $\mathbf{b = 8.68}$이다. 그러므로 그래프의 규칙은 $\boldsymbol{\sigma = -0.0032t + 8.68}$이다.

온도가 250℃이면, **파괴응력** σ는 다음과 같다.

$$\sigma = -0.0032\,(250) + 8.68 = \mathbf{7.88}\,\mathrm{N/cm^2}$$

$\sigma = -0.0032t + 8.68$을 재배열한다.

$$0.0032t = 8.68 - \sigma,\ 즉\ t = \frac{8.68-\sigma}{0.0032}$$

그러므로 파괴응력이 $\sigma = 7.54\,\mathrm{N/cm^2}$이면 **온도**는 다음과 같다.

$$t = \frac{8.68-7.54}{0.0032} = \mathbf{356.3℃}$$

◆ **이제 다음 연습문제를 풀어보자.**

[연습문제 89] 직선 그래프를 포함하는 실전문제

*1 구리 접속체의 저항 $R[\Omega]$이 다양한 온도 t[℃]에서 다음과 같이 측정되었다.

$R\,[\Omega]$	112	120	126	131	134
t [℃]	20	36	48	58	64

t(가로축)에 대한 R(세로축)의 그래프를 점으로 표시하라. 그리고 이를 이용하여 다음을 구하라.

(a) 저항이 122Ω일 때의 온도

(b) 온도가 52℃일 때의 저항

*2 다음 실험 결과에서 볼 수 있듯이 전기자 전압에 따라 모터의 속력 n[rev/min]이 변한다.

n [rev/min]	285	517	615
V [V]	60	95	110
n [rev/min]	750	917	1050
V [V]	130	155	175

전압(세로축)에 대한 속력(가로축)의 그래프를 점으로 표시하고, 점들을 지나는 최적의 직선을 그려라. 그리고 그래프로부터 다음을 구하라.

(a) 전압이 145V일 때의 속력

(b) 속력이 400rev/min일 때의 전압

*3 다음 표는 리프팅 기계가 하중 L[N]을 극복하기 위한 힘 F[N]을 나타낸다.

힘 F[N]	25	47	64
하중 L[N]	50	140	210
힘 F[N]	120	149	187
하중 L[N]	430	550	700

적당한 스케일을 선정하고, L(가로축)에 대한 F(세로축)의 그래프를 점으로 표시하라. 이 점들을 지나는 최적의 직선을 그려라. 이 그래프로부터 다음을 구하라.

(a) 기울기
(b) F절편
(c) 그래프의 방정식
(d) 하중이 310 N일 때 적용된 힘
(e) 160 N의 힘을 극복하기 위한 하중
(f) 그래프가 동일한 방식으로 계속된다고 할 때, 800 N의 하중을 극복하기 위해 필요한 힘의 값

*4 다음 표는 다양한 온도 t에서 압연 동박의 파괴응력 σ를 구하기 위한 실험 결과이다.

파괴응력 σ [N/cm^2]	8.51	8.07	7.80
온도 t[℃]	75	220	310
파괴응력 σ [N/cm^2]	7.47	7.23	6.78
온도 t[℃]	420	500	650

온도(가로축)에 대한 파괴응력(세로축)의 그래프를 점으로 표시하라. 점으로 표시된 좌표들을 지나는 최적의 직선을 그려라. 그래프의 기울기와 세로 절편을 구하라.

*5 변동되고 있는 시간 구간 t에서 측정한 물체의 속도 v는 다음과 같다.

t [초]	2	5	8	11	15	18
v[m/s]	16.9	19.0	21.1	23.2	26.0	28.1

가로축으로 t를, 세로축으로 v를 점으로 표시하고, 시간에 대한 속도의 그래프를 그려라. 그리고 그래프로부터 다음을 구하라.

(a) 10초 후의 속도
(b) 20 m/s에서의 시간
(c) 그래프의 방정식

*6 강철제 보의 질량 m이 길이 L에 의해 다음과 같이 변한다.

질량 m [kg]	80	100	120	140	160
길이 L[m]	3.00	3.74	4.48	5.23	5.97

길이(가로축)에 대한 질량(세로축)의 그래프를 점으로 표시하라. 그래프의 방정식을 구하라.

*7 모르타르의 파쇄강도는 배합에 사용된 물의 비율에 따라 다음과 같이 변한다.

파쇄강도 F[t]	1.67	1.40	1.13
사용 물의 비율 w[%]	6	9	12
파쇄강도 F[t]	0.86	0.59	0.32
사용 물의 비율 w[%]	15	18	21

w(가로축)에 대한 F(세로축)의 그래프를 점으로 표시하라.

(a) 10% 물이 사용되었을 때, 파쇄강도를 설명하고 구하라.
(b) 그래프가 동일한 방식으로 계속된다고 가정하고, 파쇄강도가 0.15 t일 때 사용된 물의 비율을 외삽법으로 구하라.
(c) 그래프의 방정식은 무엇인가?

*8 후크의 법칙을 증명하는 실험에서, 응력을 변화시켜 가며 구리선의 변형 정도를 측정하였다. 그 결과는 다음과 같다.

응력[Pa]	10.6×10^6	18.2×10^6	24.0×10^6
변형 정도	0.00011	0.00019	0.00025
응력[Pa]	30.7×10^6	39.4×10^6	
변형 정도	0.00032	0.00041	

변형 정도(가로축)에 대한 응력(세로축)의 그래프를 점으로 표시하라. 그리고 다음을 구하라.

(a) 그래프의 기울기로 주어지는 구리에 대한 영의 탄성률
(b) 21×10^6 Pa의 응력에 대한 변형 정도
(c) 변형 정도가 0.00030일 때의 응력

***9** 도르래 장치 기구를 이용한 실험 결과가 다음과 같다.

작용력 E[N]	9.0	11.0	13.6	17.4	20.8	23.6
하중 L[N]	15	25	38	57	74	88

하중(가로축)에 대한 작용력(세로축)의 그래프를 점으로 표시하라. 그리고 다음을 구하라.

(a) 기울기

(b) 세로 절편

(c) 그래프의 방정식

(d) 하중이 30N일 때의 작용력

(e) 작용력이 19N일 때의 하중

***10** 온도 T에 따른 용기 안의 압력 p의 변화는 $p=aT+b$의 규칙을 따른다고 한다. 여기서 a와 b는 상수이다. 다음에 주어진 결과로 이 규칙이 적용됨을 확인하라. 그리고 a와 b의 근삿값을 구하라. 또한 온도가 285K와 310K일 때의 압력과, 압력이 250kPa일 때의 온도를 구하라.

압력 p[kPa]	244	247	252	258	262	267
온도 T[K]	273	277	282	289	294	300

[연습문제 90] 직선 그래프에 대한 선다형 문제

※ 각 문제의 정답은 한 개이다.

1 직선 $x-y=0$의 그래프가 지나는 점은 무엇인가?

(a) $(2, 3)$ (b) $(3, 40)$

(c) $(5, 6)$ (d) $(0, 0)$

2 직선 $x+y=5$의 그래프가 x축과 만나는 점은 무엇인가?

(a) $(5, 0)$ (b) $(0, 5)$

(c) $(-5, 0)$ (d) $(0, -5)$

3 기울기가 $\frac{1}{2}$이고 y절편이 3인 직선의 방정식은 무엇인가?

(a) $x+2y=6$ (b) $2x-y=3$

(c) $2y-x=6$ (d) $\frac{1}{2}x-y=3$

4 전기회로에서 전압에 대한 저항의 그래프가 [그림 17-23]과 같다. 저항 R과 전압 V에 관한 방정식은 무엇인가?

(a) $R=1.45V+40$ (b) $R=0.8V+20$

(c) $R=1.45V+20$ (d) $R=1.25V+20$

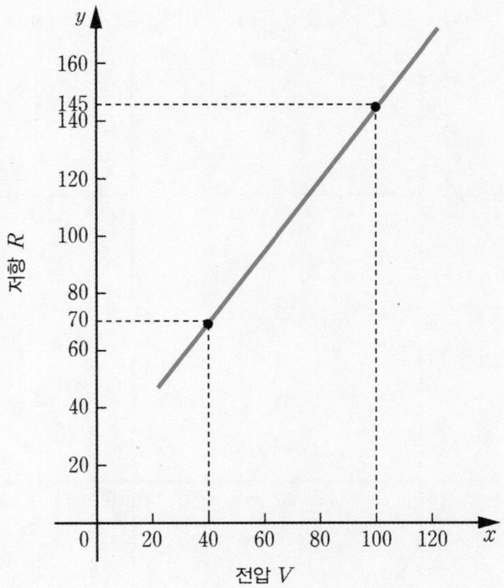

[그림 17-23]

5 사각형 좌표평면 위에 두 점 $P(-1, 6)$과 $Q(5, 2)$가 있다. 점 P와 점 Q를 지나는 직선의 기울기는 얼마인가?

(a) 1 (b) $-\frac{2}{3}$

(c) -1 (d) $\frac{2}{3}$

6 공학적인 두 양 x, y에 대하여 x에 대한 y의 그래프는 직선이고, 두 양의 값에 대한 표는 다음과 같다고 할 때, p 값은 얼마인가?

x	2	-1	p
y	9	3	5

(a) $-\frac{1}{2}$ (b) -2 (c) 3 (d) 0

7 x와 y에 대한 방정식 4개가 다음과 같다. 각 방정식은 x와 y를 점으로 찍을 때 직선을 나타낸다.

(i) $y+3=3x$ (ii) $y+3x=3$

(iii) $\frac{y}{2}-\frac{3}{2}=x$ (iv) $\frac{y}{3}=x+\frac{2}{3}$

이 방정식들 중에서 서로 평행한 것은 무엇인가?

(a) (i)과 (ii) (b) (i)과 (iv)
(c) (ii)와 (iii) (d) (ii)와 (iv)

8 [그림 17-24]의 직선들 중에서 방정식 $y+4=2x$인 것은 무엇인가?

(a) (iv) (b) (ii) (c) (iii) (d) (i)

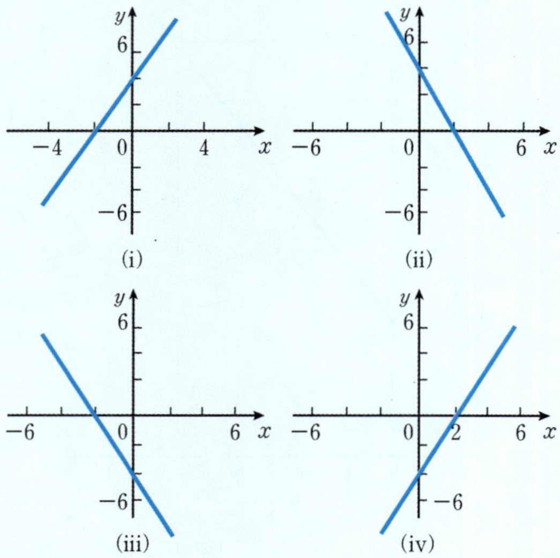

[그림 17-24]

9 도르래 시스템에서 하중 L(수평 방향)과 응력 E(수직 방향)에 관한 그래프는 $L+30=6E$로 주어진다. 이 그래프의 기울기는 얼마인가?

(a) 6 (b) 5
(c) $\frac{1}{6}$ (d) $\frac{1}{5}$

10 방정식 $5x-3y=30$의 y절편은 얼마인가?

(a) 10 (b) 2
(c) -10 (d) 6

11 선형방정식 $2x+3y=6$이 y축과 만나는 점은 무엇인가?

(a) $(2, 0)$ (b) $(0, 3)$
(c) $(3, 0)$ (d) $(0, 2)$

12 점 $(3, 5)$와 y축에 대하여 대칭인 점은 무엇인가?

(a) $(3, 5)$ (b) $(-3, 5)$
(c) $(3, -5)$ (d) $(-3, -5)$

13 점 $A(5, 8)$에서 y축까지의 수직 거리는 얼마인가?

(a) 5 (b) 8
(c) 3 (d) 13

14 방정식 $3x+5y=7$의 그래프에 대한 설명으로 알맞은 것은 무엇인가?

(a) 수직선이다. (b) 직선이다.
(c) 수평선이다. (d) 원점을 지나는 선이다.

15 후크의 법칙을 입증하는 실험에서, 응력[stress]을 변화시켜가며 구리 선의 변형 정도[strain]를 측정하였다. 변형 정도(가로축)에 대한 응력(세로축)의 그래프는 직선 그래프로 표현된다고 할 때, 그래프의 기울기로 주어지는 구리에 대한 영의 탄성률은 얼마인가?

응력[MPa]	18.24	24.00	39.36
변형 정도	0.00019	0.00025	0.00041

(a) 96000 Pa (b) 1.04×10^{-11} Pa
(c) 96 Pa (d) 96×10^{9} Pa

Chapter 18

비선형을 선형으로 변환하는 그래프

Graphs reducing non-linear laws to linear form

비선형을 선형으로 변환하는 그래프가 왜 중요할까?

그래프는 두 실험으로 얻은 데이터 간의 관계를 분석하고 표현하기 위한 중요한 도구이다. 많은 상황에서 변수 간의 관계가 선형이 아닌 경우가 발생한다. 어떤 조작을 통해 선형이 아닌 두 변수를 연결하는 법칙을 만들어서 직선 그래프로 작성할 수 있다. 이러한 조작 중 하나는 로그법칙을 이용하는 것이다. 전선의 저항과 직경 사이의 관계는 선형이 아니다. 마찬가지로, 추의 진동에 대한 주기는 추의 길이와 선형인 관계를 갖지 않는다. 그리고 압력과 유속의 관계는 선형이 아니다. 따라서 공학에서 결정법칙이 필요한 예를 많이 찾을 수 있다.

학습포인트

- 결정법칙의 의미를 이해한다.
- 비선형 관계인 두 변수에 대한 좌표를 준비한다.
- 준비된 좌표를 점으로 나타내고 직선 그래프를 그린다.
- 기울기와 직선 그래프의 세로 절편을 결정한다.
- 직선 그래프의 방정식을 설명한다.
- 실제 공학적인 예를 포함하는 직선 그래프를 도면에 그린다.
- $y=ax^n$, $y=ab^x$, $y=ae^{bx}$ 등과 같은 식에 로그를 포함하는 직선 법칙을 결정한다.
- 로그를 포함하는 직선 그래프를 그린다.

18.1 서론

17장에서 직선 그래프의 방정식이 $y=mx+c$임을 알았다. 여기서 m은 기울기이고, c는 y절편이다. 이 장은 $y=mx+c$ 형태의 선형이 아닐 때도 그래프의 법칙이 어떻게 결정될 수 있는지에 대해 설명한다. 이러한 방법을 **결정법칙**이라 하며, 다음 절에서 설명한다.

18.2 결정법칙

종종 두 변수 x와 y 사이의 관계가 선형이 아닌 경우가 있다. 즉 y에 대한 좌표로 x의 위치를 결정할 때 곡선이 되는 경우이다. 이와 같은 경우에, 비선형 방정식을 선형인 $y=mx+c$의 형태로 수정할 수 있다. 이때 상수 m, c와 변수 x, y들이 결정되어야 하며, 이를 위해서는 어떤 기교가 필요하다. 이와 같이 비선형인 방정식을 적절한 선형이 되도록 변형하는 기법을 결정법칙determination of law이라 한다.

방정식을 선형으로 변환하는 몇 가지 예를 살펴보면 다음과 같다.

❶ $y=ax^2+b$를 $Y=mX+c$와 비교할 수 있다. 여기서 $m=a$, $c=b$, $X=x^2$이다. 그러므로 기울기가 a이고, y절편이 b인 직선 그래프를 만들기 위해 x^2의 값을 가로 방향으로, y의 값을 세로 방향으로 하는 좌표가 결정된다.

❷ $y=\frac{a}{x}+b$, 즉 $y=a\left(\frac{1}{x}\right)+b$

기울기가 a이고, y절편이 b인 직선 그래프를 만들기 위해 $\frac{1}{x}$의 값을 가로 방향으로, y의 값을 세로 방향으로 하는 좌표가 결정된다.

❸ $y=ax^2+bx$. x로 양변을 나누어 $\frac{y}{x}=ax+b$를 얻는다. 이를 $Y=mX+c$와 비교해보자. 기울기가 a이고, $\frac{y}{x}$ 절편이 b인 직선 그래프를 만들기 위해 x의 값을 가로 방향으로, $\frac{y}{x}$의 값을 세로 방향으로 하는 좌표가 결정된다.

결정법칙에 대한 몇 가지 예를 살펴보자.

[문제 1] 다음 x와 y에 대한 실험값들은 $y=ax^2+b$인 관계를 갖는다고 한다. 적절한 그래프를 작성하여 이 법칙을 확인하고, a와 b의 근삿값을 구하라.

x	1	2	3	4	5
y	9.8	15.2	24.2	36.5	53.0

x에 대한 좌표로 y의 위치를 결정한다면 그 결과는 곡선이고, 곡선으로부터 상수 a와 b의 값을 구하기는 어렵다. $y=ax^2+b$를 $Y=mX+c$와 비교하여, x^2을 가로축으로, y는 세로축으로 좌표의 위치가 결정됨을 보인다. 이 값에 대한 표는 아래와 같다.

x	1	2	3	4	5
x^2	1	4	9	16	25
y	9.8	15.2	24.2	36.5	53.0

각 점들을 이어 그림으로써 직선 모양의 x^2에 대한 y의 그래프를 만들 수 있으며, 이는 [그림 18-1]과 같다. **결과적으로 직선 그래프가 생성되므로 이 법칙이 확인된다.**

그래프로부터 다음을 얻는다.

$$\text{기울기}=\frac{AB}{BC}=\frac{53-17}{25-5}=\frac{36}{20}=1.8$$

$$y\text{절편}=8.0$$

그러므로 그래프의 법칙은 $y=1.8x^2+8.0$이다.

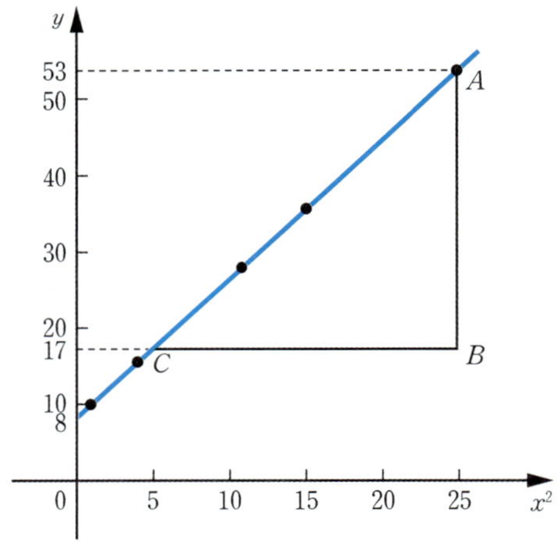

[그림 18-1]

***[문제 2]** 실험에 의해 얻어진 하중 L[N]과 거리 d[m]는 다음 표와 같다.

하중 L[N]	32.3	29.6	27.0	23.2
거리 d[m]	0.75	0.37	0.24	0.17
하중 L[N]	18.3	12.8	10.0	6.4
거리 d[m]	0.12	0.09	0.08	0.07

(a) 하중과 거리의 관계는 $L=\frac{a}{d}+b$를 따름을 확인하고, a와 b의 근삿값을 구하라.

(b) 거리가 0.20 m일 때의 하중과, 하중이 20 N일 때의 거리를 계산하라.

(a) $L=\frac{a}{d}+b$, 즉 $L=a\left(\frac{1}{d}\right)+b$를 $Y=mX+c$와 비교하면, $\frac{1}{d}$은 가로축으로, L은 세로축으로 좌표의 위치가 결정됨을 알 수 있다. 각 값들에 대한 표는 아래와 같다.

L	32.3	29.6	27.0	23.2	18.3	12.8	10.0	6.4
d	0.75	0.37	0.24	0.17	0.12	0.09	0.08	0.07
$\frac{1}{d}$	1.33	2.70	4.17	5.88	8.33	11.11	12.50	14.29

$\frac{1}{d}$에 대한 L의 그래프는 [그림 18-2]와 같다. **각 점들을 이어서 직선을 그릴 수 있고, 하중과 거리의 관계는 $L=\frac{a}{d}+b$를 따른다.**

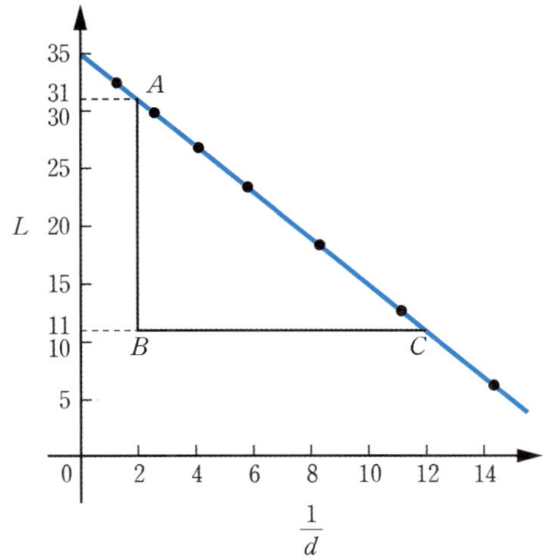

[그림 18-2]

직선의 기울기는 $a = \frac{AB}{BC} = \frac{31-11}{2-12} = \frac{20}{-10} = -2$이고, L 절편은 $b = 35$이다. 그러므로 직선의 방정식은 $L = -\frac{2}{d} + 35$이다.

(b) 거리가 $d = 0.20\,\text{m}$이면 **하중** $L = \frac{-2}{0.20} + 35 = 25.0\,\text{N}$이다. $L = -\frac{2}{d} + 35$를 재배열하면 다음과 같다.

$$\frac{2}{d} = 35 - L\text{, 즉 } d = \frac{2}{35 - L}$$

그러므로 하중이 20N일 때 거리, $d = \frac{2}{35-20} = \frac{2}{15} = 0.13\,\text{m}$이다.

***[문제 3]** 염소산칼륨의 용해도 s는 다음 표와 같다.

t[°C]	10	20	30	40	50	60	80	100
s	4.9	7.6	11.1	15.4	20.4	26.4	40.6	58.0

s와 t의 관계는 $s = 3 + at + bt^2$을 따르는 것으로 추정된다. 이 추정을 확인하기 위해 그래프를 그려보고, 그래프를 이용하여 a와 b의 근삿값을 구하라. 또한 70℃에서 염소산칼륨의 용해도를 계산하라.

$s = 3 + at + bt^2$을 재배열한다.

$$s - 3 = at + bt^2$$

$$\frac{s-3}{t} = a + bt$$

또는 $$\frac{s-3}{t} = bt + a$$

이를 $Y = mX + c$의 형태와 비교하면, 방정식의 기울기는 b, 세로 절편은 a이다. 그리고 $\frac{s-3}{t}$은 세로 방향으로, t는 가로 방향으로 좌표의 위치가 결정됨을 알 수 있다.

각 값들에 대한 표는 아래와 같다.

t	10	20	30	40	50	60	80	100
s	4.9	7.6	11.1	15.4	20.4	26.4	40.6	58.0
$\frac{s-3}{t}$	0.19	0.23	0.27	0.31	0.35	0.39	0.47	0.55

t에 대한 $\frac{s-3}{t}$의 그래프는 [그림 18-3]과 같다. **직선으로 점들을 똑바로 잇고 있으며, 이는 s와 t가 $s = 3 + at + bt^2$인 관계임을 나타낸다.**

직선의 기울기는 $b = \frac{AB}{BC} = \frac{0.39 - 0.19}{60 - 10} = \frac{0.20}{50} = 0.004$이고, 세로 절편은 $a = 0.15$이다. 그러므로 그래프의 방정식은 $s = 3 + 0.15t + 0.004t^2$이다. 70℃에서 염소산칼륨의 용해도는 다음과 같다.

$$s = 3 + 0.15(70) + 0.004(70)^2$$
$$= 3 + 10.5 + 19.6 = \mathbf{33.1}$$

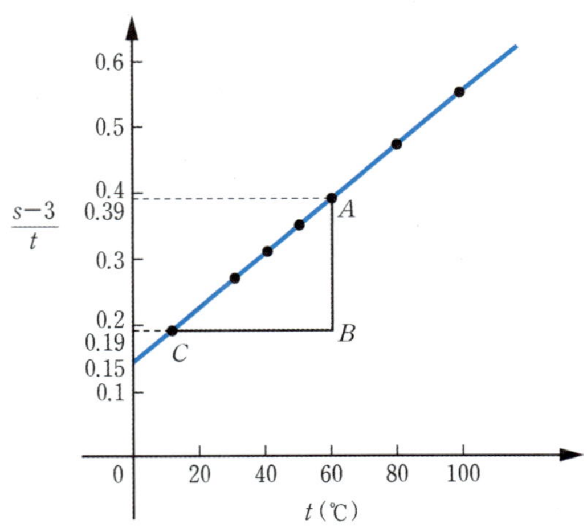

[그림 18-3]

◆ 이제 다음 연습문제를 풀어보자.

[연습문제 91] 비선형을 선형으로 변환하는 그래프

※ (문제 1~5) x와 y는 서로 관련된 변수이고, 다른 모든 문자는 상수이다. 각 법칙을 확인하려면, 변수의 그래프를 변환된 형태로 그려야 한다. 각 법칙에 대해 다음 물음에 답하라.

(a) 세로축에 표시되어야 할 값은 무엇인가?
(b) 가로축에 표시되어야 할 값은 무엇인가?
(c) 그래프의 기울기는 얼마인가?
(d) 세로 절편은 무엇인가?

1 $y=d+cx^2$

2 $y-a=b\sqrt{x}$

3 $y-e=\frac{f}{x}$

4 $y-cx=bx^2$

5 $y=\frac{a}{x}+bx$

***6** 실험에서 서로 다른 직경을 가진 전선에 대해 측정된 저항이 다음과 같다.

$R\,[\Omega]$	1.64	1.14	0.89	0.76	0.63
d [mm]	1.10	1.42	1.75	2.04	2.56

R과 d는 $R=\frac{a}{d^2}+b$의 관계를 따르는 것으로 추정된다. 여기서 a와 b는 상수이다. 이 관계를 확인하고, a와 b의 근삿값을 구하라. 또한 $0.50\,\Omega$의 저항이 측정되기 위한 단면적을 구하라.

7 두 양 x와 y에 대해 대응하는 실험값들이 다음과 같다.

x	1.5	3.0	4.5	6.0	7.5	9.0
y	11.5	25.0	47.5	79.0	119.5	169.0

적절한 그래프를 작성하여 y와 x가 $y=kx^2+c$와 같은 법칙에 따름을 확인하라. 여기서 k와 c는 상수이다. 그래프의 법칙을 구하고, y가 60.0일 때의 x 값을 구하라.

***8** 보의 간격 길이 d[m]를 변화시켜가며, 여기에 적용되는 안전하중 L[kN]을 측정하였다. 그 실험 결과는 다음과 같다.

간격 길이 d[m]	2.0	2.8	3.6	4.2	4.8
하중 L[kN]	475	339	264	226	198

하중과 간격 길이 사이의 관계가 $L=\frac{c}{d}$인 것으로 추정된다. 여기서 c는 상수이다. (a) 상수 c 값과, (b) 3.0 m의 간격 길이에 대한 안전하중을 구하라.

9 다음 결과는 $y=ax^2+bx$의 관계를 가지는 것으로 추정되는 두 양 x와 y의 대응값을 나타낸다. 여기서 a와 b는 상수이다.

x	33.86	55.54	72.80	84.10	111.4	168.1
y	3.4	5.2	6.5	7.3	9.1	12.4

이 관계를 확인하고, a와 b의 근삿값을 구하라. 또한 (a) x가 8.0일 때의 y 값과, (b) y가 146.5일 때의 x 값을 구하라.

18.3 로그법칙 복습

다음과 같은 로그법칙은 15장에서 설명했다.

$$\log(A\times B)=\log A+\log B \quad ❶$$

$$\log\left(\frac{A}{B}\right)=\log A-\log B \quad ❷$$

$$\log A^n=n\times\log A \quad ❸$$

그리고 $\ln e=1$이고, $\lg x=1.5$이면 $x=10^{1.5}=31.62$이다. 또한 $3^x=7$이면 $\lg 3^x=\lg 7$이고, $x\lg 3=\lg 7$이므로 $x=\frac{\lg 7}{\lg 3}=1.771$이다.

이러한 법칙들과 기법은 $y=ax^n$, $y=ab^x$, $y=ae^{bx}$ 형태의 비선형 법칙을 선형으로 변환할 때 사용되며, a와 b는 계산을 통해 구할 수 있다. 이에 대해서는 다음 절에서 살펴볼 것이다.

18.4 로그법칙을 포함하는 결정 법칙

로그를 포함하는 선형으로 방정식을 변환하는 예들을 살펴보자.

(a) $y = ax^n$

양변에 밑 10인 로그를 취한다.

$$\lg y = \lg(ax^n)$$
$$= \lg a + \lg x^n \quad \text{법칙 ❶에 따라}$$
$$= n \lg x + \lg a \quad \text{법칙 ❸에 따라}$$

이를 $Y = mX + c$와 비교해보면, **기울기가 n, $\lg y$절편이 $\lg a$인** 직선을 만들기 위해 **$\lg y$는 세로축으로, $\lg x$는 가로축으로 좌표의 위치가 결정된다.**

[문제 4]와 [문제 5]는 이 법칙이 어떻게 결정되는지 보여준다.

(b) $y = ab^x$

양변에 **밑** 10인 로그를 취한다.

$$\lg y = \lg(ab^x)$$
$$\lg y = \lg a + \lg b^x \quad \text{법칙 ❶에 따라}$$
$$\lg y = \lg a + x \lg b \quad \text{법칙 ❸에 따라}$$
$$\lg y = x \lg b + \lg a$$

또는 $$\lg y = (\lg b)x + \lg a$$

이를 $Y = mX + c$와 비교해보면, **기울기가 $\lg b$, $\lg y$ 절편이 $\lg a$인** 직선을 만들기 위해 **$\lg y$는 세로축으로, x는 가로축으로 좌표의 위치가 결정된다.**

[문제 6]은 이 법칙이 어떻게 결정되는지 보여준다.

(c) $y = ae^{bx}$

양변에 **밑** e인 로그를 취한다.

$$\ln y = \ln(ae^{bx})$$
$$\ln y = \ln a + \ln e^{bx} \quad \text{법칙 ❶에 따라}$$
$$\ln y = \ln a + bx \ln e \quad \text{법칙 ❸에 따라}$$
$$\ln y = bx + \ln a \quad \ln e = 1\text{이므로}$$

이를 $Y = mX + c$와 비교해보면, **기울기가 b, $\ln y$절편이 $\ln a$인** 직선을 만들기 위해 **$\ln y$는 세로축으로, x는 가로축으로 좌표의 위치가 결정된다.**

[문제 7]은 이 법칙이 어떻게 결정되는지 보여준다.

*[문제 4] 저항으로 흘러 들어가는 전류와 저항에서 소모되는 전력에 대한 여러 값들로부터 저항이 실험적으로 측정된다. 전류 및 전력의 측정 결과는 다음과 같다.

전류 I[A]	2.2	3.6	4.1	5.6	6.8
전력 P[W]	116	311	403	753	1110

전류와 전력의 관계를 설명하는 법칙은 $P = RI^n$의 형태임을 보이고, 이 법칙을 구하라. 여기서 R과 n은 상수이다.

$P = RI^n$의 양변에 밑 10인 로그를 취하면, 로그법칙에 의해 다음을 얻는다.

$$\lg P = \lg(RI^n) = \lg R + \lg I^n = \lg R + n \lg I$$

즉 $\lg P = n \lg I + \lg R$이고, 이는 $Y = mX + c$의 형태이다. $\lg P$는 세로로, $\lg I$는 가로로 좌표가 결정됨을 나타낸다. $\lg I$와 $\lg P$에 대한 값의 표는 다음과 같다.

I	2.2	3.6	4.1	5.6	6.8
$\lg I$	0.342	0.556	0.613	0.748	0.833
P	116	311	403	753	1110
$\lg P$	2.064	2.493	2.605	2.877	3.045

$\lg I$에 대한 $\lg P$의 그래프는 [그림 18-4]와 같다. **결과적으로 직선이 생성되므로 법칙 $P = RI^n$이 확인된다.**

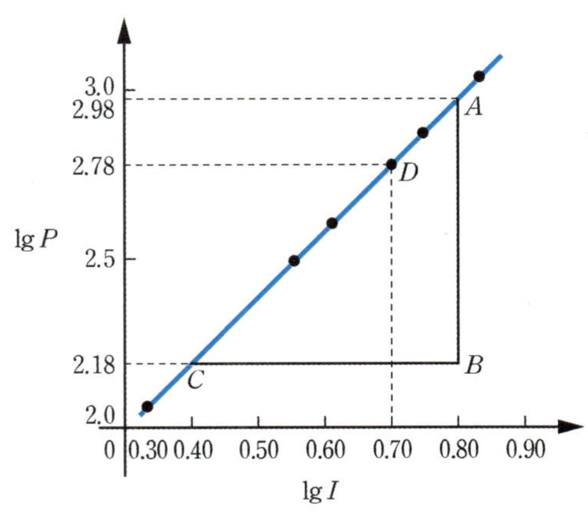

[그림 18-4]

직선의 기울기는 $n = \dfrac{AB}{BC} = \dfrac{2.98 - 2.18}{0.8 - 0.4} = \dfrac{0.80}{0.4} = 2$이다.

가로축의 스케일이 0에서 시작하지 않으므로 그림에서 보기에는 세로 절편을 구하는 것이 불가능하다. 그래프에서 $\lg I = 0.70$과 $\lg P = 2.78$인 임의의 점 D를 선택하여, 다음 식에 대입한다.

$$\lg P = n \lg I + \lg R$$

그러면 다음을 얻는다.

$$2.78 = (2)(0.70) + \lg R$$

$$\lg R = 2.78 - 1.40 = 1.38$$

따라서 $\boldsymbol{R} = 10^{1.38} = \mathbf{24.0}$이다. 그러므로 **그래프의 법칙은 $\boldsymbol{P = 24.0 I^2}$이다.**

***[문제 5]** 추의 진동에 대한 주기 T는 추의 길이 L에 대해 $T = kL^n$의 법칙에 따르는 것으로 추정된다. 여기서 k와 n은 상수이다. 여러 가지 추의 길이에 대해 측정된 T 값은 다음 표와 같다.

주기 T[s]	1.0	1.3	1.5	1.8	2.0	2.3
길이 L[m]	0.25	0.42	0.56	0.81	1.0	1.32

이 법칙이 맞는 것을 보이고, k와 n의 근삿값을 구하라. 그리고 추의 길이가 0.75 m일 때의 주기를 구하라.

이 절의 도입부에 있는 예 (a) $\boldsymbol{y = ax^n}$으로부터, $T = kL^n$이면 다음과 같이 전개된다.

$$\lg T = n \lg L + \lg k$$

이를 $Y = mX + c$와 비교해보자. $\lg T$는 세로축으로, $\lg L$은 가로축으로 좌표의 위치가 결정되며, 기울기는 n, 세로 절편은 $\lg k$이다.

$\lg T$와 $\lg L$의 값은 다음 표와 같다.

T	1.0	1.3	1.5	1.8	2.0	2.3
$\lg T$	0	0.114	0.176	0.255	0.301	0.362
L	0.25	0.42	0.56	0.81	1.0	1.32
$\lg L$	−0.602	−0.377	−0.252	−0.092	0	0.121

$\lg L$에 대한 $\lg T$의 그래프는 [그림 18-5]와 같다. 그리고 **결과적으로 직선이 생성되므로 법칙 $\boldsymbol{T = kL^n}$이 확인된다.**

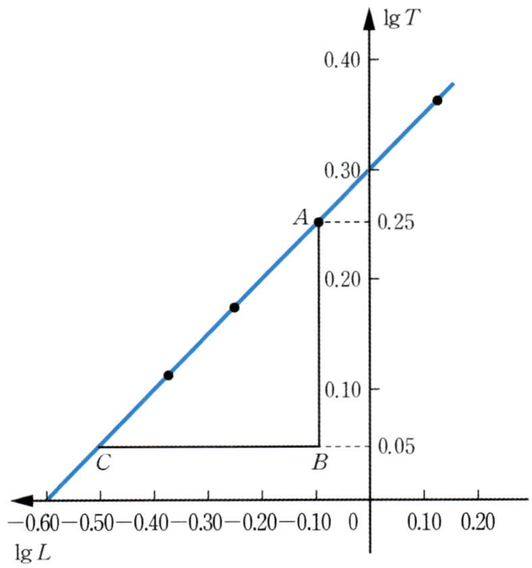

[그림 18-5]

그래프로부터 직선의 기울기는 다음과 같다.

$$n = \frac{AB}{BC} = \frac{0.25 - 0.05}{-0.10 - (-0.50)} = \frac{0.20}{0.40} = \frac{1}{2}$$

세로 절편은 $\lg k = 0.30$이다. 따라서 다음과 같다.

$$\boldsymbol{k} = 10^{0.30} = \mathbf{2.0}$$

그러므로 **그래프의 법칙은 $\boldsymbol{T = 2.0 L^{1/2}}$ 또는 $\boldsymbol{T = 2.0\sqrt{L}}$**이다. 길이 $L = 0.75$ m일 때, $\boldsymbol{T} = 2.0\sqrt{0.75} = \mathbf{1.73\ s}$이다.

[문제 6] 상수 a와 b에 대해 두 양 x와 y가 $y = ab^x$의 관계가 있는 것으로 추정된다. x 값과 이에 대응하는 y 값이 다음 표와 같다.

x	0	0.6	1.2	1.8	2.4	3.0
y	5.0	9.67	18.7	36.1	69.8	135.0

이 법칙을 확인하고, a와 b의 근삿값을 구하라. 또한 (a) x가 2.1일 때의 y 값과, (b) y가 100일 때의 x 값을 구하라.

이 절의 도입부에 있는 예 (b) $\boldsymbol{y = ab^x}$으로부터, $y = ab^x$이면 다음과 같이 전개된다.

$$\lg y = (\lg b)x + \lg a$$

이를 $Y = mX + c$와 비교해보자. $\lg y$는 세로축으로, x는 가로축으로 좌표의 위치가 결정되며, 기울기는 $\lg b$, 세로 절편은 $\lg a$이다. 각 값에 대한 표는 다음과 같다.

x	0	0.6	1.2	1.8	2.4	3.0
y	5.0	9.67	18.7	36.1	69.8	135.0
$\lg y$	0.70	0.99	1.27	1.56	1.84	2.13

x에 대한 $\lg y$의 그래프는 [그림 18-6]과 같다. 그리고 **결과적으로 직선이 생성되므로 법칙 $y=ab^x$이 확인된다.**

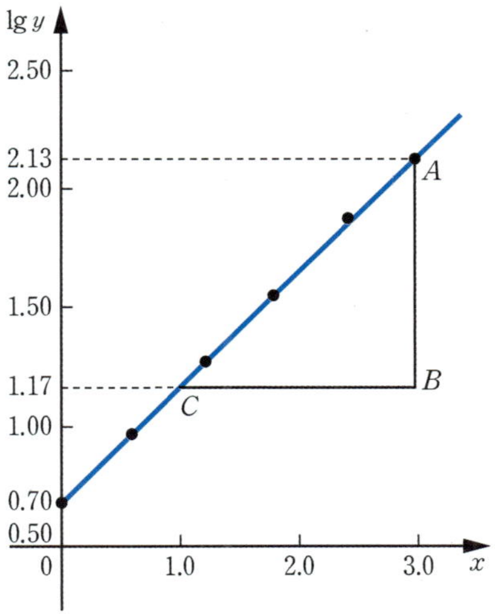

[그림 18-6]

직선의 기울기는 다음과 같다.

$$\lg b = \frac{AB}{BC} = \frac{2.13-1.17}{3.0-1.0} = \frac{0.96}{2.0} = 0.48$$

따라서 유효숫자 2자리로 보정하여 b를 다음과 같이 구할 수 있다.

$$b = 10^{0.48} = 3.0$$

세로 절편은 다음과 같이 유효숫자 2자리로 보정하여 구할 수 있다.

$$\lg a = 0.70$$

$$a = 10^{0.70} = 5.0$$

그러므로 **그래프의 법칙은 $y=5.0\,(3.0)^x$**이다.

(a) $x=2.1$일 때, $y=5.0\,(3.0)^{2.1}=\mathbf{50.2}$이다.

(b) $y=100$일 때, $100=5.0\,(3.0)^x$이므로

$100/5.0=(3.0)^x$, 즉 $20=(3.0)^x$이다. 양변에 로그를 취하면 다음과 같다.

$$\lg 20 = \lg\,(3.0)^x = x\lg 3.0$$

따라서 $x = \dfrac{\lg 20}{\lg 3.0} = \dfrac{1.3010}{0.4771} = \mathbf{2.73}$이다.

***[문제 7]** 방전 중인 커패시터에 흐르는 전류 i [mA]는 시간 t [ms]에 따라 다음과 같이 변한다.

i [mA]	203	61.14	22.49	6.13	2.49	0.615
t [ms]	100	160	210	275	320	390

이 결과가 $i=Ie^{t/T}$의 관계를 따름을 보여라. 이때 I와 T는 상수이다. I와 T의 근삿값을 구하라.

$i=Ie^{t/T}$의 양변에 자연로그를 취하고 다음과 같이 전개한다.

$$\ln i = \ln\,(Ie^{t/T}) = \ln I + \ln e^{t/T} = \ln I + \frac{t}{T}\ln e$$

$$\ln i = \ln I + \frac{t}{T} \qquad \ln e = 1\text{이므로}$$

또는 $$\ln i = \left(\frac{1}{T}\right)t + \ln I$$

이를 $y=mx+c$와 비교해보자. $\ln i$는 세로축으로, t는 가로축으로 좌표의 위치가 결정되며, 기울기는 $\frac{1}{T}$, 세로 절편은 $\ln I$이다. 각 값에 대한 표는 다음과 같다.

t	100	160	210	275	320	390
i	203	61.14	22.49	6.13	2.49	0.615
$\ln i$	5.31	4.11	3.11	1.81	0.91	−0.49

t에 대한 $\ln i$의 그래프는 [그림 18-7]과 같다. 그리고 **결과적으로 직선이 생성되므로 법칙 $i=Ie^{t/T}$이 확인된다.**

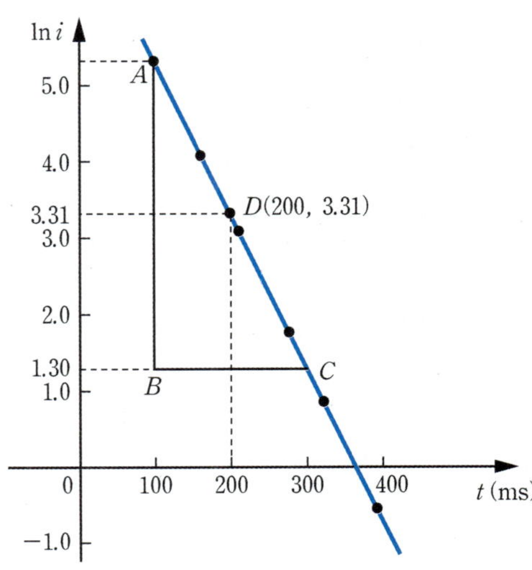

[그림 18-7]

직선의 기울기는 다음과 같다.

$$\frac{1}{T} = \frac{AB}{BC} = \frac{5.30-1.30}{100-300}$$

$$= \frac{4.0}{-200} = -0.02$$

그러므로 $T = \frac{1}{-0.02} = -50$이다. $t=200$이고 $\ln i = 3.31$인 점 D를 택하여 다음 식에 대입한다.

$$\ln i = \left(\frac{1}{T}\right)t + \ln I$$

그러면 $3.31 = -\frac{1}{50}(200) + \ln I$, 즉 $\ln I = 3.31 + 4.0 = 7.31$을 얻는다. 그러므로 유효숫자 3자리로 보정하여 다음과 같이 구할 수 있다.

$$I = e^{7.31} = 1495 \text{ 또는 } \mathbf{1500}$$

그러므로 **그래프의 법칙은 $i = 1500\,e^{-t/50}$이다.**

◆ **이제 다음 연습문제를 풀어보자.**

[연습문제 92] 로그법칙을 포함하는 결정법칙

※ (문제 1~3) x와 y는 서로 관련된 변수이고, 다른 모든 문자는 상수이다. 각 법칙을 확인하려면, 변수의 그래프를 변환된 형태로 그려야 한다. 각 법칙에 대해 다음 물음에 답하라.

(a) 세로축에 표시되어야 할 값은 무엇인가?

(b) 가로축에 표시되어야 할 값은 무엇인가?

(c) 그래프의 기울기는 얼마인가?

(d) 세로 절편은 무엇인가?

1 $y = ba^x$ **2** $y = kx^L$ **3** $\frac{y}{m} = e^{nx}$

***4** 램프의 광도 I는 공급전압 V에 따라 변하고, I와 V의 관계는 법칙 $I = kV^n$을 따르는 것으로 추정된다. 실험 결과는 다음과 같다.

I[cd]	1.92	4.32	9.72	15.87	23.52	30.72
V[V]	40	60	90	115	140	160

이 법칙을 확인하고, 그래프의 법칙을 구하라. 또한 램프를 통해 75V가 공급될 때의 광도를 구하라.

***5** 압력 h와 유속 v를 측정하였는데, 이들 관계는 법칙 $v = ah^b$을 따르는 것으로 추정된다. 여기서 a와 b는 상수이고, 그 결과는 다음과 같다.

h	10.6	13.4	17.2	24.6	29.3
v	9.77	11.0	12.44	14.88	16.24

이 법칙을 확인하고, a와 b 값을 구하라.

6 측정된 실험값 x와 y가 다음과 같다.

x	0.4	0.9	1.2	2.3	3.8
y	8.35	13.47	17.94	51.32	215.20

x와 y의 관계는 법칙 $y = ab^x$을 따르는 것으로 추정된다. 여기서 a와 b는 상수이다. x가 2.0일 때의 y 값과, y가 100일 때의 x 값을 구하라.

***7** 방사성 동위원소의 혼합물의 활성은 법칙 $R = R_0 t^{-c}$에 따라 변하는 것으로 추정된다. 여기서 R_0와 c는 상수이고, 실험 결과는 다음과 같다.

R	9.72	2.65	1.15	0.47	0.32	0.23
t	2	5	9	17	22	28

이 법칙을 확인하고, R_0와 c의 근삿값을 구하라.

8 다음 값을 결과로 갖는 $y = ae^{kx}$ 형태의 법칙을 구하라.

y	0.0306	0.285	0.841	5.21	173.2	1181
x	−4.0	5.3	9.8	17.4	32.0	40.0

***9** 도르래 바퀴를 돌리는 벨트의 장력 T와 도르래와 접촉하는 각 θ 라디안의 관계는 $T = T_0 e^{\mu\theta}$으로 주어진다. 여기서 T_0와 μ는 상수이고, 실험 결과는 다음과 같다.

T[N]	47.9	52.8	60.3	70.1	80.9
θ[라디안]	1.12	1.48	1.97	2.53	3.06

T_0와 μ의 근삿값을 구하라. θ가 2.25라디안일 때의 장력과, 장력이 50.0N일 때의 θ를 구하라.

[연습문제 93] 비선형을 선형으로 변환하는 그래프에 대한 선다형 문제

※ 각 문제의 정답은 한 개이다.

※ (문제 1~4) x와 y는 서로 관련된 공학적 변수이고, p와 q는 상수이다. 법칙 $y-p=\frac{q}{x}$를 확인하려면, 변수의 그래프를 변환된 형태로 그려야 한다.

1 세로축에 표시되어야 할 값은 무엇인가?

(a) y (b) p (c) q (d) x

2 가로축에 표시되어야 할 값은 무엇인가?

(a) x (b) $\frac{q}{x}$ (c) $\frac{1}{x}$ (d) p

3 그래프의 기울기는 얼마인가?

(a) y (b) p (c) x (d) q

4 세로 절편은 무엇인가?

(a) y (b) p (c) q (d) x

5 두 공학적 변수 x와 y 사이에 $y-cx=bx^2$인 관계가 성립한다. 여기서 b와 c는 상수이다. 직선 그래프를 만들기 위해 필요한 것은 무엇인가?

(a) x를 세로축으로, y를 가로축으로 놓는다.

(b) y를 세로축으로, x^2을 가로축으로 놓는다.

(c) $\frac{y}{x}$를 세로축으로, x를 가로축으로 놓는다.

(d) y를 세로축으로, x를 가로축으로 놓는다.

6 두 과학적 변수 x와 y 사이에 $y=px^q$인 관계가 성립한다. 여기서 p와 q는 상수이다. 직선 그래프를 만들기 위해 필요한 것은 무엇인가?

(a) x를 세로축으로, y를 가로축으로 놓는다.

(b) $\lg y$를 세로축으로, $\lg x$를 가로축으로 놓는다.

(c) $\lg y$를 세로축으로, $\ln x^q$을 가로축으로 놓는다.

(d) y를 세로축으로, x를 가로축으로 놓는다.

7 두 공학적 변수 x와 y 사이에 $y=cd^x$인 관계가 성립한다. 여기서 c와 d는 상수이다. 직선 그래프를 만들기 위해 필요한 것은 무엇인가?

(a) x를 세로축으로, y를 가로축으로 놓는다.

(b) $\ln y$를 세로축으로, $\ln x$를 가로축으로 놓는다.

(c) y를 세로축으로, x를 가로축으로 놓는다.

(d) $\lg y$를 세로축으로, x를 가로축으로 놓는다.

8 두 과학적 변수 x와 y 사이에 $\frac{y}{g}=e^{hx}$인 관계가 성립한다. 여기서 g와 h는 상수이다. 직선 그래프를 만들기 위해 필요한 것은 무엇인가?

(a) $\ln y$를 세로축으로, x를 가로축으로 놓는다.

(b) $\ln y$를 세로축으로, $\ln x$를 가로축으로 놓는다.

(c) x를 세로축으로, y를 가로축으로 놓는다.

(d) y를 세로축으로, x를 가로축으로 놓는다.

Chapter 19

그래프를 이용한 방정식의 풀이

Graphical solution of equations

그래프를 이용한 방정식의 풀이를 이해하는 것이 왜 중요할까?

이전 장들을 통해, 선형, 이차, 연립, 삼차방정식에 관한 현상이 공학과 자연과학에서 종종 발생하며, 이는 대수적 방법으로 해결할 수 있음을 알아보았다. 또 다른 방법으로 그래프를 이용한 풀이법이 있는데, 이는 방정식을 이해하고 해석하는 데 도움이 된다. 건축, 측량을 포함하는 공학과 생물학, 화학, 전기공학, 기계, 원자력 등 다양한 분야의 공학자들은 각 분야에서의 방정식을 해결하기 위해 한 가지 이상의 방법을 사용한다.

학습포인트

- 두 연립방정식을 그래프를 이용하여 푼다.
- 이차방정식을 그래프를 이용하여 푼다.
- 선형과 이차방정식으로 주어진 연립방정식을 그래프를 이용하여 푼다.
- 삼차방정식을 그래프를 이용하여 푼다.

19.1 그래프를 이용한 연립방정식의 풀이

두 미지수를 갖는 선형 연립방정식linear simultaneous equations은 다음과 같은 방법으로 그래프를 이용해 풀 수 있다.

❶ 동일한 좌표축 위에 두 직선을 그린다.
❷ 두 직선의 교점에 주목한다.

교점의 좌표가 바로 구하고자 하는 해이다.

그래프를 이용하여 연립방정식을 푸는 몇 가지 문제를 살펴보자.

[문제 1] 그래프를 이용하여 다음 연립방정식을 풀어라.

$$2x-y=4$$
$$x+y=5$$

각 방정식을 $y=mx+c$ 형태로 재배열한다.

$$y=2x-4$$
$$y=-x+5$$

두 방정식이 직선이므로 그래프를 그리기 위해 단지 세 좌표만 계산하면 충분하다(좌표 하나는 확인용).

x	0	1	2
$y=2x-4$	-4	-2	0

x	0	1	2
$y=-x+5$	5	4	3

각 그래프는 [그림 19-1]과 같이 그려진다. 교점은 (3, 2)이고, 이는 두 직선 위에 동시에 놓인 유일한 점이므로 $x=3$, $y=2$가 연립방정식의 해이다.

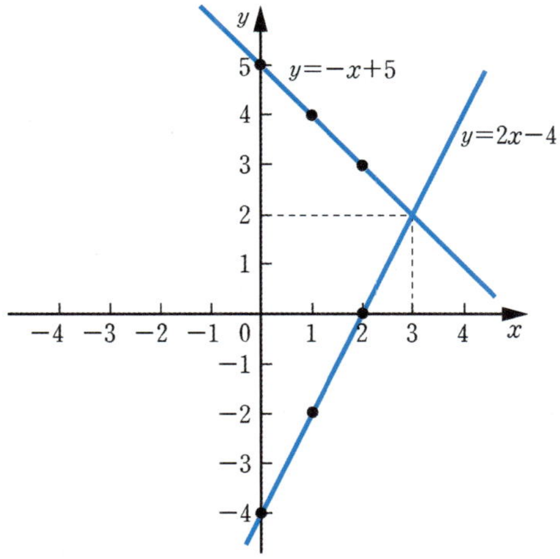

[그림 19-1]

[문제 2] 그래프를 이용하여 다음 연립방정식을 풀어라.

$$1.20x+y=1.80$$
$$x-0.5y=8.50$$

각 방정식을 $y=mx+c$ 형태로 재배열한다.

$$y=-1.20x+1.80 \quad ❶$$

$$y=\frac{x}{5.0}-\frac{8.5}{5.0}, \text{ 즉 } y=0.20x-1.70 \quad ❷$$

각 방정식에 대해 아래와 같이 세 좌표를 계산한다.

x	0	1	2
$y=-1.20x+1.80$	1.80	0.60	−0.60

x	0	1	2
$y=0.20x-1.70$	−1.70	−1.50	−1.30

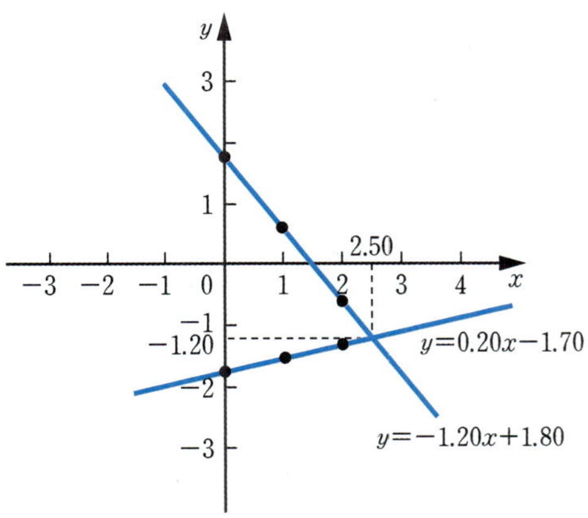

[그림 19-2]

두 좌표 집합은 [그림 19-2]와 같이 그려진다. 교점은 (2.50, −1.20)이다. 그러므로 연립방정식의 해는 $\boldsymbol{x=2.50}$, $\boldsymbol{y=-1.20}$이다(교점이 있는 영역을 구하기 위해 처음에 두 직선을 그리는 것이 유용하다. 더 정확한 값을 얻으려면, 그래프 값의 범위를 더 작게 하여 교점을 '확대'시킬 수 있다).

◆ **이제 다음 연습문제를 풀어보자.**

[연습문제 94] 그래프를 이용한 연립방정식의 풀이

※ (문제 1~6) 연립방정식을 그래프를 이용하여 풀어라.

1 $y=3x-2$, $y=-x+6$

2 $x+y=2$, $3y-2x=1$

3 $y=5-x$, $x-y=2$

4 $3x+4y=5$, $2x-5y+12=0$

5 $1.4x-7.06=3.2y$, $2.1x-6.7y=12.87$

6 $3x-2y=0$, $4x+y+11=0$

***7** 마찰력 F [N]와 하중 L [N]은 $F=aL+b$의 법칙을 따른다. 여기서 a와 b는 상수이다. $F=4$N일 때 $L=6$N이고, $F=2.4$N일 때 $L=2$N이다. a와 b 값을 구하라.

19.2 그래프를 이용한 이차방정식의 풀이

일반적인 **이차방정식은** $\boldsymbol{y=ax^2+bx+c}$의 형태이다. 여기서 a, b, c는 상수이고, a는 0이 아니다. 이차방정식의 그래프는 항상 포물선parabola이라 부르는 모양을 띈다.

[그림 19-3]을 보면 0과 A 사이, 그리고 B와 C 사이에서 곡선의 기울기는 양수인 반면에, A와 B 사이에서 기울기는 음수이다. A, B와 같은 점을 전환점turning point이라 한다. A에서 기울기는 0이고, x가 증가함에 따라 곡선의 기울기는 A 전까지는 양수, 그 이후로는 음수로 변한다. 이러한 점을 최댓값maximum value이라 한다. B에서의 기울기 역시 0이고, x가 증가함에 따라 곡선의 기울기는 B 전까지는 음수, 그 이후로는 양수로 변한다. 이러한 점을 최솟값minimum value이라 한다.

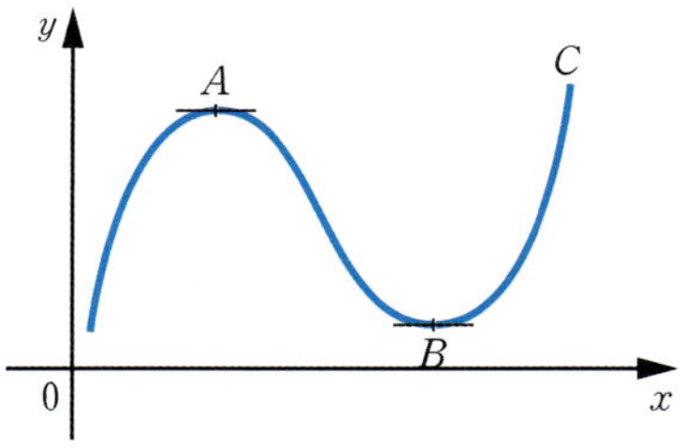

[그림 19-3]

다음은 **이차 그래프**를 이용하여 해를 구하는 세 가지 예이다.

❶ $y=ax^2$

$y=x^2$, $y=3x^2$, $y=\frac{1}{2}x^2$의 그래프는 [그림 19-4]와 같다. 모든 그래프는 원점 $(0, 0)$에서 최솟값을 갖는다.

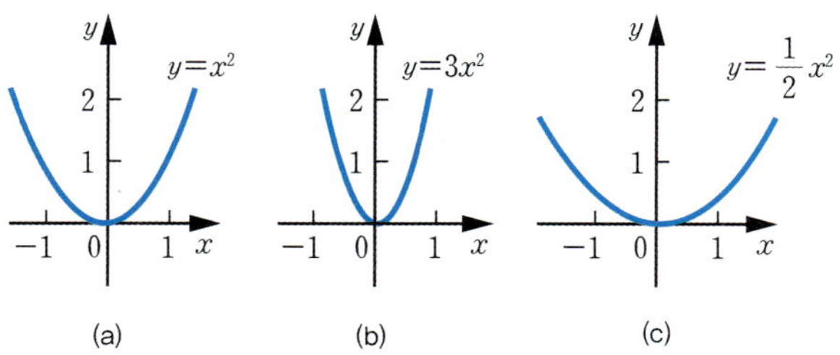

[그림 19-4]

$y=-x^2$, $y=-3x^2$, $y=-\frac{1}{2}x^2$의 그래프는 [그림 19-5]와 같다. 모든 그래프는 원점 $(0, 0)$에서 최댓값을 갖는다.

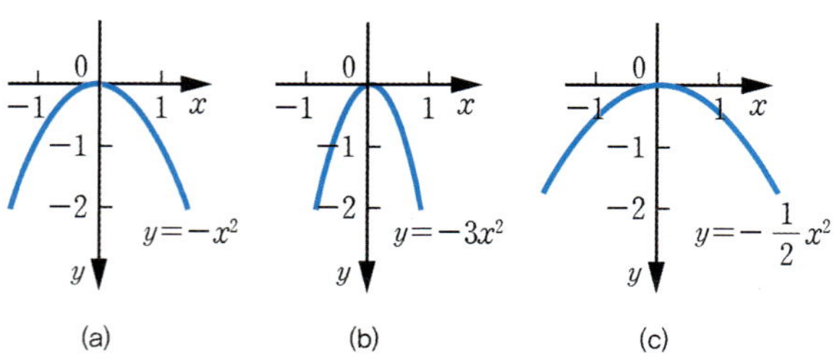

[그림 19-5]

$y=ax^2$일 때,

- 곡선은 y축에 대해 대칭이다.
- a의 크기는 곡선의 기울기에 영향을 미친다. 여기서 곡선의 기울기란 '곡선 위의 각 점에서의 접선의 기울기(곡선이 휘어진 정도)'를 의미한다.
- 이 곡선이 최댓값을 갖는지 최솟값을 갖는지는 a의 부호에 의해 결정된다.

❷ $y=ax^2+c$

$y=x^2+3$, $y=x^2-2$, $y=-x^2+2$, $y=-2x^2-1$의 그래프는 [그림 19-6]과 같다.

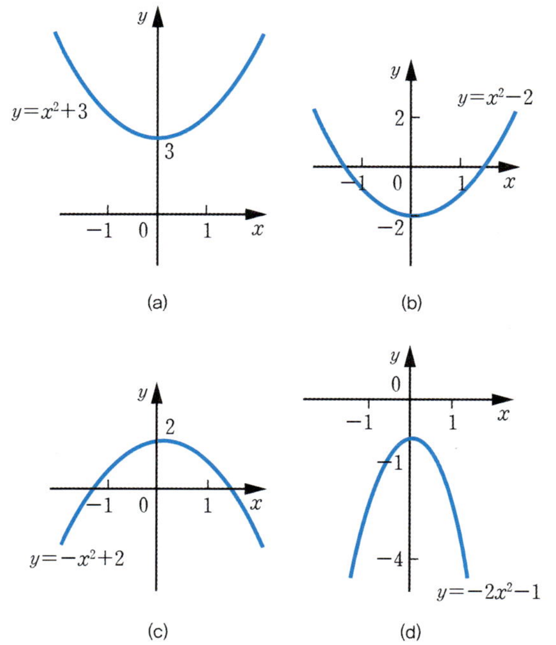

[그림 19-6]

$y=ax^2+c$일 때,

- 곡선은 y축에 대해 대칭이다.
- a의 크기는 곡선의 기울기에 영향을 미친다.
- 상수 c는 y절편이다.

❸ $y=ax^2+bx+c$

b가 0이 아닌 값을 가지면, 곡선은 y축의 오른쪽 또는 왼쪽으로 움직인다.

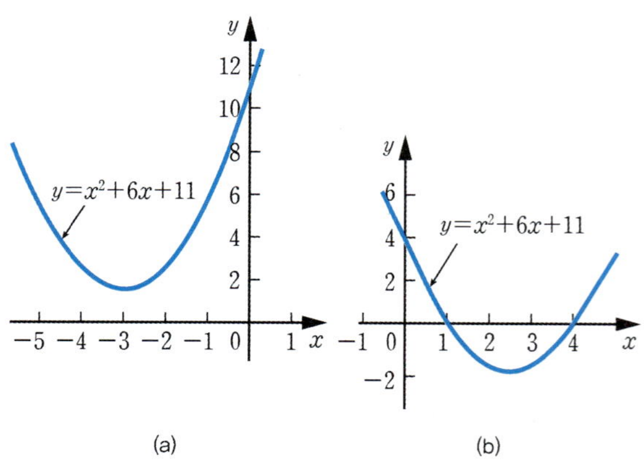

[그림 19-7]

$\frac{b}{a}$가 양수이면, 곡선은 [그림 19-7(a)]와 같이 y축의 왼쪽으로 $\frac{b}{2a}$만큼 움직인다. $\frac{b}{a}$가 음수이면, 곡선은 [그림 19-7(b)]와 같이 y축의 오른쪽으로 $\frac{b}{2a}$만큼 움직인다.

$ax^2+bx+c=0$ 형태의 이차방정식quadratic equation은 다음과 같이 그래프를 이용하여 풀 수 있다.

❶ 그래프 $y=ax^2+bx+c$를 그린다.
❷ x절편(즉, $y=0$일 때)에 주목한다.

x절편에서 $y=0$이고 $ax^2+bx+c=0$이므로, 절편인 점의 x 값이 바로 구하고자 하는 해가 된다.

이차방정식의 해 또는 근의 개수는 곡선이 x축을 얼마나 많이 자르고 지나는가에 달려있다. [그림 19-7(a)]는 실근을 갖지 않으나, [그림 19-4]와 [그림 19-5]에서는 꼭 하나의 실근을 갖고, [그림 19-7(b)]는 두 개의 실근을 갖는다.

그래프를 이용하여 이차방정식을 푸는 몇 가지 문제를 살펴보자.

[문제 3] 이차방정식 $4x^2+4x-15=0$을 그래프를 이용하여 풀어라. 이때 해는 $x=-3$에서 $x=2$까지의 영역 안에 주어진다. 또한 곡선의 전환점에 대한 좌표와 성질을 구하라.

$y=4x^2+4x-15$라 하자. 각 값들에 대한 표는 다음과 같다.

x	-3	-2	-1	0	1	2
$y=4x^2+4x-15$	9	-7	-15	-15	-7	9

$y=4x^2+4x-15$의 그래프는 [그림 19-8]과 같다.
$y=4x^2+4x-15$이고 $y=0$인 유일한 점들은 점 A와 B로서 이는 $\boldsymbol{x=-2.5}$와 $\boldsymbol{x=1.5}$에서 나타난다. 이것이 이차방정식 $4x^2+4x-15=0$의 해이다. $x=-2.5$와 $x=1.5$를 원래 방정식에 대입해보면 해가 됨을 확인할 수 있다.

곡선은 $(-0.5, -16)$에서 **전환점**을 가지며, 이 점은 **최솟값**이 된다.

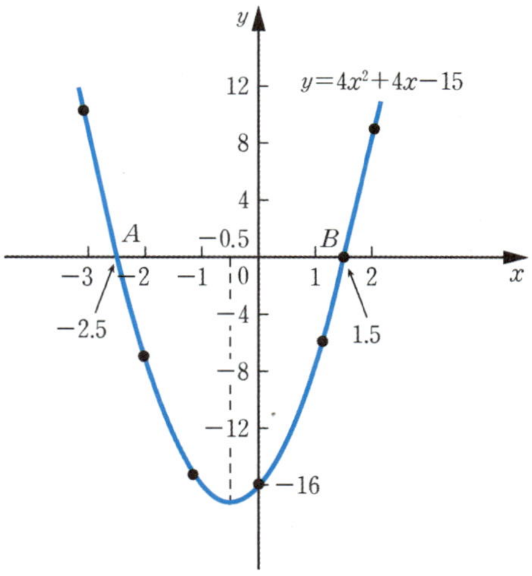

[그림 19-8]

그래프를 이용하여 $4x^2+4x-15=0$을 푸는 다른 방법으로는 $4x^2=-4x+15$로 방정식을 재배열하는 방법이 있다. 두 개의 그래프(이 경우에, $y=4x^2$과 $y=-4x+15$)로 분리하여 그림을 그린다. 두 그래프의 교점은 방정식 $4x^2=-4x+15$, 즉 $4x^2+4x-15=0$의 해가 된다. 이는 [그림 19-9]와 같이 나타낼 수 있으며, 앞에서와 같이 근은 $x=-2.5$와 $x=1.5$이다.

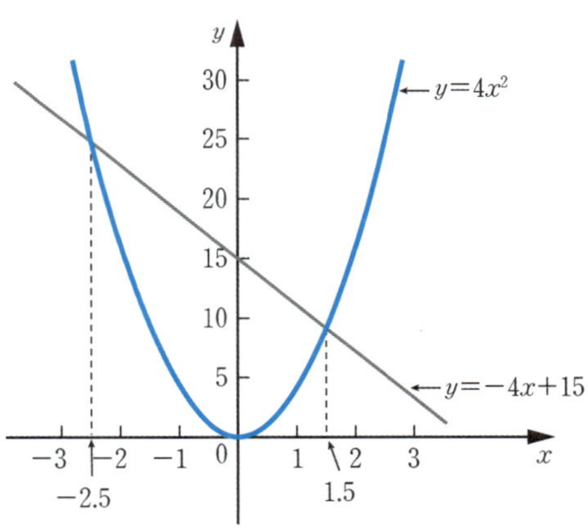

[그림 19-9]

[문제 4] 이차방정식 $-5x^2+9x+7.2=0$의 해가 $x=-1$과 $x=3$ 사이에 놓인다고 할 때, 그래프를 이용하여 이 방정식의 해를 구하라. 또한 전환점의 좌표와 그 점의 성질을 구하라.

$y=-5x^2+9x+7.2$이라 하자. 각 값들에 대한 표는 다음과 같다.

x	-1	-0.5	0	1
$y=-5x^2+9x+7.2$	-6.8	1.45	7.2	11.2
x	2	2.5	3	
$y=-5x^2+9x+7.2$	5.2	-1.55	-10.8	

$y=-5x^2+9x+7.2$의 그래프는 [그림 19-10]과 같다. $\boldsymbol{x=-0.6}$과 $\boldsymbol{x=2.4}$에서 그래프가 x축(여기서, $y=0$)을 지난다. 그리고 이 점들이 이차방정식 $-5x^2+9x+7.2=0$의 해이다. 전환점의 좌표는 **(0.9, 11.25)**이고, 이 점에서 **최댓값**이 된다.

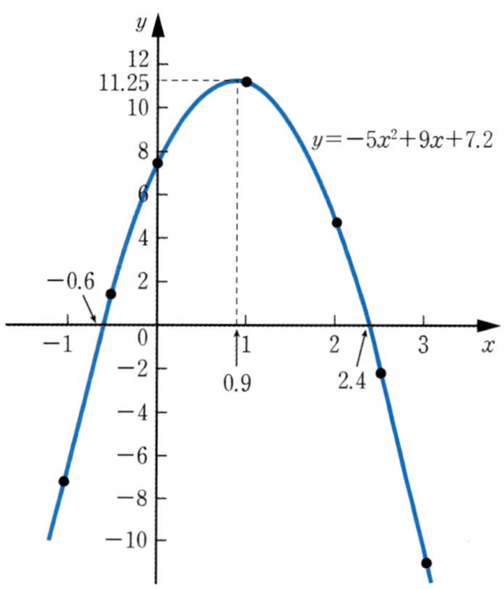

[그림 19-10]

[문제 5] $y=2x^2$의 그래프를 그려라. 그리고 다음 방정식을 풀어라.

(a) $2x^2-8=0$ (b) $2x^2-x-3=0$

$y=2x^2$의 그래프는 [그림 19-11]과 같다.

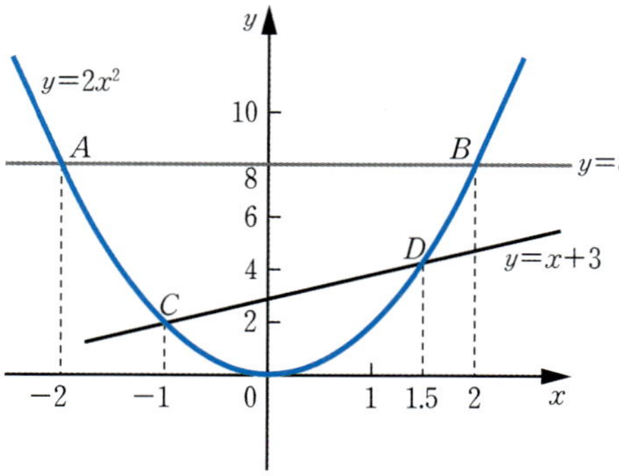

[그림 19-11]

(a) $2x^2-8=0$을 재배열하면 $2x^2=8$이고, 이 방정식의 해는 $y=2x^2$과 $y=8$의 교점으로부터 얻을 수 있다. 즉 [그림 19-11]에서 각각 A와 B로 표시된 좌표 $(-2, 8)$과 $(2, 8)$에 교점이 생긴다. 그러므로 $2x^2-8=0$의 해는 $\boldsymbol{x=-2}$와 $\boldsymbol{x=+2}$이다.

(b) $2x^2-x-3=0$을 재배열하면 $2x^2=x+3$이고, 이 방정식의 해는 $y=2x^2$과 $y=x+3$의 교점, 즉 [그림 19-11]에서의 C와 D에서 얻을 수 있다. 그러므로 $2x^2-x-3=0$의 해는 $\boldsymbol{x=-1}$과 $\boldsymbol{x=1.5}$이다.

[문제 6] $x=-2$에서 $x=4$까지의 x 값에 대해 $y=-2x^2+3x+6$의 그래프를 그려라. 그래프를 이용하여 다음 방정식의 근을 구하라.

(a) $-2x^2+3x+6=0$ (b) $-2x^2+3x+2=0$

(c) $-2x^2+3x+9=0$ (d) $-2x^2+x+5=0$

$y=-2x^2+3x+6$에 대한 값들의 표는 아래와 같다.

x	-2	-1	0	1	2	3	4
y	-8	1	6	7	4	-3	-14

$y=-2x^2+3x+6$의 그래프는 [그림 19-12]와 같다.

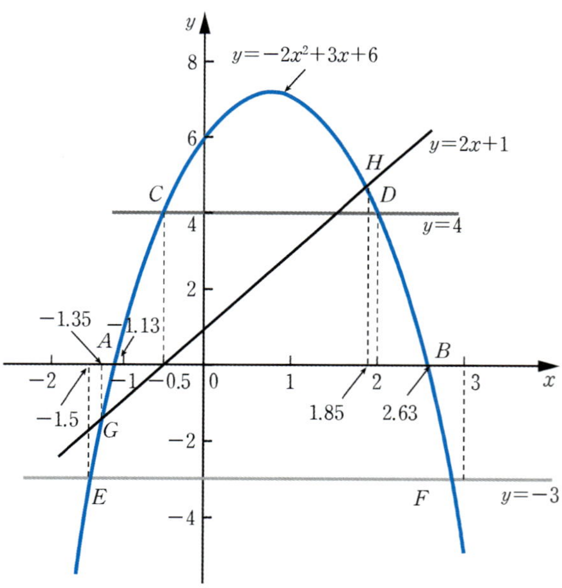

[그림 19-12]

(a) 포물선 $y=-2x^2+3x+6$과 직선 $y=0$은 A와 B, 즉 $\boldsymbol{x}=-\mathbf{1.13}$과 $\boldsymbol{x}=\mathbf{2.63}$에서 만난다. 이 값들이 바로 방정식 $-2x^2+3x+6=0$의 해이다.

(b) 다음 식 ❶을 식 ❷와 비교해보자.

$$y=-2x^2+3x+6 \quad ❶$$

$$0=-2x^2+3x+2 \quad ❷$$

식 ❷의 양변에 4를 더하면, 두 방정식의 우변은 동일하게 된다. 따라서 $4=-2x^2+3x+6$이다. 이 방정식의 해는 직선 $y=4$와 포물선 $y=-2x^2+3x+6$의 교점, 즉 [그림 19-12]의 점 C와 D로부터 구할 수 있다. 그러므로 $-2x^2+3x+2=0$의 근은 $\boldsymbol{x}=-\mathbf{0.5}$와 $\boldsymbol{x}=\mathbf{2}$이다.

(c) $-2x^2+3x+9=0$은 $-2x^2+3x+6=-3$으로 재배열될 수 있다. 그리고 이 방정식의 해는 직선 $y=-3$과 포물선 $y=-2x^2+3x+6$의 교점, 즉 [그림 19-12]의 점 E와 F로부터 구할 수 있다. 그러므로 $-2x^2+3x+9=0$의 근은 $\boldsymbol{x}=-\mathbf{1.5}$와 $\boldsymbol{x}=\mathbf{3}$이다.

(d) 다음 식 ❸을 식 ❹와 비교해보자.

$$y=-2x^2+3x+6 \quad ❸$$

$$0=-2x^2+x+5 \quad ❹$$

식 ❹의 양변에 $2x+1$을 더하면, 두 방정식의 우변은 동일하게 된다. 그러므로 식 ❹는 $2x+1=-2x^2+3x+6$으로 쓸 수 있다. 이 방정식의 해는 직선 $y=2x+1$과 포물선 $y=-2x^2+3x+6$의 교점, 즉 [그림 19-12]의 점 G와 H로부터 구할 수 있다. 그러므로 $-2x^2+x+5=0$의 근은 $\boldsymbol{x}=-\mathbf{1.35}$와 $\boldsymbol{x}=\mathbf{1.85}$이다.

◆ **이제 다음 연습문제를 풀어보자.**

[연습문제 95] 그래프를 이용한 이차방정식의 풀이

1 다음 방정식의 그래프를 그리고, 전환점의 좌표와 성질을 설명하라.

(a) $y=4x^2$ (b) $y=2x^2-1$

(c) $y=\ -x^2+3$ (d) $y=-\dfrac{1}{2}x^2-1$

※ **(문제 2~5)** 주어진 범위 안에서 곡선을 그리고, 그 그래프를 이용하여 이차방정식을 풀어라. 답은 소수점 아래 1자리로 보정하여 나타낸다.

2 $4x^2-x-1=0$; $x=-1$에서 $x=1$까지

3 $x^2-3x=27$; $x=-5$에서 $x=8$까지

4 $2x^2-6x-9=0$; $x=-2$에서 $x=5$까지

5 $2x(5x-2)=39.6$; $x=-2$에서 $x=3$까지

6 해가 $x=-3$에서 $x=1$까지 범위 안에 놓인다고 할 때, 그래프를 이용하여 이차방정식 $2x^2+7x+6=0$을 풀어라.

7 근이 $x=-1$과 $x=2$ 사이에 놓일 때, 그래프를 이용하여 이차방정식 $10x^2-9x-11.2=0$을 풀어라.

8 $y=3x^2$의 그래프를 그려라. 그리고 다음 방정식을 풀어라.

(a) $3x^2-8=0$

(b) $3x^2-2x-1=0$

9 동일한 좌표축에 $y=2x^2$과 $y=3-4x$의 그래프를 그리고, 교점의 좌표를 구하라. 또한 방정식 $2x^2+4x-3=0$의 근을 구하라.

10 $x=-2$와 $x=3$ 사이의 x 값에 대해 $y=10x^2-13x-30$의 그래프를 그려라. 그리고 방정식 $10x^2-13x-30=0$을 풀고, 그래프로부터 다음을 구하라.

(a) x가 1.3일 때의 y 값

(b) y가 10일 때의 x 값

(c) 방정식 $10x^2-15x-18=0$의 근

19.3 그래프를 이용한 일차 및 이차방정식의 연립방정식의 풀이

일차방정식과 이차방정식이 연립된 방정식의 해는 그래프를 이용하여 다음과 같이 구할 수 있다.

❶ 직선과 포물선을 동일한 좌표축 위에 그린다.
❷ 교점에 주목한다.

교점의 좌표가 구하고자 하는 해이다.

일차방정식과 이차방정식의 연립 해를 보여주는 몇 가지 문제를 살펴보자.

[문제 7] 그래프를 이용하여 방정식 $y=2x^2-3x-4$와 $y=2-4x$를 동시에 만족하는 x와 y 값을 구하라.

$y=2x^2-3x-4$는 포물선이고, 값을 계산한 표는 다음과 같다.

x	-2	-1	0	1	2	3
y	10	1	-4	-5	-2	5

$y=2-4x$는 직선이고, 다음과 같이 세 개의 좌표만 계산하면 된다.

x	0	1	2
y	2	-2	-6

두 그래프는 [그림 19-13]에 그려져 있다. 교점 A와 B의 좌표는 $(-2, 10)$과 $(1.5, -4)$이다. 그러므로 연립방정식의 해는 $\boldsymbol{x=-2}$, $\boldsymbol{y=10}$과 $\boldsymbol{x=1.5}$, $\boldsymbol{y=-4}$에서 구할 수 있다. 이렇게 구한 해는 원래 방정식에 대입하여 확인할 수 있다.

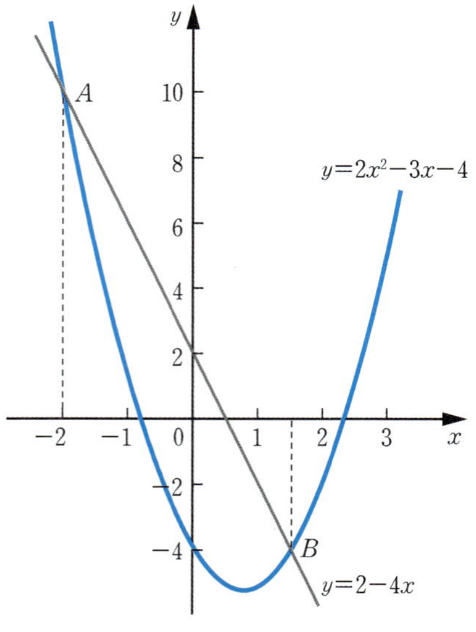

[그림 19-13]

◆ **이제 다음 연습문제를 풀어보자.**

[연습문제 96] 그래프를 이용한 일차 및 이차방정식의 연립방정식의 풀이

1 그래프를 이용하여 방정식 $y=2(x^2-2x-4)$와 $y+4=3x$를 동시에 만족하는 x와 y 값을 구하라.

2 -2에서 $+4$까지의 x 값에 대해 $y=4x^2-8x-21$의 그래프를 그려라. 이 그래프를 이용하여 다음 방정식의 근을 구하라.

(a) $4x^2-8x-21=0$

(b) $4x^2-8x-16=0$

(c) $4x^2-6x-18=0$

19.4 그래프를 이용한 삼차방정식의 풀이

$ax^3+bx^2+cx+d=0$ 형태의 삼차방정식cubic equation은 다음과 같은 방법으로 그래프를 이용하여 풀 수 있다.

❶ 그래프 $y=ax^3+bx^2+cx+d$를 그린다.
❷ x축(즉, $y=0$일 때) 위의 교점에 주목한다.

교점의 x 값들이 구하고자 하는 해이다. 그 이유는 이 점에서 $y=0$과 $ax^3+bx^2+cx+d=0$을 동시에 만족하기 때문이다.

삼차방정식의 해 또는 근은 이 곡선이 x축을 얼마나 많이 자르고 지나는가에 달려있다. 그리고 [그림 19-14]에서 보는 바와 같이 1개, 2개, 3개의 근이 존재할 수 있다.

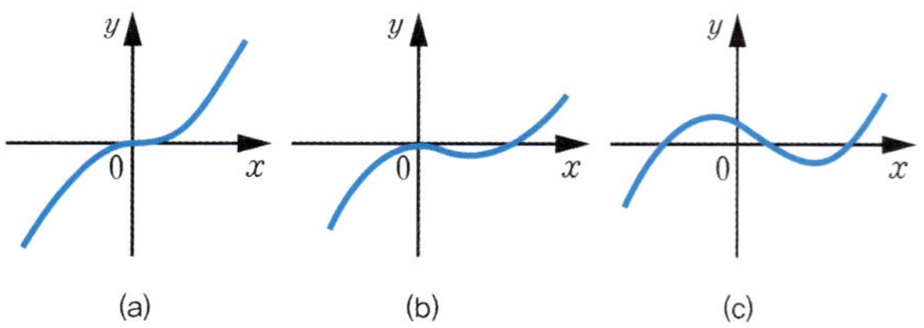

[그림 19-14]

그래프를 이용하여 삼차방정식을 푸는 몇 가지 문제를 살펴보자.

[문제 8] 근이 $x=-2$와 $x=3$ 사이에 놓이는 삼차방정식 $4x^3-8x^2-15x+9=0$을 그래프를 이용하여 풀어라. 전환점의 좌표를 구하고, 전환점의 성질을 구분하라.

$y=4x^3-8x^2-15x+9$의 그래프는 [그림 19-15]와 같다. 그래프는 $\boldsymbol{x=-1.5}$, $\boldsymbol{x=0.5}$, $\boldsymbol{x=3}$에서 x축(즉, $y=0$)을 지난다. 그리고 이 점들이 바로 삼차방정식 $4x^3-8x^2-15x+9=0$의 해이다. 전환점은, **최댓값**을 갖는 **(−0.6, 14.2)**와 **최솟값**을 갖는 **(2, −21)**에서 나타난다.

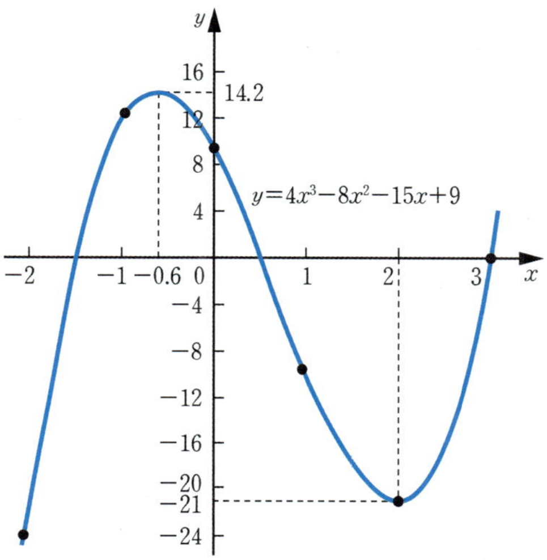

[그림 19-15]

[문제 9] $x=-1$과 $x=3$ 사이의 x 값에 대해 $y=2x^3-7x^2+4x+4$의 그래프를 그려라. 또한 방정식 $2x^3-7x^2+4x+4=0$의 근을 구하라.

각 값들의 표는 다음과 같다.

x	-1	0	1	2	3
y	-9	4	3	0	7

$y=2x^3-7x^2+4x+4$의 그래프는 [그림 19-16]과 같다. $x=-0.5$에서 x축을 지나고, $x=2$에서 x축과 만난다. 그러므로 $2x^3-7x^2+4x+4=0$의 해는 $\boldsymbol{x=-0.5}$와 $\boldsymbol{x=2}$이다.

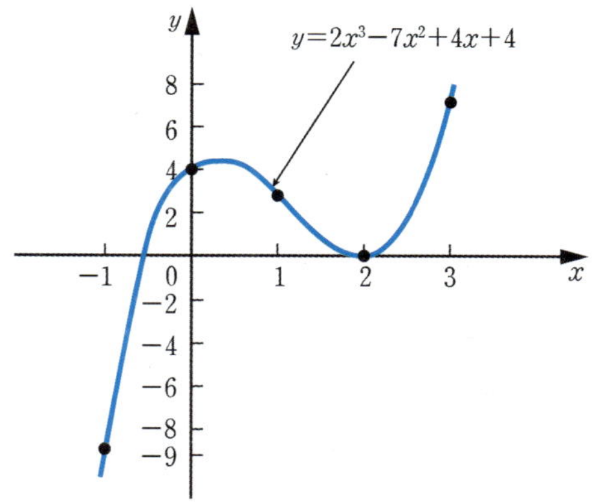

[그림 19-16]

◆ **이제 다음 연습문제를 풀어보자.**

[연습문제 97] 그래프를 이용한 삼차방정식의 풀이

1 $y=4x^3+4x^2-11x-6$의 그래프를 $x=-3$과 $x=2$의 범위 내에서 그려라. 그리고 이 그래프를 이용하여 삼차방정식 $4x^3+4x^2-11x-6=0$을 풀어라.

2 $y=x^3-2x^2-5x+6$의 그래프를 $x=-3$과 $x=4$의 범위 내에서 그리고, 방정식 $x^3-2x^2-5x+6=0$을 풀어라. 전환점의 좌표를 구하고, 그들의 성질을 구분하라.

※ (문제 3~6) 그래프를 이용하여 다음 삼차방정식을 풀어라. 답은 유효숫자 2자리로 보정하여 나타낸다.

3 $x^3-1=0$

4 $x^3-x^2-5x+2=0$

5 $x^3-2x^2=2x-2$

6 $2x^3-x^2-9.08x+8.28=0$

7 삼차방정식 $8x^3+36x^2+54x+27=0$이 단 하나의 실근만을 가짐을 보이고, 그 값을 구하라.

[연습문제 98] 그래프를 이용한 방정식의 풀이에 대한 선다형 문제

※ 각 문제의 정답은 한 개이다.

1 [그림 19-17]에 나타낸 그래프의 방정식은 무엇인가?

(a) $x(x+1)=\frac{15}{4}$ (b) $4x^2-4x-15=0$

(c) $x^2-4x-5=0$ (d) $4x^2+4x-15=0$

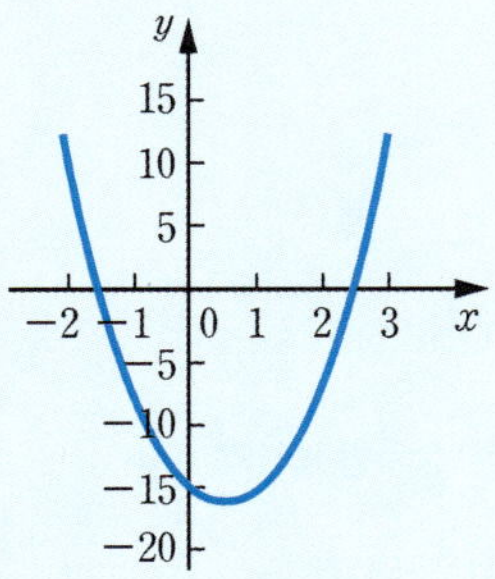

[그림 19-17]

2 방정식 $ax^2+bx+c=0$에 대하여 가능한 가장 많은 실근의 개수는 몇 개인가?

(a) 1 (b) 2 (c) 3 (d) 4

3 방정식 $ax^3+bx^2+cx+d=0$에 대하여 가능한 가장 많은 실근의 개수는 몇 개인가?

(a) 1 (b) 2 (c) 3 (d) 4

4 포물선이 $x=-3$과 $x=2$에서 x축과 만난다고 할 때, 이 방정식의 그래프는 무엇인가?

(a) $y=x^2-x+6$ (b) $y=x^2+x+6$

(c) $y=x^2-x-6$ (d) $y=x^2+x-6$

5 동일한 좌표축에 $y=2x^2-3x+1$과 $y=2x-1$의 그래프를 그렸을 때, 두 그래프의 교점은 어디인가?

(a) $x=0.5,\ x=2$ (b) $x=1,\ x=2$

(c) $x=0.5,\ x=1$ (d) $x=1,\ x=3$

Chapter 20

로그 눈금을 갖는 그래프

Graphs with logarithmic scales

로그 눈금을 갖는 그래프를 이해하는 것이 왜 중요할까?

이전 장들에서 언급했듯이, 그래프는 두 개의 실험적 물리량 간의 자료를 분석하고 표시하는 중요한 도구이다. 이때 두 변수 간의 관계가 비선형적인 경우가 많다. 조작을 통해 직선 그래프를 작성하여 두 변수 간의 관계를 나타내는 법칙을 만들 수 있다. 로그에 대해 알면, 한 변수와 다른 변수 간의 관계를 간단히 도식화할 수 있다. 특히, 한 변수의 자료값의 범위가 다른 변수의 범위에 비해 매우 커서 변수 중 하나를 확장해야 하는 경우를 고려할 수 있다. 로그-로그 및 로그-선형 그래프 용지를 이용하면 이러한 그래프를 쉽게 그릴 수 있다.

학습포인트

- 로그 눈금logarithmic scale을 이해한다.
- 로그-로그 및 로그-선형 그래프 용지를 이해한다.
- 로그-로그 그래프 용지를 이용하여 $y=ax^n$ 형태의 그래프를 그리고, 상수 'a'와 'n'을 구한다.
- 로그-선형 그래프 용지를 이용하여 $y=ab^x$ 형태의 그래프를 그리고, 상수 'a'와 'b'를 구한다.
- 로그-선형 그래프 용지를 이용하여 $y=ae^{kx}$ 형태의 그래프를 그리고, 상수 'a'와 'k'를 구한다.

20.1 로그 눈금과 로그 그래프 용지

그래프 용지는 가로축과 세로축을 따라 측정되는 수치가 수들의 로그에 비례하는 경우에 사용할 수 있다. 이러한 그래프 용지를 로그-로그 그래프 용지log-log graph paper라 한다.

로그 눈금logarithmic scale은 [그림 20-1]과 같다. 여기서 1과 2 사이의 거리는 $\lg 2-\lg 1$, 즉 1에서 10까지 전체 길이의 0.3010에 비례한다. 마찬가지로, 7과 8 사이의 거리는 $\lg 8-\lg 7$, 즉 1에서 10까지 전체 길이의 0.05799에 비례한다. 따라서 1에서 10까지 숫자가 커짐에 따라, 눈금표시 사이의 거리는 계속해서 줄어든다.

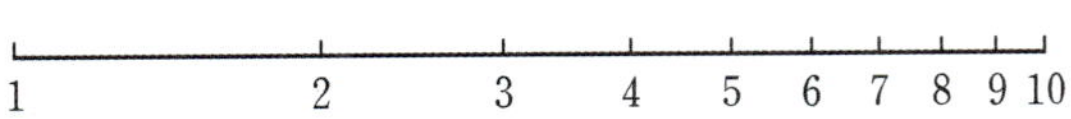

[그림 20-1]

로그-로그 그래프 용지에서 눈금표시는 1에서 9까지이고, 이러한 패턴은 여러 번 반복될 수 있다. 축에서 눈금의 패턴이 반복한 횟수는 사이클cycle의 수를 나타낸다. 세로축이 1에서 9까지 값을 3번, 가로축이 1에서 9까지 값을 2번 가질 때, 이러한 로그-로그 그래프 용지를 'log 3사이클×2사이클'이라 한다([그림 20-2] 참조). 범위가 'log 1사이클×1사이클'에서 'log 5사이클×5사이클'에 이르는 많은 배열이 가능하다.

로그-로그 그래프 용지의 축 위에 0.4에서 161까지 값들을 그리기 위해서는 0.1~1, 1~10, 10~100, 100~1000까지 4사이클이 필요하다.

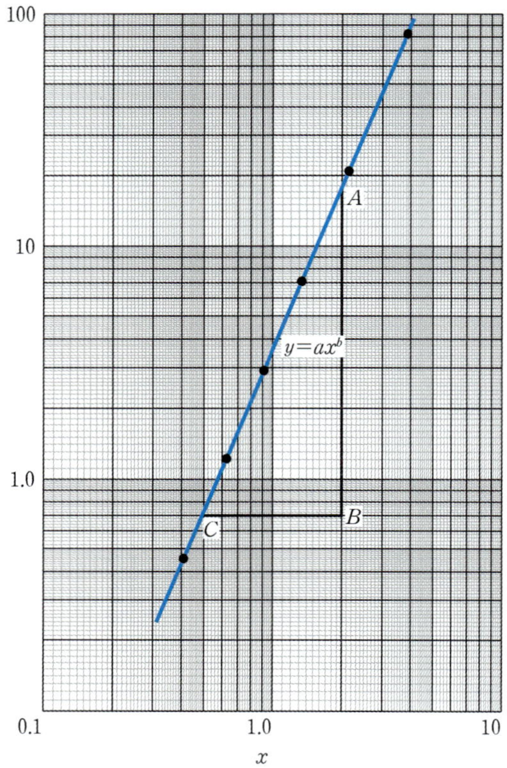

[그림 20-2]

20.2 $y=ax^n$ 형태의 그래프

$y=ax^n$의 양변에 밑 10인 로그를 취하면 다음과 같다.

$$\lg y = \lg(ax^n) = \lg a + \lg x^n$$

$$\lg y = n\lg x + \lg a$$

이를 $Y=mX+c$와 비교할 수 있다. 따라서 $\lg x$와 $\lg y$를 각각 가로좌표와 세로좌표로 위치를 표시함으로써, 방정식 $y=ax^n$은 직선 형태로 전환된다.

로그-로그 그래프 용지를 이용하면, 18장에서 살펴본 바와 같이 먼저 x와 y의 로그를 구하지 않고도 x와 y의 그래프를 바로 작성할 수 있다.

[문제 1] 실험으로 얻은 두 개의 물리량 x와 y의 관계가 다음과 같다.

x	0.41	0.63	0.92	1.36	2.17	3.95
y	0.45	1.21	2.89	7.10	20.79	82.46

x와 y의 관계를 나타내는 법칙은 상수 'a'와 'b'에 대해 $y=ax^b$으로 추정된다. 이 법칙이 참임을 확인하고, 'a'와 'b'의 근삿값을 구하라.

$y=ax^b$이면, 앞에서 살펴본 바대로 $\lg y = b\lg x + \lg a$이다. 이는 $Y=mX+c$의 형태이다. 따라서 $\lg x$는 가로로, $\lg y$는 세로로 좌표가 결정되는 직선이 만들어짐을 알 수 있다. x와 y의 그래프는 [그림 20-2]와 같이 로그-로그 그래프 용지 위에 바로 그릴 수 있다. y 값은 0.45~82.46의 범위이고, 3사이클이 필요하다(즉, 0.1~1, 1~10, 10~100). x 값은 0.41~3.95의 범위이고, 2사이클이 필요하다(즉, 0.1~1, 1~10). 그러므로 [그림 20-2]와 같이 'log 3사이클×2사이클'이 이용된다. 여기서 축이 그려지고, 점이 좌표로 표시된다. **점들이 직선 위에 놓이므로 법칙 $y=ax^b$이 확인된다.**

상수 'a'와 'b'를 계산하기

[방법 1] 직선 위에 임의의 두 점 A와 C를 선정하고, AB와 BC[cm]를 측정한다. 그러면 기울기는 다음과 같다.

$$b = \frac{AB}{BC} = \frac{11.5\text{단위}}{5\text{단위}} = 2.3$$

$\lg y = b\lg x + \lg a$이므로, $x=1$일 때 $\lg x = 0$, $\lg y = \lg a$이다.

직선은 $y=3.5$에서 좌표 $x=1.0$을 지난다. 그러므로 $\lg a = \lg 3.5$, 즉 $a=3.5$이다.

[방법 2] 직선 위에 임의의 두 점 A와 C를 선정한다. A의 좌표는 $(2, 17.25)$이고, C의 좌표는 $(0.5, 0.7)$이다.

$y=ax^b$이므로 다음이 성립한다.

$$17.25 = a(2)^b \quad \cdots ❶$$

$$0.7 = a(0.5)^b \quad \cdots ❷$$

즉 두 연립방정식을 얻게 되고, 'a'와 'b'에 대해 풀 수 있다. 식 ❶을 식 ❷로 나누어 'a'를 소거하면 다음을 얻는다.

$$\frac{17.25}{0.7}=\frac{(2)^b}{(0.5)^b}=\left(\frac{2}{0.5}\right)^b,\ \text{즉}\ 24.643=(4)^b$$

양변에 로그를 취하면 다음과 같다. b의 값은 유효숫자 2자리로 보정한다.

$$\lg 24.643=b\lg 4$$

$$b=\frac{\lg 24.643}{\lg 4}=\mathbf{2.3}$$

식 ❶에 $b=2.3$을 대입하면 다음과 같다. a의 값은 유효숫자 2자리로 보정한다.

$$17.25=a(2)^{2.3}$$

$$a=\frac{17.25}{(2)^{2.3}}=\frac{17.25}{4.925}=\mathbf{3.5}$$

그러므로 그래프의 법칙은 $y=3.5x^{2.3}$이다.

*[문제 2] 저항기에 흐르는 전류값의 변화에 따라 저항기에서 소모되는 전력을 다음과 같이 측정하였다.

전류 I[A]	1.4	4.7	6.8	9.1	11.2	13.1
전력 P[W]	49	552	1156	2070	3136	4290

전류와 전력의 관계를 나타내는 법칙이 $P=RI^n$의 형태임을 증명하라. 여기서 R과 n은 상수이다. 전류가 12 A일 때의 전력과, 전력이 1000 W일 때의 전류를 계산하라.

$P=RI^n$이므로 $\lg P=n\lg I+\lg R$이고, 이는 $Y=mX+c$의 형태이다. 따라서 $\lg I$는 가로로, $\lg P$는 세로로 좌표가 결정되는 직선이 만들어진다. 전력값은 49~4290의 범위이고, 따라서 3사이클의 로그-로그 그래프 용지가 필요하다(10~100, 100~1000, 1000~10000). 전류는 1.4~13.1의 범위이고, 따라서 2사이클의 로그-로그 그래프 용지가 필요하다(1~10, 10~100). 그러므로 [그림 20-3]과 같은 'log 3사이클 × 2사이클'이 사용된다(만일 이 용지가 없다면, 축별로 큰 수의 사이클을 갖는 그래프 용지를 사용할 수 있다).

좌표들이 그려지고, 결과는 **직선으로 나타난다. 그러므로 전류와 전력의 관계를 나타내는 법칙은 $P=RI^n$의 형태이다.**

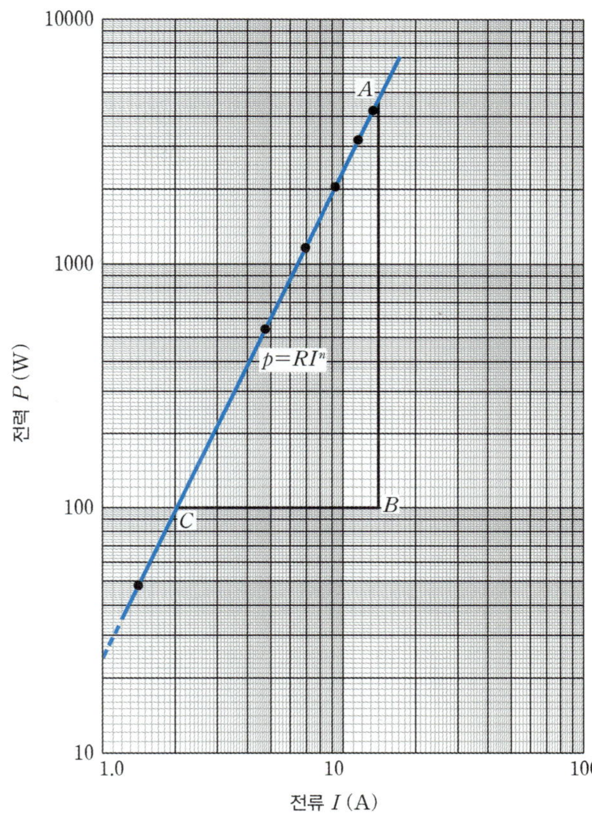

[그림 20-3]

직선의 기울기는 다음과 같다.

$$n=\frac{AB}{BC}=\frac{14\text{단위}}{7\text{단위}}=\mathbf{2}$$

점 C에서, $I=2$이고 $P=100$이므로 이 값들을 $P=RI^n$에 대입하면 다음과 같다.

$$100=R(2)^2$$

$$R=\frac{100}{2^2}=25$$

그러므로 그래프의 법칙은 $P=25I^2$이다.

전류가 $I=12$일 때, **전력은 $P=25(12)^2=3600$ W 이다**(그래프에서 읽을 수 있을 것이다).

전력이 $P=1000$일 때, $1000=25I^2$이므로
$I^2=\frac{1000}{25}=40$이고, 따라서 **전류는 $I=\sqrt{40}=6.32$ A 이다.**

*[문제 3] 기체의 압력 p와 부피 v의 관계는 $p=cv^n$ 형태의 법칙으로 나타나는 것으로 추정된다. 여기서 c와 n은 상수이다. 실험을 통해 얻은 p의 실험값과 그에 대응하는 v의 값이 다음과 같다.

p[Pa]	2.28×10^5	8.04×10^5	2.03×10^6
v[m³]	3.2×10^{-2}	1.3×10^{-2}	6.7×10^{-3}
p[Pa]	5.05×10^6	1.82×10^7	
v[m³]	3.5×10^{-3}	1.4×10^{-3}	

이 법칙이 참인 것을 보이고, c와 n의 근삿값을 구하라.

$p=cv^n$이므로 $\lg p=n\lg v+\lg c$이고, 이는 $Y=mX+c$의 형태이다. $\lg v$는 가로로, $\lg p$는 세로로 좌표가 결정되는 직선이 만들어진다. 좌표들은 [그림 20-4]와 같이 'log 3사이클 × 2사이클' 그래프 용지 위에 그 위치가 표시된다. 표준형으로 표현된 데이터에 대해 축도 역시 표준형으로 표시된다. 결과적으로 직선형이 되므로 법칙 $p=cv^n$이 입증된다.

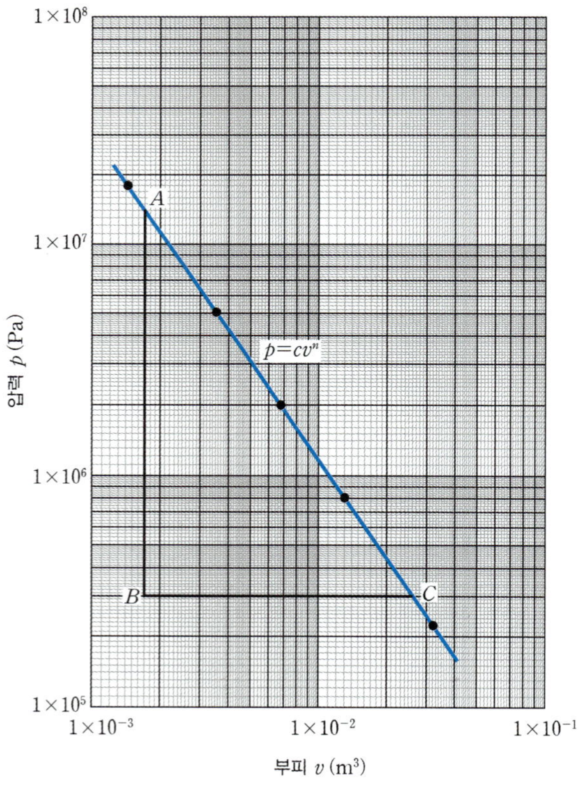

[그림 20-4]

직선은 음의 기울기를 가지며, 기울기의 값은 다음과 같다.

$$\frac{AB}{BC}=\frac{14\text{단위}}{10\text{단위}}=1.4,\ \text{즉}\ n=-1.4$$

직선 위에서 좌표가 $(2.63\times10^{-2},\ 3\times10^5)$인 임의의 점 C를 선정하고, 이 값을 $p=cv^n$에 대입하면 $3\times10^5=c(2.63\times10^{-2})^{-1.4}$이다. 그러므로 c 값을 유효숫자 3자리로 보정하여 구하면 다음과 같다.

$$c=\frac{3\times10^5}{(2.63\times10^{-2})^{-1.4}}=\frac{3\times10^5}{(0.0263)^{-1.4}}$$

$$=\frac{3\times10^5}{1.63\times10^2}=1840$$

따라서 그래프의 법칙은 $p=1840v^{-1.4}$ 또는 $pv^{1.4}=1840$이다.

◆ **이제 다음 연습문제를 풀어보자.**

[연습문제 99] $y=ax^n$ 형태의 로그 그래프

1 물리량 x와 y의 관계는 $y=ax^n$ 형태의 법칙으로 나타나는 것으로 추정된다. 여기서 a와 n은 상수이다. x의 실험값과 대응하는 y 값은 다음과 같다. 이 법칙이 참임을 보이고, a와 n의 값을 구하라. 그리고 x가 7.5일 때의 y 값과, y가 5000일 때의 x 값을 구하라.

x	0.8	2.3	5.4	11.5	21.6	42.9
y	8	54	250	974	3028	10410

*2 전기회로의 전압 V와 어드미턴스 Y에 대한 다음 결과로부터, 이 양들의 관계를 나타내는 법칙이 $V=kY^n$ 형태임을 보이고, k와 n의 값을 구하라.

전압, V[V]	2.88	2.05	1.60	1.22	0.96
어드미턴스, Y[S]	0.52	0.73	0.94	1.23	1.57

3 물리량 x와 y의 관계는 $y=mx^n$ 형태의 법칙으로 나타나는 것으로 추정된다. x 값과 대응하는 y 값은 다음과 같다. 이 법칙을 확인하고, m과 n의 값을 구하라.

x	0.5	1.0	1.5	2.0	2.5	3.0
y	0.53	3.0	8.27	16.97	29.69	46.77

20.3 $y=ab^x$ 형태의 그래프

$y=ab^x$의 양변에 밑 10인 로그를 취하면 다음과 같다.

$$\lg y = \lg(ab^x) = \lg a + \lg b^x$$
$$= \lg a + x \lg b$$
$$\text{즉,} \quad \lg y = (\lg b)x + \lg a$$

이를 $Y=mX+c$와 비교할 수 있다. 따라서 x와 $\lg y$를 각각 가로좌표와 세로좌표로 위치를 표시함으로써 직선이 얻어진다. 즉, 그래프 $y=ab^x$은 선형으로 전환된다. 이 경우에 그래프 용지는 가로로 선형인 눈금과 세로로 로그인 눈금이 사용된다. 이와 같은 형태의 그래프 용지를 로그-선형 그래프 용지log-linear graph paper라 하고, 로그 눈금에서 사이클의 수가 지정된다. 예를 들어, 로그 눈금에서 3사이클을 갖는 그래프 용지를 'log 3사이클×선형' 그래프 용지라 한다.

[문제 4] 물리량 x와 y의 실험값들의 관계가 $y=ab^x$ 형태의 법칙으로 나타나는 것으로 추정된다. 여기서 'a'와 'b'는 상수이다. x 값과 대응하는 y 값이 다음과 같다.

x	0.7	1.4	2.1	2.9	3.7	4.3
y	18.4	45.1	111	308	858	1850

이 법칙을 확인하고, 'a'와 'b'를 구하라. 그리고 ❶ x 값이 2.5일 때의 y 값, ❷ y 값이 1200일 때의 x 값을 구하라.

$y=ab^x$이므로 $\lg y=(\lg b)x+\lg a$이고, 이는 $Y=mX+c$의 형태이다. x는 가로로, $\lg y$는 세로로 좌표가 결정되는 직선이 만들어진다. 로그-선형 그래프 용지를 이용하여, x 값은 0.7~4.3의 범위에서 가로눈금으로 표시된다. 그리고 y 값들은 18.4~1850의 범위에 있으므로 3사이클이 필요하다(즉, 10~100, 100~1000, 1000~10000). 그러므로 'log 3사이클×선형' 그래프 용지를 이용하여 점들은 [그림 20-5]와 같이 표시된다. **좌표들을 지나는 직선이 그려지므로 $y=ab^x$의 법칙을 따름을 알 수 있다.**

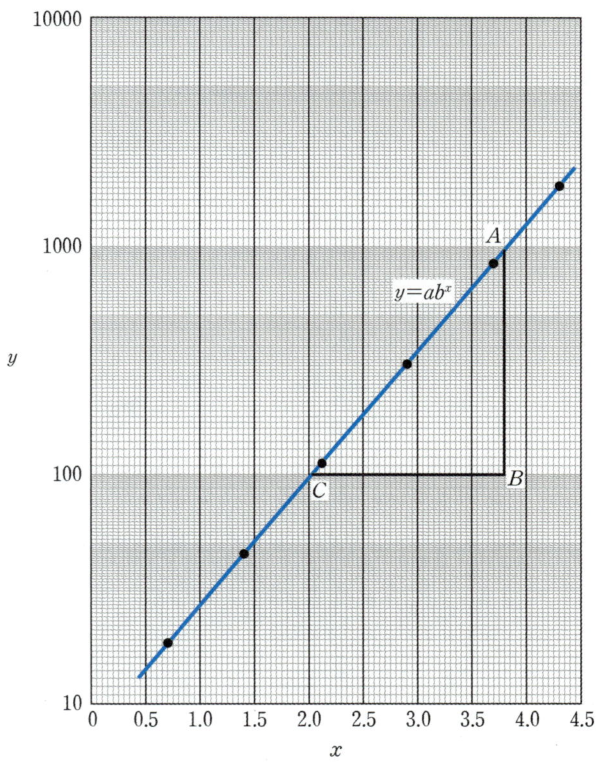

[그림 20-5]

직선의 기울기는 $\lg b = AB/BC$이다. 세로눈금이 로그이고, 가로눈금이 선형이므로 로그-선형 그래프 용지에서 직접 측정[cm]을 할 수 없다. 그러므로 다음과 같이 구한다. 이때 b의 값은 유효숫자 2자리로 보정하여 구한다.

$$\lg b = \frac{AB}{BC} = \frac{\lg 1000 - \lg 100}{3.82 - 2.02}$$
$$= \frac{3-2}{1.80} = \frac{1}{1.80} = 0.5556$$
$$b = 10^{0.5556} = \mathbf{3.6}$$

점 A의 좌표는 $(3.82, 1000)$이고, 이 값들을 $y=ab^x$에 대입하여 다음과 같이 구할 수 있다. 이때 a의 값은 유효숫자 2자리로 보정하여 구한다.

$$1000 = a(3.6)^{3.82}$$
$$a = \frac{1000}{(3.6)^{3.82}} = \mathbf{7.5}$$

그러므로 그래프의 법칙은 $y=7.5(3.6)^x$이다.

❶ $x=2.5$일 때, $y=7.5(3.6)^{2.5}=$**184**

❷ $y=1200$일 때, $1200=7.5(3.6)^x$.

따라서 $(3.6)^x=\dfrac{1200}{7.5}=160$이다.

양변에 로그를 취하면 다음과 같다.

$$x\lg 3.6=\lg 160$$

$$x=\frac{\lg 160}{\lg 3.6}=\frac{2.2041}{0.5563}=\mathbf{3.96}$$

◆ **이제 다음 연습문제를 풀어보자.**

[연습문제 100] $y=ab^x$ 형태의 로그 그래프

1 p의 실험값과 대응하는 q의 값은 다음과 같다. p와 q의 관계를 나타내는 법칙이 $p=ab^q$임을 보여라. 여기서 'a'와 'b'는 상수이다. 또한 다음을 구하라.

❶ a와 b의 값과 p와 q의 관계를 나타내는 법칙

❷ $q=2.0$일 때의 p 값

❸ $p=-2000$일 때의 q 값

p	−13.2	−27.9	−62.2	−383.2	−1581	−2931
q	0.30	0.75	1.23	2.32	3.17	3.54

20.4 $y=ae^{kx}$ 형태의 그래프

$y=ae^{kx}$의 양변에 밑 e인 로그를 취하면 다음과 같다.

$$\ln y=\ln(ae^{kx})=\ln a+\ln e^{kx}$$
$$=\ln a+kx\ln e$$

$\ln e=1$이므로 $\ln y=kx+\ln a$이다. 이는 $Y=mX+c$와 비교할 수 있다. 따라서 x와 $\ln y$를 각각 가로좌표와 세로좌표로 위치를 표시함으로써 방정식 $y=ae^{kx}$은 직선 형태로 환원된다. 이 경우에 그래프 용지는 선형인 가로눈금과 로그인 세로눈금이 사용될 것이다.

[문제 5] 아래 주어진 자료는 $y=ae^{kx}$의 법칙을 나타내는 것으로 추정된다. 여기서 'a'와 'k'는 상수이다. 이 법칙이 참임을 확인하고, 상수 'a'와 'k'를 구하라. 또한 x가 3.8일 때의 y 값과, y가 85일 때의 x 값을 구하라.

x	−1.2	0.38	1.2	2.5	3.4	4.2	5.3
y	9.3	22.2	34.8	71.2	117	181	332

$y=ae^{kx}$이므로 위로부터 $\ln y=kx+\ln a$이고, 이는 $Y=mX+c$ 형태이다. 그리고 x는 가로로, $\ln y$는 세로로 좌표가 결정되는 직선이 만들어진다. y 값들은 9.3~332의 범위에 있으므로 'log 3사이클×선형' 그래프 용지가 사용된다. [그림 20-6]에 좌표가 표시되어 있다. **직선이 이 점들을 지나므로 $y=ae^{kx}$의 법칙을 따름을 알 수 있다.**

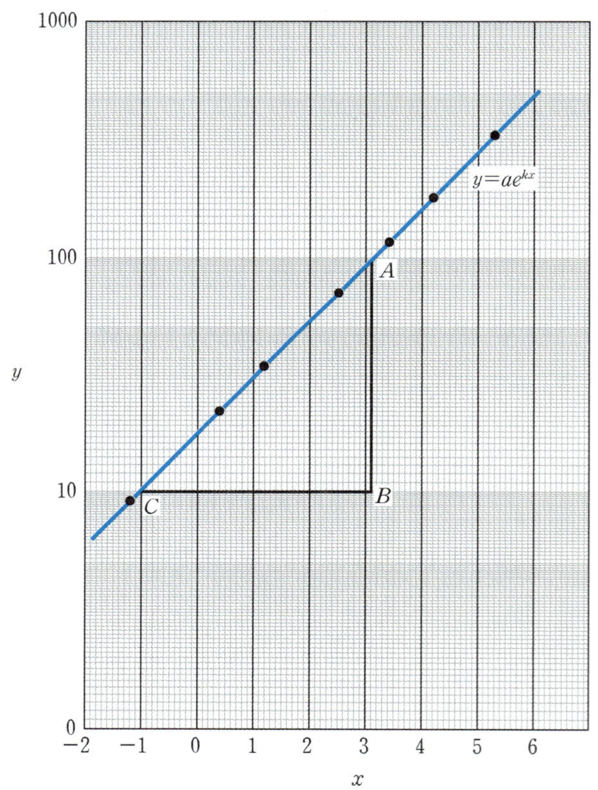

[그림 20-6]

직선의 기울기는 유효숫자 2자리로 보정하면 다음과 같다.

$$k=\frac{AB}{BC}=\frac{\ln 100-\ln 10}{3.12-(-1.08)}$$

$$=\frac{2.3026}{4.20}=\mathbf{0.55}$$

$\ln y = kx + \ln a$이므로 $x = 0$일 때 $\ln y = \ln a$, 즉 $y = a$이다. $x = 0$에서 세로 절편은 18이다. 그러므로 $a = 18$이다. **따라서 그래프의 법칙은 $y = 18e^{0.55x}$ 이다.**

x가 3.8일 때의 y 값은 다음과 같다.

$$y = 18e^{0.55(3.8)} = 18e^{2.09} = 18(8.0849) = 146$$

y가 85일 때, $85 = 18e^{0.55x}$이므로 x 값은 다음과 같다.

$$e^{0.55x} = \frac{85}{18} = 4.7222$$

$$0.55x = \ln 4.7222 = 1.5523$$

$$x = \frac{1.5523}{0.55} = 2.82$$

*[문제 6] 인덕터를 지나는 전압 v[V]와 시간 t[ms]의 관계는 법칙 $v = Ve^{t/T}$으로 정해진다고 추정된다. 여기서 V와 T는 상수이다. 실험 결과는 다음과 같다.

v[V]	883	347	90	55.5	18.6	5.2
t[ms]	10.4	21.6	37.8	43.6	56.7	72.0

전압과 시간의 관계가 위 법칙과 같음을 보이고, 상수 V와 T의 근삿값을 구하라. 또한 25 ms 후의 전압과, 전압이 30.0 V일 때의 시간을 구하라.

$v = Ve^{t/T}$이므로 다음과 같다.

$$\ln v = \ln(Ve^{t/T}) = \ln V + \ln e^{t/T}$$
$$= \ln V + \frac{t}{T}\ln e = \frac{t}{T} + \ln V$$

즉 $\ln v = \frac{1}{T}t + \ln V$이고, 이것은 $Y = mX + c$의 형태이다.

'log 3사이클×선형' 그래프 용지를 이용하여, 점들은 [그림 20-7]과 같이 표시된다. **점들이 직선으로 연결되므로 $v = Ve^{t/T}$의 법칙을 따름을 알 수 있다.**

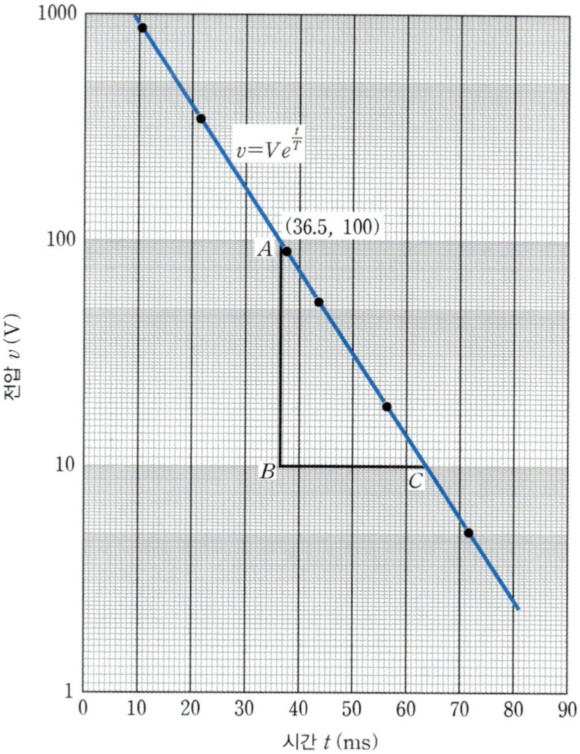

[그림 20-7]

그리고 접선의 기울기는 다음과 같다.

$$\frac{1}{T} = \frac{AB}{BC} = \frac{\ln 100 - \ln 10}{36.5 - 64.2} = \frac{2.3026}{-27.7}$$

그러므로 유효숫자 3자리로 보정하여 다음을 얻는다.

$$T = \frac{-27.7}{2.3026} = -12.0$$

[그림 20-7]에서 직선이 $t = 0$에서 세로축을 지나지 않으므로 V의 값은 좌표 (36.5, 100)을 가지는 임의의 점 A에 의해 결정되며, 이 값들을 $v = Ve^{t/T}$에 대입하면 다음과 같다. 이때 V의 값은 유효숫자 3자리로 보정한 것이다.

$$100 = Ve^{36.5/-12.0}$$

$$V = \frac{100}{e^{-36.5/12.0}} = 2090\,\text{V}$$

그러므로 그래프의 법칙은 $v = 2090e^{-t/12.0}$이다.

시간 $t = 25$ ms일 때, 전압은 다음과 같다.

$$v = 2090e^{-25/12.0} = 260\,\text{V}$$

전압이 30.0V일 때, $30.0 = 2090e^{-t/12.0}$이므로 다음을 얻는다.

$$e^{-t/12.0} = \frac{30.0}{2090}$$

$$e^{t/12.0} = \frac{2090}{30.0} = 69.67$$

양변에 자연로그를 취하면 다음과 같다.

$$\frac{t}{12.0} = \ln 69.67 = 4.2438$$

따라서 시간은 $t = (12.0)(4.2438) = \mathbf{50.9\,ms}$이다.

◆ **이제 다음 연습문제를 풀어보자.**

[연습문제 101] $y = ae^{kx}$ 형태의 로그 그래프

*1 대기압 p를 다양한 고도 h에서 측정하였으며, 그 결과는 아래와 같다. 이 측정값들이 법칙 $p = ae^{kh}$과 관련됨을 보여라. 여기서 'a'와 'k'는 상수이다. 'a'와 'k' 값을 구하라. 또한 10000m에서의 대기압을 구하라.

고도 h[m]	500	1500	3000	5000	8000
압력 p[kPa]	73.39	68.42	61.60	53.56	43.41

*2 특정 시간 t[min]에서 냉각 용액의 온도 θ[°C]를 측정하여 다음 결과를 얻었다. 물리량들이 $\theta = \theta_0 e^{kt}$ 형태의 법칙에 따름을 증명하라. 여기서 θ_0와 k는 상수이다. 그리고 θ_0와 k의 근삿값을 구하라.

온도 θ[°C]	92.2	55.9	33.9	20.6	12.5
시간 t[min]	10	20	30	40	50

[연습문제 102] 로그 눈금을 갖는 그래프에 대한 선다형 문제

※ 각 문제의 정답은 한 개이다.

※ **(문제 1~3)** x와 y가 변수이고 a와 n이 상수일 때, 방정식 $y = ax^n$에 대한 직선 그래프를 그린다. 다음 물음에 답하라.

1 세로축에 표시되어야 할 값은 무엇인가?
(a) y (b) x (c) $\lg y$ (d) a

2 가로축에 표시되어야 할 값은 무엇인가?
(a) $\lg x$ (b) x (c) x^n (d) a

3 그래프의 기울기는 얼마인가?
(a) y (b) a (c) x (d) n

4 0.05~275의 범위를 나타내기 위해, 로그 그래프 용지에 필요한 사이클의 최소 수는 얼마인가?
(a) 5 (b) 3 (c) 4 (d) 2

※ **(문제 5~7)** x와 y가 변수이고 a와 b가 상수일 때, 방정식 $y = ae^{bx}$에 대한 직선 그래프를 그린다. 다음 물음에 답하라.

5 세로축에 표시되어야 할 값은 무엇인가?
(a) y (b) x (c) $\ln y$ (d) a

6 그래프의 기울기는 얼마인가?
(a) y (b) a (c) x (d) b

7 세로 절편은 무엇인가?
(a) b (b) $\ln a$ (c) x (d) $\ln y$

※ **(문제 8~10)** x와 y가 변수이고 a와 b가 상수일 때, 방정식 $y = ab^x$에 대한 직선 그래프를 그린다. 다음 물음에 답하라.

8 가로축에 표시되어야 할 값은 무엇인가?
(a) $\lg x$ (b) x (c) b^x (d) a

9 그래프의 기울기는 얼마인가?
(a) y (b) a (c) b (d) $\lg b$

10 세로 절편은 무엇인가?
(a) b (b) $\lg a$ (c) x (d) $\lg y$

Chapter 21

각과 삼각형

Angles and triangles

각과 삼각형을 이해하는 것이 왜 중요할까?

각과 삼각형에 대한 지식은 공학에서 매우 중요하다. 삼각법 trigonometry 은 건축물 구조/공사, 교량 설계, 과학적 문제를 해결하기 위해 측량술과 건축에서 필요하다. 또한 삼각법은 전기공학에서도 사용된다. 직각삼각형의 각과 변의 길이의 관계를 나타내는 함수는 교류(AC) 전류가 시간에 따라 어떻게 변하는지를 표현할 때 유용하다. 공학자들은 삼각형을 이용하여 경사로를 따라 물체를 옮기기 위해 얼마나 많은 힘이 필요한지를 결정한다. GPS 위성 수신기는 삼각형을 이용하여 수백 킬로미터 떨어진 곳에 있는 위성이 정확한 궤도를 선회할 수 있도록 위치를 결정한다. 스케이트보드 경사로(램프)나 계단, 교량 등을 건설할 때 역시 삼각법을 떼놓을 수 없다.

학습포인트

- 예각, 직각, 둔각, 우각(180°보다 큰 각), 여각, 보각 등의 각을 정의한다.
- 평행선, 횡단선, 맞꼭지각, 동위각, 엇각, 내각을 정의한다.
- 도, 분, 초, 라디안을 정의한다.
- 각을 더하고 뺀다.
- 예각삼각형, 직각삼각형, 둔각삼각형, 정삼각형, 이등변삼각형, 부등변삼각형 등의 삼각형의 유형을 설명한다.
- 직각삼각형의 빗변, 각에 관한 이웃변과 대변을 정의한다.
- 합동 삼각형을 알아본다.
- 닮은 삼각형을 알아본다.
- 변과 각이 주어진 삼각형을 작도한다.

21.1 서론

삼각법은 삼각형의 변과 각의 측정, 그리고 변과 각의 관계를 다루는 학문이다. 이 장에서는 각의 측정에 대해 살펴보고, 각의 형태를 소개한다.

21.2 각의 측정

각angle은 두 직선 사이의 회전한 크기이다. 각은 도degrees 또는 라디안radian으로 측정될 수 있다. 원을 360등분했을 때, 각 부분을 **1도**라 하고, **1°**로 나타낸다.

$$1\text{회전} = 360° \text{ 또는 } 1°\text{는 } 1\text{회전의 } \frac{1}{360}$$

어떤 각에는 특별한 이름이 붙여진다.

- 0°와 90° 사이의 각을 예각acute angle이라 한다.
- 90°인 각을 직각right angle이라 한다.
- 90°와 180° 사이의 각을 둔각obtuse angle이라 한다.
- 180°보다 크고 360°보다 작은 각을 우각reflex angle이라 한다.
- 180°인 각은 **직선** 위에 놓인다.
- 두 각의 합이 90°가 되면, 이 두 각을 서로 여각complementary angles이라(또는, 서로 여각 관계에 있다고) 한다.

- 각의 합이 180°가 되면, 이 두 각을 서로 보각 supplementary angles이라(또는, 서로 보각 관계에 있다고) 한다.
- 평행선parallel lines은 동일한 평면 안에 있으면서 결코 만나지 않는 직선들이다. 평행선은 [그림 21-1]과 같이 화살표로 표시한다.
- 두 평행선을 가로지르는 직선을 횡단선transversal lines이라 한다. [그림 21-1]에서 MN이 횡단선이다.

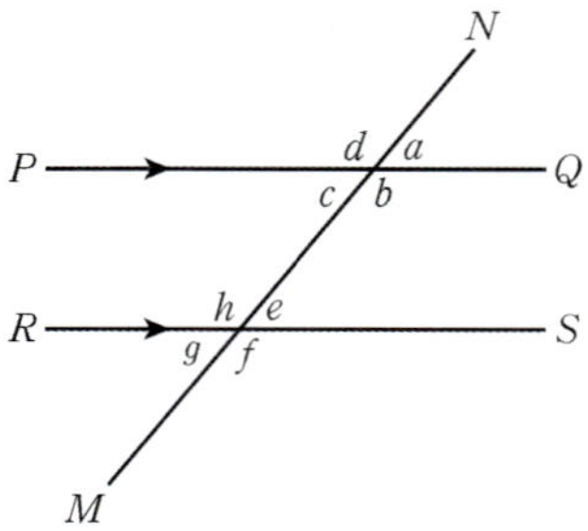

[그림 21-1]

[그림 21-1]과 관련하여 다음 정의를 살펴보자.

(a) $a=c$, $b=d$, $e=g$, $f=h$이다. 이러한 각의 쌍을 맞꼭지각vertically opposite angles이라 한다.
(b) $a=e$, $b=f$, $c=g$, $d=h$이다. 이러한 각의 쌍을 동위각corresponding angles이라 한다.
(c) $c=e$, $b=h$이다. 이러한 각의 쌍을 엇각alternate angles이라 한다.
(d) $b+e=180°$, $c+h=180°$이다. 이러한 각의 쌍을 내각interior angles이라 한다.

21.2.1 분과 초

1도는 60등분될 수 있으며, 그 하나를 분minutes이라 한다. 즉

$$1도 = 60분이고\ 1° = 60'$$

으로 쓴다. 41도와 29분은 $41°29'$로 쓴다. $41°29'$은 소수점 아래 3자리로 보정하면 $41\frac{29°}{60} = 41.483°$와 같다.

또한 1분은 60초로 다시 분할된다. 즉

$$1분 = 60초이고\ 1' = 60''$$

로 쓴다. '분'에는 대시 기호 하나(′)를 사용하고, '초'에는 대시 기호를 두 개(″) 사용하는 것에 주목하자. 예를 들어, 56도 16분 13초는 $56°16'13''$로 쓴다.

21.2.2 라디안과 도

1라디안radian은 반지름과 호의 길이를 동일하게 만드는 중심각으로 정의한다(원에 대해서는 27장에서 더 자세히 살펴볼 것이다). [그림 21-2]에서 호의 길이 s에 대한 중심각은 $\theta = \frac{s}{r}$이다.

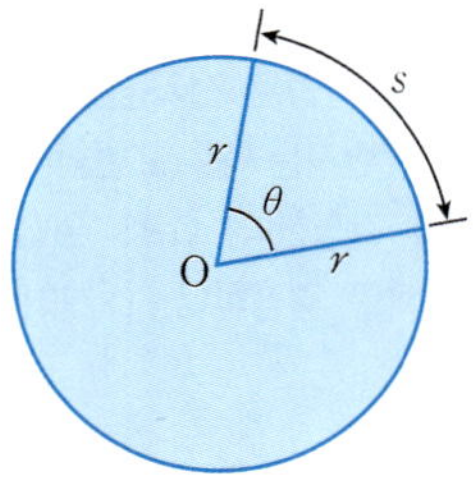

[그림 21-2]

s가 원주 전체이면, 즉 $s=2\pi r$이면 다음과 같다.

$$\theta = \frac{s}{r} = \frac{2\pi r}{r} = 2\pi$$

1회전하면 $\theta = 360°$이다. 그러므로 도와 라디안 사이의 관계는 다음과 같다.

$$360° = 2\pi\ 라디안\ 또는\ 180° = \pi\ \text{rad}$$

$$즉,\ 1\ \text{rad} = \frac{180°}{\pi} \approx 57.30°$$

따라서 π rad = 180°이므로 $\frac{\pi}{2}$ rad = 90°, $\frac{\pi}{4}$ rad = 45°, $\frac{\pi}{3}$ rad = 60°, $\frac{\pi}{6}$ rad = 30°이다.

각의 측정에 대한 몇 가지 문제를 살펴보자.

[문제 1] $43°29' + 27°43'$을 계산하라.

$$\begin{array}{r} {\scriptstyle 1\ \ 1} \\ 43°29' \\ +\ 27°43' \\ \hline 71°12' \end{array}$$

❶ $29' + 43' = 72'$
❷ $60' = 1°$이므로, $72' = 1°12'$이다.
❸ $12'$을 분 열에 놓고, $1°$는 도 열로 옮긴다.
❹ $43° + 27° + 1°(올림수) = 71°$이다. $71°$를 도 열에 놓는다.

이 답은 계산기를 이용하여 다음과 같이 구할 수도 있다.

1. 43을 입력한다.	2. °'''를 누른다.
3. 29를 입력한다.	4. °'''를 누른다.
5. +를 누른다.	6. 27을 입력한다.
7. °'''를 누른다.	8. 43을 입력한다.
9. °'''를 누른다.	10. =를 누른다.

답= 71°12′

따라서 **43°29′+27°43′=71°12′**이다.

[문제 2] 84°13′−56°39′을 계산하라.

$$\begin{array}{r} \overset{3}{8\not4}°\ \overset{60}{13'} \\ -\ 56°\ 39' \\ \hline 27°\ 34' \end{array}$$

❶ 13′−39′은 계산할 수 없다.
❷ 1° 또는 60′을 도 열에서 빌려온다. 그러면 도 열에 83°가 남는다.
❸ (60′+13′)−39′=34′을 분 열에 놓는다.
❹ 83°−56°=27°이고, 이것을 도 열에 놓는다.

이 답은 계산기를 이용하여 다음과 같이 구할 수도 있다.

1. 84를 입력한다.	2. °'''를 누른다.
3. 13을 입력한다.	4. °'''를 누른다.
5. −를 누른다.	6. 56을 입력한다.
7. °'''를 누른다.	8. 39를 입력한다.
9. °'''를 누른다.	10. =를 누른다.

답= 27°34′

따라서 **84°13′−56°39′=27°34′**이다.

[문제 3] 19°51′47″+63°27′34″를 계산하라.

$$\begin{array}{r} 19°\ \overset{1}{51'}\ \overset{1}{47''} \\ +\ 63°\ 27'\ 34'' \\ \hline 83°\ 19'\ 21'' \end{array}$$

❶ 47″+34″=81″
❷ 60″=1′이므로, 81″=1′21″이다.
❸ 21″를 초 열에 놓는다. 그리고 1′은 분 열로 옮긴다.
❹ 51′+27′+1′=79′이다.
❺ 60′=1°이므로 79′=1°19′이다.
❻ 19′을 분 열에 놓고, 1°를 도 열로 옮긴다.
❼ 19°+63°+1°(올림수)=83°이다. 83°를 도 열에 놓는다.

이 답은 계산기를 이용하여 다음과 같이 구할 수도 있다.

1. 19를 입력한다.	2. °'''를 누른다.
3. 51을 입력한다.	4. °'''를 누른다.
5. 47을 입력한다.	6. °'''를 누른다.
7. +를 누른다.	8. 63을 입력한다.
9. °'''를 누른다.	10. 27을 입력한다.
11. °'''를 누른다.	12. 34를 입력한다.
13. °'''를 누른다.	14. =를 누른다.

답= 83°19′21″

따라서 **19°51′47″+63°27′34″=83°19′21″**이다.

[문제 4] 39°27′을 십진법의 도로 변환하라.

$$39°27' = 39\frac{27°}{60}$$

$$\frac{27°}{60} = 0.45°$$

그러므로 $\mathbf{39°27' = 39\frac{27°}{60} = 39.45°}$이다.

이 답은 계산기를 이용하여 다음과 같이 구할 수도 있다.

1. 39를 입력한다.	2. °'''를 누른다.
3. 27을 입력한다.	4. °'''를 누른다.
5. =를 누른다.	6. °'''를 누른다.

답= 39.45°

[문제 5] 63°26′51″를 십진법의 도로 변환하라. 단, 답은 소수점 아래 3자리로 보정하라.

$$63°26'51'' = 63°26\frac{51'}{60} = 63°26.85'$$

$$63°26.85' = 63\frac{26.85°}{60} = 63.4475°$$

그러므로 소수점 아래 3자리로 보정한 답은 **63°26′51″=63.448°**이다.

이 답은 계산기를 이용하여 다음과 같이 구할 수도 있다.

1. 63을 입력한다. 2. °'''를 누른다.
3. 26을 입력한다. 4. °'''를 누른다.
5. 51을 입력한다. 6. °'''를 누른다.
7. =를 누른다. 8. °'''를 누른다.

답= 63.4475°

[문제 6] 53.753°를 도, 분, 초로 변환하라.

$$0.753° = 0.753 \times 60' = 45.18'$$

$$0.18' = 0.18 \times 60'' = 11''$$ 가장 근접한 초로 표현

그러므로 **53.753° = 53° 45′11″** 이다.

이 답은 계산기를 이용하여 다음과 같이 구할 수도 있다.

1. 53.753을 입력한다. 2. =를 누른다.
3. °'''를 누른다. **답= 53° 45′10.8″**

◆ **이제 다음 연습문제를 풀어보자.**

[연습문제 103] 각의 측정

1 52° 39′ + 29° 48′을 계산하라.

2 76° 31′ − 48° 37′을 계산하라.

3 77° 22′ + 41° 36′ − 67° 47′을 계산하라.

4 41° 37′16″ + 58° 29′36″를 계산하라.

5 54° 37′42″ − 38° 53′25″를 계산하라.

6 79° 26′19″ − 45° 58′56″ + 53° 21′38″를 계산하라.

7 72° 33′을 십진법의 도(°)로 변환하라.

8 27° 45′15″를 도(°)로 변환하라. 단, 답은 소수점 아래 3자리로 보정하라.

9 37.952°를 도(°)와 분(′)으로 변환하라.

10 58.381°를 도(°), 분(′), 초(″)로 변환하라.

각의 측정에 대한 몇 가지 문제를 더 살펴보자.

[문제 7] 다음 각에 대한 일반적인 이름을 말하라.

(a) 157° (b) 49°

(c) 90° (d) 245°

(a) 90°와 180° 사이의 각을 둔각이라 한다. 따라서 **157°는 둔각**이다.

(b) 0°와 90° 사이의 각을 예각이라 한다. 따라서 **49°는 예각**이다.

(c) **90°인 각을 직각**이라 한다.

(d) 180°보다 크고 360°보다 작은 각을 우각이라 한다. 따라서 **245°는 우각**이다.

[문제 8] 48° 39′에 대한 여각을 구하라.

두 각을 합하여 90°가 될 때, 이 두 각을 여각이라 한다. 그러므로 **48° 39′에 대한 여각은** 다음과 같다.

$$90° - 48° 39' = \mathbf{41° 21'}$$

[문제 9] 74° 25′에 대한 보각을 구하라.

두 각을 합하여 180°가 될 때, 이 두 각을 보각이라 한다. 그러므로 **74° 25′에 대한 보각은** 다음과 같다.

$$180° - 74° 25' = \mathbf{105° 35'}$$

[문제 10] [그림 21-3]에서 각 θ를 계산하라.

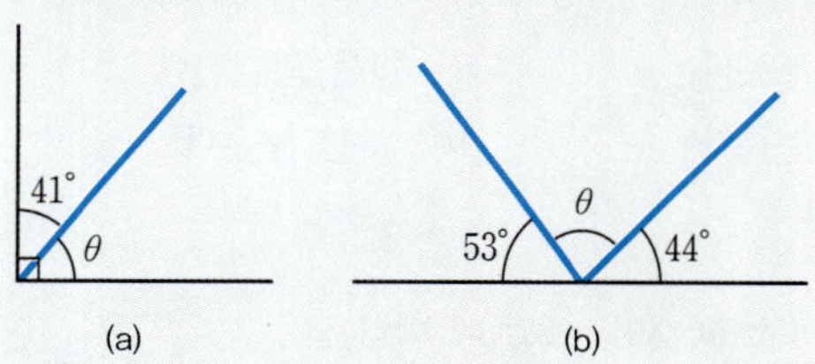

[그림 21-3]

(a) [그림 21-4]와 같은 기호를 직각이라 하고, 이것은 90°와 같다.

[그림 21-4]

그러므로 [그림 21-3(a)]로부터 다음과 같다.

$$\theta + 41° = 90°,\ 즉\ \boldsymbol{\theta} = 90° - 41° = \mathbf{49°}$$

(b) 180°인 각은 직선 위에 놓인다. 그러므로 [그림 21-3(b)]로부터 다음과 같다.

$$180° = 53° + \theta + 44°,\ 즉$$
$$\boldsymbol{\theta} = 180° - 53° - 44° = \mathbf{83°}$$

[문제 11] [그림 21-5]에서 각 θ를 계산하라.

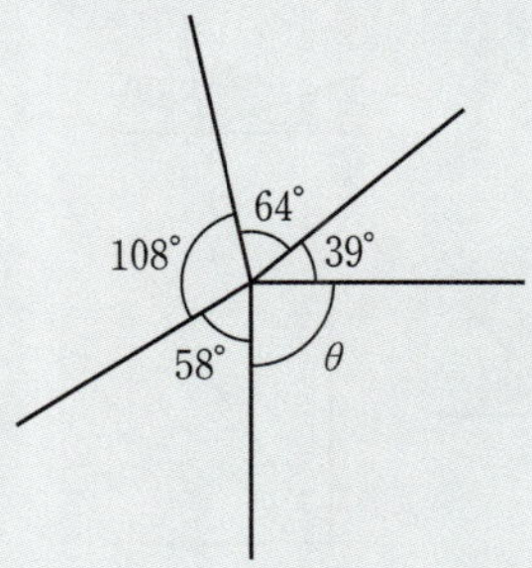

[그림 21-5]

원을 따라 완전히 회전하면 360°이다. 따라서 다음과 같다.

$$360° = 58° + 108° + 64° + 39° + \theta$$

즉 $\theta = 360° - 58° - 108° - 64° - 39° = \mathbf{91°}$이다.

[문제 12] 두 직선 AB와 CD가 O에서 교차한다. $\angle AOC$가 43°일 때, $\angle AOD$, $\angle DOB$, $\angle BOC$를 구하라.

[그림 21-6]에서, $\angle AOD$는 $\angle AOC$의 보각임을 알 수 있다. 그러므로 $\boldsymbol{\angle AOD} = 180° - 43° = \mathbf{137°}$이다.

두 직선이 교차할 때, 맞꼭지각은 동일하다. 그러므로 $\boldsymbol{\angle DOB} = \mathbf{43°}$, $\boldsymbol{\angle BOC} = \mathbf{137°}$이다.

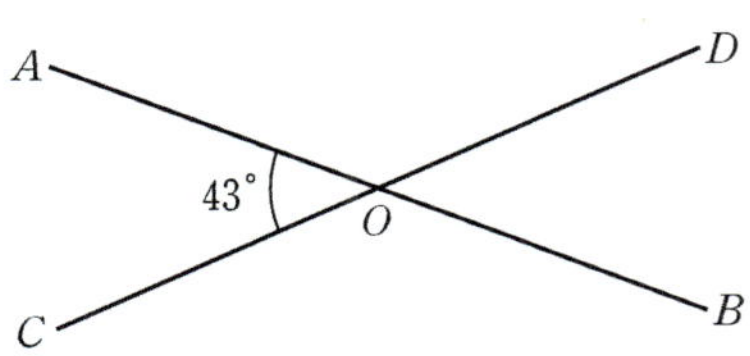

[그림 21-6]

[문제 13] [그림 21-7]에서 각 β를 구하라.

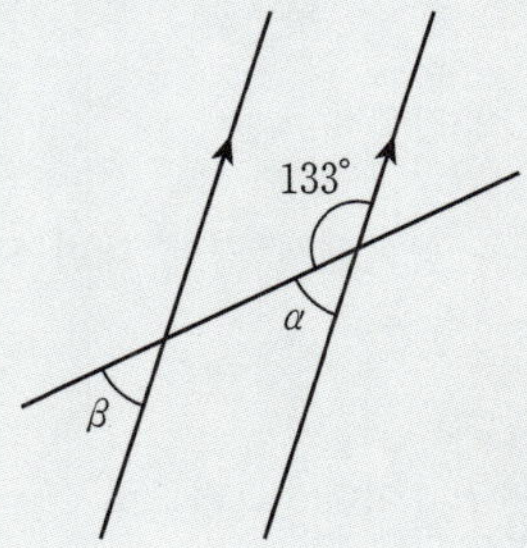

[그림 21-7]

$\alpha = 180° - 133° = 47°$ (즉 보각이다.)

$\alpha = \boldsymbol{\beta} = \mathbf{47°}$ (평행선 사이에서 대응하는 각이다.)

[문제 14] [그림 21-8]에서 각 θ를 구하라.

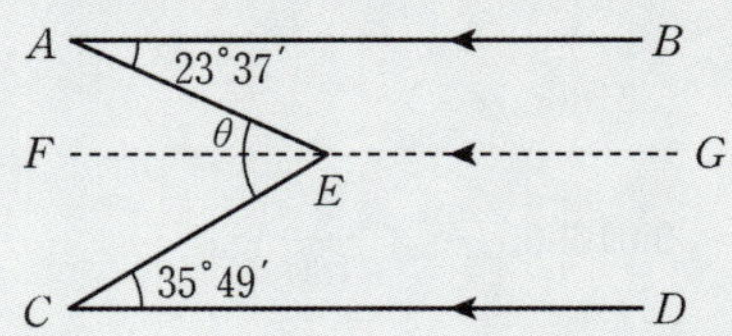

[그림 21-8]

E를 지나고 AB와 CD에 평행한 직선을 FG라고 하자. $\angle BAE = \angle AEF$ (평행선 AB와 FG 사이의 엇각), 그러므로 $\angle AEF = 23°37'$이다.

$\angle ECD = \angle FEC$ (평행선 FG와 CD 사이의 엇각), 그러므로 $\angle FEC = 35°49'$이다.

$$각\ \theta = \angle AEF + \angle FEC = 23°37' + 35°49'$$
$$= \mathbf{59°26'}$$

[문제 15] [그림 21-9]에서 각 c와 d를 구하라.

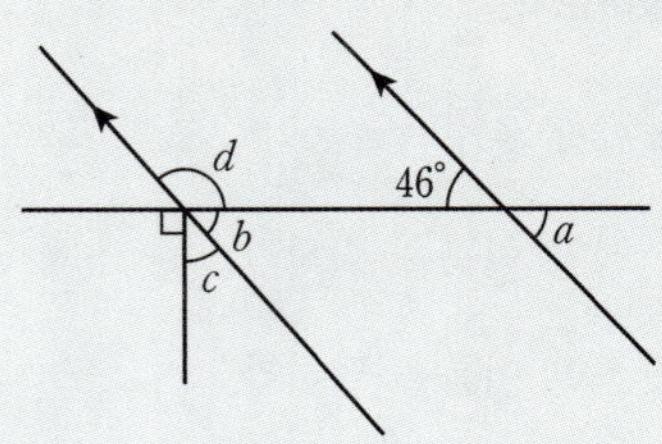

[그림 21-9]

$a = b = 46°$(평행선 사이의 동위각)이고, $b + c + 90° = 180°$(직선 위의 각)이다. 그러므로 $46° + c + 90° = 180°$이고, 따라서 $\mathbf{c = 44°}$이다. b와 d가 보각이므로 다음과 같다.

$$\boldsymbol{d} = 180° - 46° = \mathbf{134°}$$

다른 방법으로, $90° + c = d$(맞꼭지각)이다.

*[문제 16] 다음 각을 라디안으로 변환하여 소수점 아래 3자리로 보정하라.
(a) 73°　　　　　　　　(b) 25°37′

도 단위에 익숙하겠지만, 라디안은 공학에서 각에 대한 SI 측정 단위로 사용된다(1 rad ≈ 57.3°).

(a) $180° = \pi$ rad 이므로 $1° = \frac{\pi}{180}$ rad 이다. 그러므로

$$\mathbf{73°} = 73 \times \frac{\pi}{180}\text{ rad} = \mathbf{1.274\,rad}$$ 이다.

(b) $25°37' = 25\frac{37°}{60} = 25.616666\cdots$ 이다. 그러므로 다음과 같다.

$$\mathbf{25°37'} = 25.616666\cdots°$$
$$= 25.616666\cdots \times \frac{\pi}{180}\text{ rad}$$
$$= \mathbf{0.447\,rad}$$

*[문제 17] 0.743 rad 을 도, 분으로 변환하라.

$180° = \pi$ rad 이므로 $1\text{ rad} = \frac{180°}{\pi}$ 이다. 그러므로 다음과 같다.

$$\mathbf{0.743\,rad} = 0.743 \times \frac{180°}{\pi} = 42.57076\cdots°$$
$$= \mathbf{42°34'}$$

◆ **이제 다음 연습문제를 풀어보자.**

[연습문제 104] 각 측정에 대한 추가 문제

1 각 197°에 대한 일반적인 이름을 말하라.

2 각 136°에 대한 일반적인 이름을 말하라.

3 각 49°에 대한 일반적인 이름을 말하라.

4 각 90°에 대한 일반적인 이름을 말하라.

5 다음 각의 여각을 구하라.
(a) 69°　　(b) 27°37′　　(c) 41°3′43″

6 다음 각의 보각을 구하라.
(a) 78°　　(b) 15°　　(c) 169°41′11″

7 [그림 21-10]의 (a)~(i)에서 각 θ를 구하라.

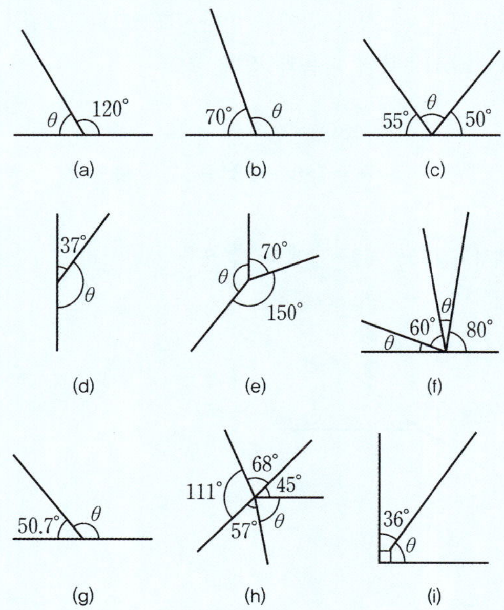

[그림 21-10]

8 [그림 21-11]에서, 직선 XY의 이름은 무엇인가? 다음 각각에 대한 예를 제시하라.

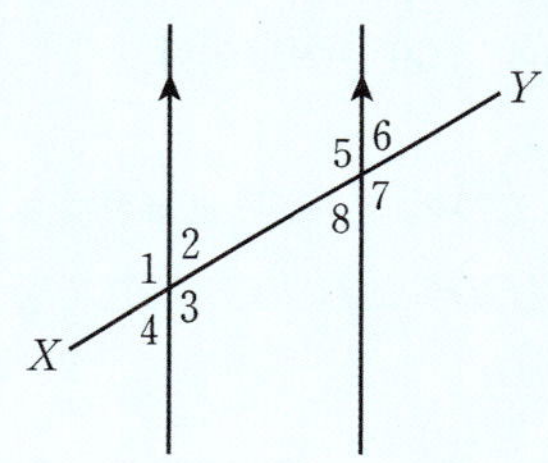

[그림 21-11]

(a) 맞꼭지각　　　　(b) 보각
(c) 동위각　　　　(d) 엇각

9 [그림 21-12]에서 각 α를 구하라.

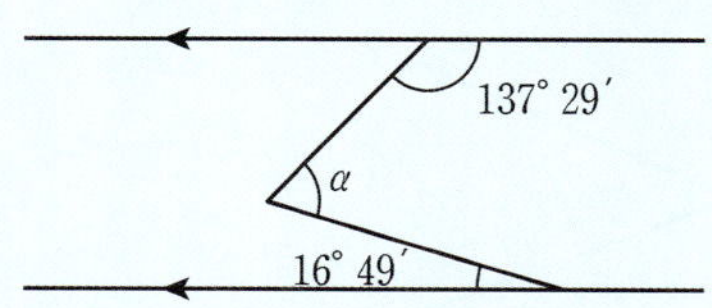

[그림 21-12]

10 [그림 21-13]에서 각 a, b, c를 구하라.

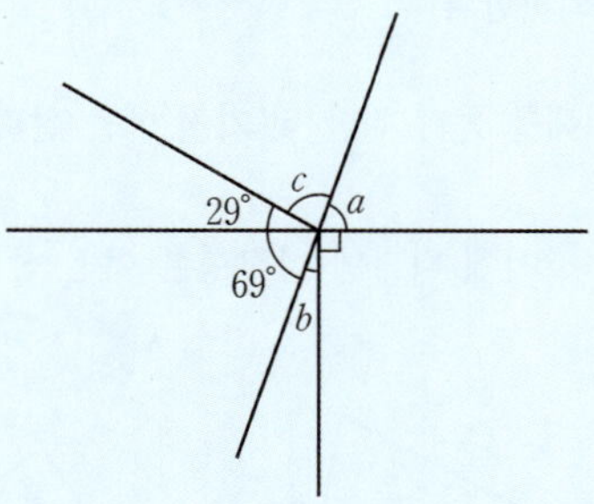

[그림 21-13]

11 [그림 21-14]에서 각 β를 구하라.

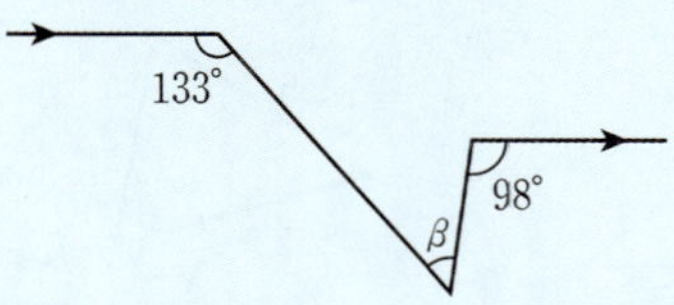

[그림 21-14]

***12** 76°를 라디안으로 변환하여 소수점 아래 3자리로 보정하라.

***13** 34°40′을 라디안으로 변환하여 소수점 아래 3자리로 보정하라.

***14** 0.714rad을 도, 분으로 변환하라.

21.3 삼각형

삼각형triangle은 세 직선으로 둘러싸인 도형이다. **삼각형의 세 각의 합은 180°이다.**

21.3.1 삼각형의 유형

예각삼각형acute-angled triangle은 모든 각이 예각인 삼각형이다. 즉 모든 각이 90°보다 작다. [그림 21-15(a)]의 삼각형 ABC는 예각삼각형이다. 직각삼각형right-angled triangle은 직각인 각을 포함하는 삼각형이다. 즉 어느 한 각이 90°이다. [그림 21-15(b)]의 삼각형 DEF는 직각삼각형이다.

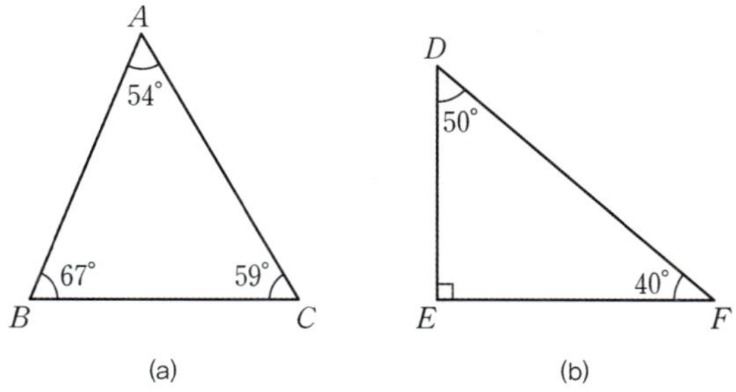

[그림 21-15]

둔각삼각형obtuse-angled triangle은 둔각을 포함하는 삼각형이다. 즉 어느 한 각이 90°보다 크고 180°보다 작다. [그림 21-16(a)]의 삼각형 PQR은 둔각삼각형이다. 정삼각형equilateral triangle은 모든 변의 길이와 각이 같은 삼각형이다. 즉 모든 각이 60°이다. [그림 21-16(b)]의 삼각형 ABC는 정삼각형이다.

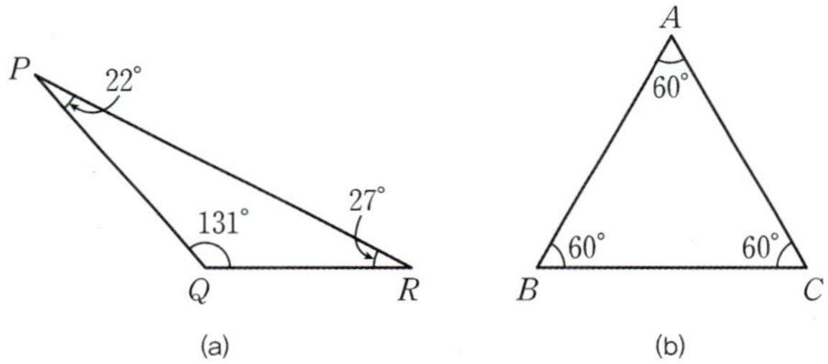

[그림 21-16]

이등변삼각형isosceles triangle은 두 각과 두 변이 같은 삼각형이다. [그림 21-17(a)]의 삼각형 EFG는 이등변삼각형이다. 부등변삼각형scalene triangle은 서로 같지 않은 각을 가진 삼각형이다. 따라서 변의 길이가 모두 다르다. [그림 21-17(b)]의 삼각형 ABC는 부등변삼각형이다.

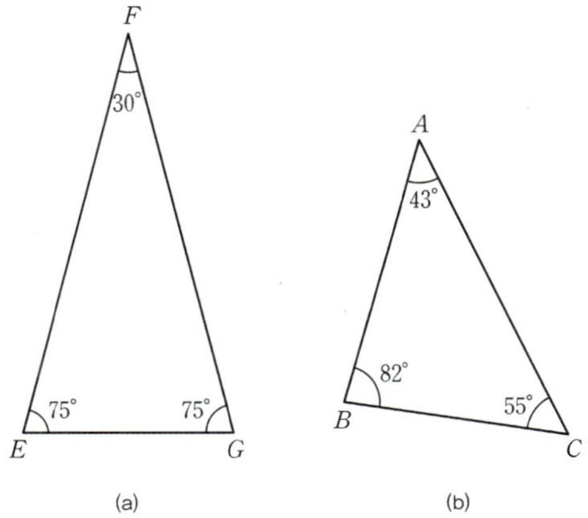

[그림 21-17]

[그림 21-18]과 관련하여 다음 정의를 살펴보자.

- 각 A, B, C를 삼각형의 내각interior angles이라 한다.
- 두 내대각의 합과 같은 각 θ, 즉 $\theta = A + C$를 삼각형의 외각exterior angle이라 한다.
- $a+b+c$를 삼각형의 둘레perimeter라 한다.

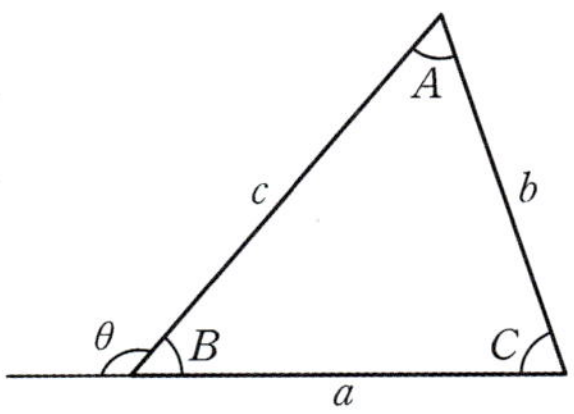

[그림 21-18]

[그림 21-19]는 직각삼각형 ABC를 나타낸다. 두 선분이 만난 점을 꼭짓점vertex이라 하며, 이 삼각형의 세 꼭짓점은 각각 A, B, C이다. 직각은 각 C이며, 직각의 반대쪽에 있는 변(대변)을 빗변hypotenuse이라고 한다. [그림 21-19]에서 빗변은 변 AB이며, 빗변은 항상 직각삼각형에서 가장 긴 변이 된다. 각 B에 대해, 변 AC는 대변opposite side, 변 BC는 이웃변adjacent side이 된다. 각 A에 대해, 변 BC는 대변, 변 AC는 이웃변이다.

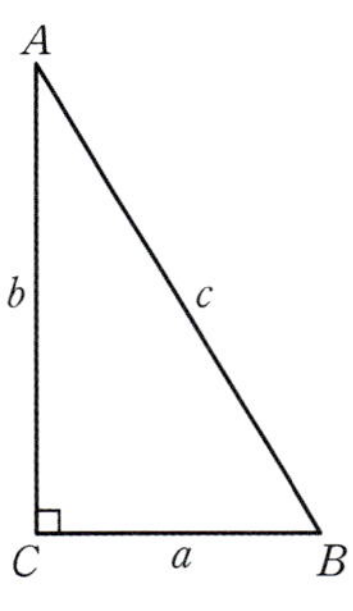

[그림 21-19]

삼각형의 변은 종종 소문자를 사용하는데, 각 A의 대변을 a, 각 B의 대변을 b, 각 C의 대변을 c로 나타낸다. 따라서 삼각형 ABC에서 각 변의 길이는 $AB=c$, $BC=a$, $AC=b$이다. 따라서 c는 직각삼각형 ABC에서 빗변의 길이이다.

각을 나타내는 기호로 종종 $\angle$을 사용한다. 예를 들어, 앞의 삼각형 ABC에서 $\angle C=90°$이다. 각을 나타내는 또 다른 방법으로 세 문자를 모두 사용하는 방법이 있다. 예를 들어, $\angle ABC$는 실제로 $\angle B$를 의미한다. 즉 가운데 문자를 각의 기호로 사용한다. 마찬가지로, $\angle BAC$는 $\angle A$를, $\angle ACB$는 $\angle C$를 의미한다.

각에 대한 더 많은 이해를 돕기 위한 몇 가지 예를 살펴보자.

[문제 18] [그림 21-20]에 나타낸 삼각형은 어떤 삼각형인지 말하라.

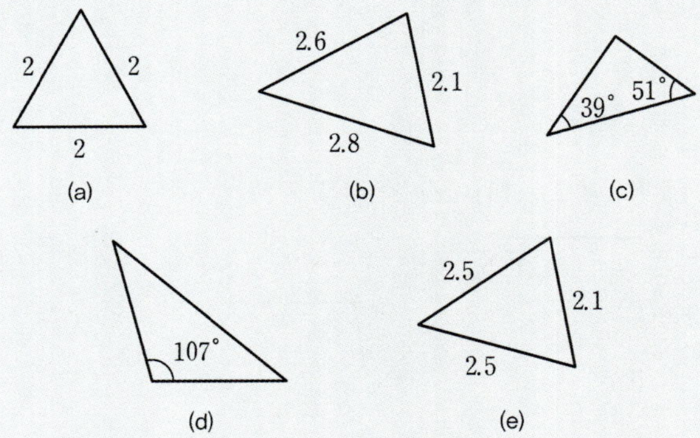

[그림 21-20]

(a) **정삼각형** (세 변의 길이가 모두 같으므로)
(b) **예각인 부등변삼각형** (모든 각이 90°보다 작으므로)
(c) **직각삼각형** ($39° + 51° = 90°$이고 삼각형의 내각의 합이 180°이므로 나머지 각은 90°이어야 한다.)
(d) **둔각인 부등변삼각형** (각 중의 어느 하나가 90°와 180° 사이에 놓이므로)
(e) **이등변삼각형** (두 변의 길이가 같으므로)

[문제 19] [그림 21-21]의 삼각형 ABC에서, 각 θ에 대한 이웃변은 무엇인가?

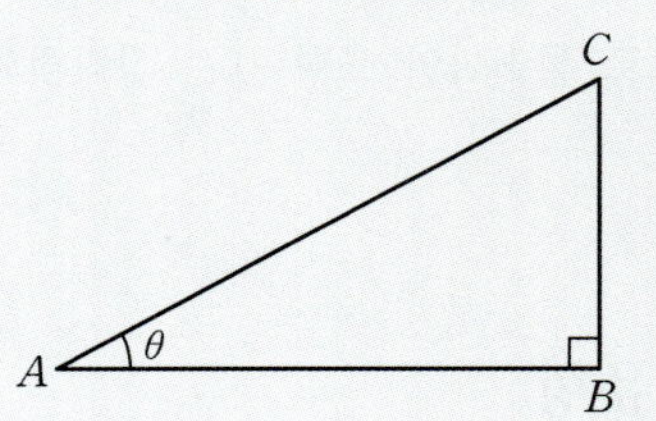

[그림 21-21]

삼각형은 직각삼각형이다. 따라서 변 AC는 빗변이다. 각 θ에 대해, 대변은 BC이고 나머지 **변 AB는 이웃변**이다.

[문제 20] [그림 21-22]의 삼각형에서 각 θ를 구하라.

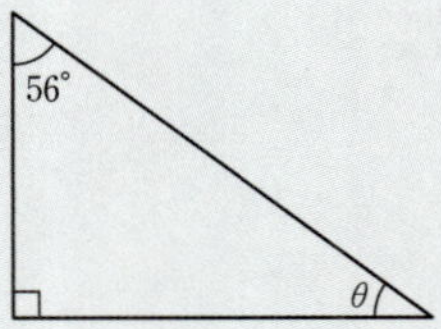

[그림 21-22]

삼각형의 세 각의 합은 180°이고, 이 삼각형은 직각삼각형이다. 그러므로 다음이 성립한다.

$$90° + 56° + \angle\theta = 180°$$

이 식으로부터, $\angle\boldsymbol{\theta} = 180° - 90° - 56° = \mathbf{34°}$이다.

[문제 21] [그림 21-23]에서 θ와 α를 구하라.

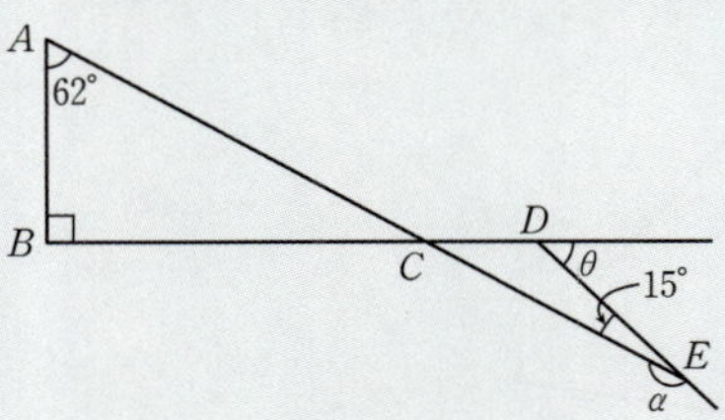

[그림 21-23]

삼각형 ABC에서, $\angle A + \angle B + \angle C = 180°$(삼각형의 각을 더하면 180°)이다. 그러므로 $\angle C = 180° - 90° - 62° = 28°$이다. 따라서 다음과 같다.

$$\angle DCE = 28° \qquad \text{(맞꼭지각)}$$
$$\theta = \angle DCE + \angle DEC$$

(삼각형의 외각은 두 내대각의 합과 같다.)

그러므로 $\angle\boldsymbol{\theta} = 28° + 15° = \mathbf{43°}$이다.

$\angle\alpha$와 $\angle DEC$는 서로 보각이다. 따라서
$\boldsymbol{\alpha} = 180° - 15° = \mathbf{165°}$이다.

[문제 22] ABC는 $\angle BAC$가 56°이고, $\angle ABC = \angle ACB$인 이등변삼각형이다. [그림 21-24]와 같이 변 AB를 점 D까지 연장한다. 삼각형에서 $\angle ABC$와 $\angle ACB$를 구하라. 또한 $\angle DBC$를 구하라.

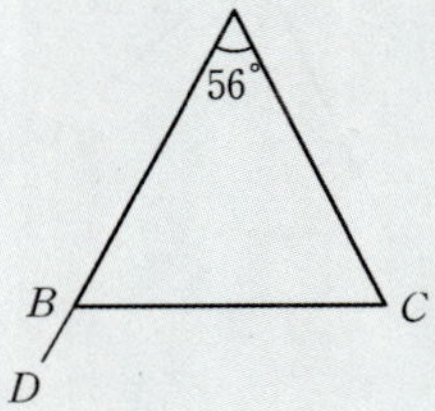

[그림 21-24]

삼각형 ABC가 이등변삼각형이므로 두 변, 즉 변 AB와 변 AC의 길이가 같다. 또한 두 각, 즉 $\angle ABC$와 $\angle ACB$가 같다.

삼각형의 세 각의 합이 180°이므로
$\angle ABC + \angle ACB = 180° - 56° = 124°$이다.

$\angle ABC = \angle ACB$이므로 다음과 같다.

$$\angle \boldsymbol{ABC} = \angle \boldsymbol{ACB} = \frac{124°}{2} = \mathbf{62°}$$

180°인 각은 직선 위에 놓이므로 $\angle ABC + \angle DBC = 180°$이고, 따라서 다음과 같다.

$$\angle \boldsymbol{DBC} = 180° - \angle ABC = 180° - 62° = \mathbf{118°}$$

다른 방법으로, $\angle DBC = \angle A + \angle C$(외각은 두 내대각의 합과 같다), 즉 다음과 같다.

$$\angle \boldsymbol{DBC} = 56° + 62° = \mathbf{118°}$$

[문제 23] [그림 21-25]에서 각 a, b, c, d, e를 구하라.

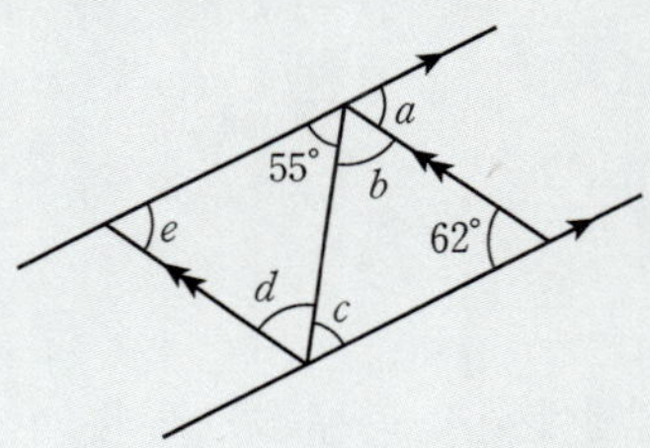

[그림 21-25]

$$\boldsymbol{a} = \mathbf{62°},\ \boldsymbol{c} = \mathbf{55°} \qquad \text{(평행선 사이의 엇각)}$$

$55° + b + 62° = 180°$(삼각형의 세 각의 합은 180°)이므로
$\boldsymbol{b} = 180° - 55° - 62° = \mathbf{63°}$이고 $b = \boldsymbol{d} = \mathbf{63°}$(평행선 사이의 엇각)이다.

$e + 55° + 63° = 180°$(삼각형의 세 각의 합은 180°)이므로
$\boldsymbol{e} = 180° - 55° - 63° = \mathbf{62°}$이다.

Check $e = a = 62°$ (평행선 사이의 동위각)

◆ **이제 다음 연습문제를 풀어보자.**

[연습문제 105] 삼각형

1 [그림 21-26]에 나타낸 삼각형은 어떤 삼각형인지 말하라.

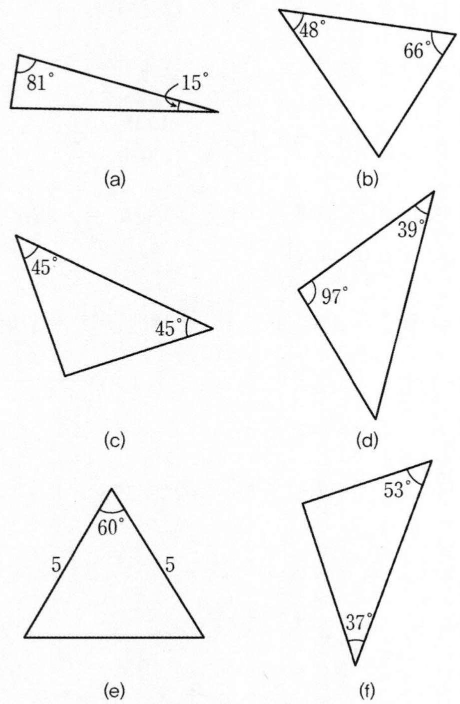

[그림 21-26]

2 [그림 21-27]의 삼각형에서 각 $a \sim f$를 구하라.

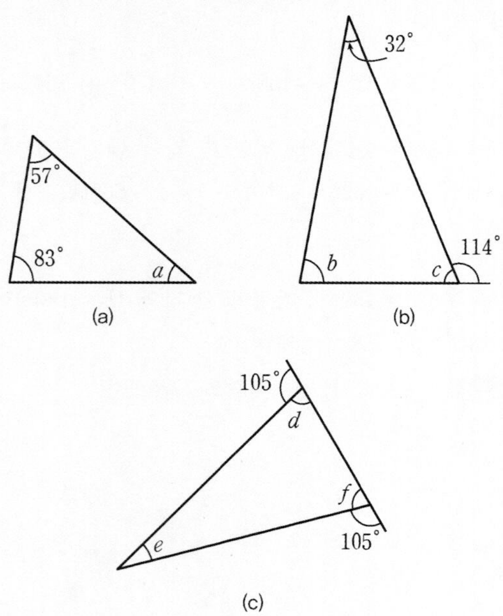

[그림 21-27]

3 [그림 21-28]의 삼각형 DEF에서 빗변은 무엇인가? 또한 각 D에 대해 이웃변은 무엇인가?

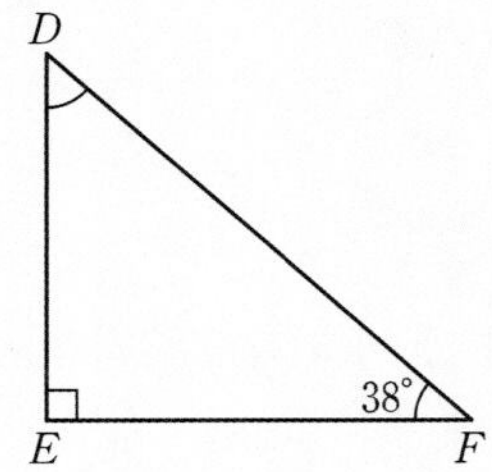

[그림 21-28]

4 [그림 21-28]의 삼각형 DEF에서 각 D를 구하라.

5 [그림 21-29]와 같이 삼각형 MNO는 $\angle MON$이 $65°$이고, $\angle OMN = \angle ONM$인 이등변삼각형이다. 각 θ를 구하라.

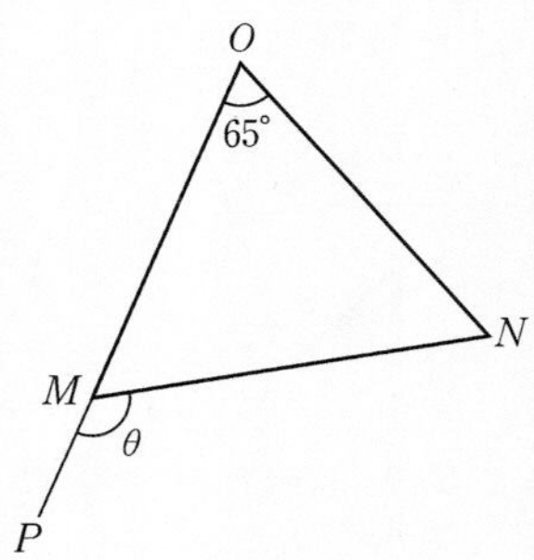

[그림 21-29]

6 [그림 21-30]에서 $\angle \phi$와 $\angle x$를 구하라.

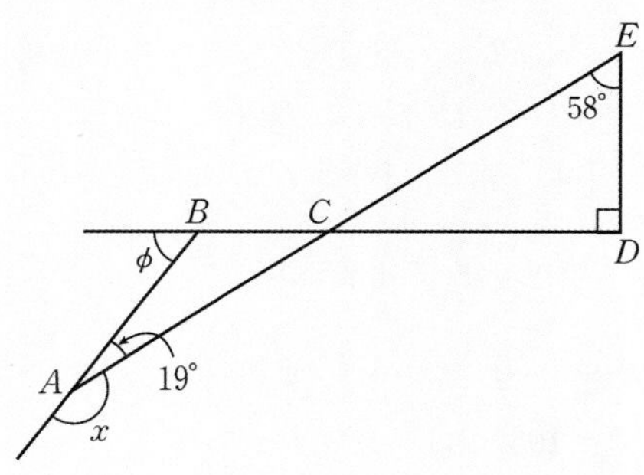

[그림 21-30]

7 [그림 21-31]의 (a)와 (b)에서 각 w, x, y, z를 구하라. (a)와 (b)의 삼각형은 어떤 삼각형인가?

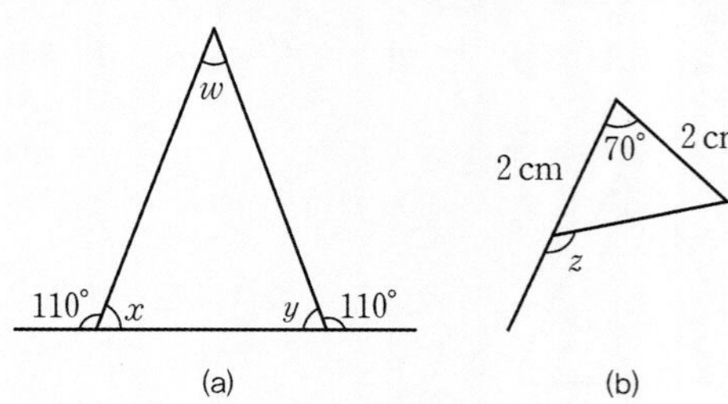

[그림 21-31]

8 [그림 21-32]의 (a)와 (b)에서 각 $a \sim g$를 구하라.

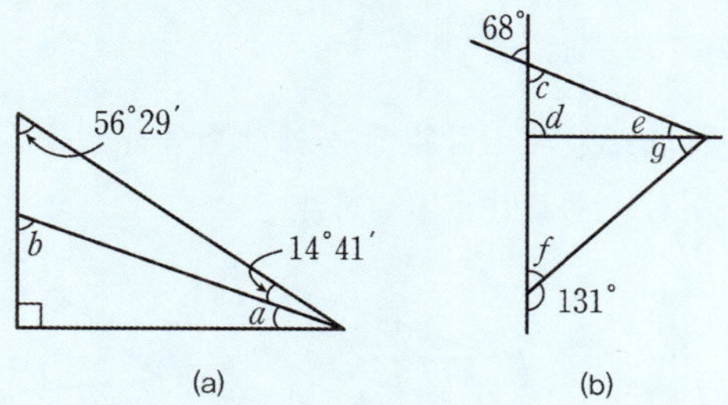

[그림 21-32]

9 [그림 21-33]에서 미지의 각 $a \sim k$를 구하라.

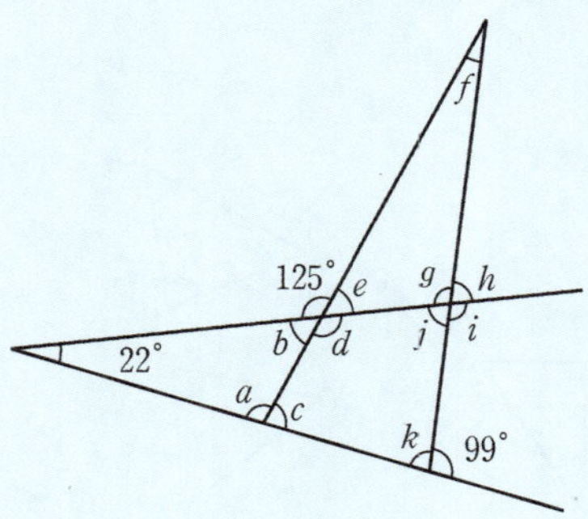

[그림 21-33]

10 삼각형 ABC는 B에서 직각이고, $\angle BAC = 34°$이다. 변 BC는 점 D까지 연장된다. $\angle ABC$와 $\angle ACD$의 이등분선이 점 E에서 만날 때, $\angle BEC$를 구하라.

11 [그림 21-34]에서 삼각형 BCD가 정삼각형일 때, 삼각형 ABE의 내각들을 구하라.

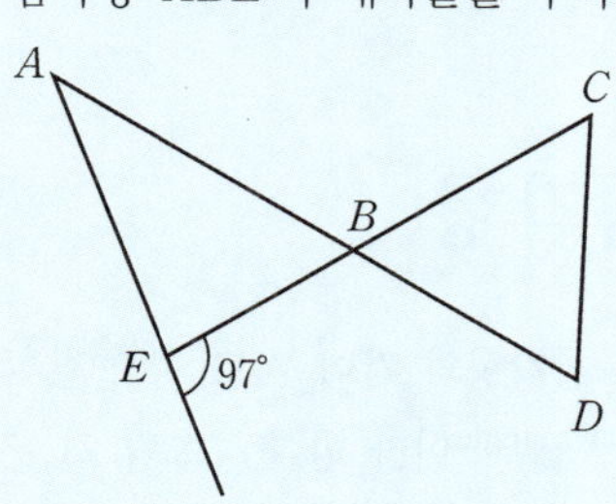

[그림 21-34]

21.4 합동 삼각형

두 삼각형이 모든 면에서 같다면, 이 두 삼각형을 합동congruent이라 한다. 즉 한 삼각형의 세 각과 세 변의 길이가 다른 삼각형의 세 각과 세 변의 길이와 일치하면, 두 삼각형은 합동이다.

두 삼각형이 다음 조건을 만족한다면 두 삼각형은 합동이다.

1. 한 삼각형의 세 변의 길이가 다른 삼각형의 세 변의 길이와 일치한다(SSS).
2. 한 삼각형의 두 변의 길이가 다른 삼각형의 두 변의 길이와 같고, 이들 변에 의해 끼인각이 서로 같다(SAS).
3. 한 삼각형의 두 각이 다른 삼각형의 두 각과 같고, 첫 번째 삼각형의 임의의 변의 길이가 다른 삼각형의 대응하는 변의 길이와 같다(ASA).
4. 두 삼각형의 빗변의 길이가 같고, 한 삼각형의 다른 변의 길이가 다른 삼각형의 대응하는 변의 길이와 같다(RHS).

[문제 24] [그림 21-35]의 삼각형 쌍 중에서 합동인 것을 고르고, 어떤 합동조건인지 말하라.

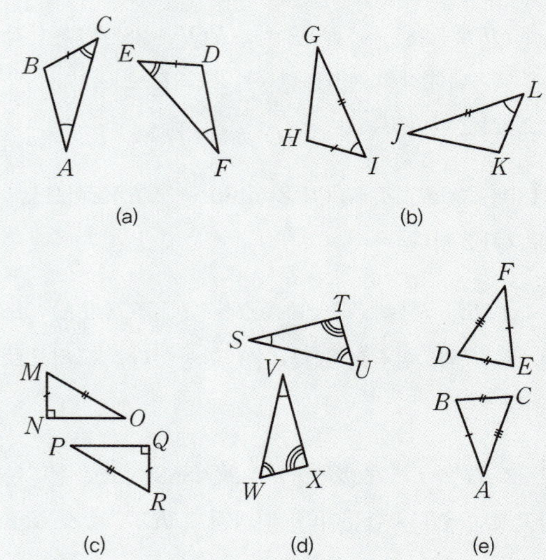

[그림 21-35]

(a) 삼각형 ABC와 삼각형 FDE가 합동[1]
(각, 변, 각 : ASA)

(b) 삼각형 GIH와 삼각형 JLK가 합동
(변, 각, 변 : SAS)

(c) 삼각형 MNO와 삼각형 RQP가 합동
(직각, 빗변, 변 : RHS)

---

1 합동인 도형을 표현할 때는, 관습적으로 대응되는 각의 순서가 일치하도록 이름을 붙인다.

(d) 반드시 합동은 아니다. 어떤 변도 서로 일치하는지 여부를 알 수 없다.

(e) 삼각형 ABC와 삼각형 FED가 합동
(변, 변, 변 : SSS)

[문제 25] [그림 21-36]에서, 삼각형 PQR은 변 PQ의 중점 Z를 가지는 이등변삼각형이다. 삼각형 PXZ와 삼각형 QYZ가 합동이고, 삼각형 RXZ와 삼각형 RYZ가 합동임을 증명하라. 또한 각 RPZ와 각 RXZ의 값을 구하라.

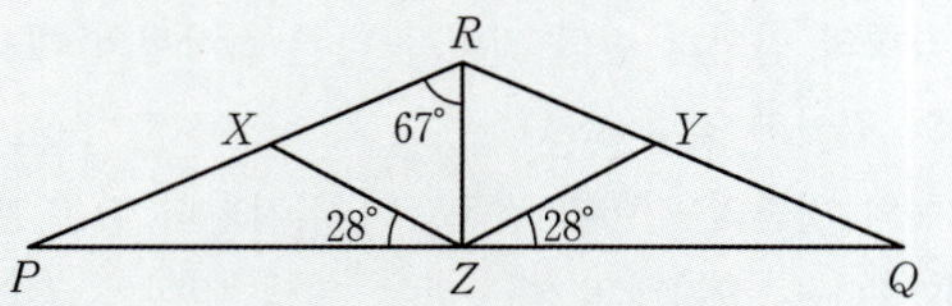

[그림 21-36]

삼각형 PQR이 이등변삼각형이므로 $PR=RQ$이고 따라서 $\angle QPR=\angle RQP$이다.

$\angle RXZ=\angle QPR+28°$, $\angle RYZ=\angle RQP+28°$이다(삼각형의 외각은 두 내대각의 합과 같음). 그러므로 $\angle RXZ=\angle RYZ$이다.

$\angle PXZ=180°-\angle RXZ$, $\angle QYZ=180°-\angle RYZ$이므로 $\angle PXZ=\angle QYZ$이다.

$\angle XPZ=\angle YQZ$, $PZ=ZQ$, $\angle XZP=\angle YZQ$(ASA)이므로 삼각형 PXZ와 삼각형 QYZ는 합동이다. 그러므로 $XZ=YZ$이다.

$PR=RQ$, $\angle RPZ=\angle RQZ$, $PZ=ZQ$(SAS)이므로 삼각형 PRZ와 삼각형 QRZ는 합동이다. 따라서 $\angle RZX=\angle RZY$이다.

$\angle RXZ=\angle RYZ$, $XZ=YZ$, $\angle RZX=\angle RZY$(ASA)이므로 삼각형 RXZ와 삼각형 RYZ는 합동이다.

$\angle QRZ=67°$이고, 따라서 $\angle PRQ=67°+67°=134°$이다. 그러므로 다음과 같다.

$$\angle \boldsymbol{RPZ}=\angle RQZ=\frac{180°-134°}{2}=\mathbf{23°}$$

$$\angle \boldsymbol{RXZ}=23°+28°=\mathbf{51°}$$

(삼각형의 외각은 두 내대각의 합과 같다.)

◆ **이제 다음 연습문제를 풀어보자.**

[연습문제 106] 합동 삼각형

1 [그림 21-37]의 삼각형 쌍 중에서 합동인 것을 고르고, 어떤 합동조건인지 말하라.

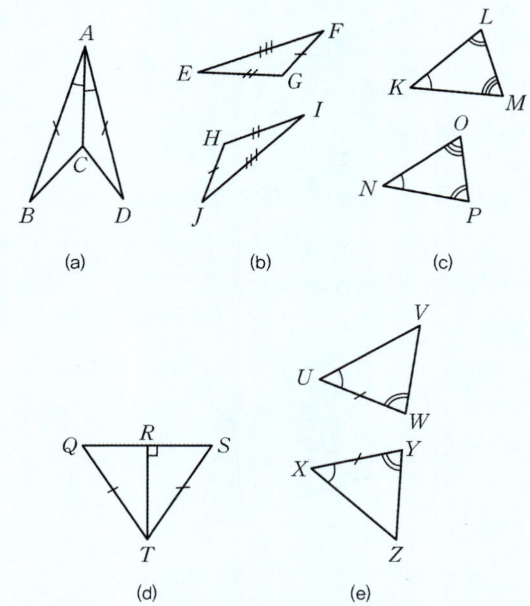

[그림 21-37]

2 삼각형 ABC에서, $AB=BC$이고 $AD=CE$를 만족하는 점 D와 점 E는 각각 변 AB와 변 BC 위의 점이다. 삼각형 AEB와 삼각형 CDB가 합동임을 보여라.

21.5 닮은 삼각형

한 삼각형의 각과 다른 삼각형의 각이 서로 같으면, 두 삼각형을 닮은 삼각형similar triangle이라 한다. [그림 21-38]에서, 삼각형 ABC와 삼각형 PQR은 닮은 삼각형이고, 대응하는 변이 서로 비례한다. 즉, 다음이 성립한다.

$$\frac{p}{a}=\frac{q}{b}=\frac{r}{c}$$

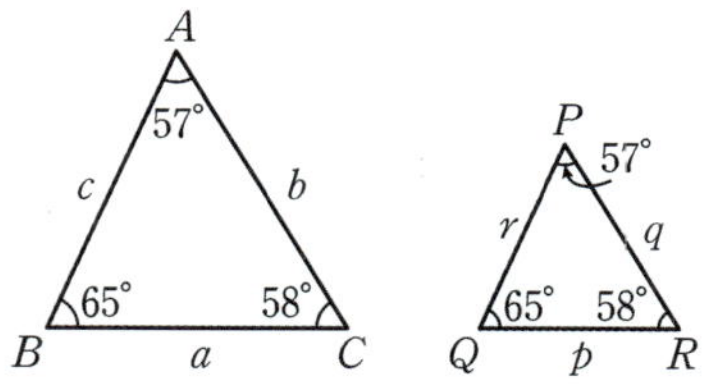

[그림 21-38]

[문제 26] [그림 21-39]에서 변 a의 길이를 구하라.

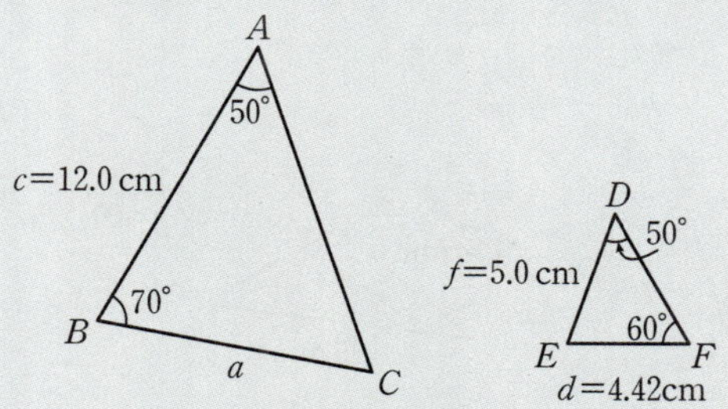

[그림 21-39]

삼각형 ABC에서, $50° + 70° + \angle C = 180°$이므로 $\angle C = 60°$이다.

삼각형 DEF에서, $\angle E = 180° - 50° - 60° = 70°$이다. 그러므로 삼각형 ABC와 삼각형 DEF의 각이 동일하며, 따라서 두 삼각형은 닮은 삼각형이다. 대응하는 변이 비례하므로 다음과 같이 나타낼 수 있다.

$$\frac{a}{d} = \frac{c}{f}, \text{ 즉 } \frac{a}{4.42} = \frac{12.0}{5.0}$$

그러므로 변 a의 길이는 $\boldsymbol{a} = \frac{12.0}{5.0}(4.42) = \mathbf{10.61\,cm}$이다.

[문제 27] [그림 21-40]에서, r과 p의 치수를 구하라.

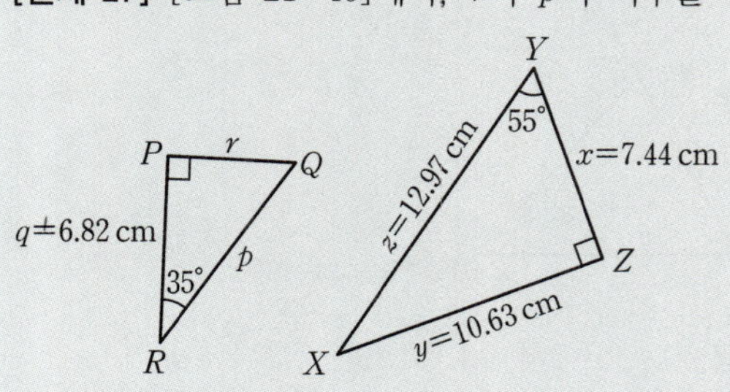

[그림 21-40]

삼각형 PQR에서, $\angle Q = 180° - 90° - 35° = 55°$이다.
삼각형 XYZ에서, $\angle X = 180° - 90° - 55° = 35°$이다.

그러므로 삼각형 PQR과 삼각형 ZYX의 세 각이 같고, 따라서 두 삼각형은 닮은 삼각형이다. 이 삼각형들을 [그림 21-41]과 같이 다시 그린다.

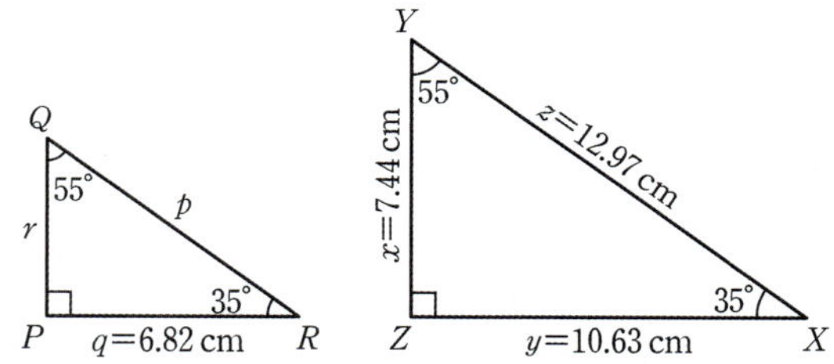

[그림 21-41]

비례식 $\frac{p}{z} = \frac{r}{x} = \frac{q}{y}$, 즉 $\frac{p}{12.97} = \frac{r}{7.44} = \frac{6.82}{10.63}$로부터 r을 구할 수 있다.

$$\boldsymbol{r} = 7.44\left(\frac{6.82}{10.63}\right) = \mathbf{4.77\,cm}$$

비례식 $\frac{p}{z} = \frac{q}{y}$, 즉 $\frac{p}{12.97} = \frac{6.82}{10.63}$로부터 p를 구할 수 있다.

$$\boldsymbol{p} = 12.97\left(\frac{6.82}{10.63}\right) = \mathbf{8.32\,cm}$$

[문제 28] [그림 21-42]에서, 삼각형 CBD와 삼각형 CAE가 닮은 삼각형임을 보이고, 변 CD와 변 BD의 길이를 구하라.

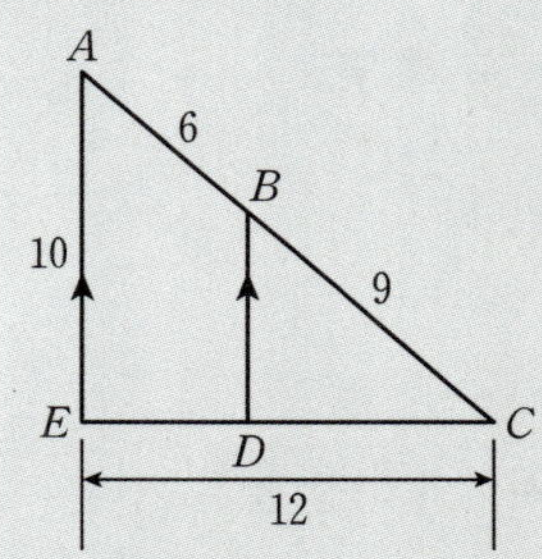

[그림 21-42]

변 BD가 변 AE와 평행하므로 $\angle CBD = \angle CAE$, $\angle CDB = \angle CEA$ (평행선 사이의 동위각)이다. 또한 $\angle C$는 두 삼각형 CBD와 CAE의 공통인 각이다.

삼각형 CBD 안의 각이 삼각형 CAE 안의 각과 동일하므로 두 삼각형은 닮은 삼각형이다. 그러므로 다음 비례식이 성립한다.

$$\frac{CB}{CA} = \frac{CD}{CE}\left(= \frac{BD}{AE}\right), \text{ 즉 } \frac{9}{6+9} = \frac{CD}{12}$$

이로부터 다음과 같이 구할 수 있다.

$$CD = 12\left(\frac{9}{15}\right) = 7.2\,\text{cm}$$

또한 $\frac{9}{15} = \frac{BD}{10}$이므로 $BD = 10\left(\frac{9}{15}\right) = 6\,\text{cm}$이다.

***[문제 29]** 직사각형의 헛간은 너비가 2m, 높이가 3m이며, 높이 5.5m인 집과 평행하게 세워져 있다. 헛간에서 집의 지붕으로 연결되는 사다리가 걸쳐져 있다. 사다리의 밑동과 헛간 사이의 가장 짧은 거리를 구하라.

측면 모습을 나타내면 [그림 21-43]과 같다. 여기서 변 AF가 사다리의 최소 길이이다. 변 BD와 변 CF가 평행하므로 $\angle ADB = \angle DFE$(평행선의 동위각)이다. 그러므로 삼각형 BAD와 삼각형 EDF의 각이 동일하고, 따라서 두 삼각형은 닮은 삼각형이다.

$$AB = AC - BC = AC - DE$$
$$= 5.5 - 3 = 2.5\,\text{m}$$

따라서 다음 비례식이 성립한다.

$$\frac{AB}{DE} = \frac{BD}{EF},\ \text{즉}\ \frac{2.5}{3} = \frac{2}{EF}$$

그러므로 다음과 같이 구할 수 있다.

$$EF = 2\left(\frac{3}{2.5}\right) = 2.4\text{m}$$

=사다리의 밑동과 헛간 사이의 가장 짧은 거리

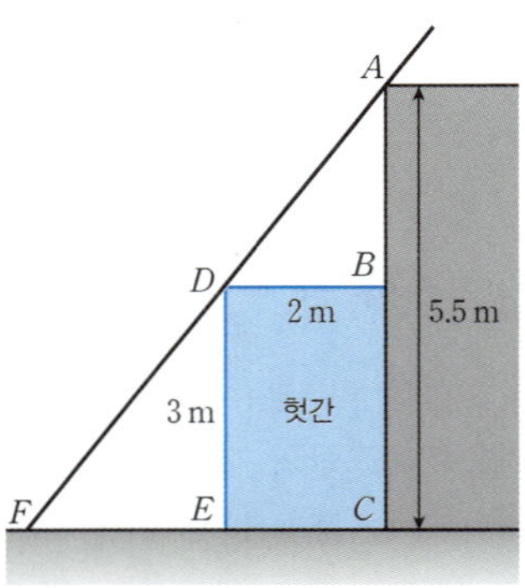

[그림 21-43]

◆ **이제 다음 연습문제를 풀어보자.**

[연습문제 107] 닮은 삼각형

1 [그림 21-44]에서, x와 y의 길이를 구하라.

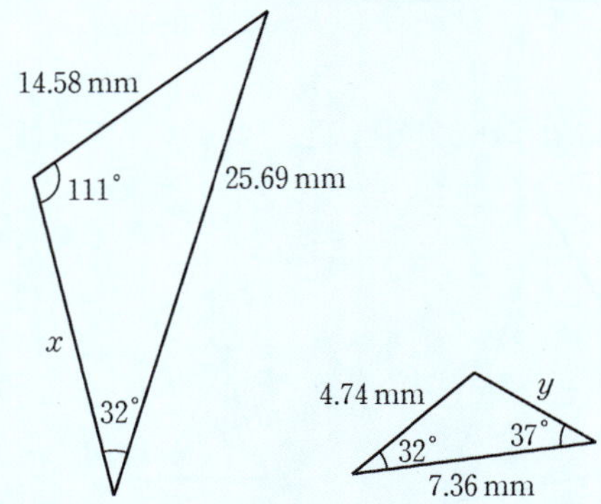

[그림 21-44]

2 삼각형 PQR은 한 변의 길이가 4cm인 정삼각형이다. 변 PQ와 변 PR이 각각 점 S와 점 T까지 연장되고, 변 ST는 변 QR과 평행하다. 변 PS가 9cm일 때, 변 ST의 길이를 구하라. 점 X가 점 S와 점 T 사이에서 변 ST 위의 점으로 변 PX는 $\angle SPT$의 이등분선일 때, 변 PX의 길이를 구하라.

3 [그림 21-45]에서, 다음을 구하라.

(a) $AB = 6\,\text{cm}$, $DE = 8\,\text{cm}$, $DC = 3\,\text{cm}$일 때, 변 BC의 길이

(b) $EC = 2\,\text{cm}$, $AC = 5\,\text{cm}$, $AB = 10\,\text{cm}$일 때, 변 DE의 길이

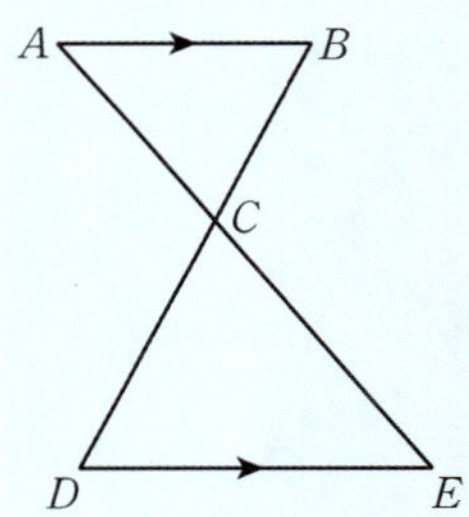

[그림 21-45]

4 [그림 21-46]에서, $AF = 8\,\text{m}$, $AB = 5\,\text{m}$, $BC = 3\,\text{m}$이다. 변 BD의 길이를 구하라.

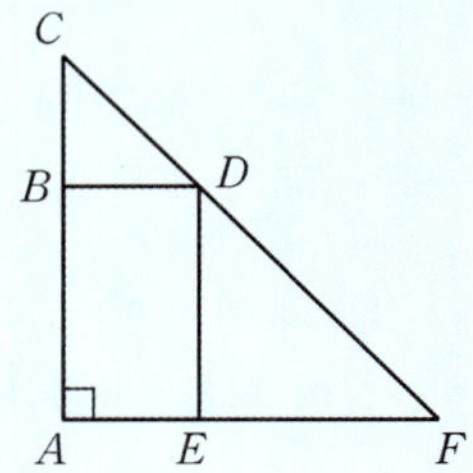

[그림 21-46]

21.6 삼각형의 작도

임의의 삼각형을 작도하기 위해서는 다음과 같은 제도용 도구가 필요하다.

- 자, 직선자
- 컴퍼스
- 각도기
- 연필

몇 가지 예를 통해 삼각형을 작도하는 법을 살펴보자.

[문제 30] 변의 길이가 6 cm, 5 cm, 3 cm인 삼각형을 작도하라.

다음 순서로 [그림 21–47]과 같은 삼각형을 작도한다.

❶ 임의의 직선을 긋고, 그 위에 점 A를 잡는다. 컴퍼스로 점 A로부터 길이 6 cm인 지점을 표시하고 점 B라 한다.
❷ 점 A를 중심으로 길이 5 cm인 호 DE를 컴퍼스로 그린다.
❸ 점 B를 중심으로 길이 3 cm인 호 FG를 컴퍼스로 그린다.
❹ 두 곡선의 교점인 점 C가 구하고자 하는 삼각형의 꼭짓점이다. 이제 AC와 BC를 직선으로 잇는다.

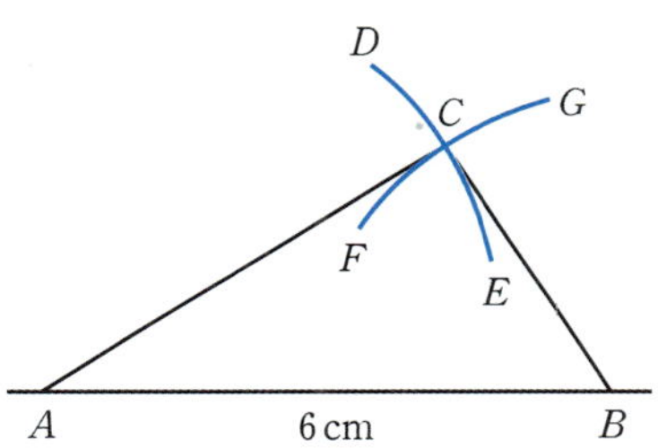

[그림 21–47]

[문제 31] $a=6\,\text{cm}$, $b=3\,\text{cm}$, $\angle C=60°$인 삼각형 ABC를 작도하라.

다음 순서로 [그림 21–48]과 같은 삼각형을 작도한다.

❶ 6 cm 길이의 직선 BC를 그린다.
❷ 각도기를 이용하여, 점 C를 중심으로 직선 BC와 이루는 각이 60°가 되도록 만든다.
❸ 점 C로부터 길이 3 cm인 위치를 표시한 후, 점 A라 이름을 붙인다.
❹ 점 B와 점 A를 직선으로 잇는다.

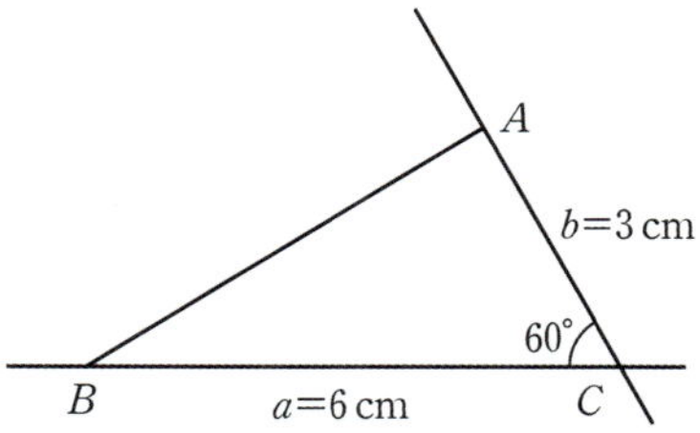

[그림 21–48]

[문제 32] $QR=5\,\text{cm}$, $\angle Q=70°$, $\angle R=44°$인 삼각형 PQR을 작도하라.

다음 순서로 [그림 21–49]와 같은 삼각형을 작도한다.

❶ 5 cm 길이의 직선을 그리고 변 QR이라 한다.
❷ 각도기를 이용하여 점 Q를 중심으로 각 70°를 만들고 직선 QQ'을 그린다.
❸ 각도기를 이용하여 점 R을 중심으로 각 44°를 만들고 직선 RR'을 그린다.
❹ 직선 QQ'과 직선 RR'의 교점은 삼각형의 꼭짓점 P가 된다.

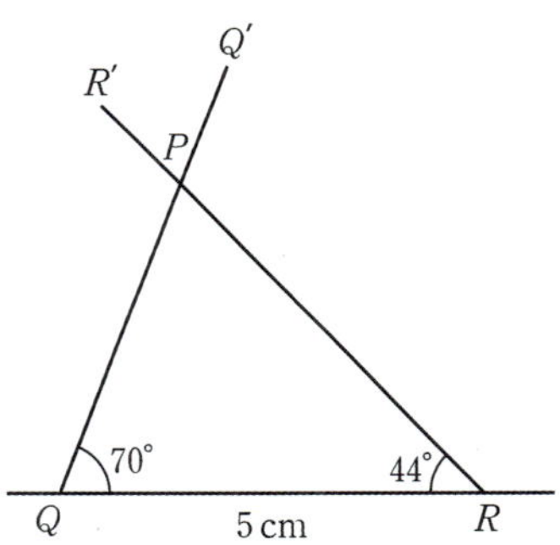

[그림 21–49]

[문제 33] $XY=5\,\text{cm}$, 빗변 $YZ=6.5\,\text{cm}$, $\angle X=90°$인 삼각형 XYZ를 작도하라.

다음 순서로 [그림 21–50]과 같은 삼각형을 작도한다.

❶ 5 cm 길이의 직선을 그리고 변 XY라 한다.
❷ 변 XY를 임의의 길이인 점 B까지 연장한다. 컴퍼스를 가지고 점 X를 중심으로 호 A와 A'을 그린다(XA와 XA'의 길이는 임의로 결정한다). 컴퍼스를 가지고 점 A를 중심으로 호 PQ를 그리고, 점 A'을 중심으로 호 RS를 그린다. 두 호의 교점 C와 X를 잇는다. 그리고 변 XY에 직각이 되도록 점 X에서 연장선을 긋는다(또 다

른 방법으로, 각도기를 이용해 90°인 각을 작도할 수 있다).

❸ 빗변은 항상 직각 반대편에 있다. 따라서 변 YZ는 $\angle X$의 반대편이다. 컴퍼스를 이용하여, 점 Y를 중심으로 길이 6.5cm인 호 UV를 그린다.

❹ 호 UV와 변 XC의 연장선의 교점은 구하고자 하는 삼각형의 꼭짓점 Z를 만든다. 이제 YZ를 직선으로 잇는다.

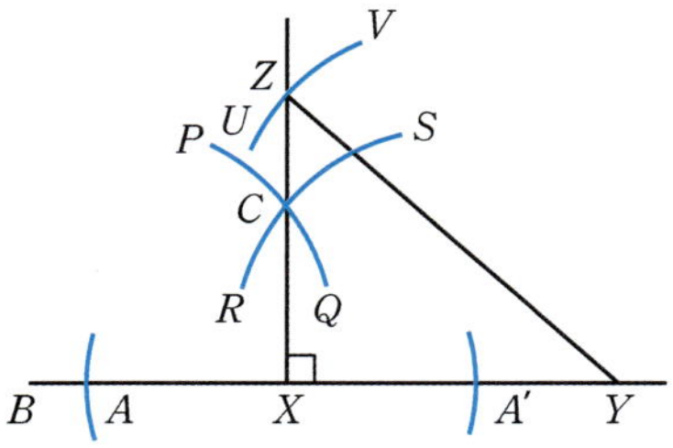

[그림 21-50]

◆ **이제 다음 연습문제를 풀어보자.**

[연습문제 108] 삼각형의 작도

※ 다음과 같이 주어진 변과 각에 대한 삼각형을 작도하라.

1 $a=8\text{cm}$, $b=6\text{cm}$, $c=5\text{cm}$

2 $a=40\text{mm}$, $b=60\text{mm}$, $C=60°$

3 $a=6\text{cm}$, $C=45°$, $B=75°$

4 $c=4\text{cm}$, $A=130°$, $C=15°$

5 $a=90\text{mm}$, $B=90°$, 빗변$=105\text{mm}$

[연습문제 109] 각과 삼각형에 대한 선다형 문제

※ 각 문제의 정답은 한 개이다.

1 $\frac{3\pi}{4}$라디안과 동치인 것은 무엇인가?
(a) 135° (b) 270° (c) 45° (d) 67.5°

2 213°는 어떤 각인가?
(a) 예각 (b) 우각 (c) 둔각 (d) 여각

3 154°는 어떤 각인가?
(a) 예각 (b) 둔각 (c) 우각 (d) 여각

4 90°는 어떤 각인가?
(a) 예각 (b) 둔각 (c) 우각 (d) 직각

5 77°는 어떤 각인가?
(a) 예각 (b) 둔각 (c) 우각 (d) 직각

6 60°와 동치인 것은 무엇인가?
(a) $\frac{\pi}{4}\text{rad}$ (b) $\frac{\pi}{2}\text{rad}$
(c) $\frac{\pi}{3}\text{rad}$ (d) $\frac{\pi}{6}\text{rad}$

7 두 각이 같은 삼각형의 이름이 무엇인가?
(a) 직각삼각형 (b) 정삼각형
(c) 이등변삼각형 (d) 둔각삼각형

8 70°의 보각은 몇 도인가?
(a) 20° (b) 110°
(c) 290° (d) 200°

9 20°의 여각은 몇 도인가?
(a) 70° (b) 160°
(c) 250° (d) 340°

10 2.13라디안과 동치인 것은 무엇인가?
(a) 61.02° (b) 84.51°
(c) 383.40° (d) 122.04°

Chapter 22

삼각법 입문

Introduction to trigonometry

삼각법을 이해하는 것이 왜 중요할까?

삼각법과 삼각함수의 활용도는 무궁무진하다. 삼각법과 삼각함수를 사용하는 영역에는, 천문학(특히 천체의 위치를 정확히 찾아내기 위해서는 구면 삼각법이 필수이다)을 비롯하여 항해법(바다, 공중, 우주에서), 음악이론, 음향학, 광학, 금융시장의 분석, 전자, 확률론, 통계학, 생물학, 의료영상(시티 촬영CAT scans, 초음파), 약학, 화학, 정수론(암호학), 지진학, 기상학, 해양학, 다양한 물리 과학, 토지측량 및 측지학(지구과학의 한 분야), 건축학, 음성학, 경제학, 전자공학, 기계공학, 건축공학, 컴퓨터 그래픽, 지도 제작법, 결정학, 게임 개발 등이 있다. 삼각법에 대한 풍부한 이해가 많은 공학 분야에서 필수적인 것임은 분명하다.

학습포인트

- 피타고라스 정리를 설명하고, 이를 이용해 직각삼각형의 미지의 변의 길이를 구한다.
- 직각삼각형에서 한 각의 사인(sin), 코사인(cos), 탄젠트(tan)를 정의한다.
- 각의 삼각비를 계산한다.
- 직각삼각형 문제를 푼다.
- 앙각과 부각을 이해한다.

22.1 서론

삼각법은 삼각형의 변과 각, 그리고 이들 사이의 관계에 대해 다루는 수학의 한 분야이다. 피타고라스 정리와 삼각비는 직각삼각형에서만 다뤄진다. 그러나 공학에서는 직각삼각형에 대해 아는 것이 매우 중요하며, 그에 대한 실질적인 예들이 많이 있다.

이 장에서는 세 개의 삼각비, 즉 사인(sin), 코사인(cos), 탄젠트(tan)를 정의하고, 계산기를 이용해 계산해본다. 마지막으로 피타고라스 정리와 삼각비를 이용하여 앙각과 부각을 포함하는 실질적인 예와 더불어 직각삼각형의 문제 풀이를 보여준다.

22.2 피타고라스 정리

피타고라스 정리[1]는 **임의의 직각삼각형에서 빗변의 제곱은 다른 두 변의 제곱의 합과 같음**을 말한다. 이 정리는 [그림 22-1]의 직각삼각형 ABC에서 다음이 성립함을 의미한다.

$$b^2 = a^2 + c^2 \tag{22.1}$$

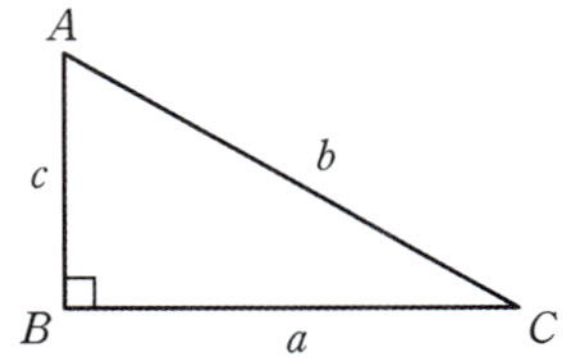

[그림 22-1]

직각삼각형의 임의의 두 변의 길이를 알고 있다면, 피타고라스 정리에 의해 세 번째 변의 길이를 계산할 수 있다.

1 **피타고라스는 누구인가?** 자세한 정보는 www.routledge.com/cw/bird에서 찾을 수 있다.

식 (22.1)로부터 다음과 같이 쓸 수 있다.

$$b = \sqrt{a^2 + c^2}$$

식 (22.1)을 a에 대해 변환하면 $a^2 = b^2 - c^2$이고, 따라서 다음이 성립한다.

$$a = \sqrt{b^2 - c^2}$$

식 (22.1)을 c에 대해 변환하면 $c^2 = b^2 - a^2$이고, 따라서 다음이 성립한다.

$$c = \sqrt{b^2 - a^2}$$

피타고라스 정리를 보여주는 몇 가지 문제를 살펴보자.

[문제 1] [그림 22-2]에서 변 BC의 길이를 구하라.

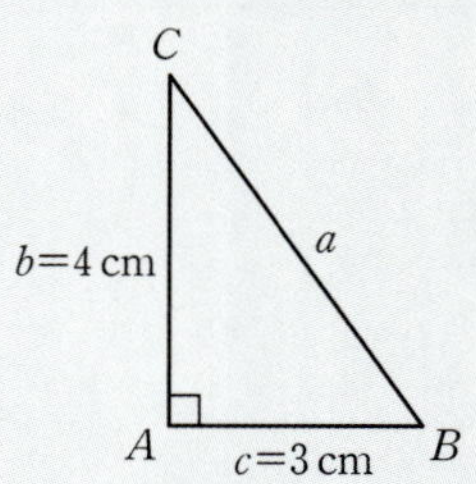

[그림 22-2]

피타고라스 정리로부터 $a^2 = b^2 + c^2$, 즉 다음이 성립한다.

$$a^2 = 4^2 + 3^2 = 16 + 9 = 25$$

그러므로 $a = \sqrt{25} = 5\,\text{cm}$이다. $\sqrt{25} = \pm 5$이지만, 이와 같은 실제 예에서 $a = -5\,\text{cm}$인 답은 아무런 의미가 없다. 따라서 양수인 답만을 선택한다. 그러므로 $a = BC = 5\,\text{cm}$이다.

***ABC*는 3, 4, 5 삼각형이다.** 세 변에 대해 정수 값을 갖는 직각삼각형은 많지 않다.

[문제 2] [그림 22-3]에서, 변 EF의 길이를 구하라.

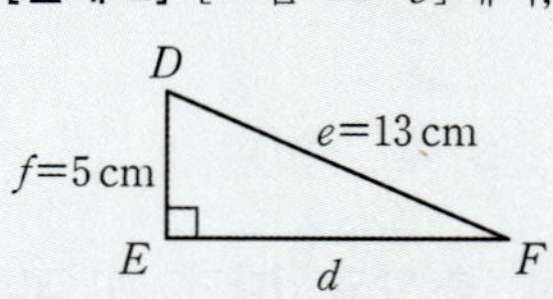

[그림 22-3]

피타고라스 정리에 의해 $e^2 = d^2 + f^2$이다. 그러므로 다음과 같다.

$$13^2 = d^2 + 5^2$$

$$169 = d^2 + 5^2$$

$$d^2 = 169 - 25 = 144$$

따라서 다음과 같이 구할 수 있다.

$$d = \sqrt{144} = 12\,\text{cm},$$

즉 $\quad d = EF = 12\text{cm}$

***DEF*는 5, 12, 13 삼각형이다.** 이것은 세 변이 모두 정수 값을 갖는 또 다른 직각삼각형이다.

***[문제 3]** 두 항공기가 비행장에서 동시에 이륙한다. 한 대는 북쪽을 향해 평균 300 km/h의 속도로 움직이고, 다른 한 대는 서쪽을 향해 평균 220 km/h의 속도로 움직인다. 4시간 후에 두 항공기 사이의 거리를 구하라.

4시간 후, 첫 번째 항공기는 다음과 같이 움직인다([그림 22-4] 참고).

$$4 \times 300 = 1200\,\text{km} \qquad \text{북쪽으로}$$

그리고 두 번째 항공기는 다음과 같이 움직인다.

$$4 \times 220 = 880\,\text{km} \qquad \text{서쪽으로}$$

4시간 후의 거리는 BC이다.

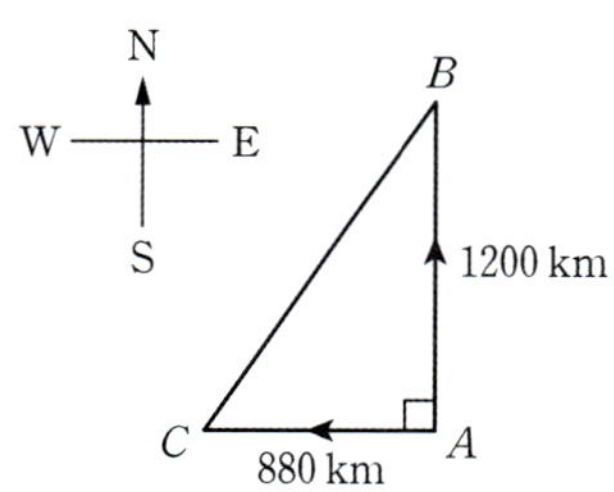

[그림 22-4]

피타고라스 정리로부터 다음을 얻는다.

$$BC^2 = 1200^2 + 880^2$$
$$= 1440000 + 774400 = 2214400$$

그리고 $BC = \sqrt{2214400} = 1488\,\text{km}$이다. 그러므로 **(4시간 후의 거리) = 1488 km이다.**

◆ 이제 다음 연습문제를 풀어보자.

[연습문제 110] 피타고라스 정리

1 [그림 22-5]에서 변 x의 길이를 구하라.

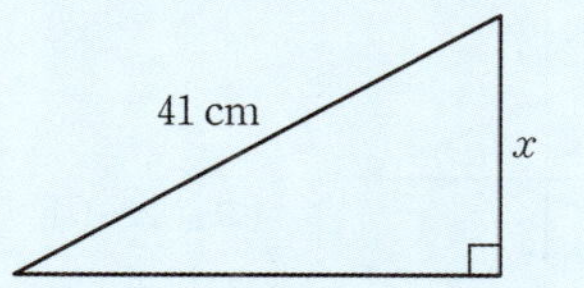

[그림 22-5]

2 [그림 22-6(a)]에서 변 x의 길이를 구하라.

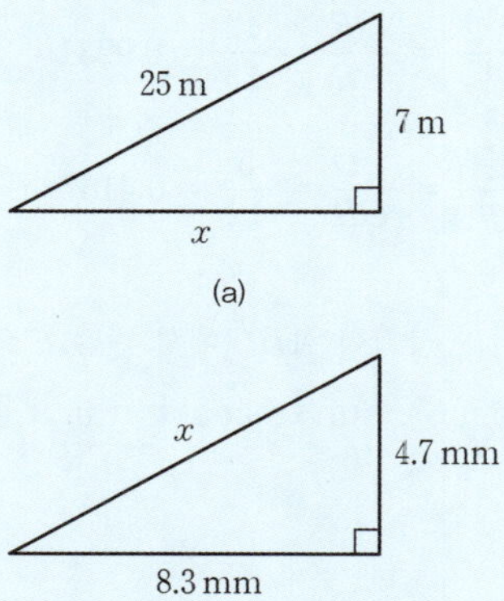

[그림 22-6]

3 [그림 22-6(b)]에서 변 x의 길이를 유효숫자 3자리로 보정하여 구하라.

4 삼각형 ABC에서, $AB=17\,\text{cm}$, $BC=12\,\text{cm}$, $\angle ABC=90°$이다. 변 AC의 길이를 소수점 아래 2자리로 보정하여 구하라.

*5 천막 말뚝이 6.0 m 높이의 천막에서 4.0 m 떨어져 있다. 천막 위쪽에서 말뚝까지의 밧줄 길이는 얼마인가? 이때 [cm] 단위의 가장 근접한 정수로 보정하라.

6 삼각형 ABC에서, $\angle B$는 직각이고 $AB=6.92\,\text{cm}$, $BC=8.78\,\text{cm}$이다. 빗변의 길이를 구하라.

7 삼각형 CDE에서, $D=90°$, $CD=14.83\,\text{mm}$, $CE=28.31\,\text{mm}$이다. DE의 길이를 구하라.

8 8cm, 15cm, 17cm 길이의 변을 갖는 삼각형은 직각삼각형임을 보여라.

9 삼각형 PQR은 이등변삼각형이고, Q는 직각이다. 빗변의 길이가 38.46 cm일 때, (a) 변 PQ와 변 QR의 길이, (b) $\angle QPR$의 값을 구하라.

*10 한 사람이 남쪽으로 24 km를 이동하다가 방향을 돌아 동쪽으로 20 km를 이동한다. 또 다른 사람은 첫 번째 사람과 동일한 시각에 시작하여, 동쪽으로 32 km를 이동하다가 방향을 돌아 남쪽으로 7 km를 이동한다. 두 사람 사이의 거리를 구하라.

*11 3.5 m 길이의 사다리가 수직인 벽면에서 밑동이 1.0 m 떨어진 채로 기대어 놓여있다. 사다리의 끝이 위치한 벽의 높이는 [cm] 단위의 가장 근접한 정수로 보정하여 얼마인가? 사다리 밑동이 벽면으로부터 30 cm 더 이동한다면, 사다리의 끝이 위치한 벽의 높이는 얼마가 되는지 구하라.

*12 두 배가 항구에서 동시에 출발한다. 한 배는 서쪽을 향해 18.4 노트로 움직이고, 다른 배는 남쪽을 향해 27.6 노트로 움직인다. 1노트=1해리/h라 할 때, 4시간 후에 두 배는 얼마나 떨어져 있는지 계산하라.

*13 [그림 22-7]은 한쪽 끝이 잘린 볼트이다. h의 치수를 구하라.

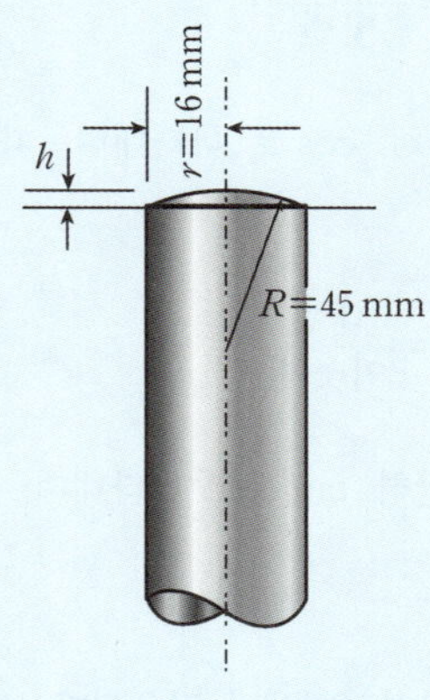

[그림 22-7]

*14 [그림 22-8]은 둥근 막대로 만든 부품의 절단면이다. 이 막대의 직경이 74 mm일 때, x의 치수를 구하라.

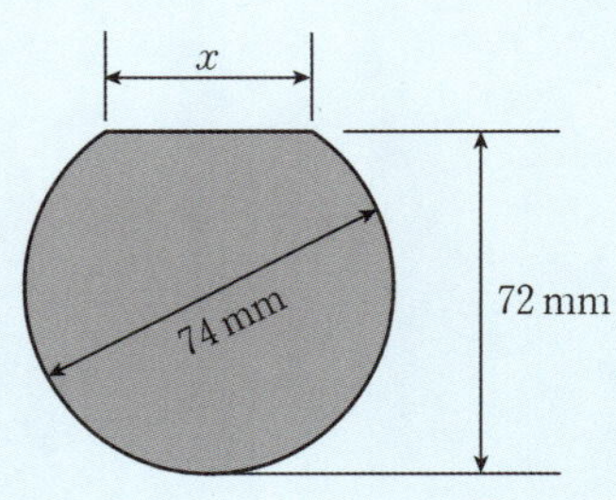

[그림 22-8]

22.3 사인, 코사인, 탄젠트

[그림 22-9]의 직각삼각형 ABC에서 각 θ에 대해 다음과 같이 정의한다.

$$\text{sine}\,\theta = \frac{\text{대변}}{\text{빗변}}$$

이때 'sine(사인)'을 간단히 'sin'으로 나타내며, 따라서 $\sin\theta = \dfrac{BC}{AC}$이다.

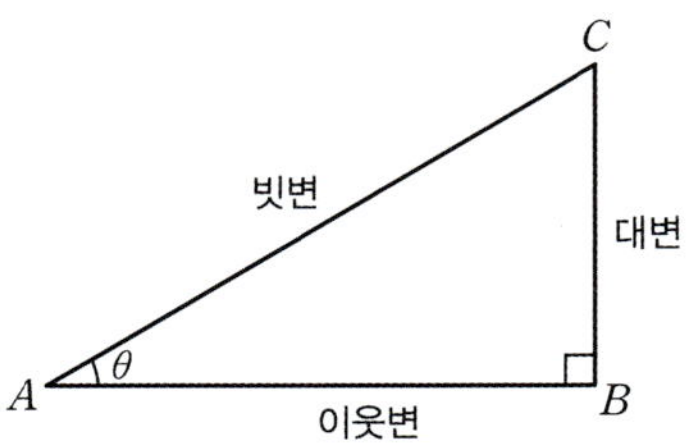

[그림 22-9]

또한,

$$\text{cosine}\,\theta = \frac{\text{이웃변}}{\text{빗변}}$$

이다. 'cosine(코사인)'을 간단히 'cos'로 나타내며, 따라서 $\cos\theta = \dfrac{AB}{AC}$이다. 끝으로,

$$\text{tangent}\,\theta = \frac{\text{대변}}{\text{이웃변}}$$

이다. 'tangent(탄젠트)'를 간단히 'tan'으로 나타내며, 따라서 $\tan\theta = \dfrac{BC}{AB}$이다.

이 세 개의 삼각비는 오직 직각삼각형에만 적용된다. 이 세 개의 식은 매우 중요하며, [그림 22-10]과 같이 기억하면 쉽다.

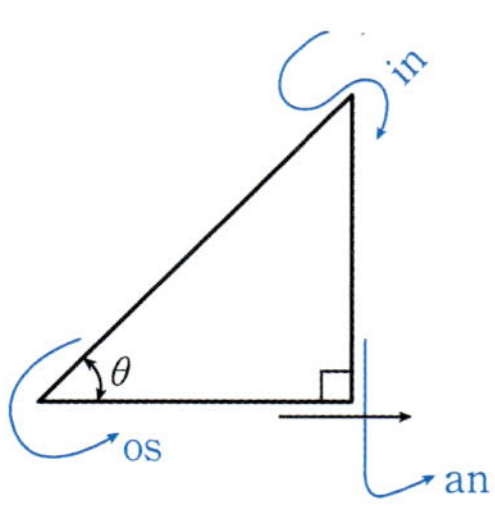

[그림 22-10]

삼각비와 관련한 몇 가지 문제들을 살펴보자.

[문제 4] [그림 22-11]의 삼각형 PQR에서 $\sin\theta$, $\cos\theta$, $\tan\theta$를 구하라.

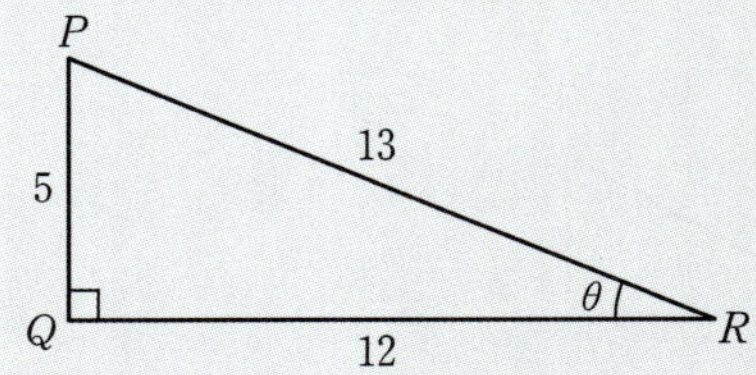

[그림 22-11]

$$\sin\theta = \frac{\text{대변}}{\text{빗변}} = \frac{PQ}{PR} = \frac{5}{13} = 0.3846$$

$$\cos\theta = \frac{\text{이웃변}}{\text{빗변}} = \frac{QR}{PR} = \frac{12}{13} = 0.9231$$

$$\tan\theta = \frac{\text{대변}}{\text{이웃변}} = \frac{PQ}{QR} = \frac{5}{12} = 0.4167$$

[문제 5] [그림 22-12]의 삼각형 ABC에서 변 AC의 길이, $\sin C$, $\cos C$, $\tan C$, $\sin A$, $\cos A$, $\tan A$를 구하라.

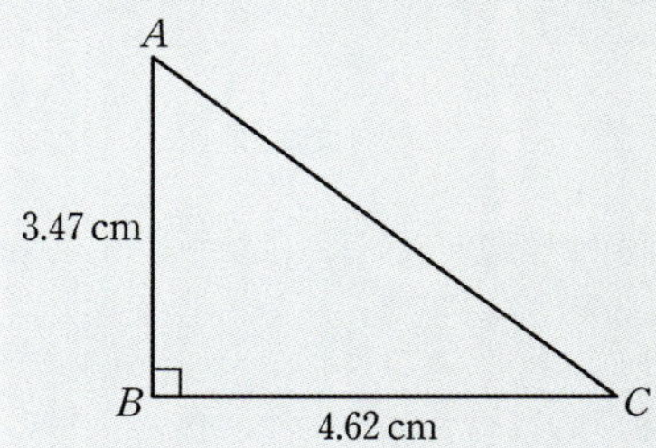

[그림 22-12]

피타고라스 정리에 의해 $AC^2 = AB^2 + BC^2$, 즉 $AC^2 = 3.47^2 + 4.62^2$이다. 따라서 $AC = \sqrt{3.47^2 + 4.62^2} = 5.778\,\text{cm}$이다.

$$\sin C = \frac{\text{대변}}{\text{빗변}} = \frac{AB}{AC} = \frac{3.47}{5.778} = 0.6006$$

$$\cos C = \frac{\text{이웃변}}{\text{빗변}} = \frac{BC}{AC} = \frac{4.62}{5.778} = 0.7996$$

$$\tan C = \frac{\text{대변}}{\text{이웃변}} = \frac{AB}{BC} = \frac{3.47}{4.62} = 0.7511$$

$$\sin A = \frac{\text{대변}}{\text{빗변}} = \frac{BC}{AC} = \frac{4.62}{5.778} = 0.7996$$

$$\cos A = \frac{\text{이웃변}}{\text{빗변}} = \frac{AB}{AC} = \frac{3.47}{5.778} = 0.6006$$

$$\tan A = \frac{\text{대변}}{\text{이웃변}} = \frac{BC}{AB} = \frac{4.62}{3.47} = 1.3314$$

[문제 6] $\tan B = \frac{8}{15}$일 때, $\sin B$, $\cos B$, $\sin A$, $\tan A$의 값을 구하라.

직각삼각형 ABC는 [그림 22-13]과 같다. $\tan B = \frac{8}{15}$이면, $AC=8$, $BC=15$와 같이 쓸 수 있다.

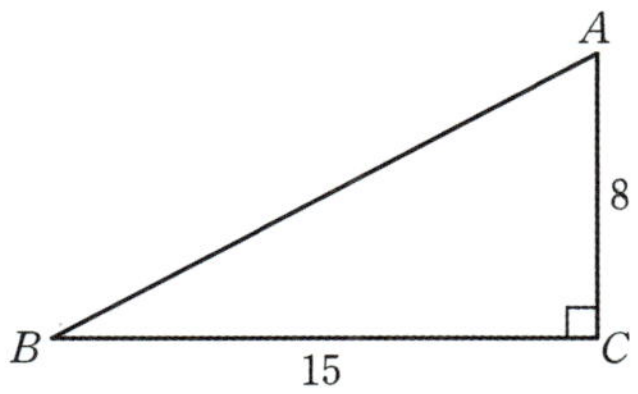

[그림 22-13]

피타고라스 정리에 의해 $AB^2 = AC^2 + BC^2$, 즉 $AB^2 = 8^2 + 15^2$이다. 따라서 $AB = \sqrt{8^2+15^2} = 17$이다.

$$\sin B = \frac{AC}{AB} = \frac{8}{17} \text{ 또는 } 0.4706$$

$$\cos B = \frac{BC}{AB} = \frac{15}{17} \text{ 또는 } 0.8824$$

$$\sin A = \frac{BC}{AB} = \frac{15}{17} \text{ 또는 } 0.8824$$

$$\tan A = \frac{BC}{AC} = \frac{15}{8} \text{ 또는 } 1.8750$$

[문제 7] 점 A는 좌표 $(2, 3)$에 놓여 있고, 점 B는 $(8, 7)$에 놓여 있다. 다음을 구하라.

(a) AB의 거리　　　　(b) 직선 AB의 기울기

(a) 점 A와 점 B는 [그림 22-14(a)]와 같다. [그림 22-14(b)]에서 가로선 AC와 세로선 BC를 그린다. 삼각형 ABC가 직각삼각형이고, $AC = 8-2 = 6$, $BC = 7-3 = 4$이므로, 피타고라스 정리에 의해 $AB^2 = AC^2 + BC^2 = 6^2 + 4^2$이다. 이를 소수점 아래 3 자리로 보정한 AB의 거리는 다음과 같다.

$$AB = \sqrt{6^2+4^2} = \sqrt{52} = 7.211$$

(b) 직선 AB의 기울기는 $\tan\theta$이므로 다음과 같이 구한다.

$$\text{기울기} = \tan\theta = \frac{BC}{AC} = \frac{4}{6} = \frac{2}{3}$$

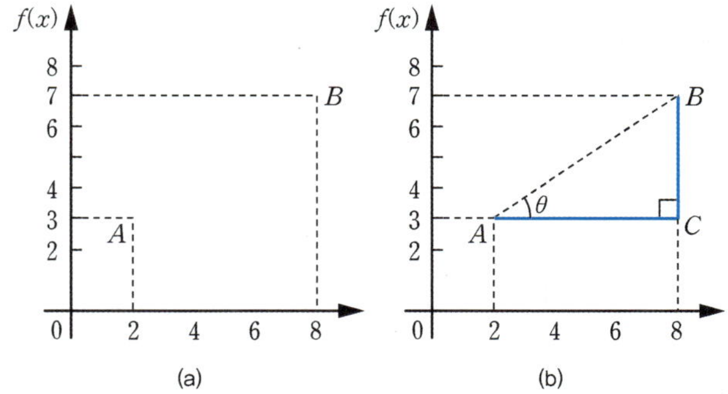

[그림 22-14]

◆ **이제 다음 연습문제를 풀어보자.**

[연습문제 111] 삼각비

1 $\angle Y = 90°$, $XY = 9\,\text{cm}$, $YZ = 40\,\text{cm}$인 삼각형 XYZ를 그려라. $\sin Z$, $\cos Z$, $\tan X$, $\cos X$를 구하라.

2 [그림 22-15]의 삼각형 ABC에서 $\sin A$, $\cos A$, $\tan A$, $\sin B$, $\cos B$, $\tan B$를 구하라.

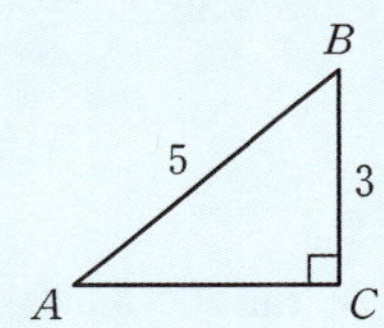

[그림 22-15]

3 $\cos A = \frac{15}{17}$일 때, $\sin A$와 $\tan A$를 분수 형태로 구하라.

4 $\tan X = \frac{15}{112}$일 때, $\sin X$와 $\cos X$를 분수 형태로 구하라.

5 [그림 22-16]의 직각삼각형에 대해, (a) $\sin\alpha$, (b) $\cos\theta$, (c) $\tan\theta$를 구하라.

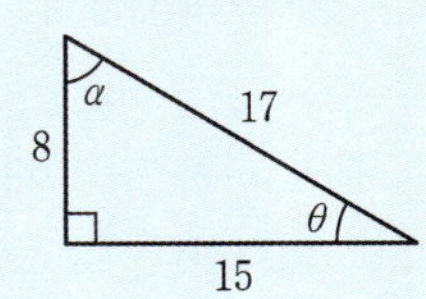

[그림 22-16]

6 $\tan\theta = \frac{7}{24}$일 때, (a) $\sin\theta$와 (b) $\cos\theta$를 분수 형태로 구하라.

7 점 P는 좌표 $(-3, 1)$에 놓여 있고, 점 Q는 $(5, -4)$에 놓여 있다. 다음을 구하라.

(a) PQ의 거리　　　　(b) 직선 PQ의 기울기

22.4 예각의 삼각비 계산하기

임의의 각에 대한 삼각비를 계산하는 가장 쉬운 방법은 계산기를 사용하는 것이다. 계산기를 사용하여 다음을 확인해보자(소수점 아래 4자리로 보정한다).

$\sin 29° = \mathbf{0.4848}$　　$\sin 53.62° = \mathbf{0.8051}$

$\cos 67° = \mathbf{0.3907}$　　$\cos 83.57° = \mathbf{0.1120}$

$\tan 34° = \mathbf{0.6745}$　　$\tan 67.83° = \mathbf{2.4541}$

$$\sin 67°43' = \sin 67\frac{43°}{60} = \sin 67.7166666\cdots° = \mathbf{0.9253}$$

$$\cos 13°28' = \cos 13\frac{28°}{60} = \cos 13.466666\cdots° = \mathbf{0.9725}$$

$$\tan 56°54' = \tan 56\frac{54°}{60} = \tan 56.90° = \mathbf{1.5340}$$

삼각비의 값을 알고 있다면, 계산기에서 **역함수**를 이용하여 각을 구할 필요가 있다. 예를 들어, 계산기에서 shift와 sin을 이용하면 '$\sin^{-1}($'을 얻는다. 예를 들어 어떤 각의 sin이 0.5임을 알고 있다면, 각에 대한 값은 $\sin^{-1}0.5 = \mathbf{30°}$로 주어진다.

Check $\sin 30° = 0.5$

마찬가지로, $\cos\theta = 0.4371$이면
$\theta = \cos^{-1}0.4371 = \mathbf{64.08°}$이다. 그리고 $\tan A = 3.5984$이면 $A = \tan^{-1}3.5984 = \mathbf{74.47°}$이다. 이때 θ와 A는 모두 소수점 아래 2자리로 보정했다.

계산기를 이용하여 다음 문제들을 확인해보자.

***[문제 8]** $\sin 43°39'$을 소수점 아래 4자리로 보정하여 구하라.

$$\sin 43°39' = \sin 43\frac{39°}{60} = \sin 43.65° = \mathbf{0.6903}$$

이 답은 **계산기**를 이용하여 다음과 같이 구할 수 있다.

1. sin 을 누른다.
2. 43을 입력한다.
3. °'''를 누른다.
4. 39를 입력한다.
5. °'''를 누른다.
6.)를 누른다.
7. =를 누른다.

답$= \mathbf{0.6902512\cdots}$
$= \mathbf{0.6903}$(보정)

***[문제 9]** $6\cos 62°12'$을 소수점 아래 3자리로 보정하여 구하라.

$$6\cos 62°12' = 6\cos 62\frac{12°}{60} = 6\cos 62.20° = \mathbf{2.798}$$

이 답은 계산기를 이용하여 다음과 같이 구할 수 있다.

1. 6을 입력한다.
2. cos 을 누른다.
3. 62를 입력한다.
4. °'''를 누른다.
5. 12를 입력한다.
6. °'''를 누른다.
7.)를 누른다.
8. =를 누른다.

답$= \mathbf{2.798319\cdots} = \mathbf{2.798}$(보정)

***[문제 10]** $\sin 1.481$을 유효숫자 4자리로 보정하여 구하라.

$\sin 1.481$은 1.481**라디안**에 대한 사인을 의미한다(도 기호, 즉 ° 기호가 없으면 라디안으로 간주한다). 그러므로 라디안 기능이 있는 계산기가 필요하다. 따라서
$\sin 1.481 = \mathbf{0.9960}$이다.

***[문제 11]** $\cos\frac{3\pi}{5}$를 유효숫자 4자리로 보정하여 구하라.

[문제 10]에서와 같이 $\frac{3\pi}{5}$는 라디안이다. 그러므로 다음과 같다.

$$\cos\frac{3\pi}{5} = \cos 1.884955\cdots = \mathbf{-0.3090}$$

21.2.2절에서 $\pi\,\text{rad} = 180°$이므로 다음과 같다.

$$\frac{3\pi}{5}\text{rad} = \frac{3}{5}\times 180° = 108°$$

즉 $\frac{3\pi}{5}\text{rad} = 108°$이다. 계산기로 $\cos 108° = \mathbf{-0.3090}$을 확인하라.

***[문제 12]** $\tan 2.93$을 유효숫자 4자리로 보정하여 구하라.

다시 도(°) 기호가 없으므로 2.93은 2.93라디안을 의미한다. 그러므로 $\tan 2.93 = \mathbf{-0.2148}$이다.

가지고 있는 계산기가 도 모드인지 라디안 모드인지 아는 것이 중요하다. 주의하지 않으면 실수를 범할 수 있다.

*[문제 13] 예각 $\sin^{-1}0.4128$을 소수점 아래 2자리로 보정하여 도 단위로 구하라.

$\sin^{-1}0.4128$은 '사인 값이 0.4128인 도'를 의미한다. 계산기를 이용하여 다음과 같이 구한다.

1. shift를 누른다.
2. sin을 누른다.
3. 0.4128을 입력한다.
4.)를 누른다.
5. =를 누른다.

답은 24.380848…로 표시된다. 그러므로 소수점 아래 2자리로 보정하면 다음과 같다.

$$\sin^{-1}0.4128 = 24.38°$$

*[문제 14] 예각 $\cos^{-1}0.2437$을 도, 분 단위로 구하라.

$\cos^{-1}0.2437$은 '코사인이 0.2437인 각'을 의미한다. 계산기를 이용하여 다음과 같이 구한다.

1. shift를 누른다.
2. cos을 누른다.
3. 0.2437을 입력한다.
4.)를 누른다.
5. =를 누른다.

답은 75.894979…로 표시된다.

6. °'''를 누르면, 75°53′41.93″가 표시된다.

그러므로 가장 근접한 분 단위로 보정하면 다음과 같다.

$$\cos^{-1}0.2437 = 75.89° = 75°53'$$

*[문제 15] 예각 $\tan^{-1}7.4523$을 도, 분 단위로 구하라.

$\tan^{-1}7.4523$은 '탄젠트가 7.4523인 각'을 의미한다. 계산기를 이용하여 다음과 같이 구한다.

1. shift를 누른다.
2. tan를 누른다.
3. 7.4523을 입력한다.
4.)를 누른다.
5. =를 누른다.

답은 82.357318…로 표시된다.

6. °'''를 누르면, 82°21′26.35″가 표시된다.

그러므로 가장 근접한 분 단위로 보정하면 다음과 같다.

$$\tan^{-1}7.4523 = 82.36° = 82°21'$$

*[문제 16] [그림 22-17]의 삼각형 EFG에서 각 G를 구하라.

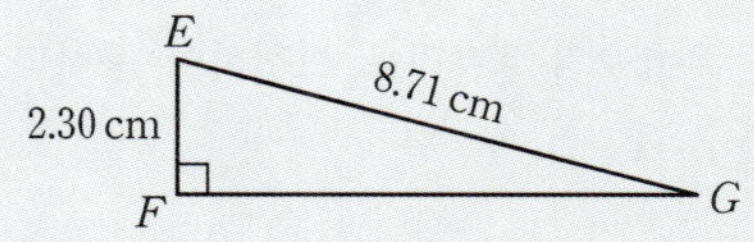

[그림 22-17]

$\angle G$와 관련하여, 삼각형의 주어진 두 변은 대변 EF와 빗변 EG이다. 그러므로 sin이 사용된다. 즉, $\sin G = \frac{2.30}{8.71} = 0.26406429\cdots$이다.

따라서 $G = \sin^{-1}0.26406429\cdots$, 즉 $G = 15.311360°$이다. 그러므로 다음과 같다.

$$\angle G = 15.31° \text{ 또는 } 15°19'$$

*[문제 17] 기관차가 반지름 $r = 500\,\text{m}$인 곡선을 따라 움직이며, 뱅크각 θ는 $\theta = \tan^{-1}\left(\frac{v^2}{rg}\right)$이다. 여기서 $g = 9.81\,\text{m/s}^2$이고 속도 v의 단위는 m/s이다. 기관차의 속도가 30km/h일 때 뱅크각을 계산하라.

뱅크각이 $\theta = \tan^{-1}\left(\frac{v^2}{rg}\right)$이고

$$v = 30\,\text{km/h} = 30\frac{\text{km}}{\text{h}} \times \frac{1\text{h}}{3600\text{s}} \times \frac{1000\text{m}}{1\text{km}}$$

$$= \frac{30}{3.6} = 8.3333\,\text{m/s}$$

이므로 다음을 얻는다.

$$\theta = \tan^{-1}\left(\frac{8.3333^2\,\text{m}^2/\text{s}^2}{500\,\text{m} \times 9.81\,\text{m/s}^2}\right) = \tan^{-1}(0.014158)$$

즉, **뱅크각은 $\theta = 0.811°$**이다.

◆ 이제 다음 연습문제를 풀어보자.

[연습문제 112] 삼각비 계산하기

*1 $3\sin 66°41'$을 소수점 아래 4자리로 보정하여 구하라.

*2 $5\cos 14°15'$을 소수점 아래 3자리로 보정하여 구하라.

*3 $7\tan 79°9'$을 유효숫자 4자리로 보정하여 구하라.

*4 다음을 구하라.

(a) $\sin\frac{2\pi}{3}$ (b) $\cos 1.681$ (c) $\tan 3.672$

*5 예각 $\sin^{-1}0.6734$를 소수점 아래 2자리로 보정하여 구하라.

*6 예각 $\cos^{-1}0.9648$을 소수점 아래 2자리로 보정하여 구하라.

*7 예각 $\tan^{-1}3.4385$를 소수점 아래 2자리로 보정하여 구하라.

*8 예각 $\sin^{-1}0.1381$을 도, 분 단위로 구하라.

*9 예각 $\cos^{-1}0.8539$를 도, 분 단위로 구하라.

*10 예각 $\tan^{-1}0.8971$을 도, 분 단위로 구하라.

*11 [그림 22-18]의 삼각형에서 각 θ를 소수점 아래 2자리로 보정하여 구하라.

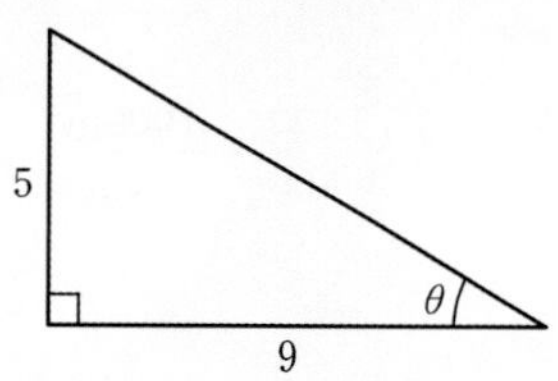

[그림 22-18]

*12 [그림 22-19]의 삼각형에서 각 θ를 도, 분 단위로 구하라.

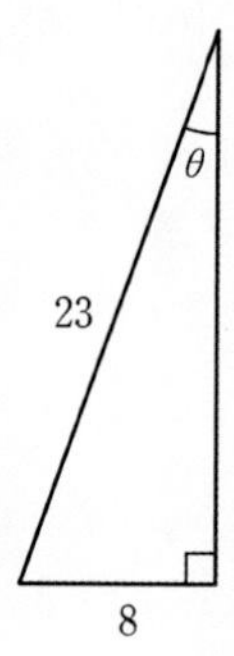

[그림 22-19]

13 $\frac{4.5\cos 67°34' - \sin 90°}{2\tan 45°}$를 소수점 아래 4자리로 보정하여 계산하라.

14 $\frac{(3\sin 37.83°)(2.5\tan 57.48°)}{4.1\cos 12.56°}$를 소수점 아래 4자리로 보정하여 계산하라.

*15 [그림 22-20]의 지지대 AB에 대해, (a) 버팀줄 CD가 지지대와 만드는 각 θ를 가장 근접한 [도] 단위로 구하고, (b) 버팀줄 CD에 대한 길이를 가장 근접한 [cm] 단위로 구하라.

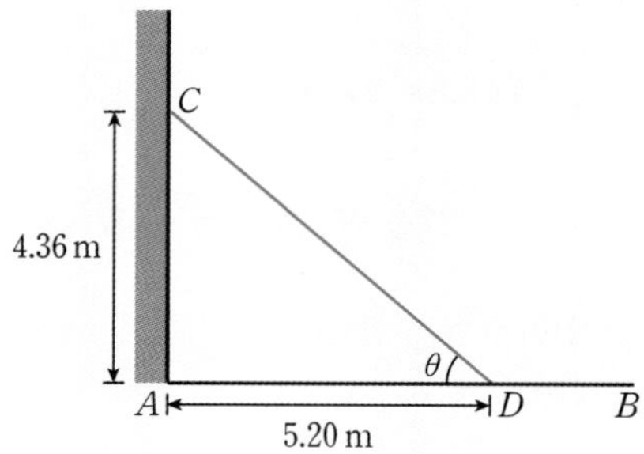

[그림 22-20]

*16 외팔보의 고정되지 않은 한 쪽 끝에 수직 아래 방향으로 적재물이 매달려 있고, 최대 굽힘응력의 위치 β는 다음과 같다.

$$\beta = \tan^{-1}\left(-\frac{I_{UU}\tan\theta}{I_{YY}}\right)$$

$I_{UU} = 1.381 \times 10^{-5}\text{m}^4$, $I_{YY} = 1.741 \times 10^{-6}\text{m}^4$.
$\theta = 17.64°$일 때, 소수점 아래 2자리로 보정하여 각 β를 도(°) 단위로 계산하라.

22.5 직각삼각형 문제 풀기

"직각삼각형의 문제 풀기"는 "미지의 변과 각을 구하는 것"을 의미한다. 이는 다음과 같은 방법으로 해결할 수 있다.

❶ 피타고라스 정리 ❷ 삼각비

여섯 개의 정보, 즉 세 변과 세 각에 대한 정보로 삼각형을 완전히 파악할 수 있다. 이때 적어도 세 개의 정보가 주어지면, 나머지 세 개를 계산할 수 있다.

직각삼각형 문제 해법에 대한 몇 가지 예를 살펴보자.

*[문제 18] [그림 22-21]의 삼각형 ABC에서 변 AC와 변 AB의 길이를 구하라.

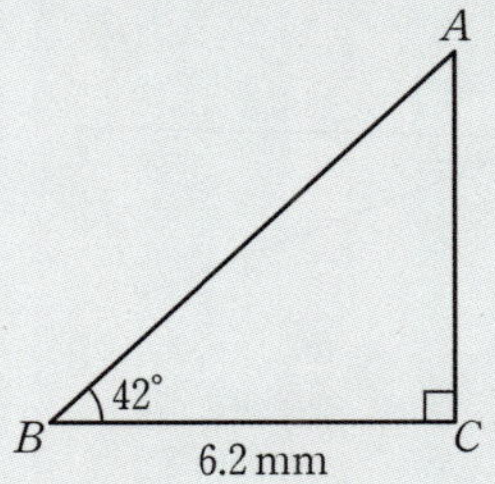

[그림 22-21]

보통 삼각형 문제는 한 가지 이상의 방법으로 풀 수 있다.

삼각형 ABC에서 다음과 같이 구할 수 있다.

$$\tan 42° = \frac{AC}{BC} = \frac{AC}{6.2}$$

변환하면 $\boldsymbol{AC} = 6.2\tan 42° = \mathbf{5.583\,mm}$이다. 한편

$$\cos 42° = \frac{BC}{AB} = \frac{6.2}{AB}$$

이므로 다음과 같다.

$$\boldsymbol{AB} = \frac{6.2}{\cos 42°} = \mathbf{8.343\,mm}$$

또 다른 방법으로, 피타고라스 정리를 이용한다. $AB^2 = AC^2 + BC^2$이므로 다음과 같이 구할 수 있다.

$$\boldsymbol{AB} = \sqrt{AC^2 + BC^2} = \sqrt{5.583^2 + 6.2^2}$$
$$= \sqrt{69.609889} = \mathbf{8.343\,mm}$$

*[문제 19] $B = 90°$, $AB = 5\,\text{cm}$, $BC = 12\,\text{cm}$인 직각삼각형 ABC를 그려라. 변 AC의 길이를 구하고, $\sin A$, $\cos C$, $\tan A$를 구하라.

삼각형 ABC는 [그림 22-22]와 같다.

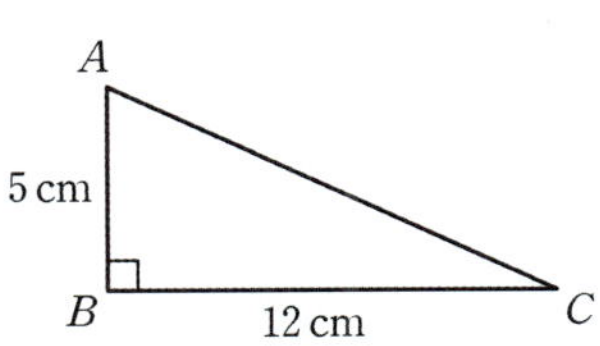

[그림 22-22]

피타고라스 정리에 의해 $AC = \sqrt{5^2 + 12^2} = 13$이므로 다음과 같이 구할 수 있다.

$$\sin A = \frac{\text{대변}}{\text{빗변}} = \frac{12}{13} \text{ 또는 } \mathbf{0.9231}$$

$$\cos C = \frac{\text{이웃변}}{\text{빗변}} = \frac{12}{13} \text{ 또는 } \mathbf{0.9231}$$

$$\tan A = \frac{\text{대변}}{\text{이웃변}} = \frac{12}{5} \text{ 또는 } \mathbf{2.400}$$

*[문제 20] [그림 22-23]의 삼각형 PQR에서 변 PQ와 변 PR의 길이를 구하라.

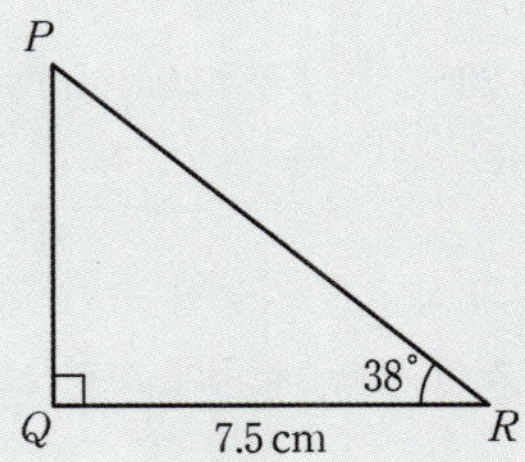

[그림 22-23]

$\tan 38° = \frac{PQ}{QR} = \frac{PQ}{7.5}$이므로 다음과 같다.

$$PQ = 7.5\tan 38° = 7.5\,(0.7813) = \mathbf{5.860\,cm}$$

$\cos 38° = \frac{QR}{PR} = \frac{7.5}{PR}$이므로 다음과 같다.

$$PR = \frac{7.5}{\cos 38°} = \frac{7.5}{0.7880} = \mathbf{9.518\,cm}$$

Check 피타고라스 정리를 이용하면 $(7.5)^2 + (5.860)^2 = 90.59 = (9.518)^2$이다.

*[문제 21] [그림 22-24]의 삼각형 ABC를 풀어라.

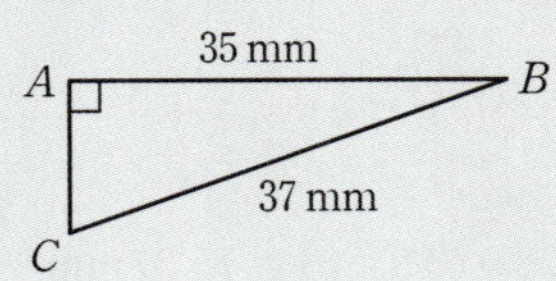

[그림 22-24]

"삼각형 ABC를 푼다."는 것은 "변 AC의 길이와 각 B, C를 구한다."는 의미이다.

$$\sin C = \frac{35}{37} = 0.94595$$

그러므로 다음과 같이 구할 수 있다.

$$\boldsymbol{C} = \sin^{-1} 0.94595 = \mathbf{71.08°}$$

$$\boldsymbol{B} = 180° - 90° - 71.08° = \mathbf{18.92°}$$

삼각형의 각을 모두 더하면 180°이므로

$\sin B = \dfrac{AC}{37}$이고, 그러므로 다음과 같이 구할 수 있다.

$$AC = 37\sin 18.92° = 37\,(0.3242) = \mathbf{12.0\,mm}$$

또는 피타고라스 정리를 이용한다. $37^2 = 35^2 + AC^2$이므로 다음과 같다.

$$AC = \sqrt{37^2 - 35^2} = \mathbf{12.0\,mm}$$

***[문제 22]** $\angle X = 90°$, $\angle Y = 23°17'$, $YZ = 20.0\,\text{mm}$로 주어진 삼각형 XYZ를 풀어라.

미지의 변과 각에 대해, 그 길이와 크기를 가늠할 수 있도록 가급적 그림을 정확하게 그리는 것이 좋다. 이렇게 그린 그림은 [그림 22-25]와 같다.

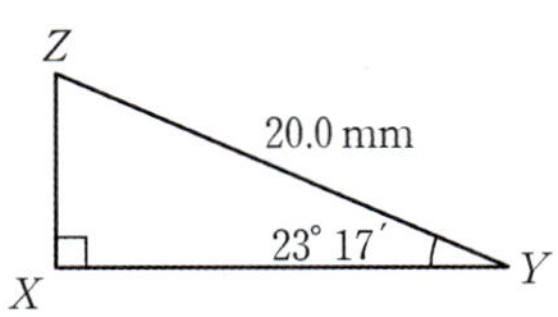

[그림 22-25]

$$\angle Z = 180° - 90° - 23°17' = \mathbf{66°43'}$$

$\sin 23°17' = \dfrac{XZ}{20.0}$이므로 다음과 같다.

$$XZ = 20.0\sin 23°17' = 20.0\,(0.3953) = \mathbf{7.906\,mm}$$

$\cos 23°17' = \dfrac{XY}{20.0}$이므로 다음과 같다.

$$XY = 20.0\cos 23°17' = 20.0\,(0.9186) = \mathbf{18.37\,mm}$$

Check 피타고라스 정리를 이용하면
$(18.37)^2 + (7.906)^2 = 400.0 = (20.0)^2$이다.

◆ **이제 다음 연습문제를 풀어보자.**

[연습문제 113] 직각삼각형 문제 풀기

***1** [그림 22-26]의 (a)~(f)에서 x의 길이를 유효숫자 4자리로 보정하여 구하라.

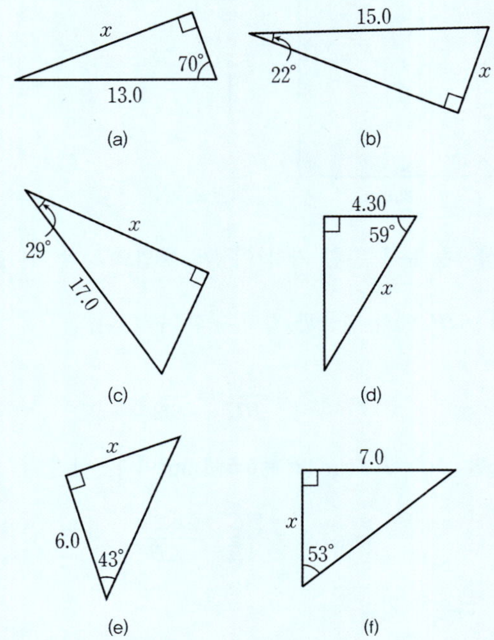

[그림 22-26]

***2** [그림 22-27]의 직각삼각형에서 미지의 변과 각을 구하라. 여기서 길이는 [cm] 단위이다.

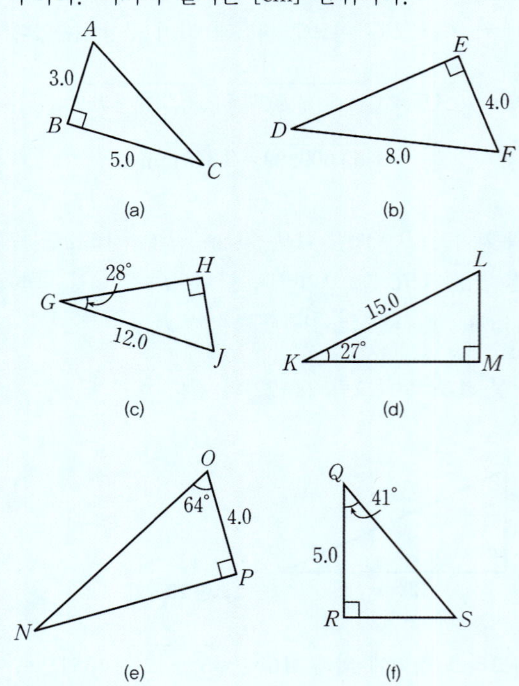

[그림 22-27]

*3 사다리가 빌딩의 수직 벽면 꼭대기에 기대어 세워져 있다. 이 사다리가 바닥과 이루는 각이 73°이다. 사다리의 밑동이 벽으로부터 2 m 떨어져 있을 때, 빌딩의 높이를 계산하라.

*4 [그림 22-28]에서 x의 길이를 구하라.

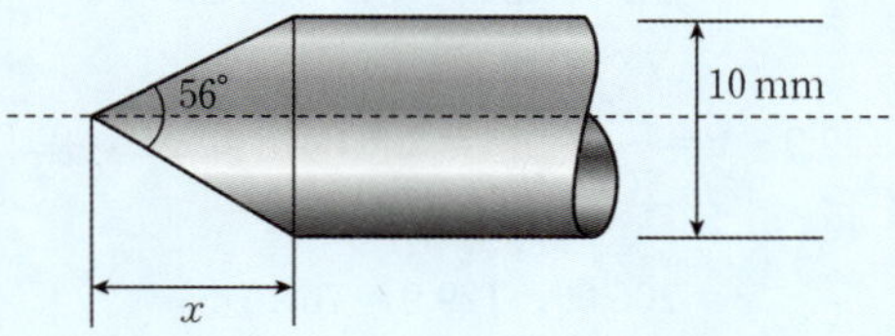

[그림 22-28]

*5 [그림 22-29]는 교량격자의 대칭인 부분을 나타낸다. $AB=6\,\text{m}$, 각 $BAD=56°$이고, 점 E는 $ABCD$의 중점이다. 높이 h를 가장 근접한 [cm] 단위로 보정하여 구하라.

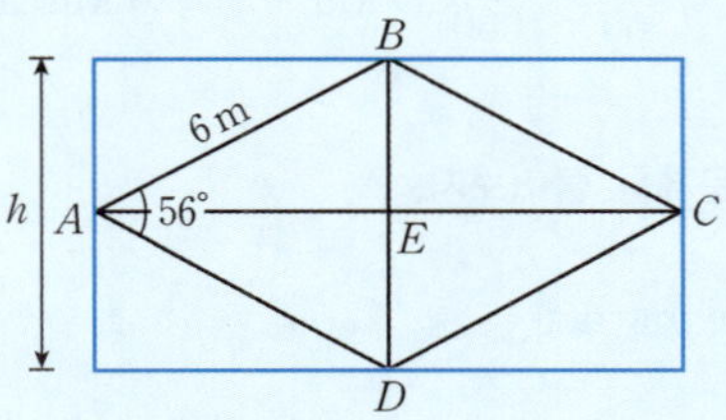

[그림 22-29]

22.6 앙각과 부각

[그림 22-30]에서 BC는 수평인 땅이고, AB는 수직인 깃대를 나타낸다고 하자. 점 C에서 깃대의 꼭대기인 A를 **올려다 본 각**(앙각 elevation)은, 수평선 CB에서 가상의 직선 AC까지 **올려다 본 각** θ라고 할 수 있다. 특히 측량사는 데오도라이트 theodolite라고 하는 도구를 이용하여 이 각을 측정한다.

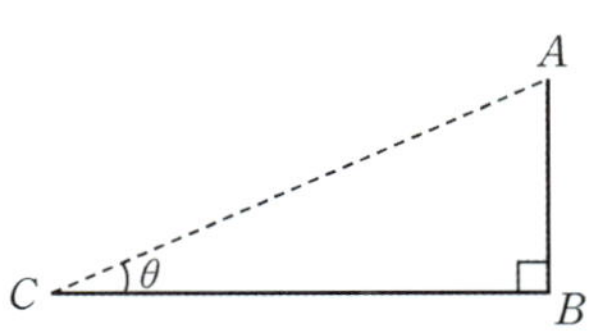

[그림 22-30]

[그림 22-31]에서 PQ는 수직 절벽이고, R은 바다에 떠 있는 배를 나타낸다고 하자. 점 P에서 배를 **내려다 본 각**(부각 depression)은 수평선으로부터 가상의 직선 PR 사이의 각, 즉 점 P에서 수평선으로부터 배까지 내려다 본 각 ϕ라고 할 수 있다($\angle PRQ$도 역시 ϕ이다. 이것은 평행선 사이의 **엇각**이기 때문이다).

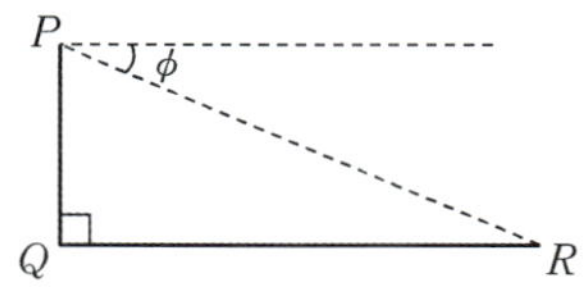

[그림 22-31]

*[문제 23] 전봇대가 수평인 땅 위에 세워져 있다. 전봇대의 밑동으로부터 80 m인 지점에서 전봇대의 꼭대기를 올려다 본 각이 23°이다. 전봇대의 높이를 가장 근접한 [m] 단위로 계산하라.

[그림 22-32]는 전봇대 AB와 점 C에서 점 A를 올려다 본 각이 23°임을 나타낸다.

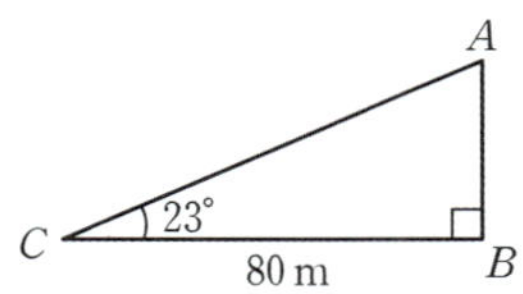

[그림 22-32]

$$\tan 23° = \frac{AB}{BC} = \frac{AB}{80}$$

그러므로 전봇대의 높이를 가장 근접한 [m] 단위로 나타내면 다음과 같다.

$$\begin{aligned} AB &= 80\tan 23° \\ &= 80\,(0.4245) = 33.96\,\text{m} \\ &= \mathbf{34\,m} \end{aligned}$$

*[문제 24] 측량사가 수직인 빌딩 꼭대기를 올려다 본 각을 19°로 측량하였다. 이 사람이 빌딩을 향해 120 m 더 가까이 이동한 후 올려다 본 각은 47°이다. 이 빌딩의 높이를 구하라.

[그림 22-33]은 빌딩 PQ와 이 빌딩을 올려다 본 각을 나타낸다.

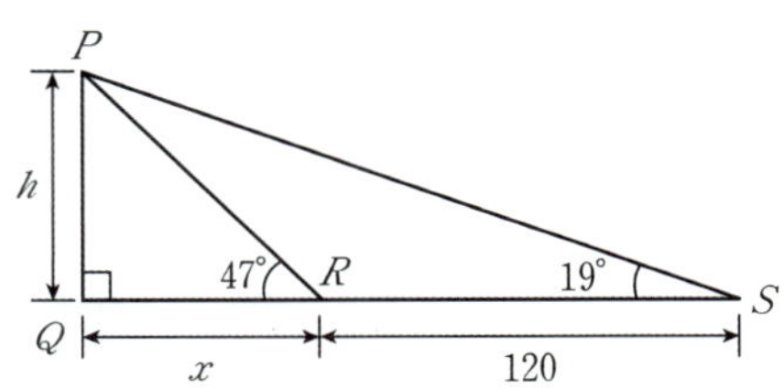

[그림 22-33]

삼각형 PQS에서, $\tan 19° = \dfrac{h}{x+120}$이므로 다음과 같다.

$$h = \tan 19°(x+120),\ 즉\ h = 0.3443(x+120) \quad \cdots ❶$$

삼각형 PQR에서 $\tan 47° = \dfrac{h}{x}$이므로 다음과 같다.

$$h = \tan 47°(x),\ 즉\ h = 1.0724x \quad \cdots ❷$$

식 ❶과 ❷를 같다고 하면 다음과 같이 구할 수 있다.

$$0.3443(x+120) = 1.0724x$$
$$0.3443x + (0.3443)(120) = 1.0724x$$
$$(0.3443)(120) = (1.0724 - 0.3443)x$$
$$41.316 = 0.7281x$$
$$x = \frac{41.316}{0.7281} = 56.74\,\text{m}$$

식 ❷로부터 **빌딩의 높이**는 다음과 같다.

$$\boldsymbol{h} = 1.0724x = 1.0724(56.74) = \mathbf{60.85\,m}$$

*[문제 25] 어떤 순간에 75m 높이의 수직 절벽의 꼭대기에서 배를 내려다 본 각이 30°이다. 이 순간에 절벽 바닥으로부터 배까지의 거리를 구하라. 이 배는 일정한 속력으로 절벽으로부터 멀어져 가고 있으며, 1분 후에 절벽 꼭대기에서 내려다 본 각이 20°이다. 이 배의 속력을 [km/h] 단위로 구하라.

[그림 22-34]는 절벽 AB와 배의 처음 위치 C, 그리고 마지막 위치 D를 나타낸다. 처음에 내려다 본 각이 30°이므로 $\angle ACB = 30°$이다(평행선 사이의 엇각).

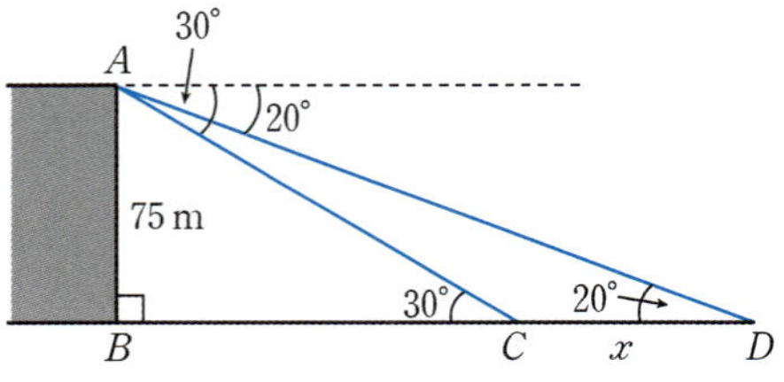

[그림 22-34]

$\tan 30° = \dfrac{AB}{BC} = \dfrac{75}{BC}$이므로 다음과 같이 구할 수 있다.

$$BC = \frac{75}{\tan 30°}$$

= 129.9 m = (절벽 밑으로부터 배의 처음 위치)

삼각형 ABD에서 다음이 성립한다.

$$\tan 20° = \frac{AB}{BD} = \frac{75}{BC+CD} = \frac{75}{129.9+x}$$

그러므로 $129.9 + x = \dfrac{75}{\tan 20°} = 206.06\,\text{m}$이므로 다음과 같다.

$$x = 206.06 - 129.9 = 76.16\,\text{m}$$

따라서 배는 1분, 즉 60초에 76.16m를 항해한다. 그러므로 배의 속력은 다음과 같다.

$$\textbf{배의 속력} = \frac{거리}{시간} = \frac{76.16}{60}\,\text{m/s}$$
$$= \frac{76.16 \times 60 \times 60}{60 \times 1000}\,\text{km/h} = \mathbf{4.57\,km/h}$$

◆ **이제 다음 연습문제를 풀어보자.**

[연습문제 114] 양각과 부각

*1 수직인 탑이 평지에 세워져 있다. 탑의 바닥으로부터 105m인 지점에서 탑의 꼭대기를 올려다 본 각이 19°이다. 탑의 높이를 구하라.

*2 수직으로 서 있는 30m 높이의 안테나를 올려다 본 각이 32°이다. 안테나까지의 거리는 얼마인가?

*3 높이가 90.0m인 수직 절벽의 꼭대기에서 배를 내려다 본 각이 19°50′이다. 절벽에서 배까지의 거리를 구하라.

*4 높이가 80.0m인 수직 절벽의 꼭대기에서 두 부표를 내려다 본 각이 각각 23°와 15°이고, 두 부표는 절벽의 서쪽에 놓여있다. 두 부표는 서로 얼마나 떨어져 있는가?

*5 평지 위의 한 지점에서 측량사가 깃대의 꼭대기를 올려다 본 각을 18°40′으로 측량했다. 이 사람이 깃대를 향하여 50m 이동한 후 올려다 본 각을 26°22′으로 측정했을 때, 깃대의 높이를 구하라.

*6 깃대가 빌딩 꼭대기의 모서리에 서 있다. 빌딩으로부터 200 m인 지점에서 깃대의 위와 밑을 올려다 본 각이 각각 32°와 30°이다. 깃대의 높이를 구하라.

*7 바다에 떠 있는 배에서 수직 절벽의 모서리에 서 있는 등대의 꼭대기와 밑을 올려다 본 각이 각각 31°와 26°이다. 등대의 높이가 25.0 m일 때, 절벽의 높이를 계산하라.

*8 평지에서 4.2 m 높이의 창문으로부터 길 건너편에 있는 건물의 바닥을 내려다 본 각이 24°이고, 건물의 꼭대기를 올려다 본 각이 34°이다. 길의 폭과 건물의 높이를 가장 근접한 [cm] 단위로 보정하여 구하라.

*9 탑의 서쪽과 동쪽에 있는 두 지점에서 탑을 올려다 본 각이 각각 20°와 24°이고, 두 관찰 지점이 300 m 떨어져 있다. 가장 근접한 [m] 단위로 탑의 높이를 구하라.

[연습문제 115] 삼각법 입문에 대한 선다형 문제

※ 각 문제의 정답은 한 개이다.

1 [그림 22-35]의 직각삼각형 ABC에서 $\sin A$는 얼마인가?

(a) b/a (b) c/b (c) b/c (d) a/b

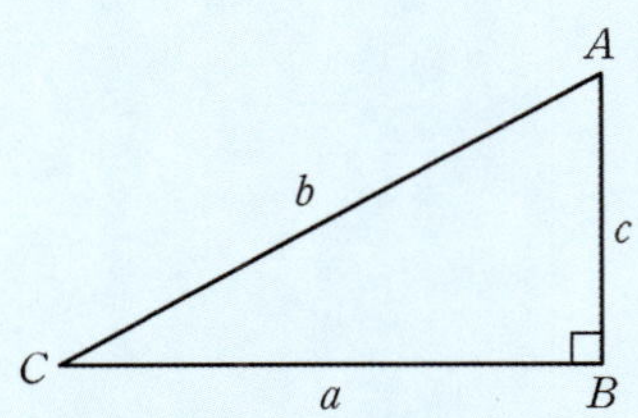

[그림 22-35]

2 [그림 22-35]의 직각삼각형 ABC에서 $\cos C$는 얼마인가?

(a) a/b (b) c/b (c) a/c (d) b/a

3 [그림 22-35]의 직각삼각형 ABC에서 $\tan A$는 얼마인가?

(a) b/c (b) a/c (c) a/b (d) c/a

4 [그림 22-36]에 있는 삼각형 형판 ABC에서 변 AC의 길이는 얼마인가?

(a) 6.17 cm (b) 11.17 cm
(c) 9.22 cm (d) 12.40 cm

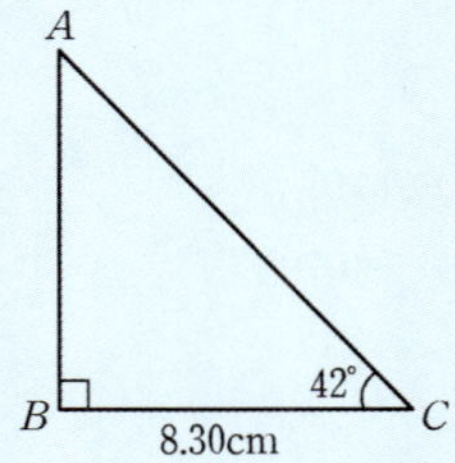

[그림 22-36]

5 $\sin(-2.6\,\text{rad})$를 소수점 아래 3자리로 보정하면 얼마인가?

(a) 0.516 (b) −0.045
(c) −0.516 (d) 0.045

6 [그림 22-37]에 있는 직각삼각형 PQR에서 각 R과 같은 것은 무엇인가?

(a) 41.41° (b) 48.59°
(c) 36.87° (d) 53.13°

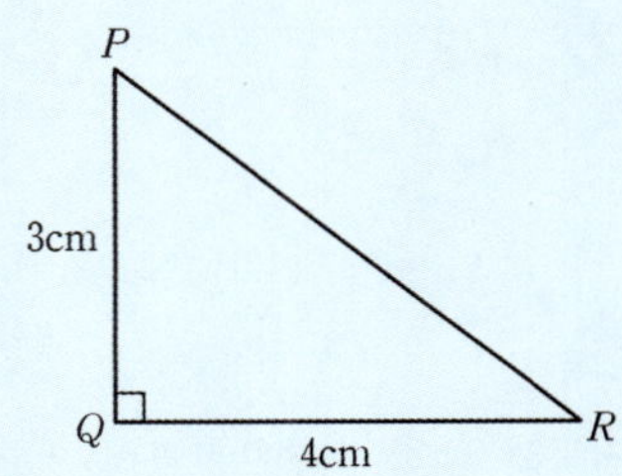

[그림 22-37]

7 $\cos A = \dfrac{12}{13}$일 때, $\sin A$는 무엇인가?

(a) $\dfrac{5}{13}$ (b) $\dfrac{13}{12}$ (c) $\dfrac{5}{12}$ (d) $\dfrac{12}{5}$

8 [그림 22-38]의 삼각형 XYZ의 넓이는 얼마인가?

(a) 24.22 cm^2 (b) 19.35 cm^2
(c) 38.72 cm^2 (d) 32.16 cm^2

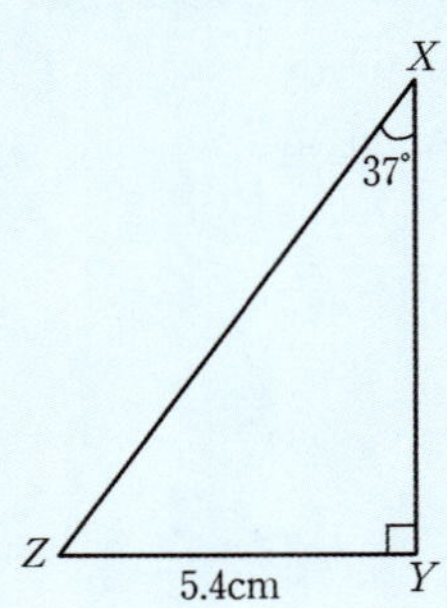

[그림 22-38]

9 [그림 22-38]에서 변 XZ의 길이는 얼마인가?

(a) 4.313 cm (b) 7.166 cm

(c) 8.973 cm (d) 6.762 cm

10 $\cos\left(\frac{-3\pi}{4}\right)$를 소수점 아래 3자리로 보정하면 얼마인가?

(a) 0.999 (b) 0.707

(c) −0.999 (d) −0.707

11 $\tan 60°$와 동치인 것은 무엇인가?

(a) $\frac{1}{\sqrt{3}}$ (b) $\frac{\sqrt{3}}{2}$

(c) $\frac{1}{2}$ (d) $\sqrt{3}$

12 수직인 탑이 평지에 세워져 있다. 탑의 바닥으로부터 100 m인 지점에서 탑의 꼭대기를 올려다 본 각이 20°이면, 탑의 높이는 얼마인가?

(a) 274.7 m (b) 36.4 m

(c) 34.3 m (d) 94.0 m

13 $\cos 60°$와 동치인 것은 무엇인가?

(a) $\frac{1}{2}$ (b) $\frac{2}{\sqrt{3}}$

(c) $\frac{\sqrt{3}}{2}$ (d) $\frac{1}{\sqrt{3}}$

14 10 m의 사다리가 건물의 수직 벽면으로부터 2.5 m 떨어져 있다. 건물에 놓인 사다리 꼭대기의 높이는 얼마인가?

(a) 9.68 m (b) 7.5 m

(c) 10.31 m (d) 2.74 m

15 탑의 바닥으로부터 120 m 높이에 서있는 측량사가 구조물의 꼭대기를 바라다본 각이 60°이다. 가장 근접한 [m] 단위로 구한 탑의 높이는 얼마인가?

(a) 60 m (b) 69 m

(c) 104 m (d) 208 m

Chapter

23 삼각파형

Trigonometric waveforms

삼각파형을 이해하는 것이 왜 중요할까?

삼각함수 그래프는 자연과학과 공학의 모든 분야에서 파형, 엔진, 음향학, 전자공학, 인구, 자외선 강도, 식물과 동물의 증식 등과 같이 서로 다른 자연현상과 기계적 현상을 모형화하는 데 공통적으로 사용된다. 주기적인 삼각함수 그래프란 일정한 시간이 경과할 때마다 그래프 모양이 정확히 반복되는 것을 의미한다. 조수(밀물과 썰물), 온도, 지구의 공전과 같이 규칙적인 사이클을 갖는 모든 것은 사인 또는 코사인 곡선을 이용하여 모형화될 수 있다. 전기전자공학에서 사용되는 가장 보편적인 주기신호 파형은 사인파형이다. 그러나 교류(AC) 파형이 항상 사인과 코사인 함수에 기초한 매끄러운 형상을 취하는 건 아니다. 교류(AC) 파형을 사각형 또는 삼각형 모양의 파형으로 만들 수도 있다. 따라서 공학에서 사인과 코사인 파형에 대해 명확하게 이해하는 것이 중요하다.

학습포인트

- 사인, 코사인, 탄젠트 파형을 그린다.
- 임의의 각의 크기를 결정한다.
- 사이클, 진폭, 주기, 주기시간, 주파수, 사인 및 코사인 파형에 대한 앞선 각/뒤진 각을 이해한다.
- $A\sin(\omega t \pm \alpha)$ 형태의 정현파를 포함하는 계산을 수행한다.

23.1 삼각함수의 그래프

0°에서 360°까지 값을 나타낸 표를 그림으로 나타내면, $y=\sin A$, $y=\cos A$, $y=\tan A$의 그래프가 그려진다. 계산기를 이용해 30° 간격으로 구한 값(그림을 보다 명확히 나타내기 위해 소수점 아래 3자리로 보정함)은 아래 표와 같으며, 이에 대한 그래프는 [그림 23-1]에 나타냈다.

(a) $y=\sin A$

A	0	30°	60°	90°	120°	150°	180°
$\sin A$	0	0.500	0.866	1.000	0.866	0.500	0

A	210°	240°	270°	300°	330°	360°
$\sin A$	−0.500	−0.866	−1.000	−0.866	−0.500	0

(b) $y=\cos A$

A	0	30°	60°	90°	120°	150°	180°
$\cos A$	1.000	0.866	0.500	0	−0.500	−0.866	−1.000

A	210°	240°	270°	300°	330°	360°
$\cos A$	−0.866	−0.500	0	0.500	0.866	1.000

(c) $y=\tan A$

A	0	30°	60°	90°	120°	150°	180°
$\tan A$	0	0.577	1.732	∞	−1.732	−0.577	0

A	210°	240°	270°	300°	330°	360°
$\tan A$	0.577	1.732	∞	−1.732	−0.577	0

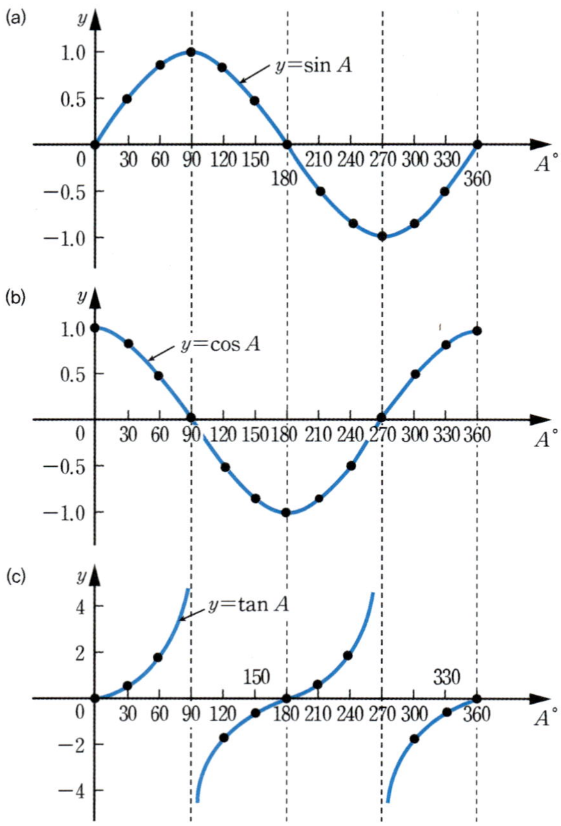

[그림 23-1]

[그림 23-1]로부터 다음을 알 수 있다.

❶ 사인(sin)과 코사인(cos) 그래프는 최댓값/최솟값 ±1 사이에서 진동한다.

❷ 코사인(cos) 곡선은 사인(sin) 곡선과 모양은 동일하지만, 위상은 90°만큼 차이가 난다.

❸ 사인(sin)과 코사인(cos) 곡선은 연속이고, 360° 구간마다 반복된다. 그리고 탄젠트(tan) 곡선은 불연속이고, 180° 구간마다 반복된다.

23.2 임의의 크기의 각

[그림 23-2]는 원점 0에서 교차하는 사각형 축 XX'과 YY'을 보여준다. 0의 오른쪽 위로 만들어진 측정값은 양수이고, 0의 왼쪽 아래로 만들어진 측정값은 음수이다.

선분 $0A$가 0을 중심으로 자유롭게 회전한다고 하자. 관례상, $0A$가 반시계방향으로 움직여서 만들어진 각을 양수로 측정하고, 시계방향으로 움직여서 만들어진 각을 음수로 측정한다.

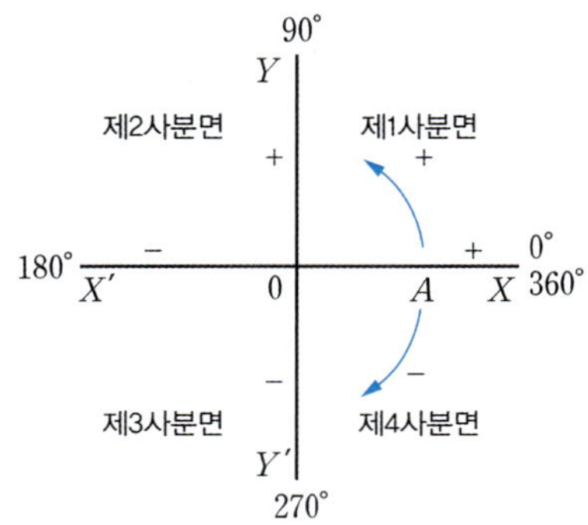

[그림 23-2]

$0A$가 임의의 각 θ_1만큼 회전하여 제1사분면 위에 위치하였다고 하자. [그림 23-3]에서 직각삼각형 $0AB$를 만들기 위해 AB가 수직을 이루도록 설정한다. 삼각형의 모든 세 변이 양수이므로 삼각비 sin, cos, tan는 제1사분면에서 모두 양수이다.

Check $0A$는 원의 반지름이므로 항상 양수이다.

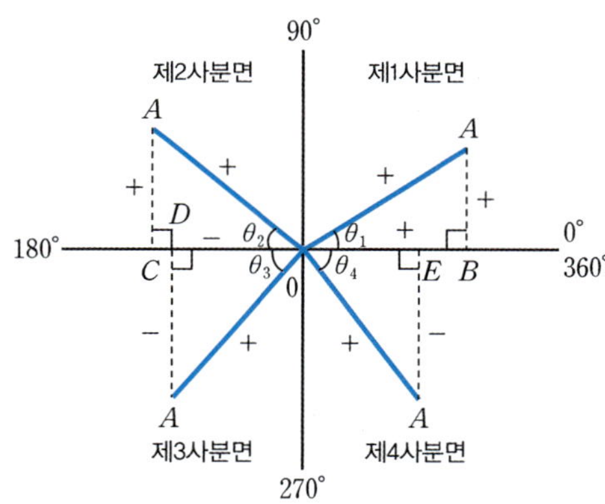

[그림 23-3]

$0A$가 임의의 각 θ_2만큼 회전하여 제2사분면 위에 위치하였다고 하자. 그리고 직각삼각형 $0AC$가 되도록 AC를 만든다. 그러면 다음과 같다.

$$\sin\theta_2 = \frac{+}{+} = +,\quad \cos\theta_2 = \frac{-}{+} = -,\quad \tan\theta_2 = \frac{+}{-} = -$$

$0A$가 임의의 각 θ_3만큼 회전하여 제3사분면 위에 위치하였다고 하자. 그리고 직각삼각형 $0AD$가 되도록 AD를 만든다. 그러면 다음과 같다.

$$\sin\theta_3 = \frac{-}{+} = -,\quad \cos\theta_3 = \frac{-}{+} = -,\quad \tan\theta_3 = \frac{-}{-} = +$$

0A가 임의의 각 θ_4만큼 회전하여 제4사분면 위에 위치하였다고 하자. 그리고 직각삼각형 0AE가 되도록 AE를 만든다. 그러면 다음과 같다.

$$\sin\theta_4 = \frac{-}{+} = -,\quad \cos\theta_4 = \frac{+}{+} = +,\quad \tan\theta_4 = \frac{-}{+} = -$$

위의 결과는 [그림 23-4]와 같이 요약할 수 있다.

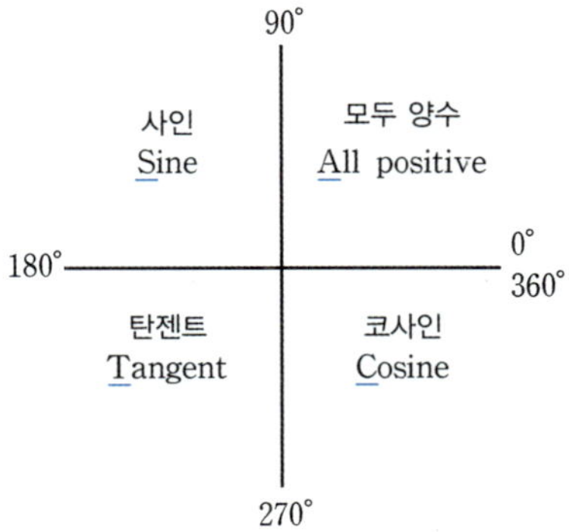

[그림 23-4]

제1사분면에서는 모든 삼각비가 양수이고, 제2사분면에서는 sin만 양수이다. 그리고 제3사분면에서는 tan만 양수이고, 제4사분면에서는 cos만 양수이다. [그림 23-4]에서 밑줄을 그은 문자들은 제4사분면에서 시작하여 반시계방향으로 움직일 때 단어 CAST가 된다.

[그림 23-1]의 제1사분면에서 모든 곡선이 양의 값을 갖고, 제2사분면에서는 sin만 양수이고, 제3사분면에서는 tan만 양수, 제4사분면에서는 cos만 양수이다. 이는 [그림 23-4]에 요약한 내용과 정확히 일치함을 알 수 있다.

임의 크기의 각에 대한 정보는, 가령 사인 값이 0.3261인 0°와 360° 사이의 모든 각을 구할 때 필요하다. 계산기에서 0.3261을 입력하고 inverse sine 키를 누르면(또는 $\sin^{-1}$ 키), 답은 19.03°로 구해진다. 그러나 계산기가 제공하지 못하는 0°와 360° 사이의 두 번째 각이 존재한다. 물론 사인 값은 제2사분면에서 양수이다(CAST 또는 [그림 23-1(a)]로부터). 또 다른 각은 $\theta = 180° - 19.03° = 160.97°$인 각 θ로서 이는 [그림 23-5]에서와 같이 나타난다. 따라서 19.03°와 160.97°는 사인 값이 0.3261인 0°와 360° 사이의 각이다.

Check 계산기로 $\sin 160.97° = 0.3261$임을 확인하라.

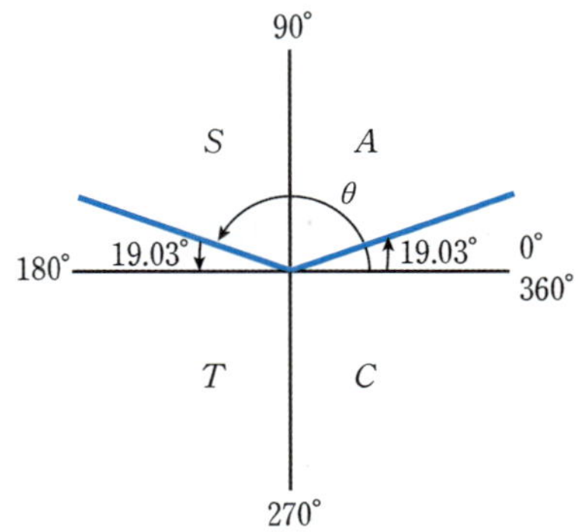

[그림 23-5]

다시 한 번 말하지만, 계산기는 이러한 값들 중에서 어느 하나만 제공할 수 있음에 주의해야 한다. 두 번째 답은 다음 문제들과 같이 임의의 크기의 각에 대한 정보로부터 추론할 수 있다.

*[문제 1] sin 값이 −0.4638인 0°와 360° 사이의 모든 각을 구하라.

sin이 제3사분면과 제4사분면에서 음수이므로, sin 값이 −0.4638인 각은 제3, 4사분면에서 나타난다([그림 23-6] 참조). [그림 23-7]로부터 $\theta = \sin^{-1}0.4638 = 27.63°$이다. 0°에서부터 측정되어 0°와 360° 사이에서 sin 값이 −0.4638인 두 각은 $180° + 27.63° =$ **207.63°**와 $360° - 27.63° =$ **332.37°**이다(계산기를 사용하여 $\sin^{-1}(-0.4638)$을 구하면 한 개의 답 −27.632588°만 얻을 수 있다).

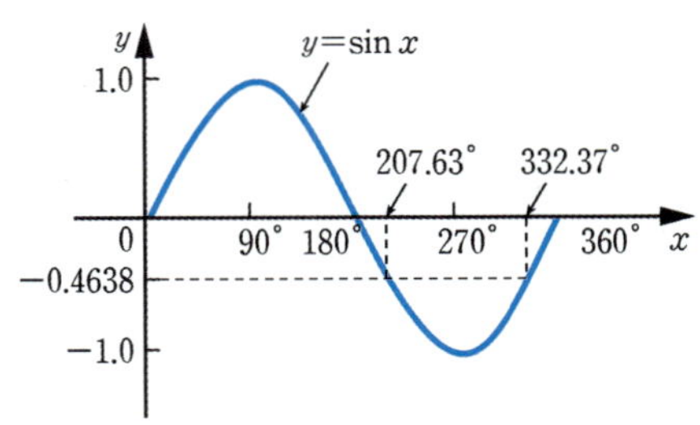

[그림 23-6]

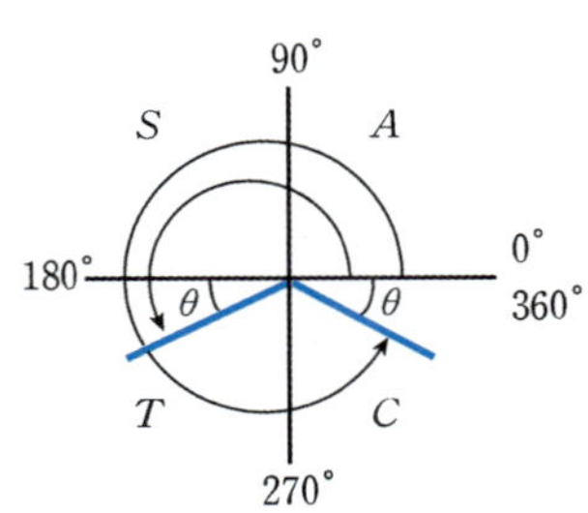

[그림 23-7]

*[문제 2] tan 값이 1.7629인 0°와 360° 사이의 모든 각을 구하라.

tan는 제1사분면과 제3사분면에서 양수이다([그림 23-8]).

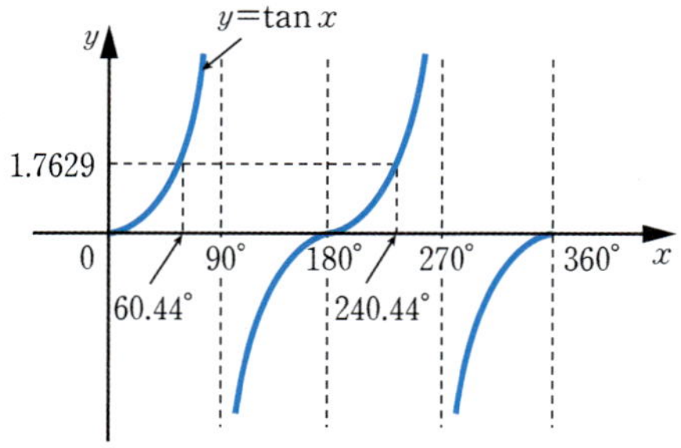

[그림 23-8]

[그림 23-9]로부터, $\theta=\tan^{-1}1.7629=60.44°$이다. 0°에서부터 측정되어 0°와 360° 사이에서 tan 값이 1.7629인 두 각은 **60.44°**와 $180°+60.44°=$**240.44°**이다.

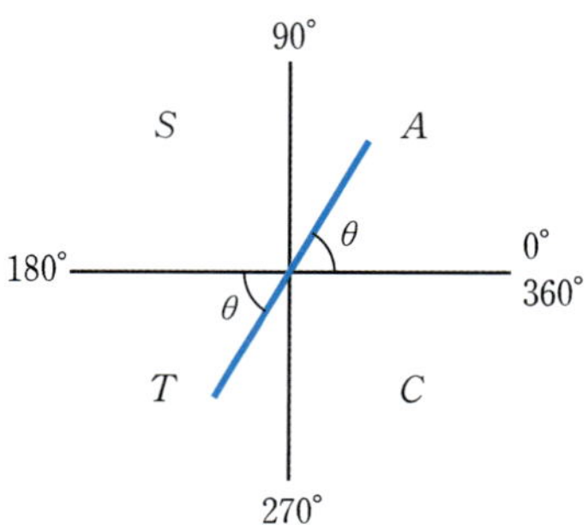

[그림 23-9]

*[문제 3] 0°와 360° 사이의 각 α에 대해 방정식 $\cos^{-1}(-0.2348)=\alpha$를 풀어라.

cos은 제1, 4사분면에서 양수이고, 제2, 3사분면에서는 음수이다. [그림 23-10] 또는 [그림 23-1(b)]를 살펴보자. [그림 23-10]에서, 각 $\theta=\cos^{-1}(0.2348)=76.42°$이다. 0°에서부터 측정되어 cos 값이 -0.2348인 두 각은 다음과 같다.

$$\alpha=180°-76.42°=\mathbf{103.58°}$$
$$\alpha=180°+76.42°=\mathbf{256.42°}$$

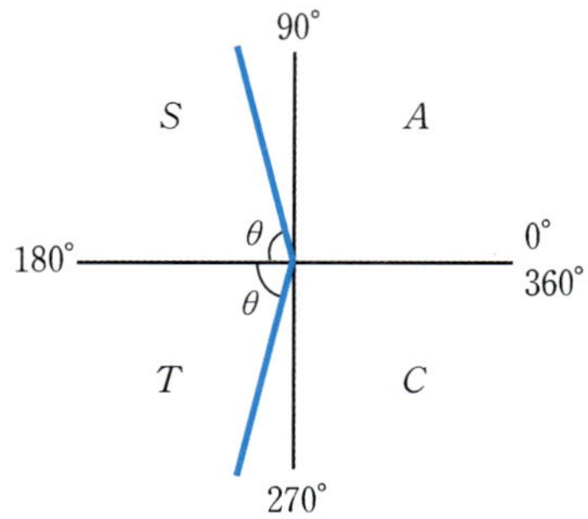

[그림 23-10]

◆ **이제 다음 연습문제를 풀어보자.**

[연습문제 116] 임의의 크기의 각

*1 sin 값이 다음 값이 되는 0°와 360° 사이의 모든 각을 구하라.
(a) 0.6792 (b) -0.1483

*2 0°와 360° 사이에 있는 x 값에 대해 다음 방정식을 풀어라.
(a) $x=\cos^{-1}0.8739$ (b) $x=\cos^{-1}(-0.5572)$

*3 tan 값이 다음 값이 되는 0°와 360° 사이의 모든 각을 구하라.
(a) 0.9728 (b) -2.3420

※ (문제 4~6) 0°와 360°의 범위에서, 주어진 방정식의 답을 도(°)와 분(′)으로 나타내라.

*4 $\cos^{-1}(-0.5316)=t$

*5 $\sin^{-1}(-0.6250)=\alpha$

*6 $\tan^{-1}0.8314=\theta$

23.3 사인 및 코사인 곡선의 생성

[그림 23-11]에서 OR을 0에 대해 반시계방향으로 자유로이 회전하는 길이 1인 단위벡터라고 하자. 단위벡터가 1회전하면 중심각이 15°인 부채꼴로 나타낸 하나의 원이 생긴다. 부채꼴 각각의 반지름들은 수직과 수평인 성분을 갖는다. 예를 들어, 30°에서 수직 성분은 TS이고 수평 성분은 OS이다. 삼각형 OST에서 다음과 같이 생각할 수 있다.

$$\sin 30° = \frac{TS}{TO} = \frac{TS}{1}, \text{ 즉 } TS = \sin 30°$$

$$\cos 30° = \frac{OS}{TO} = \frac{OS}{1}, \text{ 즉 } OS = \cos 30°$$

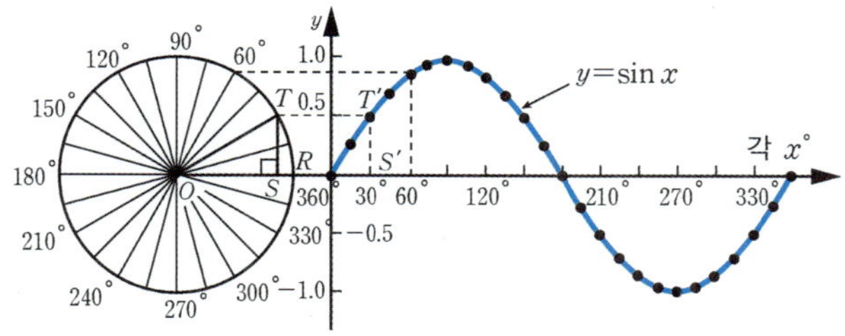

[그림 23-11]

23.3.1 사인파

수직 성분 TS는 $T'S'$으로 투영될 수 있으며, 이것은 각 $x°$에 대한 y의 그래프에서 30°에 대응하는 값이다. TS와 같은 모든 수직 성분이 투영되면, [그림 23-11]과 같이 사인파sine wave가 만들어진다.

23.3.2 코사인파

OS와 같은 모든 수평 성분이 각 $x°$에 대한 y의 그래프에서 투영되면 코사인파cosine wave가 만들어진다. [그림 23-12]와 같이 반지름 OR이 처음에 수직 위치에서부터 시작하는 원을 다시 그리면 이러한 투영을 쉽게 그려볼 수 있다.

[그림 23-11]과 [그림 23-12]를 비교해보면, 코사인 곡선은 사인 곡선과 모양은 동일하나 위치는 90°(또는 $\frac{\pi}{2}$ 라디안) 만큼 이동된 것을 알 수 있다. 사인파와 코사인파는 모두 360°마다 반복된다.

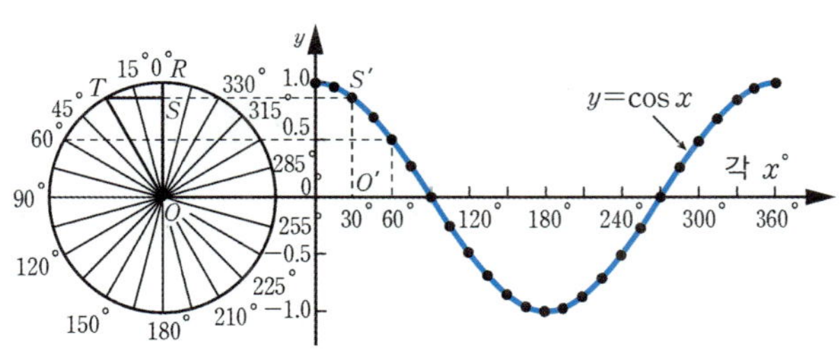

[그림 23-12]

23.4 사인 및 코사인 파형과의 관련 용어

사인파는 공학에서 매우 중요하다. 예를 들어, (주 공급원이 사인파인) 교류 전류와 단순조화운동 등이 사인파와 관련이 있다.

23.4.1 사이클

사인파가 양의 값과 음의 값 모두를 완전히 지났을 때, 1사이클cycle을 완료했다고 한다. 사인의 1사이클은 [그림 23-1(a)]와 [그림 23-11]에 표현되었다.

23.4.2 진폭

진폭은 사인파가 반 회전할 때 이루어지는 최댓값이다. 진폭amplitude의 또 다른 이름으로는 피크값peak value 또는 최댓값maximum value이 있다.

사인파 $y = 5\sin x$는 진폭 5를 갖고, 사인파 $v = 200\sin 314t$는 진폭 200을 갖는다. 그리고 사인파 $y = \sin x$는 [그림 23-11]에서 볼 수 있듯이 진폭 1을 갖는다.

23.4.3 주기

파형 $y = \sin x$와 $y = \cos x$는 매 360°마다 반복된다. 따라서 각각 주기period는 360°이다. $y = \tan x$의 파형은 주기 180°를 갖는다([그림 23-1(c)] 참조).

$y = 3\sin 2A$의 그래프는 [그림 23-13]에서와 같이 **진폭 3**과 **주기 180°**를 갖는다. $y = \sin 3A$의 그래프는 [그림 23-14]에서와 같이 **진폭 1**과 **주기 120°**를 갖는다.
$y = 4\cos 2x$의 그래프는 [그림 23-15]에서와 같이 **진폭 4**와 **주기 180°**를 갖는다.

일반적으로, **$y = A\sin px$와 $y = A\cos px$이면, 진폭$= A$이고 주기$= \frac{360°}{p}$이다.**

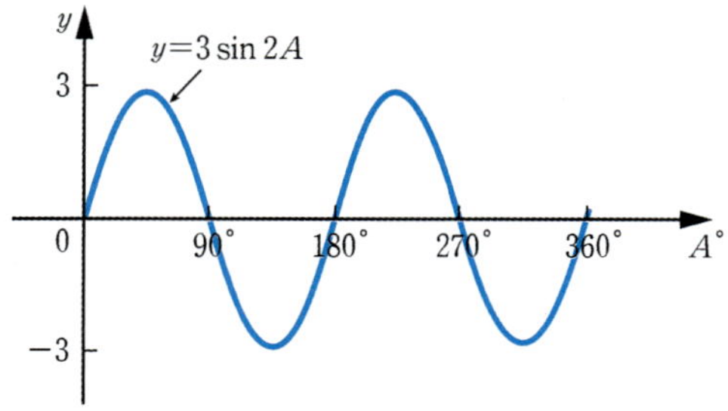

[그림 23-13]

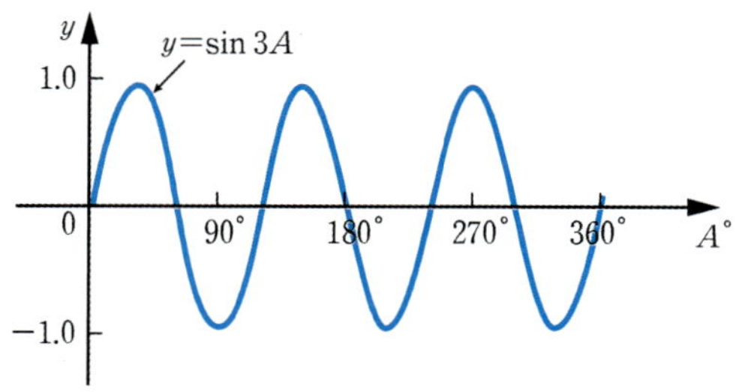

[그림 23-14]

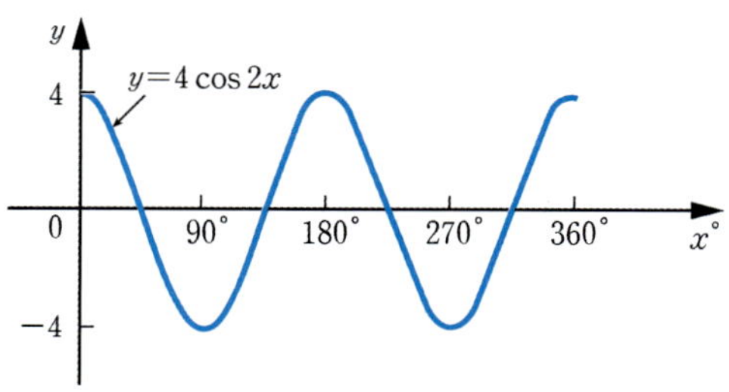

[그림 23-15]

[문제 4] $y=2\sin\frac{3}{5}A$의 그래프를 1사이클 그려라.

진폭=2, 주기$=\dfrac{360°}{\frac{3}{5}}=\dfrac{360°\times 5}{3}=\mathbf{600°}$이다.

$y=2\sin\frac{3}{5}A$의 그래프는 [그림 23-16]과 같다.

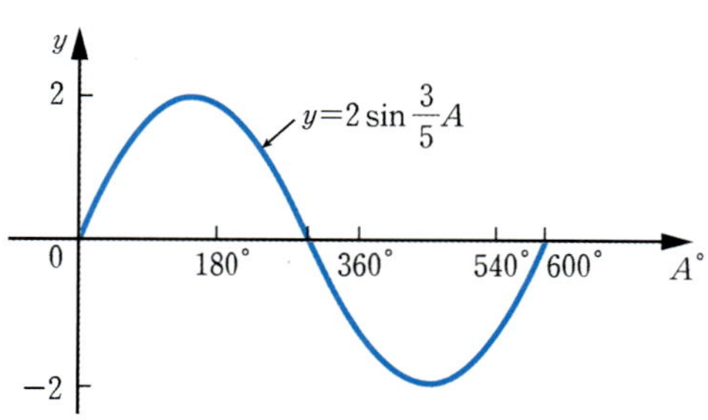

[그림 23-16]

23.4.4 주기시간

실제로, 사인파의 수평축은 시간이 된다. 사인파가 1사이클을 이루는 시간을 주기시간periodic time T라 한다. 시간 t[ms]에 대한 전압 v[V]의 사인파는 [그림 23-17]과 같다. 여기서 진폭은 10V이고, 주기시간은 20ms, 즉 $T=20\,\text{ms}$이다.

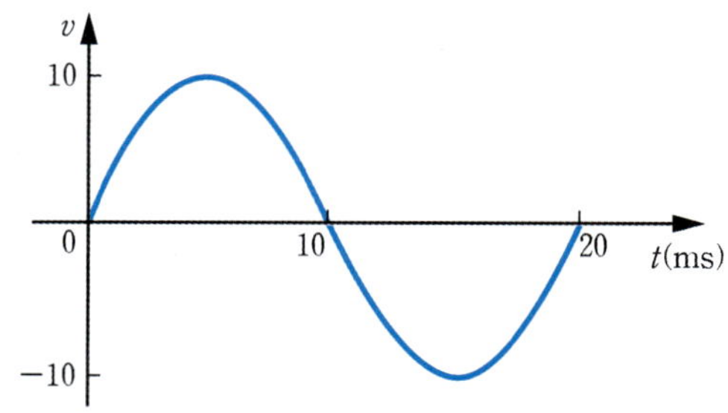

[그림 23-17]

23.4.5 주파수

1초 동안에 이루어진 회전수를 주파수frequency f라 하고, 헤르츠[Hz]로 측정한다.

$$f=\frac{1}{T} \quad \text{또는} \quad T=\frac{1}{f}$$

***[문제 5]** [그림 23-17]과 같은 사인파의 주파수를 구하라.

[그림 23-17]의 사인파에서 $T=20\,\text{ms}$이다. 따라서 주파수는 다음과 같다.

$$f=\frac{1}{T}$$

$$=\frac{1}{20\times 10^{-3}}=\mathbf{50\,Hz}$$

***[문제 6]** 주파수가 200kHz인 파형의 주기시간을 구하라.

주파수가 200kHz인 파형의 주기시간 T는 다음과 같이 주어진다.

$$T=\frac{1}{f}=\frac{1}{200\times 10^{3}}$$

$$=5\times 10^{-6}\,\text{s}=\mathbf{5\,\mu s}$$

23.4.6 뒤진 각과 앞선 각

사인 곡선과 코사인 곡선은 항상 0°에서 시작하는 것은 아니다. 그렇기 때문에 주기함수는 $y = A\sin(x \pm \alpha)$로 표현된다. 이 식을 $y = A\sin x$와 비교하면, α는 위상변위를 나타낸다. 예를 들어 보자. $y = \sin A$는 [그림 23-18]에서 점선으로 나타냈으며, 동일한 축 위에 $y = \sin(A - 60°)$가 보인다. **그래프 $y = \sin(A - 60°)$는 $y = \sin A$보다 60°만큼 뒤처진다**[lag]**고 말한다.**

또 다른 예로, $y = \cos A$를 [그림 23-19]에 나타냈고, 동일한 축 위에 $y = \cos(A + 45°)$가 보인다. **그래프 $y = \cos(A + 45°)$는 $y = \cos A$보다 45°만큼 앞선다**[lead]**고 말한다.**

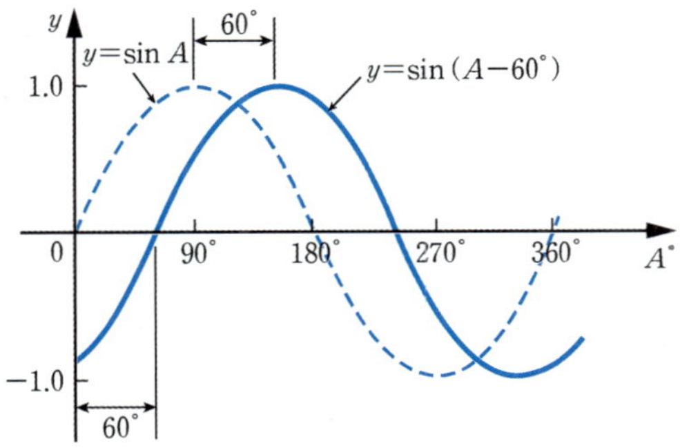

[그림 23-18]

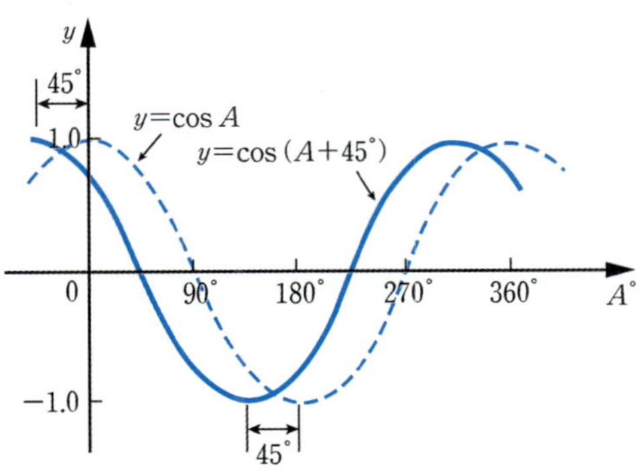

[그림 23-19]

[문제 7] $A = 0°$에서 $A = 360°$까지 $y = 5\sin(A + 30°)$를 그려라.

진폭 = 5이고, **주기** $= \dfrac{360°}{1} =$ **360°**이다.

$5\sin(A + 30°)$는 $5\sin A$보다 30° **앞선다**(즉, 30° 일찍 시작한다).

$y = 5\sin(A + 30°)$의 그래프는 [그림 23-20]과 같다.

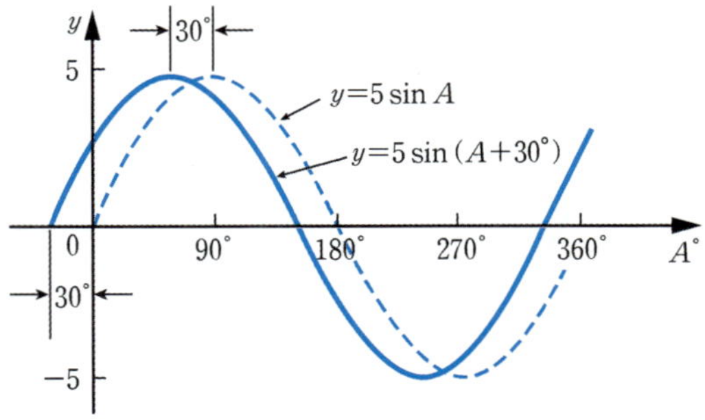

[그림 23-20]

[문제 8] $0 \le A \le 360°$ 범위에서 $y = 7\sin\left(2A - \dfrac{\pi}{3}\right)$를 그려라.

진폭 = 7이고, **주기** $= \dfrac{2\pi}{2} = \pi$ **rad**이다.

일반적으로 **$y = \sin(pt - \alpha)$는 $y = \sin pt$보다 $\dfrac{\alpha}{p}$만큼 뒤처진다.** 그러므로 $7\sin\left(2A - \dfrac{\pi}{3}\right)$는 $7\sin 2A$보다 $\dfrac{\pi/3}{2}$, 즉 $\dfrac{\pi}{6}$ 또는 30°만큼 뒤처진다.

$y = 7\sin\left(2A - \dfrac{\pi}{3}\right)$의 그래프는 [그림 23-21]과 같다.

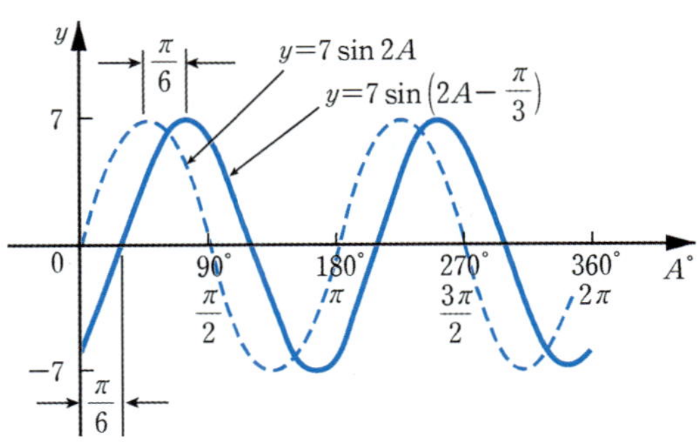

[그림 23-21]

[문제 9] $y = 2\cos\left(\omega t - \dfrac{3\pi}{10}\right)$을 1사이클 그려라.

진폭 = 2이고, **주기** $= \dfrac{2\pi}{\omega}$ **rad**이다.

$y=2\cos\left(\omega t-\frac{3\pi}{10}\right)$는 $2\cos\omega t$보다 $\frac{3\pi}{10\omega}$초만큼 **앞선다.**

$y=2\cos\left(\omega t-\frac{3\pi}{10}\right)$의 그래프는 [그림 23-22]와 같다.

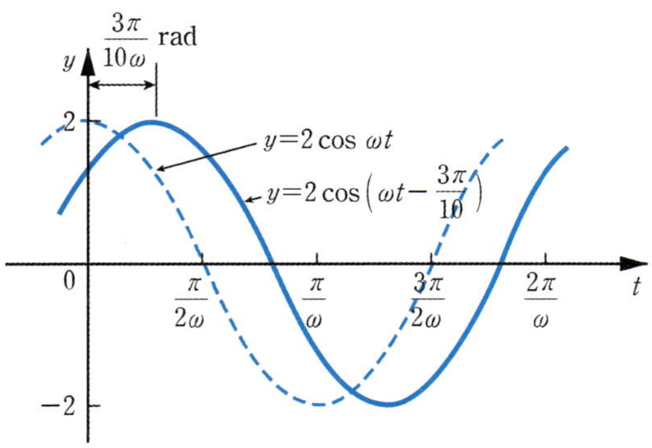

[그림 23-22]

◆ **이제 다음 연습문제를 풀어보자.**

[연습문제 117] 삼각파

*1 $y=5\sin 3x$로 주어진 사인파의 피크값을 구하라.

*2 $y=4\sin 2x$로 주어진 사인파의 주기를 [도] 단위로 구하라.

*3 주기함수 $y=30\cos 5x$의 최댓값을 구하라.

*4 주기함수 $y=25\cos 3x$의 주기를 [도] 단위로 구하라.

※ (문제 5~11) 파형의 진폭과 주기를 설명하고, 0°~360° 범위에서 곡선을 그려라.

5 $y=\cos 3A$

6 $y=2\sin\frac{5x}{2}$

7 $y=3\sin 4t$

8 $y=5\cos\frac{\theta}{2}$

9 $y=\frac{7}{2}\sin\frac{3x}{8}$

10 $y=6\sin(t-45°)$

11 $y=4\cos(2\theta+30°)$

*12 사인파의 주파수가 200 Hz일 때, 주기시간을 구하라.

*13 주기시간이 25 ms인 사인파의 주파수를 구하라.

*14 주파수가 10 kHz인 사인파의 주기시간을 구하라.

*15 교류 전류가 24 ms 동안 15사이클을 완료한다. 이것의 주파수를 구하라.

*16 $y_1=2\sin x$와 $y_2=3\sin(x+50°)$의 그래프가 동일한 축 위에 그려진다. y_2는 y_1에 비해 뒤처지는가, 아니면 앞서는가?

*17 $y_1=6\sin x$와 $y_2=5\sin(x-70°)$의 그래프가 동일한 축 위에 그려진다. y_1은 y_2에 비해 뒤처지는가, 아니면 앞서는가?

23.5 정현파의 형식 : $A\sin(\omega t\pm\alpha)$

사인파가 $y=A\sin(\omega t\pm\alpha)$의 형식으로 표현된다고 할 때,

1. A = 진폭
2. ω = 각속도 = $2\pi f$ rad/s
3. 주파수 $f=\frac{\omega}{2\pi}$ Hz
4. 주기시간 $T=\frac{2\pi}{\omega}$ s, (즉, $T=\frac{1}{f}$)
5. α = 앞선 각 또는 뒤진 각($y=A\sin\omega t$와 비교하여)

정현파의 형식 $A\sin(\omega t\pm\alpha)$를 포함하는 몇 가지 문제를 살펴보자.

*[문제 10] 교류 전류가 $i=30\sin(100\pi t+0.35)$ A로 주어진다. 다음을 구하라.

(a) 진폭 (b) 주파수

(c) 주기시간 (d) 위상각(도, 분으로)

(a) $i=30\sin(100\pi t+0.35)$ A이므로 **진폭 = 30 A**이다.

(b) 각속도가 $\omega=100\pi$ rad/s이므로 **주파수**는 다음과 같다.

$$f=\frac{\omega}{2\pi}=\frac{100\pi}{2\pi}=\mathbf{50\,Hz}$$

(c) **주기시간**은 $T=\frac{1}{f}=\frac{1}{50}=$ **0.02 s** 또는 **20 ms**이다.

(d) 0.35는 **라디안** 단위의 각이다. 라디안과 도의 관계는 다음과 같다.

$$360°=2\pi\text{ rad} \text{ 또는 } 180°=\pi\text{ rad}$$

$$1° = \frac{\pi}{180}\,\text{rad},\ \ 1\,\text{rad} = \frac{180°}{\pi}\ (\approx 57.30°)$$

그러므로 위상각은 다음과 같다.

$$\alpha = 0.35\,\text{rad}$$
$$= \left(\frac{0.35\times180}{\pi}\right)^{\circ} = \mathbf{20.05°}$$

또는 $\boldsymbol{i = 30\sin(100\pi t)}$**보다 20°3′ 앞선 각**

*[문제 11] 진동하는 기구는 최대 변위 2.5m와 주파수 60Hz를 갖는다. $t=0$에서 변위는 90cm이다. 변위를 일반적인 형식인 $A\sin(\omega t\pm\alpha)$로 표현하라.

진폭 = 최대 변위 = 2.5m
각속도, $\omega = 2\pi f = 2\pi(60) = 120\pi$ rad/s

그러므로 다음과 같다.

$$\textbf{변위} = \mathbf{2.5\sin(120\pi t+\alpha)\,m}$$

$t=0$일 때, 변위 = 90cm = 0.90m이므로 다음과 같다.

$$0.90 = 2.5\sin(0+\alpha)$$
$$\sin\alpha = \frac{0.90}{2.5} = 0.36$$
$$\alpha = \sin^{-1}0.36 = 21.10°$$
$$= 21°6' = 0.368\,\text{rad}$$

그러므로 **변위 = $\mathbf{2.5\sin(120\pi t+0.368)}$** m이다.

*[문제 12] 임의의 시간 t초에서 교류 회로의 순간전압은 $v = 340\sin(50\pi t-0.541)$ V로 주어진다. 다음을 구하라.

(a) 진폭, 주파수, 주기시간, 위상각(도)
(b) $t=0$일 때, 전압의 값
(c) $t=10$ms일 때, 전압의 값
(d) 전압이 처음으로 200V에 도달하는 시간
(e) 전압이 최대인 시간
(f) 파형의 1사이클을 그려라.

(a) **진폭 = 340V**

각속도가 $\omega = 50\pi$이므로 다음을 얻는다.

주파수 $f = \frac{\omega}{2\pi} = \frac{50\pi}{2\pi} = \mathbf{25\,Hz}$

주기시간 $T = \frac{1}{f} = \frac{1}{25} = \mathbf{0.04\,s}$ **또는 40ms**

위상각 $\alpha = 0.541\,\text{rad} = \left(\frac{0.541\times180}{\pi}\right)^{\circ}$

$= v$**보다 뒤진 각 31° = $\mathbf{340\sin(50\pi t)}$**

(b) $t=0$일 때,

$$v = 340\sin(0-0.541)$$
$$= 340\sin(-31°) = \mathbf{-175.1\,V}$$

(c) $t=10$ms일 때,

$$v = 340\sin(50\pi\times10\times10^{-3}-0.541)$$
$$= 340\sin(1.0298)$$
$$= 340\sin59° = \mathbf{291.4\,V}$$

(d) $v=200$V일 때,

$$200 = 340\sin(50\pi t-0.541)$$
$$\frac{200}{340} = \sin(50\pi t-0.541)$$

그러므로 다음과 같다.

$$(50\pi t-0.541) = \sin^{-1}\frac{200}{340}$$
$$= 36.03°\ \text{또는}\ 0.628875\,\text{rad}$$
$$50\pi t = 0.628875+0.541$$
$$= 1.169875$$

그러므로 $v=200$V일 때, **시간**은 다음과 같다.

$$t = \frac{1.169875}{50\pi} = \mathbf{7.448\,ms}$$

(e) 전압이 최대일 때, $v=340$V이다. 그러므로 다음과 같다.

$$340 = 340\sin(50\pi t-0.541)$$
$$1 = \sin(50\pi t-0.541)$$
$$50\pi t-0.541 = \sin^{-1}1 = 90°\ \text{또는}\ 1.5708\,\text{rad}$$
$$50\pi t = 1.5708+0.541 = 2.1118$$

그러므로 시간은 $t=\frac{2.1118}{50\pi}=\mathbf{13.44\,ms}$이다.

(f) $v=340\sin(50\pi t-0.541)$ V의 그래프는 [그림 23-23]과 같다.

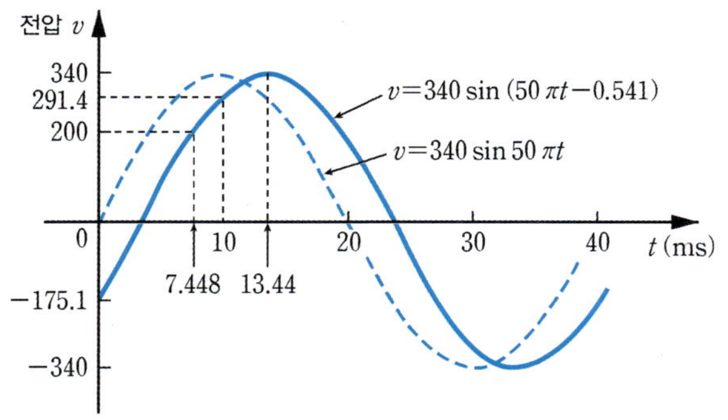

[그림 23-23]

◆ **이제 다음 연습문제를 풀어보자.**

[연습문제 118] 정현파의 형식 $A\sin(\omega t\pm\alpha)$

※ **(문제 1~3)** 각 주어진 정현파에 대해 다음을 구하라.
(a) 진폭 (b) 주파수 (c) 주기시간
(d) 위상각($\sin\omega t$를 앞서는지 뒤처지는지를 설명한다)

*1 $i=40\sin(50\pi t+0.29)$ mA

*2 $y=75\sin(40t-0.54)$ cm

*3 $v=300\sin(200\pi t-0.412)$ V

*4 정현파 전압은 최댓값 120 V이고, 주파수는 50 Hz이다. $t=0$일 때, 전압이 (a) 0, (b) 50 V이다. 순간전압 v를 $v=A\sin(\omega t\pm\alpha)$의 형식으로 표현하라.

*5 교류 전류는 주기시간 25 ms와 최댓값 20 A를 갖는다. 시간 $t=0$일 때, 전류 $i=-10$ A이다. 전류 i를 $i=A\sin(\omega t\pm\alpha)$의 형식으로 표현하라.

*6 진동하는 기구는 최대 변위 3.2 m와 주파수 50 Hz를 갖는다. 시간 $t=0$에서 변위는 150 cm이다. 변위를 $A\sin(\omega t\pm\alpha)$와 같은 일반적인 형식으로 표현하라.

*7 임의의 시간 t초에서 교류 회로의 전류는 $i=5\sin(100\pi t-0.432)$ A로 주어진다. 다음을 구하라.
(a) 진폭, 주파수, 주기시간, 위상각(도)
(b) $t=0$에서 전류의 값
(c) $t=8$ ms에서 전류의 값
(d) 처음으로 전류가 최대로 되는 시간
(e) 처음으로 전류가 3 A에 도달하는 시간
(f) 관련 점을 나타내는 1사이클의 파형을 그려라.

[연습문제 119] 삼각파형에 대한 선다형 문제

※ 각 문제의 정답은 한 개이다.

1 교류 전류는 $i=15\sin(100\pi t-0.25)$ A로 주어진다. 시간 $t=5$ ms일 때 전류 i 값은 얼마인가?
(a) 0.35 A (b) 14.53 A
(c) 15 A (d) 0.41 A

2 진동하는 물질의 고정된 점으로부터의 이동 거리 x m는 $x=3\cos\omega t-4\sin\omega t$로 주어진다. 여기서 t의 단위는 초이다. x에 대한 표현으로 맞는 것은 무엇인가?
(a) $5\sin(\omega t+2.50)$ m (b) $7\sin(\omega t-36.87°)$ m
(c) $5\sin\omega t$ m (d) $-\sin(\omega t-2.50)$ m

3 정현파 전류는 $i=R\sin(\omega t+\alpha)$로 주어진다. 다음 중에서 틀린 것은 무엇인가?
(a) R은 전류의 평균값이다.
(b) 주파수는 $\frac{\omega}{2\pi}$ Hz이다.
(c) ω는 각속도이다.
(d) 주기시간은 $\frac{2\pi}{\omega}$ s이다.

4 교류 전압은 $v=100\sin\left(100\pi t+\frac{\pi}{4}\right)$ V로 주어진다. $v=50$ V일 때의 시간 t는 얼마인가?
(a) 0.093 s (b) −0.908 ms
(c) −0.833 ms (d) −0.162 s

5 $\theta=0°$에서 $\theta=360°$ 범위에서 방정식 $5\sin\theta+2=0$에 대한 θ의 참값은 얼마인가?
(a) 23.58°, 336.42° (b) 23.58°, 203.58°
(c) 156.42°, 336.42° (d) 203.58°, 336.42°

Chapter 24

직각이 아닌 삼각형과 실제 응용

Non-right-angled triangles and some practical applications

직각이 아닌 삼각형과 실제 응용을 이해하는 것이 왜 중요할까?

앞서 22장에서도 언급했듯이, 삼각법을 사용하는 분야에는 천문학, 항해법, 음악이론, 음향학, 광학, 전자공학, 확률론, 통계학, 생물학, 의료영상(시티 촬영, 초음파), 약학, 화학, 지진학, 기상학, 해양학, 다양한 물리 과학, 토지 측량술, 건축학, 경제학, 전기공학, 기계공학, 건축공학, 컴퓨터 그래픽, 지도 제작법, 결정학 등이 있다. 삼각형이 공학에서 사용되는 예는 너무도 많으며, 따라서 이러한 삼각형을 푸는 능력은 매우 중요하다.

학습포인트

- 사인법칙에 대해 설명하고 사용한다.
- 코사인법칙에 대해 설명하고 사용한다.
- 여러 가지 공식을 이용하여 임의의 삼각형의 넓이를 결정한다.
- 사인법칙과 코사인법칙을 적용하여 실질적인 삼각법 문제를 해결한다.

24.1 사인과 코사인법칙

"**삼각형을 푼다.**"는 것은 "**미지의 변과 각을 구한다.**"는 것을 의미한다. 삼각형이 직각이면, 22장에서 살펴보았던 삼각비와 피타고라스 정리[1]를 이용하여 이 문제를 해결할 수 있다. 그러나 직각삼각형이 아니라면 삼각비와 피타고라스 정리를 사용할 수 없다. 대신에, 이때는 **사인법칙**과 **코사인법칙**이라 불리는 두 법칙이 사용된다.

24.1.1 사인법칙

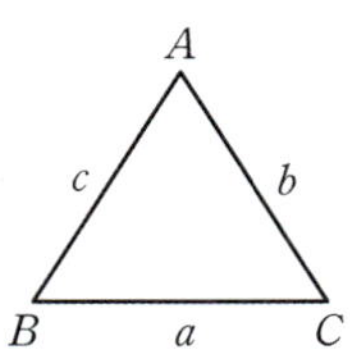

[그림 24-1]

1 **피타고라스는 누구?** 12.3절을 확인하라. 자세한 정보는 www.routledge.com/cw/bird에서 찾을 수 있다.

[그림 24-1]의 삼각형 ABC에 대해, 사인법칙sine rule은 다음과 같다.

$$\frac{a}{\sin A} = \frac{b}{\sin B} = \frac{c}{\sin C}$$

이 법칙은 다음과 같은 경우에 대해서만 사용된다.

❶ 한 변과 임의의 두 각이 처음에 주어졌을 때
❷ 두 변과 끼여 있지 않은 한 각이 처음에 주어졌을 때

24.1.2 코사인법칙

[그림 24-1]의 삼각형 ABC에 대해, 코사인법칙cosine rule은 다음과 같다.

$$a^2 = b^2 + c^2 - 2bc\cos A$$

$$b^2 = a^2 + c^2 - 2ac\cos B$$

$$c^2 = a^2 + b^2 - 2ab\cos C$$

이 법칙은 다음과 같은 경우에 대해서만 사용된다.

❶ 두 변과 끼인각이 처음에 주어졌을 때
❷ 세 변이 처음에 주어졌을 때

24.2 삼각형의 넓이

[그림 24-1]의 ABC와 같은 임의의 삼각형의 넓이는 다음과 같은 방법으로 구할 수 있다.

❶ $\frac{1}{2}\times$ **밑변** $\times$ **수직 높이**

❷ $\frac{1}{2}ab\sin C$ 또는 $\frac{1}{2}ac\sin B$ 또는 $\frac{1}{2}bc\sin A$ [2]

❸ $\sqrt{s(s-a)(s-b)(s-c)}$, 여기서 $s=\frac{a+b+c}{2}$

마지막 공식을 헤론의 공식Heron's formula이라 한다.

24.3 삼각형 및 넓이의 해법에 대한 실전문제

[문제 1] 삼각형 XYZ에서, $\angle X=51°$, $\angle Y=67°$, $YZ=15.2\,\text{cm}$이다. 이 삼각형을 풀고, 삼각형의 넓이를 구하라.

삼각형 XYZ는 [그림 24-2]와 같다.

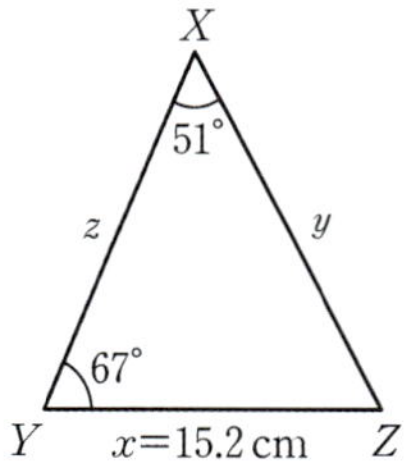

[그림 24-2]

삼각형을 푼다는 것은 $\angle Z$와 변 XZ, XY의 길이를 구하는 것을 의미한다. 삼각형의 내각의 합이 180°이므로 $\boldsymbol{Z}=180°-51°-67°=\mathbf{62°}$이다.

사인법칙을 적용하면 다음과 같다.

$$\frac{15.2}{\sin 51°}=\frac{y}{\sin 67°}=\frac{z}{\sin 62°}$$

$\frac{15.2}{\sin 51°}=\frac{y}{\sin 67°}$이므로 변환하면 다음과 같다.

$$y=\frac{15.2\sin 67°}{\sin 51°}=\mathbf{18.00\,cm}=\boldsymbol{XZ}$$

$\frac{15.2}{\sin 51°}=\frac{z}{\sin 62°}$이므로 변환하면 다음과 같다.

$$z=\frac{15.2\sin 62°}{\sin 51°}=\mathbf{17.27\,cm}=\boldsymbol{XY}$$

$$\text{삼각형 } XYZ\text{의 넓이}=\frac{1}{2}xy\sin Z=\frac{1}{2}(15.2)(18.00)\sin 62°=\mathbf{120.8\,cm^2}$$

또는 다음과 같이 구할 수 있다.

$$\text{넓이}=\frac{1}{2}xz\sin Y=\frac{1}{2}(15.2)(17.27)\sin 67°=\mathbf{120.8\,cm^2}$$

삼각형 문제를 다룰 때, 가장 긴 변이 가장 큰 각과 마주보고, 가장 작은 변이 가장 작은 각과 마주본다는 사실을 확인할 필요가 있다. 이 문제에서 Y가 가장 큰 각이고, XZ가 세 변들 중에서 가장 긴 변이다.

[문제 2] $B=78°51'$, $AC=22.31\,\text{mm}$, $AB=17.92\,\text{mm}$인 삼각형 ABC를 풀어라. 그리고 이 삼각형의 넓이를 구하라.

삼각형 ABC는 [그림 24-3]과 같다.

2 이때, ❷는 ❶의 또 다른 표현에 불과하다.

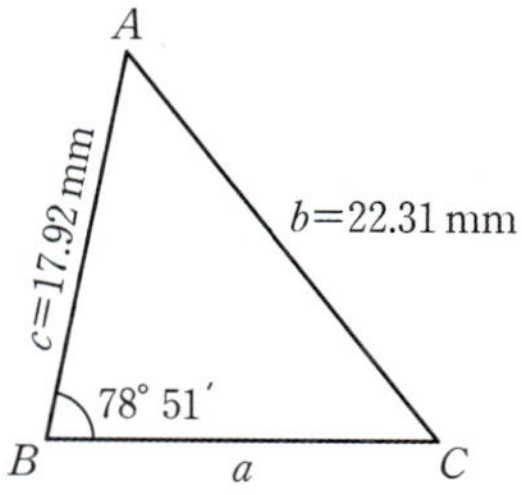

[그림 24-3]

삼각형을 푸는 것은 각 A와 C, 그리고 변 BC의 길이를 구하는 것이다. 사인법칙을 적용하면 다음과 같다.

$$\frac{22.31}{\sin 78°51'} = \frac{17.92}{\sin C}$$

이로부터,

$$\sin C = \frac{17.92 \sin 78°51'}{22.31} = 0.7881$$

따라서,

$$C = \sin^{-1} 0.7881 = 52°0' \text{ 또는 } 128°0'$$

$B = 78°51'$이므로, $128°0' + 78°51'$이 $180°$보다 크기 때문에 C는 $128°0'$이 될 수 없다. 따라서 $\boldsymbol{C = 52°0'}$만 적합하다. 각 $\boldsymbol{A} = 180° - 78°51' - 52°0' = \boldsymbol{49°9'}$이다.

사인법칙을 적용하면 다음과 같다.

$$\frac{a}{\sin 49°9'} = \frac{22.31}{\sin 78°51'}$$

이로부터,

$$\boldsymbol{a} = \frac{22.31 \sin 49°9'}{\sin 78°51'} = \mathbf{17.20\,mm}$$

그러므로 $\boldsymbol{A = 49°9'}$, $\boldsymbol{C = 52°0'}$, $\boldsymbol{BC = 17.20\,\mathrm{mm}}$이다.

$$\textbf{삼각형 } \boldsymbol{ABC} \textbf{의 넓이} = \frac{1}{2} ac \sin B$$

$$= \frac{1}{2}(17.20)(17.92)\sin 78°51'$$

$$= \mathbf{151.2\,mm^2}$$

[문제 3] $QR = 36.5\,\mathrm{mm}$, $PR = 29.6\,\mathrm{mm}$, $\angle Q = 36°$인 삼각형 PQR을 풀고, 넓이를 구하라.

삼각형 PQR은 [그림 24-4]와 같다.

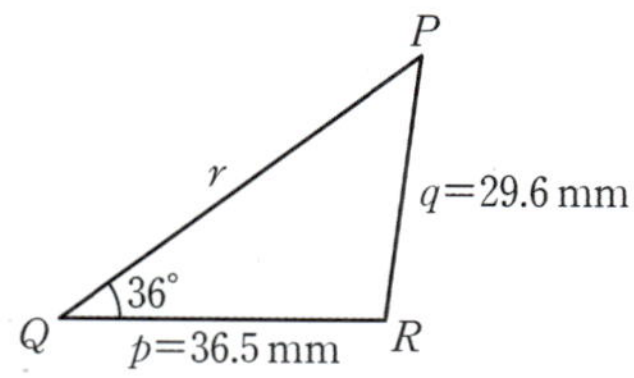

[그림 24-4]

사인법칙을 적용하면 다음과 같다.

$$\frac{29.6}{\sin 36°} = \frac{36.5}{\sin P}$$

이로부터,

$$\sin P = \frac{36.5 \sin 36°}{29.6} = 0.7248$$

따라서,

$$P = \sin^{-1} 0.7248 = 46.45° \text{ 또는 } 133.55°$$

$P = 46.45°$이고 $Q = 36°$이면, $R = 180° - 46.45° - 36° = 97.55°$이다.

$P = 133.55°$이고 $Q = 36°$이면, $R = 180° - 133.55° - 36° = 10.45°$이다.

따라서 이 문제에서는 **두 개**의 해가 얻어지며, 모두 가능한 해이다. 이러한 해를 가용해feasible solutions라고 한다.

[경우 1] $\boldsymbol{P = 46.45°}$, $\boldsymbol{Q = 36°}$, $\boldsymbol{R = 97.55°}$, $\boldsymbol{p = 36.5\,\mathrm{mm}}$, $\boldsymbol{q = 29.6\,\mathrm{mm}}$

사인법칙에 따르면,

$$\frac{r}{\sin 97.55°} = \frac{29.6}{\sin 36°}$$

이로부터,

$$r = \frac{29.6 \sin 97.55°}{\sin 36°} = \mathbf{49.92\,mm} = \boldsymbol{PQ}$$

$$\boldsymbol{PQR}\textbf{의 넓이} = \frac{1}{2} pq \sin R$$

$$= \frac{1}{2}(36.5)(29.6)\sin 97.55°$$

$$= \mathbf{535.5\,mm^2}$$

[경우 2] $P=133.55°$, $Q=36°$, $R=10.45°$,
$p=36.5\,\text{mm}$, $q=29.6\,\text{mm}$

사인법칙에 따르면,

$$\frac{r}{\sin 10.45°}=\frac{29.6}{\sin 36°}$$

이로부터,

$$r=\frac{29.6\sin 10.45°}{\sin 36°}=9.134\,\text{mm}=PQ$$

$$PQR\text{의 넓이}=\frac{1}{2}pq\sin R=\frac{1}{2}(36.5)(29.6)\sin 10.45°$$
$$=97.98\,\text{mm}^2$$

[경우 2]에 대한 삼각형 PQR은 [그림 24-5]와 같다.

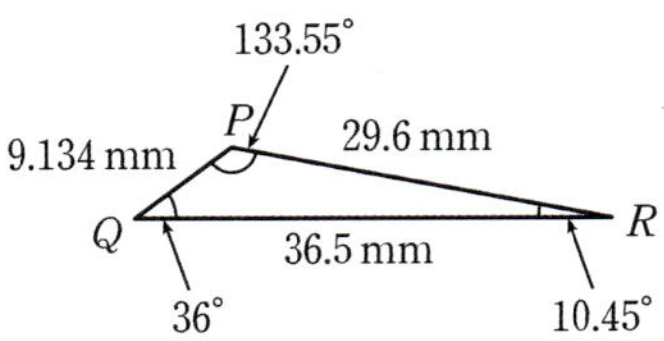

[그림 24-5]

◆ **이제 다음 연습문제를 풀어보자.**

[연습문제 120] 삼각형 및 넓이의 해법

※ (문제 1~2) 사인법칙을 이용하여 삼각형 ABC를 풀고, 넓이를 구하라.

1 $A=29°$, $B=68°$, $b=27\,\text{mm}$

2 $B=71°26'$, $C=56°32'$, $b=8.60\,\text{cm}$

※ (문제 3~4) 사인법칙을 이용하여 삼각형 DEF를 풀고, 넓이를 구하라.

3 $d=17\,\text{cm}$, $f=22\,\text{cm}$, $F=26°$

4 $d=32.6\,\text{mm}$, $e=25.4\,\text{mm}$, $D=104°22'$

※ (문제 5~6) 사인법칙을 이용하여 삼각형 JKL을 풀고, 넓이를 구하라.

5 $j=3.85\,\text{cm}$, $k=3.23\,\text{cm}$, $K=36°$

6 $k=46\,\text{mm}$, $l=36\,\text{mm}$, $L=35°$

24.4 삼각형 및 넓이의 해법에 대한 추가 실전문제

[문제 4] $EF=35.0\,\text{mm}$, $DE=25.0\,\text{mm}$, $\angle E=64°$인 삼각형 DEF를 풀고, 넓이를 구하라.

삼각형 DEF는 [그림 24-6]과 같다.

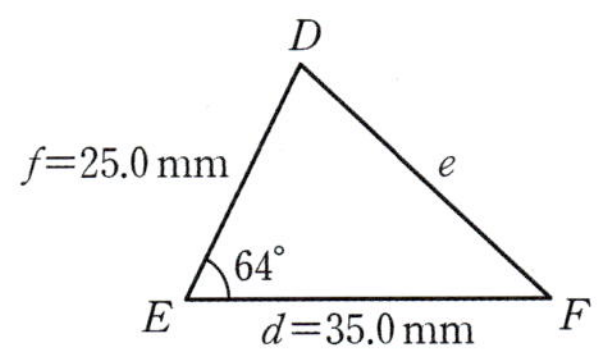

[그림 24-6]

삼각형을 푼다는 것은 각 D와 F, 그리고 변 DF를 구하는 것을 의미한다. 두 변과 두 변 사이의 각을 알고 있으므로 코사인법칙을 사용한다.

코사인법칙을 적용하면,

$$e^2=d^2+f^2-2df\cos E$$

즉,

$$e^2=(35.0)^2+(25.0)^2-[2(35.0)(25.0)\cos 64°]$$
$$=1225+625-767.15$$
$$=1082.85$$

이것으로부터,

$$e=\sqrt{1082.85}=32.91\,\text{mm}=DF$$

사인법칙을 적용하면,

$$\frac{32.91}{\sin 64°}=\frac{25.0}{\sin F}$$

이로부터,

$$\sin F=\frac{25.0\sin 64°}{32.91}=0.6828$$

따라서,

$$\angle F=\sin^{-1}0.6828=43°4' \text{ 또는 } 136°56'$$

$F = 136°56'$은 가능한 값이 아니다. 이 경우에 $136°56' + 64°$는 $180°$보다 크기 때문이다. 따라서 $\boldsymbol{F = 43°4'}$만이 적합하다. 그러면 $\angle \boldsymbol{D} = 180° - 64° - 43°4' = \mathbf{72°56'}$이다.

$$\text{삼각형 } DEF\text{의 넓이} = \frac{1}{2} df \sin E$$
$$= \frac{1}{2}(35.0)(25.0)\sin 64°$$
$$= \mathbf{393.2\,mm^2}$$

[문제 5] 삼각형 ABC는 변 $a = 9.0\,\text{cm}$, $b = 7.5\,\text{cm}$, $c = 6.5\,\text{cm}$를 갖는다. 이 삼각형의 세 각과 넓이를 구하라.

삼각형 ABC는 [그림 24-7]과 같다. 보편적으로 삼각형이 예각인지 둔각인지 구하기 위해 처음에 가장 큰 각을 계산한다. 이 경우에 가장 큰 각은 A이다. 즉 가장 긴 변의 대각이다.

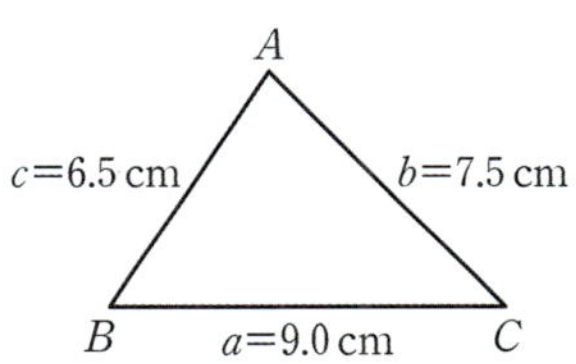

[그림 24-7]

코사인법칙을 적용하면 $a^2 = b^2 + c^2 - 2bc\cos A$이므로 다음을 얻는다.

$$2bc\cos A = b^2 + c^2 - a^2$$
$$\cos A = \frac{b^2 + c^2 - a^2}{2bc} = \frac{7.5^2 + 6.5^2 - 9.0^2}{2(7.5)(6.5)}$$
$$= 0.1795$$

그러므로 $\boldsymbol{A} = \cos^{-1}0.1795 = \mathbf{79.67°}$(또는 $280.33°$이고, 이는 명백히 불가능한 값이다.)

따라서 $\cos A$가 양수이므로 삼각형은 예각이다(만일 $\cos A$가 음수이면 각 A는 둔각, 즉 $90°$와 $180°$ 사이가 될 것이다).

사인법칙을 적용하면 다음과 같다.

$$\frac{9.0}{\sin 79.67°} = \frac{7.5}{\sin B}$$

이것으로부터 $\sin B = \dfrac{7.5\sin 79.67°}{9.0} = 0.8198$이고, 따라서 다음과 같다.

$$\boldsymbol{B} = \sin^{-1}0.8198 = \mathbf{55.07°}$$
$$\boldsymbol{C} = 180° - 79.67° - 55.07° = \mathbf{45.26°}$$

넓이 $= \sqrt{[s(s-a)(s-b)(s-c)]}$, 여기서 s는 다음과 같다.

$$s = \frac{a+b+c}{2} = \frac{9.0 + 7.5 + 6.5}{2} = 11.5\,\text{cm}$$

그러므로 구하고자 하는 넓이는 다음과 같다.

$$\textbf{넓이} = \sqrt{[11.5(11.5-9.0)(11.5-7.5)(11.5-6.5)]}$$
$$= \sqrt{[11.5(2.5)(4.0)(5.0)]} = \mathbf{23.98\,cm^2}$$

다른 방법으로, 다음과 같이 구할 수도 있다.

$$\textbf{넓이} = \frac{1}{2}ac\sin B$$
$$= \frac{1}{2}(9.0)(6.5)\sin 55.07° = \mathbf{23.98\,cm^2}$$

[문제 6] [그림 24-8]의 삼각형 XYZ를 풀어라. 그리고 $Y = 128°$, $XY = 7.2\,\text{cm}$, $YZ = 4.5\,\text{cm}$로 주어진 넓이를 구하라.

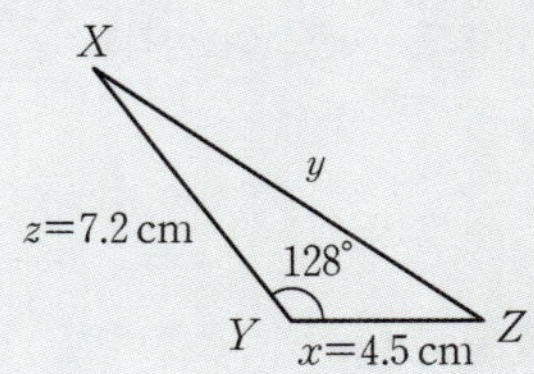

[그림 24-8]

코사인법칙을 적용하면,

$$y^2 = x^2 + z^2 - 2xz\cos Y$$
$$= 4.5^2 + 7.2^2 - [2(4.5)(7.2)\cos 128°]$$
$$= 20.25 + 51.84 - [-39.89]$$
$$= 20.25 + 51.84 + 39.89 = 112.0$$
$$\boldsymbol{y} = \sqrt{112.0} = \mathbf{10.58\,cm} = \boldsymbol{XZ}$$

사인법칙을 적용하면,

$$\frac{10.58}{\sin 128°} = \frac{7.2}{\sin Z}$$

이로부터,

$$\sin Z = \frac{7.2\sin 128°}{10.58} = 0.5363$$

그러므로,

$$\boldsymbol{Z} = \sin^{-1} 0.5363 = \mathbf{32.43°}$$

(또는 147.57°이고, 이는 적합하지 않음)

따라서,

$$\boldsymbol{X} = 180° - 128° - 32.43° = \mathbf{19.57°}$$

$$\boldsymbol{XYZ}\text{의 넓이} = \frac{1}{2} xz \sin Y$$

$$= \frac{1}{2}(4.5)(7.2)\sin 128°$$

$$= \mathbf{12.77\,cm^2}$$

◆ **이제 다음 연습문제를 풀어보자.**

[연습문제 121] 삼각형 및 넓이의 해법 추가 문제

※ **(문제 1~2)** 코사인법칙과 사인법칙을 이용하여 삼각형 PQR을 풀고, 넓이를 구하라.

1 $q = 12\,\text{cm}$, $r = 16\,\text{cm}$, $P = 54°$

2 $q = 3.25\,\text{m}$, $r = 4.42\,\text{m}$, $P = 105°$

※ **(문제 3~4)** 코사인법칙과 사인법칙을 이용하여 삼각형 XYZ를 풀고, 넓이를 구하라.

3 $x = 10.0\,\text{cm}$, $y = 8.0\,\text{cm}$, $z = 7.0\,\text{cm}$

4 $x = 21\,\text{mm}$, $y = 34\,\text{mm}$, $z = 42\,\text{mm}$

24.5 삼각법과 관련한 실제 상황

삼각형의 미지의 변과 각을 구하기 위해 삼각법을 사용하는 많은 실제 상황이 있다. 다음 문제들을 통해 살펴보자.

*** [문제 7]** 방의 너비는 8.0 m이고, 이 방의 지붕은 한쪽 면이 33°로 기울고, 다른 면은 40°로 기울어진 삼각형 모양의 박공지붕span roof이다. 지붕의 기울어진 길이를 가장 근접한 [cm] 단위로 구하라.

[그림 24-9]는 지붕의 측면을 나타낸 것이다.

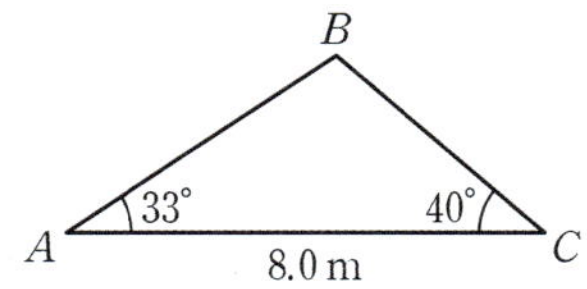

[그림 24-9]

솟은 부분의 각은 $B = 180° - 33° - 40° = 107°$이다.

사인법칙을 적용하면, $\frac{8.0}{\sin 107°} = \frac{a}{\sin 33°}$

이로부터, $a = \frac{8.0\sin 33°}{\sin 107°} = \mathbf{4.556\,m} = \boldsymbol{BC}$

사인법칙을 다시 적용하면, $\frac{8.0}{\sin 107°} = \frac{c}{\sin 40°}$

그러므로, $c = \frac{8.0\sin 40°}{\sin 107°} = \mathbf{5.377\,m} = \boldsymbol{AB}$

따라서 **지붕의 기울어진 길이를** 가장 근접한 [cm] 단위로 보정하면 **456 cm와 538 cm이다.**

*** [문제 8]** 한 사람이 한 지점을 떠나 E20°N 방향(즉, 70° 방향)으로 6.5 km/h의 속력으로 걸어간다. 그와 동시에 자전거를 탄 사람은 E40°S 방향(즉, 130° 방향)으로 동일한 지점에서 일정한 속력으로 떠난다. 5시간 후에 두 사람이 떨어진 거리가 80 km라 하면, 자전거 탄 사람의 평균 속력을 구하라.

5시간 후에 걷는 사람은 [그림 24-10]의 AB와 같이 $5 \times 6.5 = 32.5\,\text{km}$를 이동한다. 자전거 탄 사람이 5시간 동안 이동한 거리를 AC라 하면, $BC = 80\,\text{km}$이다.

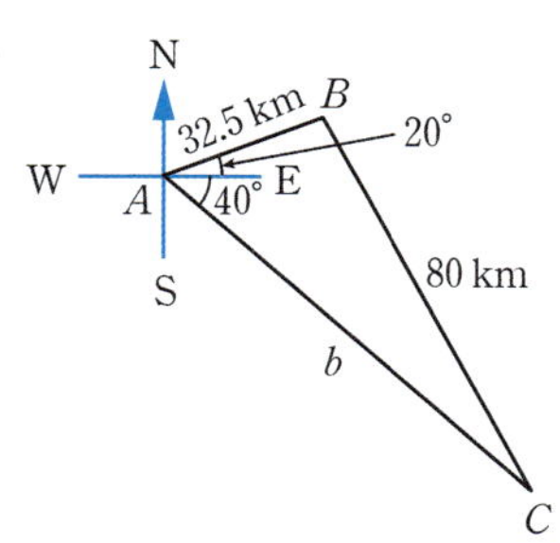

[그림 24-10]

사인법칙을 적용하면, $\frac{80}{\sin 60°} = \frac{32.5}{\sin C}$

이로부터, $\sin C = \frac{32.5\sin 60°}{80} = 0.3518$

그러므로, $C = \sin^{-1} 0.3518 = 20.60°$

(또는 159.40°이지만, 이는 불가능한 값이다.)

$B = 180° - 60° - 20.60° = 99.40°$

사인법칙을 다시 적용하면, $\dfrac{80}{\sin 60°} = \dfrac{b}{\sin 99.40°}$

그러므로, $b = \dfrac{80 \sin 99.40°}{\sin 60°} = 91.14\,\text{km}$

자전거를 탄 사람이 5시간 동안 91.14km를 움직이므로 평균 속력은 다음과 같다.

$$\textbf{평균 속력} = \frac{\text{거리}}{\text{시간}} = \frac{91.14}{5} = \mathbf{18.23\,km/h}$$

*[문제 9] 두 전압 페이저[phasor]가 [그림 24-11]과 같다. $V_1 = 40\,\text{V}$, $V_2 = 100\,\text{V}$일 때, 그 결과로 생성되는 값(즉, 길이 OA)과 이 값이 V_1과 만드는 각을 구하라.

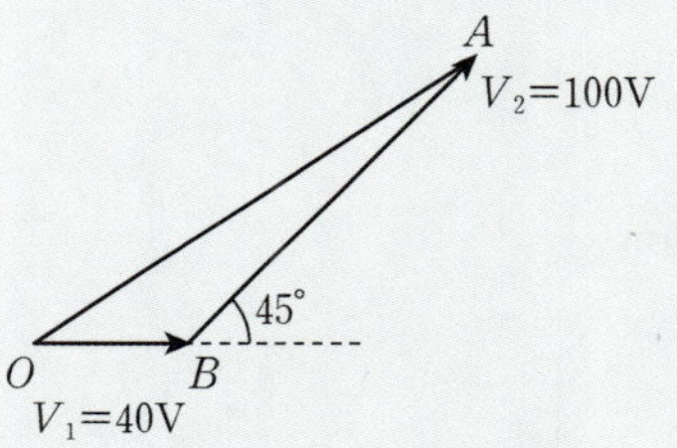

[그림 24-11]

각 $OBA = 180° - 45° = 135°$이다.

코사인법칙을 적용하면,

$$OA^2 = V_1^2 + V_2^2 - 2V_1V_2 \cos OBA$$
$$= 40^2 + 100^2 - \{2(40)(100)\cos 135°\}$$
$$= 1600 + 10000 - \{-5657\}$$
$$= 1600 + 10000 + 5657 = 17257$$

따라서, **결과 값** $\boldsymbol{OA} = \sqrt{17257} = \mathbf{131.4\,V}$

사인법칙을 적용하면, $\dfrac{131.4}{\sin 135°} = \dfrac{100}{\sin AOB}$

이로부터, $\sin AOB = \dfrac{100 \sin 135°}{131.4} = 0.5381$

그러므로, 각 $AOB = \sin^{-1} 0.5381 = 32.55°$

(또는 147.45°이지만, 이는 불가능한 값이다.)

그러므로 **결과적인 전압은 V_1에서 32.55° 기운 131.4V이다.**

*[문제 10] [그림 24-12]에서, PR은 크레인의 기운 지브[jib]를 나타내고, 지브의 길이는 10.0m이다. PQ는 4.0m이다. 수직에 대해 지브의 기운 정도와 QR의 길이를 구하라.

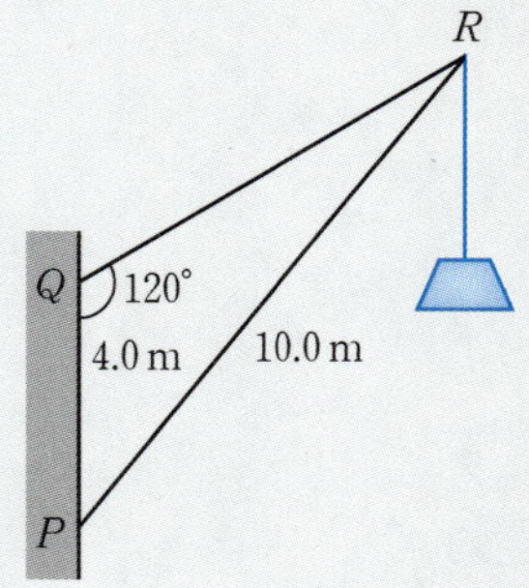

[그림 24-12]

사인법칙을 적용하면, $\dfrac{PR}{\sin 120°} = \dfrac{PQ}{\sin R}$

이로부터, $\sin R = \dfrac{PQ \sin 120°}{PR} = \dfrac{(4.0)\sin 120°}{10.0} = 0.3464$

그러므로, $\angle R = \sin^{-1} 0.3464 = 20.27°$

(또는 159.73°이지만, 이는 불가능한 값이다.)

따라서, $\angle \boldsymbol{P} = 180° - 120° - 20.27° = \mathbf{39.73°}$

이는 수직에 대해 지브가 기운 정도이다.

사인법칙을 적용하면, $\dfrac{10.0}{\sin 120°} = \dfrac{QR}{\sin 39.73°}$

따라서 지지대의 길이는 다음과 같다.

$$\boldsymbol{QR} = \frac{10.0 \sin 39.73°}{\sin 120°} = \mathbf{7.38\,m}$$

◆ **이제 다음 연습문제를 풀어보자.**

[연습문제 122] 삼각법과 관련한 실제 상황

*1 배 P가 항구에서 45km/h의 일정한 속력으로 W32°N(즉, 302° 방향)을 향해 운항한다. 동시에 다른 배 Q는 35km/h의 일정한 속력으로 N15°E(즉, 015° 방향)를 향해 떠난다. 4시간 후에 두 배 사이의 거리를 구하라.

*2 삼각형 모양의 토지 구역이 있다. 이 구역의 두 변은 각각 52.0m와 34.0m이다. 이 토지의 넓이가 620m²일 때, 다음을 구하라.

(a) 이 구역을 둘러싸기 위해 필요한 울타리의 길이

(b) 삼각형 구역의 각들

*3 [그림 24-13]은 지브 크레인을 나타낸다. 지지대 PR의 길이는 8.0 m이고, PQ의 길이는 4.5 m이다. (a) 지브 RQ의 길이와, (b) 지지대와 지브 사이의 각을 구하라.

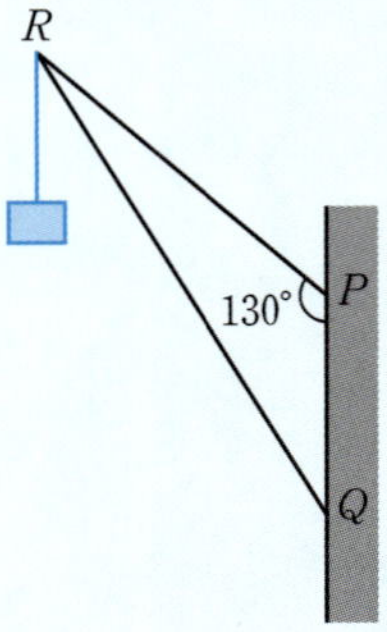

[그림 24-13]

*4 건축부지가 [그림 24-14]와 같은 사각형 모양이고, 넓이는 $1510\,m^2$이다. 이 부지의 경계선의 길이를 구하라.

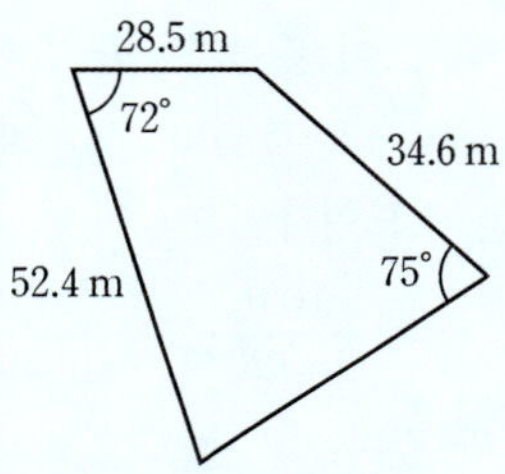

[그림 24-14]

*5 [그림 24-15]의 지붕틀에서 구성 성분 BF와 EB의 길이를 구하라.

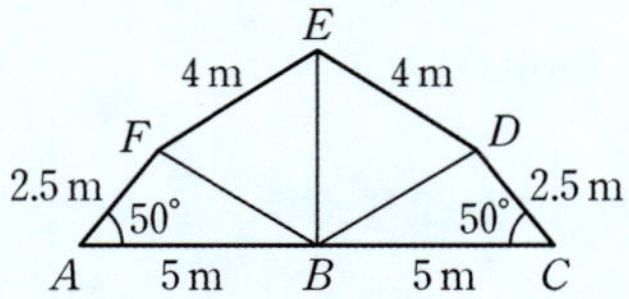

[그림 24-15]

*6 너비 9.0 m인 실험실은 한쪽 면이 36°로 기울어지고 다른 면은 44°로 기울어진 박공지붕을 갖는다. 지붕의 기울어진 길이를 구하라.

*7 PQ와 QR은 회로의 두 지로branch에서의 교류 전류를 나타내는 페이저phasor이다. 페이저 PQ는 20.0 A로 수평으로 놓여 있다. 페이저 QR은 14.0 A로 PQ의 끝에서 연결되어 삼각형 PQR을 이루고, 수평과는 35°의 각을 이룬다. 페이저 PR이 페이저 PQ와 이루는 각을 구하라.

24.6 삼각법과 관련한 실제 상황의 추가 문제

*[문제 11] 수직 안테나가 평지 위에 세워져 있다. 안테나의 동쪽에 위치한 측량사가 안테나의 꼭대기의 고도를 측량하였더니 48°이었다. 이 사람이 남쪽으로 30.0 m를 이동하여 측정한 고도는 44°이다. 안테나의 높이를 구하라.

[그림 24-16]에서, DC는 안테나를 나타내고, A는 측량사의 최초 위치, 그리고 B는 나중 위치를 나타낸다.

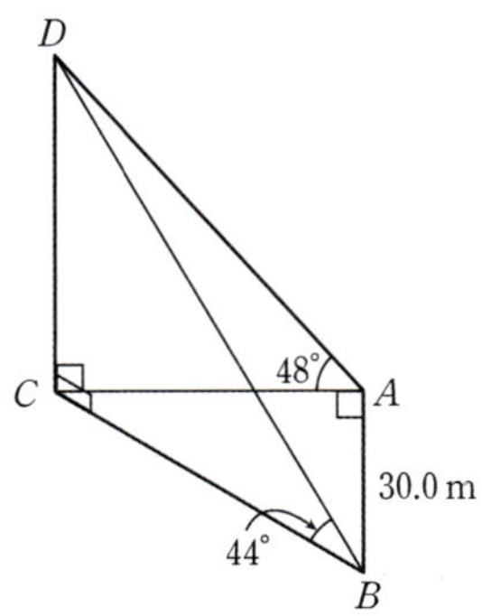

[그림 24-16]

삼각형 ACD로부터 $\tan 48° = \frac{DC}{AC}$이고, 따라서 다음과 같다.

$$AC = \frac{DC}{\tan 48°}$$

마찬가지로, 삼각형 BCD로부터 $BC = \frac{DC}{\tan 44°}$이다. 삼각형 ABC에 대해 피타고라스 정리를 이용하면 다음과 같다.

$$BC^2 = AB^2 + AC^2$$

$$\left(\frac{DC}{\tan 44°}\right)^2 = (30.0)^2 + \left(\frac{DC}{\tan 48°}\right)^2$$

$$DC^2\left(\frac{1}{\tan^2 44°} - \frac{1}{\tan^2 48°}\right) = 30.0^2$$

$$DC^2(1.072323 - 0.810727) = 30.0^2$$

$$DC^2 = \frac{30.0^2}{0.261596} = 3440.4$$

그러므로 **안테나의 높이는 $DC = \sqrt{3440.4} = 58.65\,m$이다.**

*[문제 12] 가솔린 기관의 크랭크 기구crank mechanism가 [그림 24-17]과 같다. 암arm OA의 길이는 10.0 cm이고, O를 중심으로 시계방향으로 회전한다. 연결봉connecting rod AB의 길이는 30.0 cm이고, 끝단 B는 수평으로 움직이게 만들어져 있다.

(a) [그림 24-17]에 표시된 위치에 대해, 연결봉 AB와 수평 사이의 각, OB의 길이를 구하라.

(b) 각 AOB가 50°에서 120°로 변할 때, B가 움직인 거리는 얼마인가?

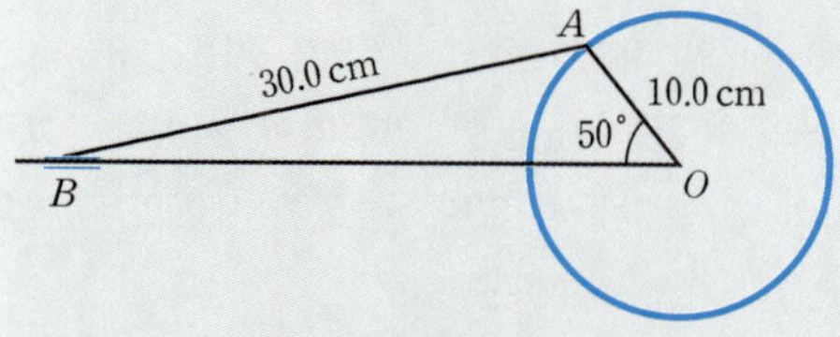

[그림 24-17]

(a) 사인법칙을 적용하면 $\frac{AB}{\sin 50°} = \frac{AO}{\sin B}$이고, 이로부터 다음과 같이 구한다.

$$\sin B = \frac{AO\sin 50°}{AB} = \frac{10.0\sin 50°}{30.0} = 0.2553$$

그러므로 $B = \sin^{-1}0.2553 = 14.79°$이다.
(또는 165.21°이지만, 이는 불가능한 값이다.)

따라서 **연결봉 AB는 수평과 14.79°의 각을 이룬다.**

각 $OAB = 180° - 50° - 14.79° = 115.21°$이다.

사인법칙을 적용하면 $\frac{30.0}{\sin 50°} = \frac{OB}{\sin 115.21°}$이고, 이로부터 다음과 같이 구한다.

$$\boldsymbol{OB} = \frac{30.0\sin 115.21°}{\sin 50°} = \mathbf{35.43\,cm}$$

(b) [그림 24-18]은 크랭크 기구의 최초 위치와 나중 위치를 나타낸 것이다.

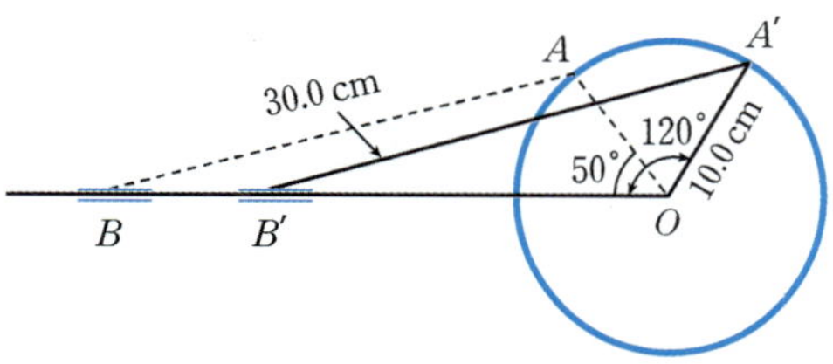

[그림 24-18]

삼각형 $OA'B'$에서 사인법칙을 적용하면 $\frac{30.0}{\sin 120°} = \frac{10.0}{\sin A'B'O}$이고, 이로부터 다음과 같이 구한다.

$$\sin A'B'O = \frac{10.0\sin 120°}{30.0} = 0.28868$$

그러므로 $A'B'O = \sin^{-1}0.28868 = 16.78°$이다.
(또는 163.22°이지만, 이는 불가능한 값이다.)

각 $OA'B' = 180° - 120° - 16.78° = 43.22°$이다.

사인법칙을 적용하면 $\frac{30.0}{\sin 120°} = \frac{OB'}{\sin 43.22°}$이고, 이로부터 다음과 같이 구한다.

$$OB' = \frac{30.0\sin 43.22°}{\sin 120°} = 23.72\,\text{cm}$$

$OB = 35.43$ cm이고 $OB' = 23.72$ cm이므로
$BB' = 35.43 - 23.72 = 11.71$ cm이다.

그러므로 **각 AOB가 50°에서 120°로 변할 때, B는 11.71 cm만큼 움직인다.**

*[문제 13] [그림 24-19]와 같이 사각형 $ABCD$의 형태인 마당의 넓이를 구하라.

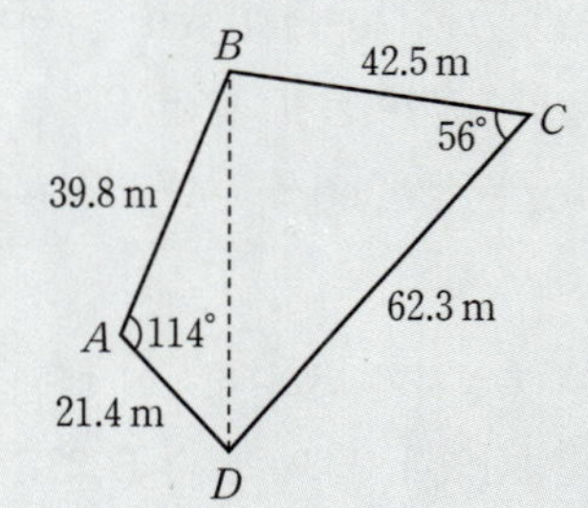

[그림 24-19]

B에서 D까지 점선을 그려서 두 삼각형으로 분리한다.

사각형 $ABCD$의 넓이

$= $삼각형 ABD의 넓이 $+$ 삼각형 BCD의 넓이

$$= \frac{1}{2}(39.8)(21.4)\sin 114° + \frac{1}{2}(42.5)(62.3)\sin 56°$$

$$= 389.04 + 1097.5$$

$$= \mathbf{1487\,m^2}$$

◆ 이제 다음 연습문제를 풀어보자.

[연습문제 123] 삼각법과 관련한 실제 상황의 추가 문제

*1 고정점에 작용하는 세 힘이 치수가 7.2cm, 9.6cm, 11.0cm인 삼각형의 변으로 나타난다. 작용선과 세 힘 사이의 각들을 구하라.

*2 높이 9.60m인 수직 안테나 AB가 수평에서 12° 기울어진 지면 위에 세워져 있다. 지주[stay]가, 안테나의 밑동인 B로부터 비탈 아래로 10.0m 떨어진 지면 위의 지점인 C의 위치에서, 안테나의 꼭대기 A와 연결된다. 다음을 구하라.

(a) 지주의 길이　　(b) 지주와 지면이 이루는 각

*3 [그림 24-20]은 왕복기관을 나타낸 것이다. 크랭크 AB의 길이는 12.0cm이고, 연결봉 BC의 길이는 32.0cm이다. 이 그림으로부터 AC의 길이와, 크랭크와 연결봉 사이의 각을 구하라.

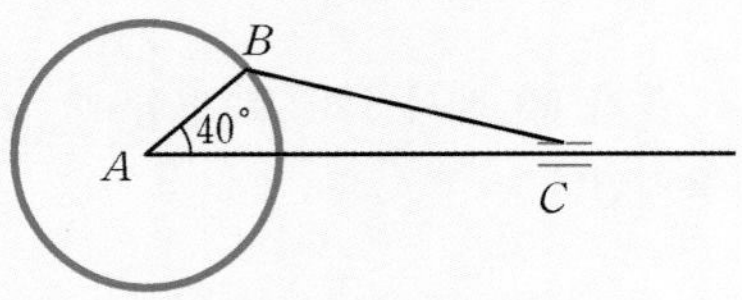

[그림 24-20]

*4 [그림 24-20]에서 각 CAB가 40°에서 160°로 변할 때, C는 얼마나 멀리 움직이는지 가장 근접한 [mm] 단위로 보정하여 구하라. 여기서 B는 반시계 방향으로 움직인다.

*5 탑의 W25°S에 서 있는 측량사가 탑의 정상에 대한 고도각을 46°30′으로 측량하였다. 탑으로부터 E23°S인 위치에서 탑의 고도는 37°15′이다. 두 관찰 지점 사이의 거리가 75m일 때, 탑의 높이를 구하라.

*6 [그림 24-21]의 점 P에서 구멍 중심의 위치를 나타내는 좌표 x와 y를 유효숫자 3자리로 보정하여 계산하라.

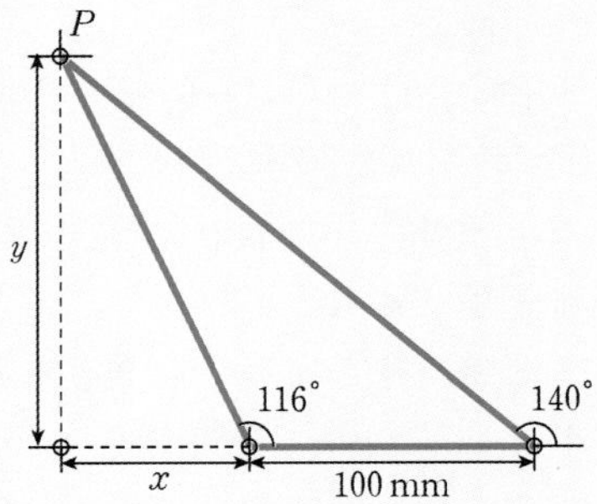

[그림 24-21]

*7 지름 30mm인 유동기어[idler gear]가 지름 70mm인 구동기어와 지름 90mm인 피동기어 사이에 [그림 24-22]와 같이 맞물려 있다. 중심선 사이의 각 θ의 값을 구하라.

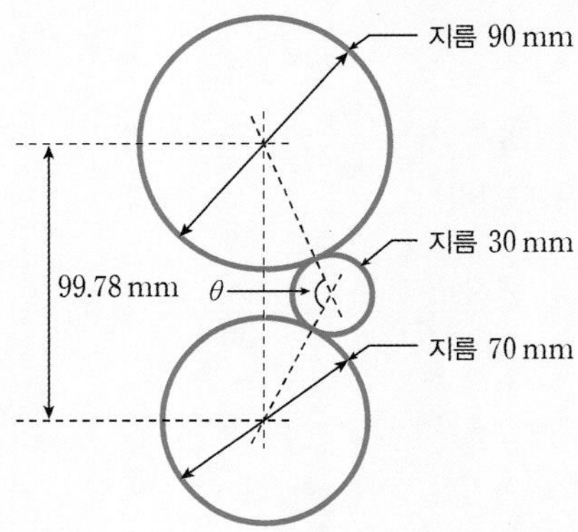

[그림 24-22]

*8 지름이 70mm인 피치원[pitch circle] 위에 16개의 구멍이 균등한 간격으로 뚫려 있다. 두 개의 이웃하는 구멍의 중심을 연결하는 현의 길이를 구하라.

[연습문제 124] 직각이 아닌 삼각형과 실제 응용에 대한 선다형 문제

※ 각 문제의 정답은 한 개이다.

1 직각이 아닌 삼각형 형판 XYZ에서 $XY=12$cm, $YZ=18$cm, $\angle XZY=30°$이다. $\sin X$의 값은 무엇인가?

(a) $\frac{1}{3}$　(b) $\frac{1}{2}$　(c) $\frac{2}{3}$　(d) $\frac{3}{4}$

2 [그림 24-23]의 삼각형 형판 DEF에서 각 F는 무엇인가?

(a) 43.5° (b) 28.6°

(c) 116.4° (d) 101.5°

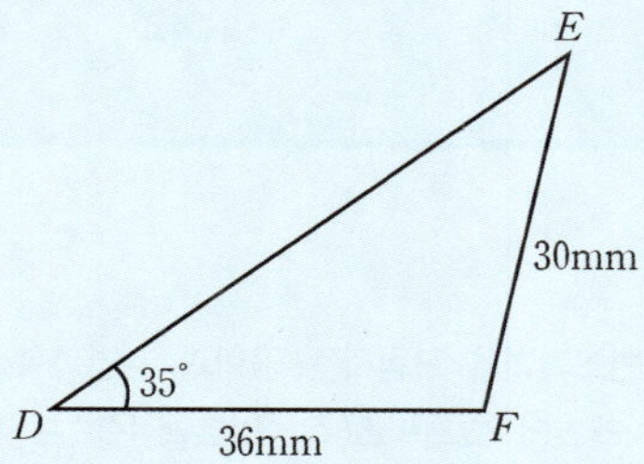

[그림 24-23]

3 [그림 24-23]에서 변 DE의 길이는 얼마인가?

(a) 51.25 mm (b) 46.85 mm

(c) 50.55 mm (d) 73.70 mm

4 [그림 24-23]의 삼각형 형판 DEF의 넓이는 얼마인가?

(a) 529.2 mm^2 (b) 258.5 mm^2

(c) 483.7 mm^2 (d) 371.7 mm^2

5 변의 길이가 $a=9.0$ cm, $b=8.0$ cm, $c=6.0$ cm인 삼각형에서 각 A는 얼마인가?

(a) 82.42° (b) 56.49°

(c) 78.58° (d) 79.87°

6 삼각형 PQR의 넓이는 무엇인가?

(a) $\frac{1}{2}pr\cos Q$

(b) $\sqrt{[(s-p)(s-q)(s-r)]}$, $s=\frac{p+q+r}{2}$

(c) $\frac{1}{2}rq\sin P$

(d) $\frac{1}{2}pq\sin Q$

7 [그림 24-24]의 삼각형 ABC에서 변 AC의 길이는 얼마인가?

(a) 18.15 cm (b) 14.90 cm

(c) 13.16 cm (d) 14.04 cm

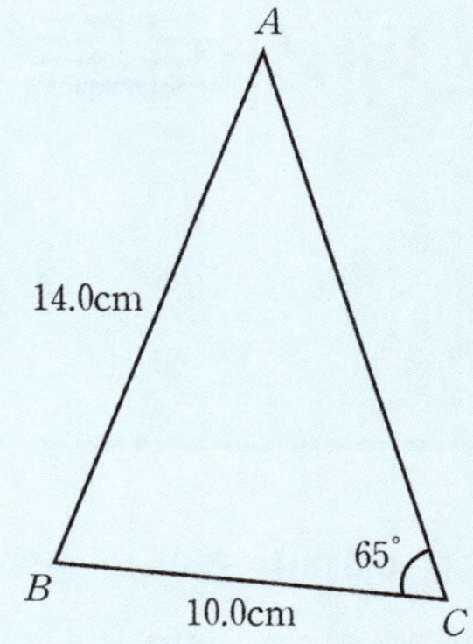

[그림 24-24]

8 [그림 24-24]의 삼각형 ABC의 넓이는 얼마인가?

(a) 70.0 cm^2 (b) 18.51 cm^2

(c) 67.51 cm^2 (d) 71.85 cm^2

9 [그림 24-25]의 삼각형 ABC에서 변 AC의 길이는 얼마인가?

(a) 18.79 cm (b) 70.89 cm

(c) 22.89 cm (d) 16.10 cm

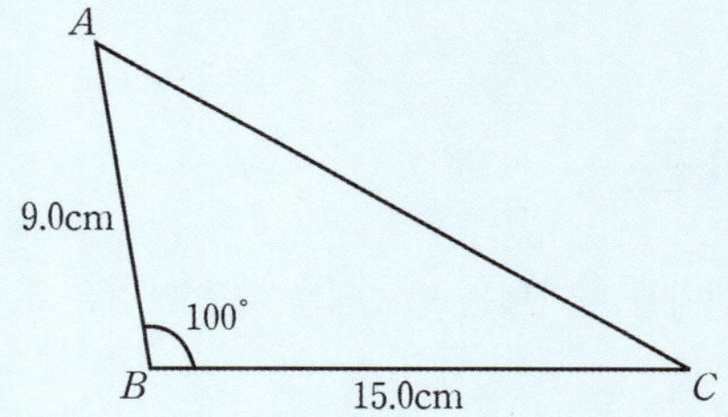

[그림 24-25]

10 [그림 24-25]의 삼각형 ABC의 넓이는 얼마인가?

(a) 53.07 cm^2 (b) 66.47 cm^2

(c) 11.72 cm^2 (d) 138.78 cm^2

Chapter 25

데카르트 좌표와 극좌표

Cartesian and polar co-ordinates

데카르트 좌표와 극좌표를 이해하는 것이 왜 중요할까?

극좌표는 수중음파 탐지기 sonar와 같은 장치를 갖는 지상파 항법 장치와, 에너지 방사선 변조기법을 포함하는 공학과 자연과학 등에서 응용된다. 데카르트 좌표(카테시안 좌표) Cartesian coordinate는 그리드에서의 탐색과 래스터 그래픽스(즉, 비트맵[1])를 포함한 모든 곳에서 사용된다. 벡터기하학과 더불어 복소수를 교류 전기회로 이론에 이용할 때, 데카르트 좌표를 극좌표로 변환하는 능력은 매우 중요하다.

학습포인트

- 데카르트 좌표를 극좌표로 변환한다.
- 극좌표를 데카르트 좌표로 변환한다.
- 공학용 계산기를 이용하여 데카르트 좌표를 극좌표로 변환하고, 그 역으로도 변환한다.

25.1 서론

평면의 점의 위치를 나타내는 방법에는 다음과 같은 두 가지가 있다.

❶ 데카르트 좌표(데카르트[2] 사후에 명명됨), 즉 (x, y)

❷ 극좌표, 즉 (r, θ), 여기서 r은 고정점으로부터의 반지름이고, θ는 고정점으로부터의 각이다.

25.2 데카르트 좌표를 극좌표로 변환하기

[그림 25-1]에서 길이 x와 y를 안다면, 삼각형 OPQ가 직각삼각형이므로 r의 길이는 피타고라스 정리(22장 참고)를 이용하여 구할 수 있다.

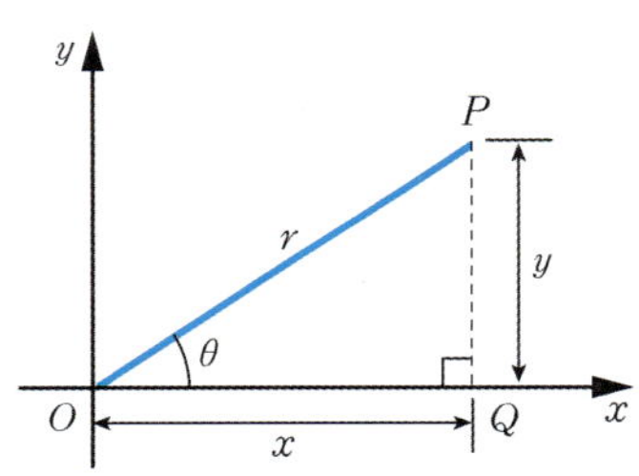

[그림 25-1]

그러므로 $r^2 = x^2 + y^2$으로부터 $\boldsymbol{r = \sqrt{x^2 + y^2}}$ 이다.

삼각비(22장 참고)에 따라 $\tan\theta = \dfrac{y}{x}$이고, 그러므로 $\boldsymbol{\theta = \tan^{-1}\dfrac{y}{x}}$ 이다.

두 공식 $r = \sqrt{x^2 + y^2}$과 $\theta = \tan^{-1}\dfrac{y}{x}$는 데카르트 좌표를 극좌표로 변환하기 위해 필요한 공식이다. 도(°) 또는 라디안(rad)으로 표시될 각 θ는 **항상** 양의 x축으로부터 측정되어야 한다. 즉 [그림 25-1]에서, 선분 OQ로부터 측정되어야 한다. 데카르트 좌표를 극좌표로 변환할 때는 항상 그림을 그려 볼 것을 권한다.

1 비트맵(bitmap)은 일반적으로 픽셀의 직교 그리드를 나타내는 도트 매트릭스 데이터 구조이다.

2 **데카르트는 누구?** 17.2절을 확인하라. 자세한 정보는 www.routledge.com/cw/bird에서 찾을 수 있다.

[문제 1] 데카르트 좌표 (3, 4)를 극좌표로 변환하라.

점 (3, 4)를 나타내는 다이어그램은 [그림 25-2]와 같다.

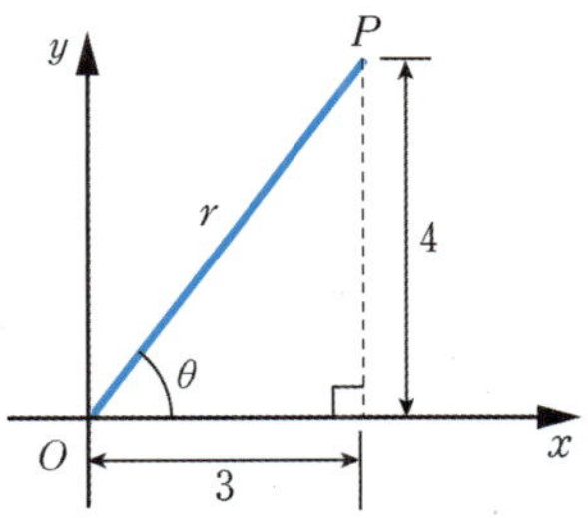

[그림 25-2]

피타고라스 정리로부터 $r=\sqrt{3^2+4^2}=5$이다(-5는 이 상황에서는 의미가 없다).

삼각비에 따라 $\theta=\tan^{-1}\frac{4}{3}=53.13°$ 또는 $0.927\,\text{rad}$이다. $53.13°=53.13\times\frac{\pi}{180}\,\text{rad}=0.927\,\text{rad}$임에 유의한다.

그러므로 **데카르트 좌표에서 (3, 4)는 극좌표에서 (5, 53.13°) 또는 (5, 0.927 rad)이다.**

[문제 2] 위치 (−4, 3)을 극좌표로 표현하라.

데카르트 좌표를 사용한 점 (−4, 3)을 나타내는 다이어그램은 [그림 25-3]과 같다.

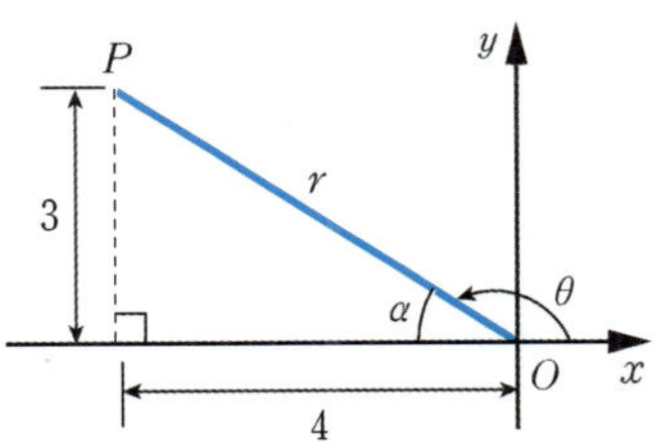

[그림 25-3]

피타고라스 정리로부터 $r=\sqrt{4^2+3^2}=5$이고, 삼각비에 의해 $\alpha=\tan^{-1}\frac{3}{4}=36.87°$ 또는 $0.644\,\text{rad}$이다. 그러므로

$$\theta=180°-36.87°=143.13°$$

또는 $$\theta=\pi-0.644=2.498\,\text{rad}$$

이다. 그러므로 **극좌표 형식의 점 P의 위치는 (5, 143.13°) 또는 (5, 2.498 rad)이다.**

[문제 3] (−5, −12)를 극좌표로 표현하라.

위치 (−5, −12)는 [그림 25-4]와 같다.

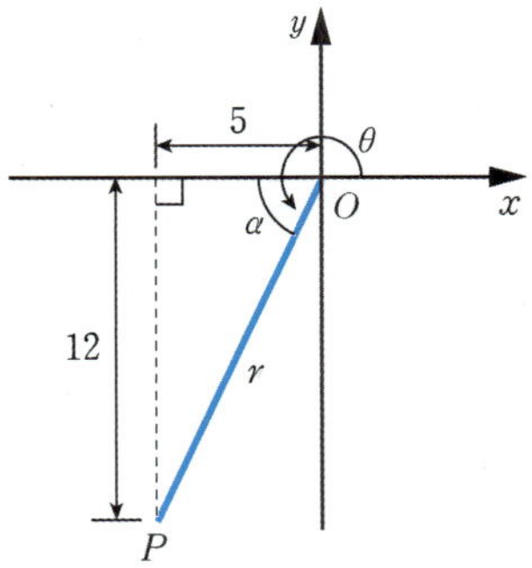

[그림 25-4]

$r=\sqrt{5^2+12^2}=13$이고 $\alpha=\tan^{-1}\frac{12}{5}=67.38°$ 또는 $1.176\,\text{rad}$이다. 그러므로 다음과 같다.

$$\theta=180°+67.38°=247.38°$$

또는 $$\theta=\pi+1.176=4.318\,\text{rad}$$

따라서 **데카르트 좌표에서의 (−5, −12)는 극좌표에서 (13, 247.38°) 또는 (13, 4.318 rad)에 대응한다.**

[문제 4] (2, −5)를 극좌표로 표현하라.

위치 (2, −5)는 [그림 25-5]와 같다.

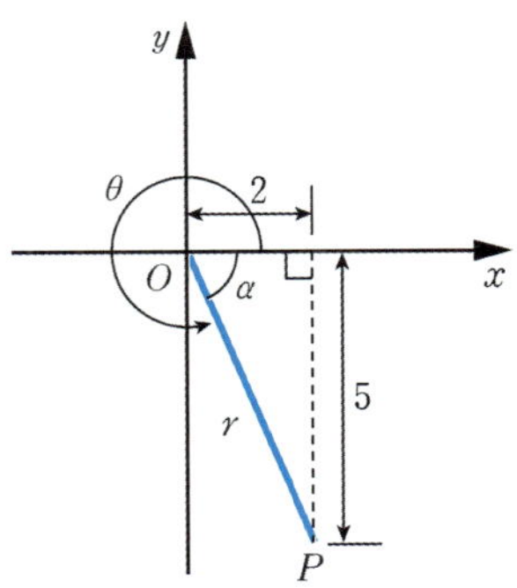

[그림 25-5]

소수점 아래 3자리로 보정하여 $r=\sqrt{2^2+5^2}=\sqrt{29}=5.385$이고, $\alpha=\tan^{-1}\frac{5}{2}=68.20°$ 또는 $1.190\,\text{rad}$이다. 그러므로

$$\theta=360°-68.20°=291.80°$$

또는 $$\theta=2\pi-1.190=5.093\,\text{rad}$$

이다. 따라서 **데카르트 좌표에서의 (2, −5)는 극좌표에서 (5.385, 291.80°) 또는 (5.385, 5.093 rad)에 대응한다.**

◆ 이제 다음 연습문제를 풀어보자.

[연습문제 125] 데카르트 좌표를 극좌표로 변환하기

※ (문제 1~8) 주어진 데카르트 좌표를 도(°)와 라디안(rad)을 사용한 극좌표로 표현하라. 답은 소수점 아래 2자리로 보정하여 나타낸다.

1	$(3, 5)$	**2**	$(6.18, 2.35)$
3	$(-2, 4)$	**4**	$(-5.4, 3.7)$
5	$(-7, -3)$	**6**	$(-2.4, -3.6)$
7	$(5, -3)$	**8**	$(9.6, -12.4)$

25.3 극좌표를 데카르트 좌표로 변환하기

[그림 25-6]에서 직각삼각형 OPQ에 대한 삼각비로부터 다음과 같다.

$$\cos\theta = \frac{x}{r}, \qquad \sin\theta = \frac{y}{r}$$

그러므로 $x = r\cos\theta$이고 $y = r\sin\theta$이다.

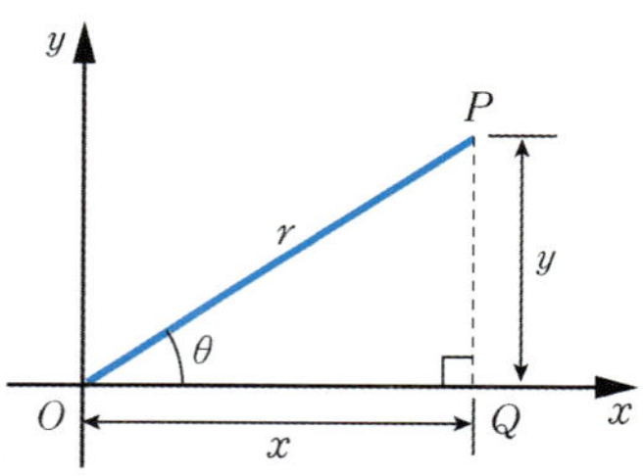

[그림 25-6]

길이 r과 각 θ를 안다면, $x = r\cos\theta$와 $y = r\sin\theta$는 극좌표를 데카르트 좌표로 변환하기 위해 필요한 두 공식이 된다.

[문제 5] $(4, 32°)$를 데카르트 좌표로 변환하라.

위치 $(4, 32°)$는 [그림 25-7]과 같다.

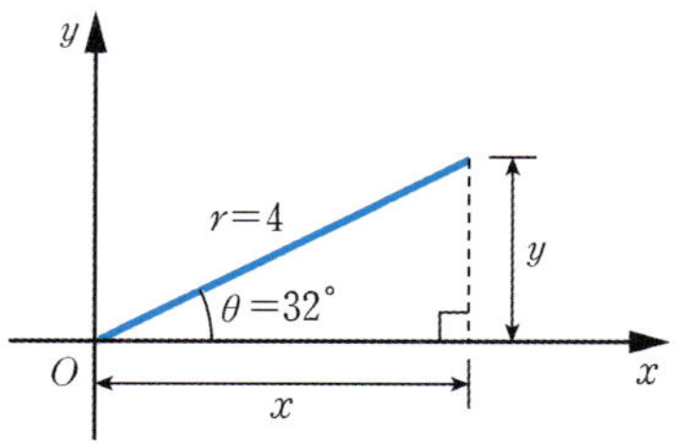

[그림 25-7]

이제 $x = r\cos\theta = 4\cos 32° = 3.39$이고 $y = r\sin\theta = 4\sin 32° = 2.12$이므로 **극좌표에서 (4, 32°)는 데카르트 좌표에서 (3.39, 2.12)에 대응한다.**

[문제 6] $(6, 137°)$를 데카르트 좌표로 표현하라.

위치 $(6, 137°)$는 [그림 25-8]과 같다.

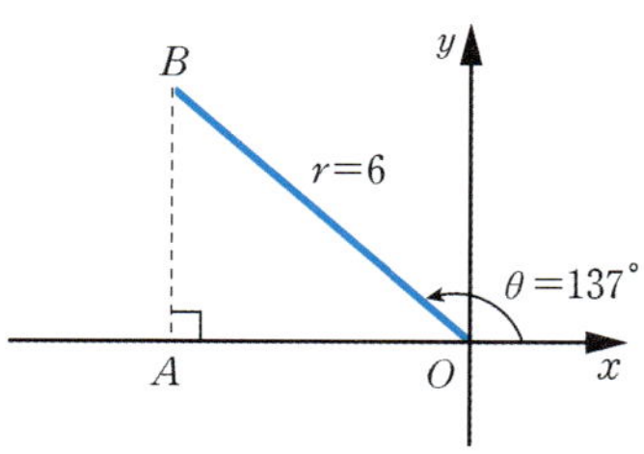

[그림 25-8]

$x = r\cos\theta = 6\cos 137° = -4.388$은 [그림 25-8]에서 길이 OA에 대응한다.
$y = r\sin\theta = 6\sin 137° = 4.092$는 [그림 25-8]에서 길이 AB에 대응한다.

따라서 **극좌표에서 (6, 137°)는 데카르트 좌표에서 (−4.388, 4.092)에 대응한다.**

(극좌표를 데카르트 좌표로 변환할 때는 꼭 그림을 그릴 필요는 없다. $x = r\cos\theta$와 $y = r\sin\theta$로부터 자동적으로 정확한 값과 부호를 알 수 있다.)

[문제 7] $(4.5, 5.16\text{rad})$을 데카르트 좌표로 표현하라.

위치 $(4.5, 5.16\text{rad})$은 [그림 25-9]와 같다.

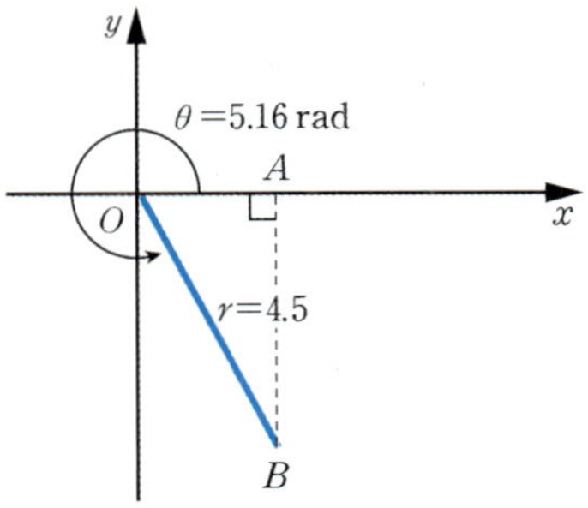

[그림 25-9]

$x = r\cos\theta = 4.5\cos 5.16 = 1.948$은 [그림 25-9]에서 길이 OA에 대응한다.

$y = r\sin\theta = 4.5\sin 5.16 = -4.057$은 [그림 25-9]에서 길이 AB에 대응한다.

따라서 **데카르트 좌표에서 (1.948, −4.057)은 극좌표에서 (4.5, 5.16rad)에 대응한다.**

◆ 이제 다음 연습문제를 풀어보자.

[연습문제 126] 극좌표를 데카르트 좌표로 변환하기

※ (문제 1~8) 주어진 극좌표를 소수점 아래 3자리로 보정하여 데카르트 좌표로 표현하라.

1 (5, 75°) **2** (4.4, 1.12rad)

3 (7, 140°) **4** (3.6, 2.5rad)

5 (10.8, 210°) **6** (4, 4rad)

7 (1.5, 300°) **8** (6, 5.5rad)

***9** [그림 25-10]과 같이 지름 80mm인 피치원에 동일한 간격의 구멍 5개가 뚫려 있다. 축 Ox와 Oy에 대한 좌표를 (a) 극좌표와, (b) 데카르트 좌표로 표현하라.

***10** [그림 25-10]에서, 이웃하는 두 구멍의 중심 간의 가장 짧은 거리를 구하라.

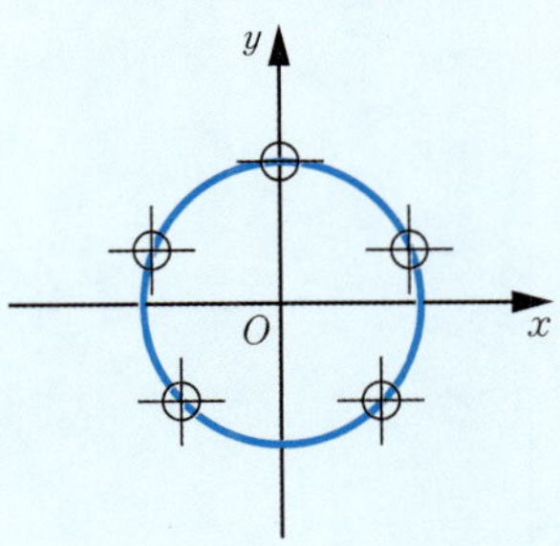

[그림 25-10]

25.4 계산기에서 Pol/Rec 기능 사용

데카르트 좌표에 대한 다른 이름은 직교좌표rectangular co-ordinates이다. 많은 공학용 계산기는 **Pol**과 **Rec** 기능을 갖는다. 'Rec'는 'Rectangular'(즉, 데카르트)의 약자이고, 'Pol'은 'Polar'의 약자이다. 이 두 기능을 사용하는 방법을 알기 위해서는 가지고 있는 계산기의 조작 설명서를 확인한다. 이 기능들은 데카르트 좌표를 극좌표로, 그리고 그 반대의 기능을 쉽고 빠르게 변환시킨다. 예를 들어, 카시오 fx-991ES PLUS 계산기나 그와 유사한 계산기로 데카르트 수 (3, 4)를 다음과 같은 과정을 거쳐 극좌표 형식으로 변환시킨다.

1. shift를 누른다.
2. Pol을 누른다.
3. 3을 입력한다.
4. comma를 입력한다
5. 4를 입력한다.
6.)를 누른다.
7. =를 누른다.

답은 $r=5$, $\theta = 53.13°$이다.

그러므로 **데카르트 형식의 (3, 4)는 극좌표 형식의 (5, 53.13°)와 같다.** 각을 **라디안**으로 얻고 싶으면, 위 과정을 실행하기 전에 라디안 모드로 계산기를 바꾼다. 즉 shift, mode를 누르고 4를 입력한다.

비슷한 방법으로, 극좌표 형식의 수 (7, 126°)를 데카르트 좌표 또는 직교좌표로 변환하기 위해 다음과 같이 실행한다.

1. shift를 누른다.
2. Rec를 누른다.
3. 7을 입력한다.
4. comma를 입력한다.
5. 126을 입력한다.
6.)를 누른다.
7. =를 누른다.

소수점 아래 2자리로 보정한 답은 $X = -4.11$이며, 그리고 화면을 아래로 움직여서 $Y = 5.66$임을 알 수 있다. 그러므로 **극좌표 형식으로 (7, 126°)는 데카르트 형식의 (−4.11, 5.66)과 같다.**

이제 이 장에 있는 [연습문제 125]와 [연습문제 126]으로 되돌아가서 계산기를 이용해 답을 구하고, 그 답을 얼마나 빨리 얻을 수 있는지 확인하라.

[연습문제 127] 데카르트 좌표와 극좌표에 대한 선다형 문제

※ 각 문제의 정답은 한 개이다.

1 (−4, 3)을 극좌표로 표현한 것은 무엇인가?

(a) (5, 2.498 rad) (b) (7, 36.87°)

(c) (5, 36.87°) (d) (5, 323.13°)

2 (7, 141°)를 데카르트 좌표로 표현한 것은 무엇인가?

(a) (5.44, −4.41) (b) (−5.44, −4.41)

(c) (5.44, 4.41) (d) (−5.44, 4.41)

3 (−3, −7)을 극좌표로 표현한 것은 무엇인가?

(a) (−7.62, −113.20°)

(b) (7.62, 246.80°)

(c) (7.62, 23.20°)

(d) (7.62, 203.20°)

4 (6.3, 5.23 rad)를 데카르트 좌표로 표현한 것은 무엇인가?

(a) (3.12, −5.47) (b) (6.27, 0.57)

(c) (−5.74, 3.12) (d) (−3.12, 5.47)

5 (−12, −5)를 극좌표로 표현한 것은 무엇인가?

(a) (13, 157.38°) (b) (13, 2.75 rad)

(c) (13, −2.75 rad) (d) (13, 22.62°)

Chapter 26

기본적인 도형의 넓이

Areas of common shapes

기본적인 도형의 넓이를 이해하는 것이 왜 중요할까?

벽에 페인트를 칠하거나, 벽지를 바르거나, 또는 널빤지를 붙이기 위해서는 먼저 벽의 넓이를 알아야 하고, 넓이를 알면 작업을 마무리하기 위한 적당한 물품들을 구입할 수 있다. 새로운 건물을 설계하거나 건축허가를 신청할 때, 건물의 연면적을 명시하는 것이 필요할 때가 있다. 건축에서 건물의 박공벽의 넓이를 계산하는 것은 벽돌의 개수와 회반죽의 양을 결정할 때 중요하다. 볼트를 사용할 때 가장 중요한 것은 사용 용도에 따른 충분한 길이이고, 또한 볼트 접합부의 전단 면적을 계산할 필요가 있다. 굴뚝은 집을 제대로 환기시킬 수 있어야 하는 반면에, 비 또는 다른 형태의 물이 다락이나 지붕의 좁은 공간 하부로 새어 들어가지 않도록 해야 한다. 무엇보다 적절한 열 교환을 위해서는 굴뚝을 통해 유입되는 찬 공기와 따뜻한 공기의 균등한 양의 흐름이 중요하다. 지붕으로 가용할 표면적이 얼마인가를 계산하는 것은 굴뚝의 길이를 결정하는 데 도움이 된다. 아치형은 조각상과 기념비에서부터 건축물의 한 부분과 악기의 현에 이르기까지 도처에서 찾아볼 수 있다. 이때 아치의 높이나 단면적을 구하는 것이 필요할 때가 있다. 보 구조물^beam structure^의 단면적을 구하는 것은 설계공학에서 매우 중요하다. 이와 같이 공학에서는 넓이를 구해야 할 때가 너무나 많다.

학습포인트

- 넓이에 대한 SI 단위를 설명한다.
- 기본적인 다각형, 즉 삼각형, 사각형, 오각형, 육각형, 칠각형, 팔각형을 알아본다.
- 기본적인 사각형, 즉 직사각형, 정사각형, 평행사변형, 마름모, 사다리꼴을 알아본다.
- 사각형과 원의 넓이를 계산한다.
- 닮은 도형의 넓이는 대응하는 변들의 길이 제곱에 비례함을 이해한다.

26.1 서론

넓이^area^는 평면 표면의 크기 또는 범위를 나타내는 척도이다. 넓이는 mm^2, cm^2, m^2과 같은 **제곱 단위**로 측정된다. 이 장에서는 기본적인 도형의 넓이를 구하는 것에 대해 다룬다. 공학에서는 여러 가지 도형의 간단한 넓이를 계산하는 것이 중요하다. 일상생활에서, 카펫을 깔거나, 새로운 벽을 꾸미기 위한 충분한 페인트를 주문하거나 또는 충분한 벽돌을 주문하기 위해 넓이를 측정하는 것이 중요하다. 이 장을 마칠 때쯤에 기본적인 도형을 인식할 수 있으며, 직사각형, 정사각형, 평행사변형, 삼각형, 사다리꼴, 원의 넓이를 구할 수 있을 것이다.

26.2 기본적인 도형

26.2.1 다각형

다각형은 선분으로 둘러싸인 평면도형이다. 다각형은 다음과 같다.

- 변이 세 개인 다각형을 삼각형^triangle^이라 한다.
  : [그림 26-1(a)]
- 변이 네 개인 다각형을 사각형^quadrilateral^이라 한다.
  : [그림 26-1(b)]
- 변이 다섯 개인 다각형을 오각형^pentagon^이라 한다.
  : [그림 26-1(c)]

- 변이 여섯 개인 다각형을 육각형 hexagon이라 한다.
  : [그림 26-1(d)]
- 변이 일곱 개인 다각형을 칠각형 heptagon이라 한다.
  : [그림 26-1(e)]
- 변이 여덟 개인 다각형을 팔각형 octagon이라 한다.
  : [그림 26-1(f)]

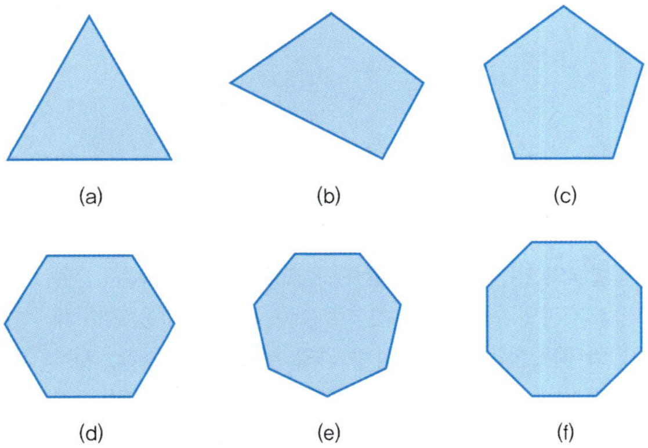

[그림 26-1]

26.2.2 사각형

직사각형, 정사각형, 평행사변형, 마름모, 사다리꼴이라 부르는 다섯 종류의 사각형이 있다. 사각형의 맞꼭지점을 직선으로 연결하면 두 개의 삼각형이 만들어진다. 삼각형의 내각의 합이 180°이므로 사각형의 내각의 합은 360°이다.

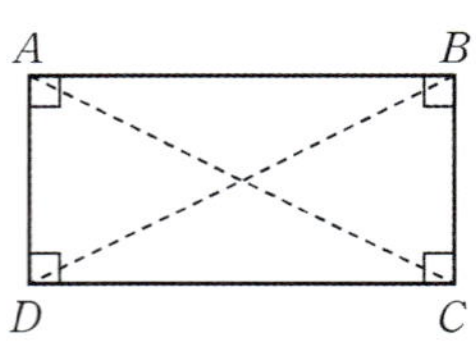

[그림 26-2]

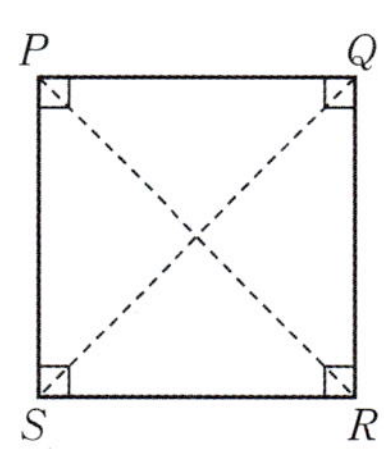

[그림 26-3]

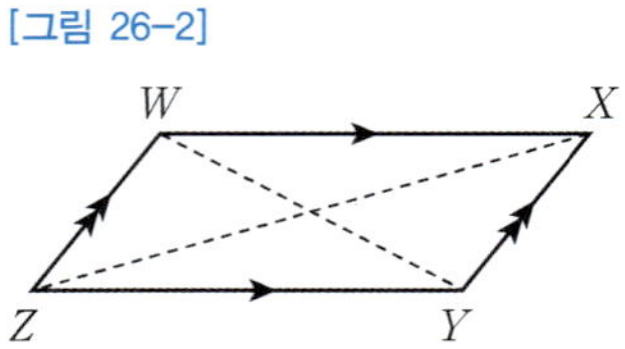

[그림 26-4]

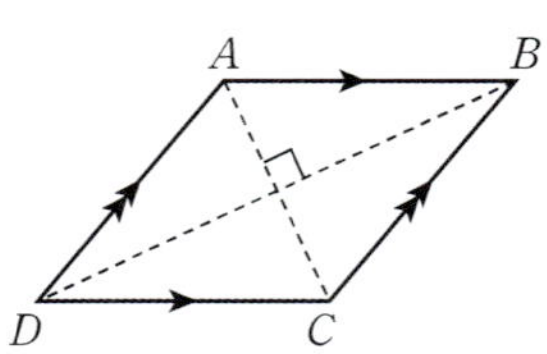

[그림 26-5]

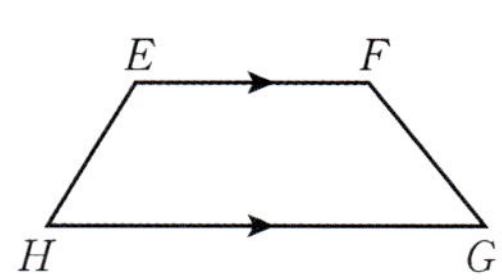

[그림 26-6]

직사각형

[그림 26-2]의 직사각형 $ABCD$에서,

- 네 각이 모두 직각이다.
- 대변은 서로 평행하고, 길이가 같다.
- 대각선 AC와 BD는 길이가 같고, 서로 이등분한다.

정사각형

[그림 26-3]의 정사각형 $PQRS$에서,

- 네 각이 모두 직각이다.
- 대변은 평행하다.
- 모든 네 변의 길이가 같다.
- 대각선 PR과 QS는 길이가 같고, 서로 이등분한다.

평행사변형

[그림 26-4]의 평행사변형 $WXYZ$에서,

- 대각의 크기가 같다.
- 대변은 평행하고, 길이가 같다.
- 대각선 WY와 XZ는 서로 이등분한다.

마름모

[그림 26-5]의 마름모 $ABCD$에서,

- 대각의 크기가 같다.
- 대각은 대각선에 의해 이등분된다.
- 대변은 평행하다.
- 네 변의 길이가 모두 같다.
- 대각선 AC와 BD는 서로 직각으로 이등분한다.

사다리꼴

[그림 26-6]의 사다리꼴 $EFGH$에서,

- 오직 한 쌍의 변만이 평행하다.

[문제 1] [그림 26-7]의 사각형의 종류를 설명하라. 그리고 a에서 l까지 표시된 각을 구하라.

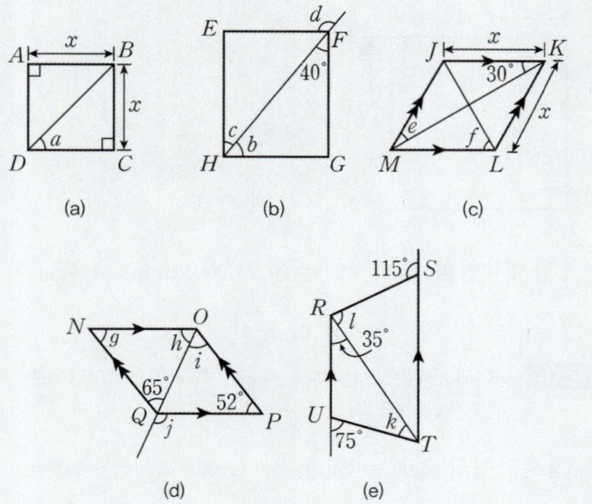

[그림 26-7]

(a) ***ABCD*는 정사각형이다.**

정사각형의 대각선은 각각 직각을 이등분한다. 그러므로 다음과 같이 구할 수 있다.

$$\mathbf{a} = \frac{90°}{2} = \mathbf{45°}$$

(b) ***EFGH*는 직사각형이다.**

삼각형 안의 각을 합하면 180°이므로 삼각형 FGH에서 $40° + 90° + b = 180°$이고, 따라서 $\mathbf{b = 50°}$이다. 또한 $\mathbf{c = 40°}$(평행선 EF와 HG 사이의 엇각. 다른 방법으로, b와 c가 여각이고 합이 90°이다),

$d = 90° + c$(삼각형의 외각은 내대각의 합이다)이고, 그러므로 $\mathbf{d} = 90° + 40° = \mathbf{130°}$(또는 $\angle EFH = 50°$이고, 따라서 $d = 180° - 50° = 130°$)이다.

(c) ***JKLM*은 마름모이다.**

마름모의 대각선은 내각을 이등분하고, 내대각이 동일하다. 따라서 $\angle JKM = \angle MKL = \angle JMK = \angle LMK = 30°$이고, $\mathbf{e = 30°}$이다.

삼각형 KLM에서 $30° + \angle KLM + 30° = 180°$(삼각형에서 내각의 합은 180°)이므로 $\angle KLM = 120°$이다. 대각선 JL은 $\angle KLM$을 이등분한다. 그러므로 $\mathbf{f} = \frac{120°}{2} = \mathbf{60°}$이다.

(d) ***NOPQ*는 평행사변형이다.**

평행사변형의 내대각은 동일하므로 $\mathbf{g} = \mathbf{52°}$이다.

삼각형 NOQ에서 $g + h + 65° = 180°$(삼각형에서 내각의 합은 180°)이다. 이것으로부터 $\mathbf{h} = 180° - 65° - 52° = \mathbf{63°}$이다.

$\mathbf{i = 65°}$(평행선 NQ와 OP 사이의 엇각)이다.

$j = 52° + i = 52° + 65° = \mathbf{117°}$(삼각형의 외각은 내대각의 합이다. 다른 방법으로, $\angle PQO = h = 63°$이고, 따라서 $j = 180° - 63° = 117°$)이다.

(e) ***RSTU*는 사다리꼴이다.**

$35° + k = 75°$(삼각형의 외각은 내대각의 합이다)이므로 $\mathbf{k = 40°}$이다.

$\angle STR = 35°$(평행선 RU와 ST 사이의 엇각)이다. $l + 35° = 115°$(삼각형의 외각은 내대각의 합이다)이므로 $l = 115° - 35° = \mathbf{80°}$이다.

◆ **이제 다음 연습문제를 풀어보자.**

[연습문제 128] 기본적인 도형

1 [그림 26-8(a)]에서 각 p와 q를 구하라.

2 [그림 26-8(b)]에서 각 r과 s를 구하라.

3 [그림 26-8(c)]에서 각 t를 구하라.

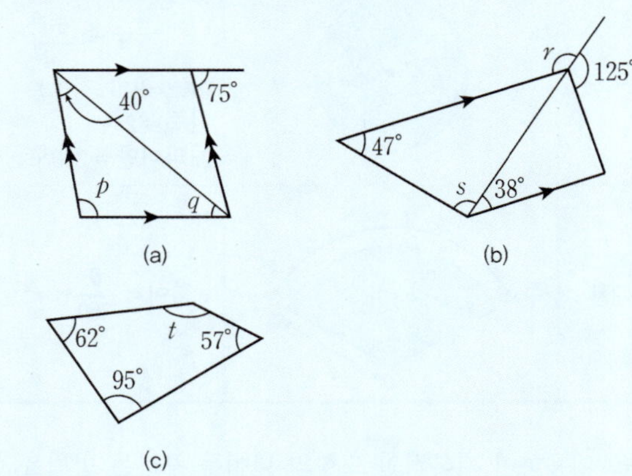

[그림 26-8]

26.3 기본적인 도형의 넓이

기본적인 도형의 넓이 공식을 [표 26-1]에 나타냈다.

[표 26-1] 기본적인 도형의 넓이 공식

평면도형의 넓이		
정사각형	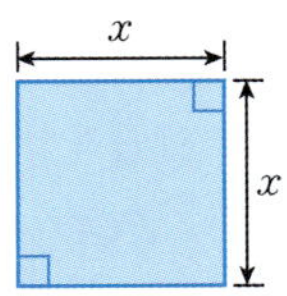	넓이 $= x^2$
직사각형	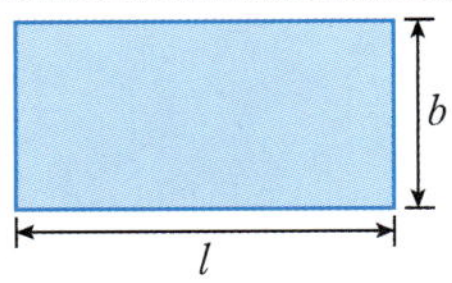	넓이 $= l \times b$
평행사변형	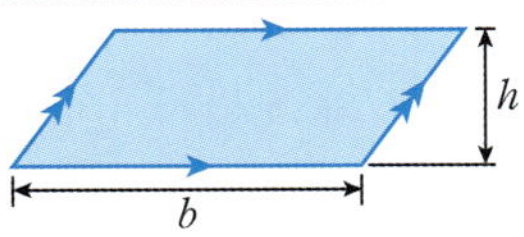	넓이 $= b \times h$
삼각형	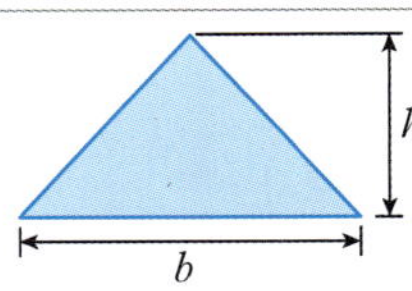	넓이 $= \frac{1}{2} \times b \times h$
사다리꼴	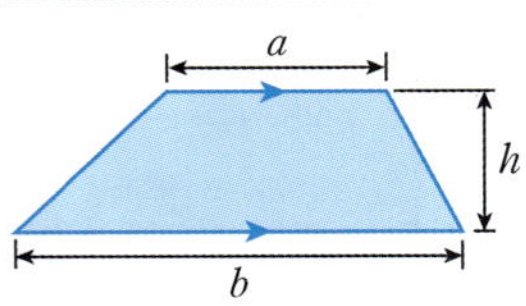	넓이 $= \frac{1}{2}(a+b) \times h$
원	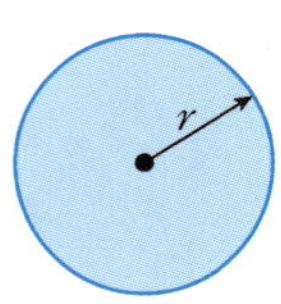	넓이 $= \pi r^2$ 또는 $\frac{\pi d^2}{4}$ (d는 원의 지름) 원주 $= 2\pi r$ 2π라디안 $= 360$도
부채꼴	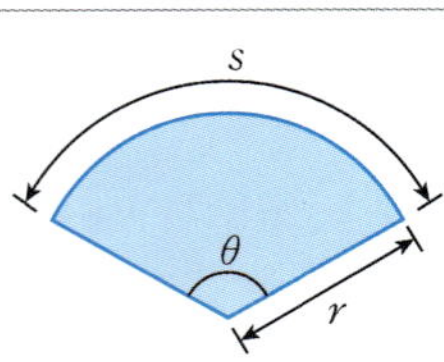	넓이 $= \frac{\theta}{360}(\pi r^2)$

공식을 이용하여 기본적인 도형의 넓이를 구하는 방법을 살펴보자.

*[문제 2] [그림 26-9]의 정사각형의 넓이와 둘레의 길이를 계산하라.

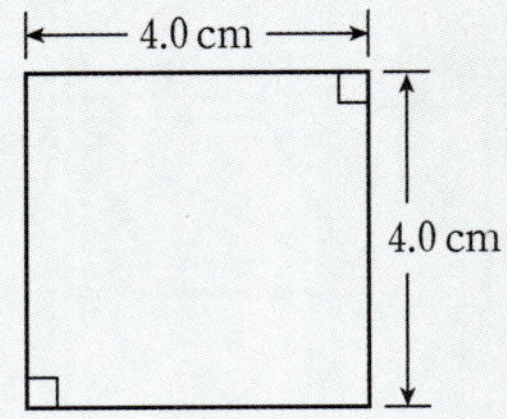

[그림 26-9]

$$\text{정사각형의 넓이} = x^2 = (4.0)^2 = 4.0\,\text{cm} \times 4.0\,\text{cm}$$

$$= 16.0\,\text{cm}^2$$

Note 넓이의 단위는 $\text{cm} \times \text{cm} = \text{cm}^2$, 즉 제곱센티미터 또는 제곱한 센티미터이다.

$$\text{정사각형의 둘레} = 4.0\,\text{cm} + 4.0\,\text{cm} + 4.0\,\text{cm} + 4.0\,\text{cm}$$

$$= 16.0\,\text{cm}$$

[문제 3] [그림 26-10]의 직사각형의 넓이와 둘레의 길이를 계산하라.

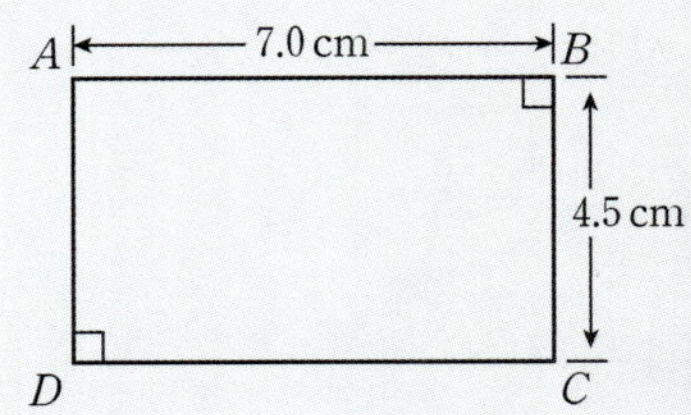

[그림 26-10]

$$\text{직사각형의 넓이} = l \times b = 7.0 \times 4.5$$

$$= 31.5\,\text{cm}^2$$

$$\text{직사각형의 둘레} = 7.0\,\text{cm} + 4.5\,\text{cm} + 7.0\,\text{cm} + 4.5\,\text{cm}$$

$$= 23.0\,\text{cm}$$

*[문제 4] [그림 26-11]의 평행사변형의 넓이를 계산하라.

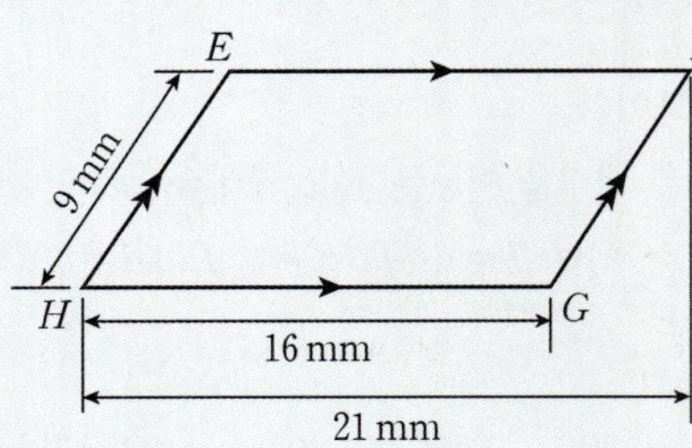

[그림 26-11]

평행사변형의 넓이 = (밑변) × (높이)이다. 높이 h는 [그림 26-11]에 나타나지 않지만, 피타고라스 정리(22장 참조)를 이용하여 구할 수 있다. [그림 26-12]로부터 $9^2 = 5^2 + h^2$

이므로 $h^2 = 9^2 - 5^2 = 81 - 25 = 56$이다. 따라서 높이는 다음과 같다.

$$h = \sqrt{56} = 7.48\,\text{mm}$$

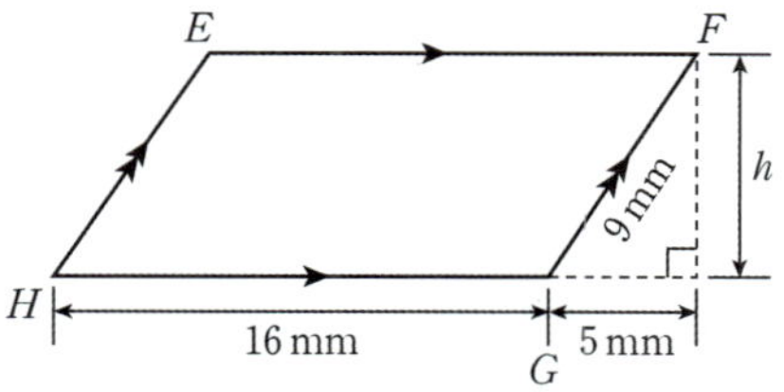

[그림 26-12]

그러므로 다음과 같이 구할 수 있다.

$$\textbf{평행사변형 } EFGH\textbf{의 넓이} = 16\,\text{mm} \times 7.48\,\text{mm} = \mathbf{120\,mm^2}$$

*[문제 5] [그림 26-13]에 있는 삼각형 모양의 플라스틱 형판의 넓이를 계산하라.

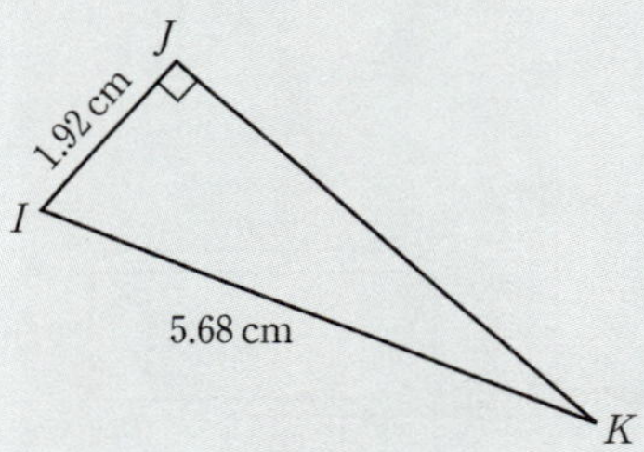

[그림 26-13]

$$\text{삼각형 } IJK\text{의 넓이} = \frac{1}{2} \times \text{밑변} \times \text{높이} = \frac{1}{2} \times IJ \times JK$$

JK를 구하기 위해 피타고라스 정리를 이용한다.
즉 $5.68^2 = 1.92^2 + JK^2$이다. 따라서 다음과 같다.

$$JK = \sqrt{5.68^2 - 1.92^2} = 5.346\,\text{cm}$$

그러므로 다음과 같이 구할 수 있다.

$$\textbf{삼각형 } IJK\textbf{의 넓이} = \frac{1}{2} \times 1.92 \times 5.346 = \mathbf{5.132\,cm^2}$$

[문제 6] [그림 26-14]의 사다리꼴의 넓이를 계산하라.

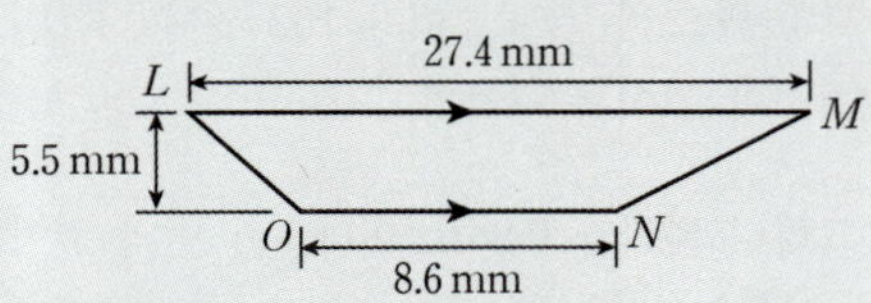

[그림 26-14]

사다리꼴의 넓이 $= \frac{1}{2} \times$(평행한 변의 합) $\times$(평행한 변 사이의 수직 거리)

그러므로 다음과 같이 구한다.

$$\textbf{사다리꼴 } LMNO\textbf{의 넓이} = \frac{1}{2} \times (27.4 + 8.6) \times 5.5 = \frac{1}{2} \times 36 \times 5.5 = \mathbf{99\,mm^2}$$

*[문제 7] 직사각형 쟁반의 길이는 820 mm이고 너비가 400 mm이다. 다음 주어진 단위로 이 쟁반의 넓이를 구하라.

(a) mm^2 (b) cm^2 (c) m^2

(a) **쟁반의 넓이**$=$(길이)$\times$(너비)$= 820 \times 400$

$$= \mathbf{328000\,mm^2}$$

(b) $1\,\text{cm} = 10\,\text{mm}$이므로,

$1\,\text{cm}^2 = 1\,\text{cm} \times 1\,\text{cm} = 10\,\text{mm} \times 10\,\text{mm} = 100\,\text{mm}^2$

또는 $1\,\text{mm}^2 = \frac{1}{100}\,\text{cm}^2 = 0.01\,\text{cm}^2$이므로 다음과 같다.

$$328000\,\text{mm}^2 = 328000 \times 0.01\,\text{cm}^2 = \mathbf{3280\,cm^2}$$

(c) $1\,\text{m} = 100\,\text{cm}$이므로,

$1\,\text{m}^2 = 1\,\text{m} \times 1\,\text{m} = 100\,\text{cm} \times 100\,\text{cm} = 10000\,\text{cm}^2$

또는 $1\,\text{cm}^2 = \frac{1}{10000}\,\text{m}^2 = 0.0001\,\text{m}^2$이므로 다음과 같다.

$$3280\,\text{cm}^2 = 3280 \times 0.0001\,\text{m}^2 = \mathbf{0.3280\,m^2}$$

*[문제 8] 사진틀의 바깥쪽 치수는 100 cm × 50 cm이다. 틀의 폭이 4 cm라 할 때, 사진틀을 만들기 위한 나무의 넓이를 구하라.

사진틀을 그림으로 나타내면 [그림 26-15]와 같다.

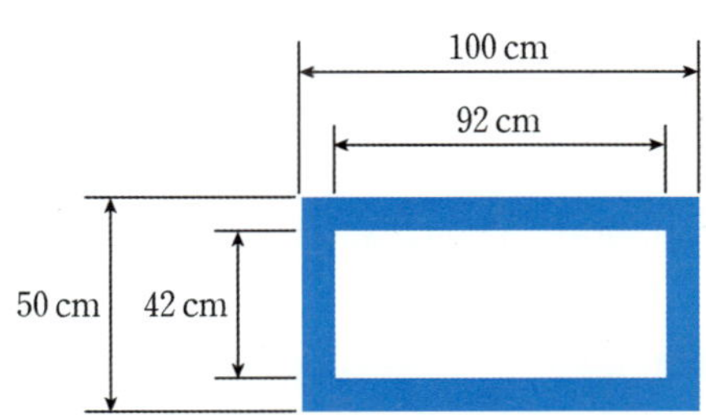

[그림 26-15]

나무의 넓이

$=$(큰 사각형의 넓이)$-$(작은 사각형의 넓이)

$=(100\times50)-(92\times42)=5000-3864$

$=\mathbf{1136\,cm^2}$

***[문제 9]** [그림 26-16]의 대들보의 단면적을 구하라.

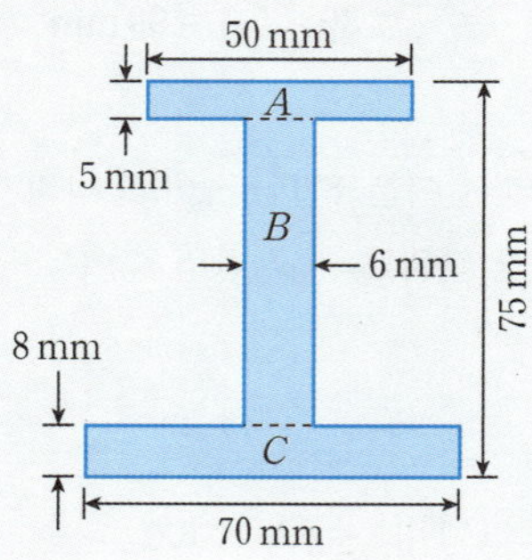

[그림 26-16]

대들보는 총 세 개의 직사각형으로 분리된다.

$$\text{직사각형 } A\text{의 넓이}=50\times5=250\,mm^2$$

$$\text{직사각형 } B\text{의 넓이}=(75-8-5)\times6=62\times6=372\,mm^2$$

$$\text{직사각형 } C\text{의 넓이}=70\times8=560\,mm^2$$

전체 대들보의 넓이 $=250+372+560$

$=\mathbf{1182\,mm^2}$ 또는 $\mathbf{11.82\,cm^2}$

***[문제 10]** [그림 26-17]은 건물의 박공벽(측면의 삼각형의 벽)을 나타낸다. 박공벽에 있는 벽돌의 넓이를 구하라.

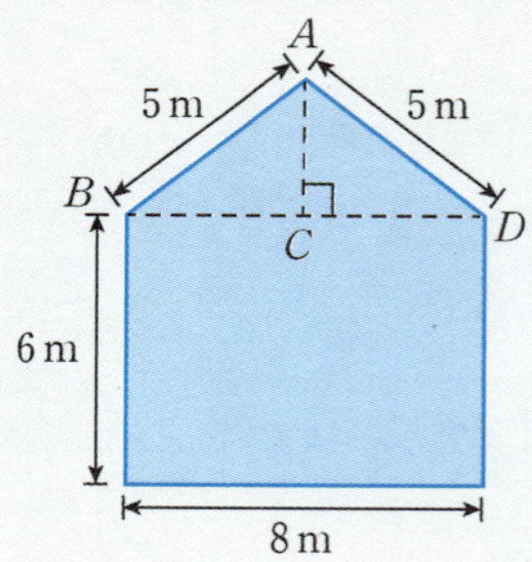

[그림 26-17]

도형은 직사각형과 삼각형으로 구분된다.

$$\text{직사각형의 넓이}=6\times8=48\,m^2$$

$$\text{삼각형의 넓이}=\frac{1}{2}\times(\text{밑변})\times(\text{높이})$$

$CD=4\,m$이고 $AD=5\,m$이므로 $AC=3\,m$이다(이는 3, 4, 5 삼각형, 또는 피타고라스 정리에 의해 구할 수 있다).

그러므로 삼각형 ABD의 넓이는 다음과 같다.

$$\text{삼각형 } ABD\text{의 넓이}=\frac{1}{2}\times8\times3=12\,m^2$$

벽돌의 전체 넓이 $=48+12=\mathbf{60\,m^2}$

◆ **이제 다음 연습문제를 풀어보자.**

[연습문제 129] 기본적인 도형의 넓이

1 [그림 26-18]의 (i)~(iv)는 어떤 사각형인지 이름을 붙여라. 그리고 각각에 대한 (a) 넓이와, (b) 둘레의 길이를 구하라.

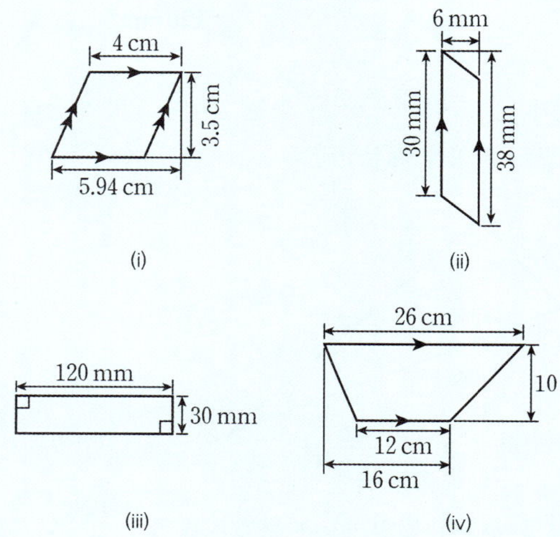

[그림 26-18]

*2 길이가 85 mm이고 너비가 42 mm인 직사각형 판이 있다. 넓이를 [cm^2] 단위로 구하라.

*3 길이가 150 m이고 넓이가 1.2 ha인 직사각형 모양의 밭이 있다. $1\,ha=10000\,m^2$일 때, (a) 밭의 너비와, (b) 대각선의 길이를 구하라.

*4 밑변이 8.5 cm이고 높이가 6.4 cm인 삼각형 형판의 넓이를 구하라.

*5 정사각형 모양 박스 뚜껑의 넓이가 162 cm^2이다. 이 뚜껑의 대각선의 길이를 구하라.

*6 직사각형 그림의 넓이가 0.96 m^2이다. 한 변의 길이가 800 mm일 때, 다른 변의 길이를 [mm] 단위로 계산하라.

*7 [그림 26-19]의 철로 된 앵글 부품의 넓이를 각각 구하라.

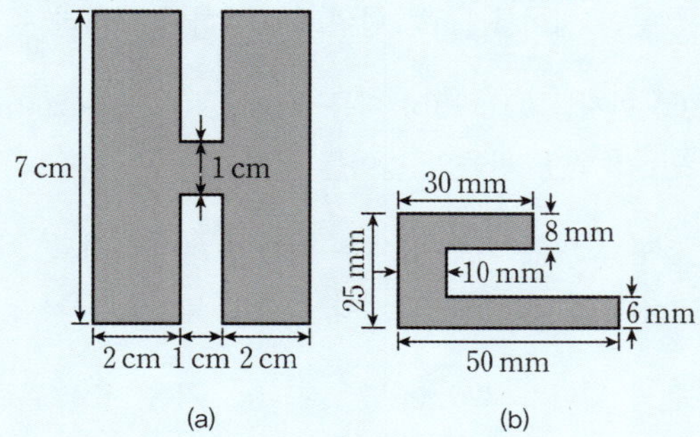

[그림 26-19]

*8 [그림 26-20]은 길의 폭이 4m이고, 외부가 $41\,m \times 37\,m$인 정원이다. 이 길의 넓이를 구하라.

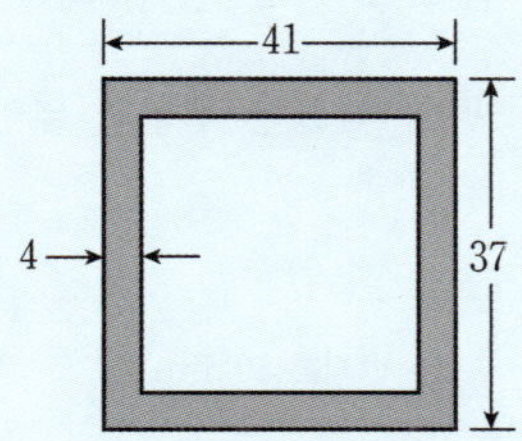

[그림 26-20]

9 사다리꼴의 넓이가 $13.5\,cm^2$이고 두 평행한 변 사이의 거리가 3cm이다. 평행한 한 변의 길이가 5.6cm일 때, 평행한 다른 변의 길이를 구하라.

*10 [그림 26-21]의 금속판의 넓이를 계산하라. 각 치수의 단위는 [mm]이다.

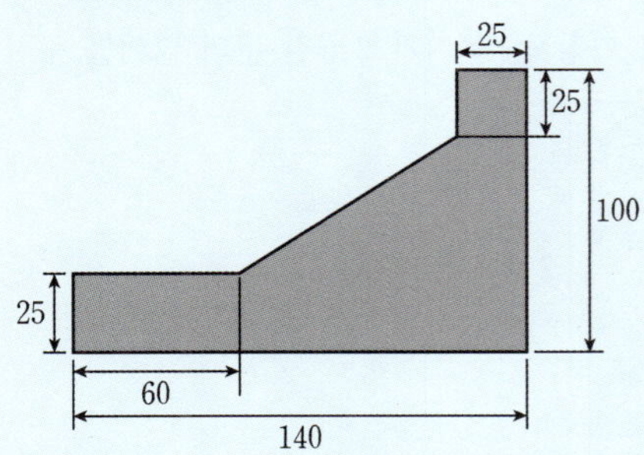

[그림 26-21]

11 한 변의 길이가 10.0cm인 정삼각형의 넓이를 구하라.

*12 포장용 평판이 $250\,mm \times 250\,mm$ 크기의 정사각형으로 생산된다. $2\,m^2$의 넓이를 씌우기 위해 필요한 평판의 개수를 구하라.

*13 [그림 26-22]는 만들려고 하는 사무실 건물의 평면도를 나타낸다. 벽의 높이는 8m로 만들려고 하는데, 이때 벽을 만들기 위해 필요한 벽돌의 개수를 고려해야 한다. 계산할 때 문과 창문을 무시하고, $1\,m^2$의 벽을 세우는 데 48개의 벽돌이 필요하다면, 필요한 외벽의 벽돌의 개수를 계산하라.

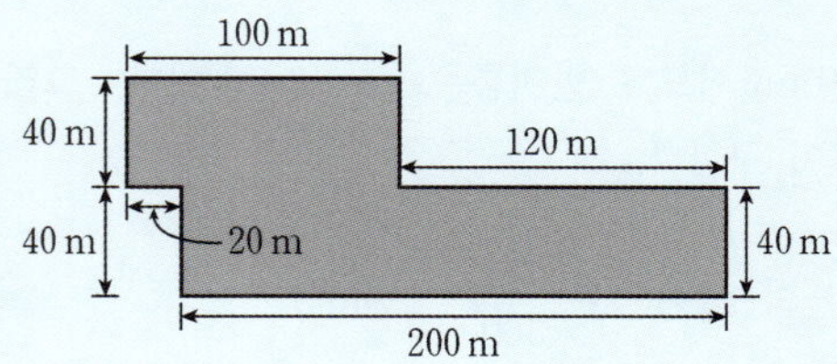

[그림 26-22]

[표 26-1]의 공식을 이용하여 기본적인 도형의 넓이를 구하는 방법을 좀 더 살펴보자.

***[문제 11]** 반지름이 5cm인 원형 금메달의 넓이를 구하라.

원의 넓이$=\pi r^2=\pi(5)^2=25\pi=\mathbf{78.54\,cm^2}$

***[문제 12]** 지름이 15mm인 원형 금속판의 넓이를 구하라.

원의 넓이$=\dfrac{\pi d^2}{4}=\dfrac{\pi(15)^2}{4}=\dfrac{225\pi}{4}=\mathbf{176.7\,mm^2}$

***[문제 13]** 원주의 길이가 70mm인 원형 디스크의 넓이를 구하라.

원주는 $c=2\pi r$이므로 반지름은 다음과 같다.

$$r=\frac{c}{2\pi}=\frac{70}{2\pi}=\frac{35}{\pi}\,\text{mm}$$

$$\textbf{원의 넓이}=\pi r^2=\pi\left(\frac{35}{\pi}\right)^2=\frac{35^2}{\pi}$$

$$=\mathbf{389.9\,mm^2} \quad \text{또는} \quad \mathbf{3.899\,cm^2}$$

[문제 14] 중심각이 50°이고 반지름이 6cm인 부채꼴의 넓이를 구하라.

$$부채꼴의\ 넓이 = \frac{\theta}{360}(\pi r^2) = \frac{50}{360}(\pi 6^2)$$

$$= \frac{50 \times \pi \times 36}{360} = \mathbf{15.71\,cm^2}$$

[문제 15] 중심각이 107°42′이고 지름이 80mm인 부채꼴의 넓이를 구하라.

지름이 80mm이므로 반지름은 $r = 40$mm이다. 그러므로 다음과 같이 구한다.

$$부채꼴의\ 넓이 = \frac{107°42'}{360}(\pi 40^2)$$

$$= \frac{107\frac{42}{60}}{360}(\pi 40^2) = \frac{107.7}{360}(\pi 40^2)$$

$$= \mathbf{1504\,mm^2} \quad 또는\ \mathbf{15.04\,cm^2}$$

***[문제 16]** 외부 지름이 5.45cm이고 내부 지름이 2.25cm인 속이 빈 축이 있다. 이 축의 단면적을 계산하라.

축의 단면적은 [그림 26-23]과 같다(이런 모양을 환형annulus이라 한다).

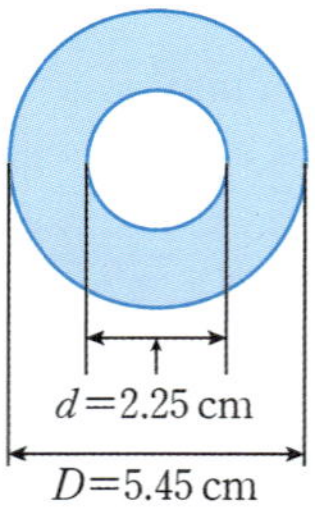

[그림 26-23]

음영 부분의 넓이 = (큰 원의 넓이) − (작은 원의 넓이)

$$= \frac{\pi D^2}{4} - \frac{\pi d^2}{4} = \frac{\pi}{4}(D^2 - d^2)$$

$$= \frac{\pi}{4}(5.45^2 - 2.25^2) = \mathbf{19.35\,cm^2}$$

◆ **이제 다음 연습문제를 풀어보자.**

[연습문제 130] 기본적인 도형의 넓이

*1 40m×15m 규모의 직사각형 모양의 정원이 있다. 이 정원의 짧은 두 변과 긴 한 변의 주변으로 1m 너비의 꽃 담장이 둘러진다. 또한 정원 중앙에는 지름 8m인 원형 수영장이 만들어진다. 이 정원의 나머지 부분의 넓이를 [m^2] 단위로 보정하여 구하라.

*2 (a) 반지름 4cm, (b) 지름 30mm, (c) 원주 200mm인 각 원형 판들의 넓이를 구하라.

*3 환형 모양인 와셔의 외부 지름이 60mm이고, 내부 반지름이 20mm이다. 이 와셔의 넓이를 구하라.

4 원의 넓이가 320mm^2일 때, (a) 지름, (b) 원주의 길이를 구하라.

5 다음 부채꼴의 넓이를 계산하라.
(a) 반지름 9cm, 중심각 75°
(b) 지름 35mm, 중심각 48°37′

*6 [그림 26-24]와 같은 형판의 색칠한 부분의 넓이를 구하라.

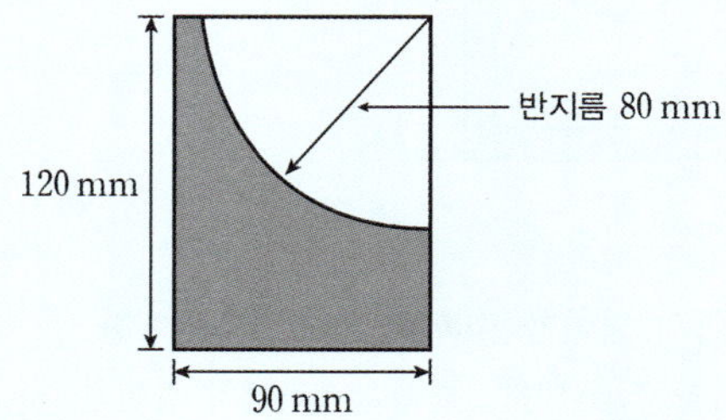

[그림 26-24]

*7 [그림 26-25]와 같은 아치형 입구는 직사각형 모양의 문 위에 반원형 아치를 올려 만든 모양이다. 너비가 1m이고 가장 큰 높이가 2m인 문의 넓이를 구하라.

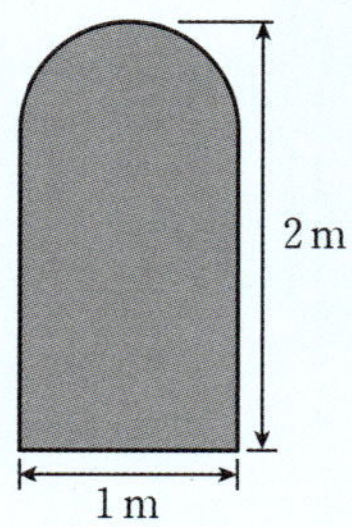

[그림 26-25]

*8 반지름이 0.5m인 사분원 호 형태의 베이스 플레이트의 넓이와 둘레의 길이를 구하라.

*9 치수가 350mm×200mm인 직사각형 모양의 개스킷에 지름 60mm인 구멍 4개가 있다. 개스킷의 넓이를 cm^2로 구하라.

***[문제 17]** 각 변이 5 cm이고 편평한 변 사이의 폭이 12 cm인 정팔각형 모양 금속 피처의 넓이를 계산하라.

팔각형은 변이 8개인 다각형이다. 다각형의 중심에서 꼭짓점까지 반지름을 그리면, [그림 26-26]과 같이 8개의 동일한 삼각형이 만들어진다.

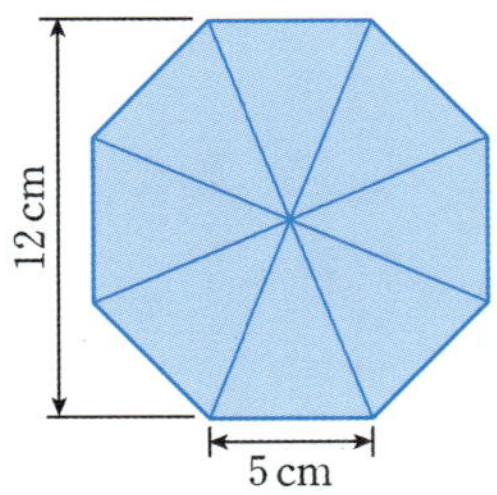

[그림 26-26]

$$\text{삼각형 하나의 넓이} = \frac{1}{2} \times (\text{밑변}) \times (\text{높이})$$

$$= \frac{1}{2} \times 5 \times \frac{12}{2} = 15\,\text{cm}^2$$

팔각형의 넓이 $= 8 \times 15 = \mathbf{120\,cm^2}$

***[문제 18]** 한 변의 길이가 8 cm인 정육각형 모양 판금의 넓이를 구하라.

육각형은 변이 6개인 다각형이며, [그림 26-27]과 같이 동일한 삼각형 6개로 분리된다. 각 삼각형의 중심각은 $360° \div 6 = 60°$이다. 삼각형에서 다른 두 각의 합은 120°이고, 각각 동일하다. 그러므로 각 삼각형은 각이 60°이고, 변이 8 cm인 정삼각형이다.

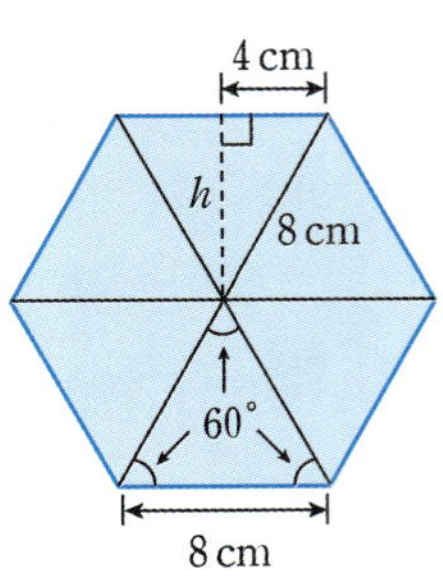

[그림 26-27]

$$\text{삼각형 하나의 넓이} = \frac{1}{2} \times (\text{밑변}) \times (\text{높이}) = \frac{1}{2} \times 8 \times h$$

피타고라스 정리 $8^2 = h^2 + 4^2$으로부터

$h = \sqrt{8^2 - 4^2} = 6.928\,\text{cm}$이다.

그러므로 다음과 같다.

$$\text{삼각형 하나의 넓이} = \frac{1}{2} \times 8 \times 6.928 = 27.71\,\text{cm}^2$$

육각형의 넓이 $= 6 \times 27.71 = \mathbf{166.3\,cm^2}$

***[문제 19]** [그림 26-28]은 어떤 건물의 한 층에 대한 평면도로 이는 카펫으로 덮여 있다. 이 층의 넓이를 $[\text{m}^2]$ 단위로 계산하라. 카펫 비용은 $1\,\text{m}^2$당 21500원이고, 모양에 맞췄을 때 낭비되는 양을 감안하여 30%의 여분의 카펫이 필요하다고 할 때, 카펫의 비용을 계산하라.

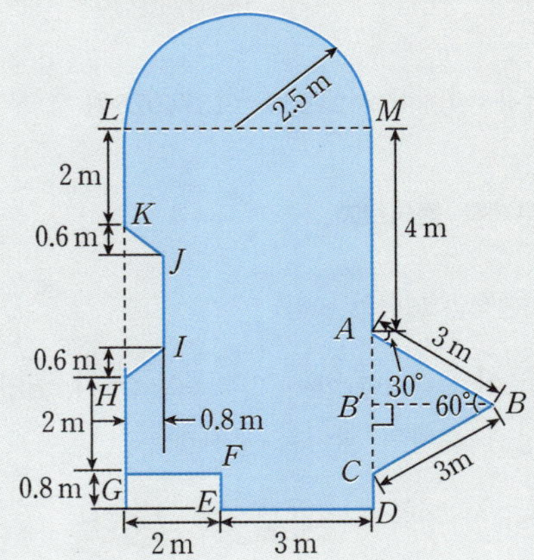

[그림 26-28]

평면도의 넓이

= (삼각형 ABC의 넓이) + (반원의 넓이)

+ (사각형 $CGLM$의 넓이) + (사각형 $CDEF$의 넓이)

− (사다리꼴 $HIJK$의 넓이)

$AB = BC = 3\,\text{m}$이므로 삼각형 ABC는 정삼각형이다. 그러므로 각 $B'CB = 60°$이고, $\sin B'CB = \dfrac{BB'}{3}$이다.

즉 $BB' = 3 \sin 60° = 2.598\,\text{m}$이다.

$$\text{삼각형 } ABC\text{의 넓이} = \frac{1}{2}(AC)(BB') = \frac{1}{2}(3)(2.598)$$

$$= 3.897\,\text{m}^2$$

$$\text{반원의 넓이} = \frac{1}{2}\pi r^2 = \frac{1}{2}\pi (2.5)^2 = 9.817\,\text{m}^2$$

$$CGLM\text{의 넓이} = 5 \times 7 = 35\,\text{m}^2$$

$$CDEF\text{의 넓이} = 0.8 \times 3 = 2.4\,\text{m}^2$$

$$HIJK\text{의 넓이} = \frac{1}{2}(KH + IJ)(0.8)$$

$MC = 7\,\text{m}$이고 $LG = 7\,\text{m}$이므로 $JI = 7 - 5.2 = 1.8\,\text{m}$이다.

그러므로 다음과 같다.

$$HIJK\text{의 넓이} = \frac{1}{2}(3+1.8)(0.8) = 1.92\,\text{m}^2$$

$$\text{전체 층의 넓이} = 3.897+9.817+35+2.4-1.92 = 49.194\,\text{m}^2$$

30%의 낭비되는 양을 감안하면 다음과 같이 계산할 수 있다.

$$\text{카펫의 요구되는 양} = 1.3\times 49.194 = 63.95\,\text{m}^2$$

카펫의 비용이 21500원/m^2이므로 총 카펫 비용은 다음과 같다.

카펫의 비용 $= 63.95 \times 21500 =$ **1374925원**

◆ **이제 다음 연습문제를 풀어보자.**

[연습문제 131] 기본적인 도형의 넓이

*1 각 변이 20 mm이고 편평한 변 사이의 폭이 48.3 mm인 정팔각형 모양 금속판의 넓이를 구하라.

*2 한 변이 25 mm인 정육각형의 넓이를 구하라.

*3 [그림 26-29]는 어떤 건물의 평면도를 나타낸다. 다음을 구하라.

(a) [ha] 단위의 넓이($1\,\text{ha} = 10^4\,\text{m}^2$)

(b) 평면도를 완전히 감싸기 위해 필요한 담장의 길이(가장 근접한 [m] 단위로 나타낸다.)

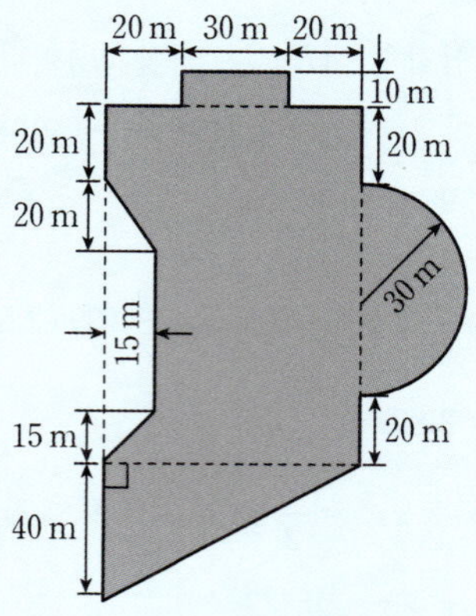

[그림 26-29]

*4 지름이 26 mm인 원통 주위에 25 m의 가는 구리선을 감아서 만든 원통 코일의 회전수를 (범자연수에 가장 근접한 수로) 구하라.

*5 반지름이 400 mm인 원형 알루미늄 판을 잘라서 만들 수 있는 가장 큰 정육각형의 넓이를 구하라. 단, 유효숫자 3자리로 보정하여 [m^2] 단위로 구한다.

26.4 닮은꼴의 넓이

[그림 26-30]은 한 사각형의 변들이 다른 사각형의 변들의 3배인 두 정사각형을 나타낸 것이다.

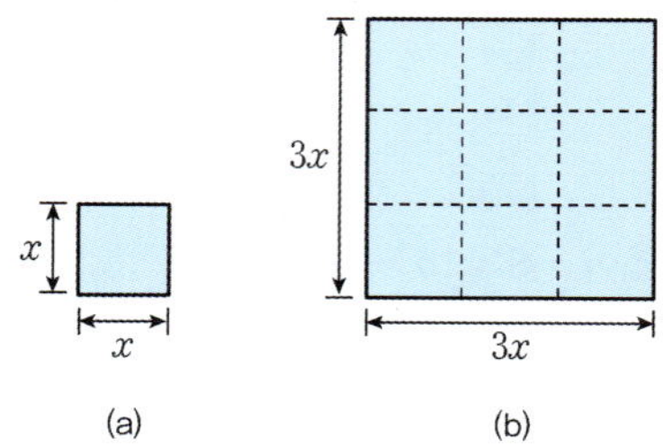

[그림 26-30]

[그림 26-30(a)]의 넓이$=(x)(x)=x^2$

[그림 26-30(b)]의 넓이$=(3x)(3x)=9x^2$

따라서 [그림 26-30(b)]는 [그림 26-30(a)]의 넓이의 3^2배, 즉 9배이다. 요약하면, **닮은 도형의 넓이는 대응하는 변들의 길이 제곱에 비례한다.**

*[문제 20] 평면도에 그려진 직사각형 모양의 차고의 치수는 10 mm × 20 mm이다. 이 평면도가 1대 250의 척도로 그려져 있다면, 차고의 실제 넓이를 [m^2] 단위로 구하라.

평면도상의 차고의 넓이$= 10\,\text{mm}\times 20\,\text{mm} = 200\,\text{mm}^2$이고, 닮은 도형의 넓이는 대응하는 변들의 길이 제곱에 비례하므로 차고의 실제 넓이는 다음과 같다.

$$\text{차고의 실제 넓이} = 200\times(250)^2 = 12.5\times 10^6\,\text{mm}^2 = \frac{12.5\times10^6}{10^6}\,\text{m}^2 = \mathbf{12.5\,m^2}$$

◆ 이제 다음 연습문제를 풀어보자.

[연습문제 132] 닮은꼴의 넓이

*1 지도상에서 공원의 넓이는 $500\,mm^2$이다. 지도의 척도가 1대 40000일 때, [ha] 단위로 이 공원의 실제 넓이를 계산하라. 단, $1\,ha = 10^4\,m^2$이다.

*2 보일러 모형의 전체 높이는 75 mm이고, 이에 해당하는 실제 보일러의 전체 높이는 6 m이다. 이 모형에 필요한 금속판의 넓이가 $12500\,mm^2$일 때, 실제 보일러에 필요한 금속판의 넓이를 [m^2] 단위로 구하라.

*3 국토지리정보원에서 보유하고 있는 지도의 척도는 1:2500이다. 지도에서 원형 경기장의 지름이 8 cm이다. 이 경기장의 넓이를 유효숫자 3자리로 보정하여 [ha] 단위로 나타내라. 단, $1\,ha = 10^4\,m^2$이다.

[연습문제 133] 기본적인 도형의 넓이에 대한 선다형 문제

※ 각 문제의 정답은 한 개이다.

1 원주의 길이가 100 mm인 원의 넓이는 얼마인가?

(a) $314.2\,cm^2$ (b) $7.96\,cm^2$

(c) $31.83\,cm^2$ (d) $78.54\,cm^2$

2 직사각형 모양 액자 틀의 외부 치수는 $80\,cm \times 30\,cm$이고 틀의 폭은 3 cm이다. 틀을 만드는 데 필요한 금속의 넓이는 얼마인가?

(a) $624\,cm^2$ (b) $2079\,cm^2$

(c) $660\,cm^2$ (d) $588\,cm^2$

3 한 변의 길이가 x cm인 정사각형 모양 금속판의 중앙에서 한 변의 길이가 $(x-3)$ cm인 정사각형을 기계로 잘라냈다. 남은 금속의 넓이를 x를 이용하여 [cm^2]로 나타내면 얼마인가?

(a) $2x^2-9$ (b) $6x-9$

(c) $2x^2-6x-9$ (d) $6x+9$

4 정육각형의 한 내각은 얼마인가?

(a) 60° (b) 360°

(c) 150° (d) 120°

5 한 변의 길이가 2 cm인 정삼각형의 넓이는 얼마인가?

(a) $2\,cm^2$ (b) $\sqrt{3}\,cm^2$

(c) $4\,cm^2$ (d) $\sqrt{5}\,cm^2$

6 [그림 26-31]에서 음영 표시된 길의 넓이는 얼마인가?

(a) $300\,m^2$ (b) $234\,m^2$

(c) $124\,m^2$ (d) $66\,m^2$

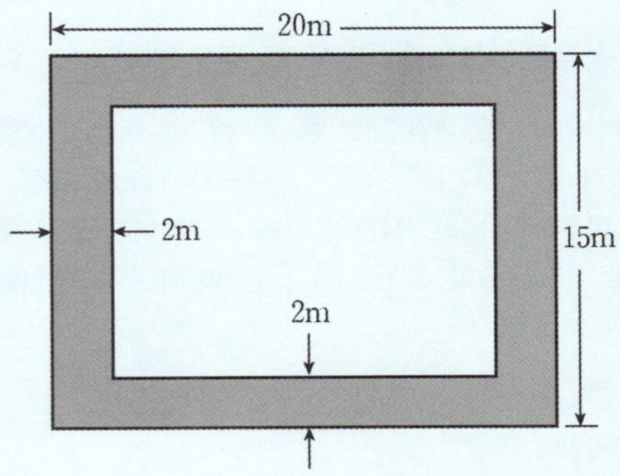

[그림 26-31]

7 지름이 10 cm인 반원 형태의 화면의 넓이는 얼마인가?

(a) $12.5\pi\,cm^2$ (b) $25\pi\,cm^2$

(c) $50\pi\,cm^2$ (d) $100\pi\,cm^2$

8 형강shape steel은 넓이가 $120\,cm^2$인 정사각형 모양이다. 이 형강의 대각선의 길이는 얼마인가?

(a) 4.68 cm (b) 10.95 cm

(c) 15.49 cm (d) 169.71 cm

9 속이 빈 축shaft의 외부 지름은 8 cm이고 내부 지름은 4 cm이다. 이 축의 단면적은 얼마인가?

(a) $20\pi\,cm^2$ (b) $48\pi\,cm^2$

(c) $12\pi\,cm^2$ (d) $24\pi\,cm^2$

10 도면에서 직사각형 건물의 치수가 $20\,mm \times 10\,mm$이고 축척이 1:300이다. 이 건물의 넓이는 [m^2] 단위로 얼마인가?

(a) $60000\,m^2$ (b) $1800\,m^2$

(c) $0.06\,m^2$ (d) $18\,m^2$

Chapter 27

원과 그 성질

The circle and its properties

원과 그 성질을 이해하는 것이 왜 중요할까?

원은 기하학에서 기본적인 도형 중 하나이다. 원은 중심점으로부터 동일한 거리를 갖는 모든 점들로 구성된다. 원을 포함한 계산은 크랭크 메커니즘crank mechanisms, 경도와 위도의 측정, 시계추, 그리고 종이클립을 디자인할 때조차도 필요하다. 축구 경기장의 조명으로 비추어진 넓이, 정원의 자동 스프레이가 물을 뿌린 넓이, 벨트 구동 장치의 랩lab의 각 등은 모두 원호와 관련한 계산으로 구할 수 있다. 공학 설계의 여러 분야에서는 원과 원의 성질을 포함하는 문제를 반드시 다룰 수 있어야 한다.

학습포인트

- 원을 정의한다.
- 반지름, 원주, 지름, 반원, 사분원, 접선, 부채꼴, 현, 활꼴, 호 등을 포함하는 원에 대한 몇 가지 성질을 설명한다.
- 반원의 지름을 한 변으로 하고 꼭짓점 하나가 원주 위에 있는 삼각형의 각이 직각임을 이해한다.
- 라디안을 정의한다. 또한 도를 라디안으로 변환하고, 그 역으로도 변환한다.
- 호의 길이, 원의 넓이, 부채꼴의 넓이를 구한다.
- 원의 방정식을 설명한다.
- 주어진 원의 방정식으로부터 원을 그린다.

27.1 서론

원circle은 중심centre이라고 하는 한 점으로부터 같은 거리에 있는 모든 점을 곡선으로 둘러싼 평면도형이다. 26장에서 원과 부채꼴의 넓이에 대한 문제를 풀어보았다. 이 장에서는 부채꼴의 넓이에 대한 좀 더 많은 실전문제와 더불어 원의 성질들을 나열하고, 호의 길이를 계산한다. 끝으로, 원의 방정식을 설명한다.

27.2 원의 성질

❶ 중심으로부터 곡선까지의 거리를 원의 반지름radius이라 하고 r로 나타낸다([그림 27-1]에서 OP).

❷ 원의 경계를 원주circumference라 하고, c로 나타낸다.

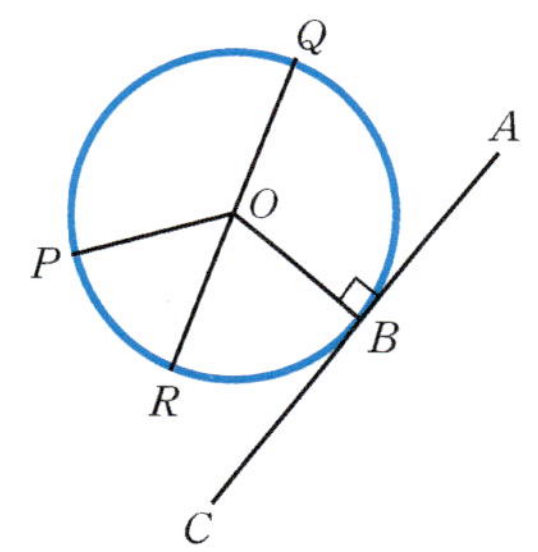

[그림 27-1]

❸ 중심을 지나고 양 끝이 원주와 만나는 선분을 지름diameter이라 하고, d로 나타낸다([그림 27-1]에서 QR). 따라서 $d=2r$이다.

❹ 임의의 원에 대해 $\dfrac{\text{원주}}{\text{지름}}$의 비율은 일정하다. 이것을 그리스 문자 π[1]로 나타내며, 이를 소수점 아래 5자리로 보정하면 $\pi=3.14159$이다(계산기로 확인하라).

1 '파이(pie)'로 읽는다.

그러므로 다음과 같다.

$$\frac{c}{d}=\pi \text{ 또는 } c=\pi d \text{ 또는 } c=2\pi r$$

❺ 반원semicircle은 전체 원의 반$\left(\frac{1}{2}\right)$이다.

❻ 사분원quadrant은 전체 원의 $\frac{1}{4}$이다.

❼ 원에 대한 접선tangent은 오로지 한 점에서 원과 만나고, 원을 자르지 않는 직선이다. [그림 27-1]에서 AC는 점 B에서만 원과 만나므로 원에 대한 접선이다. 반지름 OB를 그렸을 때, **각 ABO는 직각이다.**

❽ 원의 부채꼴sector은 두 반지름 사이인 원의 일부이다(예를 들어, [그림 27-2]의 OXY 부분은 부채꼴이다). 부채꼴이 반원보다 작으면 이것을 열부채꼴minor sector이라 하고, 반원보다 크면 우부채꼴major sector이라 한다.

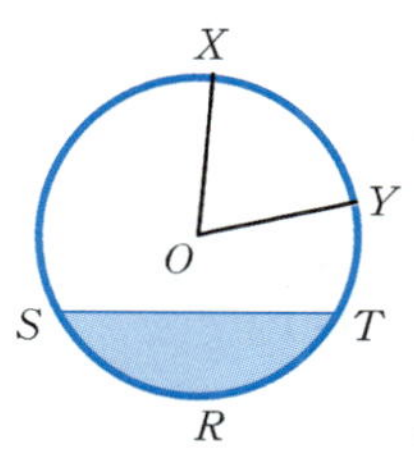

[그림 27-2]

❾ 원의 현chord은 원을 두 부분으로 나누며, 양 끝이 원주에서 끝나는 임의의 선분이다. [그림 27-2]에서 ST는 현이다.

❿ 활꼴segment은 현에 의해 분리된 원의 부분을 말한다. 현이 반원보다 작으면 열활꼴minor segment이라 하고([그림 27-2]의 색칠한 부분), 활꼴이 반원보다 크면 우활꼴major segment이라 한다([그림 27-2]의 색칠하지 않은 부분).

⓫ 호arc는 원주의 일부이다. [그림 27-2]에서 길이 SRT를 열호minor arc, 길이 $SXYT$를 우호major arc라 한다.

⓬ 호에 대한 중심각은 동일한 호가 갖는 원주각의 2배이다. 즉, [그림 27-3]과 관련하여 다음이 성립한다.

$$\text{각 } AOC=2\times\text{각 } ABC$$

⓭ 반원에서 원주각은 직각이다([그림 27-3]에서 각 BQP).

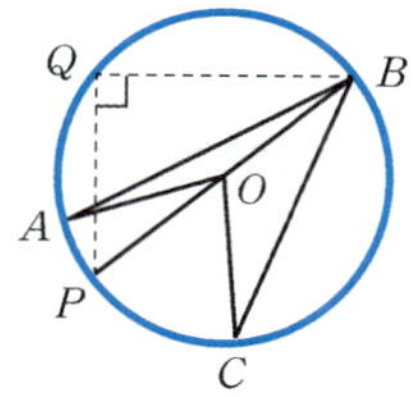

[그림 27-3]

***[문제 1]** 반지름이 12.0 cm인 원판의 원주를 구하라.

원주는 다음과 같다.

$$c=2\times\pi\times\text{반지름}=2\pi r=2\pi(12.0)$$
$$=\mathbf{75.40\,cm}$$

***[문제 2]** 지름이 75 mm인 원형 디스크의 원주를 구하라.

원주는 다음과 같다.

$$c=\pi\times\text{지름}=\pi d=\pi(75)$$
$$=\mathbf{235.6\,mm}$$

***[문제 3]** 둘레가 112 m인 둥근 못의 반지름을 구하라.

둘레 = 원주이므로 $c=2\pi r$이다. 그러므로 **못의 반지름**은 다음과 같다.

$$r=\frac{c}{2\pi}=\frac{112}{2\pi}=\mathbf{17.83\,cm}$$

[문제 4] [그림 27-4]에서, AB는 점 B에서 원에 접한다. 원의 반지름이 40 mm이고 $AB=150$ mm일 때, AO의 길이를 계산하라.

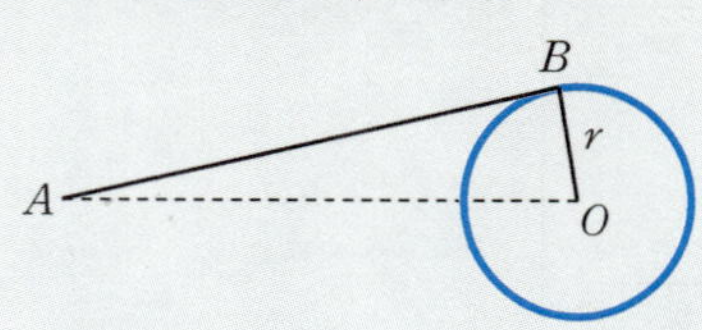

[그림 27-4]

원에 대한 접선은 접점으로부터 그려진 반지름과 직각, 즉 $\boldsymbol{ABO=90°}$이다. 그러므로 피타고라스 정리에 의해 다음이 성립한다.

$$AO^2=AB^2+OB^2$$

이로부터 다음과 같이 계산할 수 있다.

$$AO = \sqrt{AB^2 + OB^2}$$
$$= \sqrt{150^2 + 40^2} = 155.2\,\text{mm}$$

◆ **이제 다음 연습문제를 풀어보자.**

[연습문제 134] 원의 성질

***1** 반지름이 7.2 cm인 원판의 원주를 구하라.

***2** 지름이 82.6 mm인 원형 디스크의 원주를 구하라.

***3** 원주가 16.52 cm인 원형 배지의 반지름을 구하라.

***4** 둘레가 149.8 cm인 원형 금속판의 지름을 구하라.

***5** [그림 27-5]는 크랭크 메커니즘을 나타낸 것이다. 여기서 XY는 점 X에서 원과 접한다. 원의 반지름 OX가 10 cm이고, 길이 OY가 40 cm일 때, 연결봉 XY의 길이를 구하라.

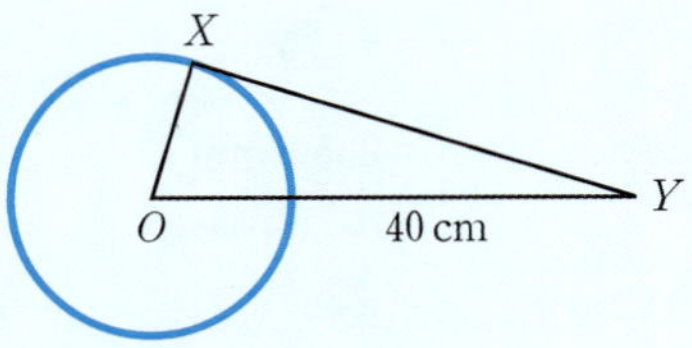

[그림 27-5]

***6** 적도에서 지구의 둘레가 40000 km라 할 때, 지구의 지름을 구하라.

***7** [그림 27-6]의 종이 클립에서 철선의 길이를 구하라. 지름의 단위는 [mm]이다.

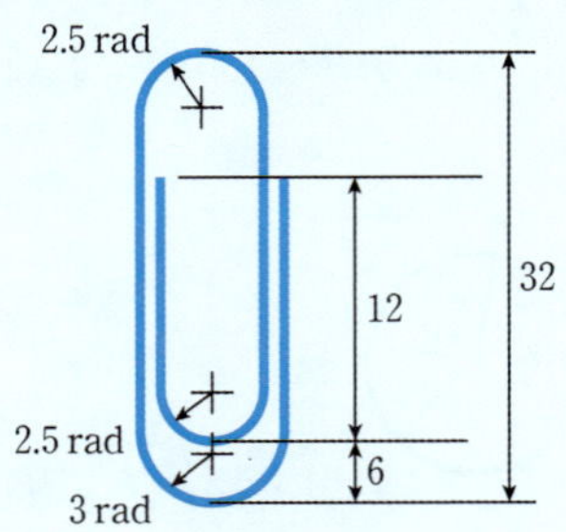

[그림 27-6]

27.3 라디안과 도

1 라디안radian은 반지름의 길이와 같은 호에 대한 중심각으로 정의한다. [그림 27-7]과 관련하여, 호의 길이 s에 대해 다음이 성립한다.

$$\theta\,\text{라디안} = \frac{s}{r}$$

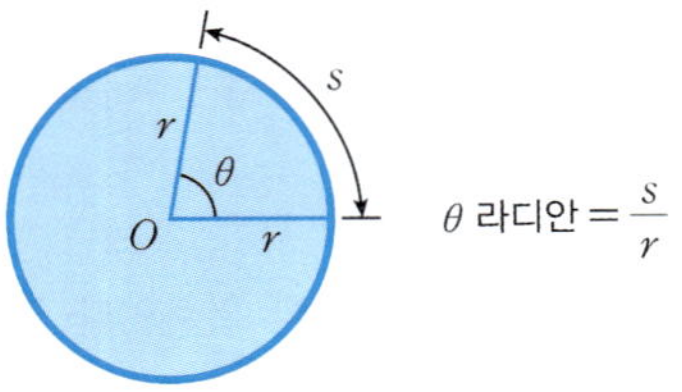

[그림 27-7]

$s =$ 전체 원주$(= 2\pi r)$일 때, 다음이 성립한다.

$$\theta = \frac{s}{r} = \frac{2\pi r}{r} = 2\pi$$

즉 **2π 라디안 $= 360°$** 또는 **π 라디안 $= 180°$**이다. 따라서 소수점 아래 2자리로 보정하면 **$1\,\text{rad} = \dfrac{180°}{\pi} = 57.30°$**이다. $\pi\,\text{rad} = 180°$이므로 다음과 같다.

$$\frac{\pi}{2} = 90°,\quad \frac{\pi}{3} = 60°,\quad \frac{\pi}{4} = 45°,\ \cdots$$

***[문제 5]** 다음을 라디안으로 변환하라.

(a) 125° (b) 69° 47′

(a) $180° = \pi\,\text{rad}$, $1° = \dfrac{\pi}{180}\,\text{rad}$이므로 다음과 같다.

$$125° = 125\left(\frac{\pi}{180}\right)\text{rad} = \mathbf{2.182\,라디안}$$

(b) $69°\,47' = 69\dfrac{47°}{60} = 69.783°$ (또는, 계산기에서 69° 47′을 입력한다. °''' 기능을 이용하고, =를 누른다. 그리고 다시 °'''을 누른다.) 그러면 다음과 같다.

$$69.783° = 69.783\left(\frac{\pi}{180}\right)\text{rad}$$
$$= \mathbf{1.218\,라디안}$$

*[문제 6] 다음을 도(°)와 분(′)으로 변환하라.

(a) 0.749 라디안 (b) $\frac{3\pi}{4}$ 라디안

(a) $\pi\,\text{rad} = 180°$, $1°\,\text{rad} = \frac{180°}{\pi}$ 이므로 다음과 같다.

$$0.749\,\text{rad} = 0.749\left(\frac{180}{\pi}\right)^{\circ} = 42.915°$$

$$0.915° = (0.915 \times 60)' = 55'$$

가장 근접한 분 단위로 보정하여

그러므로 **0.749 라디안 = 42°55′** 이다.

(b) $1\,\text{rad} = \left(\frac{180}{\pi}\right)^{\circ}$ 이므로 다음과 같다.

$$\frac{3\pi}{4}\,\text{rad} = \frac{3\pi}{4}\left(\frac{180}{\pi}\right)^{\circ} = \frac{3}{4}(180)^{\circ} = \mathbf{135°}$$

*[문제 7] π를 이용하여 라디안으로 표현하라.

(a) 150° (b) 270° (c) 37.5°

$180° = \pi\,\text{rad}$, $1° = \frac{\pi}{180}\,\text{rad}$ 이므로 다음과 같다.

(a) $150° = 150\left(\frac{\pi}{180}\right)\text{rad} = \mathbf{\frac{5\pi}{6}\,rad}$

(b) $270° = 270\left(\frac{\pi}{180}\right)\text{rad} = \mathbf{\frac{3\pi}{2}\,rad}$

(c) $37.5° = 37.5\left(\frac{\pi}{180}\right)\text{rad} = \frac{75\pi}{360}\,\text{rad} = \mathbf{\frac{5\pi}{24}\,rad}$

◆ **이제 다음 연습문제를 풀어보자.**

[연습문제 135] 라디안과 도

*1 π를 이용하여 라디안으로 변환하라.

(a) 30° (b) 75° (c) 225°

*2 라디안으로 변환하여 소수점 아래 3자리로 보정하라.

(a) 48° (b) 84°51′ (c) 232°15′

*3 도(°)로 변환하라.

(a) $\frac{7\pi}{6}\,\text{rad}$ (b) $\frac{4\pi}{9}\,\text{rad}$ (c) $\frac{7\pi}{12}\,\text{rad}$

*4 도(°)와 분(′)으로 변환하라.

(a) 0.0125 rad (b) 2.69 rad (c) 7.241 rad

*5 자동차 엔진의 속도가 1000 rev/min 이다. 이 속도를 rad/s로 변환하라.

27.4 호의 길이, 원과 부채꼴의 넓이

27.4.1 호의 길이

27.3절과 [그림 27-7]의 라디안의 정의로부터, **호의 길이** s는 다음과 같다. 단, 여기서 θ는 라디안이다.

$$\mathbf{s = r\theta}$$

27.4.2 원의 넓이

26장으로부터, 임의의 원의 넓이 $= \pi \times (\text{반지름})^2$이다.

즉, **넓이 $= \pi r^2$**이다. 여기서 $r = \frac{d}{2}$ 이므로

$$\textbf{넓이} = \pi r^2 \text{ 또는 } \frac{\pi d^2}{4}$$

27.4.3 부채꼴의 넓이

$$\text{부채꼴의 넓이} = \frac{\theta}{360}(\pi r^2) \qquad \theta\text{가 도일 때}$$

$$= \frac{\theta}{2\pi}(\pi r^2)$$

$$= \frac{1}{2}r^2\theta \qquad \theta\text{가 라디안일 때}$$

*[문제 8] 하키 경기장은 골네트 주위가 반지름 14.63 m인 반원으로 되어 있다. 반원으로 둘러싸인 부분의 넓이를 가장 근접한 [m²] 단위로 보정하여 구하라.

$$\text{반원의 넓이} = \frac{1}{2}\pi r^2$$

$r = 14.63\,\text{m}$일 때' 넓이 $= \frac{1}{2}\pi(14.63)^2$이므로 다음과 같이 구한다.

$$\textbf{반원의 넓이} = \mathbf{336\,m^2}$$

*[문제 9] 지름이 35.0mm인 원형 금속판의 넓이를 가장 근접한 [mm^2] 단위로 보정하여 구하라.

$$\text{원의 넓이} = \pi r^2 = \frac{\pi d^2}{4}$$

$d = 35.0\,\text{mm}$일 때, 넓이 $= \frac{\pi(35.0)^2}{4}$이므로 다음과 같이 구한다.

$$\textbf{원형판의 넓이} = \mathbf{962\,mm^2}$$

*[문제 10] 원주가 60.0mm인 원형 구리 디스크의 넓이를 구하라.

원주가 $c = 2\pi r$이므로 반지름은 다음과 같다.

$$r = \frac{c}{2\pi} = \frac{60.0}{2\pi} = \frac{30.0}{\pi}$$

원의 넓이 $= \pi r^2$이므로 다음과 같이 구한다.

$$\textbf{넓이} = \pi\left(\frac{30.0}{\pi}\right)^2 = \mathbf{286.5\,mm^2}$$

[문제 11] 중심각이 1.20라디안일 때, 반지름 5.5cm인 원호의 길이를 구하라.

θ가 라디안일 때, 호의 길이는 $s = r\theta$이다. 그러므로 다음과 같이 구한다.

$$\textbf{호의 길이 } s = (5.5)(1.20) = \mathbf{6.60\,cm}$$

*[문제 12] 호의 길이가 4.75cm이고, 중심각이 0.91라디안인 원형 금속판의 지름과 원주를 구하라.

호의 길이가 $s = r\theta$이므로 반지름은 다음과 같다.

$$r = \frac{s}{\theta} = \frac{4.75}{0.91} = 5.22\,\text{cm}$$

따라서 지름과 원주는 다음과 같다.

$$\text{지름} = 2 \times \text{반지름} = 2 \times 5.22 = \mathbf{10.44\,cm}$$

$$\text{원주 } c = \pi d = \pi(10.44) = \mathbf{32.80\,cm}$$

[문제 13] 반지름이 8.4cm인 원호의 중심각이 125°일 때, (a) 열호와, (b) 우호의 길이를 유효숫자 3자리로 보정하여 구하라.

$180° = \pi\,\text{rad}$이므로 $1° = \left(\frac{\pi}{180}\right)\text{rad}$이고,

$125° = 125\left(\frac{\pi}{180}\right)\text{rad}$이다.

(a) 유효숫자 3자리로 보정한 열호의 길이는 다음과 같다.

$$s = r\theta = (8.4)(125)\left(\frac{\pi}{180}\right) = \mathbf{18.3\,cm}$$

(b) 유효숫자 3자리로 보정한 우호의 길이는 다음과 같다.

$$\text{우호의 길이} = (\text{원주} - \text{열호})$$
$$= 2\pi(8.4) - 18.3 = \mathbf{34.5\,cm}$$

다른 방법으로, 다음과 같이 구할 수 있다.

$$\text{우호} = r\theta = 8.4(360 - 125)\left(\frac{\pi}{180}\right)$$
$$= \mathbf{34.5\,cm}$$

*[문제 14] 호의 길이가 36mm이고, 지름이 42mm인 호의 중심각을 도, 분으로 구하라. 또한 열부채꼴의 넓이를 계산하라.

호의 길이가 $s = r\theta$이므로 $\theta = \frac{s}{r}$이다. 그리고 반지름은 다음과 같다.

$$r = \frac{\text{지름}}{2} = \frac{42}{2} = 21\,\text{mm}$$

그러므로 $\theta = \frac{s}{r} = \frac{36}{21} = 1.7143$라디안이다.

$$1.7143\,\text{rad} = 1.7143 \times \left(\frac{180}{\pi}\right)^{\circ} = 98.22°$$

$$= \mathbf{98°13'} = \text{중심각}$$

그러므로 부채꼴의 넓이는 다음과 같다.

$$\textbf{부채꼴의 넓이} = \frac{1}{2}r^2\theta = \frac{1}{2}(21)^2(1.7143)$$

$$= \mathbf{378\,mm^2}$$

*[문제 15] 축구 경기장의 조명등은 거리 55 m를 각 45°까지 비출 수 있다. 조명의 최대 넓이를 구하라.

$$\textbf{조명등의 넓이} = \text{부채꼴의 넓이} = \frac{1}{2}r^2\theta$$

$$= \frac{1}{2}(55)^2\left(45 \times \frac{\pi}{180}\right) = \mathbf{1188\,m^2}$$

*[문제 16] 정원용 자동 분무기는 거리 1.8 m까지 물을 뿌리면서 회전하며, 이 회전각 α는 조절 가능하다. 원하는 집수 넓이가 $2.5\,m^2$일 때, 각 α의 크기는 얼마로 조절되어야 하는지 가장 근접한 [도] 단위로 구하라.

부채꼴의 넓이 $= \frac{1}{2}r^2\theta$이므로 $2.5 = \frac{1}{2}(1.8)^2\alpha$이다. 따라서 다음과 같다.

$$\alpha = \frac{2.5 \times 2}{1.8^2} = 1.5432\,\text{rad}$$

$$1.5432\,\text{rad} = \left(\frac{1.5432 \times 180}{\pi}\right)^\circ = 88.42^\circ$$

그러므로 도 단위로 보정하면 **각 $\alpha = 88°$**이다.

*[문제 17] [그림 27-8]과 같이 지름 20 mm인 롤러를 이용하여 점점 좁아지는 홈 tapered groove의 각을 점검한다. 롤러가 홈의 위쪽에서 2.12 mm 아래에 놓여 있을 때, 각 θ의 값을 구하라.

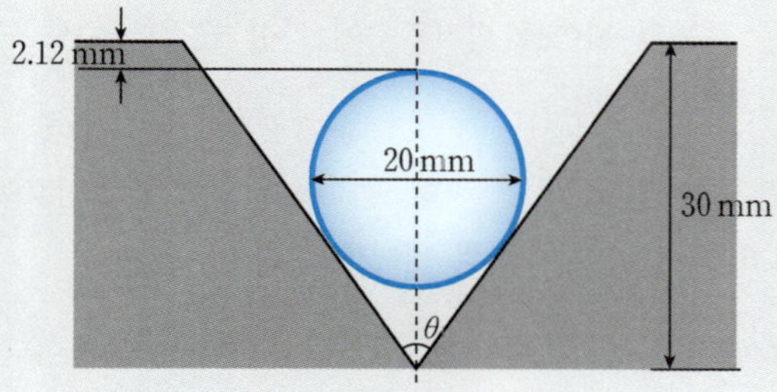

[그림 27-8]

[그림 27-9]에서 삼각형 ABC는 C에서 직각이다(27.2절의 성질 ❻ 참고).

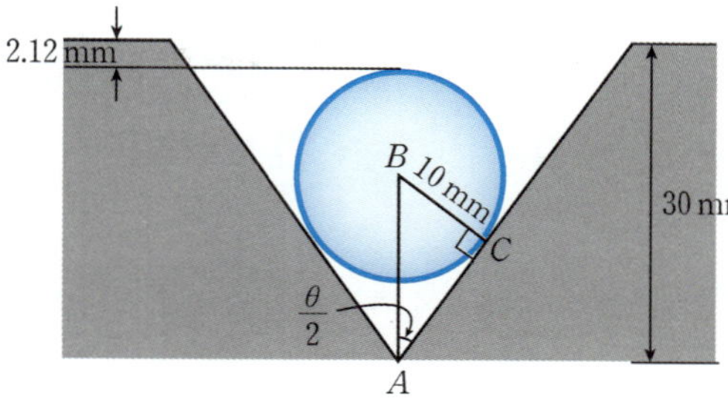

[그림 27-9]

[그림 27-9]로부터 길이 $BC = 10\,\text{mm}$(즉, 원의 반지름)이고, $AB = 30 - 10 - 2.12 = 17.88\,\text{mm}$이다. 그러므로 다음과 같이 구한다.

$$\sin\frac{\theta}{2} = \frac{10}{17.88}$$

$$\frac{\theta}{2} = \sin^{-1}\left(\frac{10}{17.88}\right) = 34^\circ$$

따라서 구하고자 하는 각은 **$\theta = 68°$**이다.

◆ **이제 다음 연습문제를 풀어보자.**

[연습문제 136] 원과 부채꼴의 길이와 넓이

*1 반지름 6.0 cm인 원형 DVD의 넓이를 가장 근접한 $[cm^2]$ 단위로 보정하여 계산하라.

*2 원형 메달의 지름이 55.0 mm이다. 이 메달의 넓이를 가장 근접한 $[mm^2]$ 단위로 보정하여 구하라.

*3 원형 동전의 둘레가 150 mm이다. 이 동전의 넓이를 가장 근접한 $[mm^2]$ 단위로 보정하여 구하라.

4 반지름이 35 mm이고, 중심각이 75°인 부채꼴의 넓이를 가장 근접한 $[mm^2]$ 단위로 보정하여 구하라.

*5 환형 모양인 와셔의 외부 지름이 49.0 mm이고, 내부 지름이 15.0 mm이다. 이 와셔의 넓이를 유효숫자 4자리로 보정하여 구하라.

*6 지름 200 m인 원형 토지구획 주위로 폭 2 m인 길이 둘러싸고 있다. 이 길의 넓이를 가장 근접한 $[m^2]$ 단위로 보정하여 구하라.

*7 50 m × 40 m인 사각형 모양의 공원이 있다. 긴 두 변과 짧은 한 변에 폭이 3 m인 화단이 만들어졌고, 공원의 중심에 지름 8.0 m인 원형 양어장이 건설되어 있다. 남은 지역에는 잔디를 깔 계획이다. 잔디가 깔릴 영역의 넓이를 가장 근접한 [m^2] 단위로 보정하여 구하라.

*8 [그림 27-10]을 보고, 이 도형의 (a) 둘레와, (b) 넓이를 구하라.

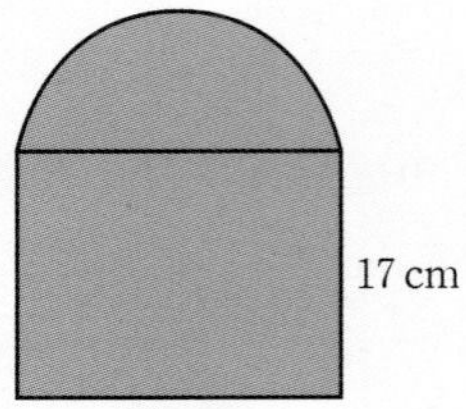

[그림 27-10]

*9 [그림 27-11]의 색칠한 부분의 넓이를 구하라.

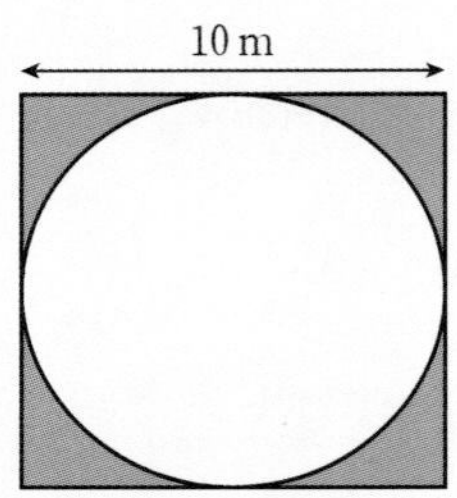

[그림 27-11]

10 중심각이 2.14라디안일 때, 반지름 8.32 cm인 원호의 길이를 구하라. 또한 형성된 작은 부채꼴의 넓이를 구하라.

11 지름이 82 mm인 원호의 중심각이 1.46 rad이다. 다음을 구하라.

(a) 열호의 길이 (b) 우호의 길이

*12 길이 1.5 m의 시계추가 움직이면서 한 번 흔들린 각이 10°이다. 시계추가 움직인 호의 길이를 [cm] 단위로 구하라.

*13 [그림 27-12]의 색칠한 부분의 넓이를 구하라.

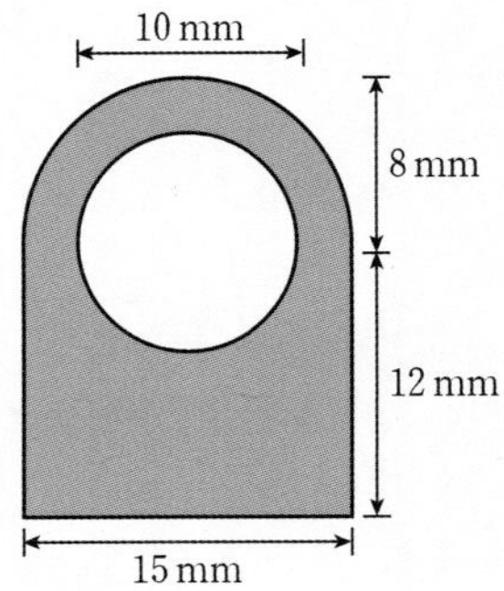

[그림 27-12]

14 중심각이 3.76 rad인 원호의 길이가 32.6 cm일 때, 원의 반지름과 원주의 길이를 구하라.

*15 벨트 구동 장치의 180 mm가 지름 250 mm인 도르래에 접할 때, 랩[lap]의 각을 도와 분 단위로 구하라.

*16 오토바이 바퀴의 지름이 85.1 cm일 때, 2 km를 움직인 바퀴의 회전수를 구하라.

*17 스포츠 경기장의 조명등은 40°의 각에서 거리 48 m까지 조명을 비춘다. 다음을 구하라.

(a) 각의 라디안

(b) 조명에 비춰진 최대 넓이

*18 대형 꽃시계의 분침 길이가 2 m이다. 이 꽃시계의 분침이 50분까지 지나간 넓이를 구하라.

*19 지름이 5 m인 원 모양의 헬리콥터 착륙장이 있다. 이 착륙장의 넓이를 구하라.

*20 한 변이 50 mm인 정사각형 판에 5개의 구멍이 뚫려 있다. 이 구멍들이 모두 지름 10 mm인 원일 때, 남은 부분의 넓이를 범자연수에 가장 근접한 수로 보정하여 구하라.

*21 반지름이 60 mm인 원형 플라스틱 판에서 중심각이 1.6라디안인 부채꼴의 넓이를 구하라.

*22 강판 보일러의 끝은 지름 2.5 m인 평평한 원판이다. 이 원판에는 지름 500 mm인 관 구멍 2개와 지름 40 mm인 수관 구멍 24개가 뚫려 있다. 보일러 끝의 남은 부분에 대한 넓이를 유효숫자 3자리로 보정하여 [m^2] 단위로 구하라.

*23 지름 600 mm인 휠이 수평면을 따라 미끄러짐 없이 굴러가고 있다. 이 휠이 4.5회전을 할 때 수평으로 움직인 거리를 구하라. 단, 유효숫자 3자리로 보정하여 [m] 단위로 구하라.

*24 단단한 오픈 벨트가 두 개의 도르래에 직접적으로 전달된다. 두 도르래의 지름이 각각 1.2 m와 1.8 m이고, 두 도르래 중심 사이의 거리는 2.4 m이다. 유효숫자 3자리로 보정하여 벨트의 길이를 구하라.

*25 원통 고무판 개스킷gasket의 환형 부분의 넓이는 4084 mm^2이다. 외부 지름이 140 mm일 때, 개스킷의 내부 반지름을 범자연수에 가장 근접한 수로 보정하여 구하라.

*26 다음을 구하라.

(a) [그림 27-13]에서 색칠한 부분의 넓이

(b) 전체 부채꼴에 대하여 색칠한 부분이 차지하는 넓이의 백분율

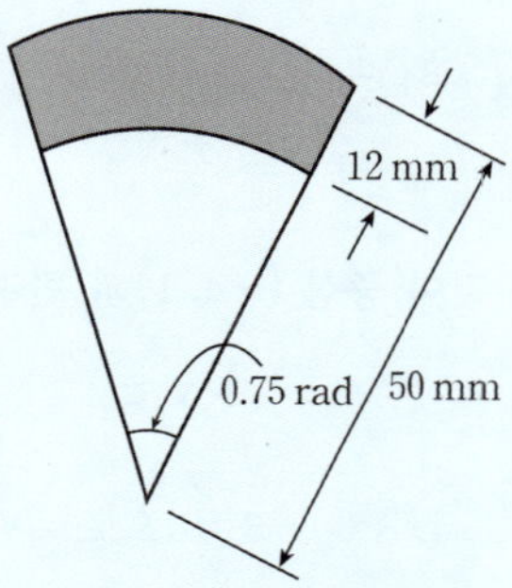

[그림 27-13]

*27 [그림 27-14]와 같은 클립을 만들기 위해 필요한 철심의 길이를 구하라.

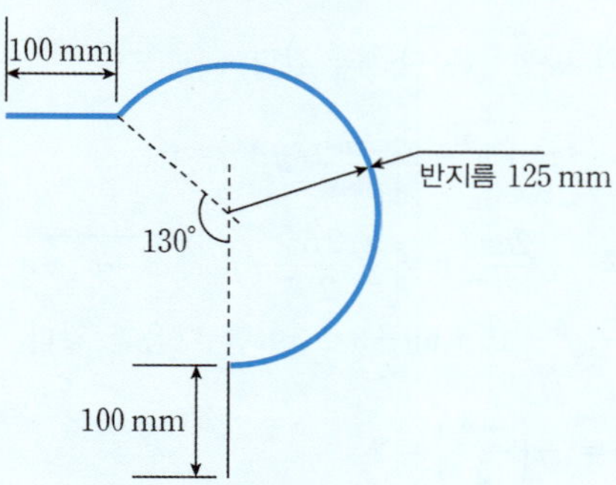

[그림 27-14]

*28 [그림 27-15]와 같이, 폭이 점점 좁아지는 50°의 홈에 지름 40 mm인 공이 놓여 있다. 이때 그림에서 x의 길이를 구하라.

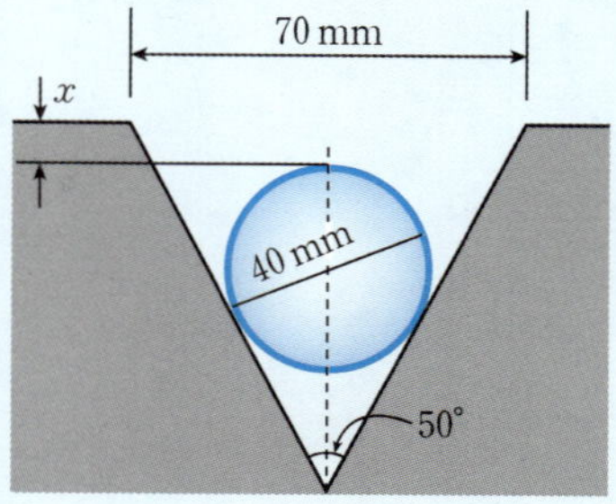

[그림 27-15]

27.5 원의 방정식

중심이 원점이고, 반지름이 r인 가장 간단한 원의 방정식은 다음과 같다.

$$x^2+y^2=r^2$$

예를 들어, [그림 27-16]은 원 $x^2+y^2=9$를 나타낸다.

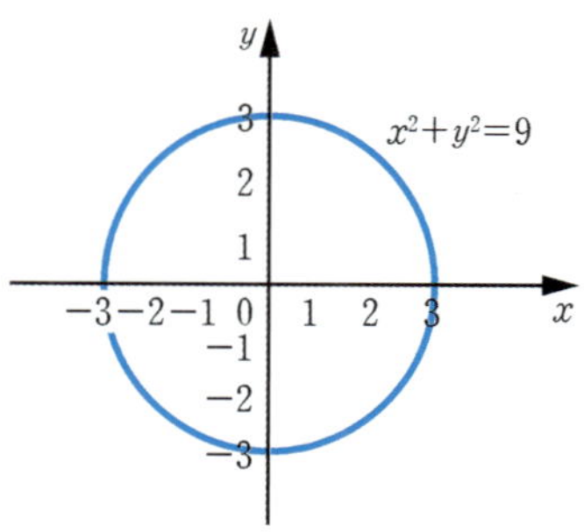

[그림 27-16]

좀 더 일반적으로, 중심이 (a, b)이고 반지름이 r인 원은 다음과 같이 주어진다.

$$(x-a)^2+(y-b)^2=r^2 \tag{27.1}$$

[그림 27-17]은 원 $(x-2)^2+(y-3)^2=4$를 나타낸다.

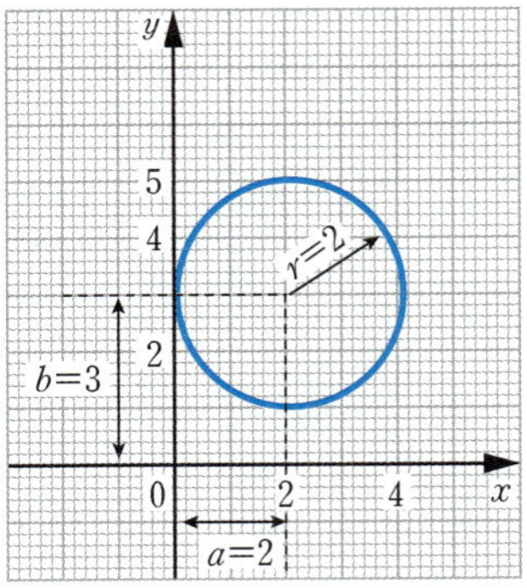

[그림 27-17]

일반적인 원의 방정식은 다음과 같다.

$$x^2+y^2+2ex+2fy+c=0 \qquad (27.2)$$

식 (27.1)에서 괄호를 전개하면 다음과 같다.

$$x^2-2ax+a^2+y^2-2by+b^2=r^2$$

이 식을 (27.2)와 비교하면, 다음과 같다.

$$2e=-2a, \quad \text{즉 } \boldsymbol{a=-\frac{2e}{2}}$$

$$2f=-2b, \quad \text{즉 } \boldsymbol{b=-\frac{2f}{2}}$$

$$c=a^2+b^2-r^2, \quad \text{즉 } \boldsymbol{r=\sqrt{a^2+b^2-c}}$$

가령 방정식 $x^2+y^2-4x-6y+9=0$은 다음과 같은 중심과 반지름을 갖는 원을 나타낸다.

$$\text{중심 : } a=-\left(\frac{-4}{2}\right), \; b=-\left(\frac{-6}{2}\right), \; \text{즉 } (2, 3)$$

$$\text{반지름 : } r=\sqrt{2^2+3^2-9}=2$$

그러므로 $x^2+y^2-4x-6y+9=0$은 [그림 27-17]과 같은 원이 된다(이는 방정식 $(x-2)^2+(y-3)^2=4$에 있는 괄호를 전개하여 확인할 수 있다.)

[문제 18] 방정식 $x^2+y^2+8x-2y+8=0$으로 주어진 원의 (a) 반지름과, (b) 중심의 좌표를 구하라.

$x^2+y^2+8x-2y+8=0$은 방정식 (27.2)의 형태이다. 여기서 중심과 반지름은 각각 다음과 같다.

$$a=-\left(\frac{8}{2}\right)=-4$$

$$b=-\left(\frac{-2}{2}\right)=1$$

$$r=\sqrt{(-4)^2+1^2-8}=\sqrt{9}=3$$

그러므로 $x^2+y^2+8x-2y+8=0$은 [그림 27-18]과 같이 **중심 (−4, 1)**과 **반지름 3**인 원을 나타낸다.

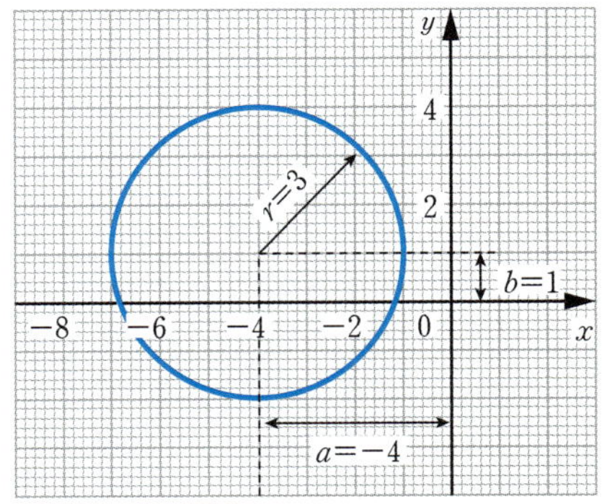

[그림 27-18]

다른 방법으로, $x^2+y^2+8x-2y+8=0$은 다음과 같이 재배열할 수 있다.

$$(x+4)^2+(y-1)^2-9=0$$

$$\text{즉, } (x+4)^2+(y-1)^2=3^2$$

이것은 앞에서 설명한 바와 같이 **중심 (−4, 1)**과 **반지름 3**인 원을 나타낸다.

[문제 19] 방정식 $x^2+y^2-4x+6y-3=0$으로 주어진 원을 그려라.

중심이 (a, b)이고 반지름이 r인 원은 다음과 같다.

$$(x-a)^2+(y-b)^2=r^2$$

일반적인 원의 방정식은 다음과 같다.

$$x^2+y^2+2ex+2fy+c=0$$

위로부터, $a=-\frac{2e}{2}$, $b=-\frac{2f}{2}$, $r=\sqrt{a^2+b^2-c}$이다. 그러므로 $x^2+y^2-4x+6y-3=0$이면 다음과 같다.

$$a=-\left(\frac{-4}{2}\right)=2$$

$$b=-\left(\frac{6}{2}\right)=-3$$

$$r=\sqrt{2^2+(-3)^2-(-3)}=\sqrt{16}=4$$

따라서 원은 [그림 27-19]와 같이 **중심 (2, −3)**과 **반지름 4**를 갖는다.

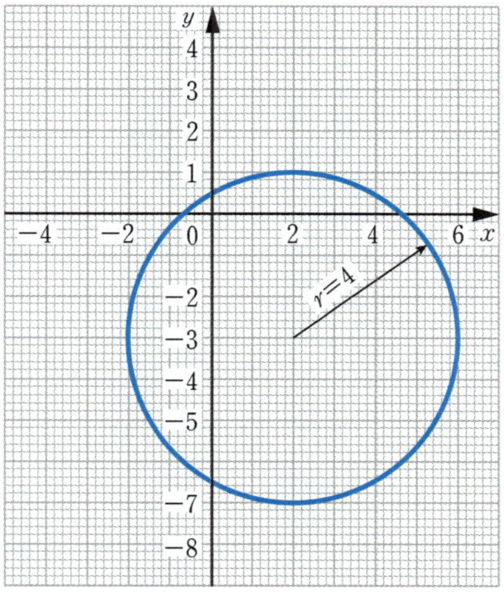

[그림 27-19]

다른 방법으로, $x^2+y^2-4x+6y-3=0$은 다음과 같이 재배열된다.

$$(x-2)^2+(y+3)^2-3-13=0$$

즉, $(x-2)^2+(y+3)^2=4^2$

이것은 앞에서 설명한 바와 같이 **중심 (2, −3)**과 **반지름 4**인 원을 나타낸다.

◆ **이제 다음 연습문제를 풀어보자.**

[연습문제 137] 원의 방정식

1 방정식 $x^2+y^2-6x+8y+21=0$으로 주어진 원의 (a) 반지름과, (b) 중심의 좌표를 구하라.

2 방정식 $x^2+y^2-6x+4y-3=0$으로 주어진 원을 그려라.

3 곡선 $x^2+(y-1)^2-25=0$을 그려라.

4 곡선 $x=6\sqrt{1-\left(\frac{y}{6}\right)^2}$을 그려라.

[연습문제 138] 원과 그 성질에 대한 선다형 문제

※ 각 문제의 정답은 한 개이다.

1 호의 길이가 5.0cm이고, 중심각이 2라디안인 원의 원주는 얼마인가?

(a) 2.5cm (b) 10.0cm
(c) 5.0cm (d) 15.7cm

2 길이 1.2m인 추가 12°의 각도로 단진자 운동을 한다. 시계추가 움직인 호의 길이는 얼마인가?

(a) 14.40cm (b) 25.13cm
(c) 10.00cm (d) 45.24cm

3 자동차 바퀴의 지름이 800mm이다. 이 자동차가 5마일을 움직일 때, 바퀴의 회전수는 얼마인가? (단, $1\,\text{km}=\frac{5}{8}$마일이다.)

(a) 1989 (b) 1591
(c) 3183 (d) 10000

4 방정식 $x^2+2x+y^2-10y+22=0$으로 주어진 원의 중심의 좌표는 무엇인가?

(a) (1, 5) (b) (−2, 4)
(c) (−1, 5) (d) (2, 4)

5 반지름이 2cm인 반원의 둘레는 얼마인가?

(a) $(8+2\pi)$cm (b) 2πcm
(c) $(4+2\pi)$cm (d) $(4\pi+2)$cm

6 다음 중 원의 방정식 $x^2+y^2-2x+4y-4=0$에 대해 옳은 것은 무엇인가?

(a) 이 원의 중심은 (1, −2)이고 반지름은 4이다.
(b) 이 원의 중심은 (−1, 2)이고 반지름은 2이다.
(c) 이 원의 중심은 (−1, −2)이고 반지름은 4이다.
(d) 이 원의 중심은 (1, −2)이고 반지름은 3이다.

7 반지름이 9cm인 부채꼴의 넓이가 $27\pi\,\text{cm}^2$일 때, 중심각은 [도] 단위로 얼마인가?

(a) 120° (b) 60°
(c) 11° (d) 240°

8 중심각이 32°이고 반지름이 5 cm인 원호의 길이는 얼마인가?

(a) 3.49 cm (b) 2.79 cm

(c) 0.44 cm (d) 6.98 cm

9 호의 길이가 6 cm이고, 중심각이 1.2라디안인 원의 원주는 얼마인가?

(a) 10π cm (b) 5π cm

(c) 15π cm (d) 25π cm

10 중심의 좌표가 $(3, -2)$이고 반지름이 4인 원의 방정식은 무엇인가?

(a) $(x+3)^2+(y-2)^2=42$

(b) $(x-3)^2+(y+2)^2=16$

(c) $x^2+y^2=52$

(d) $(x-3)^2+(y-2)^2=16$

Chapter 28

기본적인 입체도형의 부피와 겉넓이

Volumes and surface areas of common solids

기본적인 입체도형의 부피와 겉넓이를 이해하는 것이 왜 중요할까?

실생활에서는 기본적인 입체의 부피와 겉넓이를 구해야 하는 경우가 많다. 그 예로, 기름, 물, 휘발유와 수조, 환기구와 냉각탑의 용량을 결정하거나, 금속 덩어리, 볼 베어링 ball-bearing, 보일러와 부표의 부피를 구하는 경우, 또한 길을 포장하기 위한 콘크리트의 부피를 계산하는 경우를 들 수 있다. 좀 더 실전적인 예를 들자면, 진동판 확성기 loudspeaker diaphragms와 전등갓의 겉넓이를 구하는 경우를 들 수 있다. 공학, 건설, 건축, 자연과학에서의 실제 응용을 위해 기본적인 입체의 부피와 겉넓이에 대한 이해가 필수적이다.

학습포인트

- 부피에 대한 SI 단위를 설명한다.
- 육면체, 원기둥, 각기둥, 사각뿔, 원뿔, 구의 부피와 겉넓이를 계산한다.
- 사각뿔과 원뿔의 절두체frusta의 부피와 겉넓이를 계산한다.
- 닮은 입체의 부피는 대응하는 길이의 세제곱에 비례함을 이해한다.

28.1 서론

입체의 부피volume는 이 입체가 차지하는 크기이다. 부피는 mm^3, cm^3, m^3 등과 같이 **세제곱 단위**로 측정된다.

이 장은 기본적인 입체의 부피를 구하는 방법을 다룬다. 공학에서는 다른 모양의 용기에 들어 있는 물, 기름, 휘발유 등과 같은 용액의 양을 추정하는 경우와 같이 부피 또는 용량을 계산할 수 있어야 한다.

각기둥prism은 두 개의 양면이 평행하고 일정한 단면을 가지는 입체도형이다. 양면의 모양을 가지고 각기둥을 설명할 수 있다. 예를 들어, 사각기둥(육면체), 삼각기둥, 원기둥(원통)들이 있다. 이 장을 마치면 사각기둥과 다른 각기둥, 원기둥, 사각뿔, 원뿔, 구뿐만 아니라 사각뿔대와 원뿔대의 부피와 겉넓이를 계산할 수 있을 것이다. 또한 닮은 도형의 부피까지 알 수 있다.

28.2 기본적인 입체도형의 부피와 겉넓이

28.2.1 직육면체와 사각기둥

직육면체는 6개의 사각면으로 둘러싸인 입체도형이다. 모든 각은 직각이고, 반대편에 있는 면은 동일하다. 길이 l, 폭 b, 높이 h를 갖는 대표적인 직육면체는 [그림 28-1]과 같다.

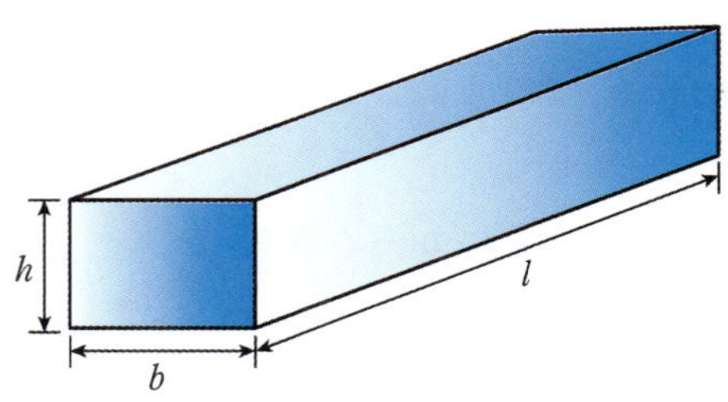

[그림 28-1]

$$직육면체의\ 부피 = l \times b \times h$$

$$겉넓이 = 2bh + 2hl + 2lb = 2(bh + hl + lb)$$

정육면체cube는 사각기둥이다. 정육면체의 모든 변이 x이면 부피와 겉넓이는 다음과 같다.

$$\text{부피} = x^3, \quad \text{겉넓이} = 6x^2$$

*[문제 1] 치수가 각각 12 cm, 4 cm, 3 cm인 직육면체 컨테이너가 있다. (a) 부피와, (b) 전체 겉넓이를 구하라.

직육면체는 [그림 28-1]에서 $l=12\,\text{cm}$, $b=4\,\text{cm}$, $h=3\,\text{cm}$인 것으로 생각하면 된다.

(a) **직육면체의 부피** $= l \times b \times h = 12 \times 4 \times 3 = \mathbf{144\,cm^3}$

(b) **겉넓이** $= 2(bh+hl+lb) = 2(4\times3+3\times12+12\times4)$

$$= 2(12+36+48) = 2\times96 = \mathbf{192\,cm^2}$$

*[문제 2] 각 변의 길이가 1.5 m인 정육면체 모양의 기름 탱크가 있다. 다음을 구하라.

(a) 최대 용량 : [m^3] 단위와 [리터] 단위로 각각 나타낸다.

(b) 전체 겉넓이 : 기름이 들어가고 나오는 유출구는 무시한다.

(a) **기름 탱크의 부피** = 정육면체의 부피

$$= 1.5\,\text{m} \times 1.5\,\text{m} \times 1.5\,\text{m}$$

$$= 1.5^3\,\text{m}^3 = \mathbf{3.375\,m^3}$$

$1\,\text{m}^3 = 100\,\text{cm} \times 100\,\text{cm} \times 100\,\text{cm} = 10^6\,\text{cm}^3$이므로 다음과 같다.

$$\text{탱크의 부피} = 3.375 \times 10^6\,\text{cm}^3$$

그리고 1리터 $= 1000\,\text{cm}^3$이므로 다음과 같이 구한다.

$$\textbf{기름 탱크의 용량} = \frac{3.375\times10^6}{1000}\text{리터} = \textbf{3375 리터}$$

(b) 한 면의 겉넓이 $= 1.5\,\text{m} \times 1.5\,\text{m} = 2.25\,\text{m}^2$

정육면체는 동일한 면 6개를 갖고 있으므로 다음과 같이 구한다.

$$\textbf{기름 탱크의 전체 겉넓이} = 6 \times 2.25 = \mathbf{13.5\,m^2}$$

*[문제 3] 물탱크는 길이 2 m, 폭 75 cm, 높이 500 mm인 사각기둥 모양이다. 탱크의 용량을 (a) [m^3], (b) [cm^3], (c) [리터] 단위로 구하라.

'용량'은 '부피'를 의미한다. 즉 용액을 다룰 때는 보편적으로 '용량'이라는 용어를 사용한다.

물탱크는 $l=2\,\text{m}$, $b=75\,\text{cm}$, $h=500\,\text{mm}$인 [그림 28-1]의 모양과 비슷하다.

(a) 물탱크의 용량 $= l \times b \times h$이고, 이 공식을 이용하기 위해서는 반드시 단위를 맞춰야 한다. $1\,\text{m} = 100\,\text{cm} = 1000\,\text{mm}$이므로 다음과 같이 단위를 맞출 수 있다.

$$l = 2\,\text{m}, \; b = 0.75\,\text{m}, \; h = 0.5\,\text{m}$$

그러므로 다음과 같이 구할 수 있다.

$$\textbf{탱크의 용량} = 2 \times 0.75 \times 0.5 = \mathbf{0.75\,m^3}$$

(b) $1\,\text{m}^3 = 1\,\text{m} \times 1\,\text{m} \times 1\,\text{m} = 100\,\text{cm} \times 100\,\text{cm} \times 100\,\text{cm}$

즉 $\mathbf{1\,m^3 = 1000000 = 10^6\,cm^3}$이다. 그러므로 다음과 같이 구할 수 있다.

$$\textbf{용량} = 0.75\,\text{m}^3 = 0.75\times10^6\,\text{cm}^3 = \mathbf{750000\,cm^3}$$

(c) 1리터 $= 1000\,\text{cm}^3$이므로 다음과 같이 구할 수 있다.

$$\mathbf{750000\,cm^3} = \frac{750000}{1000} = \textbf{750 리터}$$

28.2.2 원기둥

원기둥은 원형 기둥이다. 반지름 r이고 높이 h인 원기둥은 [그림 28-2]와 같다.

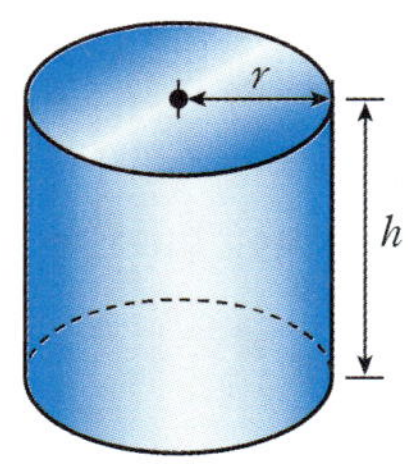

[그림 28-2]

$$부피 = \pi r^2 h$$

$$측면\ 넓이 = 2\pi rh$$

$$전체\ 겉넓이 = 2\pi rh + 2\pi r^2$$

전체 겉넓이는 측면 넓이와 원 모양의 두 양면 넓이의 합을 의미한다.

***[문제 4]** 금속 원기둥의 밑면의 지름은 12 cm이고, 높이는 20 cm이다. (a) 부피와, (b) 전체 겉넓이를 계산하라.

(a) **부피** $= \pi r^2 h = \pi \times \left(\frac{12}{2}\right)^2 \times 20$

$= 720\pi = \mathbf{2262\,cm^3}$

(b) **전체 겉넓이** $= 2\pi rh + 2\pi r^2$

$= (2\times\pi\times6\times20) + (2\times\pi\times6^2)$

$= 240\pi + 72\pi = 312\pi = \mathbf{980\,cm^2}$

***[문제 5]** 동 파이프의 각 치수는 [그림 28-3]과 같다. 파이프에 있는 동의 부피를 [cm^3] 단위로 계산하라.

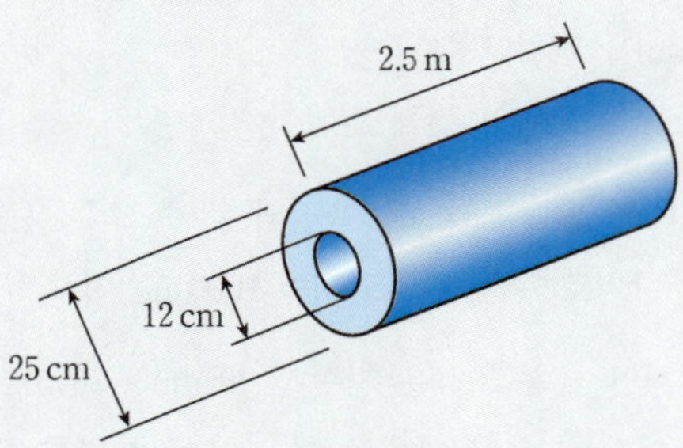

[그림 28-3]

외부 지름은 $D = 25\,cm = 0.25\,m$이고, 내부 지름은 $d = 12\,cm = 0.12\,m$이다.

동의 절단면의 넓이

$$= \frac{\pi D^2}{4} - \frac{\pi d^2}{4} = \frac{\pi(0.25)^2}{4} - \frac{\pi(0.12)^2}{4}$$

$$= 0.0491 - 0.0113 = 0.0378\,m^2$$

그러므로 다음과 같이 구할 수 있다.

동의 부피 = 절단면의 넓이 × 파이프의 길이

$= 0.0378 \times 2.5 = \mathbf{0.0945\,m^3}$

28.2.3 다른 각기둥

각 치수가 b, h, l인 직각삼각기둥은 [그림 28-4]와 같다.

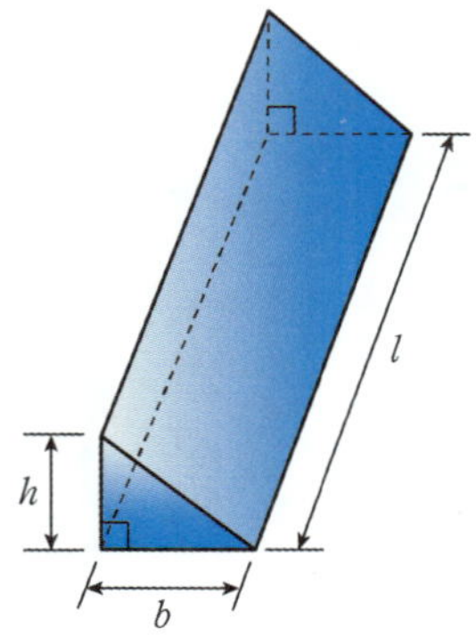

[그림 28-4]

$$부피 = \frac{1}{2}bhl$$

겉넓이 = 양면의 넓이 + 세 면의 넓이

여기서 부피는 끝 면의 넓이(즉, 삼각면$=\frac{1}{2}bh$)와 길이 l의 곱이 됨에 주목하자. 사실상, 임의의 각기둥의 부피는 밑면의 넓이와 길이의 곱이 된다.

***[문제 6]** [그림 28-5]의 부피를 [cm^3] 단위로 구하라.

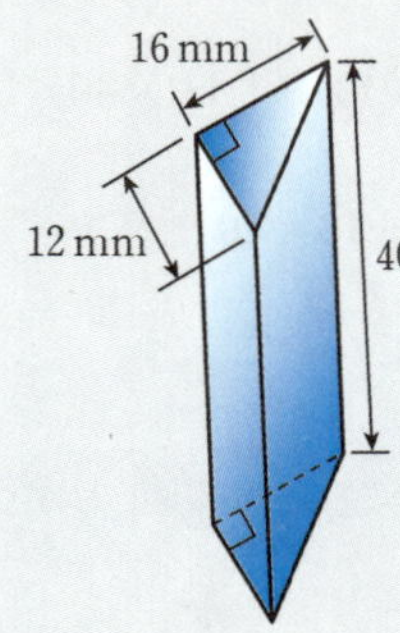

[그림 28-5]

[그림 28-5]의 입체는 삼각기둥이다. 임의의 각기둥의 부피 V는 단면적 A와 높이 h에 대해 $V = Ah$로 주어진다. 그리고 $1\,cm^3 = 1000\,mm^3$이므로 다음과 같이 구할 수 있다.

$$부피 = \frac{1}{2}\times16\times12\times40 = 3840\,mm^3$$

$$= \mathbf{3.840\,cm^3}$$

*[문제 7] [그림 28-6]과 같은 직각삼각기둥 모양 부품의 부피를 구하라. 또한 전체 겉넓이를 구하라.

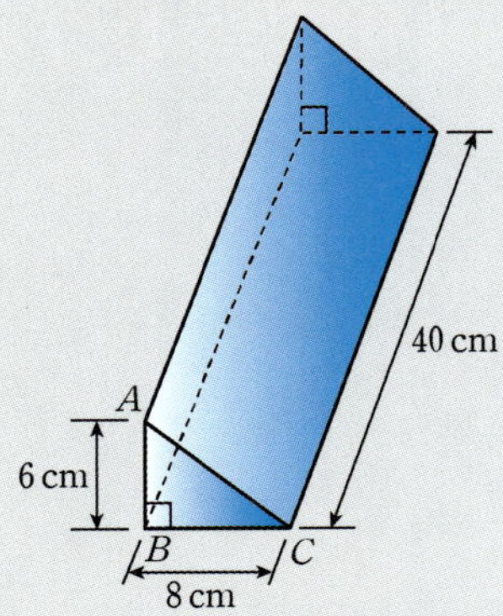

[그림 28-6]

$$\text{직각삼각기둥의 부피} = \frac{1}{2}bhl = \frac{1}{2}\times 8\times 6\times 40$$
$$= 960\,\text{cm}^3$$

전체 겉넓이 = 양면의 넓이 + 세 면의 넓이이다. 삼각형 ABC에서 $AC^2 = AB^2 + BC^2$이므로

$$AC = \sqrt{AB^2 + BC^2} = \sqrt{6^2+8^2} = 10\,\text{cm}$$

그러므로 전체 겉넓이는 다음과 같이 구한다.

전체 겉넓이

$$= 2\left(\frac{1}{2}bh\right) + (AC\times 40) + (BC\times 40) + (AB\times 40)$$
$$= (8\times 6) + (10\times 40) + (8\times 40) + (6\times 40)$$
$$= 48 + 400 + 320 + 240 = 1008\,\text{cm}^2$$

*[문제 8] [그림 28-7]과 같은 금속 입체 기둥의 부피와 전체 겉넓이를 구하라.

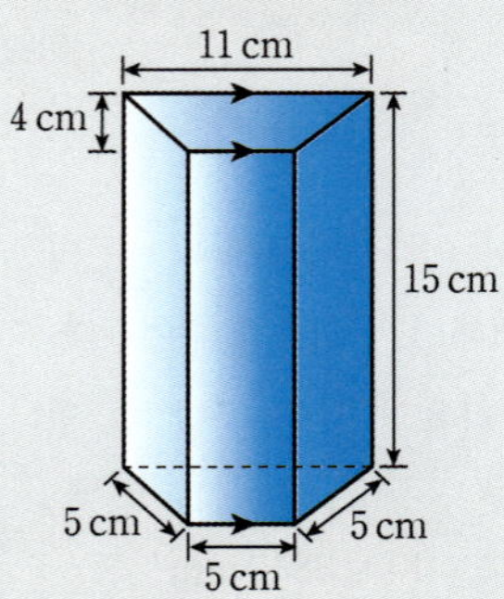

[그림 28-7]

[그림 28-7]의 입체는 **사다리꼴 기둥**이다.

$$\text{기둥의 부피} = \text{단면적}\times\text{높이} = \frac{1}{2}(11+5)4\times 15$$
$$= 32\times 15 = 480\,\text{cm}^3$$

기둥의 겉넓이

$$= \text{두 사다리꼴의 합} + \text{네 개의 직사각형}$$
$$= (2\times 32) + (5\times 15) + (11\times 15) + 2(5\times 15)$$
$$= 64 + 75 + 165 + 150 = 454\,\text{cm}^2$$

◆ **이제 다음 연습문제를 풀어보자.**

[연습문제 139] 기본적인 입체도형의 부피와 겉넓이

*1 $1200000\,\text{cm}^3$인 부피를 $[\text{m}^3]$ 단위로 변환하라.

*2 $5000\,\text{mm}^3$인 부피를 $[\text{cm}^3]$ 단위로 변환하라.

*3 금속 정육면체의 겉넓이가 $24\,\text{cm}^2$이다. 이 육면체의 부피를 구하라.

*4 직육면체인 나무토막의 치수는 각각 40 mm, 12 mm, 8 mm이다. 다음을 구하라.
(a) $[\text{mm}^3]$ 단위인 부피
(b) $[\text{mm}^2]$ 단위인 전체 겉넓이

*5 $90\,\text{cm}\times 60\,\text{cm}\times 1.8\,\text{m}$로 측정되는 수조의 용량을 [리터] 단위로 구하라. 1리터 $= 1000\,\text{cm}^3$이다.

*6 직육면체인 금속 조각은 치수가 $40\,\text{mm}\times 25\,\text{mm}\times 15\,\text{mm}$이다. $[\text{cm}^3]$ 단위로 이 수조의 부피를 구하라. 또한 이 금속의 밀도가 $9\,\text{g/cm}^3$일 때, 금속의 질량을 구하라.

*7 $50\,\text{cm}\times 40\,\text{cm}\times 2.5\,\text{m}$인 수조의 최대 용량을 [리터] 단위로 구하라. 1리터 $= 1000\,\text{cm}^3$이다.

*8 길이 120 m, 폭 150 mm, 깊이 80 mm가 요구되는 콘크리트 용량은 몇 m^3인지 구하라.

*9 지름이 30 mm이고 높이가 50 mm인 작은 원기둥 모양 컨테이너가 있다. 다음을 구하라.
(a) 소수점 아래 1자리로 보정한 $[\text{cm}^3]$ 단위의 부피
(b) 소수점 아래 1자리로 보정한 $[\text{cm}^2]$ 단위의 전체 겉넓이

*10 양면의 모양이 밑변 12cm, 높이 5cm인 삼각형이고, 길이는 80cm인 직각삼각기둥 모양 부품이 있다. 이에 대해 다음을 구하라.

(a) 부피 (b) 전체 겉넓이

*11 부피가 2m^3인 강철 주괴steel ingot가 너비 1.80m, 두께 30mm인 철판으로 제작되었다. 이 철판의 길이를 [m] 단위로 구하라.

*12 원기둥 모양 컨테이너의 부피가 75cm^3이다. 높이가 9.0cm일 때, 이 컨테이너의 반지름의 길이를 구하라.

*13 외부 지름이 8cm이고, 내부 지름이 6cm인 금속관의 부피를 구하라. 이때 금속관의 길이는 4m이다.

*14 원기둥 모양 통조림의 부피가 400cm^3이다. 이 통조림의 반지름이 5.20cm일 때, 높이를 구하라. 또한 측면의 넓이를 구하라.

*15 치수가 $5\text{cm} \times 7\text{cm} \times 12\text{cm}$인 직육면체 합금으로 원기둥을 주조했다. 원기둥의 길이가 60cm일 때, 원기둥의 지름을 구하라.

*16 단면이 정육각형 모양인 철근이 있다. 육각형의 각 변이 6cm이고, 철근의 길이가 3m일 때, 이 철근의 부피와 전체 겉넓이를 구하라.

*17 치수가 $1.5\text{m} \times 90\text{cm} \times 750\text{mm}$인 납 조각을 망치로 두들겨서 두께 15mm인 정사각형 모양의 판으로 만들었다. 정사각형 판의 치수를 가장 근접한 [cm] 단위로 보정하여 구하라.

*18 수도꼭지에서 $800\text{mm}^3/\text{s}$의 속도로 물이 흐른다. 이 물로 3리터를 채우는 데 시간이 얼마나 걸리는가?

*19 치수가 $5.20\text{cm} \times 6.50\text{cm} \times 19.33\text{cm}$인 직육면체 합금으로 원기둥을 만든다. 원기둥의 높이가 52.0cm일 때, 이 원기둥의 지름을 가장 근접한 [cm] 단위로 보정하여 구하라.

*20 [그림 28-8]과 같은 길을 건설하기 위해서는 얼마나 많은 양의 콘크리트가 필요한가? 단, 길의 두께는 12cm이다.

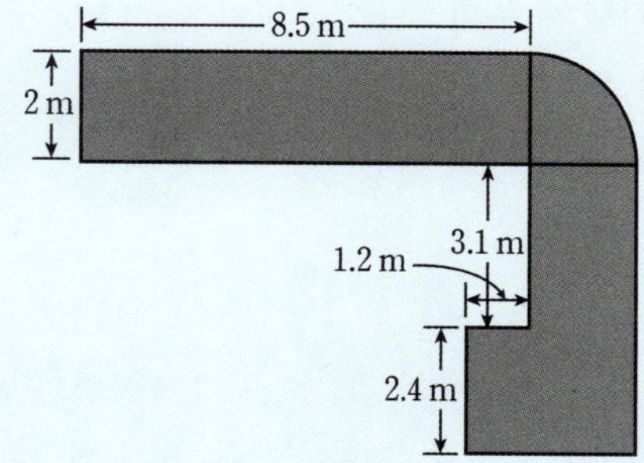

[그림 28-8]

*21 화물차는 길이가 3.6m이고 지름이 1.3m인 원통형의 화학 저장탱크를 갖추고 있다. (a) 겉넓이를 $[\text{m}^2]$ 단위로 (b) 저장 용량을 $[\text{m}^3]$와 [리터] 단위로 구하라. 1리터 $= 1000\text{cm}^3$이다.

*22 길이 2.4m, 폭 60cm, 높이 950mm인 직육면체 통을 완전히 채우려면 반지름이 80mm이고 높이가 250mm인 병이 몇 개 필요한지 구하라.

28.2.4 사각뿔

$$\text{임의의 사각뿔의 부피} = \frac{1}{3} \times \text{밑넓이} \times \text{높이}$$

[그림 28-9]는 밑면이 정사각형인 사각뿔이다. 이 사각뿔의 밑면 치수는 $x \times x$이고, 사각뿔의 높이는 h이다.

$$\text{부피} = \frac{1}{3}x^2h$$

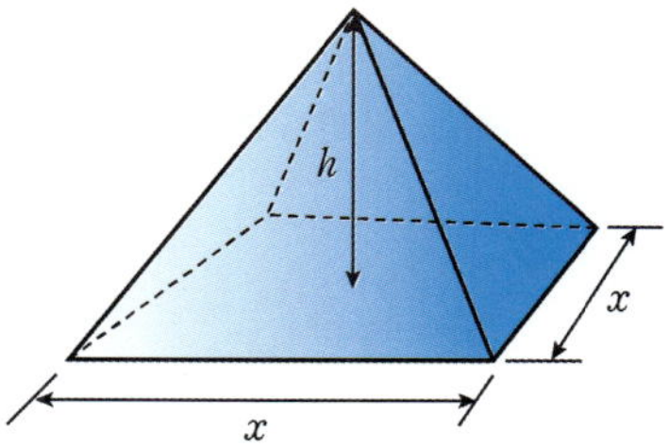

[그림 28-9]

[문제 9] 정사각뿔의 높이는 16cm이다. 밑면의 한 변이 6cm일 때, 이 사각뿔의 부피를 구하라.

$$\text{사각뿔의 부피} = \frac{1}{3} \times \text{밑넓이} \times \text{높이}$$

$$= \frac{1}{3} \times (6 \times 6) \times 16$$

$$= 192\,\text{cm}^3$$

*[문제 10] [그림 28-10]과 같은 정사각뿔 모양인 종이 누르개의 부피와 전체 겉넓이를 구하라. 이 누르개의 높이는 12cm이다.

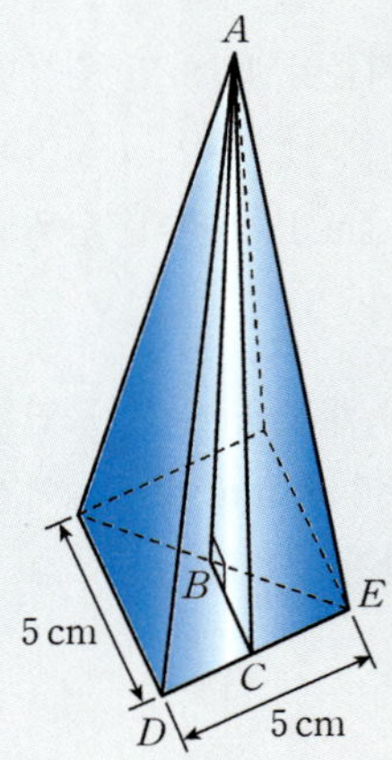

[그림 28-10]

$$\text{정사각뿔의 부피} = \frac{1}{3} \times \text{밑넓이} \times \text{높이}$$

$$= \frac{1}{3} \times (5 \times 5) \times 12$$

$$= 100\,\text{cm}^3$$

겉넓이는 정사각형인 밑면과 4개의 동일한 삼각형으로 구성된다.

$$\text{삼각형 } ADE\text{의 넓이} = \frac{1}{2} \times \text{밑변} \times \text{높이}$$

$$= \frac{1}{2} \times 5 \times AC$$

길이 AC는 삼각형 ABC에서 피타고라스 정리를 이용하여 구할 수 있다. 이때 $AB = 12\,\text{cm}$, $BC = \frac{1}{2} \times 5 = 2.5\,\text{cm}$이므로 다음과 같다.

$$AC = \sqrt{AB^2 + BC^2}$$

$$= \sqrt{12^2 + 2.5^2} = 12.26\,\text{cm}$$

그러므로 다음과 같이 구할 수 있다.

$$\text{삼각형 } ADE\text{의 넓이} = \frac{1}{2} \times 5 \times 12.26 = 30.65\,\text{cm}^2$$

따라서 정사각뿔의 겉넓이는 다음과 같다.

$$\text{정사각뿔의 전체 겉넓이} = (5 \times 5) + 4(30.65)$$

$$= 147.6\,\text{cm}^2$$

*[문제 11] 치수가 5cm×6cm×18cm인 직사각기둥이 용해되어 밑면이 6cm×10cm인 사각뿔로 다시 만들어진다. 금속의 손실이 없다고 가정할 때, 이 사각뿔의 높이를 계산하라.

$$\text{직사각기둥의 부피} = 5 \times 6 \times 18 = 540\,\text{cm}^3,$$

$$\text{사각뿔의 부피} = \frac{1}{3} \times \text{밑넓이} \times \text{높이}$$

이므로 다음과 같이 구할 수 있다.

$$540 = \frac{1}{3} \times (6 \times 10) \times h$$

$$h = \frac{3 \times 540}{6 \times 10} = 27\,\text{cm}$$

즉 **사각뿔의 높이는 27cm이다.**

28.2.5 원뿔

원뿔은 밑면이 원 모양인 각뿔이다. 밑면의 반지름이 r이고, 높이가 h인 원뿔은 [그림 28-11]과 같다.

$$\text{부피} = \frac{1}{3} \times \text{밑넓이} \times \text{높이}$$

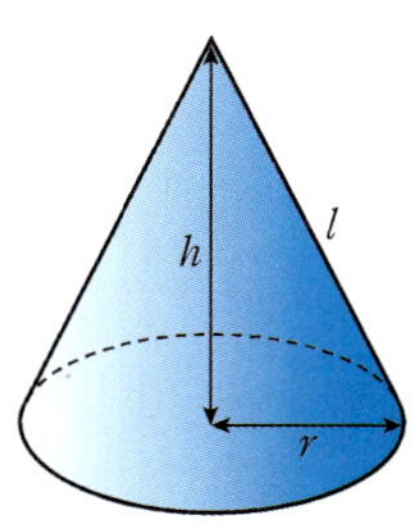

[그림 28-11]

즉 다음과 같이 구할 수 있다.

$$\textbf{부피} = \frac{1}{3}\pi r^2 h$$

$$\textbf{측면 넓이} = \pi r l$$

$$\textbf{전체 겉넓이} = \pi r l + \pi r^2$$

***[문제 12]** 반지름이 30 mm이고 높이가 80 mm인 나무로 된 원뿔의 부피를 [cm^3] 단위로 구하라.

$$\text{원뿔의 부피} = \frac{1}{3}\pi r^2 h = \frac{1}{3} \times \pi \times 30^2 \times 80$$
$$= 75398.2236 \cdots \mathrm{mm}^3$$

$1\,\mathrm{cm} = 10\,\mathrm{mm}$이고,
$1\,\mathrm{cm}^3 = 10\,\mathrm{mm} \times 10\,\mathrm{mm} \times 10\,\mathrm{mm} = 10^3\,\mathrm{mm}^3$ 또는
$\mathbf{1\,mm^3 = 10^{-3}\,cm^3}$이므로 다음과 같다.

$$75398.2236 \cdots \mathrm{mm}^3 = 75398.2236 \cdots \times 10^{-3}\,\mathrm{cm}^3$$

따라서 **부피 = 75.40 cm³**이다.

다른 방법으로, 방정식으로부터 $r = 30\,\mathrm{mm} = 3\,\mathrm{cm}$이고 $h = 80\,\mathrm{mm} = 8\,\mathrm{cm}$이므로 다음과 같이 구할 수 있다.

$$\textbf{부피} = \frac{1}{3}\pi r^2 h = \frac{1}{3} \times \pi \times 3^2 \times 8 = \mathbf{75.40\,cm^3}$$

***[문제 13]** 반지름이 5 cm이고 높이가 12 cm인 원뿔 모양 금속의 부피와 전체 겉넓이를 구하라.

원뿔은 [그림 28-12]와 같다.

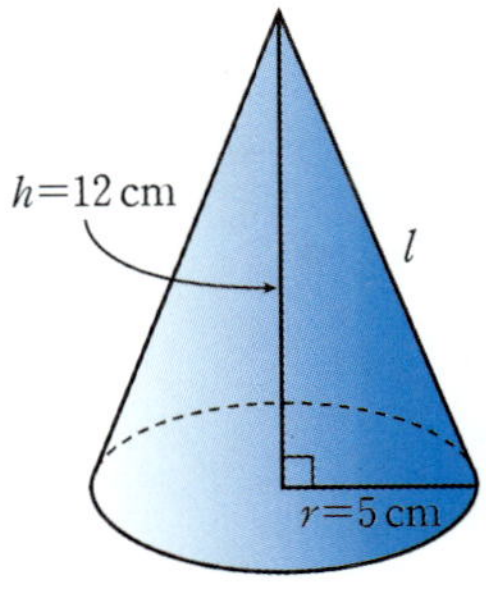

[그림 28-12]

$$\textbf{원뿔의 부피} = \frac{1}{3}\pi r^2 h = \frac{1}{3} \times \pi \times 5^2 \times 12 = \mathbf{314.2\,cm^3}$$

$$\text{전체 겉넓이} = \text{측면 넓이} + \text{밑면의 넓이} = \pi r l + \pi r^2$$

[그림 28-12]로부터 측면의 변의 길이 l은 다음과 같이 피타고라스 정리를 이용하여 구할 수 있다.

$$l = \sqrt{12^2 + 5^2} = 13\,\mathrm{cm}$$

그러므로 이 원뿔의 전체 겉넓이는 다음과 같다.

$$\textbf{전체 겉넓이} = (\pi \times 5 \times 13) + (\pi \times 5^2)$$
$$= \mathbf{282.7\,cm^2}$$

28.2.6 구

[그림 28-13]의 구에 대해 다음이 성립한다.

$$\textbf{부피} = \frac{4}{3}\pi r^3, \quad \textbf{겉넓이} = 4\pi r^2$$

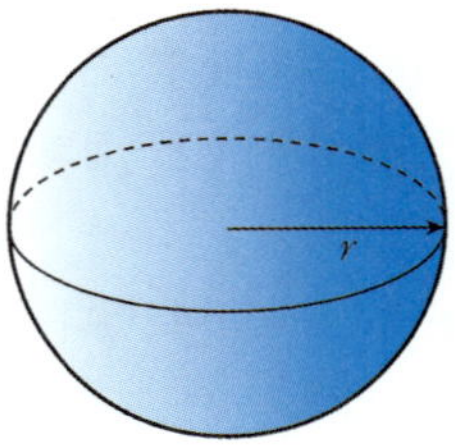

[그림 28-13]

***[문제 14]** 지름이 10 cm인 구의 부피와 겉넓이를 구하라.

지름이 10 cm이므로 반지름은 $r = 5\,\mathrm{cm}$이다.

$$\textbf{구의 부피} = \frac{4}{3}\pi r^3 = \frac{4}{3} \times \pi \times 5^3$$
$$= \mathbf{523.6\,cm^3}$$

$$\textbf{구의 겉넓이} = 4\pi r^2 = 4 \times \pi \times 5^2$$
$$= \mathbf{314.2\,cm^2}$$

***[문제 15]** 구형 포탄의 겉넓이가 201.1 cm²이다. 이 포탄의 지름과 부피를 구하라.

$$\text{구의 겉넓이} = 4\pi r^2$$

그러므로 $201.1\,\mathrm{cm}^2 = 4 \times \pi \times r^2$이고, 따라서 다음과 같다.

$$r^2 = \frac{201.1}{4 \times \pi} = 16.0$$

따라서 반지름은 $r=\sqrt{16.0}=4.0\,\text{cm}$이다. 이로부터 다음과 같이 구할 수 있다.

$$\text{지름} = 2\times r = 2\times 4.0 = 8.0\,\text{cm}$$

$$\text{구의 부피} = \frac{4}{3}\pi r^3 = \frac{4}{3}\times\pi\times(4.0)^3 = 268.1\,\text{cm}^3$$

◆ **이제 다음 연습문제를 풀어보자.**

[연습문제 140] 기본적인 입체도형의 부피와 겉넓이

*1 원뿔 모양인 물체의 밑면 지름이 80 mm, 수직 높이가 120 mm이다. 이 원뿔의 부피를 [cm^3] 단위로 구하고, 측면의 넓이를 구하라.

*2 정사각뿔 모양 금속의 높이는 4 cm, 밑면의 한 변의 길이는 2.4 cm이다. 이 사각뿔의 부피와 전체 겉넓이를 구하라.

*3 지름이 6 cm인 구 모양의 금속 볼 베어링이 있다. 이 베어링의 부피와 겉넓이를 구하라.

*4 나무로 된 구 모양 물체의 부피가 566 cm^3일 때, 이 구의 반지름을 구하라.

*5 정사각형 모양의 밑면을 가지는 금속 사각뿔 물체의 높이가 25 cm이고, 부피는 75 cm^3이다. 밑면의 각 변의 길이를 [cm] 단위로 구하라.

*6 밑면의 지름이 16 mm이고 높이가 40 mm인 원뿔 모양의 종이 누르개가 있다. 이 누르개의 부피를 가장 근접한 [mm^3] 단위로 보정하여 구하라.

*7 반지름이 40 mm인 구 모양 금속 볼에 대해 (a) 부피와, (b) 겉넓이를 구하라.

*8 구 모양인 베어링의 부피가 325 cm^3일 때, 이 베어링의 지름을 구하라.

*9 지구의 반지름이 6380 km로 주어진다. 다음을 계산하여 공학적인 기호로 나타내라.
(a) [km^2] 단위인 겉넓이 (b) [km^3] 단위인 부피

*10 부피가 1.5 m^3인 주철괴^ingot^를 가지고 반지름이 8.0 cm인 볼 베어링을 만든다. 이 중 5%는 손실된다고 가정할 때, 이 주철괴로 생산할 수 있는 볼 베어링은 몇 개인가?

*11 구 모양의 화학물질 저장 탱크의 내부 반지름이 5.6 m이다. 이 탱크의 저장 용량을 가장 근접한 [m^3] 단위로 보정하여 계산하라. 또한 1 리터 $=1000\,\text{cm}^3$일 때, 이 탱크의 용량을 [리터] 단위로 구하라.

*12 공정라인에 반지름 1.8 m, 수직 높이 2.5 m인 원뿔 모양의 통이 있다. 이 통에 담긴 밀가루가 빵 생산라인에 공급된다고 할 때, 공급될 수 있는 밀가루의 최대 부피를 구하라.

28.3 기본적인 입체도형의 부피와 겉넓이의 요약

[표 28-1]은 자주 접하는 입체도형의 부피와 겉넓이를 요약하여 나타낸 것이다.

[표 28-1] 자주 접하는 입체도형의 부피와 겉넓이

도형	그림	공식
직육면체	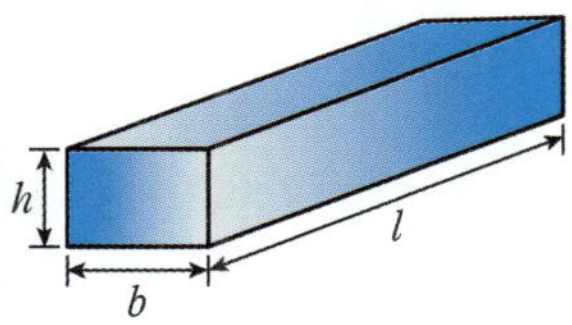	부피$=l\times b\times h$ 겉넓이$=2(bh+hl+lb)$
원기둥	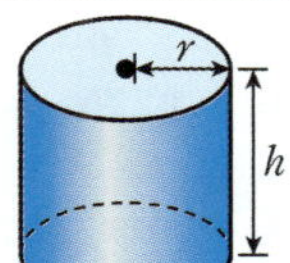	부피$=\pi r^2 h$ 전체 겉넓이 $=2\pi r h+2\pi r^2$
삼각기둥	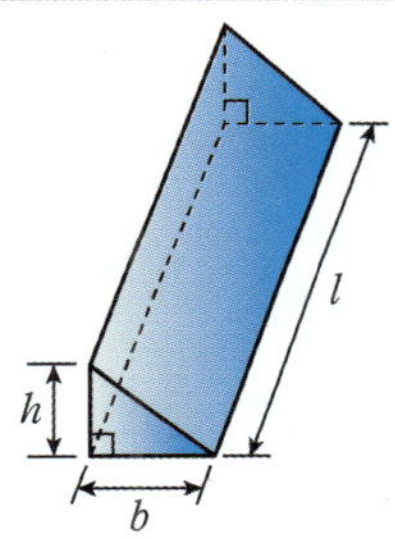	부피$=\frac{1}{2}bhl$ 전체 겉넓이 =양면의 넓이 +세 면의 넓이
각뿔	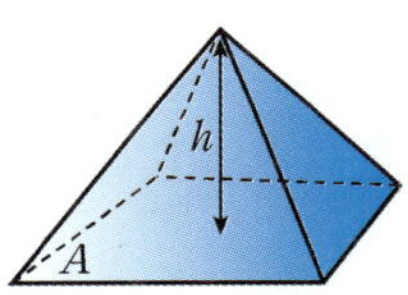	부피$=\frac{1}{3}\times A\times h$ 전체 겉넓이 =측면 삼각형의 넓이의 합 +밑면의 넓이
원뿔	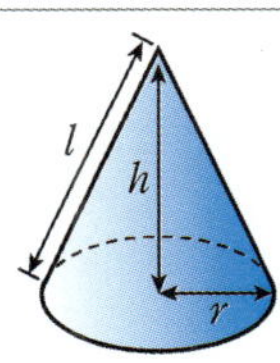	부피$=\frac{1}{3}\pi r^2 h$ 옆면의 겉넓이$=\pi r l$ 전체 겉넓이$=\pi r l+\pi r^2$
구	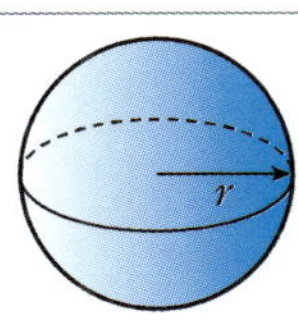	부피$=\frac{4}{3}\pi r^3$ 겉넓이$=4\pi r^2$

28.4 좀 더 복잡한 입체도형의 부피와 겉넓이

좀 더 복잡하고 복합적인 입체도형에 대한 문제를 살펴보자.

*[문제 16] 어떤 나무토막이 [그림 28-14]와 같다.

(a) 부피를 $[\mathrm{m}^3]$ 단위로 구하라.

(b) 전체 겉넓이를 구하라.

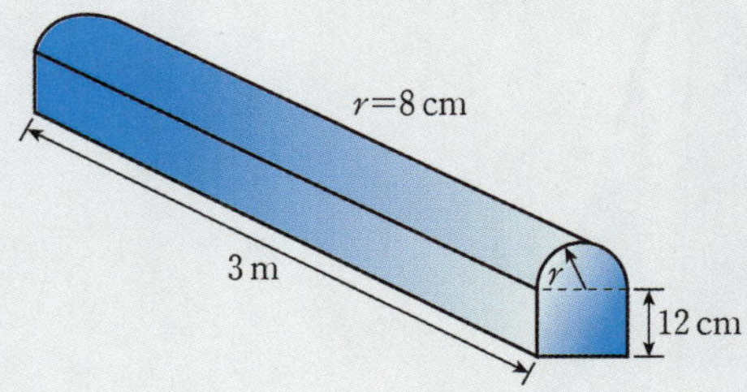

[그림 28-14]

(a) 이 나무토막은 직사각형과 반원을 포함하는 측면을 가진 각기둥이다. 반원의 반지름이 8 cm이므로 지름은 16 cm이다. 그러므로 직사각형의 치수는 12 cm × 16 cm이다.

$$\text{측면의 넓이} = (12\times 16)+\frac{1}{2}\pi 8^2 = 292.5\,\mathrm{cm}^2$$

$$\textbf{나무토막의 부피} = \text{밑넓이}\times\text{높이} = 292.5\times 300 = \mathbf{87750\,cm^3} = \frac{87750}{10^6}\,\mathrm{m}^3 = \mathbf{0.08775\,m^3}$$

$1\mathrm{m}^3 = 10^6\mathrm{cm}^3$이므로

(b) 전체 겉넓이는 두 개의 측면(넓이는 각각 $292.5\,\mathrm{cm}^2$이다)과 직사각형, 그리고 곡면의 넓이(원기둥의 반)를 합한 것이다. 그러므로 다음과 같이 구할 수 있다.

$$\textbf{전체 겉넓이} = (2\times 292.5)+2(12\times 300)+(16\times 300)+\frac{1}{2}(2\pi\times 8\times 300)$$

$$= 585+7200+4800+2400\pi$$

$$= \mathbf{20125\,cm^2} \text{ 또는 } \mathbf{2.0125\,m^2}$$

***[문제 17]** 나무로 만든 사각뿔 모양 물체의 밑면은 치수 3.60 cm × 5.40 cm인 직사각형 모양이다. 사각뿔의 경사진 모서리가 각각 15.0 cm일 때, 사각뿔의 부피와 전체 겉넓이를 구하라.

이 사각뿔은 [그림 28-15]와 같다.

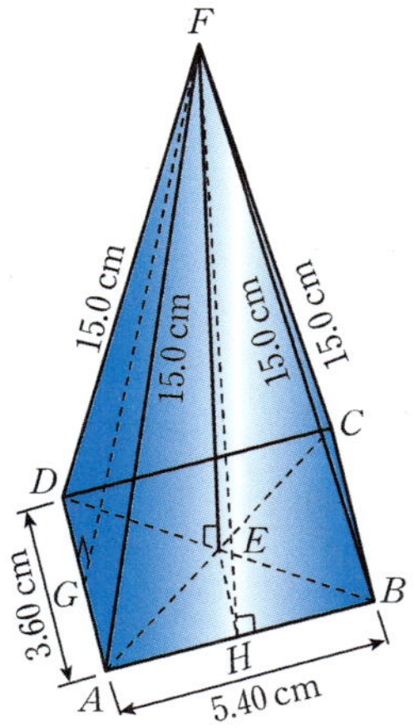

[그림 28-15]

사각뿔의 부피를 계산하기 위해서는 높이 EF를 알아야 한다. 대각선 BD는 피타고라스 정리에 의해 다음과 같이 계산된다.

$$BD = \sqrt{3.60^2 + 5.40^2} = 6.490\,\text{cm}$$

그러므로 $EB = \frac{1}{2}BD = \frac{6.490}{2} = 3.245\,\text{cm}$이다. 삼각형 BEF에 피타고라스 정리를 적용하면 $BF^2 = EB^2 + EF^2$이고, 따라서 다음과 같다.

$$EF = \sqrt{BF^2 - EB^2}$$

$$= \sqrt{15.0^2 - 3.245^2} = 14.64\,\text{cm}$$

따라서 사각뿔의 부피는 다음과 같다.

$$\textbf{사각뿔의 부피} = \frac{1}{3}(\text{밑넓이})(\text{높이})$$

$$= \frac{1}{3}(3.60 \times 5.40)(14.64) = \mathbf{94.87\,cm^3}$$

삼각형 ADF의 넓이는 삼각형 BCF의 넓이와 같으며, AD의 중점 G에 대해 다음과 같다.

$$\text{삼각형 } ADF\text{의 넓이} = \frac{1}{2}(AD)(FG)$$

삼각형 FGA에 피타고라스 정리를 적용하면 다음과 같다.

$$FG = \sqrt{15.0^2 - 1.80^2} = 14.89\,\text{cm}$$

그러므로 삼각형 ADF의 넓이는 다음과 같다.

$$\text{삼각형 } ADF\text{의 넓이} = \frac{1}{2}(3.60)(14.89)$$

$$= 26.80\,\text{cm}^2$$

마찬가지로, H가 AB의 중점이면 다음과 같다.

$$FH = \sqrt{15.0^2 - 2.70^2} = 14.75\,\text{cm}$$

그러므로 삼각형 ABF의 넓이는 삼각형 CDF와 같으며, 다음과 같다.

$$\text{삼각형 } ABF\text{의 넓이} = \frac{1}{2}(5.40)(14.75)$$

$$= 39.83\,\text{cm}^2$$

따라서 사각뿔 전체의 넓이는 다음과 같다.

사각뿔 전체의 넓이

$$= 2(26.80) + 2(39.83) + (3.60)(5.40)$$

$$= 53.60 + 79.66 + 19.44$$

$$= \mathbf{152.7\,cm^2}$$

***[문제 18]** 지름이 5.0 cm인 반구 모양 금속의 부피와 전체 겉넓이를 구하라.

$$\textbf{반구의 부피} = \frac{1}{2}(\text{구의 부피}) = \frac{2}{3}\pi r^3$$

$$= \frac{2}{3}\pi\left(\frac{5.0}{2}\right)^3 = \mathbf{32.7\,cm^3}$$

$$\textbf{전체 겉넓이} = \text{곡면의 넓이} + \text{원의 넓이}$$

$$= \frac{1}{2}(\text{구의 곡면 넓이}) + \pi r^2$$

$$= \frac{1}{2}(4\pi r^2) + \pi r^2 = 2\pi r^2 + \pi r^2 = 3\pi r^2$$

$$= 3\pi\left(\frac{5.0}{2}\right)^2 = \mathbf{58.9\,cm^2}$$

*[문제 19] 치수 $4\,\text{cm} \times 3\,\text{cm} \times 12\,\text{cm}$인 직육면체 모양의 금속 조각이 용해되어, 밑면의 치수가 $2.5\,\text{cm} \times 5\,\text{cm}$인 사각뿔로 다시 만들어진다. 사각뿔의 높이를 구하라.

$$\text{사각기둥 금속의 부피} = 4 \times 3 \times 12 = 144\,\text{cm}^3$$

$$\text{사각뿔의 부피} = \frac{1}{3}(\text{밑넓이})(\text{높이})$$

금속의 손실이 없다는 가정 아래 다음이 성립한다.

$$144 = \frac{1}{3}(2.5 \times 5)(\text{높이})$$

즉 사각뿔의 높이는 다음과 같다.

$$\textbf{사각뿔의 높이} = \frac{144 \times 3}{2.5 \times 5} = \mathbf{34.56\,cm}$$

*[문제 20] 대갈못은 지름이 $1\,\text{cm}$이고 길이가 $2\,\text{mm}$인 원기둥 머리와, 지름이 $2\,\text{mm}$이고 길이가 $1.5\,\text{cm}$인 원기둥 모양 못으로 구성된다. 2000개의 대갈못의 부피를 구하라.

$$\text{원기둥 머리의 반지름} = \frac{1}{2}\,\text{cm} = 0.5\,\text{cm}$$

$$\text{원기둥 머리의 높이} = 2\,\text{mm} = 0.2\,\text{cm}$$

이므로 원기둥 머리의 부피는 다음과 같다.

$$\begin{aligned}\text{원기둥 머리의 부피} &= \pi r^2 h = \pi(0.5)^2(0.2)\\ &= 0.1571\,\text{cm}^3\end{aligned}$$

$$\begin{aligned}\text{원기둥 못의 부피} &= \pi r^2 h = \pi\left(\frac{0.2}{2}\right)^2(1.5)\\ &= 0.0471\,\text{cm}^3\end{aligned}$$

그러므로 대갈못의 부피는 다음과 같이 구할 수 있다.

$$\begin{aligned}\text{대갈못 하나의 전체 부피} &= 0.1571 + 0.0471\\ &= 0.2042\,\text{cm}^3\end{aligned}$$

$$\begin{aligned}\textbf{대갈못 2000개의 부피} &= 2000 \times 0.2042\\ &= \mathbf{408.4\,cm^3}\end{aligned}$$

*[문제 21] 반지름 $6\,\text{cm}$이고 높이 $15\,\text{cm}$인 원기둥 입체의 금속이 용해되어, 반구 위에 원뿔이 얹힌 다림추plumb bob 모양으로 다시 만들어진다. 이 과정에서 8%의 금속이 손실된다고 가정할 때, 지름이 $12\,\text{cm}$인 원뿔 부분의 높이를 구하라.

$$\text{원기둥의 부피} = \pi r^2 h = \pi \times 6^2 \times 15 = 540\pi\,\text{cm}^3$$

8%의 금속이 손실된다면, 540π의 92%가 [그림 28-16]과 같은 새로운 모양의 부피로 주어진다.

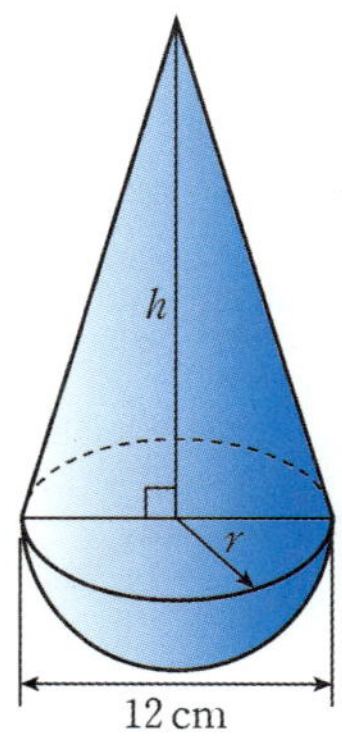

[그림 28-16]

그러므로 다음과 같다.

$$(\text{반구} + \text{원뿔})\text{의 부피} = 0.92 \times 540\pi\,\text{cm}^3$$
$$\frac{1}{2}\left(\frac{4}{3}\pi r^3\right) + \frac{1}{3}\pi r^2 h = 0.92 \times 540\pi$$

양변을 π로 나누면 다음과 같다.

$$\frac{2}{3}r^3 + \frac{1}{3}r^2 h = 0.92 \times 540$$

새로운 모양의 지름이 $12\,\text{cm}$이므로 반지름은 $r = 6\,\text{cm}$이다. 따라서 다음과 같다.

$$\frac{2}{3}(6)^3 + \frac{1}{3}(6)^2 h = 0.92 \times 540$$

$$144 + 12h = 496.8$$

즉 **원뿔 부분의 높이**는 다음과 같다.

$$h = \frac{496.8 - 144}{12} = \mathbf{29.4\,cm}$$

*[문제 22] 질량이 50 kg 인 사각형 모양의 구리 덩어리가 용해되어, 단면이 일정한 500 m의 전선을 만든다. 구리의 밀도가 8.91 g/cm^{3}일 때, 다음을 구하라.

(a) 구리의 부피 (b) 전선 단면의 넓이

(c) 전선 단면의 지름

(a) 밀도 8.91 g/cm^{3}란 구리 8.91 g이 1 cm^{3}의 부피를 가지는 것을 의미한다. 또는 구리 1 g의 부피가 $(1 \div 8.91)\,\text{cm}^3$이다.

밀도 $= \dfrac{\text{질량}}{\text{부피}}$ 이므로 부피 $= \dfrac{\text{질량}}{\text{밀도}}$ 이고, 따라서 50 kg, 즉 50000 g의 부피는 다음과 같다.

$$\textbf{부피} = \frac{\text{질량}}{\text{밀도}} = \frac{50000}{8.91}\,\text{cm}^3 = \mathbf{5612\,cm^3}$$

(b) 전선의 부피 = (원형 단면의 넓이) × (전선의 길이) 이므로 다음과 같다.

$$5612\,\text{cm}^3 = \text{넓이} \times (500 \times 100\,\text{cm})$$

그러므로 단면의 넓이는 다음과 같다.

$$\textbf{넓이} = \frac{5612}{500 \times 100}\,\text{cm}^2 = \mathbf{0.1122\,cm^2}$$

(c) 원의 넓이 $= \pi r^2$ 또는 $\dfrac{\pi d^2}{4}$

$$0.1122 = \frac{\pi d^2}{4}$$

$$d = \sqrt{\frac{4 \times 0.1122}{\pi}} = 0.3780\,\text{cm}$$

즉 **단면의 지름은 3.780 mm 이다.**

*[문제 23] 보일러는 높이가 8 m이고 지름이 6 m인 원기둥 부분과, 한쪽 면은 지름이 6 m인 반구가 얹혀 있는 모양으로, 그리고 다른 쪽 면은 높이가 4 m이고 밑면의 지름이 6 m인 원뿔 모양으로 구성된다. 보일러의 부피와 전체 겉넓이를 구하라.

보일러의 형태는 [그림 28-17]과 같다.

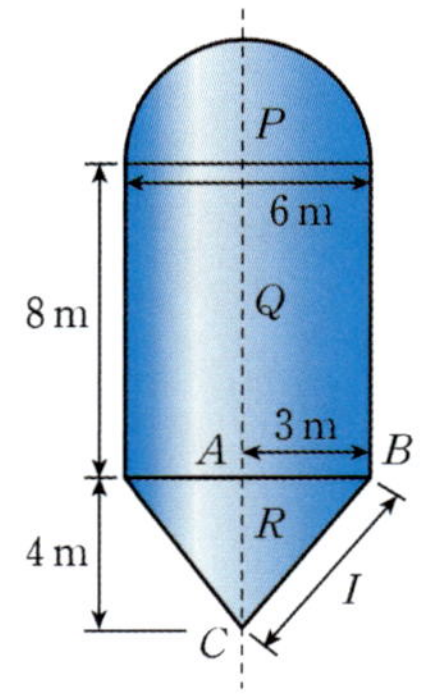

[그림 28-17]

반구의 부피는 다음과 같다.

$$P = \frac{2}{3}\pi r^3 = \frac{2}{3} \times \pi \times 3^3$$
$$= 18\pi\,\text{m}^3$$

원기둥의 부피는 다음과 같다.

$$Q = \pi r^2 h = \pi \times 3^2 \times 8$$
$$= 72\pi\,\text{m}^3$$

원뿔의 부피는 다음과 같다.

$$R = \frac{1}{3}\pi r^2 h = \frac{1}{3} \times \pi \times 3^2 \times 4$$
$$= 12\pi\,\text{m}^3$$

따라서 전체 보일러의 부피는 다음과 같다.

$$\textbf{전체 보일러의 부피} = 18\pi + 72\pi + 12\pi$$
$$= 102\pi = \mathbf{320.4\,m^3}$$

반구의 겉넓이는 다음과 같다.

$$P = \frac{1}{2}(4\pi r^2) = 2 \times \pi \times 3^2$$
$$= 18\pi\,\text{m}^2$$

원기둥의 곡면의 넓이는 다음과 같다.

$$Q = 2\pi r h = 2 \times \pi \times 3 \times 8$$
$$= 48\pi\,\text{m}^2$$

원뿔 측면의 변의 길이 l은 삼각형 ABC에서 피타고라스 정리에 의해 $l=\sqrt{4^2+3^2}=5$이다. 따라서 원뿔의 곡면의 넓이는 다음과 같다.

$$R=\pi rl=\pi\times 3\times 5=15\pi\,\text{m}^2$$

그러므로 보일러의 전체 겉넓이는 다음과 같다.

$$\textbf{보일러의 전체 겉넓이}=18\pi+48\pi+15\pi$$
$$=81\pi=\mathbf{254.5\,m^2}$$

◆ **이제 다음 연습문제를 풀어보자.**

[연습문제 141] 좀 더 복잡한 입체도형의 부피와 겉넓이

*1 나무로 만든 반구의 지름이 50mm일 때, 이 반구의 전체 겉넓이를 구하라.

*2 지름이 6cm인 반구 모양 금속에 대해 (a) 부피와, (b) 전체 겉넓이를 구하라.

*3 외부 반지름과 내부 반지름이 각각 12cm, 10cm인 반구 모양의 구리 용기의 질량을 구하라. 여기서 구리 $1\,\text{cm}^3$의 무게는 8.9g으로 가정한다.

*4 금속 다림추는 반구 위에 원뿔이 얹힌 모양으로 구성된다. 반구와 원뿔의 지름이 각각 4cm이고, 전체 길이는 5cm이다. 전체 부피를 구하라.

*5 원기둥 위에 원뿔이 얹힌 모양으로 대형 천막을 만든다. 전체 높이는 6m이고, 원기둥 부분은 높이가 3.5m, 지름은 15m이다. 이 제작 과정에서 12%의 천이 손실된다고 할 때, 대형 천막을 만들기 위해 필요한 천막의 겉넓이를 구하라.

*6 다음 금속 입체의 (a) 부피와, (b) 전체 겉넓이를 구하라.

❶ 반지름이 8.0cm이고 수직 높이가 10cm인 원뿔
❷ 지름이 7.0cm인 구
❸ 반지름이 3.0cm인 반구
❹ 밑면이 2.5cm×2.5cm인 정사각형이고 높이가 5.0cm인 사각뿔
❺ 밑면이 4.0cm×6.0cm인 직사각형이고 높이가 12.0cm인 사각뿔
❻ 밑면이 4.2cm×4.2cm인 정사각형이고 측면의 기울어진 변의 길이가 각각 15.0cm인 사각뿔
❼ 한 변의 길이가 5.0cm인 팔각형 모양의 밑면과 높이가 20cm인 팔각뿔

*7 무게가 24kg인 구형 금속이 용해되어 밑면의 반지름이 8.0cm인 원뿔 입체로 다시 만들어진다. 금속의 밀도가 $8000\,\text{kg/m}^3$일 때, 다음을 구하라. 이 과정에서 15%의 금속의 손실이 발생한다고 가정한다.
(a) 금속 구의 지름
(b) 원뿔의 높이

*8 높이가 16.0cm이고 밑면의 변이 3.0cm인 정육각뿔 모양 물체의 부피를 구하라.

*9 부표는 반구 위에 놓인 원뿔로 구성된다. 원뿔과 반구의 지름이 2.5m이고 원뿔의 측면의 길이가 4.0m이다. 이 부표의 부피와 겉넓이를 구하라.

*10 휘발유 용기는 중심부가 길이 5.0m인 원기둥이고, 각 측면이 반구인 형태이다. 반구와 원기둥의 지름이 모두 1.2m일 때, 이 탱크의 용량을 [리터] 단위로 구하라(1리터 $=1000\,\text{cm}^3$).

*11 [그림 28-18]은 금속 막대의 절단면을 보인다. 이 막대의 부피와 전체 겉넓이를 구하라.

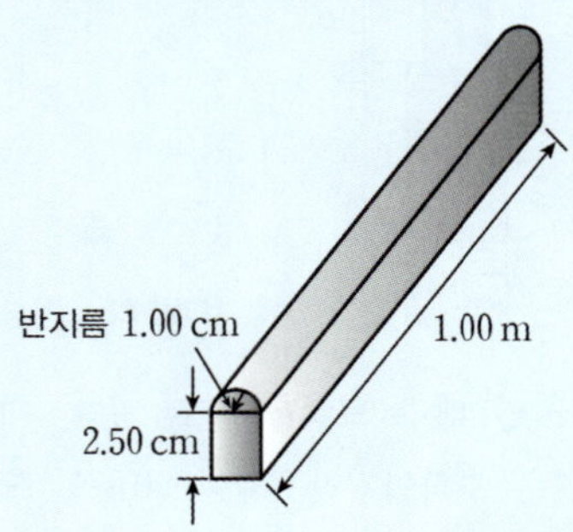

[그림 28-18]

*12 [그림 28-19]와 같은 압력 주조(다이 캐스팅die-casting)의 부피를 [cm^3] 단위로 구하라. 치수는 [mm] 단위이다.

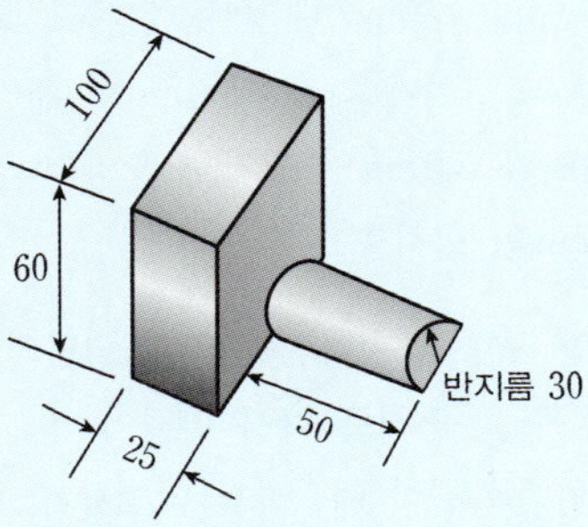

[그림 28-19]

*13 환기용 통풍구의 절단 부분이 [그림 28-20]과 같다. 양 끝 부분 AB와 CD 부분은 뚫려 있다. 다음을 구하라.

(a) 금속판의 두께를 무시했을 때, 시스템 부분에 들어 있는 공기의 부피. 단, 가장 근접한 [리터] 단위로 보정한다(1리터 $= 1000cm^3$).

(b) 이 시스템을 만들기 위해 사용된 금속판의 절단 면의 넓이. 단, [m^2] 단위로 구한다.

(c) m^2당 115000원의 비용이 소요된다고 할 때, 금속판의 비용. 여기서 손실되는 것을 고려하여 25%의 추가 금속판도 필요하다고 가정한다.

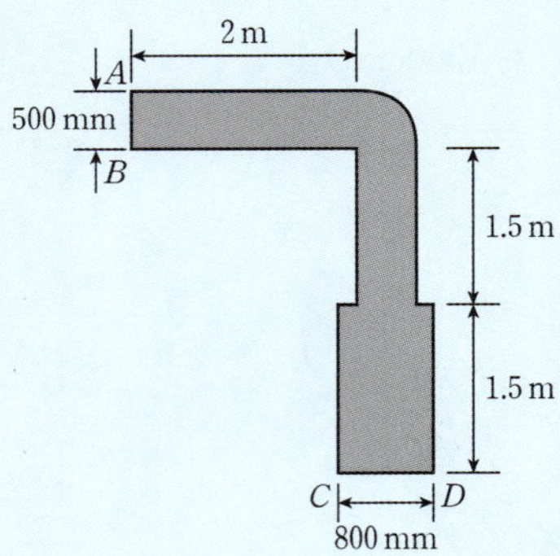

[그림 28-20]

*14 평지에서 폭 0.5m인 배수 도랑을 파고 있다. 바닥은 평평하고 측면은 수직이지만, 길이 20m인 도랑의 깊이는 한쪽 끝에서는 0.5m이고 다른 쪽 끝에서는 1.0m로 일정하게 변한다. 도랑으로 파여진 부분의 부피를 구하라.

*15 언덕 아래로 3km의 터널을 파고 있다. 처음에는 반지름이 5m인 원형으로 절개하는 터널 굴착기boring machine에 의해 터널이 절개된다. 그 다음에 터널의 바닥은 최대 깊이 2m로 다시 깐다. (a) 터널 벽의 겉넓이와, (b) 파여진 흙더미의 부피를 구하라.

*16 육각형 모양 철판의 모서리는 길이가 0.32m이다. 철판의 두께가 15mm이고 밀도는 $7800 kg/m^3$일 때, 이 철판의 질량을 구하라.

28.5 각뿔대와 원뿔대의 부피와 겉넓이

각뿔이나 원뿔의 절두체frustum는 밑면과 평행한 평면으로 꼭짓점이 포함된 부분을 잘라내고 남은 부분이다.

각뿔이나 원뿔의 절두체의 부피는, 전체 각뿔이나 원뿔의 부피에서, 잘려나간 작은 각뿔이나 원뿔의 부피를 뺌으로써 구할 수 있다.

각뿔이나 원뿔의 절두체(각뿔대와 원뿔대)의 면들에 대한 겉넓이는, 전체 각뿔이나 원뿔의 겉넓이에서, 잘려나간 작은 각뿔이나 원뿔의 겉넓이를 뺌으로써 구할 수 있다. 겉넓이를 구하려면 절두체의 측면 넓이도 고려해야 한다.

절두체의 전체 겉넓이를 구하려면, 위와 아래에 있는 두 개의 평행면의 겉넓이와 측면의 넓이를 더한다.

원뿔대의 부피와 겉넓이를 구하는 또 다른 방법이 있다. [그림 28-21]과 관련하여 다음과 같이 구할 수 있다.

$$\text{부피} = \frac{1}{3}\pi h(R^2 + Rr + r^2)$$

$$\text{곡면의 넓이} = \pi l(R + r)$$

$$\text{전체 겉넓이} = \pi l(R + r) + \pi r^2 + \pi R^2$$

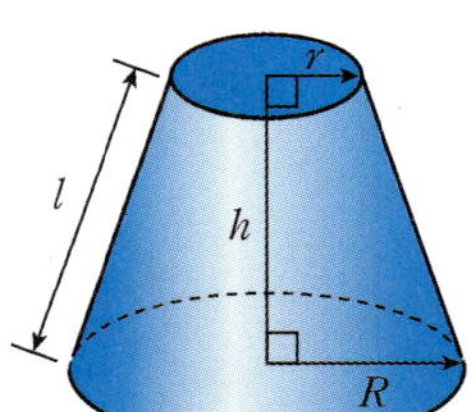

[그림 28-21]

*[문제 24] 두 면의 지름이 각각 6.0 cm와 4.0 cm이고, 높이가 3.6 cm인 원뿔대의 부피를 구하라.

❶ **방법 1**

꼭짓점까지 나타낸 완전한 원뿔 부분을 [그림 28-22]에 나타냈다.

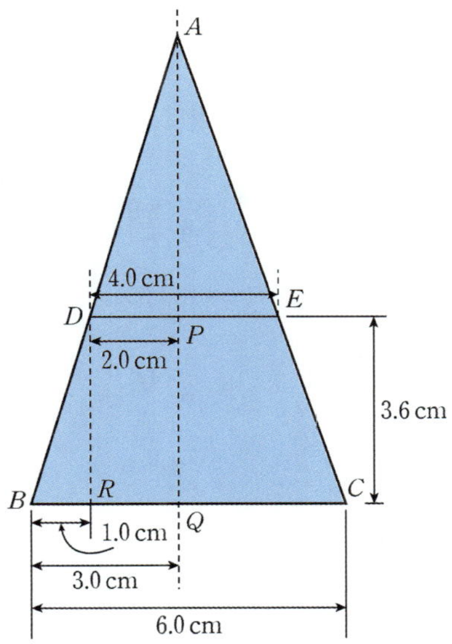

[그림 28-22]

닮은 삼각형을 이용하여 다음과 같이 구한다.

$$\frac{AP}{DP}=\frac{DR}{BR}, \quad 즉 \ \frac{AP}{2.0}=\frac{3.6}{1.0}$$

따라서 다음과 같다.

$$AP=\frac{(2.0)(3.6)}{1.0}=7.2\,\text{cm}$$

큰 원뿔의 높이 $=3.6+7.2=10.8\,\text{cm}$

그러므로 원뿔대의 부피는 다음과 같다.

원뿔대의 부피 =(큰 원뿔의 부피)

−(잘린 작은 원뿔의 부피)

$$=\frac{1}{3}\pi(3.0)^2(10.8)-\frac{1}{3}\pi(2.0)^2(7.2)$$

$$=101.79-30.16=\mathbf{71.6\,cm^3}$$

❷ **방법 2**

위 내용으로부터

$$원뿔대의\ 부피=\frac{1}{3}\pi h(R^2+Rr+r^2)$$

이다. 여기서 $R=3.0\,\text{cm}$, $r=2.0\,\text{cm}$, $h=3.6\,\text{cm}$이므로 다음과 같이 구할 수 있다.

절두체의 부피

$$=\frac{1}{3}\pi(3.6)\left[(3.0)^2+(3.0)(2.0)+(2.0)^2\right]$$

$$=\frac{1}{3}\pi(3.6)(19.0)=\mathbf{71.6\,cm^3}$$

*[문제 25] [문제 24]의 원뿔대의 전체 겉넓이를 구하라.

❶ **방법 1**

원뿔대의 곡면의 겉넓이 =(큰 원뿔의 곡면 넓이)

−(잘린 작은 원뿔의 곡면 넓이)

[그림 28-22]에서, 피타고라스 정리를 이용하면 $AB^2=AQ^2+BQ^2$이다. 따라서 다음과 같다.

$$AB=\sqrt{10.8^2+3.0^2}=11.21\,\text{cm}$$

그리고 $AD^2=AP^2+DP^2$으로부터 다음과 같다.

$$AD=\sqrt{7.2^2+2.0^2}=7.47\,\text{cm}$$

따라서 다음과 같이 구할 수 있다.

큰 원뿔의 곡면 넓이 $=\pi rl=\pi(BQ)(AB)$

$$=\pi(3.0)(11.21)$$

$$=105.65\,\text{cm}^2$$

작은 원뿔의 곡면 넓이 $=\pi(DP)(AD)$

$$=\pi(2.0)(7.47)$$

$$=46.94\,\text{cm}^2$$

그러므로 절두체의 곡면의 겉넓이는 다음과 같다.

$$\text{절두체의 곡면 넓이} = 105.65 - 46.94 = 58.71\,\text{cm}^2$$

절두체의 전체 겉넓이는 다음과 같다.

절두체의 전체 겉넓이

$= (\text{곡면 넓이}) + (\text{위와 아래에 있는 두 원의 넓이})$

$= 58.71 + \pi(2.0)^2 + \pi(3.0)^2$

$= 58.71 + 12.57 + 28.27 = \mathbf{99.6\,cm^2}$

❷ **방법 2**

공식에 따라 다음과 같이 구할 수 있다.

$$\text{절두체의 전체 겉넓이} = \pi l(R+r) + \pi r^2 + \pi R^2$$

여기서 $l = BD = 11.21 - 7.47 = 3.74\,\text{cm}$, $R = 3.0\,\text{cm}$, $r = 2.0\,\text{cm}$이다. 그러므로 다음과 같이 구할 수 있다.

절두체의 전체 겉넓이

$= \pi(3.74)(3.0+2.0) + \pi(2.0)^2 + \pi(3.0)^2$

$= \mathbf{99.6\,cm^2}$

*[문제 26] 곡물 저장소는 각뿔대 모양이다. 아랫면과 윗면은 각각 한 변이 8.0 m와 4.6 m인 정사각형이고, 높이는 3.6 m이다. 이 각뿔대의 부피를 구하라.

각뿔대는 완전한 각뿔로 그 모양은 [그림 28-23(a)]와 같다. 그리고 밑면에서 꼭짓점에 이르는 수직 단면은 [그림 28-23(b)]와 같다.

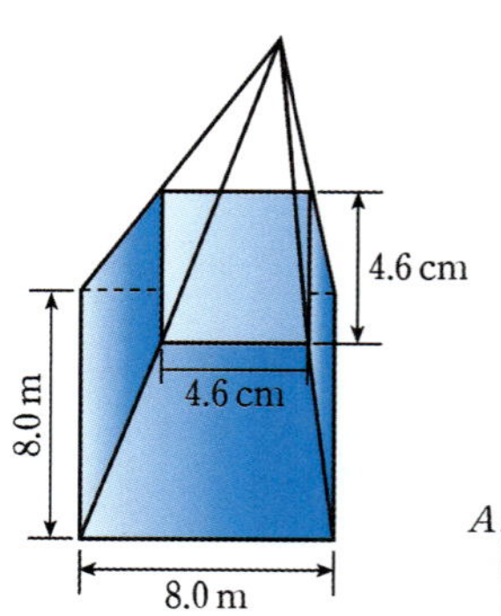

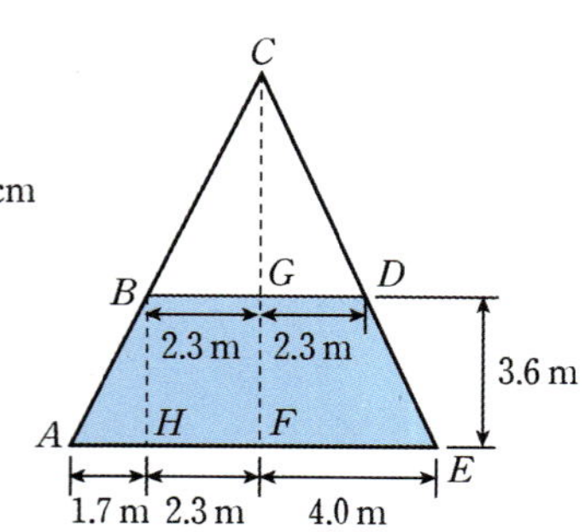

[그림 28-23]

닮은 삼각형에 의해 $\dfrac{CG}{BG} = \dfrac{BH}{AH}$이고, 따라서 높이는 다음과 같다.

$$CG = BG\left(\frac{BH}{AH}\right) = \frac{(2.3)(3.6)}{1.7} = 4.87\,\text{m}$$

그러므로 다음과 같이 구한다.

$$\text{완전한 사각뿔의 높이} = 3.6 + 4.87 = 8.47\,\text{m}$$

그러므로 두 사각뿔의 부피는 다음과 같다.

$$\text{큰 사각뿔의 부피} = \frac{1}{3}(8.0)^2(8.47) = 180.69\,\text{m}^3$$

$$\text{잘려나간 작은 사각뿔의 부피} = \frac{1}{3}(4.6)^2(4.87) = 34.35\,\text{m}^3$$

따라서 곡물 저장소의 부피는 다음과 같다.

$$\textbf{곡물 저장소의 부피} = 180.69 - 34.35 = \mathbf{146.3\,m^3}$$

*[문제 27] [문제 26]에서 곡물 저장소의 측면 겉넓이를 구하라.

곡물 저장소의 측면 겉넓이는 네 개의 동일한 사다리꼴로 구성된다. 이 모양은 [그림 28-24]와 같다.

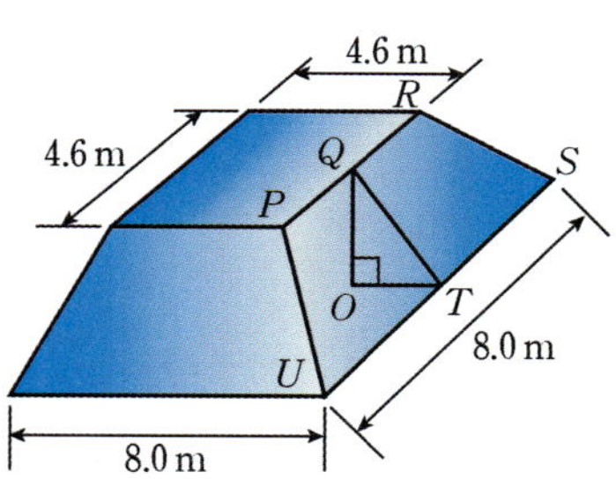

[그림 28-24]

사다리꼴 $PRSU$의 넓이 $= \dfrac{1}{2}(PR + SU)(QT)$이고, $OT = 1.7\,\text{m}$([그림 28-23(b)]에서 AH와 동일함), $OQ = 3.6\,\text{m}$이다. 따라서 피타고라스 정리에 의해 다음과 같다.

$$QT = \sqrt{OQ^2 + OT^2}$$

$$= \sqrt{3.6^2 + 1.7^2} = 3.98\,\text{m}$$

따라서 사다리꼴 $PRSU$의 넓이는 다음과 같다.

사다리꼴 $PRSU$의 넓이

$$= \frac{1}{2}(4.6 + 8.0)(3.98) = 25.07\,\text{m}^2$$

저장소의 측면 겉넓이는 다음과 같다.

저장소의 측면 겉넓이 $= 4(25.07)$

$= \mathbf{100.3\,m^2}$

* **[문제 28]** 램프의 갓은 원뿔대 모양이다. 갓의 수직 높이는 25.0 cm이고, 두 면의 지름은 각각 20.0 cm와 10.0 cm이다. 램프의 갓을 만들기 위해 필요한 천의 넓이를 유효숫자 3자리로 보정하여 구하라.

공식에 의해 원뿔대의 곡면 겉넓이 $= \pi l(R+r)$이다. 두 면의 지름이 각각 20.0 cm와 10.0 cm이므로 [그림 28-25]로부터 $r = 5.0\,\text{cm}$, $R = 10.0\,\text{cm}$가 된다.

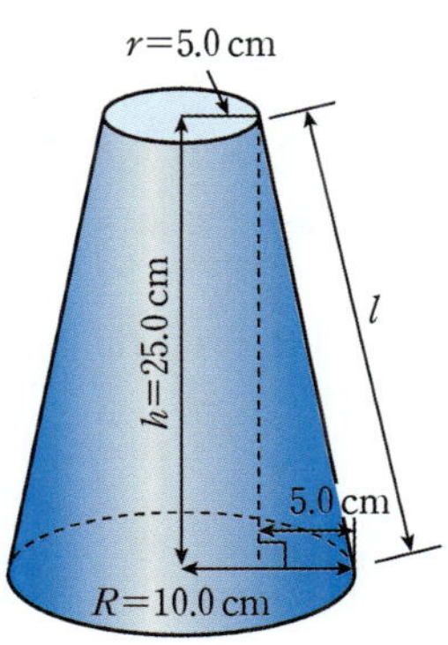

[그림 28-25]

또 피타고라스 정리로부터 $l = \sqrt{25.0^2 + 5.0^2} = 25.50\,\text{cm}$이다. 그러므로 곡면 넓이는 다음과 같다.

$$\text{곡면 넓이} = \pi(25.50)(10.0 + 5.0) = 1201.7\,\text{cm}^2$$

즉 램프의 갓을 만들기 위해 필요한 천의 넓이는 유효숫자 3자리로 보정하여 **1200 cm²**이다.

* **[문제 29]** 냉각탑은 [그림 28-26]과 같은 원기둥 위에 원뿔대를 놓은 모양이다. 이 공간의 40%가 관과 다른 구조물을 위해 사용될 때, 탑의 단열 공기층의 부피를 구하라.

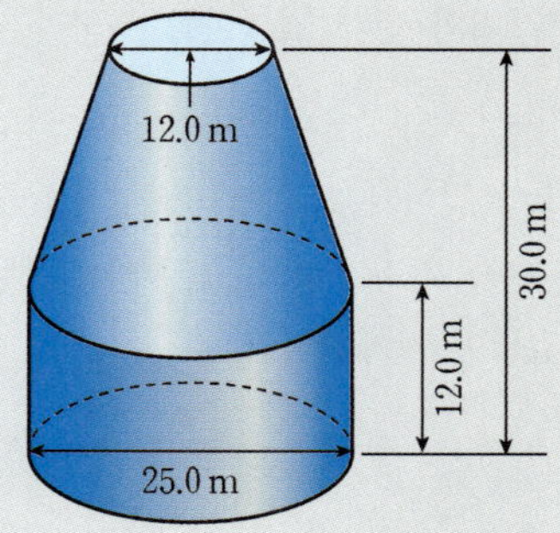

[그림 28-26]

$$\text{원기둥 부분의 부피} = \pi r^2 h$$

$$= \pi\left(\frac{25.0}{2}\right)^2(12.0)$$

$$= 5890\,\text{m}^3$$

$$\text{원뿔대의 부피} = \frac{1}{3}\pi h(R^2 + Rr + r^2)$$

여기서 $h = 30.0 - 12.0 = 18.0\,\text{m}$, $R = 25.0 \div 2 = 12.5\,\text{m}$, $r = 12.0 \div 2 = 6.0\,\text{m}$이다. 그러므로 다음과 같이 구한다.

원뿔대의 부피

$$= \frac{1}{3}\pi(18.0)[(12.5)^2 + (12.5)(6.0) + (6.0)^2]$$

$$= 5038\,\text{m}^3$$

따라서 냉각탑의 전체 부피는 다음과 같다.

$$\text{냉각탑의 전체 부피} = 5890 + 5038 = 10928\,\text{m}^3$$

40%의 공간이 사용 중이므로 단열 공기층의 부피는 다음과 같다.

공기층의 부피 $= 0.6 \times 10928 = \mathbf{6557\,m^3}$

◆ 이제 다음 연습문제를 풀어보자.

[연습문제 142] 사각뿔 및 원뿔 절두체의 부피와 겉넓이

*1 종이 누르개의 모양이 원뿔대 모양이다. 이 누르개의 면의 반지름은 각각 2.0cm, 4.0cm이고 절두체의 두께는 5.0cm일 때, 부피와 전체 겉넓이를 구하라.

*2 나무로 된 사각뿔의 절두체는 정사각형 면들을 가지며, 정사각형들은 변의 길이가 각각 9.0cm, 5.0cm이다. 면들 사이의 수직 거리가 8.0cm일 때, 절두체의 부피와 전체 겉넓이를 계산하라.

*3 냉각탑은 원뿔대 모양이고, 밑면 지름은 32.0m, 윗면 지름은 14.0m, 높이는 24.0m이다. 냉각탑의 부피와 곡면의 넓이를 계산하라.

*4 진동판 확성기는 원뿔대 모양이고, 면들의 지름은 각각 28.0cm와 6.00cm, 면들 사이의 수직 거리는 30.0cm이다. 이 확성기의 곡면을 감싸기 위한 천의 넓이를 구하라.

*5 치수가 4.3cm×7.2cm×12.4cm인 직사각기둥의 금속이 용해되어 정사각뿔의 절두체로 다시 만들어지며, 이 과정에서 10%의 금속이 손실된다. 절두체의 면이 각각 3cm와 8cm인 정사각형일 때, 절두체의 두께를 구하라.

*6 양동이 측면의 변의 길이가 36.0cm이고, 두 면의 지름이 55.0cm와 35.0cm인 거꾸로 된 원뿔대로 구성되어 있다. 이 양동이의 부피와 전체 겉넓이를 구하라.

*7 지름이 2.0m이고 높이가 3.0m인 원기둥 모양의 탱크가, 동일한 용량의 원뿔대 모양으로 대체된다. 원추대의 면의 지름이 각각 1.0m와 2.0m일 때, 높이를 구하라.

*8 콘크리트 기둥은 두 부분으로 만들어진다. 윗부분은 반지름이 125mm, 높이가 750mm인 원기둥이고, 아랫부분은 밑면의 반지름이 300mm, 윗면의 반지름이 125mm, 높이가 240mm인 원뿔대이다. 이 기둥의 부피를 [cm^3] 단위와 [m^3] 단위로 각각 유효숫자 4자리로 보정하여 구하라.

28.6 닮은꼴의 부피

[그림 28-27]의 두 개의 정육면체에서 한 육면체의 각 변은 다른 육면체의 각 변이 세 배이다.

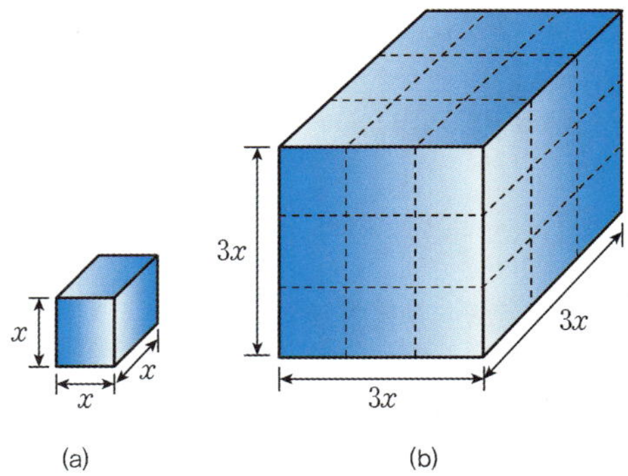

[그림 28-27]

[그림 28-27(a)]의 부피 $=(x)(x)(x)=x^3$

[그림 28-27(b)]의 부피 $=(3x)(3x)(3x)=27x^3$

그러므로 [그림 28-27(b)]는 [그림 28-27(a)] 부피의 $(3)^3$배, 즉 27배의 부피를 갖는다. 요약하면, **닮은 입체의 부피는 대응하는 변들의 길이 세제곱에 비례한다.**

*[문제 30] 자동차의 질량이 1000kg이다. 이 자동차의 모형은 1대 50의 척도로 만들어졌다. 자동차와 모형이 동일한 재질로 만들어질 때, 모형의 질량을 구하라.

닮은 입체의 부피는 대응하는 차원의 세제곱에 비례하므로 다음과 같다.

$$\frac{\text{모형의 부피}}{\text{자동차의 부피}}=\left(\frac{1}{50}\right)^3$$

질량 = 밀도 × 부피이고, 자동차와 모형이 동일한 재질로 만들어졌으므로 다음과 같다.

$$\frac{\text{모형의 질량}}{\text{자동차의 질량}}=\left(\frac{1}{50}\right)^3$$

그러므로 모형의 질량은 다음과 같다.

$$\text{모형의 질량}=(\text{자동차의 질량})\left(\frac{1}{50}\right)^3$$

$$=\frac{1000}{50^3}=0.008\,\text{kg} \quad \text{또는}\ 8\,\text{g}$$

◆ 이제 다음 연습문제를 풀어보자.

[연습문제 143] 닮은꼴의 부피

*1 구 모양의 베어링 두 개의 비율이 2:5이다. 이들의 부피의 비율을 구하라.

*2 한 공학 성분의 질량이 400g이다. 이것의 각 치수가 30% 감소될 때, 새로운 성분의 질량을 구하라.

[연습문제 144] 기본적인 입체도형의 부피와 겉넓이에 대한 선다형 문제

※ 각 문제의 정답은 한 개이다.

1 길이 1.5m, 폭 60cm, 높이 300mm인 물탱크가 있다. 1리터 = 1000cm^{3}일 때 물탱크의 용량은 얼마인가?

(a) 27리터 (b) 2.7리터
(c) 2700리터 (d) 270리터

2 속이 빈 축의 외부 지름은 6.0cm, 내부 지름은 4.0cm이다. 이 축의 단면적은 얼마인가?

(a) 6283mm^2 (b) 1257mm^2
(c) 1571mm^2 (d) 628mm^2

3 지름이 40mm인 구의 겉넓이는 얼마인가?

(a) 50.27cm^2 (b) 33.51cm^2
(c) 268.08cm^2 (d) 201.06cm^2

4 길이가 20cm이고 지름이 6cm인 원기둥의 겉넓이는 얼마인가?

(a) 56.55cm^2 (b) 433.54cm^2
(c) 980.18cm^2 (d) 226.19cm^2

5 모서리의 길이가 d인 정육면체의 겉넓이는 얼마인가?

(a) $7d^2$ (b) $5d^2$
(c) $6d^2$ (d) $4d^2$

6 지름이 6.0cm인 반구의 겉넓이는 얼마인가?

(a) 84.82cm^2 (b) 339.3cm^2
(c) 226.2cm^2 (d) 56.55cm^2

7 원기둥 모양 동 파이프는 길이가 1.8m, 외부 지름이 300mm, 내부 지름이 180mm이다. 파이프 안에 들어 있는 동의 부피는 [m^3] 단위로 얼마인가?

(a) 0.3257m^3 (b) 0.0814m^3
(c) 8.143m^3 (d) 814.3m^3

8 밑면의 반지름과 높이가 동일한 원기둥과 원뿔의 부피에 대한 비율은 무엇인가?

(a) 3:2 (b) 2:1
(c) 3:1 (d) 2:3

9 부피가 27cm^{3}인 정육면체의 한 모서리의 길이는 얼마인가?

(a) 2.25cm (b) 6.25cm
(c) 9cm (d) 3cm

10 무게가 2000kg인 자동차의 모형을 1:100의 축척으로 제작한다. 자동차와 모형을 동일한 재질로 만든다고 할 때, 모형의 무게는 얼마인가?

(a) 2g (b) 20kg
(c) 200g (d) 20g

Chapter 29

불규칙한 넓이와 부피, 평균값

Irregular areas and volumes and mean values

불규칙한 넓이와 부피, 평균값을 이해하는 것이 왜 중요할까?

측량사, 농부, 조경사들은 토지를 제대로 경작하기 위해 불규칙하게 만들어진 땅의 넓이를 구해야 할 경우가 있다. 불규칙한 모양의 넓이, 입체의 부피, 그리고 불규칙한 모양의 곡선의 길이를 구하는 것은, 상업, 경제학, 자연과학과 모든 형태의 공학 등에서 많이 응용되고 있다. 대표적인 토공 작업으로는 도로, 철로 침목, 둑길, 댐, 운하 등이 있으며, 보편적인 다른 토공 작업으로 부지의 지형을 변경하거나 경사면을 편평하게 하기 위한 경사 완화 작업이 있다. 공학자들은 (토양비중 또는 토양강도와 같은) 지질공학의 쟁점에 관심을 가질 필요가 있으며, 또한 이동거리를 최소화하는 동시에 깎아낸 토양의 부피가 매립지의 부피와 일치하는지 확인하기 위한 수량 적산에도 관심을 가져야 한다. 심프슨의 법칙Simpson's rule은 과학적인 데이터 분석과 공학의 주요 산물이다. 예를 들어, 조선 기사들은 심프슨의 법칙을 선박 또는 구명정의 부피와 무게를 결정하기 위해 선체 구조와 단면적을 측정하는 데 광범위하게 이용하고 있다. 따라서 공학자가 불규칙적인 넓이와 부피를 결정해야 하는 사례가 많이 있다.

학습포인트

- 불규칙한 넓이를 구하기 위해 사다리꼴 법칙을 이용한다.
- 불규칙한 넓이를 구하기 위해 중점법칙을 이용한다.
- 불규칙한 넓이를 구하기 위해 심프슨의 법칙을 이용한다.
- 불규칙한 입체의 부피를 추정한다.
- 파형의 평균값을 결정한다.

29.1 불규칙한 도형의 넓이

불규칙한 평면의 표면적은 다음과 같은 근사방법을 이용해 대략적으로 구할 수 있다.

❶ 면적계
❷ 사다리꼴 법칙
❸ 중점법칙
❹ 심프슨의 법칙

이러한 방법은 증기 기관의 지압선도 넓이를 추정하는 기술자, 한 구획의 토지 넓이를 추정하는 측량기사, 수선 면적이나 배의 횡단면 넓이를 추정하는 조선 기사들이 사용한다.

❶ 면적계planimeter

면적계는 불규칙한 곡선으로 둘러싸인 작은 넓이를 직접 측정하는 도구이다. 면적계의 종류는 다양하지만 작동원리는 비슷하다. 면적계의 바늘은 도형의 경계를 추적하는 데 사용된다. 이러한 방법으로 계측기의 다른 부분에서 움직임을 유도하고, 이를 기록함으로써 도형의 넓이를 계산할 수 있다.

❷ 사다리꼴 법칙trapezoidal rule

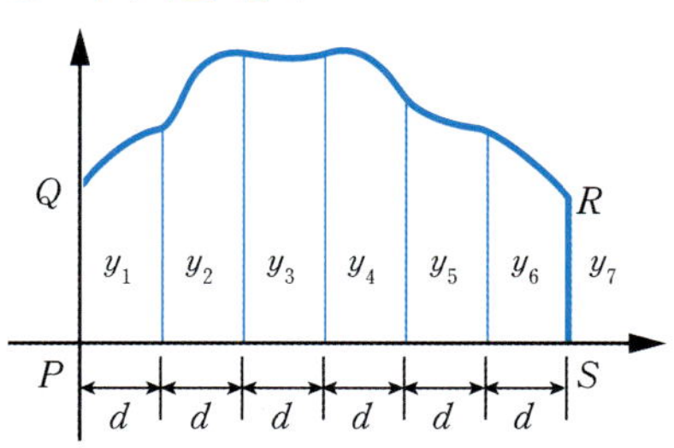

[그림 29-1]

[그림 29-1]에서 $PQRS$의 넓이를 다음과 같이 구할 수 있다.

① 밑변 PS를 너비 d인 등간격의 구간으로 분할한다. 이때 구간 수는 임의로 정한다(구간 수가 많을수록 정확도가 커진다).

② 수직좌표 y_1, y_2, y_3 등을 정확하게 측정한다.

③ $PQRS$의 넓이 $= d\left[\dfrac{y_1+y_7}{2}+y_2+y_3+y_4+y_5+y_6\right]$ 이다.

일반적으로, 사다리꼴 법칙은 다음을 말한다.

$$\textbf{넓이} \approx (\textbf{구간의 길이})\left[\frac{1}{2}(\textbf{첫 번째 수직좌표} + \textbf{마지막 수직좌표}) + (\textbf{나머지 좌표의 합})\right]$$

❸ 중점법칙mid_ordinate rule

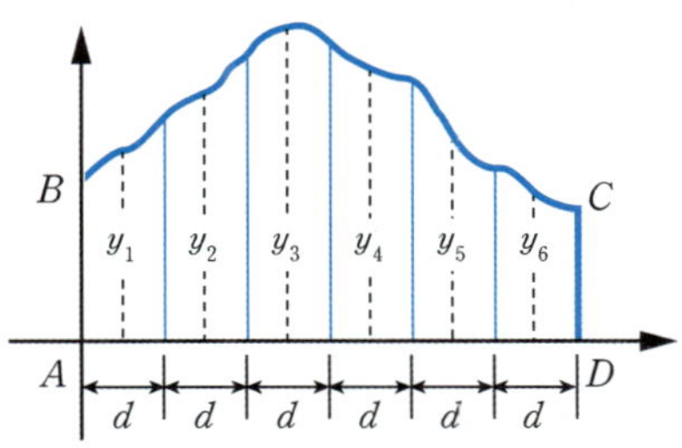

[그림 29-2]

[그림 29-2]의 넓이 $ABCD$를 다음과 같이 구할 수 있다.

① 밑변 AD를 너비 d인 등간격의 구간으로 분할한다. 이때 구간 수는 임의로 정한다(구간 수가 많을수록 정확도가 커진다).

② [그림 29-2]의 점선과 같이 각 구간의 중점에서 수직좌표를 세운다.

③ 수직좌표 y_1, y_2, y_3 등을 정확하게 측정한다.

④ $ABCD$의 넓이 $= d(y_1+y_2+y_3+y_4+y_5+y_6)$이다.

일반적으로 중점법칙은 다음을 말한다.

넓이 ≈ (구간의 길이)(중점의 수직좌표들의 합)

❹ 심프슨의 법칙Simpson' rule

[그림 29-1]의 넓이 $PQRS$를 다음과 같이 구할 수 있다.

① 밑변 PS를 너비 d인 등간격의 구간으로 분할한다. 이때 구간 수는 임의로 정한다(구간 수가 많을수록 정확도가 커진다).

② 수직좌표 y_1, y_2, y_3 등을 정확하게 측정한다.

③ $PQRS$의 넓이

$= \dfrac{d}{3}[(y_1+y_7)+4(y_2+y_4+y_6)+2(y_3+y_5)]$이다.

일반적으로 심프슨의 법칙은 다음을 말한다.

$$\textbf{넓이} \approx \frac{1}{3}(\textbf{구간의 길이})\left[\begin{pmatrix}\textbf{첫 번째 수직좌표}\\ +\textbf{마지막 수직좌표}\end{pmatrix} + 4(\textbf{짝수 번째 수직좌표의 합}) + 2(\textbf{나머지 홀수 번째 수직좌표의 합})\right]$$

*심프슨은 누구?

토마스 심프슨(Thomas Simpson FRS, 1710. 8. 20 ~ 1761. 5. 14)은 근사 정적분으로 심프슨의 법칙을 발명한 영국의 수학자이다. 보다 자세한 정보는 www.routledge.com/cw/bird에서 찾을 수 있다.

29.1.1 근사 방법의 정확도

기울기가 증가하는 함수에 대해 사다리꼴 법칙은 과대 추정하는 경향을 보이고, 중점법칙은 과소 추정(그러나 절반만큼)하는 경향을 보인다. 두 법칙을 적절하게 조합한 심프슨의 법칙은 오차항을 제거하여 3차까지 완전하게 모델화 하는 규칙을 제공하며, 좀 더 복잡한 함수에 대해 비교적 오차가 더 작다.

일반적으로 동일한 개수의 조각에 대해 심프슨의 법칙은 세 가지 수치적인 근사 방법 중에서 가장 정확한 것으로 간주된다.

*[문제 1] 자동차가 휴게소에서 출발하여 6초 동안 매 초마다 측정된다.

시간 t[s]	0	1	2	3	4	5	6
속력 v[m/s]	0	2.5	5.5	8.75	12.5	17.5	24.0

6초 동안 움직인 거리(즉, v/t 그래프 아래의 넓이)를 다음과 같은 방법으로 구하라.

(a) 사다리꼴 법칙 (b) 중점법칙

(c) 심프슨의 법칙

속력/시간의 그래프는 [그림 29-3]과 같다.

(a) **사다리꼴 법칙**

시간축은 너비가 1초인 6개의 띠로 나누어지며, 수직좌표의 길이는 그림과 같이 구해져 있다. 따라서 넓이는 다음과 같다.

$$\text{넓이} \approx (1)\left[\left(\frac{0+24.0}{2}\right)+2.5+5.5+8.75+12.5+17.5\right]$$

$$= 58.75\,\text{m}$$

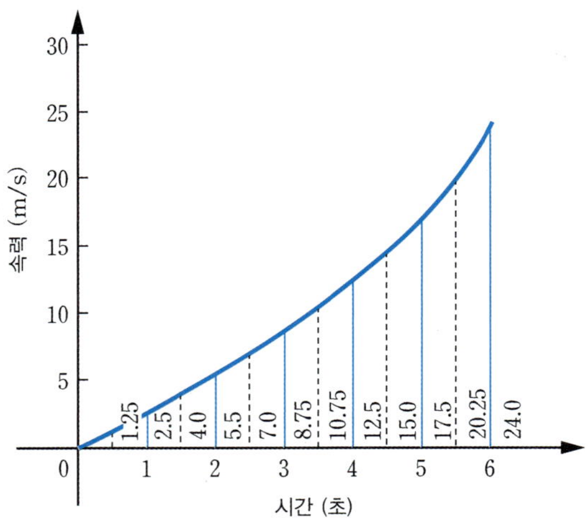

[그림 29-3]

(b) **중점법칙**

시간축은 너비가 1초인 6개의 띠로 나누어진다. 중점 수직좌표는 [그림 29-3]과 같이 점선으로 세워져 있다. 각 수직좌표의 길이는 그림과 같이 구해져 있다. 따라서 넓이는 다음과 같다.

$$\text{넓이} \approx (1)[1.25+4.0+7.0+10.75+15.0+20.25]$$

$$= 58.25\,\text{m}$$

(c) **심프슨의 법칙**

시간축은 너비가 1초인 6개의 띠로 나누어지며, 수직좌표의 길이는 그림과 같이 구해져 있다. 따라서 넓이는 다음과 같다.

$$\text{넓이} \approx \frac{1}{3}(1)\,[(0+24.0)+4(2.5+8.75+17.5)$$

$$+2(5.5+12.5)] = 58.33\,\text{m}$$

*[문제 2] 폭이 15 m인 강이 있다. 강을 가로질러 3 m의 등간격으로 수심이 측정되었으며, 이는 다음과 같다.

깊이[m]	0	2.2	3.3	4.5	4.2	2.4	0

이 점에서 물의 흐름에 대한 단면적을 심프슨의 법칙을 이용하여 계산하라.

앞의 ❹로부터 다음과 같이 구할 수 있다.

$$\text{넓이} \approx \frac{1}{3}(3)\,[(0+0)+4(2.2+4.5+2.4)+2(3.3+4.2)]$$

$$= (1)[0+36.4+15] = 51.4\,\text{m}^2$$

◆ **이제 다음 연습문제를 풀어보자.**

[연습문제 145] 불규칙한 도형의 넓이

1 $y=3x-x^2$의 그래프를, $x=0$에서 $x=3$까지 y의 값에 대한 표를 완성하여 그려라. 곡선, x축, 수직선 $x=0$과 $x=3$으로 둘러싸인 넓이를 다음 방법들로 구하라.

(a) 사다리꼴 법칙 (b) 중점법칙

(c) 심프슨의 법칙

2 $x=0$과 $x=4$ 사이에서 $y=2x^2+3$의 그래프를 그려라. 곡선과 수직선 $x=0$, $x=4$, x축으로 둘러싸인 넓이를 근사방법으로 추정하라.

*3 다음은 자동차의 속도를 1초 간격으로 측정한 표이다.

시간 t[s]	0	1	2	3	4	5	6
속력 v[m/s]	0	2.0	4.5	8.0	14.0	21.0	29.0

심프슨의 법칙을 이용하여 6초 동안 움직인 거리(즉, v/t 그래프 아래의 넓이)를 구하라.

*4 땅 덩어리 모양이 [그림 29-4]와 같다. 이 땅의 넓이를 추정하기 위해, 측량사는 50m 간격으로 그림과 같이 세로 길이를 측정하였다. 여기서 치수는 [m] 단위이다. 이 땅의 넓이를 [ha] 단위로 추정하라 ($1\,\text{ha} = 10^4\,\text{m}^2$).

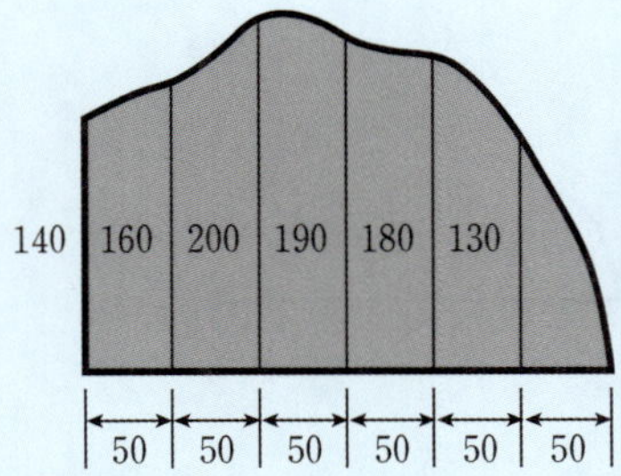

[그림 29-4]

*5 배의 갑판은 35m 길이이다. 5m인 등간격의 구간에서 너비가 다음 표와 같다.

너비 [m]	0	2.8	5.2	6.5	5.8	4.1	3.0	2.3

갑판의 넓이를 추정하라.

29.2 불규칙한 입체도형의 부피

[그림 29-5]와 같이 너비 d인 등간격의 구간에서 두 평면으로 둘러싸인 불규칙한 입체의 단면적 A_1, A_2, A_3, …를 안다면, 심프슨의 법칙으로 다음과 같이 **부피** V를 구할 수 있다.

$$V \approx \frac{d}{3}[(A_1 + A_7) + 4(A_2 + A_4 + A_6) + 2(A_3 + A_5)]$$

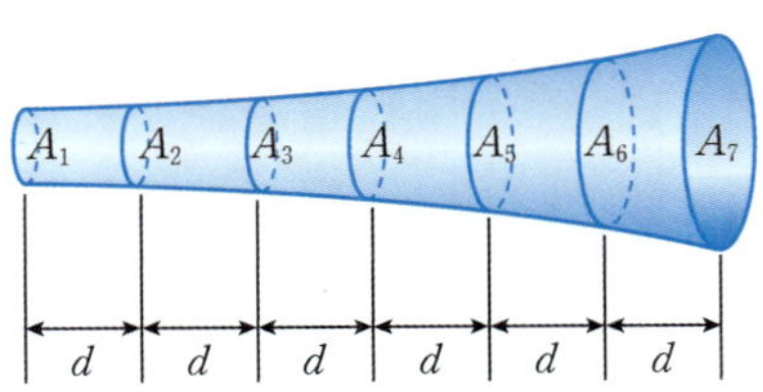

[그림 29-5]

*[문제 3] 나무 상자의 길이는 12m이고, 다양한 단면을 갖는다. 한쪽 면에서 2m 간격으로 측정된 단면적이 다음과 같다.

0.52, 0.55, 0.59, 0.63, 0.72, 0.84, $0.97\,\text{m}^2$

이 나무 상자의 부피를 추정하라.

나무 상자의 그림은 [그림 29-5]와 비슷하다. 여기서 $d = 2\,\text{m}$, $A_1 = 0.52\,\text{m}^2$, $A_2 = 0.55\,\text{m}^2$ 등이다. 심프슨 법칙을 이용하여 부피를 다음과 같이 구할 수 있다.

부피

$$\approx \frac{2}{3}[(0.52 + 0.97) + 4(0.55 + 0.63 + 0.84) + 2(0.59 + 0.72)]$$

$$= \frac{2}{3}[1.49 + 8.08 + 2.62] = \mathbf{8.13\,m^3}$$

*[문제 4] 저수지의 수평 단면 7곳의 넓이가 10m 간격으로 다음과 같이 측정되었다.

210, 250, 320, 350, 290, 230, $170\,\text{m}^2$

저수지의 용량을 [리터] 단위로 계산하라.

심프슨 법칙을 이용하여 부피를 다음과 같이 구할 수 있다.

부피

$$\approx \frac{10}{3}[(210 + 170) + 4(250 + 350 + 230) + 2(320 + 290)]$$

$$= \frac{10}{3}[380 + 3320 + 1220] = 16400\,\text{m}^3$$

$16400\,\text{m}^3 = 16400 \times 10^6\,\text{cm}^3$이고, 1리터 $= 1000\,\text{cm}^3$이므로 용량은 다음과 같다.

$$\text{저수지의 용량} = \frac{16400 \times 10^6}{1000}\ \text{리터}$$

$$= 16400000 = \mathbf{16.4 \times 10^6}\ \textbf{리터}$$

◆ **이제 다음 연습문제를 풀어보자.**

[연습문제 146] 불규칙한 입체의 부피

*1 작은 배의 수중 형태를 동일한 간격으로 절단한 단면의 넓이가 다음과 같다.

1.76, 2.78, 3.10, 3.12, 2.61, 1.24, $0.85\,\text{m}^2$

이 단면들이 3m 간격일 때, 수중 부피를 구하라.

*2 수로를 건설하기 위해 파낸 흙의 양을 추정하려고 한다. 땅을 8m 간격으로 절단한 넓이가 다음과 같이 추정된다.

$$0,\ 2.8,\ 3.7,\ 4.5,\ 4.1,\ 2.6,\ 0\,\text{m}^3$$

출토된 흙의 부피를 추정하라.

*3 길이가 12m인 목재를 2m 간격으로 절단한 원형 절단면의 둘레를 측정한 결과가 다음과 같다. 이 목재의 부피를 [m^3] 단위로 추정하라.

한 면으로부터의 거리 [m]	0	2	4	6	8	10	12
둘레[m]	2.80	3.25	3.94	4.32	5.16	5.82	6.36

29.3 파형의 평균값

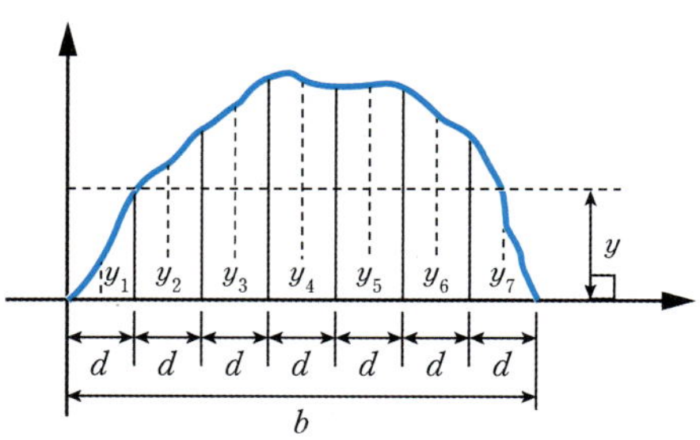

[그림 29-6]

[그림 29-6]에서 파형의 평균값 y는 다음과 같다.

$$y = \frac{\text{곡선 아래 넓이}}{\text{밑변의 길이 } b}$$

곡선 아래의 넓이를 구하기 위해 중점법칙을 사용하면 다음과 같다.

$$y \approx \frac{\text{중점의 수직좌표의 합}}{\text{중점의 수직좌표 수}}$$

$$\left(= \frac{y_1 + y_2 + y_3 + y_4 + y_5 + y_6 + y_7}{7}\right) \quad \text{[그림 29-6]에 대해}$$

사인파에 대해, 평균값은 다음과 같다.

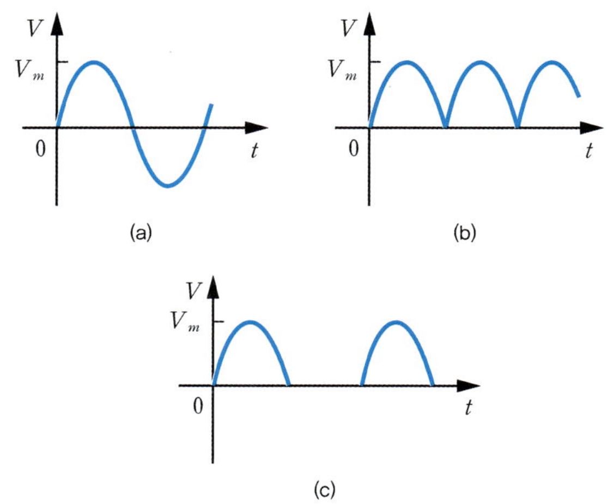

[그림 29-7]

- 완전한 1사이클에 대해 **0**이다([그림 29-7(a)] 참조).
- $\frac{1}{2}$사이클에 대해 **0.637×최댓값** 또는 $\frac{2}{\pi}$**×최댓값**이다.
- 정류전파에 대해 **0.637×최댓값**이다([그림 29-7(b)] 참조).
- 정류반파에 대해 **0.318×최댓값** 또는 $\frac{1}{\pi}$**×최댓값**이다([그림 29-7(c)] 참조).

*[문제 5] [그림 29-8]의 주기 파형의 $\frac{1}{2}$사이클에서 평균값을 구하라.

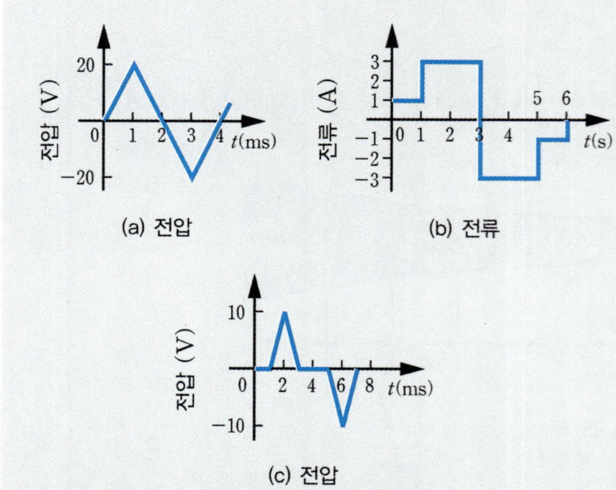

[그림 29-8]

(a) $\frac{1}{2}$ 사이클에 대한 삼각파 (a)의 아래 넓이는 다음과 같다.

$$넓이 = \frac{1}{2}(밑변)(수직\ 높이)$$

$$= \frac{1}{2}(2\times10^{-3})(20) = 20\times10^{-3}\,\text{Vs}$$

$$\textbf{파형의 평균값} = \frac{곡선\ 아래\ 넓이}{밑변의\ 길이}$$

$$= \frac{20\times10^{-3}\,\text{Vs}}{2\times10^{-3}\,\text{s}} = \mathbf{10\,V}$$

(b) $\frac{1}{2}$ 사이클에 대한 파형 (b) 아래의 넓이

$$= (1\times1)+(3\times2) = 7\,\text{As}$$

$$\textbf{파형의 평균값} = \frac{곡선\ 아래\ 넓이}{밑변의\ 길이} = \frac{7\,\text{As}}{3\,\text{s}} = \mathbf{2.33\,A}$$

(c) 전압 파형 (c)의 $\frac{1}{2}$ 사이클은 4ms에서 완성된다.

$$곡선\ 아래\ 넓이 = \frac{1}{2}\{(3-1)10^{-3}\}(10) = 10\times10^{-3}\,\text{Vs}$$

$$\textbf{파형의 평균값} = \frac{곡선\ 아래\ 넓이}{밑변의\ 길이}$$

$$= \frac{10\times10^{-3}\,\text{Vs}}{4\times10^{-3}\,\text{s}} = \mathbf{2.5\,V}$$

*[문제 6] [그림 29-9]의 각 주기 파형의 완전한 1사이클에 대한 전류의 평균값을 구하라.

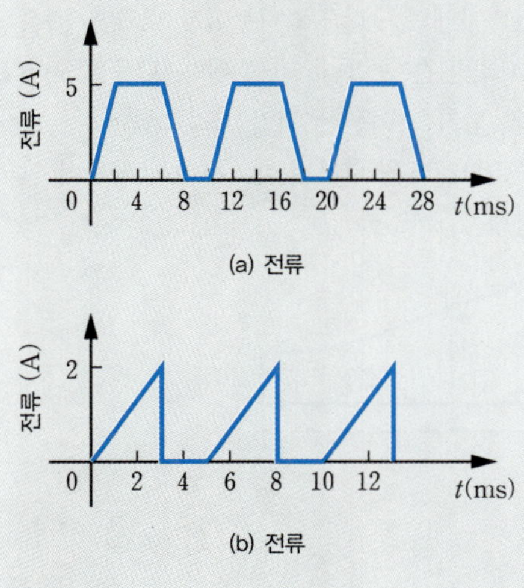

[그림 29-9]

(a) 사다리꼴 파형 (a)의 1사이클은 10ms(즉, 주기 시간이 10ms)에서 완성된다.

$$곡선\ 아래\ 넓이 = 사다리꼴의\ 넓이$$

$$= \frac{1}{2}(평행한\ 변의\ 합)(평행한\ 변\ 사이\ 수직\ 거리)$$

$$= \frac{1}{2}\{(4+8)\times10^{-3}\}(5\times10^{-3})$$

$$= 30\times10^{-6}\,\text{As}$$

$$\textbf{1회전에서의 평균} = \frac{곡선\ 아래\ 넓이}{밑변의\ 길이}$$

$$= \frac{30\times10^{-6}\,\text{As}}{10\times10^{-3}\,\text{s}} = \mathbf{3\,mA}$$

(b) 톱니파형 (b)의 1사이클은 5ms에서 완성된다.

$$곡선\ 아래\ 넓이 = \frac{1}{2}(3\times10^{-3})(2)$$

$$= 3\times10^{3}\,\text{As}$$

$$\textbf{1회전에서 평균값} = \frac{곡선\ 아래\ 넓이}{밑변의\ 길이}$$

$$= \frac{3\times10^{3}\,\text{As}}{5\times10^{-3}\,\text{s}} = \mathbf{0.6\,A}$$

*[문제 7] 6시간 동안 제조 공정에서 소비된 전력을 아래와 같이 1시간 간격으로 기록하였다.

시간 [h]	0	1	2	3	4	5	6
전력 [kW]	0	14	29	51	45	23	0

시간에 대한 전력의 그래프를 그리고, 중점법칙을 이용하여 다음을 구하라.

(a) 곡선 아래의 넓이　　(b) 전력의 평균값

전력/시간에 대한 그래프는 [그림 29-10]과 같다.

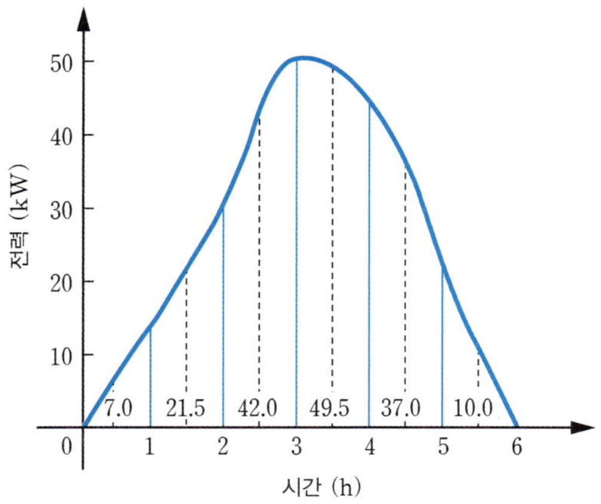

[그림 29-10]

(a) 시간축을 폭이 1인 6개의 구간으로 나눈다. [그림 29-10]과 같이 중점을 점선으로 표시하고, 그 높이를 측정한다. 이 값은 [그림 29-10]에 나타내었다.

곡선 아래 넓이

≈(구간의 길이)(중점의 수직좌표의 합)

=(1) [7.0+21.5+42.0+49.5+37.0+10.0]

=**167 kWh** (즉, 전력량)

(b) **파형의 평균값** $=\dfrac{\text{곡선 아래 넓이}}{\text{밑변의 길이}}$

$=\dfrac{167\,\text{kWh}}{6\,\text{h}}=\mathbf{27.83\,kW}$

다른 방법으로, 평균값은 다음과 같다.

$$\text{평균값}=\frac{\text{중점의 수직좌표의 합}}{\text{중점의 수직좌표의 개수}}$$

*[문제 8] [그림 29-11]은 전파 정류기의 정형파 출력 전압을 보인다. 구간이 6개인 중점법칙을 이용하여 평균 출력 전압을 구하라.

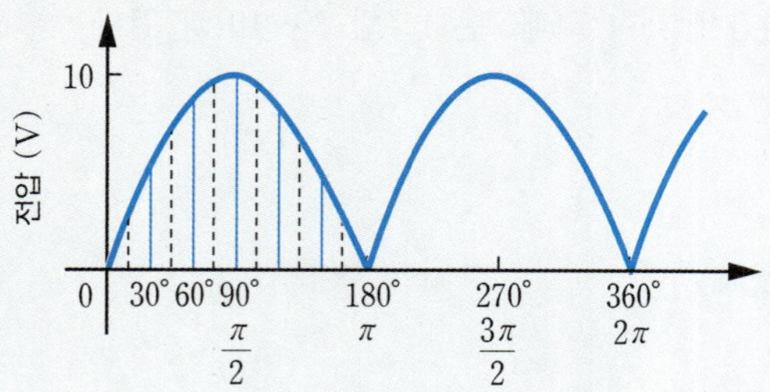

[그림 29-11]

1사이클의 출력 전압은 π라디안 또는 180°에서 완성된다. 밑변을 폭이 30°인 6개의 구간으로 나눈다. 각 구간에 대한 중점의 수직좌표는 15°, 45°, 75° 등에서 놓일 것이다.

15°에서 중점의 수직좌표의 높이는 $10\sin 15°=2.588\,\text{V}$이고, 45°에서 중점의 수직좌표의 높이는 $10\sin 45°=7.071\,\text{V}$이다. 이 결과는 아래 표와 같다.

중점의 수직좌표	중점의 수직좌표의 높이
15°	$10\sin 15°=2.588\,\text{V}$
45°	$10\sin 45°=7.071\,\text{V}$
75°	$10\sin 75°=9.659\,\text{V}$
105°	$10\sin 105°=9.659\,\text{V}$
135°	$10\sin 135°=7.071\,\text{V}$
165°	$10\sin 165°=2.588\,\text{V}$
중점의 수직좌표의 합=38.636 V	

출력 전압의 평균 $\approx\dfrac{\text{중점의 수직좌표의 합}}{\text{중점의 수직좌표의 개수}}$

$=\dfrac{38.636}{6}=\mathbf{6.439\,V}$

(구간의 개수가 많아질수록 좀 더 정확한 값이 얻어질 것이다.)

사인파에 대한 실제 평균값은 0.637×(최댓값)이고, 이 문제에서는 6.37 V이다.

*[문제 9] 증기 기관의 지압선도가 [그림 29-12]와 같다. 밑변은 등간격 6개의 구간으로 나누어져 있으며, 측정된 7개의 수직좌표의 길이는 [cm] 단위이다. 다음을 구하라.

(a) 심프슨의 법칙을 이용한 지압선도의 넓이

(b) 1 cm가 100 kPa을 나타낼 때, 주어진 실린더 안의 평균 압력

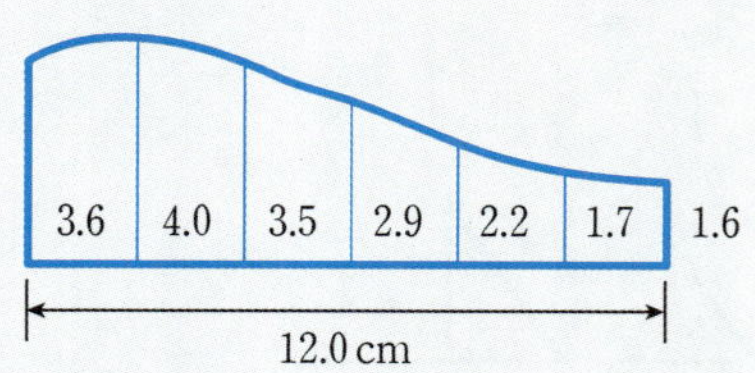

[그림 29-12]

(a) 각 구간의 너비는 $\frac{12.0}{6}$ cm이다. 심프슨의 법칙을 사용하여 다음과 같이 구한다.

넓이

$$\approx \frac{1}{3}(2.0)\,[(3.6+1.6)+4\,(4.0+2.9+1.7)+2\,(3.5+2.2)]$$

$$=\frac{2}{3}[5.2+34.4+11.4]=\mathbf{34\,cm^2}$$

(b) $수직좌표의\ 평균\ 높이 = \frac{지압선도의\ 넓이}{밑변의\ 길이}$

$$=\frac{34}{12}=2.83\,\text{cm}$$

1cm가 100kPa을 나타내므로 실린더 안의 평균 압력은 다음과 같다.

실린더 안의 평균 압력 $=2.83\,\text{cm}\times 100\,\text{kPa/cm}$

$= \mathbf{283\,kPa}$

◆ **이제 다음 연습문제를 풀어보자.**

[연습문제 147] 파형의 평균값

*1 [그림 29-13]의 주기 파형에 대해, $\frac{1}{2}$사이클에서의 평균값을 구하라.

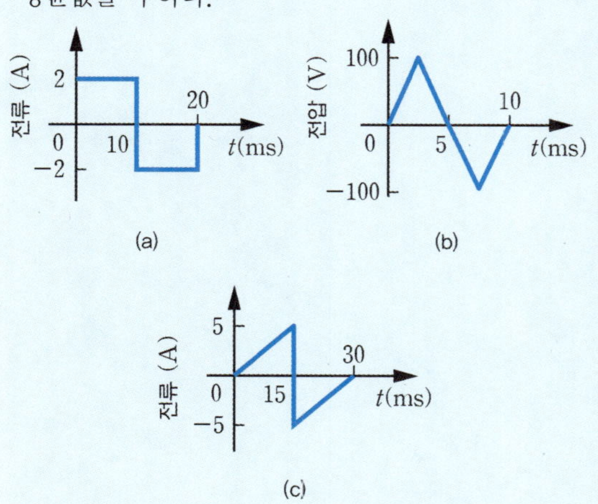

[그림 29-13]

*2 [그림 29-14]의 주기 파형에 대해, 완전한 1사이클에서의 평균값을 구하라.

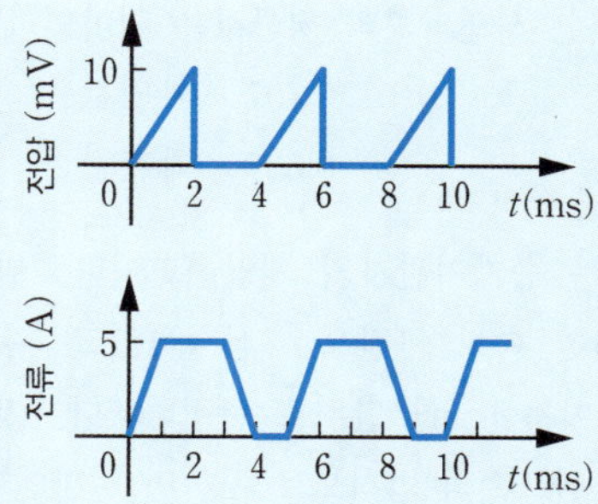

[그림 29-14]

*3 교류 전류 값을 다음과 같이 5ms 간격으로 기록하였다.

시간[ms]	0	5	10	15	20	25	30
전류[A]	0	0.9	2.6	4.9	5.8	3.5	0

시간에 대한 전류의 그래프를 그려라. 중점법칙을 이용하여 30ms 주기에서 곡선 아래의 넓이를 추정하고, 평균값을 구하라.

*4 근사방법을 이용하여 (a) $\frac{1}{2}$사이클일 때, (b) 완전한 1사이클일 때, 최댓값이 50V인 사인파의 평균값을 구하라.

*5 증기 기관의 지압선도의 길이가 12cm이다. 양 끝점을 포함하여 길이가 균등한 7개의 수직좌표가 다음과 같이 측정되었다.

5.90, 5.52, 4.22, 3.63, 3.32, 3.24, 3.16cm

1cm가 90kPa을 나타낼 때, 지압선도의 넓이와 실린더의 평균 압력을 구하라.

[연습문제 148] 불규칙한 넓이와 부피, 평균값에 대한 선다형 문제

※ 각 문제의 정답은 한 개이다.

1 자동차의 속력을 다음과 같이 1초 간격으로 기록하였다.

시간 t [s]	0	1	2	3	4	5	6
속력 v[A]	0	2.5	5.0	9.0	15.0	22.0	30.0

6s까지 움직인 거리(즉 v/t 그래프 아래의 넓이)를 사다리꼴 법칙으로 구하면 얼마인가?

(a) 83.5m (b) 68m (c) 68.5m (d) 204m

2 반 사이클에 대한 사인파형의 평균값은 얼마인가?

(a) 0.318 × 최댓값 (b) 0.707 × 최댓값

(c) 피크값 (d) 0.637 × 최댓값

3 [그림 29-15]는 증기기관차의 지압선도이다. 밑변은 6개의 동일한 속도 구간으로 분할하였고, 수직 좌표 7개의 길이는 [cm] 단위로 측정하였다. 지압선도의 넓이를 심프슨의 법칙으로 구하면 얼마인가?

(a) $17.9\,\text{cm}^2$ (b) 32cm^2

(c) $16\,\text{cm}^2$ (d) $96\,\text{cm}^2$

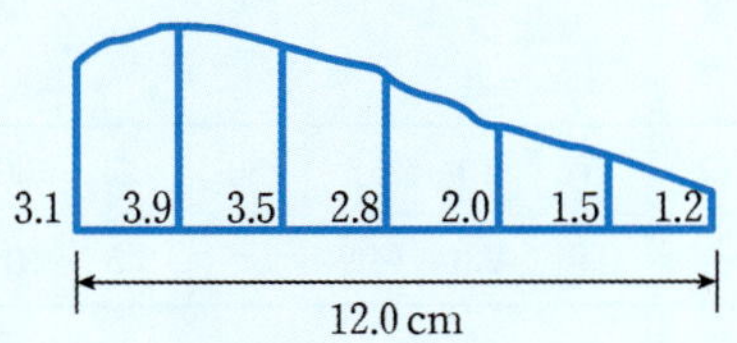

[그림 29-15]

4 반 사이클에서 사인파형의 평균값이 7.5V 이다. 사인파형의 피크값은 얼마인가?

(a) 15 V (b) 23.58 V

(c) 11.77 V (d) 10.61 V

5 9m 구간에서 7개의 저수지 수평 단면적이 다음과 같다.

70, 160, 210, 280, 250, 220, 170m^2

1리터가 1000cm^3일 때, 저수지의 용량은 얼마인가?

(a) 11.4×10^6 리터 (b) 34.2×10^6 리터

(c) 11.4×10^3 리터 (d) 32.4×10^3 리터

Chapter 30

벡터

Vectors

벡터를 이해하는 것이 왜 중요할까?

벡터는 자연과학, 수학, 공학에서 매우 중요한 언어이다. 이것은 다변수 미분적분학, 진동전류를 갖는 전기회로, 구조물 및 재료의 응력과 변형 정도, 대기와 유체의 흐름을 논의하는 데 사용되며, 그 외에도 많이 응용된다. 벡터를 성분으로 분해하는 것은, 벡터량을 가지고 하는 연산이나 벡터량에 대한 연산을 수행하기 위한 선행과정이다. 위치, 속도, 가속도, 힘, 운동량, 각운동량은 모두 벡터량이다. 따라서 벡터를 성분으로 분해하는 것은 모든 공학 연구에서 필요하며 가장 중요한 기술이다.

학습포인트

- 스칼라와 벡터를 구별한다.
- 벡터가 어떻게 표현되는지 인식한다.
- 머리와 꼬리 방법 nose-to-tail method을 이용하여 벡터를 더한다.
- 평행사변형 방법을 이용하여 벡터를 더한다.
- 벡터를 수평성분과 수직성분으로 분해한다.
- 벡터를 수평성분과 수직성분을 이용한 계산으로 더한다.
- 벡터의 뺄셈을 한다.
- 상대속도를 이해한다.
- i, j, k 표기법을 이해한다.

30.1 서론

이 장은 처음에 스칼라량과 벡터량 사이의 차이를 설명하고, 벡터가 어떻게 그려지고 표현되는지 보인다. 외력에 의해 작용하는 물체는 힘과 조화를 이루는 방향으로 이동하여 그 힘에 반응할 것이다. 그러나 두 개 이상의 힘이 동시에 작용한다면, 그 결과는 보다 예측하기가 어렵다. 그때는 두 개 이상의 벡터를 더하는 능력이 필요하다.

따라서 이 장에서는 그림을 그리는 방법과 계산을 하는 방법으로 벡터를 어떻게 더하고 빼는지 보인다. 그리고 두 개 이상의 벡터에 의한 결과가 공학에서 어떻게 많이 사용되는지 보인다(합성벡터는 개개의 벡터들과 동일한 효과를 갖는 단일 벡터를 의미한다). 상대속도와 벡터 i, j, k 표기법에 대해서도 간단히 설명한다.

30.2 스칼라와 벡터

물탱크를 채우는 데 걸리는 시간은 가령 50 s와 같이 측정될 것이다. 마찬가지로 실내온도는 16℃와 같이 측정되거나 베어링의 질량은 3 kg과 같이 측정된다. 시간, 온도, 질량과 같은 양은 완전히 수치값으로 정의되며, 이것을 스칼라 scalar 또는 스칼라량 scalar quantities이라 한다.

모든 양이 이와 같은 것은 아니다. 어떤 것은 단순히 크기 이상으로 정의되는데, 방향까지 가지는 경우도 있다. 예를 들어, 자동차의 속도는 정서방향으로 90 km/h가 될 것이고, 20 N의 힘은 수직 아래 방향으로 작용하거나, 10 m/s^2의 가속도는 수평 방향에서 50°로 작용할 것이다. 속도, 힘, 가속도와 같이 크기와 방향을 갖는 물리량을 벡터 vector라 한다.

◆ 이제 다음 연습문제를 풀어보자.

[연습문제 149] 스칼라와 벡터량

1 스칼라량과 벡터량 간의 차이를 설명하라.

※ (문제 2~9) 주어진 물리량이 스칼라인지 벡터인지 말하라.

2 70°C의 온도

3 5 m^3인 부피

4 아래 방향으로의 힘 20N

5 500J의 일

6 30 cm^2인 넓이

7 남서방향으로 10노트인 바람

8 50m의 거리

9 수평에서 60°인 가속도 15 m/s^2

30.3 벡터 그리기

벡터량은 다음과 같은 방법으로 그려진 선으로 도식화할 수 있다.

❶ 선의 **길이**는 물리량의 크기를 나타낸다.
❷ 선의 **방향**은 벡터량이 작용하는 방향을 나타낸다.

화살표는 벡터의 방향을 나타내기 위해 사용한다. 벡터의 화살표 끝을 '머리'라 하고, 다른 쪽 끝을 '꼬리'라 한다. 예를 들어, 수평에서 45° 방향으로 작용하는 9N의 힘은 [그림 30-1]과 같이 나타낸다. **+45°**인 각은 수평으로부터 **반시계방향**(+ 방향)으로 그린다.

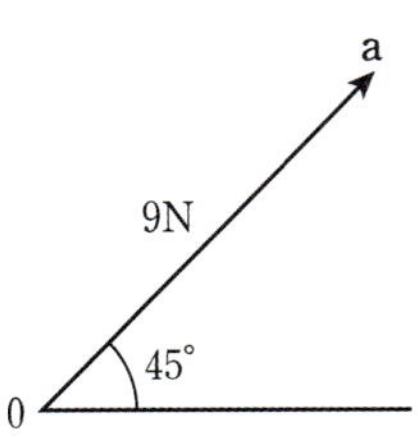

[그림 30-1]

−60°에서 20m/s인 속도는 [그림 30-2]와 같다. **−60°**인 각은 수평으로부터 **시계방향**(− 방향)으로 그린다.

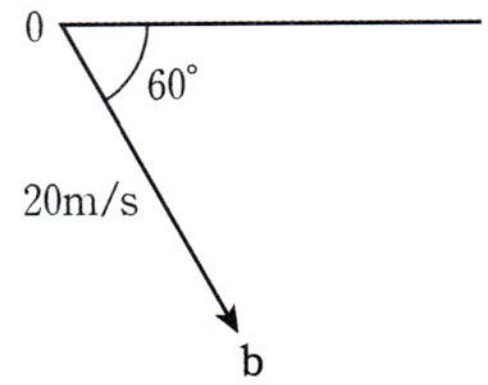

[그림 30-2]

30.3.1 벡터의 표현

벡터량을 나타내는 방법에는 다음과 같이 여러 가지가 있다.

❶ 굵은 활자를 이용한다.
❷ $\overrightarrow{AB}$와 같이 두 대문자 위에 방향을 나타내는 화살표를 사용한다. 여기서 A는 벡터의 시작점이고, B는 끝점이다.
❸ $\overline{AB}$ 또는 $\bar{a}$, 즉 문자 위에 선분을 그린다.
❹ $\underline{a}$, 즉 밑줄이 그어진 문자로 나타낸다.

[그림 30-1]에서 45° 방향으로 작용하는 9N의 힘은 다음과 같이 표현되며, 힘의 크기는 $0a$이다.

$$\mathbf{0a} \text{ 또는 } \overrightarrow{0a} \text{ 또는 } \overline{0a}$$

마찬가지로, [그림 30-2]와 같은 −60°에서 20m/s인 속도는 다음과 같이 표현되며, 속도의 크기는 $0b$이다.

$$\mathbf{0b} \text{ 또는 } \overrightarrow{0b} \text{ 또는 } \overline{0b}$$

이 장에서는 벡터량을 **굵은 활자**로 나타낼 것이다.

30.4 그림을 이용한 벡터의 합

두 개 이상의 벡터를 더하기 위해, 자, 연필, 각도기가 준비된다고 가정한다. 그림을 이용한 결과는 계산을 통해 얻은 결과만큼 정확하지는 않다.

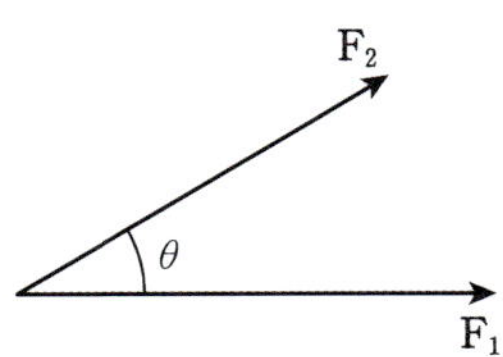

[그림 30-3]

❶ **머리-꼬리 방법**

두 벡터 $\mathbf{F}_1$과 $\mathbf{F}_2$가 [그림 30-3]과 같다. 물체에 하나 이상의 힘이 가해지면, 힘의 합성력은 벡터의 합으로 구할 수 있다. 힘 F_1과 F_2를 더하기 위해 다음과 같이 수행한다.

① 힘 F_1을 [그림 30-4]의 0a와 같이, 수평 방향으로 $1 : a$의 비율로 일정하게 그린다.
② F_1의 머리에서부터, 힘 F_2를 수평과 각 θ가 되도록 그린다(ab).
③ 합성력resultant force은 0b가 되고, 이는 측정될 수 있다.

이러한 과정을 **머리-꼬리 방법** 또는 **삼각형 방법**이라 한다.

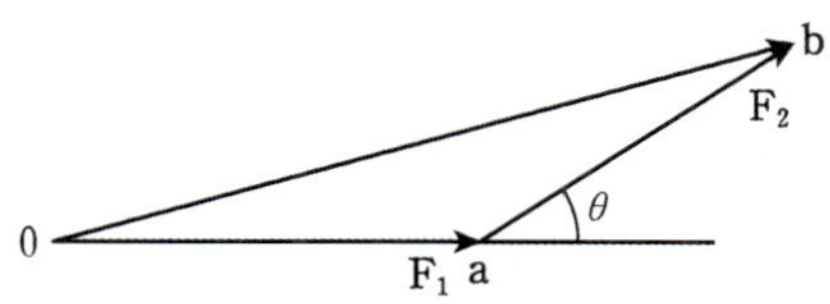

[그림 30-4]

❷ 평행사변형 방법

[그림 30-3]의 두 힘 벡터 F_1과 F_2를 더하기 위해 다음과 같이 수행한다.

① 0a와 길이가 동일하고 평행한 선분 cb를 그린다([그림 30-5] 참조).
② 0c와 길이가 동일하고 평행한 선분 ab를 그린다.
③ 합성력은 평행사변형의 대각선, 즉 0b의 길이로 주어진다.

이러한 과정을 **평행사변형 방법**이라 한다.

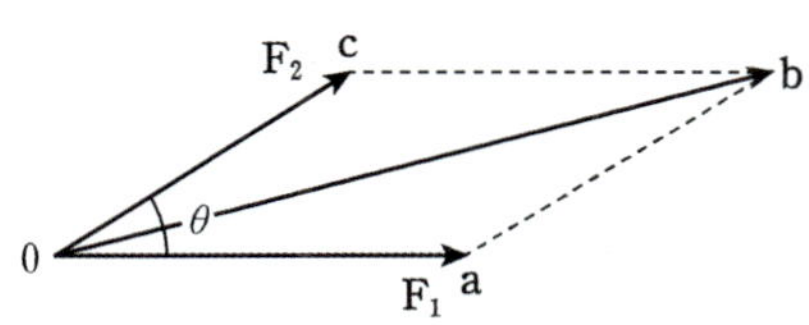

[그림 30-5]

*[문제 1] 5N의 힘이 두 번째 8N의 힘과 45° 각도로 기울어져 있으며, 두 힘이 모두 한 점에서 작용한다. 두 힘의 합성력의 크기를 구하고, 8N인 힘에 관한 합성력의 방향을 (a) 머리-꼬리 방법, (b) 평행사변형 방법으로 구하라.

두 힘은 [그림 30-6]과 같다(8N의 힘이 수평으로 보이지만, 임의의 방향으로 주어질 수 있다).

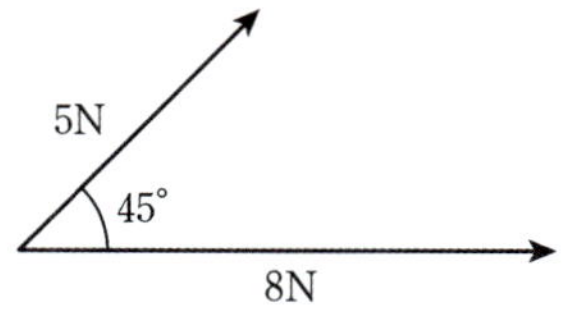

[그림 30-6]

❶ 머리-꼬리 방법

① [그림 30-7]에서 0a와 같이 길이가 8인 수평 방향으로 8N의 힘을 그린다.
② 8N 힘의 머리부터 길이가 5인 5N의 힘을 45° 각도가 되도록 그린다(ab).
③ 합성력은 길이가 $0b$로서 **12N**으로 측정되며, 각 θ는 **17°**로 측정된다.

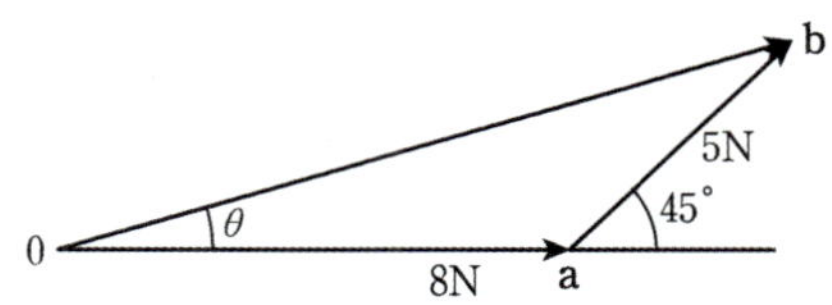

[그림 30-7]

❷ 평행사변형 방법

① [그림 30-8]에서, 8N의 힘과 길이가 같고 평행한 선분을 그린다.
② 5N의 힘과 길이가 같고 평행한 선분을 그린다.
③ 합성력은 평행사변형의 대각선이 된다. 즉 길이가 $0b$이고 **12N**으로 측정되며, 각 θ는 **17°**로 측정된다.

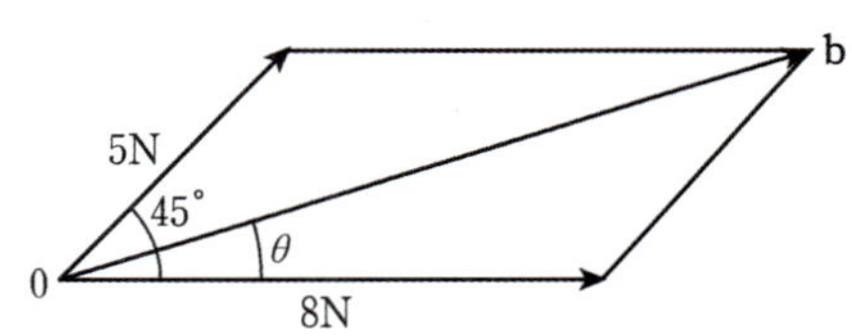

[그림 30-8]

따라서 [그림 30-6]에서 두 힘 벡터의 합성력은 8N의 힘으로부터 17° 각도 방향으로 12N이다.

*[문제 2] [그림 30-9]와 같이 15N과 10N인 두 힘이 90° 각도를 이루고 있다. 그림을 그려서 두 힘의 합성력의 크기와 15N 힘에 대한 합성력의 방향을 구하라.

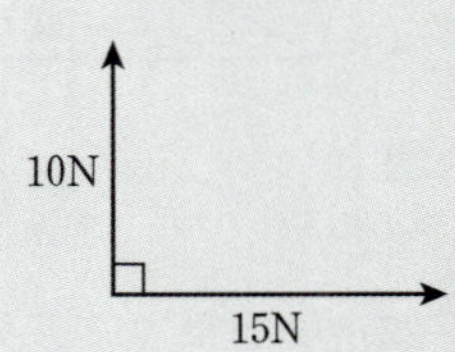

[그림 30-9]

머리–꼬리 방법을 이용하여 다음과 같이 구한다.

① [그림 30–10]과 같이 길이가 15인 15N의 힘을 수평으로 그린다.

② 15N인 힘의 머리로부터, 길이가 10인 10N의 힘을 수평과 90° 각도로 그린다.

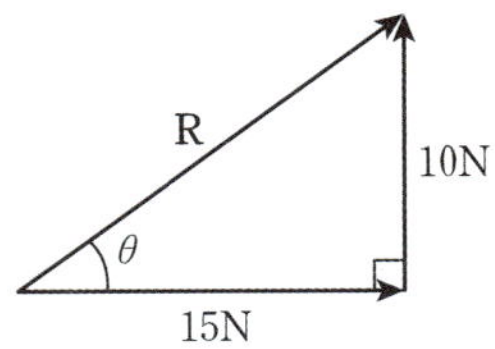

[그림 30–10]

③ 합성력은 R과 같으며, 이 크기는 18N이고, 각 θ는 34°로 측정된다.

따라서 **두 힘 벡터의 합성은 15N의 힘으로부터 34° 각도 방향으로 18N이다.**

*** [문제 3]** [그림 30–11]과 같이 속도 10m/s, 20m/s, 15m/s가 작용한다. 그림을 그려서 합성속도의 크기와 이 합성속도가 수평과 이루는 방향을 구하라.

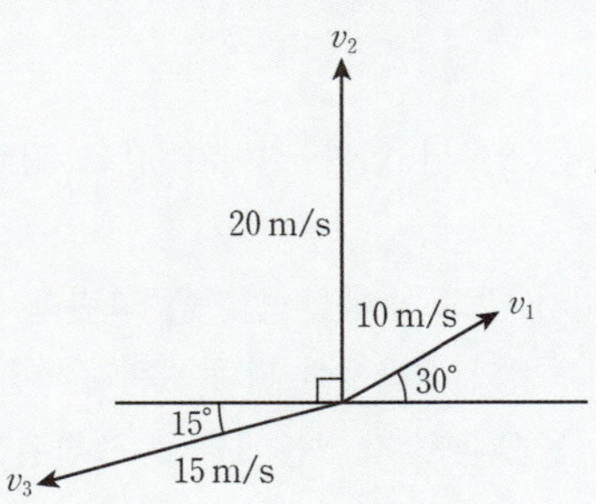

[그림 30–11]

두 개 이상의 벡터가 합해질 때, (마치 꼬리에 꼬리를 물 듯이) 머리–꼬리 방법을 사용한다. 벡터를 합하는 순서는 아무런 문제가 되지 않는다. 이 경우에 순서를 v_1, v_2, v_3로 택한다. 그러나 순서를 다르게 택해도 결과는 동일할 것이다.

① v_1은 [그림 30–12]의 0a와 같이 수평으로부터 30°인 각으로 길이가 10이다.

② v_1의 머리에서, ab와 같이 v_2는 수평으로부터 90°인 각으로 길이가 20으로 그려진다.

③ v_2의 머리에서, br과 같이 v_3는 수평으로부터 195°인 각으로 길이가 15로 그려진다.

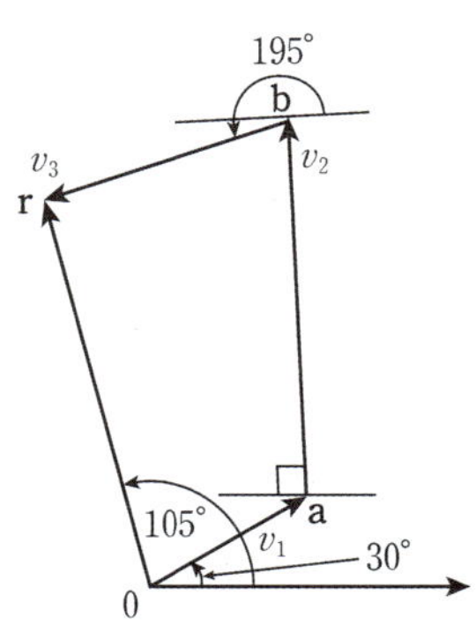

[그림 30–12]

④ 합성벡터는 길이 0r로 주어지며 22m/s로 측정되고, 수평과 이루는 각은 105°이다.

따라서 **세 속도의 합성은 수평에서 105° 방향으로 22m/s이다.**

[문제 1]~[문제 3]에서 벡터들의 합성과 방향을 구하기 위해 벡터들을 합하는 방법을 살펴보았다. 그러나 벡터를 직접 그리는 방법은 시간이 걸리고 완전히 정확하지는 않다. 다음 절에서는 수평성분과 수직성분, 그리고 가능하면 피타고라스 정리를 이용하여 계산함으로써 합성벡터를 구하는 방법에 대해 살펴본다.

30.5 수평 및 수직성분으로 벡터를 분해하기

수평에서 각 θ를 이루는 힘 벡터 F는 [그림 30–13]과 같다. 이러한 벡터는 성분들의 벡터합이 원래 벡터와 동일하도록 두 성분으로 분해될 수 있다.

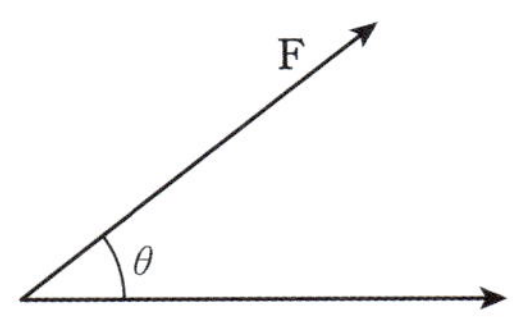

[그림 30–13]

일반적으로 취하는 두 성분은 수평성분과 수직성분이다. [그림 30–14]와 같이 직각삼각형이 만들어진다면, $0a$를 F의 수평성분horizontal component, 그리고 ab를 F의 수직성분vertical component이라 한다.

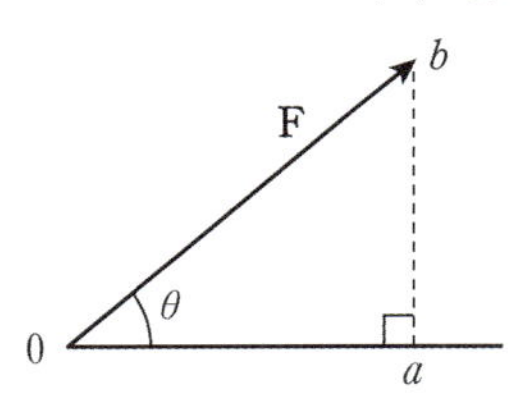

[그림 30–14]

삼각법으로부터 다음과 같이 구할 수 있다.

$$0a = 0b\cos\theta = \mathrm{F}\cos\theta \text{로부터 } \cos\theta = \frac{0a}{0b}$$

즉 **F의 수평성분** $= \mathrm{F}\cos\theta$이다.

$$ab = 0b\sin\theta = \mathrm{F}\sin\theta \text{로부터 } \sin\theta = \frac{ab}{0b}$$

즉 **F의 수직성분** $= \mathrm{F}\sin\theta$이다.

*[문제 4] 수평 방향과 35° 각에서 50N인 힘 벡터를 수평 및 수직성분으로 분해하라.

50N 힘의 **수평성분**은 다음과 같다.

$$0a = 50\cos 35° = \mathbf{40.96\,N}$$

50N 힘의 **수직성분**은 다음과 같다.

$$ab = 50\sin 35° = \mathbf{28.68\,N}$$

[그림 30-15]에 수평 및 수직성분을 나타냈다.

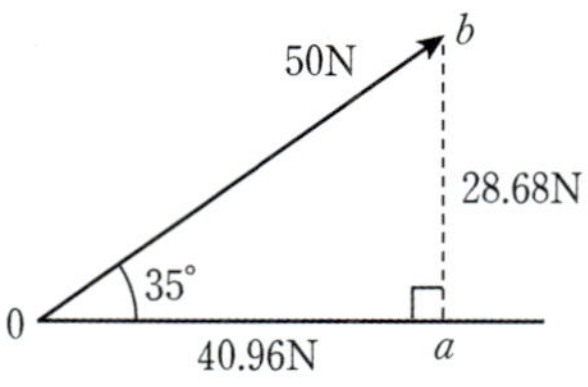

[그림 30-15]

Check 피타고라스 정리에 의해 다음과 같이 구할 수 있다.

$0b = \sqrt{40.96^2 + 28.68^2} = 50\,N$

$\theta = \tan^{-1}\left(\frac{28.68}{40.96}\right) = 35°$

따라서 (서로 수직하는) 성분 40.96N과 28.68N인 벡터 합은 35°에서 50N이다.

*[문제 5] 수평과 −30° 각의 방향에서 20m/s인 속도 벡터를 수평 및 수직성분으로 분해하라.

20m/s 속도의 **수평성분**은 다음과 같다.

$$0a = 20\cos(-30°) = \mathbf{17.32\,m/s}$$

20m/s 속도의 **수직성분**은 다음과 같다.

$$ab = 20\sin(-30°) = \mathbf{-10\,m/s}$$

[그림 30-16]에 수평 및 수직성분을 나타냈다.

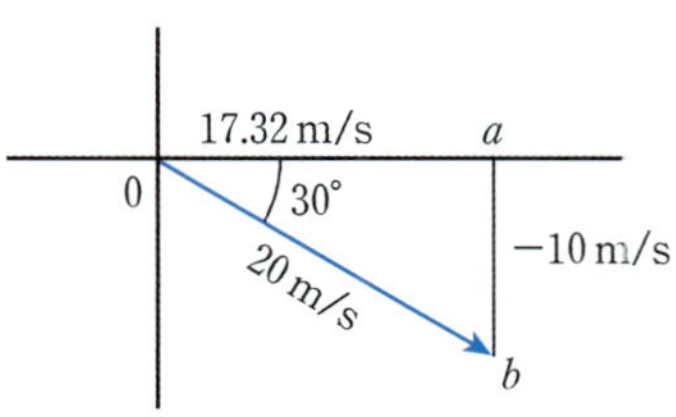

[그림 30-16]

*[문제 6] 120° 각도에서 40m인 변위벡터를 수평 및 수직성분으로 분해하라.

40m인 변위벡터의 **수평성분**은 다음과 같다.

$$0a = 40\cos 120° = \mathbf{-20.0\,m}$$

40m인 변위벡터의 **수직성분**은 다음과 같다.

$$ab = 40\sin 120° = \mathbf{34.64\,m}$$

[그림 30-17]에 수평 및 수직성분을 나타냈다.

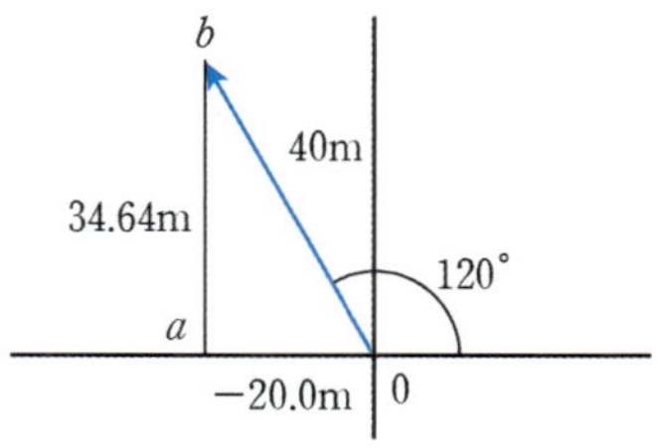

[그림 30-17]

30.6 벡터 합의 계산

[그림 30-18]에 힘 벡터 F_1과 F_2를 나타냈다. F_1은 각 θ_1, F_2는 각 θ_2를 이룬다.

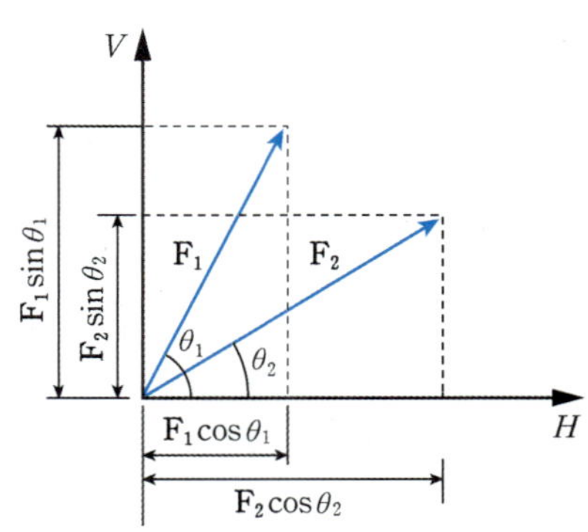

[그림 30-18]

두 벡터를 함께 더하는 방법은 수평 및 수직성분을 이용한다. F_1의 수평성분은 $F_1\cos\theta_1$이고, F_2의 수평성분은 $F_2\cos\theta_2$이다. 두 힘의 전체 수평성분은 다음과 같다.

$$H = F_1\cos\theta_1 + F_2\cos\theta_2$$

F_1의 수직성분은 $F_1\sin\theta_1$이고, F_2의 수직성분은 $F_2\sin\theta_2$이다. 두 힘의 전체 수직성분은 다음과 같다.

$$V = F_1 \sin\theta_1 + F_2 \sin\theta_2$$

H와 V를 구했으므로 F_1과 F_2의 합성벡터는 피타고라스 정리를 이용하여 얻을 수 있다. [그림 30-19]로부터 $0b^2 = H^2 + V^2$이다. 즉 합성벡터의 크기와 각은 다음과 같다.

$$\textbf{합성벡터의 크기} = \sqrt{H^2+V^2},\ \theta = \tan^{-1}\left(\frac{V}{H}\right)$$

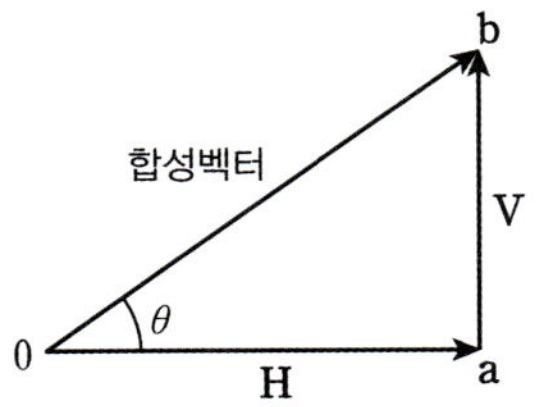

[그림 30-19]

*[문제 7] 5N의 힘이 두 번째 힘 8N으로부터 각 45°로 기울어져 있으며, 두 힘 모두 한 점에서 작용한다. 두 힘의 합성의 크기와 8N 힘에 관한 합성벡터의 방향을 구하라.

두 힘은 [그림 30-20]과 같다.

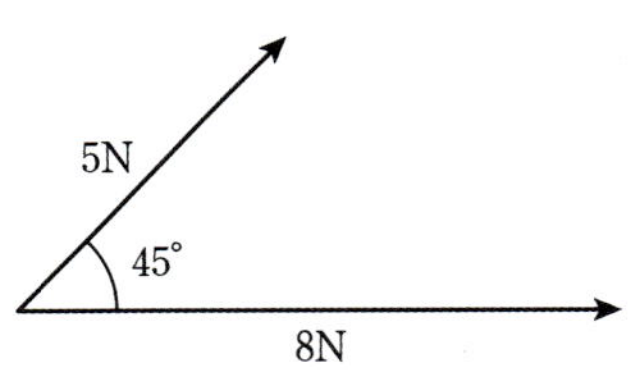

[그림 30-20]

8N 힘의 수평성분은 $8\cos 0°$이고, 5N 힘의 수평성분은 $5\cos 45°$이다. 두 힘의 전체 수평성분은 다음과 같다.

$$H = 8\cos 0° + 5\cos 45° = 8 + 3.5355 = \mathbf{11.5355}$$

8N 힘의 수직성분은 $8\sin 0°$이고, 5N 힘의 수직성분은 $5\sin 45°$이다. 두 힘의 전체 수직성분은 다음과 같다.

$$V = 8\sin 0° + 5\sin 45° = 0 + 3.5355 = \mathbf{3.5355}$$

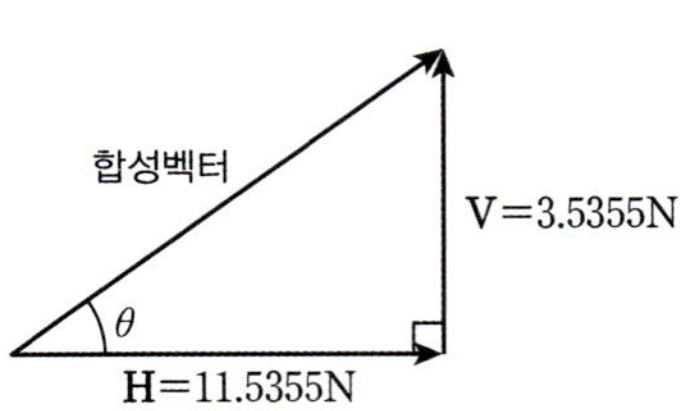

[그림 30-21]

[그림 30-21]로부터, 합성벡터의 크기는 다음과 같다.

$$\text{합성 벡터의 크기} = \sqrt{H^2+V^2}$$
$$= \sqrt{11.5355^2 + 3.5355^2} = \mathbf{12.07\,N}$$

합성벡터의 방향은 다음과 같다.

$$\theta = \tan^{-1}\left(\frac{V}{H}\right) = \tan^{-1}\left(\frac{3.5355}{11.5355}\right)$$
$$= \tan^{-1}0.30648866\cdots = \mathbf{17.04°}$$

따라서 **두 힘의 합성은 8N인 벡터로부터 17.04° 방향으로 12.07N 크기인 단일 벡터이다.**

*[문제 8] 15N와 10N인 힘이 [그림 30-22]와 같이 서로 90° 각도를 이룬다. 두 힘의 합성벡터의 크기와 15N인 힘으로부터의 방향을 구하라.

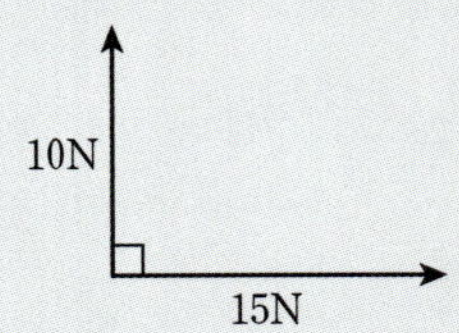

[그림 30-22]

15N 힘의 수평성분은 $15\cos 0°$이고 10N 힘의 수평성분은 $10\cos 90°$이다. 두 속도의 전체 수평성분은 다음과 같다.

$$H = 15\cos 0° + 10\cos 90° = 15 + 0 = \mathbf{15}$$

15N 힘의 수직성분은 $15\sin 0°$이고 10N 힘의 수직성분은 $10\sin 90°$이다. 두 힘의 전체 수직성분은 다음과 같다.

$$V = 15\sin 0° + 10\sin 90° = 0 + 10 = \mathbf{10}$$

합성벡터의 크기는 다음과 같다.

$$\text{크기} = \sqrt{H^2+V^2} = \sqrt{15^2+10^2} = \mathbf{18.03\,N}$$

합성벡터의 방향은 다음과 같다.

$$\theta = \tan^{-1}\left(\frac{V}{H}\right) = \tan^{-1}\left(\frac{10}{15}\right) = \mathbf{33.69°}$$

따라서 **두 힘의 합성은 15N인 벡터로부터 33.69° 방향으로 18.03N 크기인 단일 벡터이다.**

이 경우, 합성벡터를 계산하는 또 다른 방법이 있다. 삼각형 방법을 이용한다고 했을 때, [그림 30-23]과 같이 다이어그램을 그릴 수 있다.

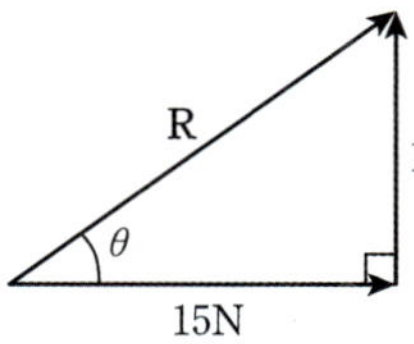

[그림 30-23]

직각삼각형이므로 수평 및 수직성분을 구할 필요 없이 피타고라스 정리를 이용할 수 있다. 사실상, 수평 및 수직성분은 각각 15N과 10N이다. 물론 이는 특별한 경우이다.[1] **피타고라스 정리는 두 벡터 사이의 각이 90°일 때만 이용할 수 있다.**

*** [문제 9]** [그림 30-24]에서 두 가속도 벡터의 합성의 크기와 방향을 구하라.

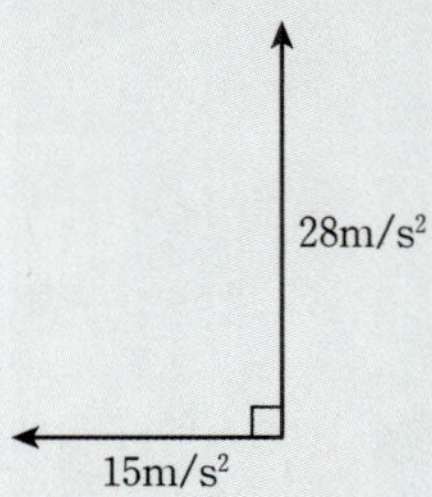

[그림 30-24]

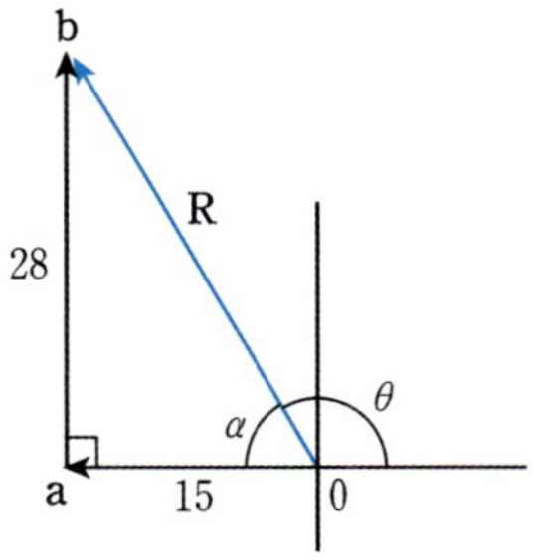

[그림 30-25]

$15\,m/s^2$ 가속도는 [그림 30-25]에서 0a이다.

$15\,m/s^2$ 가속도의 머리 부분에서 수평과 90°가 되도록 $28\,m/s^2$ 가속도 벡터 ab를 그린다. 합성 가속도 R은 크기 0b로 주어진다. 결과가 직각삼각형이므로 다음과 같이 피타고라스 정리를 이용할 수 있다.

$$0b = \sqrt{15^2 + 28^2} = \mathbf{31.76\,m/s^2}$$

$$\alpha = \tan^{-1}\left(\frac{28}{15}\right) = \mathbf{61.82°}$$

그러므로 수평으로부터의 방향은 다음과 같다.

$$\theta = 180° - 61.82° = \mathbf{118.18°}$$

따라서 **두 가속도의 합성은 수평으로부터 118.18° 방향으로 크기 $31.76\,m/s^2$인 단일 벡터이다.**

*** [문제 10]** [그림 30-26]과 같이 10m/s, 20m/s, 15m/s인 속도들이 작용한다. 합성속도의 크기와 수평에 대한 합성속도의 방향을 구하라.

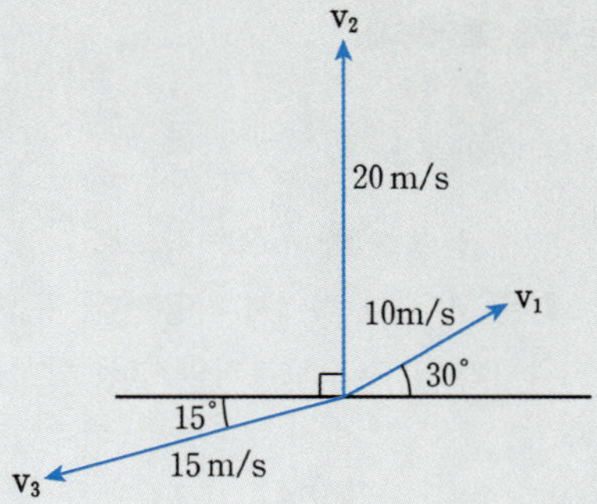

[그림 30-26]

10m/s 속도의 수평성분은 $10\cos 30° = 8.660\,m/s$,
20m/s 속도의 수평성분은 $20\cos 90° = 0\,m/s$,
15m/s 속도의 수평성분은 $15\cos 195° = -14.489\,m/s$이다.

세 속도의 전체 수평성분은 다음과 같다.

$$H = 8.660 + 0 - 14.489 = \mathbf{-5.829\,m/s}$$

10m/s 속도의 수직성분은 $10\sin 30° = 5\,m/s$,
20m/s 속도의 수직성분은 $20\sin 90° = 20\,m/s$,
15m/s 속도의 수직성분은 $15\sin 195° = -3.882\,m/s$이다.

세 속도의 전체 수직성분은 다음과 같다.

$$V = 5 + 20 - 3.882 = \mathbf{21.118\,m/s}$$

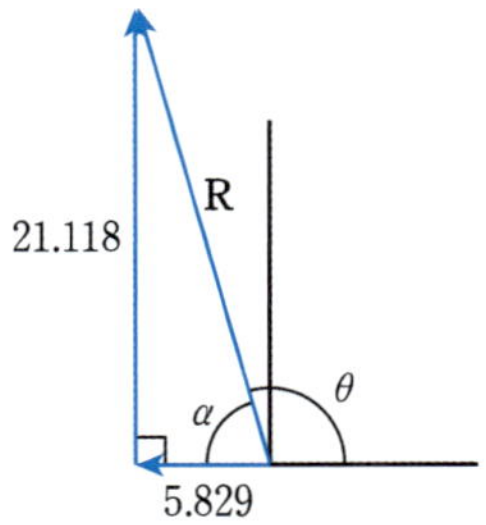

[그림 30-27]

1 벡터가 서로 수직하지 않는 경우에는 일반적으로 사인법칙과 코사인법칙을 활용하여 삼각형법에 의해 합성벡터를 계산할 수 있으며, 이는 본질적으로 수평-수직성분으로 분해하여 합성벡터를 구하는 것과 같다.

[그림 30-27]로부터 합성벡터의 크기는 다음과 같다.

$$R=\sqrt{H^2+V^2}=\sqrt{5.829^2+21.118^2}=\mathbf{21.91\,m/s}$$

합성벡터의 방향은 다음과 같다.

$$\alpha=\tan^{-1}\left(\frac{V}{H}\right)=\tan^{-1}\left(\frac{21.118}{5.829}\right)=\mathbf{74.57°}$$

그러므로 수평으로부터 측정된 각은 다음과 같다.

$$\theta=180°-74.57°=\mathbf{105.43°}$$

따라서 **세 벡터의 합성은 수평으로부터 105.43° 방향으로 크기 21.91 m/s인 단일 벡터이다.**

◆ 이제 다음 연습문제를 풀어보자.

[연습문제 150] 벡터 합의 계산

*1 7N의 힘이 두 번째 힘 12N에서 50° 각도로 기울어져 있으며, 두 힘은 모두 한 점에서 작용한다. 두 힘의 합성의 크기와 12N인 힘으로부터의 합성 방향을 구하라.

*2 5 m/s와 12 m/s의 속도들이 서로 90°로 한 점에서 작용한다. 합성속도와 12 m/s 속도로부터의 방향을 구하라.

*3 [그림 30-28]에서 두 힘의 합성의 크기와 방향을 구하라.

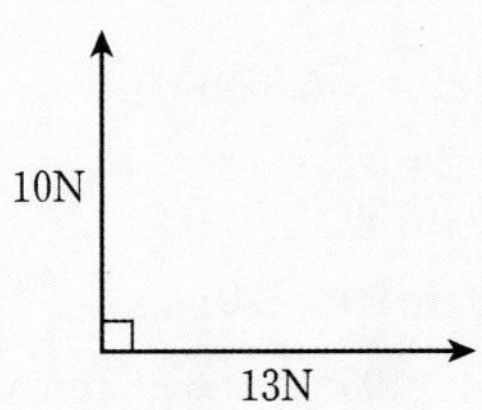

[그림 30-28]

*4 [그림 30-29]에서 두 힘의 합성의 크기와 방향을 구하라.

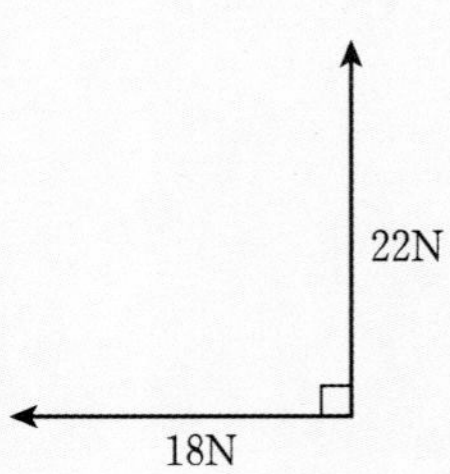

[그림 30-29]

*5 변위벡터 s_1은 0°에서 30 m이고, 두 번째 변위벡터 s_2는 90°에서 12 m이다. 합성벡터 s_1+s_2의 크기와 방향을 구하라.

*6 [그림 30-30]에서와 같이 세 힘 5N, 8N, 13N이 작용한다. 합성력의 크기와 방향을 구하라.

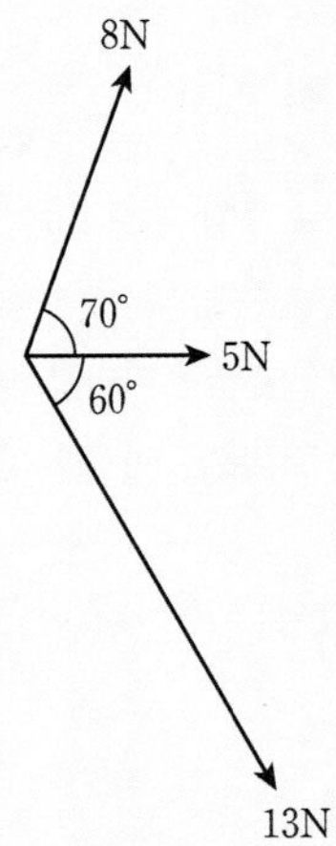

[그림 30-30]

*7 60°에서 속도 $v_1=25\,m/s$이고, $-30°$에서 $v_2=15\,m/s$이다. v_1+v_2의 크기와 방향을 구하라.

*8 [그림 30-31]과 같은 힘 체계에서, 합성벡터에 대한 크기와 방향을 구하라.

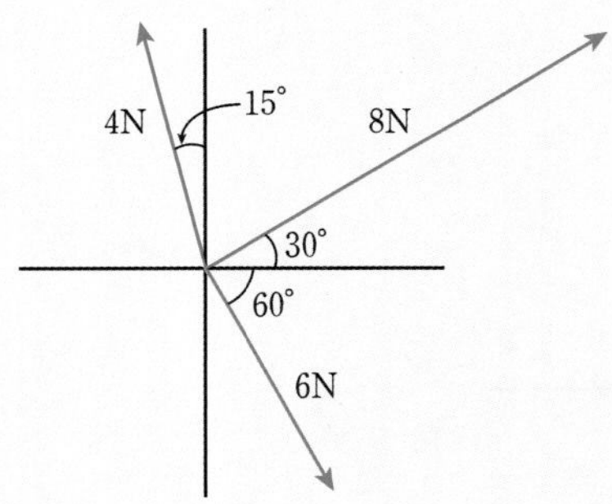

[그림 30-31]

*9 [그림 30-32]와 같은 체계에서 합성벡터의 크기와 방향을 구하라.

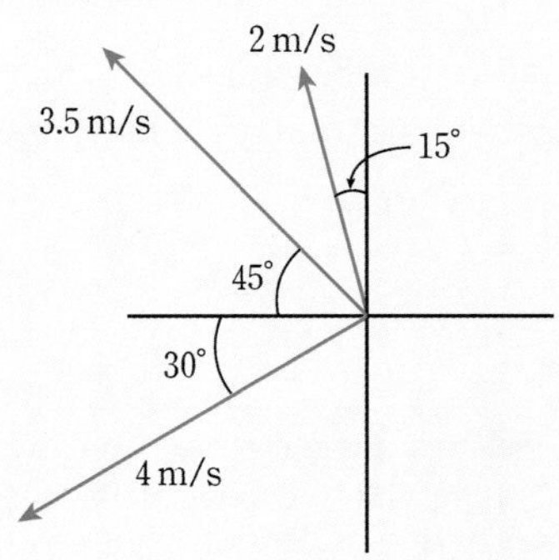

[그림 30-32]

*10 물체가 서로 60° 각도를 이루고, 크기 10N과 8N인 두 힘에 의해 작용을 받는다. 이 물체에 작용하는 합성력을 구하라.

*11 E20°S 방향으로 20노트의 속력인 뱃머리가 현재는 N30°E 방향으로 4노트이다. 이 배의 속력과 정확한 방향을 구하라.

30.7 벡터의 뺄셈

[그림 30-33]에서 힘 벡터 F는 oa로 표현된다. 벡터 −oa는 점 o에서 oa와 방향은 반대이지만 크기가 같은 벡터를 [그림 30-33]의 ob와 같이 그림으로써 얻을 수 있다. 즉, ob = −oa이다.

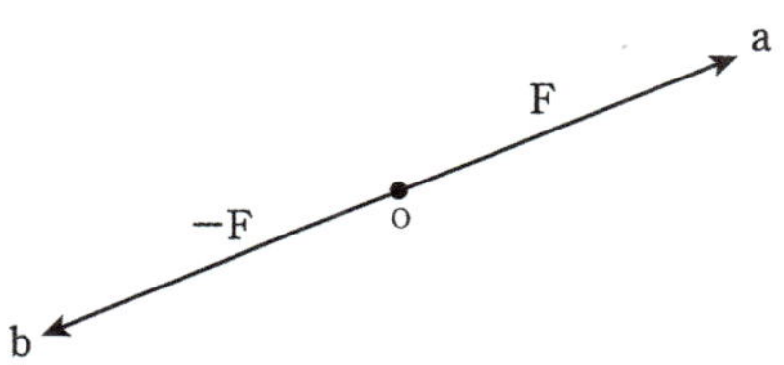

[그림 30-33]

한 점에서 작용하는 두 벡터에 대해 두 벡터 합의 합성은 다음과 같다([그림 30-34(a)]).

$$os = oa + ob$$

[그림 30-34(b)]는 벡터 ob+(−oa), 즉 ob−oa를 나타내며, 이 벡터 방정식은 ob−oa=od이다. [그림 30-34(b)]의 od를 [그림 30-34(a)]의 점선 ab와 비교해보면, 벡터 합을 구하기 위한 평행사변형 방법의 두 번째 대각선 ab가 ob에서 oa를 뺀 벡터의 크기와 방향이 일치함을 알 수 있다.

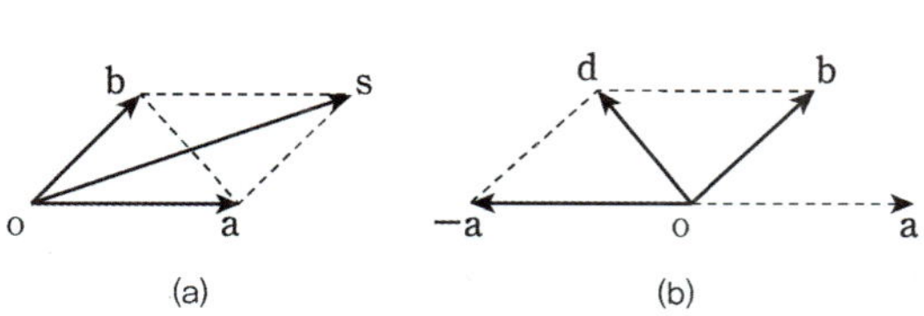

[그림 30-34]

*[문제 11] 90° 방향의 가속도 $a_1 = 1.5\,m/s^2$과 145° 방향의 $a_2 = 2.6\,m/s^2$이 한 점에서 작용한다. $a_1 + a_2$와 $a_1 - a_2$를 (a) 벡터 다이어그램을 그리는 방법과, (b) 계산을 이용한 방법으로 구하라.

(a) 벡터 다이어그램은 [그림 30-35]와 같다. 측정을 하면 다음과 같다.

$$a_1 + a_2 = 3.7\,m/s^2, \quad 126° \text{ 방향으로}$$
$$a_1 - a_2 = 2.1\,m/s^2, \quad 0° \text{ 방향으로}$$

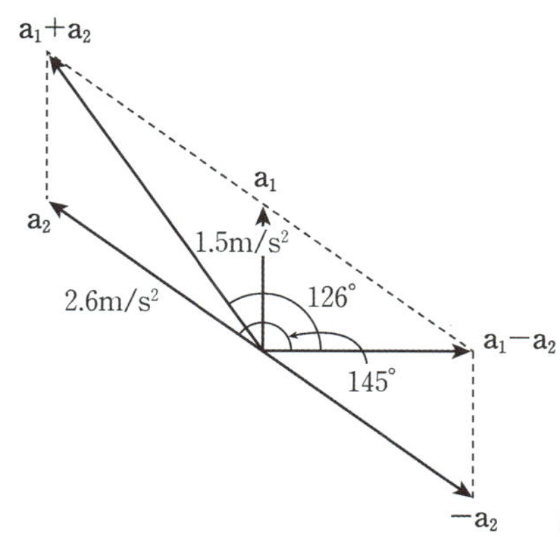

[그림 30-35]

(b) 수평 및 수직성분으로 분해하면 다음과 같다.

$a_1 + a_2$의 수평성분 :

$H = 1.5\cos 90° + 2.6\cos 145° = \mathbf{-2.13}$

$a_1 + a_2$의 수직성분 :

$V = 1.5\sin 90° + 2.6\sin 145° = \mathbf{2.99}$

[그림 30-36]으로부터, $a_1 + a_2$의 크기는 다음과 같다.

$$R = \sqrt{(-2.13)^2 + 2.99^2} = \mathbf{3.67\,m/s^2}$$

[그림 30-36]에서, $\alpha = \tan^{-1}\left(\frac{2.99}{2.13}\right) = 54.53°$,

$\theta = 180° - 54.53° = 125.47°$이다.

따라서 **125.47° 방향으로 $a_1 + a_2 = 3.67\,m/s^2$이다.**

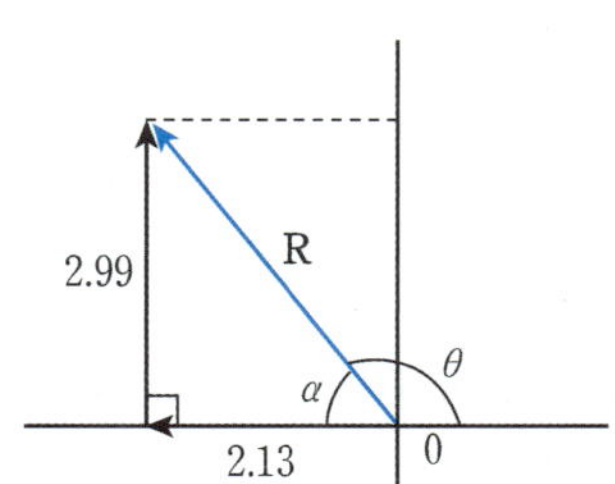

[그림 30-36]

$a_1 - a_2$의 수평성분 $= 1.5\cos 90° - 2.6\cos 145° = \mathbf{2.13}$

$a_1 - a_2$의 수직성분 $= 1.5\sin 90° - 2.6\sin 145° = 0$

$a_1 - a_2$의 크기 $= \sqrt{2.13^2 + 0^2} = \mathbf{2.13\,m/s^2}$

$a_1 - a_2$의 방향 $= \tan^{-1}\left(\dfrac{0}{2.13}\right) = 0°$

따라서 **0° 방향으로 $a_1 - a_2 = 2.13\,m/s^2$이다.**

*[문제 12] 140° 방향의 $v_1 = 22$단위, 190° 방향의 $v_2 = 40$단위, 290° 방향의 $v_3 = 15$단위일 때, 다음 합성벡터를 계산하라.

(a) $v_1 - v_2 + v_3$ (b) $v_2 - v_1 - v_3$

(a) [그림 30-37]에 주어진 벡터들을 나타냈다.

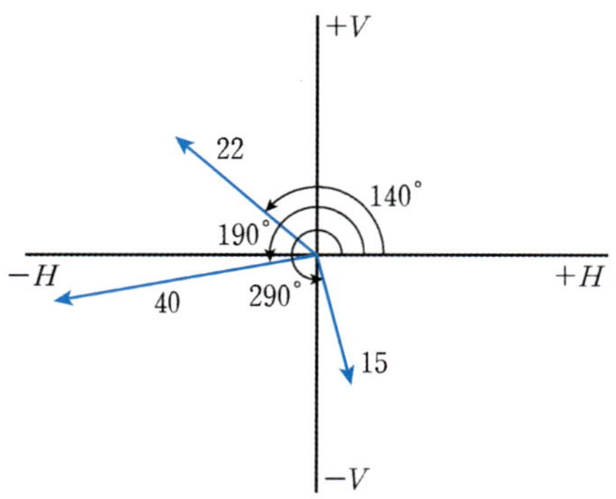

[그림 30-37]

$v_1 - v_2 + v_3$의 수평성분

$= (22\cos 140°) - (40\cos 190°) + (15\cos 290°)$

$= (-16.85) - (-39.39) + (5.13) = \mathbf{27.67}$ **단위**

$v_1 - v_2 + v_3$의 수직성분

$= (22\sin 140°) - (40\sin 190°) + (15\sin 290°)$

$= (14.14) - (-6.95) + (-14.10) = \mathbf{6.99}$ **단위**

합성의 크기와 방향은 각각 다음과 같다.

$$R = \sqrt{27.67^2 + 6.99^2} = \mathbf{28.54}\ \textbf{단위}$$

$$\text{방향} = \tan^{-1}\left(\frac{6.99}{27.67}\right) = 14.18°$$

따라서 **14.18° 방향으로 $v_1 - v_2 + v_3 = 28.54$단위이다.**

(b) $v_2 - v_1 - v_3$의 수평성분

$= (40\cos 190°) - (22\cos 140°) - (15\cos 290°)$

$= (-39.39) - (-16.85) - (5.13) = \mathbf{-27.67}$ **단위**

$v_2 - v_1 - v_3$의 수직성분

$= (40\sin 190°) - (22\sin 140°) - (15\sin 290°)$

$= (-6.95) - (14.14) - (-14.10) = \mathbf{-6.99}$ **단위**

[그림 30-38]로부터 합성의 크기는 다음과 같다.

$$R = \sqrt{(-27.67)^2 + (-6.99)^2} = \mathbf{28.54}\ \textbf{단위}$$

그리고 $\alpha = \tan^{-1}\left(\dfrac{-6.99}{-27.67}\right) = 14.18°$이므로 방향은 다음과 같다.

$$\theta = 180° + 14.18° = 194.18°$$

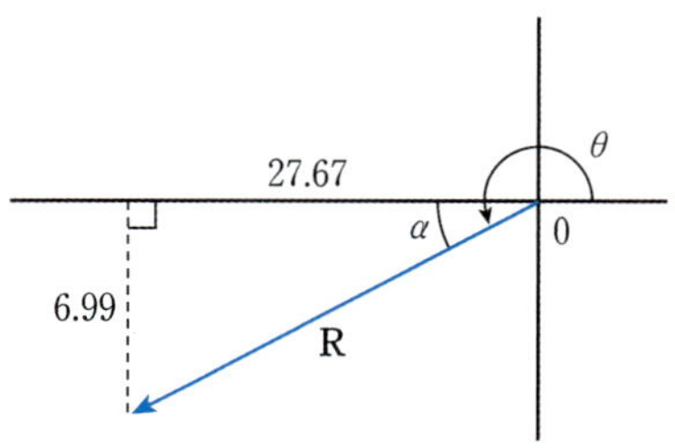

[그림 30-38]

따라서 **194.18° 방향으로 $v_2 - v_1 - v_3 = 28.54$단위이다.**

이 결과는 $v_2 - v_1 - v_3 = -(v_1 - v_2 + v_3)$이고, 194.18° 방향의 28.54단위인 벡터는 14.18° 방향의 28.54단위인 벡터와 반대방향(즉, 180°를 벗어난 위상)이다.

◆ **이제 다음 연습문제를 풀어보자.**

[연습문제 151] 벡터의 뺄셈

*1 45° 방향의 $F_1 = 40\,N$과 125° 방향의 $F_2 = 30\,N$인 힘들이 한 점에서 작용한다. 그림을 그리는 방법과 계산을 이용한 방법으로 다음 벡터를 구하라.

(a) $F_1 + F_2$ (b) $F_1 - F_2$

*2 85° 방향의 $v_1 = 15\,m/s$, 175° 방향의 $v_2 = 25\,m/s$, 235° 방향의 $v_3 = 12\,m/s$일 때, 다음 벡터를 구하라.
(a) $v_1 + v_2 - v_3$ (b) $v_3 - v_2 + v_1$

30.8 상대속도

상대속도 문제에서는 어떤 고정된 기준점이 선정될 필요가 있다. 보통 지표면 위의 고정점을 기준점으로 정한다. 벡터 방정식에서는 시점과 종점만이 계system의 합성벡터에 영향을 미친다. [그림 30-39]에서는 서로 다른 두 개의 계를 보이나, 각각의 계에서 합성벡터는 ad 이다.

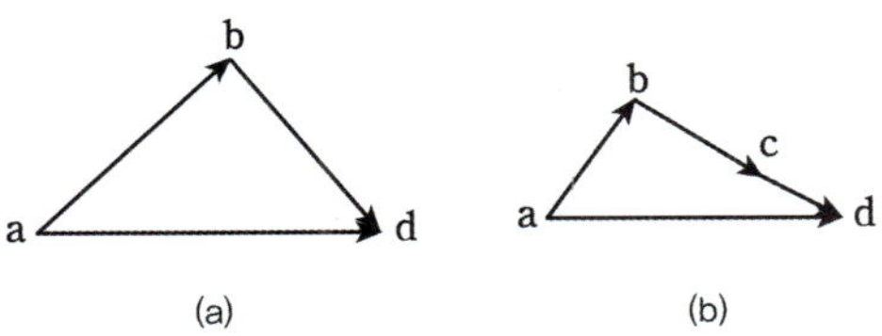

[그림 30-39]

[그림 30-39(a)]에서 계의 벡터 방정식은 다음과 같다.

$$ad = ab + bd$$

그리고 [그림 30-39(b)]에서 계에 대한 벡터 방정식은 다음과 같다.

$$ad = ab + bc + cd$$

이와 같은 형태의 벡터 방정식에서, 처음과 마지막 문자인 a와 d는 합성벡터의 크기와 방향을 고정함을 알 수 있다. 이 원리는 상대속도 문제에 이용된다.

*[문제 13] 두 자동차 P와 Q가 서로 직각을 이루는 두 도로의 교차점을 향해 이동한다. 자동차 P는 동쪽을 향해 45km/h인 속도로 움직이고, 자동차 Q는 남쪽을 향해 55km/h의 속도로 움직인다. 다음을 구하라.
(a) 자동차 Q에서 바라봤을 때 자동차 P의 속도
(b) 자동차 P에서 바라봤을 때 자동차 Q의 속도

(a) 두 자동차의 방향을 [그림 30-40(a)]에 나타냈는데, 이를 공간도표space diagram라고 한다. 속도도표velocity diagram는 [그림 30-40(b)]에 나타냈으며, 여기서 pe는 지표면 위의 점 e에 대한 자동차 P의 속도이다. Q에 대한 P의 속도는 벡터 pq이고, 벡터 방정식은 pq = pe + eq이다. 그러므로 벡터 방향은 보다시피 qe와 반대방향인 eq이다.

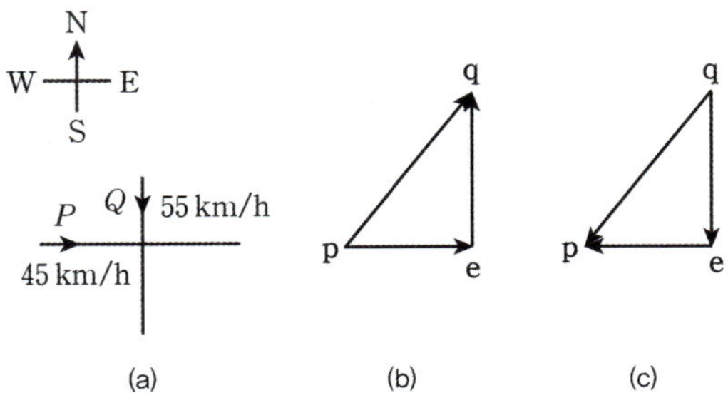

[그림 30-40]

벡터 삼각형으로부터, pq의 크기와 방향은 각각 다음과 같다.

$$\text{크기} = \sqrt{45^2 + 55^2} = 71.06\,\text{km/h}$$

$$\text{방향} = \tan^{-1}\left(\frac{55}{45}\right) = 50.71°$$

즉 **자동차 Q에 대한 자동차 P의 속도는 50.71° 방향으로 71.06km/h이다.**

(b) 자동차 P에 대한 자동차 Q의 속도는 벡터 방정식 qp = qe + ep이며, 이를 그림으로 나타내면 [그림 30-40(c)]와 같이 pe와 반대방향인 벡터 ep이다. 벡터 삼각형으로부터, qp의 크기와 방향은 각각 다음과 같다.

$$\text{크기} = \sqrt{45^2 + 55^2} = 71.06\,\text{m/s}$$

$$\text{방향} = \tan^{-1}\left(\frac{55}{45}\right) = 50.71°$$ 제3사분면에서

즉 요구되는 각은 180° + 50.71° = 230.71°이다. 따라서 **자동차 P에 대한 자동차 Q의 속도는 230.71° 방향으로 71.06m/s이다.**

◆ **이제 다음 연습문제를 풀어보자.**

[연습문제 152] 상대속도

*1 자동차가 수평인 직선도로를 따라 79.2km/h의 속도로 움직이고, 빗방울이 26.4km/h의 속도로 수직 아래 방향으로 떨어진다. 자동차 운전자에 대한 빗방울의 속도를 구하라.

*2 수영선수가 잔잔한 물에서 2km/h로 수영을 할 수 있다. 강물이 1km/h로 흐를 때, 폭이 142m인 강을 헤엄쳐서 건너기 위해 필요한 시간을 구하라. 수영선수가 헤엄쳐 건널 제방의 각 θ는 얼마인가?

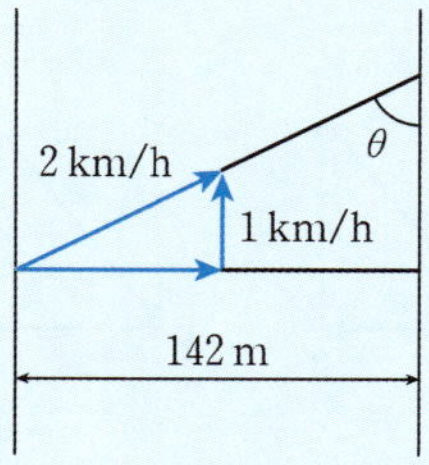

[그림 30-41]

*3 배가 잔잔한 물에서는 20km/h 속력일 때 N60°E 방향으로 향한다. 지금은 진로에서 벗어나 E50°S 방향으로 8km/h의 속력으로 향하고 있다. 배의 실제 속력과 방향을 구하라.

30.9 i, j, k 표기법

어떤 기준점에 대해, 공간 안 벡터의 방향을 완전하게 명시하기 위해 서로 수직인 세 개의 단위벡터 i, j, k를 사용한다([그림 30-42]). 단위벡터 i, j, k는 3차원 직교좌표계에서 각각 (1, 0, 0), (0, 1, 0), (0, 0, 1)과 대응된다.

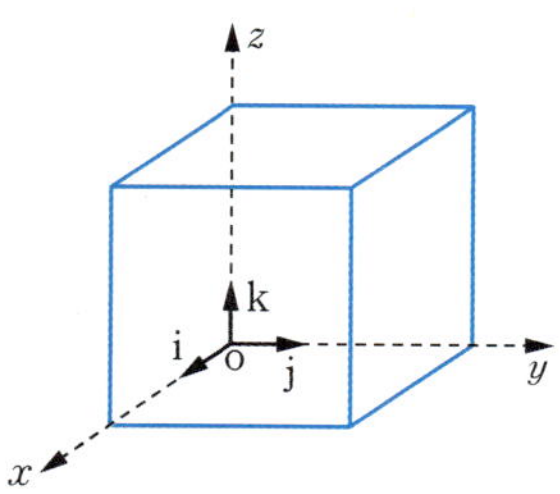

[그림 30-42]

[문제 14] $(3\mathbf{i}+2\mathbf{j}+2\mathbf{k})-(4\mathbf{i}-3\mathbf{j}+2\mathbf{k})$를 구하라.

$$(3\mathbf{i}+2\mathbf{j}+2\mathbf{k})-(4\mathbf{i}-3\mathbf{j}+2\mathbf{k})$$

$$=3\mathbf{i}+2\mathbf{j}+2\mathbf{k}-4\mathbf{i}+3\mathbf{j}-2\mathbf{k}=-\mathbf{i}+5\mathbf{j}$$

[문제 15] $\mathbf{p}=3\mathbf{i}+2\mathbf{k}$, $\mathbf{q}=4\mathbf{i}-2\mathbf{j}+3\mathbf{k}$, $\mathbf{r}=-3\mathbf{i}+5\mathbf{j}-4\mathbf{k}$이다. 다음을 구하라.

(a) $-\mathbf{r}$ (b) $3\mathbf{p}$ (c) $2\mathbf{p}+3\mathbf{q}$
(d) $-\mathbf{p}+2\mathbf{r}$ (e) $0.2\mathbf{p}+0.6\mathbf{q}-3.2\mathbf{r}$

(a) $-\mathbf{r}=-(-3\mathbf{i}+5\mathbf{j}-4\mathbf{k})=\mathbf{+3i-5j+4k}$

(b) $3\mathbf{p}=3(3\mathbf{i}+2\mathbf{k})=\mathbf{9i+6k}$

(c) $2\mathbf{p}+3\mathbf{q}=2(3\mathbf{i}+2\mathbf{k})+3(4\mathbf{i}-2\mathbf{j}+3\mathbf{k})$

$$=6\mathbf{i}+4\mathbf{k}+12\mathbf{i}-6\mathbf{j}+9\mathbf{k}$$

$$=\mathbf{18i-6j+13k}$$

(d) $-\mathbf{p}+2\mathbf{r}=-(3\mathbf{i}+2\mathbf{k})+2(-3\mathbf{i}+5\mathbf{j}-4\mathbf{k})$

$$=-3\mathbf{i}-2\mathbf{k}+(-6\mathbf{i}+10\mathbf{j}-8\mathbf{k})$$

$$=-3\mathbf{i}-2\mathbf{k}-6\mathbf{i}+10\mathbf{j}-8\mathbf{k}$$

$$=\mathbf{-9i+10j-10k}$$

(e) $0.2\mathbf{p}+0.6\mathbf{q}-3.2\mathbf{r}$

$$=0.2(3\mathbf{i}+2\mathbf{k})+0.6(4\mathbf{i}-2\mathbf{j}+3\mathbf{k})-3.2(-3\mathbf{i}+5\mathbf{j}-4\mathbf{k})$$

$$=0.6\mathbf{i}+0.4\mathbf{k}+2.4\mathbf{i}-1.2\mathbf{j}+1.8\mathbf{k}+9.6\mathbf{i}-16\mathbf{j}+12.8\mathbf{k}$$

$$=\mathbf{12.6i-17.2j+15k}$$

◆ **이제 다음 연습문제를 풀어보자.**

[연습문제 153] i, j, k 표기법

※ $\mathbf{p}=2\mathbf{i}+0.5\mathbf{j}-3\mathbf{k}$, $\mathbf{q}=-\mathbf{i}+\mathbf{j}+4\mathbf{k}$, $\mathbf{r}=6\mathbf{j}-5\mathbf{k}$이다. i, j, k 형태로 다음 벡터를 계산하고 간단히 하라.

1	$-\mathbf{q}$	**2**	$2\mathbf{p}$
3	$\mathbf{q}+\mathbf{r}$	**4**	$-\mathbf{q}+2\mathbf{p}$
5	$3\mathbf{q}+4\mathbf{r}$	**6**	$\mathbf{q}-2\mathbf{p}$
7	$\mathbf{p}+\mathbf{q}+\mathbf{r}$	**8**	$\mathbf{p}+2\mathbf{q}+3\mathbf{r}$
9	$2\mathbf{p}+0.4\mathbf{q}+0.5\mathbf{r}$	**10**	$7\mathbf{r}-2\mathbf{q}$

[연습문제 154] 벡터에 대한 선다형 문제

※ 각 문제의 정답은 한 개이다.

1 다음 물리량들 중 벡터는 무엇인가?

(a) 시간 (b) 온도
(c) 힘 (d) 질량

2 수평면에서 각 72°로 40N의 힘 벡터가 주어질 때, 이 벡터의 수직성분은 무엇인가?

(a) 40N (b) 12.36N
(c) 38.04N (d) 123.11N

3 수평면에서 각 $-120°$로 30m의 변위벡터가 있을 때, 이 벡터의 수평성분은 무엇인가?

(a) -15m (b) -25.98m

(c) 15m (d) 25.98m

4 두 전압 페이저가 [그림 30-43]과 같다. $V_1 = 40$V와 $V_2 = 100$V의 합성 전압(즉, OA의 길이)은 무엇인가?

(a) V_1으로부터 32.55° 방향으로 131.4V인 벡터

(b) V_1으로부터 32.55° 방향으로 105.0V인 벡터

(c) V_1으로부터 68.30° 방향으로 131.4V인 벡터

(d) V_1으로부터 42.31° 방향으로 105.0V인 벡터

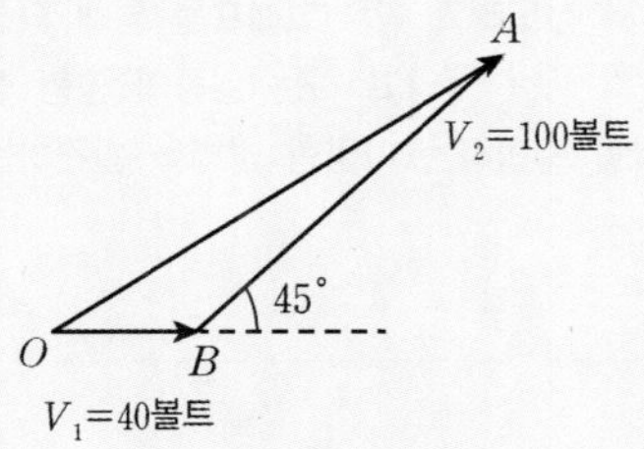

[그림 30-43]

5 4N의 힘이 두 번째 힘 7N으로부터 45°로 기울어져 있으며, [그림 30-44]와 같이 두 힘 모두 한 점에서 작용한다. 두 힘의 합성의 크기와 7N 힘에 관한 합성벡터의 방향을 구하라.

(a) 45° 방향으로 3N (b) 146° 방향으로 5N

(c) 135° 방향으로 11N (d) 16° 방향으로 10.2N

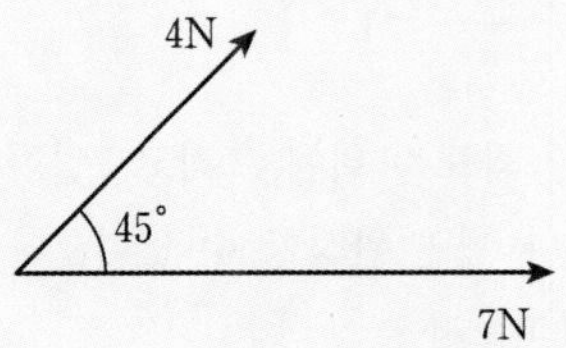

[그림 30-44]

※ **(문제 6~7)** 두 전압 페이저 V_1과 V_2가 [그림 30-45]와 같다.

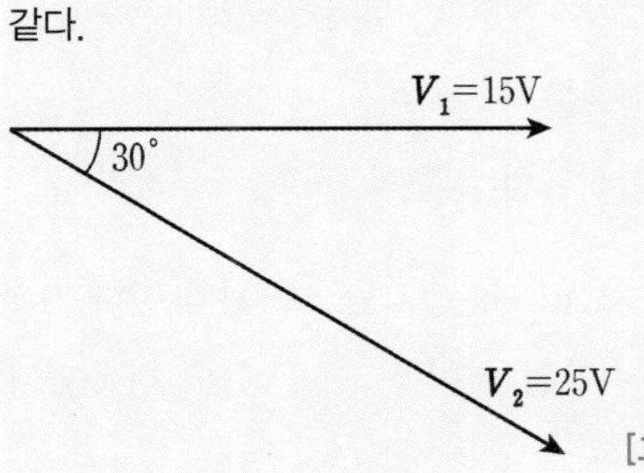

[그림 30-45]

6 두 전압의 합 $V_1 + V_2$는 무엇인가?

(a) V_1으로부터 62° 방향으로 14.16V인 벡터

(b) V_1으로부터 $-19°$ 방향으로 38.72V인 벡터

(c) V_1으로부터 161° 방향으로 38.72V인 벡터

(d) V_1으로부터 118° 방향으로 14.16V인 벡터

7 두 전압의 차 $V_1 - V_2$는 무엇인가?

(a) V_1으로부터 $-19°$ 방향으로 38.72V인 벡터

(b) V_1으로부터 62° 방향으로 14.16V인 벡터

(c) V_1으로부터 161° 방향으로 38.72V인 벡터

(d) V_1으로부터 118° 방향으로 14.16V인 벡터

8 20° 방향의 속도 3m/s와 120° 방향의 속도 7m/s가 한 점에서 동시에 작용할 때, 두 속도의 합의 크기는 얼마인가?

(a) 7.12m/s (b) 10m/s

(c) 21m/s (d) 4m/s

9 2N, 3N, 4N의 힘이 [그림 30-46]과 같이 작용할 때, 합성력의 크기는 얼마인가?

(a) 8.08N (b) 7.17N

(c) 9N (d) 1N

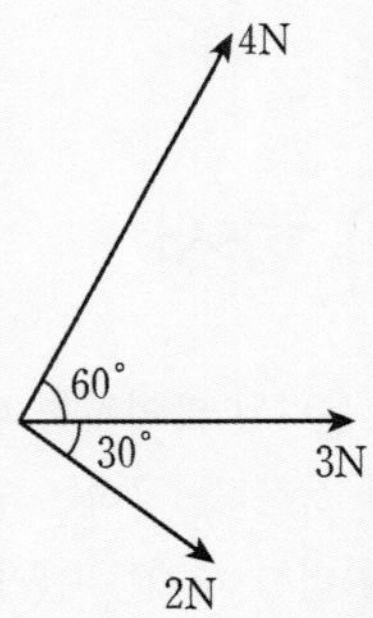

[그림 30-46]

10 세 힘 $\mathbf{p} = 4\mathbf{i} - 3\mathbf{j} + 2\mathbf{k}$, $\mathbf{q} = -5\mathbf{k}$, $\mathbf{r} = -2\mathbf{i} + 7\mathbf{j} + 6\mathbf{k}$가 공간상의 한 물체에 작용한다. 힘 $\mathbf{p}+\mathbf{q}-\mathbf{r}$은 무엇인가?

(a) $-3\mathbf{i} + 4\mathbf{j} + 4\mathbf{k}$ (b) $2\mathbf{i} + 4\mathbf{j} + 3\mathbf{k}$

(c) $6\mathbf{i} - 10\mathbf{j} - 9\mathbf{k}$ (d) $2\mathbf{i} + 4\mathbf{j} - 3\mathbf{k}$

Chapter 31

교류파형을 합성하는 방법

Methods of adding alternating waveforms

교류파형을 합성하는 방법을 이해하는 것이 왜 중요할까?

전자공학에서 페이저 phasor는 사인곡선으로 변하는 교류 전류 또는 교류전압과 같은 양을 나타내는 회전 벡터이다. 두 개의 교류파형을 합성하기 위해 사인파 모양으로 변하는 물리량(예 서로 위상이 일치하지 않는 교류(AC) 직렬회로)을 연구할 때 페이저가 필요하다. 전기공학자, 전자공학자, 전자공학 기술자와 항공기사는 모두 복잡한 상수와 변수들을 시각화하기 위해 페이저 선도 phasor diagrams를 사용한다. 즉 주어진 진동을 더하고 빼기 위한 회전 벡터가 생성되고(페이저 선도라고 함), 그래프를 통해 다른 진동과의 차이를 나타내는 진동이 더해지거나 계산된다. 페이저는 정현파 정상상태 sinusoidal steady state라고 하는 일종의 평형 상태에 도달하는 전기 및 기계 시스템의 동작을 분석하는 데 사용될 수 있다. 그러므로 정현파를 결합하는 다양한 방법을 발견하는 것은 공학의 특정 영역에서 어느 정도 중요한 일이다.

학습포인트

- 그래프를 그려서 두 페이저의 합성을 구한다.
- 그림을 그려서 두 개 이상의 페이저 합성을 구한다.
- 사인 및 코사인법칙으로 두 페이저의 합성을 구한다.
- 수평 및 수직성분으로 두 개 이상의 페이저 합성을 구한다.

31.1 두 주기함수의 합성

파형들이 합성되거나 두 개 이상의 분리된 페이저를 대체할 수 있는 단일 페이저(합성 파형이라고 함)를 구하는 공학적이고 과학적인 사례가 많이 있다. 이러한 사례는 전기 교류 전류 이론, 기계 진동, 힘과 음파를 더할 때 발견된다.

합성 파형을 구하는 방법에는 다음과 같이 여러 가지가 있다.

❶ 파형을 그리고 그래프를 이용해 합성한다.
❷ 페이저를 그리고 그 합성을 측정한다.
❸ 사인 및 코사인법칙을 이용한다.
❹ 수평 및 수직성분을 이용한다.

31.2 주기함수 그리기

이는 다른 함수들을 동일한 좌표축 위에 그리고, 일정한 간격으로 수직좌표를 더하거나 빼면 완성할 수 있다. 다음 문제들을 통해 이 방법을 살펴보자.

*[문제 1] $A=0°$에서 $A=360°$까지의 범위에서 $y_1=3\sin A$를 그려라. 동일한 좌표축 위에 $y_2=2\cos A$를 그려라. 수직좌표를 추가하여 $y_R=3\sin A+2\cos A$를 그리고, 이 합성파의 정현파 표현을 구하라.

$y_1=3\sin A$와 $y_2=2\cos A$는 [그림 31-1]과 같다. 15° 간격으로 수직좌표가 추가될 것이다. 예를 들어 다음과 같다.

0°에서, $y_1+y_2=0+2=2$

15°에서, $y_1+y_2=0.78+1.93=2.71$

120° 에서, $y_1 + y_2 = 2.60 + (-1) = 1.6$

210° 에서, $y_1 + y_2 = -1.50 - 1.73 = -3.23$, ⋯

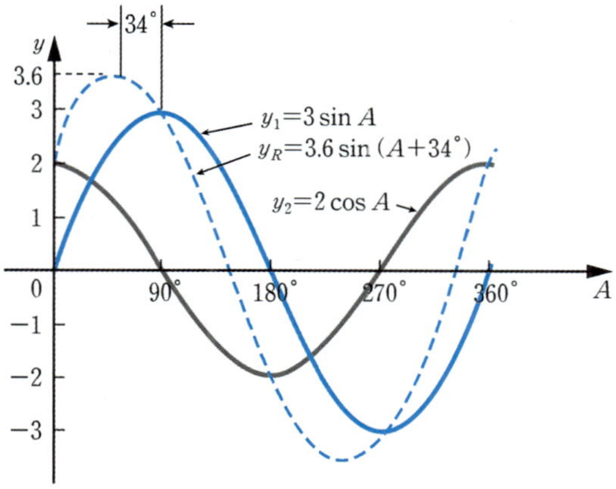

[그림 31–1]

점선으로 나타낸 합성파는 동일한 주기, 즉 360°를 가지며, 따라서 단일 페이저로서 동일한 주파수를 갖는다. 최댓값 또는 진폭은 3.6이다. 합성파는 $y_1 = 3\sin A$보다 34° 또는 $34 \times \frac{\pi}{180}$ rad $= 0.593$ rad 만큼 **앞선다.** 이 합성파에 대한 정현파 형식은 다음과 같다.

$$\boldsymbol{y_R = 3.6\sin(A + 34°)} \text{ 또는 } \boldsymbol{y_R = 3.6\sin(A + 0.593)}$$

*[문제 2] $y_1 = 4\sin\omega t$와 $y_2 = 3\sin\left(\omega t - \frac{\pi}{3}\right)$의 그래프를 1사이클에서 동일한 좌표축 위에 그려라. 각 구간에 수직좌표를 더하여 $y_R = y_1 + y_2$의 좌표로 위치를 구하라. 그리고 합성파에 대한 정현파 표현을 구하라.

$y_1 = 4\sin\omega t$와 $y_2 = 3\sin\left(\omega t - \frac{\pi}{3}\right)$가 [그림 31–2]와 같다.

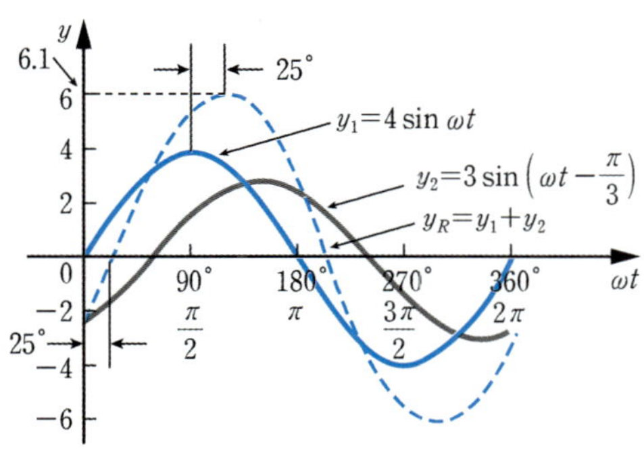

[그림 31–2]

15° 간격으로 수직좌표가 더해지고, 합성파는 점선으로 나타냈다. 합성파의 진폭은 6.1이고 y_1보다 25° 또는 0.436 rad **뒤처진다.** 그러므로 합성파에 대한 정현파 표현은 다음과 같다.

$$\boldsymbol{y_R = 6.1\sin(\omega t - 0.436)}$$

*[문제 3] $y_1 = 4\sin\omega t$, $y_2 = 3\sin\left(\omega t - \frac{\pi}{3}\right)$일 때, $y_1 - y_2$에 대한 정현파 표현을 구하라.

y_1과 y_2는 [그림 31–3]과 같다.

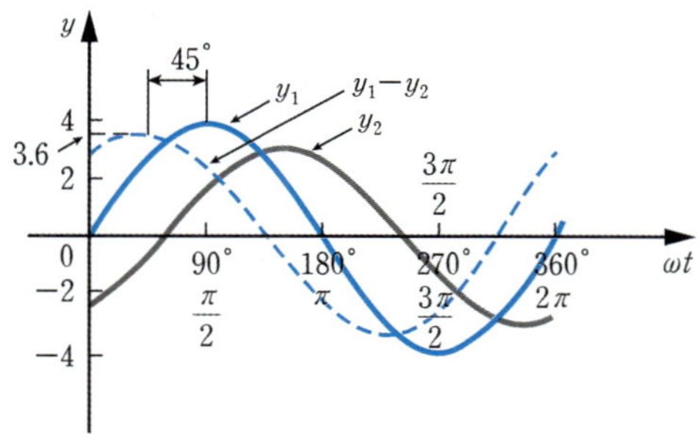

[그림 31–3]

15° 간격으로 y_1에서 y_2를 뺀다. 예를 들어 다음과 같다.

0° 에서, $y_1 - y_2 = 0 - (-2.6) = +2.6$

30° 에서, $y_1 - y_2 = 2 - (-1.5) = +3.5$

150° 에서, $y_1 - y_2 = 2 - 3 = -1$, ⋯

합성파(점선으로 나타냄)에 대한 진폭 또는 피크값은 3.6이고, y_1보다 45° 또는 0.79 rad 앞선다. 그러므로 합성파에 대한 정현파 표현은 다음과 같다.

$$\boldsymbol{y_1 - y_2 = 3.6\sin(\omega t + 0.79)}$$

*[문제 4] 두 교류 전류가 다음과 같이 주어진다.

$$i_1 = 20\sin\omega t\,[\text{A}], \quad i_2 = 10\sin\left(\omega t + \frac{\pi}{3}\right)[\text{A}]$$

동일한 좌표축 위에 파형들을 그리고, 더해서 합성파 $i_1 + i_2$에 대한 정현파 표현을 구하라.

i_1과 i_2는 [그림 31–4]와 같다. $i_1 + i_2$에 대한 합성파는 점선으로 나타내었다. 이것은 동일한 주기를 가지며, 따라서 i_1과 i_2와 같은 주파수를 갖는다.

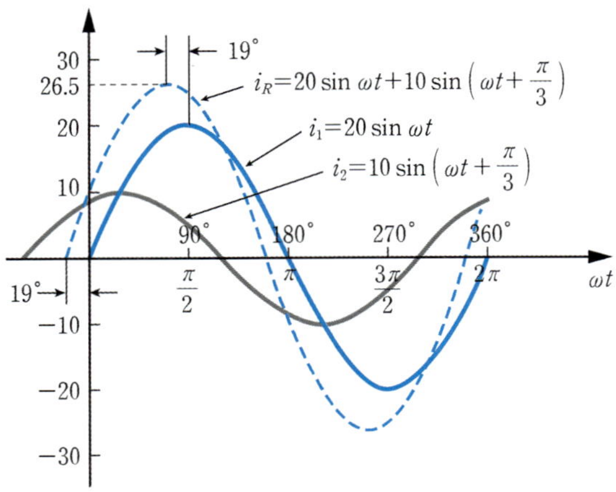

[그림 31-4]

진폭 또는 피크값은 26.5 A이다. 합성파는 $i_1 = 20\sin\omega t$보다 19° 또는 0.33 rad 앞선다. 그러므로 합성 $i_1 + i_2$에 대한 정현파 표현은 다음과 같다.

$$i_R = i_1 + i_2 = 26.5\sin(\omega t + 0.33)\ \text{A}$$

◆ **이제 다음 연습문제를 풀어보자.**

[연습문제 155] 주기함수 그리기

*1 $A = 0°$에서 360°까지의 범위에서 $y = 2\sin A$를 그려라. 동일한 좌표축 위에 $y = 4\cos A$를 그려라. 구간에 수직좌표를 추가하여 $y = 2\sin A + 4\cos A$를 그려라. 그리고 파형에 대한 정현파 표현을 구하라.

*2 두 교류 전압이 $v_1 = 10\sin\omega t$, $v_2 = 14\sin\left(\omega t + \frac{\pi}{3}\right)$[V]로 주어진다. v_1과 v_2를 1사이클에서 동일한 좌표축 위에 그리고, (a) $v_1 + v_2$, (b) $v_1 - v_2$에 대한 정현파 표현을 구하라.

*3 $12\sin\omega t + 5\cos\omega t$를 그림으로 나타내고, 이를 측정하여 $A\sin(\omega t \pm \alpha)$ 형식으로 표현하라.

31.3 그림을 이용하여 합성 페이저 구하기

두 주기함수의 합성은 시간이 0일 때 그들의 상대위치에서 찾아볼 수 있다. 예를 들어, $y_1 = 4\sin\omega t$이고 $y_2 = 3\sin\left(\omega t - \frac{\pi}{3}\right)$이면, [그림 31-5]와 같이 각각은 **페이저**로 표현될 수 있다. y_1은 수평 방향으로 4단위의 길이이고, y_2는 y_1보다 $\frac{\pi}{3}$라디안 또는 60° 뒤처지며, 길이는 3단위이다. $y_1 + y_2$의 합성을 구하기 위해, [그림 31-6]과 같이 y_1은 수평 방향으로 그리고, y_2는 y_1의 끝에서 수평과 60°가 되도록 연결한다. 합성은 y_R로 주어지며, [그림 31-7]에서 완성된 평행사변형의 대각선과 동일하다.

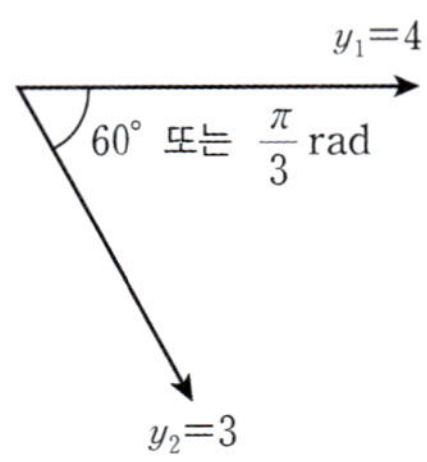

[그림 31-5]

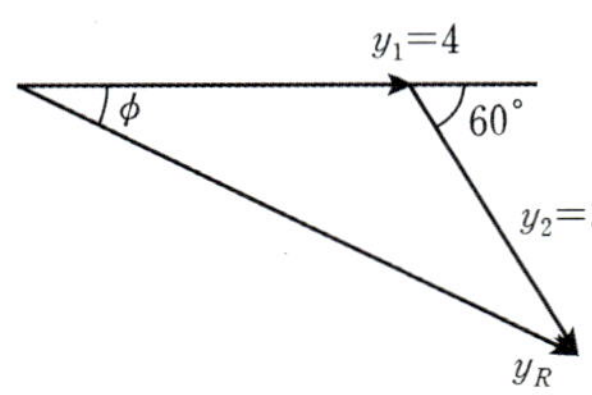

[그림 31-6]

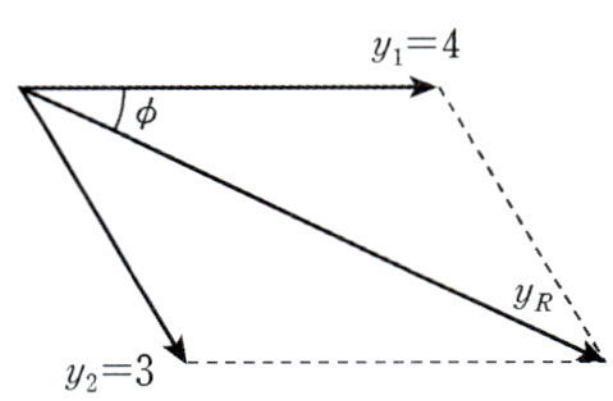

[그림 31-7]

[그림 31-6]과 [그림 31-7]에서 합성 y_R은, 페이저와 그들의 크기 방향을 그림으로 그리고 자와 각도기를 이용해 측정함으로써 구할 수 있다. 이 예에서 y_R은 길이가 6단위이고 각 ϕ는 25° 또는 다음과 같이 라디안으로 측정된다.

$$25° = 25 \times \frac{\pi}{180}\ \text{rad} = 0.44\ \text{rad}$$

그러므로 그림을 이용해서 요약하면 다음과 같다.

$$y_R = y_1 + y_2 = 4\sin\omega t + 3\sin\left(\omega t - \frac{\pi}{3}\right)$$
$$= 6\sin(\omega t - 0.44)$$

그러면 합성 페이저 $y_R = y_1 - y_2$는 길이가 3단위이지만, [그림 31-8]과 같이 반대방향으로 그려진다. 따라서 $\boldsymbol{y_1 - y_2 = 3.6\sin(\omega t + 0.80)}$이다.

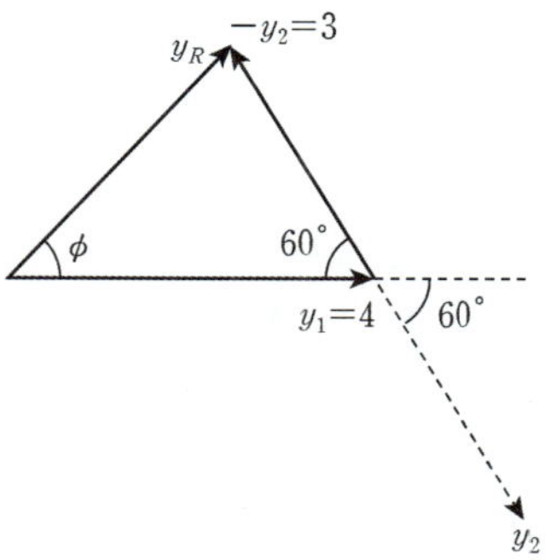

[그림 31-8]

***[문제 5]** 두 교류 전류가 $i_1 = 20\sin\omega t$[A]와 $i_2 = 10\sin\left(\omega t + \frac{\pi}{3}\right)$[A]로 주어진다. 페이저를 그려서 $i_1 + i_2$를 구하라.

시간 $t=0$에서 i_1과 i_2의 상대위치는 [그림 31-9]에서 페이저로 나타난다. 여기서 $\frac{\pi}{3}$rad $=60°$이다. [그림 31-10]에서 페이저 선도는 자와 각도기로 그릴 수 있다. 합성은 i_R로서, 크기는 26A이고 각 ϕ는 19° 또는 0.33rad으로 i_1을 앞선다. 그러므로 그림과 측정을 통해 다음을 얻는다.

$$\boldsymbol{i_R = i_1 + i_2 = 26\sin(\omega t + 0.33)\,\mathrm{A}}$$

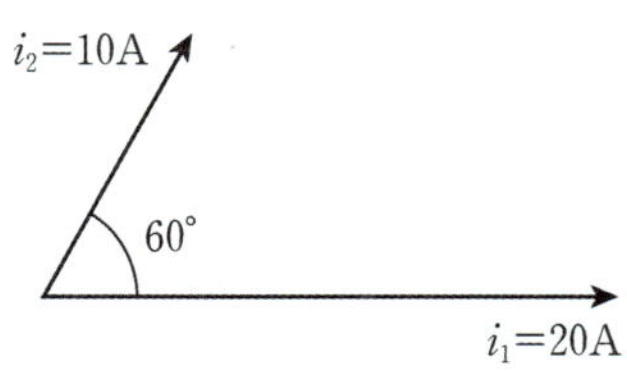

[그림 31-9]

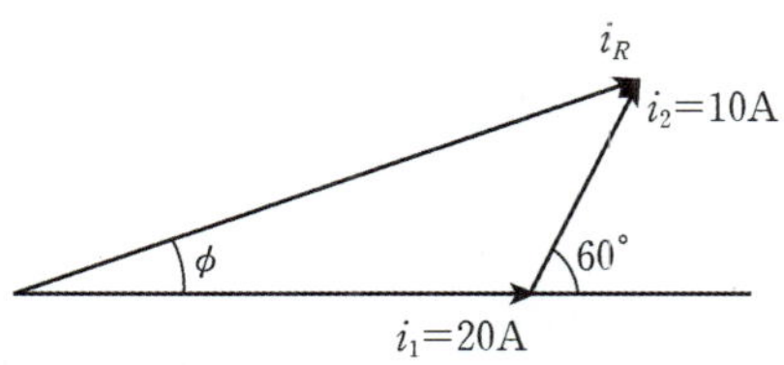

[그림 31-10]

***[문제 6]** [문제 5]의 교류에 대해 페이저를 그려서 $i_1 - i_2$를 구하라.

시간 $t=0$에서 전류 i_1([그림 31-11]에서 $0a$)은 수평 방향으로 길이가 20단위이다. 전류 i_2는 길이가 10단위이고 60° 앞선다. 전류 $-i_2$([그림 31-11]에서 점선으로 표시된 ab)는 i_2와 반대방향으로 그려진다. 합성 i_R([그림 31-11]에서 $0b$)은 각 ϕ만큼 뒤처진다.

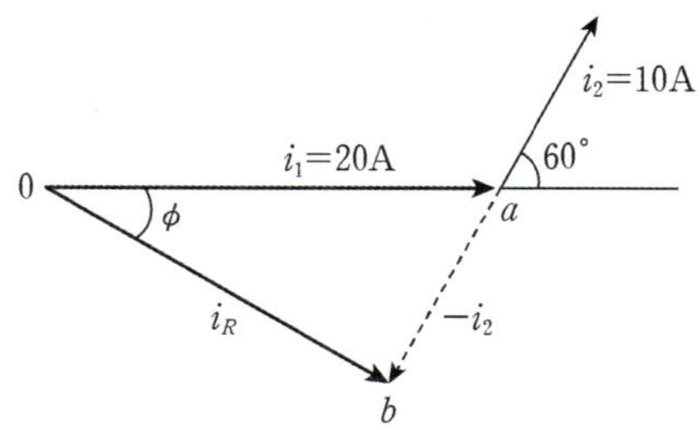

[그림 31-11]

측정에 의해, $i_R = 17$A이고 $\phi = 30°$ 또는 0.52rad이다. 그러므로 페이저를 그림으로써 다음을 얻는다.

$$\boldsymbol{i_R = i_1 - i_2 = 17\sin(\omega t - 0.52)\,\mathrm{A}}$$

◆ 이제 다음 연습문제를 풀어보자.

[연습문제 156] 그림을 이용하여 합성 페이저 구하기

***1** 페이저를 그려서 $2\sin\theta + 4\cos\theta$에 대한 정현파 표현을 구하라.

***2** $v_1 = 10\sin\omega t$[V]이고 $v_2 = 14\sin\left(\omega t + \frac{\pi}{3}\right)$[V]일 때, 페이저를 그려서 (a) $v_1 + v_2$, (b) $v_1 - v_2$에 대한 정현파 표현을 구하라.

***3** 페이저를 그려서 $12\sin\omega t + 5\cos\omega t$를 $A\sin(\omega t \pm \alpha)$ 형식으로 표현하라.

31.4 사인법칙과 코사인법칙으로 합성 페이저 구하기

앞에서 설명한 것과 같이, 두 주기함수의 합성은 시간이 0일 때 상대적인 위치로 구해질 수 있다. 예를 들어, $y_1 = 5\sin\omega t$이고 $y_2 = 4\sin\left(\omega t - \frac{\pi}{6}\right)$이면, 각각은 [그림 31-12]와 같이 페이저로 표현될 수 있을 것이다. y_1은 수평 방향으로 5단위이고, y_2는 y_1보다 $\frac{\pi}{6}$rad 또는 30°만큼 뒤처진다. 합성 y_1+y_2를 구하기 위해, y_1을 [그림 31-13]과 같이 수평으로 그리고, y_2는 수평과 $\frac{\pi}{6}$rad 또는 30°로 y_1의 끝에서 연결한다. 합성은 y_R로 주어진다.

[그림 31-13]의 삼각형 $0ab$에 코사인법칙(24장 참조)을 이용하면 다음을 얻는다.

$$y_R^2 = 5^2 + 4^2 - [2(5)(4)\cos 150°]$$
$$= 25 + 16 - (-34.641) = 75.641$$

이 식으로부터 $y_R = \sqrt{75.641} = 8.697$이다.

사인법칙을 이용하여 다음을 얻는다.

$$\frac{8.697}{\sin 150°} = \frac{4}{\sin\phi}$$

$$\sin\phi = \frac{4\sin 150°}{8.697} = 0.22996$$

$$\phi = \sin^{-1}0.22996 = 13.29° \quad 또는 \quad 0.232\,\text{rad}$$

따라서 다음을 얻는다.

$$\boldsymbol{y_R = y_1 + y_2} = 5\sin\omega t + 4\sin\left(\omega t - \frac{\pi}{6}\right)$$
$$= \mathbf{8.697\sin(\omega t - 0.232)}$$

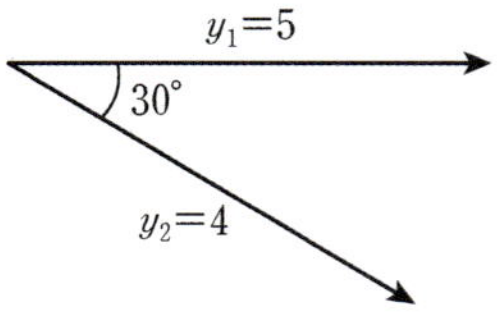

[그림 31-12]

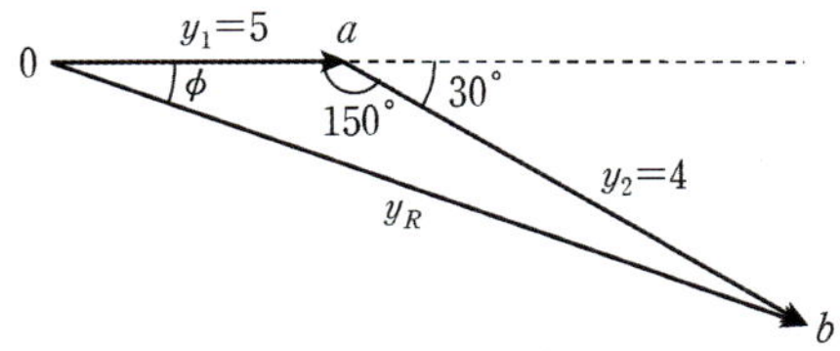

[그림 31-13]

***[문제 7]** $y_1 = 2\sin\omega t$와 $y_2 = 3\sin\left(\omega t + \frac{\pi}{4}\right)$가 주어졌을 때, 계산을 하여 합성 $y_R = y_1 + y_2$에 대한 표현을 구하라.

시간 $t=0$일 때, 페이저 y_1과 y_2의 위치는 [그림 31-14(a)]에 보인다. 합성을 얻기 위해, y_1는 수평 방향으로 길이 2단위로 그리고, y_2는 $\frac{\pi}{4}$rad 또는 45° 방향으로 길이 3단위로 그린다. 그리고 [그림 31-14(b)]와 같이 y_2는 y_1의 끝에서 연결한다. [그림 31-14(b)]로부터 코사인법칙을 이용하면 다음과 같다.

$$y_R^2 = 2^2 + 3^2 - [2(2)(3)\cos 135°]$$
$$= 4 + 9 - [-8.485] = 21.485$$

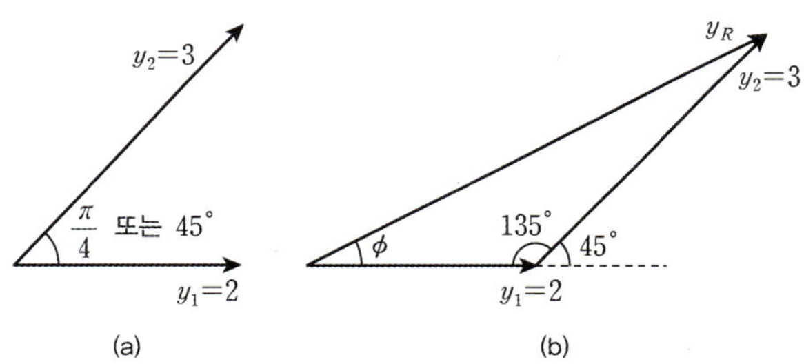

[그림 31-14]

그러므로 $y_R = \sqrt{21.485} = 4.6352$이고, 사인법칙을 이용하여 다음을 얻는다.

$$\frac{3}{\sin\phi} = \frac{4.6352}{\sin 135°}$$

$$\sin\phi = \frac{3\sin 135°}{4.6352} = 0.45765$$

$$\phi = \sin^{-1}0.45765$$
$$= 27.24° \quad 또는 \quad 0.475\,\text{rad}$$

따라서 계산을 하면 $\mathbf{y_R = 4.635\sin(\omega t + 0.475)}$이다.

*[문제 8] 코사인 및 사인법칙을 이용하여 $20\sin\omega t + 10\sin\left(\omega t + \frac{\pi}{3}\right)$를 구하라.

[그림 31-15]의 페이저 선도와 코사인법칙으로부터 다음을 얻는다.

$$i_R^2 = 20^2 + 10^2 - [2(20)(10)\cos 120°] = 700$$

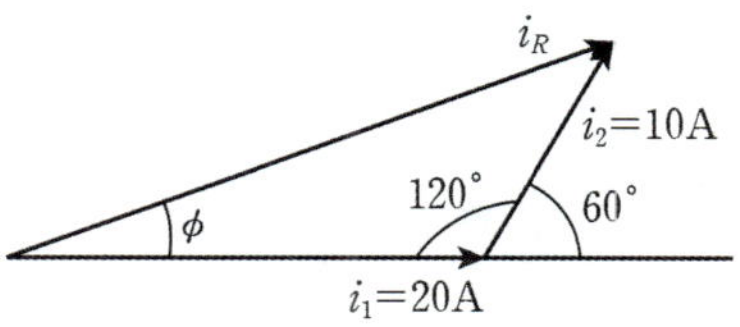

[그림 31-15]

그러므로 $i_R = \sqrt{700} = \mathbf{26.46}\,\mathrm{A}$이고, 사인법칙을 이용하여 다음을 얻는다.

$$\frac{10}{\sin\phi} = \frac{26.46}{\sin 120°}$$

$$\sin\phi = \frac{10\sin 120°}{26.46} = 0.327296$$

$$\phi = \sin^{-1}0.327296 = \mathbf{19.10°}$$

$$= 19.10 \times \frac{\pi}{180} = \mathbf{0.333}\,\mathrm{rad}$$

그러므로 코사인과 사인법칙에 의해 다음을 얻는다.

$$i_R = i_1 + i_2$$
$$= \mathbf{26.46}\sin(\omega t + \mathbf{0.333})\,\mathrm{A}$$

◆ **이제 다음 연습문제를 풀어보자.**

[연습문제 157] 사인법칙과 코사인법칙으로 합성 페이저 구하기

*1 코사인과 사인법칙을 이용하여 $y = 2\sin A + 4\cos A$에 대한 정현파 표현을 구하라.

*2 $v_1 = 10\sin\omega t$[V], $v_2 = 14\sin\left(\omega t + \frac{\pi}{3}\right)$[V]가 주어졌을 때, 코사인과 사인법칙을 이용하여 (a) $v_1 + v_2$와 (b) $v_1 - v_2$에 대한 정현파 표현을 구하라.

※ (문제 3~5) 코사인과 사인법칙을 이용하여 주어진 식을 $A\sin(\omega t \pm \alpha)$ 형태로 표현하라.

*3 $12\sin\omega t + 5\cos\omega t$

*4 $7\sin\omega t + 5\sin\left(\omega t + \frac{\pi}{4}\right)$

*5 $6\sin\omega t + 3\sin\left(\omega t - \frac{\pi}{6}\right)$

*6 전기 회로망의 두 병렬 분지에 있는 정현파 전류는 $400\sin\omega t$와 $750\sin\left(\omega t - \frac{\pi}{3}\right)$이고, 단위는 [mA]이다. 병렬 배열에 흐르는 전체 전류([A] 단위)의 정현파 표현을 구하라.

*7 수직 평면 안에 용수철에 매달려서 진동하는 물체가 있다. 시간 t에서 이 물체의 변위는 $s = (75\sin\omega t + 40\cos\omega t)$이다. 이를 $s = A\sin(\omega t + \phi)$ 형태로 표현하라.

31.5 수평 및 수직성분을 이용하여 합성 페이저 구하기

[그림 31-16]과 같이 직각삼각형이 만들어진다면, $0a$를 F의 수평성분이라 하고, ab를 F의 수직성분이라 한다.

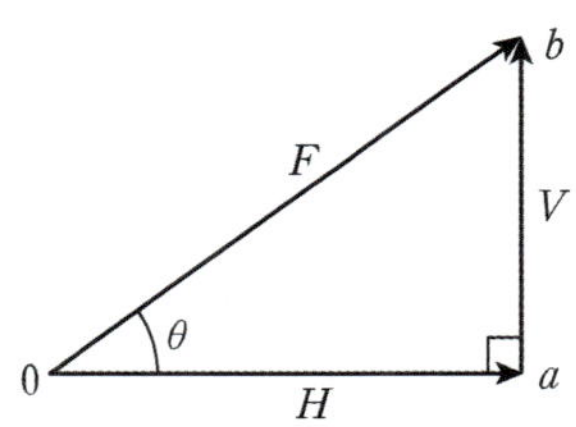

[그림 31-16]

삼각법(22장 참조)에 따라 $\cos\theta = \frac{0a}{0b}$이고, 따라서 $0a = 0b\cos\theta = F\cos\theta$이다. 즉 **$F$의 수평성분은 $H = F\cos\theta$이다.**

또한 $\sin\theta = \frac{ab}{0b}$이고, 따라서 $ab = 0b\sin\theta = F\sin\theta$이다. 즉 **$F$의 수직성분은 $V = F\sin\theta$이다.**

다음 문제들을 통해 수평성분과 수직성분을 이용해 합성 페이저를 구하는 방법을 살펴보자.

***[문제 9]** 두 교류 전압이 $v_1 = 15\sin\omega t$[V]와 $v_2 = 25\sin\left(\omega t - \frac{\pi}{6}\right)$[V]로 주어진다. 수평성분과 수직성분을 구하여 합성 $v_R = v_1 + v_2$에 대한 정현파 표현을 구하라.

시간 $t=0$에서 v_1과 v_2의 합성은 [그림 31-17(a)]와 같고, 페이저 선도는 [그림 31-17(b)]와 같다.

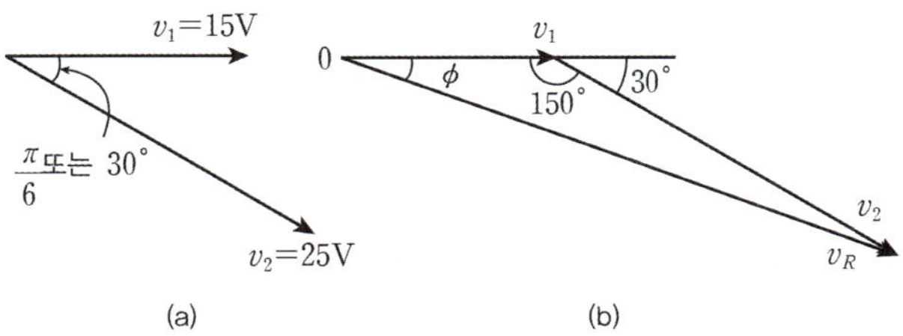

[그림 31-17]

v_R의 수평성분은 다음과 같다.

$$\boldsymbol{H} = 15\cos 0° + 25\cos(-30°) = \mathbf{36.65\,V}$$

v_R의 수직성분은 다음과 같다.

$$\boldsymbol{V} = 15\sin 0° + 25\sin(-30°) = \mathbf{-12.50\,V}$$

그러므로 피타고라스 정리를 이용하여 다음과 같이 구할 수 있다.

$$v_R = \sqrt{36.65^2 + (-12.50)^2}$$
$$= \mathbf{38.72\,V}$$
$$\tan\phi = \frac{V}{H} = \frac{-12.50}{36.65} = -0.3411$$
$$\phi = \tan^{-1}(-0.3411)$$
$$= \mathbf{-18.83°} \quad \text{또는} \quad \mathbf{-0.329\,rad}$$

따라서 $\boldsymbol{v_R = v_1 + v_2 = 38.72\sin(\omega t - 0.329)\,V}$이다.

***[문제 10]** [문제 9]에서, 수평성분과 수직성분을 이용하여 합성 $v_R = v_1 - v_2$를 구하라.

v_R의 수평성분은 다음과 같다.

$$\boldsymbol{H} = 15\cos 0° - 25\cos(-30°) = \mathbf{-6.65\,V}$$

v_R의 수직성분은 다음과 같다.

$$\boldsymbol{V} = 15\sin 0° - 25\sin(-30°) = \mathbf{12.50\,V}$$

그러므로 피타고라스 정리를 이용하여 다음과 같이 구할 수 있다.

$$v_R = \sqrt{(-6.65)^2 + (12.50)^2} = \mathbf{14.16\,V}$$
$$\tan\phi = \frac{V}{H} = \frac{12.50}{-6.65} = -1.8797$$
$$\phi = \tan^{-1}(-1.8797)$$
$$= \mathbf{118.01°} \quad \text{또는} \quad \mathbf{2.06\,rad}$$

따라서 $\boldsymbol{v_R = v_1 - v_2 = 14.16\sin(\omega t + 2.06)\,V}$이다.

페이저 선도는 [그림 31-18]과 같다.

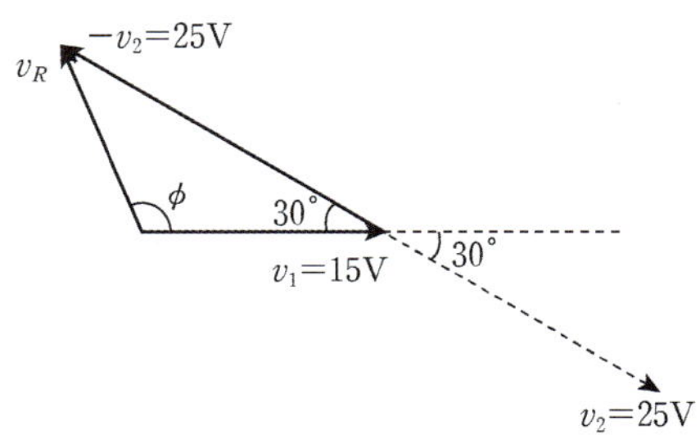

[그림 31-18]

***[문제 11]** 수평성분과 수직성분을 이용하여 $20\sin\omega t + 10\sin\left(\omega t + \frac{\pi}{3}\right)$를 구하라.

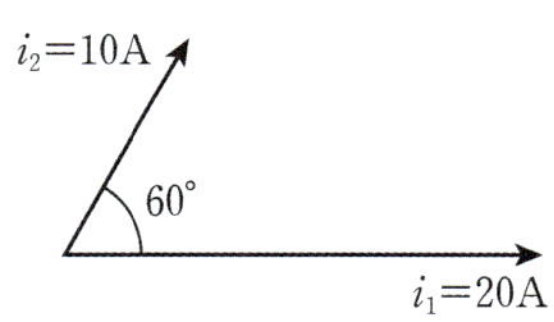

[그림 31-19]

[그림 31-19]의 페이저로부터 전체 수평성분은 다음과 같다.

$$\boldsymbol{H} = 20\cos 0° + 10\cos 60° = \mathbf{25.0}$$

전체 수직성분은 다음과 같다.

$$\boldsymbol{V} = 20\sin 0° + 10\sin 60° = \mathbf{8.66}$$

피타고라스 정리에 의해 합성과 페이저 각은 각각 다음과 같다.

$$i_R = \sqrt{25.0^2 + 8.66^2} = 26.46\,\text{A}$$

$$\phi = \tan^{-1}\left(\frac{8.66}{25.0}\right)$$

$$= 19.11° \quad 또는 \quad 0.333\,\text{rad}$$

그러므로 수평성분과 수직성분을 이용해 다음과 같이 구할 수 있다.

$$20\sin\omega t + 10\sin\left(\omega t + \frac{\pi}{3}\right)$$

$$= 26.46\sin(\omega t + 0.333)$$

◆ **이제 다음 연습문제를 풀어보자.**

[연습문제 158] 수평성분과 수직성분을 이용하여 합성 페이저 구하기

※ (문제 1~5) 수평성분과 수직성분을 이용하여 주기함수의 합성을 $A\sin(\omega t \pm \alpha)$ 형태로 표현하라.

*1 $7\sin\omega t + 5\sin\left(\omega t + \frac{\pi}{4}\right)$[A]

*2 $6\sin\omega t + 3\sin\left(\omega t - \frac{\pi}{6}\right)$[V]

*3 $i = 25\sin\omega t - 15\sin\left(\omega t + \frac{\pi}{3}\right)$[A]

*4 $v = 8\sin\omega t - 5\sin\left(\omega t - \frac{\pi}{4}\right)$[V]

*5 $x = 9\sin\left(\omega t + \frac{\pi}{3}\right) - 7\sin\left(\omega t - \frac{3\pi}{8}\right)$[m]

*6 직렬회로에 각각 교류(AC) 전압 $v_1 = 200\sin 314.2t$[V]와 $v_2 = 120\sin\left(314.2t - \frac{\pi}{5}\right)$[V]가 인가된다. 이때 두 성분에 전압강하가 발생한다. 다음을 구하라.

(a) 공급 전압($v_1 + v_2$) : $A\sin(\omega t \pm \alpha)$ 형태로

(b) 공급 전압의 주파수

*7 회로에 공급되는 전압은 $v = 20\sin 628.3t$[V]이고, 성분 중의 하나를 지나는 전압 강하는 $v_1 = 15\sin(628.3t - 0.52)$[V]이다. 다음을 구하라.

(a) 회로의 나머지 성분을 지나는 전압 강하($v - v_1$) : $A\sin(\omega t \pm \alpha)$ 형태로

(b) 공급 주파수

(c) 공급원의 주기시간

*8 직렬회로에 교류(AC) 전압이 인가되고, 이때 세 요소에 걸리는 전압은 다음과 같다.

$$v_1 = 25\sin\left(300\pi t + \frac{\pi}{6}\right)[\text{V}]$$

$$v_2 = 40\sin\left(300\pi t - \frac{\pi}{4}\right)[\text{V}]$$

$$v_3 = 50\sin\left(300\pi t + \frac{\pi}{3}\right)[\text{V}]$$

다음을 구하라.

(a) 공급 전압 : 정현파 형태, $A\sin(\omega t \pm \alpha)$ 형태로

(b) 공급 전압의 주파수

(c) 주기시간

*9 전기회로에서 두 성분이 직렬로 연결되어 있다. 첫 번째 성분에 걸리는 전압은 $80\sin\left(\omega t + \frac{\pi}{3}\right)$[V]이고, 두 번째 성분을 지나는 전압은 $150\sin\left(\omega t - \frac{\pi}{4}\right)$[V]이다. 두 성분에 공급되는 전체 공급 전압의 정현파 표현을 구하라.

[연습문제 159] 교류파형을 합성하는 방법에 대한 선다형 문제

※ 각 문제의 정답은 한 개이다.

※ (문제 1~2) 두 교류 전압 $v_1 = 2\sin\omega t$[V]와 $v_2 = 3\sin\left(\omega t + \frac{\pi}{4}\right)$[V]가 주어진다.

1 [그림 31-20]의 페이저 선도에서 $\boldsymbol{v_R = v_1 + v_2}$는 무엇인가?

(a) (i) (b) (ii) (c) (iii) (d) (iv)

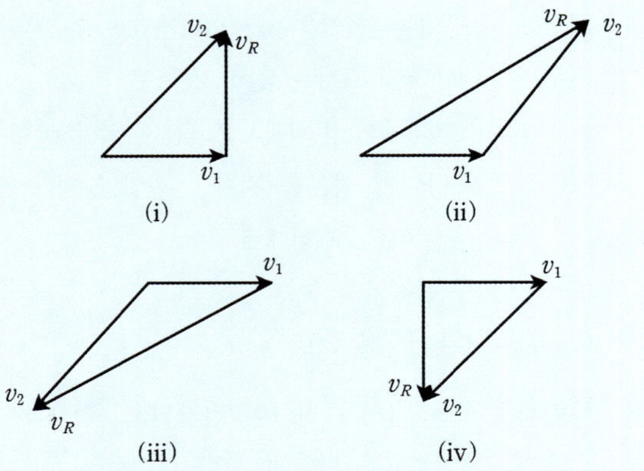

[그림 31-20]

2 [그림 31-20]의 페이저 선도에서 $\boldsymbol{v_R = v_1 - v_2}$는 무엇인가?

(a) (i) (b) (ii) (c) (iii) (d) (iv)

3 두 교류 전류 $i_1 = 4\sin\omega t$[A], $i_2 = 3\sin\left(\omega t + \frac{\pi}{6}\right)$[A]에 대하여, $i_1 + i_2$의 정현파 표현은 무엇인가?

(a) $5\sin(\omega t + 30)$[A]

(b) $5\sin\left(\omega t + \frac{\pi}{6}\right)$[A]

(c) $6.77\sin(\omega t + 0.22)$[A]

(d) $6.77\sin(\omega t + 12.81)$[A]

4 두 교류 전압 $v_1 = 5\sin\omega t$[V], $v_2 = 12\sin\left(\omega t - \frac{\pi}{3}\right)$[V]에 대하여, $v_1 + v_2$의 정현파 표현은 무엇인가?

(a) $13\sin(\omega t - 60)$[V]

(b) $15.13\sin(\omega t - 0.76)$[V]

(c) $13\sin(\omega t - 1.05)$[V]

(d) $15.13\sin(\omega t - 43.37)$[V]

5 두 교류 전류는 $i_1 = 3\sin\omega t$[A], $i_2 = 4\sin\left(\omega t + \frac{\pi}{4}\right)$[A]에 대하여, $i_1 - i_2$의 정현파 표현은 무엇인가?

(a) $1.00\sin(\omega t - 3.09)$[A]

(b) $6.48\sin(\omega t + 0.45)$[A]

(c) $1.00\sin(\omega t - 176.96)$[A]

(d) $6.48\sin(\omega t - 25.89)$[A]

Chapter 32

통계자료의 표현

Presentation of statistical data

통계자료의 표현을 이해하는 것이 왜 중요할까?

통계학은 자료의 수집, 정리, 분석, 해석을 연구하는 학문이다. 설문조사와 실험 설계를 통해 자료 수집을 계획하고, 더불어 자료의 모든 측면을 다룬다. 통계학은 자연과학과 사회과학, 공학, 정부 및 비즈니스를 포함해 매우 다양한 학문 영역에 응용할 수 있다. 통계적 방법은 수집한 자료를 요약하거나 기술하는 데 사용될 수 있다. 공학 통계는 공학과 통계학을 결합한 것이다. 실험계획법 Design of experiment은 통계적 모형을 이용해 과학과 공학적인 문제를 공식화하는 방법론이다. 품질관리와 공정제어에서는 제조공정과 생산품의 규격기준에 대한 일치성을 관리하기 위한 도구로서 통계를 이용한다. 표준 및 메서드 엔지니어링 time and methods engineering에서는 제조업의 반복적인 작업을 연구하는 데 통계를 사용한다. 이로써 표준을 설정하고 최적의 제조 절차를 찾을 수 있다. 신뢰성 공학 reliability engineering은 의도한 기능(및 시간)을 수행하는 시스템의 성능을 측정하고, 성능 개선을 위한 도구를 갖추고 있다. 확률적 설계 probabilistic design는 생산과 시스템 설계에서 확률을 이용한다. 시스템 식별 system identification은 통계학적 모델을 사용하여 측정된 자료로부터 동적 시스템의 수학적 모형을 만든다. 시스템 식별은 또한 유용한 자료를 효율적으로 생성하고 그와 같은 모형에 맞추기 위해 최적의 실험 설계를 갖춘다. 이 장에서는 통계자료의 표현에 대해 소개한다.

학습포인트

- 이산자료와 연속자료를 구분한다.
- 픽토그램, 수평·수직 막대그래프, 백분율 성분막대그래프, 원그래프 등을 이용하여 자료를 도식화한다.
- 자료 집단에 대한 계수표를 만든다.
- 계수표를 이용하여 도수분포를 형성한다.
- 도수분포로부터 히스토그램을 만든다.
- 도수분포로부터 도수다각형을 만든다.
- 집단화 자료로부터 누적도수분포를 만든다.
- 누적도수분포로부터 누적도수분포도를 만든다.

32.1 통계 용어

32.1.1 이산자료와 연속자료

자료는 다음과 같이 크게 두 가지 방법으로 얻을 수 있다.

❶ 셈을 함으로써 : ㉥ 같은 시간 주기로 우체국에서 팔린 우표의 개수

❷ 측정을 함으로써 : ㉥ 한 무리의 사람들의 키

자료의 수가 유한개이거나 무한히 많더라도 셈할 수 있을 때, 이러한 자료를 이산자료 discrete data라 한다. 측정된 자료는 특정 구간 내의 모든 값을 가질 수 있으며, 이러한 자료를 연속자료 continuous data라 한다.

[문제 1] 아래 주어진 내용의 자료를 얻는다. 이 자료가 이산자료인지 연속자료인지 설명하라.

(a) 1년 중에서 매월 한 달 동안 비가 내린 날수

(b) 다수의 영업자가 이동한 주행거리

(c) 각각의 유사한 배터리들이 지속되는 시간

(d) 여러 가족이 각각 음식에 소비한 금액

(a) 특정 달에 비가 내린 날수는 정수값이어야 하며, 이 날수는 **셈**을 함으로써 얻어진다. 그러므로 이 자료는 **이산자료**이다.

(b) 영업자는 특정 구간 내에서 수마일(+ 1마일의 일부)[1]를 주행할 수 있으며, 이러한 자료는 **측정**된다. 그러므로 이 자료는 **연속자료**이다.

(c) 배터리가 지속되는 시간은 **측정**되며, 특정 구간 내의 모든 값을 가질 수 있다. 그러므로 이 자료는 **연속자료**이다.

(d) 음식으로 소비된 금액은 가장 근접한 원 단위에 대해서만 정확하게 표현될 수 있으며, 이 금액은 **셈**할 수 있다. 그러므로 이러한 자료는 **이산자료**이다.

◆ **이제 다음 연습문제를 풀어보자.**

[연습문제 160] 이산자료와 연속자료

※ 다음 문제에서 주어진 화제에 관련된 자료가 이산자료인지 연속자료인지 설명하라.

1 (a) 정유공장에서 31일 동안 매일 생산한 휘발유의 양
(b) 15명의 광부 개개인이 매일 생산한 석탄의 양
(c) 20명의 우유 배달원이 매일 배달한 우유병의 수
(d) 기계에서 생산된 리벳(대갈못) 표본 10개의 크기

2 (a) 5일 동안 매일 전시장을 방문한 사람 수
(b) 12명의 육상선수 개개인이 100미터 달리기에서 걸린 시간
(c) 20개의 각 우체국에서 하루 동안 팔린 우표의 값
(d) 기계별로 매 10시간마다 발생하는 불량품의 개수

32.1.2 추가 통계 용어

집합^set^은 자료들의 집단이고, 이 집합 안에 있는 개개의 값을 집합의 원소^member^라 한다. 예를 들어, 5명의 몸무게를 측정한 값(0.1kg 단위로 보정)이 53.1kg, 59.4kg, 62.1kg, 77.8kg, 64.4kg이라면, 5명의 몸무게에 대한 집합은 다음과 같다.

$$\{53.1,\ 59.4,\ 62.1,\ 77.8,\ 64.4\}$$

그리고 59.4는 이 집합의 원소들 중 하나이다.

모든 원소들로 구성된 집합을 모집단^population^이라 하고, 통계적인 모집단으로부터 정해진 과정에 따라 선정된 원소들의 집합을 표본^sample^이라 한다. 통상적으로 모집단은 매우 크며, 인구조사 또는 비현실적이거나 불가능한 값들을 모두 나열하는 데 쓰인다. 표본은 주로 관리할 수 있는 크기의 집합을 나타낸다. 표본을 선택하고, 표본으로부터 통계량을 계산하면 표본부터 모집단까지 추론하고 추정할 수 있다. 예를 들어, 모든 자동차 등록번호는 모집단이지만, 전국에서 무작위로 선정된 20대의 자동차 등록번호는 모집단으로부터 얻어낸 표본이다.

원소의 값이 집합에서 나타나는 횟수를 원소의 도수^frequency^라 한다. 예를 들어, 집합 $\{2, 3, 4, 5, 4, 2, 4, 7, 9\}$에서 원소 4의 도수는 3이고, 원소 2의 도수는 2, 그리고 다른 원소들의 도수는 1이다.

집합의 임의의 원소에 대한 상대도수^relative frequency^는 다음과 같은 비율로 주어진다.

$$\frac{\text{원소의 도수}}{\text{모든 원소의 전체 도수}}$$

집합 $\{2, 3, 5, 4, 7, 5, 6, 2, 8\}$에 대해 원소 5의 상대도수는 $\frac{2}{9}$이다.

종종 상대도수는 백분율로 표현되며, 백분율 상대도수^percentage relative frequency^는 다음과 같다.

$$(\text{상대도수} \times 100)\,\%$$

32.2 비집단화 자료의 소개

집단화되지 않은 자료는 다음과 같이 여러 가지 방법으로 도식화할 수 있다.

❶ 픽토그램^pictogram^ : 양을 나타내는 그림 기호([문제 2] 참조)
❷ 수평막대그래프^horizontal bar chart^ : 동일한 간격의 수평 직사각형으로 나타낸 자료([문제 3] 참조)
❸ 수직막대그래프^vertical bar chart^ : 동일한 간격의 수직 직사각형으로 나타낸 자료([문제 4] 참조)

1 이 값은 정수값+소수값이 되므로 셀 수 없는 값이 된다.

동일한 시간 주기 위에서 비집단화 자료에 대한 경향은 백분율 성분막대그래프percentage component bar chart로 도식화할 수 있다. 이러한 그래프는 너비는 임의로 정하고 간격은 동일한 직사각형으로 표현되지만, 높이는 각 성분의 백분율 상대도수([문제 5] 참조)에 대응하는 값을 나타내며, 높이의 총합은 100%이다.

원그래프pie diagram는 전체를 이루는 부분을 그림으로 나타내는 데 사용된다. 원그래프에서 원의 넓이는 전체를 나타내고, 원의 부채꼴의 넓이는 전체를 이루는 부분들에 비례하여 만든다([문제 6] 참조).

[문제 2] 6개월 동안 매월 작업장에서 기술자가 수리한 TV 세트의 수가 다음과 같다. 이 자료를 픽토그램으로 표현하라.

월	1	2	3	4	5	6
수리 횟수	11	6	15	9	13	8

[그림 32-1]의 각 기호는 수리된 2대의 TV 세트를 나타낸 것이다. 즉 1월의 $5\frac{1}{2}$기호는 수리된 11세트를 나타내고, 2월의 3기호는 수리된 6세트를 나타낸다. 나머지도 동일한 방법으로 나타낸다.

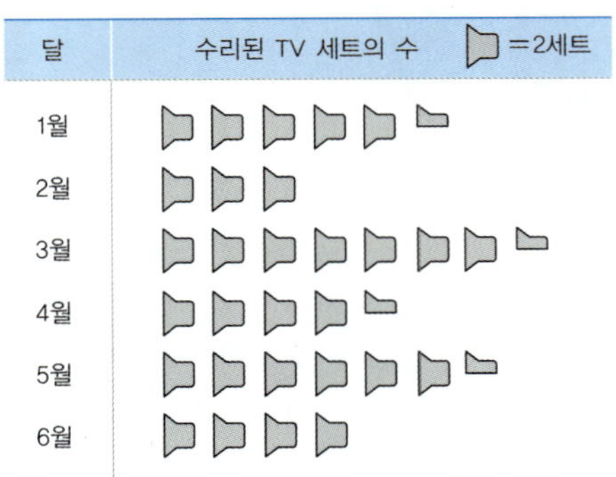

[그림 32-1]

[문제 3] 4명의 영업사원이 1주일 동안 이동한 거리가 아래와 같다.

영업사원	P	Q	R	S
이동거리[km]	413	264	597	143

수평막대그래프를 이용하여 이 자료를 그림으로 표현하라.

수평 직사각형은 임의의 폭으로 동일한 간격이고, 길이는 이동한 거리에 비례한다. 따라서 영업사원 P에 대한 사각형의 길이는 413km에 비례하고, 다른 영업사원들도 마찬가지이다. 이러한 자료를 나타내는 수평막대그래프는 [그림 32-2]와 같다.

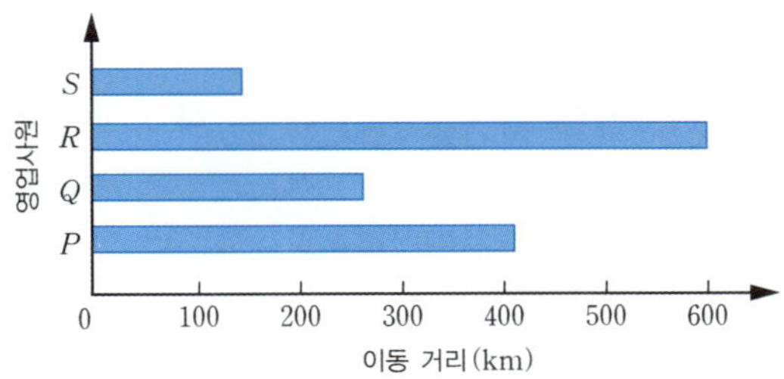

[그림 32-2]

***[문제 4]** 공장 내의 창고에서 문제가 되는 공구 또는 자재의 수를 하루에 7시간 동안 매시간마다 관찰하였으며, 그 조사결과는 다음과 같다.

기간	1	2	3	4	5	6	7
문제의 수	34	17	9	5	27	13	6

이 자료를 수직막대그래프로 표현하라.

수직막대그래프에서 수직 직사각형은 임의의 폭으로 동일한 간격이고, 높이는 해당하는 양에 비례한다. 따라서 첫 번째 사각형의 높이는 34단위이고, 다른 것들도 마찬가지이다. 이러한 자료를 묘사하는 수직막대그래프는 [그림 32-3]과 같다.

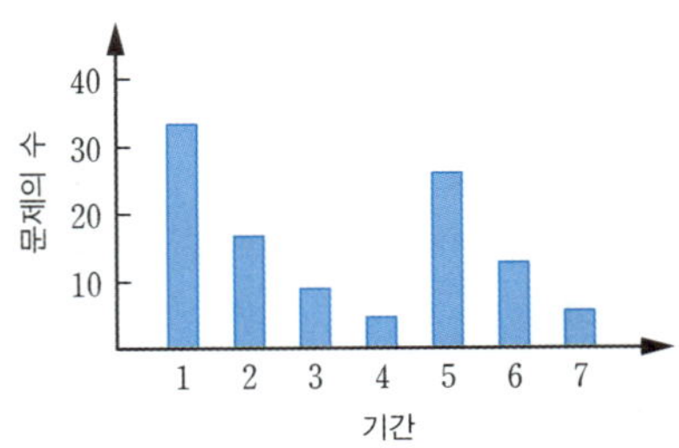

[그림 32-3]

[문제 5] 3년간 매년 회사가 판매하는 다양한 유형의 주거지 수는 아래와 같다. 이 자료를 나타내는 백분율 성분막대그래프를 그려라.

	1년	2년	3년
방 4개인 방갈로	24	17	7
방 5개인 방갈로	38	71	118
방 4개인 집	44	50	53
방 5개인 집	64	82	147
방 6개인 집	30	30	25

우선 가장 근접한 1% 단위로 보정한 백분율 상대도수 값의 표가 필요하다. 백분율 상대도수는 다음과 같다.

$$백분율\ 상대도수 = \frac{원소의\ 도수 \times 100}{전체\ 도수}$$

처음 1년 동안 방 4개인 방갈로의 백분율 상대도수는 다음과 같다.

$$백분율\ 상대도수 = \frac{24 \times 100}{24+38+44+64+30} = 12\%$$

3년 동안 다른 유형의 주거지의 백분율 상대도수도 각각 비슷한 방법으로 계산할 수 있으며, 그 결과는 아래 표와 같다.

	1년	2년	3년
방 4개인 방갈로	12%	7%	2%
방 5개인 방갈로	19%	28%	34%
방 4개인 집	22%	20%	15%
방 5개인 집	32%	33%	42%
방 6개인 집	15%	12%	7%

백분율 성분막대그래프는 3년에 대응하여 임의의 폭으로 동일한 간격의 직사각형으로 만든다. 직사각형의 높이는 100% 상대도수에 대응하고, 위의 백분율 표에 있는 값들로 세분된다.

백분율 표의 행에 해당하는 백분율 값을 나타내기 위해 음영이나 색체의 유형을 달리하여 표현한다. 백분율 성분막대그래프는 [그림 32-4]와 같다.

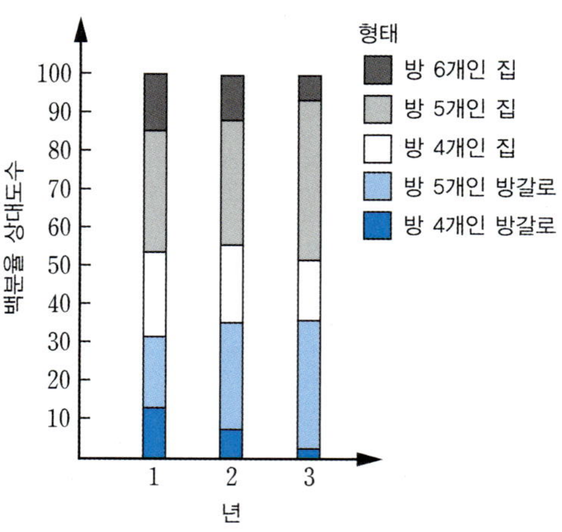

[그림 32-4]

*[문제 6] 소매가격이 2000원인 제품은 재료 100원, 노동력 200원, 연구개발비 400원, 세금 700원, 이익 600원으로 이루어진다. 이 자료를 원그래프로 나타내라.

임의의 반지름을 갖는 원을 그린다. 원의 넓이는 전체를 나타내며, 이 경우에는 2000원이다. 부채꼴의 넓이가 각 부분, 즉 전체 소매가를 만드는 요소들에 비례하도록 원을 부채꼴 모양으로 분할한다. 부채꼴의 넓이는 각 부분에 비례하므로, 원의 중심에서 각은 각 부분에 비례해야 한다. 전체 2000원은 360°에 대응한다. 그러므로 다음과 같이 생각할 수 있다.

$$100원은\ 360 \times \frac{100}{2000}도,\ 즉\ 18°$$

$$200원은\ 360 \times \frac{200}{2000}도,\ 즉\ 36°$$

따라서 각 부분에 대한 원의 중심에서 각은 각각 18°, 36°, 72°, 126°, 108°이다. 원그래프는 [그림 32-5]와 같다.

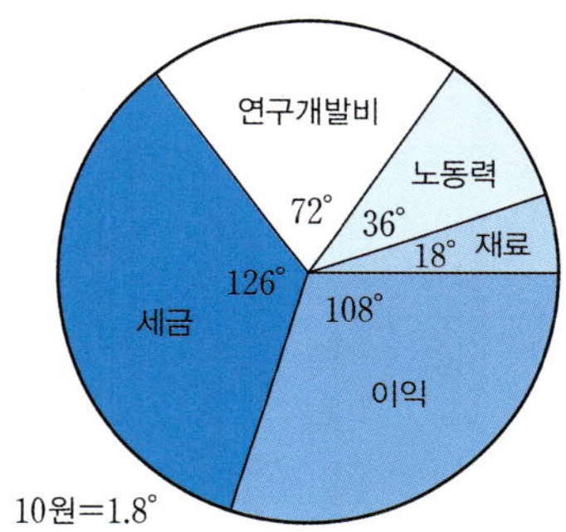

[그림 32-5]

[문제 7] 다음 물음에 답하라.

(a) [그림 32-2]에 주어진 자료만을 이용하여, 영업사원에게 1km당 37000원의 출장비가 지급된다고 할 때 각 영업사원에게 지급될 총 금액을 계산하라.

(b) [그림 32-4]의 자료를 이용하여 3년 동안 주거지의 추세에 대해 설명하라.

(c) [그림 32-5]의 제품을 700단위 판매하여 얻은 수익을 구하라.

(a) 사각형 P의 길이를 측정하면, 영업사원 P가 움직인 거리는 413km이다. 그러므로 **영업사원 P**가 받은 출장비는 다음과 같다.

$$413 \times 37000원 = \mathbf{15281000원}$$

영업사원 Q가 움직인 거리는 264km이고, 따라서 이 사람의 출장비는 다음과 같다.

$$264 \times 37000\text{원} = \mathbf{9768000원}$$

영업사원 R은 597km를 움직였으므로 출장비는 다음과 같다.

$$597 \times 37000\text{원} = \mathbf{22089000원}$$

마지막으로 **영업사원 S**의 출장비는 다음과 같다.

$$143 \times 37000\text{원} = \mathbf{5291000원}$$

(b) [그림 32-4]를 분석하면, 방이 5개인 방갈로와 방이 5개인 집이 더 인기가 있고, 3년 동안 가장 큰 변화는 15% 증가한 방 5개인 방갈로이다.

(c) 18°가 100원에 대응하고, 이익은 원그래프에서 108°를 차지하고 있으므로 1단위당 이익은 다음과 같다.

$$\frac{108 \times 100}{18} = 600\text{원}$$

따라서 제품 700단위를 판매할 때 수익은 다음과 같다.

$$700 \times 600\text{원} = \mathbf{420000원}$$

◆ **이제 다음 연습문제를 풀어보자.**

[연습문제 161] 비집단화 자료의 소개

1 60분 동안 10분 간격으로 길 위의 고정 관찰자를 통과한 차량의 수는 다음과 같다. 이 자료를 픽토그램으로 표현하라.

시간 주기	1	2	3	4	5	6
차량의 수	35	44	62	68	49	41

***2** 1주일 동안 공장에서 생산한 부품의 수가 다음과 같다. 이 자료를 픽토그램으로 표현하라.

요일	월	화	수	목	금
부품의 수	1580	2190	1840	2385	1280

3 위 [문제 1]에 주어진 자료를 수평막대그래프로 표현하라.

***4** 위 [문제 2]에 주어진 자료를 수평막대그래프로 표현하라.

5 위 [문제 1]에 주어진 자료를 수직막대그래프로 표현하라.

***6** 위 [문제 2]에 주어진 자료를 수직막대그래프로 표현하라.

***7** 어느 공장에서 세 종류의 서로 다른 부품을 생산한다. 3달 동안 매월 생산한 각 부품의 백분율은 다음과 같다. 백분율 성분막대그래프로 이 정보를 나타내고, 생산한 부품의 종류에 대한 백분율에서 변화 추이를 설명하라.

월	1	2	3
부품 P	20	35	40
부품 Q	45	40	35
부품 R	35	25	25

***8** 회사는 5개의 유통센터를 보유하고 있으며, 4주 동안 매주 각 센터로 운송된 내역은 다음과 같다. 여기서 제품의 질량은 [t] 단위이다. 백분율 성분막대그래프를 이용하여 이 자료를 나타내고, 그 추이에 대해 설명하라.

주	1	2	3	4
센터 A	147	160	174	158
센터 B	54	63	77	69
센터 C	283	251	237	211
센터 D	97	104	117	144
센터 E	224	218	203	194

***9** 회사의 직원은 다음과 같은 범주로 나눌 수 있다. 이 자료를 원그래프로 표현하라.

> 경영자 3, 관리자 9, 장인 21,
> 중견 기술자 67, 그 외 44

***10** 견습생이 한 달 동안 시간을 보내는 방법은 다음과 같다. 이 자료를 원그래프로 표현하라.

> 제도실 44시간, 제작 64시간,
> 연습 12시간, 대학에서 28시간

*11 다음 물음에 답하라.

(a) [그림 32−5]와 관련하여, 제품 1650단위를 생산하기 위해 노동력과 재료에 소비한 금액을 구하라.

(b) [그림 32−4]의 2년에서 1%가 2.5주거지에 해당할 때, 그 해에 얼마나 많은 방갈로가 팔렸는지를 구하라.

*12 다음 물음에 답하라.

(a) 회사는 [그림 32−5]의 제품을 연 23500단위를 판매할 때, 연간 세금 비용을 구하라.

(b) [그림 32−4]의 1년에서 1%가 2주거지에 해당할 때, 그 해에 팔린 집의 전체 수를 구하라.

32.3 집단화 자료의 소개

자료 집합 안에 있는 원소의 수가 10개 이하로 적을 때, (32.2절에서 보인 바와 같이) 픽토그램, 막대그래프, 백분율 성분막대그래프, 원그래프 등을 이용하여 추가적인 분석 없이 자료를 그림으로 나타낼 수 있다.

10개보다 많은 원소를 갖는 자료 집합에 대해서는, 유사한 값을 갖는 원소들을 계급class으로 함께 집단화하여 도수분포frequency distribution를 만들 수 있다. 여러 개의 계급에 들어있는 원소를 정확히 산출하는 데는 계수표tally diagram가 사용된다([문제 8], [문제 12] 참조).

도수분포는 단순히 계급과 그에 대응하는 도수를 보여주는 표이다([문제 8], [문제 12] 참조). 도수분포를 만들어 얻어진 새로운 자료 집합을 집단화 자료grouped data라 한다. 집단화 자료와 관련한 용어들을 [그림 32−6(a)]에 나타냈다.

계급의 크기 또는 범위는 위쪽 계급 경곗값upper class boundary value에서 아래쪽 계급 경곗값lower class boundary value을 뺌으로써 얻을 수 있는데, [그림 32−6(b)]에서 7.65−7.35, 즉 0.30이다. [그림 32−6(b)]에 나타낸 계급에 대한 계급간격class interval은 7.4~7.6이고, 계급값class mid_point value은 다음과 같다.

$$\frac{(\text{위쪽 경곗값})+(\text{아래쪽 경곗값})}{2}$$

그리고 [그림 32−6(b)]에서 경곗값은 다음과 같다.

$$\frac{7.65+7.35}{2}=7.5$$

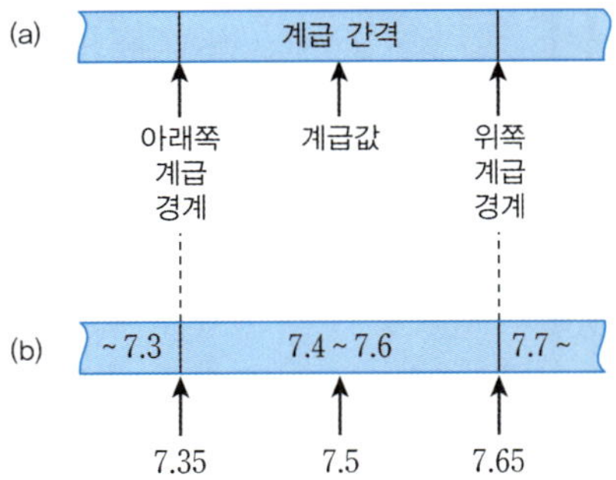

[그림 32−6]

집단화 자료를 그림으로 그려서 나타내는 주된 방법 중의 하나는 히스토그램histogram을 이용하는 것이다. 히스토그램은 수직으로 이웃하는 직사각형들로 이루어지며, 이 직사각형의 **넓이**는 계급의 도수에 비례한다([문제 9] 참조). 계급간격이 동일할 때, 히스토그램의 사각형의 높이는 계급의 도수와 일치한다. 히스토그램의 계급간격이 일정하지 않은 경우, 넓이는 도수에 비례해야만 한다. 그러므로 계급 A의 계급간격이 계급 B의 2배가 된다면, 동일한 도수에 대해 A를 나타내는 사각형의 높이는 B의 높이의 절반이 된다([문제 11] 참조).

집단화 자료를 그림을 그려서 나타내는 또 다른 방법은 도수다각형frequency polygon을 이용하는 것이다. 도수다각형은 계급값에 대한 좌표를 점으로 나타내고, 각 좌표들을 선분으로 연결함으로써 만들어진다([문제 12] 참조).

누적도수분포cumulative frequency distribution는 위쪽 계급 경곗값 각각에 대해 누적도수를 보여주는 표이다. 특정 위쪽 계급 경곗값에 대한 누적도수는 그 이전 도수들의 합을 그 계급의 도수와 더하여 얻는다. 누적도수분포는 [문제 13]에서 다룬다.

위쪽 계급 경곗값(수평으로)에 대한 누적도수(수직으로)의 좌표를 연결하여 얻은 곡선을 누적도수분포도ogive 또는 누적도수분포곡선cumulative frequency distribution curve이라 한다([문제 13] 참조).

*[문제 8] 아래 주어진 자료는 40개의 트랜지스터 묶음에 대한 각 이득을 나타내며, 가장 근접한 전체 숫자로 보정하여 표현하였다. 7개의 계급을 갖는 도수분포를 만들어라.

81	83	87	74	76	89	82	84
86	76	77	71	86	85	87	88
84	81	80	81	73	89	82	79
81	79	78	80	85	77	84	78
83	79	80	83	82	79	80	77

자료의 범위range는 가장 큰 원소의 값에서 가장 작은 원소의 값을 뺌으로서 알 수 있다. 자료 집합을 살펴보았을 때 범위는 $89-71=18$임을 알 수 있다.

각 계급의 크기는 범위를 계급의 수로 나누어 근사적으로 구할 수 있다. 7개의 계급이 필요하므로 각 계급의 크기는 $18 \div 7$, 즉 근사적으로 3이다.

71부터 89까지 값들의 범위를 7개의 등간격인 계급으로 묶기 위해, 계급간격은 70 ~ 72, 73 ~ 75 등으로 선정된다.

각 계급 안의 원소를 정확히 구하기 위해 [표 32-1(a)]와 같이 **계수표**를 만든다. 왼쪽 열에 계급을 나열하고, 집합 안의 40개의 원소 각각을 관찰하여 적합한 열에 '1'을 써넣어 적합한 계급에 할당한다. 다섯 번째 '1'은 사선을 네 개의 '1'을 지나도록 그어서 표현하며, 이는 몇몇 행에서 살펴볼 수 있다.

[표 32-1(a)]

계급	계수
70 ~ 72	1
73 ~ 75	11
76 ~ 78	~~1111~~ 11
79 ~ 81	~~1111~~ ~~1111~~ 11
82 ~ 84	~~1111~~ 1111
85 ~ 87	~~1111~~ 1
88 ~ 90	111

자료에 대한 **도수분포**는 [표 32-1(b)]와 같으며, 이는 계수표로부터 얻은 도수를 계급에 맞춰 나열한 것이다. 자료에 대한 히스토그램을 만드는 데 계급값이 필요하므로, 표에 이 계급값도 표시한다([문제 9] 참조).

[표 32-1(b)]

계급	계급값	도수
70 ~ 72	71	1
73 ~ 75	74	2
76 ~ 78	77	7
79 ~ 81	80	12
82 ~ 84	83	9
85 ~ 87	86	6
88 ~ 90	89	3

*[문제 9] [표 32-1(b)]에 주어진 자료에 대한 히스토그램을 그려라.

히스토그램은 [그림 32-7]과 같다. 사각형의 너비는 위쪽 계급 경곗값에서 아래쪽 경곗값을 뺀 것이고, 사각형의 높이는 계급 도수에 해당한다. 히스토그램을 그리는 가장 쉬운 방법은, 가로축에 계급값을 표시하고 각 계급값을 기준으로 서로 이웃하는 직사각형을 그리는 것이다.

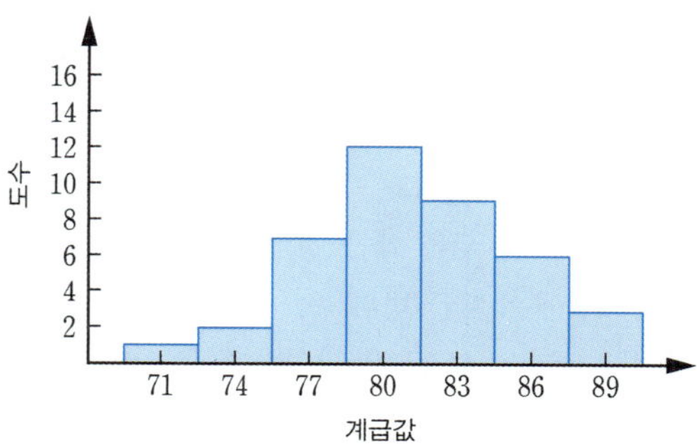

[그림 32-7]

*[문제 10] 공장에서 시간제로 일하는 40명의 근로자들의 주급은 아래와 같다(금액은 10만 원 단위로 보정한 것이다). 이 자료를 6개의 계급으로 나눈 도수분포로 표현하라.

(단위 : 만 원)

80	90	70	110	90	160	110	80
140	30	90	50	100	110	60	100
80	90	110	80	100	90	120	70
130	170	80	120	100	110	40	110
50	100	110	90	100	70	110	80

주어진 자료 집합에서 대부분의 원소는 80만 원과 110만 원 사이에 놓인다. 그리고 극단적인 자료값(예를 들어 30, 170)은 극소수이며, 실제 범위는 30만 원에서 170만 원까

지 이른다. 이런 경우 계급을 동일하게 선정하지 않고 [표 32-2]와 같이 계급간격에 변화를 주면, '자료가 집중하는 경향'과 같은 자료의 정보를 보다 정확하게 나타낼 수 있다. 여기서는 대부분의 원소가 80만 원과 110만 원 사이에 놓이므로 이 범위에서 계급간격은 80만 원 아래쪽과 110만 원 위쪽에 있는 범위의 계급간격보다 작게 선정한다. 이렇게 계급간격을 선정하는 방법에는 여러 가지가 있으며, [표 32-2]는 계급간격을 달리 선정하는 하나의 예이다.

[표 32-2]

계급	도수
20 ~ 40	2
50 ~ 70	6
80 ~ 90	12
100 ~ 110	14
120 ~ 140	4
150 ~ 170	2

*[문제 11] [표 32-2]에 주어진 자료에 대한 히스토그램을 그려라.

등간격이 아닌 계급 구간을 다룰 때, 히스토그램에서 사각형의 넓이(높이가 아닌)는 계급의 도수에 비례하도록 그려야 한다. 주어진 자료는 [표 32-3]의 1열과 2열에 나타냈다. 3열과 4열에는 각각 위쪽 계급 경계와 아래쪽 계급 경계를 나열하고, 5열에는 계급 범위(즉, 위쪽 계급 경곗값에서 아래쪽 계급 경곗값을 뺀 값)을 나열하였다. 6열의 직사각형의 높이는 계급 범위에 대한 도수의 비율이다. 히스토그램은 [그림 32-8]과 같다.

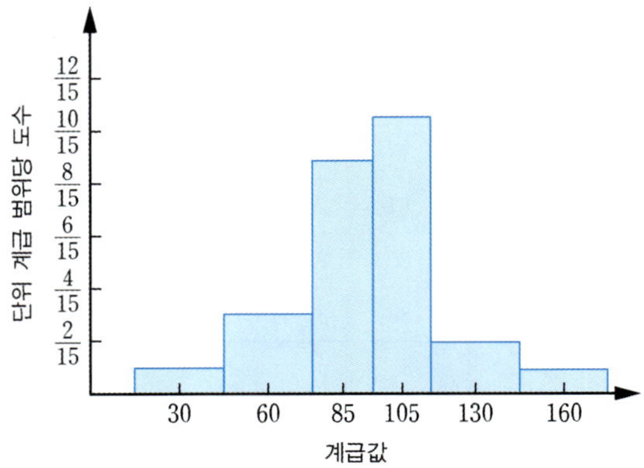

[그림 32-8]

*[문제 12] 주괴 50개의 질량을 [kg] 단위로 측정하여 0.1kg 단위로 보정한 결과는 아래와 같다. 이 자료에 대해, 계급 수가 7인 도수분포를 만들고, 집단화 자료를 도수다각형과 히스토그램으로 나타내라.

8.0	8.6	8.2	7.5	8.0	9.1	8.5	7.6	8.2	7.8
8.3	7.1	8.1	8.3	8.7	7.8	8.7	8.5	8.4	8.5
7.7	8.4	7.9	8.8	7.2	8.1	7.8	8.2	7.7	7.5
8.1	7.4	8.8	8.0	8.4	8.5	8.1	7.3	9.0	8.6
7.4	8.2	8.4	7.7	8.3	8.2	7.9	8.5	7.9	8.0

[표 32-3]

1. 계급	2. 도수	3. 위쪽 계급 경계	4. 아래쪽 계급 경계	5. 계급 범위	6. 사각형의 높이
20 ~ 40	2	45	15	30	$\frac{2}{30}=\frac{1}{15}$
50 ~ 70	6	75	45	30	$\frac{6}{30}=\frac{3}{15}$
80 ~ 90	12	95	75	20	$\frac{12}{20}=\frac{9}{15}$
100 ~ 110	14	115	95	20	$\frac{14}{20}=\frac{10\frac{1}{2}}{15}$
120 ~ 140	4	145	115	30	$\frac{4}{30}=\frac{2}{15}$
150 ~ 170	2	175	145	30	$\frac{2}{30}=\frac{1}{15}$

자료의 범위는 가장 큰 값에서 가장 작은 값을 뺀 원소이다. 이 자료 집합의 **범위**는 $9.1-7.1=\mathbf{2.0}$이다. 각 계급의 크기는 근사적으로 다음과 같다.

$$\frac{\text{범위}}{\text{계급의 수}}$$

7개의 계급이 필요하므로 각 계급의 크기는 $2.0 \div 7$, 즉 약 0.3이다. 따라서 **계급 한계**는 7.1~7.3, 7.4~7.6, 7.7~7.9 등이다. 7.1~7.3 계급에 대한 **계급값**은 다음과 같다.

$$\frac{7.35+7.05}{2}=7.2$$

7.4~7.6 계급에 대한 계급값은 다음과 같다.

$$\frac{7.65+7.35}{2}=7.5$$

각 계급 안의 원소를 정확하게 구하기 위해 [표 32-4]와 같은 **계수표**를 작성한다. 왼쪽 열에 계급을 나열하고, 자료 집합 안의 50개의 원소 각각을 관찰하여 적합한 열에 '1'을 써 넣어 적합한 계급에 할당한다. 다섯 번째 '1'은 네 개의 '1'을 지나는 사선을 그어서 표현하며, 이는 몇몇 행에서 살펴볼 수 있다. 그러면 최종적으로 셈하는 데 도움을 준다.

[표 32-4]

계급	계수
7.1 ~ 7.3	111
7.4 ~ 7.6	~~1111~~
7.7 ~ 7.9	~~1111~~ 1111
8.0 ~ 8.2	~~1111~~ ~~1111~~ 1111
8.3 ~ 8.5	~~1111~~ ~~1111~~ 1
8.6 ~ 8.8	~~1111~~ 1
8.9 ~ 9.1	11

자료에 대한 **도수분포**는 [표 32-5]와 같으며, 이는 계급에 대응하는 도수를 나열한 것이다. 자료에 대한 도수다각형과 히스토그램을 만드는 데 계급값이 필요하므로, 표에 이 계급값도 표시한다.

[표 32-5]

계급	계급값	도수
7.1 ~ 7.3	7.2	3
7.4 ~ 7.6	7.5	5
7.7 ~ 7.9	7.8	9
8.0 ~ 8.2	8.1	14
8.3 ~ 8.5	8.4	11
8.6 ~ 8.8	8.7	6
8.9 ~ 9.1	9.0	2

도수다각형은 [그림 32-9]와 같다. 계급값과 도수에 대응하는 좌표는 [표 32-5]와 같다. 이 좌표들을 선분으로 연결하고, 양 끝점에서 다음 계급의 계급값인 0 도수를 연결하면 도수다각형이 만들어진다.

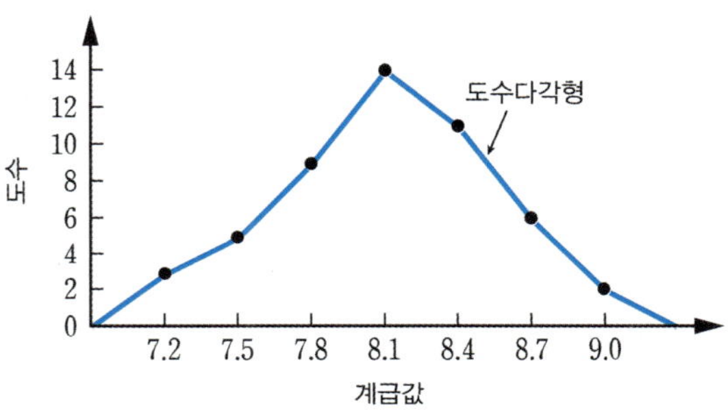

[그림 32-9]

[그림 32-10]은 **히스토그램**을 나타낸다. 직사각형의 폭은 '위쪽 계급 경곗값 − 아래쪽 경곗값'이 되고, 높이는 계급 도수가 된다. 히스토그램을 그리는 가장 쉬운 방법은 가로축에 계급값을 표시하고, 각 계급값을 기준으로 서로 이웃하는 직사각형을 그리는 것이다. [표 32-5]의 자료에 대한 히스토그램은 [그림 32-10]과 같다.

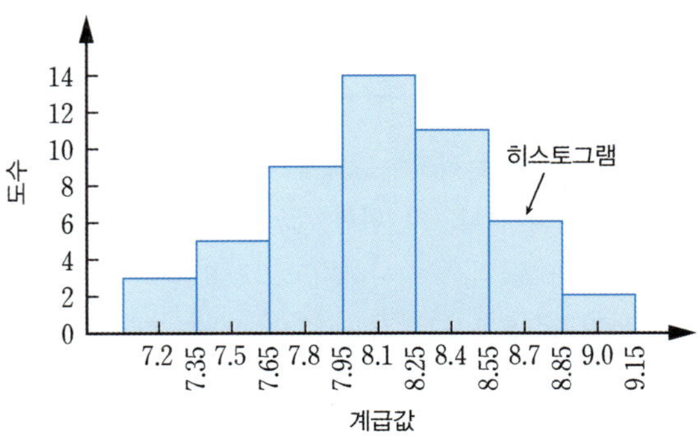

[그림 32-10]

*[문제 13] 50개의 주괴(단위는 [kg])의 질량에 대한 도수분포는 다음과 같다. 이 자료에 대한 누적도수분포를 그리고, 대응하는 누적도수분포도를 그려라.

계급	도수
7.1 ~ 7.3	3
7.4 ~ 7.6	5
7.7 ~ 7.9	9
8.0 ~ 8.2	14
8.3 ~ 8.5	11
8.6 ~ 8.8	6
8.9 ~ 9.1	2

누적도수분포는 위쪽 계급 경곗값에 대해 누적도수의 값을 나타내는 표로서 이는 [표 32-6]과 같다. 1열과 2열은 계급과 그 계급의 도수를 보인다. 3열에는 1열에 주어진 계급에 대해 위쪽 계급 경곗값을 나열하고, 4열에는 3열에 주어진 위쪽 계급 경곗값보다 작은 모든 도수에 대한 누적도수를 넣는다. 따라서 예를 들어, 3행의 7.7 ~ 7.9 계급에 대해 누적도수값은 7.95보다 작은 값들을 가진 모든 도수의 합, 즉 $3+5+9=17$이다.

[표 32-6]

1 계급	2 도수	3 경계보다 작은 위쪽 계급	4 누적도수
7.1 ~ 7.3	3	7.35	3
7.4 ~ 7.6	5	7.65	8
7.7 ~ 7.9	9	7.95	17
8.0 ~ 8.2	14	8.25	31
8.3 ~ 8.5	11	8.55	42
8.6 ~ 8.8	6	8.85	48
8.9 ~ 9.1	2	9.15	50

[표 32-6]에 주어진 누적도수분포에 대한 **누적도수분포도**는 [그림 32-11]과 같다. 각 위쪽 계급 경곗값과 누적도수에 대응하는 좌표를 점으로 나타내고, 좌표들을 선분으로 연결한다. 누적도수분포도는 좌표 (7.05, 0)을 추가하여 이 그림의 시작점으로 놓는다.

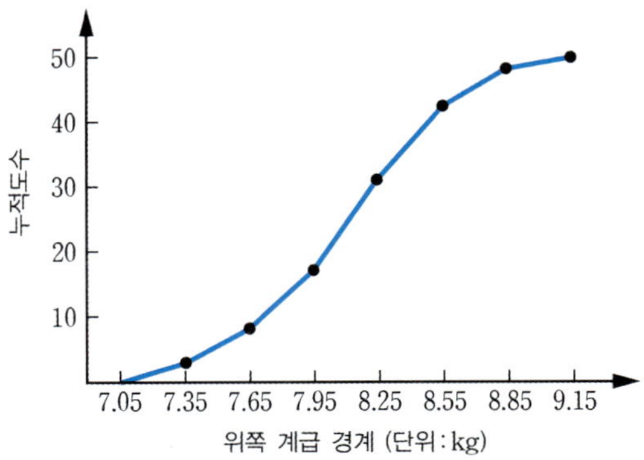

[그림 32-11]

◆ 이제 다음 연습문제를 풀어보자.

[연습문제 162] 집단화 자료의 소개

*1 60개의 금속막대의 질량을 [kg] 단위로 측정하여 0.1kg 단위로 보정한 결과는 아래와 같다. 이 자료에 대해, 계급의 수가 8인 도수분포를 그려라.

39.8	40.1	40.3	40.0	40.6	39.7	40.0	40.4	39.6
39.6	40.7	40.2	39.9	40.3	40.2	40.4	39.9	39.8
40.2	40.1	40.3	39.7	39.9	40.5	39.9	40.5	40.0
40.1	40.8	40.0	40.0	40.1	40.2	40.1	40.0	40.2
39.7	39.8	40.4	39.7	39.9	39.5	40.1	40.1	39.9
39.5	40.6	40.0	40.1	39.8	39.7	39.5	40.2	39.9
39.3	40.0	39.9	39.9	40.2	40.3			

*2 [문제 1]의 답에 주어진 도수분포에 대한 히스토그램을 그려라.

*3 아래 주어진 정보는 비슷한 값을 갖는 48개의 저항기의 저항값[Ω]을 나타낸다. 이 6개의 계급을 갖는 자료에 대한 도수분포를 만들고, 이 자료를 도수다각형과 히스토그램으로 표현하라.

21.0	22.4	22.8	21.5	22.6	21.1	21.6	22.3
22.9	20.5	21.8	22.2	21.0	21.7	22.5	20.7
23.2	22.9	21.7	21.4	22.1	22.2	22.3	21.3
22.1	21.8	22.0	22.7	21.7	21.9	21.1	22.6
21.4	22.4	22.3	20.9	22.8	21.2	22.7	21.6
22.2	21.6	21.3	22.1	21.5	22.0	23.4	21.2

*4 피로파괴fatigue failure 시험을 거친 금속 50개 표본의 파손 시간에 걸리는 시간은 다음과 같다. 여기서 단위는 [시간]이다. 이 자료에 대해, 계급의 수가 8개이고 계급간격은 일정하지 않은 도수분포를 만들어라.

28	22	23	20	12	24	37	28	21	25
21	14	30	23	27	13	23	7	26	19
24	22	26	3	21	24	28	40	27	24
20	25	23	26	47	21	29	26	22	23
27	9	13	35	20	16	20	25	18	22

*5 [문제 3]의 답에 주어진 도수분포에 대해 누적도수분포를 만들고, 누적도수분포도를 그려라.

*6 [문제 4]의 답에 주어진 도수분포에 대한 히스토그램을 그려라.

*7 유사한 값의 50개의 커패시터 묶음에 대한 도수분포가 다음과 같다(단위는 [μF]). 이 자료에 대한 누적도수분포를 만들어라.

계급	도수
10.5 ~ 10.9	2
11.0 ~ 11.4	7
11.5 ~ 11.9	10
12.0 ~ 12.4	12
12.5 ~ 12.9	11
13.0 ~ 13.4	8

*8 [문제 7]의 답에 주어진 자료에 대한 누적도수분포도를 그려라.

*9 전선 얼레의 지름[mm]이 48곳에서 측정되었으며, 그 결과는 다음과 같다.

2.10	2.29	2.32	2.21	2.14	2.22
2.28	2.18	2.17	2.20	2.23	2.13
2.26	2.10	2.21	2.17	2.28	2.15
2.16	2.25	2.23	2.11	2.27	2.34
2.24	2.05	2.29	2.18	2.24	2.16
2.15	2.22	2.14	2.27	2.09	2.21
2.11	2.17	2.22	2.19	2.12	2.20
2.23	2.07	2.13	2.26	2.16	2.12

(a) 6개의 계급으로 지름에 대한 도수분포를 만들어라.
(b) 자료를 나타내는 히스토그램을 그려라.
(c) 누적도수분포를 만들어라.
(d) 이 자료에 대한 누적도수분포도를 그려라.

[연습문제 163] 통계자료의 표현에 대한 선다형 문제

※ 각 문제의 정답은 한 개이다.

1 [그림 32-12]는 어느 건설회사에 근무하는 4명의 근로자 P, Q, R, S에 대한 연봉을 나타내는 원그래프이다. P의 연봉이 2400만 원일 때 S의 연봉은 얼마인가?

(a) 2000만 원　(b) 3600만 원
(c) 4000만 원　(d) 2400만 원

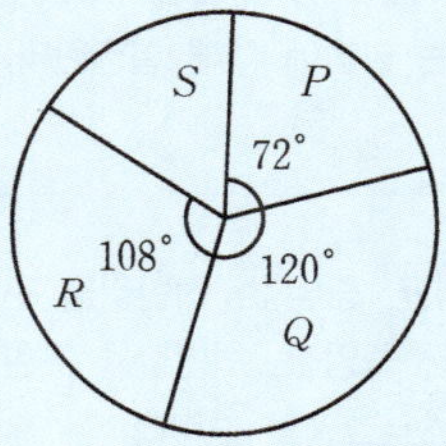

[그림 32-12]

2 위쪽 계급 경곗값에 대한 누적도수의 좌표를 연결하여 얻은 곡선은 무엇인가?

(a) 히스토그램　(b) 도수다각형
(c) 계수표　(d) 누적도수분포도

3 다음 중 이산변수는 무엇인가?

(a) 부품의 지름　(b) 용광로의 온도
(c) 공장의 근로자 수　(d) 사무실의 부피

4 계급간격이 동일하지 않은 도수분포에 대한 히스토그램을 그릴 때, 계급도수는 어떻게 표현되는가?

(a) 사각형의 높이　(b) 사각형의 둘레
(c) 사각형의 넓이　(d) 사각형의 폭

5 누적도수분포도는 무엇인가?

(a) 산포의 척도　(b) 누적도수그림
(c) 위치 척도　(d) 히스토그램 형태

Chapter 33

평균, 중앙값, 최빈값, 표준편차

Mean, median, mode and standard deviation

평균, 중앙값, 최빈값, 표준편차를 이해하는 것이 왜 중요할까?

통계학은 수학의 한 부류로 자료 분석과 관련된다. 많은 실제 상황에서 자료를 설명하기 위해 전체 원소들을 대표하는 단 하나의 원소를 선택하는 것이 도움이 된다. 이와 같은 수를 대푯값representative value 또는 중심경향의 척도measure of central tendency라 하는데, 가장 널리 사용하는 척도는 평균, 중앙값(중위수), 최빈값, 표준편차이다. 여기서 표준편차는 실제 자료와 평균 사이의 평균 거리이다. 통계학은 수집한 자료를 분석하는 도구이므로 공학 분야에서 중요하다. 예를 들어, 화학공학자가 혼합탱크에서 온도 측정을 분석하는 상황을 생각해보자. 이때 통계적 방법을 통해 온도 측정이 얼마나 안정적이며 재현 가능한지, 자료 집합에서 온도가 얼마나 다양하게 분포되는지, 탱크의 온도는 앞으로 얼마나 될지, 공학자가 얻어낸 온도 측정을 얼마나 신뢰할 수 있는지를 알 수 있다. 자료 집합에 대한 통계적 분석이 완성되었을 때, 평균, 중앙값, 최빈값, 표준편차 등의 값을 이용해 계산할 수 있다. 이 장에서는 이러한 대푯값을 구하는 방법에 대해 설명한다.

학습포인트

- 비집단화 자료 집합에 대한 평균, 중앙값, 최빈값을 구한다.
- 집단화 자료 집합에 대한 평균, 중앙값, 최빈값을 구한다.
- 집단화 자료 집합으로부터 히스토그램을 그린다.
- 히스토그램으로부터 평균, 중앙값, 최빈값을 구한다.
- 비집단화 자료 집합으로부터 표준편차를 구한다.
- 집단화 자료 집합으로부터 표준편차를 구한다.
- 누적도수분포도로부터 사분위수 값을 구한다.
- 자료 집합으로부터 사분위수, 십분위수, 백분위수 값을 구한다.

33.1 대푯값

값들의 집합을 대표하는 단일값, 즉 대푯값은 집합 내 원소들의 대략적인 크기를 나타내는 데 사용되며, 종종 그 대푯값으로서 '평균average'이라는 용어가 사용되곤 한다. 평균에 해당하는 통계 용어는 '산술평균'이다. 이 밖에 중앙값(중위수), 최빈값이라 하는 대푯값이 사용될 수 있다.

33.2 이산자료에 대한 평균, 중앙값, 최빈값

33.2.1 평균

산술평균값arithmetic mean value은 집합 내 원소들의 값을 더하여 그 원소들의 개수로 나누어 구한다. 따라서 수의 집합 $\{4, 5, 6, 9\}$의 평균은 다음과 같다.

$$\frac{4+5+6+9}{4}=6$$

일반적으로, 집합 $\{x_1, x_2, x_3, \cdots, x_n\}$의 평균은 다음과 같이 정의한다.

$$\bar{x} = \frac{x_1 + x_2 + x_3 + \cdots + x_n}{n} = \frac{\sum x}{n}$$

여기서 Σ는 그리스 문자 '시그마'로서 '합한다'는 의미이다. 그리고 $\bar{x}$('x바'로 읽음)는 평균값을 나타내는 데 사용된다.

33.2.2 중앙값

중앙값(중위수)median value은 극단값을 포함한 일반적인 크기의 자료 집합에 대한 대푯값을 나타낸다.

집합 $\{7, 5, 74, 10\}$은 평균값 24를 갖지만, 이는 집합 내 원소들의 임의의 값을 실제로 대표하지는 않는다. 중앙값은 다음과 같이 구할 수 있다.

❶ 크기가 커지는 순서로 집합을 **정렬한다**.
❷ 원소의 수가 홀수인 집합에 대해 **가운데 원소**의 값을 선정한다. 또는 원소의 수가 짝수인 집합에 대해 가운데 두 원소의 평균값을 구한다.

예를 들어, 집합 $\{7, 5, 74, 10\}$은 $\{5, 7, 10, 74\}$로 정렬된다. 이 집합은 짝수 개의 원소(이 경우에 4개)를 포함하므로 7과 10의 평균인 8.5가 중앙값이다. 마찬가지로 집합 $\{3, 81, 15, 7, 14\}$는 $\{3, 7, 14, 15, 81\}$과 같이 정렬되면 중앙값은 가운데 원소의 값, 즉 14이다.

33.2.3 최빈값

최빈값modal value, mode은 집합에서 가장 많이 발생한 값이다. 두 개의 값이 함께 동일한 도수로 발생하면, 이 집합을 '**최빈값이 둘인**bi_modal' 집합이라 한다.

집합 $\{5, 6, 8, 2, 5, 4, 6, 5, 3\}$에서 원소 5가 세 번의 횟수로 가장 많이 발생하므로 이 집합의 최빈값은 5이다.

[문제 1] 집합 $\{2, 3, 7, 5, 5, 13, 1, 7, 4, 8, 3, 4, 3\}$에 대한 평균, 중앙값, 최빈값을 구하라.

평균은 집합 내 원소들의 값을 더하여 그 원소들의 개수로 나누어 얻는다. 따라서 **평균**은 다음과 같다.

$$\bar{x} = \frac{2+3+7+5+5+13+1+7+4+8+3+4+3}{13}$$

$$= \frac{65}{13} = \mathbf{5}$$

중앙값을 얻기 위해 집합을 순서화한다. 즉 크기가 커지는 순서로 배열하는데, 여기서 집합이 홀수 개의 원소를 포함하므로 가운데 원소 값이 중앙값이 된다. 이 집합을 순서화하면 $\{1, 2, 3, 3, 3, 4, 4, 5, 5, 7, 7, 8, 13\}$이다. 가운데 항이 7번째 원소, 즉 4이고, 따라서 **중앙값은 4이다**.

최빈값은 가장 많이 발생한 원소이고, 3이 세 번 나오고 다른 원소들은 한 번 또는 두 번 나오므로 **3**이다.

[문제 2] 다음 자료의 집합은 신문판매원이 6일 동안 벌어들인 수입(만 원)을 나타낸다. 이 집합에 대한 평균, 중앙값, 최빈값을 구하라.

$\{27.90, 34.70, 54.40, 18.92, 47.60, 39.68\}$

$$\text{평균} = \frac{27.90+34.70+54.40+18.92+47.60+39.68}{6}$$

$$= \mathbf{37.20}\text{만 원}$$

순서화 집합은 $\{18.92, 27.90, 34.70, 39.68, 47.60, 54.40\}$이다. 이 집합은 짝수 개인 원소를 가지므로 가운데 두 원소의 평균이 중앙값이다. 즉 다음과 같다.

$$\text{중앙값} = \frac{34.70+39.68}{2} = \mathbf{37.19}\text{만 원}$$

어떠한 두 원소도 동일한 값을 갖지 않으므로 이 집합은 **최빈값을 갖지 않는다**.

◆ **이제 다음 연습문제를 풀어보자.**

[연습문제 164] 이산자료에 대한 평균, 중앙값, 최빈값

※ (문제 1~4) 주어진 집합에 대한 평균, 중앙값, 최빈값을 구하라.

1 $\{3, 8, 10, 7, 5, 14, 2, 9, 8\}$

2 $\{26, 31, 21, 29, 32, 26, 25, 28\}$

3 $\{4.72, 4.71, 4.74, 4.73, 4.72, 4.71, 4.73, 4.72\}$

4 $\{73.8, 126.4, 40.7, 141.7, 28.5, 237.4, 157.9\}$

33.3 집단화 자료에 대한 평균, 중앙값, 최빈값

집단화 자료 집합에 대한 평균은 (도수×계급값)의 합을 도수의 합으로 나누어서 구한다. 즉 **평균**은 다음과 같다.

$$\bar{x} = \frac{f_1x_1+f_2x_2+\cdots+f_nx_n}{f_1+f_2+\cdots+f_n} = \frac{\Sigma(fx)}{\Sigma f}$$

여기서 f는 계급값 x를 갖는 계급의 도수이다.

*[문제 3] 저항기 48개의 저항값에 대한 도수분포가 다음과 같다. 저항의 평균을 구하라.

20.5 ~ 20.9	3
21.0 ~ 21.4	10
21.5 ~ 21.9	11
22.0 ~ 22.4	13
22.5 ~ 22.9	9
23.0 ~ 23.4	2

계급값/도수는 20.7/3, 21.2/10, 21.7/11, 22.2/13, 22.7/9, 23.2/2이다. 집단화 자료에 대해 평균은 다음과 같다.

$$\bar{x} = \frac{\Sigma(fx)}{\Sigma f}$$

여기서 f는 도수이고, x는 계급값이다. 그러므로 평균은 다음과 같다.

$$\bar{x} = \frac{(3\times20.7)+(10\times21.2)+(11\times21.7)+(13\times22.2)+(9\times22.7)+(2\times23.2)}{48} = \frac{1052.1}{48} = 21.919\cdots$$

즉 유효숫자 3자리로 보정한 **평균**은 **21.9** [Ω]이다.

33.3.1 히스토그램

집단화 자료에 대한 평균, 중앙값, 최빈값은 **히스토그램**으로부터 결정될 수 있다. 히스토그램에서, 도수값은 수직으로, 변수값은 수평으로 표현된다. 평균은 히스토그램의 중심을 지나는 수직선에 해당하는 변수값이다. 중앙값은 선정된 변수값을 지나는 수직선을 기준으로 왼쪽과 오른쪽 히스토그램의 넓이가 같아지는 위치를 나타내는 값이다. 최빈값은 가장 높은 직사각형의 폭을 이 사각형의 왼쪽과 오른쪽에 이웃하는 직사각형의 높이에 비례하도록 분할하여 구한다.

[문제 4]를 통해 히스토그램으로부터 평균, 중앙값, 최빈값을 구하는 방법을 살펴보자.

*[문제 4] 장치를 조립하는 데 걸리는 시간(분)을 50회 측정한 결과는 다음과 같다. 이 자료를 표현하는 히스토그램을 그리고, 분포의 평균, 중앙값, 최빈값을 구하라.

14.5 ~ 15.5	5
16.5 ~ 17.5	8
18.5 ~ 19.5	16
20.5 ~ 21.5	12
22.5 ~ 23.5	6
24.5 ~ 25.5	3

히스토그램은 [그림 33-1]과 같다.

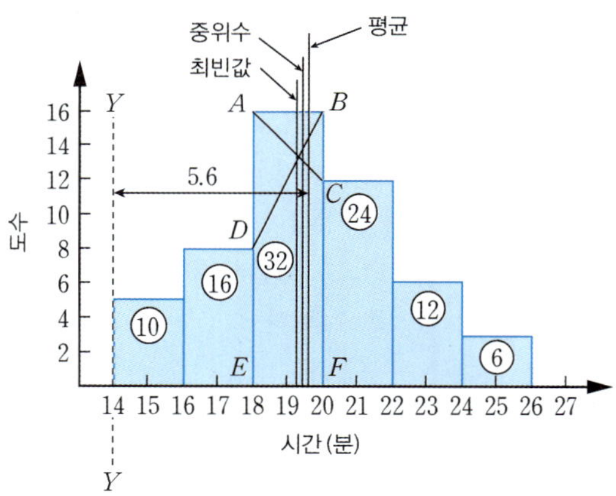

[그림 33-1]

평균은 히스토그램의 중심에 놓인다. 시간 14분을 지나는 점선인 수직선 YY를 임의로 수직축으로 선택한다. 그러면 히스토그램의 중심을 나타내는 수평값의 위치를 M이라 하면, 이 값은 다음과 같다.

$$M = \frac{1}{A}\Sigma am$$

여기서 A는 히스토그램의 전체 넓이이고, a는 각 히스토그램의 직사각형의 넓이, 그리고 M은 수직축 YY로부터 각 직사각형의 중심까지의 거리이다. 히스토그램 안에 있는 각각의 직사각형 넓이는 [그림 33-1]의 원 안에 있는 숫자이고, 전체 넓이는 이 숫자들의 합인 100[단위 넓이]이다. 수직축 YY로부터 첫 번째 직사각형의 중심까지 거리는 $15-14=1$이고, 두 번째 직사각형의 중심까지 거리는 $17-14=3$, … 이다. 그러므로 수직축 YY로부터 개개의 직사각형의 중심의 위치까지 거리는 1, 3, 5, 7, 9, 11이다. 따라서 다음과 같다.

$$M=\frac{1}{100}(10\times1+16\times3+32\times5+24\times7+12\times9+6\times11)$$

$$=\frac{560}{100}=5.6$$

따라서 장치를 조립하는 데 걸리는 **평균 시간**의 위치는 $14+5.6$, 즉 **19.6분**이다.

중앙값은 히스토그램의 전체 넓이를 이등분하는 수직선에 대응하는 시간 값이다. 전체 넓이가 100[단위 넓이]이므로 중앙값은 양쪽의 넓이가 50[단위 넓이]씩 되는 위치에 수직선을 그려야 한다. [그림 33-1]에서 이와 같이 되려면, 한쪽의 넓이는 $50-(10+16)$[단위 넓이]이고, 다른 쪽의 넓이는 $50-(24+12+6)$[단위 넓이]가 되도록 사각형 $ABFE$를 나누어야 한다. 이는 $ABFE$의 왼쪽 넓이는 24[단위 넓이], 오른쪽 넓이는 8[단위 넓이]로 나뉘는 것을 말한다. 즉 중앙값을 나타내는 수직선은 19.5분을 지나야 한다. 따라서 분포의 **중앙값**은 **19.5분**이다.

최빈값은 이웃하는 직사각형의 높이에 비례하여 가장 높은 직사각형의 높이인 AB를 나누어 구한다. [그림 33-1]에서, 최빈값은 AC와 BD를 연결하여 두 선분의 교점을 지나는 수직선을 그림으로써 구할 수 있다. 이 분포의 **최빈값**은 **19.3분**이다.

◆ **이제 다음 연습문제를 풀어보자.**

[연습문제 165] 집단화 자료의 평균, 중앙값, 최빈값

*1 21개의 벽돌의 평균 질량은 24.2kg이고, 29개의 유사한 벽돌의 평균 질량은 23.6kg이다. 50개의 벽돌의 평균 질량을 구하라.

2 100명의 키[cm]에 대한 도수분포는 아래와 같다. 분포의 평균을 가장 근접한 [mm] 단위로 보정하여 구하라.

150 ~ 156	5
157 ~ 163	18
164 ~ 170	20
171 ~ 177	27
178 ~ 184	22
185 ~ 191	8

*3 90개의 유사한 트랜지스터의 이득을 측정한 결과가 아래와 같다. 도수분포에 대한 히스토그램을 그리고, 이 분포의 평균, 중앙값, 최빈값을 구하라.

83.5 ~ 85.5	6
86.5 ~ 88.5	39
89.5 ~ 91.5	27
92.5 ~ 94.5	15
95.5 ~ 97.5	3

*4 엔진 부품에 뚫린 60개의 구멍의 지름[cm]을 측정한 결과가 아래와 같다. 이 결과를 나타내는 히스토그램을 그리고, 이 분포의 평균, 중앙값, 최빈값을 구하라.

2.011 ~ 2.014	7
2.016 ~ 2.019	16
2.021 ~ 2.024	23
2.026 ~ 2.029	9
2.031 ~ 2.034	5

33.4 표준편차

33.4.1 이산자료

자료 집합의 표준편차는 중심경향의 척도로부터 집합 내 원소들의 산포 또는 흩어짐의 양에 대한 경향을 나타낸다. 이 값은 집합 원소들의 평균편차제곱의 제곱근으로, 이산자료에 대해 다음과 같이 구한다.

① 중심경향의 척도를 구한다. 보통 평균을 사용한다(경우에 따라서는 중앙값과 최빈값이 지정된다).

② 평균으로부터 집합 내 원소들의 편차를 계산하여 다음을 구한다.

$$x_1-\bar{x},\ x_2-\bar{x},\ x_3-\bar{x},\ \cdots$$

③ 다음과 같이 이 편차들의 제곱을 구한다.

$$(x_1-\bar{x})^2,\ (x_2-\bar{x})^2,\ (x_3-\bar{x})^2,\ \cdots$$

④ 다음과 같이 편차들의 제곱의 합을 구한다.

$$(x_1-\bar{x})^2+(x_2-\bar{x})^2+(x_3-\bar{x})^2+\cdots$$

⑤ 집합 내 원소의 개수 n으로 나눈다.

$$\frac{(x_1-\bar{x})^2+(x_2-\bar{x})^2+(x_3-\bar{x})^2+\cdots}{n}$$

⑥ ⑤의 제곱근을 구한다.

표준편차standard deviation는 σ(그리스 소문자 '시그마')로 나타내고, 수학적으로 다음과 같이 쓴다.

$$\textbf{표준편차}\ \sigma=\sqrt{\frac{\Sigma(x-\bar{x})^2}{n}}$$

여기서 x는 집합의 원소이고, $\bar{x}$는 집합의 평균, n은 집합 내 원소의 개수이다. 표준편차 값은 집합에 속하는 각각의 원소들과 평균과의 거리에 대한 척도를 제공한다. 집합 $\{1, 4, 7, 10, 13\}$의 평균은 7이고 표준편차는 약 4.2이다. 또한 집합 $\{5, 6, 7, 8, 9\}$의 평균은 7이고 표준편차는 약 1.4이다. 이는 첫 번째 집합의 원소들보다 두 번째 집합의 원소들이 평균에 더 많이 집중되는 것을 보인다.

이산자료의 집합에 대한 표준편차를 구하는 방법은 [문제 5]에서 살펴보자.

[문제 5] 원소들의 집합 $\{5, 6, 8, 4, 10, 3\}$의 평균으로부터 표준편차를 유효숫자 4자리로 보정하여 구하라.

산술평균 : $\bar{x}=\dfrac{\Sigma x}{n}$

$$=\frac{5+6+8+4+10+3}{6}=6$$

표준편차 : $\sigma=\sqrt{\dfrac{\Sigma(x-\bar{x})^2}{n}}$

$(x-\bar{x})^2$들은 $(5-6)^2$, $(6-6)^2$, $(8-6)^2$, $(4-6)^2$, $(10-6)^2$, $(3-6)^2$이다.

$(x-\bar{x})^2$ 값들의 합, 즉 $\Sigma(x-\bar{x})^2$은 $1+0+4+4+16+9=34$이다. 그리고 다음을 얻는다.

$$\frac{\Sigma(x-\bar{x})^2}{n}=\frac{34}{6}=5.\dot{6}$$

집합 안에 6개의 원소가 있으므로 유효숫자 4자리로 보정한 **표준편차**는 다음과 같다.

$$\textbf{표준편차}\ \sigma=\sqrt{\frac{\Sigma(x-\bar{x})^2}{n}}=\sqrt{5.\dot{6}}=\mathbf{2.380}$$

33.4.2 집단화 자료

집단화 자료에 대한 표준편차는 다음과 같다.

$$\textbf{표준편차}\ \sigma=\sqrt{\frac{\Sigma\{f(x-\bar{x})^2\}}{\Sigma f}}$$

여기서 f는 계급 도수값, x는 계급값, $\bar{x}$는 집단화 자료의 평균이다. 집단화 자료 집합에 대한 표준편차를 구하는 방법은 [문제 6]에서 살펴보자.

* **[문제 6]** 48개의 저항기의 저항값[Ω]에 대한 도수분포는 아래와 같다. 유효숫자 3자리로 보정하여 저항기의 평균으로부터 표준편차를 구하라.

20.5 ~ 20.9	3
21.0 ~ 21.4	10
21.5 ~ 21.9	11
22.0 ~ 22.4	13
22.5 ~ 22.9	9
23.0 ~ 23.4	2

집단화 자료에 대한 표준편차는 다음과 같이 주어진다.

$$\sigma = \sqrt{\frac{\sum\{f(x-\bar{x})^2\}}{\sum f}}$$

[문제 3]으로부터, 소수점 아래 2자리로 보정한 이 분포의 평균은 $\bar{x} = 21.92$이다.

'x 값'들은 계급값, 즉 20.7, 21.2, 21.7, ⋯이다.

따라서 $(x-\bar{x})^2$ 값들은 $(20.7-21.92)^2$, $(21.2-21.92)^2$, $(21.7-21.92)^2$, ⋯이다.

$f(x-\bar{x})^2$ 값들은 $3(20.7-21.92)^2$, $10(21.2-21.92)^2$, $11(21.7-21.92)^2$, ⋯이다.

$\sum f(x-\bar{x})^2$ 값은 다음과 같다.

$$4.4652 + 5.1840 + 0.5324 + 1.0192 + 5.4756 + 3.2768 = 19.9532$$

따라서 다음을 얻는다.

$$\frac{\sum\{f(x-\bar{x})^2\}}{\sum f} = \frac{19.9532}{48} = 0.41569$$

그리고 소수점 아래 3자리로 보정한 **표준편차**는 다음과 같다.

$$\sigma = \sqrt{\frac{\sum\{f(x-\bar{x})^2\}}{\sum f}} = \sqrt{0.41569} = \mathbf{0.645}$$

◆ **이제 다음 연습문제를 풀어보자.**

[연습문제 166] 표준편차

1 수들의 집합 {35, 22, 25, 23, 28, 33, 30}의 평균으로부터 표준편차를 유효숫자 3자리로 보정하여 구하라.

*2 유사한 커패시터 한 묶음에서 무작위로 선택한 10개의 커패시터의 커패시턴스 값[μF]이 다음과 같다. 이 커패시터에 대한 평균으로부터 표준편차를 유효숫자 3자리로 보정하여 구하라.

34.3	25.0	30.4	34.6	29.6
28.7	33.4	32.7	29.0	31.3

*3 15개의 주석 표본에 대한 인장강도[MPa]가 다음과 같이 결정되었다. 이 15개 값에 대한 평균과, 평균으로부터 표준편차를 유효숫자 4자리로 보정하여 구하라.

34.61	34.57	34.40	34.63	34.63
34.51	34.49	34.61	34.52	34.55
34.58	34.53	34.44	34.48	34.40

*4 [연습문제 165]의 1번 문항에 주어진 50개의 벽돌 질량에 대한 평균으로부터 표준편차를 유효숫자 3자리로 보정하여 구하라.

5 [연습문제 165]의 2번 문항에 주어진 100명의 키에 대한 평균으로부터 표준편차를 유효숫자 4자리로 보정하여 구하라.

*6 [연습문제 165]의 4번 문항에 주어진 자료에 대한 평균으로부터 표준편차를 유효숫자 3자리로 보정하여 구하라.

33.5 사분위수, 십분위수, 백분위수

다른 산포의 척도로서 사분위수, 십분위수, 백분위수가 사용될 때가 있다. 이산자료 집합의 사분위수quartile values는 집합을 4등분하는 원소의 값을 선정함으로써 얻어진다. 따라서 집합 {2, 3, 4, 5, 5, 7, 9, 11, 13, 14, 17}에 대해 11개의 원소가 있고, 이 집합을 4등분하는 원소의 값은 4, 7, 13이다. 이와 같은 값을 각각 제1사분위수, 제2사분위수, 제3사분위수라 하고, Q_1, Q_2, Q_3로 표시한다. 제2사분위수 Q_2는 가운데 원소의 값이고, 따라서 집합의 중앙값이다.

집단화 자료에 대해, 누적도수분포도를 사분위수를 구하는데 사용할 수 있다. 이 경우 누적도수의 전체 값을 4등분하기 위해 누적도수분포도의 수직 누적도수 값을 선정하여 점으로 나타낸다. 이 값들에서 수평선을 그으면, 누적도수분포도와 세 점에서 만난다. 이때 누적도수분포도와 만난 세 개의 값에 대응하는 변수의 값이 사분위수 값이다([문제 7] 참조).

집합이 많은 원소를 포함할 때, 원소의 개수를 동일하게 하여 집합을 10등분할 수 있다. 이와 같은 10개의 부분으로 분할하는 위치들을 십분위수deciles라 한다. 매우 많은 원소를 포함하는 집합에 대해서는, 원소의 개수를 동일하게 하여 집합을 100등분할 수 있다. 이렇게 분할한 위치들을 백분위수percentile라 한다.

*[문제 7] 아래 주어진 도수분포는 1년간 48주 동안 기술자 그룹이 시간 외 노동을 한 시간을 나타낸다. 이 자료에 대한 누적도수분포도를 그리고, 사분위수를 구하라.

25 ~ 29	5
30 ~ 34	4
35 ~ 39	7
40 ~ 44	11
45 ~ 49	12
50 ~ 54	8
55 ~ 59	1

누적도수분포(즉, 위쪽 계급 경계/누적도수 값)은 다음과 같다.

29.5 / 5, 34.5 / 9, 39.5 / 16, 44.5 / 27,
49.5 / 39, 54.5 / 47, 59.5 / 48

누적도수분포도는 [그림 33-2]와 같이 좌표를 점으로 표시하여 나타낸다.

전체 도수는 각각 범위가 48 ÷ 4, 즉 12인 4개의 등간격으로 분할된다. 이는 첫 번째 $\frac{1}{4}$에 대응하는 0~12, 두 번째 $\frac{1}{4}$에 대응하는 12~24, 세 번째 $\frac{1}{4}$에 대응하는 24~36, 네 번째 $\frac{1}{4}$에 대응하는 36~48의 누적도수 값을 제공한다. 즉 분포는 4개의 등간격으로 나뉜다.

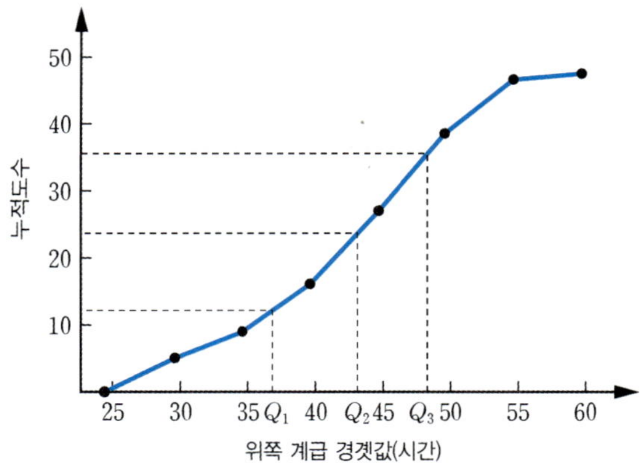

[그림 33-2]

사분위수 값은 [그림 33-2]에서 Q_1, Q_2, Q_3로 표시되는 12, 24, 36인 누적도수 값에 대응하는 변수의 값이다. 이러한 값들을 가장 근접한 시간 단위로 보정하면 각각 **37시간**, **43시간**, **48시간**이다. Q_2 값은 여전히 분포의 중앙값이다. 분포의 산포에 대한 다른 척도로 사분편차semi_interquartile range가 있는데, 이는 $(Q_3 - Q_1) \div 2$로 주어진다. 이 경우에 $(48-37) \div 2$, 즉 $5\frac{1}{2}$ **시간**이다.

[문제 8] 아래 수들의 집합에 대해 다음 그룹 안에 포함되는 수들을 구하라.

(a) 41번째에서 50번째 백분위 그룹

(b) 8번째 십분위 그룹

14 22 17 21 30 28 37 7 23 32
24 17 20 22 27 19 26 21 15 29

집합은 다음과 같이 순서대로 재배열된다.

7 14 15 17 17 19 20 21 21 22
22 23 24 26 27 28 29 30 32 37

(a) 집합 안에 20개의 수가 있다. 따라서 처음 10%에는 두 개의 수 7과 14가 있고, 두 번째 10%에는 15와 17이 있으며, 나머지도 같은 방법으로 얻을 수 있다. 따라서 41 백분위수~50백분위수 그룹은 수 **21**과 **22**가 될 것이다.

(b) 처음 십분위 그룹은 10개의 동일한 그룹으로 집합을 분할함으로써 구할 수 있다. 첫 번째 십분위 그룹은 7과 14이고, 두 번째 십분위 그룹은 15와 17 등으로 분할된다. 따라서 8번째 십분위 그룹은 수 **27**과 **28**을 포함한다.

◆ 이제 다음 연습문제를 풀어보자.

[연습문제 167] 사분위수, 십분위수, 백분위수

*1 다음은 12개월 동안 매월 사고로 인해 손실을 본 작업일수를 나타낸다. 이 자료에 대한 중앙값과 제1사분위수, 제3사분위수 값을 구하라.

27 37 40 28 23 30
35 24 30 32 31 28

*2 9주 동안 생산라인에서 발생한 결함 건수는 아래와 같다. 이 자료에 대한 중앙값과 사분위수 값들을 구하라.

30 27 25 24 27 37 31 27 35

3 [연습문제 165]의 2번 문항에 주어진 도수분포에 대한 사분위수 값들과 사분편차를 구하라.

4 다음 수들의 집합에 대해 5번째 십분위 그룹과 61번째~70번째 백분위 그룹에 들어가는 수를 구하라.

40 46 28 32 37 42 50 31 48 45
32 38 27 33 40 35 25 42 38 41

5 다음 수들의 집합에 대해 6번째 십분위 그룹과 81번째~90번째 백분위 그룹 안의 수를 구하라.

43 47 30 25 15 51 17 21 37 33
44 56 40 49 22 36 44 33 17 35
58 51 35 44 40 31 41 55 50 16

[연습문제 168] 평균, 중앙값, 최빈값, 표준편차에 대한 선다형 문제

※ 각 문제의 정답은 한 개이다.

※ **(문제 1~2)** [mm] 단위로 측정한 자료 집합 $\{4, 5, 2, 11, 7, 6, 5, 1, 5, 8, 12, 6\}$을 보고 다음 물음에 답하라.

1 중앙값은 얼마인가?
(a) 6 mm (b) 5 mm (c) 72 mm (d) 5.5 mm

2 평균은 얼마인가?
(a) 6 mm (b) 5 mm (c) 72 mm (d) 5.5 mm

3 수 5, 13, 9, x, 10의 평균이 11이다. x 값은 얼마인가?
(a) 20 (b) 18 (c) 17 (d) 16

※ **(문제 4~7)** [pF] 단위로 측정한 커패시터 6개의 커패시턴스 값이 $\{5, 6, 8, 5, 10, 2\}$일 때, 다음 물음에 답하라.

4 중앙값은 얼마인가?
(a) 36 pF (b) 6 pF
(c) 5.5 pF (d) 5 pF

5 최빈값은 얼마인가?
(a) 36 pF (b) 6 pF
(c) 5.5 pF (d) 5 pF

6 평균은 얼마인가?
(a) 36 pF (b) 6 pF
(c) 5.5 pF (d) 5 pF

7 표준편차는 얼마인가?
(a) 2.66 pF (b) 2.52 pF
(c) 2.45 pF (d) 6.33 pF

8 11주 동안 생산라인에서 발견된 불량품의 개수가 아래와 같다. 이 자료에 대한 제3사분위수 값은 얼마인가?

32 29 27 26 29 39 33 29 37 28 35

(a) 29 (b) 31
(c) 35 (d) 33

※ **(문제 9~10)** [Ω] 단위로 측정한 40개 트랜지스터의 저항값에 대한 도수분포가 아래와 같을 때, 다음 물음에 답하라.

15.5 ~ 15.9	3
16.0 ~ 16.4	10
16.5 ~ 16.9	13
17.0 ~ 17.4	8
17.5 ~ 17.9	6

9 저항의 평균은 얼마인가?
(a) 16.75 Ω (b) 1.0 Ω
(c) 15.85 Ω (d) 16.95 Ω

10 표준편차는 얼마인가?
(a) 0.335 Ω (b) 0.251 Ω
(c) 0.682 Ω (d) 0.579 Ω

Chapter 34

확률

Probability

확률을 이해하는 것이 왜 중요할까?

정밀도와 분석에 대한 일을 하는 기술자는 가끔 불확실성uncertainty을 다루며, 확률론은 공학 및 과학적 응용에서 시스템을 모형화하는 데 폭넓게 사용된다. 공학에서 확률이 사용되는 예는 매우 많다. 예를 들어, 전자회로를 사용하여 회로의 전력과 에너지를 줄이면 많은 개별 요소의 신뢰성과 예측성을 낮출 수 있다. 그럼에도 불구하고 회로는 전체 회로의 신뢰성을 높이도록 제작되어야 한다. 질병 통제 센터는 대대적인 예방 접종을 실시할지, 아니면 전 세계적으로 인간과 동물에게 질병을 유발할 수 있는 위협적인 상황에 직면해서야 또 다른 예방책을 도입할지를 결정할 필요가 있다. 시스템 설계자는 장비 고장이나 악성 공격자로부터의 위협에 대한 불확실성에 직면하여, 백업 및 방화벽 수준과 같은 신뢰성 및 보안에 대한 조치 비용과 이득을 숙고해야 한다. 확률론을 적용한 모형들이 개발되고 있으며, 인류의 뇌와 유전자 풀, 날씨 및 기상 예측, 마이크로 전자 장치, 컴퓨터에 의한 단층촬영(CAT)과 레이더 같은 이미지 시스템 등을 이해하기 위해 지속적으로 개선되어 오고 있다. 전력발전소, 송전선로, 소비자를 포함하는 전력망은 많은 중복성을 갖는 복합시스템이다. 이런 복합시스템에 고장이 발생하거나, 정전으로 인해 시스템이 중지될 수 있는 가능성이 큰 사건들을 모형화함으로써 시스템 설치의 투자에 대한 지침을 만든다. 이와 유사한 기획과 분석이 통신망, 수송망, 상하수도와 다른 기반시설에 대해서 이루어진다. 확률, 순열과 조합은 도박과 게임에서부터 기계적이고 구조적인 고장률, 건강진단에서 질병의 탐지 비율에 이르기까지 많은 다양한 분야에서 매일 사용되고 있다. 불확실성은 우리의 생활과 많은 직업 등에 분명히 존재한다. 표준편차는 여론조사 결과를 설명할 때 폭넓게 사용된다. 확률론의 언어는 사람들이 복잡한 문제를 극복하고, 서로 다른 입장에 대해 입증하며, 하위 시스템에 대한 정보를 취합하여 전체 시스템을 분석한다. 이 장에서는 확률과 관련한 중요한 주제에 대해 간단히 소개한다.

학습포인트

- 확률을 정의한다.
- 기댓값, 종속사건과 독립사건, 조건부 확률을 정의한다.
- 확률의 덧셈 법칙과 곱셈 법칙을 설명한다.
- 간단한 계산에 확률법칙을 사용한다.
- 특별한 상황에 확률법칙을 사용한다.

34.1 확률의 소개

34.1.1 확률

확률과 통계는 꽤 광범위하게 관련된다. 예를 들어, 과학자가 측정을 할 때 측정 결과들은 이 측정과 관련된 어떤 '기회'의 총계를 수반한다. 즉 장비의 전기적 소음, 환경적 조건에 의한 미세한 변동, 그리고 심지어 측정자의 오차와 같은 요소는 측정에 무작위적 영향을 미친다. 종종 이런 요소에 의해 발생하는 변동은 미세하지만, 많은 경우에 의미 있는 영향을 미친다. 결과적으로 과학자는 모든 경우에 정확하고 동일한 측정을 얻을 것이라 기대할 수 없으며, 이런 변동은 과학자의 측정을 *통계적으로*(예를 들어, 평균과 표준편차) 설명할 필요가 있음을 의미한다. 마찬가지로, 인류학자가 대단위 모집단으로부터 소규모의 인구를 생각할 때, 연구 결과(수치적인 데이터를 수반한다고 가정)는 통계를 고려해야만 하는 어떤 무작위적 변동을 수반한다.

무언가 발생할 확률probability은 이것이 발생할 가능성 또는 기회이다. 확률값은 0과 1 사이에 놓인다. 여기서 0은 절대적인 불가능을, 1은 틀림없이 확실한 것을 나타낸다. 사건이 일어날 확률은 두 극값 사이의 어딘가에 놓이며, 이는 진분수 또는 소수로 표현된다. 확률의 예는 다음과 같다.

- 100°C 에서 구리선의 길이가 0 저항을 가질 확률 : 0
- 공정한 주사위를 던져서 3의 눈이 위에 나올 확률 : $\frac{1}{6}$ 또는 0.1667
- 공정한 동전을 던져서 앞면이 나올 확률 : $\frac{1}{2}$ 또는 0.5
- 100°C 에서 구리선의 길이가 어떤 저항을 가질 확률 : 1

어떤 사건이 발생할 확률을 p, 그리고 똑같은 사건이 발생하지 않을 확률을 q라 하면 전체 확률은 $p+q$이고, 이는 1과 같다. 틀림없이 사건은 발생하거나 발생하지 않을 것이고, 따라서 $\boldsymbol{p+q=1}$이다.

[문제 1] 20명의 남자와 33명의 여자가 섞여 있는 집단에서 무작위로 (a) 한 남자, (b) 한 여자를 선정할 확률을 구하라.

(a) 남자 한 명이 선정될 확률 p는 다음과 같은 비율로 주어진다.

$$\frac{\text{남자의 수}}{\text{집단의 수}}$$

즉 $p=\dfrac{20}{20+33}=\dfrac{\mathbf{20}}{\mathbf{53}}$ 또는 **0.3774**이다.

(b) 여자 한 명이 선정될 확률 q는 다음과 같은 비율로 주어진다.

$$\frac{\text{여자의 수}}{\text{집단의 수}}$$

즉 $q=\dfrac{33}{20+33}=\dfrac{\mathbf{33}}{\mathbf{53}}$ 또는 **0.6226**이다.

Check 전체 확률이 1과 같아야 한다. $p=\frac{20}{53}$, $q=\frac{33}{53}$이므로 전체 확률은 $p+q=\frac{20}{53}+\frac{33}{53}=1$이다. 그러므로 명백히 오류는 없다.

[문제 2] 공정한 동전을 세 번 던진다. 앞면이 두 번, 뒷면이 한 번 나올 확률을 구하라.

동전이 나올 수 있는 방법은 8가지이다. 즉, (H, H, H), (H, H, T), (H, T, H), (T, H, H), (H, T, T), (T, H, T), (T, T, H), (T, T, T)이며, 여기서 H는 앞면, T는 뒷면이다. 앞면이 두 번, 뒷면이 한 번 나오는 것은 (H, H, T), (H, T, H), (T, H, H)이다.

따라서 이 경우의 수는 3이고, 전체 경우의 수는 8이다. 사건이 발생할 확률은 다음과 같다.

$$\frac{\text{발생할 경우의 수}}{\text{전체 경우의 수}}$$

그러므로 앞면이 두 번, 뒷면이 한 번 나올 확률은 $\frac{\mathbf{3}}{\mathbf{8}}$이다.

[문제 3] 5명의 후보자 A, B, C, D, E 중에서 3명의 위원을 선출한다. B가 위원으로 선출될 확률을 구하라.

위원회의 구성 방법은 10가지이다. 즉, (A, B, C), (A, B, D), (A, B, E), (A, C, D), (A, C, E), (A, D, E), (B, C, D), (B, C, E), (B, D, E), (C, D, E)이다. 이 중 B를 포함하는 경우는 6가지로, (A, B, C), (A, B, D), (A, B, E), (B, C, D), (B, C, E), (B, D, E)이다.

따라서 이 경우의 수는 6이고 전체 경우의 수는 10이다. 사건이 발생할 확률은 다음과 같다.

$$\frac{\text{발생할 경우의 수}}{\text{전체 경우의 수}}$$

그러므로 B가 위원으로 선출될 확률은 $\frac{6}{10}=\frac{\mathbf{3}}{\mathbf{5}}$이다.

34.1.2 기댓값

사건이 발생할 기댓값expectation E는 일반적으로 사건이 발생할 확률과 시도 횟수의 곱, 즉 $\boldsymbol{E=pn}$으로 정의된다.

따라서 주사위를 공정하게 굴려서 3의 눈이 나올 확률이 $\frac{1}{6}$이므로 이 주사위를 4번 던져서 3의 눈을 얻을 기댓값은 다음과 같다.

$$\frac{1}{6}\times 4,\ \text{즉}\ \frac{2}{3}$$

따라서 **기댓값은 사건이 발생할 평균 횟수**이다.

[문제 4] 주사위를 공정하게 3번 던져서 4의 눈을 얻을 기댓값을 구하라.

기댓값은 사건의 평균 발생이고, 확률과 시도 횟수의 곱으로 정의한다.

주사위를 한 번 던져서 4의 눈을 얻을 확률 p는 $\frac{1}{6}$이다. 3번 시도하면 $n=3$이고, 기댓값 E는 pn, 즉 다음과 같다.

$$\begin{aligned} E &= \frac{1}{6}\times 3 \\ &= \frac{1}{2} \text{ 또는 } 0.50 \end{aligned}$$

34.1.3 종속사건

종속사건dependent event은 한 사건이 발생할 확률이 다른 사건이 발생할 확률에 영향을 미치는 사건이다. 실험을 위해 100개의 트랜지스터 묶음으로부터 5개의 트랜지스터를 무작위로 선정하고, 여기서 결함이 있는 트랜지스터가 들어있을 확률 p_1이 결정된다고 하자. 그 다음, 남아 있는 95개의 트랜지스터 묶음으로부터 또 다른 5개의 트랜지스터를 무작위로 선정하고, 결함이 있는 트랜지스터가 들어 있을 확률 p_2가 결정된다고 하자. 묶음의 크기가 100에서 95로 바뀌었으므로 p_2의 값은 p_1과 다르다. 즉 확률 p_2는 확률 p_1에 의존한다. 이때 5개의 트랜지스터를 뽑은 후, 이 5개의 트랜지스터를 묶음 안에 다시 넣지 않고 다시 5개의 트랜지스터를 또 뽑았으므로 두 번째 무작위 선정을 비복원추출without replacement이라 한다.

34.1.4 독립사건

독립사건independent event은 한 사건이 발생할 확률이 다른 사건이 발생할 확률에 영향을 미치지 않는 사건이다. 5개의 트랜지스터가 트랜지스터 묶음에서 무작위로 선정되고, 결함이 있는 트랜지스터가 들어있을 확률 p_1이 결정된다고 하자. 처음 선정된 5개를 묶음 안에 넣고, 이 과정을 반복하여 두 번째 결함이 있는 트랜지스터가 들어있을 확률을 p_2라 하면, p_1은 p_2와 동일하다. 5개의 트랜지스터가 복원되었으므로 두 번째 선정을 복원추출with replacement이라 한다.

34.2 확률법칙

34.2.1 확률의 덧셈 법칙

확률의 덧셈 법칙은 확률들이 '**또는**'이라는 단어로 연결될 때 이용된다. 두 사건 A와 B가 동시에 발생하지 않는다고 할 때, 사건 A가 발생할 확률을 p_A, 사건 B가 발생할 확률을 p_B라 하자. 이때 **사건 A 또는 사건 B**가 발생할 확률은 p_A+p_B로 주어진다. 마찬가지로 **사건 A 또는 B 또는 C 또는 ⋯ N**(이 사건들 중에서 어느 두 사건도 동시에 발생하지 않을 때)이 발생할 확률은 다음과 같다.

$$p_A+p_B+p_C+\cdots+p_N$$

잘 섞인 카드들 중에서 카드 한 장을 뽑는다고 하자. 뽑은 카드가 숫자 2이거나 그림 카드일 확률을 구한다고 하자. 그림 카드를 뽑는 사건은 숫자 2인 카드를 뽑는 사건과 배반이다. 따라서 간단히 두 사건의 확률을 함께 더하면 된다.

전체 그림 카드는 12장(4종류의 킹, 퀸, 잭)이므로 그림 카드가 나올 확률은 $\frac{12}{52}$이다. 그리고 카드 묶음에 숫자 2인 카드는 총 4장이므로 이 카드가 나올 확률은 $\frac{4}{52}$이다. 따라서 숫자 2인 카드 **또는** 그림 카드를 뽑을 확률은 $\frac{12}{52}+\frac{4}{52}=\frac{16}{52}$ 또는 $\frac{8}{26}$ 또는 $\frac{4}{13}$이다.

34.2.2 확률의 곱셈 법칙

확률의 곱셈 법칙은 확률들이 '**그리고**'라는 단어로 연결될 때 이용된다. 두 사건 A와 B가 독립일 때, 사건 A가 발생할 확률을 p_A, 사건 B가 발생할 확률을 p_B라 하자. 이때 **사건 A 그리고 사건 B**가 발생할 확률은 $p_A\times p_B$로 주어진다. 마찬가지로 **사건 A 그리고 B 그리고 C 그리고 ⋯ N**(이 사건들이 독립일 때)이 발생할 확률은 다음과 같다.

$$p_A\times p_B\times p_C\times \cdots \times p_N$$

확률을 설명하는 다음 문제들을 살펴보자.

[문제 5] 주머니 안에 파란색 단추 13개와 빨간색 단추 17개, 즉 총 30개의 단추가 들어 있다. 비복원추출로 빨간색 단추 2개를 차례대로 꺼낼 확률을 구하라.

처음에 주머니에서 빨간색 단추를 꺼낼 확률은 $\frac{17}{30}$ 이다. 여기서 분자 17은 빨간색 단추의 개수이고 분모 30은 전체 단추의 개수이다. 이 단추를 주머니 안에 다시 넣지 않는다면, 이제 주머니에서 빨간색 단추를 꺼낼 확률은 $\frac{16}{29}$ 이다. 여기서 분자 16은 주머니 안에 남아 있는 빨간색 단추의 개수이고 분모 29는 주머니 안에 남아 있는 전체 단추의 개수이다.

비복원추출로 빨간색 단추 2개를 꺼낼 확률은 확률의 곱셈 법칙에 의해 확률의 곱으로 주어진다. 즉, 다음과 같다.

$$\text{확률} = \frac{17}{30} \times \frac{16}{29} = \frac{272}{870} = \frac{136}{435} = 0.313 = 31.3\%$$

[문제 6] 무작위로 선정할 확률을 구하라.
(a) 10마리의 말이 달리는 경주에서 우승한 말
(b) 각 경주에 10마리의 말이 있다면, 첫 번째와 두 번째 경주에서 모두 우승한 말

(a) 10마리의 말 중에서 단 한 마리만이 우승하므로 우승하는 말을 무작위로 선정할 확률은 다음과 같다.

$$\frac{\text{우승 말의 수}}{\text{전체 말의 수}} = \frac{1}{10} \text{ 또는 } 0.10$$

(b) 첫 번째 경주에서 우승한 말을 선정할 확률은 $\frac{1}{10}$ 이다.
두 번째 경주에서 우승한 말을 선정할 확률은 $\frac{1}{10}$ 이다.
첫 번째 경주 그리고 두 번째 경주에서 우승한 말을 선정할 확률은 확률의 곱셈 법칙에 의해 다음과 같이 구할 수 있다.

$$\text{확률} = \frac{1}{10} \times \frac{1}{10} = \frac{1}{100} \text{ 또는 } 0.01$$

***[문제 7]** 1년 동안 부품이 고장 날 원인과 확률은 각각 다음과 같다.

과도한 온도로 인해 부품이 고장 날 확률은 $\frac{1}{20}$

과도한 진동으로 인해 부품이 고장 날 확률은 $\frac{1}{25}$

과도한 습도로 인해 부품이 고장 날 확률은 $\frac{1}{50}$

1년 동안 다음과 같은 원인에 의해 부품이 고장 날 확률을 구하라.
(a) 과도한 온도와 과도한 진동으로 인해 고장 날 확률
(b) 과도한 진동 또는 과도한 습도로 인해 고장 날 확률
(c) 과도한 온도와 과도한 습도 모두 때문에 고장 나지 않을 확률

p_A를 과도한 온도로 인해 부품이 고장 날 확률이라 하면, 다음과 같다.

$$p_A = \frac{1}{20}, \quad \overline{p_A} = \frac{19}{20}$$

여기서 $\overline{p_A}$는 고장 나지 않을 확률이다.

p_B를 과도한 진동으로 인해 부품이 고장 날 확률이라 하면, 다음과 같다.

$$p_B = \frac{1}{25}, \quad \overline{p_B} = \frac{24}{25}$$

p_C를 과도한 습도로 인해 부품이 고장 날 확률이라 하면, 다음과 같다.

$$p_C = \frac{1}{50}, \quad \overline{p_C} = \frac{49}{50}$$

(a) 과도한 온도 **그리고** 과도한 진동으로 인해 고장 날 확률은 다음과 같다.

$$p_A \times p_B = \frac{1}{20} \times \frac{1}{25} = \frac{1}{500} \text{ 또는 } 0.002$$

(b) 과도한 진동 **또는** 과도한 습도로 인해 고장 날 확률은 다음과 같다.

$$p_B + p_C = \frac{1}{25} + \frac{1}{50} = \frac{3}{50} \text{ 또는 } 0.06$$

(c) 부품이 과도한 온도 때문에 고장 나지 않고, **그리고** 과도한 습도 때문에 고장 나지 않을 확률은 다음과 같다.

$$\overline{p_A} \times \overline{p_C} = \frac{19}{20} \times \frac{49}{50} = \frac{931}{1000} \text{ 또는 } 0.931$$

*[문제 8] 100개의 커패시터가 들어 있는 묶음은, 허용치 내의 커패시터가 73개, 허용치 미달 커패시터가 17개, 그리고 나머지는 허용치 이상의 커패시터로 구성된다. 커패시터 하나를 무작위로 뽑고 난 후에 두 번째 커패시터를 뽑을 때, 다음 확률을 구하라.

(a) 복원추출로 뽑을 때, 두 개 모두 허용치 내에 있을 확률

(b) 비복원추출로 뽑을 때, 처음엔 허용치 미달이 뽑히고 두 번째는 허용치 이상이 뽑힐 확률

(a) 허용치 내에 커패시터가 선정될 확률은 $\frac{73}{100}$이다. 첫 번째 뽑은 커패시터를 복원시키고, 100개의 묶음에서 두 번째 커패시터를 뽑는다. 이 커패시터가 허용치 내에 있을 확률도 역시 $\frac{73}{100}$이다. 따라서 첫 번째 **그리고** 두 번째 모두 허용치 내에 들어가는 커패시터가 뽑힐 확률은 다음과 같다.

$$\frac{73}{100}\times\frac{73}{100}=\mathbf{\frac{5329}{10000}} \text{ 또는 } \mathbf{0.5329}$$

(b) 첫 번째 허용치 미달 커패시터를 얻을 확률은 $\frac{17}{100}$이다. 첫 번째 뽑은 커패시터를 복원시키지 않으므로 묶음에는 99개만 남아 있다. 허용치 이상의 커패시터가 (100−73−17)개, 즉 10개이므로 두 번째 꺼낸 것이 허용치 이상일 확률은 $\frac{10}{99}$이다. 따라서 처음엔 허용치 미달인 커패시터를 무작위로 뽑고 연속적으로 허용치 이상 커패시터를 뽑을 확률은 다음과 같다.

$$\frac{17}{100}\times\frac{10}{99}=\frac{170}{9900}=\mathbf{\frac{17}{990}} \text{ 또는 } \mathbf{0.0172}$$

◆ **이제 다음 연습문제를 풀어보자.**

[연습문제 169] 확률법칙

*1 45개의 램프 중에 10개에 결함이 있다. 무작위로 램프 하나를 뽑을 때, (a) 결함이 있는 램프, (b) 만족하는 램프일 확률을 구하라.

*2 퓨즈 상자에 동일한 모양과 동일한 크기의 퓨즈가 들어 있다. 이 중에서 2A 퓨즈가 23개, 5A 퓨즈가 47개, 13A 퓨즈가 69개이다. (a) 2A 퓨즈 1개, (b) 5A 퓨즈 1개, (c) 13A 퓨즈 1개를 무작위로 선정할 확률을 구하라.

3 (a) 주사위를 공정하게 던져서 2의 눈이 나올 확률을 구하라.

(b) 주사위를 공정하게 던져서 5의 눈이 나올 확률을 구하라.

(c) 주사위를 공정하게 연속적으로 두 번 던져서 2의 눈이 나오고, 그 다음에 5의 눈이 나올 확률을 구하라.

4 가방 안에 빨간색 3개, 파란색 2개, 초록색 5개의 카운터가 들어 있다. 가방에서 무작위로 카운터를 꺼내기 전에 카운터들이 잘 섞이도록 가방을 흔든다. 빨간색 카운터가 뽑히지 않을 확률을 구하라.

5 똑같은 주사위 두 개를 던질 때, 두 눈의 합이 8일 확률을 구하라.

6 사건 A가 발생할 확률이 $\frac{3}{5}$, 사건 B가 발생할 확률이 $\frac{2}{3}$이다. 다음 확률을 구하라. 단, 두 사건 A와 B는 독립이다.

(a) A와 B가 모두 발생할 확률

(b) 사건 A만 발생할 확률, 즉 사건 A는 발생하고 사건 B는 발생하지 않을 확률

(c) 사건 B만 발생할 확률

(d) A와 B가 동시에 발생하거나 A 또는 B가 발생할 확률

*7 납땜 이음soldered joint 1000개를 조사했더니, 진동시험에서 4개가 불량이고 고저항으로 인한 불량이 5개였다. 다음과 같은 원인에 대해, 이음이 불량일 확률을 구하라.

(a) 진동

(b) 고저항

(c) 진동 또는 고저항

(d) 진동 그리고 고저항

확률에 대한 문제를 더 살펴보자.

*[문제 9] 40개의 부품이 들어 있는 묶음에 불량품 5개가 포함되었다. 이 묶음에서 무작위로 부품 하나를 뽑아서 시험한 후에 두 번째 부품을 뽑는다. 다음과 같은 방법으로 뽑을 때, 어느 부품도 불량품이 아닐 확률을 구하라.

(a) 복원추출 (b) 비복원추출

(a) **복원추출**

첫 번째 뽑은 부품이 양호할 확률은 $\frac{35}{40}$, 즉 $\frac{7}{8}$이다. 이 부품을 복원한 후에 두 번째로 다시 뽑으면, 이 부품이 양호할 확률도 역시 $\frac{7}{8}$이다. 그러므로 첫 번째 뽑은 부품과 두 번째 뽑은 부품이 모두 양호할 확률은 다음과 같다.

$$\frac{7}{8}\times\frac{7}{8}=\mathbf{\frac{49}{64}}\ \text{또는}\ \mathbf{0.7656}$$

(b) **비복원추출**

첫 번째 뽑은 부품이 양호할 확률은 $\frac{7}{8}$이다. 이제 묶음에는 39개의 부품이 남아있고, 이 중 양호한 부품은 34개이다. 그러므로 두 번째 추출에서 양호한 부품이 뽑힐 확률은 $\frac{34}{39}$이다. 따라서 처음에 양호한 부품이 뽑히고 두 번째 부품이 양호할 확률, 즉 두 개 모두 불량품이 아닐 확률은 다음과 같다.

$$\frac{7}{8}\times\frac{34}{39}=\mathbf{\frac{238}{312}}\ \text{또는}\ \mathbf{0.7628}$$

*[**문제 10**] 40개의 부품이 들어 있는 묶음에 불량품 5개가 포함되었다. 이 묶음에서 무작위로 부품 하나를 뽑아 시험한 후에 두 번째 부품을 뽑는다. 다음과 같은 방법으로 뽑을 때, 불량품이 하나일 확률을 구하라.
(a) 복원추출 (b) 비복원추출

불량품이 하나일 확률은 두 가지 방법으로 이루어진다. 만일 불량품이 뽑힐 확률이 p이고 양호한 부품이 뽑힐 확률이 q이면, 불량품이 하나 나올 확률은 양호한 부품이 선정된 후에 불량품이 뽑히는 경우, **또는** 처음에 불량품이 뽑히고 나중에 양호한 부품이 뽑히는 경우이므로 $q\times p+p\times q$이다.

(a) **복원추출**

$$p=\frac{5}{40}=\frac{1}{8},\quad q=\frac{35}{40}=\frac{7}{8}$$

그러므로 불량품이 하나 뽑힐 확률은 다음과 같다.

$$\frac{1}{8}\times\frac{7}{8}+\frac{7}{8}\times\frac{1}{8}$$

즉 $\frac{7}{64}+\frac{7}{64}=\mathbf{\frac{7}{32}}$ 또는 **0.2188**이다.

(b) **비복원추출**

두 번의 추출에서 처음에는 다음과 같다.

$$p_1=\frac{1}{8},\quad q_1=\frac{7}{8}$$

두 번째 추출에 대해 묶음에는 39개가 남아있으므로 다음과 같다.

$$p_2=\frac{5}{39},\quad q_2=\frac{35}{39}$$

그러므로 확률은 다음과 같다.

$$\begin{aligned}p_1q_2+q_1p_2&=\frac{1}{8}\times\frac{35}{39}+\frac{7}{8}\times\frac{5}{39}\\&=\frac{35+35}{312}\\&=\mathbf{\frac{70}{312}}\ \text{또는}\ \mathbf{0.2244}\end{aligned}$$

*[**문제 11**] 상자 안에 황동 와셔 74개, 철 와셔 86개, 알루미늄 와셔 40개가 들어 있다. 비복원추출로 상자에서 무작위로 와셔 3개를 뽑는다. 3개 모두 철 와셔일 확률을 구하라.

명확한 설명을 위해, 와셔 하나가 무작위로 선정되고 다음으로 두 번째, 그 다음에 세 번째(이 가정은 얻은 결과에 영향을 미치지 않더라도)를 뽑는다고 가정한다. 와셔의 전체 개수는 74+86+40, 즉 200개이다.

첫 번째 추출에서 철 와셔가 무작위로 선정될 확률은 $\frac{86}{200}$이다. 이제 묶음 안의 199개 중에 철 와셔가 85개 남아 있다. 두 번째 추출에서 철 와셔가 무작위로 선정될 확률은 $\frac{85}{199}$이고, 묶음 안의 198개 중에 철 와셔가 84개 남아 있다. 세 번째 추출에서 철 와셔가 무작위로 선정될 확률은 $\frac{84}{198}$이다. 그러므로 첫 번째, 두 번째, 세 번째 추출에서 철 와셔가 선정될 확률은 다음과 같다.

$$\frac{86}{200}\times\frac{85}{199}\times\frac{84}{198}=\frac{614040}{7880400}=\mathbf{0.0779}$$

*[문제 12] 위의 [문제 11]에 주어진 와셔 상자에 대해, 비복원추출로 상자에서 무작위로 3개의 와셔를 뽑을 때, 알루미늄 와셔가 나오지 않을 확률을 구하라.

첫 번째 추출에서 알루미늄 와셔가 뽑히지 않을 확률은 $1-\left(\frac{40}{200}\right)$, 즉 $\frac{160}{200}$이다. 이제 묶음 안의 199개 중에 알루미늄이 아닌 와셔가 159개이고, 따라서 두 번째 추출에서 알루미늄 와셔가 뽑히지 않을 확률은 $\frac{159}{199}$이다. 마찬가지로, 세 번째 추출에서 알루미늄 와셔가 뽑히지 않을 확률은 $\frac{158}{198}$이다. 그러므로 첫 번째, 두 번째, 세 번째 추출에서 알루미늄 와셔가 뽑히지 않을 확률은 다음과 같다.

$$\frac{160}{200}\times\frac{159}{199}\times\frac{158}{198}=\frac{4019520}{7880400}=0.5101$$

*[문제 13] 위의 [문제 11]에 주어진 와셔 상자에 대해, 비복원추출로 무작위로 3개의 와셔를 뽑을 때, 황동 와셔 2개와 철 또는 알루미늄 와셔 중에서 하나가 나올 확률을 구하라.

황동 와셔(A) 두 개와 철 와셔(B) 하나가 얻어질 경우는 다음과 같다.

첫 번째 추출	두 번째 추출	세 번째 추출
A	A	B
A	B	A
B	A	A

황동 와셔(A) 2개와 알루미늄 와셔(C) 1개가 얻어질 경우는 다음과 같다.

첫 번째 추출	두 번째 추출	세 번째 추출
A	A	C
A	C	A
C	A	A

따라서 지정된 조합을 달성하는 방법은 6가지이다. A를 황동 와셔, B를 철 와셔, C를 알루미늄 와셔라 하면, 각 경우의 조합과 확률은 각각 다음과 같다.

추출			확률
첫 번째	두 번째	세 번째	
A	A	B	$\frac{74}{200}\times\frac{73}{199}\times\frac{86}{198}=0.0590$
A	B	A	$\frac{74}{200}\times\frac{86}{199}\times\frac{73}{198}=0.0590$
B	A	A	$\frac{86}{200}\times\frac{74}{199}\times\frac{73}{198}=0.0590$
A	A	C	$\frac{74}{200}\times\frac{73}{199}\times\frac{40}{198}=0.0274$
A	C	A	$\frac{74}{200}\times\frac{40}{199}\times\frac{73}{198}=0.0274$
C	A	A	$\frac{40}{200}\times\frac{74}{199}\times\frac{73}{198}=0.0274$

첫 번째 조합 또는 두 번째 조합 또는 세 번째 조합 등을 갖는 확률은 확률들의 합 $3\times0.0590+3\times0.0274$, 즉 0.2592이다.

◆ 이제 다음 연습문제를 풀어보자.

[연습문제 170] 확률법칙

*1 부품 A가 5년 동안 만족스럽게 작동할 확률이 0.8이고, B가 동일한 기간 동안 만족스럽게 작동할 확률이 0.75이다. 기간 5년에서 다음 확률을 구하라.
(a) 두 부품이 모두 만족스럽게 작동할 확률
(b) 부품 A만이 만족스럽게 작동할 확률
(c) 부품 B만이 만족스럽게 작동할 확률

*2 어떤 지역에서, 80%의 집이 집 전화기를 갖고 있다. 무작위로 두 집을 선정하여 방문했을 때, 다음 확률을 계산하라.
(a) 두 집이 모두 집 전화기를 갖고 있을 확률
(b) 한 집은 집 전화기를 갖고 있고, 다른 한 집은 갖고 있지 않을 확률

*3 기계로 베로보드 핀Veroboard pin을 20개씩 상자 안에 채운다. 1000개의 상자 중에 40개는 핀의 수가 20개보다 적다. 2개의 상자를 무작위로 선정했을 때, 한 상자는 핀의 수가 20개보다 적고, 다른 한 상자는 핀의 수가 20개 이상일 확률을 구하라.

*4 1kW급 화재 요소 묶음에서, 허용 전력 내의 요소는 16개이고 4개의 요소는 그렇지 않다. 이 묶음에서 무작위로 3개의 요소를 선정했을 때, 다음 확률을 계산하라.

(a) 3개 모두 허용 전력 내에 있을 확률

(b) 2개는 허용 전력 내에 있고, 1개는 그렇지 않을 확률

*5 증폭기는 세 개의 트랜지스터 A, B, C로 만들어진다. A, B, C가 결함이 있을 확률은 각각 $\frac{1}{20}$, $\frac{1}{25}$, $\frac{1}{50}$이다. 다음과 같이 생산된 증폭기의 비율을 계산하라.

(a) 만족스럽게 작동한다.

(b) 정확히 한 트랜지스터에 결함이 있다.

*6 상자 안에 동일한 크기와 모양을 가진 40W 램프 14개, 60W 램프 28개, 25W 램프 58개가 들어 있다. 상자에서 램프 3개를 무작위로 처음에 하나, 두 번째 하나, 세 번째 하나씩 뽑는다. 다음 확률을 구하라.

(a) 복원추출로 했을 때, 순서대로 25W 램프 1개, 40W 램프 1개, 60W 램프 1개씩 나온다.

(b) 비복원추출로 했을 때, 순서대로 25W 램프 1개, 40W 램프 1개, 60W 램프 1개씩 나온다.

(c) 복원추출로 했을 때, 처음에 25W 램프 1개와 40W 램프 2개, 또는 60W 램프 1개와 40W 램프 2개가 나온다.

[연습문제 171] 확률에 대한 선다형 문제

※ 각 문제의 정답은 한 개이다.

1 50개의 못이 들어 있는 상자 안에 4개의 불량품이 있다. 상자에서 무작위로 못 하나를 꺼낼 때, 불량품인 못이 나올 확률은 얼마인가?

(a) $\frac{1}{25}$ (b) $\frac{2}{27}$ (c) $\frac{2}{25}$ (d) $\frac{23}{25}$

2 트럼프 카드 52장 중에서 숫자 3 또는 킹 또는 퀸 카드를 뽑을 확률은 백분율로 얼마인가?

(a) 5.77% (b) 1.18% (c) 17.31% (d) 23.08%

3 각 경주에 8마리의 말이 있을 때, 연이은 세 경주에서 모두 우승한 말을 무작위로 선정할 확률은 백분율로 얼마인가?

(a) 12.50% (b) 1.563%

(c) 0.195% (d) 37.5%

4 주머니 안에 빨간 공이 12개, 파란 공이 8개 들어 있다. 이 주머니에서 공 하나를 꺼낸 다음, 이 공을 주머니 안에 다시 넣지 않고 두 번째 공을 꺼낸다. 파란 공 2개를 꺼낼 확률은 백분율로 얼마인가?

(a) 76.84% (b) 14.74%

(c) 80% (d) 16%

※ (문제 5~7) 1년 동안 부품이 고장 날 원인과 확률이 각각 아래와 같을 때, 다음 물음에 답하라.

과도한 온도로 인해 부품이 고장 날 확률은 $\frac{1}{16}$

과도한 진동으로 인해 부품이 고장 날 확률은 $\frac{1}{20}$

과도한 습도로 인해 부품이 고장 날 확률은 $\frac{1}{40}$

5 과도한 온도와 과도한 진동으로 인해 부품이 고장 날 확률은 얼마인가?

(a) $\frac{285}{320}$ (b) $\frac{1}{320}$ (c) $\frac{9}{80}$ (d) $\frac{1}{800}$

6 과도한 진동 또는 과도한 습도로 인해 부품이 고장 날 확률은 얼마인가?

(a) 0.00125 (b) 0.00257

(c) 0.1125 (d) 0.0750

7 과도한 온도와 과도한 습도 모두 때문에 부품이 고장 나지 않을 확률은 얼마인가?

(a) 0.914 (b) 1.913

(c) 0.00156 (d) 0.0875

※ (문제 8~10) 상자 안에 황동 와셔 35개, 철 와셔 40개, 알루미늄 와셔 25개가 들어 있다. 비복원추출로 상자에서 무작위로 와셔 3개를 뽑는다고 할 때, 다음 물음에 답하라.

8 3개 모두 철 와셔일 확률은 얼마인가?

(a) 0.0611 (b) 1.200 (c) 0.0640 (d) 1.182

9 알루미늄 와셔가 나오지 않을 확률은 얼마인가?

(a) 2.250 (b) 0.418 (c) 0.014 (d) 0.422

10 황동 와셔 2개와 철 또는 알루미늄 와셔 중에서 1개가 나올 확률은 얼마인가?

(a) 0.071 (b) 0.687 (c) 0.239 (d) 0.343

Chapter 35

미분법 입문

Introduction to differentiation

미분법을 이해하는 것이 왜 중요할까?

공학자들에게는 변동하는 물리량에 대한 문제를 분석해야 하는 현실적인 상황들이 많이 있다. 대표적인 예로, 적재된 빔에서의 응력, 공업용 화학물질의 온도, 차량 속력의 증가율 또는 감소율, 전기회로의 전류 또는 터빈 날개의 회전력 등이 있다. 미분학 differential calculus 또는 미분법 differentiation은 함수의 변화를 분석하는 수학적 기법이다. 여기서 대수학, 특히 지수법칙에 대한 풍부한 지식이 필수적이다. 이 장에서는 향후 학습의 중요한 기반이 되는 다섯 개의 가장 일반적인 함수의 미분법에 대해 살펴본다.

학습포인트

- 두 개의 영역, 즉 미분학과 적분학으로 구성된 미분적분학을 설명한다.
- 범함수 표기법을 이해한다.
- 곡선의 기울기와 극한값을 설명한다.
- 일반적인 법칙에 의해 $y=ax^n$을 미분한다.
- 사인 함수와 코사인 함수를 미분한다.
- 지수함수와 로그함수를 미분한다.

35.1 미분적분학의 소개

미분적분학 calculus은 속도나 가속도와 같이 연속적으로 변하는 함수, 변화율, 그리고 곡선의 최댓값과 최솟값을 다루는 계산을 포함하거나 안내하는 수학의 한 분야이다. 미분적분학은 과학과 공학에서 폭넓게 응용되고 있으며, 대수만으로는 해결할 수 없는 복잡한 문제를 푸는 데 사용된다. 미분적분학의 대상은 다음 두 영역으로 나누어진다.

❶ **미분학** differential calculus(또는 **미분법** differentiation)

❷ **적분학** integral calculus(또는 **적분법** integration)

이 장에서는 미분법을 소개하고, 변화율에 미분법을 활용한다. 36장에서는 적분법을 소개하고, 곡선 아래의 넓이를 구하는 데 적분법을 활용한다.[1]

1 미분과 적분의 응용은 『공학수학(Bird's Engineering Mathematics 9th edition), 2021』에서 보다 자세히 다룬다.

35.2 범함수 표기법

$y=3x^2+2x-5$와 같은 방정식에서, y는 x의 함수라 하고 $y=f(x)$로 쓸 수 있다. $f(x)=3x^2+2x-5$ 형태의 방정식은 범함수 표기법 functional notation에 따라 쓰인 것이다. $x=0$일 때 $f(x)$의 값은 $f(0)$으로 표현되고, $x=2$일 때 $f(x)$의 값은 $f(2)$로 표현된다.

따라서 $f(x)=3x^2+2x-5$일 때는 다음과 같다.

$$f(0)=3(0)^2+2(0)-5=-5,$$
$$f(2)=3(2)^2+2(2)-5=11,$$
$$\vdots$$

[문제 1] $f(x)=4x^2-3x+2$일 때, $f(0)$, $f(3)$, $f(-1)$, $f(3)-f(-1)$을 구하라.

$f(x)=4x^2-3x+2$

$\boldsymbol{f(0)}=4(0)^2-3(0)+2=\mathbf{2}$

$\boldsymbol{f(3)}=4(3)^2-3(3)+2=36-9+2=\mathbf{29}$

$\boldsymbol{f(-1)}=4(-1)^2-3(-1)+2=4+3+2=\mathbf{9}$

$\boldsymbol{f(3)-f(-1)}=29-9=\mathbf{20}$

[문제 2] $f(x)=5x^2+x-7$이 주어졌을 때, (a) $f(-2)$, (b) $f(2)\div f(1)$을 구하라.

(a) $\boldsymbol{f(-2)}=5(-2)^2+(-2)-7=20-2-7=\mathbf{11}$

(b) $f(2)=5(2)^2+2-7=15$

$f(1)=5(1)^2+1-7=-1$

$\boldsymbol{f(2)\div f(1)}=\dfrac{15}{-1}=\mathbf{-15}$

◆ **이제 다음 연습문제를 풀어보자.**

[연습문제 172] 범함수 표기법

1 $f(x)=6x^2-2x+1$일 때, $f(0)$, $f(1)$, $f(2)$, $f(-1)$, $f(-3)$을 구하라.

2 $f(x)=2x^2+5x-7$일 때, $f(1)$, $f(2)$, $f(-1)$, $f(2)-f(-1)$을 구하라.

3 $f(x)=3x^3+2x^2-3x+2$일 때, $f(1)=\dfrac{1}{7}f(2)$임을 증명하라.

35.3 곡선의 기울기

곡선 위의 점 P에서 접선을 그렸을 때, 이 접선의 기울기를 점 P에서 곡선의 기울기gradient of the curve라 한다. [그림 35-1]의 P에서 곡선의 기울기는 접선 PQ의 기울기와 같다.

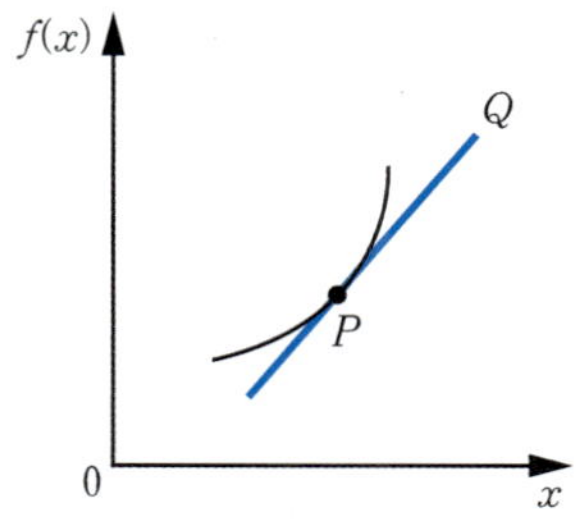

[그림 35-1]

[그림 35-2]의 곡선에 대해, 점 A와 B의 좌표를 각각 (x_1, y_1), (x_2, y_2)라고 하자. 범함수 표기법에 따르면 그림에 표시된 것과 같이 $y_1=f(x_1)$, $y_2=f(x_2)$이다.

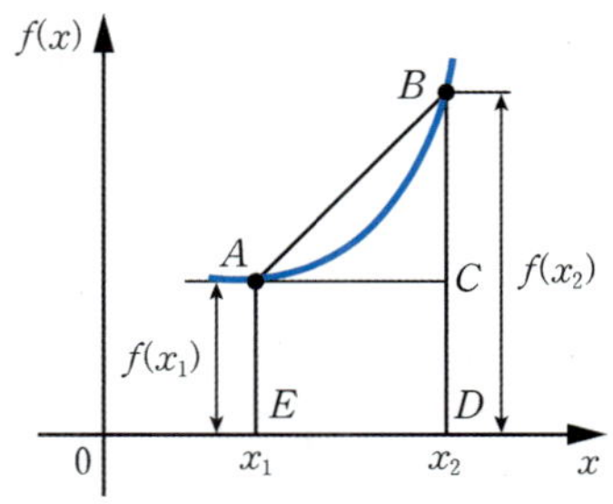

[그림 35-2]

현 AB의 기울기는 다음과 같다.

$$\text{기울기}=\frac{BC}{AC}=\frac{BD-CD}{ED}=\frac{f(x_2)-f(x_1)}{x_2-x_1}$$

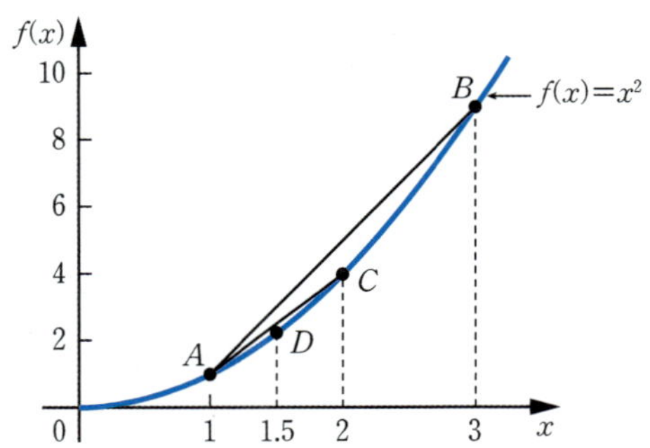

[그림 35-3]

[그림 35-3]의 곡선 $f(x)=x^2$에 대해 기울기는 다음과 같다.

❶ 현 AB의 기울기

$$\frac{f(3)-f(1)}{3-1}=\frac{9-1}{2}=4$$

❷ 현 AC의 기울기

$$\frac{f(2)-f(1)}{2-1}=\frac{4-1}{1}=3$$

❸ 현 AD의 기울기

$$\frac{f(1.5)-f(1)}{1.5-1}=\frac{2.25-1}{0.5}=2.5$$

❹ E가 곡선 위의 점 $(1.1,\ f(1.1))$이라 하면, 현 AE의 기울기는 다음과 같다.

$$\frac{f(1.1)-f(1)}{1.1-1}=\frac{1.21-1}{0.1}=2.1$$

❺ F가 곡선 위의 점 $(1.01,\ f(1.01))$이라 하면, 현 AF의 기울기는 다음과 같다.

$$\frac{f(1.01)-f(1)}{1.01-1}=\frac{1.0201-1}{0.01}=2.01$$

따라서 점 B가 점 A에 가까워질수록 현의 기울기는 값 2에 점점 더 가깝게 접근한다. 이것을 현 AB의 기울기의 극한값limiting value이라 하며, 점 B가 점 A와 일치할 때 현은 곡선의 접선이 된다.

◆ **이제 다음 연습문제를 풀어보자.**

[연습문제 173] 곡선의 기울기

1 $x=-1$에서 $x=+4$까지의 x 값에 대한 곡선 $f(x)=4x^2-1$의 그래프를 그려라. 좌표 $(3,\ f(3))$과 $(1,\ f(1))$을 각각 J와 K로 표시하고, 점 J와 점 K를 연결하여 현 JK를 만들어라. 현 JK의 기울기를 구하라. J를 K에 점점 더 가깝게 움직여서, 점 K에서 곡선에 대한 접선의 기울기를 구하라.

35.4 첫 번째 원리에 따른 미분법

[그림 35-4]에서 곡선 위의 두 점 A와 B가 매우 가까이 있다. δx(델타 x)와 δy(델타 y)는 각각 x와 y 방향으로의 작은 증분(변화량)을 나타낸다.

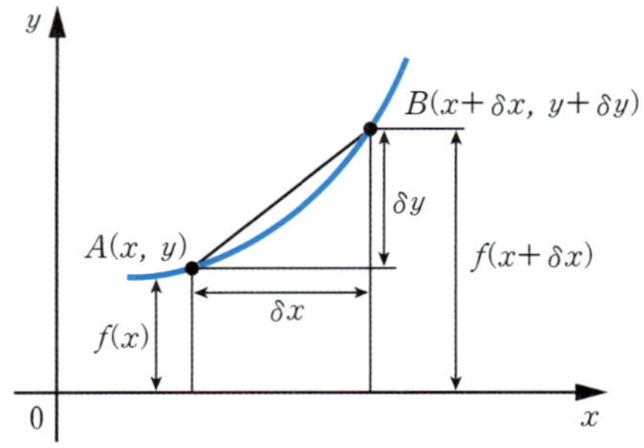

[그림 35-4]

현 AB의 기울기는 $\frac{\delta y}{\delta x}$이다. 그리고 $\delta y=f(x+\delta x)-f(x)$이다. 그러므로 다음과 같다.

$$\frac{\delta y}{\delta x}=\frac{f(x+\delta x)-f(x)}{\delta x}$$

δx가 0에 가까워짐에 따라 $\frac{\delta y}{\delta x}$는 극한값에 가까워지고, 현의 기울기는 점 A에서 접선의 기울기에 가까워진다. 곡선에 대한 접선의 기울기를 결정할 때, **두 개의 기호**가 사용된다. [그림 35-4]에서 점 A에서의 접선의 기울기는 다음과 같이 쓸 수 있다.

$$\lim_{\delta x\to 0}\frac{\delta y}{\delta x} \text{ 또는 } \lim_{\delta x\to 0}\left\{\frac{f(x+\delta x)-f(x)}{\delta x}\right\}$$

라이프니츠*의 기호 : $\frac{dy}{dx}=\lim_{\delta x\to 0}\frac{\delta y}{\delta x}$

범함수 표기법 : $f'(x)=\lim_{\delta x\to 0}\left\{\frac{f(x+\delta x)-f(x)}{\delta x}\right\}$

***라이프니츠는 누구?**

고트프리트 빌헬름 라이프니츠(Gottfried Wilhelm Leibniz 또는 von Leibniz, 1646. 1. 1 ~ 1716. 11. 14)는 독일의 수학자이자 철학자이다. 라이프니츠는 무한소해석을 발전시켰고 라이프니츠 휠을 발견했다.

$\frac{dy}{dx}$는 $f'(x)$와 동일한 의미를 가지며, 이를 미분계수differential coefficient 또는 도함수derivative라 한다. 미분계수를 구하는 과정을 미분법differentiation이라 한다. 요약하자면, 미분계수는 다음과 같다.

$$\frac{dy}{dx} = f'(x) = \lim_{\delta x \to 0} \frac{\delta y}{\delta x} = \lim_{\delta x \to 0} \left\{ \frac{f(x+\delta x) - f(x)}{\delta x} \right\}$$

[문제 3] $f(x) = x^2$을 첫 번째 원리에 따라 미분하라.

'첫 번째 원리에 따라 미분한다는 것'은 다음 식을 이용하여 '$f'(x)$를 구하는 것'을 의미한다.

$$f'(x) = \lim_{\delta x \to 0} \left\{ \frac{f(x+\delta x) - f(x)}{\delta x} \right\}$$

$f(x) = x^2$이므로 x 대신 $(x+\delta x)$를 대입하면 $f(x+\delta x) = (x+\delta x)^2 = x^2 + 2x\delta x + \delta x^2$이다. 그러므로 다음과 같다.

$$f'(x) = \lim_{\delta x \to 0} \left\{ \frac{(x^2 + 2x\delta x + \delta x^2) - (x^2)}{\delta x} \right\}$$

$$= \lim_{\delta x \to 0} \left\{ \frac{2x\delta x + \delta x^2}{\delta x} \right\} = \lim_{\delta x \to 0} \{2x + \delta x\}$$

$\delta x \to 0$임에 따라 $2x + \delta x \to 2x + 0$이므로 $\boldsymbol{f'(x) = 2x}$, 즉 **$\boldsymbol{x^2}$의 미분계수는 $\boldsymbol{2x}$**이다.

이는 곡선 $f(x) = x^2$의 기울기에 대한 일반적인 방정식이 $2x$임을 의미한다. 만약 $x = 3$이라면, 기울기는 $2(3) = 6$이다. 첫 번째 원리를 이용한 미분은 계산 과정이 상당히 길어질 수 있고, 누구나 함수를 미분할 때마다 이렇게 긴 계산 과정으로 얻는 것을 원치 않는다. 위 과정은 다음 절에서 다룰 **일반적인 법칙**으로 해결할 수 있으므로 실제로는 이 방법을 사용할 필요가 없다.

35.5 일반적인 법칙에 따른 $y = ax^n$의 미분법

첫 번째 원리에 따른 미분법을 이용하여, ax^n을 미분하는 일반적인 법칙을 유도할 수 있다. 여기서 a와 n은 임의의 상수이다. 이 법칙은 다음과 같다.

$\boldsymbol{y = ax^n}$이면 $\boldsymbol{\frac{dy}{dx} = anx^{n-1}}$이다.

$\boldsymbol{f(x) = ax^n}$이면 $\boldsymbol{f'(x) = anx^{n-1}}$이다.

미분할 때, 이에 대한 결과들은 다음과 같이 여러 가지 방법으로 표현된다.

- $y = 3x^2$이면 $\frac{dy}{dx} = 6x$이다.
- $f(x) = 3x^2$이면 $f'(x) = 6x$이다.
- $3x^2$의 미분계수는 $6x$이다.
- $3x^2$의 도함수는 $6x$이다.
- $\frac{d}{dx}(3x^2) = 6x$

35.5.1 지수법칙 복습

- $\boldsymbol{\frac{1}{x^a} = x^{-a}}$: 예 $\frac{1}{x^2} = x^{-2}$, $x^{-5} = \frac{1}{x^5}$
- $\boldsymbol{\sqrt{x} = x^{\frac{1}{2}}}$: 예 $\sqrt{5} = 5^{\frac{1}{2}}$, $16^{\frac{1}{2}} = \sqrt{16} = \pm 4$,
  $\frac{1}{\sqrt{x}} = \frac{1}{x^{\frac{1}{2}}} = x^{-\frac{1}{2}}$
- $\boldsymbol{\sqrt[a]{x^b} = x^{\frac{b}{a}}}$: 예 $\sqrt[3]{x^5} = x^{\frac{5}{3}}$, $x^{\frac{4}{3}} = \sqrt[3]{x^4}$,
  $\frac{1}{\sqrt[3]{x^7}} = \frac{1}{x^{\frac{7}{3}}} = x^{-\frac{7}{3}}$
- $\boldsymbol{x^0 = 1}$: 예 $7^0 = 1$, $43.5^0 = 1$

$y = ax^n$의 미분법에 대한 일반적인 법칙을 설명하는 몇 가지 문제를 살펴보자.

[문제 4] $y = 4x^7$을 x에 대해 미분하라.

$y = 4x^7$을 $y = ax^n$과 비교하면, $a = 4$, $n = 7$이다. 일반적인 법칙을 이용하면 다음과 같다.

$$\frac{dy}{dx} = anx^{n-1} = (4)(7)x^{7-1} = \mathbf{28x^6}$$

[문제 5] $y=5x^4-3x^3-2x^2+7$을 미분하여 $\frac{dy}{dx}$로 표기하라.

$y=ax^n$이면 $\frac{dy}{dx}=anx^{n-1}$이고 a와 n의 값이 작으면 풀이 과정 없이 바로 $\frac{dy}{dx}$의 표현을 쓸 수 있다. 따라서

$y=5x^4-3x^3-2x^2+7$이면 $\frac{dy}{dx}=\mathbf{20x^3-9x^2-4x}$이다.

[문제 6] $y=\frac{3}{x^2}$을 x에 대해 미분하라.

$y=\frac{3}{x^2}=3x^{-2}$이므로 일반적인 법칙의 표현에서 $a=3$, $n=-2$이다.

$$\frac{dy}{dx}=anx^{n-1}=(3)(-2)x^{-2-1}=-6x^{-3}=-\frac{6}{x^3}$$

[문제 7] $y=5\sqrt{x}$를 x에 대해 미분하라.

$y=5\sqrt{x}=5x^{\frac{1}{2}}$이므로 일반적인 법칙에 따라 $a=5$, $n=\frac{1}{2}$이다.

$$\frac{dy}{dx}=anx^{n-1}=(5)\left(\frac{1}{2}\right)x^{\frac{1}{2}-1}$$

$$=\frac{5}{2}x^{-\frac{1}{2}}=\frac{5}{2x^{\frac{1}{2}}}=\frac{5}{2\sqrt{x}}$$

[문제 8] $y=4$를 미분하라.

$y=4$는 $y=4x^0$으로 쓸 수 있으므로 일반적인 법칙에 따라 $a=4$, $n=0$이다. 그러므로 다음과 같다.

$$\frac{dy}{dx}=(4)(0)x^{0-1}=0$$

방정식 $y=4$는 **수평직선**을 나타내고, 수평선의 기울기는 0이므로 관찰을 통해 $y=4$의 미분계수가 0임을 알 수 있다. 일반적으로, **상수의 미분계수는 항상 0이다.**

[문제 9] $y=7x$를 미분하라.

$y=7x$, 즉 $y=7x^1$이므로 일반적인 법칙에 따라 $a=7$, $n=1$이다. 그리고 $x^0=1$이므로 다음과 같다.

$$\frac{dy}{dx}=(7)(1)x^{1-1}=7x^0=7$$

($y=mx+c$로부터) 직선 $y=7x$의 기울기는 7이므로 관찰을 통해 $y=7x$의 미분계수가 7임을 알 수 있다. 일반적으로, **상수 k에 대해 kx의 미분계수는 항상 k이다.**

[문제 10] $y=\frac{2}{3}x^4-\frac{4}{x^3}+9$의 미분계수를 구하라.

$y=\frac{2}{3}x^4-\frac{4}{x^3}+9$, 즉 $y=\frac{2}{3}x^4-4x^{-3}+9$이므로 다음과 같다.

$$\frac{dy}{dx}=\left(\frac{2}{3}\right)(4)x^{4-1}-(4)(-3)x^{-3-1}+0$$

$$=\frac{8}{3}x^3+12x^{-4}$$

따라서 미분계수는 다음과 같다.

$$\frac{dy}{dx}=\frac{8}{3}x^3+\frac{12}{x^4}$$

[문제 11] $f(t)=4t+\frac{1}{\sqrt{t^3}}$일 때, $f'(t)$를 구하라.

$f(t)=4t+\frac{1}{\sqrt{t^3}}=4t+\frac{1}{t^{\frac{3}{2}}}=4t^1+t^{-\frac{3}{2}}$이므로 다음과 같다.

$$f'(t)=(4)(1)t^{1-1}+\left(-\frac{3}{2}\right)t^{-\frac{3}{2}-1}=4t^0-\frac{3}{2}t^{-\frac{5}{2}}$$

$$f'(t)=4-\frac{3}{2t^{\frac{5}{2}}}=4-\frac{3}{2\sqrt{t^5}}$$

[문제 12] $y=\frac{3x^2-5x}{2x}$가 주어졌을 때, $\frac{dy}{dx}$를 구하라.

$$y=\frac{3x^2-5x}{2x}=\frac{3x^2}{2x}-\frac{5x}{2x}=\frac{3}{2}x-\frac{5}{2}$$

그러므로 다음과 같다.

$$\frac{dy}{dx} = \frac{3}{2} \text{ 또는 } 1.5$$

[문제 13] x에 대해 $y = \frac{(x+2)^2}{x}$을 미분하라.

$y = \frac{(x+2)^2}{x} = \frac{x^2+4x+4}{x} = \frac{x^2}{x} + \frac{4x}{x} + \frac{4}{x}$,

즉 $y = x^1 + 4 + 4x^{-1}$이므로 다음과 같다.

$$\frac{dy}{dx} = 1x^{1-1} + 0 + (4)(-1)x^{-1-}$$
$$= x^0 - 4x^{-2} = 1 - \frac{4}{x^2}$$

$x^0 = 1$이므로

***[문제 14]** $x = 2$에서 곡선 $y = 2x^2 - \frac{3}{x}$의 기울기를 구하라.

$$y = 2x^2 - \frac{3}{x} = 2x^3 - 3x^{-1}$$

$$\text{기울기} = \frac{dy}{dx} = (2)(2)x^{2-1} - (3)(-1)x^{-1-1}$$

$$= 4x + 3x^{-2} = 4x + \frac{3}{x^2}$$

$$x = 2\text{일 때, 기울기} = 4x + \frac{3}{x^2} = 4(2) + \frac{3}{(2)^2}$$

$$= 8 + \frac{3}{4} = 8.75$$

***[문제 15]** 점 $(0, -2)$와 $(1, 4)$에서 곡선 $y = 3x^4 - 2x^2 + 5x - 2$의 기울기를 구하라.

주어진 점에서 곡선의 기울기는 대응하는 도함수 값으로 주어진다. $y = 3x^4 - 2x^2 + 5x - 2$이므로 다음과 같다.

$$\text{기울기} = \frac{dy}{dx} = 12x^3 - 4x + 5$$

점 $(0, -2)$에서 $x = 0$이고, 따라서 다음과 같다.

$$\text{기울기} = 12(0)^3 - 4(0) + 5 = 5$$

점 $(1, 4)$에서 $x = 1$이고, 따라서 다음과 같다.

$$\text{기울기} = 12(1)^3 - 4(1) + 5 = 13$$

◆ **이제 다음 연습문제를 풀어보자.**

[연습문제 174] 일반적인 법칙에 따른 $y = ax^n$의 미분법

※ (문제 1~20) 변수에 대한 미분계수를 구하라.

1 $y = 7x^4$

2 $y = 2x + 1$

3 $y = x^2 - x$

4 $y = 2x^3 - 5x + 6$

5 $y = \frac{1}{x}$

6 $y = 12$

7 $y = x - \frac{1}{x^2}$

8 $y = 3x^5 - 2x^4 + 5x^3 + x^2 - 1$

9 $y = \frac{2}{x^3}$

10 $y = 4x(1-x)$

11 $y = \sqrt{x}$

12 $y = \sqrt{t^3}$

13 $y = 6 + \frac{1}{x^3}$

14 $y = 3x - \frac{1}{\sqrt{x}} + \frac{1}{x}$

15 $y = (x+1)^2$

16 $y = x + 3\sqrt{x}$

17 $y = (1-x)^2$

18 $y = \frac{5}{x^2} - \frac{1}{\sqrt{x^7}} + 2$

19 $y = 3(t-2)^2$

20 $y = \frac{(x+2)^2}{x}$

***21** 주어진 점에서 다음 곡선의 기울기를 구하라.

(a) $y = 3x^2$ $(x = 1)$

(b) $y = \sqrt{x}$ $(x = 9)$

(c) $y = x^3 + 3x - 7$ $(x = 0)$

(d) $y = \frac{1}{\sqrt{x}}$ $(x = 4)$

(e) $y = \frac{1}{x}$ $(x = 2)$

(f) $y = (2x+3)(x-1)$ $(x = -2)$

***22** $f(x) = 6x^2 - 3x + 5$를 미분하고, (a) $x = -1$, (b) $x = 2$에서 곡선의 기울기를 구하라.

***23** $y = 2x^3 + 3x^2 - 4x - 1$의 미분계수를 구하고, $x = 2$에서 곡선의 기울기를 구하라.

***24** $y=-2x^3+4x+7$의 도함수를 구하고, $x=-1.5$에서 곡선의 기울기를 구하라.

35.6 사인 및 코사인 함수의 미분법

[그림 35-5(a)]는 $y=\sin x$의 그래프이다. 0에서부터 A, B, C, D로 움직이면서 연속적으로 기울기가 변한다. 기울기 $\frac{dy}{dx}$는, [그림 35-5(b)]와 같이 $y=\sin x$ 아래 각 대응하는 위치에 표시된다.

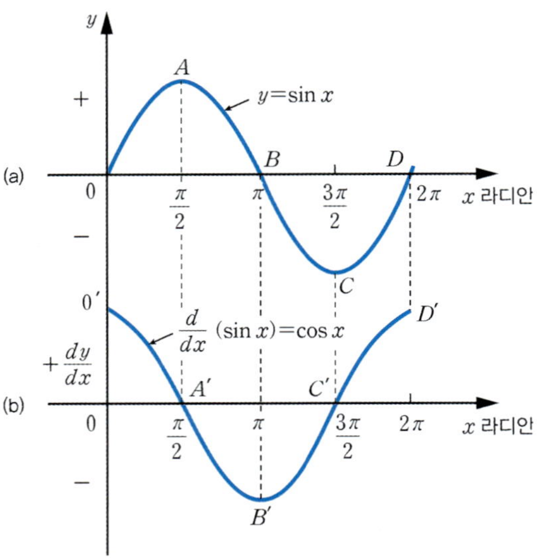

[그림 35-5]

0에서, 기울기는 양수이고 가장 가파르다. 그러므로 0은 양의 최댓값이다. 0과 A 사이에서 기울기는 양수이고, A에서 A'으로 보인 기울기가 0이 될 때까지 감소한다. A와 B 사이에서 기울기는 음수이지만, B에서 기울기가 가장 가파르게 되는 점까지 값이 증가한다. 그러므로 B'은 최대인 음의 값이다.

더욱이 B와 C, C와 D 사이에서 $y=\sin x$의 기울기를 살펴보면, $\frac{dy}{dx}$의 그래프는 **코사인 곡선**이 되는 것으로 보인다. $\sin x$의 변화율은 $\cos x$이다. 즉 **$y=\sin x$이면 $\frac{dy}{dx}=\cos x$이다.**

또한 상수 a에 대해 다음이 성립한다.

$$y=\sin ax\text{이면 } \frac{dy}{dx}=a\cos ax\text{이다.} \qquad (35.1)$$

상수 a와 α에 대해 다음이 성립한다.

$$y=\sin(ax+\alpha)\text{이면 } \frac{dy}{dx}=a\cos(ax+\alpha)\text{이다.} \qquad (35.2)$$

$y=\cos x$에 대해서도 유사한 방법으로 [그림 35-6]의 그래프가 만들어진다. $\frac{dy}{dx}$는 $\sin x$의 그래프가 π라디안만큼 오른쪽으로 이동한 모양이다.

([그림 35-5(a)]와 같이) 곡선 $y=\sin x$ 위의 각 점이 음수를 만들게 된다면(즉 $+\frac{\pi}{2}$는 $-\frac{\pi}{2}$를 만들고, $-\frac{3\pi}{2}$는 $+\frac{3\pi}{2}$를 만든다. 다른 값들도 이와 같다), 그 결과 [그림 35-6(b)]와 같은 그래프가 만들어진다.

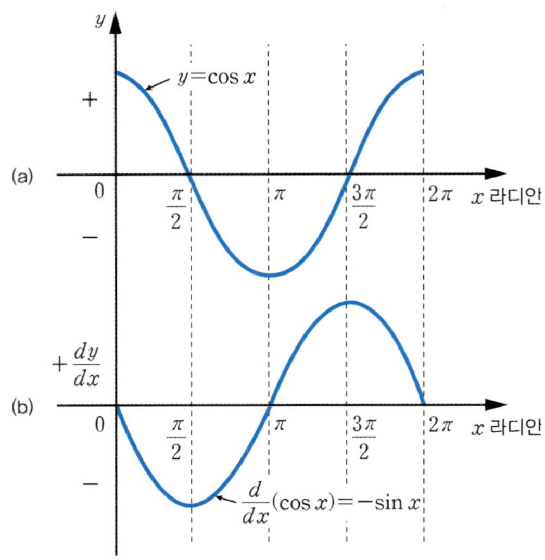

[그림 35-6]

그러므로 마지막 그래프는 $-\sin x$의 곡선을 나타낸다. 따라서 **$y=\cos x$이면 $\frac{dy}{dx}=-\sin x$이다.**

또한 상수 a에 대해 다음이 성립한다.

$$y=\cos ax\text{이면 } \frac{dy}{dx}=-a\sin ax\text{이다.} \qquad (35.3)$$

상수 a와 α에 대해 다음이 성립한다.

$$y=\cos(ax+\alpha)\text{이면 } \frac{dy}{dx}=-a\sin(ax+\alpha)\text{이다.} \qquad (35.4)$$

[문제 16] $y=7\sin 2x-3\cos 4x$의 미분계수를 구하라.

식 (35.1)과 (35.3)으로부터 다음과 같이 구할 수 있다.

$$\frac{dy}{dx}=(7)(2\cos 2x)-(3)(-4\sin 4x)$$

$$=14\cos 2x+12\sin 4x$$

[문제 17] (a) $y=2\sin 5\theta$, (b) $f(t)=3\cos 2t$를 변수에 대해 미분하라.

(a) $y=2\sin 5\theta$이므로 식 (35.1)로부터 다음과 같이 구할 수 있다.

$$\frac{dy}{d\theta}=(2)(5\cos 5\theta)=10\cos 5\theta$$

(b) $f(t)=3\cos 2t$이므로 식 (35.3)으로부터 다음과 같이 구할 수 있다.

$$f'(t)=(3)(-2\sin 2t)=-6\sin 2t$$

[문제 18] 다음을 변수에 대해 미분하라.
(a) $f(\theta)=5\sin(100\pi\theta-0.40)$
(b) $f(t)=2\cos(5t+0.20)$

(a) $f(\theta)=5\sin(100\pi\theta-0.40)$이면 $a=100\pi$인 식 (35.2)로부터 다음과 같이 구할 수 있다.

$$f'(\theta)=5[100\pi\cos(100\pi\theta-0.40)]$$

$$=500\pi\cos(100\pi\theta-0.40)$$

(b) $f(t)=2\cos(5t+0.20)$이면 $a=5$인 식 (35.4)로부터 다음과 같이 구할 수 있다.

$$f'(t)=2[-5\sin(5t+0.20)]$$

$$=-10\sin(5t+0.20)$$

***[문제 19]** 교류 전압이 $v=100\sin 200t$[V]이다. 여기서 t는 초 단위의 시간이다. (a) $t=0.005$ s, (b) $t=0.01$ s 일 때 전압의 변화율을 구하라.

$v=100\sin 200t$이고 v의 변화율은 $\frac{dv}{dt}$로 주어진다.

$$\frac{dv}{dt}=(100)(200\cos 200t)=20000\cos 200t$$

(a) $t=0.005$ s일 때, 다음과 같다.

$$\frac{dv}{dt}=20000\cos(200)(0.005)=20000\cos 1$$

$\cos 1$은 '1 라디안의 코사인'을 의미한다(계산기를 이용해 '도'가 아닌 '라디안'을 확인하라). 그러므로 다음과 같다.

$$\frac{dv}{dt}=10806\ \text{V/s}$$

(b) $t=0.01$ s일 때, 다음과 같다.

$$\frac{dv}{dt}=20000\cos(200)(0.01)=20000\cos 2$$

$$\frac{dv}{dt}=-8323\ \text{V/s}$$

◆ **이제 다음 연습문제를 풀어보자.**

[연습문제 175] 사인 및 코사인 함수의 미분법

1 (a) $y=4\sin 3x$, (b) $y=2\cos 6x$를 x에 대해 미분하라.

2 $f(\theta)=2\sin 3\theta-5\cos 2\theta$가 주어졌을 때, $f'(\theta)$를 구하라.

3 $x=\frac{\pi}{2}$에서 곡선 $y=2\cos\frac{1}{2}x$의 기울기를 구하라.

4 $x=\frac{\pi}{3}$에서 곡선 $y=3\sin 2x$의 기울기를 구하라.

*5 교류 전류가 $i=5\sin 100t$로 주어진다. 여기서 t는 [초] 단위의 시간이다. $t=0.01$초일 때, 전류의 변화율 $\frac{di}{dt}$를 구하라.

*6 $v=50\sin 40t$[V]는 교류 전압 v를 나타낸다. 여기서 t는 [초] 단위의 시간이다. 시간 20×10^{-3}초에서 전압의 변화율 $\frac{dv}{dt}$를 구하라.

7 $f(t)=3\sin(4t+0.12)-2\cos(3t-0.72)$일 때, $f'(t)$를 구하라.

35.7 e^{ax}과 $\ln ax$의 미분법

$y=e^x$의 그래프는 [그림 35-7(a)]와 같다. 임의의 점에서 곡선의 기울기는 $\frac{dy}{dx}$이고, 이는 연속적으로 변한다. 곡선 위의 많은 점에서 곡선에 대한 접선을 그리고 접선의 기울기를 측정함으로써 x에 대응하는 $\frac{dy}{dx}$의 값을 구할 수 있다. 이러한 값들은 [그림 35-7(b)]와 같다.

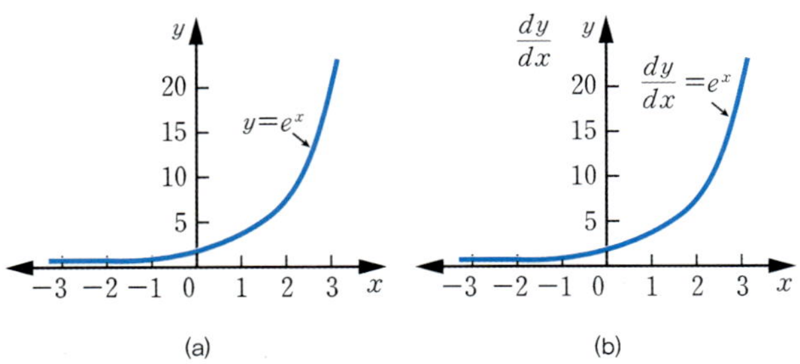

[그림 35-7]

x에 대한 $\frac{dy}{dx}$의 그래프는 원래 주어진 $y=e^x$의 그래프와 일치한다. 이로부터 다음을 얻는다.

$$y=e^x \text{이면 } \frac{dy}{dx}=e^x \text{이다.}$$

$$y=e^{ax} \text{이면 } \frac{dy}{dx}=ae^{ax} \text{이다.}$$

그러므로 다음과 같이 생각할 수 있다.

$$y=2e^{6x} \text{이면 } \frac{dy}{dx}=(2)(6e^{6x})=12e^{6x} \text{이다.}$$

$y=\ln x$의 그래프는 [그림 35-8(a)]와 같다. 임의의 점에서 곡선의 기울기는 $\frac{dy}{dx}$로 주어지고, 연속적으로 변한다. 곡선 위의 많은 점에서 곡선에 대한 접선을 그리고 전선의 기울기를 측정함으로써 x에 대응하는 $\frac{dy}{dx}$의 값을 구할 수 있다. 이러한 값들은 [그림 35-8(b)]와 같다.

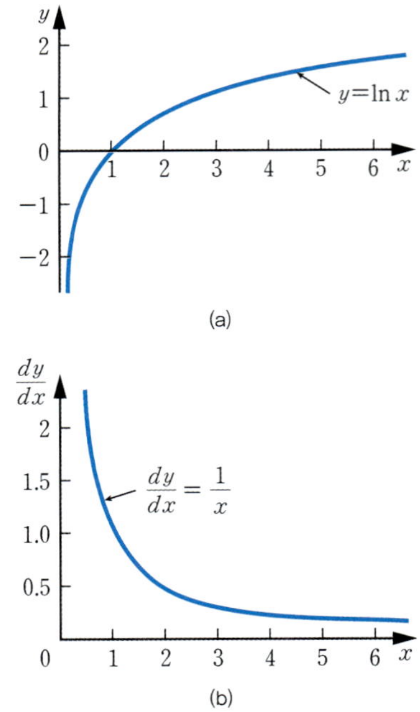

[그림 35-8]

x에 대한 $\frac{dy}{dx}$의 그래프는 $\frac{dy}{dx}=\frac{1}{x}$의 그래프이다. 이로부터 다음을 얻는다.

$$y=\ln x \text{이면, } \frac{dy}{dx}=\frac{1}{x} \text{이다.}$$

$$y=\ln ax \text{이면, } \frac{dy}{dx}=\frac{1}{x} \text{이다.}$$

(마지막 식에서 상수 a가 $\frac{dy}{dx}$ 항에 나타나지 않음에 유의하자.)

그러므로 다음과 같이 생각할 수 있다.

$$y=\ln 4x \text{이면 } \frac{dy}{dx}=\frac{1}{x} \text{이다.}$$

[문제 20] (a) $y=3e^{2x}$, (b) $f(t)=\frac{4}{3e^{5t}}$를 변수에 대해 미분하라.

(a) $y=3e^{2x}$이면, $\frac{dy}{dx}=(3)(2e^{2x})=6e^{2x}$이다.

(b) $f(t)=\frac{4}{3e^{5t}}=\frac{4}{3}e^{-5t}$이면 다음과 같다.

$$f'(t)=\frac{4}{3}(-5e^{-5t})=-\frac{20}{3}e^{-5t}=-\frac{20}{3e^{5t}}$$

[문제 21] $y=5\ln 3x$를 미분하라.

$y=5\ln 3x$이면, $\dfrac{dy}{dx}=(5)\left(\dfrac{1}{x}\right)=\dfrac{5}{x}$이다.

◆ **이제 다음 연습문제를 풀어보자.**

[연습문제 176] e^{ax}과 $\ln ax$의 미분법

1 (a) $y=5e^{3x}$, (b) $y=\dfrac{2}{7e^{2x}}$를 x에 대해 미분하라.

2 $f(\theta)=5\ln 2\theta-4\ln 3\theta$가 주어졌을 때, $f'(\theta)$를 구하라.

3 $f(t)=4\ln t+2$일 때, $t=0.25$에서 $f'(t)$를 구하라.

*4 $x=\dfrac{1}{2}$에서 곡선 $y=2e^{x}-\dfrac{1}{4}\ln 2x$의 기울기를 소수점 아래 2자리로 보정하여 구하라.

5 $y=3e^{4x}-\dfrac{5}{2e^{3x}}+8\ln 5x$가 주어졌을 때, $x=1$에서 $\dfrac{dy}{dx}$를 유효숫자 3자리로 보정하여 구하라.

35.8 기본적인 도함수의 요약

이 장에서 사용된 기본적인 도함수들을 [표 35-1]에 요약하였다. 이는 모든 x의 실수 값에 대해 성립한다.

[표 35-1]

y 또는 $f(x)$	$\dfrac{dy}{dx}$ 또는 $f'(x)$
ax^n	anx^{n-1}
$\sin ax$	$a\cos ax$
$\cos ax$	$-a\sin ax$
e^{ax}	ae^{ax}
$\ln ax$	$\dfrac{1}{x}$

*[문제 22] 점 $(1,\,-2)$에서 곡선 $y=3x^2-7x+2$의 기울기를 구하라.

$y=3x^2-7x+2$이면 기울기는 $\dfrac{dy}{dx}=6x-7$이다. 점 $(1,\,-2)$에서 $x=1$이므로 **기울기**는 $6(1)-7=-1$이다.

[문제 23] $y=\dfrac{3}{x^2}-2\sin 4x+\dfrac{2}{e^x}+\ln 5x$일 때, $\dfrac{dy}{dx}$를 구하라.

$$y=\frac{3}{x^2}-2\sin 4x+\frac{2}{e^x}+\ln 5x$$
$$=3x^{-2}-2\sin 4x+2e^{-x}+\ln 5x$$
$$\frac{dy}{dx}=3(-2x^{-3})-2(4\cos 4x)+2(-e^{-x})+\frac{1}{x}$$
$$=-\frac{6}{x^3}-8\cos 4x-\frac{2}{e^x}+\frac{1}{x}$$

◆ **이제 다음 연습문제를 풀어보자.**

[연습문제 177] 기본적인 도함수

*1 다음 점에서 곡선 $y=2x^4+3x^3-x+4$의 기울기를 구하라.

(a) $(0,\,4)$ (b) $(1,\,8)$

2 $y=\dfrac{2}{x^2}+2\ln 2x-2(\cos 5x+3\sin 2x)-\dfrac{2}{e^{3x}}$를 x에 대해 미분하라.

35.9 연차미분법

함수 $y=f(x)$가 x에 대해 미분가능할 때, 미분계수는 $\dfrac{dy}{dx}$ 또는 $f'(x)$로 쓴다. 만일 이 식이 다시 미분가능하면 2계 미분계수가 얻어지며, $\dfrac{d^2y}{dx^2}$("d 제곱 y, dx 제곱"으로 읽음) 또는 $f''(x)$("f 더블대시 x"로 읽음)로 쓴다. 연속적으로 미분하여 $\dfrac{d^3y}{dx^3}$와 $\dfrac{d^4y}{dx^4}$ 같은 더 높은 고계 도함수를 얻을 수 있다. 따라서 $y=5x^4$이면 다음과 같다.

$$\frac{dy}{dx}=20x^3,\ \frac{d^2y}{dx^2}=60x^2,\ \frac{d^3y}{dx^3}=120x,$$

$$\frac{d^4y}{dx^4}=120,\ \frac{d^5y}{dx^5}=0$$

[문제 24] $f(x)=4x^5-2x^3+x-3$일 때 $f''(x)$를 구하라.

$$f(x)=4x^5-2x^3+x-3$$

$$f'(x)=20x^4-6x^2+1$$

$$\boldsymbol{f''(x)=80x^3-12x} \quad \text{또는} \quad \boldsymbol{4x(20x^2-3)}$$

[문제 25] $y=\frac{2}{3}x^3-\frac{4}{x^2}+\frac{1}{2x}-\sqrt{x}$가 주어졌을 때, $\frac{d^2y}{dx^2}$를 구하라.

$$\begin{aligned} y&=\frac{2}{3}x^3-\frac{4}{x^2}+\frac{1}{2x}-\sqrt{x} \\ &=\frac{2}{3}x^3-4x^{-2}+\frac{1}{2}x^{-1}-x^{\frac{1}{2}} \end{aligned}$$

$$\frac{dy}{dx}=\left(\frac{2}{3}\right)(3x^2)-4(-2x^{-3})+\left(\frac{1}{2}\right)(-1x^{-2})-\frac{1}{2}x^{-\frac{1}{2}}$$

즉 다음과 같다.

$$\frac{dy}{dx}=2x^2+8x^{-3}-\frac{1}{2}x^{-2}-\frac{1}{2}x^{-\frac{1}{2}}$$

$$\begin{aligned} \frac{d^2y}{dx^2}&=4x+(8)(-3x^{-4})-\left(\frac{1}{2}\right)(-2x^{-3})-\left(\frac{1}{2}\right)\left(-\frac{1}{2}x^{-\frac{3}{2}}\right) \\ &=4x-24x^{-4}+1x^{-3}+\frac{1}{4}x^{-\frac{3}{2}} \end{aligned}$$

따라서 다음과 같이 구한다.

$$\boldsymbol{\frac{d^2y}{dx^2}=4x-\frac{24}{x^4}+\frac{1}{x^3}+\frac{1}{4\sqrt{x^3}}}$$

◆ **이제 다음 연습문제를 풀어보자.**

[연습문제 178] 연차미분법

1 $y=3x^4+2x^3-3x+2$일 때, (a) $\frac{d^2y}{dx^2}$, (b) $\frac{d^3y}{dx^3}$를 구하라.

2 $y=4x^2+\frac{1}{x}$일 때, $\frac{d^2y}{dx^2}$를 구하라.

3 (a) $f(t)=\frac{2}{5}t^2-\frac{1}{t^3}+\frac{3}{t}-\sqrt{t}+1$이 주어졌을 때, $f''(t)$를 구하라.
(b) $t=1$일 때, (a)에서 $f''(t)$를 구하라.

4 $y=3\sin 2t+\cos t$일 때, $\frac{d^2y}{dt^2}$를 구하라.

5 $f(\theta)=2\ln 4\theta$일 때, $f''(\theta)=-\frac{2}{\theta^2}$임을 보여라.

35.10 변화율

물리량 y가 물리량 x에 따라 변한다면, x에 대한 y의 변화율은 $\frac{dy}{dx}$이다. 예를 들어, 높이 h에 대한 압력 p의 변화율은 $\frac{dp}{dh}$이다. 시간에 대한 변화율은 통상적으로 '시간에 대해'가 가정될 때의 '변화율'이라 한다. 예를 들어, 시간에 대한 전류 i의 변화율은 $\frac{di}{dt}$이고, 온도 θ의 변화율은 $\frac{d\theta}{dt}$ 등이다.

변화율에 대한 실제 예를 설명하는 문제들을 살펴보자.

***[문제 26]** 온도 t[℃]에서 어떤 금속 막대의 길이 L[m]은 $L=1+0.00003t+0.0000004t^2$으로 주어진다. 온도가 (a) 100℃, (b) 250℃일 때, 길이의 변화율[mm/℃]을 구하라.

길이의 변화율은 $\frac{dL}{dt}$이고, 길이가 $L=1+0.00003t+0.0000004t^2$이므로 다음과 같다.

$$\frac{dL}{dt}=0.00003+0.0000008t$$

(a) $\boldsymbol{t=100}$**℃**일 때, 다음과 같다.

$$\begin{aligned} \boldsymbol{\frac{dL}{dt}}&=0.00003+(0.0000008)(100) \\ &=0.00011\,\text{m/℃}=\boldsymbol{0.11\,\text{mm/℃}} \end{aligned}$$

(b) $t=250$℃ 일 때, 다음과 같다.

$$\frac{dL}{dt}=0.00003+(0.0000008)(250)$$
$$=0.00023\,\text{m}/℃=\mathbf{0.23\,mm/℃}$$

*[문제 27] 전압 V가 변할 때, 광도 I[cd]는 $I=5\times10^{-4}V^2$으로 주어진다. 1V당 0.4cd의 비율로 빛이 증가할 때, 전압을 구하라.

전압에 대한 빛의 변화율은 $\frac{dI}{dV}$이고, $I=5\times10^{-4}V^2$이므로 다음이 성립한다.

$$\frac{dI}{dV}=(5\times10^{-4})(2V)=10\times10^{-4}V=10^{-3}V$$

빛이 1V당 0.4cd의 비율로 증가하면, $+0.4=10^{-3}V$가 성립한다. 따라서 구하고자 하는 전압은 다음과 같다.

$$V=\frac{0.4}{10^{-3}}=0.4\times10^{+3}=\mathbf{400\,V}$$

*[문제 28] 뉴턴의 냉각법칙은 $\theta=\theta_0e^{-kt}$으로 주어진다. 시간 0에서의 온도는 θ_0℃이고, 시간 t초일 때의 온도는 θ℃이다. $\theta_0=15$℃, $k=-0.02$일 때, 50s 후의 온도의 변화율을 구하라.

온도의 변화율은 $\frac{d\theta}{dt}$이고, $\theta=\theta_0e^{-kt}$이므로 다음이 성립한다.

$$\frac{d\theta}{dt}=(\theta_0)(-ke^{-kt})=-k\theta_0e^{-kt}$$

$\theta_0=15$, $k=-0.02$, $t=50$일 때, 다음을 얻는다.

$$\frac{d\theta}{dt}=-(-0.02)(15)e^{-(-0.02)(50)}$$
$$=0.30e^1=\mathbf{0.815℃/s}$$

*[문제 29] 지표면 위로 높이 h인 곳에서 대기의 압력 p는 $p=p_0e^{-h/c}$으로 주어진다. 여기서 p_0는 지표면의 압력이고, c는 상수이다. $p_0=10^5$[Pa], $c=6.2\times10^4$일 때, 1550m 높이에서 압력의 변화율을 구하라.

높이에 대한 압력의 변화율은 $\frac{dp}{dh}$이고, $p=p_0e^{-h/c}$이므로 다음이 성립한다.

$$\frac{dp}{dh}=(p_0)\left(-\frac{1}{c}e^{-h/c}\right)=-\frac{p_0}{c}e^{-h/c}$$

$p_0=10^5$, $c=6.2\times10^4$, $h=1550$일 때, 압력의 변화율은 다음과 같다.

$$\frac{dp}{dh}=-\frac{10^5}{6.2\times10^4}e^{-(1550/6.2\times10^4)}$$
$$=-\frac{10}{6.2}e^{-0.025}=\mathbf{-1.573\,Pa/m}$$

◆ **이제 다음 연습문제를 풀어보자.**

[연습문제 179] 변화율

*1 교류 전류 i[A]는 $i=10\sin2\pi ft$로 주어진다. 여기서 f는 [Hz] 단위의 주파수이고, t는 [s] 단위의 시간이다. $t=12$ms, $f=50$Hz일 때, 전류의 변화율을 구하라.

*2 램프의 광도 I[cd]는 $I=8\times10^{-4}V^2$으로 주어진다. 여기서 V는 전압이다.
(a) $V=100$V일 때, 전압에 대한 광도의 변화율을 구하라.
(b) 1V당 0.5cd의 비율로 빛이 증가할 때, 전압을 구하라.

*3 시간 t초에서 정전기 판을 지나는 전압은 $v=Ve^{-t/CR}$으로 주어진다. 여기서 V, C, R은 상수이다. $V=200$V, $C=0.10\mu$F, $R=2$MΩ일 때, 다음을 구하라.
(a) 전압의 초기 변화율
(b) 0.2s 후, 전압의 변화율

*4 지표면 위로 높이 h인 곳에서 대기 압력 p는 $p=p_0e^{-h/c}$으로 주어진다. 여기서 p_0는 지표면의 압력이고, c는 상수이다. $p_0=1.013\times10^5$[Pa], $c=6.05\times10^4$일 때, 1450m 높이에서의 압력의 변화율을 구하라.

5 화학용액 저장탱크 안에 있는 용액의 높이 h[m]는 $h=100(1-e^{-\frac{t}{40}})$이고, t[초]는 탱크가 채워지기 시작하는 시간이다. 10초 후 탱크 안 용액의 높이가 증가하는 속도[m/s]를 구하라.

35.11 곱의 미분법

u, v가 x의 함수일 때 $y=uv$의 도함수는 다음과 같으며, 이를 곱의 법칙product rule이라 한다.

$$\frac{dy}{dx}=u\frac{dv}{dx}+v\frac{du}{dx}$$

두 항의 곱을 미분할 때 반드시 곱의 법칙을 이용해야 한다.

[문제 30] $y=2x\sin 3x$의 미분계수를 구하라.

$2x\sin 3x$는 $2x$와 $\sin 3x$의 곱이다. $u=2x$, $v=\sin 3x$로 놓고 곱의 법칙 $\frac{dy}{dx}=u\frac{dv}{dx}+v\frac{du}{dx}$를 이용하면 다음과 같다.

$$\frac{dy}{dx}=(2x)(3\cos 3x)+(\sin 3x)(2)$$

즉 다음과 같다.

$$\frac{dy}{dx}=6x\cos 3x+2\sin 3x$$
$$=2(3x\cos 3x+\sin 3x)$$

곱의 미분계수는 단순히 각각의 항을 미분하고 두 결과를 곱하여 얻는 것이 아니다. 곱을 미분할 때는 반드시 곱의 법칙을 사용해야 한다.

***[문제 31]** $y=3x\ln 2x$일 때, x에 대한 y의 변화율을 구하라.

x에 대한 y의 변화율은 $\frac{dy}{dx}$이고 $y=3x\ln 2x$는 곱이다. $u=3x$, $v=\ln 2x$로 놓으면 다음과 같다.

$$\frac{dy}{dx}=u\frac{dv}{dx}+v\frac{du}{dx}$$
$$=(3x)\left(\frac{1}{x}\right)+(\ln 2x)(3)$$

즉 다음과 같다.

$$\frac{dy}{dx}=3+3\ln 2x$$
$$=3(1+\ln 2x)$$

***[문제 32]** $t=0.2\,\text{s}$일 때, $v=4t\sin 2t$[V]로 주어진 전압의 변화율을 구하라.

전압의 변화율은 다음과 같다.

$$\frac{dv}{dt}=(4t)(2\cos 2t)+(\sin 2t)(4)$$
$$=8t\cos 2t+4\sin 2t$$

따라서 $t=0.2$일 때 다음과 같다.

$$\frac{dv}{dt}=8(0.2)\cos[2(0.2)]+4\sin[2(0.2)]$$
$$=1.6\cos 0.4+4\sin 0.4$$

($\cos 0.4$는 0.4라디안의 코사인을 의미하며 0.92106이다.) 따라서 다음이 성립한다.

$$\frac{dv}{dt}=1.6(0.92106)+4(0.38942)$$
$$=1.473696+1.55768=3.031376$$

즉, **유효숫자 3자리로 보정하면 $t=0.2$일 때 전압의 변화율은 3.03 V/s이다.**

◆ **이제 다음 연습문제를 풀어보자.**

[연습문제 180] 곱의 미분법에 대한 추가 문제

※ (문제 1~5) 변수에 대해 주어진 곱을 미분하라.

1 $y=x\sin x$

2 $y=x^2\cos 3x$

3 $y=4x\ln 3x$

4 $y=e^{3t}\sin 4t$

5 $y=e^{4\theta}\ln 3\theta$

6 $t=0.1$, $i=10t\sin 2t$일 때, 유효숫자 4자리로 보정하여 $\dfrac{di}{dt}$를 구하라.

7 $t=0.5$, $z=3e^{2t}\sin 4t$일 때, 유효숫자 4자리로 보정하여 $\dfrac{dz}{dt}$를 구하라.

35.12 나눗셈의 미분법

u, v가 x의 함수일 때 $y=\dfrac{u}{v}$의 도함수는 다음과 같으며, 이를 나눗셈의 법칙quotient rule이라 한다.

$$\frac{dy}{dx}=\frac{v\dfrac{du}{dx}-u\dfrac{dv}{dx}}{v^2}$$

[문제 33] $y=\dfrac{4\sin 2x}{x^3}$의 미분계수를 구하라.

$\dfrac{4\sin 2x}{x^3}$는 나눗셈이다. $u=4\sin 2x$, $v=x^3$으로 놓는다(항상 v는 분모이고, u는 분자이다).

$$\frac{dy}{dx}=\frac{v\dfrac{du}{dx}-u\dfrac{dv}{dx}}{v^2}$$

이때 다음과 같다.

$$\frac{du}{dx}=(4)(2)\cos 2x=8\cos 2x$$

$$\frac{dv}{dx}=3x^2$$

따라서 다음이 성립한다.

$$\frac{dy}{dx}=\frac{(x^3)(8\cos 2x)-(4\sin 2x)(3x^2)}{(x^3)^2}$$

$$=\frac{8x^3\cos 2x-12x^2\sin 2x}{x^6}$$

$$=\frac{4x^2(2x\cos 2x-3\sin 2x)}{x^6}$$

그러므로 $\dfrac{dy}{dx}=\dfrac{4}{x^4}(2x\cos 2x-3\sin 2x)$이다.

나눗셈의 미분계수는 단순히 각각의 항을 미분하여 분자를 분모로 나누는 것이 아니다. 나눗셈을 미분할 때는 반드시 나눗셈의 법칙을 사용해야 한다.

[문제 34] $y=\dfrac{2e^{3x}}{5x^2}$의 미분계수를 구하라.

$\dfrac{2e^{3x}}{5x^2}$은 나눗셈이다. $u=2e^{3x}$, $v=5x^2$으로 놓는다.

$$\frac{dy}{dx}=\frac{v\dfrac{du}{dx}-u\dfrac{dv}{dx}}{v^2}$$

이때 다음과 같다.

$$\frac{du}{dx}=(2)(3e^{3x})=6e^{3x}$$

$$\frac{dv}{dx}=10x$$

따라서 다음이 성립한다.

$$\frac{dy}{dx}=\frac{(5x^2)(6e^{3x})-(2e^{3x})(10x)}{(5x^2)^2}$$

$$=\frac{30x^2e^{3x}-20xe^{3x}}{25x^4}=\frac{10xe^{3x}(3x-2)}{25x^4}$$

그러므로 $\dfrac{dy}{dx}=\dfrac{2e^{3x}}{5x^3}(3x-2)$이다.

[문제 35] $y=\dfrac{xe^{2x}}{\cos x}$를 미분하라.

$\dfrac{xe^{2x}}{\cos x}$은 나눗셈이고 분자는 곱이다. $u=xe^{2x}$, $v=\cos x$로 놓는다.

$$\frac{du}{dx}=(x)(2e^{2x})+(e^{2x})(1)$$

$$\frac{dv}{dx}=-\sin x$$

따라서 다음이 성립한다.

$$\frac{dy}{dx}=\frac{v\frac{du}{dx}-u\frac{dv}{dx}}{v^2}$$

$$=\frac{(\cos x)(2xe^{2x}+e^{2x})-(xe^{2x})(-\sin x)}{(\cos x)^2}$$

$$=\frac{2xe^{2x}\cos x+e^{2x}\cos x+xe^{2x}\sin x}{\cos^2 x}$$

$$=\frac{e^{2x}(2x\cos x+\cos x+x\sin x)}{\cos^2 x}$$

그러므로 $\frac{dy}{dx}=\frac{e^{2x}}{\cos^2 x}(2x\cos x+\cos x+x\sin x)$이다.

*[문제 36] 점 $(2, 2)$에서 곡선 $y=\frac{5x}{2x+1}$의 기울기를 구하라.

$u=5x$, $v=2x+1$로 놓는다.

$$\frac{dy}{dx}=\frac{v\frac{du}{dx}-u\frac{dv}{dx}}{v^2}$$

$$=\frac{(2x+1)(5)-(5x)(2)}{(2x+1)^2}$$

$$=\frac{10x+5-10x}{(2x+1)^2}=\frac{5}{(2x+1)^2}$$

점 $(2, 2)$에서 $x=2$이므로 다음과 같다.

$$\text{기울기}=\frac{dy}{dx}=\frac{5}{(2(2)+1)^2}$$

$$=\frac{5}{5^2}=\frac{5}{25}=\frac{1}{5}\ \text{또는 } 0.2$$

◆ **이제 다음 연습문제를 풀어보자.**

[연습문제 181] 나눗셈의 미분법에 대한 추가 문제

※ (문제 1~5) 변수에 대해 주어진 나눗셈을 미분하라.

1 $y=\frac{\sin x}{x}$ **2** $y=\frac{2\cos 3x}{x^3}$

3 $y=\frac{3x}{x^2+1}$ **4** $y=\frac{\ln 2x}{2x}$

5 $y=\frac{xe^x}{\cos x}$

***6** 점 $(2, -4)$에서 곡선 $y=\frac{2x}{x^2-5}$의 기울기를 구하라.

7 곡선 $y=\frac{2x^2+5}{\ln x}$에 대해 유효숫자 3자리로 보정하여 점 $x=2$에서 $\frac{dy}{dx}$를 구하라.

35.13 함수의 함수

미분하기 전에 치환을 하면 쉽게 미분할 수 있다.

y가 x의 함수일 때, $\frac{dy}{dx}=\frac{dy}{du}\times\frac{du}{dx}$이다.

이것은 함수의 함수 법칙function of a function rule (또는 연쇄법칙chain rule)으로 알려져 있다.

예를 들어, $y=(3x-1)^9$일 때 $u=3x-1$로 치환하면 표준형인 $y=u^9$이 된다. 그러면 $\frac{dy}{du}=9u^8$, $\frac{du}{dx}=3$이므로 다음과 같다.

$$\frac{dy}{dx}=\frac{dy}{du}\times\frac{du}{dx}=(9u^8)(3)=27u^8$$

u를 $3x-1$로 치환하면 $\frac{dy}{dx}=27(3x-1)^8$이다. y가 u의 함수이고 u가 x의 함수이므로 y는 x의 함수의 함수이다.

[문제 37] $y=3\cos(5x^2+2)$를 미분하라.

$u=5x^2+2$라 하면 $y=3\cos u$이다. 그러므로

$\frac{du}{dx}=10x$, $\frac{dy}{du}=-3\sin u$이고, 함수의 함수 법칙을 이용하면 다음과 같다.

$$\frac{dy}{dx}=\frac{dy}{du}\times\frac{du}{dx}=(-3\sin u)(10x)=-30x\sin u$$

u를 $5x^2+2$로 치환하면 $\frac{dy}{dx}=-30x\sin(5x^2+2)$이다.

[문제 38] $y=(4t^3-3t)^6$의 도함수를 구하라.

$u=4t^3-3t$라 하면 $y=u^6$이다. 그러므로

$\dfrac{du}{dt}=12t^2-3$, $\dfrac{dy}{du}=6u^5$이고, 함수의 함수 법칙을 이용하면 다음과 같다.

$$\frac{dy}{dt}=\frac{dy}{du}\times\frac{du}{dt}=(6u^5)(12t^2-3)$$

u를 $4t^3-3t$로 치환하면 다음과 같다.

$$\begin{aligned}\boldsymbol{\frac{dy}{dt}}&=6(4t^3-3t)^5(12t^2-3)\\&=\mathbf{18(4t^2-1)(4t^3-3t)^5}\end{aligned}$$

[문제 39] $y=\sqrt{3x^2+4x-1}$ 의 미분계수를 구하라.

$y=\sqrt{3x^2+4x-1}=(3x^2+4x-1)^{1/2}$이므로

$u=3x^2+4x-1$이라 하면 $y=u^{1/2}$이다. 그러므로

$\dfrac{du}{dx}=6x+4$, $\dfrac{dy}{du}=\dfrac{1}{2}u^{-1/2}=\dfrac{1}{2\sqrt{u}}$이고, 함수의 함수 법칙을 이용하면 다음과 같다.

$$\frac{dy}{dx}=\frac{dy}{du}\times\frac{du}{dx}=\left(\frac{1}{2\sqrt{u}}\right)(6x+4)=\frac{3x+2}{\sqrt{u}}$$

즉 $\boldsymbol{\dfrac{dy}{dx}=\dfrac{3x+2}{\sqrt{3x^2+4x-1}}}$이다.

◆ **이제 다음 연습문제를 풀어보자.**

[연습문제 182] 함수의 함수에 대한 추가 문제

※ (문제 1~7) 변수에 대한 미분계수를 구하라.

1 $y=(2x-1)^4$　　**2** $y=(2x^3-5x)^5$

3 $y=5\cos(4x+3)$　　**4** $y=2\sin(3\theta-2)$

5 $y=2\cos^5 x$ ($\cos^5 x$는 $(\cos x)^5$을 의미)

6 $y=\dfrac{1}{(x^3-2x+1)^5}$　　**7** $y=4e^{3t+1}$

8 x에 대해 $y=x\sin\left(x-\dfrac{\pi}{3}\right)$를 미분하고, $x=\dfrac{\pi}{2}$일 때 유효숫자 3자리로 보정하여 구하라. (y는 곱임에 유의한다.)

[연습문제 183] 미분법 입문에 대한 선다형 문제

※ 각 문제의 정답은 한 개이다.

1 $y=4x^5$을 미분하면 무엇인가?

(a) $\dfrac{dy}{dx}=\dfrac{2}{3}x^6$　　(b) $\dfrac{dy}{dx}=20x^4$

(c) $\dfrac{dy}{dx}=4x^6$　　(d) $\dfrac{dy}{dx}=5x^4$

2 $i=3\sin 2t-2\cos 3t$를 t에 대해 미분하면 무엇인가?

(a) $3\cos 2t+2\sin 3t$　　(b) $6(\sin 2t-\cos 3t)$

(c) $\dfrac{3}{2}\cos 2t+\dfrac{2}{3}\sin 3t$　　(d) $6(\cos 2t+\sin 3t)$

3 $y=3e^x+2\ln 3x$일 때, $\dfrac{dy}{dx}$는 무엇인가?

(a) $6e^x+\dfrac{2}{3x}$　　(b) $3e^x+\dfrac{2}{x}$

(c) $6e^x+\dfrac{2}{x}$　　(d) $3e^x+\dfrac{2}{3}$

4 $f(t)=3t^4-2$일 때, $f'(t)$는 무엇인가?

(a) $12t^3-2$　　(b) $\dfrac{3}{4}t^5-2t+c$

(c) $12t^3$　　(d) $3t^5-2$

5 점 $(1, 0)$에서 곡선 $y=4x^2-7x+3$의 기울기는 얼마인가?

(a) 3　　(b) 0

(c) 1　　(d) -7

6 $y=5\sqrt{x^3}-2$일 때, $\dfrac{dy}{dx}$는 무엇인가?

(a) $\dfrac{15}{2}\sqrt{x}$　　(b) $2\sqrt{x^5}-2x+c$

(c) $\dfrac{5}{2}\sqrt{x}-2$　　(d) $5\sqrt{x}-2x$

7 교류 전류는 $i = 4\sin 150t$[A]로 주어지고, t는 [s] 단위의 시간이다. $t = 0.025$s일 때, 전류의 변화율은 얼마인가?

(a) 3.99 A/s (b) −492.3 A/s
(c) −3.28 A/s (d) 598.7 A/s

8 $x = 2$에서 곡선 $y = -2x^3 + 3x + 5$의 기울기는 얼마인가?

(a) −21 (b) 27
(c) −16 (d) −5

9 $y = 3x^2 - \ln 5x$일 때, $\frac{d^2y}{dx^2}$는 무엇인가?

(a) $6 + \frac{1}{5x^2}$ (b) $6x - \frac{1}{x}$
(c) $6 - \frac{1}{5x}$ (d) $6 + \frac{1}{x^2}$

10 교류 전압은 $v = 10\sin 300t$[V]로 주어지고, t는 [s] 단위의 시간이다. $t = 0.01$s일 때, 전압의 변화율은 얼마인가?

(a) −2996 V/s (b) 157 V/s
(c) −2970 V/s (d) 0.523 V/s

11 $f(t) = 5t - \frac{1}{\sqrt{t}}$일 때, $f'(t)$는 무엇인가?

(a) $5 - \frac{1}{2\sqrt{t^3}}$ (b) $5 - 2\sqrt{t}$
(c) $\frac{5t^2}{2} - 2\sqrt{t} + c$ (d) $5 + \frac{1}{\sqrt{t^3}}$

12 온도 t[℃]에서 어떤 금속 막대의 길이 l[m]은 $l = 1 + 4\times10^{-5}t + 4\times10^{-7}t^2$으로 주어진다. 온도가 400℃일 때 길이의 변화율[mm/℃]은 얼마인가?

(a) 3.6×10^{-4} (b) 1.00036
(c) 0.36 (d) 3.2×10^{-4}

13 $y = 4x^3 - 3\cos x - e^{-x} + \ln x - 30$일 때, $\frac{dy}{dx}$는 무엇인가?

(a) $12x^2 + 3\sin x - e^{-x} + \frac{1}{x}$
(b) $12x^2 - 3\sin x - e^{-x} + \frac{1}{x}$
(c) $x^4 - 3\sin x - e^{-x} + x(1 + \ln x) + 30x + c$
(d) $12x^2 + 3\sin x + e^{-x} + \frac{1}{x}$

14 $s = 2t\ln t$일 때, $\frac{ds}{dt}$는 무엇인가?

(a) $2 + 2\ln t$ (b) $2t + \frac{2}{t}$
(c) $2 - 2\ln t$ (d) $2 + 2e^t$

15 $f(t) = e^{2t}\ln 2t$일 때, $f'(t)$는 무엇인가?

(a) $\frac{2e^{2t}}{t}$ (b) $e^{2t}\left(\frac{1}{t} + 2\ln 2t\right)$
(c) $\frac{e^{2t}}{2t}$ (d) $\frac{e^{2t}}{2t} + 2e^{2t}\ln 2t$

Chapter 36

적분법 입문

Introduction to integration

적분법을 이해하는 것이 왜 중요할까?

공학은 모두 문제 해결에 관한 것이고, 공학의 많은 문제들이 미분적분학을 이용하여 해결될 수 있다. 물리학자, 화학자, 공학자와 많은 분야의 과학 및 기술 전문가들은 일상 업무에서 미분적분학을 이용한다. 이는 근본적으로 중요한 기술이다. 적분과 미분은 모두 공학과 과학에서 다양하게 활용된다. 그 대표적인 예로는 넓이, 평균 및 평균 제곱의 제곱근 값(rms 값), 회전체의 부피, 무게 중심, 넓이의 2차 적률, 미분방정식과 푸리에 급수를 구하는 것이 있다. 이 장에서는 기본적인 적분법을 소개하고, 더불어 여러 가지 응용 중에서 곡선 아래의 넓이를 구하는 방법을 살펴본다. 공학에서는 더 많은 연구를 위해 미분학과 적분학이 불가피하다.

학습포인트

- 적분이 미분의 역과정임을 이해한다.
- n이 분수, 0, 양의 정수 또는 음의 정수일 때, ax^n 형태의 적분을 결정한다.
- 기본적인 함수, 즉 $-\cos ax$, $\sin ax$, e^{ax}, $\frac{1}{x}$을 적분한다.
- 정적분을 계산한다.
- 곡선 아래의 넓이를 구한다.

36.1 적분법의 과정

적분 과정은 미분 과정의 역이다. 미분법에서 $f(x)=2x^2$이면 $f'(x)=4x$이다. 따라서 $4x$의 적분은 $2x^2$이다. 즉, 적분은 $f'(x)$에서 $f(x)$로 옮기는 과정이다. 비슷한 이유로 $2t$의 적분은 t^2이다. 적분은 부분들을 합하거나 더하는 과정이다. 기호 '$\int$'로 나타내는 가늘고 긴 S는 '~의 적분'이라는 의미이다. 따라서 위 개념으로부터 다음과 같이 나타낼 수 있다.

$$\int 4x = 2x^2, \quad \int 2t = t^2$$

미분법에서 미분계수 $\frac{dy}{dx}$는 x의 함수가 x에 대해 미분됨을 나타낸다. dx는 'x에 대해'를 의미한다. 적분법에서 적분변수는 적분되는 함수 뒤에 d(변수)를 추가하여 나타낸다. 따라서 다음과 같다.

$\int 4x\,dx$는 'x에 대한 $4x$의 적분'을 의미한다.

$\int 2t\,dt$는 't에 대한 $2t$의 적분'을 의미한다.

위에서 말했듯이 $2x^2$의 미분계수는 $4x$이고, 따라서 $\int 4x\,dx=2x^2$이다. 그러나 $2x^2+7$의 미분계수도 역시 $4x$이다. 그러므로 $\int 4x\,dx$는 $2x^2+7$과도 같다. 상수가 존재할 수 있음을 나타내기 위해, 적분 과정이 완전히 끝나면 그 결과에 상수 c를 항상 더한다. 이는 다음과 같이 나타낼 수 있으며, 이때 c를 임의의 적분상수constant of integration라 한다.

$$\int 4x\,dx = 2x^2 + c, \quad \int 2t\,dt = t^2 + c$$

36.2 ax^n형 적분의 일반해

상수 a와 $n(n \neq -1)$에 대해, $\int ax^n dx$형 적분에 대한 일반해는 다음과 같다.

$$\int ax^n dx = \frac{ax^{n+1}}{n+1} + c$$

이 법칙을 이용하면 다음과 같이 구할 수 있다.

- $\int 3x^4 dx = \frac{3x^{4+1}}{4+1} + c = \frac{3}{5}x^5 + c$
- $\int \frac{4}{9}t^3 dt = \frac{4}{9}\left(\frac{t^{3+1}}{3+1}\right) + c = \frac{4}{9}\left(\frac{t^4}{4}\right) + c = \frac{1}{9}t^4 + c$
- $\int \frac{2}{x^2} dx = \int 2x^{-2} dx = \frac{2x^{-2+1}}{-2+1} + c$

  $= \frac{2x^{-1}}{-1} + c = -\frac{2}{x} + c$
- $\int \sqrt{x}\, dx = \int x^{\frac{1}{2}} dx = \frac{x^{\frac{1}{2}+1}}{\frac{1}{2}+1} + c = \frac{x^{\frac{3}{2}}}{\frac{3}{2}} + c$

  $= \frac{2}{3}\sqrt{x^3} + c$

이 결과는 각각 미분을 통해 확인할 수 있다.

❶ 상수 k의 적분은 $kx + c$이다. 예를 들어, 다음과 같다.

$$\int 8dx = 8x + c, \quad \int 5dt = 5t + c$$

❷ 여러 항의 합의 적분은 각 항의 적분의 합과 같다. 예를 들어, 다음과 같다.

$$\int (3x + 2x^2 - 5)dx = \int 3x dx + \int 2x^2 dx - \int 5dx$$

$$= \frac{3x^2}{2} + \frac{2x^3}{3} - 5x + c$$

36.3 기본적인 적분

35장으로부터 $\frac{d}{dx}(\sin ax) = a\cos ax$임을 알았다. 적분은 미분 과정의 역이므로 다음과 같이 생각할 수 있다.

$$\int a\cos ax dx = \sin ax + c$$

$$\int \cos ax\, dx = \frac{1}{a}\sin ax + c$$

또한 다음과 같다.

$$\int \sin ax\, dx = -\frac{1}{a}\cos ax + c$$

$$\int e^{ax} dx = \frac{1}{a}e^{ax} + c$$

$$\int \frac{1}{x} dx = \ln x + c$$

위로부터, $\int ax^n dx = \frac{ax^{n+1}}{n+1} + c$ (단, $n \neq -1$)이다.

$n = -1$일 때, $\int x^{-1} dx = \int \frac{1}{x} dx = \ln x + c$이다.

[표 36-1]은 **기본적인 적분법**을 요약한 것이다.

[표 36-1]

	y	$\int y dx$
1	ax^n	$\frac{ax^{n+1}}{n+1} + c$ (단, $n \neq -1$)
2	$\cos ax$	$\frac{1}{a}\sin ax + c$
3	$\sin ax$	$-\frac{1}{a}\cos ax + c$
4	e^{ax}	$\frac{1}{a}e^{ax} + c$
5	$\frac{1}{x}$	$\ln x + c$

[문제 1] $\int 7x^2 dx$를 구하라.

[표 36-1]의 1에 있는 적분법 $\int ax^n dx = \frac{ax^{n+1}}{n+1} + c$에서 $a = 7$, $n = 2$일 때, 다음과 같다.

$$\int 7x^2 dx = \frac{7x^{2+1}}{2+1} + c = \frac{7x^3}{3} + c \quad 또는 \quad \frac{7}{3}x^3 + c$$

[문제 2] $\int 2t^3 dt$를 구하라.

$a=2$, $n=3$일 때, 다음과 같다.

$$\int 2t^3 dt = \frac{2t^{3+1}}{3+1}+c=\frac{2t^4}{4}+c=\boldsymbol{\frac{1}{2}t^4+c}$$

[문제 1]과 [문제 2]의 결과들은 적분값을 미분해보면 답이 맞는지 확인할 수 있다.

[문제 3] $\int 8dx$를 구하라.

$\int 8dx$는 $\int 8x^0 dx$와 같고, $a=8$, $n=0$일 때 다음과 같이 구한다.

$$\int 8x^0 dx = \frac{8x^{0+1}}{0+1}+c=\boldsymbol{8x+c}$$

일반적으로 k가 상수이면 $\boldsymbol{\int kdx = kx+c}$이다.

[문제 4] $\int 2x\,dx$를 구하라.

$a=2$, $n=1$일 때 다음과 같다.

$$\int 2x\,dx = \int 2x^1 dx = \frac{2x^{1+1}}{1+1}+c=\frac{2x^2}{2}+c=\boldsymbol{x^2+c}$$

[문제 5] $\int \left(3+\frac{2}{5}x-6x^2\right)dx$를 구하라.

$\int \left(3+\frac{2}{5}x-6x^2\right)dx$는 다음과 같이 쓸 수 있다.

$$\int 3dx+\int \frac{2}{5}x\,dx-\int 6x^2 dx$$

즉, 각 항을 분리하여 적분한다(이러한 항들의 분리는 덧셈과 뺄셈에만 한정됨). 그러므로 다음과 같다.

$$\int \left(3+\frac{2}{5}x-6x^2\right)dx$$

$$=3x+\left(\frac{2}{5}\right)\frac{x^{1+1}}{1+1}-(6)\frac{x^{2+1}}{2+1}+c$$

$$=3x+\left(\frac{2}{5}\right)\frac{x^2}{2}-(6)\frac{x^3}{3}+c=\boldsymbol{3x+\frac{1}{5}x^2-2x^3+c}$$

적분이 한 개 이상의 항을 포함할 때, 각각의 적분에 임의의 상수를 더할 필요가 없다. 마지막에 상수 c를 한 번만 더하면 된다.

[문제 6] $\int \left(\frac{2x^3-3x}{4x}\right)dx$를 구하라.

[표 36-1]의 1과 같은 형태로 재배열하여 다음과 같이 구한다.

$$\int \left(\frac{2x^3-3x}{4x}\right)dx = \int \left(\frac{2x^3}{4x}-\frac{3x}{4x}\right)dx$$

$$=\int \left(\frac{1}{2}x^2-\frac{3}{4}\right)dx=\left(\frac{1}{2}\right)\frac{x^{2+1}}{2+1}-\frac{3}{4}x+c$$

$$=\left(\frac{1}{2}\right)\frac{x^3}{3}-\frac{3}{4}x+c=\boldsymbol{\frac{1}{6}x^3-\frac{3}{4}x+c}$$

[문제 7] $\int (1-t)^2 dt$를 구하라.

$\int (1-t)^2 dt$를 재배열하여 다음과 같이 구한다.

$$\int (1-2t+t^2)\,dt = t-\frac{2t^{1+1}}{1+1}+\frac{t^{2+1}}{2+1}+c$$

$$=t-\frac{2t^2}{2}+\frac{t^3}{3}+c$$

$$=\boldsymbol{t-t^2+\frac{1}{3}t^3+c}$$

이 예는 적분을 수행하기 전에 함수를 [표 36-1]의 1과 같은 형태인 $\int ax^n dx$의 꼴로 재배열해야 함을 보인다.

[문제 8] $\int \frac{5}{x^2}dx$를 구하라.

$\int \frac{5}{x^2}dx=\int 5x^{-2}dx$이므로 [표 36-1]의 1과 같은 형태인 $\int ax^n dx$에서 $a=5$, $n=-2$라 놓으면 다음과 같다.

$$\int 5x^{-2}dx = \frac{5x^{-2+1}}{-2+1}+c=\frac{5x^{-1}}{-1}+c$$

$$=-5x^{-1}+c=\boldsymbol{-\frac{5}{x}+c}$$

[문제 9] $\int 3\sqrt{x}\,dx$를 구하라.

$\sqrt[n]{a^m}=a^{\frac{m}{n}}$ 임을 먼저 이해한다.

$$\int 3\sqrt{x}\,dx=\int 3x^{\frac{1}{2}}\,dx=\frac{3x^{\frac{1}{2}+1}}{\frac{1}{2}+1}+c=\frac{3x^{\frac{3}{2}}}{\frac{3}{2}}+c$$

$$=2x^{\frac{3}{2}}+c=\mathbf{2\sqrt{x^3}+c}$$

[문제 10] $\int \frac{-5}{9\sqrt[4]{t^3}}dt$를 구하라.

$$\int \frac{-5}{9\sqrt[4]{t^3}}dt=\int \frac{-5}{9t^{\frac{3}{4}}}dt=\int\left(-\frac{5}{9}\right)t^{-\frac{3}{4}}dt$$

$$=\left(-\frac{5}{9}\right)\frac{t^{-\frac{3}{4}+1}}{-\frac{3}{4}+1}+c=\left(-\frac{5}{9}\right)\frac{t^{\frac{1}{4}}}{\frac{1}{4}}+c$$

$$=\left(-\frac{5}{9}\right)\left(\frac{4}{1}\right)t^{\frac{1}{4}}+c=-\frac{\mathbf{20}}{\mathbf{9}}\sqrt[4]{\mathbf{t}}+\mathbf{c}$$

[문제 11] $\int 4\cos 3x\,dx$를 구하라.

[표 36-1]의 2로부터 다음과 같이 구할 수 있다.

$$\int 4\cos 3x\,dx=(4)\left(\frac{1}{3}\right)\sin 3x+c$$

$$=\mathbf{\frac{4}{3}\sin 3x+c}$$

[문제 12] $\int 5\sin 2\theta\,d\theta$를 구하라.

[표 36-1]의 3으로부터 다음과 같이 구할 수 있다.

$$\int 5\sin 2\theta\,d\theta=(5)\left(-\frac{1}{2}\right)\cos 2\theta+c$$

$$=-\mathbf{\frac{5}{2}\cos 2\theta+c}$$

[문제 13] $\int 5e^{3x}\,dx$를 구하라.

[표 36-1]의 4로부터 다음과 같이 구할 수 있다.

$$\int 5e^{3x}\,dx=(5)\left(\frac{1}{3}\right)e^{3x}+c$$

$$=\mathbf{\frac{5}{3}e^{3x}+c}$$

[문제 14] $\int \frac{2}{3e^{4t}}dt$를 구하라.

$$\int \frac{2}{3e^{4t}}dt=\int \frac{2}{3}e^{-4t}dt=\left(\frac{2}{3}\right)\left(-\frac{1}{4}\right)e^{-4t}+c$$

$$=-\frac{1}{6}e^{-4t}+c=-\mathbf{\frac{1}{6e^{4t}}+c}$$

[문제 15] $\int \frac{3}{5x}dx$를 구하라.

[표 36-1]의 5로부터 다음과 같이 구할 수 있다.

$$\int \frac{3}{5x}dx=\int\left(\frac{3}{5}\right)\left(\frac{1}{x}\right)dx$$

$$=\mathbf{\frac{3}{5}\ln x+c}$$

[문제 16] $\int\left(\frac{2x^2+1}{x}\right)dx$를 구하라.

$$\int\left(\frac{2x^2+1}{x}\right)dx=\int\left(\frac{2x^2}{x}+\frac{1}{x}\right)dx=\int\left(2x+\frac{1}{x}\right)dx$$

$$=\frac{2x^2}{2}+\ln x+c=\mathbf{x^2+\ln x+c}$$

◆ **이제 다음 연습문제를 풀어보자.**

[연습문제 184] 기본적인 적분

※ 다음 적분을 구하라.

1 (a) $\int 4dx$ (b) $\int 7x\,dx$

2 (a) $\int 5x^3\,dx$ (b) $\int 3t^7\,dt$

3 (a) $\int \frac{2}{5}x^2\,dx$ (b) $\int \frac{5}{6}x^3\,dx$

4 (a) $\int (2x^4 - 3x)\,dx$ (b) $\int (2 - 3t^3)\,dt$

5 (a) $\int \left(\frac{3x^2 - 5x}{x}\right) dx$ (b) $\int (2+\theta)^2\,d\theta$

6 (a) $\int (2+\theta)(3\theta - 1)\,d\theta$

(b) $\int (3x-2)(x^2+1)\,dx$

7 (a) $\int \frac{4}{3x^2}\,dx$ (b) $\int \frac{3}{4x^4}\,dx$

8 (a) $2\int \sqrt{x^3}\,dx$ (b) $\int \frac{1}{4}\sqrt[4]{x^5}\,dx$

9 (a) $\int \frac{-5}{\sqrt{t^3}}\,dt$ (b) $\int \frac{3}{7\sqrt[5]{x^4}}\,dx$

10 (a) $\int 3\cos 2x\,dx$ (b) $\int 7\sin 3\theta\,d\theta$

11 (a) $\int 3\sin\frac{1}{2}x\,dx$ (b) $\int 6\cos\frac{1}{3}x\,dx$

12 (a) $\int \frac{3}{4}e^{2x}\,dx$ (b) $\frac{2}{3}\int \frac{dx}{e^{5x}}$

13 (a) $\int \frac{2}{3x}\,dx$ (b) $\int \left(\frac{u^2-1}{u}\right) du$

14 (a) $\int \frac{(2+3x)^2}{\sqrt{x}}\,dx$ (b) $\int \left(\frac{1}{t} + 2t\right)^2 dt$

36.4 정적분

적분 결과에 임의의 상수 c를 포함하는 적분을 부정적분indefinite integral이라 하는데, 이는 자세한 정보 없이는 정확한 값을 구할 수 없기 때문이다. 정적분definite integral은 극한이 적용된 것이다. 정적분은 $[x]_a^b$와 같이 표현하는데, 여기서 b를 적분 상한upper limit, a를 적분 하한lower limit이라 한다. 극한을 적용한 연산은 $[x]_a^b = b - a$로 정의한다.

예를 들어 x가 1에서 3까지 증가할 때, 이에 따른 x^2의 적분 값의 증분은 $\int_1^3 x^2 dx$와 같이 쓴다. 그리고 극한을 적용하면 다음과 같다.

$$\int_1^3 x^2 dx = \left[\frac{x^3}{3} + c\right]_1^3 = \left(\frac{3^3}{3} + c\right) - \left(\frac{1^3}{3} + c\right)$$

$$= (9 + c) - \left(\frac{1}{3} + c\right) = \mathbf{8\frac{2}{3}}$$

극한을 적용할 때, 상수항 c가 항상 소거되므로 정적분에서는 적분상수 c를 쓸 필요가 없다.

[문제 17] $\int_1^2 3x\,dx$를 구하라.

$$\int_1^2 3x\,dx = \left[\frac{3x^2}{2}\right]_1^2 = \left\{\frac{3}{2}(2)^2\right\} - \left\{\frac{3}{2}(1)^2\right\}$$

$$= 6 - 1\frac{1}{2} = \mathbf{4\frac{1}{2}}$$

[문제 18] $\int_{-2}^3 (4 - x^2)\,dx$를 구하라.

$$\int_{-2}^3 (4 - x^2)\,dx = \left[4x - \frac{x^3}{3}\right]_{-2}^3$$

$$= \left\{4(3) - \frac{(3)^3}{3}\right\} - \left\{4(-2) - \frac{(-2)^3}{3}\right\}$$

$$= \{12 - 9\} - \left\{-8 - \frac{-8}{3}\right\}$$

$$= 3 - \left\{-5\frac{1}{3}\right\} = \mathbf{8\frac{1}{3}}$$

[문제 19] $\int_0^2 x(3+2x)\,dx$를 구하라.

$$\int_0^2 x(3+2x)\,dx = \int_0^2 (3x + 2x^2)\,dx = \left[\frac{3x^2}{2} + \frac{2x^3}{3}\right]_0^2$$

$$= \left\{\frac{3(2)^2}{2} + \frac{2(2)^3}{3}\right\} - \{0 + 0\}$$

$$= 6 + \frac{16}{3} = \mathbf{11\frac{1}{3}} \text{ 또는 } \mathbf{11.33}$$

[문제 20] $\int_{-1}^{1}\left(\frac{x^4-5x^2+x}{x}\right)dx$를 구하라.

$$\int_{-1}^{1}\left(\frac{x^4-5x^2+x}{x}\right)dx$$
$$=\int_{-1}^{1}\left(\frac{x^4}{x}-\frac{5x^2}{x}+\frac{x}{x}\right)dx$$
$$=\int_{-1}^{1}(x^3-5x+1)\,dx=\left[\frac{x^4}{4}-\frac{5x^2}{2}+x\right]_{-1}^{1}$$
$$=\left\{\frac{1}{4}-\frac{5}{2}+1\right\}-\left\{\frac{(-1)^4}{4}-\frac{5(-1)^2}{2}+(-1)\right\}$$
$$=\left\{\frac{1}{4}-\frac{5}{2}+1\right\}-\left\{\frac{1}{4}-\frac{5}{2}-1\right\}=\mathbf{2}$$

[문제 21] $\int_{1}^{2}\left(\frac{1}{x^2}+\frac{2}{x}\right)dx$를 소수점 아래 3자리로 보정하여 구하라.

$$\int_{1}^{2}\left(\frac{1}{x^2}+\frac{2}{x}\right)dx$$
$$=\int_{1}^{2}\left\{x^{-2}+2\left(\frac{1}{x}\right)\right\}dx=\left[\frac{x^{-2+1}}{-2+1}+2\ln x\right]_{1}^{2}$$
$$=\left[\frac{x^{-1}}{-1}+2\ln x\right]_{1}^{2}=\left[-\frac{1}{x}+2\ln x\right]_{1}^{2}$$
$$=\left(-\frac{1}{2}+2\ln 2\right)-\left(-\frac{1}{1}+2\ln 1\right)=\mathbf{1.886}$$

[문제 22] $\int_{0}^{\pi/2}3\sin 2x\,dx$를 구하라.

$$\int_{0}^{\pi/2}3\sin 2x\,dx$$
$$=\left[(3)\left(-\frac{1}{2}\right)\cos 2x\right]_{0}^{\pi/2}=\left[-\frac{3}{2}\cos 2x\right]_{0}^{\pi/2}$$
$$=\left\{-\frac{3}{2}\cos 2\left(\frac{\pi}{2}\right)\right\}-\left\{-\frac{3}{2}\cos 2(0)\right\}$$
$$=\left\{-\frac{3}{2}\cos\pi\right\}-\left\{-\frac{3}{2}\cos 0\right\}$$
$$=\left\{-\frac{3}{2}(-1)\right\}-\left\{-\frac{3}{2}(1)\right\}=\frac{3}{2}+\frac{3}{2}=\mathbf{3}$$

[문제 23] $\int_{1}^{2}4\cos 3t\,dt$를 구하라.

$$\int_{1}^{2}4\cos 3t\,dt=\left[(4)\left(\frac{1}{3}\right)\sin 3t\right]_{1}^{2}=\left[\frac{4}{3}\sin 3t\right]_{1}^{2}$$
$$=\left\{\frac{4}{3}\sin 6\right\}-\left\{\frac{4}{3}\sin 3\right\}$$

삼각함수의 적분 한계는 항상 **라디안**으로 표현된다. 따라서 예를 들어, $\sin 6$은 6라디안의 사인값 $-0.279415\cdots$를 의미한다. 그러므로 다음과 같다.

$$\int_{1}^{2}4\cos 3t\,dt$$
$$=\left\{\frac{4}{3}(-0.279415\cdots)\right\}-\left\{\frac{4}{3}(-0.141120\cdots)\right\}$$
$$=(-0.37255)-(0.18816)=\mathbf{-0.5607}$$

[문제 24] $\int_{1}^{2}4e^{2x}\,dx$를 유효숫자 4자리로 보정하여 구하라.

$$\int_{1}^{2}4e^{2x}\,dx=\left[\frac{4}{2}e^{2x}\right]_{1}^{2}=2\left[e^{2x}\right]_{1}^{2}=2[e^4-e^2]$$
$$=2[54.5982-7.3891]$$
$$=\mathbf{94.42}$$

[문제 25] $\int_{1}^{4}\frac{3}{4u}\,du$를 유효숫자 4자리로 보정하여 구하라.

$$\int_{1}^{4}\frac{3}{4u}\,du=\left[\frac{3}{4}\ln u\right]_{1}^{4}=\frac{3}{4}[\ln 4-\ln 1]$$
$$=\frac{3}{4}[1.3863-0]=\mathbf{1.040}$$

◆ **이제 다음 연습문제를 풀어보자.**

[연습문제 185] 정적분

※ (문제 1~10) 정적분을 계산하라. 필요하다면, 유효숫자 4자리로 보정한다.

1 (a) $\int_{1}^{2}x\,dx$ (b) $\int_{1}^{2}(x-1)\,dx$

2 (a) $\int_1^4 5x^2\,dx$ (b) $\int_{-1}^1 -\frac{3}{4}t^2\,dt$

3 (a) $\int_{-1}^2 (3-x^2)\,dx$ (b) $\int_1^3 (x^2-4x+3)\,dx$

4 (a) $\int_1^2 (x^3-3x)\,dx$ (b) $\int_1^2 (x^2-3x+3)\,dx$

5 (a) $\int_0^4 2\sqrt{x}\,dx$ (b) $\int_2^3 \frac{1}{x^2}\,dx$

6 (a) $\int_0^{\pi} \frac{3}{2}\cos\theta\,d\theta$ (b) $\int_0^{\pi/2} 4\cos\theta\,d\theta$

7 (a) $\int_{\pi/6}^{\pi/3} 2\sin 2\theta\,d\theta$ (b) $\int_0^2 3\sin t\,dt$

8 (a) $\int_0^1 5\cos 3x\,dx$

(b) $\int_{\pi/4}^{\pi/2} (3\sin 2x - 2\cos 3x)\,dx$

9 (a) $\int_0^1 3e^{3t}\,dt$ (b) $\int_{-1}^2 \frac{2}{3e^{2x}}\,dx$

10 (a) $\int_2^3 \frac{2}{3x}\,dx$ (b) $\int_1^3 \frac{2x^2+1}{x}\,dx$

***11** 탱크 안에 있는 용액의 부피가 $v=\int_{t_1}^{t_2} q\,dt$이다. $q=(5-0.05t+0.003t^2)\,\mathrm{m^3/s}$, $t_1=0$, $t_2=16\,\mathrm{s}$일 때 화학 용액의 부피를 구하라.

36.5 곡선 아래의 넓이

[그림 36-1]에서 색칠한 부분의 넓이는 사다리꼴 법칙, 중점 법칙 또는 심프슨의 법칙(29장 참조) 등을 이용해 근사적으로 구하거나, 정적분을 이용하여 보다 더 정확하게 구할 수 있다.

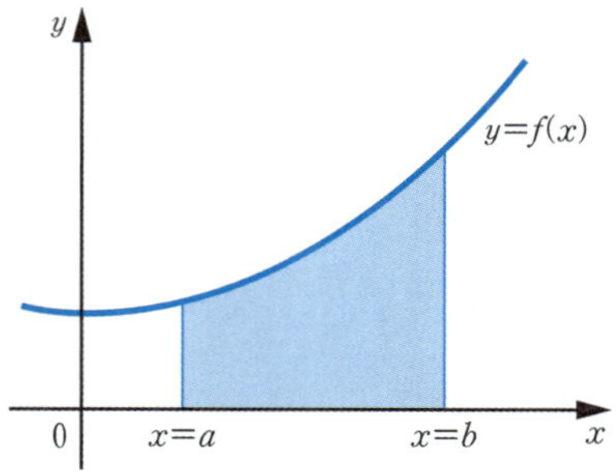

[그림 36-1]

[그림 36-1]의 색칠한 부분의 넓이는 다음과 같다.

$$\text{색칠한 부분의 넓이} = \int_a^b y\,dx = \int_a^b f(x)\,dx$$

따라서 적분을 이용하여 곡선 아래의 넓이를 구하는 것은 36.4절에서와 같이 단지 정적분으로 계산하는 것을 말한다. 공학과 과학 분야에서는 곡선 아래의 넓이를 정확하게 구해야 할 여러 가지 경우가 있다. 예를 들어, 속도/시간 그래프의 곡선 아래 넓이는 움직인 거리를 나타내고, 힘/거리 그래프의 곡선 아래 넓이는 이루어진 일을 나타내며, 전압/전류 그래프의 곡선 아래 넓이는 전력을 나타낸다.

곡선이 x축 아래에 놓인다면 $y(=f(x))$는 음수가 될 것이고 $\int f(x)\,dx$도 음수이다. 적분으로 이 넓이를 구할 때는 음의 부호를 적분 앞에 놓는다. [그림 36-2]의 곡선에 대해, 전체 색칠한 부분의 넓이는 (넓이 E + 넓이 F + 넓이 G)가 된다. 따라서 전체 넓이는 적분으로 다음과 같이 구할 수 있다(이는 $\int_a^d f(x)\,dx$와 같지 않음에 유의하자).

$$\text{전체 색칠한 부분의 넓이} = \int_a^b f(x)\,dx - \int_b^c f(x)\,dx + \int_c^d f(x)\,dx$$

곡선이 x축을 가로지르는지 확인하기 위해 곡선을 그려볼 필요가 있다.

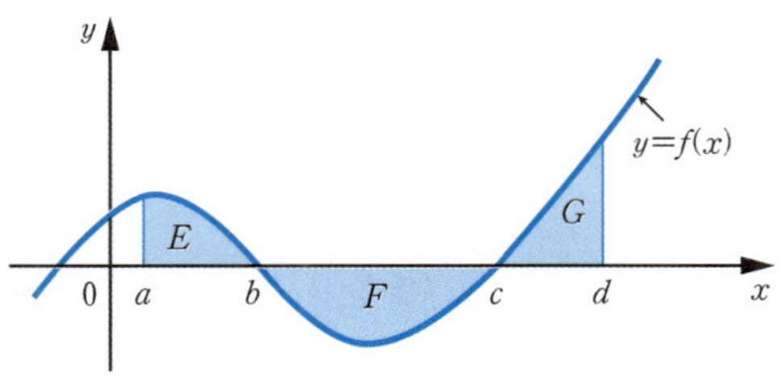

[그림 36-2]

***[문제 26]** $y=2x+3$, x축, $x=1$, $x=4$로 둘러싸인 영역의 넓이를 구하라.

$y=2x+3$은 [그림 36-3]과 같이 직선 그래프이고, 색칠한 부분은 구하고자 하는 넓이이다.

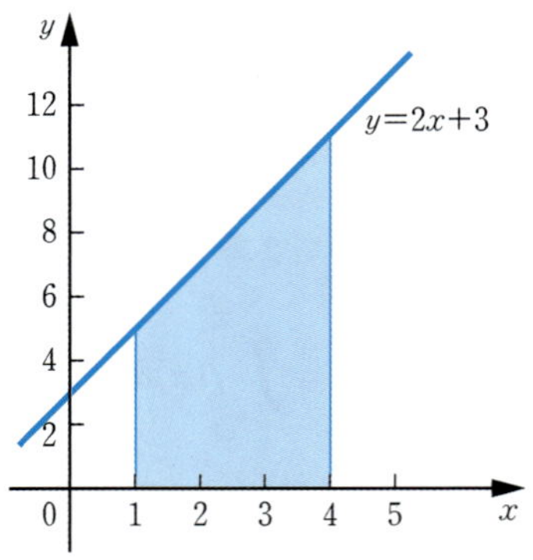

[그림 36-3]

적분으로 다음과 같이 구할 수 있다.

색칠한 부분의 넓이

$$= \int_1^4 y\,dx = \int_1^4 (2x+3)\,dx = \left[\frac{2x^2}{2}+3x\right]_1^4$$

$$= [(16+12)-(1+3)] = 24 \text{ 제곱 단위}$$

Check 색칠한 부분이 사다리꼴 모양이므로 답은 다음과 같은 방법으로 확인할 수 있다.

사다리꼴의 넓이

$$= \frac{1}{2}(\text{평행한 변의 합})(\text{평행한 변 사이의 수직거리})$$

$$= \frac{1}{2}(5+11)(3) = 24 \text{ 제곱 단위}$$

***[문제 27]** 어떤 순간 이후로 t초에서 물체의 속도 v는 $v=(2t^2+5)\,\mathrm{m/s}$로 주어진다. $t=0$에서 $t=4\,\mathrm{s}$ 구간 사이에서 이 물체가 움직인 거리를 적분으로 구하라.

$2t^2+5$는 이차식이므로 곡선 $v=2t^2+5$는 [그림 36-4]와 같이 $v=5$에서 v축을 자르는 포물선 모양이다.

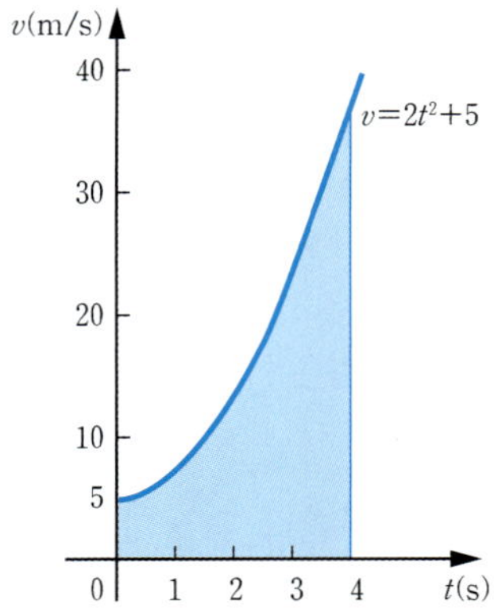

[그림 36-4]

움직인 거리는 v/t 곡선 아래의 넓이([그림 36-4]에서 색칠한 부분)가 된다. 따라서 적분을 이용하여 다음과 같이 구할 수 있다.

색칠한 부분의 넓이

$$= \int_0^4 v\,dt = \int_0^4 (2t^2+5)\,dt = \left[\frac{2t^3}{3}+5t\right]_0^4$$

$$= \left(\frac{2(4^3)}{3}+5(4)\right)-(0)$$

즉 **움직인 거리는 62.67 m이다.**

[문제 28] $x=-3$과 $x=2$ 사이에서 $y=x^3+2x^2-5x-6$의 그래프를 그려라. 그리고 곡선과 x축으로 둘러싸인 영역의 넓이를 구하라.

x에 대한 y 값은 다음 표와 같으며, 이에 대한 그래프는 [그림 36-5]와 같다. 곡선과 x축으로 둘러싸인 영역의 넓이는 색칠한 부분이다.

x	-3	-2	-1	0	1	2
y	0	4	0	-6	-8	0

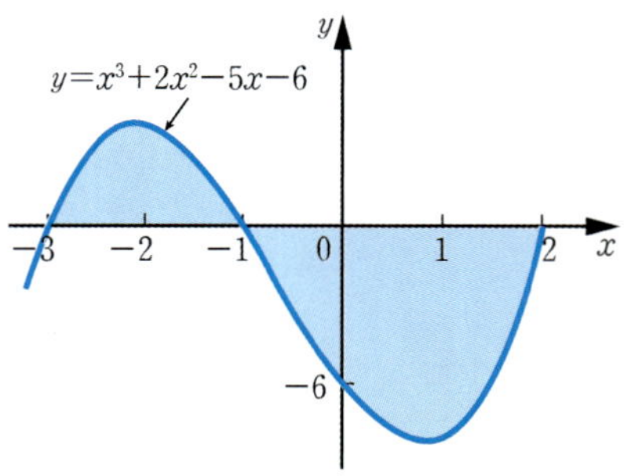

[그림 36-5]

색칠한 부분의 넓이 $=\int_{-3}^{-1} y\,dx-\int_{-1}^{2} y\,dx$이다. 두 번째 영역은 둘러싸인 부분이 x축 아래에 놓이므로 두 번째 적분 앞에서 음의 부호를 붙여야 한다. 그러므로 구하고자 하는 넓이는 다음과 같다.

색칠한 부분의 넓이

$$=\int_{-3}^{-1}(x^3+2x^2-5x-6)\,dx-\int_{-1}^{2}(x^3+2x^2-5x-6)\,dx$$

$$=\left[\frac{x^4}{4}+\frac{2x^3}{3}-\frac{5x^2}{2}-6x\right]_{-3}^{-1}-\left[\frac{x^4}{4}+\frac{2x^3}{3}-\frac{5x^2}{2}-6x\right]_{-1}^{2}$$

$$=\left[\left\{\frac{1}{4}-\frac{2}{3}-\frac{5}{2}+6\right\}-\left\{\frac{81}{4}-18-\frac{45}{2}+18\right\}\right]$$

$$-\left[\left\{4+\frac{16}{3}-10-12\right\}-\left\{\frac{1}{4}-\frac{2}{3}-\frac{5}{2}+6\right\}\right]$$

$$=\left[\left\{3\frac{1}{12}\right\}-\left\{-2\frac{1}{4}\right\}\right]-\left[\left\{-12\frac{2}{3}\right\}-\left\{3\frac{1}{12}\right\}\right]$$

$$=\left[5\frac{1}{3}\right]-\left[-15\frac{3}{4}\right]=\mathbf{21\frac{1}{12}}$$ 또는 **21.08 제곱 단위**

[문제 29] 곡선 $y=3x^2+4$, x축, $x=1$과 $x=4$로 둘러싸인 영역의 넓이를 다음 방법을 이용하여 구하라.

(a) 사다리꼴 법칙 (b) 중점 법칙

(c) 심프슨의 법칙 (d) 적분

곡선 $y=3x^2+4$는 [그림 36-6]에 나타냈다. 사다리꼴 법칙, 중점 법칙, 심프슨의 법칙은 29장에서 살펴보았다.

x	0	1.0	1.5	2.0	2.5	3.0	3.5	4.0
y	4	7	10.75	16	22.75	31	40.75	52

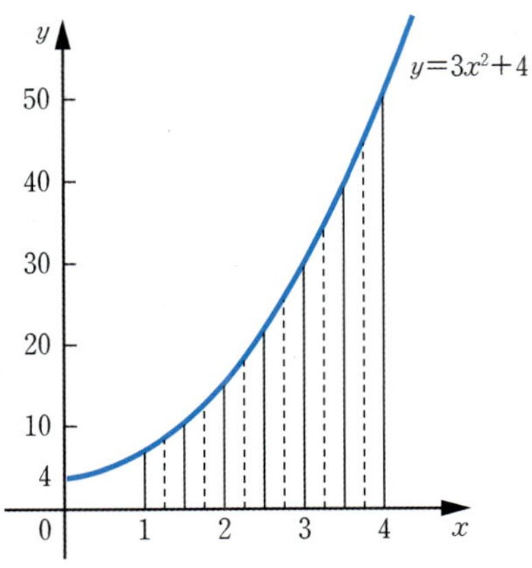

[그림 36-6]

(a) **사다리꼴 법칙**

넓이 ≈ (구간의 길이) ×

$$\left[\frac{1}{2}(\text{첫 번째 수직좌표}+\text{마지막 수직좌표})+(\text{나머지 좌표의 합})\right]$$

폭이 0.5인 구간 6개를 선택하면 다음과 같이 구할 수 있다.

넓이

$$\approx(0.5)\left[\frac{1}{2}(7+52)+10.75+16+22.75+31+40.75\right]$$

$=$ **75.375 제곱 단위**

(b) **중점 법칙**

넓이 ≈ (구간의 길이)(중점의 수직좌표들의 합)

폭이 0.5인 구간 6개를 선택하면, 중점의 좌표는 [그림 36-6]의 점선과 같이 표시된다. 따라서 다음과 같이 구할 수 있다.

$$\text{넓이}\approx(0.5)(8.7+13.2+19.2+26.7+35.7+46.2)$$

$=$ **74.85 제곱 단위**

(c) **심프슨의 법칙**

$$\text{넓이}\approx\frac{1}{3}(\text{구간의 길이})\left[\begin{pmatrix}\text{첫 번째 수직좌표}\\+\text{마지막 수직좌표}\end{pmatrix}+4(\text{짝수 수직좌표의 합})+2(\text{나머지 홀수 수직좌표의 합})\right]$$

폭이 0.5인 구간 6개를 선택하면, 다음과 같이 구할 수 있다.

넓이

$$\approx\frac{1}{3}(0.5)[(7+52)+4(10.75+22.75+40.75)+2(16+31)]$$

$=$ **75 제곱 단위**

(d) **적분**

$$\text{색칠한 부분의 넓이} = \int_1^4 y\,dx = \int_1^4 (3x^2+4)\,dx$$

$$= \left[x^3+4x\right]_1^4 = (64+16)-(1+4)$$

$$= 75 \text{ 제곱 단위}$$

적분을 이용하면 곡선 아래의 넓이를 가장 정확하게 구할 수 있다. 이 경우, 세 가지 근사 방법 중에서는 심프슨의 법칙이 가장 정확해 보인다.

[문제 30] 곡선 $y=\sin 2x$, x축, 좌표 $x=0$과 $x=\frac{\pi}{3}$로 둘러싸인 영역의 넓이를 구하라.

$y=\sin 2x$의 그래프는 [그림 36-7]과 같다.

Note $y=\sin 2x$는 $\frac{2\pi}{2}=\pi$ 주기를 갖는다.

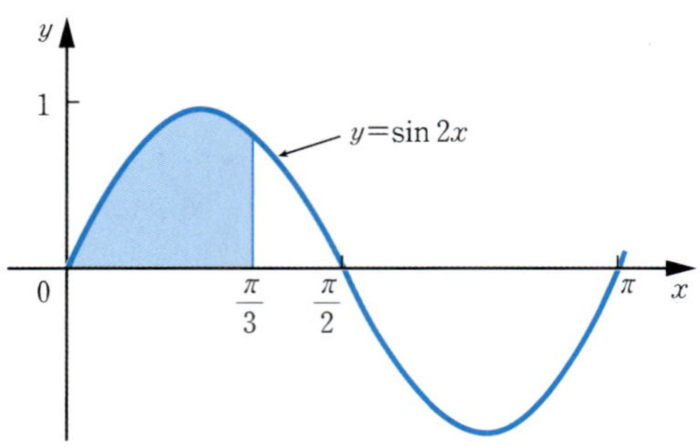

[그림 36-7]

$$\text{색칠한 부분의 넓이} = \int_0^{\pi/3} y\,dx$$

$$= \int_0^{\pi/3} \sin 2x\,dx = \left[-\frac{1}{2}\cos 2x\right]_0^{\pi/3}$$

$$= \left\{-\frac{1}{2}\cos\frac{2\pi}{3}\right\} - \left\{-\frac{1}{2}\cos 0\right\}$$

$$= \left\{-\frac{1}{2}\left(-\frac{1}{2}\right)\right\} - \left\{-\frac{1}{2}(1)\right\}$$

$$= \frac{1}{4}+\frac{1}{2} = \frac{3}{4} \text{ 또는 } 0.75 \text{ 제곱 단위}$$

◆ **이제 다음 연습문제를 풀어보자.**

[연습문제 186] 곡선 아래의 넓이

※ 특별한 언급이 없는 한, 모든 답은 제곱 단위이다.

1 적분을 이용하여, 직선 $y=4$, 좌표 $x=1$과 $x=6$, x축으로 둘러싸인 사각형의 넓이가 20제곱 단위임을 보여라.

2 적분을 이용하여, 직선 $y=2x$, 좌표 $x=0$과 $x=4$, x축으로 둘러싸인 삼각형의 넓이가 16제곱 단위임을 보여라.

3 $x=-2$와 $x=4$ 사이에서 곡선 $y=3x^2+1$을 그려라. 곡선, x축, 좌표 $x=-1$와 $x=3$으로 둘러싸인 영역의 넓이를 구하라. 근사 방법을 이용하여 넓이를 구하고, 적분으로 구한 결과와 비교하라.

*4 고정된 지점으로부터 거리 x[m]에서 물체에 작용하는 힘 F[N]는 $F=3x+2x^2$으로 주어진다. 이루어진 일을 $\int_{x_1}^{x_2} F\,dx$라 할 때, $x_1=1\,\text{m}$인 지점에서 $x_2=3\,\text{m}$인 지점까지 물체를 움직일 때 이루어진 일을 구하라.

※ (문제 5~9) 주어진 방정식의 그래프를 그리고, 곡선, 수평축, 주어진 좌표로 둘러싸인 영역의 넓이를 구하라.

5 $y=5x$; $x=1$, $x=4$

6 $y=2x^2-x+1$; $x=-1$, $x=2$

7 $y=2\sin 2x$; $x=0$, $x=\frac{\pi}{4}$

8 $y=5\cos 3t$; $t=0$, $t=\frac{\pi}{6}$

9 $y=(x-1)(x-3)$; $x=0$, $x=3$

*10 어떤 순간 이후로 t초에서 자동차의 속도 v는 $v=(3t^2+4)\,\text{m/s}$로 주어진다. $t=1\,\text{s}$부터 $t=5\,\text{s}$까지의 구간에서 이 자동차가 움직인 거리를 구하라.

[연습문제 187] 적분법 입문에 대한 선다형 문제

※ 각 문제의 정답은 한 개이다.

1 $\int(5-3t^2)\,dt$는 얼마인가?

(a) $5-t^3+c$ (b) $-3t^3+c$

(c) $-6t+c$ (d) $5t-t^3+c$

2 $\int\left(\frac{5x-1}{x}\right)dx$는 얼마인가?

(a) $5x-\ln x+c$ (b) $\frac{5x^2-x}{\frac{x^2}{2}}$

(c) $\frac{5x^2}{2}+\frac{1}{x^2}+c$ (d) $5x+\frac{1}{x^2}+c$

3 $\int_0^1(3\sin 2\theta-4\cos\theta)\,d\theta$의 값을 유효숫자 4자리로 보정하면 얼마인가?

(a) -0.06890 (b) -1.242

(c) -2.742 (d) -1.569

4 t초 후 자동차의 속도는 $v=(2+3t)\,\mathrm{m/s}$이다. 움직인 거리는 v/t 그래프 아래의 넓이와 같다. 처음 3초 동안 자동차가 움직인 거리는 얼마인가?

(a) 19.5 m (b) 11 m

(c) 13.5 m (d) 33 m

5 직선 $y=2x+3$, 좌표 $x=1$과 $x=4$, x축으로 둘러싸인 영역의 넓이는 제곱 단위로 얼마인가?

(a) 28 (b) 2

(c) 24 (d) 39

6 $\int\frac{2}{9}t^3\,dt$는 얼마인가?

(a) $\frac{t^4}{18}+c$ (b) $\frac{2}{3}t^2+c$

(c) $\frac{2}{9}t^4+c$ (d) $\frac{2}{9}t^3+c$

7 $\int_0^{\pi/3}3\sin 3x\,dx$는 얼마인가?

(a) 1.503 (b) 2

(c) -18 (d) 6

8 $\int(5\sin 3t-3\cos 5t)\,dt$는 얼마인가?

(a) $-5\cos 3t+3\sin 5t+c$

(b) $15(\cos 3t+\sin 3t)+c$

(c) $\frac{3}{5}\cos 3t-\frac{5}{3}\sin 5t+c$

(d) $-\frac{5}{3}\cos 3t-\frac{3}{5}\sin 5t+c$

9 $\int(\sqrt{x}-3)\,dx$는 얼마인가?

(a) $\frac{3}{2}\sqrt{x^3}-3x+c$ (b) $\frac{2}{3}\sqrt{x^3}+c$

(c) $\frac{1}{2\sqrt{x}}+c$ (d) $\frac{2}{3}\sqrt{x^3}-3x+c$

10 곡선 $y=3\cos 2\theta$, 좌표 $\theta=0$과 $\theta=\frac{\pi}{4}$, θ축으로 둘러싸인 영역의 넓이는 얼마인가?

(a) -3 (b) 6

(c) 1.5 (d) 3

11 $\int\left(1+\frac{4}{e^{2x}}\right)dx$는 얼마인가?

(a) $\frac{8}{e^{2x}}+c$ (b) $x-\frac{2}{e^{2x}}+c$

(c) $x+\frac{4}{e^{2x}}+c$ (d) $x-\frac{8}{e^{2x}}+c$

12 $\int_1^2 2e^{3t}\,dt$를 유효숫자 4자리로 보정하면 얼마인가?

(a) 2300 (b) 255.6

(c) 766.7 (d) 282.3

13 $\int_{\pi/2}^{3\pi/2}(2\sin\theta-3\cos\theta)\,d\theta$는 얼마인가?

(a) 0 (b) 1 (c) 2 (d) 6

14 곡선 $y=x^2$, x축, 직선 $x=1$과 $x=4$로 둘러싸인 영역의 넓이는 얼마인가?

(a) 63제곱 단위 (b) 27제곱 단위

(c) 21제곱 단위 (d) 9제곱 단위

15 $\int_{-1}^2(3x^2+4x^3)\,dx$는 얼마인가?

(a) 54 (b) 22 (c) 24 (d) 26

Chapter 37

수열

Number sequences

수열을 이해하는 것이 왜 중요할까?

수열은 컴퓨터 데이터 구조, 정렬 알고리즘, 금융공학, 음향압축, 건축공학 등의 공학 분야에 폭넓게 응용된다. 공학자들 덕분에 로봇은 (산업적 조작기로 사용됐던) 공장작업현장에서 벗어나, (행성 간 탐험기의 용도로서) 우주공간으로, (소형 외과 수련의의 용도로서) 병원으로, (진공청소기와 잔디 깎는 기계로서) 집으로, 그리고 (상공과 수면 밑, 지상을 무인으로 다니는 운송수단으로서) 전쟁터로 자리를 옮겨왔다. 등차수열은 모의실험 공학과 박테리아의 생식주기에 사용된다. 더욱이 일상생활에서 등차수열은, 일정구간에서 속력의 균등한 증가, 물체의 패턴 완성, 단리 이자 계산, 항공기의 속력, 상품원가의 증감, 판매와 생산 등에 이용된다. 등비수열은 복리 이자, 드릴 머신의 속력 범위 계산에 이용된다. 등비수열은 수학의 전반에 사용되고, 물리학, 공학, 생물학, 경제학, 컴퓨터 과학, 대기행렬 이론, 금융에서 중요하게 많이 응용된다.

학습포인트

- 간단한 수열을 정의하고 구한다.
- 수열의 n번째 항을 계산한다.
- 등차수열의 n번째 항을 계산한다.
- 등차수열의 n번째 항까지의 합을 계산한다.
- 등비수열의 n번째 항을 계산한다.
- 등비수열의 n번째 항까지의 합을 계산한다.
- 등비수열의 무한합을 계산한다.

37.1 단순 수열

어떤 규칙에 따라 차례로 나열된 수들의 집합을 수열 sequence of numbers이라 한다. 수열에서 개개의 수들을 수열의 항term이라 한다. 예를 들어, 1, 3, 5, 7, ⋯은 앞의 항에 2를 더해서 얻어지는 수열이다. 그리고 2, 8, 32, 128, ⋯은 앞의 항에 4를 곱해서 얻어지는 수열이다.

[문제 1] 수열 3, 6, 9, 12, ⋯에서 다음에 나올 두 항을 구하라.

수열 3, 6, 9, 12, ⋯는 계속해서 3씩 증가함을 알 수 있다. 따라서 다음에 나올 두 항은 **15**와 **18**이다.

[문제 2] 수열 9, 5, 1, ⋯에서 다음에 나올 두 항을 구하라.

수열 9, 5, 1, ⋯은 계속해서 4씩 감소함을 알 수 있다. 따라서 다음에 나올 두 항은 $1-4=\mathbf{-3}$과 $-3-4=\mathbf{-7}$이다.

[문제 3] 수열 2, 6, 18, 54, ⋯에서 다음에 나올 두 항을 구하라.

2번째 항 6은 첫 번째 항의 3배이고, 3번째 항 18은 2번째 항의 3배이다. 그리고 4번째 항 54는 3번째 항의 3배이다. 그러므로 5번째 항은 $3\times54=\mathbf{162}$이고, 6번째 항은 $3\times162=\mathbf{486}$일 것이다.

◆ 이제 다음 연습문제를 풀어보자.

[연습문제 188] 단순 수열

※ 각각의 수열에 대해, 다음에 나올 두 항을 구하라.

1 $5, 9, 13, 17, \cdots$

2 $3, 6, 12, 24, \cdots$

3 $112, 56, 28, \cdots$

4 $12, 7, 2, \cdots$

5 $2, 5, 10, 17, 26, 37, \cdots$

6 $1, 0.1, 0.01, \cdots$

7 $4, 9, 19, 34, \cdots$

37.2 수열의 n번째 항

예를 들어 n이 정수(즉, 자연수)일 때 수열이 $2n+1$과 같이 일반적인 표현으로 대표된다면, $n=1, 2, 3, \cdots$을 대입하여 수열의 항들을 결정할 수 있다. 예를 들어, 처음 세 항은 다음과 같다.

$$2(1)+1, 2(2)+1, 2(3)+1, \cdots, \quad 즉\ 3, 5, 7, \cdots$$

수열 $1, 3, 5, 7, \cdots$의 n번째 항은 무엇일까? 우선 첫째로, 각 항 사이의 차이가 2임을 안다. 그러므로 수들과 관련된 법칙은 '$2n$+무엇'이다. 2번째 항은 $3=2n$+무엇이고, 그러므로 $n=2$(즉, 수열의 2번째 항)일 때 $3=4$+무엇이므로 이 '무엇'은 -1이어야 한다.

따라서 **수열 $1, 3, 5, 7, \cdots$의 n번째 항은 $2n-1$이다.** 그러므로 5번째 항은 $2(5)-1=9$이고, 20번째 항은 $2(20)-1=39$, ⋯ 이다.

[문제 4] 수열의 n번째 항이 $3n+1$일 때, 처음 네 항을 쓰라.

수열 $3n+1$의 처음 네 항은 다음과 같다.

$$3(1)+1, 3(2)+1, 3(3)+1, 3(4)+1$$

즉 **4, 7, 10, 13**이다.

[문제 5] 수열의 n번째 항이 $4n-1$이다. 처음 네 항을 쓰라.

수열 $4n-1$의 처음 네 항은 다음과 같다.

$$4(1)-1, 4(2)-1, 4(3)-1, 4(4)-1$$

즉 **3, 7, 11, 15**이다.

[문제 6] 수열 $1, 4, 7, \cdots$의 n번째 항을 구하라.

주어진 세 항 간의 차는 3이다. 그러므로 이 수들에 관련된 법칙은 '$3n$+무엇'이다.

2번째 항은 '$4=3n$+무엇'이므로 $n=2$일 때, '$4=6$+무엇'이다.

따라서 '무엇'은 -2임을 간단한 방정식으로 알 수 있다. 그러므로 **수열 $1, 4, 7, \cdots$의 n번째 항은 $3n-2$이다.**

[문제 7] 수열 $3, 9, 15, 21, \cdots$의 n번째 항을 구하라. 그리고 이 수열의 15번째 항을 구하라.

주어진 네 항 간의 차는 6이다. 그러므로 이 수들에 관련된 법칙은 '$6n$+무엇'이다.

2번째 항은 '$9=6n$+무엇'이므로 $n=2$일 때, '$9=12$+무엇'이다.

따라서 '무엇'은 -3임을 간단한 방정식으로 알 수 있다. 그러므로 **수열 $3, 9, 15, 21, \cdots$의 n번째 항은 $6n-3$이다.**

이 수열의 15번째 항은 $n=15$일 때 $6n-3$으로 주어지므로, **이 수열 $3, 9, 15, 21, \cdots$의 15번째 항은** $6(15)-3=$ **87 이다.**

[문제 8] 수열 $1, 4, 9, 16, 25, \cdots$의 n번째 항을 구하라.

주어진 수열은 특별한 경우로, 앞서 보았던 규칙을 따르지 않는다. 수열에 주어진 각 항들은 제곱수들이다. 즉 다음과 같다.

$$1, 4, 9, 16, 25, \cdots \equiv 1^2, 2^2, 3^2, 4^2, 5^2, \cdots$$

그러므로 **n번째 항은 n^2이다.**

◆ 이제 다음 연습문제를 풀어보자.

[연습문제 189] 수열의 n번째 항

1 수열의 n번째 항이 $2n-1$이다. 처음 네 항을 쓰라.

2 수열의 n번째 항이 $3n+4$이다. 처음 다섯 항을 쓰라.

3 $5n+1$로 주어지는 수열의 처음 네 항을 쓰라.

※ (문제 4~8) 수열의 n번째 항을 구하라.

4 $5, 10, 15, 20, \cdots$ 5 $4, 10, 16, 22, \cdots$

6 $3, 5, 7, 9, \cdots$ 7 $2, 6, 10, 14, \cdots$

8 $9, 12, 15, 18, \cdots$

9 수열 $1, 8, 27, 64, 125, \cdots$의 다음 두 항을 쓰라.

37.3 등차수열

수열이 연속적인 항들 사이에 일정한 차이를 가질 때, 이 수열을 등차수열arithmetic progression[1]이라 한다. 예를 들어 다음과 같다.

❶ $1, 4, 7, 10, 13, \cdots$의 공차common difference는 3이다.

❷ $a, a+d, a+2d, a+3d, \cdots$의 공차는 d이다.

37.3.1 등차수열의 n번째 항의 일반적인 표현

등차수열의 첫 번째 항이 a이고 공차가 d이면 다음과 같다.

$$n\text{번째 항} : a+(n-1)d$$

예를 들어, 위의 ❶에서 7번째 항은 $1+(7-1)3=19$이다.

37.3.2 등차수열의 n번째 항까지의 합

등차수열의 합 S는 모든 항들의 평균에 항의 개수를 곱하여 구할 수 있다. 모든 항들의 평균은 $\frac{a+l}{2}$이다. 여기서 'a'는 첫 번째 항이고, 'l'은 마지막 항, 즉 n번째 항인 $l=a+(n-1)d$이다. 그러므로 n번째 항까지의 합은 다음과 같다.

$$S_n = n\left(\frac{a+l}{2}\right)$$

$$= \frac{n}{2}[a+\{a+(n-1)d\}]$$

$$\text{즉, } S_n = \frac{n}{2}[2a+(n-1)d]$$

예를 들어, 수열 $1, 4, 7, 10, 13, \cdots$의 7번째 항까지의 합은 다음과 같다.

$$S_7 = \frac{7}{2}[2(1)+(7-1)3] \qquad a=1,\ d=3\text{이므로}$$

$$= \frac{7}{2}[2+18] = \frac{7}{2}[20] = 70$$

등차수열을 이해하는 데 도움이 되는 몇 가지 문제를 살펴보자.

[문제 9] 수열 $2, 7, 12, 17, \cdots$에 대해 (a) 9번째 항, (b) 16번째 항을 구하라.

$2, 7, 12, 17, \cdots$은 공차 d가 5인 등차수열이다.

(a) 등차수열의 n번째 항은 $a+(n-1)d$이다. $a=2$, $d=5$, $n=9$이므로 9번째 항은 다음과 같다.

$$2+(9-1)5 = 2+(8)(5)$$

$$= 2+40 = 42$$

(b) 16번째 항은 다음과 같다.

$$2+(16-1)5 = 2+(15)(5)$$

$$= 2+75 = 77$$

1 등차수열을 줄여서 AP(Arithmetic Progression)라 한다.

[문제 10] 등차수열의 6번째 항은 17이고, 13번째 항은 38이다. 19번째 항을 구하라.

등차수열의 n번째 항 : $a+(n-1)d$

$$6\text{번째 항 : } a+5d=17 \quad \cdots ❶$$
$$13\text{번째 항 : } a+12d=38 \quad \cdots ❷$$

식 ❷ − 식 ❶이면, 다음과 같다.

$$d=\frac{21}{7}=3$$

이것을 식 ❶에 대입한다.

$$a+15=17\text{로부터 } a=2$$

그러므로 19번째 항은 다음과 같다.

$$\begin{aligned} a+(n-1)d &= 2+(19-1)(3) \\ &= 2+(18)(3) \\ &= 2+54=\mathbf{56} \end{aligned}$$

[문제 11] 수열 2.5, 4, 5.5, 7, ⋯에서 값이 22인 항은 몇 번째 항인지 구하라.

2.5, 4, 5.5, 7, ⋯은 $a=2.5$이고 $d=1.5$인 등차수열이다. 그러므로 n번째 항이 22이면 다음과 같다.

$$a+(n-1)d=22$$
$$2.5+(n-1)(1.5)=22$$
$$(n-1)(1.5)=22-2.5=19.5$$
$$n-1=\frac{19.5}{1.5}=13$$
$$\boldsymbol{n}=13+1=\mathbf{14}$$

즉 **등차수열의 14번째 항이 22이다.**

[문제 12] 수열 5, 9, 13, 17, ⋯의 처음 12번째 항까지의 합을 구하라.

5, 9, 13, 17, ⋯은 $a=5$, $d=4$인 등차수열이다. 등차수열의 n번째 항까지의 합은 $S_n=\frac{n}{2}[2a+(n-1)d]$이다. 그러므로 처음 12번째 항까지의 합은 다음과 같다.

$$\begin{aligned} S_{12} &= \frac{12}{2}[2(5)+(12-1)4] \\ &= 6[10+44]=6(54)=\mathbf{324} \end{aligned}$$

[문제 13] 수열 3.5, 4.1, 4.7, 5.3, ⋯의 처음 21번째 항까지의 합을 구하라.

3.5, 4.1, 4.7, 5.3, ⋯은 $a=3.5$, $d=0.6$인 등차수열이다. 처음 21번째 항까지의 합은 다음과 같다.

$$\begin{aligned} S_{21} &= \frac{21}{2}[2a+(n-1)d] \\ &= \frac{21}{2}[2(3.5)+(21-1)0.6] \\ &= \frac{21}{2}[7+12] \\ &= \frac{21}{2}(19)=\frac{399}{2}=\mathbf{199.5} \end{aligned}$$

◆ 이제 다음 연습문제를 풀어보자.

[연습문제 190] 등차수열

1 수열 8, 14, 20, 26, ⋯의 11번째 항을 구하라.

2 수열 11, 10.7, 10.4, 10.1, ⋯의 17번째 항을 구하라.

3 수열의 7번째 항은 29이고, 11번째 항은 54이다. 16번째 항을 구하라.

4 첫 번째 항이 2.5이고, 10번째 항이 16인 등차수열의 15번째 항을 구하라.

5 수열 7, 9.2, 11.4, 13.6, ⋯에서 29는 몇 번째 항인지 구하라.

6 수열 4, 7, 10, 13, ⋯의 처음 11번째 항까지의 합을 구하라.

7 수열 6.5, 8.0, 9.5, 11.0, ⋯, 32의 합을 구하라.

등차수열에 대한 문제를 더 살펴보자.

[문제 14] 등차수열의 7번째 항까지의 합이 35이고, 공차는 1.2이다. 이 수열의 첫 번째 항을 구하라.

$n=7$, $d=1.2$이고, $S_7=35$이다. 등차수열의 n번째 항까지의 합은 다음과 같다.

$$S_n=\frac{n}{2}[2a+(n-1)d]$$

그러므로 다음과 같이 구할 수 있다.

$$35=\frac{7}{2}[2a+(7-1)1.2]=\frac{7}{2}[2a+7.2]$$

$$\frac{35\times 2}{7}=2a+7.2$$

$$10=2a+7.2$$

$$2a=10-7.2=2.8$$

$$a=\frac{2.8}{2}=1.4$$

즉 **첫 번째 항은 $a=1.4$이다.**

[문제 15] 등차수열 안에 세 개의 수가 있다. 세 수의 합은 15이고, 곱은 80이다. 이 세 수를 구하라.

세 개의 수를 $(a-d)$, a, $(a+d)$라 하자. 그러면 다음과 같다.

$$(a-d)+a+(a+d)=15$$

$$3a=15$$

$$a=5$$

또한 $$a(a-d)(a+d)=80$$

$$a(a^2-d^2)=80$$

$a=5$이므로 $$5(5^2-d^2)=80$$

$$125-5d^2=80$$

$$125-80=5d^2$$

$$45=5d^2$$

$$d^2=\frac{45}{5}=9$$

그러므로 $d=\pm\sqrt{9}=\pm 3$이고, 세 수는 $(5-3)$, 5, $(5+3)$, 즉 **2, 5, 8**이다.

[문제 16] 3으로 정확히 나누어지는 0과 207 사이에 있는 모든 수들의 합을 구하라.

수열 3, 6, 9, 12, …, 207은 첫 번째 항이 3이고 공차가 3인 등차수열이다.

마지막 항 : $$a+(n-1)d=207$$

$$3+(n-1)3=207$$

$$n-1=\frac{207-73}{3}=68$$

$$n=68+1=69$$

69번째 항까지의 합은 다음과 같다.

$$S_{69}=\frac{n}{2}[2a+(n-1)d]$$

$$=\frac{69}{2}[2(3)+(69-1)3]$$

$$=\frac{69}{2}[6+204]=\frac{69}{2}(210)=\mathbf{7245}$$

[문제 17] 등차수열의 첫 번째, 12번째, 그리고 마지막 항이 각각 4, 31.5, 376.5일 때, 다음을 구하라.
(a) 이 수열의 항의 개수 (b) 모든 항들의 합
(c) 80번째 항

(a) 등차수열을 $a=4$인 $a, a+d, a+2d, \cdots, a+(n-1)d$라 하자.

12번째 항 : $$a+(12-1)d=31.5$$

$$4+11d=31.5$$

$$11d=31.5-4=27.5$$

$$d=\frac{27.5}{11}=2.5$$

마지막 항은 $a+(n-1)d$이다. 즉 다음과 같다.

$$4+(n-1)(2.5)=376.5$$

$$(n-1)=\frac{376.5-4}{2.5}=\frac{372.5}{2.5}=149$$

그러므로 **수열에서 항의 개수는 $n=149+1=150$이다.**

(b) 모든 항의 합은 다음과 같다.

$$\begin{aligned} S_{150} &= \frac{n}{2}[2a+(n-1)d] \\ &= \frac{150}{2}[2(4)+(150-1)(2.5)] \\ &= 75[8+(149)(2.5)] = 75[8+372.5] \\ &= 75(380.5) = \mathbf{28537.5} \end{aligned}$$

(c) **80번째 항**은 다음과 같다.

$$\begin{aligned} a+(n-1)d &= 4+(80-1)(2.5) \\ &= 4+(79)(2.5) \\ &= 4+197.5 = \mathbf{201.5} \end{aligned}$$

◆ **이제 다음 연습문제를 풀어보자.**

[연습문제 191] 등차수열

1 등차수열의 15개 항의 합은 202.5이고 공차는 2이다. 이 수열의 첫 번째 항을 구하라.

2 등차수열 안에 세 수가 있다. 세 수의 합은 9이고, 곱은 20.25이다. 이 세 수를 구하라.

3 5와 250 사이의 수 중에서 정확히 4로 나누어지는 모든 수들의 합을 구하라.

4 합이 1025인 수열 5, 8, 11, ⋯의 항의 개수를 구하라.

5 등차수열이 되도록 5와 22.5 사이에 항 네 개를 넣어라.

6 등차수열의 첫 번째, 10번째, 그리고 마지막 항이 각각 9, 40.5, 425.5이다. 다음을 구하라.

(a) 항의 개수 (b) 모든 항들의 합

(c) 70번째 항

7 고용 계약서에서 남자는 초봉 1600만 원을 받으며, 연봉은 매년 48만 원씩 증가한다. 9차년도의 연봉을 구하고, 처음 12년 동안 받은 연봉 총액을 구하라.

8 어떤 정유회사가 80m 깊이의 구멍을 뚫는다. 처음 1m를 뚫는 데 30만 원의 비용이 들고, 계속해서 1m당 2만 원의 비용이 소요된다면, 구멍을 뚫는 비용을 추정하라.

37.4 등비수열

첫 번째 항부터 차례로 일정한 상수를 곱하여 다음 항을 얻게 되는 수열을 등비수열geometric progression[2]이라 한다. 이때 상수를 공비common ratio라 하고, r로 쓴다. 예를 들어, 다음과 같다.

❶ 1, 2, 4, 8, ⋯에서 공비는 2이다.

❷ $a, ar, ar^2, ar^3, \cdots$에서 공비는 r이다.

37.4.1 등비수열의 n번째 항의 일반적인 표현

등비수열의 첫 번째 항이 'a'이고 공비가 'r'이면, 다음과 같다.

$$n\text{번째 항 : } ar^{n-1}$$

이는 위의 예에서 즉시 확인할 수 있다. 예를 들어, 등비수열 1, 2, 4, 8, ⋯의 8번째 항은 'a'$=1$, 'r'$=2$이므로 $(1)(2)^7=\mathbf{128}$이다.

37.4.2 등비수열의 n번째 항까지의 합

등비수열이 $a, ar, ar^2, ar^3, \cdots, ar^{n-1}$이라 하면, n번째 항까지의 합은 다음과 같다.

$$S_n = a+ar+ar^2+ar^3+\cdots+ar^{n-1} \quad (37.1)$$

양변에 r을 곱한다.

$$rS_n = ar+ar^2+ar^3+ar^4+\cdots+ar^{n-1}+ar^n \quad (37.2)$$

2 등비수열을 줄여서 GP(Geometric Progression)라 한다.

식 (37.2)에서 식 (37.1)을 빼면 다음과 같다.

$$S_n - rS_n = a - ar^n$$
$$S_n(1-r) = a(1-r^n)$$

따라서 **n번째 항까지 합은 $S_n = \frac{a(1-r^n)}{1-r}$**이고, 이 식은 $r<1$일 때 유용하다.

식 (37.1)에서 식 (37.2)를 빼면 다음과 같다.

$$\boldsymbol{S_n = \frac{a(r^n-1)}{r-1}}$$

그리고 이 식은 $r>1$일 때 유용하다. 예를 들어, 등비수열 1, 2, 4, 8, 16, …의 처음 8번째 항까지 합은 'a'$=1$, $r=2$이므로 $S_8 = \frac{1(2^8-1)}{2-1}$이다. 즉 $\boldsymbol{S_8} = \frac{1(256-1)}{1} = \mathbf{255}$이다.

37.4.3 등비수열의 무한합

등비수열의 공비 r이 1보다 작을 때, n번째 항까지의 합은 다음과 같다.

$$S_n = \frac{a(1-r^n)}{1-r}$$

이는 다음과 같이 쓸 수 있다.

$$S_n = \frac{a}{1-r} - \frac{ar^n}{1-r}$$

$r<1$이므로 n이 증가할수록 r^n은 감소한다. 즉 $n\to\infty$임에 따라 $r^n\to 0$이다. 그러므로 다음과 같다.

$$n\to\infty \text{일 때, } \frac{ar^n}{1-r}\to 0$$

따라서 $$n\to\infty \text{일 때, } S_n \to \frac{a}{1-r}$$

이다. 수 $\frac{a}{1-r}$를 무한합sum to infinity이라 하고, $\boldsymbol{S_\infty}$로 쓴다. 이는 무한개 항들의 합의 극한값이다. 즉 $\boldsymbol{S_\infty = \frac{a}{1-r}}$이며, 이는 $-1<r<1$일 때 유효하다. 예를 들어, 등비수열 $1, \frac{1}{2}, \frac{1}{4}, \cdots$의 무한합은 $a=1$, $r=\frac{1}{2}$이므로 다음과 같다.

$$S_\infty = \frac{1}{1-\frac{1}{2}}, \text{ 즉 } \boldsymbol{S_\infty = 2}$$

등비수열을 이해하는 데 도움이 되는 몇 가지 문제를 살펴보자.

[문제 18] 수열 3, 6, 12, 24, …의 10번째 항을 구하라.

3, 6, 12, 24, …는 공비 r이 2인 등비수열이다. 등비수열의 n번째 항은 ar^{n-1}이고, 'a'는 첫 번째 항이다. 그러므로 **10번째 항**은 다음과 같다.

$$(3)(2)^{10-1} = (3)(2)^9 = 3(512) = \mathbf{1536}$$

[문제 19] 수열 0.5, 1.5, 4.5, 13.5, …의 처음 7개 항의 합을 구하라.

0.5, 1.5, 4.5, 13.5, …는 공비 $r=3$인 등비수열이다. n번째 항까지의 합은 다음과 같다.

$$S_n = \frac{a(r^n-1)}{r-1}$$

그러므로 처음 7개 항의 합은 다음과 같다.

$$\boldsymbol{S_7} = \frac{0.5(3^7-1)}{3-1} = \frac{0.5(2187-1)}{2} = \mathbf{546.5}$$

[문제 20] 등비수열의 첫 번째 항은 12이고, 5번째 항은 55이다. 8번째 항과 11번째 항을 구하라.

5번째 항은 $ar^4 = 55$로 주어지고, 첫 번째 항은 $a=12$이다. 그러므로 다음과 같다.

$$r^4 = \frac{55}{a} = \frac{55}{12}$$
$$r = \sqrt[4]{\frac{55}{12}} = 1.4631719\cdots$$

8번째 항 : $ar^7 = (12)(1.4631719\cdots)^7 = \mathbf{172.3}$

11번째 항 : $ar^{10} = (12)(1.4631719\cdots)^{10} = \mathbf{539.7}$

[문제 21] 수열 2187, 729, 243, ⋯에서 $\frac{1}{9}$은 몇 번째 항인가?

2187, 729, 243, ⋯은 공비가 $r=\frac{1}{3}$이고 첫 번째 항이 $a=2187$인 등비수열이다. 등비수열의 n번째 항은 ar^{n-1}으로 주어진다. 그러므로 다음과 같다.

$$\frac{1}{9}=(2187)\left(\frac{1}{3}\right)^{n-1}$$

이 식으로부터 다음과 같이 구할 수 있다.

$$\left(\frac{1}{3}\right)^{n-1}=\frac{1}{(9)(2187)}=\frac{1}{3^2 3^7}=\frac{1}{3^9}=\left(\frac{1}{3}\right)^9$$

따라서 $(n-1)=9$이고, $n=9+1=10$이다. 즉 **$\frac{1}{9}$은 등비수열의 10번째 항이다.**

[문제 22] 수열 72.0, 57.6, 46.08, ⋯의 처음 9개 항의 합을 구하라.

공비는 $r=\frac{ar}{a}=\frac{57.6}{72.0}=0.8$이다.

(또한 $\frac{ar^2}{ar}=\frac{46.08}{57.6}=0.8$이다.)

그러므로 처음 9개 항의 합은 다음과 같다.

$$S_9=\frac{a(1-r^n)}{1-r}=\frac{72.0(1-0.8^9)}{1-0.8}$$

$$=\frac{72.0(1-0.1342)}{0.2}=\mathbf{311.7}$$

[문제 23] 수열 3, 1, $\frac{1}{3}$, ⋯의 무한합을 구하라.

3, 1, $\frac{1}{3}$, ⋯은 공비 $r=\frac{1}{3}$인 등비수열이다. 따라서 **무한합**은 다음과 같다.

$$S_\infty=\frac{a}{1-r}=\frac{3}{1-\frac{1}{3}}=\frac{3}{\frac{2}{3}}$$

$$=\frac{9}{2}=\mathbf{4.5}$$

◆ **이제 다음 연습문제를 풀어보자.**

[연습문제 192] 등비수열

1 수열 5, 10, 20, 40, ⋯의 10번째 항을 구하라.

2 수열 0.25, 0.75, 2.25, 6.75, ⋯의 처음 7개 항의 합을 구하라.

3 등비수열의 첫 번째 항이 4이고, 6번째 항이 128이다. 8번째 항과 11번째 항을 구하라.

4 수열 2, 5, 12.5 , ⋯의 처음 7개 항들의 합을 유효숫자 4자리로 보정하여 구하라.

5 수열 4, 2, 1, ⋯의 무한합을 구하라.

6 수열 $2\frac{1}{2}$, $-1\frac{1}{4}$, $\frac{5}{8}$, ⋯의 무한합을 구하라.

등비수열에 대한 문제를 더 살펴보자.

[문제 24] 등비수열에서 6번째 항은 3번째 항의 8배이고, 7번째와 8번째 항의 합은 192이다. 다음을 구하라.
(a) 공비 (b) 첫 번째 항
(c) 5번째부터 11번째 항까지 포함된 항들의 합

(a) 등비수열을 $a, ar, ar^2, ar^3, \cdots, ar^{n-1}$이라 하자. 그러면 다음과 같다.

$$3\text{번째 항}=ar^2,\ 6\text{번째 항}=ar^5$$

6번째 항은 3번째 항의 8배이므로 $ar^5=8ar^2$이고, 따라서 다음과 같다.

$$r^3=8,\ r=\sqrt[3]{8}$$

즉 **공비는 $r=2$이다.**

(b) 7번째와 8번째 항의 합이 192이므로 $ar^6+ar^7=192$이다. $r=2$이므로 $64a+128a=192$, 즉 $192a=192$이다. 따라서 **첫 번째 항은 $a=1$이다.**

(c) **5번째부터 11번째 항까지 포함된 항들의 합**은 다음과 같다.

$$S_{11}-S_4=\frac{a(r^{11}-1)}{r-1}-\frac{a(r^4-1)}{r-1}$$

$$=\frac{1(2^{11}-1)}{2-1}-\frac{1(2^4-1)}{2-1}$$

$$=(2^{11}-1)-(2^4-1)=2^{11}-2^4$$

$$=2048-16=\mathbf{2032}$$

[문제 25] 한 공구 대여 회사는 대여한 공구의 순 회수량이 매년 10%씩 감소하고 있음을 알았다. 올해 특정 공구에 대한 순 수익이 400만 원일 때, 앞으로 이 공구로 벌어들일 수 있는 미래의 총 수익을 구하라. 단, 도구를 영원히 잃어버리지 않는다고 가정한다.

순수익은 $a=400$(만 원)이고 $r=0.9$인 등비수열 $400+400\times0.9+400\times0.9^2+\cdots$만 원을 이룬다. 따라서 무한합은 다음과 같다.

$$S_\infty=\frac{a}{1-r}=\frac{400}{1-0.9}$$

$$=\mathbf{4000}\text{만 원}$$

$$=\text{미래의 총 수익}$$

[문제 26] 연 3% 복리로 100만 원을 투자할 때, 다음을 구하라.

(a) 10년 후의 금액

(b) 150만 원을 초과할 때까지 걸리는 기간(년)

(a) 등비수열을 $a, ar, ar^2, \cdots, ar^n$이라 하자.
첫 번째 항은 $a=100$(만 원)이고, 공비는 $r=1.03$이다.
그러므로 1년 후의 금액인 2번째 항은
$ar=(100)(1.03)=103$(만 원)이고, 2년 후의 금액인
3번째 항은 $ar^2=(100)(1.03)^2=106.09$(만 원)이다.

따라서 **10년 후의 금액은**
$ar^{10}=(100)(1.03)^{10}=$ **134.39(만 원)이다.**

(b) 150(만 원)에 도달할 때, $150=ar^n$, 즉
$150=100(1.03)^n$이므로 $1.5=(1.03)^n$이다.

이 식의 양변에 밑 10인 로그를 취하면 다음과 같다.

$$\lg 1.5=\lg(1.03)^n=n\lg(1.03)$$

로그법칙에 의해 다음과 같이 구할 수 있다.

$$n=\frac{\lg 1.5}{\lg 1.03}=13.7$$

따라서 150만 원을 초과할 때까지 14년이 걸릴 것이다.

[문제 27] 드릴링 머신drilling machine은 50rev/min~750rev/min의 범위에서 6단의 속력을 가진다. 이 속력들이 등비수열을 이룬다고 할 때, 각 속력 값들을 가장 근접한 자연수로 보정하여 맞추어 구하라.

등비수열의 n개 항을 $a, ar, ar^2, \cdots, ar^{n-1}$이라 하자.
첫 번째 항은 $a=50$rev/min이다.
6번째 항은 ar^{6-1}이고 750rev/min, 즉 $ar^5=750$이다.

이로부터 $r^5=\frac{750}{a}=\frac{750}{50}=15$이다.

따라서 공비는 $r=\sqrt[5]{15}=1.7188$이다.

첫 번째 항 : $a=50$rev/min
2번째 항 : $ar=(50)(1.7188)=85.94$
3번째 항 : $ar^2=(50)(1.7188)^2=147.71$
4번째 항 : $ar^3=(50)(1.7188)^3=253.89$
5번째 항 : $ar^4=(50)(1.7188)^4=436.39$
6번째 항 : $ar^5=(50)(1.7188)^5=750.06$

그러므로 가장 근접한 자연수로 보정한 **드릴링 머신 6개의 속력은 다음과 같다.**

50, 86, 148, 254, 436, 750rev/min

◆ **이제 다음 연습문제를 풀어보자.**

[연습문제 193] 등비수열

1 등비수열에서 5번째 항은 3번째 항의 9배이고, 6번째 항과 7번째 항의 합은 1944이다. 다음을 구하라.
(a) 공비　　(b) 첫 번째 항
(c) 4번째부터 10번째 항까지 포함된 항들의 합

2 수열 3, 9, 27, ⋯에서 59049는 몇 번째 항인가?

3 원래 3000만 원의 가격으로 수출했던 선반의 가격이 매년 15%씩 감가상각된다. 이 선반의 4년 후의 가격을 계산하라. 이 선반의 수출 가격이 550만 원 이하로 떨어지면 단종시키려고 한다. 이 선반을 단종시키는 데 몇 년이 걸리는가?

4 어느 나라 국민은 6천4백만이고 매년 2.4%씩 감소한다. 5년이라는 시간이 경과될 때 인구는 얼마가 되겠는가?

5 100 g의 방사능 물질이 매년 3%의 비율로 붕괴한다. 11년 후에 이 물질은 얼마나 남겠는가?

6 250만 원을 연 복리 2.5%로 투자를 했다. (a) 15년 후의 금액과, (b) 425만 원에 도달하는 데는 몇 년이 걸리는지 가장 근접한 년 단위로 보정하여 구하라.

7 드릴링 머신은 100 rev/min ~ 1000 rev/min의 범위에서 8단의 속력을 갖는다. 이 속력들이 등비수열을 이룬다고 할 때, 각 속력 값들을 가장 근접한 자연수로 보정하여 구하라.

[연습문제 194] 수열에 대한 선다형 문제

※ 각 문제의 정답은 한 개이다.

1 5번째 항이 18이고 12번째 항이 46인 등차수열에서 8번째 항은 무엇인가?

(a) 72 (b) 74
(c) 68 (d) 70

2 첫 번째 항이 9이고 4번째 항이 45인 등비수열에서 8번째 항은 무엇인가?

(a) 384.7 (b) 150.5
(c) 225 (d) 657.9

3 5번째 항이 17이고 9번째 항이 37인 등차수열에서 첫 번째 항은 무엇인가?

(a) 0 (b) -3
(c) -6 (d) 3

4 등차수열의 첫 번째 항과 마지막 항이 각각 1과 13이다. 항들의 합이 42이면, 이 수열의 항은 몇 개인가?

(a) 5 (b) 6
(c) 7 (d) 8

5 증가하는 등차수열의 연속적인 세 항의 합이 51이고, 이 세 항의 곱이 4641이다. 3번째 항은 무엇인가?

(a) 9 (b) 13
(c) 17 (d) 21

6 등차수열의 7번째 항과 12번째 항이 각각 34와 59이다. 8번째 항은 무엇인가?

(a) 87 (b) 88
(c) 89 (d) 90

7 3, 7, 11, 15, …로 주어진 등차수열의 합이 406이면 항의 개수는 몇 개인가?

(a) 5 (b) 10
(c) 12 (d) 14

8 수열 1, 3, 9, 27, …의 처음 9개 항의 합은 얼마인가?

(a) 3280 (b) 9841
(c) 19682 (d) 6560

9 수열 4, 2, 1, …의 무한합은 얼마인가?

(a) 2 (b) 4
(c) 8 (d) 16

10 수열 4, 8, 16, 32, …의 12번째 항은 무엇인가?

(a) 8192 (b) 4096
(c) 16384 (d) 2048

Chapter 38

2진수, 8진수, 16진수

Binary, octal and hexadecimal numbers

2진수, 8진수, 16진수를 이해하는 것이 왜 중요할까?

수를 나타내는 방법은 무수히 많이 있다. 일반적으로 현대 컴퓨터 및 디지털 응용과 관련한 네 가지 수 체계는 10진수, 2진수, 8진수, 16진수이다. 네 가지 수 체계는 모두 동일한 수를 표현할 수 있다. 더욱이 수는 수치값의 손실 없이 다양한 수 체계 내에서 완벽하게 변환할 수 있다. 언뜻 보기에, 10진수가 아닌 다른 수의 체계는 사용하기 복잡하고 불필요한 것처럼 보인다. 그러나 전기나 소프트웨어 엔지니어는 디지털 회로를 사용하여 작업을 진행하므로, 엔지니어에게는 인간 세계와 디지털 회로 세계 간에 정보를 가장 잘 전달할 수 있는 수 체계가 필요하다. 따라서 수를 표현하는 방법은 엔지니어가 디지털 회로에 응용되는 수의 의미를 더 쉽게 이해하는 데 도움을 줄 수 있다. 즉 적절한 수 체계는 실제로 상황을 덜 복잡하게 만들 수 있다.

학습포인트

- 2진수를 인식한다.
- 2진수를 10진수로 변환하고, 그 역으로도 변환한다.
- 2진수를 더한다.
- 8진수를 인식한다.
- 10진수를 2진수로, 그리고 다시 8진수로 변환하고, 그 역으로도 변환한다.
- 16진수를 인식한다.
- 16진수를 10진수로 변환하고, 그 역으로도 변환한다.
- 2진수를 16진수로 변환하고, 그 역으로도 변환한다.

38.1 서론

인류의 초기 수 또는 셈 체계는 아마도 그들이 얼마나 많이 소유했는가를 결정하는 데 도움을 주기 위해 발전해 왔을 것이다. 일상 활동이 좀 더 복잡해짐에 따라 거래, 시간, 거리 그리고 인간 생활의 전반적인 부분에서 수는 더욱 중요해졌다. 수가 사물을 세는 데 필수적임을 발견했기 때문에 항상 쉽게 세는 방법을 찾아왔다. 중국에서 개발된 **주판**abacus은 초기 계산기로 알려진 것 중 하나로, 어떤 지역에서는 현재도 사용하고 있다. **블레즈 파스칼***은 1642년에 처음으로 덧셈 계산기를 발명하였으며, 20년 후에 영국인 **사무엘 몰랜드 경**[1]은 곱셈, 덧셈 그리고 뺄셈까지 할 수 있는 좀 더 치밀한 기계를 개발했다. 1672년 경, **고트프리드 빌헬름 라이프니츠**Gottfried Wilhelm Leibniz[2]는 모든 기본적인 대수 연산(덧셈, 뺄셈, 곱셈, 나눗셈)을 수행할 뿐만 아니라 제곱근을 얻을 수 있는 기계를 완성하였다. 현대의 계수형 컴퓨터는 아직도 라이프니츠의 원리를 사용한다. 오늘날 컴퓨터는 반복계산 또는 막대한 양의 데이터 처리가 필요한 곳에 사용된다. 컴퓨터는 군대, 과학 그리고 상업 분야에서 가장 많이 응용되며, 우편 분류와 공학 설계부터 적 표적물의 식별 및 파괴까지 광범위하게 응용된다. 디지털 컴퓨터

1 **몰랜드는 누구?** 사무엘 몰랜드 경(Sir Samuel Morland, 1625 ~ 1695)은 영국인으로 17세기의 학자, 외교관, 스파이, 발명가 그리고 수학자이다. 일찍이 계산, 수력학, 증기력에 관련한 개발로 보증받은 박식가이다. 보다 자세한 정보는 www.routledge.com/cw/bird에서 찾을 수 있다.

2 **라이프니츠는 누구?** 35.4절을 확인하라. 보다 자세한 정보는 www.routledge.com/cw/bird에서 찾을 수 있다.

의 장점은 속도, 정확도 그리고 생력화이다. 종종 컴퓨터는 틀에 박힌 일을 대신하는 등 컴퓨터로는 다룰 수 없는 좀 더 중요한 일을 할 수 있게 만든다. 사람과 컴퓨터는 동일한 언어를 이용하여 정상적으로 소통할 수 없기에, 정보를 양쪽이 모두 이해하고 사용할 수 있도록 변환하는 방법이 필수이다. 인간은 단어와 십진법 체계의 수로 말을 하는 반면에, 컴퓨터는 단지 디지털 정보를 표현하는 코드화된 전기펄스만 이해한다.

***파스칼은 누구?**

블레즈 파스칼(Blaise Pascal, 1623. 6. 19 ~ 1662. 8. 19)은 프랑스의 박식가로, 어린 시절에 아버지로부터 교육을 받았다. 파스칼은 유체 연구에 중요한 공헌을 하였다. 또한 압력과 부피의 개념을 명확히 밝혀 자연과학과 응용과학 분야에도 큰 공헌을 하였다.

현대 컴퓨터 안에 있는 모든 데이터는 비트bit로 구성된 수열로 저장된다. 비트는 0과 1의 두 수 중에서 어느 하나가 되는 2진수(binary digit)를 나타낸다. 컴퓨터 데이터를 나타내는 가장 기본적인 형태는 데이터 조각을 0과 1로 구성된 비트로 나타낸 것이다. 이것을 2진수binary 또는 밑이 2인 수base_2 number라 한다. 2진법binary notation은 비교적 작은 수를 나타내기 위해 상당히 많은 비트를 필요로 하므로 8진수octal와 16진수hexadecimal라 하는 두 개의 좀 더 조밀한 표기법이 종종 사용된다.

컴퓨터 프로그래머가 컴퓨터 작업을 지시할 숫자 코드의 시퀀스를 설계할 때, (모든 디지털 회로의 '원시 언어native language'라 할 수 있는) '1'과 '0'의 긴 나열 외에는 아무 것도 없다면, 그들은 어려움에 봉착할 것이다.

8진법은, 0~7까지 8개의 숫자를 기본으로 하는 8진수로 데이터를 표현하며, 8진수의 한 자릿수(디지트[3])는 2진수 3비트와 대응된다. 유사하게, 16진법은 기본 16개의 숫자를 사용하며, 16진수 한 자릿수는 2진수 4비트와 대응된다. 8진수는 0~7의 디지트만 사용하며, 16진수는 기본 10개의 디지트(0~9)와 문자 A~F(수 10~15를 나타냄)를 사용한다.

이 장에서는 10진수, 2진수, 8진수, 16진수 체계를 서로 변환하는 방법을 설명한다.

38.2 2진수

일상생활에서 사용하는 수의 체계는 자릿수 0에서 9까지 이용하는 10진수denary 또는 10진법decimal system을 사용한다. 이는 10개의 서로 다른 숫자(0, 1, 2, 3, 4, 5, 6, 7, 8, 9)를 가지고 있으며, 기수radix 10 또는 기저base 10을 갖는다고 한다. 2진수 체계는 기수 2를 가지며, 숫자 0과 1만을 사용한다.

2진수를 10진수로 변환하기

10진수 234.5는 다음과 동치이다.

$$2 \times 10^2 + 3 \times 10^1 + 4 \times 10^0 + 5 \times 10^{-1}$$

2진수 체계에서 기저는 2이고, 따라서 1101.1은 다음과 같다.

$$1 \times 2^3 + 1 \times 2^2 + 0 \times 2^1 + 1 \times 2^0 + 1 \times 2^{-1}$$

그러므로 2진수 1101.1과 동치인 10진수는 다음과 같다.

$$8 + 4 + 0 + 1 + \frac{1}{2} = 13.5$$

다시 말해서, $\mathbf{1101.1_2 = 13.5_{10}}$이고, 아래 첨자 2와 10은 각각 2진수와 10진수 체계를 나타낸다.

3 디지트(digit)는 0~9까지의 숫자 또는 손가락이라는 뜻으로, 컴퓨터 공학에서는 '한 자릿수'라는 의미로 사용된다.

[문제 1] 1010_2을 10진수로 변환하라.

$$1010_2 = 1\times 2^3 + 0\times 2^2 + 1\times 2^1 + 0\times 2^0$$
$$= 8 + 0 + 2 + 0$$
$$= \mathbf{10_{10}}$$

[문제 2] 11011_2을 10진수로 변환하라.

$$11011_2 = 1\times 2^4 + 1\times 2^3 + 0\times 2^2 + 1\times 2^1 + 1\times 2^0$$
$$= 16 + 8 + 0 + 2 + 1$$
$$= \mathbf{27_{10}}$$

[문제 3] 0.1011_2을 10진수로 변환하라.

$$0.1011_2 = 1\times 2^{-1} + 0\times 2^{-2} + 1\times 2^{-3} + 1\times 2^{-4}$$
$$= 1\times\frac{1}{2} + 0\times\frac{1}{2^2} + 1\times\frac{1}{2^3} + 1\times\frac{1}{2^4}$$
$$= \frac{1}{2} + \frac{1}{8} + \frac{1}{16}$$
$$= 0.5 + 0.125 + 0.0625$$
$$= \mathbf{0.6875_{10}}$$

[문제 4] 101.0101_2을 10진수로 변환하라.

$$101.0101_2 = 1\times 2^2 + 0\times 2^1 + 1\times 2^0 + 0\times 2^{-1}$$
$$+ 1\times 2^{-2} + 0\times 2^{-3} + 1\times 2^{-4}$$
$$= 4 + 0 + 1 + 0 + 0.25 + 0 + 0.0625$$
$$= \mathbf{5.3125_{10}}$$

◆ **이제 다음 연습문제를 풀어보자.**

[연습문제 195] 2진수를 10진수로 변환하기

※ (문제 1~5) 주어진 2진수를 10진수로 변환하라.

1 (a) 110 (b) 1011
(c) 1110 (d) 1001

2 (a) 10101 (b) 11001
(c) 101101 (d) 110011

3 (a) 101010 (b) 111000
(c) 1000001 (d) 10111000

4 (a) 0.1101 (b) 0.11001
(c) 0.00111 (d) 0.01011

5 (a) 11010.11 (b) 10111.011
(c) 110101.0111 (d) 11010101.10111

10진수를 2진수로 변환하기

10진수인 정수 39는 아래에서 39_{10}로 보인 것과 같으며, 이 수를 2로 반복하여 나누어 각 단계에서 나머지를 표시함으로써 대응하는 2진수로 변환할 수 있다.

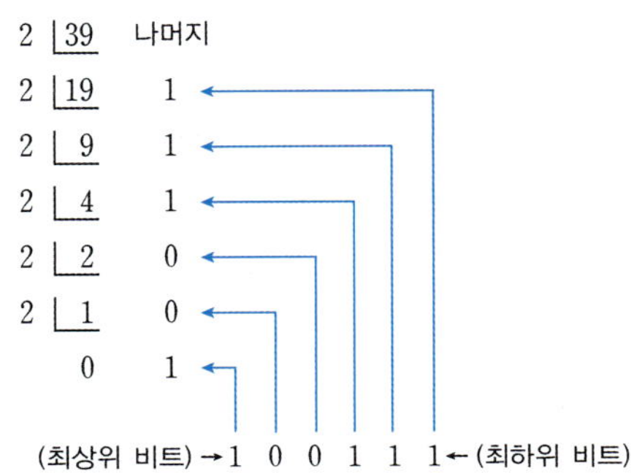

결과는 첫 번째 나눗셈의 나머지를 최하위 비트(가장 오른쪽에 있는 숫자)로 작성하며, 마지막 나눗셈의 나머지가 최상위 비트(가장 왼쪽에 있는 숫자)가 된다. 따라서 $\mathbf{39_{10} = 100111_2}$이다.

10진수의 소수는 아래의 소수 0.625와 같이 2를 반복적으로 곱함으로써 2진수로 변환할 수 있다.

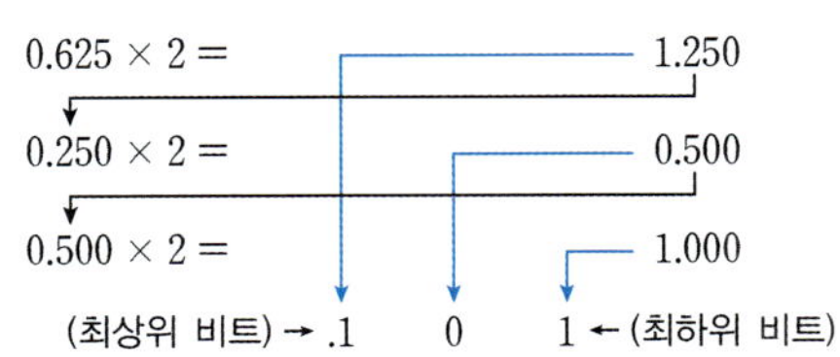

소수의 경우, 결과의 최상위 비트는 2를 곱한 첫 번째 곱셈의 정수 부분이고, 최하위 비트는 2를 곱한 마지막 곱셈의 정수 부분이다. 따라서 $\mathbf{0.625_{10} = 0.101_2}$이다.

[문제 5] 49_{10}를 2진수로 변환하라.

위에서부터 2로 반복해서 나눈 나머지를 이용해 구할 수 있다.

```
2 |49   나머지
2 |24   1
2 |12   0
2 | 6   0
2 | 3   0
2 | 1   1
   0    1
(최상위 비트) → 1 1 0 0 0 1 ← (최하위 비트)
```

따라서 $49_{10} = 110001_2$이다.

[문제 6] 56_{10}을 2진수로 변환하라.

정수 부분은 2로 반복해서 나누어 구한다.

```
2 |56   나머지
2 |28   0
2 |14   0
2 | 7   0
2 | 3   1
2 | 1   1
   0    1
        1 1 1 0 0 0
```

따라서 $56_{10} = 111000_2$이다.

[문제 7] 0.40625_{10}를 2진수로 변환하라.

위에서부터 2를 반복해서 곱하여 구한다.

```
0.40625 × 2 = 0.8125
0.8125  × 2 = 1.625
0.625   × 2 = 1.25
0.25    × 2 = 0.5
0.5     × 2 = 1.0
        .0 1 1 0 1
```

따라서 $0.40625_{10} = 0.01101_2$

[문제 8] 58.3125_{10}를 2진수로 변환하라.

정수 부분은 2로 반복해서 나누어 구한다.

```
2 |58   나머지
2 |29   0
2 |14   1
2 | 7   0
2 | 3   1
2 | 1   1
   0    1
        1 1 1 0 1 0
```

소수 부분은 2를 반복해서 곱하여 구한다.

```
0.3125 × 2 = 0.625
0.625  × 2 = 1.25
0.25   × 2 = 0.5
0.5    × 2 = 1.0
       .0 1 0 1
```

따라서 $58.3125_{10} = 111010.0101_2$이다.

◆ **이제 다음 연습문제를 풀어보자.**

[연습문제 196] 10진수를 2진수로 변환하기

※ (문제 1~5) 주어진 10진수를 2진수로 변환하라.

1 (a) 5 (b) 15 (c) 19 (d) 29

2 (a) 31 (b) 42 (c) 57 (d) 63

3 (a) 47 (b) 60 (c) 73 (d) 84

4 (a) 0.25 (b) 0.21875
(c) 0.28125 (d) 0.59375

5 (a) 47.40625 (b) 30.8125
(c) 53.90625 (d) 61.65625

2진법의 덧셈

2비트와 3비트인 2진수의 덧셈은 다음 법칙에 따라 계산한다.

합	올림	합	올림
0+0=0	0	0+0+0=0	0
0+1=1	0	0+0+1=1	0
1+0=1	0	0+1+0=1	0
1+1=0	1	0+1+1=0	1
		1+0+0=1	0
		1+0+1=0	1
		1+1+0=0	1
		1+1+1=1	1

다음 문제를 통해 이 법칙을 살펴보자.

[문제 9] 2진수 덧셈 1001+10110을 계산하라.

```
   1 0 0 1
+1 0 1 1 0
----------
 1 1 1 1 1
```

[문제 10] 2진수 덧셈 11111+10101을 계산하라.

```
올림  1 1 1 1 1
       1 1 1 1 1
  +    1 0 1 0 1
----------------
합   1 1 0 1 0 0
```

[문제 11] 2진수 덧셈 1101001+1110101을 계산하라.

```
올림  1 1       1
      1 1 0 1 0 0 1
  +   1 1 1 0 1 0 1
-------------------
합  1 1 0 1 1 1 1 0
```

[문제 12] 2진수 덧셈 1011101+1100001+110101을 계산하라.

```
올림  1 1 1 1 1   1
      1 0 1 1 1 0 1
      1 1 0 0 0 0 1
  +     1 1 0 1 0 1
-------------------
합  1 1 1 1 0 0 1 1
```

◆ **이제 다음 연습문제를 풀어보자.**

[연습문제 197] 2진수의 덧셈

※ 다음 2진수의 덧셈을 계산하라.

1 10+11 **2** 101+110

3 1101+111 **4** 1111+11101

5 110111+10001 **6** 10000101+10000101

7 11101100+111001011

8 110011010+11100011

9 10110+1011+11011

10 111+10101+11011

11 1101+1001+11101

12 100011+11101+101110

38.3 8진수

여러 개의 자릿수를 갖는 10진수를 2로 반복해서 나누는 것은 매우 긴 과정이다. 이 경우, 보통 8진수 체계를 이용하는 것이 좋다. 즉 10진수를 8진수로 변환하고, 이 8진수를 다시 2진수로 변환하는 방법을 이용하는 것이 더 쉽다. 8진수 체계는 숫자 0, 1, 2, 3, 4, 5, 6, 7을 사용하는 기수 8을 갖는다. 8진수 $\mathbf{4317_8}$과 동치인 10진수는 다음과 같다.

$$4\times8^3+3\times8^2+1\times8^1+7\times8^0$$

즉, $4\times512+3\times64+1\times8+7\times1=\mathbf{2255_{10}}$

10진수인 정수는 8로 반복해서 나누어 각 단계에서의 나머지를 표시함으로써 아래 493_{10}의 예와 같이 8진수로 변환할 수 있다.

```
8 |493   나머지
8 | 61     5
8 |  7     5
     0     7
        →  7 5 5
```

따라서 $\mathbf{493_{10} = 755_8}$이다.

10진수의 소수 부분은 8을 반복적으로 곱함으로써 아래 0.4375_{10}의 예와 같이 8진수로 변환할 수 있다.

```
0.4375 × 8 =  ┌──── 3.5
 0.5   × 8 =  │  ┌─ 4.0
              ↓  ↓
             .3  4
```

소수의 경우, 결과의 최상위 비트는 10진수 소수 부분에 8을 곱한 첫 번째 곱셈의 정수 부분이다.

따라서 $\mathbf{0.4375_{10} = 0.34_8}$이다.

숫자 0에서 7까지 자연 2진 부호는 [표 38-1]과 같다. 8진수는 8진 숫자에 대응하는 세 개의 비트를 이용하여 2진수로 변환할 수 있다.

[표 38-1]

8진 숫자	자연 2진 부호
0	000
1	001
2	010
3	011
4	100
5	101
6	110
7	111

예를 들면 다음과 같다.

$$\mathbf{437_8 = 100\ 011\ 111_2}$$

$$\mathbf{26.35_8 = 010\ 110.011\ 101_2}$$

가장 왼쪽에 있는 '0'은 아무런 의미가 없다. 따라서 다음과 같이 표기할 수 있다.

$$\mathbf{26.35_8 = 10\ 110.011\ 101_2}$$

8진수를 이용하여 10진수를 2진수로 변환하는 방법은 다음 문제들을 통해 살펴보자.

[문제 13] 8진수를 이용하여, 3714_{10}를 2진수로 변환하라.

주어진 수를 8로 반복해서 나누고, 나머지를 다음과 같이 표시한다.

```
8 |3714   나머지
8 |_464     2
8 |__58     0
8 |___7     2
      0     7
        7 2 0 2
```

[표 38-1]로부터 $7202_8 = 111\ 010\ 000\ 010_2$, 즉 $\mathbf{3714_{10} = 111\ 010\ 000\ 010_2}$이다.

[문제 14] 8진수를 이용하여, 0.59375_{10}를 2진수로 변환하라.

8을 반복해서 곱하여 정수 값들을 다음과 같이 표시한다.

```
0.59375 × 8 =  ┌──── 4.75
 0.75   × 8 =  │  ┌─ 6.00
               ↓  ↓
              .4  6
```

따라서 $0.59375_{10} = 0.46_8$이다. [표 38-1]로부터 $0.46_8 = 0.100\ 110_2$, 즉 $\mathbf{0.59375_{10} = 0.100\ 11_2}$이다.

[문제 15] 8진수를 이용하여, 5613.90625_{10}를 2진수로 변환하라.

정수 부분은 8로 반복해서 나누고, 나머지를 다음과 같이 표시한다.

```
8 |5613   나머지
8 |_701     5
8 |__87     5
8 |__10     7
8 |___1     2
      0     1
        1 2 7 5 5
```

8진수는 다음과 같이 2진수로 변환된다([표 38-1] 참조).

$$12755_8 = 001\ 010\ 111\ 101\ 101_2$$

즉, $$5613_{10} = 1\ 010\ 111\ 101\ 101_2$$

소수 부분은 8을 반복해서 곱하고, 결과의 정수 부분을 다음과 같이 표시한다.

$0.90625 \times 8 = 7.25$

$0.25 \times 8 = 2.00$

.7 2

8진수는 다음과 같이 2진수로 변환된다([표 38-1] 참조).

$$0.72_8 = 0.111\ 010_2$$

즉, $$0.90625_{10} = 0.111\ 01_2$$

따라서 $\mathbf{5613.90625_{10} = 1\ 010\ 111\ 101\ 101.111\ 01_2}$이다.

[문제 16] 8진수를 이용하여, $11\ 110\ 011.100\ 01_2$을 10진수로 변환하라.

2진 소수점에서부터 2진수를 다음과 같이 세 개씩 묶는다.

$$011\ 110\ 011.100\ 010_2$$

[표 38-1]을 이용하여 이 2진수를 8진수 363.42_8로 변환한다. 이 수를 다음과 같이 다시 10진수로 변환한다.

$$\begin{aligned} 363.42_8 &= 3\times8^2 + 6\times8^1 + 3\times8^0 + 4\times8^{-1} + 2\times8^{-2} \\ &= 192 + 48 + 3 + 0.5 + 0.03125_{10} \\ &= 243.53125_{10} \end{aligned}$$

즉 $\mathbf{11\ 110\ 011.100\ 01_2 = 363.42_8 = 243.53125_{10}}$이다.

◆ **이제 다음 연습문제를 풀어보자.**

[연습문제 198] 8진수를 이용한, 10진수와 2진수 간의 변환

※ (문제 1~3) 8진수를 이용하여, 10진수를 2진수로 변환하라.

1 (a) 343 (b) 572
(c) 1265

2 (a) 0.46875 (b) 0.6875
(c) 0.71875

3 (a) 247.09375 (b) 514.4375
(c) 1716.78125

4 8진수를 이용하여, 다음 2진수를 10진수로 변환하라.
(a) 111.011 1 (b) 101 001.01
(c) 1 110 011 011 010.001 1

38.4 16진수

네 개의 비트(각각 1과 0으로 구성됨)는 하나의 16진수 숫자로 간단하게 표현할 수 있으므로 16진수 체계는 컴퓨터 프로그래밍에 있어 특별히 중요하다. 두 개의 16진수 자릿수(디지트)는 가령 색상을 지정하는 데 사용되는 일반적 범위인 0~255 사이의 숫자를 나타낸다. 따라서 웹의 HTML 언어에서, 색상은 세 쌍의 16진수 자릿수 RRGGBB를 사용하여 지정된다. 여기서 RR은 빨간색의 양, GG는 녹색의 양, BB는 파란색의 양을 나타낸다.

16진수 체계는 16개의 기수를 갖고, 다음과 같은 16개의 서로 다른 숫자를 사용한다.

0, 1, 2, 3, 4, 5, 6, 7, 8, 9, A, B, C, D, E, F

'A'는 10진수 체계에서 10에 대응하고, B는 11, C는 12, …로 대응한다.

16진수를 10진수로 변환하기

예를 들어보자.

$$\begin{aligned} 1A_{16} &= 1\times16^1 + A\times16^0 \\ &= 1\times16^1 + 10\times1 \\ &= 16 + 10 = 26 \end{aligned}$$

즉 $1A_{16} = 26_{10}$이다. 마찬가지로, 다음과 같다.

$$\begin{aligned} 2E_{16} &= 2 \times 16^1 + E \times 16^0 \\ &= 2 \times 16^1 + 14 \times 16^0 \\ &= 32 + 14 = 46_{10} \end{aligned}$$

$$\begin{aligned} 1BF_{16} &= 1 \times 16^2 + B \times 16^1 + F \times 16^0 \\ &= 1 \times 16^2 + 11 \times 16^1 + 15 \times 16^0 \\ &= 256 + 176 + 15 = 447_{10} \end{aligned}$$

[표 38-2]는 10진수, 2진수, 8진수, 16진수를 비교하여 나타낸 것이다. 예를 들어 다음과 같이 변환될 수 있다.

$$23_{10} = 10111_2 = 27_8 = 17_{16}$$

[문제 17] 다음 16진수를 동치인 10진수로 변환하라.
(a) $7A_{16}$ (b) $3F_{16}$

(a) $7A_{16} = 7 \times 16^1 + A \times 16^0 = 7 \times 16 + 10 \times 1$
$= 112 + 10 = 122$
따라서 $7A_{16} = 122_{10}$이다.

(b) $3F_{16} = 3 \times 16^1 + F \times 16^0 = 3 \times 16 + 15 \times 1$
$= 48 + 15 = 63$
따라서 $3F_{16} = 63_{10}$이다.

[문제 18] 다음 16진수를 동치인 10진수로 변환하라.
(a) $C9_{16}$ (b) BD_{16}

(a) $C9_{16} = C \times 16^1 + 9 \times 16^0 = 12 \times 16 + 9 \times 1$
$= 192 + 9 = 201$
따라서 $C9_{16} = 201_{10}$이다.

(b) $BD_{16} = B \times 16^1 + D \times 16^0 = 11 \times 16 + 13 \times 1$
$= 176 + 13 = 189$
따라서 $BD_{16} = 189_{10}$이다.

[표 38-2]

10진수	2진수	8진수	16진수
0	0000	0	0
1	0001	1	1
2	0010	2	2
3	0011	3	3
4	0100	4	4
5	0101	5	5
6	0110	6	6
7	0111	7	7
8	1000	10	8
9	1001	11	9
10	1010	12	A
11	1011	13	B
12	1100	14	C
13	1101	15	D
14	1110	16	E
15	1111	17	F
16	10000	20	10
17	10001	21	11
18	10010	22	12
19	10011	23	13
20	10100	24	14
21	10101	25	15
22	10110	26	16
23	10111	27	17
24	11000	30	18
25	11001	31	19
26	11010	32	1A
27	11011	33	1B
28	11100	34	1C
29	11101	35	1D
30	11110	36	1E
31	11111	37	1F
32	100000	40	20

[문제 19] $1A4E_{16}$를 10진수로 변환하라.

$$1A4E_{16} = 1\times16^3 + A\times16^2 + 4\times16^1 + E\times16^0$$
$$= 1\times16^3 + 10\times16^2 + 4\times16^1 + 14\times16^0$$
$$= 1\times4096 + 10\times256 + 4\times16 + 14\times1$$
$$= 4096 + 2560 + 64 + 14 = 6734$$

따라서 $\mathbf{1A4E_{16} = 6734_{10}}$이다.

10진수를 16진수로 변환하기

10진수를 16으로 반복하여 나누고, 각 단계에서 아래 26_{10}의 예와 같이 나머지를 표시함으로써 16진수로 변환할 수 있다.

16 |26 나머지
16 |1 $10 = A_{16}$
0 $1 = 1_{16}$
(최상위 비트) → 1 A ← (최하위 비트)

그러므로 $\mathbf{26_{10} = 1A_{16}}$이다. 마찬가지로 446_{10}은 다음과 같다.

16 |446 나머지
16 |27 $14 = E_{16}$
16 |1 $11 = B_{16}$
0 $1 = 1_{16}$
1 B E

따라서 $\mathbf{446_{10} = 1BE_{16}}$이다.

[문제 20] 다음 10진수를 동치인 16진수로 변환하라.
(a) 39_{10} (b) 107_{10}

(a) 16 |39 나머지
16 |2 $7 = 7_{16}$
0 $2 = 2_{16}$
(최상위 비트) → 2 7 ← (최하위 비트)

그러므로 $\mathbf{39_{10} = 27_{16}}$이다.

(b) 16 |107 나머지
16 |6 $11 = B_{16}$
0 $6 = 6_{16}$
6 B

그러므로 $\mathbf{107_{10} = 6B_{16}}$이다.

[문제 21] 다음 10진수를 동치인 16진수로 변환하라.
(a) 164_{10} (b) 239_{10}

(a) 16 |164 나머지
16 |10 $4 = 4_{16}$
0 $10 = A_{16}$
A 4

그러므로 $\mathbf{164_{10} = A4_{16}}$이다.

(b) 16 |239 나머지
16 |14 $15 = F_{16}$
0 $14 = E_{16}$
E F

그러므로 $\mathbf{239_{10} = EF_{16}}$이다.

◆ **이제 다음 연습문제를 풀어보자.**

[연습문제 199] 16진수

※ (문제 1~4) 주어진 16진수를 동치인 10진수로 변환하라.

1 $E7_{16}$ **2** $2C_{16}$

3 98_{16} **4** $2F1_{16}$

※ (문제 5~8) 주어진 10진수를 동치인 16진수로 변환하라.

5 54_{10} **6** 200_{10}

7 91_{10} **8** 238_{10}

2진수를 16진수로 변환하기

2진 비트는 오른쪽에서 왼쪽으로 4개씩 그룹화하여 배열되며, 각 그룹에 16진법이 대응된다. 예를 들어, 2진수 1110011110101001은 1110 0111 1010 1001과 같이 4개씩 그룹화된다. 그러면 [표 38-2]로부터 이 그룹에 대응하는 십육진법은 E 7 A 9이다. 그러므로 다음과 같다.

$$1110011110101001_2 = E7A9_{16}$$

[문제 22] 다음 2진수를 동치인 16진수로 변환하라.
(a) 11010110_2 (b) 1100111_2

(a) 오른쪽부터 비트를 4개씩 그룹화하면 1101 0110이고, 각 그룹에 대응하는 16진수는 [표 38-2]로부터 D, 6임을 알 수 있다. 따라서 $\mathbf{11010110_2 = D6_{16}}$이다.

(b) 오른쪽부터 비트를 4개씩 그룹화하면 0110 0111이고, 각 그룹에 대응하는 16진수는 [표 38-2]로부터 6, 7임을 알 수 있다. 따라서 $\mathbf{1100111_2 = 67_{16}}$이다.

[문제 23] 다음 2진수를 동치인 16진수로 변환하라.
(a) 11001111_2 (b) 110011110_2

(a) 오른쪽으로부터 4개씩 비트를 그룹화하면 1100 1111이고, 각 그룹에 대응하는 16진수는 C, F이다. 따라서 $\mathbf{11001111_2 = CF_{16}}$이다.

(b) 오른쪽으로부터 4개씩 비트를 그룹화하면 0001 1001 1110이고, 각 그룹에 대응하는 16진수는 1, 9, E이다. 따라서 $\mathbf{110011110_2 = 19E_{16}}$이다.

16진수를 2진수로 변환하기

위의 과정을 역으로 계산한다. 따라서 예를 들어 [표 38-2]로부터 다음을 얻는다.

$$6CF3_{16} = 0110\ 1100\ 1111\ 0011$$

즉, $\mathbf{6CF3_{16} = 110110011110011_2}$이다.

[문제 24] 다음 16진수를 동치인 2진수로 변환하라.
(a) $3F_{16}$ (b) $A6_{16}$

(a) 16진수 숫자 사이에 간격을 둔다.

3 F

[표 38-2]를 이용해 각각을 2진수로 변환한다.

0011 1111

따라서 $\mathbf{3F_{16} = 111111_2}$이다.

(b) 16진수 숫자 사이에 간격을 둔다.

A 6

[표 38-2]를 이용해 각각을 2진수로 변환한다.

1010 0110

따라서 $\mathbf{A6_{16} = 10100110_2}$이다.

[문제 25] 다음 16진수를 동치인 2진수로 변환하라.
(a) $7B_{16}$ (b) $17D_{16}$

(a) 16진수 숫자 사이에 간격을 둔다.

7 B

[표 38-2]를 이용해 각각을 2진수로 변환한다.

0111 1011

따라서 $\mathbf{7B_{16} = 1111011_2}$이다.

(b) 16진수 숫자 사이에 간격을 둔다.

1 7 D

[표 38-2]를 이용해 각각을 2진수로 변환한다.

0001 0111 1101

따라서 $\mathbf{17D_{16} = 101111101_2}$이다.

◆ **이제 다음 연습문제를 풀어보자.**

[연습문제 200] 16진수

※ (문제 1~4) 주어진 2진수를 동치인 16진수로 변환하라.

1 11010111_2 **2** 11101010_2

3 10001011_2 **4** 10100101_2

※ (문제 5~8) 주어진 16진수를 동치인 2진수로 변환하라.

5 37_{16} **6** ED_{16}

7 $9F_{16}$ **8** $A21_{16}$

[연습문제 201] 2진수, 8진수, 16진수에 대한 선다형 문제

※ 각 문제의 정답은 한 개이다.

1 16진법에서 기저는 무엇인가?
(a) 6 (b) 8 (c) 16 (d) 10

2 2진법에서 디지트의 개수는 몇 개인가?
(a) 10 (b) 2 (c) 4 (d) 6

3 숫자뿐만 아니라 알파벳을 사용하는 수 체계는 무엇인가?
(a) 2진법 (b) 8진법
(c) 10진법 (d) 16진법

4 10진법에서 기저는 무엇인가?
(a) 8 (b) 2 (c) 10 (d) 16

5 15와 동치인 16진수는 무엇인가?
(a) A (b) F (c) D (d) E

6 16진법에서 기호 D에 대응하는 것은 무엇인가?
(a) 8 (b) 16 (c) 13 (d) 14

7 2진수 1000을 10진수로 변환한 것은 무엇인가?
(a) 2 (b) 4 (c) 6 (d) 8

8 10진수 31을 동치인 2진수로 변환할 때 필요한 디지트의 개수는 몇 개인가?
(a) 2 (b) 4 (c) 5 (d) 6

9 2진수 1101101과 같은 10진수는 무엇인가?
(a) 218 (b) 31 (c) 127 (d) 109

10 10진수 123과 같은 16진수는 무엇인가?
(a) 7B (b) 123
(c) 173 (d) 1111011

11 2진수 11001을 10진수로 변환한 것은 무엇인가?
(a) 3 (b) 50
(c) 25 (d) 13

12 16진수 B2를 2진수로 변환한 것은 무엇인가?
(a) 10110010 (b) 101101
(c) 11100 (d) 11000010

13 2진수 11011을 16진수로 변환한 것은 무엇인가?
(a) 1A (b) B1 (c) A1 (d) 1B

14 10진수 20을 16진수로 변환한 것은 무엇인가?
(a) 11 (b) 14 (c) 1B (d) 1A

15 16진수 2C를 10진수로 변환한 것은 무엇인가?
(a) 3A (b) 34 (c) 44 (d) 54

16 2진수의 덧셈 1111+1111은 얼마인가?
(a) 0000 (b) 11111
(c) 11110 (d) 2222

17 10진수 21을 2진수로 변환한 것은 무엇인가?
(a) 10101 (b) 10001
(c) 10000 (d) 11111

18 2진수 1110과 동치인 16진수는 무엇인가?
(a) E (b) 0111
(c) 15 (d) 1

19 8진법에서 가장 큰 한 디지트의 수는 얼마인가?
(a) 7 (b) 9 (c) 6 (d) 5

20 2진수 111은 8진수로 얼마인가?
(a) 6 (b) 7 (c) 8 (d) 5

21 8진수 22_8를 10진수로 변환한 것은 무엇인가?
(a) 18 (b) 26
(c) 81 (d) 82

22 10진수 24와 동치인 2진수는 다음 중 무엇인가?
(a) 1101111 (b) 11000
(c) 111111 (d) 11001

23 16진수 B2에 대응하는 2진수는 무엇인가?
(a) 100011 (b) 11011
(c) 10110010 (d) 10010010

24 10진수 45는 2진수로 얼마인가?
(a) 11100 (b) 101101
(c) 10100 (d) 110101

25 16진수 52_{16}는 10진수로 얼마인가?
(a) 28 (b) 83 (c) 80 (d) 82

Chapter 39

부등식

Inequalities

부등식을 이해하는 것이 왜 중요할까?

수학에서 부등식은 두 값이 서로 다를 때 두 값 사이에 성립하는 관계이다. 부등식에 대한 실무 지식은 현장 엔지니어에게 도움이 될 수 있으며, 부등식은 미분과 적분을 포함한 모든 극한 과정의 정의에서 중추적인 역할을 한다. 정확한 해를 구할 수 없거나, 불편하거나 불필요한 경우, 수치적인 근사에 대한 오차 범위를 얻기 위해 부등식을 사용할 수 있다. 부등식의 이해와 사용은 공학의 많은 분야에서 중요하다.

학습포인트

- 부등식을 정의한다.
- 부등식에 대한 간단한 법칙을 설명한다.
- 간단한 부등식을 푼다.
- 절댓값이 포함된 부등식을 푼다.
- 몫을 포함한 부등식을 푼다.
- 제곱함수를 포함한 부등식을 푼다.
- 이차부등식을 푼다.

39.1 부등식의 소개

부등식[inequality]은 기호 $<$, $>$, $\le$ 또는 $\ge$ 중에서 하나를 포함하는 식이다.

- $p<q$는 p가 q보다 작음을 의미한다.
- $p>q$는 p가 q보다 큼을 의미한다.
- $p\le q$는 p가 q보다 작거나 같음을 의미한다.
- $p\ge q$는 p가 q보다 크거나 같음을 의미한다.

39.1.1 간단한 법칙

❶ 부등식의 양변에서 어떤 양을 **더하거나 뺄 때**, 부등식은 **변함이 없다**. 예를 들어 $p<3$이면, 다음과 같이 양변에 2를 더하거나 빼도 부등식은 변함이 없다.

$$p+2<3+2$$
$$p-2<3-2$$

❷ 부등식의 양변에 **양의 값으로 곱하거나 나눌 때**, 부등식은 **변함이 없다**. 예를 들어 $p>4$이면, 다음과 같이 5를 양변에 곱하거나 5로 나누어도 부등식은 변함이 없다.

$$5p>20$$
$$\frac{p}{5}>\frac{4}{5}$$

❸ 부등식의 양변에 **음의 값으로 곱하거나 나눌 때**, 부등호가 **바뀐다**. 예를 들어 $p>1$이면, 다음과 같이 -3으로 양변을 곱하거나 나누면 부등호가 바뀐다.

$$-3p<-3$$
$$\frac{p}{-3}<\frac{1}{-3}$$

Note 각 예에서 '>'은 '<'으로 변한다.

"부등식을 푼다"는 것은 부등식이 참이 되는 변수의 값을 구하는 것을 의미한다. 이 장에서는 간단한 방정식(11장)과 이차방정식(14장)에 대한 지식이 필요하다.

39.2 간단한 부등식

다음 문제들은 39.1절에 주어진 법칙만으로 간단한 부등식의 해를 구하는 방법을 보여준다.

[문제 1] 다음 부등식을 풀어라.

(a) $3+x>7$ (b) $3t<6$

(c) $z-2\geq 5$ (d) $\frac{p}{3}\leq 2$

(a) 부등식 $3+x>7$의 양변에서 3을 빼면 다음과 같다.

$$3+x-3>7-3,\ \text{즉}\ \boldsymbol{x>4}$$

따라서 4보다 큰 모든 x 값이 이 부등식을 만족한다.

(b) 부등식 $3t<6$의 양변을 3으로 나누면 다음과 같다.

$$\frac{3t}{3}<\frac{6}{3},\ \text{즉}\ \boldsymbol{t<2}$$

따라서 2보다 작은 모든 t 값이 이 부등식을 만족한다.

(c) 부등식 $z-2\geq 5$의 양변에 2를 더하면 다음과 같다.

$$z-2+2\geq 5+2,\ \text{즉}\ \boldsymbol{z\geq 7}$$

따라서 7보다 크거나 같은 모든 z 값이 이 부등식을 만족한다.

(d) 부등식 $\frac{p}{3}\leq 2$의 양변에 3을 곱하면 다음과 같다.

$$(3)\frac{p}{3}\leq(3)2,\ \text{즉}\ \boldsymbol{p\leq 6}$$

따라서 6보다 작거나 같은 모든 p 값이 이 부등식을 만족한다.

[문제 2] 부등식 $4x+1>x+5$를 풀어라.

부등식 $4x+1>x+5$의 양변에서 1을 뺀다.

$$4x>x+4$$

부등식 $4x>x+4$의 양변에서 x를 뺀다.

$$3x>4$$

부등식 $3x>4$의 양변을 3으로 나눈다.

$$\boldsymbol{x>\frac{4}{3}}$$

따라서 $\frac{4}{3}$보다 큰 모든 x 값이 부등식 $4x+1>x+5$를 만족한다.

[문제 3] 부등식 $3-4t\leq 8+t$를 풀어라.

부등식 $3-4t\leq 8+t$의 양변에서 3을 뺀다.

$$-4t\leq 5+t$$

부등식 $-4t\leq 5+t$의 양변에서 t를 뺀다.

$$-5t\leq 5$$

부등식 $-5t\leq 5$의 양변을 -5로 나눈다.

$$\boldsymbol{t\geq -1}$$ 부등호가 바뀐다.

따라서 -1보다 크거나 같은 모든 t 값이 이 부등식을 만족한다.

◆ 이제 다음 연습문제를 풀어보자.

[연습문제 202] 간단한 부등식

※ 다음 부등식을 풀어라.

1 (a) $3t>6$ (b) $2x<10$

2 (a) $\frac{x}{2}>1.5$ (b) $x+2\geq 5$

3 (a) $4t-1\leq 3$ (b) $5-x\geq -1$

4 (a) $\frac{7-2k}{4}\leq 1$ (b) $3z+2>z+3$

5 (a) $5-2y\leq 9+y$ (b) $1-6x\leq 5+2x$

39.3 절댓값을 포함하는 부등식

수의 절댓값modulus은 부호와는 무관하게 수의 크기를 나타낸다. 수가 한 쌍의 수직선인 기호 | | 사이에 위치할 때, 이 기호 | |는 그 수의 절댓값을 나타낸다. 예를 들어, $|4|=4$이고 $|-4|=4$이다(수의 절댓값은 음수가 되지 않음).

부등식 $|t|<1$은 부호와는 무관하게 실제 크기가 1보다 작은 모든 수, 즉 -1과 1 사이에 있는 임의의 수를 의미한다. 따라서 **$|t|<1$은 $-1<t<1$을 의미한다**. 마찬가지로, $|x|>3$은 부호와 무관하게 실제 크기가 3보다 큰 모든 수, 즉 3보다 크고 -3보다 작은 임의의 수를 의미한다. 따라서 **$|x|>3$은 $x>3$과 $x<-3$을 의미한다**.

다음 문제들을 통해 절댓값을 포함하는 부등식을 살펴보자.

[문제 4] 부등식 $|3x+1|<4$를 풀어라.

$|3x+1|<4$이므로 $-4<3x+1<4$이다.

$-4<3x+1$에서, $-5<3x$이다. 즉 $-\frac{5}{3}<x$이다.
$3x+1<4$에서, $3x<3$이다. 즉 $x<1$이다.

따라서 두 결과로부터 $-\frac{5}{3}<x<1$을 얻는다. 이는 $-\frac{5}{3}$보다 크고 1보다 작은 임의의 x 값에 대해 부등식 $|3x+1|<4$가 만족됨을 의미한다.

[문제 5] 부등식 $|1+2t|\le 5$를 풀어라.

$|1+2t|\le 5$이므로 $-5\le 1+2t\le 5$이다.

$-5\le 1+2t$에서, $-6\le 2t$, 즉 $-3\le t$이다.
$1+2t\le 5$에서, $2t\le 4$, 즉 $t\le 2$이다.

따라서 두 결과로부터 $-3\le t\le 2$이다.

[문제 6] 부등식 $|3z-4|>2$를 풀어라.

$|3z-4|>2$는 $3z-4>2$와 $3z-4<-2$를 의미한다. 즉 $3z>6$과 $3z<2$이다.

따라서 부등식 $|3z-4|>2$는 $z>2$ 또는 $z<\frac{2}{3}$일 때 만족된다.

◆ 이제 다음 연습문제를 풀어보자.

[연습문제 203] 절댓값을 포함하는 부등식

※ 다음 부등식을 풀어라.

1 $|t+1|<4$ 2 $|y+3|\le 2$

3 $|2x-1|<4$ 4 $|3t-5|>4$

5 $|1-k|\ge 3$

39.4 몫을 포함하는 부등식

만일 $\frac{p}{q}>0$이면, $\frac{p}{q}$는 **양수**여야 한다. 양수인 $\frac{p}{q}$에 대해, p가 양수이고 q가 양수이거나, p가 음수이고 q가 음수가 되는 두 가지 중의 어느 하나이다. 즉 다음이 성립한다.

$$\frac{(+)}{(+)}=(+) \text{ 그리고 } \frac{(-)}{(-)}=(+)$$

만일 $\frac{p}{q}<0$이면, $\frac{p}{q}$는 **음수**여야 한다. 음수인 $\frac{p}{q}$에 대해, p가 양수이고 q가 음수이거나, p가 음수이고 q가 양수가 되는 두 가지 중의 어느 하나이다. 즉 다음이 성립한다.

$$\frac{(+)}{(-)}=(-) \text{ 그리고 } \frac{(-)}{(+)}=(-)$$

다음 문제에서 설명하는 것과 같이 몫을 포함하는 부등식을 풀 때, 이러한 추론이 이용된다.

[문제 7] 부등식 $\frac{t+1}{3t-6}>0$을 풀어라.

$\frac{t+1}{3t-6}>0$이므로 $\frac{t+1}{3t-6}$은 **양수**이다. 양수 $\frac{t+1}{3t-6}$에 대해 다음이 성립해야 한다.

❶ $t+1>0$ **그리고** $3t-6>0$
또는 ❷ $t+1<0$ **그리고** $3t-6<0$

❶ $t+1>0$이면 $t>-1$이고, $3t-6>0$이면 $3t>6$, 즉 $t>2$이다. $t>2$일 때, **두** 부등식 $t>-1$**과** $t>2$는 모두 참이다. 즉 $t>2$일 때, 분수 $\frac{t+1}{3t-6}$은 양수이다.

❷ $t+1<0$이면 $t<-1$이고, $3t-6<0$이면 $3t<6$, 즉 $t<2$이다. $t<-1$일 때, **두** 부등식 $t<-1$**과** $t<2$는 모두 참이다. 즉 $t<-1$일 때, 분수 $\frac{t+1}{3t-6}$은 양수이다.

요약하면 다음과 같다.

$$t>2 \text{ 또는 } t<-1\text{일 때, } \frac{t+1}{3t-6}>0\text{이다.}$$

[문제 8] 부등식 $\frac{2x+3}{x+2}\le 1$을 풀어라.

$\frac{2x+3}{x+2}\le 1$이므로 $\frac{2x+3}{x+2}-1\le 0$이다. 따라서 다음이 성립한다.

$$\frac{2x+3}{x+2}-\frac{x+2}{x+2}\le 0$$

$$\text{즉, } \frac{2x+3-(x+2)}{x+2}\le 0 \text{ 또는 } \frac{x+1}{x+2}\le 0$$

$\frac{x+1}{x+2}$이 음수이거나 0이 되기 위해서는 다음 중 어느 하나여야 한다.

❶ $x+1\le 0$ **그리고** $x+2>0$
또는 ❷ $x+1\ge 0$ **그리고** $x+2<0$

❶ $x+1\le 0$이면 $x\le -1$이고, $x+2>0$이면 $x>-2$이다.

Note 분모에서 $\ge$가 아니라 $>$가 사용된다. 그 이유는, 분모가 0이면 계산할 수 없는 분수 값이 되기 때문이다.

그러므로 x가 -2보다 크고 -1보다 작거나 같을 때, 즉 $-2<x\le -1$일 때 부등식 $\frac{x+1}{x+2}\le 0$이 참이다.

❷ $x+1\ge 0$이면 $x\ge -1$이고, $x+2<0$이면 $x<-2$이다. $x\ge -1$이고 $x<-2$를 모두 만족하는 것은 불가능하고, 따라서 ❷를 만족하는 x 값은 존재하지 않는다.

요약하면, $-2<x\le -1$일 때 $\frac{2x+3}{x+2}\le 1$이 성립한다.

◆ **이제 다음 연습문제를 풀어보자.**

[연습문제 204] 몫을 포함하는 부등식

※ 다음 부등식을 풀어라.

1 $\frac{x+4}{6-2x}\ge 0$　　**2** $\frac{2t+4}{t-5}>1$

3 $\frac{3z-4}{z+5}\le 2$　　**4** $\frac{2-x}{x+3}\ge 4$

39.5 제곱 함수를 포함하는 부등식

부등식이 제곱 함수를 포함할 때, 다음과 같은 두 일반 법칙이 적용된다. 단, 여기서 $k>0$이다.

❶ $x^2>k$**이면** $x>\sqrt{k}$ **또는** $x<-\sqrt{k}$**이다.** (39.1)
❷ $x^2<k$**이면** $-\sqrt{k}<x<\sqrt{k}$**이다.** (39.2)

다음 문제를 통해 이 법칙을 이해해보자.

[문제 9] 부등식 $t^2>9$를 풀어라.

$t^2>9$이므로 $t^2-9>0$이고, 인수분해하면 $(t+3)(t-3)>0$이다. $(t+3)(t-3)$이 양수이려면 다음이 성립해야 한다.

❶ $t+3>0$ **그리고** $t-3>0$
또는 ❷ $t+3<0$ **그리고** $t-3<0$

❶ $t+3>0$이면 $t>-3$이고, $t-3>0$이면 $t>3$이다. $t>3$일 때 두 개의 부등식이 모두 참이다.

❷ $t+3<0$이면 $t<-3$이고, $t-3<0$이면 $t<3$이다. $t<-3$일 때 두 개의 부등식이 모두 참이다.

요약하면, $t>3$ **또는** $t<-3$일 때 $t^2>9$이다. **이는 일반적인 다음 법칙을 설명한다.**

$x^2>k$**이면** $x>\sqrt{k}$ **또는** $x<-\sqrt{k}$**이다.** (39.1)

[문제 10] 부등식 $x^2 > 4$를 풀어라.

위에서 언급한 일반적인 법칙인 식 (39.1)로부터, $x^2 > 4$이면 $x > \sqrt{4}$ 또는 $x < -\sqrt{4}$이다. 즉 $\boldsymbol{x > 2}$ **또는** $\boldsymbol{x < -2}$일 때, 부등식 $x^2 > 4$가 성립한다.

[문제 11] 부등식 $(2z+1)^2 > 9$를 풀어라.

식 (39.1)로부터 $(2z+1)^2 > 9$이면 다음과 같다.

$$2z+1 > \sqrt{9} \quad \text{또는} \quad 2z+1 < -\sqrt{9}$$
$$2z+1 > 3 \quad \text{또는} \quad 2z+1 < -3$$
$$2z > 2 \quad \text{또는} \quad 2z < -4$$
$$\boldsymbol{z > 1} \quad \textbf{또는} \quad \boldsymbol{z < -2}$$

[문제 12] 부등식 $t^2 < 9$를 풀어라.

$t^2 < 9$이므로 $t^2 - 9 < 0$이고, 인수분해하면 $(t+3)(t-3) < 0$이다. $(t+3)(t-3)$이 음수이려면 다음이 성립해야 한다.

❶ $t+3 > 0$ **그리고** $t-3 < 0$
또는 ❷ $t+3 < 0$ **그리고** $t-3 > 0$

❶ $t+3 > 0$이면 $t > -3$이고, $t-3 < 0$이면 $t < 3$이다. 그러므로 $t > -3$이고 $t < 3$일 때, 즉 $\boldsymbol{-3 < t < 3}$일 때 ❶이 성립한다.

❷ $t+3 < 0$이면 $t < -3$이고, $t-3 > 0$이면 $t > 3$이다. $t < -3$이고 $t > 3$을 만족하는 것은 불가능하므로 ❷를 만족하는 t 값은 존재하지 않는다.

요약하면, -3과 $+3$ 사이에 있는 모든 t 값, 즉 $\boldsymbol{-3 < t < 3}$일 때 부등식 $t^2 < 9$가 성립한다. **이는 다음 일반 법칙을 설명한다.**

$$\boldsymbol{x^2 < k}\textbf{이면 } \boldsymbol{-\sqrt{k} < x < \sqrt{k}}\textbf{이다.} \qquad (39.2)$$

[문제 13] 부등식 $x^2 < 4$를 풀어라.

위에서 언급한 일반적인 법칙인 식 (39.2)로부터, $x^2 < 4$이면 $-\sqrt{4} < x < \sqrt{4}$, 즉 $\boldsymbol{-2 < x < 2}$일 때 부등식 $x^2 < 4$가 성립한다.

[문제 14] 부등식 $(y-3)^2 \le 16$을 풀어라.

식 (39.2)로부터 다음과 같다.

$$-\sqrt{16} \le y-3 \le \sqrt{16}$$
$$-4 \le y-3 \le 4$$
$$3-4 \le y \le 4+3$$
$$\boldsymbol{-1 \le y \le 7}$$

◆ **이제 다음 연습문제를 풀어보자.**

[연습문제 205] 제곱 함수를 포함하는 부등식

※ 다음 부등식을 풀어라.

1 $z^2 > 16$　　**2** $z^2 < 16$

3 $2x^2 \ge 6$　　**4** $3k^2 - 2 \le 10$

5 $(t-1)^2 \le 36$　　**6** $(t-1)^2 \ge 36$

7 $7 - 3y^2 \le -5$　　**8** $(4k+5)^2 > 9$

39.6 이차부등식

이차식을 포함하는 부등식은 인수분해 또는 완전제곱을 이용하여 풀 수 있다. 예를 들어,

$x^2 - 2x - 3$은 $(x+1)(x-3)$으로 인수분해된다.
$6x^2 + 7x - 5$는 $(2x-1)(3x+5)$로 인수분해된다.

만일 이차식이 인수분해되지 않는다면, 완전제곱의 형태로 바꾸어 계산한다. 예를 들어, $x^2 + bx + c$에 대한 과정은 다음과 같다.

$$x^2 + bx + c = \left(x + \frac{b}{2}\right)^2 + c - \left(\frac{b}{2}\right)^2$$

예를 들어, $x^2 + 4x - 7$은 인수분해되지 않으나, 다음과 같이 완전제곱 형태로 변환할 수 있다.

$$x^2 + 4x - 7 = (x+2)^2 - 7 - 2^2 = (x+2)^2 - 11$$

마찬가지로, 다음과 같이 변환할 수 있다.

$$x^2+6x-5=(x+3)^2-5-3^2=(x-3)^2-14$$

이차부등식의 풀이는 다음 문제를 통해 이해할 수 있다.

[문제 15] 부등식 $x^2+2x-3>0$을 풀어라.

$x^2+2x-3>0$이므로 인수분해하면 $(x-1)(x+3)>0$이다. 곱 $(x-1)(x+3)$이 양수이려면 다음이 성립해야 한다.

❶ $x-1>0$ **그리고** $x+3>0$
또는 ❷ $x-1<0$ **그리고** $x+3<0$

❶ $x-1>0$이므로 $x>1$이고, $x+3>0$이므로 $x>-3$이다.
따라서 $\boldsymbol{x>1}$일 때에만 두 부등식이 성립한다.

❷ $x-1<0$이므로 $x<1$이고, $x+3<0$이므로 $x<-3$이다.
따라서 $\boldsymbol{x<-3}$일 때에만 두 부등식이 성립한다.

요약하면, $\boldsymbol{x>1}$ **또는** $\boldsymbol{x<-3}$일 때 $x^2+2x-3>0$이 성립한다.

[문제 16] 부등식 $t^2-2t-8<0$을 풀어라.

$t^2-2t-8<0$이므로 인수분해하면 $(t-4)(t+2)<0$이다. 곱 $(t-4)(t+2)$가 음수이려면 다음이 성립해야 한다.

❶ $t-4>0$ **그리고** $t+2<0$
또는 ❷ $t-4<0$ **그리고** $t+2>0$

❶ $t-4>0$이므로 $t>4$이고, $t+2<0$이므로 $t<-2$이다. $t>4$와 $t<-2$를 모두 만족하는 것은 불가능하고, 따라서 부등식 ❶을 만족하는 t 값은 존재하지 않는다.

❷ $t-4<0$이므로 $t<4$이고, $t+2>0$이므로 $t>-2$이다. 따라서 $-2<t<4$일 때, ❷가 성립한다.

요약하면, $\boldsymbol{-2<t<4}$일 때 $t^2-2t-8<0$이 성립한다.

[문제 17] 부등식 $x^2+6x+3<0$을 풀어라.

x^2+6x+3은 인수분해되지 않으며, 다음과 같이 완전제곱 형태로 변환할 수 있다.

$$x^2+6x+3=(x+3)^2+3-3^2=(x+3)^2-6$$

따라서 이 부등식은 $(x+3)^2-6<0$ 또는 $(x+3)^2<6$이 된다. 식 (39.2)로부터 $-\sqrt{6}<x+3<\sqrt{6}$이고, 이로부터 다음을 얻는다.

$$-\sqrt{6}-3<x<\sqrt{6}-3$$

그러므로 소수점 아래 2자리로 보정하여 $\boldsymbol{-5.45<x<-0.55}$일 때, $x^2+6x+3<0$이 성립한다.

[문제 18] 부등식 $y^2-8y-10\ge 0$을 풀어라.

$y^2-8y-10$은 인수분해되지 않으며, 다음과 같이 완전제곱 형태로 변환할 수 있다.

$$y^2-8y-10=(y-4)^2-10-4^2=(y-4)^2-26$$

따라서 부등식은 $(y-4)^2-26\ge 0$ 또는 $(y-4)^2\ge 26$이 된다. 식 (39.1)로부터, $y-4\ge\sqrt{26}$ 또는 $y-4\le-\sqrt{26}$이 된다. 따라서 다음과 같다.

$$y\ge 4+\sqrt{26} \text{ 또는 } y\le 4-\sqrt{26}$$

그러므로 소수점 아래 2자리로 보정하여 $\boldsymbol{y\ge 9.10}$ **또는** $\boldsymbol{y\le -1.10}$일 때 $y^2-8y-10\ge 0$이 성립한다.

◆ 이제 다음 연습문제를 풀어보자.

[연습문제 206] 이차부등식

※ 다음 부등식을 풀어라.

1 $x^2-x-6>0$　　**2** $t^2+2t-8\le 0$

3 $2x^2+3x-2<0$　　**4** $y^2-y-20\ge 0$

5 $z^2+4z+4\le 4$　　**6** $x^2+6x+6\le 0$

7 $t^2-4t-7\ge 0$　　**8** $k^2+k-3\ge 0$

부록

Appendix

여러 가지 공식

List of formulae

지수법칙

$a^m \times a^n = a^{m+n}$

$\dfrac{a^m}{a^n} = a^{m-n}$

$(a^m)^n = a^{mn}$

$a^{m/n} = \sqrt[n]{a^m}$

$a^{-n} = \dfrac{1}{a^n}$

$a^0 = 1$

근의 공식

$ax^2+bx+c=0$이면, $x = \dfrac{-b \pm \sqrt{b^2-4ac}}{2a}$

직선의 방정식

$y=mx+c$

로그의 정의

$y=a^x$이면 $x=\log_a y$

로그법칙

$\log(A \times B) = \log A + \log B$

$\log\left(\dfrac{A}{B}\right) = \log A - \log B$

$\log A^n = n \times \log A$

e^x의 거듭제곱급수

$e^x = 1 + x + \dfrac{x^2}{2!} + \dfrac{x^3}{3!} + \cdots$ (모든 x에 대해 성립함)

피타고라스 정리

$b^2 = a^2 + c^2$

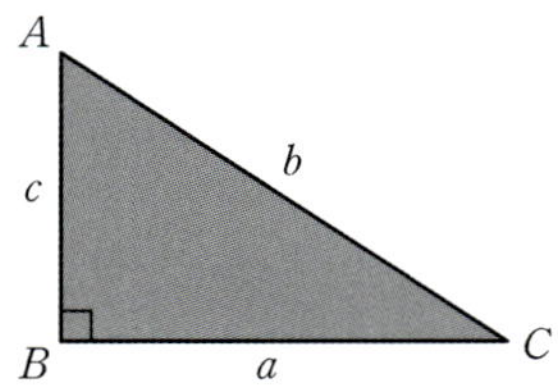

평면도형의 넓이

❶ **직사각형** 넓이 $= l \times b$

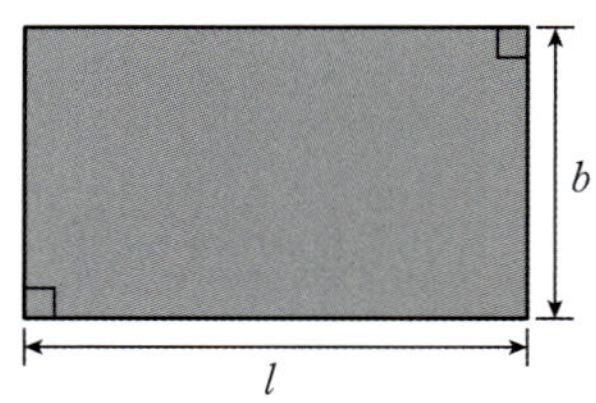

❷ **평행사변형** 넓이 $= b \times h$

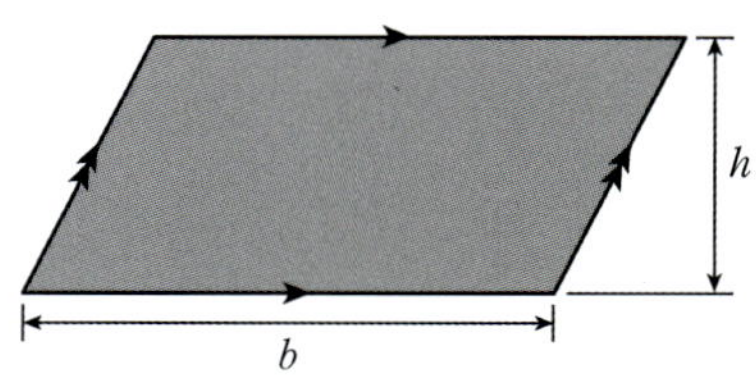

❸ **사다리꼴** 넓이 $= \dfrac{1}{2}(a+b)h$

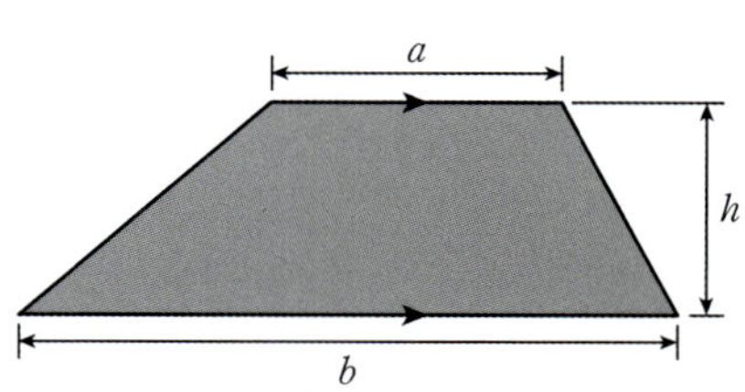

❹ **삼각형** 넓이 $=\frac{1}{2}\times b\times h$

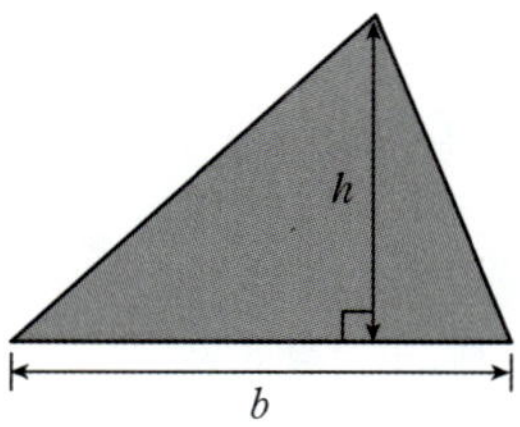

❺ **원** 넓이 $=\pi r^2$, 원주 $=2\pi r$

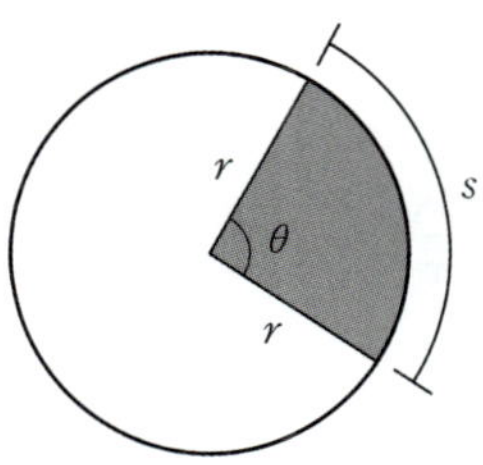

- 라디안 척도 : 2π라디안$=360°$
- 원의 부채꼴 :

  호의 길이, $s=\frac{\theta°}{360}(2\pi r)=r\theta$ (θ: [rad])

  음영의 넓이$=\frac{\theta°}{360}(\pi r^2)=\frac{1}{2}r^2\theta$ (θ: [rad])

- 중심이 원점이고 반지름이 r인 원의 방정식 :
  $x^2+y^2=r^2$
- 중심이 (a, b)이고 반지름이 r인 원의 방정식 :
  $(x-a)^2+(y-b)^2=r^2$

기본적인 입체의 부피와 겉넓이

❶ **직육면체(또는 정육면체)**

- 부피 $=l\times b\times h$
- 겉넓이 $=2(bh+hl+lb)$

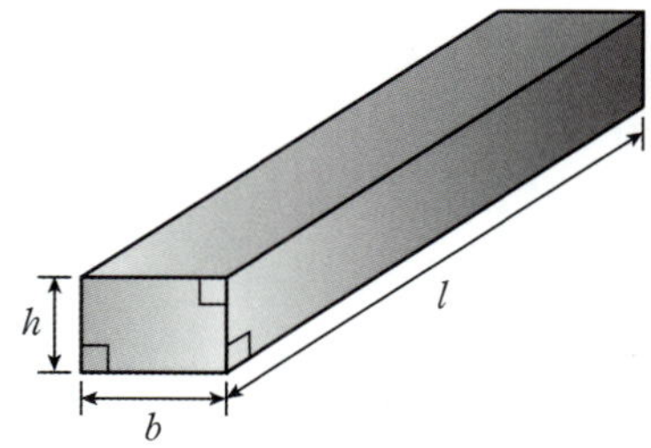

❷ **원기둥**

- 부피 $=\pi r^2 h$
- 전체 겉넓이 $=2\pi rh+2\pi r^2$

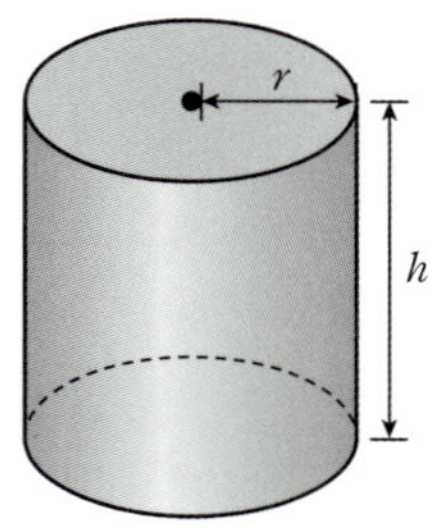

❸ **사각뿔**

밑면의 넓이 $=A$, 높이 $=h$일 때,

- 부피 $=\frac{1}{3}\times A\times h$
- 전체 겉넓이
  $=$변을 이루는 삼각형 넓이의 합
  $+$밑면의 넓이

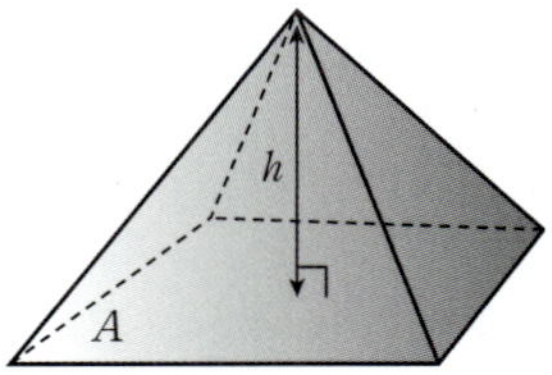

❹ 원뿔

- 부피 $=\dfrac{1}{3}\pi r^2 h$
- 측면의 겉넓이 $=\pi rl$
- 전체 겉넓이 $=\pi rl+\pi r^2$

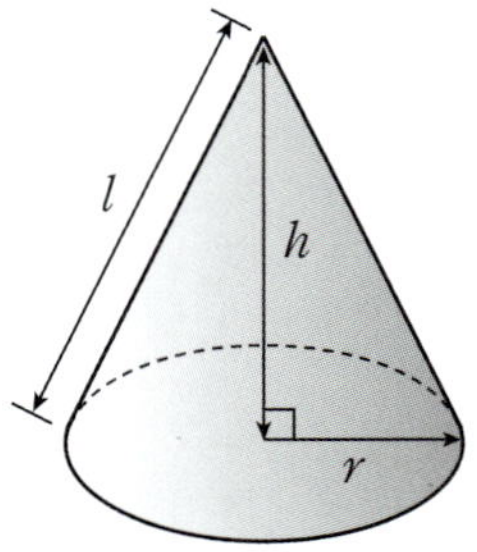

❺ 구

- 부피 $=\dfrac{4}{3}\pi r^3$
- 겉넓이 $=4\pi r^2$

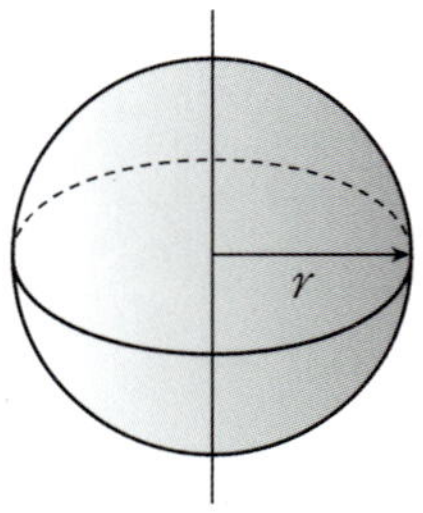

근사 방법으로 불규칙한 도형의 넓이 구하기

❶ 사다리꼴 법칙

넓이

$$\approx (\text{구간의 길이})\left[\frac{1}{2}(\text{첫 번째 수직좌표} + \text{마지막 수직좌표}) + (\text{나머지 좌표의 합})\right]$$

❷ 중점법칙

넓이 $\approx$ (구간의 길이) (중점의 수직좌표들의 합)

❸ 심프슨의 법칙

넓이

$$\approx \frac{1}{3}(\text{구간의 길이})$$

$$\times [(\text{첫 번째 수직좌표} + \text{마지막 수직좌표}) + 4(\text{짝수 번째 수직좌표의 합}) + 2(\text{나머지 홀수 번째 수직좌표의 합}]$$

곡선의 평균값

$$\text{평균값, } y = \frac{\text{곡선 아래 넓이}}{\text{밑변의 길이}} = \frac{\text{중점의 수직좌표의 합}}{\text{중점의 수직좌표 수}}$$

삼각공식

❶ 사인법칙 : $\dfrac{a}{\sin A} = \dfrac{b}{\sin B} = \dfrac{c}{\sin C}$

❷ 코사인법칙 : $a^2 = b^2 + c^2 - 2bc\cos A$

❸ 임의의 삼각형의 넓이

$$= \frac{1}{2} \times \text{밑변} \times \text{높이}$$

$$= \frac{1}{2}ab\sin C \text{ 또는 } \frac{1}{2}ac\sin B \text{ 또는 } \frac{1}{2}bc\sin A$$

$$= \sqrt{s(s-a)(s-b)(s-c)}, \quad s = \frac{a+b+c}{2}$$

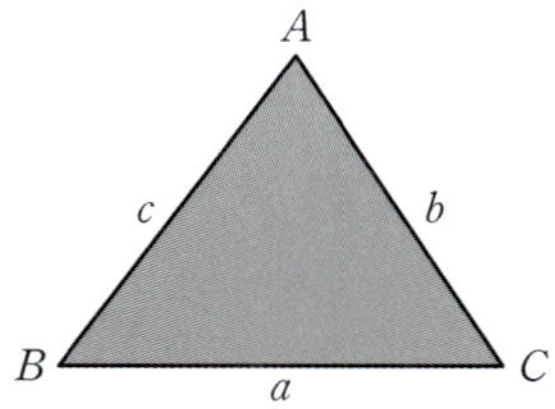

❹ 일반적인 정현파 함수 $y=A\sin(\omega t \pm \alpha)$에 대해,

- $A=$진폭
- $\omega=$각속도$=2\pi f$[rad/s]
- $\frac{\omega}{2\pi}=$주파수 f[H]
- $\frac{2\pi}{\omega}=$주기시간 T[s]
- $\alpha=$앞선 각 또는 뒤진 각 ($y=A\sin\omega t$와 비교해서)

데카르트 좌표와 극좌표

- 좌표 $(x, y)=(r, \theta)$이면,

$$r=\sqrt{x^2+y^2}, \quad \theta=\tan^{-1}\frac{y}{x}$$

- 좌표 $(r, \theta)=(x, y)$이면,

$$x=r\cos\theta, \quad y=r\sin\theta$$

등차수열

a가 첫 번째 항이고, d가 공차이면 등차수열은 $a, a+d, a+2d, \cdots$이다.

- n번째 항 : $a+(n-1)d$
- n개 항들의 합 : $S_n=\frac{n}{2}[2a+(n-1)d]$

등비수열

a가 첫 번째 항이고, r이 공비이면 등비수열은 $a, ar, ar^2, \cdots$이다.

- n번째 항 : ar^{n-1}
- n개 항들의 합 : $S_n=\frac{a(1-r^n)}{1-r}$ 또는 $\frac{a(r^n-1)}{r-1}$

$-1<r<1$일 때, $S_\infty=\frac{a}{1-r}$

통계학

❶ 이산자료 :

- 평균, $\bar{x}=\frac{\Sigma x}{n}$
- 표준편차, $\sigma=\sqrt{\frac{\Sigma(x-\bar{x})^2}{n}}$

❷ 집단화 자료 :

- 평균, $\bar{x}=\frac{\Sigma fx}{\Sigma f}$
- 표준편차, $\sigma=\sqrt{\frac{\Sigma\{f(x-\bar{x})^2\}}{\Sigma f}}$

표준 도함수

y 또는 $f(x)$	$\frac{dy}{dx}$ 또는 $f'(x)$
ax^n	anx^{n-1}
$\sin ax$	$a\cos ax$
$\cos ax$	$-a\sin ax$
e^{ax}	ae^{ax}
$\ln ax$	$\frac{1}{x}$

표준 적분

y	$\int y\,dx$
ax^n	$\frac{ax^{n+1}}{n+1}+c$ (단, $n\neq-1$)
$\cos ax$	$\frac{1}{a}\sin ax+c$
$\sin ax$	$-\frac{1}{a}\cos ax+c$
e^{ax}	$\frac{1}{a}e^{ax}+c$
$\frac{1}{x}$	$\ln x+c$

찾아보기 Index

라

마

바

사

아

자